陕西师范大学教材建设基金资助出版

食品科学概论

（第二版）

张有林　田洪磊　张润光　詹　萍　主编

科学出版社

北　京

内 容 简 介

本书分 23 章，概括介绍了食品科学研究领域的相关内容，主要包括食品科学及其发展，食物的品质、化学成分与营养，食品与健康，食品工程原理，食品加工机械与设备，食品工厂设计，粮油食品加工，畜产食品加工，果品蔬菜加工，糖果食品加工，软饮料加工，水产食品加工，果品蔬菜贮藏保鲜，食品微生物与发酵，食品腐败与保藏，食品卫生与安全，食品添加剂，食用菌生产与加工，食品感官评价与伪劣食品鉴别，食品包装，食品科学研究方法，食品加工高新技术，食品标准与法规。本书收集了大量资料，内容基本涵盖了食品科学与技术的各个方面。书后附有中华人民共和国食品添加剂使用卫生标准，实验数据统计分析 t 表、F 表、SSR 表、γ_α 表，并附有大量的参考文献，以便于读者更为深入地学习和研究。

本书可作为高校食品科学专业学生的教科书和食品科技工作者的参考书，也可作为食品与健康科学教育用书。

图书在版编目（CIP）数据

食品科学概论/张有林等主编. —2 版. —北京：科学出版社, 2022.3

ISBN 978-7-03-071886-0

Ⅰ. ①食… Ⅱ. ①张… Ⅲ. ①食品科学–高等学校–教材 Ⅳ. ①TS201

中国版本图书馆 CIP 数据核字(2022)第 043346 号

责任编辑：王 静 李 悦 赵小林 / 责任校对：郑金红

责任印制：吴兆东 / 封面设计：刘新新

科 学 出 版 社 出版

北京东黄城根北街 16 号

邮政编码：100717

http://www.sciencep.com

北京建宏印刷有限公司 印刷

科学出版社发行 各地新华书店经销

*

2006 年 7 月第 一 版 开本：787×1092 1/16

2022 年 3 月第 二 版 印张：42 1/2

2022 年 9 月第十二次印刷 字数：1 000 000

定价：218.00 元

(如有印装质量问题，我社负责调换)

前　　言

“民以食为天”，食品是人类赖以生存的物质基础，人类自从诞生以来，就同饮食紧密地联系在一起。从茹毛饮血、燧木取火到美味佳肴、食品科学，饮食发展推动着人类进化，而人类文明又促进食品科学与文化的形成和发展，食品科学历史源远流长。

食品科学研究的对象是人们的吃与喝，是用基础科学和工程学的理论研究食品基本的物理、化学和生物化学性质，以及食品加工原理的一门学问。食品科学家就是围绕食品这一主题开展研究的。有史以来，人们总是以色、香、味、形评价食品，把食品作为一门科学进行广泛深入的研究是近一百多年的事情。食品科学一经兴起，就受到了人们的极大关注，在较短的时间内很快发展成为一门涉及范围很广的学科体系，其研究的主要内容有食品原料、食品营养、食品卫生、食品机械、食品加工、食品工程原理、食品保藏、食品感官、食品运输、食品销售、食品消费、食品文化、食品心理、食品生产监控和质量标准等，涉及食品领域内科学和技术的各个方面。

我国的食品科学是从 20 世纪 70 年代开始逐渐独立出来的一门学科，目前许多高校设立有食品科学专业，食品科学概论被设置为一门课程，引起了食品教育工作者的极大兴趣，现在已成为许多高校食品科学专业的引导课。近几年，我国食品与健康科学教育受到了广泛的重视，该课程的地位也随之日益提升，但是各高校缺少合适的教材。2006 年我们撰写了第一版《食品科学概论》，随着时间的推移和科技的进步，许多内容表现出陈旧和不足。为真正促进专业教育水平的提升，紧跟领域内的研究进展，顺应形势，我们组织了本教材的再版工作。

本书第 1 章、第 2 章由盛夏璐整理资料，第 3 章由田鹏、王美倩整理资料，第 4 章、第 5 章、第 6 章由马雪平、马雪莲整理资料，第 7 章、第 8 章、第 9 章由卢聪、黄靖整理资料，第 10 章、第 11 章、第 12 章由赵玉、张萌整理资料，第 13 章、第 14 章由谭凤玲整理资料，第 15 章由李凯旋、李敏整理资料，第 16 章、第 17 章、第 18 章由倪瑞洁、周祖满整理资料，第 19 章、第 20 章、第 23 章由耶玉婷、许素娟整理资料，第 21 章、第 22 章由王鹏、吴天乐整理资料，田洪磊和詹萍完成了全书的改编。

本书在改版过程中受到了许多专家的关怀，陕西师范大学对本书的出版予以了资助，借此表示衷心的感谢。

由于本书内容涉及面广，限于团队水平，疏漏和不足之处恳请同仁与读者批评指正。

张有林

2022 年 1 月 26 日于西安

目 录

第一章 食品科学及其发展

第一节 食品科学的概念及其研究的内容

人类自诞生之初即与食物密不可分，谚语“民以食为天”充分地说明了食品对人类的重要性。食品科学是研究人类吃与喝的一门学问，食品科学可以定义为应用基础科学和工程学的理论研究食品基本的物理、化学和生物化学性质，以及食品加工原理的一门学问。食品科学研究原理与方法在食品工艺学中的应用，可实现食品选择、保藏、加工、包装及销售的标准化，以保证食品安全与人类营养健康需求。由此可见，食品科学是一门涉及范围很广的学科。由于食品与人直接相关，相关领域学者还对食品选择的心理学产生兴趣，并对食品的感官品质进行了研究。

食品科学家紧密围绕食品这一主题开展研究，其主要研究方向有食品原料、食品营养、食品卫生、食品机械、食品加工、食品保藏、食品感官、食品运输、食品销售、食品消费、食品文化、食品心理、食品生产监控和质量标准等，食品科学研究的内容涉及食品领域内技术和科学的各个方面。

第二节 食品科学的任务

食品科学涵盖食物资源的生产、经营、工艺、配方、零售、消费的全过程，甚至还包括文化宗教、心理状态等因素。食品科学的主要任务在于提高人民的饮食健康水平，为创制新食品奠定理论基础，保证食品的安全与卫生，推动食品法规与标准化建设。

一、提高人民的健康水平

据联合国2019年度发布的《世界粮食安全和营养状况》报告显示，2018年全球有8.2亿人无法获得充足的食物、蛋白质或其他营养素，占到全球人口总数的近九分之一，全球仍有53个国家大约1.13亿人遭遇重度饥饿。联合国儿童基金会（United Nations International Children’s Emergency Fund，UNICEF）发表的《2019年世界儿童状况》报告提到，虽然在1990～2015年，贫穷国家儿童发育迟缓问题减少40%，但目前全球7亿儿童中，约1.49亿4岁及以下的儿童身高与年龄不符；另有5000万名儿童因贫穷而出现慢性虚弱和消瘦问题。与此同时，全球有一半儿童未能摄入足够的维生素和矿物质，形成“隐形饥饿”问题。此外，在过去30年间，肥胖作为另一种营养不良的表现形式困扰着儿童群体。报告显示，越来越多的国家会同时出现营养不足、缺乏主要微量营养元素和肥胖这3种问题。

20世纪70年代以前，我国仍然处于贫困状态，人民生活水平低下，许多地区温饱问题难以解决。20 世纪 70 年代后期，随着我国政治体制的改革，国民经济有了快速发展，粮食总产量大幅度提高，1997 年突破了年产 5 亿 t 大关，2010 年人均粮食占有量超过 400kg，远远高出世界人均消费量的 263kg，果品蔬菜种类和产量也急剧增加（表 1-1，表 1-2），人民的生活水平有了较大提高，中国居民的食物与营养结构发生了明显变化，居民的膳食结构已经从温饱型向小康型转化。但从近 20 年的发展状况来看，我国居民中营养膳食结构不合理的人数持续上升。城市居民中出现了肥胖、高脂血症等营养过剩的"富贵病"，贫困地区儿童的消瘦、贫血和营养不良等问题仍需高度关注。因此，研究和解决贫穷与富裕带来的饮食健康问题，是食品科学研究领域的主要任务。

表 1-1　1998～2018 年我国主要农产品产量　（单位：万 t）

年份	粮食作物总产量	谷物	稻谷	小麦	玉米	大豆	油料总产量	甘蔗总产量	甜菜总产量	水果总产量
1998	51 230	45 625	19 871	10 793	13 295	1 515	2 313	8 343	1 446	5 453
2002	45 706	39 799	17 454	9 029	12 131	1 651	2 897	9 011	1 282	6 952
2006	49 804	45 099	18 172	10 846	15 160	1 508	2 640	9 709	751	17 102
2010	55 911	51 197	19 723	11 614	19 075	1 540	3 156	10 598	705	20 095
2014	63 965	59 601	20 960	12 832	24 976	1 269	3 371	11 579	510	23 303
2018	65 789	61 003	21 213	13 144	25 717	1 597	3 433	10 810	1 127	25 688

资料来源：中华人民共和国国家统计局

表 1-2　1980～2018 年我国按人口平均的主要农产品产量　（单位：kg/人）

年份	粮食	油料	糖料	水产品	水果	牛奶	禽蛋	茶叶
1980	324.8	7.8	29.5	4.6	—	1.2	—	0.3
1985	358.2	14.9	57.1	6.7	—	2.4	5.1	0.4
1990	390.3	14.1	63.1	10.8	—	3.6	6.9	0.5
1995	385.2	18.6	65.6	20.8	—	4.8	13.8	0.5
2000	364.7	23.3	60.2	24.3	49.1	6.5	17.2	0.5
2005	370.2	23.5	72.3	33.8	123.3	21.1	18.6	0.7
2010	417.0	23.5	84.3	40.1	149.9	22.7	20.7	1.1
2015	480.6	24.7	81.6	45.2	178.4	23.1	22.2	1.7
2018	471.5	24.6	85.5	46.3	184.1	22.0	22.4	1.9

注：按年平均人口计算。"—"表示无统计数据

食品的生理调节功能对维持人体健康尤其重要，此功能是指食品中某些成分具有保护机体、调节生理节律、增强免疫能力、预防疾病和促进健康的能力。1996 年 3 月我国卫生部颁发了《保健食品管理办法》，1997 年我国国家质量技术监督局发布了《保健（功能）食品通用标准》（GB 16740—1997），截至 2014 年，我国共批准保健食品产品 13 922 个，其中，国产保健食品 13 197 个，进口保健食品 725 个，按功能分为调节血脂、调节免疫、抗氧化、延缓衰老、抗疲劳、耐缺氧、抑制肿瘤、调节血糖、减肥、改善睡眠、增强记忆、抗突变、促进生长发育、抗辐射、改善肠胃功能、改善营养性贫血、调节血压等产品。食品功能化学是研究功能食品的化学组成和化学变化的一门学科，一旦进入分子水

平，必将应用分子生物学的理论和方法，在分子水平上研究营养组分和基因表达或蛋白表达之间的关系，将从根本上改变营养流行病学、肿瘤学的面貌，通过食品功能化学的研究及学习，人类将通过合理营养来控制和延迟遗传疾病，从而提高健康水平，同时为功能食品或药物研发提供理论与技术依据。

二、为开发新食品奠定理论基础

食品科学来源于食品工业，食品科学的研究成果又推进了食品工业的创新发展。食品工业是我国国民经济的重要组成部分，其发展水平与农业生产、人民生活、民族素质、经济发展和社会进步紧密相关，受到各级政府的高度重视和支持，把它视为朝阳产业。20 世纪 80 年代以来，我国食品工业获得了迅猛发展。1996 年，我国第三次工业普查结果表明，食品工业产值在全国工业总产值中所占比例首次升到第一位。2018 年，全年食品工业实现主营业务收入 9.02 万亿元，同比增长 5.29%；全国 40 908 家规模以上食品工业企业实现利润总额 6694.4 亿元。

目前，我国食品工业已经成为门类齐全、技术不断进步、产品日益丰富、运销网络通畅的生产经营体系，在满足人民生活需要和为经济建设积累资金方面做出了重大贡献。我国主要食品的产量和人均占有量有了较大幅度的提高。2017 年，谷物总产量 61 793.0 万 t，世界排名第一；肉类总产量 8654.43 万 t，水果总产量 26 204.1 万 t，茶叶产量 246.0 万 t，均居世界第一位（表 1-3，表 1-4）。

表 1-3　我国农业主要产品产量居世界位次

项目	1978 年	1980 年	1990 年	2000 年	2010 年	2017 年
谷物	2	1	1	1	1	1
肉类	3	3	1	1	1	1
棉花	3	2	1	1	1	1
大豆	3	3	3	4	4	5
花生	2	2	2	1	1	1
油菜籽	2	2	1	1	1	2
甘蔗	7	9	4	3	3	3
茶叶	2	2	2	2	1	1
水果	9	10	4	1	1	1

资料来源：联合国粮食及农业组织数据库

表 1-4　2017 年中国主要食物资源占世界的份额

食物资源	中国产量（万 t）	世界产量（万 t）	份额（%）
谷物	61 793.0	298 017.5	20.7
肉类	8 654.43	32 989.0	26.1
根茎类作物	17 770.6	88 734.9	20.0
水果	26 204.1	86 559.0	30.3
茶叶	246.0	610.1	40.3

食品工业在世界经济中一直占据着举足轻重的地位。我国食品工业在国际和国内的所有工业门类中均是第一大产业，中国食品工业整体呈现快速、持续、稳定的发展态势（表 1-5），持续位居各工业门类之首。

表 1-5　食品工业总产值增幅（%）

项目	食品工业总产值增幅	项目	食品工业总产值增幅
“一五”时期	13.2	“六五”时期	9.0
“二五”时期	−1.7	“七五”时期	8.7
1963～1965 年	11.4	“八五”时期	13.3
“三五”时期	2.4	“九五”时期	8.2
“四五”时期	8.4	“十五”时期	19.4
“五五”时期	8.0	“十二五”时期	71.4

资料来源：历年《中国食品工业年鉴》

根据 1996 年我国第三次工业普查的分类方法，食品行业包括盐业、食品加工及制造业、饮料制造业、烟草加工业和生物发酵工业 5 个部分（表 1-6）。改革开放 40 多年来，我国食品工业总产值一直保持稳定快速增长，目前已发展成为门类比较齐全，既能基本满足国内市场需求，又具有一定出口竞争能力的产业。

表 1-6　我国食品行业分类

主类	细类
食品加工及制造业	粮食加工业、油料加工业、制糖业、屠宰及肉类加工业、水产品加工业、渔业、淀粉加工业、淀粉及淀粉制品制造业、豆制品制造业、焙烤食品制造业、糖果制造业、方便食品制造业、乳品制造业、罐头食品制造业、调味品制造业、营养与保健食品制造业、蛋品加工业、食品及饲料添加剂制造业、蜂产品加工业及其他食品制造业
饮料制造业	啤酒制造业、饮料酒制造业、酒精制造业、无酒精饮料制造业、制茶业及其他饮料制造业
烟草加工业	烟草烘烤业、卷烟制造业及其他烟草加工业
生物发酵工业	氨基酸工业、酵母工业、酶制剂工业
盐业	盐加工业

资料来源：2018 年《中国食品工业年鉴》

许多食品领域研究学者致力于新食品种类的开发，超市柜台上成千上万种食品在工艺、配方、包装、品质保持等方面都在不断改进与完善。消费者食品消费需求多种多样，食品科学工作者有责任生产出各种新的产品以满足广大人民不断增长的物质文化需求，成功的产品是科学知识和创新精神的完美结合。

近年来食品领域研究人员致力于优化食品营养组成，如控制食品中的热量或增加维生素和矿物质的含量。控制食品中的热量通常采取低热量成分来替代食物中的高热量成分。例如，在软饮料中使用阿斯巴甜（天冬氨酰苯丙氨酸甲酯）或糖精，替代高热量的蔗糖；用油脂代用品取代加工食品中的天然油脂，这些油脂代用品可使消费者获得犹如油脂的口感，却不会使人肥胖；用脱脂奶粉和专用蛋白质制成口感良好的低脂冰淇淋。食品科学家还采用组分强化的方法在食物中加入矿物质和维生素，在早餐谷物类食品如麦片、糙米、八宝粥和玉米粥等中加入强化营养素，使早餐食品中的部分营养素能满足人体的全天需要。

三、保证食品的安全与卫生

食品安全问题主要包括食物中毒和食源性疾病（foodborne disease）两类，保证食品安全卫生是食品领域工作者的又一重要任务。食物中毒现象是由摄入食物中存在的危害因子而引起的，因此必须采取谨慎的加工工艺和贮藏工艺来避免发生食物中毒。食源性疾病是食物遭受了致病性细菌、病毒、寄生虫或化学物质的污染而引起的。2015 年，世界卫生组织发布的《全球食源性疾病负担的估算报告》显示：全球有 6 亿人口因食用受污染的食物而生病，造成 42 万人死亡。《中国食品安全发展报告（2019）》指出，食源性疾病是全球最突出的公共卫生问题之一，也是食品安全面临的最大问题。即使在食品安全控制管理体系建立较为完善的国家或地区，食品安全事件也屡屡发生，据统计，2013 年美国有 1750 万个家庭（占美国家庭总数的 14.3%）存在食品安全隐患，发展中国家的食品安全问题也备受关注。历年来《中国卫生统计年鉴》及国内外相关文献资料的数据显示，2001～2017 年我国食源性疾病累计暴发事件共 20 827 起，累计发病 289 068 人次，且整体呈上升趋势。近年来，我国在推进食源性疾病风险管理标准化体系建设等方面取得了多项突破，为食源性疾病控制能力提升提供了有力保证。

在大多数情况下，食物中毒不是由食品加工工艺本身引起的，而是由错误的或不恰当的操作引起的。例如，罐头食品加热灭菌不足，没有充分灭活肉毒梭菌孢子，或者加工食物贮藏不当，经常导致食物中毒事件发生；鱼类食品经常遭受肉毒杆菌的污染，大多数情况下是因为操作者缺乏处理海鲜类食物的有关知识。食品科学家试图寻找食物中毒原因以避免类似事件再次发生。

食品还可能被化学毒物如农药和其他环境污染物污染。目前，工业社会能够做到实时监测进入环境的化学物质浓度，检测精度已达到了纳克级水平。食品安全监管不仅需要监测肉类、乳制品、鸡蛋等产品中的化学物质含量，还需要监测饲喂过程中饲料的有害化学物质含量。例如，一个养禽场的鸡肉和鸡蛋被检出重金属严重超标问题，追踪研究发现该养禽场的饲料配方中有重金属含量超标的鱼粉，而制粉的鱼是因为食用了受重金属污染的海生浮游生物。

在我国，食品安全卫生问题受到了政府和企业的高度重视。2017 年，国家食品药品监督管理总局在全国范围内共组织抽检了 23.33 万批次样品，总体平均抽检合格率为 97.6%。我国在不断修订各类食品质量标准，使之与国际接轨的同时，大力推动绿色食品和有机食品的规模化、标准化生产。

绿色食品是无污染、安全、优质、营养丰富的食品，其中无污染是指在食品生产和加工过程中，通过严密的监测控制，防范农药、放射性物质、重金属、有害细菌对食品的污染，我国自 1993 年加入国际有机农业运动联盟（International Federal of Organic Agriculture Movement，IFOAM）以来，我国的绿色食品（AA 级）已逐渐被国外食品销售商认可。

有机食品是国际上提出的更高水平的无污染食品标准，以追求生态效益为目标，在生产和加工过程中绝对严禁使用农药、化肥、添加剂、激素、转基因作物等人工合成物质。我国有条件的行业可不经过绿色食品阶段，直接研究开发有机食品。

四、推动食品法规与标准化建设

食品质量控制、危害分析和关键控制点、产品认证和质量体系认证、食品法规和食品标准均建立在食品科学深入研究的基础之上。

食品质量控制首先要落实食品良好操作规范（good manufacturing practice，GMP），即在食品生产全过程中，保证食品具有高度安全性的良好生产管理体系。我国自颁布了《食品企业通用卫生规范》（GB 14881—1994）和各个专业规范以来，至今均在认真贯彻落实。

危害分析和关键控制点（hazard analysis and critical control point，HACCP）是迄今为止最有效、最科学、最现代化的食品安全生产管理系统。企业运用该系统能最便捷地贯彻落实食品生产卫生规范。HACCP 是 20 世纪 60 年代美国航天规划署为防止把地球生物带到太空中而提出的食品加工过程中的一种预防性系统。首先进行生产全过程的卫生检测，根据监测数据进行危险性因素分析，确定并提出每个关键控制点指标和应采取的解决措施。经过逐步控制分析，保证产品质量安全可靠。

外向型企业还必须按照国际标准建立质量体系，进行产品认证和质量体系认证，国际标准化组织（International Organization for Standardization，ISO）于 1987 年公布了《ISO9000 质量管理和质量保证系列标准》。该标准已被世界上许多国家采用，成为国际市场上评估产品质量和合格质量体系及许多国家第三方质量体系认证注册计划的基础。我国于 1988 年 8 月采用 ISO9000 系列，并在 1993 年 1 月改为等同采用的标准（GB/T 19000-ISO9000），开始推行认证制度。

世界各国政府为了确保食品的质量和安全，规范食品生产、加工、流通和销售等行为，都制定了相应的法律、法规、政策、条令、办法。我国制定了《中华人民共和国食品安全法》《中华人民共和国产品质量法》《中华人民共和国价格法》《中华人民共和国消费者权益保护法》《食品添加剂卫生管理办法》《食品营养强化剂卫生管理办法》《保健食品管理办法》《原产地产品保护规定》《清真食品管理规定》《食品中毒事故处理办法》等法律规范，以及从属于法律规范的技术规范，如《食品标签通用标准》《特殊营养食品标签》《保健食品通用标准》《进出口食品标签管理办法》等，形成了较为完整的法律体系，并逐步与国际接轨。

为了推动企业组织现代化生产，提高产品质量，维护用户和消费者的合法权益，我国国家标准局会同政府职能部门及生产企业制定了各种标准，这些标准分为国家标准、行业标准、地方标准和企业标准。美国、澳大利亚、新西兰、加拿大等国，以及国际食品法典委员会（Codex Alimentarius Commission，CAC）也都制定了各自的法规或指导性文件。食品领域学者还竭力促进建立国际通用的食品标准（包括食品组成、微生物指标、感官属性指标等），以推动不同国家或地区间在保证食品质量和安全的前提下的食品贸易。

第三节　食品与人类的关系

地球上人类已生活 300 万年，人类祖先最初饮食以“茹毛饮血”为主，自然界中未经任何加工的天然食源成为人类赖以生存的物质基础，那时无食品科学之说，人类受限于自然环境因素，繁殖系数很低且寿命很短，在长达 300 多万年的时间内，人类无论从数量还是智力方面发展都极其缓慢。

自从原始人群懂得利用自然火种，人类开始食用熟食以来，营养状况得到了极大的改善，抗击自然灾害的能力也随之提高，加快了猿人体质向智人体质的转变进度。之后随着生产力的发展和人们对食品的重视，人类体质进一步提高，脑容量增加，智力得到了迅速发展，可以说近万年来人类的进化速度是 300 万年前的数倍。人的寿命与食品有关，据统计，1949 年我国人均寿命只有 45 岁，平均智商较低。随着人民生活水平的提高，人类的营养状况得到了极大的改善，寿命大幅度提高。据 1994 年报道，我国人均寿命达 72 岁，人们的智商也有了很大的提高，越来越多的人加入到了现代化科学技术研发的行列。

食品对人类至关重要，食品的重大变化推动着人类的进化和发展，推动着人类文明的前进。为什么食品与人类有着如此密切的联系，食品的本质是什么呢？

1. 人从食品中获取营养

人每天摄取一定量的食物，从这些食物中获得人体生长发育、新陈代谢所必需的物质。随着食品科学的发展，人们逐渐发现食物中某些物质对人体有营养作用，特别是人体内有些营养物质不能自身合成，只能从食物中摄取。

2. 人从食品中获取能量

人体内不断地进行着新陈代谢，而新陈代谢需要一定的能量。人们参加社会实践活动，要消耗大量的能量。研究表明，一个中等体力劳动的成年男子每天劳动要消耗约 3000kcal① 的能量，维持身体代谢至少要消耗 1400kcal 的能量，这些能量的补充只能从食品中获得，因为食品蕴藏着能量，人体通过代谢转化并吸收食品中的能量，以满足人们生存和劳动的需求。

3. 人从食品中获取负熵

熵是个物理量，它是反映事物内部混乱程度的一个尺度，正熵指混乱，负熵指秩序。根据热力学第二定律，人体新陈代谢要产生正熵，随着新陈代谢的发展，体内的熵不断增大，即混乱程度增加，如果超过一定限度，人就会生病，甚至死亡，人体要维持正常

① 1cal=4.184J

的生命活动，就要从外界获取负熵，以减少机体的混乱。一般来讲，人体不可能从外界直接吸收与能量有关的熵，只能靠饮食获得食物中的化学能。在代谢过程中，部分化学能转变成热能排出体外，排出体外的热能除去体温，就是人体通过热排向外界的熵。食物在人体内物质代谢和能量代谢过程中排出体外的总熵远远大于食物本身所具有的熵，从而人们从食品中获得了负熵。

4. 人通过食品维持机体平衡

饮食是人与自然界进行物质交换的重要方式，吃进去的食物对人体内部的平衡，以及人与自然的平衡起着重要的调节作用，饮食得当则能使人体内部机能趋于平衡并能适应自然的变化，反之则破坏人体内的平衡状态，使人体不能适应自然界的变化，这是实际饮食生活中选择食物的理论依据。例如，《素问：脏器法时论》中指出："五谷为养，五果为助，五畜为益，五菜为充，气味合而服之，以补精益气"，意在阐述饮食能维持机体平衡。另外，饮食在人与自然环境平衡中起着重要的调节作用。例如，《黄帝内经》中有"春夏养阳，秋冬养阴"之说，唐代王冰对饮食解释为"春食凉，夏食寒，以养其阳。秋食温，冬食热，以养其阴"，这些都强调了饮食在人与自然界平衡中的作用。

第四节　食品科技史上的四个里程碑

自人类诞生以来，饮食的变化总是推动着人类的进化，人类的文明又促进了饮食文化的形成和发展。从"茹毛饮血"到现代食品科学的兴起，历史源远流长，在这漫长的发展历史中，4 个重要的发明和创造犹如绚丽的花朵，对推动人类文明、社会进步和食品科学的形成与完善起着极为重要的作用。

一、第一个里程碑——火的利用

人类祖先在"茹毛饮血"的时代，以自然界中未经任何加工的天然食源作为人类赖以生存的物质基础，他们对食物生吞活剥，既生吃植物，也生吃飞禽走兽和鱼虾，其饮食方法与野兽没有本质区别。

在蒙昧岁月，火山爆发、电闪雷击引起的森林大火对原始人来说是非常可怕的。但是人们在同险恶的自然环境做斗争中，逐渐发现火的附近比较温暖。恐怖的山火过后，灰烬里还常常散发出烧熟的野兽和坚果的焦香，食用美味可口，这是人类"茹毛饮血"结束的信号。不知经过了多少次的尝试和失败，原始人群终于懂得了利用自然火种，走上了熟食的道路。我国从 170 万年前的云南元谋人遗址到 50 万年前的北京人遗址，都发现其留有利用自然火的印记，这说明从人类诞生到学会利用自然火种大约经过了 100 万年。

距今约 5 万年到 1 万年前，人们懂得了钻木取火，可以离开原始森林或山洞，沿着河流去寻找适合生存的区域，他们尝百草、吃野果、捕鱼、狩猎，生产力发展的同时物质资源的种类也得到了扩增。到了周口店“北京人”时期，人们普遍学会了烤食捕获来的动植物，今天许多种美食（如北京烤鸭、新疆烤羊肉串）其实都源于我们祖先的最初烹饪。

考古学研究表明，1500 万年前的拉玛猿（人类祖先）和现代类人猿（大猩猩、黑猩猩等）的脑容量没有多大差别。自从原始人懂得利用自然火种，人类开始食用熟食，有害微生物被杀死，食品卫生得到提高，营养状况得到了极大的改善，人类脑容量就增加很快，据测大猩猩的脑容量为 415mL，“北京人”的脑容量为 1059mL，现代人的脑容量为 1345mL，脑容量的增加伴随着智力的提高，猿人逐渐向智人进化。火的利用是人类能源革命的开端，它将人类与野兽进行了区分，对人类发展做出了巨大贡献，是食品科技史上第一个里程碑。

二、第二个里程碑——陶器的使用

原始人用火堆烤吃畜肉时发现可用烧红的石板烤肉和烧红的石子煮汤，这是最早的“煎”和“煮”。人们在地上挖一个坑，铺上数层树叶，然后倒入清水，把从河里捕来的鱼类放入，燃起篝火，把烧红的鹅卵石投入坑内，用以煮熟肉类，这则是“锅”的雏形。之后人们发现用火长期烧过的坑，黏土变成了一块坚硬的泥片，不再散开，于是人们开始用泥巴捏成锅形，放进火堆里烧，一个陶罐便出现在眼前，从此人类进入了使用陶器的纪元。

最早的陶器已有近万年了，它的出现意味着“烹饪”的开始，陶罐可以搬到任何地方去烧煮，也可以用作各种饮食、汲水和储盛的器皿，增加了烹调的灵活性。有了陶罐，先民的食物范围得到了扩大，熟食品种增多，美味佳肴成为可能。早在 5000 年以前，就已出现炊烟袅袅、鼎香四溢的景象了。陶器的使用，使食品加工成为可能，它是食品科技史上第二个里程碑。

三、第三个里程碑——罐藏食品

贮藏食物是人类自刀耕火种后最大的课题，罐藏食品为食物的贮藏打开了理想之门。

1790 年前后，拿破仑的军队出战欧洲，在行军途中，常因为食物发霉变质或者维生素不足等出现士兵减员的情况，至于肉粉、水果和牛奶等食品，由于天气炎热，未运到前线就腐烂变质，这个与战争胜负息息相关的难题，使拿破仑伤透了脑筋，因此他用 12 000 法郎悬赏寻找保藏食品的方法。法国食品工业专家尼古拉·阿佩尔悉心研究了食品保存方法 14 年之久，饱尝了屡次失败的苦楚之后得出了最为简便的方法：先将清洗好的肉等装入瓶内，置入沸水中加热 30～60min，趁热用软木塞口，蜡封保藏。

1804 年，阿佩尔的玻璃罐头问世了，这就是现代罐头的雏形。1806 年，世界上第一批罐头被送上了法国战舰，经实地考察，得到了理想的结果。不久阿佩尔的《用密封容器贮藏食品之法》一书问世，1809 年，法国政府长期贮藏陆海军粮研究委员会颁发了阿佩尔 12 000 法郎的奖励。1812 年，他用这笔钱创办了世界上第一家罐头厂——

阿佩尔之家。阿佩尔的发明很快传到欧洲各国，一个新兴的食品工业随之发展起来，1810年，有人用锡包装制成罐头，1823年，马口铁罐头批量生产，自此罐头在世界上迅速普及。

为了证明罐头的保存能力，人们曾经把1824年制作的装有约1.8kg烤马肉的罐头贮藏了100多年，到1938年才将其打开，并饲喂12只老鼠，10天后老鼠依然健康如初。但罐头在被发明后的近半个世纪里，人们其实并没有弄清罐藏食品的原理，直到1862年，法国科学家巴斯德发现食物的腐败变质都是微生物繁殖的结果，提出用加热的方法杀死微生物，即“巴斯德杀菌法”。这一理论不仅解释了罐藏食品的原理，也使整个食品加工业进入了科学时代。

罐头工业的大力发展始于19世纪中叶，20世纪以后，由于采用了新的科学技术，罐头工业逐步现代化。目前，全世界罐头年产量已达5000万t，品种达2500多种，除了普通的军用罐头和民用小型罐头，还生产饭店、列车、学校、医院用的公共膳食罐头。

罐藏食品在食品加工业中有着极其重要的理论意义和应用价值，使食品进入工业化生产，它是食品科技史上第三个里程碑。

四、第四个里程碑——现代营养学

营养是人类摄取食物以满足自身生理需要的必要生物学过程。营养学是研究如何选择食物，以及食物在人体内消化、吸收、代谢以维持生长、发育与良好健康相关过程的学科。人类在漫长的生活实践中，对营养的认识逐步从感性经验上升到理性认识。

3000多年以前，人们就对“人为什么要吃饭？吃什么样的饭？”进行过论述，2000多年前我国最早的医书《黄帝内经·素问》已总结出“五谷为养，五果为助，五畜为益，五菜为充”的膳食平衡原则。唐代孟诜撰写的《食疗本草》，对当时可供药食两用的食物均予以收载，为中医营养做出了较大贡献，成为研究古代营养学不可缺少的资料。元朝忽思慧编著的《饮膳正要》，记载了常用食物的性、味及效用，论述了饮食营养、饮食卫生习惯与健康的关系等，并提出了具体措施，堪称我国第一部营养学专著。明代李时珍撰写的《本草纲目》，虽然是一部药学专著，但其中论述了许多有关饮食营养方面的内容。古人把“营养学”称为“食养”“食疗”等，但对其研究是凭借视觉、嗅觉、味觉等感官指标评价食品。

18世纪中叶，随着化学元素的发现、物质守恒理论和新陈代谢概念的形成，现代营养学初露萌芽。19世纪以来，蛋白质、维生素等营养物质的提出，使食品领域研究学者开始注重各种食物的主要成分，以及这些成分在人体内的平衡问题，从食物在人体内的新陈代谢出发，把各种食物所含的化学成分同人体对这些成分的需求联系了起来，把人体新陈代谢所需的能量同食物释放出的能量联系了起来。20世纪初阿特沃特（Atwater）和本尼迪克特（Benedict）开始用弹簧式热量计测定食物中的热量，用呼吸热量计测定各种劳动动作的热量消耗，1898年营养（nutrition）一词诞生，20世纪中期产生了具有比较完整的理论体系的现代营养学，许多国家提出了各社会人群膳食营养需求量，并制订出各类食物营养成分表。现代营养学揭示了食品的本质，是食品科技史上第四个里程碑。

第五节　中国的饮食文化

原始人起初以采集为生，选择食物历程艰辛，经过无数次的尝试，人们最初发现朴树籽、松子和板栗之类可作为食物，这些籽实虽然可口，但产量不高，难以采集，无法满足日益增多的人口的食物需要。大约到了 8000 年前，华北平原磁山人和裴李岗人，从狗尾草的籽实中选出了产量高、生长周期短的作物，人类最早的粮食作物——小米便问世了。但最早的耕作方法是刀耕火种。与此同时，人们摸索出了驯养猪、狗、鸡、羊和黄牛，家养畜牧业开始兴起。大约在 5000 年以前，中国的广大地区已基本上结束了游猎时代。北方开始以小麦为主食，南方以大米为主食，南北各地都以六畜入馔。

随着种植业、养殖业的发展和青铜器的出现，以及制盐业、制糖业、发酵业和调味品的生产，食品加工开始走向美味佳肴，并逐步地同卫生食疗结合起来，烹调理论和食品文化开始出现。从 7000 年前的河姆渡遗址到 5000 年前的崧泽文化遗址中都发现了人工开凿的水井，说明当时人类已懂得用水卫生。最早的医典《黄帝内经》中就提出了食疗的理论及具体方案。我国最早的食谱见于殷人的甲骨文。到了周代，地方名菜已初步形成，三国时代的烹调技艺已达到相当高的水平，有关烹调各个方面的经验都已总结出来。

魏晋南北朝时期，关于饮食和烹调的著作有《崔氏食经》《食经》《四时御食经》等，关于食品制造的著作有《四时酒要方》《白酒方》等，关于食疗的著作有《膳食养疗》《神仙服食经》等，食品业已形成初步理论体系。隋、唐至明、清是中国的封建经济从全盛走向灿烂的时代，随着人口的增多和贸易的频繁，城镇酒家林立，市场各类食品琳琅满目，中国八大地方菜系也已经形成。

在光辉灿烂的食品文化中，中国堪称世界之最。早在 5000 年前，我国江南人就用大米做粥、制糕，周朝的杜康开始酿酒，西汉时，我们的祖先就已用石磨磨小麦和加工面饼。西汉时就有豆腐生产，五代时豆腐已成为日常食品。谷物酿酒，大约源于新石器时代，到了商代，已相当普遍。秦汉以前，就有酱生产，龙山文化时期就开始谷物造醋。我国的烹调技术起源于新石器时期，即仰韶文化时期，在其发展过程中，人们逐步地从色、香、味、形诸方面全面追求。对食品不仅要求味香可口，而且花色绚丽。在餐具使用上，唐代的“唐三彩”色彩奇艳，明代的“白地青花，间装五色”为古今之冠，达官贵人更是“金银杯盘”奢侈豪华。食品更是引起了历代文人墨客的关注和赞赏，图稿诗文层出不穷，如五代南唐顾闳中的《韩熙载夜宴图》、明代仇英的《春夜宴桃李园图》流芳百世，唐代的诗句“葡萄美酒夜光杯”成为千古绝唱。

中国的菜品丰富，各具特色。众所周知的八大菜系（鲁菜、川菜、苏菜、浙菜、粤菜、湘菜、闽菜、徽菜）和满汉全席，成为中国饮食文化的亮丽花朵，在世界享有极高的声誉。此外，京菜、沪菜、鄂菜、辽菜、豫菜等也久负盛名。清真菜、素菜等更独具特色，富有魅力。

第六节 近代食品科学发展概况

20 世纪以前，人们对食品的要求主要还处于视觉、嗅觉、味觉等感官阶段，以色、香、味、形来评价食品。20 世纪以后，食品业进入了科学化时代，用于评价食品的不仅有感官指标，还有理化指标，食品业向着集约生产、品质优良、种类繁多、营养卫生诸方面迈进。

1. 资源充分利用，食品种类繁多

20 世纪以来，人们不仅沿用传统的面食、畜产加工食品，而且水果、蔬菜及其他野生资源都得到了开发和利用，食品种类繁多。市场上所见到的食品种类有面食类、肉食类、禽蛋类、乳制品类、水果类、蔬菜类、干制类、腌制类、发酵类、菌类、酒类、软饮料类、糖类等。另外，根据人们对食品的不同需求，又生产出方便性食品和功能性食品，如果再加上西餐、中餐等各个国家、各个地方的筵席和小吃，其种类数不胜数。

2. 工厂化大生产，食品安全卫生

21 世纪以来，食品加工业的另一个显著特点是工厂化生产，生产设备现代化，流水线作业，生产速度快。目前，世界上年产万吨的食品工厂屡见不鲜，由于机械的现代化、严格的控制手段和封闭的加工，食品质量大大提高。

3. 食品营养学异军突起

20 世纪开始，食品科学家围绕着人为什么要吃饭展开了广泛的研究和讨论，从食品在人体内的新陈代谢出发，把食品同化学联系起来，把各种食品所含的化学成分同人体对这些成分的需求对应起来，把人体新陈代谢所需要的能量同食品能释放出的能量对应起来，产生了食品营养学。食品营养学的产生揭示了人类吃的本质，成为食品加工业的理论基础和食品科学的指导思想。

4. 食品科学趋于完善

食品科学是以数学、物理学、化学、生物学、工程学为基础的一门综合性学科，随着食品加工业和饮食业的发展，食品科学与其他越来越多的学科发生了联系，派生出许多新的学科，使食品科学日趋完善。例如，根据建造食品工厂的需要，食品同物理学结合起来，产生了“食品工程原理学”；同工程学结合起来，产生了“食品工厂设计学”；为了研究食品在人体内的新陈代谢，食品同化学结合起来，产生了“食品化学”；为了便于食品保藏和市场竞争，食品同市场学结合结来，产生了“食品包装学”和“食品营销学”；为了食品保藏，食品同微生物学结合起来，产生了“食品微生物学”等。

第七节 20 世纪末的食品

一、食品发展的总趋势

20 世纪末食品发展的总趋势是：①高质量、低热量食品；②低脂肪、高碳水化合物

食品；③方便食品；④保持自然体系食品；⑤强调“天然”组分食品；⑥单一组分丰富食品；⑦微波制品和高档次包装食品；⑧更“健康”食品。

二、食品的类型

20 世纪后期人们开始从健康、营养、卫生、科学的角度认识饮食，对食品不仅要“吃饱”，而且要“吃好”。过去高能量、高脂肪、低纤维等引起心脏、血管、消化道等器官疾病的食品，使用添加剂、保藏剂等化学物质的食品和引起食物中毒的食品等对人类身体健康产生的影响，即食、快餐、方便食品的包装产生严重的环境污染，以及由此而引发的一系列社会问题等，引起了人们的广泛关注。

20 世纪末的食品可以划分成如下 3 大类。

（1）既定的、传统的、检验过的食品。罐装、干制及很多冷冻食品归入此类。

（2）时尚的、种族的、快速的、嗜好的、体现高度工厂化加工的、微波再加热食品等。快餐食品归于此类。

（3）有机的、营养的、天然的、健康的、无添加剂的食品。这些通常是基本食品，如面包、饼干和果品蔬菜。

三、高附加值微波热处理食品

传统的食品加热方式通常都是表面热交换，其缺点是热利用率低，传导速度慢，受热不均匀，局部过热，制品营养破坏严重，且热交换器表面易积垢，清洗困难。例如，罐头杀菌，初期中心温度只是周边温度的 1/35，只有较长时间的处理，才能使制品中心温度达到要求。

20 世纪 90 年代，微波加热技术得到了很快发展，被广泛用于食品的调和、融冻、干燥、加热、焙烤、杀菌等方面。微波发生有两种方式：一种是从高频发射极随机发生，这种方式用得较多，如常见的家用微波炉；另一种是 APV 磁控方式，该方式从高频发射极的长度方向产生恒场强，垂直于长度方向的食品受到均匀的场强作用。

欧姆加热，是 APV 英国电子委员会研究中心开发的一种新的热处理方式，可使食品在结构、营养和感官性质方面产生更高的附加值。

四、辐照食品

食品贮藏期间受昆虫、细菌、真菌污染等造成全世界食品的损失为 25%～30%，一些微生物还可能造成地方性或流行性食品污染。为了解决这些问题，可用射线（如 ^{60}Co-γ 射线、^{187}Cs-γ 射线、X 射线、电子射线）辐照，杀死霉菌，抑制酶活性，延长食品贮藏期，推迟果蔬成熟期，在卫生安全方面还可杀死或显著减少鱼类、禽类及香辛料等制品中的致病菌或腐生菌。辐射还可以抑制马铃薯、萝卜等的发芽，防止谷类及其他贮藏品的昆虫侵害。

五、发酵食品

据估计，食品中 1/3 是发酵食品。早在公元前约 3000 年，北非和中东地区的人们就用大麦发酵制啤酒、葡萄发酵制葡萄酒。公元前约 1000 年，中国人用大豆发酵制酱油和豆面酱。大约公元 100 年，中东地区用乳酸菌发酵制作酸奶。发酵是食品 3 种原始保藏方法之一（另两种是干制和烟熏），它借助于微生物活体和酶对食品原料进行作用而产生一系列生物化学反应。食品的发酵是生物技术最古老的应用之一，现在从自然发酵已发展成控制发酵。

发酵食品的优点主要有以下 4 个方面。

（1）自然保藏。发酵产生的酸降低环境 pH，抑制其他微生物的生长。

（2）提高营养价值。一些高质量的食物如乳类、豆类等，含有一些不能被人体利用的低聚糖（如乳糖、棉籽糖、水苏糖等），经微生物发酵后转变成易被人体利用的形式。马铃薯、木薯等含有氰基化合物对人体有害，经发酵处理后则变得安全无毒。

（3）改善风味和质地结构。木薯经发酵产生甘露醇和双乙酰而改善风味。酸奶发酵生成的乙醛、双乙酰和 3-羟基丁酮等使其具有使消费者感到愉快的风味。蛋白酶水解酪蛋白使奶酪具有理想的柔软质地。

（4）增加膳食品种。发酵制品可以为我们提供多种营养丰富和风味良好的食品。

六、纤维食品

纤维食品是指膳食纤维含量高（其含量为 2%～20%）的食品，膳食纤维在肠道内具有耐消化酶的作用，但可以被细菌酶分解。膳食纤维分为非溶性和可溶性两大类，非溶性膳食纤维包括纤维素、半纤维素和木质素，可溶性膳食纤维包括果胶、藻胶、豆胶和树胶等。膳食纤维大多数为不能被肠胃消化的碳水化合物，但它能促进肠道蠕动，有助于肠胃消化吸收其他营养成分。纤维食品具有减肥、帮助消化、防治心脑血管疾病和结肠癌、减少热量摄入和提高人体免疫力等作用，被人们高度重视。小麦麸皮、粗杂粮、甜菜、玉米、大豆、豌豆、大麦、燕麦稻米、可可、苹果及柑橘等食物中富含膳食纤维。

七、冷藏食品

冷藏食品是欧洲食品市场上发展最快的领域之一，因为冷藏食品是“接近于新鲜”的制品，所以是消费者理想的食品，深受欢迎。食品保藏的主要目的是消除微生物的毒性危害，延长贮期，保持其营养和感官。保藏过程中考虑水分活度（water activity，Aw）、气体成分、pH 等对微生物的影响因素，通过包装改变气体成分和开发新的保藏剂，与低温结合，使食品能有更好的保鲜效果。近年来食品在产、贮、运、供、销过程中，冷链保藏得到了快速发展。

八、低热卡值食品

低热卡值食品是指其提供的能量与糖分、油脂等远小于相对应的传统食品的食品。用高甜度甜味剂和低热脂替代物代替原来食品中所用的糖和油脂。这类食品热含量少，pH 稳定，具有预防富贵病、高血压等作用。

九、长货架期食品

食品的货架期决定于配方、加工、包装和贮藏条件等因素，但主要取决于食品易腐败的程度。采用合适的包装，如控制气体包装或改变气调包装可使易腐性食品（货架期一般不超过 14 天）货架期延长至 90 天，奶酪、冷冻甜食等可贮存 6 个月。长货架期食品如罐头等在适宜的贮藏条件下可贮藏 3 年或更长的时间。选用合适的原料和配方，能保证食品的安全性和完整性，延长货架期。在合适的条件下，使物料产生理想的物理和化学反应，既能获得优质产品，又能延长保藏期。

第八节　进入 21 世纪的食品

根据 20 世纪末世界食品市场发生的一系列变化，人造食品、遗传工程食品、保健食品、变态食品、生态食品、绿色食品、昆虫食品等得到了迅速发展，它们将成为进入 21 世纪的主要食品。

一、人造食品

近年来，人造食品在美国、日本、英国等国家迅速发展。美国生产的人造鸡蛋、人造鱼子、人造火腿、人造虾已成为家常菜肴。日本人以猪皮为原料，生产的“人造海蜇皮”，不仅外观与天然海蜇皮一模一样，且味道鲜脆可口，除畅销本国市场外，还远销到美国、法国等国家。俄罗斯一位专家研究出一种人造胡椒，它由 8 种有机物组合而成，这种胡椒的香味与天然胡椒几乎一样，已获准在食品工业中使用。专家指出，人造食品的前景广阔，它将给世界的经济及社会各方面带来巨大的变化。

二、高蛋白食品

未来的食品将从以淀粉为主转向以蛋白质为主，一切植物蛋白、动物蛋白及微生物蛋白都将被人们充分利用。据专家预测，21 世纪昆虫食品将成为人类重要的蛋白质来源。昆虫种类多，数量大，占地球上动物总量的 4/5。昆虫体内蛋白质干基含量达 40%～85%，远远超过鱼、蛋类蛋白质含量，体液中游离氨基酸的含量达 300～2340mg/L，比任何高等动物都高。此外，昆虫富含脂类、糖类、维生素、矿物质等营养成分，胆固醇含量很低，对心脏病患者尤有好处。昆虫肉纤维少，味道鲜美，其营养成分易被人体吸收。昆虫体内还含有丰富的铁、锌等微量元素及人体所必需的氨基酸。昆虫除作为美食外，还有独特的保健益身作用，有的是上等滋补品。昆虫含有抗菌肽，它不仅对细菌、真菌有广谱抗菌能力，而且对病毒、病原虫及癌细胞有很强的抑制效果。昆虫还含有丰富的脂肪酸、昆虫激素等活性物质，从而具有调节人体生理机能的良好作用。从昆虫中提取活性物质复合到其他食品中，这将是开发功能食品的又一个方向。现在的蚂蚁食品、蚕蛹食品、蚯蚓食品、蜜蜂食品、天蛾食品、蝇卵食品、蚱蜢食品、蟋蟀食品、蝎子食品等已成为西方国家贵宾席上的美味佳肴，中国也有相当数量的昆虫食品生产。

三、方便食品

随着人们生活方式的改变，用于烹制食品的时间越来越少，于是一些物美价廉，吃起来既省时又省事的方便食品涌现了出来。方便食品可以预制，也可以现吃现做，把食品做成半成品或成品，而后冷冻起来，用时简单加工，可随时随地食用。例如，现在比较普遍的方便面、牛肉干、果蔬罐头、肉类罐头、各式饮料、方便米粉、藕粉、河粉、玉米糁、黑芝麻粥、燕麦粥，以及冻水饺、冻面条、冻汤圆等，种类繁多，风味各异，大众化，是适应性很强的食品，且可以工业化生产。

四、保健食品

保健食品这一概念最早于 1962 年由日本厚生省提出，1989 年 4 月，厚生省进一步明确了其定义：“其成分将使人体产生防御功能，调节生理节律及预防疾病和促进康复等有关身体调节功能的加工食品”。美国只强调食品的健康指标，欧洲国家一般称其为健康食品或营养食品，我国卫生部于 1996 年 3 月 15 日将其正式定名为保健食品。保健食品是不同于一般食品而又区别于药品的一类特殊食品，它们具有普通食品属性，并具有调节机体功能的保健作用。根据食用对象的不同，保健食品分为两大类：一类是日常功能性食品，它是根据各种不同消费者（包括孕妇、婴儿、老年人和学生等）的生理特点和营养需要而设计的，旨在促进生长发育，推动机体活力，强调的成分能充分显示本身防御功能和调节生理节律的食品。另一类是特种功能性食品，它着眼于某些特殊消费群（如糖尿病患者、肿瘤患者、心血管病患者、便秘患者和肥胖症患者等）的特殊身体状况，强调食品在预防疾病、促进康复方面的调节功能，以解决共同面临的“健康与医疗问题”。

随着社会老龄化的形成，人们对“健康观”的认识不断深化，据世界卫生组织发布的信息，全世界 75%的人处于亚健康状况，而保健食品可提高人体生理功能和机体免疫水平。开发保健食品不仅可使有限的资源得到充分利用，提高人体素质、增进健康、减少疾病，还可提高农产品附加值。

老年人代谢机能一般降低 20%，合成与分解失去平衡，表现出衰老现象，如血压升高、消化功能减弱等，如果食物结构不合理，高脂血症、高血压、糖尿病、冠心病、动脉硬化等疾病就会随之产生，严重危害健康和生命。英国食品与药物管理部门认为，特殊饮食成分与慢性疾病康复密切相关。西欧的黑面包膳食纤维含量为白面包的8倍，很受老年人欢迎。美国市场上推出了催眠饼干和记忆面条，人们在临睡前吃几块催眠饼干后能很快入睡，食用记忆面条后可以明显增强记忆力。此外，美国还生产出治疗便秘的果汁、延缓衰老的汉堡包、预防动脉硬化的沙司。核酸具有增强身体免疫能力、抗癌及美容作用，日本研制出了核酸豆腐、核酸橘子汁、核酸冰淇淋等核酸系列强化食品。研究表明，氧自由基可以破坏机体细胞，引起炎症和降低免疫功能，促使机体衰老，活化致癌物质，从而导致肿瘤发生。生产含有氧自由基清除剂的保健食品，是我们食品工作者的一项重要任务。

随着分子生物学和医学的发展，食品科学已从分子水平上研究各种食品的化学成分对人体生理机能的作用，即从静态化学和动态代谢两个方面研究机能生物化学，这是当今食品科学发展的重要特征。未来的保健食品不仅是经过动物和人体实验证明其具有某种生理调节功能的食品，而且需要确知具有该项功能因子的化学结构、成分含量及作用机制，使食品与医疗保健真正结合。目前市场销售的保健食品有不饱和脂肪、补钙、减肥、补血类等产品，未来其他类型的保健食品，如肽系列、蜂王浆、蜂蜜系列、菌类多糖系列、有益菌系列、低聚糖系列、螺旋藻系列、海洋生物系列、中草药系列等将成为时尚。

五、变态食品

变态食品是指在形态上与常用食物发生了很大变化的食品，如原来是固态的食品，现在加工成液态食品，或者以纸、炊具及衣物等形式出现的食品。变态食品有许多优点，可以较长时间保存，并节约包装和运输等成本。日本现在生产出了许多种类的粉末酒，食用时加入适量的水，粉末溶解后形成的溶液其色与味都与液态酒一模一样。美国研制出一种“空气食品”，它是按照一定比例调配，包含多种人体所必需的营养悬浮微粒，这些悬浮微粒贮存在一种类似喷雾器的器具里，食用时只需将嘴对准喷雾器，用手轻按开关，马上会有一股“风”喷入嘴中。只要吸上一口，就会使人饥饿顿除，产生一种进食了美味佳肴的愉悦感觉，整个进食过程只需几分钟。

日本推出了可食用的唱片、卡片、油墨、纸牌、纸菜等。此外，世界上还出现了可以吃的报纸、书、建筑物、纽扣、碟子及化妆品。美国科学家利用蛋白质、牛奶及其他营养丰富的食物制作宇宙飞船内部的隔板，紧急时可作为粮食充饥。由蛋白质、氨基酸、果酱及微量元素制成的衣服可供远航、勘探、登山及野外考察作业人员穿戴，以备发生意外而缺少食物时食用。

六、水产食品

未来食品的开发方向会由陆地发展到江河、海洋中。海洋中蕴藏着大量的鱼类、海带类、浮游生物、海藻等海生动植物，是取之不尽、用之不竭的天然宝库，这个食品资源将被人们科学地开发与利用，为人类的生存和生活服务。

七、绿色食品、生态食品、有机食品

绿色食品指经专门机构认定，许可使用绿色食品标志的无污染的安全、优质、营养食品，它是人类注重生态环境的产物，也是社会进步和经济发展的产物。生态食品指在没有污染的自然生态条件下生产的原料加工成的食品，工业发达的国家是世界上生态食品主要消费国，不少国家对这类食品的需求量大大超过了本国的生产量，生态食品的价格比一般食品高 50%～200%，如野蘑菇、野木耳、野山参、野水果、山野菜等生长过程中未加任何化学肥料和农药，它们靠大自然所给予的条件生长起来，在加工过程中不损害天然成分，不含任何食品添加剂。有机食品指由不使用化肥和农药，或少量施用化肥和农药生产的原料加工的食品。我国有机产品产值自 2014 年开始一直保持在 1000 亿元以上。

第九节　食品科学的发展趋向

食品是人类赖以生存和繁衍的基础，随着科学技术的发展和生活水平的提高，人们要求吃得更营养、更方便、更健康、更科学，为此食品科学的发展趋势主要表现在以下几个方面。

一、食品生物技术

生物技术在食品中的应用已有悠久的历史，人类早在远古时代就利用微生物制醋、做酱、酿酒，自 20 世纪 70 年代基因克隆和重组技术诞生以来，揭开了利用基因工程生产食品的序幕，现在人们已通过固定化酶、细胞融合、外源基因导入等技术来改善生物活性，开发高质、节能、无公害的食品。例如，胡萝卜素光合物、叶绿素、花色苷、β-花青素和酚类等物质是天然植物色素，植物自身生产产量低、成本高，现在利用固定化植物细胞培养生产色素已成为可能，在琼脂平板上用色素细胞挑选菌群已得到了胡萝卜素类化合物和花色苷的高产菌。

基因工程在食品科学中的应用日益广泛，现在发达国家所使用的谷氨酸、赖氨酸等高产菌均由基因工程新技术培育而成，其产酸率比一般菌种要高得多。基因工程在食品原料有目的地定向改造方面已得到广泛应用，根据加工品的需要，定向培育相应的原料在国内外已普遍实施。食品中有效成分分子重组技术、生理活性物质交换技术、功能性食品解析和分子设计等新概念将成为功能食品的研究方向。基因工程在食品科学中应用潜力很大，已逐步形成“食品生物技术”的新学科。

二、酶在食品中的应用

酶是活细胞产生的具有高效催化效率和高度专一性的生物催化剂。在自然界已发现的酶有 2700 多种，但截至目前在食品、化工、医药、农业等领域得到应用的仅有 200 多

种，其中真正投入工业化生产的酶仅有几十种，现在世界酶制剂年总产量为十多万吨，发达国家专门生产酶制剂的厂家有近百个，但较大规模的仅有十多家，这些大企业的产量占世界酶制剂的 80%以上，食品工业用酶占世界酶制剂的一半左右。

酶在食品工业中的应用相当广泛，日益显示出其强大的生命力。美国过去每年要进口 500 万 t 砂糖，现在采用双酶法制取葡萄糖，用固定化葡萄糖异构化酶反应器，以玉米为原料生产的一代（果糖占 42%）、二代（果糖占 55%）、三代（果糖占 90%）高果糖浆热值较低，甜度超过蔗糖，可口可乐、百事可乐两家饮料公司用这种高果糖浆代替进口砂糖，引发了食品工业重大革新。日本采用固定化米曲酶、谷氨酸脱氢酶、乳酸脱氢酶及乙醇脱氢酶等固定化酶技术生产酱油，生产周期由原来几个月缩短为 90 多小时。在水产加工中，将小鱼、鱼头、鱼尾一起绞碎，蛋白酶处理，离心除油，浓缩至蛋白质含量为 30%左右，再添加麦麸或米糠，可制成高蛋白饲料。溶菌酶可作为防腐剂用于延长水产品、香肠、奶油、面条等食品的保存期。此外酶处理还用在豆浆脱腥、果汁澄清、肉嫩化等方面。

三、食品加工高新技术

未来食品在加工过程中将不断地加强科学研究，使用高新技术，使食品的科技含量不断增加。目前已经研究成功的或尚未开发的高新技术，如超微粉碎、微胶囊包埋、膜分离、分子蒸馏、超临界萃取、超高压加工、微波加工、真空冷冻干燥、超高温瞬时杀菌、电阻加热杀菌、挤压与膨化、食品生物技术和果品蔬菜气调贮藏等将得到广泛的应用。食品种类将逐年增多，质量将进一步提高，附加值将进一步加大。食品质量卫生保障体系将逐步健全，各类食品标准将进一步完善，多功能、高精度、快速方便的食品检测仪器和手段如栅栏技术、危害分析和关键控制点技术、微生物预报技术等将进一步研究和应用，以保证食品安全、营养与卫生。在食品科学研究方法方面，将采用合理的试验设计和数据分析方法，此时计算机在产品研究和管理工作中将发挥巨大的作用。微电子技术和传感技术将使食品加工业实现自动化、智能化控制，大大降低生产成本，提高产品质量。

四、食品添加剂

食品添加剂是指为改善食品品质和色香味，以及防腐和加工工艺的需要而加入食品中的化学合成物质或者天然物质。目前，国际上使用的食品添加剂种类有 16 000 余种，我国允许使用的食品添加剂有 2397 种。根据国家标准《食品添加剂使用卫生标准》（GB 2760—2014）分为 23 类：酸度调节剂、抗结剂、消泡剂、抗氧化剂、漂白剂、膨松剂、胶基糖果中基础剂物质、着色剂、护色剂、乳化剂、酶制剂、增味剂、面粉处理剂、被膜剂、水分保持剂、营养强化剂、防腐剂、稳定剂和凝固剂、甜味剂、增稠剂、食品用香料、食品工业用加工助剂及其他。

我国粮食霉变占10%以上，果品因运输保藏不当会损失15%～20%，而食品添加剂是改善食品品质、强化食品营养、提高食品质量所必需的附加物，因此，在现代食品加工过程中，食品添加剂是不可缺少的，开发高效食品添加剂新品种也是摆在食品科技工作者面前的迫切任务。

第二章　食品的品质、化学成分与营养

食品的成分及其特性是食品科学的核心问题。在有机化学、物理化学及生物化学等基础学科的支撑下，食品科学的研究日益深入，目前已经能在分子水平上解释不同食品成分的特性及其相互间的影响。食品主要来源于动植物等生物资源，食品中的主要成分有：碳水化合物及其衍生物、蛋白质及其衍生物、脂肪及其衍生物。此外，还有无机物、矿物质和一系列微量有机物质，包括维生素、酶、乳化剂、有机酸、氧化剂、抗氧化剂、色素及风味物质等。水也是食物中不可缺少的重要成分。上述各种成分的不同组合，就构成了不同食品特有的结构、质地、风味、色泽及营养价值和不同食品的特性。上述各种成分都天然存在于食物中，当食品的结构、质地、风味、色泽、营养价值及保质期不能令人满意时，给食品中添加天然的或人工合成的其他成分，改善食品的一项或多项特性，可以达到令人满意的效果。

第一节　食品的品质

“品质”是指食品的优质程度，包括风味、表观和营养成分，它是食品的综合特征，直接决定着食品的可接受性。我们选择、食用食品时，会动用所有的感观（如看、摸、闻、尝、听）来评价食品。通过感观来测定食品的品质主要有色、香、味、形 4 个方面。

一、食品的色泽

食品的色泽不仅有助于鉴别其品质，而且可以告诉我们许多有关信息。例如，颜色通常作为成熟和腐败的指标，我们可以通过颜色来判断土豆片油炸的终点；干番茄粉在贮藏期间变白说明包装中含氧量太高，而发黑则说明番茄粉的最终水分含量太高；巧克力的表面色泽可以反映其贮藏期的长短等。所有这些都会影响和反映食品的品质。

食品的色泽可以在实验室准确测量，如果食品是透明的液体（如白酒、啤酒、葡萄酒），或食品的色素可以提取出来，则可用不同类型的色度计或分光光度计来测定其颜色。如果食品是不透明的液体或固体，可以通过比较食品的反射色泽来确定染色片，从而测定其颜色。

能定量确定食品表面色泽的光测定仪，对于水果、酱菜等食品来说极为重要。评价食品的色泽是一项很复杂的工作，有的食品为单一色泽，有的食品则由多种颜色组成，目前对食品色泽的评价主要采用视觉观察法。

二、食品的香气

不同的食品，由于它们的成熟度、品种、物料组成、加工技术等的不同，具有不同的香气。香气直接反映着食品的类型和质量。不同食品所产生的挥发性物质的成分和数量不同，其香味存在很大差异。构成香味的化合物主要有酯类、醇类、酸类、醛类、酮类、酚类、杂环族、萜类等，有200多种，这些物质不仅气味各异，而且它们之间通过加成作用、协同作用、分离作用及抑制作用等，使香气多种多样。食品中的香味物质含量很低，但仍能被人的嗅觉器官感觉到。

由于香味物质种类繁多、结构复杂、数量极少，目前还没有测定和分析食品中多种香味物质的仪器，评价食品的香味主要依靠人的嗅觉器官。

三、食品的风味

食品的主要味道有酸、甜、苦、辣、咸、涩、鲜7种，食品的风味不仅由这7种味道混合而成，还由许多赋予食品芳香的化合物构成，使食品的风味非常复杂。大多数食品的风味还不能完整地被描述出来。更为复杂的是，人们文化和生理上的差异，不同的人对同一种食物的接受能力不一样，喜好不同，在评价风味的时候，便会掺杂许多主观因素，导致质量评判意见上的差异。

依据不同的目的，可以用不同的方法评价风味，有些风味物质能够用仪器及化学或物理的方法测量出来，如盐、糖和酸。但要衡量消费者对食品质量可接受性时，除了人品尝，目前还没有其他可替代方法。

四、食品的形状和质地

食品的形状主要指大小、状态和完整性，另外摆放模式也是一项重要的表观因素。完整性指的是食品整体和破碎的程度。食品的大小和形状是国家及地区分级标准的重要因素，而且容易测定。例如，水果蔬菜可以通过一定尺寸的网孔进行分级，大小也可通过重量来近似估计。形状在直观上可能更重要，如某类腌渍品的等级评定还包括对弯曲程度的要求。

质地指那些既可以用手触摸，也可以用舌、腭、牙齿等感觉到的食品品质。现在已设计了许多专门测定质地特性的仪器，如汁液计，通过一定压力挤压出果汁来测量其量；嫩度计运用压力和剪切力来测定豌豆等的嫩度；还有带有特定装置能测定硬度、脆度和其他质地参数的仪器。食品的质地并不是长期保持不变，其中水分变化是主要影响因素。新鲜水果、蔬菜的细胞壁破裂时，细胞失水，就会出现塌陷，失去饱满度。当水果大量失水时，就会变得干枯、坚硬，这对于杏干、李干、葡萄干来说，是希望发生的。而面包、蛋糕失水后变得干硬，却是一种品质缺陷。脂肪作为一种软化剂和润滑剂加入蛋糕中，可增加蛋糕的柔软度；淀粉和果胶可作为增稠剂增加食品黏性；低浓度糖在软饮料中可增加口感，高浓度糖可以增稠、增加咀嚼性，浓度更高时可以形成晶体，在硬糖果中可增加脆性。食品工作者可以运用这些特性改善食品的质地。

五、附加质量因素

三个非常重要的附加质量因素是营养质量、卫生质量和保存期。营养质量通常可由化学分析或仪器分析来确定其具体的营养素组成和含量，多数情况下要做动物喂养试验。卫生质量通常由细菌总数、大肠菌群、致病菌数目和昆虫残骸及沉淀率来衡量。保质期或贮藏稳定性是由相当于或超出在正常贮藏和处理状态下，分配和食用食品期限的产品质量来衡量的，正常的贮藏试验要求一年或更长的时间才有意义，通常要设计加速的贮存试验，这包括极端温度、湿度或其他变量，这些变量在短期内就会暴露出食品质量变化趋势。

六、质量控制方案

为了保证食品或产品的质量，需要建立一个系统的质量控制方案。这个方案始于顾客和市场的要求：顾客对产品的等级要求，需要出售和加工的产品必须满足相应的法律条文。基于这些技术要求，还需要建立合适的检验方法和质量控制部门。几乎所有的食品工厂都有一个品质控制部或品质评估部。品质控制部的功能多样，如图 2-1 为番茄产品的品质控制部的功能。

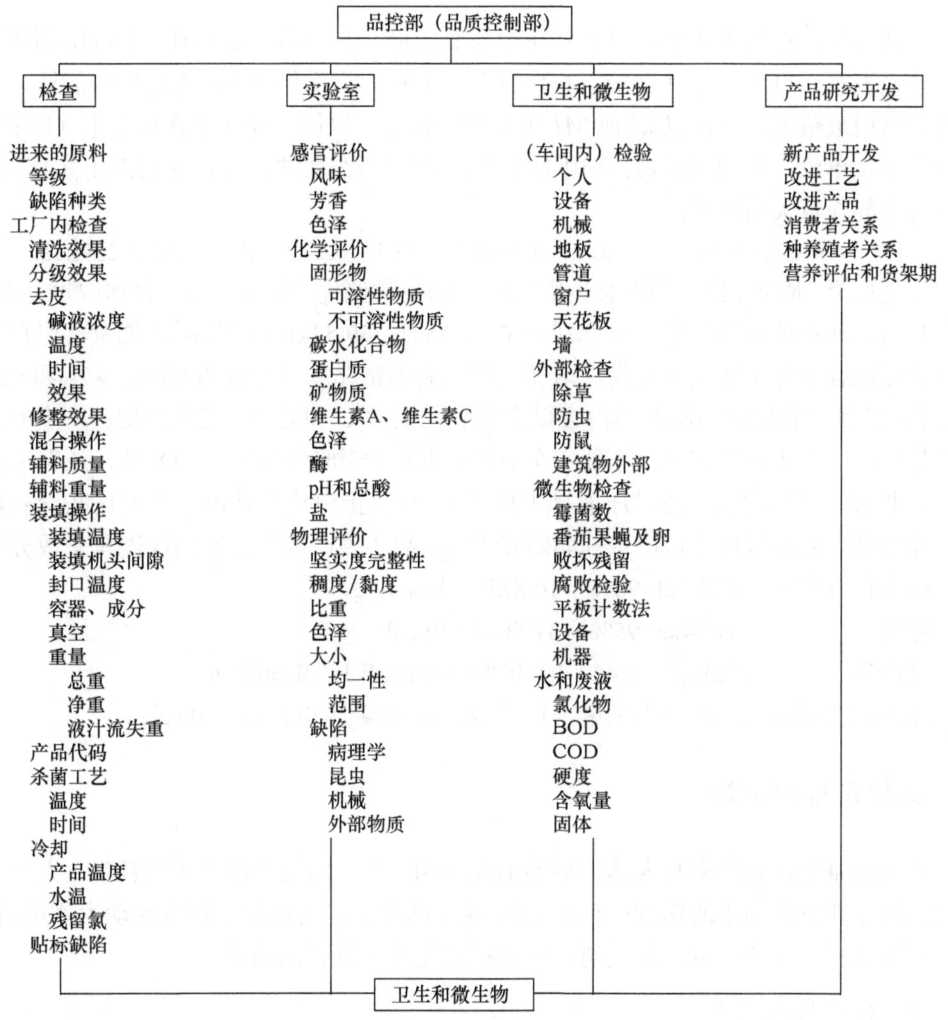

图 2-1　番茄产品品质控制部的功能

第二节　食物的能量

一切生物都需要能量（energy）来维持生命活动，人体所需要的能量主要来自食物中的产能营养素，包括糖类（即碳水化合物）、脂类和蛋白质。如果人体摄入的能量不足，机体会动用自身的能量储备甚至消耗自身组织以满足生命活动能量的需要，人若长期处于饥饿状态则将导致生长发育迟缓、消瘦、活力消失，甚至死亡。相反，能量摄入过剩，则在体内会不断贮存。由于人体内碳水化合物的储备很少，能量主要通过脂肪贮存，长期摄入过多能量，会使人发生异常的脂肪堆积。因此，能量的摄入应与需要保持均衡。准确估算人群能量需要是营养学最基本而又重要的研究课题。

一、能量的单位

一切做功，包括人体细胞内的做功都需要能量，在国际上以焦耳（Joule，简称 J）为单位来表示。1J 相当于 1 牛顿（N）的力使 1kg 的物质移动 1m 所消耗的能量。营养学上因所用数值大，故常以 kJ 或 MJ 作为单位计算。以往营养学上常用千卡（kcal）作为一个热量单位，即 1L 的纯净水由 15℃升到 16℃所需要的能量，现已改用焦耳表示。焦耳与卡的换算关系如下：

$1MJ = 1000kJ = 10^6J$　　$1kcal = 4.184kJ$　　$1kJ = 0.239kcal$　　$1MJ = 239kcal$

每克糖类、脂肪、蛋白质在体内氧化产生的能量值称为能量系数。食物中每克糖类、脂肪和蛋白质在体外充分燃烧可分别产生 17.15kJ、39.54kJ 和 23.64kJ 能量，但食物在人体消化过程中并不能完全吸收，习惯上按三者的消化率（分别为 98%、95%和 92%）来计算。碳水化合物和脂肪在体内可以完全氧化成 H_2O 和 CO_2，其终产物及产生的能量与体外相同。但蛋白质在体内不能完全氧化，其终产物除 H_2O 和 CO_2 外，还有尿酸、尿素、肌酐等含氮物质（通过尿液排出体外），每克蛋白质在体内产生的这些含氮物质如在体外继续完全氧化还可产生 5.44kJ 的热量，故 3 种产能营养素的净能量系数分别为

碳水化合物　　$17.15kJ \times 98\% = 16.8kJ$（4kcal）/g

脂肪　　$39.54kJ \times 95\% = 37.56kJ$（9kcal）/g

蛋白质　　$(23.64 - 5.44)kJ \times 92\% = 16.744kJ$（4kcal）/g

此外，乙醇也在体内产生热量，每克纯乙醇相当于 29.29kJ（7kcal）。

二、人体的能量消耗

人体能量的需要量应与人体能量的消耗量相一致，即摄入量等于消耗量。人体中能量的消耗受 3 方面因素的影响：基础代谢消耗、体力活动消耗和食物特殊动力作用消耗。对于正常生长发育的儿童，能量消耗还包括满足生长发育的需要。

1. 基础代谢消耗

基础代谢是维持人体最基本生命活动所必需的能量消耗。按联合国粮食及农业组织

（Food and Agriculture Organization of the United Nations，FAO）（1990 年）的方法，测定前空腹 12～14h，睡醒静卧，室温保持 26～30℃，无任何体力活动和紧张的思维活动、全身肌肉松弛、消化系统处于静止状态下进行测定，实际上是机体处于维持最基本的生命活动的状态下，用于维持体温、心跳、呼吸、各组织器官和细胞基本功能等最基本的生命活动的能量消耗。基础代谢的水平用基础代谢率（basal metabolic rate，BMR）来表示，即指单位时间内人体基础代谢所消耗的能量。

2. 体力活动消耗

体力活动消耗的能量是构成人体总能量消耗的重要部分。每日从事各种活动消耗的能量，主要取决于劳动强度和持续时间。人体能量需要量的不同主要是由于体力活动的差别。专家建议将我国人民的活动强度定为三级，见表 2-1，但极少数例外。

表 2-1　建议中国成人活动水平分级

活动水平	职业工作时间分配	工作内容举例
轻	75%时间坐或站立 25%时间站着活动	办公室工作、修理电器钟表、售货员、酒店服务人员、讲课、化学实验操作等
中	25%时间坐或站立 75%时间特殊职业活动	学生日常活动、机动车驾驶、电工安装、车床操作、金属切割等
重	40%时间坐或站立 60%时间特殊职业活动	非机械化农业劳动、炼钢、舞蹈、体育运动、装卸、采矿等

3. 食物特殊动力作用消耗

食物特殊动力作用也称食物热效应（thermic effect of food，TEF），是指人体摄食过程中引起的额外能量消耗。这是摄食后一系列消化、吸收、合成活动，以及营养素与营养素代谢产物之间相互转化过程中所消耗的能量。摄食不同食物增加的能量消耗有差异，蛋白质为 30%，碳水化合物为 5%～6%，脂肪为 4%～5%。一般成人摄入的混合膳食，每日由于食物特殊动力作用而额外增加的能量消耗，相当于基础代谢的 10%，即每日约 627kJ（150kcal）。

4. 生长发育消耗

婴幼儿、儿童、青少年的生长发育需要能量，主要包括机体生长发育中形成新的组织所需要的能量，以及新生成的组织进行新陈代谢所需要的能量。婴儿每增加 1g 体重约需 20.9kJ（5kcal）能量，孕妇的子宫、乳房、胎盘、胎儿的生长发育及体脂储备均需要能量，母乳合成和分泌乳汁也需要额外补充能量。

三、热能的食物来源

人体的热能主要由食物中的碳水化合物、脂肪和蛋白质提供，这 3 种产能营养素普遍存在于动物和植物性食物中，蔬菜和水果含热量较少。动物性食物及豆类中主要是脂肪和蛋白质，而植物性食物，如谷类、根茎类含有大量的碳水化合物，它们是较经济的热能来源（表 2-2）。坚果类如花生、核桃、葵花子、松子、榛子等含有很多脂肪，具有较高的热量。

表 2-2 常见食物主要营养素及近似热值

食物 100g	可食部分（g）	水（g）	热值（kJ）	蛋白质（g）	钙（mg）	铁（mg）	V_A（μgRE*）	V_C（mg）	V_{B_1}（μg）	V_{B_2}（μg）	烟酸（mg）
米饭	100	70.6	490	2.6	7	2.2	—	—	—	30	0.9
豆腐	100	82.8	339	8.1	164	1.9	—	—	40	30	0.02
马铃薯	94	79.8	318	2.0	8	0.8	1.5	27	80	40	1.1
苹果	76	85.9	218	0.2	4	0.6	0.9	4	60	20	0.2
花生仁	100	6.9	2356	25	39	2.1	1.5	2	720	130	17.9
猪肉（瘦）	100	71.0	598	20.3	6	3.0	13.2	—	540	100	5.3
牛乳	100	89.3	226	3.0	104	0.3	7.2	—	30	140	0.1
鸡蛋（白）	87	75.8	577	12.8	48	2.0	93	—	90	310	0.2
菜籽油	100	0.1	3761	—	9	3.7	—	—	30	60	1.7
白砂糖	100	—	1674	—	20	0.6	—	—	—	—	—

注：“—”表示该食物中不含有此营养素

* 表示视黄醇当量（retinol equivalent，RE）

四、能量的推荐摄入量

2017 年 9 月 14 日发布的《中华人民共和国卫生行业标准 WS/T 578.1—2017》中规定了中国居民膳食能量需要量（estimated energy requirement in Chinese dietary，EER），具体内容如表 2-3 所示。

表 2-3 中国居民膳食能量需要量（EER）

年龄（岁）/生理状况	男性 PAL						女性 PAL					
	轻（Ⅰ）		中（Ⅱ）		重（Ⅲ）		轻（Ⅰ）		中（Ⅱ）		重（Ⅲ）	
	MJ/d	kcal/d	MJ/d	kcal/d	MJ/d	kcal/d	MJ/d	kcal/d	MJ/d	kcal/d	MJ/d	kcal/d
0～	—	—	0.38[a]	90[b]	—	—	—	—	0.38[a]	90[b]	—	—
0.5～	—	—	0.33[a]	80[b]	—	—	—	—	0.33[a]	80[b]	—	—
1～	—	—	3.77	900	—	—	—	—	3.35	800	—	—
2～	—	—	4.60	1100	—	—	—	—	4.18	1000	—	—
3～	—	—	5.23	1250	—	—	—	—	5.02	1200	—	—
4～	—	—	5.44	1300	—	—	—	—	5.23	1250	—	—
5～	—	—	5.86	1400	—	—	—	—	5.44	1300	—	—
6～	5.86	1400	6.69	1600	7.53	1800	5.23	1250	6.07	1450	6.90	1650
7～	6.28	1500	7.11	1700	7.95	1900	5.65	1350	6.49	1550	7.32	1750

续表

年龄（岁）/生理状况	男性 PAL						女性 PAL					
	轻（Ⅰ）		中（Ⅱ）		重（Ⅲ）		轻（Ⅰ）		中（Ⅱ）		重（Ⅲ）	
	MJ/d	kcal/d	MJ/d	kcal/d	MJ/d	kcal/d	MJ/d	kcal/d	MJ/d	kcal/d	MJ/d	kcal/d
8～	6.90	1650	7.74	1850	8.79	2100	6.07	1450	7.11	1700	7.95	1900
9～	7.32	1750	8.37	2000	9.41	2250	6.49	1550	7.53	1800	8.37	2000
10～	7.53	1800	8.58	2050	9.62	2300	6.90	1650	7.95	1900	9.00	2150
11～	8.58	2050	9.83	2350	10.88	2600	7.53	1800	8.58	2050	9.62	2300
14～	10.46	2500	11.92	2850	13.39	3200	8.37	2000	9.62	2300	10.67	2550
18～	9.41	2250	10.88	2600	12.55	3000	7.53	1800	8.79	2100	10.04	2400
50～	8.79	2100	10.25	2450	11.72	2800	7.32	1750	8.58	2050	9.83	2350
65～	8.58	2050	9.83	2350	—	—	7.11	1700	8.16	1950	—	—
80～	7.95	1900	9.20	2200	—	—	6.28	1500	7.32	1750	—	—
孕妇（1～12 周）	—	—	—	—	—	—	7.53	1800	8.79	2100	10.04	2400
孕妇（13～27 周）	—	—	—	—	—	—	8.79	2100	10.04	2400	11.29	2700
孕妇（≥28 周）	—	—	—	—	—	—	9.41	2250	10.67	2550	11.92	2850
乳母	—	—	—	—	—	—	9.62	2300	10.88	2600	12.13	2900

注：“—”表示未制定

[a] 单位为：兆焦每天每千克体重[MJ/(kg·d)]

[b] 单位为：千卡每天每千克体重[kcal/(kg·d)]

第三节 碳水化合物

植物叶片中的叶绿素进行光合作用，把空气中的二氧化碳及氧和土壤中的水分合成碳水化合物，碳水化合物主要由 C、H、O 元素所组成，其基本结构为 $C_m(H_2O)_n$，由于组成形式不同可产生不同的化合物，食品中最重要的几种碳水化合物有：糖、糊精、淀粉、纤维素、半纤维素、果胶及植物胶等。最简单的碳水化合物是六碳糖——葡萄糖。

单糖是不能被水解的最简单的碳水化合物，均含有 6 个碳原子、12 个氢原子和 6 个氧原子，它们的区别在于氧原子和氢原子在环上的位置不同，这些原子的不同排布导致了这些糖有不同的溶解性、甜度、微生物发酵速度及其他一些品质。

低聚糖，又称寡糖，是单糖聚合度小于或等于 10 的复合碳水化合物。例如，两分子葡萄糖脱去一分子水后可连接形成麦芽糖；葡萄糖和果糖脱水后连接形成蔗糖；乳糖由葡萄糖和半乳糖构成等。这些双糖在溶解度、甜度、发酵敏感度及其他性质方面均有所不同。

高聚糖，又称多糖，是单糖聚合度大于 10 的复合碳水化合物，许多葡萄糖分子连接成聚合物就形成了多糖。直链淀粉就是一种以 α-1, 4-糖苷键连接的 α-葡萄糖残基组成的多糖，它是植物淀粉的重要成分（图 2-2）。多个葡萄糖分子以 β-1, 4-糖苷键相连接形成的与直链淀粉略有不同的长链结构，称为纤维素。

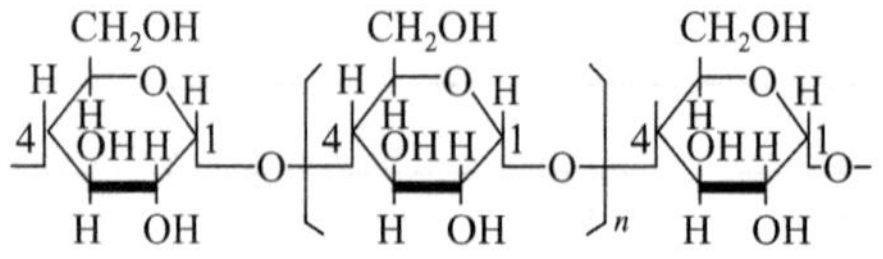

A. 直链淀粉化学结构

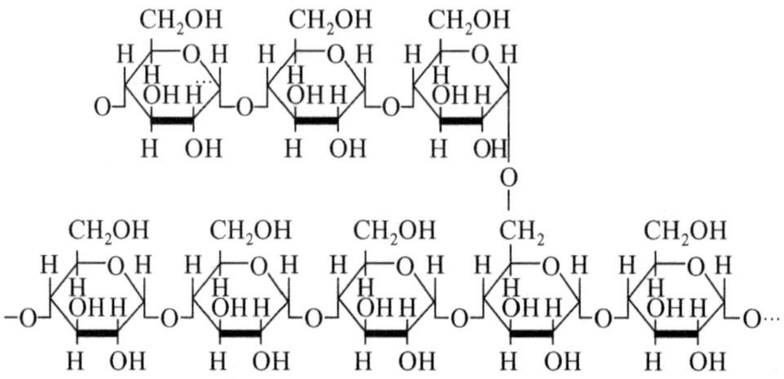

B. 支链淀粉化学结构

图 2-2　直链淀粉及支链淀粉化学结构

因此可见，单糖是构成复杂多糖的基本单位。双糖、糊精、淀粉、纤维素、半纤维素、果胶及植物胶均由单糖或单糖的衍生物构成，可分解成为单糖。直链淀粉和支链淀粉分解后，产生各种长度的糊精、麦芽糖和葡萄糖，这种分解或消化可以用酸或特殊酶的生物催化作用完成，微生物、发芽的谷物、动物，包括人体内都有许多这样的酶类。

含有醛基或酮基的糖称为还原糖，所有的单糖都是还原糖。当两个或更多的单糖通过醛基或酮基连成长链后，还原性消失，形成非还原糖。双糖中的麦芽糖是还原糖，而蔗糖是非还原糖。还原糖极易与食品中的其他成分，如蛋白质中的氨基酸发生反应，其产物会影响食品的颜色、风味及其他性质。多糖中的反应基团可通过类似的方式结合成交联结构，在这种状况下长链可排列在一起构成纤维、薄膜和立体的网状胶，这就是由淀粉为原料生产可食薄膜作为包装材料的理论基础。

碳水化合物在生物领域和食品中起着十分重要的作用。它是绿色植物通过光合作用合成的，能天然地贮存太阳能；它以纤维素的形式充当结构成分；在植物体中以淀粉的形式贮存能量；在动物体中以肝糖原的形式贮存能量；以核糖的形式作为核酸的基本成分；此外还作为维生素类（如维生素 B_2）中的核糖成分。碳水化合物可通过氧化过程释放能量，葡萄糖是动物血液中可被利用释放能量的单糖。碳水化合物经酵母或其他微生物发酵后，还产生二氧化碳、乙醇、有机酸及一系列其他化合物。

一、碳水化合物的性质

1. 糖的一般性质

葡萄糖、果糖、麦芽糖、蔗糖及乳糖等糖类都可以作为甜味剂使用，其易溶于水形成糖浆，当溶液中的水分被蒸发后能形成结晶，提供能量，低浓度时易被微生物发酵，高浓度时可阻止微生物的生长，因此可被用作保藏剂，加热时颜色变黑或产生焦糖化反应，某些糖可与蛋白质结合发生褐变反应。

2. 淀粉的一般性质

淀粉来源于植物，无甜味，不易溶于冷水，在热水中呈糊状或胶状，在植物体中作为能量贮存。近些年来，人们研究出了许多用物理或化学的手段使天然淀粉改性的方法，大大增加了淀粉的应用范围，特别是用于食品结构的控制，以及食品加工过程中在较低温度加热条件下产生所需要的黏度，国外已将这一技术应用于生产不需加热的即食布丁等产品中。

3. 纤维素和半纤维素的一般性质

纤维素和半纤维素是植物组织中的一种结构性多糖，是组成植物细胞壁的主要成分，在细胞壁的机械物理性质方面起着重要作用。纤维素和半纤维素较难分解，不溶于冷水及热水，不能被人体消化，因而不产生能量。然而在食品中，纤维素构成了人体必要的膳食纤维（即粗纤维）。

4. 果胶和植物胶的一般性质

果胶和植物胶作为糖的衍生物，在植物中的含量低于其他种类的碳水化合物，通常具有如下特性：①由重复结构的长链构成，但其重复结构不是单糖而是 D-吡喃半乳糖醛酸；②在水果、蔬菜中果胶通常似胶状存在于植物细胞壁间，起着使植物细胞黏结在一起的作用；③果胶溶于水，且易溶于热水；④果胶的胶体溶液使番茄酱产生一定的黏度，并使橘子汁中的细小果肉颗粒稳定，阻止沉淀产生；⑤果胶在溶液中形成凝胶，生产果冻时向凝胶中再加入糖和酸即可。植物中还有其他胶类物质，如阿拉伯胶、刺梧桐胶及黄原胶等。海藻中产生的胶类物质有琼脂、卡拉胶和褐藻胶等。果胶及植物胶除了天然存在于某些食品中，还可作为增稠剂和稳定剂用于食品生产。

二、碳水化合物的生理功能

1. 构成机体组织

碳水化合物是机体物质的主要组成成分，人体内的糖蛋白、核糖、糖脂等都有糖参与组成。糖蛋白是细胞膜的成分之一，核糖和脱氧核糖分别参与核酸 RNA 和 DNA 的构成，而 DNA 和 RNA 是机体主要的遗传信息载体，糖脂是构成神经组织和生物膜的主要成分。

2. 供给热能

糖类是人体热能的主要来源，1g 碳水化合物可提供热能 16.7kJ，它在总能量中所占比例大，提供能量快，氧化的最终产物为二氧化碳和水，对机体无害。脑、神经和肺组织中葡萄糖是唯一的能源物质，若血液中葡萄糖水平下降，则出现低血糖，会对大脑产生不良影响。

3. 抗生酮和保护、节约蛋白质的作用

人体所需的能量主要由糖类供给，如果糖类供应充足，脂肪就不会在体内大量氧化，不会产生过多的酮体而引起酮症；蛋白质不会过度分解，形成负氮平衡。吸收进入血液的各种己糖，首先在肝脏中转变成葡萄糖，通过血液循环运往各组织器官，若有剩余，则以糖原形式暂存于肝脏及肌肉中。体内贮存的糖类极少，仅能供全天需要量的60%。因此必须按餐供给足量含糖类食物，否则就要动用体内储备的脂肪、蛋白质来满足机体对能量的需要。

4. 解毒作用

肝脏内的糖原在机体对毒物的抵抗力和对某些化学物质的解毒作用中有着重要的意义。若人体内肝糖原丰富，则对疾病的抵抗力较强，同时对四氯化碳、乙醇、砷等毒性较强的物质有解毒作用。

三、碳水化合物的供给量及食物来源

1. 碳水化合物的供给量

2017年9月14日发布的中华人民共和国卫生行业标准（WS/T 578.1—2017）中规定了中国居民膳食碳水化合物参考摄入量，碳水化合物提供的能量均占总能量的50%～65%，每日摄入粮食300～400g，具体内容如表2-4所示。

表2-4 中国居民膳食碳水化合物参考摄入量和可接受范围

年龄（岁）/生理状况	碳水化合物		添加糖
	EAR（g/d）	AMDR（%E）	AMDR（%E）
0～	—	60[a]	—
0.5～	—	85[a]	—
1～	120	50～65	—
4～	120	50～65	<10
7～	120	50～65	<10
11～	150	50～65	<10
14～	150	50～65	<10
18～65	120	50～65	<10
孕妇	130	50～65	<10
乳母	160	50～65	<10

注：EAR. 平均需要量；AMDR. 宏量营养素可接受范围；%E为占能量的百分比

[a] AI值（适宜摄入量），单位为克（g）

2. 碳水化合物的食物来源

食物中碳水化合物的主要来源是谷类和根茎类食品，如各种粮食和薯类含有大量淀粉及少量单糖、双糖。蔬菜和水果是纤维素和果胶的主要来源同时含少量单糖。主要食物和水果蔬菜中碳水化合物的含量见表2-5。

表2-5　主要食物碳水化合物含量及热量表

食物种类	碳水化合物含量（%）	热量（kJ/100g）
大米	78.2	1477
白面	74.6	1473
高粱	70.5	1544
玉米	74.9	1565
豆类	57.5	1411
土豆	19.9	377
芋头	13.6	264
莲子（干）	61.9	1423
栗子	41.5	841
花生	15.5	2578

四、膳食纤维及其食物来源

膳食纤维的主要成分是非淀粉多糖，包括纤维素、半纤维素、果胶及亲水胶体物质和树胶及海藻多糖等组分，另外还包括植物细胞壁中所含有的木质素。近年来又将一些非细胞壁的化合物，一些不被人体消化酶所分解的物质如抗性淀粉及抗性低聚糖、美拉德反应（Maillard reaction）的产物，以及来源于动物的不被消化酶所消化的物质如氨基多糖（也称甲壳素）等也列入膳食纤维的组成成分之中。膳食纤维大致分为两类，一类为可溶性的，另一类为不可溶性的，二者合并即为总膳食纤维。

膳食纤维的生理作用及其与某些疾病的关系如下。①膳食纤维与2型糖尿病：有一定的控制作用。②膳食纤维与肠癌：膳食纤维的各组分摄入量与大肠（结肠和直肠）癌症的病死率呈负相关。③膳食纤维与肥胖：大多数富含纤维的食物如谷物、全麦面、豆类、水果和蔬菜富含膳食纤维，会起到减肥的作用。④膳食纤维与心血管疾病：大量的人体和动物试验表明，可溶性膳食纤维可降低人的血浆胆固醇水平和降低动物的血浆和肝脏的胆固醇水平。⑤膳食纤维在结肠中的发酵作用与预防便秘：膳食纤维使粪便量增加，并加速肠内容物在结肠内的转移而使粪便易于排出，起到预防便秘的效果。

麸皮是最理想、最方便、最经济的高膳食纤维食品，总膳食纤维高达42.2g/100g（表2-6），还含有丰富的蛋白质、维生素、矿物质等多种营养元素，但因其口感差、味道不佳，一般不作食用。若采取蒸煮、加酸加糖、干燥等简单加工过程，就能除去麸皮本身的气味，使味道变香，口感清爽。

表 2-6　部分代表性食物中膳食纤维的含量（单位：g/100g 可食部分）

食物名称	总膳食纤维	不可溶膳食纤维	食物名称	总膳食纤维	不可溶膳食纤维
稻米（粳）	0.6[c]	0.4	芋头	1.0[a]	0.82
稻米（籼）	1.0[a]，0.5[c]	0.4	胡萝卜	3.2[a]，2.2[c]	1.3，1.5[a]
稻米（糙米）	3.5[a]，2.2[c]	2.0	白萝卜	1.8[a]	1.0，0.64[a]
糯米	2.8[a]	0.6	甘蓝（球茎）		3.5，1.50[a]
小麦粉（全粉）	12.6[a]，11.3[c]	10.2	大白菜	1.0[a]	0.6
小麦粉（标准）	3.9[c]	2.1	小白菜	1.1[a]	0.6
小麦粉（精白）	2.7[a]，3.9[c]	0.6	包心菜（圆白菜）	1.5[a]	1.0，1.1[a]
麦麸	42.2[a]	31.3	荠菜（雪里蕻）	1.6[a]	1.1，0.6[a]
大麦米	17.3[a]	9.9	菠菜	2.6[a]	1.7
燕麦片	10.3[a]	5.3	苋菜		1.8，0.98[a]
玉米面	11.0[a]	5.6	花椰菜（菜花）	2.4[a]，1.8[c]	1.2，0.85[a]
黄豆	15.5[a]	12.5	青椒（甜）	1.6[a]	1.4，1.1[a]
绿豆	9.6[a]	6.4	橙、橘	2.4[a]，2.6[c]	0.6，0.43[a]
红豆		7.7	苹果	1.9[a]，2.2[a]	1.2[a]
芸豆	19.0[a]	10.5，3.4[a]	梨	2.6[a]，4.7[c]	2.0，2.46[a]
蚕豆	14.5[a]	2.5	桃	1.6[a]，2.6[c]	1.3，0.62[a]
豌豆	10.4[a]	5.6，3.4[a]	柿	1.48[a]	1.4
豆腐	0.5[a]	0.4	葡萄	0.7[a]，0.4[c]	0.3
甘薯	3.0[a]	1.0	西瓜	0.4[a]，1.1[c]	0.2，0.2[a]
马铃薯	1.6[a]	0.7，0.4[a]	黄瓜	1.0[a]，0.9[c]	0.5，0.5[a]

[a] 美国食物成分数据
[c] 加拿大食物成分数据
其余未注明者为中国食物

膳食纤维摄入量以每天 25～30g 为宜。膳食纤维主要来源于谷、薯、豆类及蔬菜、水果等植物性食品中，植物成熟度越高其膳食纤维含量也就越多，谷类加工越精细所含膳食纤维就越少。

第四节　脂类物质

脂类物质存在于一切动植物中，以动植物体内代谢所需能量的贮存形式和运输形式存在，其热能为相同干重的蛋白质或碳水化合物的 2.25 倍，因此用蛋白质或碳水化合物取代脂肪，可有效地降低食品的热能。天然食品的脂肪中，常含有其他成分，如脂肪中常含有维生素 A、维生素 D、维生素 E、维生素 K；动物脂肪中常含有胆固醇等；植物脂肪中常含有麦角甾醇、磷脂等。

典型的脂肪分子由甘油和 3 个脂肪酸构成。甘油和丁酸是奶油中常见的脂肪酸，其结构见图 2-3。

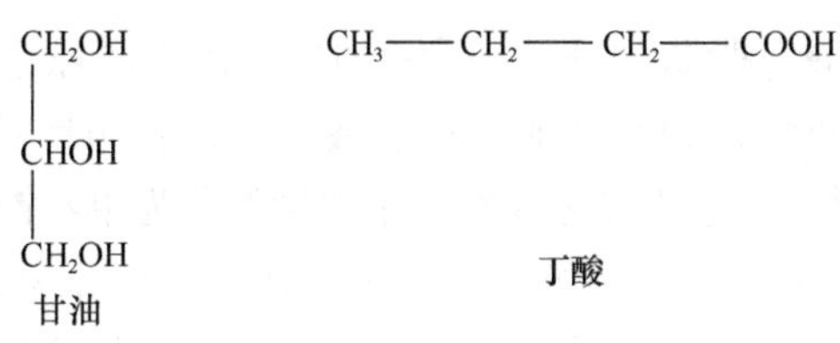

图 2-3 甘油和丁酸的结构

如图 2-3 所示，甘油分子含有 3 个羟基，脂肪酸分子含有 1 个羧基。因此，1 个甘油分子可与 3 个脂肪酸分子缩合，失去 3 个水分子后，形成 1 个甘油三酯分子。

天然油脂中大约有 20 种不同的脂肪酸可与甘油相连接，不同脂肪酸的区别主要在于碳链的长短不同、饱和度不同及双链的数目和位置不同。例如，甲酸、乙酸、丙酸是最短的 3 种脂肪酸；硬脂酸则是一种最常见的长链脂肪酸，其他常见脂肪酸如表 2-7 所示。

表 2-7 常见的脂肪酸

系统名称	俗名	缩写符号（碳原子数:双键数）
丁酸	酪酸	4:0
己酸	低羊脂酸	6:0
辛酸	亚羊脂酸	8:0
癸酸	羊脂酸	10:0
十二酸	月桂酸	12:0
十四酸	肉豆蔻酸	14:0
十六酸	软脂酸	16:0
9-十六碳烯酸	棕榈油酸	16:1
十八酸	硬脂酸	18:0
9-十八碳烯酸	油酸	18:1
9, 12-十八碳二烯酸	亚油酸	18:2
9, 12, 15-十八碳三烯酸	亚麻酸	18:3
二十酸	花生酸	20:0
5, 8, 11, 14-二十碳四烯酸	花生四烯酸	20:4
13-二十二碳烯酸	芥酸	22:1
4, 7, 10, 13, 16, 19-二十二碳六烯酸	DHA	22:6

一、脂肪的分类

根据化学结构不同，脂肪中的脂肪酸可以分为饱和脂肪酸和不饱和脂肪酸。有几种不饱和脂肪酸是人体不可缺少的营养物质，它们在人体内不能合成，必须从食物中摄取，称必需脂肪酸，目前一般认为亚油酸和 α-亚麻酸为必需脂肪酸。脂肪酸根据碳链及双键数目的多少分成 4 类。

（1）低级饱和脂肪酸 脂肪酸分子中不含双键，碳原子在 10 个以下。由于这类脂肪酸的分子量低，易挥发，又称为挥发性脂肪酸，如丁酸、乙酸、辛酸等。这些脂肪酸存在于奶油、椰子油中。

（2）高级饱和脂肪酸　脂肪酸分子中含有 10 个以上碳原子，不含双键。由于常温下呈固体，也称固体脂肪酸，如月桂酸、豆蔻酸。心血管病患者应少食饱和脂肪酸。

（3）单不饱和脂肪酸　分子中碳之间有一个双键的称为单不饱和脂肪酸，主要为油酸。

（4）多不饱和脂肪酸　分子中碳之间有两个或两个以上双键的称为多不饱和脂肪酸，如二十碳五烯酸、二十二碳六烯酸、α-亚麻酸、花生四烯酸、亚油酸等。

甘油可与脂肪酸结合生成甘油一酯（一酰基甘油）、甘油二酯（二酰基甘油）和甘油三酯（三酰基甘油），它们分别是由 1 个甘油分子与 1 个、2 个、3 个脂肪酸反应而生成的。甘油一酯和甘油二酯具有特殊的乳化特性。天然油脂并非由一种分子结构组成，多数都是简单甘油三酯与混合甘油三酯的复杂混合物。

二、脂肪的性质

脂肪一般微溶于水，易溶于有机溶剂。脂肪的相对密度小于水，故漂于水的表面。含有不饱和脂肪酸的脂肪，在室温下呈液态，如多种植物油类，因为它们的熔点较低，所以我们通常称其为油；而含饱和脂肪酸的脂肪，在室温下呈固态，如动物油类，因为这类脂肪的熔点比较高，我们通常称其为脂。

油脂的化学变化会产生各种不同的功能、营养价值和保质特性。长链脂肪酸一般形成的油脂较硬，短链脂肪酸形成的油脂则较软；不饱和脂肪酸形成较软的油脂。油是一种在室温下呈液态的脂肪，将氢加入高度不饱和脂肪酸使之饱和，称为氢化过程，这是将液态脂肪转变为固态脂肪的基本方法。油脂在食品技术中的一些重要特性如下。

（1）油脂被加热后，逐渐变软，因此油脂没有明确的熔点。由于油脂常常被加热至 100℃以上，食品表面往往呈现褐色。

（2）油脂若继续被加热，则首先开始发烟，然后达到闪点，继而开始燃烧。出现这些现象的温度依次被称为烟点、闪点和燃点。这些参数对商业油炸操作十分重要。

（3）当油脂与氧气反应或在酶的作用下释放出脂肪酸时，油脂即产生哈败现象。

（4）油脂中存在水和空气时，可形成乳浊液。在牛奶或稀奶油中，脂肪球悬浮于大量的水中；在黄油中，小水滴则悬浮于大量的脂肪中。空气可被包裹在加糖奶油浆或搅拌黄油中，类似于油脂中的乳浊液。

（5）油脂是食物中的润滑剂，如添加黄油后，可使面包吞咽更加容易。

（6）油脂具有起酥作用，当油脂与蛋白质和淀粉交织在一起时，可使它们分散，且碳链变短，因此油脂同样可用于焙烤制品。

（7）油脂可形成食品的风味特征，少量油脂即可产生饱腹感或减少饥饿感。

三、脂类的生理功能

1. 供给和贮存热能，维持体温

氧化 1g 脂肪释放的能量约为 38.9kJ（9.3kcal），比蛋白质和碳水化合物都多，正常健康人总热量其 17%～30%来自脂肪。

2. 构成机体组织细胞的成分

脂肪在人体内占体重的10%～14%，类脂中的磷脂、胆固醇与蛋白质结合成脂蛋白，构成了细胞的各种膜，如细胞膜、核膜、内质网、高尔基体、线粒体、叶绿体等，也是构成脑组织和神经组织的主要成分。胆固醇在体内可转化为胆汁酸盐、维生素 D_3、肾上腺皮质激素及性激素等多种有重要生理功能的类固醇化合物。

3. 供给必需脂肪酸

必需脂肪酸是细胞的重要构成物质，在体内具有多种生理功能，它能促进生长发育，维持皮肤和毛细血管的健康，促进神经轴突和树突的伸长，并与精子的形成及前列腺素的合成有密切关系，与胆固醇的代谢也有密切关系。

4. 促进脂溶性维生素的吸收

脂肪是脂溶性维生素的溶媒，维生素A、维生素D、维生素E、维生素K均不溶于水，只有与脂肪共存时才能被人体吸收。

5. 保护机体，滋润皮肤

脂肪是器官、关节和神经组织的隔离层，并可作为填充衬垫，避免各组织相互间机械摩擦，对重要器官起保护和固定作用。脂肪在皮下适量贮存，可滋润皮肤，增加皮肤的弹性，充盈营养物质，延缓皮肤衰老。

6. 提高膳食的饱腹感

脂类在胃中停留时间较长，一次进食含50g脂肪的高脂膳食，需4～6h才能从胃中排空，因而使人有高度饱腹感。烹调食物时加入脂肪，可以改善食品的味道，增进食欲。

7. 保证体征发育

近年来科学家证明，少女身体内脂肪含量正常时，才能使脑垂体产生性激素，从而促进少女的性成熟及特有的女性美。

四、脂类的营养价值

1. 脂肪的消化率

脂肪的消化率主要决定于熔点，而熔点又与其低级脂肪酸及不饱和脂肪酸的含量有关，这些脂肪酸含量越高，熔点越低，越易消化，故比较起来植物油和奶油更易消化。熔点低于体温的脂肪消化率可高达97%～98%，高于体温的脂肪消化率约为90%。

2. 必需脂肪酸含量

由于必需脂肪酸在人体中具有重要的生理功能，而人体又不能合成，必须从食物中获取，因而必需脂肪酸的含量是衡量油脂营养价值的重要依据。现在人们认为亚油酸（9, 12-十八碳二烯酸）、α-亚麻酸（9, 12, 15-十八碳三烯酸）这两种不饱和脂肪酸为必需脂肪酸。在它们的脂肪酸长链中分别含有 2、3 个不饱和双键，故都属于多不饱和脂肪酸。一般在植物油中含量较高，动物脂肪含量较少，但鱼类尤其是深海鱼类中多不饱和脂肪酸含量很高，这正是鱼油有多种保健功效的原因所在。

3. 脂溶性维生素含量

一般脂溶性维生素含量高的脂肪营养价值较高。动物的贮存脂肪几乎不含脂溶性维生素，而器官脂肪含量多，其中肝脏含维生素 A、维生素 D 很丰富，特别是某些海产鱼的肝脏脂肪维生素含量更多。奶和蛋类脂肪含维生素 A、维生素 D 亦较丰富。植物油不含维生素 A 和维生素 D，但含维生素 E，特别是谷类种子的胚油含维生素 E 更为突出。日常食用油中含维生素 E 比较丰富的有小麦胚油、米糠油、花生油、大豆油、玉米油、橄榄油、芝麻油等。

4. 常用油脂的营养评价

（1）猪油中脂肪含量高达 99.5%，其中饱和脂肪酸含量 35%～47%、油酸含量 50%～60%、亚油酸含量 0～10%。由于饱和脂肪酸含量较高，每 100g 猪油中含胆固醇 110ng，如常年摄入，易增加人体胆固醇含量。此外，猪油中 α-亚麻酸等人体必需脂肪酸含量较低，由此可见猪油的营养价值较差。猪油具有补虚润燥、解毒、利血脉、解热、润肺等作用，常用于治疗脏腑枯涩、大便不利、燥咳、皮肤皲裂等症。

（2）花生油中 80%为不饱和脂肪酸，其中亚麻酸含量为 26%。研究表明，亚麻酸等人体必需脂肪酸能降低血管中胆固醇和甘油三酯，从而有效防治心血管疾病。此外，花生油中还含有维生素 B、维生素 E 及微量元素锌、硒，有助于免疫力的增强，所以花生油的营养价值较高。花生油甘平，能滑肠下积，适于冠心病、高脂血症和高血压患者食用。

（3）大豆油的不饱和脂肪酸含量高达 85%，其中亚油酸约占 50%，亚麻酸占 10%，它们都是人体生长发育及维持机体生理活动必需的脂肪酸，在脂类和胆固醇代谢过程中，可以增加胆固醇和胆酸的排泄。大豆油甘辛温，能驱虫润肠，常用于肠道梗阻、大便秘结等症的治疗。

（4）未经加工的菜籽油中芥酸含量为 48%，亚油酸为 16%，油酸为 20%，亚麻酸为 9%。芥酸既难消化，又难吸收利用，如长期食用富含芥酸的菜油，易引起人体血管壁增厚和心肌脂肪沉积。联合国粮食及农业组织和世界卫生组织建议，食用菜籽油中芥酸含量不能超过 5%。

（5）棕榈油的主要成分是油酸（40%）、亚油酸（约 10%）、棕榈酸（约 44%）和脂肪（约 5%），是唯一具有均衡的饱和脂肪酸和不饱和脂肪酸的植物油，易被人体消化吸收。棕榈油含有大量的维生素 A 和维生素 E，是胡萝卜素最丰富的天然来源，其含量超过胡萝卜的 15 倍、番茄的 300 倍。棕榈油具有降低胆固醇、抗血栓、防治心血管病、抑制癌症（尤其是乳腺癌）的功效。

（6）芝麻油是一种高级食用油，因其含有天然抗氧剂——芝麻酚，有很强的抗氧化能力。芝麻油不饱和脂肪酸含量高，油酸为38%，亚油酸为46%，比花生油、菜籽油的含量都高，另外芝麻油还含有棕榈酸、甾醇、芝麻素、维生素E等，所以营养价值较高。芝麻油甘凉，能润燥通便、解毒生肌，常用于治疗肠燥、便秘、蛔虫、食积、腹痛、疮肿溃疡、皮肤皲裂及熬制膏药等。心血管病患者常食芝麻油有益。

（7）玉米油是从玉米胚中提炼出来的一种优质油，不仅味道纯正，消化率高，稳定性好，而且含有极为丰富的不饱和脂肪酸，进入人体后可促进类固醇和胆酸排泄，阻止胆固醇的合成和吸收。玉米油有极好的降血脂效果，此外它还含有极为丰富的维生素E，在国际市场上被誉为保健油。

（8）棉籽油为用棉花的种子榨取的脂肪油，每100g棉籽油中含亚油酸45g，棕榈酸20～25g，油酸30～35g。棉籽油辛热微毒，能治恶疮疥癣。

（9）葵花籽油中不饱和脂肪酸占90%，其中亚油酸66%、油酸34%、花生四烯酸微量，饱和脂肪酸仅占10%，亚油酸的含量比大豆油、花生油、棉籽油、芝麻油等都高，维生素E比花生油、芝麻油也都高。另外，葵花籽油中含有较丰富的胡萝卜素。葵花籽油是当今世界著名的食用油，它不仅具有令人喜爱的金黄色透明色泽和清香味，用作凉拌油可与传统的芝麻油媲美，而且含有维护人体健康的营养物质，国外把它称为“高级营养油”或“健美油”，是国际市场上的畅销品。葵花籽油可防治皮肤炎、支气管扩张、夜盲症，且具有抗癌作用，人体消化吸收率高达98%以上。

（10）茶籽油为油茶的种子榨取的脂肪油，主要成分为油酸、硬脂酸甘油酯。茶籽油甘凉，能清热化湿、润肠清胃、杀虫解毒，常用于治疗疝气腹痛、急性蛔虫性肠梗阻、疥癣、烫伤等。

从营养保健角度，一个家庭仅吃动物油不吃植物油，或仅吃一种植物油，都无益健康。近年来，营养学专家根据植物油所含的营养成分，将多种植物油进行科学搭配，制成了混合油即调和油，已成为目前国际市场上食用油的消费方向。

五、脂类的供给量及食物来源

1. 脂类的供给量

脂肪供给量以年龄、体型、季节及劳动强度来定。一般认为脂肪供给的能量以婴儿占总热量的30%～45%，儿童、青少年占总热量的25%～30%，成年人占总热量的20%～25%为宜。例如，一位轻体力劳动者每日如需总热量10 880kJ（2600kcal），脂肪供热按20%～25%计算，应有 2176～2720kJ（520～650kcal）来自脂肪。这个热量相当于每日供给 58～72g 脂肪（包括食物中脂肪和烹调用油），其余的热量由碳水化合物和蛋白质来补充。对于患有如肥胖症、糖尿病、高血压、冠心病、高脂血症者，上述供给量有所偏高。

2. 脂类的食物来源

天然食物中含有各种脂肪酸，多以甘油三酯的形式存在。一般来说，动物性脂肪如牛油、奶油和猪油比植物性脂肪含饱和脂肪酸多，但也不是绝对的，如椰子油主要由含十二碳和十四碳的饱和脂肪酸组成，仅含有 5%的单不饱和脂肪酸和 1%～2%的多不饱和脂肪酸。动物脂肪一般含 40%～60%的饱和脂肪酸，30%～50%的单不饱和脂肪酸，多不饱和脂肪酸含量极少。相反，植物油含 10%～20%的饱和脂肪酸和 80%～90%的不饱和脂肪酸，而多数为多不饱和脂肪酸。也有不少植物油单不饱和脂肪酸含量较高，如茶籽油和橄榄油中油酸含量达 79%～83%，红花油含亚油酸（$C_{18:2}$）75%，葵花籽油、豆油、玉米油中亚油酸的含量也达 50%以上。一般食用油中 α-亚麻酸（$C_{18:3}$）的含量很少。常见食用油脂中主要脂肪酸组成见表 2-8，富含脂肪的食物见表 2-9。

表 2-8　常见食用油脂中主要脂肪酸的组成（食物中脂肪含量的质量分数）

食用油脂	饱和脂肪酸	不饱和脂肪酸			其他脂肪酸
		油酸（$C_{18:1}$ω-9）	亚麻酸（$C_{18:2}$ω-6）	亚麻酸（$C_{18:3}$ω-3）	
可可油	93	6	1	—	—
椰子油	92	5	1	0	2
橄榄油	10	83	7	—	—
菜籽油	13	20	16	9	42*
花生油	19	41	38	0	1
茶籽油	10	79	10	1	1
葵花籽油	10	19	64	0	7
豆油	16	22	52	7	3
棉籽油	24	29	44	—	3
大麻油	15	39	45	—	1
芝麻油	15	38	46	—	1
玉米油	15	27	56	1	1
棕榈油	44	44	12	—	—
米糠油	20	43	33	3	—
文冠果油	8	31	48	—	14
猪油	43	44	9	—	3
牛油	62	29	2	1	7
羊油	57	35	3	2	3
黄油	56	32	4	1	7

*主要为芥酸；表中数字为四舍五入后结果

表 2-9　富含脂肪的食物

食物名称	脂肪含量（%）
纯油脂：牛油、羊油、猪油、花生油、芝麻油、豆油	90～100
各种肉类：牛肉、羊肉、猪肉	10～50
蛋类	6～30
乳类及其制品	2～90
硬果类：榛子、核桃、花生、葵花籽	30～60
黄豆类	12～20
腐竹	24

六、活性脂

活性脂又称功能性脂类，它们除供给机体能量，参与机体细胞、组织构成外，更重要的是它们在机体内具有多种生物活性，对机体的健康具有重要的影响。目前研究较多的有胆固醇、磷脂及多不饱和脂肪酸等。

1. 胆固醇

胆固醇的作用是一个有争议的问题，人们常说胆固醇是心血管病特别是冠心病的罪魁祸首，但从生理上来说，人体内没有它比有它所造成的危害更为严重，对待胆固醇应该趋其利而避其害。人体约含有 140g 胆固醇，其中 1/4 存在于脑和神经细胞中，这类胆固醇在人体中的主要作用是合成固醇类激素、胆汁酸和维生素 D，并具有减少癌症发病率的作用。现已发现，体内主要有两种类型的脂蛋白，即高密度脂蛋白（high density lipoprotein，HDL，亦称 α-脂蛋白）、低密度脂蛋白（low density lipoprotein，LDL，亦称 β-脂蛋白），胆固醇能不能致病取决于它结合成哪一种脂蛋白。低密度脂蛋白容易沉积在动脉血管上，造成血管阻塞，这种脂蛋白被认为是“致动脉粥样硬化脂蛋白”。但是如果结合成高密度脂蛋白，它不但不沉积于血管壁上来阻塞血流，反而能运走过多的自由胆固醇，消耗沉积，具有疏通血管与保护心脏的作用，这种脂蛋白被称为“抗动脉粥样硬化脂蛋白”。

2. 磷脂

磷脂为含磷的单脂衍生物，按其分子结构组成可分为甘油醇磷脂和神经氨基醇磷脂两大类。磷脂是构成生物膜的重要组成成分，它具有促进神经传导、提高大脑活力、促进脂肪代谢、防止脂肪肝出现、降低血液中胆固醇、改善血液循环、预防心血管疾病、防治糖尿病、化解胆结石等作用。

正常人每天摄取 6～8g 磷脂比较合适，可以一次或分次摄取。若为特殊保健需要，可适当增加至 15～25g。磷脂广泛存在于食物中，如鸡蛋蛋黄干粉含量达 8%～10%，大豆含量为 1.2%～3.2%，花生含量为 0.44%～0.62%，油菜籽含量为 0.9%～1.2%，葵花籽含量为 0.61%～0.68%，动物的脑组织中含量最为丰富。

3. 多不饱和脂肪酸

有一个以上双键的脂肪酸称为多不饱和脂肪酸。多不饱和脂肪酸按照其第一个双键与碳链的甲基端的距离分为 ω-3、ω-6 和 ω-9 系列。但有重要生物学意义的是 ω-3 和 ω-6 多不饱和脂肪酸。亚油酸（18:2）和花生四烯酸（20:4）是 ω-6 脂肪酸；而二十碳五烯酸（20:5）、二十二碳六烯酸（22:6）和 α-亚麻酸（18:3）是 ω-3 脂肪酸。ω-3、ω-6 和 ω-9 在体内代谢时不能相互转化，且各具独特的生理功能。

ω-3 脂肪酸具有降血脂、抗血小板聚集、减轻炎症、调节免疫、健脑益智、改善视力、抗肿瘤等功能。我国缺乏 ω-3 脂肪酸尤为严重，人均摄入量不足推荐量的一半。

ω-6 不饱和脂肪酸的主要功能之一是在机体内通过代谢生成前列腺素从而参与机体功能的调节，可降低血液中甘油三酯和胆固醇水平，抑制血液、肝脏和脑组织内过氧化脂质的生成，具有抗血小板凝集和抑制血栓素形成的功能，对肥胖症有减肥作用。

当体内 ω-3 与 ω-6 不饱和脂肪酸不平衡时，对机体也将产生不利影响。加拿大卫生部建议 ω-3∶ω-6 为 1∶4，世界卫生组织要求为 1∶6。目前我国认为理想的比值应以母乳为基础，为1∶（3～10）。

第五节 蛋 白 质

人体的所有组织器官都含有蛋白质，蛋白质是人体的主要“建筑材料”。婴幼儿靠它形成肌肉、血液、骨骼、神经、毛发等；成年人需要它更新组织，修补损伤、老化的机体。没有蛋白质的供给，就不可能从 3～4kg 的新生儿长成 50～60kg 重的成年人。所以说蛋白质是人体生命得以延续的主要物质基础。

一、蛋白质的组成与分类

从化学角度看，蛋白质主要由碳、氢、氧、氮 4 种化学元素组成，多数蛋白质还含有硫和磷，有些蛋白质还含有铁、铜、锰、锌等矿物质。蛋白质内 4 种主要化学元素的含量为：碳 15%～55%、氢 67%、氧 21%～23.5%、氮 15%～18.6%。在人体内只有蛋白质含有氮元素，其他营养素不含氮，因此，氮成了测量体内蛋白质存在数量的标志。一般来说，蛋白质的平均含氮量为 16%，即人体内每 6.25g 蛋白质含 1g 氮，所以只要测定出体内含氮量，就可以计算出蛋白质的含量。食物中的蛋白质是由氨基酸组成的，它的质量好坏与所含氨基酸的种类及数量分不开。从营养价值出发，蛋白质分为以下 3 类。

1. 完全蛋白质

这类蛋白质所含必需氨基酸种类齐全，数量充足，而且各种氨基酸的比例与人体需要基本相符合，容易被吸收利用。完全蛋白质不但可以维持成年人的健康，而且对儿童的成长和老年人的抗衰老均有很好的保健作用。

2. 半完全蛋白质

此类蛋白质中所含各种必需氨基酸种类基本齐全，但含量不一，比例不太合适，如以它作为唯一的蛋白质来源，虽然可以维持生命，但促进生长发育的功能较差。

3. 不完全蛋白质

此类蛋白质所含必需氨基酸种类不全，质量也差，如用它作为膳食蛋白质唯一来源，既不能促进生长发育，维持生命的作用也很薄弱。

按营养价值可把氨基酸分为两大类，即必需氨基酸和非必需氨基酸（表 2-10），它们在人体内合成的方式不一样。人体能直接合成非必需氨基酸，却不能合成必需氨基酸，或者合成的数量很少。人们必须从各种食物中摄取的氨基酸称为必需氨基酸，而非必需氨基酸则可由其他氨基酸和体内其他代谢产物转化产生。

表 2-10　氨基酸的分类

人体非必需氨基酸			人体必需氨基酸		
中文名称	英文名称	缩写符号	中文名称	英文名称	缩写符号
丙氨酸	Alanine	Ala	赖氨酸	Lysine	Lys
精氨酸	Arginine	Arg	蛋氨酸	Methionine	Met
天冬氨酸	Aspartic acid	Asp	亮氨酸	Leucine	Leu
胱氨酸	Cystine	$(Cys)_2$	异亮氨酸	Isoleucine	Ile
半胱氨酸	Cysteine	Cys	苯丙氨酸	Phenylalanine	Phe
谷氨酸	Glutamic acid	Glu	苏氨酸	Threonine	Thr
甘氨酸	Glycine	Gly	色氨酸	Tryptophan	Try
羟脯氨酸	Hydroxyproline	Hyp	缬氨酸	Valine	Val
脯氨酸	Proline	Pro			
丝氨酸	Serine	Ser			
酪氨酸	Tyrosine	Tyr			
天冬酰胺	Asparagine	Asn			

二、蛋白质的功能

1. 构成机体和修复组织

人体的神经、肌肉、内脏、血液、骨骼甚至指甲和头发，无不含蛋白质。身体的生长发育、衰老组织的更新、损伤后组织的修复，都离不开蛋白质，每天约有 3%的蛋白质参与更新。

2. 酶和激素的主要原料

酶是蛋白质，它参与机体内各项生命活动，如肌肉收缩、血液循环、呼吸、消化、神经传导、感觉功能、能量转换、信息加工、遗传、生长发育、繁殖等活动。如果没有酶，生命将无法存在。调节生理机能的一些激素也由蛋白质和多肽参与。

3. 增强机体免疫能力

当机体受到外界某些有害因素侵袭后，机体能产生一种相应的抗体并与其进行特异性反应以消除它对正常机体的影响，即免疫反应。抗体有许多种，都是免疫球蛋白（immunoglobulin，Ig），或称抗体球蛋白，这些球蛋白可提高人体的抵抗力。

4. 供给能量

每 1g 蛋白质可释放 16.7kJ（4kcal）热能。人体每天所需要热能的 10%～15%来自蛋白质，但提供热能不是蛋白质的主要功能，只有在碳水化合物和脂肪供应不足时，蛋白质才向人体提供热能。

5. 氧的运输

机体新陈代谢过程中所需的氧和生成的二氧化碳，是由血液中血红蛋白运输完成的，而血红蛋白是球蛋白与血红素的复合物。

6. 维护皮肤的弹性

胶原蛋白是人体结缔组织的组成成分，能主动参与细胞的迁移、分化和增殖，具有联结与营养功能，又有支撑、保护作用。在人的皮肤中，胶原蛋白含量高达 71.9%，如长期缺乏蛋白质会使皮肤的生理功能减退，失去光泽，出现皱纹，弹性降低。

三、膳食蛋白质的供给量及食物来源

1. 膳食蛋白质的供给量

一个人一天需要供给多少蛋白质，要根据年龄、性别、劳动条件和健康情况而定，并因食物来源而有所不同。一般以供给热量的 10%～15%为宜，男性每天 65g，女性每天 55g。中国居民膳食蛋白质参考摄入量见表 2-11。

表 2-11 中国居民膳食蛋白质参考摄入量

年龄（岁）/生理状况	RNI（g/d）		年龄（岁）/生理状况	RNI（g/d）	
	男	女		男	女
0～	9[a]	9[a]	9～	45	45
0.5～	20	20	10～	50	50
1～	25	25	11～	60	55
2～	25	25	14～	75	60
3～	30	30	18～	65	55
4～	30	30	孕妇（1～12 周）	—	55
5～	30	30	孕妇（13～27 周）	—	70
6～	35	35	孕妇（≥28 周）	—	85
7～	40	40	乳母	—	85
8～	40	40			

注："—" 表示未制定；RNI. 推荐摄入量

[a] AI 值

2. 蛋白质的食物来源

蛋白质广泛存在于动物和植物体内，最主要存在于肉、鱼、乳、蛋、谷类、豆类和坚果类食物中（表 2-12）。贝类蛋白也可与肉、禽、鱼类相媲美，它们都是蛋白质的良好来源。

表 2-12　常见食物蛋白质含量（%）

食物名称	蛋白质含量	食物名称	蛋白质含量
黄豆	36.5	猪肉（肥瘦）	9.5
豆腐	4.7	猪肝	21.3
豆浆	4.4	牛肉（肥瘦）	20.1
熏豆腐干	18.9	鸡肉	21.5
绿豆	22.7	鸡蛋	14.7
炒西瓜子	31.8	松花蛋	17.6
炒花生仁	26.5	大米	8.3
炒葵花子	34.6	标准面粉	9.9
牛奶	3.3	对虾	20.6

四、活性肽及活性蛋白质

活性肽及活性蛋白质是指那些含有特殊生物活性的肽与蛋白质，主要有谷胱甘肽、降血压肽、促进钙吸收肽、易消化吸收肽、免疫球蛋白及抑制胆固醇蛋白等。它们的特殊功能在于消除自由基、降低血压和提高机体免疫力等，而普通的肽与蛋白质没有这方面功能。

1. 活性肽

活性肽是一类有重要生理功能的活性物质，在生物体内的各种组织如骨骼、肌肉、感觉器官、消化系统、内分泌系统、生殖系统、免疫系统、周围和中枢神经系统中都有存在。目前研究较多的包括谷胱甘肽、降血压肽、促进钙吸收肽和易消化吸收肽 4 种。

2. 活性蛋白质

活性蛋白质是一类有重要生理功能的活性物质，目前研究较多的主要包括抑制胆固醇蛋白、免疫球蛋白和超氧化物歧化酶（superoxide dismutase，SOD）等。

抑制胆固醇蛋白是从大豆种子中提取的，并经适当改性处理。这种蛋白质具有独特而重要的生理功能，能促进肠内胆固醇物质的排泄，与胆内的固醇物质相结合，阻碍固醇物质的吸收，对胆固醇高的人具有明显降低胆固醇的功效，而对胆固醇正常的人不起作用。在人们摄取胆固醇含量高的肉、蛋及动物内脏等食物时，能抑制血液胆固醇的升高。

免疫球蛋白（Ig）是一类具有抗体活性或化学结构与抗体相似的球蛋白。目前发现的人体免疫球蛋白有 IgG、IgM、IgA、IgD、IgE 五类。Ig 具有蛋白质的通性，不耐热，加热至 60～70℃即被破坏，强酸、强碱等均能破坏抗体活性，亦可被多种蛋白水解酶破坏。

超氧化物歧化酶（SOD）是一类含金属的蛋白质，广泛存在于动植物和微生物组织细胞中，如刺梨、大蒜、小白菜、油菜、柠檬、银杏、番茄、动物血液、肝脏、大肠杆菌、牛乳等都可以分离提取出具有生物活性的 SOD 产品。SOD 作为一种活性蛋白质，已在化妆品、功能性食品中崭露头角，显示出美好的应用前景。SOD 能清除人体内过多的氧自由基（$\cdot O_2^-$），可延缓衰老，提高人体免疫力并增强对疾病的抵抗力。SOD 作为一种临床药物，在治疗由自由基损害而引发的多种疾病时其效果是显著的。另外，在治疗自身免疫病、肿瘤、老年性白内障、炎症及肺气肿等疾病方面的研究也已经深入，有的已进入实用阶段。

第六节　维　生　素

维生素是维持人体生理功能所必需的一类有机化合物。它们虽种类繁多，性质各异，但具有以下共同特点：①维生素或其前体物都在天然食物中存在，但是没有一种天然食物含有人体所必需的全部维生素；②它们一般不能在体内合成，或合成量少，不能满足机体需要，必须由食物不断供给；③它们参与维持机体正常生理功能，需要量极少，通常以毫克（mg）、微克（μg）计，但是必不可少；④它们在体内不提供热能。

维生素分为脂溶性和水溶性两大类，脂溶性维生素是维生素 A、维生素 D、维生素 E 和维生素 K，水溶性维生素是维生素 C 和 B 族维生素。脂溶性维生素不溶于水，进入消化道后，一定要有脂肪作为载体，并经胆汁乳化，人体才能吸收，吸收进血液以后，也要和某种蛋白质结合，才能运转到全身。如果膳食组成中脂肪的比例过低，就会影响脂溶性维生素的吸收，甚至造成摄入不足。例如，生吃胡萝卜，因其含有的维生素 A 前体胡萝卜素是脂溶性的，就不易吸收，最好用油炒或油拌后食用。相比之下，水溶性维生素可直接被肠道细胞吸收，吸收过程快。

一、维生素 A

维生素 A（vitamin A）又称为视黄醇（retinol），为脂溶性维生素，是人类最早发现的维生素，由 β-紫罗兰酮环与不饱和一元醇组成。植物体中所含有的黄红色中很多属于类胡萝卜素，胡萝卜素为维生素 A 的前体。在动物体内胡萝卜素可以被转化为维生素 A，所以被称为维生素 A 源。维生素 A 为淡黄色结晶，不溶于水，对热、酸、碱比较稳定，但易被氧化，尤其高温下更易氧化。维生素 A 具有保持正常视觉、保持上皮细胞组织完整和健全、增强机体免疫力、清除自由基、减轻脑卒中损伤、促进生长发育、防治癌症和增强生殖力等功能。例如，缺乏维生素 A 会引起夜盲症。中老年人缺乏维生素 A 易患白内障、眼干燥症，患者怕光、流泪，结膜失去正常光泽，变得混浊。维生素 A 严重缺乏时，晶体消失而失明。维生素 A 的最好食物来源是各种动物性食物，如动物肝脏、奶类、鱼肝油、蛋黄等。植物性食物中，蔬菜如菠菜、苜蓿、番茄、扁豆、茄子、白菜、胡萝卜等，水果如杏、李、葡萄、香蕉、红枣等都含有很多的胡萝卜素。

二、维生素 D

维生素 D（vitamin D）又称抗佝偻病维生素（antirachitic vitamin），为脂溶性维生素。

维生素 D 是白色结晶，在中性及碱性溶液中比较稳定，耐高温，不易氧化，在碱性条件下逐渐分解。人体内存在脱氢胆固醇，在日光或紫外线照射下可以转变为维生素 D_3，故脱氢胆固醇可称为维生素 D_3 源，由此可见多晒太阳是防止维生素 D 缺乏的方法之一。维生素 D 具有促进钙、磷的吸收，维持正常血钙水平和磷酸盐水平；促进骨骼与牙齿的生长发育；促进皮肤新陈代谢，增强对湿疹、疥疮的抵抗力等功能。维生素 D 缺乏易得佝偻病、软骨病、骨质疏松症。食物中维生素 D 的含量比其他任何一种维生素的含量都少。其食物来源以动物肝脏、禽蛋、乳制品、鱼肝油为主，其中尤以鱼肝油中维生素 D 的含量最为丰富。而在蔬菜、谷物和水果中，维生素 D 的含量则比较少。通常情况下，正常膳食中维生素 D 的摄入量是不能满足人体需要的，所以必须依赖于皮肤合成足量的维生素 D。

三、维生素 E

维生素 E（vitamin E）又称生育酚（tocotrienol），为脂溶性维生素。维生素 E 对热及酸稳定，但对碱不稳定，可以缓慢氧化，在光、碱及金属元素下可加速氧化。维生素 E 对氧敏感，特别是在碱性条件下加热食物，可以使 α-生育酚完全遭到破坏。在大量油脂肪中烹调食物，脂肪中所含维生素 E 有 70%～90%被破坏。把小麦磨成粉，把大米精制，维生素 E 会损失 80%，鸡肉或牛肉脱水会使维生素 E 损失 36%～45%；炒烤各种坚果会使维生素 E 损失 80%；马铃薯片 23℃条件下贮存 1 个月，会使维生素 E 损失 71%，贮存 2 个月损失 77%。维生素 E 具有抗氧化、清除自由基、美容抗衰老、促进肌肉生长发育、治疗贫血、抑制肿瘤、防治心脑血管疾病等功能。动物缺乏维生素 E 时，出现生殖障碍、肌肉营养不良、神经系统功能异常和循环系统损害等症状。维生素 E 广泛分布于动植物组织中，特别是油料种子、某些谷物、坚果和绿色蔬菜中，它在植物性食物中的含量受品种、成熟度、季节、收获时间及方式、加工工艺和贮存时间等因素所影响。动物性食物的维生素 E 含量通常较低，且受动物摄入饲料中维生素 E 含量的影响。

四、维生素 K

维生素 K（vitamin K）是一种脂溶性维生素，与血液凝固有关，又称凝血维生素。天然维生素 K 均是黄色油状物，人工合成维生素 K 为白色结晶状粉末，维生素 K 对热和还原剂稳定，但易被酸、碱、氧化剂、光和醇破坏。维生素 K 具有促进血液凝固、防治骨质疏松等功能。《中国居民膳食营养素参考摄入量（2013）版》推荐，我国 18 岁以上成年人维生素 K 摄入量为 80μg/d。维生素 K 广泛存在于动物和植物性食物中。绿叶蔬菜中维生素 K 的含量丰富，动物内脏、肉类和乳类中维生素 K 的含量也较多，而水果和谷物中维生素 K 的含量则较低。新鲜食物中维生素 K 含量充足，冷冻食品易缺乏维生素 K。

五、维生素 C

维生素 C（vitamin C）又称抗坏血酸（ascorbic acid），为高度水溶性维生素。维生素 C 是白色结晶粉末，有酸味，熔点 192℃，微溶于乙醇，几乎不溶于有机溶剂，对氧很敏感，温度、pH、氧化酶、金属离子、紫外线等都能使它受到严重破坏。维生素 C 促进胶原的生物合成，有利于伤口的愈合；促进生物氧化还原过程，保证细胞膜的完整性；改善铁、钙和叶酸的利用；促进类固醇的代谢及阻断亚硝胺的形成等功能，同时它还是一种自由基清除剂。抗坏血酸缺乏会引起坏血病，主要症状是出血、关节性血渗出和关节软骨的改变。缺乏抗坏血酸会感到全身乏力、食欲减退，小儿出现生长迟缓、烦躁和消化不良。食物中的维生素 C 主要存在于新鲜的蔬菜、水果中，人体不能合成，部分食物中维生素 C 含量见表 2-13。水果中猕猴桃、鲜枣、橘子、山楂、柠檬等含有丰富的维生素 C，蔬菜中以绿叶蔬菜、青椒、番茄、大白菜等含量较多。根茎类蔬菜如土豆等虽然维生素 C 的含量不高，但由于消费量大，也是很好的来源。谷类及豆类食物中几乎不含维生素 C，但是豆类经过发芽以后也产生一定量的维生素 C。黄瓜、白菜等含有较多的抗坏血酸氧化酶，会加速对抗坏血酸的破坏。人们在吃芹菜和莴笋等叶及根茎都可食的蔬菜时，往往习惯于弃叶，实际上芹菜叶中的维生素 C 含量达 91mg/100g，青萝卜叶中维生素 C 含量也达 71mg/100g。因此，人们在食用此类蔬菜时要利用好这些叶子。豆芽含有丰富的维生素 C，生长 3～4 天的豆芽是补充维生素 C 的最佳时期。鱼的内脏和脑中含有丰富的维生素 C。维生素 C 在有铁、铜离子存在时更易被氧化破坏；对碱不稳定，在 pH 7.6 以上碱性环境中，易被氧化分解，但在酸性条件下相当稳定。因此，在蔬菜烹调时要先洗后切，切好就炒，尽量缩短在空气中的暴露时间，炒菜不用铜器。做汤时汤开下菜，迅速破坏酶系，以减少维生素 C 的损失。很多野菜如苜蓿、马齿苋、马兰头、枸杞、野苋菜、芥菜等维生素 C 含量高于普通蔬菜的数倍至 10 倍；野果中的刺梨、番石榴、沙棘、酸枣、猕猴桃和金樱子等，所含维生素 C 可比一般柑橘高 50～100 倍，是维生素 C 的良好来源。

表 2-13　部分食物中维生素 C 的含量　　（单位：mg/100g）

食物名称	含量	食物名称	含量
大枣	540	小白菜	40
山楂	89	尖辣椒（青）	185
橙	54	柿子椒（青）	89
草莓	35	柿子椒（红）	159
柚	100	花椰菜	88
菠萝	24	青蒜	77
龙眼	50	菠菜	39
荔枝	30	雪里蕻	83
柿子	49	油菜	51
番石榴	74	圆白菜	38
芒果	41	白萝卜	30
沙棘	1200	猕猴桃	420

六、维生素 B

维生素 B（vitamin B）是维生素群体中最庞大的一个家庭，包括维生素 B_1（硫胺素）、维生素 B_2（核黄素）、维生素 B_6（吡哆素）、维生素 B_{12}（钴胺素）、烟酸、叶酸、生物素、泛酸等十余种。B 族维生素属于水溶性维生素。B 族维生素广泛存在于谷物、肉类及蔬菜中，特别是粗米杂粮中含量较高。一般情况下，人体内 B 族维生素的贮存量极少，多余量可随尿、汗液排出体外。人体只有通过食物摄入，才能保证机体的需要。虽然多种食物都含有 B 族维生素，但深细加工、贮存及烹调不当会大量减损食物中的有效含量。

所有 B 族维生素通常存在于动物肝脏、酵母和粮谷类的麸糠中，但它们结构不同，生理功能各异。它们中大多数都是以辅酶或辅基的形式参与碳水化合物、脂肪和蛋白质的中间代谢，缺乏某一种 B 族维生素都会导致特定的缺乏症。

1. 维生素 B_1

维生素 B_1 又称硫胺素（thiamin），是最早被发现的 B 族维生素，由维生素 B_1 缺乏而引起的脚气病，在以精白米为主食的地区较为常见，南方脚气病发病率较高，其主要原因是这些地区以大米为主食，米中维生素 B_1 比杂粮中少。维生素 B_1 缺乏的主要症状为多发性神经炎、消瘦或水肿及心脏功能紊乱。维生素 B_1 对食品加工中常用的添加剂亚硫酸盐敏感，SO_2 可破坏维生素 B_1 活性，维生素 B_1 的良好来源是粗粮、豆类、坚果类、肉类、肝脏、蛋类及干酵母等。成人每日推荐摄入量为 1.3～1.4mg。维生素 B_1 在酸性食物中对热稳定，但在中性和碱性食物中不稳定，食品加工中必须考虑这个问题。

2. 维生素 B_2

维生素 B_2 又称核黄素（riboflavin），是脱脂乳和乳清中的黄绿色素，所形成的辅酶是生物氧化过程中必不可少的物质。维生素 B_2 与特定蛋白结合形成黄素蛋白，促进蛋白质、脂肪和碳水化合物的代谢，促进生长，维护皮肤和黏膜的完整性。人体缺乏维生素 B_2 可引起多种皮肤病变，如唇炎、舌炎、口角炎和脂溢性皮炎等。中国成人每日推荐摄入量为 1.2～1.4mg。富含维生素 B_2 的食物主要是动物的肝脏、肾脏、心脏，以及蛋黄、鳝鱼、奶类、谷类、蔬菜与水果，某些调味品和菌藻类食物虽然维生素 B_2 的含量很高，但由于食用量少和不常吃，不能作为供给维生素 B_2 的主要来源。为了充分满足机体要求，除了尽可能利用动物肝脏、蛋、奶等动物性食品，还应该多吃新鲜绿叶蔬菜、各种豆类和粗米粗面，采取各种措施，尽量减少维生素 B_2 在食物烹调和贮藏过程中的损失。维生素 B_2 耐热，在水中溶解度较低。因此，在食品加工与蒸煮过程中损失较少，但它对光和碱敏感，纸盒装牛奶则能很好地避免维生素 B_2 的光氧化。

3. 烟酸

烟酸（niacin or nicotinic acid）又称尼克酸和抗糙皮病维生素，其缺乏会使糖代谢受阻，神经细胞得不到足够的能量，致使神经功能受影响，导致糙皮病（pellagra），特征是皮炎、腹泻和痴呆，可通过补充烟酸或可转化为烟酸的必需氨基酸——色氨酸进行治疗。成人每日推荐摄入量为 13～14mg。烟酸的良好来源为酵母、动物肝脏、瘦肉、花生、豆类及粗粮。烟酸在空气中较稳定，不为酸、碱、光、氧或热破坏，为复合维生素 B 中最稳定的一种。但像其他水溶性维生素一样，它也会在食物加工烹调期间由于沥滤而损失。

4. 维生素 B_6

维生素 B_6 指在性质上紧密相关，具有潜在维生素 B_6 活性的 3 种天然存在的化合物：吡哆醇（pyridoxine）、吡哆醛（pyridoxal）和吡哆胺（pyridoxamine）。维生素 B_6 是许多重要酶系统的辅酶，与蛋白质、脂肪代谢关系密切，该维生素缺乏会引起蛋白质、氨基酸代谢异常，但不会引起明显的症状。它在食物中分布很广，肌肉、肝脏、绿叶菜和糙米含量较多，肠道细菌可合成一部分，一般不会缺乏。维生素 B_6 需求与蛋白质摄入量有关，一般成人每日适宜摄入量为 1.2mg，孕妇、乳母为 1.9mg。服用类固醇药丸的妇女应提高其摄入水平。

5. 泛酸

泛酸（pantothenic acid）又称遍多酸，在食物中分布很广，肠道细菌也能合成一部分，人体明显的缺乏症不多见。但是在限制饮食的试验动物和严重营养不良的个人会出现缺乏，如出现过敏、足底灼痛、肌肉痉挛、易疲劳、胃肠道不适及肾上腺功能不全等症。人类的泛酸需要量尚无定论，一般认为正常成人每天适宜摄入量为 5mg，其丰富来源为动物内脏、米糠等。

6. 维生素 B_{12}

维生素 B_{12} 又称钴胺素（cobalamin），结构中含钴，在维生素中结构最大最复杂。维生素 B_{12} 可促进核酸和蛋白质的合成，以利于红细胞的发育和成熟。缺乏维生素 B_{12} 会形成大而未成熟的红细胞（巨幼红细胞），并释放到血液中诱发恶性贫血，所以维生素 B_{12} 又被称为抗恶性贫血因子。维生素 B_{12} 可通过细菌和霉菌合成（如肠道细菌和豆类发酵制品），是抗生素生产中的商业副产品。食物来源主要是动物食品如肝脏、肉类及海产品，其次为蛋、奶类及发酵豆制品。由于植物产品严重缺乏维生素 B_{12}，严格素食而又不食用发酵豆制品者易缺乏。成人维生素 B_{12} 适宜摄入量为每日 2.4μg。

7. 叶酸

叶酸（folic acid）的主要功能是作为一碳单位的载体参加代谢，它对氨基酸代谢、核酸的合成及蛋白质的合成均有重要影响，对正常红细胞形成有促进作用。缺乏叶酸时，会引起红细胞中核酸合成受阻，造成巨幼红细胞贫血。叶酸广泛存在于绿叶菜中，动物肝脏、肾脏中含量也很丰富，肠道细菌也能合成，一般不会缺乏。成人适宜摄入量为每日 4μg。

8. 生物素和胆碱

生物素（biotin）又名维生素 H 或维生素 B_7，在脂肪与糖代谢及核酸与蛋白质合成方面有一定作用。胆碱（choline）是一种强有机碱，是细胞膜和脑组织成分，作用于神经脉冲传导，可预防脂肪肝。当饮食中其他 B 族维生素充足时，生物素和胆碱也不会缺乏。

不同年龄、性别和生理状况及体力活动水平不同，其维生素每日推荐摄入量也不同，而且应区别推荐摄入量（recommended nutrient intake，RNI）和生理需要量，前者在生理需要量的基础上考虑了人群的安全率，因此推荐摄入量通常高于生理需要量。尽管饮食可提供各种维生素，但在实际生活中常会导致维生素的缺乏。例如，妇女摄入固醇类避孕药会要求较高的维生素 B_6，口服避孕药还会降低机体维生素 C、维生素 B_1、维生素 B_2、维生素 B_{12} 和叶酸的水平。酗酒会导致维生素 B_1、维生素 B_6 和叶酸缺乏，抽烟会降低血液中维生素 C 水平，精神压力会降低对维生素和其他营养素的吸收，并加快其排泄。长期服用某些药物也会增加人对维生素及其他营养素的要求。

第七节 矿 物 质

矿物质又称无机盐，人体中所有元素，除碳、氢、氧、氮主要以有机化合物的形式存在外，其余各种元素称为矿物质。矿物质可以分为两类：一类是钙、镁、钠、钾与磷，这类矿物质人体需要量较大，称为常量元素；另一类是铬、铜、碘、铁、锰、钒、硒、硅、钼、锌等，人体对它们的需要量较少，但在生理上也同样重要，称微量元素。

一、钙

钙（calcium）是构成人体骨骼和牙齿的主要成分，在维持人体物质循环、呼吸、神经、内分泌、消化、血液循环、肌肉组织、骨骼组织、泌尿、免疫等系统的正常生理功能中有着重要的调节作用。钙约占人体重量的 2%，骨骼中钙的含量约占人体总钙量的 99%，体内 99%的钙是用来构成骨骼和牙齿及维持它们正常生理功能的，其余 1%的钙则对体内一系列生理、生化反应起着重要的作用。钙的生理功能主要表现在生物钙化、血液凝固、肌肉收缩、多种酶的激活剂、维持细胞渗透压与酸碱平衡等方面。

膳食结构营养调查表明，我国居民钙摄入量普遍偏低，仅达推荐的日摄入量（RDA）的 50%左右。因此钙缺乏症是较常见的营养性疾病。主要表现为骨骼的病变、生长迟缓、新骨结构异常、骨钙化不良、骨骼变形、发生佝偻病。

如表 2-14 所示，不同食物中钙含量差别很大，普通食物中含钙较少，平均每千克含钙 200～300mg，只有几种特别食物中含钙量较多，乳品及其乳制品中钙含量不但高，而且钙的吸收率也较其他食物高得多。发酵的酸奶更有利于钙的吸收。可以连骨壳一同吃的小鱼小虾及一些硬骨鱼类含钙也较多。豆类、绿色蔬菜也是钙的较好来源。因此，随着人们生活水平不断提高，乳品食入量逐渐增加，钙摄入量也会逐渐增加。

表 2-14 部分食物中钙的含量 （单位：mg/100g）

食物名称	含量	食物名称	含量
标准粉	31	干酪	799
大米	13	人乳	30
小米	41	柠檬	101
玉米	14	木耳	247
大豆	191	银耳	36
豆腐	164	杏仁	71
绿豆	81	油菜	108
蚕豆	54	小黄鱼	78
扁豆	35	河虾	325
豆角	29	蚌肉	190
牛乳	104	鸡蛋	48
海带（干）	348	蛋黄	112
蘑菇（干）	127	鸭蛋	62
花生仁	284	鲫鱼	79
猪肉（瘦）	6	海蜇皮	150
牛肉	9	虾皮	991
羊肉	6	虾米	555
黄油	35	酱油	66
奶油	1	豆油	13
榛子	104	苜蓿（炒）	713
荠菜	294	雪里蕻	230
鸡肉（带皮）	9	苋菜（红）	178
紫菜	264	枣	80

二、磷

磷（phosphorus）也是人体含量较多的元素之一，磷和钙一样，是组成人体骨骼和牙齿的重要成分。正常成人体内磷的含量约占体重的 1%，骨骼中含磷总量为 600～900g，约占体内含磷总量的 80%，以无机化合物与钙结合。其余 20%的磷以有机化合物的形式存在于其他软组织中，很多结合蛋白质含磷，RNA、DNA 含磷，细胞膜的脂质也含磷。除一些特殊情况下，一般不会是膳食的原因引起磷的缺乏。

在严重磷缺乏和磷耗竭时，可发生低磷血症。其症状包括厌食、贫血、肌无力、骨痛、佝偻病和骨软化、全身虚弱、对传染病的易感性增加、感觉异常、精神错乱甚至死亡。

磷在食物中分布很广，无论动物性食物或植物性食物，其中都含有丰富的磷，动物的乳汁中也含有磷，磷是与蛋白质并存的，瘦肉、蛋、奶、动物的肝脏和肾脏中含量都很高，海带、紫菜、芝麻酱、花生、干豆类、坚果、粗粮磷含量也较丰富。但粮谷中的磷为植酸磷，不经过加工处理，吸收利用率低。

三、镁

镁（magnesium）是体内酶活力的主要触媒，特别是与产生能量的辅酶有关，并能帮助钙和钾的吸收。镁缺乏可导致失眠、焦虑不安、消化不良、心跳加速和痉挛及心脏病、高血压、糖尿病加重。我国北方心脏病的发生率低于南方，主要是由于北方的水中镁含量要高于南方。

紫菜含镁最多，在每 100g 紫菜中，镁含量高达 460mg，居各种食物之首，被誉为“镁元素的宝库”，其他富含镁的谷类食物主要有小米、玉米、荞麦面、高粱面等；豆类有黄豆、黑豆、蚕豆、豌豆、豇豆、豆腐和各种豆制品等；蔬菜主要有荠菜、辣椒干、蘑菇等；水果主要有阳桃、龙眼、核桃仁等；另外还有虾米、花生、芝麻、芝麻酱等。

四、钾

钾（potassium）在体内的主要生理功能有：维持碳水化合物、蛋白质的正常代谢，维持细胞内正常渗透压，维持神经肌肉的应激性和正常功能，维持心肌的正常功能，维持细胞内外正常的酸碱平衡和电离子平衡。人体内钾总量减少可引起钾缺乏症，在神经、肌肉、消化、心血管、泌尿、中枢神经等系统发生功能性或病理性病变，主要表现为肌无力及瘫痪、心律失常、横纹肌肉裂解症及肾功能障碍等。肌无力一般从下肢开始，表现为站立不稳、无力或登楼困难，随着钾缺乏的加重，可影响到躯干、上肢肌力，甚至影响呼吸肌，导致呼吸衰竭。肌无力同时伴有肢体麻木、肌肉压痛，胃肠道肌肉也可受到影响，表现为厌食、恶心、呕吐、气胀，严重者可发展为肠麻痹和肠梗阻，胃酸分泌减少。

大部分食物都含有钾，但蔬菜和水果是钾最好的来源，每 100g 中谷类含钾 100～200mg，豆类含钾 600～800mg，蔬菜和水果含钾 200～500mg，肉类中含钾 150～300mg，鱼类中含钾 200～300mg。每 100g 中含量高于 800mg 以上的食物有麸皮、赤豆、杏干、蚕豆、扁豆、冬菇、黄豆、竹笋、紫菜等。

五、钠

钠（sodium）是维持体内水分平衡和血液酸碱度的必需矿物质，对维持胃、肌肉与神经的功能也是必要的。大部分人体内钠的水平是适量的，所以钠缺乏比较少见，但在某些情况下，如禁食、少食、膳食钠限制过严者，摄入量非常低；高温、重体力劳动、过量出汗、肠胃疾病及呕吐、腹泻（泻剂应用）使钠过量排出丢失；某些疾病，如艾迪生病使得肾不能有效保留钠；胃肠外营养缺钠或低钠；利尿剂的使用抑制肾小管吸收而使钠丢失等造成体内钠含量的降低，而未能弥补丢失的钠，均可引起钠的缺乏。

钠普遍存在于各种食物中，但人体钠来源主要为食盐、酱油、盐渍、腌制肉、烟熏食品、酱咸菜类、咸味零食等。由于几乎所有食物中都含有钠，因此不易造成钠的缺乏。钠食用过多，对人体是有害的，过量钠会导致高血压和骨质疏松，并缩短人的寿命。世界卫生组织建议，一般人群平均每日摄盐量应控制在6～8g及以下，美国营养和人类需要委员会建议，轻度高血压患者每日摄盐量应控制在4～5g，这个标准对我国心脑血管病患者的饮食限盐量也是适宜的。如果在减盐的同时，增加膳食中钾的摄入量，降低Na/K，则防治效果会更好。

食盐是提供钠的主要来源，在饮食中分布很广，如咸菜等盐渍食品及酱油味精等调味料中都加入了食盐。因此，控制膳食中的钠含量，应在少吃盐的基础上尽量减少烹调过程中调味料的使用量，减少“看不见的钠”的摄入，以限制高钠食品摄入。

六、铁

铁（iron）是人们研究最多和了解最深的人体必需微量元素之一，但同时缺铁又是全球，特别是发展中国家主要的营养问题之一。铁缺乏也是我国主要的营养缺乏病之一。缺铁造成的后果主要有贫血、行为和智力下降、抗感染能力降低、体温调节方面不抗寒冷等。

膳食中铁的良好来源为动物性食品，如肝脏、肾脏、蛋黄等，豆类和一些蔬菜也含有丰富的铁，但奶里的含铁量较少，牛奶的含铁量更低。长期用牛奶喂养的婴儿，应及时补充含铁量较丰富的食物。使用铁锅炒菜，是铁的一个很好来源。在食物中特别要注意维生素C和氨基酸食物的搭配。例如，大米中铁的吸收率仅为1%，若与肉类、蔬菜搭配食用，铁的吸收率可提高到10%以上；玉米中铁吸收率仅为3%，如果餐前喝杯橘汁，或配食富含维生素C的西红柿、青椒等，则可使铁的吸收率提高5倍。动物性食品中的牛奶可抑制其他食物中铁的吸收。此外，茶叶、柿子和果酒中的鞣酸也会和铁结合，妨碍铁的吸收。

七、锌

成人体内锌（zinc）的含量大约为2.5g，其中眼、毛皮、骨骼、男性生殖器官等组织中浓度最高，肾脏、肝脏、肌肉中的含量为中等。人体血液中的锌有80%～85%在红细胞内，3%～5%在白细胞内，其余在血浆中。血浆中锌的浓度为100～140μg/100g，血清中锌稍高于血浆中的锌。长期食用含锌量较低的食物或食用含植酸盐、草酸盐较高的食物都会造成锌的缺乏。锌缺乏表现为食欲不振、儿童生长发育迟缓甚至停滞、皮肤改变、男孩性腺小、味觉减退，甚至产生食土癖、头发色素减少、脱发、指甲有白斑及创伤愈合慢，严重缺锌会引起男性性功能减退和侏儒症。孕妇严重缺锌会使胎儿发育畸形。

锌的来源很广泛，普遍存在于各种食物中，动物性食物含锌丰富而且吸收率高，其中鲱鱼的含量≥1000mg/kg。肉类、肝脏、蛋类的锌含量为10～50mg/kg。含锌量较高的食物还有麦麸、调味品、花生、爆玉米花、禽类、豆类、蛤蜊、牡蛎、鱼、香肠、全麦制品等。

八、硒

克山病是一种地方性心肌病。1935年，此病在黑龙江省克山县及其邻近县的农村暴发流行，造成大批居民，特别是妇女死亡，之后其他地区也相继发现此病。由于病因不明，遂命名为克山病。克山病在我国分布地区甚广，现已确定存在克山病病区的地方涉及黑龙江、吉林、辽宁、山东、内蒙古、河北、河南、山西、陕西、甘肃、四川、湖北、云南和西藏等14个省、自治区。近年来，微量元素硒和克山病的关系已经确定，认为克山病是多因素（硒、钼与维生素E缺乏及亚硝酸盐摄入量大）的复合作用引起的地方性心肌病。

硒（selenium）在人体内的含量为14～21mg，它广泛分布于体内除脂肪外的所有组织中。以肝、胰、肾、心、脾、牙釉质和指甲中为最高。人体血液中的硒浓度不一，它受到生活地区土壤、水和食物中硒含量的影响。我国克山病流行地区重病区全血硒浓度为0.005～0.01mg/L，无病区为0.02～0.05mg/L。硒还分布在动物和人的毛发中，头发中硒含量是了解人体硒营养水平的良好指标。人体缺硒会出现脱发、指甲脆、易疲劳和激动等。

食物中硒含量测定值变化很大，如以μg/g鲜重表示，内脏和海味品为0.4～1.5，肌肉为0.1～0.4，谷物为0.1～0.8，奶制品为0.1～0.3，水果蔬菜小于0.1。影响植物性食物中硒含量的主要因素是栽植土壤中的硒含量和可被吸收利用量。因此，即使是同一品种的谷物或蔬菜，会由于产地不同而硒含量不同（表2-15）。例如，低硒地区大米硒含量可少于2ng/g，而高硒地区大米硒含量可高达20μg/g，有万倍差距。

表2-15　病区和非病区居民主粮中硒含量的差别

粮食	病区均值（mg/kg）	非病区均值（mg/kg）
玉米	0.005±0.002	0.036±0.056
水稻	0.007±0.003	0.024±0.038

九、碘

甲状腺肿（goiter）与克汀病（cretinism）是缺碘性营养缺乏病，其发病率多局限于土壤与水源中缺乏碘的地区，因此为地方性疾病。据统计，全球有110个国家共16亿人生活在缺碘地区，每年因缺碘造成死胎3万例，新生儿智力和身体发育障碍12万人，地方性甲状腺肿5.66亿例，克汀病人600万人以上，脑功能受损病人高达3亿人。在我国除上海外，几乎所有的省、市与地区都有甲状腺肿的发生。目前，我国仍有700万地方性甲状腺重病人和19万克汀病人。

缺乏碘可以使甲状腺素分泌减少，新陈代谢率下降。幼年缺乏时，影响生长发育、思维比较迟钝；成年缺乏时，则皮肤干燥、毛发零落、性情失常，并促使脑垂体促甲状腺激素分泌增加，甲状腺由于不断地受到促甲状腺激素的刺激，甲状腺组织增生而肿大。孕妇缺碘会使胎儿生长迟缓，造成智力低下或痴呆，甚至发生克汀病（呆小症）。

碘（iodine）在生物界的循环经历3个过程：植物从土壤和水中摄取碘，故植物的碘含量一般高于外界环境，这是碘的一级浓集；动物吃了植物，使动物体的碘含量高于植物，这是碘的二级浓集；人再进食动物和植物，这是碘的三级浓集。食物碘含量的高低一般遵循以下原则：大海是自然界的碘库，含碘量高的食物为海产品，如海带、紫菜、鲜海鱼、蚶干、蛤干、干贝、海参等。海带含量最高，干海带可达到240mg/kg以上，其次为海贝类及鲜海鱼（800μg/kg 左右）。但是食盐中含碘量极微，越是精制盐含碘越少，海盐含碘量低于 5mg/kg，若每人每日摄入 10g 盐，则只能获得低于 50μg 的碘，远不能满足预防碘缺乏病的需要。动物性食物的碘含量大于植物性食物；陆地食品则以蛋、奶含碘量较高（40～90μg/kg），其次为肉类，淡水鱼的含碘量低于肉类。植物的含碘量最低，特别是水果和蔬菜。

我国用食盐中添加碘的措施防治甲状腺肿很有成效，政府规定食盐中加碘才能销售。一般在每 1kg 食盐中加碘 20～40mg，即 1g 食盐中有 30μg 的碘。根据营养调查，目前我国每人每天食用的食盐为 14g，能从中摄取 420μg 的碘，这一摄取量早已超过了我国所规定的营养素供给量标准，完全能满足成人和儿童碘的需要，富含碘的海产见表 2-16。

表 2-16　含碘量较高的海产食物　（单位：μg/kg）

食物名称	含碘量	食物名称	含碘量	食物名称	含碘量
海带（干）	240 000	干贝	1 200	龙虾（干）	600
紫菜（干）	18 000	淡菜	1 200	蚶（干）	2 400
发菜（干）	11 000	海参（干）	6 000	蛤（干）	2 400
鱼肝（干）	480	海蜇（干）	1 320		

十、其他微量元素

人体必需的微量元素还有：铜，绝大多数铜用于合成血浆铜蓝蛋白和铜酶，参与血红素及细胞色素的合成；锰，参与骨骼形成、结缔组织生长、凝血、胰岛素作用、胆固醇的合成，以及在碳水化合物、脂肪、蛋白质和核酸代谢中作各种酶的激活剂；铬，是正常糖代谢所必需的，它是葡萄糖耐量因子的组成成分，是某些酶的活化剂和核酸类的稳定剂等；钼，是几种不同酶系统的组成成分，这些酶参与碳水化合物、蛋白质、脂肪、含硫氨基酸、核酸和铁的代谢；氟，可预防龋齿和老年骨质疏松症，能加速伤口愈合，促进铁的吸收。其他元素如镍、钴、锂、锡、钒、砷、硅、硼、锶、铅和铝在动物试验中表明也是机体所需要的，但它们在人体营养中的角色尚未确定。

第八节　水

水不仅有营养，而且它在人们的生活中非常重要。人体离不开水，一旦失去体内水分的 10%，生理功能即发生严重紊乱，失去水分 20%，人很快就会死亡。健康人即使不吃食物，只要有水分供给，就能维持生命一个月，最长能活 59 天。如果不供给水，只给食物（食物中的水分被除掉），一般 5 天即死亡，最长纪录只活 17 天。可见水比任何营养都重要。

一、水的主要生理功能

水的主要生理功能：①人体构造的主要成分，保持细胞外形及构成体液必需的物质；②作为各种营养物质及其代谢产物的载体和溶剂参加物质代谢；③直接参与物质代谢，促进各种生理活动和生化反应；④因水的比热大，可通过蒸发或出汗调节体温；⑤可滋润皮肤，润滑关节等。

二、水的需要量

成年人每天每 1kg 体重需水 40mL，一个体重 60kg 的成年人每天约需要水分 2500mL。一般情况下，成年人每天通过呼吸排出的水分约 400mL，通过皮肤排出的水分 400～800mL，通过粪便排出的水分约 150mL，通过尿液排出的水分约 1500mL。共计耗水 2500mL。

每天从食物中可以得到的水分约为 800mL，体内分解氧化营养物质时产生约 400mL，其余的 1300mL 水必须从饮水中补充。喝水量大于 1300mL，则排尿量增加，以保持体内水平衡。但过量饮水并不可取，因为它会增加肝和肾负担，影响肾功能，甚至出现浮肿等疾病。喝水量小于 1300mL 时，排尿量减少，尿液浓缩，若经常饮水不足，肾经常处在浓缩代谢废物的过程中，就要加倍工作，加重了肾的负担，同时，浓缩的尿液，容易使某些废物结晶，形成肾结石。

三、喝水的时间

“口渴才喝水”，这是不科学的，因为口渴表示人体细胞脱水到了一定程度，大脑中枢已发出补充水的信号。应该养成提前饮水的习惯，即口渴前就饮水，这是科学控制饮水的好习惯，能使体内水分经常保持平衡，有益身体健康。专家研究证明，每天清晨喝 200～300mL 21～31℃的凉开水，有助于预防感冒、咽喉炎、脑溢血及动脉硬化，防治结石等疾病。

每日三餐饭前 0.5～1h 饮水为最好，水在胃里暂时停留后很快进入血液，补充到全身，以保证身体对水分的需要。同时，饭前饮水能使身体分泌出足够的消化液，以促进食欲。进餐时也应喝一定数量的汤，有助于溶解食物，使食物在小肠中能很快地被吸收。睡前也被视为最适宜的饮水时间，因睡眠时血液浓度增高，饮水可以冲淡血液，加速血液循环。

四、饮用水分类

1. 硬水与软水

硬水最初是由于水中的钙、镁离子含量高，能在锅炉的传热面形成一层坚硬的水垢而得名，软水则是指钙、镁离子浓度低，不易形成水垢的水。石灰石的主要成分是碳酸钙，有些还含有碳酸镁，由石灰石构成的山脉常年受雨水的冲刷，岩石就会一点点地溶解到雨水中，这些雨水流出后，部分渗入地下，地下水就会含有大量的钙、镁离子而成为硬水。例如，钟乳石的形成：石灰石中的碳酸钙与雨水中的 CO_2 反应，生成碳酸氢钙而溶于水，这种水在向下滴落过程中失去 CO_2，重新变成不溶于水的碳酸钙，年深日久，形成了如吊钟的“钟乳石”，呈现出一道美丽的自然景观，这就是硬水的自然表现。

2. 暂时性硬水

溶解有碳酸氢钙或碳酸氢镁的硬水，煮沸后会失去 CO_2，像钟乳石一样变成不溶于水的碳酸钙或碳酸镁而沉淀。这样，只需把水煮沸，就可以使水中的钙、镁离子降低而变成软水，这种硬水称为暂时性硬水。

3. 永久性硬水

钙、镁离子如果以氯化物的形式或硝酸盐的形式存在于水中时，即使将水煮沸，水中的钙、镁离子也不会沉淀出来，这种硬水称为永久性硬水。人们常吃的豆腐是将“卤水”（即氯化镁溶液）加到豆腐中，使蛋白质凝固后再滤掉多余的水而制得。

4. 软、硬水的区分

我国是把水中钙、镁离子的总量换算成碳酸钙的量，以每升水中所含的碳酸钙的毫克数表示的，1 个硬度 = 0.356 63mg 当量 $CaCO_3$/L = 17.847mg $CaCO_3$/L，水的软硬区分度见表 2-17。

表 2-17　软硬水的分类　（单位：mg $CaCO_3$/L）

极软水	软水	中硬水	硬水	高硬水	超高硬水	特硬水
0～75	75～150	150～300	300～450	450～700	700～1000	＞1000

5. 硬水与健康

凡不含矿物质或含矿物质很少的水，蒸馏后不留任何矿物质，是绝对的软水，雨水含矿物质较少，属于软水。矿泉水、井水通常含矿物质较多，是硬水。我们日常饮用水多是源于河水，河水通常由雨水汇集而成，含矿物质不多，但经过自来水厂处理，一般钙、镁含量是能够达到或符合健康饮水标准的。我国《生活饮用水卫生标准》中允许每升水中含有碳酸钙或碳酸镁 450mg，世界卫生组织规定每升水含碳酸钙或碳酸镁 500mg。

五、矿泉水

矿泉水，顾名思义就是含有矿物质的泉水。矿泉水中一般都含有钾、镁、钠、铁、锰等阳离子，但少数矿泉水还含有锂、锶之类的稀有元素，同时含有碳酸氢根、氯离子、硫酸根、磷酸根、硝酸根之类的阴离子，有些还含有氟离子、溴离子和碘离子。我国对矿泉水的定义是：从地下深处自然涌出的或经钻井采集的未受污染的地下泉水，它含有一定量的矿物盐、微量元素或 CO_2 气体，在通常情况下，其化学成分、流量、水温等在天然波动范围内相对稳定。目前，我国开发利用的矿泉水，90%以上是含偏硅酸和锶的矿泉水，另有含锂的矿泉水，凡每升水锂含量大于 0.2mg、小于 0.5mg 的，便可称为锂矿泉水。微量元素锂在自然界以化合物形式存在，它对人的中枢神经系统活动有十分重要的调节作用，能安定情绪、改善造血功能、防治心血管疾病。

六、纯净水

绝大多数人认为水越纯净对人体健康越有益，尤其是前几年，一些广告、商标、说明书的误导，让人们形成一个错误的观念，水越纯越好，于是纯净水的名字更新很快，开始是蒸馏水，以后有太空水、净化水、超净水、纯净水等。现在越来越多的研究证明，人如果长期饮用纯净水，对健康是有害无益的。纯净水不但除掉了所有对人体有害的物质，同时，也除去了许多对人体健康十分重要的“人体必需微量元素”。这些元素人体只需微量，每天在正常饮食中就可以得到满足，从正常饮水中就能获得这部分必需微量元素，由于喝纯净水而被除去，这就满足不了人体正常需要，长久下去，对健康造成不可挽回的损失。这种危害是慢性的，察觉不到的，而且危及后代。

七、融水

融水是指冰融化后不超过 35℃的水或带冰粒的水。在标准大气压下冰于 0℃融化，冰融化成的水能够在很长一段时间内保持冰的结构，水表面漂浮着无数微小的短命冰水珠，当水温达到 30℃时，这些“冰块”仍不会“融化”。随着时间延长，冰块虽全融了，但在 35℃以下它的“融水生理特性”不会变。融水生理特性有激活植物生长的作用，我国有句谚语“瑞雪兆丰年”，就是因为大雪后融化水能激活植物细胞，生物体内大多数细胞的细胞膜和生物分子能吸收水分子，并按固定的顺序在它们的表面形成类似冰的晶格，使水能最“贴近”生物分子，从而得到最有效的利用；另外，已经表明大多数蛋白质分子、脂肪分子和碳水化合物都适合冰的结构，而且很容易进入它的晶格空隙，有利于损伤后修复和有抗衰老作用。

冰融化后不一定都是融水，例如，烧开的水放凉后，在–1℃时并不结冰，只有在–6℃时才结冰，我们把 0℃以下不结冰的水称为“无冰水”。无冰水在–7℃以下结冰后再融化，称为无融水生理效应水。蒸馏水结冰后再融化也具有无融水生理效应。获得融水的办法是用搅拌器搅拌凉开水 5min，或用筷子、打蛋叉搅拌 15min，放入冰箱，结冰后再溶解即可成融水。

八、冰川水

科学研究发现，住在冰川附近的居民，均比一般人长寿，如我国西藏的扎洪族人、国外的雅库特和阿布哈兹人等，百岁老人比比皆是。他们食物中动物蛋白不足，能量也不够，为什么会健康长寿呢？原因很多，但水的作用不可低估，他们的水使食物中有限的营养素被充分消化吸收。

试验发现，人饮用冰川雪水三个月，胆固醇大为降低，代谢作用改善，心血管病患者的病情也有好转，科学家称冰川水为“生命之水”。冰川水对人体的健康作用主要是水中的氘含量大大少于普通水。水中氘含量的极小变化，对生物的影响极大，当水中氘含量低于正常值时，就是生命的激活剂，能够激活人体机能，改善新陈代谢，增强体质。

在自然界中，不同成因的水，氘的含量是不同的：河水低于海水，雪水低于雨水。据专家介绍，由于重水的沸点比轻水高，在水的自然循环、相态转化时，发生同位素的自然分馏。在海面上，轻水首先蒸发，水汽中的氘减少；水汽凝结时，重水首先凝结降水，剩余水汽中氘的含量再减少。随着水汽向大陆两极移动，发生多次降水和同位素分馏作用，剩余水汽中的重水比例越来越少；温度越低，特别是固态降水时，分馏作用越强。这样，经过长途输送反复分馏过程，最后降到两极冰盖及高山冰川上的水，氘的含量大大减少。而冰川融化时，首先融化末端的冰和冰川上部的降雪，这使冰川融水中的氘含量更低。由于水汽循环中的这种脱氘作用，使冰川水成为含氘量极低、最洁净、最优质的水。

九、水的退化

水是吸收、贮存和传递自然界能量与生物信息的媒介物质，“经过有害物质污染的水，尽管通过各种物理、化学、生物等净化处理，将水中的有害物质除掉，但那些有害物质的负面信息仍将继续残留其中”。污染物质进入水中，在造成水污染的同时，也造成水的功能降低——即水的退化。纯净水只解决了水污染的问题，而没有解决水退化的问题。退化水的溶解力、渗透力、扩散力、代谢力、乳化力、洗净力等都会降低。

满足了以下标准的水才能算作是大自然没有退化的水：不含任何对人体有害、有毒、有异味的物质；水的硬度为30～200（以碳酸钙计）；人体中所需的矿物质含量适中；pH呈弱碱性（7～8）；水中溶解氧及二氧化碳适度（水中溶解氧不低于7mL/L）；水分子团半幅宽小于100Hz；水的媒体营养功能（溶解力、渗透力、扩散力、代谢力、乳化力等）强。

影响水质的主要原因是水中所含的矿物质，欧洲的水质很硬，是因为水的钙质含量过高；日本的水质接近软水，是因为水中的钙质含量过低。水中的钾含量过多，水就会变咸。通过硅土根层和黏土离子层的地下水之所以非常甘美，是由硅酸所致。相反，影响水质味道的元素主要是镁、硫酸根离子和氯等。氯用于自来水的杀菌，使用不当的话，水会完全变味。有时白开水带点苦味，可能是水质中含镁的缘故；而硫酸根离子则会使水中钙质减少，使之口感降低。

水中钙含量的多少会影响人体健康。人体中钙质不足，不但骨质容易变软，也容易引起其他疾病，如焦躁不安、易怒、高血压、血管变脆、容易发生脑溢血等。钙质摄取过量，有增加胆固醇和脂肪的可能。自然界中钠的含量极少，当河水中钠含量高时，其上游必定有垃圾场或化粪池等污染源，这类水则不能饮用。

第九节　食物中的其他成分

一、天然乳化剂

乳化剂又称为表面活性剂，从化学角度而言是范围很广的一组物质。它之所以被称为表面活性剂主要是由于其乳化作用是通过两相界面来实现的。乳化剂之所以能使脂肪球分散于水中或使水滴分散于油脂中，其主要原因是它们在结构上分别含有带电基团一端（极性端）和非带电基团一端（非极性端）。极性端是亲水的，易溶于水，非极性端是亲油的，易溶于油脂。这就导致了在油-水混合物中，乳化剂分子的极性“头部”在水中，而非极性“尾部”则在油中，即乳化剂的不同部位分别溶于水相和油相。当少量油在大量的水中剧烈摇动，则油以一定大小的液滴分散于水中，形成了水包油型乳状液，常用 O/W 表示。当少量水在大量的油中剧烈摇动，则水以一定大小的液滴分散于油中，形成了油包水型乳状液，常用 W/O 表示。

如果没有乳化剂的作用，蛋黄酱就会分成水层和油层两相，蛋黄酱乳状液之所以稳定，是因为其主要活性成分是卵磷脂，典型的卵磷脂都具有极性端和非极性端，它的非极性端存在于油滴内部，而极性端则从油滴表面伸出进入水相，此时油滴彼此分开不具有聚集形成油层的倾向，乳状液因此而稳定。这种现象在含有油、水两相的食品中很常见。鸡蛋、牛奶、血液及动植物组织中，如果没有卵磷脂及磷脂等作为乳化剂，就无法得到稳定的蛋黄酱、人造奶油及色拉调味料等产品。

乳化剂的选择取决于食品体系的乳化类型。对于油-水体系，可制成水包油型 O/W 或油包水型 W/O 乳状液。对蛋黄酱等典型的水包油型乳状液而言，水是连续相或称为分散介质，而油则是不连续相或称为分散相；对人造奶油等典型的油包水型乳状液而言，油是连续相而水则是分散相。因此，在食品乳状液体系中，含量高的部分总是充当连续相。选择食品生产中的乳化剂，应遵循这样的原则：水包油型乳状液宜选用水溶性好的乳化剂（在油相中也有一定的溶解性）；而对油包水型乳状液，则宜选用油溶性好于水溶性的乳化剂。

二、功能模拟成分及新成分

为了降低食品的热能或改善食品的风味，人们常常有意识地加入一些物质替代食品中的糖、脂肪及其他成分，这些物质主要是指与食品有关，但又不构成天然食品或传统食品成分的物质，加入食品中主要起到模拟风味、口感、组织结构，同时起到降低食品热能的作用。例如，人们常用一些化学物质取代高能量的甜味剂——蔗糖或取代高能量的脂肪。冰淇淋生产中加入脂肪可使形体柔润、组织细腻、风味淳厚，但脂肪热量高，易引起肥胖症，近年来使用蛋白颗粒替代脂肪就是一个极好的例证。将鸡蛋或乳蛋白分散成细小的致密球粒，当这些细小的蛋白颗粒以适当的浓度分散于液体体系中，就可促使冰淇淋成品质地更加紧密、口味更加润滑。此外，相同重量的蛋白质与脂肪相比热量较低，因此，添加蛋白质的最终结果是降低了冰淇淋产品的热能。其他种类的代用品的发展也十分迅速。例如，目前已开发出了不被人体吸收利用的烹调用油，这就意味着油炸马铃薯片等类产品可降低其热量。阿斯巴甜，又称为蛋白糖，是由氨基酸构成的一种甜味剂，即由苯丙氨酸和天冬氨酸形成的二肽，其甜度相当于蔗糖的 200 倍，因此，用量很低即可达到所需的甜度，故用于食品配方大大降低了引入的热量。

三、有机酸

水果中含有天然有机酸，例如，柑橘和柠檬中含有柠檬酸，苹果中含有苹果酸，葡萄中含有酒石酸等。这些有机酸不仅形成了各种水果的酸味，而且延缓了微生物对果实的侵蚀。利用有益菌进行食品发酵产生有机酸，可形成食品的风味并保持食品的品质。例如，包心菜经发酵作用可形成乳酸并得到成品泡菜；苹果汁经发酵作用后，先形成酒精，进而酒精进一步转化为醋酸，可制得食醋；在干酪生产过程中，将细菌发酵培养物加入牛奶中产生乳酸，乳酸促进了凝乳的形成并在凝乳的贮藏过程中抑制有害微生物的腐败作用。

有机酸除了影响风味及有助于食品贮藏，还能与蛋白质、淀粉、果胶及其他食品成分反应，并对食品的质构产生较大的影响。例如，英国柴达干酪的弹性和酥性在很大程度上取决于酸的浓度或 pH。酸度还会影响发酵面团的伸展性、布丁产品的硬度、糖浆的黏度、果冻和果酱的涂布性及某些饮料的口感。许多动植物色素都是天然的酸碱指示剂，因此有机酸也会影响食品的色泽。此外，有机酸还是重要的食品腐败菌的抑制剂。

四、氧化剂和抗氧化剂

食品中的许多成分在空气中被氧化会产生不良变化，这是由油脂类成分、脂溶性风味物质过度地暴露于空气中而引起的。在有氧情况下，会降低形成维生素 A 的胡萝卜素和抗坏血酸的作用。某些金属，如铜和铁都是氧化作用的高效催化剂，目前在许多食品加工设备中都用不锈钢材料取代铜材和铁材。许多天然食品中含有微量的铜和铁元素，但往往同时也含有一些抗氧化剂。食品中存在的天然抗氧化剂有卵磷脂、维生素 C、维生素 E 及某些含硫氨基酸。目前食品中使用的最有效的抗氧化剂主要是经国家批准允许使用的人工合成化学物质，生产中使用较多的抗氧化剂包括：丁基羟基茴香醚（butylated hydroxyanisole，BHA）、二丁基羟基甲苯（dibutyl hydroxy toluene，BHT）、没食子酸丙酯（propyl gallate，PG）和叔丁基对苯二酚（tert-butyl hydroquinone，TBHQ）。应注意的是，抗氧化剂仅仅对未被氧化的食品有抗氧化作用，不能使已被氧化的食品恢复其原有的品质。因此，生产过程中若需使用抗氧化剂，应尽早添加，以确保食品在保质期内不会发生氧化劣变。

五、酶

酶是具有催化作用的生物活性物质，酶的催化作用来源于它特有的激活能力。所有生物体（如细菌、酵母菌、霉菌、动植物体等）中都含有各种各样的酶类。酶对食品加工中所使用的各种动植物原料，具有十分重要的意义。例如，酶在这些原料的生长和成熟过程中起着重要作用，当这些原料被收获或死亡后，酶仍然起着一定作用，只有当这些原料中可与酶作用的物质不复存在或酶受到外界影响（如高温处理、化学试剂作用、pH 改变等）导致酶变性时，其催化作用才会丧失。酶在生物体内的分布具有不均一性，一种酶往往存在于一类细胞器中，特定的器官一般含有特定种类的酶。例如，口腔唾液中含有淀粉酶，可对食物中的淀粉起作用，使之消化和分解；存在于胃液中的胃蛋白酶对蛋白质起到消化作用；存在于肝脏中的脂肪酶对脂肪类物质的消化具有积极作用。

进行酶促反应时，酶首先与底物结合，形成酶—底物络合物，随后转变为酶—产物络合物，继而再解离成酶和产物，由此完成一个酶促反应过程。因此，酶的周转率，即酶在完全饱和的条件下，单位时间内底物被每个酶分子转变成产物的分子数。酶的周转率是十分重要的参数。大多数酶的周转率在 1×10^4/s。酶较高的周转率说明少量的酶能催化大量的底物。

生产中应用酶时，应充分考虑所使用的酶的浓度、活力、酶促反应时间、操作条件（pH、温度等）及所期望达到的反应程度。上述各因素常常是相互联系、相互影响的。应该强调的是，酶是以活力单位而不是以质量或体积衡量其效力的，生产中所使用的酶往往是粗酶，其中含有稳定剂、载体、非酶有机物、防腐剂、盐等其他物质，一般生产中仅需使用少量的酶即可达到期望的效果。

酶在食品贮藏加工过程中的作用具有两面性。例如，添加于牛乳中的蛋白酶，在生产奶酪过程中能催化酪蛋白水解并给予奶酪特有的风味，此时蛋白酶对奶酪产品质量具有十分积极的作用。又如，成熟果实中含有的果胶酶，在果实贮藏过程中常常催化果胶分解，产生果胶酸，进而导致果实软化腐烂，此时果胶酶的活性越强，果实的腐烂速度越快。

六、色素和着色剂

食品的色泽是食品的重要品质之一，人们往往根据所看到的食品的外观和颜色，产生对某种食品的喜好并判断该食品的品质。食品的色泽主要来源于以下几个方面。

1. 天然色素

天然色素主要指动物肌肉中的红色素及植物中的叶绿素、类胡萝卜素、黄酮类色素及其他酚类色素。这些天然色素一般对光、热、pH、氧气等因素较为敏感，因此在食品加工和贮藏过程中常会产生变色或褪色现象。此外，多糖在加热时脱水缩合产生褐色——焦糖色素，糖与蛋白质反应也生成褐色物质（美拉德反应）。

2. 人工合成色素

这类色素主要指用人工化学合成方法制得的一类有机色素，分为偶氮类和非偶氮类两类。目前允许使用的合成色素基本上都是水溶性的，但在某些情况下，生产中也使用各种色素的色淀，即水溶性色素沉淀在允许使用的不溶性基质上（如氧化铝）所制备的特殊着色剂。在我国允许使用的食用合成色素有：苋菜红、胭脂红、赤藓红、诱惑红、新红、柠檬黄、日落黄、靛蓝、亮蓝及它们各自的铝色淀。此外人工合成的、化学结构与天然物质完全相同的β-胡萝卜素，天然色素叶绿素经化学处理后得到的叶绿素衍生物——叶绿素铜钠，以及由矿物质材料经加工处理而制成的二氧化钛等，在我国均允许使用。由于食用天然色素多来源于天然可食资源，人们一般认为其安全性较高，但使用过程中往往存在含量低、稳定性差及色价较低的问题。相比较而言，人工合成色素具有较好的稳定性和较高的色价，因此生产中用量较少，使用成本也较低，但使用中需严格控制，用量应符合国家有关标准。

七、风味物质

所谓风味，是指摄入口中的食物通过人的感觉器官（如味觉、嗅觉、痛觉及触觉等）在大脑中留下的综合印象，它与食物特征性质有关，也与人的生理、心理及嗜好等因素有关。风味物质在食品中也是比较复杂的一类物质，一般在食品中所含的呈味物质种类较多，但含量较低，多数对空气及加热条件敏感，且各呈味物质也易发生相互反应。各种食品（如咖啡、牛奶、烹调肉类等）在加工过程中，常会发生纷繁复杂的变化，而且风味逐渐降低。与此不同的是，干酪的成熟过程、葡萄酒的陈化过程及肉类的成熟过程均有利于其风味物质的形成。

有关风味的研究是食品化学的主要内容之一，有了气相色谱和质谱等分析仪器设备，人们可以将风味物质的混合物彼此分开，让每一种物质在色谱中单独出峰。目前的仪器设备均具有较高的灵敏度，但这些仪器设备不能正确地反映出人们对某种风味的喜好，只有将感官鉴评与仪器设备检测相结合，才能得到对特征风味客观、准确的评价。

八、天然有毒物质

植物在其自身的繁衍过程中，还产生一些非营养性化学物质，这些物质不参与植物体的生化反应，但对植物机体的保护及再生具有积极作用。据分析，这些次级代谢产物往往是有毒性的，可以吸引昆虫帮助授粉，或者可以起到抵御食肉动物的侵蚀作用。例如，某些蘑菇中含有特殊的具有毒性作用的碱性含氮物质或生物碱，当达到一定浓度时，就会产生明显的生理影响。许多有害物质并不是食品本身所固有的，而是在加工过程中受到污染、微生物产生的毒素及添加剂的使用超过安全范围等，这些都会导致有害物质混入食品。

对食品中有毒成分的了解，可促使人们采取一系列措施，避免摄入某些有害物质而对健康引起危害。适当的食品加工措施，也可除去大多数有毒物质。例如，通过加热方式可除去豆类中所含的酶抑制剂和植物凝集素、鸡蛋中的抗生物素蛋白及鱼类中的硫胺素酶等；水中浸泡及发酵作用能去除产生氰类物质的组分；去除鱼类的皮肤、性腺及其他一些部位可除掉毒素集中的组织。此外，培育新品种也是降低植物毒素的方法之一。人类在长期的进化过程中，机体也逐步产生了一些解毒的生理机能，可以将潜在的低浓度的毒害作用降低，并掌握了一些从食品原料中去除有毒物质的手段。

除了日常食品原料中所含的有毒物质，人们应当更加重视微生物污染及工业化生产过程中加入食品中的某些有害物质（表 2-18～表 2-20），尤其是一些物质在正常含量状况下对人体是无害的，但当其含量超过某一水平时，即会对人体产生危害，这是特别应该引起人们注意的问题。

表 2-18　植物食品中的毒性物质

有毒物质	化学性质	来源
蛋白酶抑制剂	蛋白质	豆类、薯类、谷类
植物抗毒素	简单呋喃类	甘薯
	苯甲酰呋喃	芹菜
	炔属呋喃	蚕豆
	异黄酮类	豌豆
植物凝集素	蛋白质	豆类
皂苷	糖苷类	大豆、甜菜、菠菜、芦笋
芥子苷	硫化糖苷类	卷心菜、油菜籽
氰	生氰的葡萄糖苷	豆类、木薯、水果核
棉酚色素	棉酚	棉籽
蚕豆饼	嘧啶-β-葡萄糖苷	蚕豆
黄樟素	烯丙基取代苯	黄樟
α-鹅膏菌素	双环辛肽化合物	蘑菇
双稠吡咯啶生物碱	二氢吡咯	菊科和紫草科
苏铁苷	苷类植物毒素	苏铁属坚果

表 2-19　一些微生物中所含的毒素

毒素	来源	对食品的影响
棒曲霉毒素	棒曲霉、荨麻青霉	苹果、谷类、小麦
曲霉毒素	黄曲霉	花生、油料种子
黄曲霉毒素	寄生曲霉	谷物、豆类
柄曲霉素	杂色曲霉	谷粒
赭曲霉毒素	赭曲霉、纯绿青霉	谷粒
青霉毒素	岛青霉	大米、谷物
镰刀霉毒素	赤霉	玉米、小麦、大麦
肉毒杆菌毒素	肉毒杆菌	肉制品
肠毒素	金黄色葡萄球菌	烤鸭、奶油夹心焙烤制品

表 2-20　食品加工中一些有害物质

有害物质名称	在食品中的应用	危害
亚硝酸盐及 *N*-亚硝基化合物	肉类、鱼类贮藏剂及色素稳定剂	与胺或酰胺反应，产生具有较大毒性的 *N*-亚硝基衍生物
亚硫酸盐、二氧化硫、亚硫酸氢盐	作为防腐剂和漂白剂	破坏食品中的维生素 B_1、对某些细菌有诱变作用
氧化乙烯	作为烟熏剂用于食品消毒	产生氯乙烯等有毒物质
脂类氧化产物	过度油炸条件下脂肪单体聚合	氧化物与蛋白质作用的次级产物具有毒性作用

第十节 营养物质的稳定性

食品科学家最主要的职责之一是通过原料的采收、加工和贮藏等所有方面去保存营养物质。掌握这个问题的关键是对不同营养物质在不同情况下稳定性的了解。例如，维生素 A 对酸、空气、光和热敏感；而维生素 C 对酸稳定，但是对碱、空气、光和热敏感。由于营养物质的不稳定性和它们的水溶性，一些必需营养素经过烹调损失可达 75% 以上。但采用现代食品加工技术，损失几乎不超过 25%。当营养素损失过高且不可避免时，可通过添加该营养素予以强化，常见的如面粉和白面包的强化。

一种食物的最终营养价值反映在它的整个生产过程，即从产区到消费者之间的各种损失的多少。营养价值从植物和动物的遗传育种开始，施肥会影响植物组成并影响消费该植物的动物营养组成，气候和收获时的成熟度也会影响营养组成，加工前的贮藏条件会影响维生素和其他营养物质，清洗、整理和热处理也会影响营养物质的含量，罐装、浓缩、干燥和冷冻也会改变营养价值。在杀菌处理中，时间和温度的选择应注意杀灭细菌及尽可能降低营养物质的损失之间的平衡。袋装和随后的贮藏会影响营养物质，在家里和饭店中，食物最后的准备，如保温容器也可能不同程度地破坏前处理中保存下来的大多数营养素。

第三章　食品与健康

为了维持生命和健康，保证身体生长发育，人需要从食物中获取蛋白质、脂类、碳水化合物、维生素、矿物质和水等6大类。随着社会的发展和人们生活水平的提高，食品和健康越来越受到人们的关注，因而研究“食物营养与健康”问题，指导人们合理饮食，已成为时代的需要。

第一节　国内外营养状况

一、世界性营养问题

当今世界的营养问题，按照不同地区和社会发展状况，可以分为两种类型：一种是在不发达国家，由贫困、灾荒和战争所造成的营养问题，主要是营养不良、营养不足和营养缺乏，如缺铁性贫血、维生素缺乏、碘缺乏、钙缺乏等。据统计，约7.5亿人（占发展中国家人口的20%）仍处于饥饿状态，没有足够的食物来满足营养的基本需要量。另一种是在发达国家，由营养不平衡和营养过剩导致肥胖症而引起的“富贵病”（又称“文明病”），如高血压、冠心病、动脉硬化、糖尿病等。

二、我国的营养状况

新中国成立70多年来，我国的国民经济得到飞速发展，人民的生活水平有了很大提高，国民的健康状况有了很大改善。婴儿死亡率从1949年的20%降到2018年的6.1‰；孕产妇死亡率从1500/10万降为18.3/10万；平均寿命从1949年的45岁提高到现在的77岁，“七十古来稀”已司空见惯，现在的说法是“80不算老，70正当年，60小弟弟”。

2012年全国营养调查结果表明，我国居民能量及蛋白质摄入得到基本满足，碳水化合物和蛋白质平均每标准人日摄入量呈下降趋势，脂肪每标准人日摄入量呈增长趋势。同时，居民营养不良、贫血等疾病患病率有所下降。青少年儿童发育迟缓率和消瘦率由2002年的17.3%和9.3%，下降为3.2%和9.0%。贫血率6岁以上儿童9.7%，较2002年降低10.4个百分点。孕妇17.2%，较2002年降低11.7百分点。营养结构的不合理导致起重和肥胖率大幅上涨：成人超重率30.1%，比2002年上升7.3个百分点；肥胖率11.8%，上升4.8个百分点，儿童（6～7岁）起重率4.6%，上升5.1个百分点；肥胖率6.4%，上升4.2个百分点。奶类、豆类消费量依然偏低，蔬菜水果摄入量略下降，钙、铁、维生素D等营养素缺乏依然存在。由此可见，我国人民的营养状况仍不容乐观。

第二节 合理营养与健康的关系

一、促进生长发育

生长是指细胞的繁殖、增大和细胞间质的增加，表现为全身各部分、各器官、各组织的大小、长短和质量的增加。发育是指身体各系统、各器官、各组织功能的完善。影响生长发育的主要因素有营养、运动、疾病、气候、社会环境和遗传因素等，其中营养因素占重要地位。人体细胞的主要成分是蛋白质，新细胞组织的构成、繁殖和增大都离不开蛋白质，故蛋白质是儿童和青少年发育的重要物质。此外，碳水化合物、脂类、维生素、矿物质、水等营养素也是影响生长发育的重要物质基础。近年来，人们普遍认为身高与饮食营养有关，如日本青少年的平均身高比二次世界大战时期增加了 12cm，我国儿童的身高、体重也较新中国成立之前有明显增长，这都与食物营养的提高有关。

二、提高智力

营养状况对人类的智力影响极大。在非洲，有大量的人面临饥荒，这些地方的孕妇由于营养不良，其子女的学习能力明显受到不良影响。儿童时期和婴幼儿时期是大脑发育最快的时期，需要足够的营养物质，如二十二碳六烯酸、卵磷脂、蛋白质等，特别是二十二碳六烯酸，如摄入不足，就会影响大脑的发育，阻碍大脑智力开发。

三、促进优生

生育过程中营养是一个不容忽视的重要因素。怀孕初期，孕妇就应注意到先天营养对婴儿体质及智力的影响。孕妇的饮食缺乏营养，结果会导致胎儿畸形、流产、早产。如果孕妇的饮食中缺乏叶酸，会引起胎儿神经管畸形（如脊柱裂、无脑胎）；缺乏维生素 B_{12}，则会产生水脑现象等。

四、增加机体免疫功能

免疫是机体的一种保护反应，如免疫能力低下，则易受各种病菌的侵害，营养不良患者的吞噬细胞对细菌攻击的应答能力降低。食物中的一些营养物质如维生素 E、维生素 A、维生素 C、微量元素 Zn 和 Se、谷胱甘肽、类黄酮等物质都具有提高免疫能力的作用。

五、促进健康长寿

人体的衰老是自然界的必然过程，但如果摄取均衡营养，则完全可以延缓衰老，达到健康长寿的目的。人到了五六十岁，机体逐渐衰老，生理机能发生衰退，需要有针对性地补充营养。多吃蔬菜、水果等清淡食物，避免热量和动物脂肪的过多摄入，能防止高血压、心脏病、血管病、糖尿病等疾病的产生和复发，以达到延年益寿的目的。

六、防止疾病

合理营养可以增进健康，而营养不足或营养过剩都可引起疾病。由营养不足所引起的疾病为营养缺乏病，如缺铁性贫血、佝偻病、夜盲症、甲状腺肿等。由营养过剩引起的疾病称为“富贵病”或“文明病”，如糖尿病、心血管疾病等。营养不足和营养过剩，一方面与营养摄取不当有关，另一方面也与缺乏营养知识有关，故普及营养知识，合理摄取营养，对于防治疾病具有重要意义。

第三节　人体构成与代谢

在漫长的人类发展过程中，人类身体的结构在不断地变化。例如，在全球范围内，几十年来，青少年的身高和体重都有增加的趋势，对于一个个体来说，他在胎儿、婴儿及其后的各个时期，身体的结构也有一定的变化，在这些改变中，人与人之间、不同性别与年龄之间有一定的差异。对营养科学来说，了解人体基本化学构成显得十分重要。

一、人体化学组成

表 3-1 反映了一个体重 65kg 男子的基本化学组成。

表 3-1　人体的基本化学构成（65kg 体重，男性）

化学物质	蛋白质	脂类	碳水化合物	水	矿物质
重量（kg）	11	9	1	40	4
百分比（%）	17.0	13.8	1.5	61.5	6.2

在健康人体中细胞群约占人体总重量的 55%，支持组织占总重量的 30%，而脂肪组织约占 15%。但在疾病、应急状态和异常环境下，这三部分构成物质的比例可以发生不同程度的改变。例如，消耗性疾病可以使细胞群减少并消耗体内的脂肪储备，而支持组织仍可以保持相对不变，从而总体重中增加了它的比例。肥胖症患者的脂肪储备异常增加，可远大于正常比例。

二、人体物质代谢

食物在体内消化后，营养素即被吸收进入血液循环，供组织细胞进一步利用。其中，碳水化合物、脂类、蛋白质、矿物质、维生素和水通过多种不同的化学反应转化为能量或组织材料，这些反应总称为代谢。物质代谢是生物体与其周围环境之间的物质交换过程，物质代谢包括消化吸收、中间代谢和排泄 3 个阶段。

1. 消化吸收阶段

摄入的食物经过胃肠道蠕动的机械性消化和各种消化酶的作用，把蛋白质、糖及脂类等复杂的大分子物质变为小分子物质，并通过消化道将小分子物质吸收进入血液循环，分布到全身。

2. 中间代谢阶段

随血液循环分布到全身的各种物质，在各个不同组织的细胞内进行中间代谢，以合成生物自身需要的新物质，同时体内原有的大分子物质又不断地分解为小分子物质，这些物质和小分子物质互相混合，被机体选择利用。

3. 排泄阶段

机体内不能被利用的食物残渣通过下消化道，以食物残渣的形式排出体外，同时参与机体组成的营养素在其分解代谢和合成代谢过程中产生的废物以尿液、汗液、分泌物等排泄出体外。

三、人体的物质平衡

人的一生中通过新陈代谢所消耗的营养素是非常可观的，正常人摄入的营养物质和排泄出的物质必须达到一定的平衡状态才能使机体健康，其中水平衡和酸碱平衡尤为重要。

1. 水平衡

水是人体的重要成分，约为体重的2/3（儿童约占体重的80%）。它是生命体最重要的成分，为了维持人体正常的生理功能，通常成年人每日需水量为2.5L。当人体失去的水分达体重的6%时，就会出现尿少、口渴、发烧等现象，当失水量达10%以上时，会出现幻觉和昏厥现象，甚至死亡。为了维持水在体内的平衡，饮水量的增加或减少都会使水的排出量相应地增加或减少。水以液体或以食物组成成分进入机体，包括在食物分解时产生的代谢水。

水从机体中通过皮肤蒸发、肺脏呼吸排出约42%，肾脏排尿排出约54%，肠道排粪排出约4%。人体通过液体食物约获得50%的水，通过固体食物约获得30%的水，体内代谢水约18%以上。正常情况下，机体通过体内丘脑下部的神经中枢等进行调节，控制渴感和肾脏排水。发烧、腹泻、呕吐、干热气候和外伤损害等都会扰乱机体水平衡。

2. 酸碱平衡

机体是由细胞构成的，为了维持细胞的生命，细胞外液的正常pH是7.4，变化幅度为7.35～7.45，维持生命极限的pH是7.0～7.8。体液的pH保持在7.35～7.45这个狭窄微碱范围内是至关重要的，如偏离此范围，会引起机体代谢的失调。体内酸碱平衡的稳定是由化学缓冲剂通过呼吸作用和肾脏来调节的。

（1）所有的体液都含有化学缓冲剂，如碳酸氢盐缓冲剂、磷酸缓冲剂、蛋白质缓冲剂。碳酸氢盐缓冲剂存在于所有体液中，是碳酸（H_2CO_3）和碳酸氢根离子（HCO_3^-）的混合物，当摄入强酸时，立即与 HCO_3^-化合成碳酸，这一缓冲系统使强酸变成弱酸，维持体液不致变成强酸性。反之，当摄入强碱时，便和碳酸化合物生成水及中性碳酸氢盐。磷酸缓冲剂对保持细胞内液的正常氢离子浓度是非常重要的，它在细胞内的浓度比碳酸氢盐缓冲剂大很多倍。蛋白质缓冲剂和磷酸缓冲剂一样，在体内具有缓冲作用，蛋白质缓冲剂包括血红蛋白，在细胞内特别重要。

（2）二氧化碳与水及细胞内液的电解质化合生成碳酸，最终由肺控制人体的碳酸供应。例如，呼吸衰竭，二氧化碳不能正常排泄，在体液内积累，引起碳酸浓度增加，结果使氢离子浓度升高。如果 1min 完全不呼吸，将使细胞内液的 pH 从正常的 7.4 降至 7.1。相反，如呼吸速率高于正常，呼出二氧化碳大于二氧化碳的生成速度，则降低了二氧化碳和碳酸浓度。如过分呼吸，1min 内 pH 可增至 7.7。因此，体内的酸碱平衡可由肺通过呼吸进行调整。

（3）一些其他酸在细胞代谢过程中生成，包括硫酸、尿酸、酮酸等，这些酸进入细胞外液可引起酸中毒。机体在正常情况下，多余的酸生成后立即经肾脏从体内排出，以防止氢离子浓度升高。

四、食物的消化和吸收

1. 食物的消化

食物的消化主要是通过消化道完成的，消化道根据位置、形态和功能的不同，可分为口腔、咽、食道、胃、小肠、大肠和肛门，全长 10～16m。消化腺是分泌消化液的器官，主要包括唾液腺、胃腺、胰脏、肝脏、胆囊和小肠腺等。

口腔对食物的消化作用是通过咀嚼食物来进行的，咀嚼过程包括研磨撕碎、唾液掺和及唾液中的淀粉酶对食物进行的初步消化。食道也称食管，长约 25cm，起运送食物的作用。胃每天分泌约 2L 分泌物。胃底区的壁细胞分泌盐酸，盐酸的主要功能是造就一个酸性环境，以利于某些酶和激素的活化。食物通过胃的速度主要取决于食物的成分，碳水化合物通过胃的速度要比蛋白质和脂肪快，脂肪速度最慢。水可以直接通过胃到达小肠，在胃中几乎不停留。正常成人食物通过胃为 4～6h。小肠长约 5.5m，是食物消化和吸收的主要场所，正常人 90%～95%的营养素是在小肠被吸收的。小肠上具有肠黏膜，肠黏膜上拥有大量绒毛及微绒毛，因为绒毛和微绒毛的特殊结构，构成了巨大的吸收面积，使得食物停留时间较长。微绒毛上还含有高浓度的多种消化酶，小肠的不断蠕动使食物和消化酶充分混合在一起，以便吸收。胰脏是分泌消化液的部位，肝脏可分泌胆汁，然后贮存于胆囊中。胆汁中含有大量的胆盐，在小肠里胆盐与脂类结合生成微脂粒，进一步消化成能被小肠黏膜吸收的脂肪酸和甘油。肝脏的消化吸收作用还表现在贮藏和释放葡萄糖及贮存维生素 A、维生素 D、维生素 E、维生素

B 和维生素 K。除此之外，肝脏还有许多生理功能，如对有害化合物的解毒作用、血浆蛋白的形成、尿素的形成及对已消化吸收的营养素进行化学转化等。大肠长约 1.5m，在大肠中含有以大肠杆菌为主的大量细菌，在消化过程中没有引起反应的食物残渣可通过细菌的作用进一步消化。此外，大肠内细菌还可以合成维生素 K、生物素和叶酸等营养素。

消化过程主要是由一系列消化酶完成的，这些酶主要有胃蛋白酶、胰蛋白酶、胰脂肪酶、肠脂肪酶、唾液淀粉酶、胰淀粉酶、蔗糖酶等。

2. 食物的吸收

食物经过消化，将大分子物质变成小分子物质，其中蛋白质变成氨基酸，多糖分解为单糖，脂肪分解成脂肪酸、甘油等，维生素与矿物质通过消化过程从食物的细胞中释放出来。这些营养素通过消化道壁进入血液循环的过程称为吸收。食物进入胃之前没有吸收，胃只能吸收少量的水分和乙醇，大肠主要吸收在小肠没被完全吸收的水分和电解质，营养物质的吸收主要是在小肠进行的。

蛋白质在消化道内被分解为氨基酸后，在小肠黏膜处被吸收，吸收后经小肠绒毛内的毛细血管进入血液循环。天然蛋白被蛋白酶水解后，其水解产物大约 1/3 为游离氨基酸，2/3 为多肽，这些产物在肠壁的吸收远比单纯混合氨基酸快，而且吸收后大部分以氨基酸形式进入门静脉。

脂类在消化道内被分解为甘油和脂肪酸，甘油可被直接吸收进入血液。脂肪酸在消化道内与胆盐结合成水溶性复合物才被吸收。脂肪酸被吸收后，一小部分进入小肠绒毛的毛细血管，由门静脉入肝脏，大部分进入毛细淋巴管，经大淋巴管进入血液循环。脂溶性维生素也随脂肪酸一起被吸收。

水、水溶性维生素及矿物质在小肠内不经消化而直接被吸收。

碳水化合物经消化分解为单糖（主要为葡萄糖及少量的果糖和半乳糖）后被吸收，然后通过门静脉入肝脏，一部分合成肝糖原贮存，另一部分由肝静脉进入体内循环，供全身组织利用。

第四节　膳食营养素参考摄入量（DRI）

一、膳食营养素参考摄入量的定义

评价膳食营养素供给量能否满足人体需要、是否存在过量摄入风险，以及有利于预防某些慢性非传染性疾病的一组参考值包括：平均需要量、推荐摄入量、适宜摄入量、可耐受最高摄入量及建议摄入量、宏量营养素可接受范围。

1. 平均需要量

平均需要量（estimated average requirement，EAR）是指群体中各个体营养素需要量的平均值。

2. 推荐摄入量

推荐摄入量（recommended nutrient intake，RNI）是指可以满足某一特定性别、年龄及生理状况群体中绝大多数个体需要的营养素摄入水平。

3. 适宜摄入量

适宜摄入量（adequate intake，AI）是营养素的一个安全摄入水平，是通过观察或实验获得的健康人群某种营养素的摄入量。例如，纯母乳喂养的足月产健康婴儿，出生 4～6 个月，他们的营养素全部来自母乳，故母乳中的营养素含量就是婴儿的 AI。AI 与 RNI 的相似之处是二者都能满足目标人群中几乎所有个体的需要。AI 和 RNI 的区别在于 AI 的准确性远不如 RNI，可能高于 RNI。

4. 可耐受最高摄入量

可耐受最高摄入量（tolerable upper intake level，UL）是指平均每日可以摄入营养素的最高量。此量对一般人群中的几乎所有个体都不至于损害健康。如果某营养素的毒性作用与摄入总量有关，则该营养素的 UL 是依据食物、饮水及补充剂提供的总量而定。如毒性作用仅与强化食物补充剂有关，则 UL 依据这些来源来制定。

人体每天都需要从膳食中获得一定量的各种必需营养成分。当一个人群的平均摄入量达到 EAR 水平时，人群中有半数个体的需要量可以得到满足；当摄入量达到 RNI 水平时，几乎所有个体都没有发生营养缺乏症的危险。摄入量在 RNI 和 UL 之间是一个安全摄入范围，一般不会发生缺乏也不会中毒。若摄入量超过 UL 水平再继续增加，则产生毒性作用的可能性随之增加。

5. 预防非传染性慢性病的建议摄入量

预防非传染性慢性病的建议摄入量（proposed intakes for preventing non-communicable chronic diseases，PI-NCD）为预防非传染性慢性病而建议的必需营养素的每日摄入量。

6. 宏量营养素可接受范围

宏量营养素可接受范围（acceptable macronutrient distribution range，AMDR）为预防产能营养素缺乏，同时又降低慢性病风险而提出的每日摄入量的下限和上限。

二、营养素的分类

在营养学著作中，国内外的作者使用的分类方法和名词不尽相同，一般采用以下分类和术语。

（1）宏量营养素：蛋白质、脂类、碳水化合物（糖类）。

（2）微量营养素：矿物质（包括常量元素和微量元素）、维生素（包括脂溶性维生素和水溶性维生素）。

（3）其他膳食成分：膳食纤维、水等。

三、中国居民膳食推荐摄入量

中国居民体重代表值、膳食蛋白参考摄入量及膳食脂肪、脂肪酸摄入量分别见表 3-2，表 3-3 和表 3-4。

表 3-2 中国居民体重代表值

年龄（岁）	体重（kg）		年龄（岁）	体重（kg）	
	男	女		男	女
0～	7.0	7.0	14～	56.5	50.0
0.5～	9.5	9.0	18～	64.0	56.0
1～	13.5	12.5	50～	65.0	58.0
4～	20.0	19.0	60～	65.0	58.0
7～	28.5	27.0	70～	62.0	54.0
11～	42.5	41.5	80～	57.5	50.5

表 3-3 中国居民膳食蛋白质参考摄入量 （单位：g/d）

年龄（岁）/生理状况	男性		女性	
	EAR	RNI	EAR	RNI
0～	—	9[a]	—	9[a]
0.5～	15	20	15	20
1～	20	25	20	25
2～	20	25	20	25
3～	25	30	25	30
4～	25	30	25	30
5～	25	30	25	30
6～	25	35	25	35
7～	30	40	30	40
8～	30	40	30	40
9～	40	45	40	45
10～	40	50	40	50
11～	50	60	45	55
14～	60	75	50	60
18～	60	65	50	55
孕妇（1～12 周）	—	—	50	55
孕妇（13～27 周）	—	—	60	70
孕妇（≥28 周）	—	—	75	85
乳母	—	—	70	80

注：“—”表示未确定

[a] AI 值

表 3-4　中国居民膳食脂肪、脂肪酸参考摄入量和可接受范围

年龄（岁）/生理状况	脂肪 AMDR	饱和脂肪酸 U-AMDR	n-6 多不饱和脂肪酸[a]		n-3 多不饱和脂肪酸	
			AI	AMDR	AI[b]	AMDR
0～	48[c]	—	7.3	—	0.87	—
0.5～	40[c]	—	6.0	—	0.66	—
1～	35[c]	—	4.0	—	0.60	—
4～	20～30	<8	4.0	—	0.60	—
7～	20～30	<8	4.0	—	0.60	—
18～	20～30	<10	4.0	2.5～9.0	0.60	0.5～2.0
60～	20～30	<10	4.0	2.5～9.0	0.60	0.5～2.0
孕妇和乳母	20～30	<10	4.0	2.5～9.0	0.60	0.5～2.0

注：单位为能量百分比（%E）；“—”表示未制定

[a] 亚油酸的数值

[b] α-亚麻酸的数值

[c] AI 值

一位轻体力劳动者每日如需总热量 10 880kJ（2600kcal），脂肪供热按 20%～25%计算，应有 2176～2720kJ（520～650kcal）来自脂肪，这个热量相当于每日供给 58～72g 脂肪（包括食物中脂肪和烹调用油），其余的热量由碳水化合物和蛋白质来补充。

根据目前我国膳食碳水化合物的实际摄入量和 FAO/WHO 的建议推荐量，碳水化合物的适宜摄入量（AI）应提供总能量的 55%～65%。1g 碳水化合物可产生 16.7kJ（4kcal）热能，若需要 8368kJ（2000kcal）的热能，则至少需要碳水化合物量 275g。不易消化的碳水化合物和蔬菜水果中的碳水化合物每克可产生 8.4kJ（2kcal）热量，故总的食物量要多出原来计算量。一般从事中等体力活动的成年男子需要 11.29MJ/d 能量摄入量，需碳水化合物 350～500g/d（按提供能量的 55%计）。

中国居民膳食常量元素、微量元素、脂溶性维生素、水溶性维生素参考摄入量分别见表 3-5、表 3-6、表 3-7 和表 3-8。

表 3-5　中国居民膳食常量元素参考摄入量　　（单位：mg/d）

年龄（岁）/生理状况	钙			磷			镁		钾	钠	氯
	EAR	RNI	UL	EAR	RNI	UL	EAR	RNI	AI	AI	AI
0～	—	200[a]	1000	—	100[a]	—	—	20[a]	350	170	260
0.5～	—	250[a]	1500	—	180[a]	—	—	65[a]	550	350	550
1～	500	600	1500	250	300	—	110	140	900	700	1100
4～	650	800	2000	290	350	—	130	160	1200	900	1400
7～	800	1000	2000	400	470	—	180	220	1500	1200	1900
11～	1000	1200	2000	540	640	—	250	300	1900	1400	2200
14～	800	1000	2000	590	710	—	270	320	2200	1600	2500
18～	650	800	2000	600	720	3500	280	330	2000	1500	2300

续表

年龄（岁）/生理状况	钙			磷			镁		钾	钠	氧
	EAR	RNI	UL	EAR	RNI	UL	EAR	RNI	AI	AI	AI
50～	800	1000	2000	600	720	3500	280	330	2000	1400	2200
65～	800	1000	2000	590	700	3000	270	320	2000	1400	2200
80～	800	1000	2000	560	670	3000	260	310	2000	1300	2000
孕妇（1～12周）	650	800	2000	600	720	3500	310	370	2000	1500	2300
孕妇（3～27周）	810	1000	2000	600	720	3500	310	370	2000	1500	2300
孕妇（≥28周）	810	1000	2000	600	720	3500	310	370	2000	1500	2300
乳母	810	1000	2000	600	720	3500	280	330	2400	1500	2300

注：“—”表示未制定

[a] AI值

表 3-6 中国居民膳食微量元素参考摄入量

年龄（岁）/生理状况	铁（mg/d）			碘（μg /d）			锌（mg/d）			硒（μg /d）			铜（mg/d）			钼（μg/d）			铬（μg/d）
	EAR	RNI	UL	EAR	RNI	UL	EAR	RNI	UL	EAR	RNI	UL	EAR	RNI	UL	EA	RNI	UL	AI
0～	—	0.3	—	—	85[a]	—	—	2	—	—	15[a]	55	—	0.3[a]	—	—	2[a]	—	0.2
0.5～	7	10	—	—	115[a]	—	2.8	3.5	—	—	20[a]	80	—	0.3[a]	—	—	15[a]	—	4.0
1～	6	9	25	65	90	—	3.2	4.0	8	20	25	100	0.25	0.3	2.0	35	40	200	15
4～	7	10	30	65	90	200	4.6	5.5	12	25	30	150	0.30	0.4	3.0	40	50	300	20
7～	10	13	35	65	90	300	5.9	7.0	19	35	40	200	0.40	0.5	4.0	55	65	450	25
11～（男）	11	15	40	75	110	400	8.2	10.0	28	45	55	300	0.55	0.7	6.0	75	90	650	30
11～（女）	14	18					7.6	9.0											35
14～（男）	12	16	40	85	120	500	9.7	12.0	35	50	60	350	0.60	0.8	7.0	85	100	800	30
14～（女）	14	18					6.9	8.5											
18～（男）	9	12	42	85	120	600	10.4	12.5	40	50	60	400	0.60	0.8	8.0	85	100	900	30
18～（女）	15	20					6.1	7.5											
50～（男）	9	12	42	85	120	600	10.4	12.5	40	50	60	400	0.60	0.8	8.0	85	100	900	30
50～（女）							6.1	7.5											
孕妇（1～12周）	15	20	42																31
孕妇(13～27周)	19	24	42	160	230	600	7.8	9.5	40	54	65	400	0.7	0.9	8.0	92	110	900	34
孕妇（≥28周）	22	29	42																36
乳母	18	24	42	170	240	600	9.9	12	40	65	78	400	1.1	1.4	8.0	88	103	900	37

注：“—”表示来制定

[a] AI值

表 3-7　中国居民膳食脂溶性维生素参考摄入量

年龄（岁）/生理状况	维生素 A（μg RAE/d）					维生素 D（μg/d）			维生素 E（mg α-TE/d）		维生素 K（μg/d）
	EAR		RNI		UL	EAR	RNI	UL	AI	UL	AI
	男	女	男	女							
0～	—	—	300[a]	300	600	—	10[a]	20	3	—	2
0.5～	—	—	350[a]	350	600	—	10[a]	20	4	—	10
1～	220	220	310	310	700	8	10	20	6	150	30
4～	260	260	360	360	900	8	10	30	7	200	40
7～	360	360	500	500	1500	8	10	45	9	350	50
11～	480	450	670	630	2100	8	10	50	13	500	70
14～	590	450	820	630	2700	8	10	50	14	600	75
18～	560	480	800	700	3000	8	10	50	14	700	80
50～	560	480	800	700	3000	8	10	50	14	700	80
65～	560	480	800	700	3000	8	15	50	14	700	80
80～	560	480	800	700	3000	8	15	50	14	700	80
孕妇（1～12 周）	/	480	/	700	3000	8	10	50	14	700	50
孕妇（13～27 周）	/	530	/	770	3000	8	10	50	14	700	80
孕妇（≥28 周）	/	530	/	170	3000	8	10	50	14	700	80
乳母	/	880	/	1300	3000	8	10	50	17	700	85

注：“—”表示未制定；“/”表示无数据。维生素 K 资料尚少，中国成人 AI 定为 120μg/d；RAE 为视黄醇当量，*α*-TE 为生育酚当量

[a] AI 值

表 3-8　中国居民膳食水溶性维生素参考摄入量

年龄（岁）/生理状况	维生素 B_1					维生素 B_2					维生素 B_6			
	EAR（mg/d）		AI（mg/d）	RNI（mg/d）		EAR（mg/d）		AI（mg/d）	RNI（mg/d）		EAR（mg/d）	AI（mg/d）	RNI（mg/d）	UL（mg/d）
	男	女		男	女	男	女		男	女				
0～	—	—	0.1	—	—	—	—	0.4	—	—	—	0.2	—	—
0.5～	—	—	0.3	—	—	—	—	0.5	—	—	—	0.4	—	—
1～	0.5	0.5	—	0.6	0.6	0.5	0.5	—	0.6	0.6	0.5	—	0.6	20
4～	0.6	0.6	—	0.8	0.8	0.6	0.6	—	0.7	0.7	0.6	—	0.7	25
7～	0.8	0.8	—	1.0	1.0	0.8	0.8	—	1.0	1.0	0.8	—	1.0	35
11～	1.1	1.0	—	1.3	1.1	1.1	0.9	—	1.3	1.1	1.1		1.3	45
14～	1.3	1.1	—	1.6	1.3	1.3	1.0	—	1.5	1.2	1.2	—	1.4	55
18～	1.2	1.0	—	1.4	1.2	12	1.0	—	1.4	1.2	12	—	1.4	60
50～	1.2	1.0	—	1.4	1.2	1.2	1.0	—	1.4	1.2	1.3	—	1.6	60
65～	1.2	1.0	—	1.4	1.2	1.2	1.0	—	1.4	1.2	1.3	—	1.6	60
80～	1.2	1.0	—	1.4	1.2	1.2	1.0	—	1.4	1.2	13	—	1.6	60
孕妇（1～12 周）	/	1.0	—	/	12	/	1.0	—	/	12	1.9	—	2.2	60
孕妇(13～27 周）	/	1.1	—	/	1.4	/	1.1	—	/	1.4	1.9	—	2.2	60
孕妇（≥28 周）	/	1.2	—	/	1.5	/	1.2	—	/	1.5	1.9	—	2.2	60
乳母	/	1.2	—	/	1.5	/	12	—	/	1.5	1.4	—	1.7	60

续表

年龄（岁）/生理状况	维生素 B_{12}			泛酸	叶酸				烟骏						烟酰胺
	EAR（μg/d）	AI（μg/d）	RNI（μg/d）	AI（mg/d）	EAR（μg DFE/d）	AI（μg DFE/d）	RNI（μg DFE/d）	UL（μg/d）	EAR（mg NE/d）		AI（mg NE/d）	RNI（mg NE/d）		UL（mg NE/d）	UL（mg/d）
									男	女		男	女		
0～	—	0.3	—	1.7	—	65	—	—	—	—	2	—	—	—	—
0.5～	—	0.6	—	1.9	—	100	—	—	—	—	3	—	—	—	—
1～	0.8	/	1	2.1	130	—	160	300	5	5	—	6	6	10	100
4～	1.0	—	1.2	2.5	150	—	190	400	7	6	—	8	8	15	130
7～	1.3	—	1.6	3.5	210	—	250	600	9	8	—	11	10	20	180
11～	1.8	—	2.1	4.5	290	—	350	800	11	10	—	14	12	25	240
14～	2.0	—	2.4	5.0	320	—	400	900	14	11	—	16	13	30	280
18～	2.0	—	2.4	5.0	320	—	400	1000	12	10	—	15	12	35	310
50～	2.0	—	2.4	5.0	320	—	400	1000	12	10	—	14	12	35	310
65～	2.0	—	2.4	5.0	320	—	400	1000	11	9	—	14	1	35	300
80～	2.0	—	2.4	5.0	320	—	400	1000	11	8	—	13	10	30	280
孕妇（1～12 周）	2.4	—	2.9	6.0	520	—	600	1000		10	—	/	12	35	310
孕妇(13～27 周）	2.4	—	2.9	6.0	520	—	600	1000		10	—	/	12	35	310
孕妇（≥28 周）	2.4	—	2.9	6.0	520	—	600	1000		10	—	/	12	35	310
乳母	2.6	—	3.2	7.0	450	—	550	1000		12	—	/	15	35	310

年龄（岁）/生理状况	胆碱			生物素	维生素 C			
	AI（mg/d）		UL（mg/d）	AI（mg/d）	EAR（mg/d）	AI（mg/d）	RNI（mg/d）	UL（mg/d）
	男	女						
0～	120	120	—	5	—	40	—	—
0.5～	150	150	—	9	—	40	—	—
1～	200	200	1000	17	35	—	40	400
4	250	250	1000	20	40	—	50	600
7	300	300	1500	25	55	—	65	1000
11～	400	400	2000	35	75	—	90	1400
14	500	400	2500	40	85	—	100	1800
18～	500	400	3000	/	85	—	100	2000
50～	500	400	3000	/	85	—	100	2000
65～	500	400	3000	40	85	—	100	2000
80～	500	400	3000	40	85	—	—	2000
孕妇（1～12 周）	/	420	3000	40	85	—	100	2000
孕妇(13～27 周）	/	420	3000	40	95	—	115	2000
孕妇（≥28 周）	/	420	3000	40	95	—	115	2000
乳母	/	520	3000	50	125	—	150	2000

注：“—”表示未制定；“/”表示无数据。有些维生素未制定 UL，主要原因是研究资料不充分，并不表示过量摄入没有健康风险

第五节　谷类、薯类的营养保健功能

谷类包括米、面、杂粮，薯类包括马铃薯、甘薯、木薯等，主要给人提供碳水化合物、蛋白质、膳食纤维等。谷类是人类赖以生存的支柱，人体每天所需热量有60%～70%来源于谷类，所需的蛋白质也有相当数量来自谷类及其制品。

一、谷类、薯类营养价值

1. 碳水化合物与膳食纤维

谷类碳水化合物主要是淀粉，其平均含量在70%，精米可达90%左右。淀粉通常含直链和支链淀粉两部分。淀粉受热时在水中发生糊化，糊化淀粉容易被人体消化吸收，是人类最理想、最经济的热能来源。米糠、谷类及麦麸中膳食纤维含量最高，精米最低。

2. 蛋白质

在水分含量为14%的情况下，谷类蛋白质含量一般为7.0%～11.5%，粟米最高，为11.5%，木薯中蛋白质含量极低。燕麦和糙米蛋白质的赖氨酸含量在谷物中是最高的。全粒玉米粉的蛋白质与小麦相当。小米中色氨酸含量较高，色氨酸能促进大脑神经细胞分泌一种催人欲睡的“血清素”，因此小米有较好的催眠效果。美容专家研究发现，将天然纯米糠研磨成极其细微的粉末，就像珍珠粉一样，用于洁肤，可收到意想不到的美容效果。

3. 脂类

谷类一般含有1%～2%的脂类，主要集中在谷胚和谷皮部分。稻米的脂类主要存在于米糠中（占干重的 20%）。小麦和玉米的胚芽中含有大量的脂类。稻米油的主要脂肪酸为亚油酸、油酸和棕榈酸。稻米油必需脂肪酸中亚油酸占29%～42%，亚麻酸占0.8%～1.0%；玉米胚芽油中亚油酸含量为 34%～61%，亚麻酸为 0.6%。谷类中的脂肪含量虽然很低，但它具有很重要的作用，可使制品在蒸煮后产生一种应有的香气。但是在谷类粮食的长期贮存中，由于空气的氧化作用，脂肪会发生氧化酸败现象，谷类食品的香气逐渐消失或减少，并产生令人不快的游离脂肪酸。

4. 维生素和矿物质

谷类是人类膳食中 B 族维生素的重要来源。B 族维生素中以维生素 B_1、烟酸含量较多。每 100g 谷类含有的维生素 B_1 为 0.29～0.66mg，烟酸为 1.3～4.0mg。糙米烟酸含量最高，而维生素 B_1 最少（表 3-9）。玉米中的烟酸主要以结合型存在，只有经过适当的烹调加工（如碱处理），使之变为游离型的烟酸才能被人体吸收利用，若不经处理，以玉米为主食的人群就易因烟酸缺乏而患癞皮病。

表 3-9　谷类作物食品和薯类作物食品的维生素和矿物质含量（单位：mg/100g）

食品	胡萝卜素	维生素 B_1	维生素 B_2	烟酸	抗坏血酸	维生素 E	铁	锌
糙米	0	0.29	0.04	4.0	0	0.8	3	2
小米	0.02	0.45	0.10	3.7	0	1.4	4	3
玉米	0.37	0.32	0.10	1.9	0	1.9	3	3
粟米	0	0.63	0.33	2.0	0	0.07	7	3
高粱	10.0	0.33	0.13	3.4	0	0.17	9	2
黑麦	0	0.66	0.25	1.3	0	1.9	9	3
燕麦	0	0.60	0.14	1.3	0	0.84	4	3
马铃薯	0.01	0.11	0.05	1.2	17	0.06	0.8	0.3
木薯	0.03	0.06	0.03	0.60	30	0	1.2	0.5
甘薯	0.01	0.09	0.03	0.6	10	0	0.9	0.7

谷类食物含矿物质为 1.5%～3.0%，高粱、黑麦、粟米等杂粮中铁的含量高于小米、玉米、糙米，薯类中的矿物质含量较低。稻谷经过加工后，矿物质随着加工精度的提高而逐渐损失。一般谷类中都含有植酸，它能和铁、钙、锌等人体必需的矿物质元素结合，生成人体无法吸收的植酸盐，所以人体对谷类中的矿物质的吸收利用率很低。小麦粉在发酵过程中，其中的植酸可以被水解消除，因此，小麦粉做成馒头、面包后可以提高铁、锌等矿物质的吸收率。黑稻米每 100g 含 1mg 色素、3mg 维生素 C 和 0.2mg 维生素 B_2，且铁、钙和磷含量均比无色素稻米高，故黑稻米具有强身健体和药用价值。荞麦含有其他谷物所不具有的“叶绿素”和“芦丁”，荞麦中的维生素 B_1、维生素 B_2 比小麦多 2 倍，烟酸是小麦的 3～4 倍，烟酸和芦丁都是治疗高血压的药物。

二、几种主要谷类、薯类的营养保健功能

1. 小麦

小麦富含蛋白质和碳水化合物，钾、钙、镁、铁、锰的含量均比大米高，硒的含量为大米的 15 倍，并含有维生素 B_1 和维生素 B_2。小麦在加工成精白粉的过程中，丢失大量营养物质，精加工的面粉其营养成分所剩无几。而以全小麦为原料制成的全麦面和全麦粥保存了小麦的全部营养成分。麦麸具有许多独特的功能，含有十分丰富的维生素 B_1，能有效地预防乳腺癌和直肠癌，且是糖尿病患者的理想食品。

2. 大米

大米是一种低能量低脂肪的食品，含有人体必需的多种氨基酸、不饱和脂肪酸、B 族维生素、膳食纤维、钙、磷、铁等。大米具有补脾、养胃、强壮、滋养等功能，病后

肠胃功能较弱时可用米粥补养，米汤有消炎症的功能，涂抹可治烂嘴角，大米锅巴有消食积、止泻、治脾胃虚寒的作用。需要注意的是大米在淘洗、蒸煮前后的营养成分会发生明显的变化，我国南方以大米为主食的地区，如果长期食用加工精度过高的大米，再加上蒸制方法不合理，容易导致B族维生素缺乏症及脚气病。

3. 玉米

玉米因丰富的营养和医疗保健作用越来越受到人们的青睐。每100g玉米含维生素E 3.88mg，比大米高10倍。玉米油中所含的维生素E高达82mg/100g。玉米中含有谷胱甘肽，能使致癌物质失去活性。粗玉米面中含有大量赖氨酸，它能抑制抗癌化学药物对身体产生的毒性作用，抑制肿瘤细胞的生长。玉米中含有丰富的硒。硒已被公认为一种抗癌的微量元素，能加速体内过氧化物和氧自由基的分解。玉米中含有较多的亚油酸、卵磷脂，可降低血清胆固醇，软化血管，对防治动脉硬化、高血压、冠心病等有一定作用。特别值得一提的是，玉米中含有较多的镁、钙等矿物质，对防治心血管病和癌症有一定的作用。

4. 甘薯

甘薯营养极为丰富，每100g含碳水化合物24.3g、蛋白质0.79g、脂肪0.44g，其维生素B_1、维生素B_2、烟酸的含量比米面多，它还含有丰富的胡萝卜素。甘薯中含有丰富的膳食纤维，可增大粪便体积，促进胃肠蠕动和通便，对预防直肠癌和结肠癌有一定的作用。甘薯是碱性食物，与动物性食物搭配食用，有利于维护血液的酸碱平衡。

甘薯也会带来许多副作用，避免这些副作用的方法如下。①食甘薯后会有饱胀感，这是产生的二氧化碳气体所致。蒸煮甘薯时在水中放些碱或放在盐水中浸泡10min，并将蒸煮的时间延长一些，这样可减轻腹胀。②每次吃甘薯的量不宜过多，而且要与其他主食或白菜、萝卜搭配吃。③吃甘薯时，同时吃一些咸菜，可减少胃酸和肠胃的不适感。

5. 土豆

土豆又称马铃薯，有些西方营养学家认为，理论上人只靠吃土豆和全脂牛奶就足以维持健康，因为它的营养素很全面。土豆含淀粉、脂肪、膳食纤维、矿物质、维生素等，其中维生素C的含量是苹果的10倍，蛋白质约5倍，B族维生素约4倍，各种矿物质也多达几倍到几十倍。土豆容易消化，其中的膳食纤维细腻柔软不伤胃，对溃疡病有良好的治疗效果。它的蛋白质含量低，钠含量低而钾含量高，能够促进体内多余的钠排出。常吃土豆还可治疗脾胃虚寒、便秘和皮肤湿疹等症。土豆虽含淀粉高，但它水分多、脂肪少，单位体积的热量低，有着很好的饱腹感，是一种良好的减肥食品。但油炸土豆、奶油拌土豆、肉炖土豆将降低土豆的减肥作用。

土豆每1000g含20mg至数百毫克龙葵素，少量龙葵素能缓解胃肠痉挛，减少胃液分泌，对胃有一定的保护作用，但摄入量超过200mg时，就会引起中毒。龙葵素主要存在于土豆皮和芽中，在食用土豆时，应尽量削皮，发芽的土豆不建议食用。

第六节　动物性食物的营养保健功能

一、畜、禽、肉类的营养保健功能

肉类食品包括家畜、家禽的肌肉、内脏及其制品，家畜有猪、牛、羊、兔，家禽指鸡、鸭、鹅等。它们含有丰富的蛋白质、脂肪、矿物质和维生素 A 及 B 族维生素。其不仅味道鲜美，消化吸收率高，易饱腹，而且具有强身抗病的作用，如鸡肉补益五脏、治脾胃虚弱，皮蛋清凉明目，鹅血可解毒，羊肉暖中补虚、开胃健身，牛肉补中益气，猪肉和血脉、润肌肤等。

1. 蛋白质

肉类的蛋白质主要存在于肌肉中，骨骼肌中除去水分（约含 75%）之外，基本上就是蛋白质，其含量达 20%左右，其他成分（包括碳水化合物、矿物质等）约占 5%。牛肉中蛋白质含量为 15%～20%；瘦猪肉中含 10%～17%，羊肉含 9%～17%，鸡肉为 17%～22%，鸭肉为 13%～17%，鹅肉为 15%～20%。肉禽类蛋白质的氨基酸组成大致相同，含有 8 种人体必需氨基酸，而且含量都比较充足，比例也接近人体的需要，生物效价约为 80%。肉类蛋白质经烹调后，一些含氮浸出物即溶于肉汤中，这些含氮浸出物的主要成分是氨基酸、肌酐、肌肽、嘌呤碱等，是肉汤鲜香味的来源。

2. 脂类

禽肉的脂类物质不完全一样，但一般来说，饱和脂肪酸和胆固醇的含量都比较高。畜肉的脂肪含量依其肥瘦有很大的差异，瘦猪肉为 6.63%，肥猪肉达 37.7%，中等肥度牛肉为 5.33%，肥牛肉为 21.4%。组成以饱和脂肪酸为主，多数是硬脂酸、软脂酸、油酸及少量其他脂肪酸。羊脂中的脂肪酸含有辛酸、壬酸等饱和脂肪酸，一般认为羊肉的特殊膻味与这些低级饱和脂肪酸有关。禽肉脂肪熔点较低，为 33～44℃，所含亚油酸占脂肪总量的 20%。畜肉中胆固醇的含量依肥度和器官不同有很大的差别，瘦猪肉为 77mg/100g，肥牛肉为 194mg/100g。内脏的胆固醇含量比较高，如猪心为 158mg/100g，猪肝为 368mg/100g，猪脑高达 3100mg/100g。脑、肾中胆固醇含量高，对预防心血管系统疾病不利。鸡肉胆固醇含量为 117mg/100g，鸭肉为 80mg/100g。兔肉含脂肪约 0.5%，几乎不含胆固醇，因此适于老年人及患有心脑血管疾病的人食用。肥肉和荤油为高能量和高脂肪食物，摄入过多会对身体造成损伤，应当少吃。

3. 碳水化合物

禽肉类的碳水化合物含量都很低，主要以糖原的形式存在于肌肉和肝脏中，其含量与动物的营养及健壮情况有关。瘦猪肉含量为 1%～2%，瘦牛肉为 2%～6%，羊肉为 0.5%～0.8%，兔肉为 0.2%左右。各种禽肉碳水化合物的含量都不足 1%。

4. 矿物质

肉类是铁和磷的良好来源，并含有一定量的铜，肌肉中含的铁和铜没有肝脏多，钙在肉中的含量比较低，为 7～11mg/100g。铁在肉类中主要以血红素的形式存在，消化吸收率较高，不易受食物中的其他成分干扰。猪肉中矿物质含量为 0.7%～1.10%，牛肉为 1.0%～1.2%，马肉、羊肉、兔肉为 1%左右。各种禽类矿物质含量均在 1%左右，其内脏含量稍高，为 1.1%～1.5%。禽畜类的血中含有丰富的铁，是补充铁的良好来源。

5. 维生素

禽肉类均含有丰富的维生素，畜禽肉及其内脏所含的 B 族维生素比较多，尤其肝脏是维生素 A、维生素 B_{12}、叶酸等的丰富来源。例如，100g 羊肝中约含维生素 A 29 900IU，维生素 B_1 0.42mg，维生素 B_2 3.57mg，泛酸 11.9mg。

人们除了从动物食品中摄取丰富的蛋白质、脂肪、矿物质及维生素，以补充身体所需的营养素，还可对身体的各个部分进行滋补，如产妇、老年人、体弱多病和病后恢复期的人习惯炖鸡进行补养，平时体质虚弱、易感冒者，服用阿胶（主要成分是驴皮）以改善体质，增强抵抗力等。

二、吃肉的注意事项

肉类含丰富的营养，但并不是吃得越多越好。因肉中含有嘌呤碱，这类物质在体内代谢中可生成尿酸。大量尿酸会破坏肾脏毛细血管的渗透性，引起痛风、骨发育不良和其他一些疾病。研究还表明，过量吃肉还会降低机体对疾病的免疫能力。

按照合理平衡的饮食标准，每人每天平均需要动物蛋白质 44～45g，而 100g 肉中的动物蛋白含量比这个标准低得多，可通过吃鱼、牛奶、蛋类弥补动物蛋白的不足。每天中午吃一点肉，吃一点鱼，喝一杯牛奶，基本就可满足人体对动物蛋白的需要。建议脑力劳动者每天吃肉 120～140g，儿童和老年人酌情减量。

三、常见畜、禽肉的营养保健功能

1. 猪肉

猪肉因肥瘦不同，所含成分稍有差异。每 100g 肥肉和瘦肉分别含蛋白质为 13.2g、20.3g，脂肪为 37g、6.2g，碳水化合物为 2.4g、1.5g，钙 6mg、6mg，磷 162mg、189mg，铁 1.6mg、3.0mg。猪血中含 70%的优质蛋白及 18 种氨基酸和锌、铜等微量元素，能保护胃黏膜，减少毒物吸收。猪皮和猪蹄中含大分子胶原蛋白质，能润肌肤，光泽毛发。猪肉在烹调时，温度若超过 200℃可产生苯并芘等十余种致癌物质，应引起注意。

2. 牛肉

牛肉性温味甘，有暖中补气、滋养御寒、补肾壮阳、强筋骨、补脾胃等作用。寒冬食牛肉，有暖胃作用，对脾胃虚弱、便溏泄泻者更适合，对体弱胃寒者也有益，为寒冬补益食疗佳品。患皮肤病者不宜食牛肉，患肝炎、肾炎者也应慎食。

3. 羊肉

羊肉性热，有补肾壮阳、暖中祛寒、温补气血、开胃健脾、通乳滞带等作用，是一种较好的滋补品，特别对产妇更好，产后无乳，可用羊肉和猪蹄一起炖吃。对体弱和遗尿等也有一定作用。寒冬常食羊肉可益气补虚、祛寒暖身，增强血液循环，增加御寒能力，对怕冷者有益。羊肉还可增加消化酶，保护胃壁，帮助消化，适于体虚胃寒者食用。但是羊肉性温偏热，凡外感、发热、牙痛、心肺火盛者，不宜食用。

4. 鸡肉和鸡汤

鸡肉味甘性温，有温中益气、补精添髓的作用，可用于产后乳少、病后虚弱、营养不良性水肿等。民间常用鸡作滋补品。鸡汤中含有鸡肉蛋白质的浸出物，还有一些脂肪、矿物质、维生素和氨基酸，鸡汤的鲜味主要是因为有较多的谷氨酸溶于汤内，炖鸡汤时，最好炖得时间长些，因鸡汤炖得时间越长，汤汁越浓，含氮浸出物越多，刺激胃液分泌的作用越强。

四、鱼类及水产品的营养保健功能

鱼类及水产品味道鲜美，肉质细嫩，易于消化吸收（消化率 87%～98%），有着优质的蛋白质、丰富的维生素、微量元素及多种活性物质，这些都是其他食品所不能比拟的。近年来，国内外学者公认，吃鱼有利于长寿是有充分根据的。居住在冰天雪地的因纽特人祖祖辈辈以捕鱼为生，他们是世界上最健康的民族，极少患高血压、脑血栓、心肌梗死、动脉硬化和糖尿病，其心血管病症的发病率也很低，这些都与他们摄食大量鱼类、水产品中的营养成分和活性物质分不开。

1. 鲤鱼

鲤鱼能利尿消肿、止咳下气、安胎通乳、清热明目、散血下血。常用于水肿胀满、脚气、黄疸、咳嗽、气逆、乳汁不通、胎动不安、便血等症的治疗。

2. 鲫鱼

鲫鱼有健脾利湿、温中下气、和五脏、通脉下乳、清热解毒、利水而不燥、行脾而不濡等功效。常用于治疗脾胃虚弱、痢疾、便血、水肿、淋病、痈肿、溃疡等症。

3. 虾

虾能健胃镇惊、通乳托毒，常用于治疗乳汁不下、丹毒、痈疽、臁疮、疣癣等症。虾可使淋巴中蛋白浓度升高，凝固性下降，淋巴流量增加。凡有疥癣宿疾、阴虚火旺者，均不宜食用虾。另外，吃虾时不能服维生素 C 片，因为虾含有浓度很高的“五价砷”化合物，维生素 C 能将其转变为“三价砷”而危及人的生命。

4. 带鱼

带鱼富含蛋白质、钙、镁，其中钙与镁的搭配比例为 2∶1，这种比例有利于两者的吸收和利用。它还含有较丰富的铁、锌、铜、锰、钴、硒、维生素 A、维生素 B_1、维生素 B_2 等。带鱼鱼鳞中富含卵磷脂，卵磷脂被人体吸收后分解出胆碱，与乙酸结合形成乙酰胆碱，具有加快大脑传递信息、提高记忆力和思维能力的作用。带鱼肉还含有丰富的维生素 A，具有预防癌症的作用。

五、蛋及蛋制品的营养保健功能

人们经常食用的蛋类有鸡蛋、鸭蛋、鹅蛋、鹌鹑蛋及蛋的加工制品。鸡蛋每个重约 40～50g，鸭蛋每个重约 50～60g，其中蛋黄占 32%、蛋清占 57%、蛋壳占 11%。各种蛋类在结构与营养成分上大致相似。

1. 蛋白质

蛋类蛋白质占全蛋的 12%～15%（其中蛋白占 12%，蛋黄占 15%），并可提供极为丰富的必需氨基酸，其组成比例非常适合人体需要，生物效价可达 94%，为天然食品中最理想的优质蛋白质。根据营养学计算，一般成年人每日摄取 80～120g 鸡蛋（即两个左右）就基本上可以满足 8 种必需氨基酸的需要。

2. 脂肪

蛋的脂肪含量占 11%～15%，全含在蛋黄内，蛋清中几乎没有脂肪，蛋黄中胆固醇含量为 3%～5%，卵磷脂为 15%，卵磷脂有助于防治动脉粥样硬化，是脑细胞所必需的养分。因此蛋黄是很好的补脑、增强记忆、预防痴呆的食物。

3. 矿物质

蛋中的矿物质有磷、镁、钙、硫、铁、锌、氟等。蛋白中含无机盐 0.6%～0.8%，蛋黄含无机盐 1.1%～1.3%。蛋黄中含铁特别丰富，每 100g 中含有 7mg 铁，利用率几乎达 100%，所以鸡蛋是贫血患者很好的食品。蛋含钙 55～64mg/100g，比牛奶低。

4. 维生素

蛋中含有丰富的维生素，主要集中在蛋黄，有维生素 A、维生素 D、维生素 B_1、维生素 B_2 和烟酸。总的来说，蛋黄的营养价值较蛋清高。

5. 鸡蛋的营养和保健功能

鸡蛋是一种营养素组成比较合理、蛋白质含量高的食物，鸡蛋中还含有脂肪、钙、磷、铁、维生素 A、维生素 B_1、维生素 B_2 和烟酸等多种营养物质，并含有人体必需的多种氨基酸，其氨基酸的含量与比例非常接近人体。鸡蛋有健脑的作用，常吃鸡蛋可增强记忆力，预防老年人痴呆。蛋黄含有多种维生素、无机盐、蛋白质、卵磷脂、胆固醇等。其中的卵磷脂有降低胆固醇的作用，可防治动脉硬化，并有健脑增智作用。卵磷脂对预防老年痴呆有一定作用。鸡蛋的营养价值虽高，但并不是吃得越多越好，吃鸡蛋过多，可造成消化不良性腹泻，加重肝肾负担，发生营养过剩性肾炎和脂肪肝。

六、奶类的营养保健功能

奶类营养丰富，容易消化吸收，是老、幼、病、弱者的营养滋补品，特别对儿童的生长发育具有重要意义。中国居民普遍缺钙，奶类应是首选补钙食物，人们最常食用的是牛奶，牛奶中蛋白质含量比人奶多，乳糖含量比人奶少。用牛奶代替人奶时，需适当调配，使其成分接近人奶。

1. 蛋白质

牛奶约含 3.5%的蛋白质（人奶约 1.25%），而且以酪蛋白为主，其次为乳白蛋白和乳球蛋白，含有全部必需氨基酸，其相对含量与鸡蛋蛋白近似，消化率 96.1%。酪蛋白占蛋白总量的 86%左右，乳白蛋白约占总蛋白量的 9%，乳球蛋白占总蛋白量的 3%左右，其他还有血清白蛋白、免疫球蛋白及酶等。

2. 脂肪

牛奶中含脂肪 3.4%～3.8%（人奶约 3.7%），呈微细的脂肪颗粒（直径 2～5μm）高度分散于牛奶中，故容易消化吸收，其消化率达 97%。脂肪的组成以饱和棕榈酸和硬脂酸为主，约占 40%，饱和短链脂肪酸如丁酸和己酸约占 9%，不饱和油酸占 30%，亚油酸和亚麻酸仅占 3%，其余为月桂酸和肉豆蔻酸等。

3. 碳水化合物

牛奶中碳水化合物主要是乳糖，其含量为 4.6%～4.7%，较人奶中乳糖（含量 7.0%～7.86%）少些，以牛奶喂养婴儿时，可采用适量稀释并酌加适当蔗糖，以保证充足的热能。乳糖有调节胃酸，促进胃肠蠕动和消化腺分泌，助长肠道中某些乳酸菌繁殖，抑制腐败菌生长的作用。

4. 维生素

牛奶中维生素的含量与牛的饲料有关，夏天日照长，奶牛吃青草多，维生素 A 含量较高。每 100g 牛奶含维生素 B_2 160μg，维生素 B_1 45μg。牛奶中维生素 C、维生素 D 含量不多，因此以牛奶为主要食物的婴儿要注意维生素 C、维生素 D 的补充或对牛奶进行强化。

5. 矿物质

牛奶中含有矿物质 0.7%～0.75%，羊奶为 0.9%，而且特别富含钙、磷、钾。1L 牛奶可提供 1g 钙，且牛奶中钙与磷的比值为 1.2∶1，接近人奶（人奶为 1∶1），消化吸收率高，故能保证婴儿对钙的需要。牛奶中铁很少，只有 0.2mg/100g，为人奶的 1/5，婴儿如以牛奶为主食喂养时，需及时增加蛋黄、猪肝泥、青菜泥等铁及维生素 C 含量高的食品。此外，牛奶中还含有铜、锌、锰、碘、钼等微量元素。

6. 奶的保健功能

牛奶中含有丰富的维生素 A，能防止皮肤干燥和老化，使皮肤、毛发具有光泽。所含的维生素 B_1 可增进食欲、帮助消化、润泽皮肤、防止皮肤老化。维生素 B_2 可促进皮肤的新陈代谢，保护皮肤和黏膜的完整。牛奶具有补益五脏、生津止渴的功效。经常饮用可使皮肤细嫩、毛发乌黑发亮。常喝牛奶可补充钙质，胃溃疡患者有利于溃疡愈合，脱脂牛奶可预防支气管炎，预防肿瘤，并可降低体内胆固醇。牛奶及其制品中有一种特殊的物质吡咯喹啉醌，它可以有效地预防中风。牛奶中含有的色氨酸可以治疗失眠。

7. 喝牛奶注意事项

饮用要适量，每天正常的饮奶量以 200～400mL 为宜，不应超过 500mL，晚上喝牛奶有利于睡眠，不要空腹喝牛奶，牛奶不宜与酸性食品同吃，牛奶不能煮得时间过长，煮开即可，煮牛奶不能用铜器，喝牛奶最好不加糖，不能用牛奶喝药。

第七节　豆类、花生、芝麻的营养保健功能

豆类是植物蛋白的主要来源，花生、芝麻的营养成分与豆类相似（表 3-10），主要提供蛋白质、脂肪、膳食纤维、矿物质和 B 族维生素。

表 3-10　每 100g 豆类、花生、芝麻的营养成分表

食物名称	蛋白质（g）	脂肪（g）	碳水化合物（g）	热量（kJ）	膳食纤维（g）	钙（mg）	磷（mg）	铁（mg）	胡萝卜素（mg）	维生素 B_1（mg）	维生素 B_2（mg）	烟酸（mg）
黄豆	36.3	18.4	25.3	1724	4.8	367	571	11.0	0.40	0.79	0.25	21
青豆	37.3	18.3	29.6	1808	3.4	240	530	5.4	0.36	0.66	0.24	26
黑豆	49.8	12.1	18.9	1607	6.8	250	450	10.5	0.40	0.51	0.19	25
豌豆	24.6	1.0	57.0	1402	10.7	84	400	5.7	0.04	1.02	0.12	27
蚕豆	28.2	0.8	48.6	1314	14.7	71	340	7.0	0	0.39	0.27	26
红豆	22.0	2.0	55.5	1373	8.2	100	456	7.6	—	0.33	0.11	24
绿豆	23.0	0.5	58.5	1402	4.3	80	360	6.8	0.22	0.53	0.12	1.8
赤豆	21.7	0.8	60.7	1411	6.4	76	386	4.5	—	0.43	0.16	2.1
花生	24.6	48.7	15.3	2503	6.9	36	383	2.0	—	—	—	—
芝麻	22.2	50.3	17.7	2562	—	16.57	782	7.2	—	0.15	0.19	4.2

注：“—”表示未制定

一、豆类的营养

1. 蛋白质

大豆含蛋白质35%～40%，其氨基酸组成接近人体的需要。500g黄豆的蛋白质含量约相当于1000g瘦猪肉、1500g鸡肉或6000g牛奶中的蛋白质含量。大豆含有丰富的赖氨酸、苏氨酸，分别比谷类粮食高10倍和5倍，而赖氨酸、苏氨酸正好是谷类粮食所缺乏的，为此把大豆及其制品与谷类粮食混合食用可明显地提高混合食物的蛋白质营养价值。绿豆、小豆、豌豆、蚕豆等其他豆类蛋白质的含量也明显高于谷类食物，而且含有丰富的赖氨酸。各种豆类的氨基酸组成见表3-11。

表3-11 各种豆类的氨基酸含量 （单位：mg/100g）

氨基酸种类	大豆	芸豆	蚕豆	豌豆	绿豆	扁豆	红豆
缬氨酸	1800	1092	1376	1075	1110	1172	1142
苏氨酸	1645	999	1268	1905	784	957	798
谷氨酸	3631	1927	2399	1829	1818	1900	1770
异亮氨酸	1607	886	1060	796	775	881	968
蛋氨酸	400	200	174	164	242	143	225
苯丙氨酸	1800	1057	1218	1114	1179	1116	1107
色氨酸	462	175	211	142	205	151	177
赖氨酸	2293	1763	1996	1352	1448	1823	1201

2. 碳水化合物与膳食纤维

大豆中的碳水化合物含量为25.3%，其组成比较复杂，多为纤维素、功能性低聚糖（即棉籽糖、水苏糖）等，淀粉含量极微。这些物质对双歧杆菌有增殖作用，并可被肠道微生物利用，具有治疗习惯性便秘、预防结肠癌、减少胆固醇的含量、防治动脉粥样硬化的作用。大豆低聚糖在红豆、扁豆、豌豆、绿豆和花生中也都有存在。

3. 脂肪

大豆含脂肪15%～20%，主要为不饱和脂肪酸，其中亚油酸占55%，油酸占35%，亚麻酸约6%，此外还含有1.64%的磷脂。其他豆类脂肪含量低于5%。豆类所含不饱和脂肪酸能起到减少人体动脉壁上胆固醇沉积的作用，因此被营养学家推荐为防治冠心病、高血压、动脉粥样硬化的理想保健食品。黄豆中还含有丰富的卵磷脂，卵磷脂是大脑细胞的组成成分。

4. 矿物质与维生素

豆类含有丰富的钙、磷、铁、锌等矿物质，维生素B_1、维生素B_2、泛酸的含量都明显高于谷类食物。人体对大豆中铁的吸收率较高，对钙的吸收率较低。豆类维生素 C 含量很低，但豆芽维生素 C 含量却高达 17～20mg/100g，是维生素 C 的良好来源。大豆中含有的异黄酮、皂苷等，在降血脂、抗氧化、抗血栓、抗病毒等方面有较好的疗效。黑大豆含有优质植物蛋白、脂肪酸、糖类、β-胡萝卜素、叶酸、烟酸、大豆黄酮苷、异黄酮苷类物质，具有补肾益精、美容护发的功效。

5. 抗营养因子

在大豆、菜豆、花生、油菜籽和棉籽等食物中，均含有胰蛋白酶抑制剂，会引起胰腺肿大，但可以通过加热钝化。豆类含有植物凝集素，对人体有害，通常可通过在常压下蒸汽处理 1h，或高压蒸汽（$1kg/cm^2$）处理 15min 失活。豆类含有植酸，植酸能与钙、锌、镁等元素螯合，影响利用，如果适当发芽，豆芽中植酸酶的活性大大升高，植酸被分解，游离氨基酸、维生素 C 则有所增加，使原来被螯合的元素释放出来，变成可被人体利用的状态。把大豆制成豆浆或豆腐，也具有同样的道理。大豆及其制品有豆腥味，已知构成豆腥味的物质有 40 多种，可通过 90℃以上加热 10～15min、乙醇处理后减压蒸发及钝化大豆中的脂肪酸、酶或微生物等方法脱腥。

二、豆类、芝麻、花生的营养保健功能

1. 大豆

大豆是豆类食物中营养价值最高的一种，据测定，大豆蛋白质含量高达 40%，相当于瘦猪肉的 2 倍多，鸡蛋的 3 倍，牛奶的 12 倍。大豆芽既保存了大豆原有的营养物质，还增加了维生素的含量，经常食用可预防维生素缺乏症。黄豆芽中含有癫痫患者大脑中缺乏的硝基磷酸酶，经常食用可减少癫痫症发作的次数。黄豆芽还有利湿清热之功效，可主治胃气积结、胃中积热、水肿疼痛等，并且有祛黑痣、面部黄褐斑和润泽皮肤毛发的美容作用。黄豆发芽后，胡萝卜素的含量要比原来的黄豆增加 3 倍，维生素 B_2 增加 2～4 倍，维生素 B_{12} 增加 10 倍多，维生素 C 增加 4.5 倍，由于酶的作用，还能使更多的锌、铁等微量元素释放出来，为人体所利用。用大豆加工制成的豆腐、豆腐皮、豆腐干、腐竹、素鸡、素火腿、豆浆等豆制品，不仅保存了大豆的营养成分，而且营养素更易被人体吸收利用，其蛋白质、矿物质的消化吸收率从 65.3%上升至 92%～96%。

大豆富含胆碱、B 族维生素，对脑有益。大豆中含有丰富的异黄酮和钴、硒、钼等多种微量元素，具有抗癌作用，常食用大豆和豆腐，能明显减少患结肠癌和直肠癌的危险。经常适量吃点豆腐渣对防治骨质疏松症、动脉硬化、高血压、糖尿病等有一定作用。黄豆发酵制成的豆豉，含有丰富的蛋白质、糖类、氨基酸、脂肪、酶及维生素 B_1、维生素 B_2 和钙、磷、铁等矿物质，经常食用可助消化、防感冒、减缓衰老、消除疲劳、增强脑力、提高肝脏解毒能力、防治高血压。大豆还具有降低胆固醇的作用。

2. 绿豆

绿豆中含有淀粉、蛋白质、脂肪、糖、纤维素和矿物质等，蛋白质含量比谷类高，B族维生素含量比玉米高，尤其是赖氨酸的含量高于其他作物。绿豆加工成豆芽后，维生素C的含量会增加几倍。

3. 豆浆的营养保健作用

豆浆蛋白质中的氨基酸组成与牛奶相近，而胆固醇含量比牛奶低，并含有不饱和脂肪酸，其营养价值不比牛奶差。煮豆浆时浮起的泡沫是一种被称为大豆皂苷的物质，它可减少胆固醇的积存，防治动脉硬化，延缓衰老。豆浆中含有钾、铁、B族维生素和维生素K，常饮豆浆可以健脾宽中、补虚润燥、清肺化痰，对防治糖尿病、高血压、高脂血症等均有益处。豆浆中含有大量的卵磷脂、异黄酮、植酸等多种成分，有补脑、降低胆固醇和抗癌作用。豆浆中含有植物雌激素，这种激素可调节女性的内分泌功能，抑制雌激素依赖性癌细胞和生殖系统癌细胞的生长，降低乳腺癌和子宫癌的发生率。青年女性常喝豆浆可减少面部青春痘，使皮肤白皙润泽，容光焕发。

4. 芝麻

芝麻含油量高达60%以上，除富含脂肪和蛋白质外，还是矿物质和微量元素的良好来源。芝麻含钙量为946mg/100g，比大米高157倍，是玉米的315倍。镁含量是大米的8倍，土豆的17倍。铁含量是富强粉的6倍，山药的33倍。每100g芝麻香油含维生素E 70.29mg，比大米高213倍，比土豆高251倍。它还含有胡萝卜素、油酸、亚油酸、棕榈酸、卵磷脂、维生素B_1、维生素B_2等营养物质。应当指出，芝麻油除含有维生素E和少量胡萝卜素之外，其他矿物质和维生素丢失严重，而芝麻酱则保存着芝麻中所含的一切营养成分。芝麻具有降低血脂、增加肾上腺抗坏血酸含量的作用，对慢性神经炎、末梢神经麻痹、高血压有很好的疗效。芝麻含有植酸、木质醇化合物、维生素E、硒、锌等，有很好的抗癌作用。芝麻中含有芝麻素和芝麻酚，可降低体内的低密度脂蛋白，对防治动脉硬化有一定的作用。

5. 花生

花生含油量很高，蛋白质含量不亚于黄豆，且易被人体吸收，每500g花生米中蛋白质和脂肪的含量相当于750g瘦猪肉的含量。另含有维生素A、维生素B、维生素E、维生素K及钙、铁、磷、卵磷脂、蛋氨酸等。花生含有人体必需的多种氨基酸，特别是含有较多的谷氨酸、天冬氨酸、卵磷脂和脑磷脂，常吃花生可增强脑功能，延缓脑力衰退。花生米外的红皮含有一种止血成分，能抑制纤维蛋白的溶解，促进骨髓制造血小板，加强毛细血管的收缩功能，缩短出血时间，对各种出血性疾病有止血作用。花生虽营养丰富，但摘除胆囊者、高脂血症患者、跌打损伤有瘀血者、消化不良者、便溏者不宜食用花生。

第八节　蔬菜、水果的营养保健功能

蔬菜可分为叶菜类（如大白菜、小白菜、油菜、菠菜等）、根菜类（如萝卜、芋头、竹笋、蒜头等）、荚菜类（如毛豆、蚕豆、豌豆、四季豆、红豆、扁豆等）、瓜果类（如黄瓜、冬瓜、丝瓜、笋瓜、茄子、西红柿、辣椒等）、花芽类（如花菜、黄花菜、菜苔等）、菌类（如鲜蘑菇、黑木耳、发菜、海带、紫菜等）6 大类。水果分鲜果及干果类，菠萝、草莓、枣、橘、梨、苹果、葡萄、柿、桃、香蕉等为鲜果，白果、核桃、花生、栗子等为干果。虽然水果、蔬菜的种类和品种很多，但两者在化学组成和营养价值上却具有许多类似的特点，都含有丰富的维生素、矿物质和膳食纤维。红、黄、绿等深色蔬菜中的维生素含量超过浅色蔬菜和一般水果，它们的特殊成分是胡萝卜素、维生素 B_2、维生素 C 和叶酸、矿物质（钙、磷、钾、镁、铁）、膳食纤维和天然抗氧化物。蔬菜、水果中的维生素含量因品种和产地的不同有很大的差异。

一、蔬菜、水果的营养保健功能

1. 水

一般蔬菜中含有 65%～95%的水分，鲜果含有 73%～90%的水分，干果含有 3%～4%的水分。含水量直接反映着蔬菜、水果的鲜嫩程度和营养成分。

2. 维生素

蔬菜、水果中含有丰富的维生素 C 和胡萝卜素，人体所需的维生素 A 和维生素 C 几乎全部或绝大部分由蔬菜、果品提供。此外，蔬菜、水果还含有维生素 B_1、维生素 B_2、泛酸、叶酸等少量 B 族维生素。新鲜绿叶菜维生素 C 含量丰富，其次是根茎类，一般瓜类含量较少，维生素 C 含量丰富的青椒为 105mg/100g，菜花、雪里蕻和苦瓜在 80mg/100g 以上，而一般的叶菜类及根、茎菜类在 60mg/100g 以下。鲜果也是维生素 C 的重要来源，其中以猕猴桃（150～400mg/100mg）、鲜枣（300～600mg/100mg）、山楂（53mg/100g）含量较多。绿、黄、橙色等色泽的蔬菜、水果，一般含有较丰富的胡萝卜素，色深的蔬菜如韭菜、苋菜、黄胡萝卜等胡萝卜素含量都在 2mg/100g 以上，红色水果如芒果（8.0mg/100g）、沙棘（20mg/100g）、橘（5.1mg/100g）等胡萝卜素含量也很高。绿叶蔬菜如雪里蕻、油菜、菠菜和毛豆等，维生素 B_2 含量较多，一般在 0.1mg/100g 左右。

3. 矿物质

蔬菜、水果中钙、钾、镁、钠和铜等矿物质含量丰富，一般为 0.2%～3.4%，新鲜蔬菜中的叶菜、花菜类为 0.5%～2.3%，茎菜类为 0.3%～2.8%，根菜类为 0.6%～1.1%，果菜类为 0.3%～1.7%。水果中矿物质的含量，浆果类为 0.2%～2.9%，坚果类为 1.1%～

3.4%，仁果、柑橘类为 0.2%～0.9%，瓜类为 0.2%～0.4%。

在蔬菜、水果的矿物质中，钾含量可占到其灰分的 50%左右，因此蔬菜、水果对心脏衰弱及高血压有一定的疗效。水果中钙、磷、铁含量一般低于蔬菜，蔬菜中以雪里蕻、油菜、茴香、苋菜、芹菜、荠菜、青扁豆、毛豆、蘑菇等含量比较高，多数绿叶菜含铁 1～2mg/100g，但蔬菜中的铁，人体吸收率很低。许多绿叶蔬菜都含有较多的钙，一般为 100mg/100g，某些蔬菜如菠菜、牛皮菜、蕹菜等因含有较多的草酸，会对钙和铁等元素的吸收产生不利的影响。黄豆、扁豆、茄子、大白菜、白萝卜、南瓜等含锌丰富，甜菜、包心菜、菠菜和干果等含锰较丰富。海带、紫菜、豆类、芹菜、油菜等含铁丰富。

蔬菜、水果中的矿物质大多与有机酸结合成盐类或成为有机质的组成部分，如蛋白质的硫和磷、叶绿素的镁，易被人体吸收；钙、铁、镁、钠、钾等都是碱性，可以中和体内产生的酸性物质，对保持体液的酸碱平衡、健美皮肤、延缓皮肤衰老、调节人体生理活动具有重要意义。

4. 碳水化合物

碳水化合物是干物质的主要成分，其中包括糖、淀粉、纤维素和果胶物质等。蔬菜和水果的含糖量因种类和品种不同而有很大的差别，一般蔬菜的含糖量少于水果。含糖量高的葡萄可达 20%以上，含糖量少的柠檬只有 0.5%，苹果含糖 6%～10%，甜瓜为 2%～18%。蔬菜中以胡萝卜、洋葱、南瓜等含糖较多，为 2.5%～12%，而一般蔬菜如番茄、青椒、黄瓜、结球甘蓝等仅含糖 1.5%～4.5%。各种芋类、薯类、豆类及藕等所含的碳水化合物主要为淀粉，马铃薯淀粉含量可达 24%，甘薯可达 30%。在果品中淀粉含量最高的是生香蕉（18%）和栗子（44%）。一般未成熟的果品淀粉含量较多，随着果品的成熟，淀粉逐渐分解为糖。葡萄、柑橘和核果类果品成熟后淀粉完全消失，苹果和梨成熟后仍残存有 1%～1.5%的淀粉，但经过一段时间贮藏也会完全转变成糖。

5. 膳食纤维

植物细胞壁上的纤维素和半纤维素是蔬菜与水果膳食纤维的主要来源。果品中含有 0.5%～2%的纤维素、半纤维素，蔬菜中为 0.2%～2.8%。膳食纤维虽然不能被人体消化吸收，但可以促进肠道蠕动，有利于粪便的排出，阻止或减少胆固醇的吸收。

6. 蛋白质

不同品种和种类的蔬菜、水果蛋白质含量相差很大。新鲜叶菜类蛋白质含量为 1.0%～8.1%，大蒜头 4.2%～8.1%，苜蓿 3.9%～5%，大白菜 0.8%～1.8%，韭菜 1.9%～3.6%，菜苔 3.2%～4.9%，瓜类的蛋白质含量均在 1%左右。新鲜水果的可食部分蛋白质含量大多不到 1%。干果（如芝麻、核桃、花生、瓜子、葵花子）中含有丰富的核酸，对体内的各种代谢方式和速度有一定影响。干果中还含有丰富的不饱和脂肪酸，是多种与形体美有关的激素和性激素的重要原料。

7. 有机酸和鞣质

有机酸主要是苹果酸、柠檬酸和酒石酸，这三种酸通称为果酸。水果中有机酸含量较高，蔬菜较少。有机酸具有醇和酸的味，对人体无害，并能促进消化液的分泌，有利于食物的消化。此外，水果中还有少量对人体有害的有机酸，如草酸、苯甲酸、水杨酸等，特别是李、杏、草莓中含有较多的草酸，能减少人体对钙的吸收。水果的有机酸常与无机盐结合成酸式盐存在，与糖形成酸糖混合的特殊风味。在味觉上，酸味有降低甜味的作用，所以水果的风味主要取决于糖酸含量的比例。鞣质具有收敛性和涩味，在加工过程中会发生颜色变化，遇铁变深绿色，与锡加热呈玫瑰色，遇碱变黑色，氧化呈棕红色，以致影响产品的外观。辣椒中的辣椒素是一种很好的促进脂肪代谢的物质，因而吃辣椒有一定的减肥作用。

二、食用水果、蔬菜应注意的事项

1. 食用蔬菜应注意的事项

蔬菜营养价值的高低与其颜色有一定关系，一般的规律是颜色越深，所含的胡萝卜素和维生素越多，营养价值越高。生食蔬菜有利于保护蔬菜的天然营养成分，保持人体的免疫系统。饮用新鲜的蔬菜汁可起到生吃蔬菜的效果。有些蔬菜含有毒物质，食用时要特别注意。用化肥生发豆芽，化肥中的含氨类化合物在细菌作用下可转变为一种强致癌物亚硝胺，长期食用可使人患胃癌、食道癌和肝癌等。有些人吃蚕豆后出现溶血性黄疸、贫血等症，这与食用者个人的体质有关。鲜木耳中含有一种光感物质，对光线敏感，有些人在食用后经太阳照射可发生日光性皮炎。蔬菜长久存放，在酶和细菌的作用下，其中的硝酸盐会被还原成亚硝酸盐，亚硝酸盐和蛋白质类物质结合可生成亚硝胺类致癌物。所以发黄、萎蔫和腐烂的蔬菜不要食用。蔬菜在冰箱中存放也不要超过 3 天。

2. 食用水果应注意的事项

每人每年平均食用 80kg 水果，才能满足人体对维生素 C 等营养物质的基本需求量。胡萝卜素广泛存在于杏、柿子、柑橘、梨和红果中，它可增强对传染病的抵抗力，防治夜盲症，促进生长发育，维持上皮细胞组织的健康。苹果、柠檬中含苹果酸、枸橼酸等物质，对消除疲劳有一定作用。水果中含有较多的糖和钙、铁、磷、钾等矿物质，糖是人体能量的主要来源，矿物质虽为体内微量元素，但生理功能却很大，大多数水果为高钾低钠食物，多吃水果可维持体内的钾钠平衡，钾还可与体内多余的钠结合，使之排出体外，有益于高血压、肾炎和水肿患者。

但吃水果不当会给身体带来坏处，水果吃得过多维生素 C 不能完全吸收，是一种浪费。过酸的水果对胃不利，如食柠檬酸过多可损害黏膜，引起胃肠疾病。菠萝易引起过敏反应。杏仁中含苦杏仁苷，水解后会形成毒性很强的氢氰酸或苯甲醛，引起急性中毒。

水果表面常黏附细菌、农药，积蓄在人体内会对身体产生危害。

水果一般分凉性和温性两类。温性的如橘子、桃、樱桃、荔枝、龙眼等，体质虚寒者应选温性水果。凉性的如梨、苹果、橙子、西瓜、猕猴桃等，体质偏热者应选择凉性水果。便秘患者、心肌梗死患者、痔疮患者不宜食柿子、荔枝等含鞣酸较多的水果。糖尿病患者不宜吃香蕉、荔枝、苹果、橘子等含糖较多的水果。腹泻者不宜吃梨、李、菠萝、香蕉、香瓜和哈密瓜等凉性水果。根据季节选择水果，如西瓜清热解暑，夏天可适当多吃一些。立秋之后不宜多吃各种瓜果，否则容易伤脾胃。饭后吃水果，能促进消化器官的活动和消化腺的分泌，可补充大量的维生素和矿物质。

饭前吃水果对食物的需求减少，有抑制食欲的作用，可有效地防止体内脂肪的积存，有效地减轻体重。海产品中的鱼虾、藻类都含有大量的蛋白质和丰富的钙、铁等无机盐，若与含鞣酸量多的水果如石榴、山楂、柿子、葡萄、柠檬、杏、海棠、李、酸梅等同食，不仅会降低蛋白质的营养价值，而且容易使海味中的钙、铁与鞣酸结合成一种新的不易消化吸收的物质，这种物质还能刺激胃肠，引起不适，严重者可发生恶心、呕吐、腹痛等。注意控制小儿吃水果的量，儿童吃过多的酸性水果，酸不易被氧化分解，易造成酸碱平衡失调。

第九节　其他食物的营养保健功能

一、糖、糖果和蜂蜜

1. 糖和糖果

糖类是人体所需热能的主要来源。一般人平均每天需要热量为 9627～10 045kJ，而 500g 白砂糖就能产生 8371kJ 的热量。尤其是巧克力糖含脂肪量高达 40%左右，能提供人体大量的热能，是从事剧烈运动、高空飞行和海底潜水人员的必需品。糖及糖果发热量高，并且容易消化吸收，故为儿童、患者和产妇很好的能量补充源。

糖不能多吃，多吃糖易生龋齿，导致肥胖，影响白细胞的吞噬能力。吃糖过多还会使体内的维生素 B_1 含量减少，降低神经和肌肉的活动能力，影响视力，妨碍骨质钙化，易发生骨折。吃糖过多还可影响寿命，使人变得孤僻和放肆，精神冲动、紧张，对周围事物反应过度，爱和人争吵，脑神经负担过重，会破坏体内各种微生物的平衡状态。如无特殊需要，每天每千克体重吃 0.5g 糖为宜，儿童可适当多一点。例如，体重为 10kg 的儿童，每天吃糖不宜超过 10g，而 60kg 体重的成人，每天吃糖不要超过 30g。

2. 蜂蜜

蜂蜜含大量易被人体吸收的葡萄糖、果糖和少量蔗糖、麦芽糖，且含有丰富的蛋白质、氨基酸、多种酶、多种维生素、有机酸和矿物质等。维生素主要有维生素 A、维生素 B、维生素 C、维生素 D、维生素 K 等，所含矿物质主要有钙、镁、钾、钠、铁、锰、铜、磷、硫等，此外还含有胆碱、蛋白质、氨基酸、柠檬酸、苹果酸。世界上不少长寿地区如阿塞拜疆、外高加索及我国新疆天山以南的老人，都有常年食用蜂蜜的习惯。

二、酒类

1. 酒

酒为米、麦、黍、高粱等和曲酿成的一种饮料，有白酒、烧酒、黄酒、葡萄酒等，浸药多用烧酒，药引多用黄酒。酒能通血脉、御寒气、润皮肤、和血行气、助肾兴阳、行百药，常用于治疗风寒湿痛、筋脉拘挛急、胸痹、心腹冷痛等症。酒因原料、酿造、加工、贮藏条件等不同，其成分差异很大。其主要含乙醇，并含有脂类、酸类和醛类。酒精饮入后，在胃内即可吸收 20%，其余在小肠吸收，2h 内即可全部进入血液而运行全身，酒对中枢神经系统有麻醉作用。适量饮酒对人体健康有益，酒不超过胃内容物 5%时，能增加胃液分泌、增强消化、促进血液循环、保护心脏、降低冠心病发病率。酒还可被用来配制药物，降低药物毒性，提高药物疗效。葡萄酒含有丰富的营养物，饮入适量的葡萄酒，可以提高机体免疫机能，对身体有很大好处。

2. 啤酒

啤酒是以大麦芽为主要原料，大米为淀粉类辅料，并加啤酒花，经糊化和糖化，再经发酵酿制而成的一种富有营养的饮料。它含有多种氨基酸、维生素、糖分、矿物质和各种酶等。据分析，啤酒中含有 17 种氨基酸，含量较多的是谷氨酸和脯氨酸，同时还含有多种 B 族维生素，这些营养成分容易被人体吸收利用。因此，经常适量饮用啤酒，能增进胃液分泌，促进食欲，健胃消食，消除疲劳。啤酒中的二氧化碳能把体内的热量排出去，因而饮后会使人有清凉舒适之感。啤酒的另一个功能是产生大量的热量，其中80%以上热量能为身体所吸收。所以啤酒在国外有“液体面包”之称。啤酒的商标常标明“10°”或“12°”等，这不是代表酒精的“酒度”，而是指麦芽糖浓度。例如，每升麦芽汁含有 120g 麦芽糖就是 12°，12°啤酒的酒精含量一般为 4.4°，就是说每升啤酒含酒精 44mL。

啤酒中氨基酸和维生素含量丰富，有益气活血、解热镇痛、兴奋神经、利尿、美容等功效，适量饮用啤酒有助于消化，补充能量，有利于消除疲劳，增强体质。啤酒对缺铁性贫血、慢性粒细胞白血病、习惯性便秘者有一定作用。喝适量啤酒对身体有益，过量则对身体有害。啤酒不宜同熏烤食品、海鲜、白酒混吃。夏天啤酒开瓶后应一次喝完。剧烈运动后不宜立即饮用啤酒，老年人和婴幼儿最好不要饮用啤酒。

三、茶

茶按发酵状况分为红茶、绿茶、白茶、黑茶、黄茶、乌龙茶，加工后可形成花茶、紧压茶、速溶茶等。茶叶属于低热能物质，蛋白质含量高达 20%～30%，碳水化合物约占 10%（优质名茶可达 40%），脂肪约 3%，含有较多的维生素 C、烟酸及维生素 A、维生素 B_1、维生素 B_2，含较高的氟及钾、磷、钙、镁等矿物质。每 100g 绿茶含钾 1618mg，比菠菜高 14 倍，比苹果高 19 倍。镁的含量为 247mg，钙为 332mg。茶叶还是微量元素的良好来源。每 100g 茶叶含铁 13.2mg、锰 11.9mg，铁含量是橘子的 74 倍，苹果的 395 倍。

茶有促进解毒、强心利尿、提神醒脑、生津止渴、保护牙齿、健脾护胃、抑菌消炎、防癌抗癌、延缓衰老的作用。喝茶要适量，以 70℃的温开水泡茶为好。最好用陶器类茶具进行泡茶。饭后不宜饮茶，头遍茶最好不饮，最好不要饮新茶。茶叶不要反复冲泡，不要空腹饮茶，吃羊肉后不宜马上喝茶，隔夜茶不宜喝，发霉的茶叶不能喝。一般来说，为了避免饮茶引起的兴奋，可将 3min 内泡的茶倒掉，然后再泡水喝。应根据季节变化饮不同的茶，春季饮花茶较好，因花茶可促进人体阳气升发，散发冬天积在体内的寒气。夏季饮绿茶较好，因绿茶性寒味苦，有清热、消暑、解毒、促消化、防止腹泻和皮肤感染的作用。秋季饮青茶比较好，因青茶不寒不热，可清除体内的余热，恢复津液。冬季饮红茶较好，因红茶味甘性温，含丰富的蛋白质，有滋补作用。

需要指出的是，绿茶中著名的碧螺春、毛峰、云雾茶等都有较多的白毫，用大叶种茶树的鲜叶制成的滇红、沱茶、方普洱等，其白毫也较为显著。有人以为茶叶上的白色茸毛是茶叶发霉后长的白毛，这是一种误解，茶叶长的白毛是茶叶细嫩的特征，只有幼嫩的芽尖上才长有白色的茸毛。白毫越多，说明这种茶叶的质量越高。

下列人群不宜饮茶：3 岁以下儿童、习惯性便秘者、发热患者、失眠者、高血压和心脏病、女性在经期、尿道结石者、痛风患者、需要安静休养者、活动性胃溃疡、十二指肠溃疡患者等。

四、果汁、水

儿童、青少年比较喜欢酸果汁类饮品，在大饱口福之际，却忽略了其中潜伏的种种隐患。就儿童、青少年选用的各种饮品来看，多数含酸性物质，如含有碳酸等调味剂及苯甲酸、山梨酸等防腐剂。酸性饮品饮用过多，一方面会直接增加机体的酸度，另一方面，还会导致人体内碘、铁、钙等物质的过多消耗和流失，长期下去势必造成营养不良，影响机体健康发育。酸性食物的过多摄入，还会使胃酸增加，过多的胃酸是造成目前儿童、青少年胃病和胃溃疡的主要原因之一。

人体内的矿物质来自食物和水，现已证实人体血液中 60 余种化学元素含量和岩石中这些元素的含量分布规律不谋而合。水是生命的源泉，水土相依。我们所饮用的水中含有多种化学元素，如铁、氟、碘、铜、锌、钙、镁等，水中钙盐和镁盐含量多，水的硬度大，含量少，则硬度小，这便是所谓的软水与硬水的区别。人在日常生活中对软水和硬水有着一定的适应能力，对于长期习惯饮用硬水的人，水质硬则对健康无大的影响。不习惯饮硬水的人若饮用水质过硬的水，胃肠消化功能就会发生暂时性功能紊乱，以致胃肠蠕动加剧，引起消化不良和腹泻。这就是为什么有不少人每当外出旅游或开会来到一个新的地方后，头几天就会觉得身体不适，吃不下饭，有的甚至还会拉肚子。而回到故地后，却又不治而愈。这就是水土不服。相反，原来吃惯了硬水的人，突然改饮软水，也会引起身体不适，这些都是正常的生理现象。另外值得一提的是，不能因为饮用水质过硬的水出现“水土不服”而对硬水抱有偏见，实际上，国外研究发现，饮用硬水有益健康。美国的营养学家经长期研究发现，饮用硬水的人的血糖和胆固醇含量较低，长寿者比常饮软水的人多。

第十节　食品与疾病

许多疾病与食品有着十分密切的关系，采用食疗，合理饮食，对某些疾病特别是慢性疾病有着非常好的疗效。下面介绍几种常见病及其食疗方法。

一、肥胖症

肥胖症是指人体脂肪堆积过多造成体重超过正常标准20%的一种特殊病症。肥胖症有单纯性肥胖症和继发性肥胖症两种，单纯性肥胖症一般无明显内分泌代谢病因，多与遗传体质、饮食因素有关，好发于中年人，尤以女性多见。继发性肥胖症是由明显的内分泌代谢病因引起的，除肥胖外，更有各种发病的临床表现。肥胖症的治疗：继发性肥胖症以治疗原发病为主，单纯性肥胖症可以增加运动量，提高脂肪利用率，采用针灸推拿结合治疗，合理饮食，服用抑制食欲药等。

1.宜食要点

①食清淡、高纤维、低热量食物，以蔬菜为主，水果为辅，多食黄瓜、萝卜、芹菜、菠菜等；②定时定量，三餐热量分配均匀；③食含不饱和脂肪酸的植物油，如豆油、花生油、菜油、玉米油；④食降脂减肥作用的食品，如山楂、海带、话梅、杨梅等；⑤进食应细嚼慢咽。

2.禁忌原则

①限制过量进食，严格控制脂肪、糖和盐的摄入量；②避免食用含饱和脂肪酸的动物脂肪，如猪油、羊油、奶油、肥肉等；③避免食用高胆固醇食物，如动物肝、脑、心、肾、肠、蛋黄、鱼类等；④忌食甜食、糕点、饼干、饮料等；⑤禁烟、酒、咖啡；⑥不宜睡前及夜间进食。

3.食疗方法

①消脂减肥茶：山楂15g，莱菔子15g，茶叶10g，同煎30min，频频饮服，连饮3～6个月，适于各种肥胖症，胃酸过多者不宜多食。②海带煮绿豆：海带50g，绿豆50g，共煮，服食，适于单纯性肥胖症，胃寒、便溏者不宜多食。

二、神经衰弱

神经衰弱是指易疲乏、易激怒、头痛、抑郁、失眠、注意力不集中、缺乏欢乐感的一种神经症。临床症状主要为：入睡困难、浅睡多梦、注意力不集中、心烦意乱、无精打采、健忘及常感疲惫不堪、力不从心、周身困乏、轻微头痛、思维减退、头昏脑涨等。

本病治疗：正确认识疾病，树立治疗信心，心理治疗为主，西医常辅以安眠药、理疗、体疗等。

1.宜食要点

①饮食需清淡，食用营养丰富的食品。②多食具有养心安神的食品，如莲子、大枣、金针菜等。③根据症状，选用不同的食品：心悸、失眠者食养血补心之品，如猪心、龙眼等。神疲乏力、多梦者食健脾养心之品，如小米、小麦、葵花子等。头昏健忘者食益精养脑之品，如猪脑、核桃等。腰膝酸软者食壮筋健骨之品，如猪脊髓、蹄筋等。④按时进食。

2.禁忌原则

①忌食辛辣食品，少食油腻、煎炸食品，不食过热或过寒食品；②不应过饥或过饱，不可暴饮暴食；③禁烟酒；④不宜傍晚喝浓茶、咖啡或咖啡因饮料。

3.食疗方法

①龙眼莲子汤：龙眼肉 15g，莲子 15g，共煎汤，加适量冰糖服食，每日 1 剂，分早晚服。适宜心悸、失眠、神志不安者。口苦咽干、心烦便秘者不宜服食。②山药莲子粥：鲜山药 100g，莲子 15g，粳米 100g，同煮粥，调味服食。适于夜寐不安、心悸、胸闷、神疲乏力者。便艰难者不宜多食。③雪梨百合饮：雪梨 2 个，百合 50g，雪梨切块，百合去皮，加水煮沸，加冰糖适量，文火煮到百合熟。每日 1 剂、夜服。适于心悸、多梦、口干、咽燥、干咳无痰者。形寒、肢冷、便溏者不宜多食。

三、酒醉、酒毒

酒醉是指饮入多量酒类饮料引起的中枢神经系统兴奋及抑制状态，属急性酒精中毒。酒毒是指长期嗜酒引起营养不良，代谢紊乱的病变，属慢性酒精中毒。酒醉的临床表现：先出现兴奋期，表现面色发红、自觉身心愉快、说话无顾忌、粗鲁无礼、喜怒无常，也有静寂入睡者。继之进入共济失调期，表现为动作笨拙、行动迟缓、步履不稳、语无伦次等。最后进入昏睡期，出现昏睡不醒、颜面苍白、皮肤湿冷、口唇微紫、呼吸缓慢、脉搏增快。甚则瞳孔散大、呼吸麻痹而死亡。酒毒的临床表现：智能衰退，注意力涣散，记忆力和判断力下降，甚至出现幻觉、妄想、震颤，且多伴有肝硬化、慢性胃炎、胰腺炎、糖尿病等。

1. 宜食要点

①食用营养丰富的食物，含有充足的B族维生素和维生素C；②酒醉多饮茶、豆汁、糖水，多食蔬菜、水果。

2. 禁忌原则

①不可继续饮酒；②忌食辛辣等刺激性食品；③禁饮咖啡；④重度酒醉者用胃管吸空胃内容物。

3. 食疗方法

①萝卜红糖饮：白萝卜500g，红糖适量。萝卜捣碎取汁，红糖调味。酒醉者每次饮服200mL，每小时服用1次，直至酒醒。酒毒亦可适量时时饮服。②米醋糖水：米醋30mL，白糖15g，白糖调入米醋中，加少量开水饮服。适于酒醉。③浓茶水：花茶（红茶）适量，沸水冲泡，待汁浓时频频饮服，适于各种酒醉。

四、高血压

高血压是指动脉血压舒张压超过90mmHg*或收缩压39岁以下超过140mmHg，50岁以上超过160mmHg的病症，高血压有原发性高血压和继发性高血压两种。高血压病早期无明显症状，随着病情的发展出现头昏、头胀、头痛、失眠、健忘、易怒、注意力不集中、神经质等，并伴有耳鸣、四肢麻木。后期由于心、脑、肾功能不健全，还会出现疲乏、视力模糊等症状。

1. 宜食要点

①饮食清淡；②定时定量，节制饮食；③多食绿叶蔬菜、水果、豆类、牛奶、鱼类；④多食具有平肝清热、养阴活血等作用的食品，如海蜇、紫菜、海带、西瓜、山楂、玉米、绿豆、麦麸、油菜等；⑤适量多饮淡茶。

2. 禁忌原则

①忌油腻、高脂肪、高胆固醇食物；②不宜食过咸、过甜、过辣等强刺激性食品；③不可过饥或过饱、暴食暴饮，不应偏食；④禁忌烟酒、咖啡；⑤限制食盐摄入量。

3. 食疗方法

①菊花绿茶饮：菊花6g，绿茶3g，开水冲泡饮服，适宜于头昏头痛、面目红赤高血压者。多汗、胃寒、肢冷者不宜饮服。②醋浸花生：带衣花生米适量，醋适量，桂花少量，浸泡7日备用，每日清晨及睡前各嚼10粒，直至血压下降。头昏头痛，口渴面赤者不宜多食。

---

* mmHg=1.333 22×10^2 Pa

五、高脂血症

高脂血症是指血浆内脂质浓度超过正常高限的一种病变。临床表现主要有眩晕、胸闷、乏力等。本症的治疗除加强体育锻炼外，西医采用阻止脂质合成、促进脂质代谢的血脂调节药。

1. 宜食要点

①饮食要清淡，以素食为主；②适量多食蔬菜、豆类、干果；③多食用不饱和脂肪植物油，如豆油、花生油、菜油、玉米油、麻油等；④多食用具有降脂作用的食物，如大豆、绿豆、蘑菇、麦麸、洋葱、芹菜、番茄、海带、山楂、萝卜、冬瓜、苦瓜等；⑤适量饮茶。

2. 禁忌原则

①严格限制总热量，忌食肥腻食物，不可食高胆固醇食品如动物脑、肝、鸡蛋、黄油等；②不宜进甜食和零食；③不可暴饮暴食，忌睡前进食过多；④适当限制食盐摄入，戒烟酒。

3. 食疗方法

①山楂粥：山楂30g，粳米50g。山楂煎汤取汁，入粳米煮粥，调味服食，每日1剂。胃酸过多者不宜多食。②葱蜜饮：葱白 50g，蜂蜜 50g。葱白捣碎，蜂蜜拌和，饮蜜汁但不吃葱，每日2次，每次半匙。形寒、便溏者不宜食用。③绿豆菊花茶：绿豆 50g，白菊花 10g，白菊花纱布包好，与绿豆同煎汤，去菊花调料，饮汤食绿豆。胃寒、便溏、多汗者不宜服食。

六、脑动脉硬化

脑动脉硬化是指脑动脉粥样硬化、小动脉硬化或玻璃样变等，动脉管壁变性，脑血流普遍减少并影响功能的疾病。本病表现为头痛、眩晕、耳鸣、神疲乏力、失眠、多梦、记忆力减退、情绪不稳、肢体麻木等，严重者可产生动脉硬化性痴呆，脑梗死等。

本病治疗：防止疲劳，起居规律，适当活动，心情乐观，避免激动，降血压，降血脂等。

1. 宜食要点

①饮食需清淡、稀软；②多食新鲜蔬菜、水果，以充足供给维生素；③适当多食豆制品、核桃、莲肉等；④定时定量，少量多餐。

2. 禁忌原则

①不可食油腻食品，严格限制动物脂肪及含胆固醇较多的食品；②禁烟酒；③忌食刺激性食物、咖啡；④限制食盐摄入量。

3. 食疗方法

①桑葚红枣汤：干桑葚 30g，红枣 15g，水煎服，每日 1 剂。胃胀、消化不良者不宜饮用。②莲子龙眼粥：莲子肉 30g，龙眼肉 30g，红枣 10g，粳米 50g，红枣去核，与龙眼肉、粳米、莲子肉同煮成粥，加适量糖，每日 1 剂。内热、口渴、便秘者不宜食用。

七、糖尿病

糖尿病是由胰岛素分泌不足或胰岛素抵抗而引起的以糖代谢紊乱为主的全身慢性代谢性疾病。患病高峰期在 50～70 岁，男性略高于女性。临床症状为：多饮、多食、多尿及体重减轻（即“三多一少”），并伴有多种并发症。

本病治疗：口服降糖药，注射胰岛素。

1. 宜食要点

①给予足够的营养，适当增加蛋白质和脂肪摄入量；②多食新鲜清淡菜肴，如山药、莲子、萝卜、胡萝卜、豆制品、玉米、猪肚等；③定时定量进食，饥饿时可多食高纤维食品，如青菜、大白菜、空心菜等充饥；④选用具有清热养阴作用之食品，如苦瓜、丝瓜、南瓜、冬瓜、萝卜、胡萝卜、西红柿等。

2. 禁忌原则

①严格控制食量，碳水化合物每日在 250～500g，一日三餐，热量比为早餐 1/5、中餐 2/5、晚餐 2/5；②忌食辛辣食品和含糖量高的食品，少食水果；③忌食肥肉、肝脏、脑、肠、蛋黄、油炸食品；④禁烟酒，适当限制盐摄入量。

3. 食疗方法

①山药粥：生山药 100g，粳米 50g，酥油适量。粳米煮粥，山药去皮，用酥油同炒，匙揉碎，加入粥中拌匀，作早点常用，适于各种糖尿病。②猪胰粉：猪胰 1 只，焙干，研粉，每日 3 次，每次 6g，时时服食，适宜于糖尿病血糖持续较高者。

第十一节　中国居民膳食指南

20 世纪 90 年代以来，我国居民膳食结构发生了很大变化，部分居民膳食中谷类、薯类和蔬菜所占的比例明显下降。全国平均膳食脂肪提供 22%的能量，广东、江苏、湖北、北京、上海及天津等省、市脂肪能量均超过膳食总能量的30%。一些维生素和矿物质摄入量比十年前反而下降。能量过剩、体重超常者在城市，尤其是大城市的成年人中日渐增多，与之相关的一些慢性病如心脑血管疾病、恶性肿瘤等的患病率也逐渐上升。另外，在广大农村，因食物单调或不足而造成的营养缺乏病，如儿童生长迟缓、缺铁性贫血及佝偻病等虽在逐渐减少，但在一些特殊地区仍很严重。针对这些问题，必须对广大居民进行合理膳食指导。

一、中国居民膳食指南

中国营养学会根据中国存在的具体问题，于2016年5月修订了《中国居民膳食指南》。

1. 食物多样、谷类为主

每天的膳食应包括谷薯类、蔬菜水果类、畜禽鱼蛋奶类、大豆坚果类等食物。

每天摄入12种以上食物，每周25种以上。

每天摄入谷薯类食物250～400g，其中全谷物和杂豆类50～150g，薯类50～100g。

食物多样、谷类为主是平衡膳食模式的重要特征。

2. 吃动平衡，健康体重

各年龄段人群都应天天运动，保持健康体重。

食不过量，控制总能量摄入，保持能量平衡。

坚持日常身体活动，每周至少进行5天中等强度身体活动，累计150min以上；主动身体活动最好每天6000步。减少久坐时间，每小时起来动一动。

3. 多吃蔬果、奶类、大豆

蔬菜水果是平衡膳食的重要组成部分，奶类富含钙，大豆富含优质蛋白质。

餐餐有蔬菜，保证每天摄入300～500g蔬菜，深色蔬菜应占1/2。

天天吃水果，保证每天摄入200～350g新鲜水果，果汁不能代替鲜果。

吃各种各样的奶制品，相当于每天液态奶300g。

经常吃豆制品，适量吃坚果。

4. 适量吃鱼、禽、蛋、瘦肉

鱼、禽、蛋和瘦肉摄入要适量。

每周吃鱼280～525g，畜禽肉280～525g，蛋类280～350g，平均每天摄入总量120～200g。

优先选择鱼和禽。

吃鸡蛋不弃蛋黄。

少吃肥肉、烟熏和腌制肉制品。

5. 少盐少油，控糖限酒

培养清淡饮食习惯，少吃高盐和油炸食品。成人每天食盐不超过 6g，每天烹调油 25～30g。

控制添加糖的摄入量，每天摄入不超过 50g，最好控制在 25g 以下。

每日反式脂肪酸摄入量不超过 2g。

足量饮水，成年人每天 7～8 杯（1500～1700mL），提倡饮用白开水和茶水；不喝或少喝含糖饮料。

儿童、青少年、孕妇、乳母不应饮酒。成人如饮酒，男性一天饮用酒的酒精量不超过 25g，女性不超过 15g。

6. 杜绝浪费，珍惜食物，按需备餐，提倡分餐不浪费

选择新鲜卫生的食物和适宜的烹调方式。

食物制备生熟分开、熟食二次加热要热透。

学会阅读食品标签，合理选择食品。

多回家吃饭，享受食物和亲情。

传承优良文化，兴饮食文明新风。

二、中国居民平衡膳食宝塔

中国营养学会根据《中国居民膳食指南》，并结合中国居民的膳食结构特点，设计了“中国居民平衡膳食宝塔”。宝塔把平衡膳食的原则转化成各类食物的重量，向居民推荐了平均每天各类食物的摄入量，便于群众理解和日常生活中实行。

1. 中国居民平衡膳食宝塔图

中国居民平衡膳食宝塔图见图 3-1。

2. 宝塔分层说明

平衡膳食宝塔共分 5 层，分别装有我们每天应吃的 5 个种类的主要食物。宝塔各层次位置和面积不同，这在一定程度上反映了各类食物在膳食中的地位和应占的比例。水每人每天建议摄入量 1500～1700mL；谷薯类食物位居底层，每人每天应吃 250～400g；蔬菜类、水果类居第二层，每天分别应吃 300～500g 和 200～350g；畜禽肉、水产品、蛋类等动物性食物居第三层，每天应吃 120～200g（畜禽肉 40～75g，水产品 40～75g，蛋类 40～50g）；奶及奶制品、豆类及坚果类食物合占第四层，每天应吃奶及奶制品 300g，大豆及坚果类 25～35g；盐、油居第五层，盐每天摄入量小于 6g，油每天摄入 25～30g。

宝塔没有建议食糖的摄入量，因为我国居民现在平均吃糖量还不多，少吃糖可能对一般人的健康影响不大。但多吃糖有增加龋齿的危险，尤其是儿童、青少年不应吃太多的糖和含糖食品。

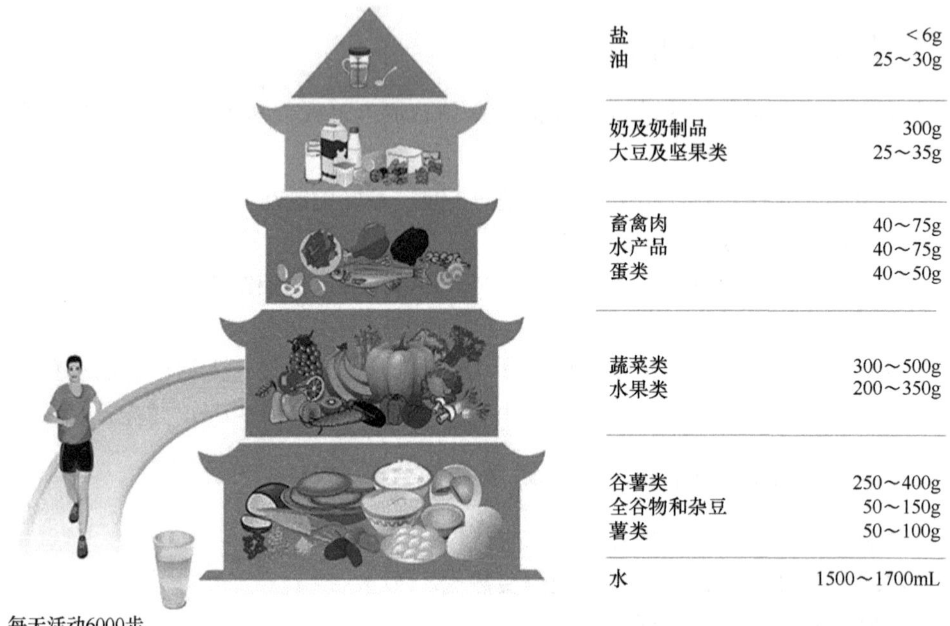

图 3-1　中国居民膳食宝塔图

3. 各类食物量的说明

宝塔建议的各类食物的摄入量一般是指食物的生重。各类食物的组成是根据全国营养调查中居民膳食的实际情况计算的，所以塔中每一类食物的重量不是指某一种具体食物的重量。

（1）谷类　谷类是面粉、大米、玉米粉、小麦、高粱等的总和。它们是膳食中能量的主要来源，在农村往往是蛋白质的主要来源。多种谷类掺着吃比单吃一种好，特别是以玉米或高粱为主要食物时，应搭配一些其他的谷类或豆类食物。加工的谷类食品，如面包、烙饼、面条等应折合成相当的面粉量来计算。

（2）蔬菜和水果　蔬菜和水果经常放在一起，因为它们有许多共性，但蔬菜和水果终究是两类食物，各有优势，不能完全相互替代，尤其是儿童，不可只吃水果不吃蔬菜。蔬菜、水果的重量按市售鲜重计算。

（3）鱼、肉、蛋　鱼、肉、蛋归为一类，主要提供动物性蛋白质和一些重要矿物质及维生素，但它们彼此间也有明显区别。鱼、虾及其他水产品含脂肪很低，有条件者可以多吃一些，这类食物的重量是按购物时的重量来计算。肉类包括畜肉、禽肉及内脏的重量，是按屠宰清洗后的重量来计算，这类食物，尤其是猪肉含脂肪较高，所以不可吃过多的肉类。蛋类含胆固醇相当高，一般每天吃蛋最好不要超过一个。

（4）奶类和豆类食品　奶类及奶制品当前主要有鲜牛奶、酸奶和奶粉。宝塔建议的300g 是按蛋白质和钙的含量来折合的。中国居民膳食普遍缺钙，奶类是首选的补钙食物，这很难用其他类食物代替。有些人饮奶后有不同程度的肠胃道不适，主要是乳糖不耐症所致，可以食用酸奶或其他奶制品。大豆和坚果类每天推荐摄入 25～35g。

第四章　食品工程原理

第一节　食品的热加工原理

在食品工业中，传热是广泛应用的单元操作，可与其他单元操作结合，也可作为进一步加工的预处理。例如，食品生产中的加热、冷却、杀菌、冷藏等过程。

一、传热的基本概念和原理

热量传递是由于物体或系统内不同部分之间存在温度差。根据传热机理，传热有 3 种方式：热传导、对流传热、辐射传热。

载热体：用于输送热量的介质为载热体。用于加热的载热体为加热剂，用于冷却的载热体为冷却剂。

换热器：实现冷、热介质热量交换的设备为换热器。

1. 热传导

热传导，通过固体、液体和气体进行。当物体存在温度差时，通过物质的分子、原子和电子的振动、位移和相互碰撞发生能量的传递，这种传递称为热传导。描述热传导的机理及数学模型为傅里叶导热定律。

2. 对流传热

对流传热是不同温度的流体因搅拌、流动引起的流体质点宏观位移导致的传热过程。描述对流传热的机理和数学模型是牛顿冷却定律。

对流传热过程分为 4 种基本类型：①流体强制对流传热；②流体自然对流传热；③蒸汽冷凝传热；④液体沸腾传热。

3. 辐射传热

物体以发射电磁波形式传递能量的过程称为辐射，被传递的能量称为辐射能。物体可由不同的原因产生电磁波，其中热的原因引起的电磁波辐射，即热辐射。热辐射具有光的波动性和粒子性，都遵从反射和折射定律。热辐射的波长可从零到无穷大范围，但热效应显著的波长范围为 0.4～20μm。

二、高温对微生物菌群的影响

当食品中微生物菌群与高温接触时，各个微生物细胞的变化和微生物活力的降低使得微生物数量随着时间的增加而减少，这可通过标准微生物学方法进行定量测定，微生物数量随时间的变化如图 4-1 所示。在所给定的高温下，随着时间的增加，微生物数量以对数减少。在微生物与高温初始接触的短时间内，营养细胞数量之间的差异与细菌芽孢数量相比是明显的。营养细胞受热后数量急速下降，而细菌芽孢数量的减少会有一定时间的滞后期。然而减少的模型是相同的，遵循图 4-1 中的对数下降曲线。

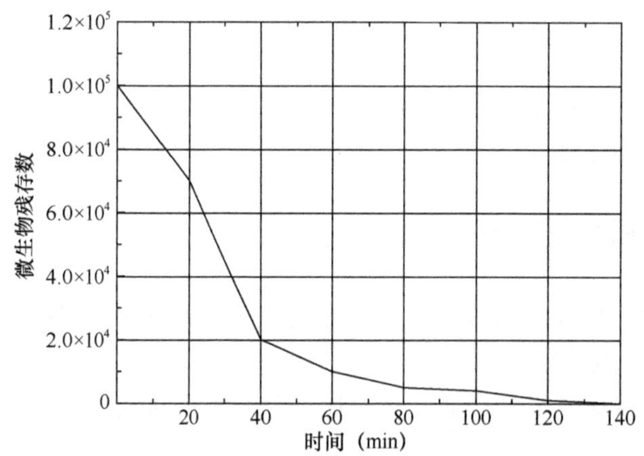

图 4-1　高温下微生物数量随时间的变化图

三、热加工对食品质量的影响

大部分食品在高于环境温度时，会引起质量变化。虽然应用一些高温加工方法使许多食品在食用前产生有益的变化，但是与保藏加工有关的温度、时间关系的增加通常会引起质量属性的降低。这些质量下降存在于各方面，包括风味、质构、颜色及热敏性营养素的减少。一般来说，必须根据食品质量变化，正确地制订热加工条件以避免过度加工和造成产品质量下降。

第二节　食品的干燥原理

食品干燥是食品贮藏加工中的主要技术之一，通过干燥技术将食品中的大部分水分除去，达到降低水分活度、抑制微生物生长和繁殖、延长食品贮藏期的目的。

一、食品干燥基本概念和理论

1. 食品湿物料的形态和物理性质

湿物料按其外观形态分为下面几种：散粒体、晶体、块状、片状、条状、粉末状、膏糊状、液态。

湿物料按其物理化学性质可分为两大类：液态和湿固态。液态物料包括溶液、胶体溶液和非均相的液态物料，其具有流动性。固态湿物料是最常见的食品物料，它包括晶体、胶体和生物组织体。

2. 食品湿物料中水分存在的形式和表示方法

1）食品湿物料中水分存在形式

食品湿物料中水分有3种存在形式，即化学结合水、物理化学结合水和机械结合水。化学结合水主要包括结晶水，结合强度大，故难以去除。物理化学结合水包括吸附结合水、结构结合水及渗透压结合水，吸附结合水与物料的结合力最强。机械结合水是食品湿物料内的毛细管（或孔隙）中保留和吸着的水分，以及物料外表面附着的润湿水分。食品湿物料在干燥中所除去的水分主要是机械结合水和部分物理化学结合水。

2）食品物料水分含量的表示方法

食品水分又称为食品含水率，水分含量的表示有干基水分和湿基水分两种。

（1）干基水分　以不变的干物质为基准，指湿物料中水分与干物质质量的百分比。

（2）湿基水分　以湿物料为基准，指湿物料中水分占总质量的百分比。

3. 湿物料中水分的活度

湿物料中水分的活度对干燥速率有决定性作用。水分活度（water activity，Aw）是指物料表面水分的蒸汽压与相同温度下纯水的饱和蒸汽压之比。

物料中自由水的蒸汽压与同温度纯水的蒸汽压接近，所以它的水分活度接近于1。对于理想的结合力为无限大的水分，其蒸汽压可假设为0，所以它的水分活度趋近于0。实际上食品物料中水与固相的结合力不同，它们的水分活度为0～1。

食品中水分的活度直接关系食品的保藏性。通常当水分活度大于0.95时，微生物繁殖很快，而当水分活度低于此值时，微生物的繁殖明显受到抑制。一般认为，当水分活度等于或低于0.7时，微生物的繁殖及其生命活动几乎停止。

4. 干燥介质的特性

在食品干燥生产中，从湿物料中除去水分通常采用热空气为干燥介质，干燥过程中热空气既是载热体，又是载湿体。湿空气中的水蒸气量不断发生变化，而绝干空气的质量恒定。为计算方便，湿空气的各项参数均以单位质量的绝干空气为基准。

空气中的水分含量用湿度来表示，即绝对湿度和相对湿度。绝对湿度是指单位质量绝干空气中所含的水蒸气的质量。相对湿度是指在一定的总压下，湿空气中水蒸气分压与同温度下纯水的饱和蒸汽压之比。

5. 食品物料与干燥介质间的平衡关系

由于物料表面的水蒸气分压与介质的水蒸气分压的压差作用，两相之间的水分不断地进行传递，经过一段时间后，物料表面的水蒸气分压与空气中的水蒸气分压将会相等，物料与空气之间的水分达到动态平衡，此时物料中所含的水分为该介质条件下物料的平衡水分。

6. 干燥过程中的传热与传质

食品物料的干燥过程是热量传递和质量传递同时存在的过程，伴随着传热、传质，物料达到干燥的目的。热量和质量是通过物料内部和外部传递来实现的。

1）物料外部的传热与传质

无论何种干燥方式，干燥介质均围绕在物料周围，在靠近物料的表面形成所谓的界面层。这是因为在介质气流中心，气流速度是均匀的，速度梯度等于零，而在物料的表面，气体与物料表面的摩擦造成了在离表面某一相当小的距离上流速降低，产生速度梯度，即与表面距离越小，气流速度越低。气流速度梯度的方向由物料表面指向介质气流。界面层中，由于存在速度梯度，在距表面不同的距离处形成不同的温度差，即出现温度梯度，温度梯度与速度梯度的方向一致。温度梯度还受介质导热性的影响。在界面层中还同时存在气体湿含量梯度，该湿含量梯度的方向与速度梯度和温度梯度方向相反。

2）物料内部的传热与传质

物料干燥过程中，加热介质将热量传给物料表面，使其温度升高，表面水分吸收热量后动能增加，最后蒸发而脱离物料表面。

3）干燥过程的控制

合理地处理好物料内外部的传热与传质的关系能有效地控制干燥过程的进行。干燥的目的在于除去物料中的水分，而物料中的水分首先需要通过物料内部扩散至物料表面，然后再由物料表面气化脱除，所以表面气化与内部扩散的速率共同决定了干燥的速率。

当表面气化速率小于内部扩散速率时，因物料表面有足够的水分，物料表面的温度就可近似认为是干燥介质的湿球温度，水分的气化也可认为是近于纯水表面的气化，这时提高介质温度，降低介质湿度，改善介质与物料之间的流动和接触状况都有利于提高干燥速率。这种情况常出现在干燥初期。

当表面气化速率大于内部扩散速率时，物料的干燥受内部扩散速率的限制，水分无法及时到达表面，造成气化界面逐渐向内部移动，产生干燥层，造成内部扩散，较表面气化控制更为困难。要强化干燥速率就必须改善内部扩散因素。下列措施有利于提高干燥速率：①减少料层厚度；②使物料堆积疏松；③采用接触加热和微波加热，使深层料温高于表面料温，温度与湿度梯度同向加快内部水分的扩散。

二、干燥过程中食品物料的主要变化

1. 物理状态的变化

（1）干缩　任何脱水过程几乎都会造成物料的收缩现象，原因在于水的去除使物料的内压（膨胀压）降低。在理想的干燥过程中，物料发生的干缩应为线性收缩，即物料大小（长度、面积和体积）均匀地按比例缩小。实际上，食品物料的内部环境十分复杂，各个部位、各个方向的膨胀压，外界干燥环境，不同食品物料都可造成干缩差异。

（2）表面硬化　物料表面硬化的原因主要有两个方面：一是食品干燥过程中，物料内部的溶质随水分向物料表面不断移动，即在表面积累产生结晶硬化现象；二是干燥初期，食品物料与介质间温差和湿度差过大，致使物料表面温度急骤升高，水分蒸发过于强烈，而使物料表面迅速达到绝干状态，形成一层干燥的薄膜，造成物料表面的硬化。

（3）物料内部多孔性的形成　由于物料中的水分在干燥进程中被去除，原来被水分所占据的空间由空气填充而成为空穴，干制品组织内部就形成一定的孔隙而具有多孔性。

2. 化学性质的变化

（1）蛋白质的变化　通常食品物料较长时间暴露在71℃以上的热空气中，对蛋白质有一定破坏作用。

（2）脂肪的变化　脱水过程中，食品物料中的油脂极易发生氧化，干燥温度升高，脂肪氧化严重。

（3）维生素的变化　高温对食品物料中的维生素均有不同程度的破坏。

（4）食品色泽的改变　由于高温作用，在物料干燥过程中，食品原有的色泽发生变化。

三、食品干燥方法

食品按干燥方式可分为间歇式和连续式，按操作压力可分为常压干燥和真空干燥，按工作原理可分为对流干燥、接触干燥、冷冻干燥和辐射干燥。

1. 对流干燥

对流干燥即热风干燥，热量以对流的方式传递给湿物料，使食品物料中的水分气化，达到干燥的目的。一般以热空气为传热介质。对流干燥主要有下列几种。

（1）自然干燥　把物料暴露于阳光和空气中，使水分在空气自然对流中向空气扩散，达到干燥目的。

（2）箱式干燥　把物料放入四壁、顶及底部都封有绝热材料的框架结构内，通过间接加热或热风对流加热达到干燥目的。

（3）流化床干燥　又称沸腾床干燥，它是流态化原理在干燥器中的应用。

（4）气流干燥　是一种连续高效的固体流态化干燥方法。它是把湿物料送入热气流中，物料一边呈悬浮状态与气流并流输送，一边进行干燥。

（5）喷雾干燥　将溶液、浆液或微粒的悬浮液在热风中喷雾成细小的液滴，在其下落过程中，水分迅速气化而成为粉末状或颗粒状的产品。

2. 接触干燥

被干燥物料与加热面处于密切接触状态，蒸发水分的能量通过传导方式进行的干燥称为接触干燥。接触干燥多为间壁传热，干燥介质可用蒸汽、热油或其他载热体。接触干燥仅适用于液状、胶状、膏状和糊状食品物料的干燥。典型的接触干燥器是滚筒干燥器。

3. 冷冻干燥

冷冻干燥是一种特殊形式的真空干燥方法。冷冻干燥，物料水分是在固态下即从冰晶体直接升华成水蒸气，又称为升华干燥。冷冻干燥保留了真空干燥在低温和缺氧状态下干燥的优点，可以在不同程度上避免物料干燥时受到的热损害和氧化损害，以及水分在液态下气化使物料发生收缩和失形，因而冷冻干燥后的食品能够最大程度保持原有的物理、化学、生物学和感官性质不变。加水复原后，可恢复到原有的形状和结构，且可长期保藏。

4. 辐射干燥

热量通过电磁波的形式由辐射加热器传递给食品材料表面，再通过材料自身的热量传递，使内部的水分气化，达到干燥的目的。辐射干燥除了脱水作用，还有杀菌的作用，是干燥热敏性食品、易氧化食品的有效方法。食品物料吸收、反射辐射线和被辐射线透过的能力与食品物料的性质、种类、表面状况及射线的波长等因素有关，根据选用波长的不同，辐射干燥有红外线干燥和微波干燥等方法。

第三节　食品的浓缩原理

浓缩是从溶液中除去部分溶剂的单元操作，是溶质和溶剂部分分离的过程。浓缩方法从原理上可分为平衡浓缩和非平衡浓缩两种物理方法。平衡浓缩是利用两相在分配上的某种差异而获得溶质和溶剂分离的方法，蒸发、结晶和冷冻浓缩即属此法。

食品浓缩的目的有：除去食品中的大量水分，提高制品浓度，作为干燥或更完全脱水的预处理过程，作为结晶操作的预处理过程。

一、蒸发

蒸发是食品工业中应用最为广泛的浓缩方法之一。蒸发是利用溶质和溶剂挥发度的差异，通过加入热能的方法使溶剂气化，而溶质不挥发，从而达到分离的目的。

使含有不挥发溶质的溶液沸腾气化并移出蒸汽，从而使溶液中溶质浓度提高的单元操作称为蒸发，所采用的设备称为蒸发器。由于供热一般采用水蒸气加热方式，故蒸发生成的蒸汽常称为二次蒸汽，排除二次蒸汽的最常用的方法是将其冷凝。若将二次蒸汽直接冷凝，而不利用其冷凝热的操作称为单效蒸发。若将二次蒸汽引用到下一蒸发器作为加热蒸气，以利用其冷凝热，这种串联蒸发操作称为多效蒸发。

工业上的蒸发操作经常在减压下进行，这种操作称为真空蒸发。真空蒸发有以下几个特点：①减压下溶液的沸点下降，有利于处理热敏性物料，且可利用低压强的蒸汽或废蒸汽作为热源。②溶液的沸点随所处的压强减少而降低，故对相同压强的加热蒸汽而言，当溶液处于减压时可以提高总传热温差，但与此同时，溶液的黏度加大，所以总传热系数下降。③真空蒸发系统要求有减压装置，使系统的投资费用和操作费用提高。

二、结晶

结晶是从液相或气相生成形状一定、分子（或原子、离子）有规则排列的晶体的现象。与其他分离的单元操作相比，结晶过程具有如下特点：①能从杂质含量相当多的溶液或多组分的熔融混合物中产生纯净的晶体；②能耗少，操作温度低，有利于环境保护；③结晶产品包装、运输、贮存或使用都很方便。

1. 基本概念

（1）晶体的性状　晶体是内部结构中的质点作三维有序规则排列的固态物质。如果晶体成长环境良好，则可形成有规则的多面体外形，称为结晶多面体，该多面体的表面称为晶面。

（2）晶体的几何结构　构成晶体的微观质点在晶体所占有的空间中按三维空间点阵规律排列，各质点间有力的作用，使质点得以维持在固定的平衡位置，彼此之间保持一定距离，晶体的这种空间结构称为晶格。晶体按其晶格结构可分为 7 个晶系，如图 4-2 所示，图中虚线为晶轴。对于一种晶体物质，可以属于某一种晶系，亦可能是两种晶系的过渡体。

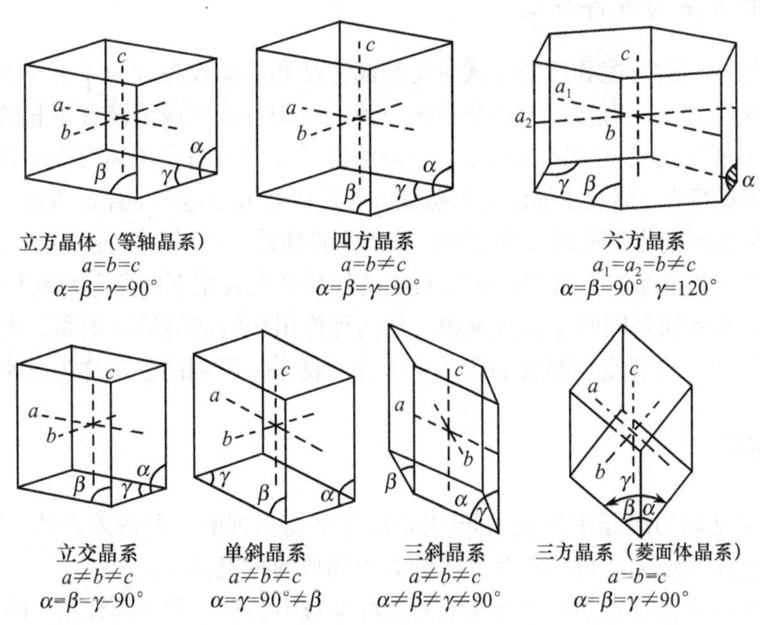

图 4-2　7 种晶系结构示意图

（3）晶体的粒度分布　粒度分布是晶体产品的一个重要的质量指标，它是指不同粒度的晶体质量与粒度的分布关系。通常通过筛分法加以测定。

（4）相平衡与溶解度　向恒温溶剂中加入溶解性固体溶质，当固体溶质溶解与析出的量相等时，既无溶解也无析出，此时固体与其溶液达到相平衡。这时溶液中的溶质浓度称为该溶质的溶解度或饱和浓度，该溶液称为该溶质的饱和溶液。溶解度在结晶操作中常用单位质量溶剂中溶质的质量表示（如 g/100g）。

（5）过饱和溶液与介稳态　溶液含有超过饱和量的溶质，则称为过饱和溶液。同一温度下，过饱和溶液与饱和溶液的浓度差称为过饱和度。过饱和溶液在热力学上是不稳定的。但是如果不去扰动它，任其保持平静状态，则它可在一个相当长的时间内保持过饱和状态而不变，这种状态称为介稳态。

2. 结晶过程

1）晶核的形成　晶核是过饱和溶液中新生成的微小晶体粒子，是晶体成长过程必不可少的核心。在没有晶体存在的条件下自发产生晶核的过程称为初级成核，在已有晶体存在的条件下产生晶核的过程称为二次成核，目前人们普遍认为二次成核的机理主要是流体剪应力成核及接触成核。

2）晶体的成长　在过饱和溶液中已有晶体形成或加入晶体后，以过饱和度为推动力，溶质质点会继续一层层地在晶体表面有序排列，晶体将不断长大，这个过程称为晶体成长。晶体成长过程由下列 3 个步骤组成：①待结晶溶质借扩散作用穿过靠近晶体表面的静止液层，从溶液中转移至晶体表面；②到达晶体表面的溶质嵌入晶面，使晶体长大，同时放出结晶热；③放出来的结晶热传导至溶液中。

3. 结晶方法与设备分类

按在溶液中产生过饱和度的方式可将结晶方法和结晶设备分为以下 3 大类。

（1）直接冷却法　直接冷却法是指用单纯的冷却方式造成溶液过饱和的结晶方法。此法适用于溶解度随温度的降低而显著下降的物系。所用的设备称为冷却式结晶器。

（2）蒸发浓缩法　蒸发浓缩法是以蒸发方式造成溶液过饱和的结晶方法。适用于溶解度随温度的降低而变化不大或具有逆溶解度特性的物系。所用的设备称为蒸发式结晶器。

（3）真空冷却结晶法　真空冷却结晶法是使溶剂在真空下闪急蒸发而使溶液绝热冷却的结晶法。其实质是同时结合蒸发和冷却两种作用来造成溶液过饱和。此法适用于具有正溶解度特性而溶解度随温度的变化率中等的物系。所用的设备称为真空式结晶器。

三、冷冻浓缩

冷冻浓缩是利用冰与水溶液之间的固-液相平衡原理的一种浓缩方法。冷冻浓缩适用于热敏性食品的浓缩，可防止食品中的芳香物质的挥发损失。

冷冻浓缩的主要缺点是：①冷冻浓缩过程本身不具有杀菌灭酶作用，因此浓缩制品必须冻藏或再加热处理，才能保存；②采用这种方法制品的浓度不仅受低共熔浓度限制也受冰晶与浓缩液分离的难易程度影响，一般浓度越高，黏度越大，分离就越困难；③浓缩过程会造成不可避免的溶质损失，且成本高。

1. 冷冻浓缩操作原理

1）冷冻浓缩操作中的相平衡

冷冻浓缩操作涉及液-固系统的相平衡，图 4-3 为液-固系统相平衡图，其纵坐标为物系的温度，横坐标为溶质的浓度（质量分数，%），图上任一点都表示物系的某一状态。

图 4-3 中 *DE* 线称冰点曲线或冻结曲线，*FE* 线称为溶解度曲线，*E* 点称低共熔点或低共晶点。*DEF* 线上方区域为溶液区域，即液相区；*DE* 线以下为冰与溶液两相共存区，而 *EF* 线以下为固体溶质与溶液两相共存区域。现讨论浓度为 C_A、温度为 T 的溶液 1。当其温度下降时，例如，温度达到 T_A，A 点状态由(C_A,T_A)表达，这时即有冰晶出现，T_A 为其冰点。温度再继续下降至 T_B 时，温差(T_A-T_B)称为溶液的过冷度，过冷溶液分成两部分，一部分是冰晶 Z$(0,T_A)$，另一部分是溶液 B(C_B,T_B)，此时 $C_B>C_A$。并且冰晶 Z 与溶液 B 达到相平衡状态，此两平衡相的量之比，即冰晶量与浓缩液量之比符合杠杆定理，从而可计算冷冻浓缩操作中冰晶量与浓缩液量。当温度降至 T_E 时，与冰晶成平衡的溶液为 *E* 点表示的溶液，称低共熔溶液或低共晶溶液，其相应浓度称低共熔浓度或低共晶浓度。从这个过程可见，当溶液浓度低于低共熔浓度时，冷却的结果是溶液中的水分以冰晶形式析出，而随着水以冰晶形式的析出，余下溶液的浓度提高了，即溶液得到了浓缩，此即冷冻浓缩的原理。

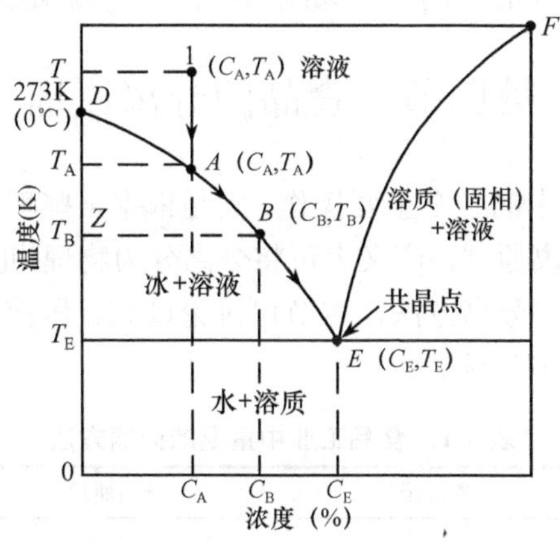

图 4-3　液-固系统相平衡图

理论上，冷冻浓缩过程可进行至低共熔点，浓缩液最高浓度可达低共熔浓度。但实际上，多数液体食品没有明显的低共熔点，而且在远未到达此点之前，浓缩液的黏度已经很高，此时晶核形成、晶体成长及冰晶浓缩液的分离已很困难，甚至已不可能，所以冷冻浓缩在实践上其浓缩程度是有很大限度的。

2）冷冻浓缩中的结晶过程

冷冻浓缩的结晶指的是溶剂结晶，晶体和结晶热必须除去，才能使冷冻浓缩过程继续进行，故可利用一些管式、板式的热交换器和真空结晶器、内冷转鼓式结晶器、带式冷却结晶器等各种设备。

一般冷冻过程的结晶有两种形式：一种是层状冻结，另一种是悬浮冻结。层状冻结也称规则冻结，是一种单向冻结，在管式、板式等中进行。一般为针状或棒状。悬浮冻结是在受搅拌的冰晶悬浮液中进行的。悬浮冻结如果是在连续操作的结晶器内进行，则产生的晶体粒度与溶液浓度、溶液主体过冷度、晶体在结晶器内的停留时间等因素有关。

3）冰晶-浓缩液的分离

冰晶-浓缩液分离的原理主要是悬浮液过滤的原理。分离的操作方式可以是间歇式或连续式。分离设备有压滤机、过滤式离心机、洗涤塔及由这些设备组合而成的分离装置。

对于冰晶-浓缩液的过滤分离，过滤床层为冰晶床，滤液即为浓缩液，浓缩液透过冰床的流动为层流。

2. 冷冻浓缩方式

1）直接接触冷冻　冷冻溶液产生冰晶最简单和最有效的一种方法是让制冷剂在食品内直接气化。制冷剂直接接触所引起的制冷效果会促使冰晶形成。另一种方法是采用高真空使食品中的部分水分气化，从而产生进一步的冷冻作用，并使冰结晶加快。

2）间接接触冷冻　为了保持食品原有的风味和香味，热量必须是通过外部制冷机除去。通常制冷剂在金属壁的一侧气化或流动，使另一侧或热交换表面的食品冷冻。

第四节　食品的分离原理

分离过程是食品加工中的一个主要操作，它是依据某些理化原理将一种中间产品中的不同组分分离。根据分离原理，广义上可将分离分为物理/机械分离或扩散/平衡分离。表 4-1 为食品工业中重要的分离方法，本节仅讨论过滤、压榨、吸附等几种分离方法，其他分离方法在本章其他节讨论。

表 4-1　食品工业中重要的分离方法

分离方法	分离因子	分离原理	举例
机械分离			
沉降	重力	密度差	水处理
离心	离心力	密度差	油精制、牛乳脱脂
旋风分离	惯性流动力	密度差	喷雾干燥
过滤	过滤介质	粒子大小	除菌、果汁澄清
压榨	机械力	压力下液体流动	油脂生产
平衡分离			
蒸发	热	蒸汽压差	液体浓缩
蒸馏	热	蒸汽压差	芳香回收
结晶	冷却或蒸发	溶解度或熔点	糖精制、冻结产品
干燥	热	水蒸发	食品脱水
冷冻干燥	热	冻结/升华	食品干燥

续表

分离方法	分离因子	分离原理	举例
反渗透	压力/膜	膜渗透性	果汁浓缩
超滤	压力/膜	膜渗透性	乳清粉生产
汽提	非挥发气体（蒸汽）	溶解度差	油脂脱臭
浸提	溶剂	有择溶解度	油提取、蔗糖油提
吸附	固体吸附剂	吸附势	油脂脱色
离子交换	固体树脂	离子亲和力	乳清脱盐、水软化

一、过滤

1. 过滤的基本概念

过滤是以某种多孔物质为介质，在外力作用下使连续相流体通过介质的孔道，而分散相颗粒被截留，从而实现分离的操作。其中多孔介质称为过滤介质，被过滤的悬浮液称为滤浆，滤浆过滤后得到的固体称为滤饼，澄清液体称为滤液。饼层过滤和深床过滤是两种不同的过滤方式。饼层过滤时，滤饼沉积于过滤介质上，形成滤饼层。深床过滤时，固体颗粒并不形成滤饼，由于颗粒尺寸小于介质的孔径，故粒子沉积于粒状介质内部。

2. 操作原理

过滤就是将物料通过过滤介质，留下一定大小的粒子，如图 4-4 所示。过滤与其他膜分离（超滤和反渗透）的区别在于被分离粒子的大小，通常过滤的粒子大小为 0.1μm 或更大。含有固体分散体的液体透过过滤介质，过滤器保留固体粒子，液体通过。

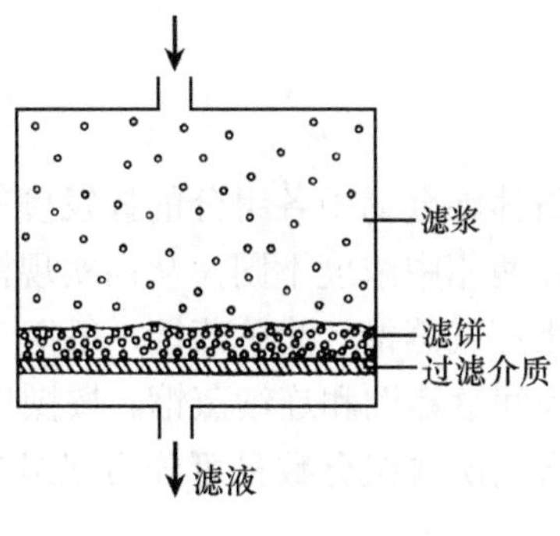

图 4-4　过滤示意图

3. 过滤的应用

过滤被广泛应用于食品加工中。通常过滤用于澄清像果汁或植物油一类的液体食品，或从空气或流体食品中除去微生物和从液相中分离出固体。

二、压榨

压榨是通过机械压缩力将液相从液-固两相混合物中分离出来的一种单元操作，在压榨过程中液相流出而固相截留在压榨面之间。

1. 压榨理论

压榨的基本原理是将物料置于两个表面（平面、圆柱面或螺旋面）之间，对物料施加压力使液体分离释出。释出的液体透过物料内部空隙流向自由边缘或表面。

压榨操作的基本方法：①利用两个平面，其中一个固定不动，另一个靠所施的压力而移动。②利用一个多孔的圆筒表面和另一个螺距逐渐减少的旋转螺旋面之间的空间进行压榨。③利用旋转辊子之间的空间进行压榨，并备有分别排出液体、固体的装置，辊子表面需要适当地刻出沟槽。

2. 压榨的应用

压榨的一个潜在应用是半固体食品在加热干燥前预先被机械脱水。压榨技术在食品加工中的一个基本应用是从种子中榨油。另一个应用是压榨水果生产果汁。

三、离心

离心分离是利用离心惯性力实现物料中固-液或液-液两相间及液-液-固三相间的分离，在食品工业上经常碰到的是液-固相（悬浮液）或液-液相（乳浊液）的分离。实现离心分离的专用设备称为离心机。

离心分离在食品加工中的应用：从牛奶中分离奶油和植物油的精炼，以及啤酒工业、鱼蛋白浓缩物加工和从果汁中除去细胞碎片。

四、蒸馏

蒸馏分离的基础是根据液体混合物中各组分的挥发度差异，通过加热的方法使混合物形成气、液两相，各组分在两相中浓度不同，从而实现混合物的分离。

蒸馏按操作原理可分为水蒸气蒸馏、简单蒸馏、平衡蒸馏、精馏、分子蒸馏和各种特殊蒸馏。按操作方式可分为间歇蒸馏和连续蒸馏。按操作压强可分为常压蒸馏、加压蒸馏和真空蒸馏。按液体混合物所含组分数目可分为双组分蒸馏和多组分蒸馏。

1. 水蒸气蒸馏

水蒸气蒸馏是与液体混合物蒸汽压有关的一种特殊蒸馏方法。水蒸气蒸馏可避免热敏性物料在高温下的分解、破坏。在食品工业中，水蒸气蒸馏主要用于食用油和奶油在真空下的脱臭等。

2. 平衡蒸馏

将一定组分的液体加热至泡点以上，使其部分气化，或将一定组分的蒸汽冷却至露点以下，使其部分冷凝，便形成气-液两相，两相达到平衡，然后将两相分离。此过程的结果是易挥发组分在气相中富集，难挥发组分在液相中富集。这一过程称为平衡蒸发。

3. 分子蒸馏

分子蒸馏原理是基于在一定温度和真空度下不同物质的分子有平均自由程差异。分子蒸馏的特点在于真空度高、蒸馏温度低于常规的真空蒸馏且物料受热时间短，极好地保护了热敏性物质的品质，并具有分离程度高等优点。

五、吸收

通过将一种组分选择性吸收或溶解到液体中来除去蒸汽相中的少量杂质，被称为吸收。例如，除去空气中的氨或硫化氢通常就用这种方法。相反的过程是通过选择性吸收到气流中来除去液相中的杂质，即汽提。在食品加工中，汽提用于植物油的脱臭。

吸收或汽提的推动力是杂质化合物在液相和气相中的浓度差。在吸收中，杂质迁移到液相中直至达到平衡，而在汽提中，杂质迁移到气相中达到平衡。

六、提取

当固态原料中的一种组分被溶解在液体溶剂中时，这种组分就被提取，该过程称为浸提或固-液抽提。固-液提取依据的基本原理是固-液之间存在的浓度差，它引起分子从一处扩散到另一处。

浸提在食品工业中应用广泛，如从细粉状咖啡豆或茶叶中酿制咖啡和茶，从花生和种仁（大豆、葵花籽、棉籽等）中用有机溶剂提取植物油等。

七、吸附

1. 基本概念

吸附属于传质分离过程，是使气体或液体流动相与多孔固体颗粒相接触，使流动相中一种或多种组分被吸附于固体表面，以达到分离的操作。其中，具有吸附能力的固体颗粒相称为吸附剂，流动相中被吸附的组分称为吸附质。

根据流动相的不同，可将吸附分为液体吸附和固体吸附，在食品工业中用到的主要是液体吸附。若吸附剂与吸附质之间的作用力仅为分子间的引力，该吸附称为物理吸附或范德瓦耳斯力吸附。若吸附剂与吸附质之间的作用力为化学力，即两者已进行化学反应生成了某种物质，这种吸附称为活性吸附。

2. 常用吸附剂及其性能

工业上使用的吸附剂多为单位比表面积很大的多孔固体颗粒。食品工业中常用的吸附剂如下。

（1）活性炭　将木材、核桃壳等植物性原料和骨骼等动物性原料，除去挥发性物质和树胶物质，再经活化处理，即可得到活性炭。

（2）活性白土　将白土用酸或其他方法处理后，提高白土活性，即可制得活性白土。活性白土主要用于油脂精炼中的脱色。

（3）硅胶　硅胶是一种由氧化硅聚合物的微球堆积而成的多孔体。碳酸钠水溶液经酸处理生成凝胶，后经水洗、干燥便可制得硅胶。它属于极性吸附剂，易吸附极性物质如水、甲醇等，因此常被用作干燥剂。

（4）分子筛　将合成沸石经煅烧除去结晶水后即可制得分子筛。其具有极高的选择性，可用于分离沸点非常接近但分子大小有差异的混合物。

（5）吸附树脂　吸附树脂是一些带功能团或不带功能团的有机高分子化合物的聚合物，其物化性能稳定，品种繁多，再生容易，吸附性好，但价格昂贵。

（6）新型材料 NSUL-1　本产品具有比表面积大、吸附力强、耐磨强度高、使用安全、简便经济、过滤速度快等特性，是各种含油污水处理的理想材料。

（7）新型材料 NSUL-2　本产品以植物为主要成分，通过一系列先进的工艺精制而成。该产品能吸附多种重金属，适应浓度范围广泛。

食品工业对吸附剂的性能要求主要有：静活性要大，即单位质量的吸附剂所能吸附的物质的量要大，对不同溶质的选择吸附作用要好。影响吸附剂性能的主要因素有：比表面积、堆密度和再生温度等。

八、离子交换

离子交换过程是一种特殊的吸附过程，但又不同于吸附，离子交换是一个化学过程。在食品工业生产中离子交换是分离提纯某些产品的一种单元操作技术。其中，提供可交换离子的不溶性固体称为离子交换剂，可交换阳离子的交换剂称为阳离子交换剂，可交换阴离子的交换剂称为阴离子交换剂。

根据带电基因的性质将离子交换剂分为有机离子交换剂和无机离子交换剂两大类。无机离子交换剂以沸石最具代表性。有机离子交换剂可分为碳质和有机合成离子交换剂两类，碳质离子交换剂主要是磺化煤。有机合成离子交换剂又称为离子交换树脂，是目前应用最多的一种离子交换剂。

离子交换树脂是一种带有活性基团的不溶性高分子化合物，它由两部分组成：①离子交换剂本体。它是由高分子化合物和交联剂组成的高分子共聚化合物，其中交联剂的作用是使高分子化合物聚合形成一定网状结构的不溶性固体。②活性基团。它是与离子交换剂本体连接的官能团，其上带有可游离的离子称为反离子，如活性基团—SO_3H，其中 H^+是可游离的阳离子，即反离子，而—SO_3^- 则和交换剂本体联结在一起形成大分子带电基团。

离子交换树脂可根据活性基团的性质，分为阳离子交换树脂和阴离子交换树脂两类，每一类根据其不同的交换性能又可分为强型和弱型离子交换剂两种。根据树脂的物理结构，离子交换树脂又可分为凝胶型和大孔型两类。

第五节　食品的粉碎与筛分原理

一、食品的粉碎

1. 基本概念

“粉碎”是固体物料尺寸由大变小过程的总称，是利用机械力来克服固体物料内部凝聚力使之破碎成符合要求的小颗粒的单元操作，它包括“破碎”和“粉磨”。“破碎”是指由大料块变成小料块的过程，包括粗碎和中碎；粉磨则是指由小料块变成细粉体的过程，也称为磨碎或研磨，包括微粉碎和超微粉碎。物料颗粒的大小称为粒度，它是粉碎程度的代表性尺寸。

根据被粉碎物料和成品粒度的大小，粉碎可分为粗粉碎、中粉碎、微粉碎和超微粉碎4种。

（1）粗粉碎　原料粒度为40～1500mm，成品粒度为5～50mm。

（2）中粉碎　原料粒度为10～100mm，成品粒度为5～10mm。

（3）微粉碎（细粉碎）　原料粒度为5～10mm，成品粒度为100μm以下。

（4）超微粉碎（超细粉碎）　原料粒度为0.5～5mm，成品粒度为10～25μm。

粉碎前后的粒度比称为粉碎比或粉碎度，它反映了粉碎前后粒度的变化，同时近似反映了粉碎设备的作业情况。一般粉碎设备的粉碎比为3～30，但超微粉碎设备可远远超出这个范围，达到300～1000及以上。对于一定性质的物料来说，粉碎比是确定粉碎作业程度、选择设备类型和尺寸的主要根据之一。

根据粉碎操作特点，粉碎可以分为干法和湿法两种方式。无论是干法粉碎还是湿法粉碎，其工艺流程均可以分为一级粉碎或多级粉碎。就粉碎单元作业（一级超微粉碎）而言，又大体有如图4-5所示的几种类型。

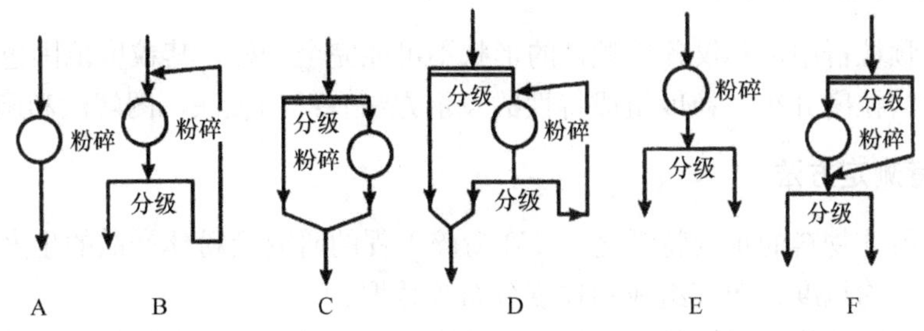

图4-5　超微粉碎工艺类型

A. 开路粉碎；B. 闭路粉碎；C. 带预先分级的开路粉碎；
D. 带预先分级的闭路粉碎；E. 带最终分级的开路粉碎；F. 带预先分级和最终分级的开路粉碎

2. 粉碎的理论

1）粉碎机械的施力作用

粉碎过程就是粉碎设备的粉碎工具（如齿板、锤头、钢球等）或产生的高速气流对物料施力使其粉碎的过程。物料被粉碎时所受到的作用力可归纳为挤压力、冲击力和剪切力（摩擦力）3种。粉碎机械对物料的施力作用很复杂，多数情况是若干种施力作用同时存在。根据施力种类的不同，物料粉碎可分为压碎、劈碎、切断、磨碎和冲击破碎等基本形式。

2）物料的力学性质

由粉碎过程的力学原理可知，结构不同的物料在力学性质上存在差异，理论上的破碎强度不同，粉碎时的阻力也不同。因而，欲达到相同的粉碎度，就要根据物料的应变与应力关系及极限应力的不同，选择适当的粉碎方式和粉碎设备。物料的力学性质包括以下4个方面。

（1）硬度　是根据物料弹性模量大小划分的性质，有硬软之分。硬度越高物料抵抗弹性变形的能力越大。

（2）强度　是根据物料弹性极限应力的大小来划分的性质，有强与弱之分，强的材料抵抗塑变的能力大。

（3）脆度　是根据物料塑变区域长短来划分的性质，有脆性与塑性之分。

（4）韧性　是一种抵抗物料裂缝扩展能力的特性，韧性越大，则裂缝末端的应力集中就越容易得到缓解。

一般来说，硬度高、脆性小、韧性大的物料，其强度和粉碎时的阻力往往也较大。选择粉碎方法时，须以物料的力学性质与所要达到的粉碎度为依据，对于特别坚硬的物料用挤压和冲击很有效，对于韧性物料用研磨和剪切较好，而对于脆性物料则以劈裂、冲击为宜。

3. 粒度分布与测定

在粉碎工程中，物料的粒度和粒度特性的定性与定量的描述是一项基本内容。

1）颗粒群的粒度分布

在任何颗粒群中，不仅各单颗粒的形状不可能完全一样，其粒度范围也相当宽，常显示出一定的粒度分布。粒度组成特性的表示方法有：列表法、图解法和函数法。

2）粒度测定方法

粒度是粉体物料的重要特性之一，在粉碎工程的研究及粉体产品的生产中，常常要用到物料的平均粒度、粒度组成和粒度分布等数据。

用来测定固体物质粒度的方法很多，最简单的也是最早且应用最广的是筛分法。筛分分析有一定的局限性。传统的丝织筛的筛分结果受颗粒的形状影响较大，且一般认为筛析的分析下限是0.038mm。近年来，科学技术的迅猛发展为粉体粒度的测定提供了许多新的方法和仪器，如沉降法、显微镜法、库尔特颗粒计数仪等，用于测定比表面积的透过法和吸附法等。这些测定方法的基本原理、适用范围和特点如表 4-2 所示。

表 4-2　粉体物料粒度测定方法

方法或仪器名称		基本原理	测定范围（μm）	特点
丝网筛		通过一组筛子将样品分级，称重各粒级，可得粒度质量累积分布	38～1000	方法简单、快速，可得平均粒径和粒度分布，分干法和湿法两种筛分法
电沉积筛		物料通过电成型的微孔筛将样品分级	5～56	近年来开始在工程技术上使用的一种新型筛析仪器
重力沉降	移液管法	分散在沉降介质中的样品颗粒，其沉降速度是颗粒大小的函数，通过测定分散体因颗粒沉降而发生的浓度变化，测定颗粒大小和粒度分布	1～100	仪器便宜、方法简单，安德逊移液管法应用很广。缺点是测定时间长，分析、计算的工作量大
	比重计法（密度计法）	利用比重（密度）计在一定位置所示悬浊液比重（密度）随时间的变化测定粒度分布	1～100	测量范围广、准确度高、操作简便、价格低廉，适用于绝大多数液体密度的测量
	浊度法	利用光透过法或 X 射线透过法测定因分散体浓度变化引起的浊度的变化，测定样品的粒度分布	0.1～100	自动测定，数据不需处理便可得到分布曲线，可用于在线粒度分析
	天平法	通过测定已沉降下来的颗粒的累积质量测定粒度分布	0.1～150	自动测定和自动记录，但仪器较贵，测定小颗粒，误差较大
离心沉降		在离心力场中，颗粒沉降也服从斯托克斯定理，利用圆盘离心机使颗粒沉降，测定分散体的浓度变化；或者使样品在空气介质离心力场中分级，从而得到粒度分布	0.01～30	测定速度快，是超微粉体颗粒的基本粒度测定方法之一，可得到颗粒大小和粒度分布，是较先进的测定方法之一，用途广泛
库尔特颗粒计数仪		悬浮在电解液中的颗粒，通过一小孔时，排出了一部分电解液而使液体电阻发生变化，这种变化是颗粒大小的函数，电子仪器自动记录下粒度分布	0.4～200	速度快、精度高、统计性好，完全自动化，近年来应用较广，可得到颗粒粒度和粒度分布
激光粒度分析仪		根据夫琅禾费衍射原理测定颗粒粒度和粒度分布	2～176	自动化程度高、操作简单、测定速度快、重复性好，可用于在线粒度分析
显微镜	光学显微镜	把样品分散在一定的分散液中制取制片，测颗粒影像，将所测颗粒按大小分级，便可求出以颗粒个数为基准的粒度分布	1～100	直观性好，可观察颗粒形状，但分析的准确性受操作人员主观因素影响程度大
	扫描和透射电子显微镜	与光学显微镜方法相似。用电子束代替光源，用磁铁代替玻璃透镜。颗粒用显微镜照片显示出来	0.001～10	测定亚微米颗粒、粒度分布和颗粒形状的最基本方法，广泛用于科学研究，仪器昂贵，需专人操作
透过法		把样品压实，通过测定空气流通过样品着床时的阻力，用柯增尼-卡曼理论计算样品的比表面积，引入形状系数，可换算成平均粒径	0.01～100	仪器简单、测定迅速、再现性好，但不能测定粒度分布数据。另外，测定时样品一定要压实
BET 法		根据 BET 吸附方程式，用测定的气体吸附量求比表面积，引入形状因素，可换算成平均粒径	0.003～3	这是常用的比表面积测定法，再现性好、精度较高，但数据处理较复杂

二、筛分与筛析

1. 基本概念

筛分是利用筛分器（或简称筛子）将粒度不同的固体颗粒混合物分离成若干部分的单元操作。在筛分过程中，通过筛孔的物料称为筛过物，未能通过的称为筛留物。在工业上，常用筛分法将粒状或粉状物料按规定的粒度范围相分离。除此之外，还通过利用筛孔大小不同的一套筛子进行粒度分级，测定和分析粉碎产物的粒度组成特性，即进行过筛分析（简称筛析）。

标准筛：筛分操作所用设备的工作面是筛面。筛面结构有格子筛（又称栅筛）、板筛（又称筛板）、编织筛（又称网筛）等多种。

世界上比较通行的泰勒标准（Tyler standard）筛，筛号即为筛网上每英寸（1 英寸=2.54cm）筛丝上的孔数，我国称为“目”数。它既规定了某一号筛的筛网上每英寸的孔数，又规定出其网线的直径，则每孔大小便固定下来。筛分机械方面的影响因素有：空隙率、筛孔大小、筛孔形状、振动的幅度与频率、加料的均匀度、料速与料层厚度。

2. 筛分方法

根据物料性质及对筛析结果精度要求的不同，筛分分析有干法和湿法之分。如果对筛析的精确度要求不甚严格，通常直接进行干法筛析。如果物料含水较多、互相黏结时，采用干湿联合筛析法，才能得到比较精确的结果。筛分设备分为固定式和运动式两类，依筛面形状可将运动式分为滚筒筛和平面筛两种。

第六节　食品的搅拌混合、均质和乳化原理

在食品工业，常常需要将两种或两种以上不同物料互相混杂，使成分浓度达到一定程度的均匀性，这样的操作称为混合。

混合后的物料可以是均相的，也可以是非均相的。均相混合物的制取有可能不用搅拌而仅依靠分子扩散或分子扩散与自然对流相结合的方法，但非均相混合物的制取必须采用搅拌的方法。

在本节中，凡以液相为连续相，强调固相和可能共存的另外液相为分散质者，称为均质；凡以液相为连续相，分散质仅强调另一种液相者，称为乳化。

混合在食品工业中的应用目的可分两方面：首先是混合作为最终目的用于加工。例如，茶-咖啡混合物等的制作，属固-固混合；将某些成分如维生素等添加到液体食品中的操作则为固-液混合；而蛋黄酱等的制作则属液-液混合。其次，混合常作为吸附、浸出、溶解、结晶、离子交换等操作的辅助操作。

一、搅拌混合的基本理论

1. 基本概念

均匀度：指一种或几种组分的浓度或其他物理量如温度等的均匀性。

分离尺度：表示组分或热量这类可分散的“参量”的未分散部分的大小。

分离强度：表示两相邻团块间浓度、温度等参量的差异，同时也表示团块中的参量值与完全均匀后的参量平均值之间的差异。

2. 混合的机理

混合过程有 3 种机理：对流混合、扩散混合和剪切混合。对互不相溶组分的混合，

由于混合器运动部件表面对物料的相对运动，分离尺度逐渐降低，但因物料内部不存在分子扩散现象，故分离强度不可能降低，这种混合称对流混合。当混合物分离尺度小于某值以后，由于组分间接触面积的增加及扩散距离的缩短，大大增加了溶解扩散的速率，使混合物的分离强度不断下降，混合过程就变为以扩散为主的过程，称为扩散混合。分离尺度大时，多为对流混合，分离尺度小时，多为扩散混合。对高黏度流体的混合，既无明显的分子扩散现象，又难以造成良好的湍流以分割组分元素，这种情况下混合的主要机理是剪切。

二、均质

均质也称匀浆，是使悬浮液体系中的分散物质微粒化、均匀化的处理过程。这种处理同时起降低分散物尺度和提高分散物分布均匀性的作用。

均质是通过均质设备对物料的作用实现的，如高压均质机、胶体磨、超声波乳化器等都有均质功能。这些设备产生均质作用的本质是使料液中的分散物质（包括固体颗粒、液滴和细胞等）受流体力学上剪切作用而破碎。

均质化使食品成分微粒化只是获得稳定性的原因之一。均质处理的食品分散体系，在分散食物微粒化的过程中，可以及时地使其与周围分散介质中的某些物质结合，而形成更为稳定的体系。为了制取稳定的分散体系，往往在物料中加入其他助剂，如增电荷剂、增稠剂、乳化剂等。

按使用的能量类型和机构特点，均质机可分为旋转式和压力式两大类。旋转式均质设备由转子或转子-定子系统构成，它们直接将机械能传递给受处理的介质。胶体磨是典型的旋转式均质设备。此外，搅拌机、乳化磨也属于旋转式均质设备。压力式均质设备首先使液体介质获得高压能，这种高压能液体在通过均质设备的均质机构时，压能转化为动能，从而获得流体力的作用。

三、乳化

乳化是将两种通常不互溶的液体进行密切混合的一种特殊的液体混合操作，它包含着混合和均质化。一种液体以微小球滴或固型微粒子均匀分散在另一种液体之中，这种现象称为乳化，产品为乳化液。

食品工业上，大多数乳化液均为水与油的混合物，但也不是绝对的纯水和纯油的混合物。为了获得稳定的乳化液，必须添加第三种物质，这种能使分散相分散并能使乳化液稳定的物质称为乳化剂。

1. 乳化机理

将油和水搅拌时，由于剪切等作用，界面不断分裂，界面面积急剧增大，界面能形成极大的力，聚结的速度也急剧加快。

2. 影响乳化液稳定性的主要因素

乳化液在重力场或其他力场中，均多少具有不稳定的特性，即系统迟早会产生两相分层现象，亦即轻相上浮，重相下降。沉降速度是乳化液产生分层现象的直接原因。对于一定的系统，虽然静置时两相密度差和外相黏度不发生变化，而液滴的大小却因界面张力的作用而发生变化。因此，界面张力成为影响乳化液稳定性的间接因素，故乳化液是一种热力学上不稳定的系统。

影响乳化液稳定性的主要因素如下。

（1）液滴的大小　液滴的沉降速度与滴径的平方成正比。

（2）两相密度差　沉降速度与两相密度差成正比。

（3）黏度　黏度高，可减慢液滴的并合，分散介质高黏度起着防止液滴并合、保持乳化液稳定的作用。

（4）粒子的电荷　当使用离子性表面活性剂作乳化剂时，因增加了分散液滴的电荷，加强了液滴的相互排斥，所以也有阻止合并的作用。

3. 乳化液形成的方法

乳化液形成的方法基本上可分为两种：①凝聚法，是将呈分子状态分散的液体凝聚成适当大小液滴的方法；②分散法，是将一种液体加到另一种液体中同时进行强烈搅拌而生成乳化分散物的方法。

4. 乳化剂

乳化剂是指能够改善乳化体中各种构成相之间的表面张力，从而提高其稳定性的食品添加剂。乳化剂的 HLB 值（亲水亲油平衡值）不同，其作用也不同。HLB 值为 1.5～3.0 的乳化剂具消泡作用，HLB 值为 3.5～6.0 的乳化剂为油溶性乳化剂，HLB 值为 7～9 的乳化剂具有湿润作用，HLB 值为 8～18 的为水溶性乳化剂，HLB 值为 13～15 的具有清洗作用，HLB 值为 15～18 的具有助溶作用。

第七节　食品的冷冻原理

冷冻是利用制冷技术产生的低温源使产品从常温冷却降温，进而冻结的操作过程，因此它包括了制冷和食品冷冻两个部分。

从低于环境温度的物体中吸取热量，并将其转移给环境介质的过程称为制冷。实现制冷所必需的机器称为制冷机。制冷技术以消耗机械功或其他能量来维持某一物料的温度低于周围自然环境的温度。

一般而言，冷冻温度在–100℃以上的称为一般冷冻，而在–100℃以下的称为深度冷冻或低温冷冻。食品工业上冷冻应用的温度通常在–100℃以上，属于一般冷冻。

冷冻技术在食品工业中的应用相当广泛，归纳起来主要表现为以下 4 个方面：①用于冷冻制品、速冻制品的加工；②用于食品的贮藏；③用作食品加工的特殊方法，如冷冻浓缩、冷冻干燥等；④用于生产车间的空气调节等。罐头厂、乳品厂、蛋品厂等食品工厂，几乎都设有冷冻机房及冷藏库。

一、制冷基本概念

（1）制冷量　也称制冷能力，是在一定的操作条件下，单位时间制冷剂从被冷冻物移出的热量。

（2）制冷剂　是制冷系统中实现制冷循环的工作介质。常用的制冷剂有氨、氟利昂-12、氟利昂-22 等。

（3）载冷剂　在间接制冷中，用廉价物质作媒介载体实现制冷装置与被冷却物体或空间的热交换，这种媒介载体称为载冷剂，也称冷媒。常用的载冷剂有水、盐水和有机化合物等。

二、食品的冻结

1. 冻结曲线

1）水的冻结曲线

食品冻结过程是食品中自由水形成冰晶体的物理过程。食品中的水分以自由水和结合水两种形式存在。自由水是可以结冰的水分。结合水与固形物结合在一起，冷冻时不能冻结成冰。

水冻结成冰的一般过程是先降温过冷，而后在冰点温度下形成冰晶体的过程，如图 4-6 中的曲线所示。水在常压下的冰点为 0℃。但实际上在冻结曲线上，冰晶体往往不是一到 0℃就形成，而是要先经过一个过冷过程。即水温要降到低于冰点温度才会出现从液态到固态的相转变。水在什么过冷度下开始出现冰晶依不同条件而异。例如，振动可以使过冷水在较靠近冰点温度时出现冰晶，而有人用较纯的水做过实验，发现其过冷度可低到–40℃才出现结冰。不管过冷度如何，一旦出现相变，水的温度便会马上回到冰点温度，并且在全部水冻结成冰以前，体系的温度将保持在冰点不变。

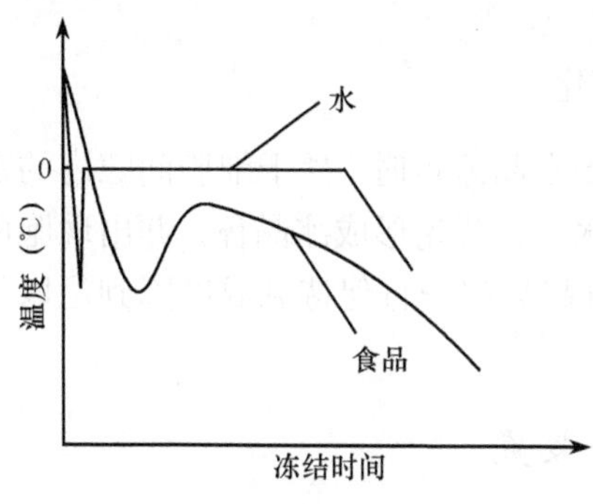

图 4-6　水与食品冻结曲线的一般形状

2）食品的冻结曲线

冷冻食品往往含有大量水分，其冻结过程大致与水冻结成冰的过程相似。但由于食品中的水分是作为溶液中的溶剂这种状态存在的，因此食品的冻结过程有自身的特点。各类食品都有一个类似于水的冰点的初始冻结点，习惯上也称为食品的冰点。根据溶液冰点降低原理，食品的初始冻结点总是低于水的冰点。

食品在冻结时的温度-时间关系是一条温度不断降低的曲线，即冻结过程不是在一个温度下进行的。

2. 冻结对食品的影响

食品冻结或是为了保藏方面的需要，或是为了制品加工方面需要，如冷冻浓缩或冰淇淋生产。不论出于哪种需要，食品本身会伴随着冷冻发生一系列物理性质、质构和化学方面的变化。这里主要讨论物理性质和细胞组织方面的变化，前者与冷冻过程的操作有关，后者与冷冻食品品质或冷冻关联操作有关。

1）物理性质变化

（1）密度和内压　水在0℃冻结成冰时，首先表现出体积的膨胀（膨胀率约为9%），而冰进一步降温会发生体积上的收缩。一般情况下，水冻结总是密度变小。食品的冻结也有这种效应。冻结是从外向内进行的，食品外部先形成冰层。当内部水分因冻结而膨胀时会受到外部冻结层的阻碍，于是产生内压，即所谓的冻结膨胀压。当内压超过外层冻结层的强度屈服限时，外层便破裂，内压消失。在采用温度较低的液氮进行冻结时，较厚的产品表面出现龟裂，就是因产生内压而造成的。

（2）比热容　由于冰的比热容是水的 1/2，因此总的来说，冻结食品的比热容也较未冻结时的小。

（3）热导率　由于冰的热导率约为水的 4 倍，因此冻结食品的热导率较未冻结时的大。

（4）汁液流失　食品经冻结-解冻后，内部结晶冰就溶解成水。

（5）干耗量　冻结过程是传热和传质的过程，会有一些水分从食品表面蒸发出来，从而引起干耗。

2）冻结食品质构的变化

冻结过程中温度降低到食品冰点时，处于细胞间隙内的那些与亲水胶体结合较弱或以低浓度溶液状态存在的水分，首先形成冰晶体，并出现胞内水分向细胞间已形成的冰晶体迁移聚集的趋势，这种趋势将一直保持到温度降到足以使细胞内汁液就地转化为冰晶为止。

3. 食品冻结方法与装置

目前食品工业中常采用的冻结方法可分为空气冻结法、间接接触冻结法、直接接触冻结法 3 类。

1）空气冻结法

空气冻结法是以空气作为载冷剂，接受来自制冷循环中制冷剂的冷量，将其传给与载冷剂直接相接触的食品的冻结方法。空气冻结法又可分为静止空气冻结法、送风冻结法和流化冻结法。

2）直接接触冻结法

直接接触冻结法要求食品与不冻液直接接触，常用的接触方法有浸渍冻结法和液化气体冻结法。

食品浸渍于低温不冻液体中进行冻结的方法为浸渍冻结法，供此法冻结用的装置称为浸渍冻结装置。

液化气体冻结法是用液化气体作冷冻介质，冻结温度一般在–73℃以下，常用的介质有液氮、液态二氧化碳。此法是一种不用冷冻机的冻结方法，其特点是介质使用后不回收。

3）间接接触冻结法

间接接触冻结法是使食品与两侧冷冻平板直接接触而冻结的方法。冷冻平板通常是金属中空板，其间通以载冷剂或制冷剂。冷冻装置依冷冻平板的取向方式，可分为横式和竖式两种。

第八节　食品的膜分离原理

膜分离是利用具有一定选择透过性的过滤介质，依靠两侧存在的能量差作为推动力，利用混合物中各组分在过滤介质中迁移速率的不同来实现物质的分离与纯化的单元操作。

一、概述

1. 膜分离过程

一般膜分离过程是按所选用的膜的孔径、传质推动力和传递机理进行分类，见表 4-3。

根据推动力本质的不同，又可分为 4 类：以静压力差为推动力的过程，以蒸汽分压差为推动力的过程，以浓度差为推动力的过程，以电位差为推动力的过程。

在这些加工技术中，每一种方法都是物料与膜的一侧接触，通过调节操作条件，只让一部分物料通过膜。物料穿过膜的推动力一般是由推动物料透过膜的压力和使得某种分子在膜两侧扩散的浓度差共同构成的，通过调节膜两侧的液体浓度和透过膜的分子类型，可以像透析一样实现选择性分离。

表 4-3 膜分离过程的分类法

过程	孔径	推动力	传递机理
微滤	0.02～10μm	压力差约为 10^5Pa	筛分
超滤	0.001～0.02μm，分子量 10^3～10^6	压力差为 10^5～10^6Pa	筛分
纳滤	＞1nm，分子量 200～1000	压力差为 $5×10^5$～$1.5×10^6$Pa	溶解扩散、唐南（Donnan）效应
反渗透	0.1～1nm	压力差为 10^6～10^7Pa	优先吸附、毛细管流动、溶解-扩散
气体分离	无孔	压力差为 10^6～10^7Pa	溶解-扩散
渗析	1～3nm	浓度差	筛分加上扩散度差
电渗析	分子量＜200	电位差	反离子迁移
渗透蒸发	无孔	分压差、浓度差	溶解-扩散

2. 膜的分类及性质

膜分离技术的核心是分离膜。衡量分离膜的实用价值主要看以下条件：①要有高的截留率和高的透过量；②要有强的抗物理、化学和微生物侵蚀的性能；③要有好的柔韧性和足够的机械强度；④使用寿命长，pH 适用范围广；⑤成本合理，制备方便，便于工业化生产。

根据上述要求，目前应用较广的分离膜是合成高分子聚合物膜。聚合物按其结构与作用特点可分为微孔膜、均质膜、非对称性膜和离子交换膜 4 类。膜性能包括膜的分离透过性和物化稳定性。膜的物化稳定性是指膜的强度，适用的压力、温度、pH 及对有机溶剂和各种化学药品的耐受性，这是决定膜使用寿命的主要因素。

二、反渗透

1. 反渗透机理

渗透是因为化学位梯度的存在而引起的自发扩散现象。当对水溶液施加大于溶液渗透压的压力时，水将通过反渗透膜流向膜的另一侧。此过程大致可分为 3 步：①水从料液主体传递到膜表面；②进入膜表面，并通过膜的活性层；③从膜的活性层进入支撑层的孔道，然后流出膜，同时溶质也将有少量沿同样途径通过膜而进入透过液。

2. 反渗透的渗透通量

高的渗透通量是膜性能的一个主要指标。反渗透过程的渗透通量主要与以下因素有关。

（1）膜两侧压差　所施压力越高，透过液通量越大，对于恒定的渗透压差而言，膜的耐压性限制了膜两侧的最大压力降。

（2）物料特征　进料液中各组分的性质在许多方面影响透过液通量。

（3）温度　在反渗透中，操作温度高可提高透过液通量，但升高温度受到膜热稳定性的限制。

（4）进料液浓度　进料液中可溶性溶质的浓度会影响渗透压，提高进料液浓度意味着浓差极化程度的增加，会对透过液的通量有不利影响。

（5）进料液流速　流速增大，传质系数加大，浓差极化度减小，渗透通量增大。

3. 反渗透的主要应用

①海水和苦咸水的淡化；②纯水制备；③低分子量溶液的浓缩。

三、超滤

1. 超滤机理

超滤是以压力差为推动力的膜分离过程。超滤所用的膜是不对称性膜，其表面活性层有孔径为 10～200μm 的微孔，能够截留分子量为 500 以上的大分子物质和胶体微粒，所用压差为 0.1～0.5MPa。原料液在压差的作用下，水和小分子量物质透过膜的微孔流到膜的低压侧，为透过液。大分子物质和胶体微粒被截留，不能透过膜，从而实现了原料液中大分子物质和胶体微粒与水的分离。

2. 影响超滤渗透通量的因素

（1）操作压差　压差是超滤过程的推动力，对渗透通量产生决定性的影响。

（2）料液浓度　当料液浓度高时，在较低压差下，渗透通量与压差就不呈线性关系，而且在较低压差时渗透压差就已达到临界值，且临界渗透通量较低。

（3）料液流速　提高流速，可减小极化边界层厚度，使传质系数增大，浓差极化减轻。但增加流速，会使料液流过膜组件的压力降增高，能耗增大。

（4）温度　提高温度，可使料液黏度减小，扩散系数增大，传质系数提高，有利于减轻浓差极化，提高渗透通量。但同时应考虑膜和料液的热稳定性。

（5）截留液浓度　随着截留液浓度的增加，浓度边界层增厚，易形成凝胶，导致渗透通量的降低。

（6）操作时间　随着超滤过程的进行，由于浓差极化、凝胶层的形成及膜孔堵塞等，超滤的渗透通量将随时间逐渐衰减，下降的速度随物料种类的不同有很大的差别。

3. 超滤的主要应用

①矿泉水的生产；②纯净水的制备；③果汁的澄清；④乳清蛋白的回收；⑤啤酒的精制。

四、电渗析

1. 电渗析的原理

电渗析用于处理电解质溶液，它是在直流电场作用下，以电位差为推动力，溶液中的离子选择性地通过离子交换膜的过程。

电渗析的操作原理：电渗析是用特殊膜来分离带电离子，这种膜对一定大小并带电荷的粒子有选择性。阴离子交换膜带有阳离子，而排斥带正电荷的溶质（阳离子），阳离子交换膜排斥带负电荷的溶质（阴离子）。也就是说，阳离子交换膜对阳离子有渗析，但对阴离子则没有，而阴离子交换膜对阴离子有渗析，但对阳离子则没有。在电渗析池中，如图 4-7 所示，阴离子膜和阳离子膜以交替方式排列。在外加电场的影响下，正电荷和负电荷分子以相反方向向相应电荷膜移动。然而，阳离子不能通过阴离子交换膜。阴离子不能通过阳离子交换膜。这样，两种离子都从盐水溶液中除去。因此，剩余溶液已经清除盐分子。

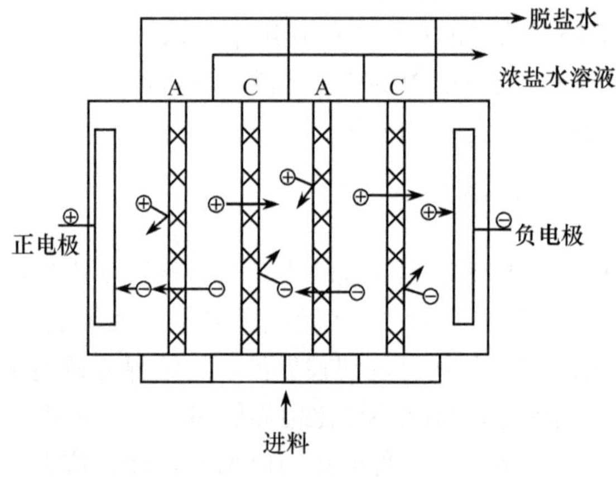

图 4-7　电渗析操作示意图

2. 电渗析在食品工业中的应用

①乳清脱盐；②除去酒中的酒石酸钾以提高酒的质量；③果汁脱酸；④蛋白质溶液脱盐；⑤从发酵液中分离有机酸；⑥从发酵液中分离氨基酸。

第五章　食品加工机械与设备

第一节　食品输送机械与设备

一、液力输送机械与设备

食品工厂输送液体物料常用各种泵来完成，为保证食品卫生和泵的耐腐蚀性，凡与物料接触的零件均用食品级不锈钢制造。根据泵的结构特征和工作原理不同，可将其分为 3 类：①叶片式泵，它依靠高速旋转的叶轮对被输送液体做功，如离心泵、轴流泵、旋涡泵等；②往复泵，它利用泵体内往复运动的活塞或柱塞的推挤对液体做功，如活塞泵、柱塞泵、隔膜泵等；③旋转式泵，它依靠做旋转运动的转子的推挤对液体做功，如齿轮泵、罗茨泵、螺杆泵、滑片泵等。

1. 离心泵

离心泵可以输送低、中黏度的溶液及含悬浮物或有腐蚀性的溶液。离心泵主要由泵体、泵盖、泵轴、叶轮、轴承、密封部件和支座等构成。离心泵的类型很多，通常可按下列方法分类：①按液体吸入叶轮的方式不同可分为单吸式和双吸式；②按叶轮级数不同可分为单级泵和多级泵。

离心泵的工作原理如图 5-1 所示。离心泵的泵轴上装有叶轮，叶轮上有若干弯曲的叶片。泵轴受外力作用，带动叶轮在泵壳内旋转。液体由入口沿轴向垂直进入叶轮中央，在叶片之间通过，然后进入泵壳，最后从泵的液体出口沿切线排出。

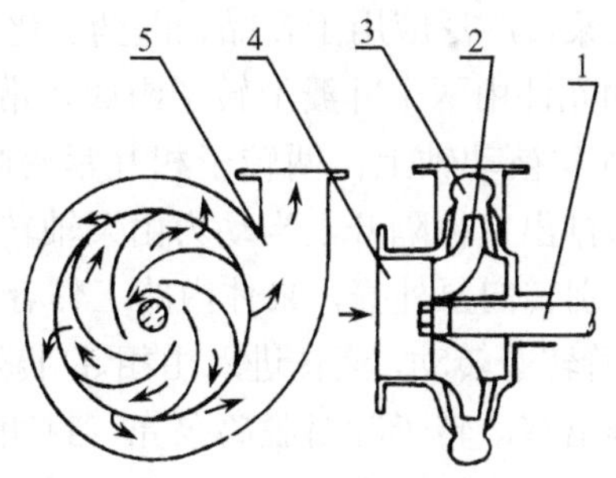

图 5-1　离心泵工作原理图

1. 泵轴；2. 叶轮；3. 泵壳；4. 液体入口；5. 液体出口

2. 往复泵

往复泵是一种容积式泵，如图 5-2 所示。其结构主要包括泵缸、活塞、活塞杆、吸入阀和排出阀。泵缸内活塞与阀门之间的空间称为工作室。当传动机械带动活塞由左向右移动时，工作室容积增大，形成低压，可将贮液池内的液体经吸入阀吸入缸内。在吸入液体的同时，排出阀受排出管内液体的作用而关闭。活塞移至最右端（右死点），吸入行程结束。当活塞向左移动时，泵缸内的液体受挤压，压力增大，使吸入阀关闭，而排出阀将缸内液体排出。活塞移至左端时，排液结束，完成一个工作循环。活塞如此往复运动则可将液体交替地吸入并排出缸体，从而实现输送液体的目的。往复泵的特点是靠活塞对液体直接做功，将能量以压力能的形式直接传给液体。往复泵适用于小流量、高压头的场所，也适合输送高黏度的液体，但不宜输送腐蚀性液体。

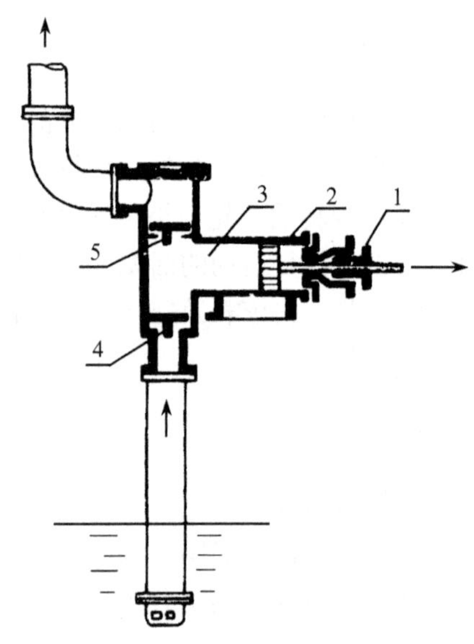

图 5-2　往复泵结构图

1. 活塞杆；2. 活塞；3. 泵缸；4. 吸入阀；5. 排出阀

3. 转子泵

转子泵又称为万用输送泵，广泛应用于食品、医药、化工等行业。转子泵的工作原理如图 5-3 所示。它的转动元件由两个叶瓣形转子组成，常见的转子叶瓣为 2～4 片。两个转子分别固定在主动轴和被动轴上。两转子相互紧密啮合及转子与泵壳的严密接触，使得泵体内的吸入室与排出室被隔开。当动力由泵轴转入时，两转子作反向旋转。在吸入室，因叶瓣从中心分别转向泵外壳，泵体内的工作容积逐渐扩张，从而产生了负压区，将被送液体吸入。随着转子转动，液体进入由相邻叶瓣和泵壳所围成的封闭空间，并随转子一起转动，到达排出室，转子叶瓣脱离泵壳，封闭空间破坏，同时转子转动，泵体的工作容积逐渐减少，液体则被压出泵体，实现输送。

4. 齿轮泵

齿轮泵的结构和工作原理如图 5-4 所示。它用一对啮合的齿轮代替两个叶瓣形转子，其工作容积由齿槽与泵壳内壁组成。随着啮合齿轮的不断旋转，工作容积交替扩张和缩小，从而完成吸入和压出液体的输送任务。齿轮泵产生的压头高，常用来输送黏度较大而不含杂质的液体，如糖浆、油类等。

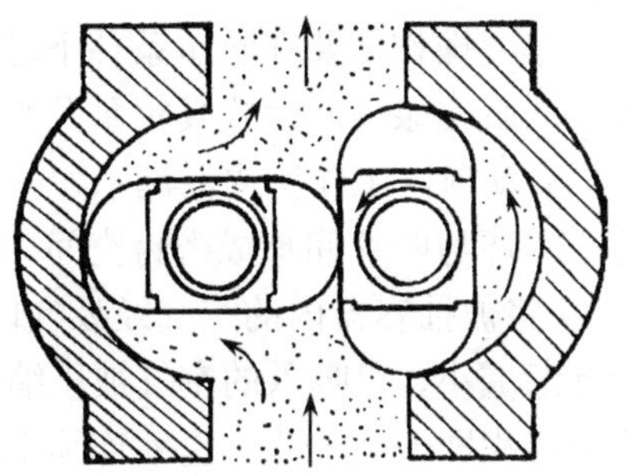

图 5-3　转子泵工作原理示意图

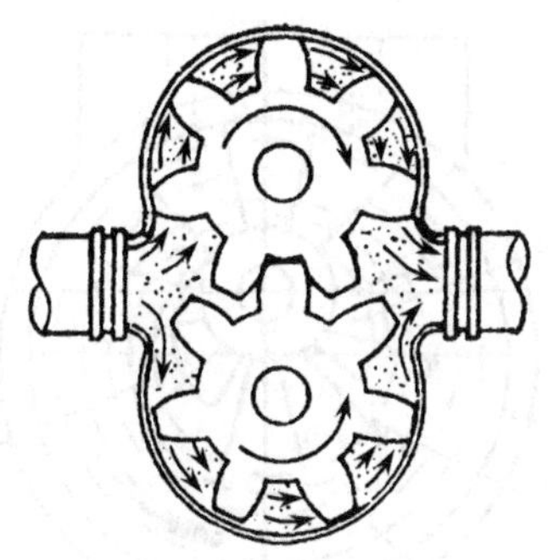

图 5-4　齿轮泵工作原理示意图

5. 螺杆泵

螺杆泵是一种旋转式容积泵，利用一根或数根螺杆与螺腔的相互啮合使空间容积变化来输送液体。螺杆泵结构简单，零部件少，输送液体具备连续均匀、运动平稳、压力较高、自吸性能好等特点，适于输送高黏度的食品液体，如糖蜜、番茄酱、果肉等。螺杆泵构造如图 5-5 所示。工作时电动机将动力传给套轴，带动平行销联轴器（或偏心联轴器）使螺杆在螺腔内旋转。螺杆与橡胶螺腔相配合形成数个互不相通的密闭腔。由于偏心，螺杆在螺腔内作行星运动时，封闭腔沿轴向由吸入端推动其中的料液向排出端方向运动，封闭腔在排出端将料液排出，同时在吸入端不断形成新的封闭腔将料液吸入并向前推进，从而实现连续抽送料液的作用。

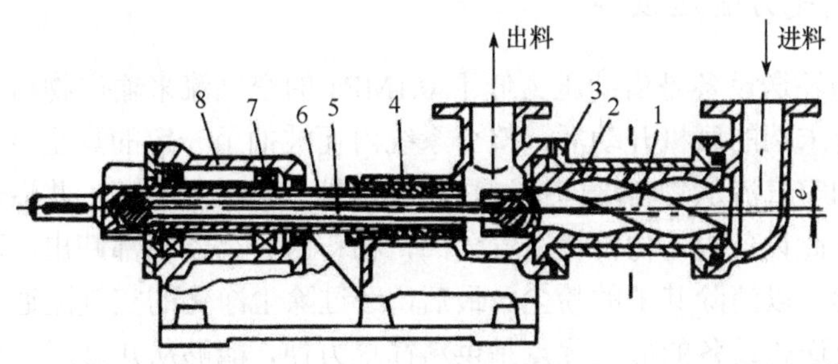

图 5-5　螺杆泵构造示意图

1. 螺杆；2. 螺腔；3. 泵体；4. 填料函；5. 平行销联轴器；6. 套轴；7. 轴承；8. 机座

6. 真空泵

在食品生产过程中，有些单元操作需要在负压条件下进行，在进行此类操作时必须采用真空泵。真空泵包括水环式真空泵、旋片式真空泵及水力喷射器等。水环式真空泵工作原理如图 5-6 所示。在泵启动前，工作室内灌满水，叶轮转动时，水受离心力作用在泵壳内壁上形成旋转水环，水环与叶片间形成密封空间。顺时针旋转的叶轮在右半转中，叶片之间的容积逐渐扩大，将被抽容器内的空气经吸气口由前盖月牙形孔吸入其内。在左半转中，叶片间的容积逐渐减小，已吸入的空气被压缩并经后盖月牙形孔从排气孔排出。叶轮每转一周，叶片间容积即改变一次，也就连续不断地抽吸与排出气体，形成负压环境。

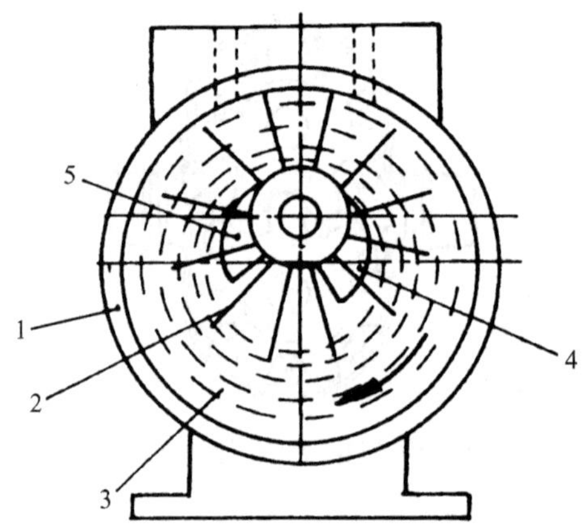

图 5-6　水环式真空泵工作原理

1. 泵壳；2. 叶轮；3. 水环；4. 吸气口；5. 排气口

二、气力输送机械与设备

运用风机使管道内形成一定速度的气流，将散粒物料沿一定的管路从一处输送到另一处，称为气力输送。应用气力输送技术可以对食品工厂中的面粉、大米、砂糖、麦芽等散粒物料进行输送。对于气力输送，按其工作原理可分为：吸送式、压送式、混合式和循环式。

1. 吸送式气力输送设备

吸送式气力输送设备是借助压力低于 0.1MPa 的空气流来输送物料的，如图 5-7 所示。当装在系统末端的风机开动后，整个系统内便被抽至一定的真空度，在压力差的影响下，大气中的空气流从物料堆间透过，同时携带物料进入吸嘴，并沿输料管移动到物料分离器中。在此设备内，物料和空气分离，物料由分离器底部卸出，而空气流继续被送入空气除尘器，以消除其中的粉尘。最后，经过除尘净化的空气流通过风机和消声器被排入大气。吸送式设备的最大优点是供料简单方便，能够从几堆或一堆物料中的不同位置同时吸取物料，但是输送物料的距离和生产效率受到限制。

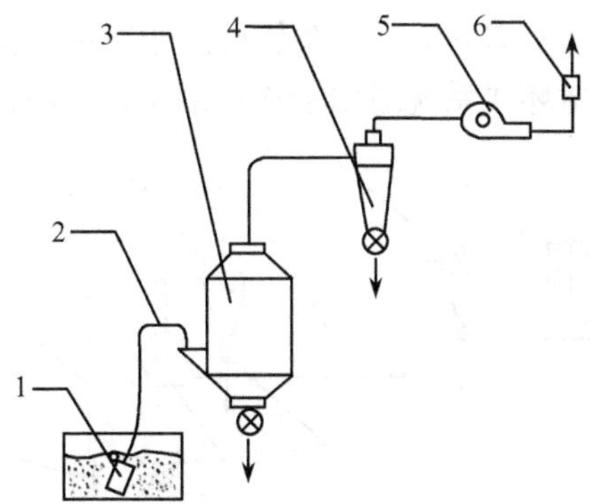

图 5-7　吸送式气力输送设备

1. 吸嘴；2. 输料管；3. 分离器；4. 除尘器；5. 风机；6. 消声器

2. 压送式气力输送设备

压送式气力输送设备是在高于 0.1MPa 的条件下进行工作的，如图 5-8 所示。装在此系统首端的鼓风机运转时，把具有一定表压力的空气压入导管，被运送物料由密闭的供料器输入输料管中。空气和物料混合后沿着输料管运动，物料通过分离器卸出，空气则经除尘器净化后输入大气中。压送式气力输送设备可同时把物料送到几处，输送距离长，生产效率高，对空气的除尘要求不是很高。但其供料装置较复杂，而且难以从不同位置同时进料。

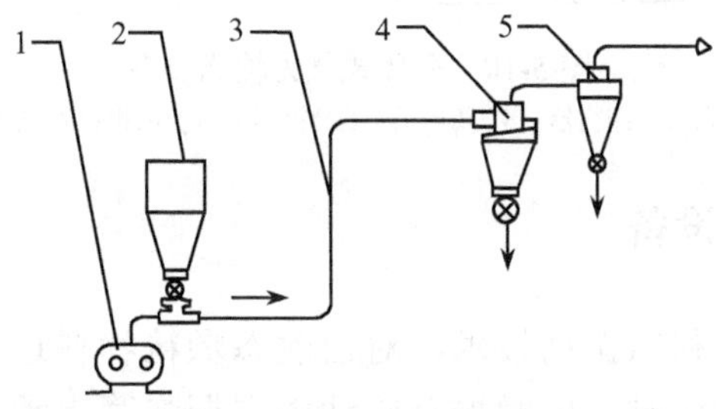

图 5-8　压送式气力输送设备

1. 鼓风机；2. 供料器；3. 输料管；4. 分离器；5. 除尘器

3. 混合式气力输送设备

混合式气力输送设备由吸送式和压送式两部分组成，如图 5-9 所示。在吸送部分，通过吸嘴将物料由料堆吸入输料管，并送到分离器中，从这里分离出的物料又被送入压送部分的输料管中继续输送。它综合了吸送式和压送式气力输送设备的优点，既可以从几处吸取物料，又可以把物料同时输送到几处，且输送的距离较长。其缺点是带粉尘的空气要通过风机，导致工作条件变差，同时整个设备结构复杂。

4. 循环式气力输送设备

图5-10所示为循环式气力输送设备。为了保证系统在负压下运行及空气的净化，在

风机出口处设有旁通支管，使部分空气经布袋过滤器净化后排入大气，而大部分空气则返回接料器进行再循环。循环式系统适用于输送细小、贵重的粉状物料。

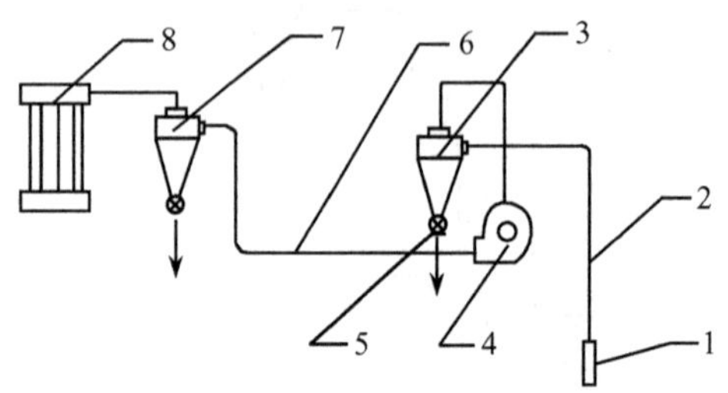

图 5-9　混合式气力输送设备

1. 吸嘴；2. 输料管；3. 分离器；4. 风机；5. 闭风器；6. 输料管；7. 分离器；8. 除尘器

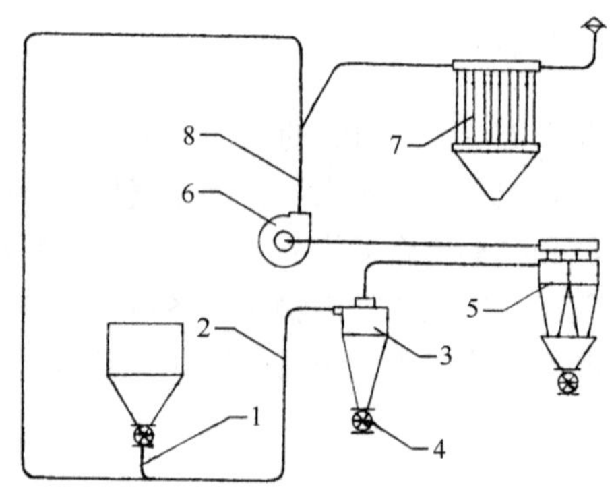

图 5-10　循环式气力输送设备

1. 接料器；2. 输料管；3. 卸料器；4. 闭风器；5. 除尘器；6. 风机；7. 布袋过滤器；8. 回风管

三、振动输送机械与设备

振动输送机是一种利用振动技术，对松散态颗粒物料进行中、短距离输送的输送机械。振动输送机工作时，由激振器驱动由主振弹簧支承的工作槽体。主振弹簧通常倾斜安装，斜置倾角称为振动角。激振力作用于工作槽体时，工作槽体在主振板弹簧的约束下作定向强迫振动。工作槽体内的物料受到槽体振动的作用被断续地输送前进。

振动输送机的类型可作如下划分：激振器按照输送形式不同可分为弹性连杆式、惯性式和电磁式振动输送机；按物料的输送方向不同可分为水平及微倾斜式和垂直式振动输送机；按物料在槽体内的运动状态不同可分为滑行运动式和抛掷运动式振动输送机。

振动输送机的结构主要包括输送槽、激振器、主振弹簧、导向杆、隔振弹簧、平衡底架、进料装置、卸料装置等部分，如图 5-11 所示。

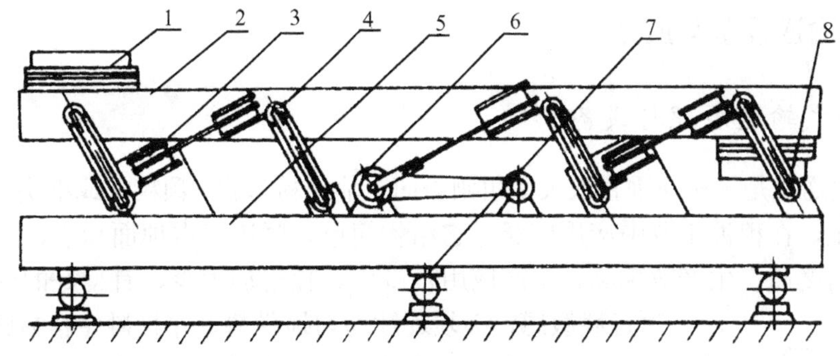

图 5-11　振动输送机结构示意图

1. 进料装置；2. 输送槽；3. 主振弹簧；4. 导向杆；5. 平衡底架；6. 激振器；7. 隔振弹簧；8. 卸料装置

四、螺旋输送机械与设备

螺旋输送机广泛应用于食品工业，属于没有挠性牵引构件的连续输送机械。工作时，绞龙在封闭的料槽内旋转，装入料槽的物料由于自重及其与料槽摩擦力的作用不与螺旋一起旋转，只能沿料槽横向移动。在垂直放置的螺旋输送机中，物料是靠离心力与槽壁所产生的摩擦力而向上移动。螺旋输送机用于输送摩擦性小的粉状、颗粒状及小块状散粒物料，在输送过程中，主要用于距离不太长的水平输送，或小倾角的倾斜输送，少数情况亦用于高倾角和垂直输送。

螺旋输送机的分类如下：根据安装形式不同可分为移动式和固定式螺旋输送机；根据螺旋叶片形式不同可分为满面式、带式、成型式和桨式螺旋输送机；根据工作倾角不同可分为立式、倾斜式和水平式螺旋输送机；根据旋转体转速不同可分为快速和慢速螺旋输送机。

螺旋输送机的结构如图5-12所示，设备由料槽、转轴、螺旋、轴承和传动装置等部分组成。

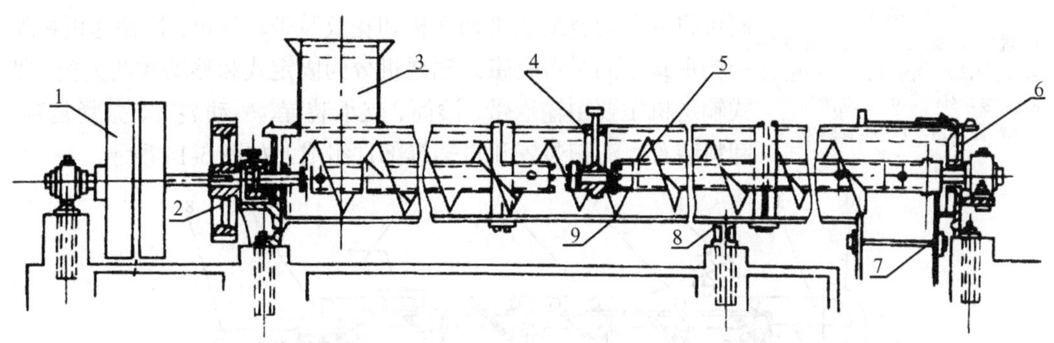

图 5-12　螺旋输送机结构示意图

1. 传动轮；2. 轴承；3. 进料口；4. 中间轴承；5. 螺旋；6. 支座；7. 卸料口；8. 支座；9. 料槽

五、其他输送设备与应用

1. 斗式输送原理与设备

斗式输送机是一种在垂直或大倾角倾斜向上输送粉末状、颗粒状或小块状物料的连续输送机械，在粮油工业中应用广泛。它结构简单、紧凑、占地面积小、工作平稳可靠、提升高度高、生产效率高、生产应用范围广、耗用动力少、有良好的密封性，但对过载敏感，必须连续均匀地供料，并且料斗容易磨损，容易引起粉尘爆炸。斗式输送机分为倾斜式和垂直式两种，垂直斗式输送机的结构如图 5-13 所示。工作时，待输送物料由进料口均匀投入，在驱动滚筒带动下，固定在输送带上的料斗刮起物料随其一起上升，当上升至顶部驱动滚筒上方时，料斗开口朝下，在离心力作用下，物料从卸料口卸出，送入下道工序。

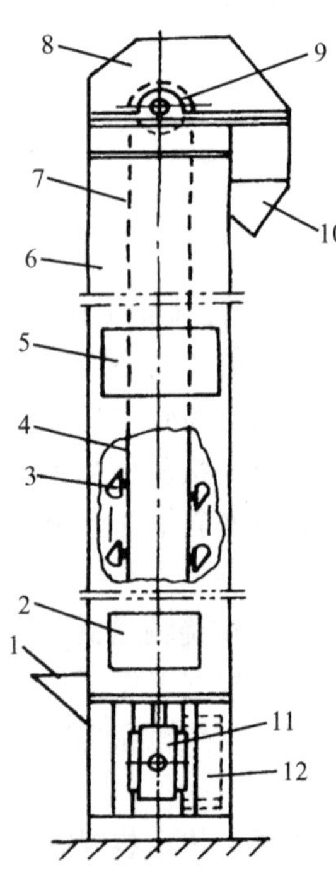

图 5-13　垂直斗式输送机结构示意图

1. 进料口；2，5，12. 孔口；3. 料斗；4，7. 输送带；6. 外壳；8. 上鼓轮外壳；9. 驱动滚筒；10. 卸料口；11. 张紧装置

2. 带式输送原理与设备

带式输送机是食品工厂中应用最广泛的一种连续输送机械。它用一根闭合环形输送带作牵引及承载构件，将其绕过并张紧于前、后二滚筒上，依靠输送带与驱动滚筒间的摩擦力使输送带产生连续运动，依靠输送带与物料间的摩擦力使物料随输送带一起运行，从而完成输送物料的任务。带式输送机常用于块状、颗粒状物料及整件物料水平方向或倾斜度小的方向运送，同时还可用作选择、检查、包装、清洗和预处理操作台等。带式输送机按支承装置的形式不同可将其分为平形托辊输送机、槽形托辊输送机及气垫带式输送机等；按输送带的种类不同可分为胶带式、帆布带式、塑料带式、钢带式和网带式输送机等；按胶带表面形状不同可将其分为普通胶带输送机和花纹胶带输送机；按输送机机架结构形式不同又可将带式输送机分为固定式和移动式两大类。带式输送机主要由输送带、滚筒、支承装置、驱动装置、张紧装置、卸料装置、清扫装置和机架等部件组成，如图 5-14 所示。

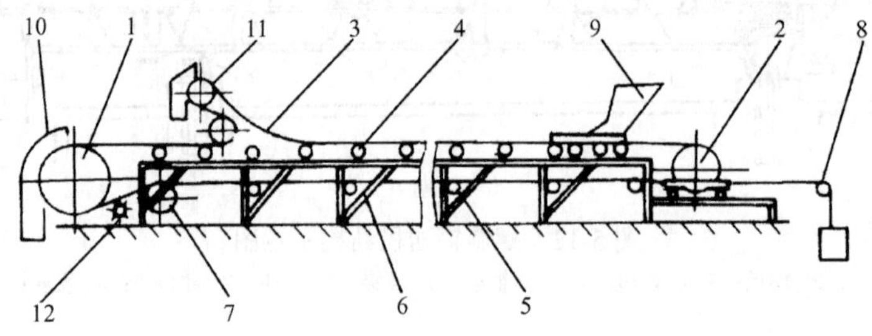

图 5-14　带式输送机结构示意图

1. 驱动滚筒；2. 张紧滚筒；3. 输送带；4. 上托辊；5. 下托辊；6. 机架；7. 导向滚筒；8. 张紧装置；9. 进料斗；10. 卸料装置；11. 卸料小车；12. 清扫装置

第二节　食品清洗机械与设备

一、物料清洗机

食品加工原料种类繁多，不同原料性质差异甚大，这决定了原料清洗设备的多样化和复杂性。提高清洗预处理的机械化和自动化程度，对改善劳动条件、优质、高产、低消耗均具有十分重要的意义。下面介绍两种目前常用的原料清洗设备。

1. 鼓风式清洗机

鼓风式清洗机的结构如图 5-15 所示，此设备适用于果蔬类原料的清洗。工作时，洗槽中盛有清洗水，电动机带动驱动滚筒使网带运转，同时鼓风机也启动。被清洗的原料放入输送机的下水平段。在洗槽中，由于鼓风机送来的空气对水的剧烈搅拌作用，将物料表面的污物冲洗掉，随后随着输送带的运动，物料被带到输送带的倾斜段，由喷淋管进行最后一次冲洗。

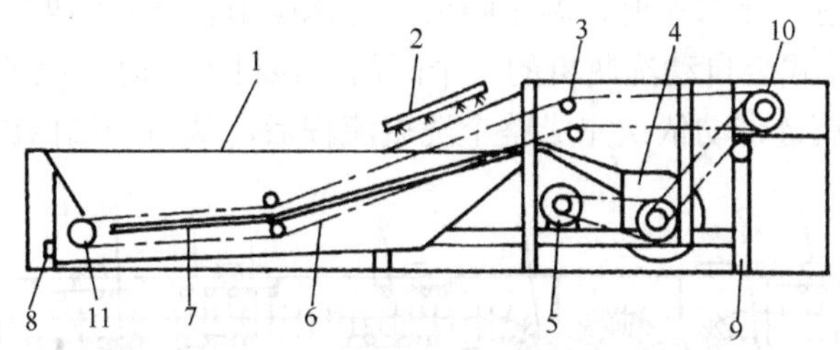

图 5-15　鼓风式清洗机结构示意图

1. 洗槽；2. 喷淋管；3. 改向压轮；4. 鼓风机；5. 电动机；6. 输送机网带；7. 吹泡管；8. 排污口；9. 支架；10. 输送机驱动滚筒；11. 张紧滚筒

2. 滚筒式清洗机

滚筒式清洗机是通过圆形滚筒的转动，带动原料在滚筒中不断翻转，同时用水管喷射高压水来冲洗翻动的原料达到清洗目的。污水和泥沙由滚筒的网孔经底部集水斗排出。该机适合清洗柑橘、橙、马铃薯等质地较硬的物料。

图 5-16 为滚筒式清洗机结构示意图。工作时，电动机经传动系统使传动轴和传动

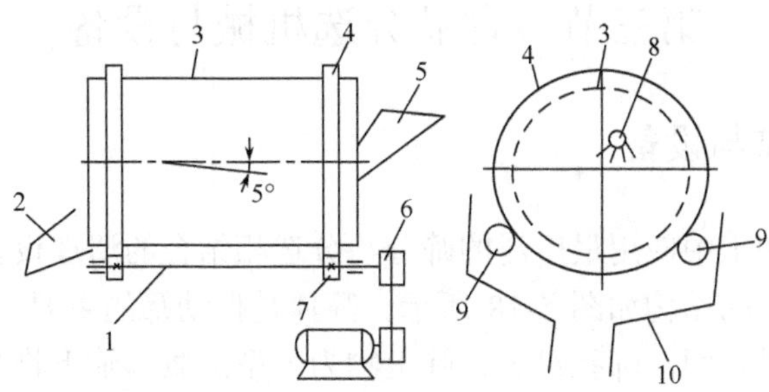

图 5-16　滚筒式清洗机结构示意图

1. 传动轴；2. 出料口；3. 清洗滚筒；4. 摩擦滚圈；5. 进料斗；6. 传动系统；7. 传动轮；8. 喷水管；9. 托轮；10. 集水斗

轮逆时针回转，由于摩擦力作用，传动轮驱动滚圈使整个滚筒顺时针回转。由于滚筒有5°倾角，因此在旋转时，物料一边翻转一边向出料口移动，在移动时受高压水冲刷而清洗。

二、瓶罐清洗机

洗瓶机按机械化程度可分为手工式、半机械化式和自动化式洗瓶机。

自动洗瓶机的型式较多，按瓶在机器中的流向和进出瓶方式，可分成单端式和双端式。单端式是在洗瓶机同一侧进出瓶，又称来回式。这种型式空间紧凑，输送带在机内无空行程，热能利用率高，仅需一人操作，但易使洗净瓶二次污染。双端式又称直通式，进出瓶在洗瓶机两端，回程带有空行程，空间利用率不及单端式，但卫生可靠性好。

全自动洗瓶机的洗瓶方式有喷射式和浸泡喷射式两种。前者工作时是靠高压喷头对瓶内、外进行多次喷射清洗，将瓶洗净。一般要经过预热喷射、多次碱性洗液喷射及多次回水（热水、温水、冷水）喷射，最后进行净水喷射。后者是靠连续多次洗液浸泡和多次喷射，或者间隔多次浸泡和喷射来获得满意的洗净效果，一般要经过预浸泡、多次洗液浸泡、洗液喷射、热水喷射、温水喷射、冷水喷射及净水喷射。

图 5-17 为双端式全自动洗瓶机的一个断面。该机工作时，瓶子靠进瓶装置从洗瓶机一端送入，由输瓶链带动依次完成整个洗瓶流程后，从另一端由出瓶装置卸出。

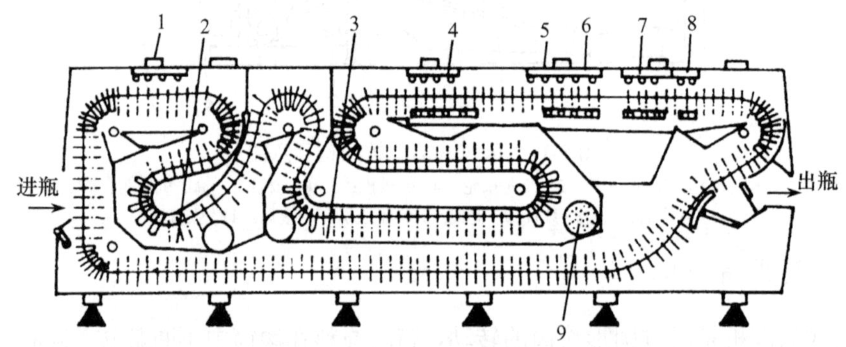

图 5-17　双端式全自动洗瓶机

1. 预洗喷头；2. 预泡槽；3. 洗涤剂浸泡槽；4. 洗涤剂喷头；
5. 热水预喷头；6. 热水喷射；7. 温水喷射；8. 氯水喷射；9. 中心加热器

第三节　食品分选机械与设备

一、振动筛分机械与设备

振动筛是食品加工中应用最广泛的筛分与分选相结合的清理设备，多用于清除大、小及轻杂质。振动筛的结构如图 5-18 所示。筛体是振动筛的主要工作部件，内装 3 层筛面。第一层是接料筛面，筛孔最大，筛上物为大型杂质，筛下物为粮粒及大型杂物，筛面反向倾斜，以使筛下物集中落到第二层的过程中，筛条的棱对物料产生切割作用，厚度约有筛孔的 1/4，一层料及其中的细粒在切割后被筛下。

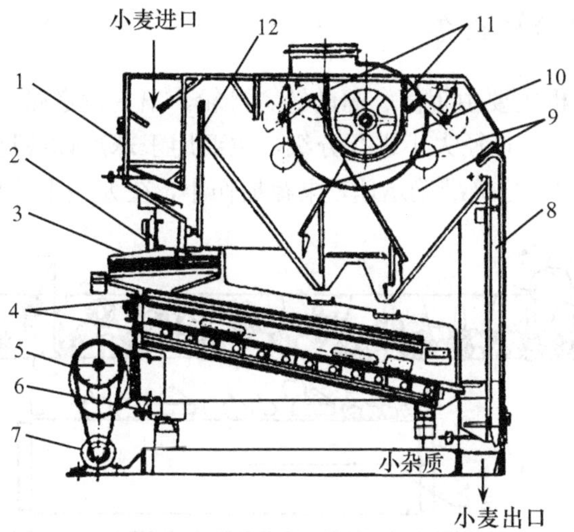

图 5-18　振动筛结构示意图

1. 进料斗；2. 吊杆；3. 筛体；4. 筛格；5. 自衡振动器；6. 弹簧限振器；7. 电动机；8. 后吸风道；9. 沉降室；10. 风机；11. 风门；12. 前吸风道

二、形状分级机械与设备

1. 滚筒式形状分级设备

滚筒上开有很多小孔，物料在滚筒内滚转和移动的过程中进行分级。滚筒的组数为需分级数减 1，每组小孔孔径不同，而同一组中的孔径一样。从物料进口至出口，后组比前组的孔径大，小于第一组孔径的物料从第一组掉出用漏斗收集为一个级别，以下依此类推。这种分级机分级效率较高，目前广泛用于蘑菇和青豆等物料的分级。如图 5-19 所示，滚筒用厚度为 1.5～2.0mm 的不锈钢板冲孔后卷成圆柱形筒状筛，整体滚筒分成几节筒筛，筒筛之间用角钢连接作为加强圈。滚筒用托轮支承在机架上，机架用角钢或槽钢焊接而成。收集料斗设在滚筒下面，料斗的数目与分级的数目相同。

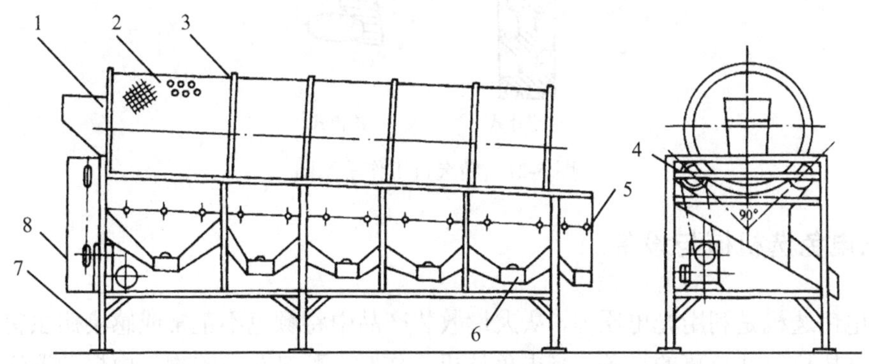

图 5-19　滚筒式分级机

1. 进料斗；2. 滚筒；3. 滚圈；4. 摩擦轮；5. 铰链；6. 收集料斗；7. 机架；8. 传动系统

2. 滚轴式形状分级设备

滚轴式形状分级机主要由辊筒、驱动链、链轮、出料输送带、理料辊等组成，见图5-20。此设备按果蔬原料直径大小进行分级，主要用于球形体或近似球形的果蔬原料，如苹果、柑橘、番茄等。分级准确迅速，果蔬损伤小，在大型果蔬加工中应用较为广泛。

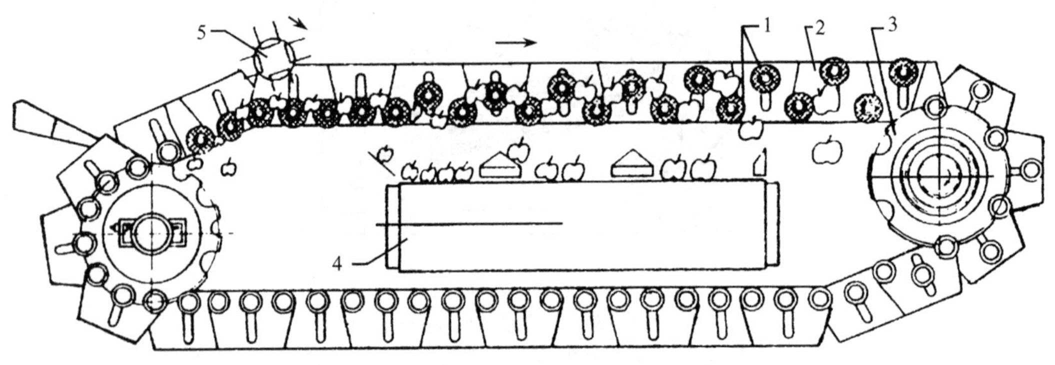

图 5-20 辊筒输送带及辊筒工作原理

1. 辊筒；2. 驱动链；3. 链轮；4. 出料输送带；5. 理料辊

3. 颗粒形状分级设备

谷物颗粒料等必须进行精选和分级，其主要原理是按颗粒长度进行分级，以除去不必要的杂粒。常用的精选机有滚筒精选机和碟片精选机两种，利用袋孔中嵌入长度不同的颗粒而带升高度不同对物料进行分级，如图 5-21 所示。

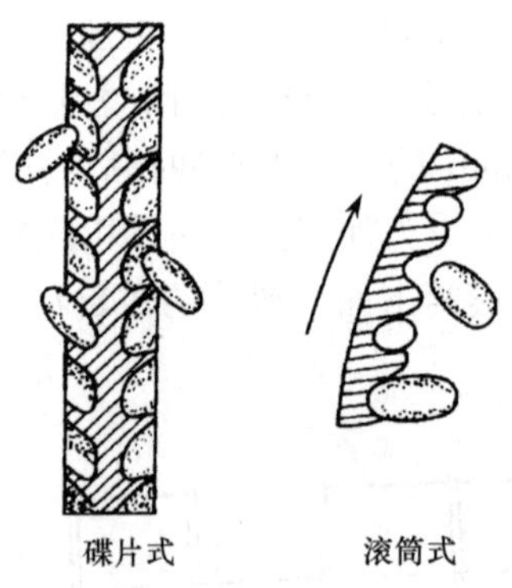

图 5-21 精选机工作示意图

三、光电色选机械与设备

光电色选机是利用光电原理，从大量散装产品中将颜色不正常或感染病虫害的个体及外来杂质检测并分离的设备。光电色选机工作时，贮料斗中的物料由振动器送入一系列通道成单行排列，依次落入光电检测室，在电子视镜与比色板之间通过。被选颗粒对光的反射及比色板的反射在电子视镜中相比较，颜色的差异导致电子视镜内部电压的改变，并经放大。如果信号差别超过自动控制水平的预置值，即被存储延时，随即驱动气阀，高速喷射气流将物料吹送入旁路通道。而合格品流经光电检测室时，检测信号与标准信号差别微小，信号经处理判断为正常，气流喷嘴不动，物料进入合格品通道。图 5-22 是光电色选机的工作原理图。

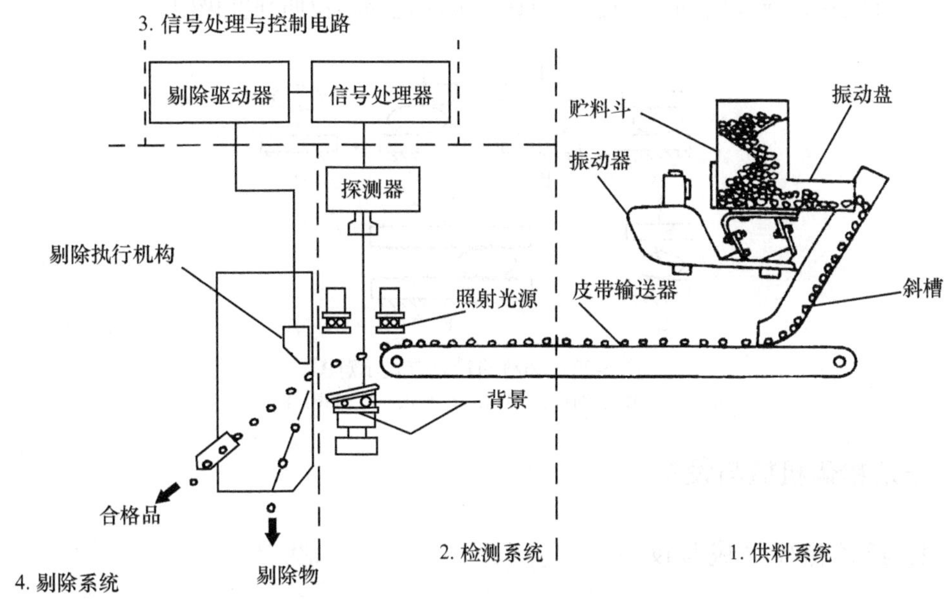

图 5-22　光电色选机工作原理图

第四节　食品粉碎机械与设备

一、食品粉碎方式与理论

粉碎是利用机械的方法克服固体物料内部的凝聚力而将其破碎的一种操作，它是食品加工中特别是在食品原料加工中的基本操作之一。

食品粉碎级别取决于粉碎粒度的大小：①粗破碎——物料被破碎到 100～200mm；②中破碎——物料被破碎到 20～70mm；③细破碎——物料被破碎到 5～10mm；④粗粉碎——将物料粉碎到 0.7～5mm；⑤细粉碎——将物料 90%以上粉碎到能通过 200 目（mesh）标准筛网；⑥微粉碎——将物料 90%以上粉碎到能通过 325 目标准筛网；⑦超微粉碎——将全部物料粉碎到微米级的粒度。

食品粉碎的方式很多，主要归纳为图 5-23 所示的 6 种：①挤压——物料置于两个工作构件之间，逐渐加压，使之由弹性变形或塑性变形而至破裂粉碎。这种粉碎方式仅适用于脆性物料。②折断——物料在工作构件间承受弯曲应力，超过强度极限而折断，一般用来处理较大块的长或薄的脆性物料，如榨油残渣油饼、玉米穗等，粉碎度较低。③剪切——是一种粉碎韧性物料能耗较低的粉碎方式，新形成的表面比较规则且易于控制粒度的大小，一般果、蔬、肉类的切块、切片、切丝、切丁都属于这一类。④撞击——当物料与工作构件以相对高速运动撞击时，受到时间极短的变载荷而被击碎。这种粉碎方式适用于质量较大的脆性物料。⑤研磨——物料与粗糙工作面之间在一定压力下相对运动而摩擦，物料受到破坏，表面剥落，是一种既有挤压又有剪切的复杂过程。⑥劈裂——用一个平面和一个带尖棱的工作表面挤压物料时，物料沿着压力作用线的方向劈裂，这是由于劈裂平面上的拉应力达到或超过物料拉伸强度极限。

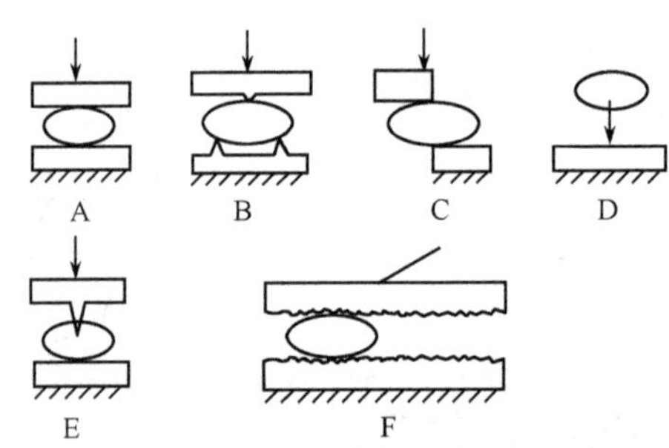

图 5-23　物料的粉碎方式示意图

A. 挤压；B. 折断；C. 剪切；D. 撞击；E. 劈裂；F. 研磨

二、干法粉碎机械与设备

1. 锤式粉碎机械与设备

锤式粉碎系统一般由供料装置、机体、转子、齿板、筛片（板）、排料装置及控制系统组成，如图 5-24 所示。工作时，原料从喂料斗进入粉碎室，受到高速回转锤片的打击而破裂，以较高的速度飞向齿板，与齿板撞击进一步破碎，如此反复打击撞击，使物料粉碎成小碎粒。在打击、撞击的同时还受到锤片端部与筛面的摩擦、搓擦作用而进一步粉碎。在此期间，较细颗粒由筛片的筛孔漏出，留在筛面上的较大颗粒，再次受到粉碎，直到从筛片的筛孔漏出。从筛孔漏出的物料细粒由风机吸出并送入集料筒。带物料细粒的气流在集料筒内高速旋转，物料细粒受离心力的作用被抛向筒的四周，速度降低而逐渐积到筒底，通过出料口流入袋内；气流则从顶部的排风管排出，并通过回料管使气流中极小的物料灰粉回流到粉碎室，也可以在排风管上接集尘布袋，收集物料粉尘。

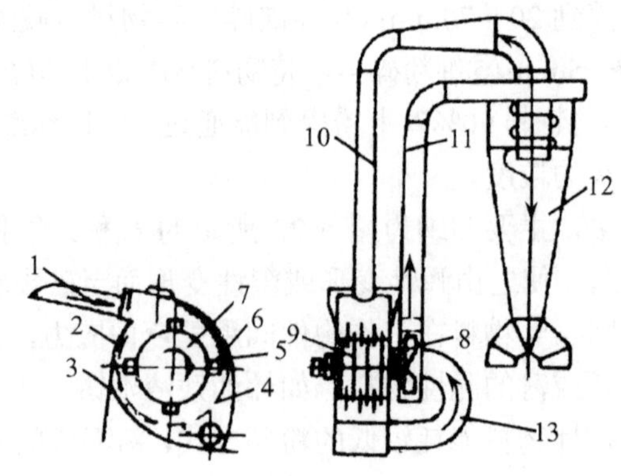

图 5-24　锤片粉碎系统

1. 喂料斗；2. 上机体；3. 下机体；4. 筛片；5. 齿板；6. 锤片；7. 转子；8. 风机；9. 锤架板；10. 回料管；11. 出料管；12. 集料筒；13. 吸料管

2. 辊式磨粉机械与设备

辊式磨粉机是食品工业特别是在面粉制造工业中广泛使用的粉碎机械，其他如啤酒麦芽的粉碎、油料的轧坯、巧克力的研磨与加工等均有采用。图 5-25 所示为 MY 型辊式磨粉机外形示意图，磨辊是磨粉机的主要工作构件。一对磨辊由于速比和辊面状态不同，粉碎物料的过程也不同。等速反向旋转的光磨辊是以挤压的方式粉碎物料或使物料变形，典型设备是轧片机，如轧麦片机、轧米片机和油料轧片机等。差速反向旋转的光磨辊是以挤压和研磨两种方式粉碎物料，典型设备是面粉厂光辊磨粉机和辊式巧克力精磨机等。差速反向旋转的齿辊磨是以剪切、挤压和研磨 3 种方式粉碎物料，其典型设备是面粉厂的皮磨磨粉机和啤酒厂的麦芽粉碎机等。

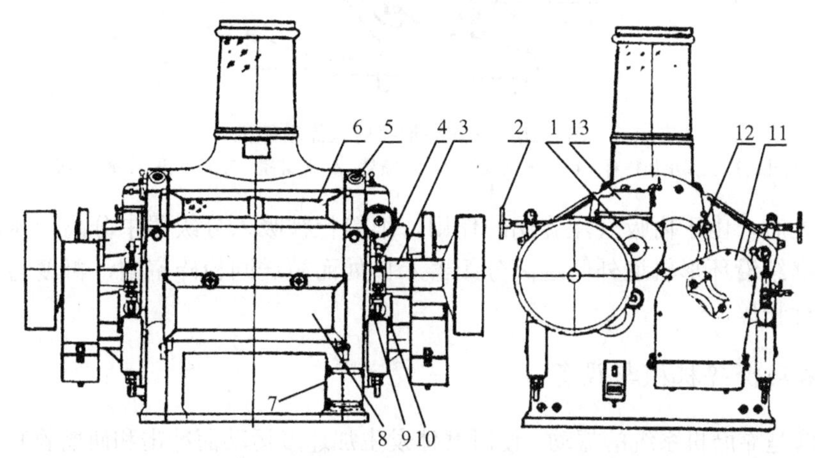

图 5-25　MY 型辊式磨粉机外形示意图

1. 喂料辊传动轮；2. 轧距总调手轮；3. 快辊轴承座；4. 轧距单边调节机构；5. 指示灯；6. 上磨门；7. 机架；8. 下磨门；9. 慢辊轴承臂；10. 慢辊轴承座；11. 链轮箱；12. 油缸活塞杆端；13. 自动控制装置

3. 气流粉碎机械与设备

气流粉碎机又称流能磨，是一种超微粉碎机，其工作原理是利用压缩空气产生的高速气流对物料进行冲击，使物料相互间发生强烈的碰撞和摩擦作用，以达到粉碎目的。气流粉碎机除粉碎机本体外，还须配备空气压缩泵，工作时将高速气流导入粉碎机内。气流粉碎的粉碎比大，成品粒度均匀一致；粉碎设备结构紧凑、磨损小且维修容易，但动力消耗大，易实现无菌操作，卫生条件好，对热敏性物料的超微粉碎有利，易实现多单元联合操作，广泛用于食品、农产品、医药等部门。

气流粉碎机常见的有立式环形喷射气流粉碎机、对冲式气流粉碎机、叶轮式气流粉碎机和超音速气流喷射式粉碎机等。其中立式环形喷射气流粉碎机如图 5-26 所示，该机主要由立式环形粉碎室、分级器和文丘里加料器等组成。其工作过程为：从若干个喷嘴喷出的高速压缩空气气流将喂入的物料加速并形成紊流状，致使物料在粉碎室中相互高速冲撞、摩擦，达到粉碎目的。粉碎后的粉粒体随气流经环形轨道上升，由于环形轨道的离心力作用，粗粉粒靠向轨道外侧运动，细粉粒则被挤往内侧。回转至分

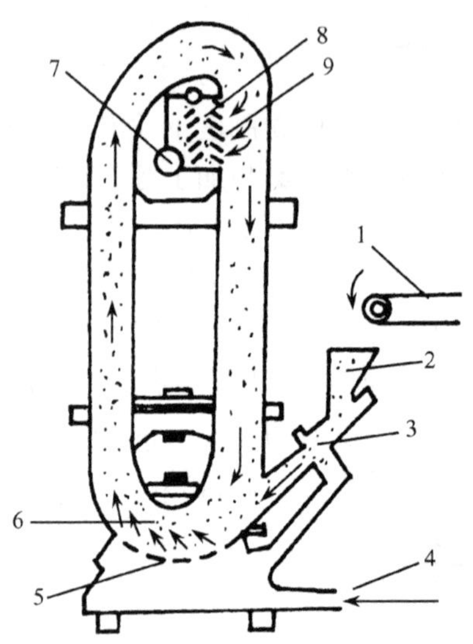

图 5-26　立式环形喷射气流粉碎机

1. 输送机；2. 料斗；3. 文丘里加料器；4. 压缩空气入口；5. 喷嘴；6. 粉碎室；7. 产品出口；8. 分级器；9. 分级器入口

级器入口处时，由于内吸气流旋涡的作用，细粉粒被吸入分级器中分离而排出机外，粗粉粒则继续沿环形轨道外侧远离分级器入口处而被送回粉碎室中，再度与新输入物料一起进行粉碎。

4. 振动粉碎机械与设备

振动磨是靠磨机系统的振动，使研磨体发生加速度运动而冲击和研磨物料的一种超细磨设备。其主要优点为破碎比高、粉碎时间短、适应性强，可用于任何物料的干磨或湿磨。缺点是进料粒度不能过大。

振动磨按振动特点分为不平衡重的惯性振动磨和偏心振动的偏旋振动磨。惯性振动磨的应用较为广泛，其结构如图 5-27 所示，它的主要组成包括研磨体筒体、振动器、弹簧支座及支承架、电机及弹性联轴器等。工作时，电机通过联轴器带动振动器的轴旋转，振动器在不平衡旋转体的惯性力作用下振动。振动引起了装有一定量研磨体和物料的筒体摇动。筒体和振动器的这种摇动给研磨体以快速脉冲，使研磨体沿筒体壁滑动上抛，分布在研磨体孔隙间的物料受研磨体的撞击和研磨作用而被粉碎。

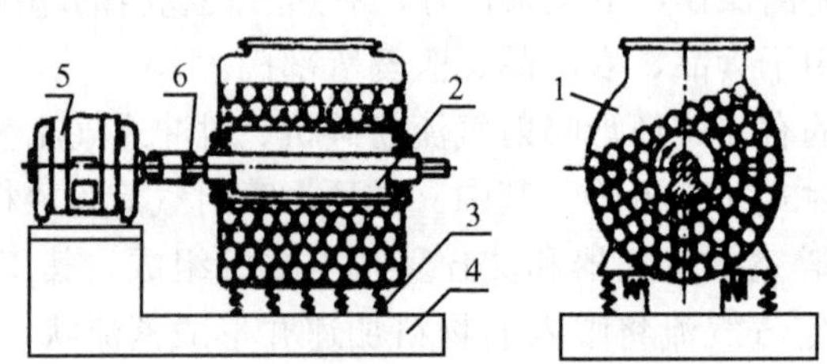

图 5-27　惯性振动磨结构示意图

1. 筒体；2. 振动器；3. 弹簧支座；4. 支承架；5. 电机；6. 弹性联轴器

三、湿法粉碎机械与设备

1. 高压均质机

高压均质机是利用高压使得液料高速流过狭窄的缝隙而受到强大的剪切力、对金属部件高速冲击而产生强大的撞击力、因静压力突降与突升而产生的空穴爆炸力等综合力的作用，把原先颗粒比较粗大的乳浊液或悬浮液加工成颗粒非常细微的、稳定的乳浊液或悬浮液的过程。均质机在乳品、果汁、豆浆等食品加工中应用广泛。

高压均质机是特殊形式的高压泵。从结构上可分成使料液产生高压能量的高压泵及产生均质效应的均质阀两大部分。高压泵是高压均质机的重要组成部分，它是一个往复式柱塞泵，结构如图 5-28 所示。常用的料液均质压力为 25～40MPa，而对于某些特殊需要的场合，如生物细胞破碎、液-固（粉末）的超微粉碎等，料液均质压力可达 70MPa。均质阀是均质机的关键部件，由高压泵送来的高压液体，在通过均质阀时完成均质。图 5-29 为双级均质阀的结构示意图。

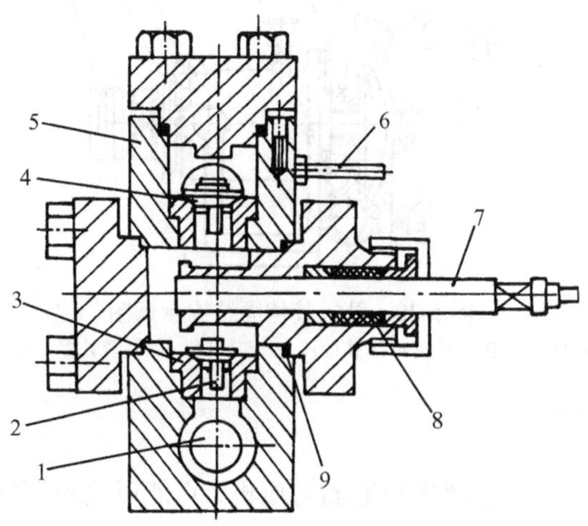

图 5-28　高压泵结构示意图

1. 进料腔；2. 吸入活门；3. 活门座；4. 排出活门；5. 泵体；6. 冷却水管；7. 柱塞；8. 填料；9. 垫片

图 5-29　双级均质阀结构示意图

2. 胶体磨

胶体磨又称分散磨，工作构件由一个固定的磨体（定子）和一个高速旋转的磨体（转子）所组成，两磨体之间有一个可以调节的微小间隙。当物料通过这个间隙时，由于转子的高速旋转，使附着于转子面上的物料速度增大，而附着于定子面上的物料速度为零。这样产生了急剧的速度梯度，从而使物料受到强烈的剪切、摩擦和湍动，产生了超微粉碎作用。

胶体磨的普通形式为卧式，结构如图5-30所示，其转子随水平轴旋转，定子与转子间的间隙依靠转动件的水平位移来调节。料液在旋转中心处进入，流过间隙后从四周卸出。这种胶体磨适用于黏性相对较低的物料。对于黏度相对较高的物料，可采用立式胶体磨。

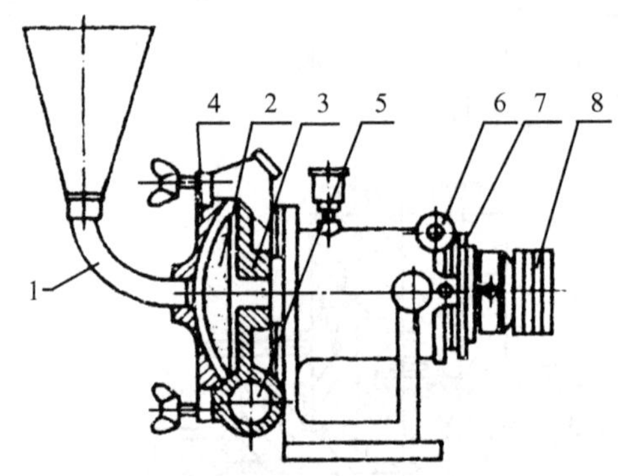

图 5-30　卧式胶体磨结构示意图

1. 进料口；2. 转动件；3. 固定件；4. 工作面；　5. 卸料口；6. 锁紧装置；7. 调整环；8. 皮带轮

3. 离心式均质机

离心式均质机是一种具有净化功能的均质机，它能以高速回转鼓使液料在惯性离心力的作用下分成密度大、中、小三相，使密度大的物料成分趋向鼓壁，密度中等的物料顺上方管道排出，密度小的脂肪类被导入上室，上室内有一块带尖齿的圆盘，使物料以很高的速度围绕该盘旋转并与其产生剧烈的相对运动，使得局部产生旋涡，引起脂肪球破裂而达到均质的目的。

离心式均质机主要由转鼓、带齿圆盘及传动机构组成。其转鼓如图 5-31A 所示，它由转轴、碟片等组成。为增加分离能力，一般装有数十块碟片。碟片形式与离心机的碟片相似。带齿圆盘结构如图 5-31B 所示。盘上有突出的尖齿，一般为 12 齿。齿的前端边缘呈流线型，后端边缘则削平。工作时，圆盘随转鼓一起回转，转鼓的上方中心处是料液进口，料液由此进入转鼓，并充满容腔。在进口外侧是均质液出口。经带齿圆盘均质后的物料又回到碟片上，一边循环一边均质，均质后的物料则由出口排出。

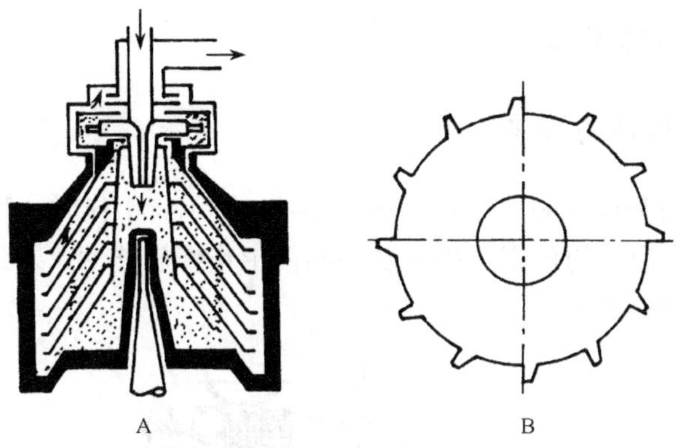

图 5-31　离心式均质机

A. 转鼓；B. 带齿圆盘

4. 超声波均质机

超声波均质机是利用声波和超声波在遇到物体时会迅速地交替压缩和膨胀的原理设计的。物料在超声波的作用下，当处在膨胀阶段时，料液受到拉力呈气泡膨胀；当处在压缩阶段内，气泡则收缩，当压力变化幅度很大且压力振幅低于低压时，被压缩的气泡会急剧破裂，在料液中会出现“空穴”现象，这种现象又随着振幅的变化和外压的不平衡而消失。在空穴消失的瞬时，液体的周围引起高温高压，起着非常复杂而强力的机械搅拌作用，以达到均质的目的。同时，在“空穴”产生有密度差的界面上，超声波也会反射产生激烈的搅拌。根据这个原理，超声波均质机是通过将频率为 20～25kHz 的超声波发生器放入料液中，由超声波在料液中的搅拌作用而使料液得到均质。

根据超声波发生器的形式，可将超声波均质机分为机械式、磁控式和压电晶体式等。其中机械式超声波均质机主要由喷嘴和簧片组成，如图 5-32 所示。簧片处于喷嘴的前方，它是一块边缘呈楔形的金属片，被两个或两个以上的节点夹住。当料液在 0.4～1.4MPa 的泵压下经喷嘴高速射到簧片上时，簧片便发生频率为 18～30kHz 的振动。这种超声波立即传给料液，使料液呈现激烈的搅拌状态，料液中的大粒子便碎裂，料液被均质化，均质后的料液即从出口排出。

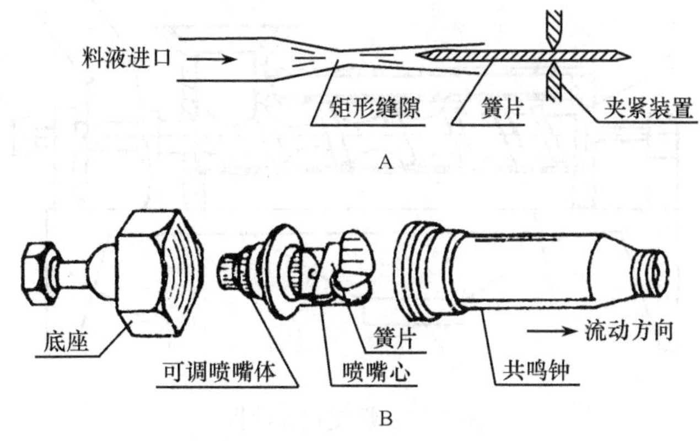

图 5-32　机械式超声波原理及发生器结构图

A. 超声波发生器工作原理图；B. 超声波发生器结构图

四、果蔬破碎机械与设备

1. 果蔬打浆机械与设备

打浆机一般采用刮板滤浆式结构，如图 5-33 所示。工作时，物料从料斗进入，经螺旋推进器推进，在刮板的作用下破碎及在圆筒中作螺旋移动，果浆经圆筒筛孔由出料斗送出，废浆由出渣口排出。

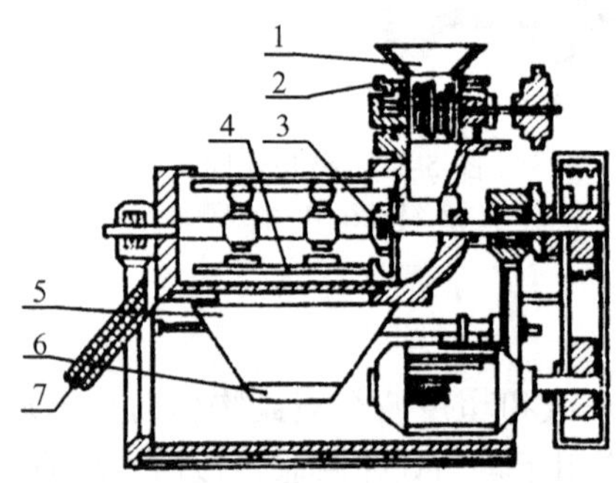

图 5-33　打浆机结构示意图

1. 进料斗；2. 切碎刀；3. 推进器；4. 桨叶；5. 圆筒筛；6. 出料斗；7. 出渣口

2. 果蔬榨汁机械与设备

机械法榨汁的机械与设备主要有螺旋式榨汁机、活塞式榨汁机、锥盘式榨汁机和辊带式榨汁机等。下面简要介绍两种常用的榨汁机。

（1）螺旋式榨汁机　螺旋式榨汁机是目前使用较广泛的一种连续式压榨机，它是以螺旋的推进力使果蔬受到挤压而榨取汁液，具有结构简单、外形小、榨汁效率高、操作方便等特点，其结构如图 5-34 所示。工作时，物料由进料斗进入螺杆，在螺杆的挤压下榨出汁液，汁液自圆筒筛的筛孔中流入收集器，而料渣则通过螺杆锥形部分与筛筒之间形成的环状空隙排出。

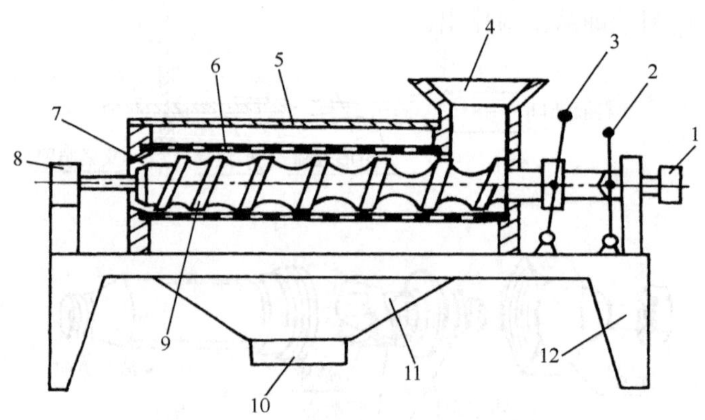

图 5-34　螺旋式榨汁机

1. 传动装置；2. 离合手柄；3. 压力调整手柄；4. 进料斗；5. 机盖；6. 圆筒筛；7. 环形出渣口；8. 轴承盒；9. 压榨螺杆；10. 出汁口；11. 汁液收集器；12. 机架

（2）活塞式榨汁机 由连接板、筒板、活塞、集汁-排渣装置、液压系统和传动机构组成。这种榨汁机是由连接板与活塞用挠性导汁芯连接起来，水果经打浆成浆料，经连接板中心孔进入筒体内，活塞压向连接板，果汁经导汁芯和后盖上伸缩导管进入集汁装置。在压榨过程中筒体处于回转状态，有利于物料充填均匀和压榨力分布平衡。完成榨汁，活塞后退，弯曲了的导汁芯被拉直，果渣被松散，然后筒向后移，果渣落入排渣装置并排出。其基本过程原理如图 5-35 所示。活塞式榨汁机把过滤和压榨组合在一起，较好地使浆料中的液-固分离，其出汁率及机械自动化程度优于其他榨汁机。

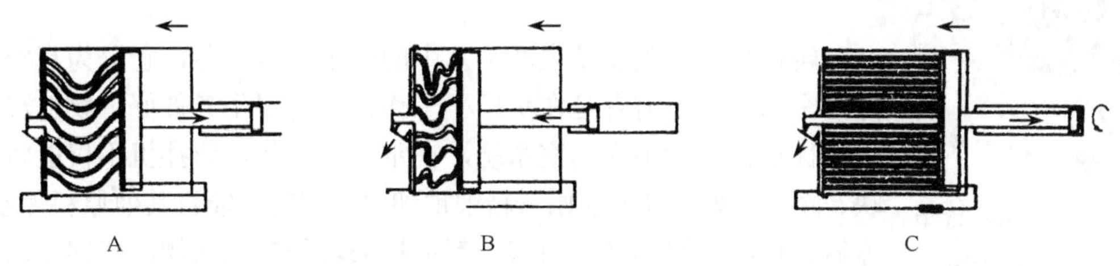

图 5-35 活塞式榨汁机基本原理

A. 填料；B. 压榨；C. 松散果渣

3. 果蔬切片机械与设备

（1）蘑菇切片机 在生产片装蘑菇罐头时，为了能使所切蘑菇片厚薄均匀而切向一致，同时还将边片分开，必须加设定位装置，使蘑菇能排列整齐地进入切片机中定向切片。蘑菇定向切片机如图 5-36 所示。该设备是在一个轴上装有几十片圆刀，轴的转动带动圆刀旋转，把从料斗送来的蘑菇进行切片。为适应切割不同厚度蘑菇片的需要，圆刀之间的距离可以调节。与圆刀相对应的有一组挡梳板，它安装于两片圆刀之间，挡梳板固定不动，刀则嵌入垫辊之间，当圆刀和垫辊转动时即对蘑菇进行切片，切下的蘑菇片由挡梳板挡出，落入下料斗中。

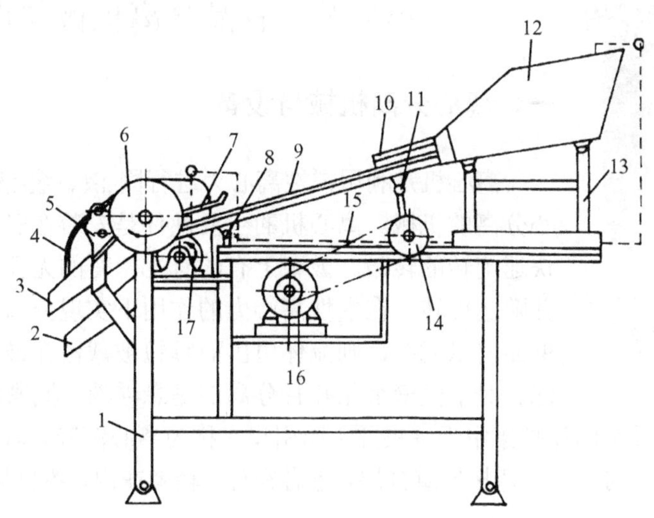

图 5-36 蘑菇定向切片机

1. 支架；2. 边片出料斗；3. 正片出料斗；4. 护罩；5. 卸料挡梳；6. 圆刀组；7. 下定位板；8，11. 铰链；9. 弧槽滑料板；10. 上定位板；12. 进料斗；13. 进料斗架；14. 偏心轴；15. 水管；16. 电动机；17. 垫辊轴承

（2）果蔬切丁切条机　果蔬切丁切条机的种类很多，图 5-37 所示为 TK-325 型切菜机的外形。该机可用于将叶菜类蔬菜和瓜果切成圆片状或长条状，其工艺简单，清洁卫生，经久耐用，效率高。

图 5-37　TK-325 型切菜机外形图

五、肉类绞切机械与设备

1. 肉类斩拌机

斩拌机是肉类制品生产工艺中的一个关键设备，它分为真空和非真空斩拌机。前者是在负压下工作，具有卫生条件好、物料温升小等优点；后者不带真空系统，在常压下工作。斩拌机不仅能将肉块、碎肉、脂肪等主要原料精细地切碎，同时还能将其他原料如水、冰屑、调料、附加品同肉末一起搅拌成均匀的乳状物，特别是由于乳化处理，肠类产品的细密度与弹性均大大增强。图 5-38 为 200 型肉泥真空斩拌机。

图 5-38　200 型肉泥真空斩拌机

2. 可编程序绞肉机

图 5-39 所示为西班牙 MEW 型可编程序绞肉机的外形图，该机采用了现代肉加工的最新技术，消除了切割刀具的摩擦，降低了磨损，节约能量，能加工温度在 –20～80℃的冷冻肉、鲜肉和生的熏肉皮。在加工过程中，温升不超过 2～3℃，故能最大限度地保持原料的质量。

图 5-39　MEW 型可编程序绞肉机外形图

第五节　食品分离机械与设备

一、离心分离机械与设备

离心机是利用惯性离心力进行固-液、液-液或液-液-固相离心分离的机械。离心机的主要部件是安装在竖直或水平轴上的快速旋转的转鼓。鼓壁上有的有孔，有的无孔。料浆进入转鼓并随之旋转，在惯性离心力的作用下实现分离。在有孔的鼓内壁面覆以滤布，则流体甩出而颗粒被截留在鼓内，称为离心过滤。对于鼓壁上无孔且分离的是悬浮液，则密度较大的颗粒沉于鼓壁，而密度较小的流体集中于中央并不断引出，称为离心沉降。对于鼓壁上无孔且分离的是悬浮液，则两种液体按轻重分层，重者在外，轻者在内，各自从适当位置引出，称为离心分离。

离心机的分类：①按分离因数可分为常速离心机（K_c＜3000）、高速离心机（3000＜

K_c<50 000）和超高速离心机（K_c>50 000）；②按操作原理可分为过滤式离心机、沉降式过滤机和分离式离心机；③按操作方式可分为间歇式离心机和连续式离心机；④按卸料方式可分为人工卸料离心机、重力卸料离心机、刮刀卸料离心机、活塞推料离心机、螺旋卸料离心机、离心卸料离心机、振动卸料离心机和进动卸料离心机；⑤按转鼓主轴位置可分为卧式离心机和立式离心机。

1. 螺旋离心机

螺旋离心机具有分离因数高，能实现悬浮液的脱水、澄清、分级的过程，对分离物料的适应性强，单位生产能力的功耗低等特点。螺旋离心机的主要结构和工作原理如图 5-40 所示。

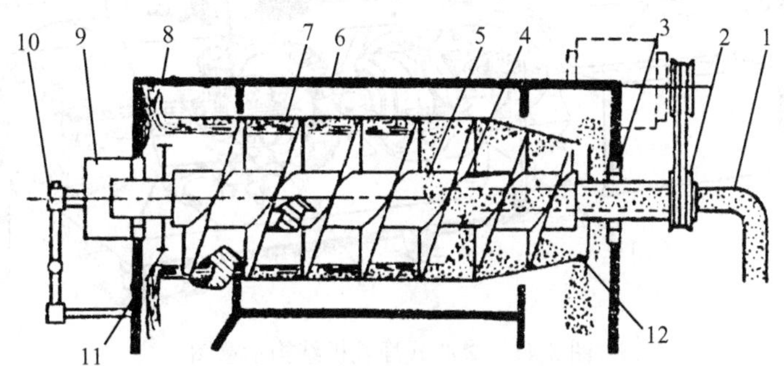

图 5-40　卧式螺旋离心机工作原理图

1. 进料管；2. 三角皮带轮；3. 右轴承；4. 螺旋输送器；5. 进料孔；6. 机壳；7. 转鼓；8. 左轴承；9. 行星差速器；10. 过载保护装置；11. 溢流孔；12. 排渣孔

悬浮液从右端的中心加料管连续送入机内，经过螺旋输送器内筒加料隔仓的进料孔进到转鼓内。在离心力作用下，转鼓内形成环形液池，重相固体颗粒离心沉降到转鼓内表面上形成沉渣，由于螺旋叶片与转鼓的相对运动，沉渣被螺旋叶片送到转鼓小端的干燥区，从排渣孔甩出。在转鼓的大端盖上开设有若干溢流孔，澄清液从此处流出，经机壳的排液室排出。

2. 碟式分离机

碟式分离机主要用于乳浊液的分离和含有少量固相的悬浮液的澄清。在转鼓里装有许多互相保持一定间距的锥形碟片，使液体在碟片间形成薄层流动而进行分离，减少液体扰动，减小沉降距离，增加沉降面积，从而大大提高分离效率和生产能力。

碟式分离机按其进料和排液方式分为敞开式、半密封式和密封式 3 种。图 5-41 所示的离心式净乳机属于碟式分离机，其碟片上开有一组或几组沿圆周分布的孔眼，碟片以一定间隙叠合时，孔眼就构成了流通的孔道。待分离的混合液从转鼓底部进入，通过碟片上孔眼形成的流通孔道进入众碟片的薄间隙中。轻重不同的两种液体就在转鼓芯高速回转时在碟片间隙中被分离。密度小的轻液沿碟片上表面向中心流动，由轻液口排出，重液则沿碟片下表面流向转鼓外层，经重液口排出。乳浊液含有少量固相时，它们则沉积于转鼓内壁上，可以定期排渣。

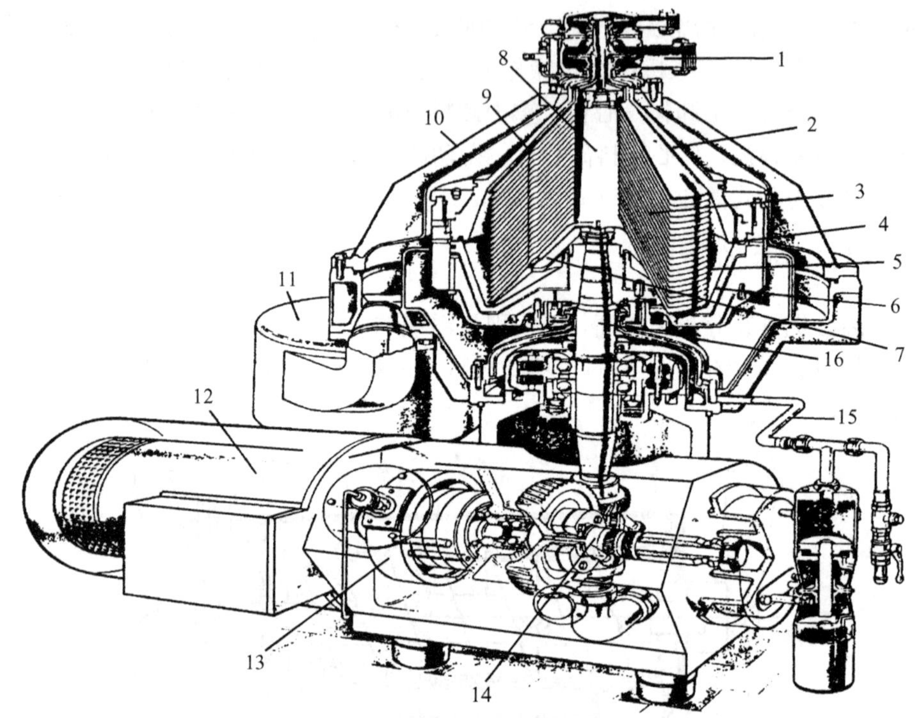

图 5-41　离心式净乳机结构示意图

1. 进乳口；2. 分离罐上锥盖；3. 锥形分离碟盘；4. 密封胶圈；5. 杂质收集空间；
6. 分离罐下盖；7. 托盘；8. 中央导管；9. 锥形分离碟盘凸起；10. 净乳机上罩；
11. 排渣罐；12. 驱动电机；13. 制动器；14. 变速斜齿轮；15. 排泄导管；16. 高速心轴

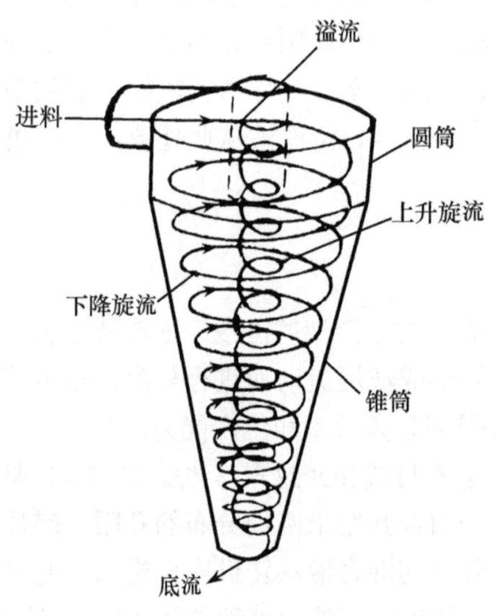

图 5-42　旋流器内流型示意图

二、旋液分离机械与设备

旋液分离器又称水力旋流器，是利用离心沉降原理从悬浮液中分离固体颗粒的设备，设备主体是由圆筒和圆锥两部分组成。流型示意图如图 5-42 所示，悬浮液经入口管沿切向进入圆筒，形成旋流，外层为下降旋流，内层为上升旋流，固体颗粒受惯性离心力作用被甩向器壁，在下降旋流的作用下到达锥底，由底部排出的增浓液称为底流；清液或含有微细颗粒的液体则成为上升的内旋流，从顶部的中心管排出，称为溢流。内层旋流中心有一个处于负压的气柱，气柱中的气体是由料浆中释放出来的，或者是由溢流管口暴露于大气中时而将空气吸入器内的。

三、过滤分离机械与设备

食品工业中在生产酒类、饮料、果汁等类产品时，常要将液体中肉眼看不见的固态杂质微粒去掉，提高产品的澄清度，以防止成品日后随保存时间延长而发生沉淀，所以必须使用过滤设备。食品工厂所用的过滤设备，型式多样，但过滤的基本原理相同，都是以某种多孔物质作为过滤介质，在外力作用下，悬浮液中的液体通过介质的孔道，而固体颗粒（微粒）被截留下来，实现固、液分离得到澄清的液体。下面介绍两种常用的过滤机械。

1. 板框式压滤机

板框式压滤机由多块过滤板和过滤框交替排列组成，过滤板和过滤框的数量视生产能力和滤浆的情况可以增减，其结构如图 5-43 所示。组装时，在过滤板和过滤框之间加过滤布，借手动螺杆或液压机构将其压紧。两相邻滤布之间的框间为过滤空间。滤布起过滤介质及密封垫圈的作用，可防止过滤板和过滤框之间泄漏。滤板和滤框的 4 个角上开有通孔，组装后形成滤浆、洗涤液和滤液的通道。

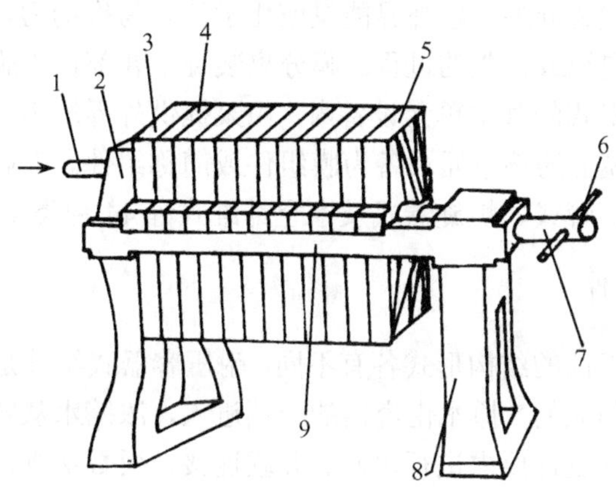

图 5-43　板框式压滤机

1. 悬浮液入口；2. 左支座；3. 过滤板；4. 过滤框；5. 活动压板；6. 手柄；7. 中心轴；8. 右支座；9. 横梁

2. 硅藻土过滤机

硅藻土过滤机是采用硅藻土作助滤剂附着在织物介质上完成过滤操作的过滤设备。较常用的一种硅藻土过滤机的结构如图 5-44 所示。该机工作时一般要配一个回流缸，在回流缸中按滤盘总过滤面积向原液中加入硅藻土助滤剂，搅匀后由进口进入过滤机，同时打开排气阀，排气完毕立即关掉排气阀，使机内充满液体。在压力推动下，滤液穿过滤布、滤网盘，随后进入空心轴的长槽中，通过槽中的孔进入空心轴，再由出口排入回流缸。一直循环到当硅藻土均匀涂布在滤布上为止。硅藻土涂层在滤布上形成后，杂质便被截留，滤液从其微细孔道经过达到过滤目的。

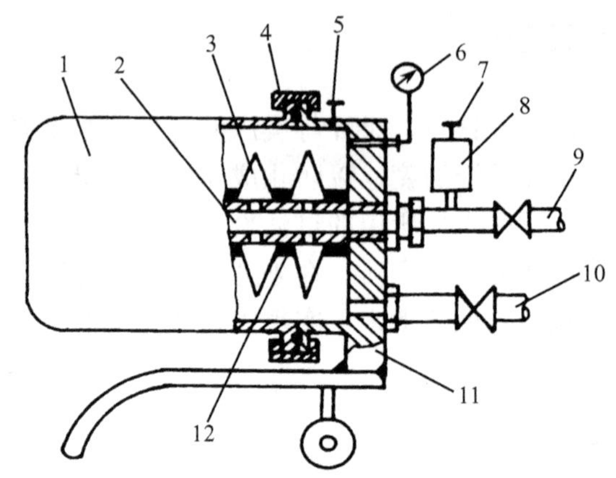

图 5-44　硅藻土过滤机

1. 壳体；2. 空心轴；3. 过滤网盘；4. 卡箍；5，7. 排气阀；6. 压力表；
8. 玻璃视筒；9. 滤液出口；10. 原液进口；11. 支座；12. 密封胶圈

四、膜分离装置

膜分离是以分离膜为介质，以外界能量或化学位差为推动力，对双组分或多组分溶质和溶剂进行分离、提纯或富集的过程。膜分离装置主要部件为膜组件和泵，所谓膜组件是将膜组装在某种形式的基本单元设备内，由泵提供外界压力，在循环下实现溶质和溶剂的分离。工业规模上的该单元设备为膜组件或简称组件。工业上常用的反渗透膜组件形式主要有板框式、管式、螺旋卷式及中空纤维式等44种类型。

1. 板框式膜组件

板框式反渗透膜组件的结构形式各有不同，耐压容器式组件是把多层脱盐板堆积组装后放入耐压容器中制成的，原水由容器的一端进入，浓缩水从容器的另一端排出，容器内的大量脱盐板根据设计要求进行串联、并联连接，板数从进口到出口依次递减，从而减轻浓差极化现象并保持原水流速基本平稳（图5-45）。

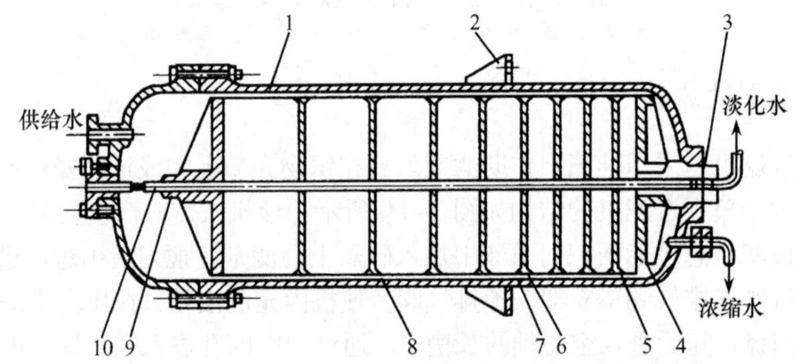

图 5-45　耐压容器式板框式反渗透膜组件

1. 膜支撑板；2. 安装支架；3. 支撑座；4. 基板；5. 周边密封；
6. 封闭；7. 水套隔板；8. 开口隔板；9. 淡水管螺母；10. 淡化水顶轴

2. 中空纤维式膜组件

中空纤维的直径较细，一般外径为 50～100μm，内径为 15～45μm，具有在高压下不变形的强度。中空纤维膜式组件是把几十万（或更多）根中空纤维弯成 U 形，装入圆柱形耐压容器内，纤维束的开口端密封在环氧树脂的管板中。在纤维束的中心轴处安置一个原水分配管，原水以径向流过纤维束，透过纤维管壁的淡水沿纤维的中空内腔经管板被引出，高浓度原水则在容器的另一端排出（图 5-46）。

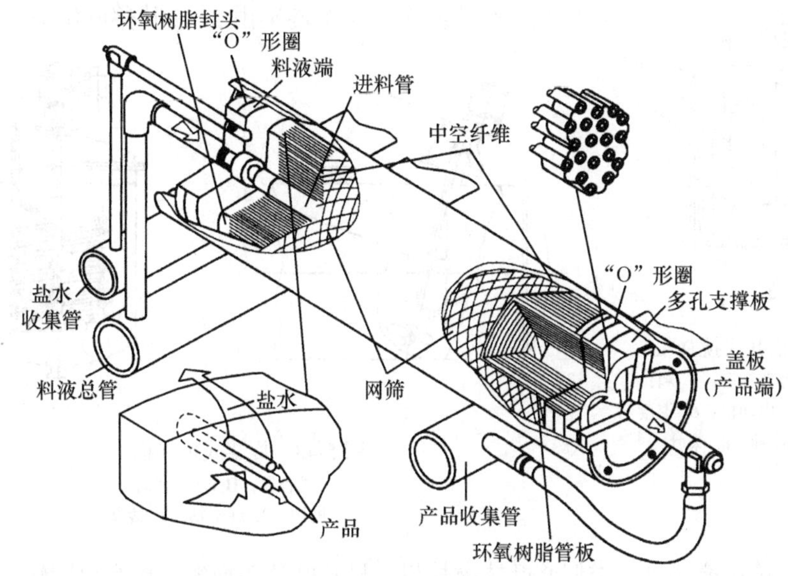

图 5-46　中空纤维式反渗透膜组件

第六节　食品混合机械与设备

一、液体混合机械与设备

混合过程是指两种或两种以上不同组分的物料在外力作用下，运动速度和方向发生改变，使各组分的粒子得以均匀分布，经过混合操作后得到的物料称为混合物。一般来说，以液体为主的物料的混合称为搅拌，以干物料为主的固体物料的混合称为混合。

将两种或两种以上不同组分的物料混合在一起，构成均匀混合物的机械主要有两类：一类是对粉粒状物料和较低黏度的液态物料进行混合的机械称为混合机和搅拌机。另一类是对高黏度物料和黏弹性物料进行混合的机械，称为捏合（和）机或揉合（和）机，如和面机和糖蜜搅拌机等。将乳浊液或悬浮液进行边破碎、边混合的操作称为均质，所采用的机械称为均质机和胶体磨（见本章第四节）。

1. 低黏度液体的混合设备

适用于处理低黏度或中等黏度液体混合的机械式搅拌机，一般按叶片形式和它在容器内的安装方式来分类。几种常见的低黏度搅拌机如下。

（1）浆叶式搅拌机　其结构如图 5-47 所示，浆叶式搅拌机的搅拌容器多为圆柱形，底部为半球形或碟形，以免造成死角。搅拌轴底部装有一对或几对桨叶，处理低黏度液体时搅拌轴由电动机直接驱动，浆叶转速较高。

（2）旋浆式搅拌机　又称螺旋式搅拌机，其结构如图 5-48 所示。该机适用于低黏度液体的高速搅拌，多用于混合两种不相溶的液体制备乳浊液，如油和水的混合物等低黏性物料。旋浆安装在转轴末端，可以是一个或两个，每个旋浆由 2～3 片桨叶组成。

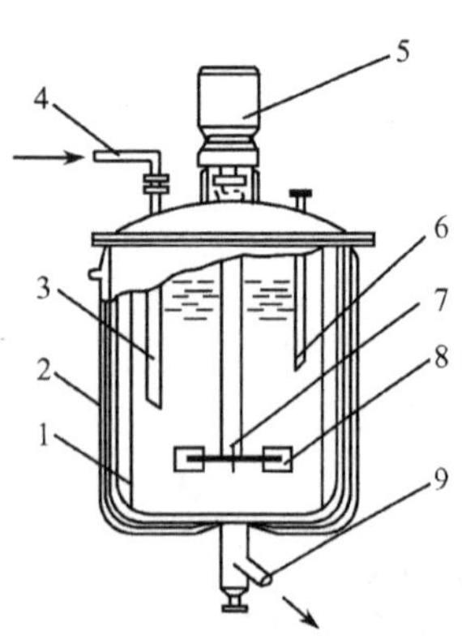

图 5-47　浆叶式搅拌机

1. 挡板；2. 容器夹套；3. 料；4. 进料管；5. 电动机；6. 温度计管；7. 搅拌轴；8. 桨叶；9. 出料管

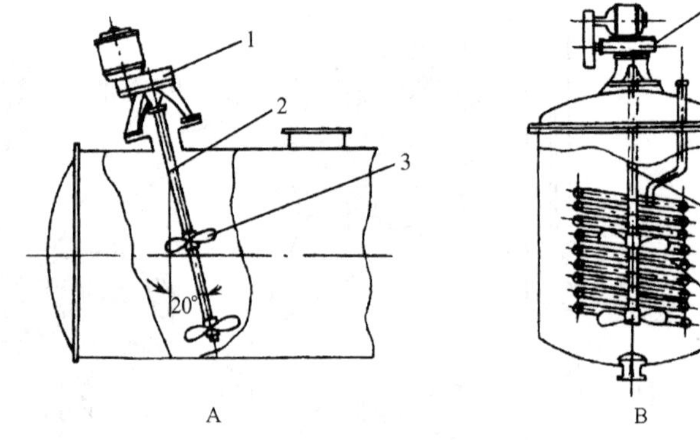

图 5-48　旋浆式搅拌机

A. 卧式容器；B. 立式容器

1. 传动机构；2. 旋桨轴；3. 旋桨

（3）涡轮式搅拌机　类似桨叶式搅拌机，只是叶片多而短，属高速回转径向流动式搅拌机。液体经涡轮叶片沿驱动轴吸入，主要产生径向液流，液体以高速向涡轮四周抛出，再沿槽壁上升流动，涡轮叶片为 4～6 枚，叶片形式多样，有平直的、弯曲的、垂直的和倾斜的等几种，可以制成开式、半封闭式或外周套扩散环式等。

（4）喷流式搅拌机　在贮槽底部向内放置一根喷管，其形状呈直线或 Y 形，它向搅拌液中施加喷流，使液流在容器内循环而起到搅拌作用。

（5）喷气式搅拌机　又称气体吹入搅拌机或气流搅拌机，其工作原理是利用空压机将气体或空气吹入液体中，利用气泡剧烈的运动起到搅拌作用。喷气式搅拌机主要有散布式喷气搅拌机和气力扬升式喷气搅拌机两种类型。

2. 高黏度液体的混合设备

一般将黏度高于 2.5Pa·s 的液体称为高黏度液体。高黏度搅拌机的种类很多，按其工作方式可分为间歇式搅拌机和连续式搅拌机；按容器是否旋转，可分为固定容器型搅拌机和旋转容器型搅拌机；按工作原理不同可分为振动式搅拌机、挤压搅拌机和挤压、撞击式搅拌机。

打蛋机有立式与卧式两种，以立式打蛋机为常用。图 5-49 所示为立式打蛋机的结构示意图。它由搅拌器、容器、传动装置及容器升降机构等组成。其工作过程为：电机把动力传到传动装置，再传到搅拌器，搅拌器与容器间具有一定规律的相对运动，使物料得到搅拌，搅拌效果的好坏由搅拌器运动规律限制。

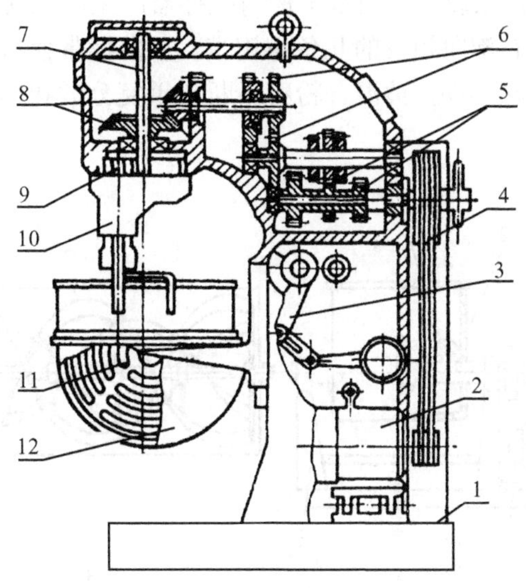

图 5-49　立式打蛋机结构示意图

1. 机座；2. 电机；3. 锅架及升降机构；4. 皮带轮；5. 齿轮变速机构；6. 斜齿轮；7. 主轴；8. 锥齿轮；9. 行星齿轮；10. 搅拌头；11. 搅拌桨叶；12. 搅拌容器

打蛋机是最典型和常用的高黏度搅拌机，在食品生产中常被用来搅打各种蛋白液。打蛋机操作时，通过自身搅拌器的高速旋转，强制搅打，使得被搅拌物料充分接触与剧烈摩擦，以实现对物料的混合、乳化、充气及排除部分水分的作用，从而满足某些食品加工工艺的特殊要求。

二、固体混合机械与设备

固体混合是将两种或两种以上的粉料颗粒通过流动作用，使之成为组分浓度均匀的混合物的过程。在混合机内，大部分混合操作都同时存在对流、扩散和剪切 3 种混合方式。

固体混合机按混合容器的运动方式不同，可分为固定容器式和旋转容器式。按混合操作型式，可分为间歇操作式和连续操作式。固定容器式混合机有间歇与连续两种操作型式。旋转容器式混合机通常为间歇式，即装卸物料时需停机。间歇式混合机易控制混合质量，可适应粉粒物料配比经常改变的情况。

1. 固定容器式混合机

固定容器式混合机的结构特点是容器固定，旋转搅拌器装于容器内部。它以对流混合为主，其混合机理是搅拌器把粉料从容器底移送到容器上部，下面形成的空间被因重力作用而运动的粉料所填补，并产生侧向运动，如此循环混合。适用于各粉料物理性质差别及配比差别比较大的散料混合操作。

固定容器式混合机的结构形式比较典型的有螺带式混合机和立式螺旋混合机。

螺带式混合机主要由搅拌器、混合容器、传动机构、机架及电动机组成，如图 5-50 所示。这种混合机的混合原理是利用水平槽内搅拌器产生的纵向和横向的复合运动来混合粉料。在同一轴上装有旋向相反的几条螺旋带，正向螺带使粉料往一端移动，而反向螺带则使粉料向相反一端移动，被混合粉料不断地重复分散和集聚，从而达到较好的混合效果。

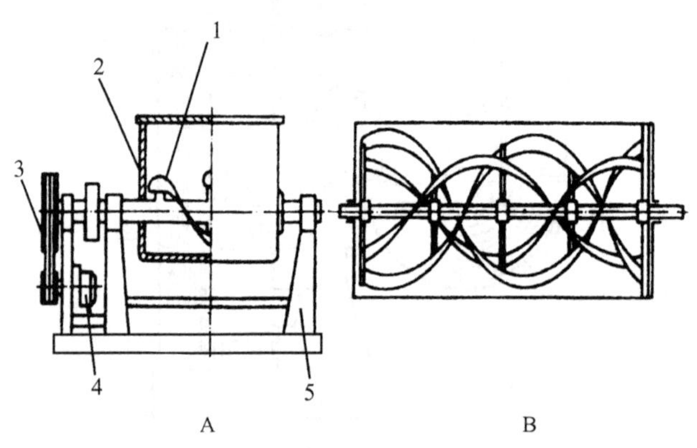

图 5-50　螺带式混合机示意图

A. 外形；B. 混合容器内部结构

1. 搅拌器；2. 混合容器；3. 传动机构；4. 电动机；5. 机架

2. 旋转容器式混合机

旋转容器式混合机的操作是以扩散混合为主。它的工作过程是通过混合容器的旋转形成垂直方向运动，使被混粉料在器壁或容器内的固定抄板上引起折流，造成上下翻滚及侧向运动，不断进行扩散而达到混合的目的。正常工作时，物料在容器内应发生涡流运动。

三、固液混合机械与设备

固液混合的主要设备包括混合锅、Z 型捏合机及和面机等。其中混合锅通常有固定式和转动式两种类型。前者是锅体不动，混合元件除本身转动外兼作行星式运动。它是由一段短的圆筒和一个半球形器底制成，锅体可以在与机架连接的支座上升降，并装有手柄以人工方法卸除物料。它的混合元件在工作时，与器壁的间隙很小，搅拌作用可遍及整个物料。后者的锅体是安装在转动盘上转动，其混合元件偏心安装于靠近锅壁处作固定的转动。它是由转盘带动锅体作圆周运动将物料带到混合元件的作用范围之内进而产生局部混合作用。

四、气液混合机械与设备

食品工业中最常见的气液混合就是碳酸饮料的碳酸化，气液混合机是碳酸饮料生产的关键设备，它的作用是把清洁处理过的冷冻水由活塞泵送入混合桶内并喷成雾状，再凭其自重下落过程中冷冻水与二氧化碳气体充分接触混合，并在压力作用下逐渐被水分子吸收形成碳酸水。气液混合机主要由双作用柱式活塞泵、耐酸耐压的混合桶、机座和管路部分组成。76-38 型气液混合机见图 5-51。

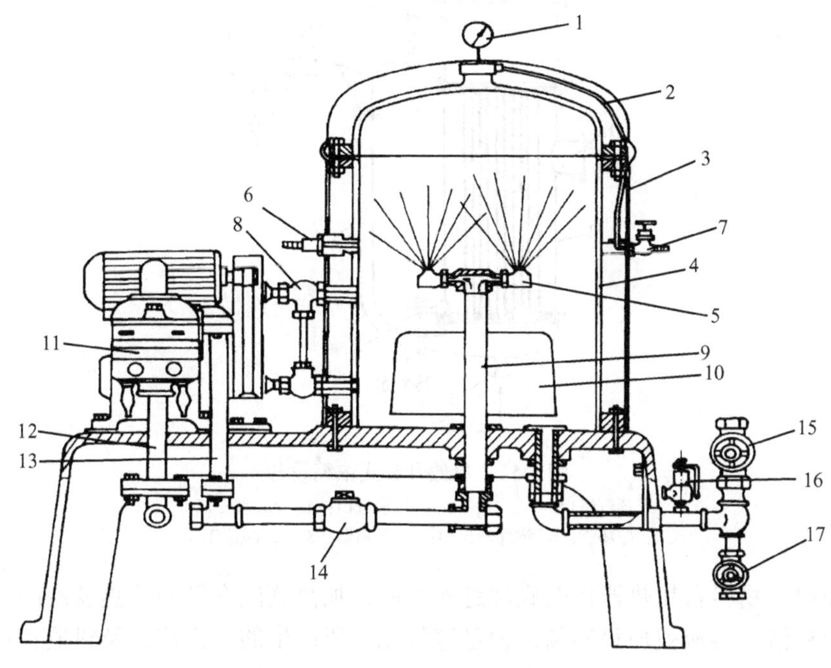

图 5-51　76-38 型气液混合机

1. 压力表；2. 放空气管；3. 外罩；4. 内桶；5. 喷嘴；6. 进二氧化碳阀；7. 放气开关；8. 液位计；9. 中心进水管；10. 防振筒；11. 混合泵；12. 泵进水管；13. 泵出水管；14. 止回阀；15，17. 放水阀；16. 安全阀

第七节　食品浓缩机械与设备

在食品加工中，一些液态原料或半成品如果蔬汁及牛奶等，一般都含有大量的水分（75%～90%），而有营养价值的成分如果糖、蛋白质、有机酸、维生素、盐类、果胶等只占 5%～10%，这些物质的热敏感性很强。在生产中为了便于贮藏运输或作为其他工序的预处理，往往要进行浓缩处理。浓缩过程中既要提高其浓度，又要使食品溶液的色、香、味尽可能地保存下来，所以对工艺流程的设计、设备的选型、制造和具体单元操作等均有较高的要求。

浓缩设备主要包括蒸发器、冷冻浓缩设备和反渗透装置 3 大类。目前，国内大量应用的是蒸发器。冷冻浓缩和反渗透装置的前景广阔，也将得到推广。

一、单效升膜式浓缩设备

图 5-52 为单效升膜式浓缩设备，其属于外加热式自然循环的液膜式浓缩设备。该设备主要由加热器、分离器、雾沫捕集器、水力喷射器、循环管 5 部分组成。

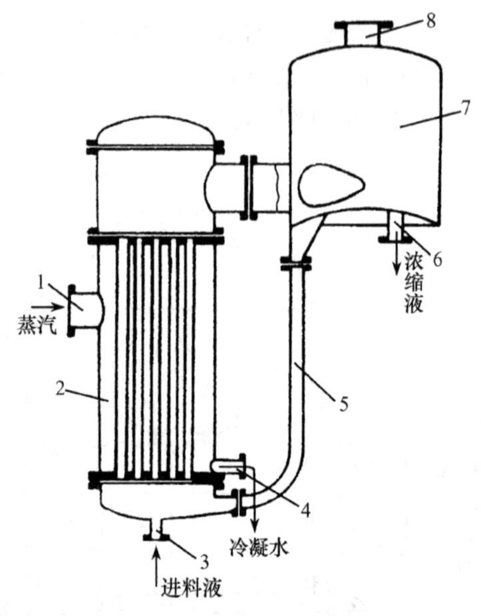

图 5-52　单效升膜式浓缩设备

1. 蒸汽进口；2. 加热器；3. 料液进口；4. 冷凝水出口；
5. 循环管；6. 浓缩液出口；7. 分离器；8. 二次蒸汽出口

工作时，物料自加热器体的底部进入管内，加热蒸汽在管间传热及冷凝，将热量传给管内料液。料液被加热沸腾，便迅速气化，所产生的二次蒸汽及料液在管内高速上升。浓液被高速上升的二次蒸汽所带动，沿管内壁呈膜状上升并不断被加热蒸发。这样料液从加热器底部至管子顶部出口处，逐渐被浓缩，浓缩液以较高速度沿切线方向进入蒸发分离器，在离心力作用下与二次蒸汽分离。二次蒸汽从分离器顶部排出，浓缩液一部分通过循环管再进入加热器底部继续浓缩，另一部分达到浓度的浓缩液，可从分离室底部放出。二次蒸汽挟带的料液液滴从分离器顶部进入雾沫捕集器进一步分离后，导入水力喷射器冷凝。该设备占地面积小、传热效率高、蒸发速度快、蒸发时间短（10～20s），适合于热敏性和易起泡沫的料液蒸发浓缩，不宜用于黏度较大的溶液，而对蒸发量较大（较稀）的料液较适宜。单效升膜式浓缩设备在食品工业中常用于果汁及乳制品的浓缩。

二、双效升膜式浓缩设备

双效升膜式浓缩设备又分为单程式和循环式两种型式。循环式双效升膜式浓缩设备的结构如图 5-53 所示。该设备工作时，料液自一效加热器的下部进入蒸发管中，由于管外蒸汽的加热及真空的诱导作用，料液沿着加热管上升，并在上部空间加热气化、蒸发，被二次蒸汽挟带的料液液滴经分离器分离后，由回流管仍回入一效加热器的底部，当一效的料液达到预定的浓度时，可部分地进入二效加热器的底部，再行循环蒸发，当达到出料浓度时，即可连续不断地将其抽出。

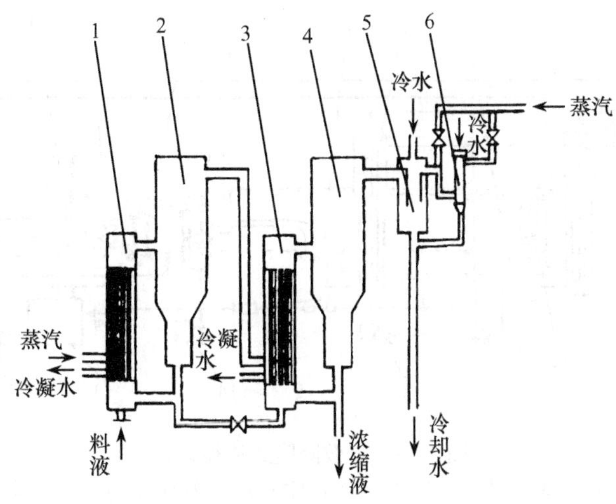

图 5-53　循环式双效升膜式浓缩设备

1. 一效加热器；2. 一效分离器；3. 二效加热器；4. 二效分离器；5. 混合式冷凝器；6. 中间冷凝器

三、单效降膜式浓缩设备

降膜式与升膜式都属于自然循环的液膜式浓缩设备，具有传热效率高、受热时间短的特点，但料液均匀分布于管内较困难。在食品工业中，降膜蒸发器大多组成双效、多效及热泵式的蒸发设备。适合于果汁、乳品及蒸发量小的浓黏料液生产。

单效降膜式浓缩设备的构造如图 5-54 所示。该设备工作时，料液由加热器体顶部加入，液体在重力作用下，沿管内壁呈液膜状向下流动。顶部有料液分布器，以使料液均匀地分布在每根加热管中。二次蒸汽与浓缩液并流而下，料液沿管内壁流下时因受二次蒸汽的作用而呈膜状。由于加热蒸汽与料液的温差较大，因此传热效果好，气液进入蒸发室后进行分离，二次蒸汽由顶部排出，浓缩液则由底部抽出。

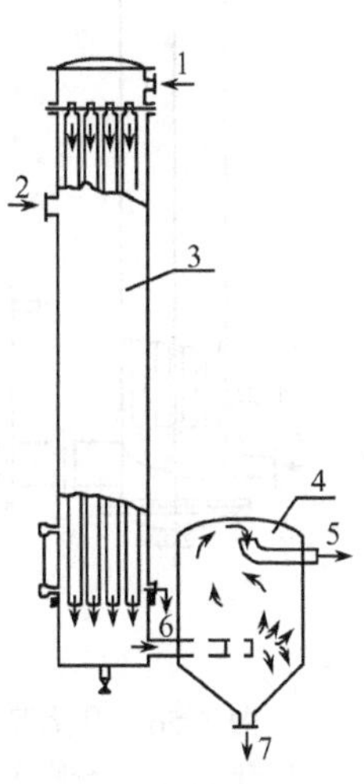

图 5-54　单效降膜式浓缩设备

1. 料液进口；2. 蒸汽进口；3. 加热器；4. 分离器；5. 二次蒸汽出口；6. 冷凝水出口；7. 浓缩液出口

四、双效降膜式浓缩设备

双效降膜式浓缩设备属单程式设备，其结构如图 5-55 所示。该设备工作时，料液自平衡槽经进料泵，送至位于混合式冷凝器内的螺旋管预热，再经置于一效及二效加热器蒸汽夹层内的螺旋管再次预热，然后进入列管式杀菌器杀菌和保温管进行保温。杀菌后的料液自顶部进入一效加热器，经蒸发达到预定浓度后，由强制循环的物料泵送至二效加热器的顶部，再次受热蒸发达到浓度后可由出料泵自二效分离器的底部连续不断地抽出，若浓度不符合要求，则由出料泵送回至二效加热器顶部继续蒸发。

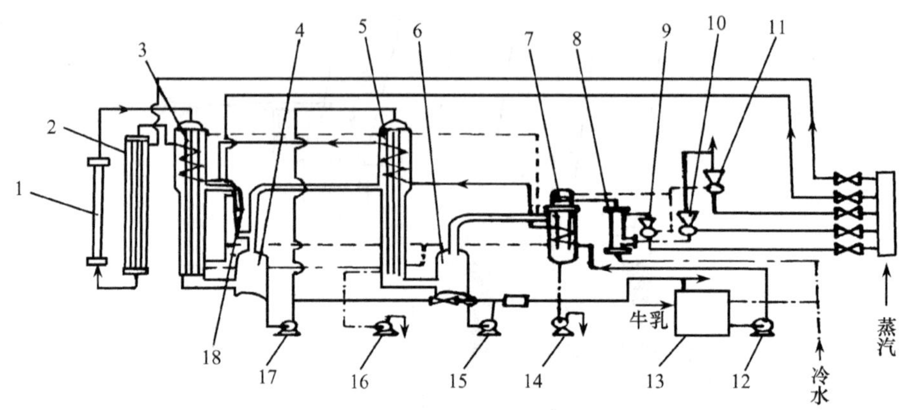

图 5-55　双效降膜式浓缩设备

1. 保温管；2. 杀菌器；3. 一效加热器；4. 一效分离器；5. 二效加热器；6. 二效分离器；7. 冷凝器；8. 中间冷凝器；9. 一级蒸汽泵；10. 二级蒸汽泵；11. 启动蒸汽泵；12. 进料泵；13. 平衡槽；14. 冷却水泵；15. 出料泵；16. 冷凝水泵；17. 物料泵；18. 热压泵

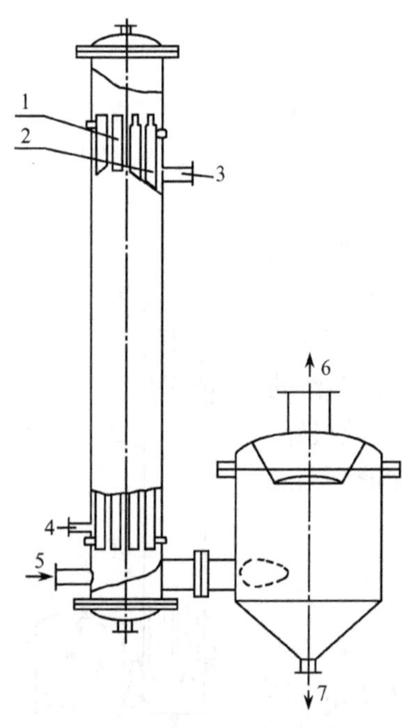

图 5-56　升降膜式蒸发器

1. 升膜管；2. 降膜管；3. 蒸汽管；4. 冷却水出口；5. 进料管；6. 二次蒸汽出口；7. 浓缩液出口

五、升降膜式蒸发器

升降膜式蒸发器是在加热器内安装两组加热管，一组作升膜式，另一组作降膜式，如图 5-56 所示。料液先进入升膜管，沸腾蒸发后，气液混合物上升至顶部，然后转入另一半加热管，再进行降膜蒸发。浓缩液从下部进入气液分离器，分离后，二次蒸汽从分离器上部排入冷凝器，浓缩液从下部排出。

六、其他浓缩设备

1. 中央循环管式浓缩器

中央循环管式浓缩器又称标准式浓缩器，属于单效真空浓缩设备，其构造如图 5-57 所示。料液进入浓缩锅后，加热蒸汽对溶液进行加热浓缩，二次蒸汽进入冷凝器冷凝，不凝气体由真空装置抽出，整个装置处于真空状态。工作时，食品料液经过竖式的加热管面进行加热，由于传热产生重度差，形成了自然循环，液面上的水汽向上部负压空间迅速蒸发，从而达到浓缩的目的。此设备构造简单、操作可靠、传热效果好、投资费用较少、锅内液面易控制，但清洗检修麻烦，黏度大时循环效果较差，循环速度低。

2. 离心式薄膜浓缩设备

这是一种具有旋转的空心碟片的蒸发器，料液受热时间很短，1～2s，形成 0.1mm

的液膜，特别适合果汁和其他热敏性液体食品的浓缩。由于离心盘间的距离小，故对黏度大、易结晶、易结垢的物料不适用。其缺点是设备结构比较复杂，造价较高，传动系统的密封处易泄漏，影响真空度。图 5-58 所示为瑞典 Alfa-Laval 公司生产的离心式薄膜

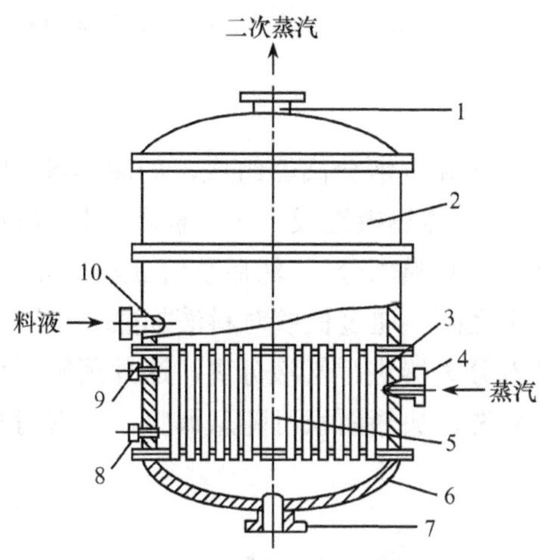

图 5-57　中央循环管式浓缩器

1. 二次蒸汽出口；2. 蒸发室；3. 加热室；4. 加热蒸汽入口；5. 中央循环管；6. 锅底；7. 料液出口；8. 冷凝水出口；9. 不凝气出口；10. 料液入口

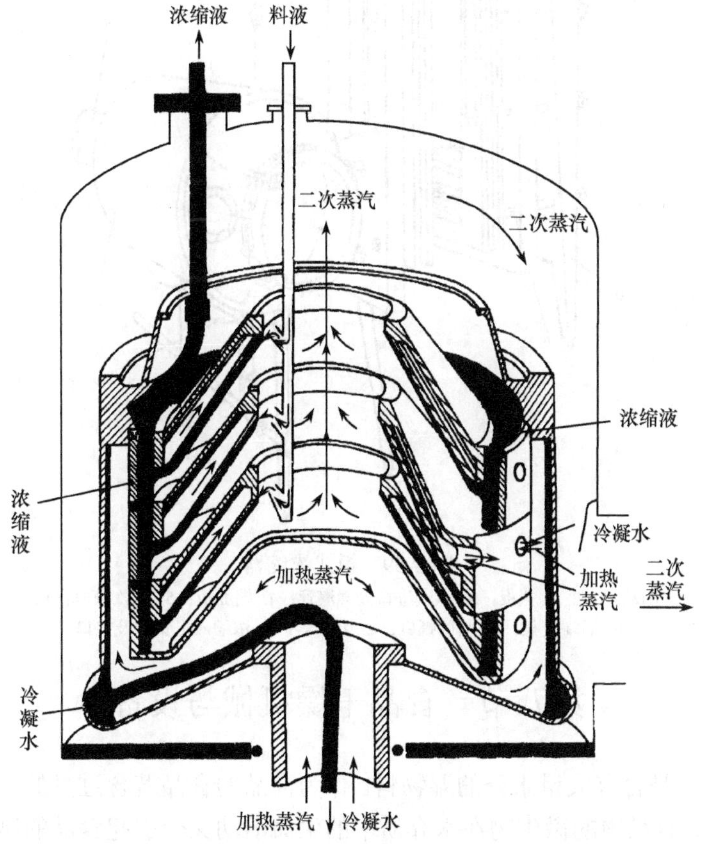

图 5-58　离心式薄膜蒸发器

蒸发器的剖面图。在操作过程中，物料（45℃）先经过滤器，进入可维持一定液面的贮槽，由螺杆泵将料液输送至蒸发器，由喷嘴将料液喷在离心盘背面，并在离心力作用下使其形成薄膜。离心盘中的夹层内，通入加热蒸汽。浓缩液通过膨胀式冷却器冷却为20℃的成品，由浓缩液泵排出。二次蒸汽经过板式冷凝器冷凝后，再用真空泵抽出。

3. 板式浓缩设备

板式浓缩器由板式加热器和气液分离器组成，如图 5-59 所示。板式加热器与板式换热器结构相似，一般由 4 片传热板组成一个“板单元”，待加热料液由泵强制通入加热器，在板 1 与 2 之间上升（升膜部分），然后从管 3 与板 4 之间下降（降膜部分）。加热蒸汽则通入 2、3 和 1、4 之间，通过板壁对料液加热。二次蒸汽与浓缩液一起由底部通入汇集槽及出口，再进入分离器进行气液分离。这种蒸发器体积小，料液在器内停留时间短，传热系数高，易清洗，加热面积可随意调整，但密封垫片易老化而泄漏，使用压力有限。

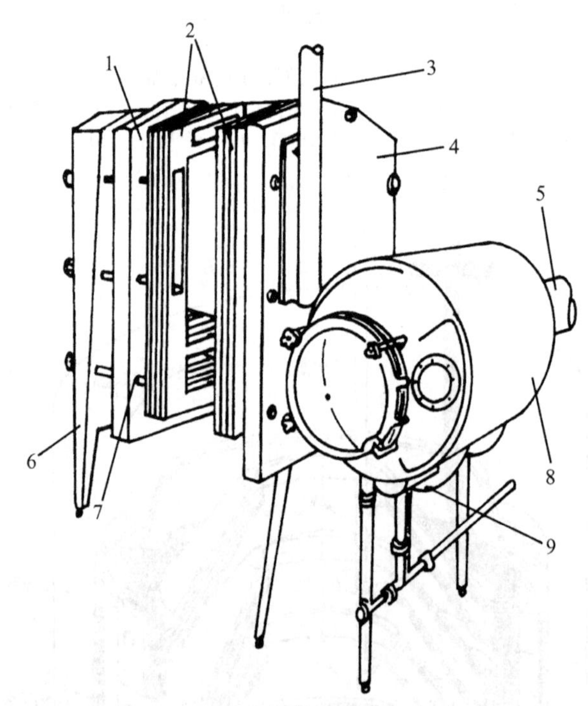

图 5-59　板式浓缩器

1. 随动板；2. 传热板；3. 蒸汽进口处集汽管；4. 端面板；5. 二次蒸汽出口；6. 后端支架；7. 紧固螺钉；8. 分离器；9. 浓缩液汇集槽及出口

第八节　食品干燥机械与设备

大多数食品是含有大量水分的湿物料。作为商品的食品若含过量的水分则会增加运输费用，另外，食品中的微生物在水介质中的生命活动又会引起食品的腐败或缩短食品的保存期。因此，为了减少食品的体积和重量，降低运输费用，防止微生物在食品中繁殖，提高食品的保存期和食用方便性，必须对食品进行干燥。目前食品干燥的主要方法是加热去水，即借助热能，通过介质（热空气或载热器件）以传导或对流或辐射的方式作用于物料，使其中水分气化并排出，或将物料冻结升华去水达到干燥的要求。

食品工业中常用的干燥设备有：①喷雾干燥设备，广泛用于奶粉、奶油粉、乳清粉等物料的干燥；②流化床干燥设备，用于食盐、谷物、玉米胚芽等物料的干燥；③箱式和带式干燥设备，广泛用于各类食品、糖、味精等物料的干燥；④微波干燥设备，用于薄片食品、饮料、巧克力等的加热干燥及包装食品的加热杀菌；⑤红外线干燥设备，用于谷物、蔬菜、水果等物料的干燥；⑥升华（冷冻）干燥设备，用于鱼类、高级蔬菜、汤粉等物料的干燥；⑦气流干燥设备，用于淀粉、面粉、葡萄糖等食品的干燥；⑧真空干燥设备，适用于液体、浆体、粉体的干燥。

一、箱式与带式干燥设备

箱式与带式干燥设备均有常压对流干燥和真空接触式干燥两种形式。但不论何种形式，均是以物料堆积在容器上或用框架、小车等支承物料的方式进行干燥。

1. 真空接触式箱式干燥器

真空接触式箱式干燥器结构如图 5-60 所示，它是一种在真空密封条件下进行操作的干燥器。真空干燥箱内部有固定的盘架，其上固定装有各种形式的加热器件，如夹层加热板、加热列管或蛇管。被干燥物料放置在活动的料盘中，料盘放置在加热器件上。操作时，热源进入加热器件，物料以接触传导的方式进行传热。干燥过程中产生的水蒸气经与出口连接的冷凝器或真空泵（或水力喷射器）带走。

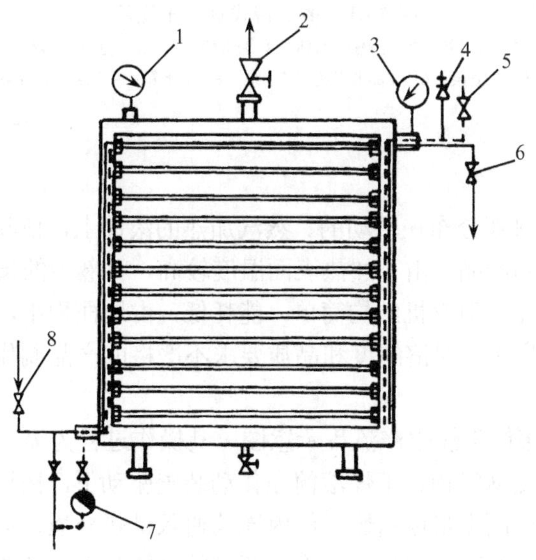

图 5-60 真空接触式箱式干燥器结构示意图

1. 真空表；2. 抽气口；3. 压力表；4. 安全阀；5. 加热蒸汽进阀；6. 冷却水排出阀；7. 疏水器；8. 冷却水进阀

2. 多层带式真空干燥器

图 5-61 所示是多层带式真空干燥器。它由干燥室、加热与冷却系统、原料供给与输送系统等部分组成。工作时，经预热的液状或浆状物料，由供料泵均匀地置于干燥室内的输送带上，带下有加热装置，加热装置以不同的温度组成 3 个区，即蒸汽加热区、热水加热区和冷却区。在加热区上又分为四段或五段，第一、二段用蒸汽加热为恒速干燥段，第三、四段为减速干燥段，第五段为均质段，三、四、五段用热水加热。各段的温度可以按需要加以调节。原料在输送带上边移动边蒸发水分，干燥后形成泡沫片状物料通过冷却区，再进入粉碎机粉碎成颗粒制品，由排出装置卸出。这种干燥机的特点是干燥时间短，能形成多孔状制品，可避免混入异物而防止制品被污染，可直接干燥高浓度、高黏度的物料。

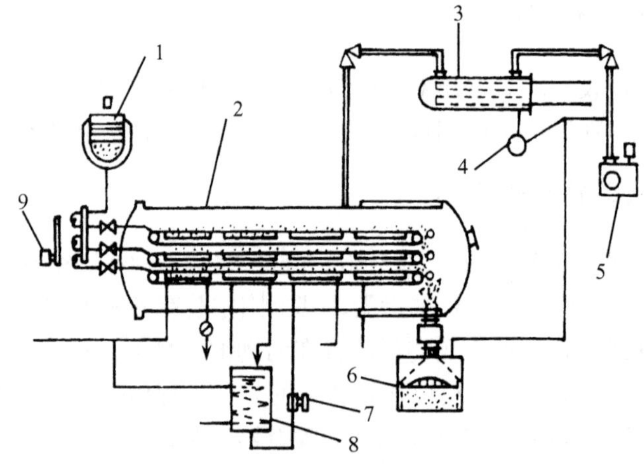

图 5-61　多层带式真空干燥器

1. 溶液箱；2. 干燥机本体；3. 冷凝器；4. 溶剂回收装置；
5. 真空泵；6. 成品收集箱；7. 泵；8. 温水箱；9. 溶液供给泵

二、滚筒干燥设备

滚筒干燥机是将料液分布在转动的、蒸汽加热的滚筒上，使其水分被蒸发，然后用刮刀刮下，经粉碎得到产品。由于加热表面温度较高，料液中的蛋白质结构改变而不易溶解，故产品质量较差。但该机结构简单，能耗低，占地面积小，维修、清洗、操作方便，适用于生产规模较小、对溶解度和品质要求不严格的产品制作，如生产巧克力所用乳粉的干燥。

图 5-62 所示为滚筒干燥生产流程示意图，其操作过程为需干燥处理的料液由高位槽流入滚筒干燥器的受料槽内，干燥滚筒在传动装置驱动下，按规定的转速转动，物料由布膜装置，在滚筒壁面上形成料膜。筒内连续通入供热介质，加热筒体，由筒壁传热使料膜的湿分气化，再通过刮刀将达到干燥要求的物料刮下，经螺旋输送器将成品输至贮槽内，然后进行包装。

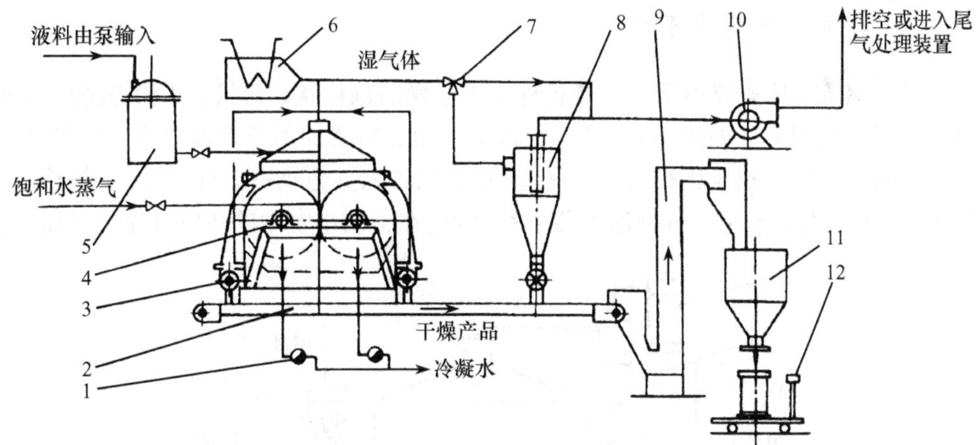

图 5-62　滚筒干燥生产流程示意图

1. 疏水器；2. 皮带输送器；3. 螺旋输送器；4. 滚筒干燥器；5. 料液高位槽；6. 湿空气加热器；7. 切换阀；8. 捕集器；9. 提升机；10. 引风机；11. 干燥成品贮斗；12. 包装计量

三、流化床干燥设备

流化床干燥器又称沸腾床干燥器，它是在一个干燥设备中，将颗粒物料堆放在分布板上，当气流由设备下部通入床层，随着气流速度加大到某种程度，固体颗粒在床内就会产生沸腾状态，使物料得以干燥。

按设备结构形式，可将流化床干燥器分为单层流化床干燥器、多层流化床干燥器、卧式多室流化床干燥器及锥形流化床干燥器等。下面介绍几种常见的流化床干燥器。

1. 单层流化床干燥器

图 5-63 所示为单层流化床干燥器的流程示意图。该设备结构简单、操作方便、生产能力大，适宜较易干燥或要求不严格的湿粒状物料，但干燥后的产品湿度不均匀。

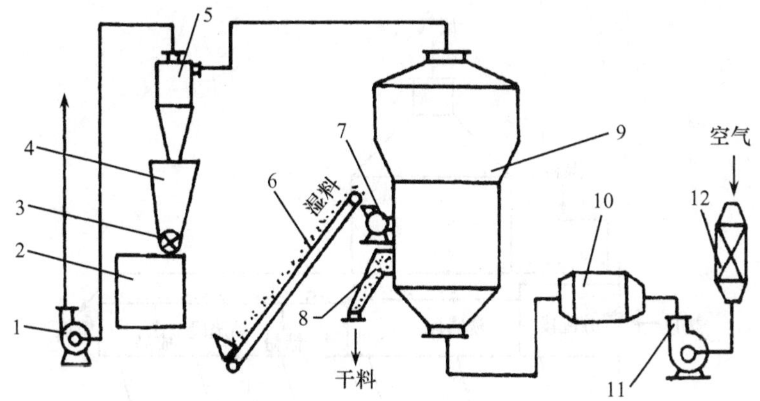

图 5-63　单层流化床干燥器流程示意图

1. 抽风机；2. 料仓；3. 星形下料器；4. 集灰斗；5. 旋风除尘器；6. 皮带输送机；7. 抛料机；8. 卸料管；9. 流化床；10. 加热器；11. 鼓风机；12. 空气过滤器

2. 卧式多室流化床干燥器

卧式多室流化床干燥器适合干燥各种难以干燥的颗粒状、粉状、片状等物料和热敏性物料，其结构和流程如图 5-64 所示。湿颗粒由加料器加入干燥器的第一小室中，由小室下部的支管供给热风进行流化干燥，然后依次进入其他小室进行干燥，干燥后卸出。在干燥过程中，由于热空气分别通入各个室，因此在不同小室中的热空气流量可以控制。

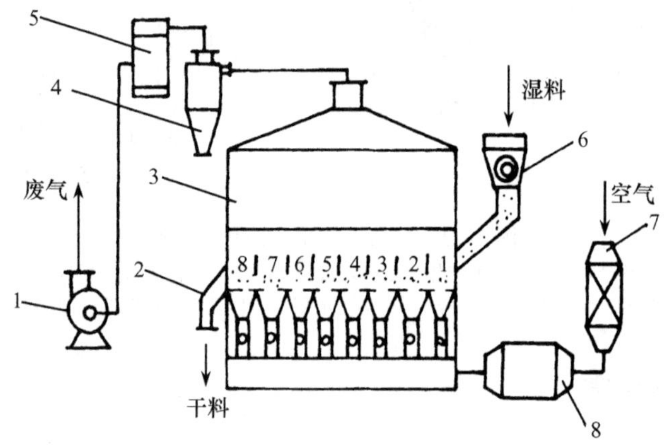

图 5-64 卧式多室流化床干燥器

1. 抽风机；2. 卸料管；3. 干燥器；4. 旋风除尘器；5. 袋式除尘器；6. 摇摆颗粒机；7. 空气过滤器；8. 加热器

3. 振动流化床干燥器

图 5-65 所示的是用于干燥砂糖的振动流化床干燥器，该干燥器由分配段、沸腾段和筛选段 3 部分组成，在分配段和筛选段下部均有热空气。湿砂糖由加料器送入分配段，在平板的振动下，物料均匀地被送入沸腾段进行流化干燥，干燥后进入筛选段进行分级分选。该干燥器适合于干燥颗粒太粗或太细、易黏结、不易流化的物料，以及对产品质量有特殊要求的物料。

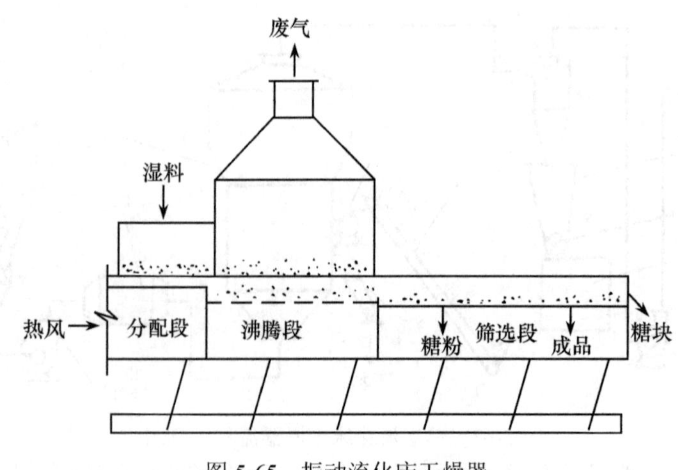

图 5-65 振动流化床干燥器

四、喷雾干燥设备

喷雾干燥是利用不同的雾化器将溶液、乳浊液、悬浊液或含有水分的膏糊状物料在热风中喷雾成细小的液滴，在它下落过程中，水分被蒸发而成为粉末状或颗粒状的产品，在单一工序中同时完成喷雾与干燥两种工艺过程。喷雾干燥设备在奶粉、乳清粉、汤料等液态食品粉末化生产中应用广泛。

喷雾干燥的原理如图 5-66 所示。在干燥塔顶部导入热风，同时将料液泵送至塔顶，经过雾化器喷成雾状的液滴，这些液滴群的表面积很大，与高温热风接触后水分迅速蒸发，在极短的时间内便成为干燥产品，从干燥塔底部排出。热风与液滴接触后温度显著降低，湿度增大，它作为废气由排风机抽出，废气中挟带的微粉用分离装置回收。

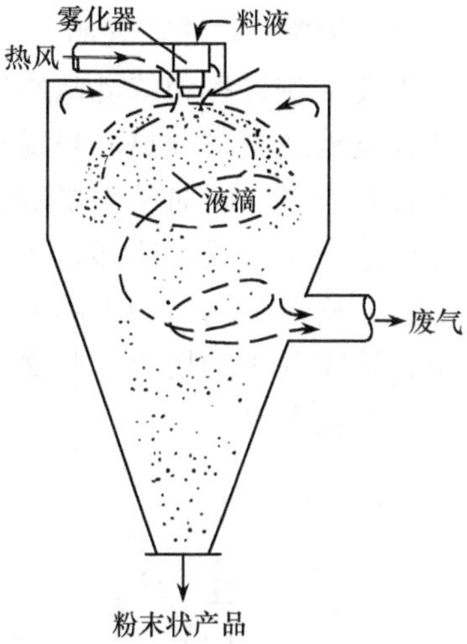

在喷雾干燥时，为了增大被干燥溶液的表面积，加快干燥速度，必须将溶液进行雾化（即微粒化）。使物料微粒化的装置一般称为雾化器，它是喷雾干燥的关键性部件。常见的料液雾化方法有 3 种，即压力喷雾法、离心喷雾法和气流喷雾法，相应地有压力式、离心式和气流式 3 种喷雾干燥设备。

图 5-66　喷雾干燥原理示意图

1. 压力喷雾干燥设备

压力喷雾干燥设备具有操作简便、技术成熟、生产能力大等特点，它是利用往复运动的高压泵，在 7～20MPa 的压力下，将料液从直径 0.5～1.5mm 的喷孔中喷出，由于压力大，喷孔小，料液很快雾化成直径很微小的雾滴。此法在乳品工业中应用最为广泛。图 5-67 为单喷头

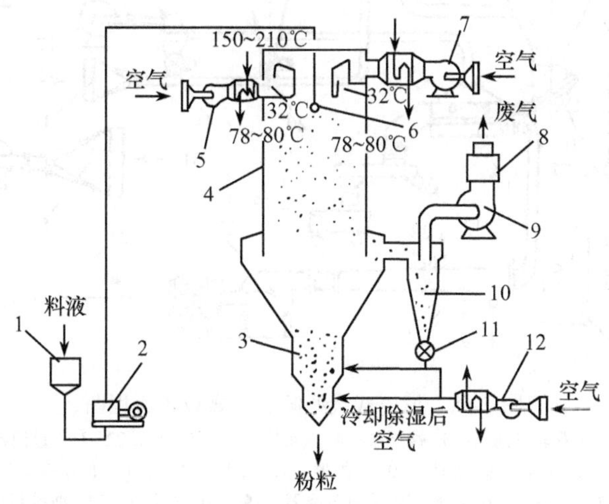

图 5-67　单喷头立式并流型压力喷雾干燥设备流程图

1. 贮料罐；2. 高压泵；3. 粉末冷却器；4. 干燥塔；5，12. 冷风机；6. 喷嘴；7. 鼓风机；8. 消音器；9. 排风机；10. 旋风分离器；11. 旋转阀

立式并流型压力喷雾干燥设备流程，浓缩料液从贮料罐通过高压泵和雾化器喷入干燥塔，空气经两侧的蒸汽间接加热，形成的热风也送入干燥塔。干燥成品至干燥塔下部用冷风冷却，然后从底部卸出。废气挟带的粉末经旋风分离器分离后重新进入干燥塔。废气经消音器排入大气。

2. 离心喷雾干燥设备

离心喷雾是利用在水平方向作高速旋转的圆盘给予溶液以离心力，使溶液高速甩出，形成薄膜、细丝或液滴，同时又受到周围空气的摩擦、阻碍与撕裂等作用使之形成细雾。此法在乳品工业中应用广泛。图 5-68 为尼罗式离心喷雾干燥设备流程，其主要工作过程为浓乳从物料平衡槽进入，经双联过滤器滤去浓乳中的杂质后，由螺杆泵输送至塔顶离心喷雾机，将浓乳喷成雾状，与经蜗壳式热风盘送入的热空气进行热交换，瞬时被干燥成粉粒落入干燥塔下部锥体部分，由振动器输送到沸腾冷却床进一步干燥、冷却，再送至振动筛过筛后，落入粉箱后被真空吸至贮粉罐充氮贮存。旋风分离器和细粉回收旋风分离器回收的细粉，经鼓形阀落入细粉回收管道中，被吹入干燥塔内，与离心喷雾机喷成雾状的浓乳雾滴进行聚合，重新干燥，形成大颗粒乳粉。

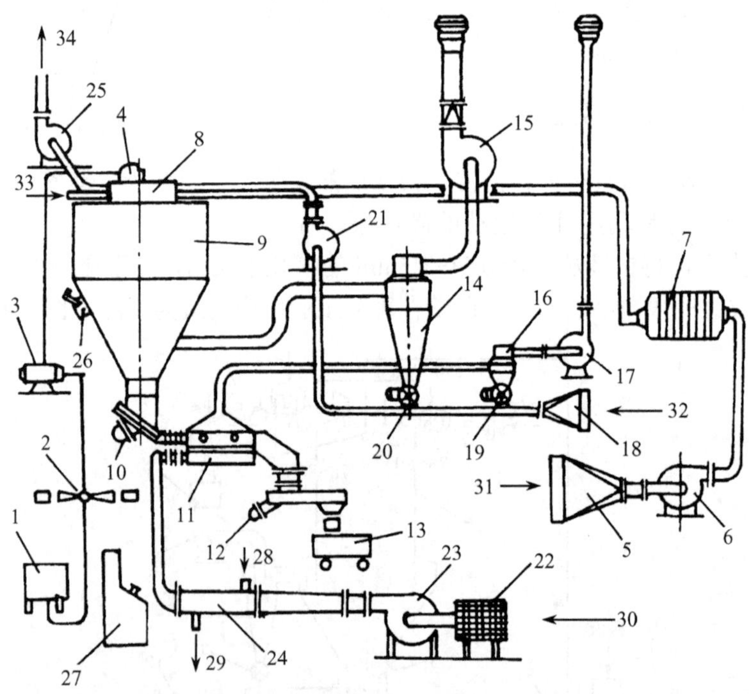

图 5-68　尼罗式离心喷雾干燥设备流程图

1. 物料平衡槽；2. 五通阀双联过滤器；3. 螺杆泵；4. 离心喷雾机；5，18，22. 空气过滤器；6. 换热器进风机；7. 换热器；8. 蜗壳式热风盘；9. 塔体；10. 激振器；11. 冷却沸腾床；12. 出粉振动装置；13. 集粉箱；14. 旋风分离器；15，17. 排风机；16. 细粉回收旋风分离器；19，20. 鼓形阀；21. 细粉回收通风机；23. 通风机；24. 减湿冷却器；25. 冷却风圈排风机；26. 仓壁振荡器；27. 仪表控制台；28. 冷盐水进口；29. 热交换后冷盐水出口；30，31，32. 新鲜空气入口；33. 冷却风圈进风；34. 冷却风圈排风

五、冷冻干燥设备

食品冷冻干燥设备属大型装置，其干燥室的形状为箱形或圆筒形，托架集中安放在托架台车或悬吊单轨台车上装入干燥室。加热的方法几乎全部采用辐射加热。在干燥室内等间距地安装搁板式辐射加热板。放置有物料的托架不与加热板接触，静置在各搁板的中间。加热板的结构可使热载体在其内部循环，并控制其温度为40～150℃。食品冷冻干燥设备分为间歇式和连续式两种。图5-69所示为一种在塔盘中进行干燥的连续冷冻干燥机。

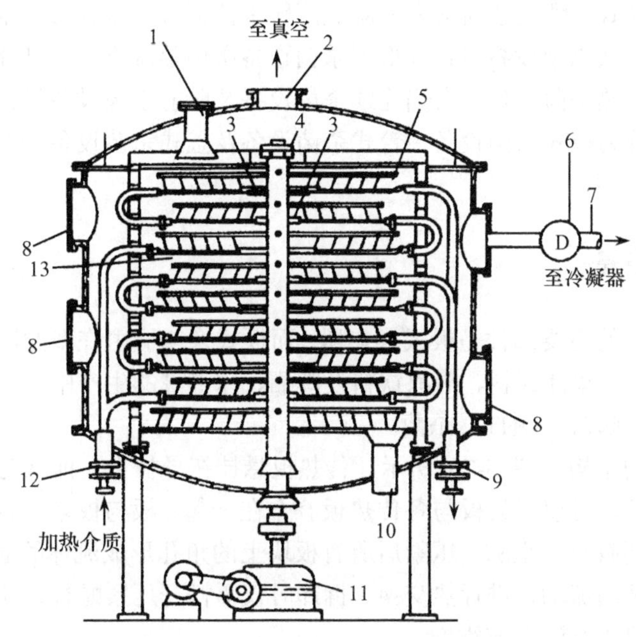

图5-69　连续冷冻干燥机（塔盘式）

1. 进料口；2. 抽真空接口；3. 加热板内缘落料孔；4. 中央立轴；5. 搅拌器；6. 泵；7. 水阱接口；8. 维修观察入口；9. 加热介质出口；10. 出料口；11. 电机；12. 加热介质入口；13. 加热板

第九节　食品杀菌机械与设备

杀菌是食品加工的一个重要环节，食品杀菌有两种含义：一是要求杀死食品中所污染的致病菌、腐败菌，破坏食品中的酶而使食品产品在特定的环境中有一定的保存期；二是要求在杀菌过程中尽可能地保护食品的营养成分和风味。食品杀菌的方法有物理杀菌和化学杀菌两类。化学杀菌法是使用过氧化氢、环氧乙烷、次氯酸钠等杀菌剂。由于化学杀菌存在化学残留物等影响，当代食品的杀菌方法趋向于物理杀菌法。

在物理杀菌方法中，有巴氏杀菌法、高温短时杀菌法和超高温瞬时杀菌法之分。巴氏杀菌是低温长时间的杀菌法，杀菌温度一般在62～65℃，保持时间为30min。高温短时杀菌（high temperature short time pasteurization，HTST）的杀菌温度一般在100℃以下，如牛奶的HTST杀菌温度为85℃，保持15s以上。超高温瞬时杀菌（ultra-high temperature instantaneous sterilization，UHT）的杀菌温度在 120℃以上，仅保持几秒钟。HTST 和 UHT 杀菌法效率高，食品的组织、外观、营养和风味保存好。

食品杀菌在原料加工过程中或在产品包装后进行。前者主要是对牛奶、果汁之类液体食品杀菌，要求杀菌后必须是无菌包装，物料呈液态，通常采用管壳式或板式换热器作为杀菌设备，且多采用高温短时或超高温瞬时的杀菌方式；后者主要是对罐装后的固态或半液态食品进行杀菌。

食品工业中杀菌设备形式较多，分类方法大体归纳为：①根据杀菌温度不同，可分为常压杀菌设备和加压杀菌设备；②根据操作方式不同，可分为间歇操作和连续操作杀菌设备，前者有立式、卧式杀菌锅和间歇式回转杀菌锅等，后者有常压连续式、水静压连续式和水封连续式杀菌设备等；③根据杀菌设备所用热源不同，可分为直接蒸汽加热杀菌设备、热水加热杀菌设备、火焰连续杀菌设备及照射杀菌设备等；④根据杀菌设备的形态不同，可分为板式杀菌设备、管式杀菌设备及釜式杀菌设备。下面将对几种常用的杀菌设备进行介绍。

一、板式杀菌设备

板式杀菌设备的主要部件是板式换热器，而板式换热器由许多冲压成型的金属薄板组合而成，在乳品、果汁饮料、清凉饮料及啤酒、冰淇淋的生产中，广泛应用高温短时（HTST）和超高温瞬时（UHT）杀菌。

板式换热器的结构如图 5-70 所示。传热板悬挂在导杆上，前端为固定板，旋紧支架上的压紧螺杆后，可使压紧板与各传热板叠合在一起。板与板之间有橡胶垫圈，以保证密封并使两板间有一定空隙。压紧后所有板块上的角孔形成流体的通道，冷流体、热流体就在传热板两边流动，进行热交换。拆卸时仅需松开压紧螺杆，使压紧板与传热沿着导杆移动，即可进行清洗或维修。

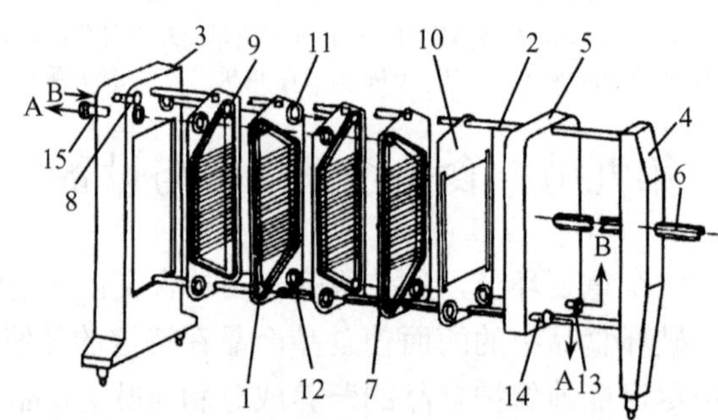

图 5-70　板式换热器结构示意图

A：冷流体；B. 热流体；1. 传热板；2. 导杆；3. 前支架（固定板）；4. 后支架；5. 压紧板；6. 压紧螺杆；7. 板框橡胶垫圈；8. 连接管；9. 上角孔；10. 分界板；11. 圆环橡胶垫圈；12. 下角孔；13，14，15. 连接管

二、管式杀菌设备

管式杀菌机为间接加热杀菌设备，适用于高黏度液体如番茄酱、果汁、咖啡饮料、

人造奶油、冰淇淋等食品的杀菌。基本结构如图 5-71 所示，工作过程为：物料用高压泵送入不锈钢加热管内，蒸汽通入壳体空间后将管内流动的物料加热，物料在管内往返数次后达到杀菌所需的温度和保持一定时间后产品排出。若达不到要求，则由回流管回流重新进行杀菌操作。

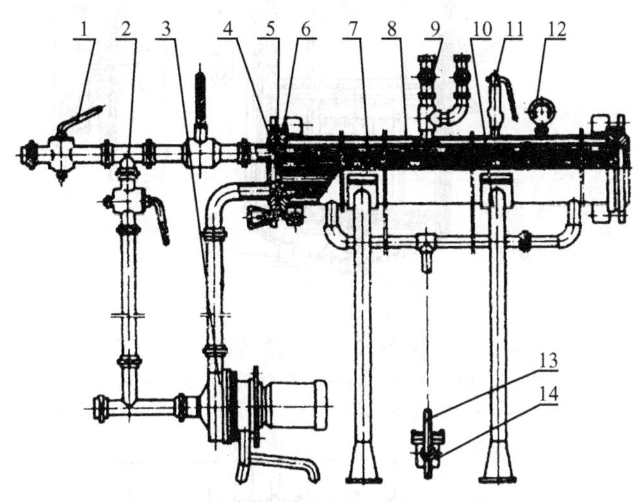

图 5-71　管式杀菌机结构示意图

1. 旋塞；2. 回流管；3. 离心式奶泵；4. 两端封盖；5. 密封圈；6. 管板；7. 加热管；8. 壳体；9. 蒸汽截止阀；10. 支脚；11. 弹簧安全阀；12. 压力表；13. 冷凝水排出管；14. 疏水器

三、釜式杀菌设备

1. 立式杀菌设备

立式杀菌锅的操作是间歇性的，不能连续进行，可用于常压或加压杀菌。在品种多、批量小的生产中较实用，故在中小型罐头厂使用普遍。

图 5-72 为具有两个杀菌篮的立式杀菌锅。其球形上锅盖铰接于锅体后部上缘，锅体的上周边铰接与上盖槽孔相对应的螺栓，以密封上盖与锅体。密封垫片嵌入锅口边缘凹槽内。锅盖借助平衡锤可轻便开启。锅的底部装有十字形蒸汽分布管以送入蒸汽，喷汽小孔开在分布管的两侧和底部，以避免蒸汽直接吹向罐头。锅内放有装罐头用的杀菌篮，杀菌篮与罐头一起由电动葫芦吊进与吊出。冷却水由装于上盖内的盘管的小孔喷淋，锅盖上装有排气阀、安全阀、压力表及温度计等，锅体底部装有排水管。

2. 卧式杀菌设备

卧式杀菌锅属于间歇式加压杀菌设备，容量较立式杀菌锅大，多用于生产以肉类和蔬菜罐头为主的大中型罐头厂。卧式杀菌锅如图 5-73 所示。锅体与锅门（盖）的闭合方式与立式杀菌锅相似。锅内底部装有两根平行的轨道，供装载罐头的杀菌车进出之用。蒸汽从底部进入到锅内两根平行的开有若干小孔蒸汽分布管中，对锅内进行加热。

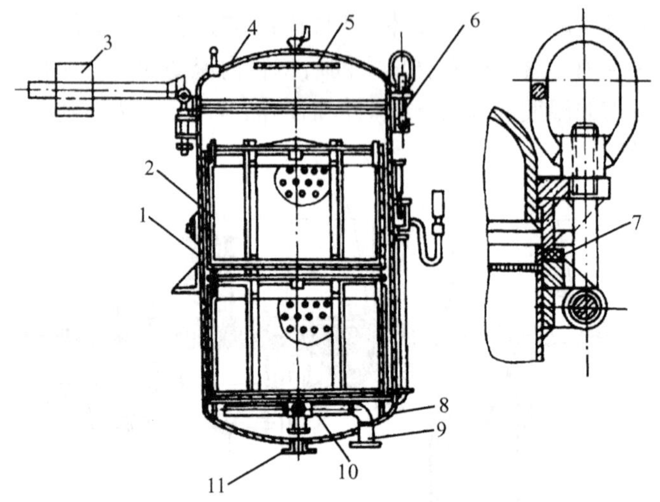

图 5-72 立式杀菌锅

1. 锅体；2. 杀菌篮；3. 平衡锤；4. 锅盖；5. 盘管；6. 螺栓；
7. 密封垫片；8. 锅底；9. 蒸汽入口；10. 蒸汽分布管；11. 排水管

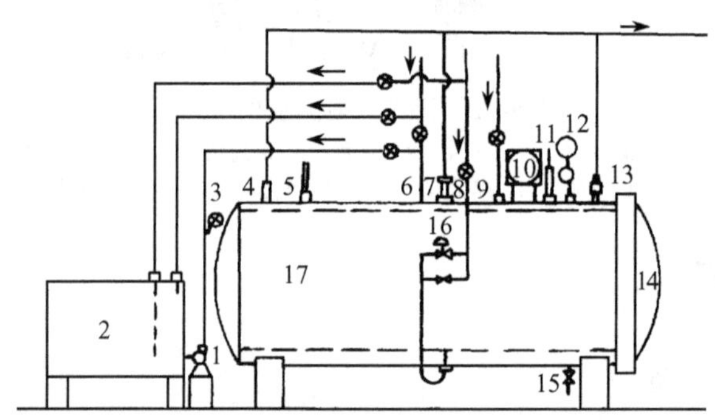

图 5-73 卧式杀菌锅

1. 水泵；2. 水箱；3. 溢流管；4，7，13. 放空气管；5. 安全阀；6. 进水管；8. 进汽管；9. 进压缩空气管；
10. 温度记录仪；11. 温度计；12. 压力表；14. 锅门；15. 排水管；16. 薄膜阀门；17. 锅体

3. 回转杀菌设备

全水式回转杀菌机是高温短时卧式杀菌设备，它采用过热水作加热介质，在杀菌过程中罐头始终浸泡在水里，同时罐头处于回转状态，以提高加热介质对杀菌罐头的传热速率，从而缩短杀菌的时间，节省能源。该机杀菌的全过程由程序控制系统自动控制。杀菌过程的主要参数如压力、温度和回转速度等均可自动调节与控制。但这种杀菌设备属间歇式杀菌设备，不能连续进罐与出罐。全水式回转杀菌机的结构如图 5-74 所示。在杀菌过程中，罐头呈回转状态，压力、温度可自动调节，具有杀菌时间短、效果均匀、传热效率高、产品质量好等优点，并可节省蒸汽，防止包装容器的变形和破损。但设备复杂，投资较大，杀菌过程热冲击较大。

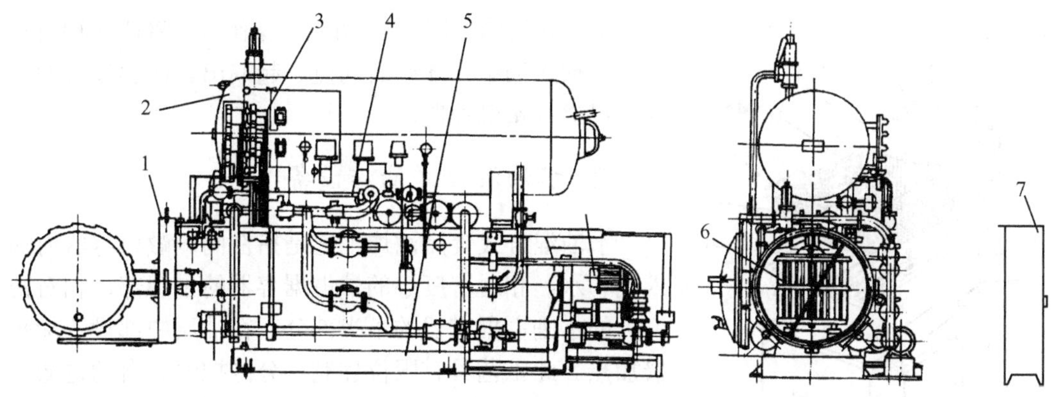

图 5-74　全水式回转杀菌机

1. 杀菌锅；2. 贮水锅；3. 控制管路；4. 水汽管路；5. 底盘；6. 杀菌篮；7. 控制箱

4. 淋水式杀菌设备

淋水式杀菌机是以封闭的循环水为工作介质，用高流速喷淋方法对罐头进行加热、杀菌及冷却的卧式高压杀菌设备。它具有结构简单、温度分布均匀、适用范围广等特点，可用于果蔬类、肉类、鱼类等的高温杀菌，其包装容器可以是马口铁罐、铝罐、玻璃瓶和蒸煮袋等形式。淋水式杀菌机工作原理如图 5-75 所示，该机的操作过程完全自动化，温度、压力和时间由一个程序控制器控制。

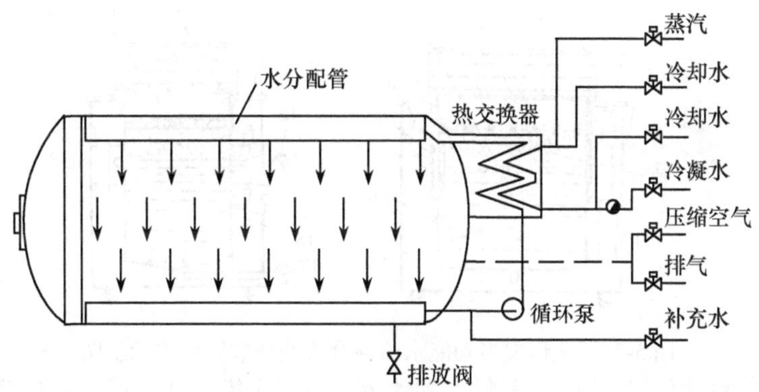

图 5-75　淋水式杀菌机工作原理示意图

第十节　食品熟化机械与设备

一、油炸熟化机械与设备

1. 普通电热式油炸设备

我国食品加工长期以来对熟食的油炸工艺大多采用燃煤或燃油的锅灶，少数采用钢板焊接的自制平底油炸锅。这些油炸装置一般都配备了相应的滤油装置，对用后的油进行过滤。宾馆、饭店和职工食堂等饮食部门则普遍使用电热平底油炸锅，也称为间歇式

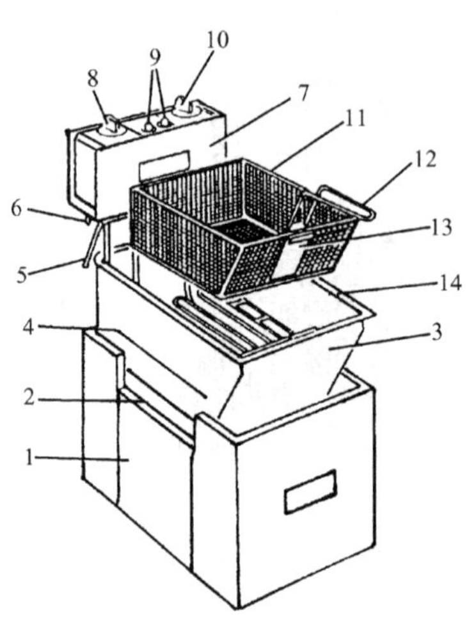

图 5-76　电热油炸设备结构示意图

1. 不锈钢底座；2. 侧扶手；3. 移动式不锈钢锅；4. 油位指示仪；5. 电缆；6. 最高温度设定旋钮；7. 移动式控制盘；8. 电源开关；9. 指示灯；10. 温度调节旋钮；11. 物料篮；12. 篮柄；13. 篮支架；14. 不锈钢加热元件

油炸锅，其结构如图 5-76 所示。操作时，将待炸物料置于篮中放入油中，炸好后同篮一起取出。此类设备的油温可以进行精确控制。

2. 水油混合式油炸设备

水油混合式食品油炸工艺是指在同一敞口容器内加入油和水，相对密度小的油占据容器的上半部，相对密度大的水则占据容器的下半部分，在油层中部设置加热器加热。此工艺具有限位控制、分区控温、自动过滤、自我洁净、节油效果好、产品质量高等优点。

图 5-77 为无烟型多功能水油混合式油炸装置结构示意图。炸制食品时，将滤网置于加热器上，在油炸锅内先加入水至油位显示仪规定的位置，再加入油至油面高出加热器上方约 60mm 的位置，由电气控制系统自动控制加热器使其上方油层温度保持在 180～230℃。炸制过程中产生的食物残渣从滤网漏下，定期由排污阀排出。产生的油烟从排油烟孔进入排油烟管，通过脱排油烟装置排除。

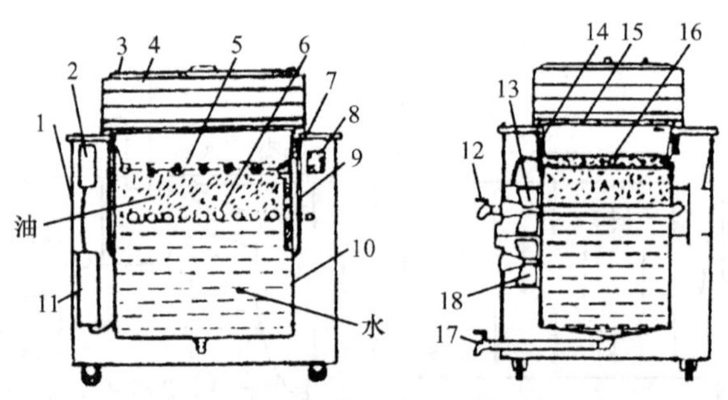

图 5-77　无烟型多功能水油混合式油炸装置结构示意图

1. 箱体；2. 操作系统；3. 锅盖；4. 蒸笼；5. 滤网；6. 冷却循环系统；7. 排油烟管；8. 温控数显系统；9. 油位显示仪；10. 油炸锅；11. 电气控制系统；12. 放油阀；13. 冷却装置；14. 蒸煮锅；15. 排油烟孔；16. 加热器；17. 排污阀；18. 脱排油烟装置

3. 真空低温式油炸设备

真空低温油炸是利用在减压的条件下，食品中水分气化温度降低，能在短时间内迅速脱水，实现在低温条件下对食品的油炸。热油作为食品脱水供热的介质，还能起到改善食品风味的重要作用。真空低温油炸食品较好地保留了原料原有风味和营养成分，味道可口，品种广泛，产品附加值高。

真空低温油炸设备有间歇式和连续式两种。图 5-78 为连续式真空低温油炸设备结构示意图，其主体为一卧式筒体。待炸坯料由闭风器进入，落入具有一定油位的筒内进行油炸，坯料由输送器带动向前运动，油炸结束后，炸好的产品由输送带带入无油区输送带，产品在带上边沥油边向前运动，最后产品由出料闭风器排出。筒体通过接口与真空泵连接，以实现油炸时所需的真空条件。

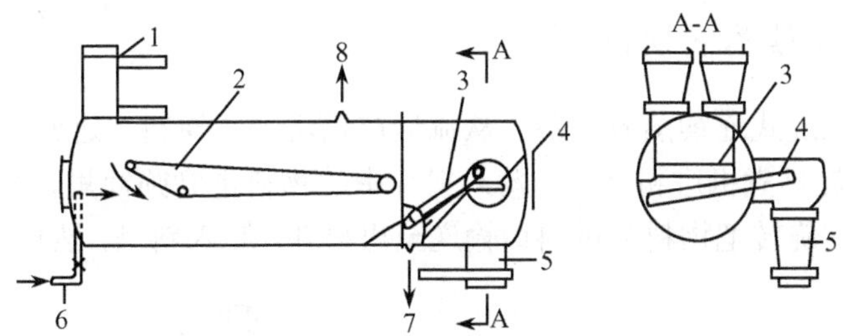

图 5-78　连续式真空低温油炸设备结构示意图

1. 闭风器；2. 输送器；3，4. 无油区输送带；5. 出料闭风器；
6. 油管；7. 出油口；8. 接口；A、A-A 代表剖面图的符号

二、蒸煮熟化机械与设备

蒸煮熟化作用的目的：①使食品物料熟化；②破坏原料中的氧化酶，保持原料在加工过程中不变颜色；③排除原料中部分水分，减小原料的体积，使原料具有柔软性，方便装罐工序的操作；④排除原料组织内的空气，提高成品的真空度；⑤破坏物料的原生质，在榨汁时提高出汁率；⑥杀灭原料上的部分微生物，提高原料在加工过程中的新鲜程度；⑦通过预煮，使表皮蛋白质凝固，皮与肉脱离，方便除皮操作；⑧对于脱水产品，经过预煮后能加快干燥的速度。

蒸煮设备一般可分为间歇式和连续式两大类。间歇式有预煮槽、夹层锅和蒸煮（杀菌）釜等；连续式可分为链带式和螺旋式两种，链带式有刮板带式和斗槽带式，螺旋式则有水平和倾斜的两种。

1. 链带式连续蒸煮设备

链带式连续蒸煮设备用链带输送原料，在链带上装上斗槽即为斗槽式，如青刀豆连续预煮机；在链带上装上刮板即为刮板式，如蘑菇连续预煮机。刮板式连续预煮机如图 5-79 所示。物料从升送机送到料斗中，落到具有刮板的链带上（或斗槽中）。钢槽中盛

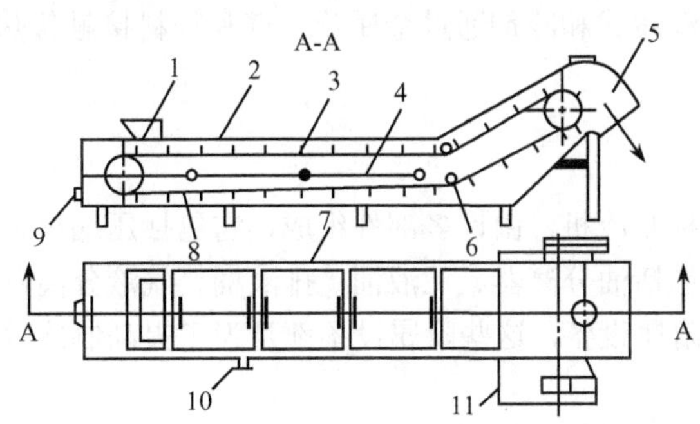

图 5-79　刮板式连续预煮机

1. 料斗；2. 盖子；3. 刮板；4. 吹泡管；5. 卸料斗；6. 压轮；7. 钢槽；8. 链条；
9. 舱口；10. 溢流管；11. 调速电机；A、A-A 代表平面图及剖视图，仅为视图方式

满水，水由蒸汽吹泡管直接加热。由于链带的移动把物料从进料口送至卸料斗卸料，在这过程中物料被加热预煮。

2. 螺旋式连续蒸煮设备

图 5-80 为螺旋式连续蒸煮设备，从流送槽输送来的原料，进到贮存桶中，经斗式提升机输送到螺旋预煮机进料斗中，落入料斗中的物料进到筛筒里，在筛网圆筒内受热而预煮，通过螺旋旋转把物料从进料口输送至出料斗，卸入斜槽，然后流送到冷却槽去。

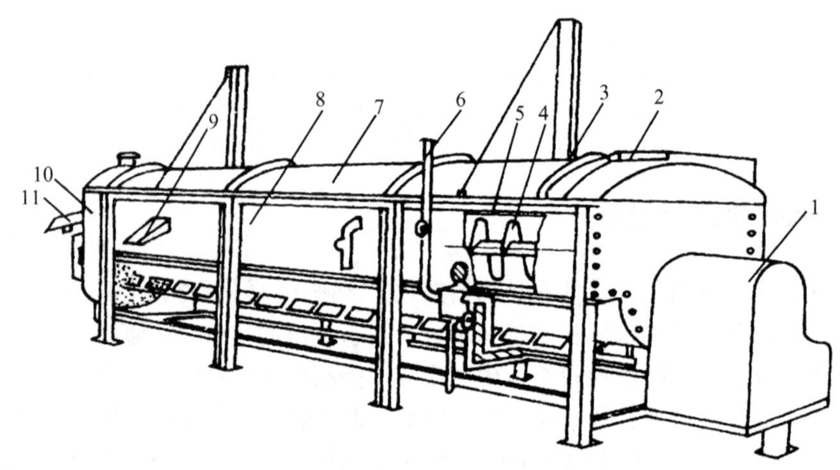

图 5-80 螺旋式连续蒸煮机

1. 变速装置；2. 进料斗；3. 支座；4. 螺旋；5. 筛网圆筒；
6. 蒸汽管；7. 盖子；8. 壳体；9. 溢流水出口；10. 出料斗；11. 斜槽

第十一节 食品冷冻机械与设备

制冷又称冷冻操作。制冷技术是利用某种装置，以消耗机械功或其他能量来维持某一物料的温度低于周围自然环境温度，这种技术建立在热力学的基础上，是现代食品工程的重要基础技术之一。

冷冻设备包括冷源制作（制冷）、物料的冻结、冷却 3 个组成部分。物料进行冻结式冷却的有风冷式、浸渍式和冷剂通过金属管、壁和物料接触传热降温的装置。

一、制冷系统

所谓制冷系统也称制冷机，由许多部件组成，它包括压缩机、冷凝器、膨胀阀和蒸发器等主要设备，还包括油分离器、贮液桶、排液桶、气液分离器、空气分离器、中间冷却器、凉水设备等附属设备，这些附属设备都是为了提高制冷效率，保证制冷机安全和稳定而设置的。

制冷压缩机用来对制冷剂压缩做功，获得能量，然后经冷凝、膨胀，形成能吸热的冷源。活塞式压缩制冷设备由立式压缩机、冷凝器、膨胀阀和蒸发器 4 个主要装置组成。

1. 立式压缩机

立式压缩机灵巧轻便、转速快、占地面积小、磨损小。直流式气缸受热情况良好，适合一般工厂制冷应用。其工作原理如图 5-81 所示，吸气阀门装在活塞顶部，当活塞向下运动时，吸气阀门被打开，气缸进行吸气。当活塞向上运动时，气缸内蒸气压力逐渐增大，吸气阀门自行关闭，随着活塞上移，气体压力大于冷凝压力时，即顶开样盖（安全板）上的排气阀门，并将气体压入高压管路中。

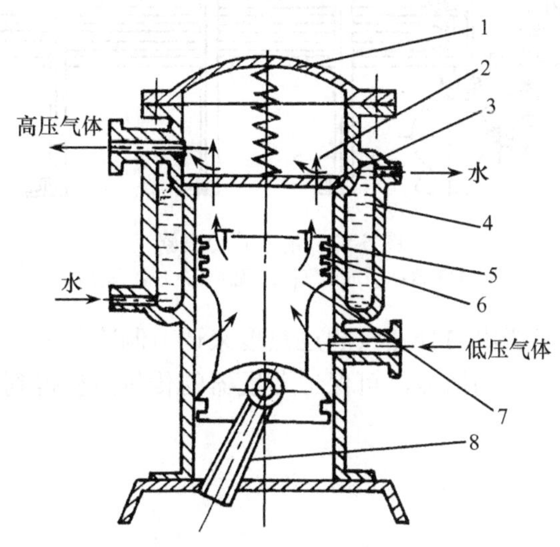

图 5-81　立式压缩机工作原理图

1. 上盖；2. 排气阀门；3. 样盖；4. 水套；5. 吸气阀门；6. 活塞环；7. 活塞；8. 连杆

2. 冷凝器

冷凝器是制冷机的热交换器，其作用是使高压高温的过热蒸汽冷却、冷凝为高压的液态，并将热量传递给周围介质（水或空气）。按其结构及冷却介质的不同，冷凝器可分为壳管式、淋水式、双管对流式、组合式、蒸发式、空气冷却式等。下面介绍淋水式冷凝器。

淋水式冷凝器如图 5-82 所示，由贮氨器、冷却排管和配水箱等组成。工作时冷却水由顶部进入配水箱，经配水槽流到蛇形管的顶面，然后顺着每层排管的外表面成膜层流下，部分水蒸发，其余落入水池中，通过冷却后再循环使用。氨气自排管底部进入管内，沿管上升时遇冷而冷凝，流入贮氨器中。这种冷凝器结构简单，工作安全，对水质要求不严，容易清洗，但其金属消耗量大，占地面积较大。

3. 膨胀阀

膨胀阀又称节流阀，它的作用是降低制冷剂的压力和控制制冷剂流量。高压液体制冷剂通过膨胀阀时，冷凝压力骤降为蒸发压力，与此同时液体制冷剂沸腾吸热，其本身温度降低。膨胀阀分为手动节流阀和热力节流阀两种。手动节流阀是按管径的大小（公称直径的大小）进行选用的，结构简单，但不能随热负荷的变化而自动调节。

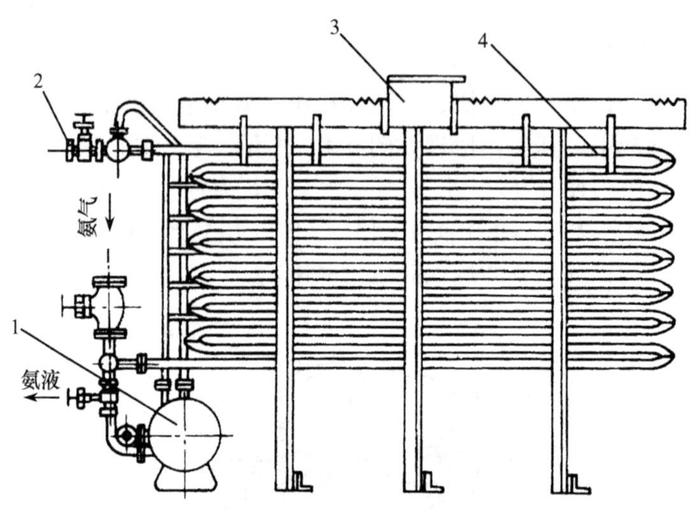

图 5-82　淋水式冷凝器

1. 贮氨器；2. 放空气；3. 配水箱；4. 冷却排管

热力膨胀阀是利用蒸发器出口处蒸汽的过热度来调节制冷剂的，能自动调节阀的开启度，供液量随负荷大小自动增减，可保证蒸发器的传热面积得到充分利用，使压缩机正常安全地运行。

4. 蒸发器

蒸发器是用以将被冷却介质的热量传递给制冷剂的热交换器，其作用是使低温低压的液体制冷剂经吸热蒸发而变为蒸汽。通常把冷却液体载冷剂的热交换器称为蒸发器，常用的蒸发器有立管式及卧式两种。

二、冻结设备

冻结设备的作用是将食品降温快速冻结，达到低温冷藏入库的要求。根据使用的冷却介质与食品接触的状况不同，可将食品冻结设备分为两类 8 种形式：①间接冻结，包括静止空气冻结、半送风冻结、送风冻结、接触冻结；②直接冻结，包括浸渍冻结、冻盐混合物冻结、液氮冻结、氟利昂冻结。

用空气作介质进行冻结是现在应用最广泛的一种冻结方法，对食品既无害又经济，机械化较容易。图 5-83 为螺旋带式连续冻结机的结构，这是一种称为陀螺（Gyro-Freezer）的冷冻机，最早由瑞典 Frigoscandia 公司研发。该机主要由螺旋式传送带、气屏、绝热壳体、冷风循环系统及进料出料装置等组成。转筒由传动装置驱动，利用转筒上尼龙板条同链条间的摩擦力带动链条运动，放在链条上的食品则沿转筒由下方向上部作螺旋上升移动。此时，循环的冷风则从上方向下部吹，恰与食品运动相配合，保持冷风温度与食品温度有一定的温差，以加速食品温度下降而冻结。

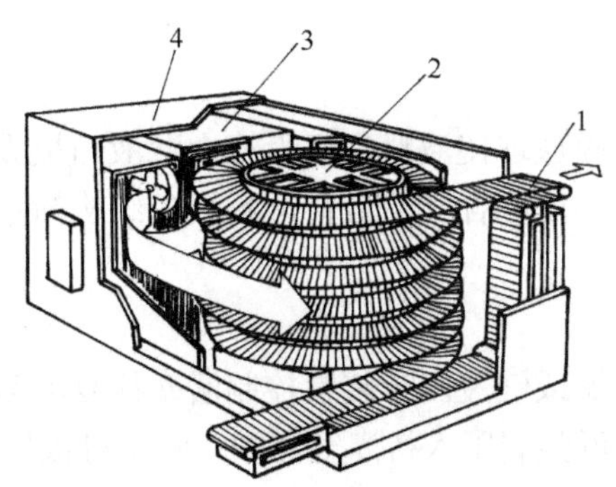

图 5-83　螺旋带式连续冻结机

1. 传送带；2. 转筒；3. 冷风循环系统；4. 绝热壳体

第十二节　食品包装机械与设备

一、液体灌装机械与设备

用于灌装的液料主要是低黏度的流体液料，有时也包括黏度大于 100Pa·s 的稠性液料。液料由贮液装置（通常称贮液箱）灌入包装容器，常采用如下几种方法。

1. 常压法灌装

常压法灌装，是在大气压力下直接依靠被灌液料的自重流入包装容器内的灌装方法。常压灌装的工艺过程为：①进液排气，即液料进入容器，同时容器内的空气被排出；②停止液，即容器内的液料达到定量要求时，进液自动停止；③排除余液，即排除排气管中的残液。

2. 等压法灌装

等压法灌装，是利用贮液箱上部气室的压缩空气，给包装容器充气，使二者的压力接近相等，然后被灌液料靠自重流入该容器内的灌装方法。等压法灌装的工艺过程为：①充气等压；②进液回气；③停止进液；④释放压力，即释放瓶颈内残留的压缩气体至大气内，以免瓶内突然降压引起大量冒泡，影响包装质量和定量精度。

3. 真空法灌装

真空法灌装是在低于大气压力的条件下进行灌装的方法。其有两种方式：一种是差压真空式，即让贮液箱内部处于常压状态，只对包装容器内部抽气，使其形成一定的真空度，液料依靠两容器内的压力差，流入包装容器并完成灌装；另一种是重力真空式，即让贮液箱和包装容器都处于接近相等的真空状态，液料靠自重流入容器内。真空法灌装的工艺过程为：①瓶抽真空；②进液排气；③停止进液；④余液回流，即排气管中的残液经真空室回流至贮液箱内。真空法适用于灌装黏度低的液料、含维生素的液料。此法有利于延长某些产品的保存期和改善操作条件，但增加了芳香性气体的损失。

4. 虹吸法灌装

虹吸法灌装是应用虹吸原理使液料经虹吸管由贮液箱被吸入容器，直至两者液位相等为止。此法适合灌装低黏度不含气的液料，其设备结构简单，但灌装速度较低。

5. 压力法灌装

压力法灌装是借助机械或气液压等装置控制活塞往复活动，将黏度较高的液料从贮料缸吸入活塞缸内，然后再强制压入待灌容器中。此法可依靠本身所具有的气体压力直接灌入未经预先充气的瓶内，从而提高灌装速度。

6. 液体灌装的应用举例

图 5-84 所示为国产 FDC32T8 型灌装压盖机结构示意图，它适用于瓶装碳酸饮料和果汁饮料的灌装及压盖。如配置旋盖机，增加（或变更）部分附件即可为玻璃瓶和聚酯瓶两用灌装机。

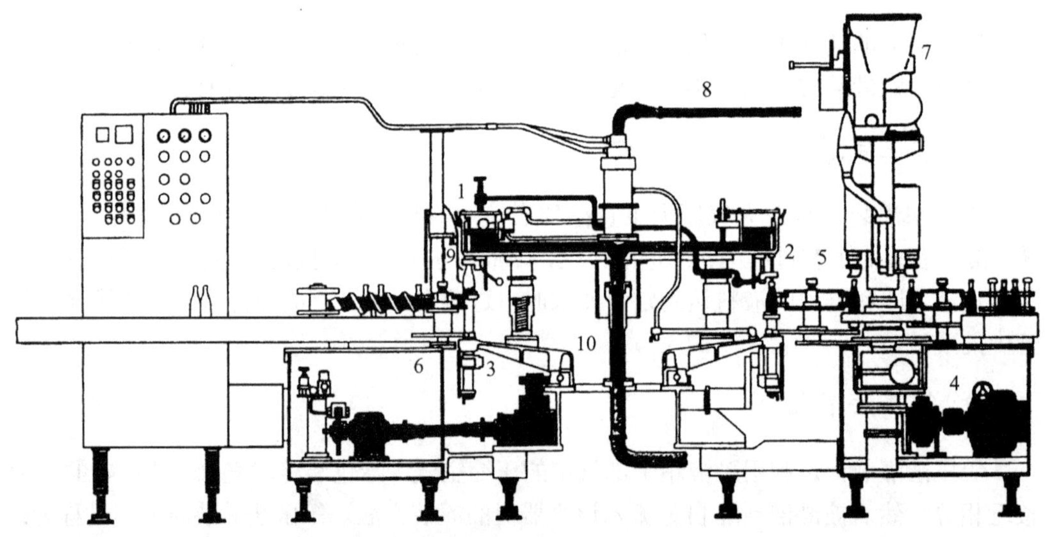

图 5-84　FDC32T8 型灌装压盖机结构示意图

1. 灌装缸；2. 灌装阀；3. 提升气缸；4. 驱动装置；5. 输瓶有关零件；6. 机身；7. 压盖机；8. CIP 循环用配管；9. 破瓶自动分离结构；10. 中间自由分离结构

二、食品袋装机械与设备

目前市场上的袋装食品包装袋形多种多样，制袋常用柔性材料为热合性能良好的单层及复合塑料薄膜。这些柔性材料具有质轻、价廉、易印刷、易封口的特点，制成的包装产品轻巧美观、方便耐用、商品性好。根据工艺路线的走向可将设备分为立式与卧式，根据制袋、充填、封口等主要工序间的布局状况可分为直移型与回转型。

图 5-85 所示为西班牙 Mespack 公司生产的 M-140 型系列自动袋装机工作原理简图。M-140 系列自动包装机是为粉末状、颗粒状和液体产品进行小袋包装而专门设计的，它

可进行三面及四面的烫焊。经烫焊可粘连的包装材料开卷后，被折叠成V形，经过机器有节奏的运转，将其焊接成小袋，加以充填及封口。

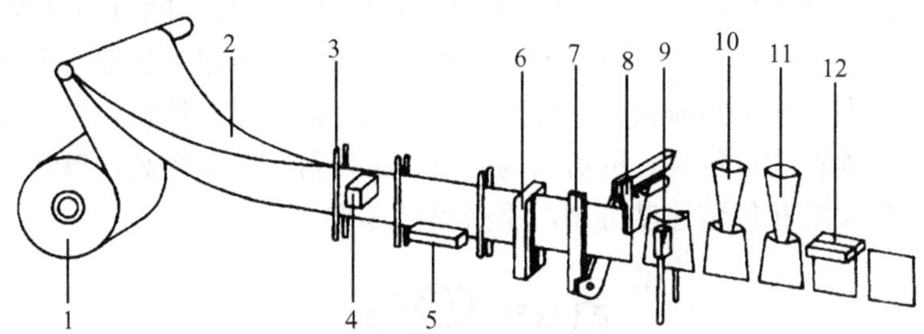

图 5-85　M-140 型系列自动袋装机工作原理简图

1. 包装材料卷（最大直径 500mm）；2. 自由形成 V 形；3. 折叠导轨；4. 印刷中心对齐装置；5. 第四面焊接；6. 垂直焊接器；7. 剪式刀；8. 拉拽夹；9. 开口吹嘴；10. 第一进料斗；11. 第二进料斗；12. 上边焊接

三、无菌包装机械与设备

所谓无菌包装就是在无菌环境条件下，把无菌的或预杀菌的产品充填到无菌容器并密封之。食品无菌包装由以下 3 部分构成：一是食品物料的预杀菌；二是包装容器的灭菌；三是充填密封环境的无菌。无菌包装技术广泛应用于乳品、果汁、蔬菜汁等营养保健类食品。

目前用于无菌包装的食品主要分为两大类：①能常温保存的无菌食品，即采用包装机把连续杀菌过程和无菌容器包装结合起来，目的是获得能在常温下贮存的商业无菌食品。一般来说，超高温瞬时杀菌和用其他方法预杀菌的乳及乳制品、布丁、甜食及带颗粒状的产品均可无菌包装。②能在低温下保存的无菌食品，即在无菌环境下将没有杀菌的新鲜产品，如发酵乳、甜食、酸乳酪等包装起来，目的是使食品在冷藏链中免受霉菌、酵母等再污染，以获得较长的货架寿命。

图 5-86 所示为利乐传统无菌包装的利乐 A1 灌装机外形图，该设备能够实现优质接驳，同时使操作劳动力更少。每个设备装有一个巨大的包装材料卷筒，能够保证长时间的生产运行，提高生产效率。全自动拼接单元对包装材料进行加热和密封，以便在两个卷筒之间自动进行齐整密封，从而使包装生产能够正常进行。无菌系统由一个浅双氧水浴槽、挤压滚轮组和一个加热室组成。滚轮组均匀地分配双氧水并控制加热和蒸发双氧水，从而提供高效灭菌。无菌参数的控制可保护产品和最小化操作员失误带来的风险。

图 5-86　利乐 A1 灌装机外形图

四、软包装机械与设备

软包装机集包装袋成型、物料计量、装料、热合封袋等功能于一体，目前各类粉剂、液体、半流体物料采用此类包装机包装的产品甚多。软包装机的机型多种多样，但其基本原理类似。现以 DXD 系列自动充填包装机为例介绍其基本组成（图 5-87）和工作原理。

DXD 系列自动充填包装机是一种小剂量立式自动包装机，能自动完成计量、制袋、装料、封合、剪切等全过程。采用六工位容积计量法，适于包装松散、干燥、工艺较稳定、密度变化不大的细小颗粒状、小粒球状的物料，如味精、糖精、糖豆等，凡物理性状与上述相似的物料均可包装。机器结构简单、工作可靠、效率高，包装量可在一定范围内调节，制袋长度和包装速度可调，不必另换零件。

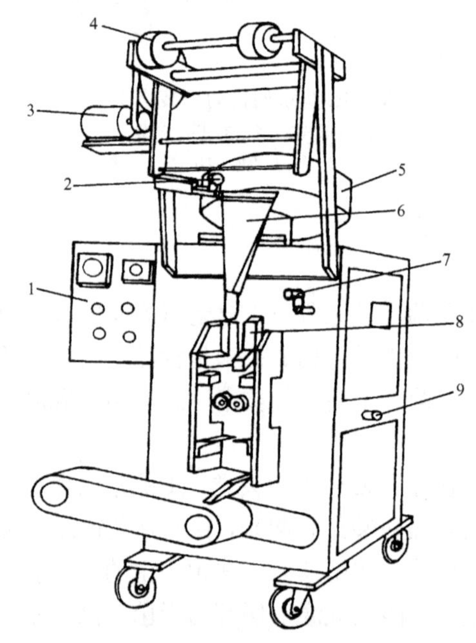

图 5-87　DXD60 系列自动充填包装机

1. 电控箱；2. 光电头；3. 送纸电机；4. 纸卷架；5. 计量器；6. 成形器；7. 离合器手把；8. 热封制袋系统；9. 袋长调整器

第六章　食品工厂设计

民以食为天，随着科技的发展和人民生活水平的提高，人们对食品的需求从温饱型转变为营养型和膳食平衡型，这使得食品加工、制造行业的规模越来越大，涉及面越来越广。在食品工业发展过程中，设计将发挥重要作用。无论是新食品工厂的建设、老食品工厂的改造和扩建，还是进行新工艺、新技术、新设备的研究，都离不开食品工程设计。食品工厂设计必须符合国民经济发展的需要，符合科学技术发展的新方向，为人民提供更多、更好、更优质、安全卫生、营养丰富的新食品。一个优秀或良好的设计应该是：经济上合理，技术上先进，通过施工投产后，在产品的产量和质量上均达到规定标准，各项经济指标应达到国内同类工厂的先进水平或国际先进水平，能够为人民提供既安全卫生，又营养丰富，且兼具色、香、味、形的新型食品。同时在“三废”治理和环境保护方面，必须符合国家有关规范。因此，工厂设计是食品工业发展过程中的一个重要环节。

第一节　基本建设程序

基本建设是指固定资产的建筑、添置和安装。按经济学内容可分为生产性建设与非生产性建设，按建设性质可分为新建、改建和扩建。其内容包括 4 个方面：①建筑工程；②设备安装工程；③设备、工具、器具的购置；④其他与固定资产扩大相联系的勘察、设计等工作。

工厂建设应遵循工厂基本建设程序。基本建设程序是指基本建设项目在整个建设过程中各项工作的先后顺序，按规定一个项目从计划建设到建成投产，一般要经过以下阶段及程序：

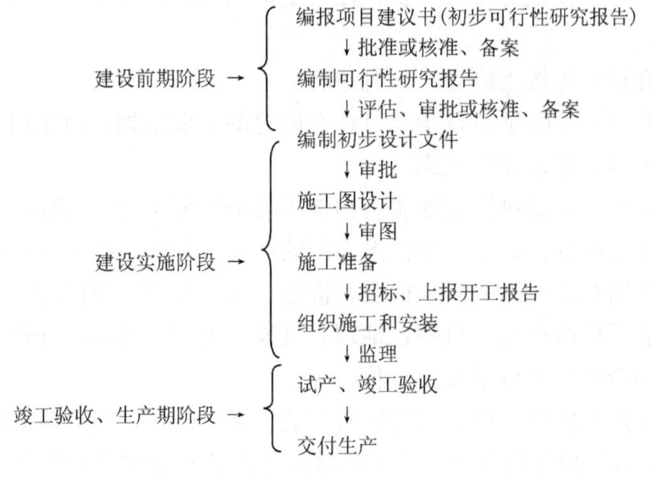

一、项目建议书

项目建议书是项目实施单位就新建、扩建项目向上级管理部门申报的书面申请文件，是项目投资者根据国民经济发展长远规划和工业布局的要求，进行初步调查研究，在决策前对建设项目的总体设想。食品工厂的项目建议书，一般具有如下内容。

（1）建设项目提出的必要性和依据。

（2）市场预测，重点是市场调查和产供销的可能性、经济效果和发展趋势预测。

（3）拟建规模、投资大小、产品方案的设想。

（4）主要工艺技术设想，包括引进技术和进口设备情况。

（5）建设条件分析，包括建设地点和自然条件、社会条件（市场经济的发展、国家和地方中长期规划、生产力布局和产业政策）、资源情况（原料、燃料、水源等条件）。

（6）估算和资金筹措设想，重点是资金筹集方式和还贷能力。

（7）项目进度安排。

（8）企业经济效益和社会效益的初步估计。

二、可行性研究报告

所谓可行性研究就是对拟建项目在工程技术、经济及社会等方面的可行性和合理性进行的研究。可行性研究以大量数据作为基础，根据各项调查研究材料进行分析、比较后得出可行性研究结论。在进行可行性研究时，必须搜集大量的资料和数据作为开展工作的前体及条件。现分别从可行性研究报告书的步骤和内容进行叙述。

1. 可行性研究的步骤

在工程建设项目的可行性研究过程中，除了由工艺技术人员参加，还需要工业经济、市场分析、财务、土建等有关工程技术人员参加，协同进行工作，对各种投资项目的技术可行性与经济合理性进行综合评价，在既定范围内进行方案论证的选择，才能完成编制报告的任务。

可行性研究报告可按下列 6 个步骤进行。

（1）开始筹划　了解项目背景及可行性研究的主要依据，讨论研究项目的范围、界限，明确研究内容，制定研究大纲。

（2）调查研究　主要包括实地调查和技术经济研究工作。收集有关的国家经济建设方针、政策和长远规划；收集工程技术方面的标准、规范、指标等；收集国外的工程技术资料；了解市场对该产品的需求情况、价格、同行业的竞争能力；了解所在地及周围资源情况；了解厂址所在地的自然、地理、气象、地质、能源、环保、运输、配套工程的情况。各项调查研究要分别做出评价。

（3）方案选择和优化　这是可行性研究的关键步骤。对调查研究的各个不同方面的内容进行组合，设计出各种可选择方案，对重要技术方案如产品方案、建设规模、厂址、工艺流程、主要设备选型、总平面布置、配套设施等应进行多方案比较，推荐出最佳方案。在涉及方案选择的重要原则问题时，要与委托者进行深入的讨论。

（4）详细研究　对选出的最佳方案进行详细的财务经济分析，包括投资估算、资金筹措、成本测算、经济效益预测、风险分析。

（5）编写报告书　按可行性研究报告规定的内容用文字、图表完成报告，得出可行或不可行的结论。

（6）资金筹措　资金筹措的可行性应在可行性研究之前就有一个初步的估计，这也是财务经济分析的基本条件。对建设项目资金来源的不同方案进行分析比较，最后对拟建项目的实施计划做出决定。

2. 可行性研究报告的内容

可行性研究的内容，不同的行业会有所差异，侧重点各有不同，但基本内容是相同的。国家计划委员会在《关于建设项目进行可行性研究的试行管理办法》中规定，工业项目的可行性研究一般要求具备以下主要内容。

1）总论

（1）项目背景、概况。

（2）研究工作的依据和范围。

（3）研究工作概述（概况及重点研究问题）和结论。

（4）问题与建议。

2）市场需求预测

（1）市场分析　包括产品国内外市场供需现状、产品目标市场分析、市场竞争力分析、营销策略分析。

（2）市场预测　包括产品市场供需预测、价格现状与预测、市场风险预测。

3）建设规模与产品方案

（1）建设规模　确定建设规模应考虑的因素、建设规模方案比选、推荐的建设规模方案及理由。

（2）产品方案　确定产品方案考虑的因素、产品方案比选、推荐的产品方案及理由。

4）建设厂址选择

（1）地点与地理位置　厂址地点、位置及周边环境，土地权属类别及占地面积，土地利用现状，技术改造项目现有场地利用情况。

（2）厂址建设条件　地形、地貌、地震、洪涝等自然灾害资料，工程地质、水文地质及气象条件，社会环境条件，交通运输条件，公用设施社会依托条件，环境保护条件，法律支持条件，施工条件。

（3）厂址方案比选　工程条件比选内容、经济性条件比选内容、推荐的厂址方案。

5）技术方案、设备方案和工程方案

（1）技术方案　生产方法的比选内容、工艺流程的比选内容、推荐的技术方案（主要工艺流程简图、主要工艺布置示意图、物料平衡表、车间组成表等）。

（2）主要设备方案　主要设备方案比选内容、推荐的主要设备方案、编制的主要设备表。

（3）工程方案　包括项目组成、总图、土建工程、给水排水工程、供电工程、工厂自动化与信息化、供热设施、空压设施、采暖、通风、空调和制冷设施等。

6）原材料与燃料供应

（1）原料品种、质量、年需求量及供应方案。
（2）成品年需求量及供应方案。
（3）废渣利用率及供应方案。
（4）副产物供应方案。
（5）燃料品种、质量、年需要量及供应方案。

7）项目总体布置方案

（1）总体布置。
（2）厂内外运输。
（3）公用工程。
（4）辅助工程。

8）节水、节能措施

（1）工艺技术节能。
（2）公用工程节能。
（3）建筑工程节能。
（4）用电节能。
（5）用水节能。

9）环境影响评价

（1）环境现状调查　自然环境、生态环境、社会环境、特殊环境。
（2）项目建设和生产对环境的影响　废水、废气、固体废弃物、噪声、粉尘等。
（3）环境保护设施与投资　治理方案。
（4）环境影响评价。

10）组织机构与人力资源配置

（1）企业组织定员及工作制度。
（2）劳动定员。
（3）人员培训。

（4）劳动力来源。

11）项目实施进度

（1）项目建设工期。
（2）项目实施进度安排。
（3）项目实施进度表。

12）投资估算与资金筹措

（1）投资估算依据。
（2）投资估算 建筑资金估算、流动资金估算。
（3）资金筹措与使用计划。

13）财务评价

（1）评价方法的选择及依据 财务价格、生产负荷等。
（2）产品成本费用估算。
（3）销售收入估算。
（4）销售税金及附加费。
（5）利润估算。
（6）财务盈利能力分析。
（7）清偿能力分析。
（8）不确定性分析 敏感性分析、盈亏平衡分析。
（9）财务评价结论。

14）社会评价

（1）项目对社会的影响分析。
（2）社会评价结论。

15）风险分析

（1）项目主要风险因素识别。
（2）风险程度分析。
（3）防范和降低风险对策。

16）结论与建议

（1）项目总体描述。
（2）结论与建议。

17）可行性研究报告的附图与附件

（1）附图
A1 工厂总平面图

A2 车间布置方案简图

A3 库房布置方案简图

（2）附件

B1 国家发展和改革委员会关于实施农产品深加工食品工业专项工程项目立项的批复

B2 当地银行对项目建设贷款的承诺意见

B3 环保部门对项目环境评价的批文

B4 项目技术合作协议

B5 项目内外销产品的销售意向书或协议

B6 科技型企业证书

B7 土地使用证书及用地协议

B8 本地区资源情况说明

（3）项目产品生产工艺流程图

3. 可行性研究应注意的事项

（1）可行性研究应具备科学性和独立性。

（2）可行性研究的深度要符合要求。

（3）承担可行性研究的单位应具备相应的资质。

（4）可行性研究报告的审批办法。

三、初步设计

初步设计是建设工程前期工作的重要组成部分，是工程建设的一个重要程序。它是项目决策以后，根据已批准或核准、备案的可行性研究报告和有关的设计基础资料所做出的具体实施方案。所有新建、扩建、改建的项目都必须编制初步设计。

初步设计必须按照已批准或核准、备案的可行性研究报告中的规模、产品、厂址、工艺技术等内容进行编制，并应遵照国家有关的设计规范、工程建设的强制性标准进行。如果在编制初步设计时，建设规模、主要产品、厂址等有变动，或总投资超过允许额度时，必须经原审批部门批准。

初步设计文件由说明书、图纸和总概算书组成，通过初步设计文件把拟建设的食品工厂全貌包括产品品种、规格、生产能力、厂址、总平面布置、建筑结构形式、工艺生产流程及设备、公司配套设施特性及设备、投资总数等做出轮廓性的定局，供有关部门审批。

目前对于设计计划任务书已没有审批要求。

第二节　厂址选择和总平面设计

厂址选择是项目前期工作的重要组成部分，厂址的确定对项目建成后的经济效益、环境效益和社会效益的发挥具有重要意义。对于食品工厂来说，厂址的选择往往需要考虑原料和产品的销售，如乳制品厂、浓缩果汁厂、天然矿泉水厂，由于原料运输量大或运输比较困难，厂址宜接近原料产地或待选项目所在地附近有建立基地的良好条件。因此，在选择厂址时，应当由筹建单位负责，设计单位充分发表意见，经过讨论和比较后合理布局食品工厂。

一、厂址的选择

1. 厂址选择的准则

厂址的选择对工厂的工作效能和生产的食品质量有显著影响，因此为工厂寻找最适合的场地很重要。根据企业性质，不同的公司将有不同的限制，一些普遍需要考虑的事项在下面部分予以描述。

1）厂址选择要符合国家相关的方针政策

厂址选择要符合所在地方的长远规划和行政布局，遵守国家法律、法规，充分考虑远期和近期规划的统一布局，在保证资源合理开发和综合利用的同时，注重环境友好和生态平衡。

2）厂址选择要考虑生产条件

（1）考虑原料供应和市场销售　食品生产企业种类多样，在选择规划厂址时要根据具体情况判断，以充分协调原料供应、产品加工和成品销售这三者之间的关系，在保证产品品质的前提下，减少运输费用，降低生产成本。

（2）考虑地理和环境条件　①所选厂址必须有可靠的地理条件；②厂址所在地区的地形应尽量平坦；③厂址所在地区应有良好的卫生条件；④厂址的面积应在满足当前生产要求的基础上适当留出空地，以考虑工厂的后期扩建；⑤绿色食品加工企业对加工过程的周围环境有较高要求，工厂的“三废”应得到完全净化处理，做到清洁化生产。

3）从投资和经济效应考虑

（1）运输条件　所选厂址应确保交通便利，优良的运输条件（公路、铁路和水路）可减少投资成本。

（2）服务设施　所选厂址要有一定的供水、供电和供暖条件，以满足生产需要。

（3）生活条件　厂址附近最好有居民区这样可以减少宿舍、学校和商店等职工生活设施的投资。

2. 厂址选择报告

厂址必须多场地比较，尽可能多地看一些场地，以供选择。根据食品工厂厂址选择的原则，对每个场地的情况进行细致的评估，明确建厂的主要技术经济指标，比较不同的厂址选择方案，从中选择其最适宜者作为定点并写成评估报告。厂址选择报告的深度应能满足项目可行性研究及论证审批要求，并为场地征购和开展项目初步设计提供依据。

厂址选择报告的厂址条件大致如下。

（1）厂址的坐落地点，四周的环境情况。

（2）地质及有关自然条件资料。

（3）绘制 1/1000 的地形图。

（4）原材料供应情况。

（5）水、电、燃料、交通运输及职工福利设施的供应和处理方式。

（6）废水排放情况。

（7）经济分析　对厂区一次性投资估算及生产中经济成本等综合分析。

二、总平面设计

总平面设计是食品工厂设计的重要组成部分，它是将全厂不同使用功能的建筑物、构筑物按整个生产工艺流程，结合用地条件进行合理的布置，将建筑群组成一个有机整体。这样既便于组织生产，又便于企业管理。所以，在选定厂址之后，根据全厂各建筑物、构筑物的组成内容和各项设施，在用地范围内合理地、经济地进行工厂总平面设计。

1. 总平面设计的内容

食品工厂总平面设计的内容包括平面布置和竖向布置两大部分。

（1）平面布置　就是合理地进行用地范围内的建筑物、构筑物及其他工程设施水平方向布置相互间的位置关系。其中工程设施包括运输设计、管线综合设计、绿化布置和环保设计。

（2）竖向布置　就是与平面设计相垂直方向的设计，也就是厂区部分地形标高的设计。其任务是把地形组成一定形态，既平坦又便于排水。竖向布置虽然是总平面的组成部分，在地形比较平坦的情况下，一般都不做竖向布置。

2. 总平面设计的基本原则

总平面设计的基本原则应遵循以下几点。

（1）应按任务书要求进行，布置务必紧凑合理，同时还必须为远期发展留有余地。

（2）必须符合工厂生产工艺要求，要从车间、厂房、物流等多方面考虑。

（3）必须满足食品工厂卫生要求，这里包括生产区、生活区、厂前区等区域的分项管理，同时要注意绿化环境。

（4）厂区的道路应按运输量及运输工具的情况而定，但必须做到道路清洁、路线合理。

（5）除厂区道路外，应考虑安置其他交通设施。

（6）厂区建筑物应严格按照有关规定设计。

（7）厂区建筑物的布置应符合规划要求，同时合理利用地质、地形和水文等自然条件。

（8）车间的安排在考虑到场地利用率的同时还应注重其相互的影响性。

3. 工厂平面布置

工厂的平面布置需要最好的安排，该安排用的占地面积费用最小，但有进行高效工作的充足空间。一般设计工厂时应用直线原理——物料从一端进入，最终产品出口在另一端。计算机基础设计系统可用来进行工厂操作模拟和在提交任何费用之前的平面布置检查。食品工厂的平面布置与工厂生产工艺流程的特点有关，建筑物的体量、幢数和厂址的地形特征也会影响平面的布置方式。一般的布置方式有：街区式、台阶区带式、成片式、自由式等。

1）街区式布置

街区式布置是在合理区划场地条件的基础上，规划建筑物、构筑物的组合和道路网，将建筑及装置成组地布置在四周道路环绕的街区内。这种布置方式适合综合性食品工厂。

2）台阶区带式布置

当所选厂址位于一定坡度的场地时，为了保证生产，往往按照和厂区纵轴平行的等高线来布置，在厂区内按照等高线划分若干区带，在每条区带内合理布置建筑物、构筑物和设备。

3）成片式布置

成片式布置是以联合厂房为主体建筑，在主体建筑附近根据生产使用要求和建筑群的空间规划来布置其他体量较小的辅助性建筑。现在，国内外的现代化工厂都采用这种方式布置。

4）自由式布置

对于生产规模较小、将原料就地进行加工的工厂，可以灵活组织生产运输线路，采用自由式布置。在地形复杂地区进行建厂时，为了充分利用地形，也可使用这种方式布置。这种布置方式无一定格局，可因地制宜，适用于位于山地的小型工厂。

第三节　食品工厂工艺设计

食品工厂工艺设计在食品工程整个设计中占主要的地位，它是其他非工艺设计所需基础资料的依据。由于工艺设计是以工厂生产的产品及其生产能力为基础进行生产流程及生产方法的选择，并对物料的平衡、设备的选型，以及工艺、水、电、气用量进行估算，所以工艺设计的好坏，直接影响到全厂生产和技术的合理性、科学性，对建厂的经费、投产后产品的质量、成本、劳动强度等均有密切关系。食品工厂工艺设计是以生产车间的设计为主，其余车间和辅助部门等围绕生产车间进行设计。

一、工艺设计依据与内容

1. 依据

食品工厂的工艺设计应以批准的可行性研究报告所规定的建厂规模、产品品种及质量要求为依据，结合建厂地点的原料、动力供应、水源水质等具体情况，确定各类产品的工艺流程、设备选型和生产车间布置。工艺设计力求技术先进、成熟可靠、经济合理。

2. 内容

食品工厂工艺设计主要包括下列项目。

（1）产品方案、规格及班产量的确定。

（2）主要产品和综合利用产品的工艺流程的确定及操作说明。

（3）物料计算。

（4）生产车间设备的生产能力计算、选型及配套。

（5）生产车间平面布置。

（6）劳动力平衡及劳动组织。

（7）生产车间水、电、汽、冷用量的估算。

（8）生产车间管路计算和设计。

3. 劳动力计算

劳动定员的多少，是企业在投产后，全面达到设计指标和正常操作管理水平的标志。劳动力计算主要用于工厂定员编制、生活设施（如更衣室、食堂、厕所等）的面积计算和生活用水、用气量的计算。劳动力的计算主要根据生产单位重量产品所需的劳动工日来计算，对于各生产车间来说：

每班所需工人数（人/班）= 劳动生产率（人工/t 产品）×班产量（t）。

全厂工人数则为各车间所需工人之总和。

食品工厂劳动生产率的高低，主要取决于原料新鲜度、成熟度、工人操作的熟练程度及设备的机械化程度等，制订产品方案时就应注意到这一点。所以，在设计中确定每一个产品的劳动生产率指标时，一般参照相仿生产条件的老厂。另外，在编排产品方案时，尽可能地通过班产量来调节劳动力，使每班所需工人数基本相同。

在食品工厂设计中，定员过少，会造成生活设施不够使用，工人整天处于超负荷生产中，从而影响正常生产。定员过多，会造成基建投资费的增大和投产后人力资源浪费。

食品工厂工艺设计中除按产品的劳动生产率计算外，还得按各工段、各工种的劳动生产定额计算工人数，以便于车间及更衣室的布置。食品工厂生产车间男工和女工的比例约为男∶女=3∶7。

二、工艺流程的选择

1. 选择原则

食品工厂应选定先进的、科学的工艺流程，选择时应遵循下列原则。

（1）通过该工艺流程，加工的产品符合国家标准或外销合同要求的标准。

（2）能实施机械化、连续化作业或能按流水线排布，生产加工流程中物料停留时间最短。

（3）选择投资少、原料及能源单耗低、产品品质高、经济效益好的生产方法。

（4）有利于原材料的综合利用。

（5）产生“三废”量少或经过治理容易达到国家“三废”排放标准。

（6）有利于多个品种共用或部分品种可以共用的生产工艺。

2. 工艺流程图的绘制

工艺流程图是已确定的工艺流程的表示方法，有生产工艺流程方框图和生产工艺设备流程图两种形式。生产工艺流程方框图的内容包括工序名称、物料流向、工艺条件等。在方框图中应以箭头表示物料流动方向。浓缩苹果汁（68°Bx）生产工艺流程见图 6-1。生产工艺设备流程图的内容包括设备的基本外形（标有设备名称或编号）、工序名称、物料流向，以及各种介质（水、压缩空气、冷却水等）管线的管径和走向。必要时还要标出控制点。

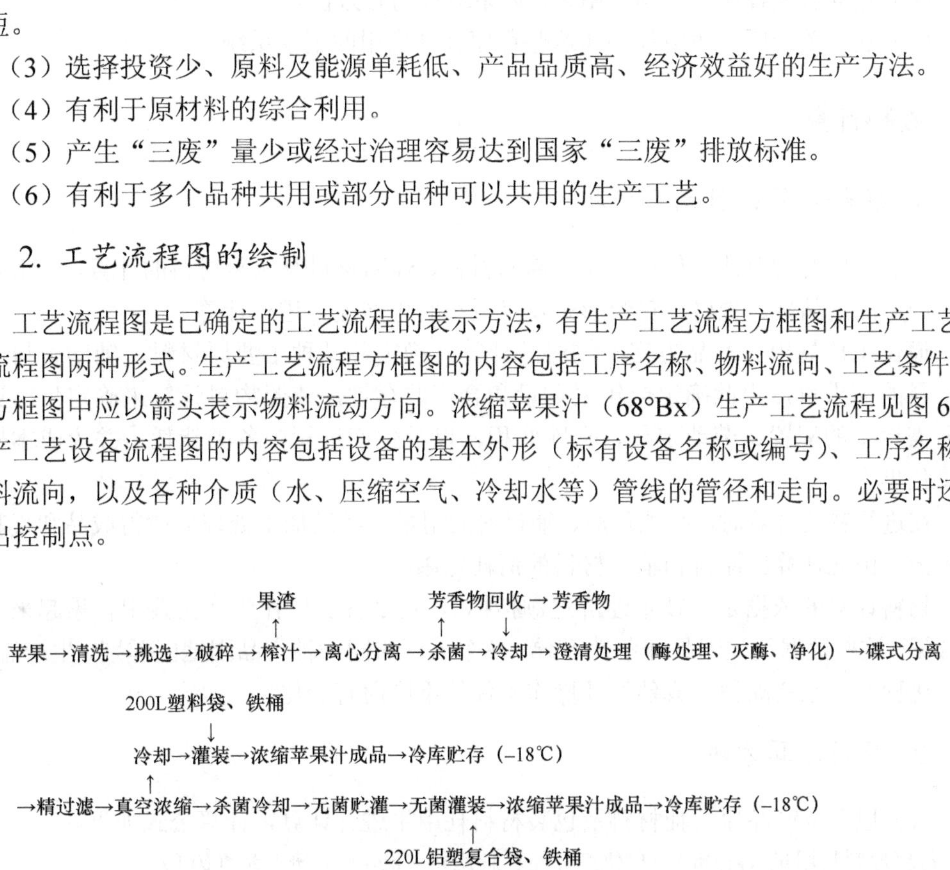

果渣 芳香物回收→芳香物
↑ ↑ ↓
苹果→清洗→挑选→破碎→榨汁→离心分离→杀菌→冷却→澄清处理（酶处理、灭酶、净化）→碟式分离

200L塑料袋、铁桶
↓
冷却→灌装→浓缩苹果汁成品→冷库贮存（–18℃）
↑
→精过滤→真空浓缩→杀菌冷却→无菌贮灌→无菌灌装→浓缩苹果汁成品→冷库贮存（–18℃）
↑
220L铝塑复合袋、铁桶

图 6-1 浓缩苹果汁生产工艺流程

3. 生产工艺流程的安全设计

随着生活水平的提高，食品的安全卫生越来越受到政府和消费者的重视。食品生产要保证食品的安全性，建立从农场到餐桌的整个加工过程的安全卫生质量保证体系。危害分析和关键控制点（hazard analysis and critical control point，HACCP）体系是针对预防控制食品生产加工过程的安全卫生进行设计、开发的一种管理体系。HACCP 体系的建立使生产者在加工过程中完成自检、自控和自纠，避免出现不合格产品，通过追溯加工和控制过程的记录，在产品出现问题时能够有据可查，把对食品安全卫生的控制建立在加工过程中进行动态的预防和控制。

以 HACCP 为基础的食品安全体系包括以下 7 个原理。

（1）进行危害分析。

（2）确定关键控制点（CCP）。

（3）建立关键限值。

（4）建立关键控制点的监控程序。

（5）建立当监控表明某个关键控制点失控时应采取的纠偏方案。

（6）建立验证程序，证明 HACCP 体系运行的有效性。

（7）建立关于所有适用程序和这些程序及其应用的记录系统。

三、物料计算

1. 物料计算的目的和依据

食品工厂的物料计算包括产品所需原材料、辅助材料及包装材料的计算，一般均以所生产产品的品种、规格、包装形式及班或小时生产能力进行计算。

通过工厂规模、产品方案及物料的计算，确定各品种主要原材料、辅助材料及包装材料的需求量，由此确定全年采购量和仓库贮存量，依照物料计算来确定生产过程中所需设备的配置、劳动定员、仓库面积，以及生产过程中各类能耗，并为成本核算提供依据。

在进行物料计算时，必须使原、辅材料的用量与经过加工处理后所得成品和损耗量相平衡，由此计算出原料和辅料材料的消耗定额。

物料计算的依据是“技术经济定额指标”，它是各工厂在生产实践中积累起来的经验数据，这些数据往往因具体条件而异，各个工厂的同一种产品因地区差别、生产流程、机械化程度、原料品种、成熟度及操作条件的不同而有变化。

2. 物料计算方法

（1）以单位产品原、辅材料及包装材料耗用量进行计算，计算公式如下。

每班原料耗用量（kg/班）=单位产品原料耗用量（kg/t）× 班产量（t/班）

每班各种辅助材料耗用量（kg/班）=单位产品各种辅助材料耗用量（kg/t）× 班产量（t/班）

每班包装容器耗用量（只/班）＝单位产品包装材料耗用量（只/t）×班产量（t/班）×（1＋0.1%损耗）

每班外包装材料耗用量（只或张/班）＝单位产品外包装材料耗用量（只或张/t）×班产量（t/班）

以上仅指一种原料生产一种产品、一个规格时的计算方法。如果用一种原料生产两种以上品种或同一品种生产不同规格时，则需分别求出各个产品、各种规格的用量后再进行汇总。

（2）以小时生产能力和投料量进行计算，可按小时原料投料量、原料利用率及各工序得率为计算基础进行物料计算。

四、设备选型

设备选型必须严格按照工艺要求，在物料计算的前提下，按某一品种在单位时间产量的物料平衡情况和设备的生产能力来确定所需生产线的数量。若有几种产品都需共同的设备在不同时间使用时，应按处理量最大的品种所需台数来确定。一般后道工序设备的生产能力要略大于前道，以防物料积压。

1. 设备选型的原则

（1）满足工艺要求，保证产品质量和产量。

（2）选择技术先进，造型美观，机械化、连续化、自动化程度高的生产线和设备。注意设备利用率和经济性。专业设备宜一机多用，以适应产品品种多变的特点。

（3）符合食品卫生要求。

（4）能充分利用原料，能耗低，效率高，体积小，有可靠的工作性能和安全性能。

（5）在温度、压力、真空、浓度、时间、速度、流量、液位、计数和程序方面有合理的控制系统，并尽量采用自动控制方式。

2. 部分主要设备的选择

1）输送设备

一般分固体输送设备和液体输送设备两大类。

（1）固体输送设备　根据用途和功能分为带式输送机、斗式输送机、螺旋输送机及气流输送设备。

（2）液体输送设备　液体输送设备常用的有流送槽、泵和真空吸料装置等。

2）清洗和原料预处理设备

（1）清洗设备　常用的清洗设备有鼓风式清洗机、空罐清洗机、全自动洗瓶机、实罐清洗机等。

（2）原料预处理设备　常用的有分级机（又分滚筒式分级机、摆动筛、三滚动式分级机等），切片机（蘑菇定向切片机、菠萝切片机、青刀豆切端机等），绞肉机，打浆机，榨汁机，果蔬去皮机，分离机（橘油分离机、牛乳分离机等），斩拌机，真空搅拌机，均质机，胶体磨等。

3）热处理设备

食品工厂热处理设备主要用于原料脱水、抑制或杀灭微生物、排除食品组织中的空气、破坏酶活力、保持产品的颜色和酶解糖化等。包括预煮、预热、蒸发浓缩等设备。

4）灌装和封口设备

食品包装容器品种繁多，常用的材料为纸板、金属、玻璃和塑料。常用的容器有马口铁罐、铝罐、玻璃瓶等。相对于不同的包装容器，有各种不同类型的灌装机及封口机。

（1）灌装设备　主要分为液态物料灌装设备、块状物料灌装充填设备。包括活塞式定量自动灌装机、重力式自动定量灌装机、滚筒式灌装机、回转式容积定量灌装机等。

（2）封口设备　不同的容器有不同的封口设备，包括封罐机、压盖机、旋盖机、塑膜封切机、铝塑纸复合袋热封机等。

5）成品包装、仓库机械设备

常用的成品包装机械包括自动堆垛机、半自动卸垛机、贴标机、套标机、装箱机、封箱机、装托盘机等。常用贮运设备有电动堆高机、蓄电池叉车等。

五、工艺管路设计

管路系统是化工装置的重要组成部分，同样也是食品工厂生产装置的重要组成部分。水、蒸汽、冷媒等公用介质都离不开管道输送；食品加工的主料、辅料或半成品，大部分呈流体形态，都需用密闭管道系统来完成工序与工序之间、设备与设备之间的物料输送，并通过管路的连接，组成连续化、自动化的生产线。因此，工艺管路设计是食品工厂工艺设计的一个重要组成部分。

工艺管路主要是指在生产车间单元内与所有工艺设备紧密连接的和与生产工艺直接相关的管路系统。其中既包括全部工艺专用介质管路，也包括局部公用介质管路。按设计工作的专业分工，公用介质管路的设计一般以车间外墙为界，内部由工艺专业负责，外部由公用各专业承担。此外，室内的消防给水和建筑排水管路，亦由公用专业负责。

工艺管路设计的宗旨是要达到三个满足和一个经济合理：满足生产要求、满足安全要求、满足卫生要求，选材用料经济合理。

第四节　生产性辅助设施

食品工厂的辅助设施是指与生产有密切关系的一些技术和生活设施。辅助设施的设计是全厂设计的一部分，主要内容包括原料接收站、实验室、仓库、工厂运输、机修车间和生活设施等的设计。

一、原料接收站

原料接收站是食品工厂生产的第一个环节，这一环节的生产质量直接影响到后面的生产工序。食品工厂的原料大部分为农副产品，来自田间或饲养场的为多。为了保持工厂的整洁和文明管理，原料在进厂前或入库前需先预处理，以去除杂质和污染微生物。

果蔬原料接收站大部分设在原料基地或原料采收比较集中的地点。接收站检查原料质量，然后拣选分级，整理过秤，装入专用塑料桶或塑料箱，由厢式汽车运至工厂加工。

收乳站是设于乳制品厂外的收乳机构，收乳站的收乳半径宜控制在10～20km，所收的乳必须于12h之内利用乳槽车或乳桶装于冷藏车送至乳制品厂。每个收乳站每天收乳2次，收乳站必须有冷冻设备，以保证原料乳的新鲜度。

食品工厂使用的肉类原料，大部分为屠宰厂检验合格的分割肉原料，鲜肉一般用塑料袋包装后存放于塑料箱周转，冻肉一般为塑料袋包装后再以纸箱为外包装。这些原料进厂后，经地秤计量、验收、堆放，就可入冷藏库贮藏或待加工。

水产原料接收站要对原料进行新鲜度、农药残留等污染物的标准化检验，新鲜的水产进厂后应及时采取冷却保鲜措施。常用的方法为加冰保鲜法，该方法适用于非露天的场地，使用时应配备碎冰制作设施。对于肉质鲜嫩的鱼、虾和蟹类的保鲜，常采用冷却海水保鲜法。

二、实验室

食品工厂的实验室是工厂生产技术的研究、检测机构，它能够根据工厂的实际情况向工厂提供新产品、新技术，对工厂的产品进行严格的质量控制和卫生检测，使工厂具有较强的竞争能力，获得较好的经济效益。食品工厂实验室主要有中心试验室、化验室和检验室。

1. 中心试验室

（1）中心试验室的任务　是对供加工用的原料品种进行研究，并制订符合本厂实际的生产工艺。中心试验室的任务还在于开发一些新产品如婴儿食品、保健食品等。

（2）中心试验室的装备　中心试验室一般由研究工作室、分析室、保温间、细菌检验室、样品间、资料室及试制工场等组成。

2. 化验室

（1）化验室的任务　化验室的任务可按检验对象和项目来划分。检验对象一般有原料检验、半成品检验、成品检验、各种添加剂检验、水质检验及环境监测等，检验项目一般有感官检验、物理检验、化学检验及微生物检验等。

（2）化验室的组成　一般是按检验项目来划分的，分为感官检验室、化学检验室、物理检验室、精密仪器室、细菌检验室及贮藏室等。

（3）化验室的装备　化验室配备的大型用具主要有双面化验台、单面化验台、药品橱、通风橱及化验设备等。

3. 检验室

（1）检验室的任务　检验室是对产品质量进行控制的重要部门，主要职责是对生产的原、辅材料，中间产品和成品等进行感官检验、物理检验、化学分析和微生物检验，及时提供各项分析数据，为正常生产运作及管理决策提供依据，以确保产品质量。

（2）检验室组成　检验室一般包括物理感官检验间、化学检验室、精密仪器间、微生物检验间、样品间、资料间。

三、仓库

食品工厂是物料流量较高的企业，其仓库在全厂建筑面积中占有相当大的比例，一般包括原料库、辅助库、成品库、包装材料库、五金材料库、劳动保护用品库及危险品仓库等。在食品工厂设计中，仓库的容量和在总平面中的位置一般由工艺人员考虑，然后提供给土建专业。

仓库的操作通常比工厂的操作简单，仓库需要控制的条件是温度和湿度，多数仓库由集装箱支架组成，集装箱用铲车运进和运出，进出仓库的门可以用安装在铲车上的脉冲收发机自动打开。

装卸平台通常布置在仓库的一边用于发送成品库的成品或接收配料到配料库，有许多不同形式的装卸平台，载重汽车倒向装卸平台要与之对接密封，这一点对冷冻和冷藏产品的运输尤其重要，以便铲车能够直接开进来为载重汽车装货或卸货。

四、工厂运输

食品工厂的运输量一般比较大，其运进的物品为原料、配料、辅助材料、包装材料、燃料，运出的为成品及废弃品，尤其对于有生产旺季或高峰销售季节的食品工厂，每天的吞吐量很大，畅通的运输系统对食品工厂至关重要。

1. 厂外运输

进出厂的货物，大多通过公路或水路。公路运输视物料情况，一般采用载重汽车，而对冷冻物品要采用保温车或冷藏车，鲜奶原料最好使用奶槽车。水路运输一般是利用运输企业的力量，但工厂需配备码头装卸机械，一般采用 JD 型简易起重机，其起吊重量为 3t，工作幅度为 5.8m。

2. 厂内运输

厂内运输主要是指车间外厂区的各种运输。由于厂区道路较窄小，转弯多，许多货物有时直接进出车间，这就要求运输设备轻巧、灵活、装卸方便。常用的有电瓶叉车、电瓶平板车、内燃叉车及各类平板手推车、升降式手推车等。

3. 车间运输

车间内运输与生产流程往往融为一体，工艺性很强，如输送设备选择得当，将有助于生产流程更加完美。一般有垂直输送设备如斗式提升机、真空提升装置等，水平输送设备如带式输送机等。

五、机修车间

食品工厂的机修主要满足日常维护保养的要求，一般设厂部机修和车间保养。有条件的情况下，尽可能使维修工作社会化。机修车间一般设置金工间、钳工间、冷作电焊间、工模具间及五金材料库。

第五节　公用系统

公用系统是指与全厂各部门、车间、工段有密切关系的，是这些部门所共有的一类动力辅助设施的总称。对食品工厂来说，这类设施一般包括给排水、供电及仪表、供气、制冷、暖风等5项工程。食品工厂设计中，这5项工程分别由5个专业工种的设计人员承担。

一、对公用系统的要求

（1）满足生产需求　这一点非常重要，同时也比较复杂。因为食品生产的一个很大特点是季节的不均匀性，公用设施的负荷变化非常明显。因此要求公用设施的容量对负荷的变化要有足够的适应性。

（2）符合卫生安全要求　食品生产中，原材料和半成品不可避免地要和水、蒸汽等直接或间接接触，因此，要求生产用水的水质必须符合卫生部规定的《生活饮用水卫生标准》。

（3）运行可靠、费用经济　所谓运行可靠是指供应的数量和质量要有可靠而稳定的参数。

二、给排水

1. 食品工厂对水质的要求

不同的用途，有不同的水质要求。食品工厂水的用途可分为：一般生产用水、特殊生产用水、冷却用水、生活用水和消防用水等。这些用水对水质有特殊要求，必须在符合《生活饮用水卫生标准》（GB 5749—2006）的基础上给予进一步处理，表6-1为各类用水水质标准。

表6-1　各类用水水质标准

项目	生活饮用水	清水类罐头用水	饮料用水	锅炉用水
pH	6.5～8.5			＞7
总硬度（以 C_aCO_3 计）（mg/L）	＜250	＜100	＜50	＜0.1
总碱度（mg/L）			＜50	
铁（mg/L）	＜0.3	＜0.1	＜0.1	
酚类（mg/L）	＜0.05			
氯化物（mg/L）	＜250		＜80	
余氯（mg/L）	＜0.05			

各类用水一般由工厂自设一套进一步处理系统，处理的方法有精滤、电渗析、离子

交换、反渗透等，视具体情况选用。

2. 排水

如果生产过程需要进行排水，应考虑用地沟/阴沟或者用坑洞。用明沟排水系统很容易检查和清洁，暗沟排水系统的维修很困难。暗沟排水有更多的地板空间，但需要多方向地坪斜度，如果太大，会造成设备的水平调整问题。

排水系统应与沉降井相连，在排放到城市废水系统或进一步处理之前用来汇集废水。沉降井便于厂家监视或控制废水，并且如果需要还可调节 pH、撇去油脂等。通过分离来自不同厂区的废水，可以监控并净化不同的废水。

三、供电及供气

1. 供电工程设计内容

食品工厂供电工程设计包括全厂变电、配电所、动力、照明、防雷接地等设施。

2. 供电要求及相应措施

（1）有些食品工厂生产季节性强，用电负荷变化大，因此，大中型工厂宜设足够数量的变电器，以适应负荷的剧烈变化。

（2）食品工厂的变配电设施的容量或面积要留有一定的余地。

（3）供电不稳定的地区而又有条件时，可采用双电源供电。

（4）为减少电能损耗和改善供电质量，厂内变电所应接近或毗邻负荷高度集中的部门。如厂区范围较大，必要时可设置主变电所及分变电所。

（5）食品生产车间供电管线及电器应考虑防潮。

（6）仪表控制和自动调节应根据工艺要求及对象的特点，正确选择检测仪表和自控系统，确定检测点、位置和安装方式，合理供电。

3. 食品工厂的用汽要求

食品工厂的用汽部门主要有生产车间和辅助生产车间，如综合利用、罐头保温库、试剂室等。其中罐头保温库要求连续供汽。

用汽压力，除以蒸汽作为热源的热风干燥、高温油炸、真空熬糖等要求较高的压力[（8～10）$\times10^5$Pa]之外，其他用汽压力大都在 7×10^5Pa 以下，有的只要求（2～3）$\times10^5$Pa。因此，在使用时需经过减压，以确保用汽安全。

4. 锅炉的选择

锅炉型式的选择，要根据全厂用汽负荷的大小、负荷随季节变化的曲线、所要求的蒸汽压力及当地供应燃料的品质，并结合锅炉的特性，按照高效、节能、操作和维修方便等原则加以确定。

食品工厂应特别避免采用沸腾炉和煤粉炉，因为这两种型式的锅炉容易造成煤屑和尘土的大量飞扬，影响卫生。按我们现行能源政策，用汽负荷曲线不平稳的食品工厂搞余热发电是不可取的。

食品工厂用的锅炉燃烧方式应优先考虑链条式炉排。

四、加热、通风与空调系统

所有的食品工厂都需要一定程度的加热、通风和空调系统。加热将会根据设施的大小、被加热气体的体积和被处理原料的性质或区域内的加工过程而变化。

通风在大多数工厂里是必需的，并且通过选择系统的参数进行控制，使加工区域内形成正压，让用过的废气排放到外面。在大多数情况下废气可排向大气，然而有毒气体或不良气味积聚则需适当过滤或处理。通风时要优先考虑自然通风，当自然通风达不到应有要求时，要采用人工通风。食品生产时若对空气的卫生要求较高，需要考虑空气的进化，常用的进化方式是对进风进行过滤。

是否需要空调将依据工厂内需要的温度和所需制冷机组的大小而定。

五、制冷

食品工厂制冷工程的建立和设置主要是对原辅材料及成品起贮藏保鲜作用。

1. 制冷内容

（1）生产加工工艺用冷　对物料而言，生产物料的直接降温、冷却需要用冷；食品加工设备用冷，诸如低温冷却水的制备和循环及贮乳缸、冷热缸、发酵大罐及速冻机的用冷。

（2）车间环境用冷　可分为车间操作人员的空调用冷和车间生产物料需要的环境条件用冷，如为空调设备提供冰水和为腌制间、按摩间、解冻间建立低温环境，可保证物料处于冷链环节。

（3）冷库及配送用冷　主要用于原、辅材料的暂存，半成品的暂存，成品的贮存和冷藏配送，如原料冷库、排酸间、高温冷藏间等。

2. 制冷系统

食品工厂通过制冷系统对原辅料及成品起贮藏保鲜作用。人工制冷的原理和方法多种多样，从经济成本考虑，目前大量采用的是氨压缩制冷。但该系统需要有较庞大的冷却冷藏辅助设备，易造成场地紧张。因此，在一些场地要求高且面积紧张的场合多采用氟利昂压缩制冷。

3. 冷库的平面设计原则

（1）冷库的平面体形最好接近正方形，以减少外部维护结构。

（2）高温库房与低温库房应分区布置，把库温相同的库房布置在一起，以减少绝缘层厚度和保持库房温湿度相对稳定。

（3）采用常温穿堂，可防止滴水，但不宜设室内穿堂。

（4）高温库因货物进出较频繁，宜布置在底层。

第六节　卫生及生活设施

食品卫生涉及人民健康，关系到外贸出口创汇和工厂经济效益的重大问题。为防止食品在加工过程中的污染，在工厂设计时，一定要在厂址选择、总平面布局、车间布置及相应的辅助设施等方面，严格按照卫生标准和有关规定的要求，进行周密的考虑。

一、工厂卫生

食品工厂的卫生主要包括厂、库环境卫生，厂、库设施卫生，加工卫生。

为了防止微生物和其他腐败菌的生长，工厂需要保持清洁。工厂的设计要有利于对工厂进行清洁。

清洁工厂可以使用多种技术，如泡沫、喷雾、擦刷和清洗。所用的清洁液一般以酸性或碱性为主。大多数情况下，清洁后要杀菌，卫生消毒剂以过氧化氢为主。

在利用上述清洁方法的同时要配以一定的消毒手段。常用的卫生消毒方法有：漂白粉溶液（适用于无油垢的工作台、操作台、墙壁等）；氢氧化钠溶液（适用于有油垢及糖液污垢的工具器、墙壁、地面等，使用浓度为 1%～2%）；过氧乙酸（这是一种高效消毒剂，适用于各种器具、物品和环境的消毒，使用浓度为 0.04%～0.2%）；蒸汽和热水（适用于棉织物、空罐及重量小的工具消毒，热水温度 82℃以上）及紫外灯。

二、生活设施

食品工厂生活设施主要包括办公楼、食堂等，需要指出的是不包括单身宿舍、职工家属宿舍及其他社会性福利设施。

1. 办公楼

办公楼应布置在靠近人流出入口处，其面积与管理人员数及机构的设置情况有关。行政及技术管理机构按工厂的规模，根据需要设置。

2. 办公楼建筑面积估算

办公楼建筑面积估算可采用下式：

$$F=\frac{G\times K_1\times A}{K_2}+B$$

式中，F 为办公楼建筑面积，m^2；G 为全厂职工总人数，人；K_1 为全厂办公人数比，一般取 8%～12%；K_2 为建筑系数，取 65%～69%；A 为每个办公人员使用面积，5～7m^2/人；B 为其他辅助用房面积，根据需要设计。

3. 食堂

食堂在厂区中的位置，应靠近工人出入口或人流集中处。它的服务距离以不超过600m为宜。在食品工厂生活设施中，还应包括更衣室、浴室、厕所和医务室等设施。

第七节　食品工厂的环境保护

环境友好型社会是一种人与自然和谐共生的社会形态，建设环境友好型社会不仅要解决突出的环境问题，更要大力发展循环经济。因此，食品的加工企业应开展清洁生产，走新型工业化道路。食品工厂除决定场地是否满足需要外，还需要评价工厂对周围环境的影响。评估工厂对周围环境影响的一般方法是专门完成一项环境影响评定，通过考核企业的产品指标、管理指标和环境指标来促进环境与经济的协调发展。

一、环境保护的内容

食品工厂的环境污染主要有生产废弃物、生产废水、废气及机械噪声等。生产废弃物来源于农副产品原料加工中的皮、渣、骨头、内脏及包装材料的废弃物等。生产废水来源于果蔬、肉、禽、水产等原料的清洗，加工过程中预煮、冷却、浸酸、淋碱等产生的废水，容器、设备及管道的清洗及地坪冲洗等废水。废气来源于镀锡薄板内、外涂料和印刷的有机溶剂挥发气，油炸烹饪时产生的油烟、废热气及油脂浸出溶剂的逸出物。机械噪声来源于空气压缩机、真空泵、水泵、制冷压缩机、风机等公用设施中的装备和生产设备，如空罐制造用的冲床等。综上所述，食品工厂所造成的环境污染多种多样，但食品工厂的环境保护主要进行三废治理——即废水、废渣、废气。

二、污水处理

食品工业排出的废水归纳起来有3种存在方式：①混合在水中的固体物质，如果皮、菜皮等；②悬浮在水中的脂肪、蛋白质、淀粉、胶体等；③溶解在水中的糖、盐、酸、碱等。总之，这些废水的共性是有机物含量高，且容易腐败，造成水质迅速恶化。

1. 国家污水排放标准

对城市污水来说，目前发达国家多采用以沉淀和生物处理为主的二级处理。近年来，我国也多要求各地污水处理厂出水悬浮固体和BOD_5均不超过30mg/L，甚至20mg/L，以此来确定污水的处理程度。不同类型的食品加工工业可参考国标中相应的污水排放标准，如肉类加工工业执行《肉类加工工业水污染物排放标准》（GB 13457—1992），啤酒加工工业执行《啤酒工业污染物排放标准》（GB 19821—2005）。

2. 污水处理中的重要参数

工业废水的排放一定要严格遵守国家标准，不可将未经处理或处理不当的废水直接排放。在污水处理中主要有以下几个参数。

（1）pH 即废水中氢离子浓度。大多数水生生物生存的 pH 范围为 5～9，超出这个范围，就会导致大量水生生物死亡，也会影响人体代谢和消化系统失调。因此，pH 是衡量水质的重要指标。

（2）生化需氧量（biochemical oxygen demand，BOD） 许多有机物在水体中成为微生物的营养源而被消化分解，分解过程要大量消耗水中的溶解氧，溶解氧由此而显著降低，给需氧的鱼类等水生生物带来危害，甚至发生缺氧死亡。同时水中氧量不足，将引起有机物厌氧发酵，散发恶臭，污染大气，并毒害水生生物，因此，测定这些能发生生物降解的有机污染物含量是很重要的。

（3）化学需氧量（chemical oxygen demand，COD） 除去有机物外，废水中的硫化物、亚硫酸盐、亚硝酸盐等还原性无机物也会同水中的溶解氧发生反应，消耗掉水中溶解的氧。因而，仅用 BOD 这个指标是不够全面的，还须采用化学需氧量这个指标，以表示由于水中的污染物进行化学氧化而需要消耗的氧量。一般情况下，BOD/COD 的比值高，表明许多可溶性有机物能被生物降解，比值低表明有抗生物氧化的有机物存在。

（4）总有机碳（total organic carbon，TOC） 总有机碳是表示废水中所含有的全部有机碳的数量，这个指标补充测定了废水中既不易被生物降解，又不易发生化学氧化的那部分有机污染物。

（5）总需氧量（total oxygen demand，TOD） 水中污染杂质在催化燃烧时所消耗的氧的总量。

（6）有毒物质含量 其含量往往以 ppm（$1ppm=1\times10^{-6}$）计（指 1L 废水中含有多少毫克相应的污染物）。

3. 污水处理的方法

污水处理的基本方法主要有：物理方法、化学方法、生物方法等。

（1）物理方法 有筛滤法、重力法、离心法。

（2）化学方法 化学方法分一般化学法和物理化学法。一般化学法包括中和法、混凝沉淀法、氧化还原法、吸附法和离子交换法。

（3）生物方法 生物处理污水技术，就是利用水域中的微生物对水中有机物的分解作用来净化污水的技术。净化污水的主要方法有：氧化塘法、生物膜法、活性污泥法等。此外，酸化池兼氧处理是近年来发展起来的生物处理技术。图 6-2 和图 6-3 分别为活性污泥法和生物膜法的典型流程。

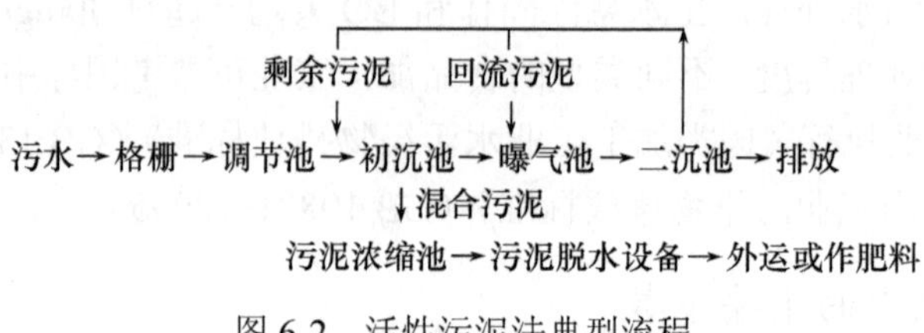

图 6-2 活性污泥法典型流程

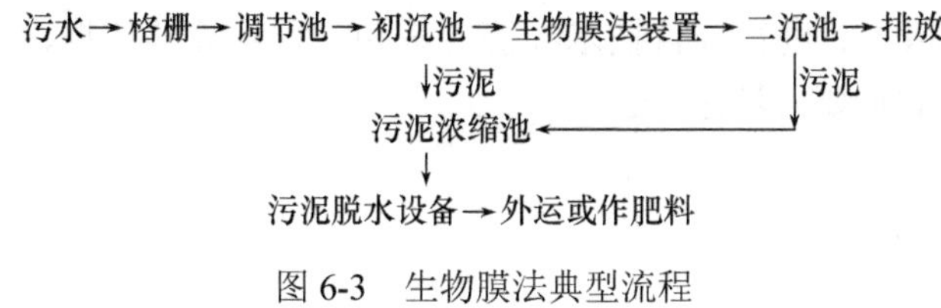

图 6-3　生物膜法典型流程

三、废弃物处理

食品工厂废弃物处理的要求如下。

（1）按照食品工厂卫生要求，车间产生的废弃物应及时运送至设在车间内的垃圾间或专用清洁桶内，定时清出，垃圾间要有清洗装置及畅通的排水沟。

（2）对于连续生产线上排出的废弃物，应用输送带或泵送至综合利用车间或排至室外贮罐及时清理。

（3）厂区要有集中固定的垃圾房，集中全厂废弃物并进行分类贮存，及时清理。垃圾房要有清洗装置及畅通的排水沟。

食品工业固体废物的处理方法包括堆存法、填埋法、焚化法和固化法。

四、废气、粉尘治理措施

废气、粉尘的治理措施如下。

（1）对可产生油烟气的夹层锅、油灶、炒锅宜集中布置，上面用防风罩或挂板集中排气，并经除油烟装置去净油污后再排入大气。

（2）对于涂料溶剂，如超标时需采用“触媒燃烧”或“直接加热燃烧”，使其自然分解后再排入大气。

（3）对于食品加工过程中使用盐酸等逸出的气雾，宜通过管道集中排入水槽，待水将酸性气雾充分吸收后再排入大气。

（4）发酵生产过程中产生的 CO_2 气体，通过回收装置而获得精制的 CO_2，仍可用于啤酒生产。

（5）锅炉烟尘须采用高效率的消烟除尘装置，要求其烟囱高度不得低于规定值。

（6）对于易产生粉尘的物料，在生产和输送、贮堆过程中，要采用密闭的生产设备，装置通风、吸尘和净化、回收设备，防止粉尘飞扬。

第八节　基本建设概算

基本建设概算书（初步设计概算书）是基本建设项目初步设计文件中 3 个重要组成部分之一。在基建项目可行性研究报告或计划任务书中，一定要有投资额这一要素，投资额大都根据“产品和规模”的客观需要经过估算而确定，采取这种方法估算出来的投资额是否符合或接近实际，需要有一个汇总各项开支内容的、以货币指标来衡量的尺度，这种尺度就是初步设计概算书。初步设计概算是确定建设项目投资额、编制基本建设实施计划、考核工程成本、进行项目技术经济分析和工程结算的依据，也是国家对基本建设进行监督和管理的重要方法之一。

一、概算编制说明

概算编制说明的内容如下。

（1）工程概况及编制范围　项目性质、生产规模、产品品种、主要单项工程、工程总投资和总建筑面积。

（2）编制依据　①国家有关建设和造价管理的法律、法规和方针政策。②批准或核准、备案的建设项目的设计任务书和主管部门的有关规定。③能满足编制设计概算的各专业经过校审并签字的设计图纸、文字说明和主要设备表。④当地和主管部门的现行建筑工程及专业安装工程的概算定额或预算定额、综合预算定额、单位估价表、材料和构配件预算价格、工程费用定额与有关费用规定的文件等资料。⑤现行的有关设备原价、运杂费率和安装费率。⑥现行的有关其他费用定额、指标和价格。⑦建设场地的自然条件和施工条件。⑧类似工程的概算、预算及技术经济指标。⑨建设单位提供的有关工程造价的其他资料。

（3）投资构成及分析　按工程费用性质划分列出投资构成分析表，见表 6-2。将概算投资构成与批准或核准、备案的估算投资进行比较，对出入较大的部分应进行原因分析。

表 6-2　×××食品厂概算投资构成分析表

序号	工程和费用名称	投资额（万元）			占总投资（%）	备注
		人民币	外币/美元	小计		
1	建筑工程					包括土建、给排水照明
2	设备价值					
3	安装工程					
4	工器具购置					
5	其他工程和费用					
	总计					

（4）建筑工程主要材料定额用量　列出建筑工程主要材料定额用量汇总表，见表 6-3。

（5）其他必要的说明　如建筑总投资内未包括某些项目的投资费用，则应作以说明，以便建设方统筹考虑。

表 6-3　建筑工程主要材料定额用量汇总表

序号	材料名称	单位	数量	备注
1	水泥	t		
2	钢材	t		
3	木材	m^3		

二、总概算书

总概算书包括 3 部分：单位工程概算表、单项工程综合概算书、建设项目总概算书。先由各单位工程概算表汇总成每个单项工程综合概算书，再由各个单项工程综合概算书汇总成项目总概算书。

总概算书由承担建设项目总体设计的单位负责编制。只承担单项工程设计而不承担总体设计的单位，只编制单项工程综合概算书。

建设项目若为一个独立单项工程，则建设项目总概算书与单项工程综合概算书可合并编制。

第九节 技术经济分析

技术经济分析就是对不同技术方案的经济效果进行计算、分析、评价，并在多种方案的比较中选择最优方案的预测效果进行分析，作为选择方案和进行决策的依据。

一、技术经济分析的主要内容

就工程项目来说，技术经济分析的主要内容一般有以下 5 个方面。

（1）市场需求预测和拟建规模。

（2）项目布局、厂址选择。

（3）工艺流程的确定和设备的选择。

（4）项目专业化协作的落实工作。

（5）项目的经济核算和综合评价。

为了确定一个建设项目，除了要做好以上各项分析工作，还要对每个项目所需的总投资，逐年分期投资数，投产后的产品成本、利润率、投资回收年限，项目建设期间和生产过程消耗的主要物质指标等进行精确的定量计算，这也是一项十分重要的工作。

二、技术经济分析的步骤

对一个项目，在全面深入地分析上述 5 个方面的内容之后，就可对具体的技术经济方案进行比较。方案的比较大致如下。

（1）根据项目要求，确定具体目标，列出各种可能的技术方案。

（2）收集各种方案的技术经济指标。在技术经济指标中，要着重收集各个项目实际所需的投资、经营费用或生产成本等主要指标，供方案比较时使用。

（3）对各种方案进行经济效益分析与计算，对于列出的各种方案，需根据收集到的各种技术经济指标，按照技术经济比较的方法，计算出各项目的经济效果。

（4）对各种方案进行综合分析与评价，做出最终结论。根据方案比较计算出的数据，确定经济最佳方案，这是选择方案的主要标准，但不是唯一标准，与此同时还必须对每个方案的优缺点进行综合评价。

三、技术经济分析的主要指标

在技术经济分析中，为了计算和评价每个方案的优劣，需要利用一系列的技术经济指标，没有这些指标就无法进行计算，就无法对各个方案进行比较。指标不科学、不准确，对方案的评价也不可能正确。因此，在进行项目的技术经济分析时，收集和计算各种指标是必不可少的一个环节。

1. 投资指标

投资是指花费在企业建设上的全部活劳动和物化劳动的总和，投资指标主要包括下列内容。

（1）用于建筑工程的各项费用，如建筑厂房、处理设备基础和平整场地等。

（2）用于安装工程的各项费用，如装置各种所需设备和工作台等。

（3）用于购置各种设备、工具和器具等的费用。

（4）其他建设费用，如人员培训费、土地征购费等。

2. 生产成本指标

技术经济分析中，生产成本的高低是影响项目所生产产品的市场竞争能力，是能否取得更多的盈利，以及能否尽快地回收建设投资等评价指标的重要因素。生产成本指标主要有如下几方面。

（1）折旧费和大修费　折旧费的计算一般采用使用年限法计算，固定资产的原值和预计使用年限是两个主要因素。大修费应采用按月提存大修基金的办法，以便把固定资产的预计全部大修费按照固定资产的预计使用年限均衡地计入整个使用期的成本中。

（2）原材料、燃料消耗费　这一部分生产费用，各个工业部门的差别很大，如交通运输和电力部门约占经营费用的50%，而轻工业、食品工业占70%以上。

（3）职工工资　一般占的比例不大，多数低于10%。

（4）管理费和其他费用等。

3. 实物指标

在方案比较中，一般使用货币指标，最常用的就是投资指标和成本指标，许多实物指标也已经通过货币指标概括进去（如主要燃料和原材料消耗，用元/t、元/m^3、万元/km等表示）。

实物消耗的计算比较简单，在建设阶段，一般仅计算钢材、木材和水泥等几种主要物资的消耗指标。方案本身的实物消耗是各个部分消耗的实物指标之和。

4. 劳动生产率指标

劳动生产率指标计算方法如下：

$$R_L = \frac{P}{L}$$

式中，R_L为劳动生产率指标，[t/（年·人）]；P为年产品总量，t/年；L为方案的生产人员数，人。

5. 其他指标

以上 4 项指标是在实际工作中经常计算和使用的指标，为了从各个侧面反映方案的特点，还必须计算一些反映投资经济效果和生产经济效果的指标。在反映投资的经济效果方面，有投资产品率、投资利润率、投资回收期和投资效果系数等。在反映生产的经济效果方面有成本利润率、资金利润率等。

四、技术经济分析方法

技术经济分析的具体方法很多，但基本方法有两类：数学分析法和方案比较法。数学分析法，是根据某些技术经济问题之间的内在联系，运用数字模型来分析其相互关系的分析方法。方案比较法，是通过一组能从各方面说明方案技术经济效果的指标体系，对实现同一目标的几个不同技术方案，进行计算、分析和比较，然后选出最优方案的方法。

第七章　粮油食品加工

第一节　粮油食品加工原料及其品质

一、粮油食品的特点和范围

1. 粮油食品的特点

粮油食品就是以粮油或粮油加工副产品为原料经加工而成的食品。我国人民的食物构成以粮油为主，80%的食物能量和 70%的食物蛋白质均来自粮油原料。粮油原料的主要营养物质是淀粉、蛋白质和脂肪。初加工产品为米、面、油、淀粉等，深加工则是对原料中的组分进行分离、提取，再依据其理化和生物学特性，进行转化和重新组合。

2. 粮油食品的范围

粮油原料种类很多，根据其化学成分与用途的不同分为以下 4 大类：①禾谷类作物，主要成分是淀粉，其次为蛋白质和脂肪，提供人体所需的能量，包括小麦、大麦、黑麦、燕麦、水稻、玉米等；②豆类作物，有些含有丰富的蛋白质（20%～40%）和脂肪，如花生与大豆等，有些含有较多的淀粉，如豌豆、蚕豆、绿豆与赤豆等；③油料作物，包括油菜、芝麻、向日葵、大豆与花生等，含有丰富的脂肪（25%～50%）和蛋白质（20%～40%），可以作为提取食用植物油的原料，提取后的油饼中含有较多的蛋白质，可作为饲料或经过加工制成蛋白质食品；④薯类作物，也称为根茎类作物，特点是块根或块茎中含有大量的淀粉，包括甘薯、木薯、马铃薯等。

二、粮油原料的品质

1. 粮油原料中化学成分的含量与分布

（1）化学成分的分类

粮油原料中有 6 大营养成分：水分、矿物质、蛋白质、脂肪、碳水化合物与维生素。碳水化合物包括粗纤维、可溶性糖与淀粉。

（2）粮油原料化学成分的含量

粮油原料的品种不同，化学成分存在着很大的差异，且各种化学成分的含量因土壤、气候和栽培条件的不同而存在显著差异。

（3）粮油原料化学成分的分布

粮油籽粒的结构一般由皮层、胚和胚乳 3 部分组成。化学成分在籽粒各个部分的分布是不均匀的。

2. 粮油原料中的蛋白质

蛋白质是粮油原料中最重要的化学成分之一。其中蛋白质含量相差很大，一般禾谷类含蛋白质在15%以下，而豆类与油料中蛋白质含量可高达20%～40%，在我国的膳食结构中，粮油作物是我们获取蛋白质的主要来源之一。

3. 粮油原料中的碳水化合物

粮油原料中碳水化合物根据结构和性质的不同，可以分为单糖、低聚糖和多糖3大类。粮油原料中最重要的单糖是己糖，其次是戊糖；双糖以蔗糖最为普遍；纤维素和半纤维素是植物组织中的结构性多糖（占2%～10%），多存在于带壳粮粒中。淀粉是粮油种子中最重要的贮藏性多糖，是人体所需多糖的主要来源，也是食品工业的重要原料。

4. 粮油原料中的脂肪

脂肪也称油脂，包括动物性油和植物性油，是食物中7大营养素之一，并且存在于一切动植物机体中，以油料作物中的含量最多。例如，豆类中的大豆是良好的榨油原料，然而禾谷类作物的油脂含量一般都不高，但在它们加工后的副产品，如米糠、玉米胚中有较高含量。

5. 粮油原料中的维生素

不同的粮油籽粒中维生素的种类和数量不同，在籽粒内的分布也不均匀。一般情况下，皮层、糊粉层和胚中含量较多，而在胚乳中含量较少。双子叶作物种子的子叶中含量少，因此在加工中应予以考虑。然而，大多数维生素对光、热、氧、酸碱及重金属较敏感，易于分解，在加工过程中需采取相应的保护措施。

第二节　米制食品加工

一、稻谷制米

稻谷是第二大谷物，全世界稻谷种植面积占谷物总面积的1/5。我国稻谷产量居世界首位，全国约2/3的人口以大米为主食。加工稻谷后获得的大米，虽然所含蛋白质含量较低，但其生物效价及营养价值较高。大米可蒸煮成为米饭、米粉、糕点或用于酿造米酒。

1. 稻谷的工艺品质

稻谷加工受很多因素影响，其本身具有的影响加工工艺效果的特性称为工艺性质，可直接影响成品的质量和出米率的高低。稻谷的工艺品质主要参考稻谷的籽粒形态结构、化学成分、物理性质等参数。

1）稻谷的分类和化学组成

我国稻谷种植区域广，品种超 6 万种。稻谷的分类方法很多，按稻谷的生长方式分为水稻和旱稻；按生长季节和生长期长短分为早籼稻谷和晚籼稻谷；按粒形粒质分为粳稻谷、籼糯稻谷、粳糯稻谷。

稻谷籽粒中的化学成分有水、蛋白质、脂肪、碳水化合物、纤维素、矿物质和维生素等。一方面，大米胚乳中的蛋白质因其氨基酸组成比较均衡，所以也是谷物蛋白质中生理价值最高的一种。另一方面，碳水化合物中的淀粉是大米最主要的组成成分，占整粒大米的 77%～80%。

2）稻谷籽粒的物理性质

稻谷籽粒的物理性质包括千粒重、密度、容重、谷壳率、爆腰率、出糙率等。①千粒重是指 1000 粒稻谷的质量，以 g 为单位，一般以风干状态稻谷籽粒进行计量。②密度是指稻谷籽粒单位体积的质量，以 g/cm^3 或 g/L 为单位表示。我国稻谷的密度为 1.17～$1.22g/cm^3$。③容重是指单位容积内稻谷的质量，用 g/L 或 kg/m^3 表示。④谷壳率是指稻壳占净稻谷质量的百分率。一般粳稻谷壳率小于籼稻，同类型稻谷中早稻谷的谷壳率小于晚稻谷。⑤米粒上的横向裂纹称为爆腰，爆腰率是指爆腰米粒占试样的百分率。爆腰的糙米籽粒强度低，加工易出碎米，出米率降低。⑥出糙率是指一定数量稻谷全部脱壳后获得糙米质量（其中不完善粒折半计算）占稻谷质量的百分率，也是评价稻谷质量等级的重要指标。

2. 稻谷制米的工艺

稻谷制米的工艺流程为：稻谷→清理→砻谷→砻下物分离→碾米→成品整理→大米。

1）稻谷的清理

加工的首要任务是清理除杂，稻谷清理要做到净谷上砻。进入砻谷工段的净谷含杂总量不应超过 0.6%，含沙石不应超过 1 粒/kg，含稗不应超过 30 粒/kg。稻谷杂质清理的方法很多，主要方法和原理见表 7-1。

表 7-1　稻谷清理的方法、原理、常用设备及作用

方法	原理	常用设备	作用
风选	利用稻谷和杂质空气动力学性质的差异	吸式风选机、吹式风选机、循环风选机	分离稻谷中的轻杂质和灰尘
筛选	利用稻谷和杂质的粒度差异	初清筛、振动筛、平面回转筛、高速筛	分离与稻谷粒度相差较大的杂质
密度分选	利用稻谷和杂质的密度差异	比重去石机、重力分级机、浓集机	分离稻谷中的石子
精选	利用稻谷和杂质的长度差异	碟片精选机、滚筒精选机、碟片滚筒组合机	分离与稻谷长度相差较大的杂质
磁选	利用杂质的磁性	磁筒、永磁滚筒、电磁滚筒	分离稻谷中的磁性杂质
光电分选	利用稻谷杂质光学和电学性质的差异	光电分选装置	分离与稻谷色差较大或介电常数相差较大的杂质

2）砻谷及砻下物分离

稻谷加工中脱去稻壳的工艺过程称为砻谷，砻谷后的混合物称为砻下物，主要有糙米、未脱壳的稻谷、稻壳、毛糠、碎糙米和未成熟粒等。砻谷是根据稻谷结构的特点，由砻谷机施加一定的机械力而实现的。根据脱壳时的受力和脱壳方式，稻谷脱壳可分为挤压搓撕脱壳、端压搓撕脱壳和撞击脱壳3种。

谷壳分离是指从砻下物中将稻壳分离出来的过程，利用稻壳与谷糙在物理性质上的差异使之相互分离，多采用风选法。谷糙分离是对分离稻壳后的糙米与未脱壳稻谷进行分选，通常采用筛选法。

3）碾米

碾米的主要目的是碾除糙米的皮层。糙米去皮的程度是衡量大米加工精度的依据，即糙米去皮愈多，成品大米精度愈高。碾米过程中，在保证成品大米符合规定的质量标准的前提下，应尽量保持米粒完整，减少碎米，提高出米率及大米纯度，降低能耗。

碾米的基本方法可分为化学碾米和机械碾米两种。目前普遍使用的方法是机械碾米。

4）成品及副产品的整理

（1）成品整理　成品整理包括擦米和凉米，两个步骤一般同时进行。擦米的主要作用是擦除黏附在白米表面的糠粉，使白米表面光洁，提高成品的外观色泽。凉米的目的是降低米温，以利于贮藏。通常使用气流与米粒进行逆向热交换，将凉米与吸糠有机地结合起来。同时，也可以使用喷风米机碾米和百米气力输送使成品冷却。

（2）副产品的整理　稻谷加工的副产品包括稻壳、米糠、碎糙米等。为了提高制品安全贮藏和综合利用率，通常将副产品整理成相对纯净的状态。在稻壳整理过程中可通过带有稻壳分离装置的砻谷机将谷糙中的毛糠、未熟粒、碎糙米等混合物分离出来。通常采用风选法或风选和筛选结合法。

二、稻谷加工副产品的综合利用

1. 稻壳综合利用

稻壳的主要成分是纤维素、木质素和二氧化硅，热值为13.44～15.54kJ/g。目前稻壳主要的利用方式有：①炭化后制备有机废料的吸附剂和亲和色谱填料；②作燃料；③制备活性炭和白炭黑；④制备隔热、保温材料；⑤制备防水材料；⑥制备水泥和混凝土；⑦制备绝热耐火材料；⑧制备涂料等。

2. 米糠综合利用

（1）米糠油制备　由米糠生产的米糠油，亚麻酸含量低，维生素E含量较高。与其他食用油相比具有清除血液中的胆固醇、降低血压、加速血液循环、刺激人体内激素分泌、促进人体发育的作用。

（2）谷维素制备　谷维素是米糠中的不皂化物，也是精炼米糠油的副产物。米糠中谷维素的含量为0.3%～0.5%，在米糠毛油中谷维素的含量达3%以上。谷维素主要用于治疗因自主神经功能失调引起的疾病，如周期性神经病、血管性头痛、妇女更年期综合征等。最新研究表明谷维素在抗衰老和抗肿瘤方面也有显著的效果。可用皂角甲醇碱液皂化法分离制取谷维素。

（3）谷甾醇制备　谷甾醇是植物甾醇中最普遍的一种，它存在于小麦、稻谷、玉米等谷物及豆油、玉米胚芽油、米糠油、棉籽油、小麦胚芽油等植物油中。谷甾醇是一种治疗心血管病的药剂，可抑制人体血清胆固醇的升高及防止冠状动脉硬化的发生，同时对慢性支气管炎、支气管哮喘也有一定疗效。

（4）植酸钙与肌醇制备　米糠饼是米糠榨油后的副产品，其中含有2%～14.5%的植酸，含量高低与稻谷品种、加工精度有关。从米糠饼中提取植酸钙，进而制备肌醇，从而达到米糠饼的合理利用。植酸钙和肌醇都是药物和营养剂，广泛应用于医药、食品、化工等许多方面。

（5）其他　利用米糠还可制取米糠多糖、米糠蛋白降血压肽、米糠蛋白类吗啡拮抗肽等功能性物质。

三、稻谷精深加工

将原粮稻谷按清理、砻谷、碾米的常规方法，制成符合质量标准的食用大米（普通大米）的加工过程称为稻谷初加工。稻谷精加工是在初加工基础上发展起来的，它是采用一定的方法将稻谷（或普通大米）制成各种精细适口、富有营养的特种米，如蒸谷米、免淘米、留胚米等；而稻谷深加工则是将稻米按一定的工艺加工成满足工业和食用要求的具有各种用途的制品。

1. 蒸谷米的加工

蒸谷米是把清理干净后的谷粒先浸泡再蒸，待干燥后碾米。此法出米率高，碎米少；米粒透明、有光泽；胚乳内维生素与矿物质的保存率高，营养价值较高；出饭率高，米粒松软可口，易于消化、吸收；耐贮藏。但是，在米饭的色、香、味上，蒸谷米有它不足之处。例如，米色较深，带有一种特殊的风味，使初食者不习惯，米饭黏性差，不适宜煮稀饭。

蒸谷米生产工艺流程为：原粮→清理→浸泡→汽蒸→干燥与冷却→砻谷→碾米→色选→蒸谷米。

2. 免淘米加工

免淘米是一种炊煮前不需淘洗的大米。普通大米淘洗时米粒中的米糠及淀粉随水流失，营养成分损失较大。而免淘米不仅可以避免在淘洗过程中干物质和营养成分的大量流失，而且可以简化做饭的工序、节省时间，同时还可以节约淘米用水，防止淘米水污染环境。生产免淘米的原料既可是稻谷也可是普通大米，加工时必须经过白米抛光这一基本工序。以一级米为原料生产免淘米的工艺流程如下：

```
                      滴加上光剂
                          ↓
一级米→精选机→精碾机→上光机→保险筛→成品米
          ↓        ↓              ↓
    杂质、碎米  残余糠粉      残留碎米或杂质
```

3. 营养强化米加工

营养强化米是在普通大米中添加某些因加工而缺少或特需的营养素而制成的成品米。目前，用于大米营养强化的强化剂有维生素、氨基酸及多种营养素。食用营养强化米时，可按 1∶200（或 1∶100）比例与普通大米混合煮食，也可直接煮食。

4. 留胚米加工

留胚米是指米胚保留率在 80%以上的大米。米胚中含有多种维生素、优质蛋白质及脂肪，所以留胚米比普通大米营养价值高且有助于人体健康。

留胚米的生产方法与普通大米基本相同，需经过清理、砻谷、碾米 3 个过程。为了使留胚率在 80%以上，碾米时必须采用多机轻碾，即碾白次数要多，碾米机内压力要低。使用的碾米机应为砂辊碾米机。碾白时米粒两端不易被碾掉，胚容易保留。砂辊碾米机的转速不宜过高，否则胚容易脱落。

5. 米粉和米制品的加工

米制品是以大米为主要原料，经加工而成的产品。大米食品是我国传统食品的一个重要方面，其中米粉占有重要地位。米粉是以大米为原料，经过蒸煮糊化而制成的条状或丝状的干、湿制品。米粉从工艺上可分为切粉和榨粉两大类，且都有干、湿之分。此外大米还可用于生产糕点、焙烤食品、膨化食品、婴儿食品、发酵食品、饮料等。

第三节　小 麦 制 粉

小麦是全世界分布范围最广、种植面积最大、总产量最高、供给营养最多的粮食作物。小麦制粉是指将小麦加工成小麦粉的过程，它是借助于研磨与筛理机械的物理作用将整粒小麦破碎成粉状物的一系列操作。小麦粉包括面粉与全麦粉，在我国，小麦粉均指面粉，故小麦制粉工艺也就是面粉的提取工艺。

一、小麦的品质和工艺要求

小麦品质由多种因素共同决定，根据小麦粉的用途不同，衡量品质的标准会有所变化。通常所说的小麦品质包括小麦籽粒品质（外观品质）、营养品质和加工品质。

1. 小麦籽粒品质

小麦的籽粒品质主要包括以下几种。①千粒重：是指 1000 粒风干小麦的质量。千

粒重大的小麦颗粒大，含粉多，出粉率高。②体积质量：是指单位体积的小麦质量，是小麦充实度和纯度的标志。体积质量大的小麦出粉率高。③角质率：是角质胚乳在小麦籽粒中所占的比例，与质地有关。角质率高的籽粒硬度大，蛋白质含量和湿面筋含量高。④籽粒硬度：反映籽粒的软硬程度，也可反映蛋白质和淀粉结合的紧密程度。⑤籽粒形状：小麦籽粒有长圆形、卵圆形、椭圆形和短圆形。籽粒形状越接近圆形磨粉越容易，出粉率越高。⑥种皮颜色：白色小麦一般皮层较薄，出粉率较高。

2. 小麦的营养品质

小麦的营养品质主要是指小麦籽粒中碳水化合物、蛋白质、脂肪、矿物质、维生素和膳食纤维等营养物质的含量及化学组成的相对合理性。

小麦中碳水化合物包括淀粉和糖，是麦粒的主要成分，也是制粉生产需要从麦粒中取出的部分；小麦所含的蛋白质种类很多，其中麦胶蛋白与麦谷蛋白构成面筋质；小麦籽粒中脂质含量很低，但脂肪酸组成合理；小麦籽粒中维生素主要是复合维生素 B、泛酸及维生素 E。此外还含有多种矿物质元素，多以无机盐形式存在，其中钙、铁、磷等对人体作用重大。

3. 小麦加工品质

小麦加工品质是指小麦对某种特定加工用途的满足程度。用途不同，品质的衡量标准也不同。磨粉工业和食品加工业对小麦及其面粉提出的要求都属于加工品质，主要包括磨粉品质、面团品质和烘烤与蒸煮品质。

（1）小麦磨粉品质　磨粉品质好的小麦出粉率高、粉色洁白、灰分含量低、碾磨简便、筛理容易、能耗低。磨粉特性与小麦籽粒大小、形状、整齐度、腹沟深浅、粒色、皮层厚度、容重等有关。

（2）小麦面团品质　小麦面团品质大多体现在小麦面团的流变学特性方面，此特性可用于鉴定小麦加工品质的好坏。流变学特性是指在特殊的负载曲线中应力、应变和时间的关系，一般用粉质曲线、拉伸曲线和示功图来表示。从这些图中可以得到以下指标：吸水率、面团形成时间、稳定时间、延伸性、抗拉伸阻力、拉伸比、能量、面团张力、面团比功等。

（3）小麦烘烤与蒸煮品质　烘烤与蒸煮品质是衡量小麦加工品质的直接指标。一般可通过烘烤面包的品质指标来反映，主要包括面包体积、比容、面包的纹理和质构、面包评分等。蒸煮品质主要指馒头、面条加工对小麦磨粉品质要求。

二、小麦的清理

1. 小麦清理的一般原理和方法

①空气动力学特性不同——风选法；②颗粒大小不同——筛选法；③颗粒形状不同——精选法；④相对密度（密度）不同——相对密度分选和湿法相对密度分选；⑤磁性不同——磁选法；⑥强度不同——撞击法；⑦颜色不同——光电分选法。

2. 小麦清理的工艺过程

小麦清理的工艺过程一般要经过 4 个阶段来完成，即初清、毛麦清理、水分调节和净麦处理。初清主要是清除对小麦流动产生不利影响的部分大而长的杂质和轻杂质。毛麦清理要经过筛选（结合风选）、磁选、打麦、去石或洗麦、精选等工序，以清除小麦中的绝大部分大、小、长、短、轻杂质和并肩石、磁性金属杂质等。水分调节要经过着水、加热、润麦等程序。净麦处理是指小麦水分调节后至皮磨之间的清理过程，它是为了确保入磨净麦质量，提高产品纯度，对小麦进一步彻底清理的过程。

三、小麦的碾磨与筛理

经过清理和水分调节处理后的小麦，称为净麦。净麦经过系统的碾磨和筛理可制得面粉和麸皮。这个处理过程称为制粉工艺流程。

制粉工艺流程的任务是：破碎麦粒，刮尽麸皮里层的胚乳，分出混在面粉中（或连在胚乳粒上）的细小麸屑，将胚乳研磨到一定的粗细度，并按不同的质量标准混合搭配成一种或几种等级的面粉。

现代制粉工艺流程一般有皮磨、心磨、渣磨和清粉 4 个系统，各系统都由几道研磨和筛理设备组成。

皮磨系统：其作用是破开麦粒并对麸皮进行剥刮，使麸皮上的胚乳降低到最低程度。各道皮磨按比例出粉，并保证麸皮不致强烈破碎。

心磨系统：其来料大部分是不连麸皮的胚乳细粒，灰分低、质量好。它的主要任务是大量出粉，将麦心碾磨到一定的粗细度。

渣磨系统：其来料是皮磨系统筛出的第二层筛上物。粒度介于麸皮与麦心之间，主要任务是磨粉。

清粉系统：是在物料进入心磨磨制面粉前将碎麸皮、连粉麸与纯洁的粉粒借吸风与筛理分开。其目的是提高面粉质量，并降低物料温度。

四、面粉产品处理

制得的面粉在入库前须经过杀虫、漂白熟化和空气分级。现代化制粉针对粮食食品多样化和提高食品质量的需要，生产专供某种食品使用的专用粉，如面包粉、饼干粉、面条粉等。还可将食品配料与小麦粉混合配制，消费者只需加水即可制成某种食品，即各种预拌粉，如发酵粉、蛋糕粉等。

第四节　面制食品加工

一、面制食品的分类及特征

面制食品是指以小麦粉为主要原料制作的一大类食品。小麦粉中面筋蛋白特有的黏弹性、延伸性和持气性等性质是制作面包的基础。面制食品根据加工方式可分为焙烤食品和蒸煮食品。

1. 焙烤食品

焙烤食品是指以谷物或谷物粉为主料，加上油、糖、蛋、奶等辅料，采用焙烤工艺定型和成熟的一大类固态方便食品。它主要包括面包、饼干、糕点 3 大类，我国传统的烙饼、火烧、月饼也属于焙烤食品。

（1）面包　优质面包应具有以下特征：体积大，瓤心孔隙小而均匀，孔壁薄，结构匀称，有弹性，皮上色深浅适度，无裂缝，无气泡，美味可口。

（2）饼干　饼干的种类繁多，分类方法各异，目前最为常用的分类方法是按原料配比不同进行分类。

（3）糕点　糕点品种繁多，分类复杂。根据糕点的用料及产品特征分为蛋糕和点心。蛋糕是以鸡蛋、面粉、砂糖为主料制成的具有浓郁蛋香味，质地松软的焙烤方便食品。根据其配料的不同可分为以下几类：海绵蛋糕、油脂蛋糕、水果蛋糕和装饰大蛋糕。点心品种丰富，各有特色。点心中蛋用量少或完全不用，主要依靠油脂、糖及化学疏松剂的作用。点心按商业习惯又分为中式点心和西式点心。

2. 蒸煮食品

蒸煮食品是以小麦粉为主要原料，经汽蒸或水煮等方式加工而成的一类食品。它主要包括挂面、方便面、馒头、蒸包等。

（1）挂面　根据配料和产品档次可将挂面分为普通挂面、风味挂面、营养保健挂面。

（2）方便面　方便面根据其汤料成分及风味分为牛肉面、三鲜面、排骨面、鸡味面、香菇面等。根据加工工艺可分为油炸方便面和非油炸方便面。

（3）馒头　馒头是中国最典型的蒸煮食品，被誉为古代中华面食文化的象征。优质馒头具有体积大，表皮光滑、亮白，内部组织软硬适中，气孔小而均匀，有咬劲，具有典型的麦香味。

（4）蒸包　蒸包是我国传统面制食品之一，它是在发酵或半发酵面皮里包上馅料通过汽蒸成熟的一种食品。根据馅料的不同又分为素包和肉包。优质的蒸包要求不掉底、不漏油、外观整齐，亮洁光滑，皮薄馅多，口味纯正，鲜嫩适口，香而不腻。

二、面制食品的原辅料及其加工特性

1. 面粉

面粉是面制食品的主要原料，面粉的性质是决定面制食品质量的重要因素之一，因此要从事面制食品的研究、开发和生产，必须对面粉的性质进行全面的了解。

1）面粉的化学成分

（1）蛋白质　面粉中蛋白质的含量和质量不仅影响面粉的营养价值，而且与面制食品的加工工艺和成品质量有密切的关系。根据溶解性的不同，面粉中的蛋白质可分为麦醇溶蛋白、麦谷蛋白、麦球蛋白、麦清蛋白等。其中最重要的是麦醇溶蛋白和麦谷蛋白——面筋的主要成分，其他种类的蛋白含量很少。

（2）碳水化合物　是面粉中含量最高的化学成分，约占面粉质量的75%。其中主要包括淀粉、低分子糖和少量的糊精。面制食品的熟制过程也是蛋白质变性和淀粉糊化的过程。糊化淀粉称为α-淀粉，未糊化的不易被酶分解的称为β-淀粉。经熟制后α-淀粉在冷却或贮藏过程中α-度会逐渐降低，发生类β化这一现象被称为淀粉的老化。淀粉的老化会使面包、馒头、方便面等面制食品的品质劣变。

除淀粉之外，面粉中的碳水化合物还包括少量的游离糖、戊聚糖和纤维素。面粉中的游离糖（葡萄糖、果糖、蔗糖、蜜二糖、蜜三糖等）既是酵母的碳源，又是焙烤面食色、香、味形成的基质。

（3）脂质　面粉中脂肪的含量为1%～2%。面粉在贮藏过程中，甘油酯在裂酯酶、脂肪酶的作用下水解形成脂肪酸。最新研究表明，面粉中的类脂也是构成面筋的重要部分，如卵磷脂是良好的乳化剂，使面包、馒头组织细腻、柔软，延缓淀粉老化。

（4）水分　我国的面粉质量标准规定，特一粉和特二粉的水分含量为13.5%±0.5%，标准粉和普通粉的水分含量为13.0%±0.5%。面粉中的水分含量过高，易酸败变质。面粉中的水绝大部分呈游离水状态。

（5）矿物质　面粉中的矿物质用灰分来表示。面粉的灰分含量越低，表明面粉的精度越高。

（6）维生素　面粉中主要含有B族维生素、烟酸、泛酸和维生素E，维生素A含量很少，几乎不含维生素C和维生素D。为了弥补维生素的不足，常在面粉中添加一定量的维生素，以强化面粉的营养。

（7）酶　面粉中重要的酶有淀粉酶、蛋白酶、脂肪酶、脂肪氧化酶、植酸酶、抗坏血酸氧化酶等。面粉中的淀粉酶主要是α-淀粉酶和β-淀粉酶，在这两种淀粉酶的共同作用下，将损伤淀粉分解成麦芽糖和葡萄糖，提高酵母活性，加快酵母发酵速度，增大面包、馒头的体积，并改善发酵面制食品的风味和结构。

2）面粉的工艺性能

面粉中影响加工品质的主要因素是蛋白质的数量和质量。同时，碳水化合物、类脂和酶对面粉的工艺性能也有重要影响。由于面制食品的制作是使用可体现面粉中各种成分作用的面团，因此可通过面团性质的测定来评价面粉的工艺性能。通常面粉的工艺性能可用吸水率、面团形成时间、稳定时间、弱化度和综合评价值等指标进行评价。

2. 油脂

在面制食品加工中，焙烤食品需较多的油脂，而且不同的焙烤食品对油脂的要求不同。蒸煮食品使用的油脂较少，主要在方便面、蒸包等少数产品中使用。面制食品中常用的油脂有植物油、动物油、人造奶油和起酥油等。油脂在面制食品中的工艺性能有可塑性、起酥性、充气性、乳化分散性和稳定性。

3. 糖与糖制品

在面制食品加工中，尤其是焙烤食品，糖是重要的原料之一。面制食品中常用的糖制品有蔗糖、转化糖浆、淀粉糖浆、蜂蜜等。糖在面制食品中的工艺性能有：改善制品的色、香、味、形；作为酵母的营养物质；作为面团的改良剂；延长产品的货架期。

4. 蛋与蛋制品

蛋品是生产面包、糕点及蒸包馅料的重要原料。蛋品的原料类型有带壳鲜蛋、冻蛋、全蛋粉、蛋清粉等，其中用量最多的是鸡蛋、鸭蛋。蛋在面制食品中有以下工艺性能：改善面制食品的色、香、味和营养价值；蛋的凝固性；蛋白的起泡性；蛋黄的乳化性。

5. 乳与乳制品

乳与乳制品因具有很高的营养价值、良好的加工性能及特有的奶酪香味，是面制食品和焙烤食品（高档面包、饼干等）的重要原料之一。面制食品中常用的乳及乳制品有鲜奶、奶粉、炼乳、干酪等。乳在面制食品中有以下的工艺性能：鲜奶具有良好的风味；改善制品的色、香、味；提高制品的营养价值；改善面团的加工性能；改善制品组织结构，延缓制品老化。

6. 水

水是面食加工中不可缺少的原料，不同面制食品制作中加水量差别很大。用水的数量和质量既影响面食的加工工艺，又影响成品质量。对于面包、馒头等发酵面食的生产，一般采用中等硬度的水（8°～12°）；饼干、挂面用软水（4°～8°）效果好。面制食品用水的 pH 一般以 6～8 为宜，面包用水略偏酸，饼干、挂面用水略偏碱性。

7. 酵母

酵母是发酵面食品的基本辅料之一，其主要作用是将可发酵的碳水化合物转化为 CO_2 和酒精。产生的 CO_2 使面包的体积膨大，产生疏松、柔软的结构。目前发酵面食制作中常用的酵母有鲜酵母、活性干酵母和即发活性干酵母。

8. 食盐

食盐对制品品质的改良作用明显。在面食中，食盐主要有以下作用：提高面食的风味；调节控制发酵速度；增加面筋筋力；改善面食的内部色泽。应注意的是，食盐一般在面团即将形成时添加。

9. 其他辅料及添加剂

面制食品生产中使用的其他辅料及添加剂还包括乳化剂、氧化剂、疏松剂、增稠剂、抗氧化剂、香精香料和食用色素等。

三、饼干生产工艺

1. 饼干的名称和分类

饼干是除面包外生产规模最大的焙烤食品。饼干的花色品种很多，按工艺特点可分为 4 大类：一般饼干、发酵饼干、千层酥类和其他深加工饼干；按制造原理可分为韧性饼干和酥性饼干；按照成型方法可分为印硬饼干、冲印软性饼干、挤出成型饼干、挤浆（花）成型饼干和辊印饼干。

以发酵饼干为例，可分为：①苏打饼干，首先在一部分小麦粉中加入酵母，其次调成面团，经较长时间发酵后加入其余小麦粉，再经短时间发酵后整型。这种一般为甜饼干。②粗饼干，也称发酵饼干，面团调制、发酵和成型工艺与苏打饼干相同，只是最后发酵是在温度、湿度较高的环境下进行。③椒盐卷饼，将发酵面团成型后，通过热的稀碱溶液使表面糊化，再焙烤。成品表面光泽特别好，常被做成纽结双环状或棒状、粒状等。

2. 各种饼干加工工艺流程

一般饼干类的制造工艺流程及使用机械如图 7-1 所示。

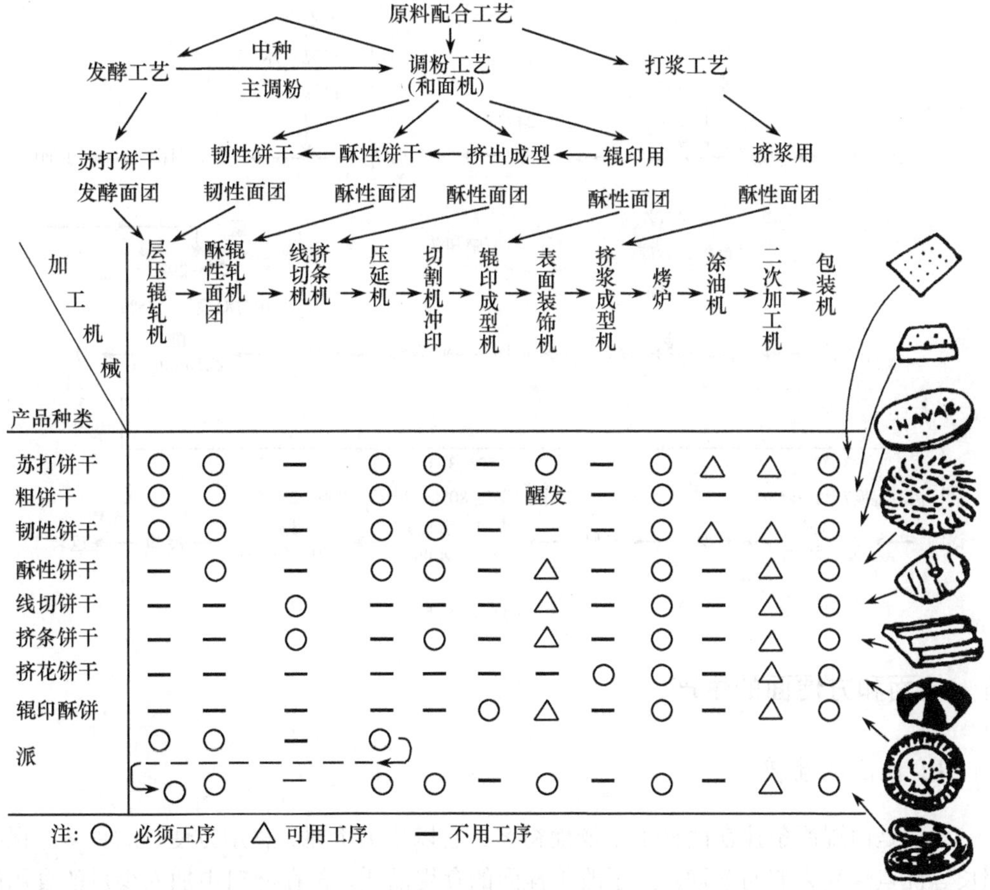

图 7-1 饼干类制造工艺流程及使用机械（李里特等，2000）

四、面包生产工艺

1. 面包的概念和分类

面包是焙烤食品中历史最悠久、消费量最大、品种繁多的一类食品。面包是以小麦粉为主料，添加其他辅料后加水调制成面团，再经酵母发酵、整形、成形、烘烤等工序完成的。面包与饼干、蛋糕的主要区别在于面包的基本风味和膨松组织结构是靠发酵工序完成的。

面包的种类繁多，有的按产地分类，有的按形状、口味分类，按照世界上广泛采用的分类，即按加工和辅料特点的分类如下：①听型面包（吐司面包）；②软式面包（餐桌用面包和花式软面包）；③硬式面包（欧洲式面包、大陆式传统面包）；④果子面包；⑤快餐面包；⑥其他面包（油炸面包类、速制面包、蒸面包等）。

2. 面包制作的工艺流程

面包的制法虽多，但目前最普遍、最大量、最基本的制作方法还是中和法和直接法这两种，其工艺流程如下：

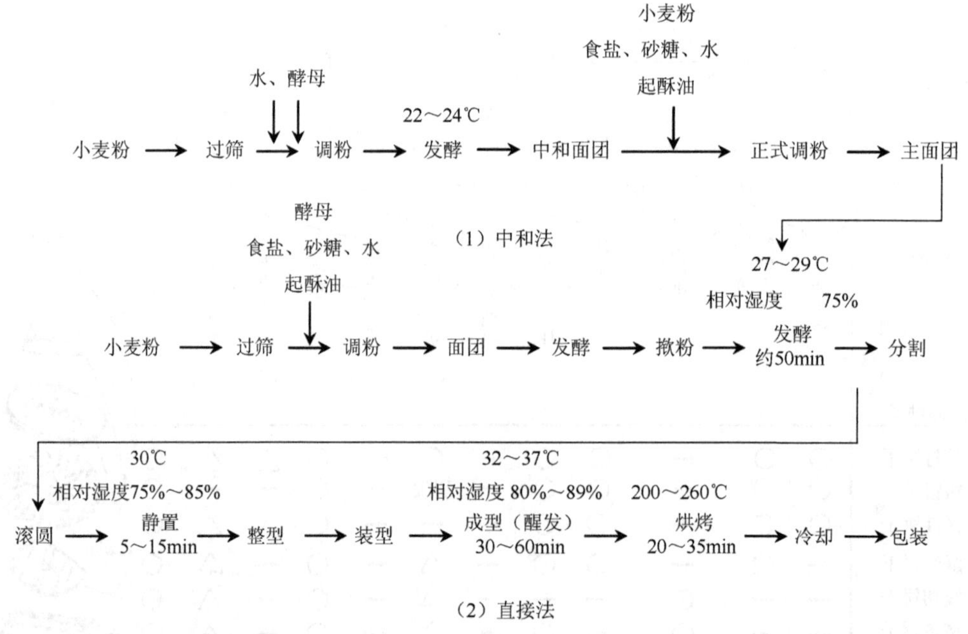

五、挂面和方便面的生产

1. 挂面的生产

挂面是由湿面条挂在面杆上干燥而得名。它以物美价廉、食用方便、品种多、保存期长等优点深受人们的欢迎。为了改善挂面的食用品质，常在配料中加入少量的食用碱或盐。

（1）挂面加工过程　首先将各种原辅料加入和面机中充分搅拌，静置熟化后将成熟面团通过两个大直径的辊筒压成约 10mm 厚的面片，再经压薄辊连续压延面片 6～8 道，使之达到所要求的厚度（1～2mm），最后通过切割狭槽进行切条成型，干燥切齐后即为成品。

（2）挂面生产工艺流程　原辅料→和面→熟化→轧片→切条→烘干→切断→包装→成品。

2. 方便面的生产

（1）方便面的加工过程　首先将成型后的面条通过汽蒸，使其中的蛋白质变性，淀粉高度 α 化，再借助油炸或热风将煮熟的面条进行迅速脱水干燥。制得的产品不仅方便保存，而且易复水食用。

（2）方便面的生产工艺流程　配料→和面→熟化→轧片→切条折花→蒸面→切断折叠→油炸或热风干燥→冷却→包装。

（3）调味汤料　调味汤料是方便面的重要组成部分，相同的面块，不同的汤料可以组成多种产品。常用的汤料有鸡肉汤料、牛肉汤料、三鲜汤料和麻辣汤料等。汤料的形态有粉末状、颗粒状、膏状和液体状，生产调味汤料的原料很多，根据其性能及作用，可分为咸味剂、鲜味剂、甜味剂、香辣料、风味料、香精、着色剂等。配方的好坏直接影响调味料的风味。在实际生产中，应根据产品定位及消费者的口味喜好，合理调配、反复试验筛选，最后确定配方。

第五节　豆制食品加工

一、大豆及豆制食品概述

1. 大豆概述

1）大豆的分类

大豆原产于中国，是我国传统的“五谷”之一，也是蛋白质的重要来源。大豆按其种皮色泽可分为黄大豆、青大豆、黑大豆、褐大豆和双色豆；按大豆的主要化学组成可分为脂肪型大豆和蛋白型大豆；按是否转基因分为普通大豆和转基因大豆。

2）大豆的主要化学成分

（1）碳水化合物　大豆中碳水化合物的含量约占总质量的 25%，其组成比较复杂，主要为蔗糖、棉籽糖、水苏糖、毛芯花糖等低聚糖和阿拉伯半乳糖等多糖类。

（2）蛋白质　蛋白质是大豆最重要的成分之一。品种不同，其含量有较大的差别，我国大豆中蛋白质含量一般在 40%左右。大豆蛋白质是一种优质的完全蛋白质，氨基酸种类齐全、含量充足，除了蛋氨酸和半胱氨酸含量较少，其余必需氨基酸含量均达到或超过了世界卫生组织（WHO）推荐的必需氨基酸需要量。根据蛋白质溶解性的不同，大豆蛋白质可以分为清蛋白和球蛋白两类。一般清蛋白占蛋白质总量的 5%左右，球蛋白占 90%左右。

（3）脂肪　大豆中脂肪含量约为 18%，大豆油在室温下呈黄色液体，为半干性油，在人体内的消化吸收率达 97.5%，为优质的食用植物油。其中不饱和脂肪酸含量达 60%以上，磷脂为 1.1%～3.2%，主要为卵磷脂和脑磷脂。不皂化物主要是醇类、类胡萝卜素、植物色素及生育酚类物质，总含量为 0.5%～1.6%。

（4）无机盐　大豆中的无机盐有十余种，通常是钙、磷、铁、钾等，它们的总含量一般为 4.0%～4.5%。大豆无机盐的含量因大豆的品种及种植条件不同差异较大。

（5）维生素　大豆中的维生素含量较少且种类不全，以水溶性维生素为主。此外，大豆加工中的热处理、精制或氧化作用下绝大多数维生素已破坏，转移到制品中的很少。

2. 豆制品的概念和分类

一般认为，以大豆为主要原料，经过加工或精炼提取而得到的产品即为大豆制品（豆制品）。截至目前，大豆制品有几百种之多，其中包括具有几千年生产历史的中国式传统豆制品和采用新科学、新技术生产的新兴豆制品。图 7-2 是根据大豆制品的生产工艺特点进行分类。

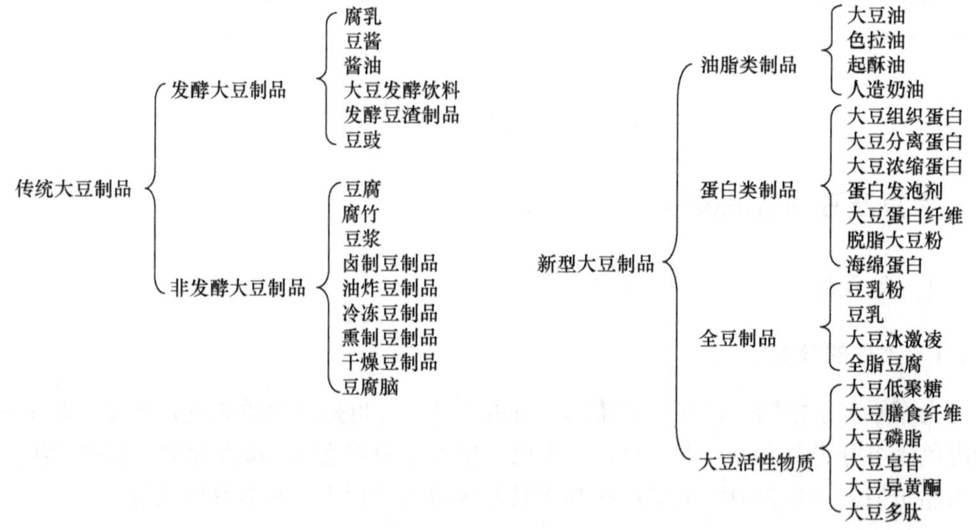

图 7-2　大豆制品分类（江洁等，2004）

二、传统豆制品的生产

1. 传统豆制品生产的基本原理

中国传统豆制品种类繁多，生产工艺也各有特色。究其本质，豆制品的生产就是制取不同性质的蛋白质胶体的过程。大豆蛋白质存在于大豆子叶的蛋白体中，大豆经过浸泡，蛋白体膜破坏以后，蛋白质即可分散于水中，形成蛋白质溶液即生豆浆。生豆浆加热后，蛋白质的水化作用减弱，溶解度降低，分子之间容易接近而形成聚集体，从而形成新的相对稳定的体系——前凝胶体系，即熟豆浆。前凝胶体系形成后必须借助无机盐、电解质的作用使蛋白质进一步变性转变成凝胶。常见的电解质有石膏、卤水、氯化钙等盐类。它们在豆浆中解离出 Ca^{2+}、Mg^{2+}，这两种离子不但可以破坏蛋白质的水化膜和双电层，而且蛋白质分子间通过－Mg－或－Ca－桥相互连接起来，形成立体网状结构，并将水分子包容在网络中，形成豆腐脑。此外，在一定温度下静置一段时间后，蛋白质凝胶网格进一步形成——蹲脑。将强化凝胶中水分加压排出，即可得到豆制品。

2. 传统豆制品生产工艺流程

大豆→清理→浸泡→磨浆→过滤→煮浆→凝固→成型→成品

3. 传统豆制品生产操作要点

（1）浸泡　其目的是使豆粒吸水膨胀，有利于粉碎大豆后提取蛋白质。浸泡好的大豆吸水量为 1∶（1～1.2），浸泡后大豆表面光滑，无皱皮，豆皮轻易不脱落，手感有劲。

（2）磨浆　经过浸泡的大豆要使蛋白质溶出必须进行适当的机械破碎，即为磨浆。一般控制磨碎细度为 100～120 目。实际生产时应根据豆腐品种适当调整粗细度。

（3）煮浆　通过加热使豆浆中的蛋白质发生热变性的过程，即为煮浆。一方面为后序点浆创造必要条件，另一方面消除豆浆中的抗营养成分，杀菌，减轻异味，提高营养价值，延长产品的保鲜期。煮浆的方法根据生产条件不同，可以采用土灶铁锅煮浆法、敞口罐蒸汽煮浆法、封闭式溢流煮浆法等方法进行。

（4）凝固与成型　凝固就是大豆蛋白质在热变性的基础上和凝固剂的作用下，由溶胶状态转变成凝胶状态的过程。生产中通过点脑和蹲脑两道工序完成。

点脑，将凝固剂按一定的比例和方法加入熟豆浆中，使大豆蛋白质溶胶转变成凝胶，形成豆腐脑。

成型，即把凝固好的豆腐脑放入特定的模具内，施加一定的压力，压榨出多余的黄浆水，使豆腐脑密集地结合在一起，成为具有一定含水量和弹性、韧性的豆制品，不同产品施加的压力各不相同。

三、豆乳的加工

豆乳制品是 20 世纪 70 年代以来迅速发展起来的一类蛋白饮料，主要包括豆乳、豆炼乳、酸豆乳、豆乳晶等。该类产品采用现代技术与设备，已实现了规模化工业生产。豆乳制品具有特殊的色、香、味，营养丰富，可与牛奶相媲美。

1. 豆乳的加工原理

豆乳生产利用的是大豆蛋白质和磷脂的功能性、乳化特性。磷脂是具有极性基团和非极性基团的两性物质。而中性油脂是非极性的疏水性物质，经过变性后的大豆蛋白质分子疏水性基团大量暴露于分子表面，分子表面的亲水性基团相对减少，水溶性降低。这种变性的大豆蛋白质、磷脂及油脂的混合体系，经过均质或超声波处理，互相之间发生作用，形成二元及三元具有极高稳定性的缔合体，在水中形成均匀的乳状分散体系，即豆乳。

2. 豆乳生产工艺流程

大豆→清理→脱皮→浸泡→磨浆→浆渣分离→真空脱臭→调制→均质→杀菌→罐装

四、功能性大豆制品加工技术

1. 大豆低聚糖

大豆低聚糖是大豆中可溶性寡糖的总称，主要成分是水苏糖、棉籽糖和蔗糖。大豆低聚糖为淡黄色或透明黏稠状液体，易溶于水，有良好的耐酸、耐热稳定性，其甜度是蔗糖的 70%～75%。

1）大豆低聚糖的生理功能

大豆低聚糖虽然不能被人体直接利用，但是对人体有以下生理功能：对双歧杆菌有增殖作用，抑制肠道内有害菌群增殖；具有低分子水溶性纤维素的某些功能特性，如防治便秘、提高机体免疫力等；低热值，人体难消化，不会引起肥胖；适用于糖尿病患者食用，不会引起龋齿；能促进肠道内营养物质的吸收；具有降低血压、降低血清胆固醇、保护肝脏、预防癌症等功能。

2）大豆低聚糖的生产流程

一般用大豆蛋白生产过程中的高浓度有机废水——乳清来生产大豆低聚糖，提取工艺流程如下：

大豆乳清→加热→过滤→上清液→活性炭→过滤→脱盐→真空浓缩→大豆低聚糖

过滤 ↓ 残留蛋白；活性炭 ↓ 脱色；膜分离或离子交换 ↑ 脱盐

3）大豆低聚糖在食品工业上的应用

大豆低聚糖的应用有以下几点：①用作双歧杆菌的促生因子；②一些糖类的替代品，可用作糖尿病患者、肥胖症患者及喜爱甜食又怕发胖的人的甜味剂替代品；③各种饮料的配制原料，如运动饮料、果汁饮料、发酵乳、乳酸饮料、固体饮料、清凉饮料、酒类饮品等；④添加剂，可用作各种健齿的糖果、糕点、甜点、面制品、豆沙馅的添加剂，也可作为各种乳制品、果酱、调味汁、罐头、香肠等的添加剂。

2. 大豆膳食纤维

大豆膳食纤维是指不被人体消化道酶消化，但可溶于温水或热水的膳食纤维。其主要成分是大豆中的不溶性碳水化合物，包括果胶质、半乳糖甘露聚糖Ⅰ、半乳糖甘露聚糖Ⅱ、木聚糖、纤维素等。

1）大豆膳食纤维的生理功能

大豆膳食纤维的营养与生理功能：预防肥胖症，预防结肠癌，防治高血压、心脏病和动脉硬化，预防糖尿病，增强人体免疫功能。

2）大豆膳食纤维的应用

大豆膳食纤维可以强化面包、饼干的营养与功能特性，延缓面包老化速度，增进饼干的风味；可用于制备可降解性餐具，防止“白色污染”。

3. 其他功能性成分

大豆还含有植物甾醇、肌醇六磷酸、大豆皂苷、胰蛋白酶抑制剂、大豆异黄酮和大豆多肽等多种营养活性成分。不同的活性成分提取方法各不相同，如大豆多肽采用酶水解法制取；而大豆皂苷、大豆异黄酮采用溶剂萃取法。不同的活性成分具有不同的功能特性。例如，大豆皂苷可以抑制血栓的形成、血清中脂类氧化和过氧化脂质的生成，降低血清中胆固醇的含量，还具有减肥、抗癌和类似人参皂苷抗疲劳的作用。大豆异黄酮及其苷元具有抗氧化与抗溶血的作用，并有抗胆固醇、抗血脂及抗真菌的作用。科学家还发现染料木黄酮晶体在恶性肿瘤的孕育中可以有效地阻止血管增生，断绝养料来源，从而延缓或阻止肿瘤病变成癌症。

第六节　玉米深加工与利用

玉米是我国三大粮食作物，其产量仅次于稻谷和小麦。在食品工业中，玉米主要作为淀粉及其深加工的原料。随着玉米的营养和食用价值为世人所重视，运用现代食品工程技术生产多种多样的玉米食品显得尤为重要，玉米展示了广阔的开发利用前景。

玉米籽粒的化学组成主要是淀粉，约占籽粒质量的 71.8%，此外还含有蛋白质、脂肪、纤维素、可溶性糖、矿物质等。玉米籽粒结构中，不同部分所含的化学成分的量存在明显的差异，胚乳淀粉含量最高，胚中脂肪含量最高，皮层中纤维素及灰分含量最高。

一、玉米淀粉提取

1. 玉米淀粉生产工艺流程

玉米淀粉提取即把籽粒的各种化学组分进行有效的分离，以便最大限度地提纯淀粉，并回收其他成分。湿磨是目前唯一有效的方法。玉米淀粉生产包括 3 个主要阶段：玉米清理、玉米湿磨和淀粉脱水干燥。其工艺流程见图 7-3。

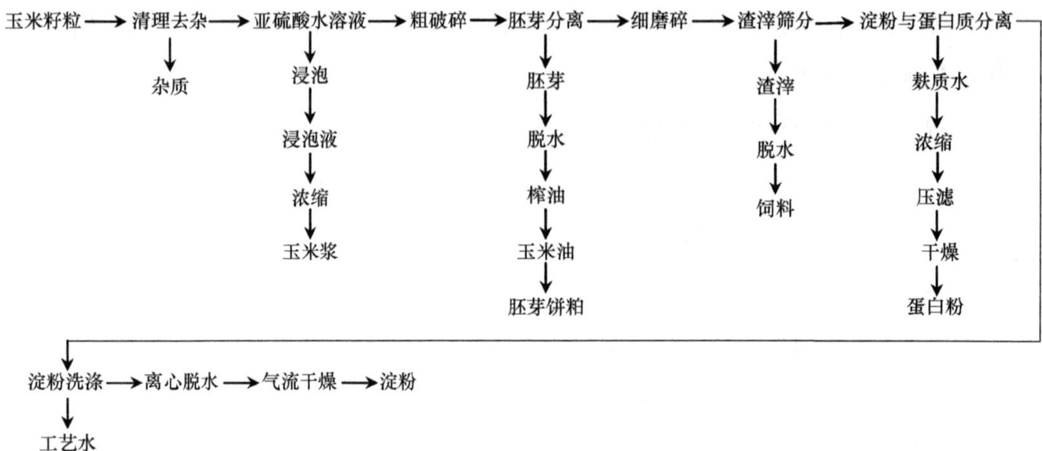

图 7-3　玉米淀粉生产工艺流程

2. 玉米淀粉提取工艺操作要点

1）玉米原料选择及清理

生产淀粉要求玉米充分成熟，含水量符合标准，贮存条件适宜。玉米清理的方法主要有风选、筛选、密度去石、磁选等，其原理和小麦、水稻相同。

2）玉米的湿磨分离

从玉米浸泡到玉米淀粉洗涤整个过程都属于玉米湿磨阶段，在此阶段玉米籽粒经过了浸泡、粗破碎和胚芽分离、浆料的细磨碎、纤维分离、麸质分离和淀粉的清洗这 6 道工序。各部分及化学组成实现了分离，得到纯净的淀粉乳悬浮液、浸泡液、胚芽、麸质水、湿渣滓等副产品。

3）淀粉的脱水干燥

淀粉脱水干燥相继用两种方法：机械脱水和加热干燥。淀粉的机械脱水一般选用离心式过滤机，可使淀粉含水量达到 34%左右。也可用真空过滤机，可使淀粉含水量达到 40%～42%。脱水后，淀粉内剩余的水分须经加热干燥排出，得到含水量为 12%～14%的纯净粉末状淀粉。主要采用气流干燥法，能迅速脱水并保证天然淀粉的性质不变。

二、玉米食品加工

1. 玉米渣和玉米粉的加工

玉米干磨制粉方法包括去胚工艺和不去胚工艺。大多数商品玉米粉用去胚工艺，即玉米籽粒去胚后加工，能同时生产玉米糁、玉米粉及玉米胚芽等干法分离产品。

玉米糁和玉米粉加工具体工艺流程如下：

玉米→清理→水分调节→脱皮→破粒脱胚→粗碎精选→制粉→玉米粉
↓　↓
玉米胚芽　玉米糁

2. 玉米薄片方便粥的加工

利用挤压膨化技术使玉米产生一系列的质构变化，并能赋予产品独特的焦香味道。在玉米挤压膨化的基础上，通过切割造粒与压片成型生产冲调复水性好的玉米薄片粥，产品质地柔和，口感爽滑，易于消化，并具有传统玉米粥的清香风味。其工艺流程如下：

玉米→粉碎→配料→挤压膨化→切割造粒→冷却→压片→烘干→包装

3. 玉米胚饮料的加工

玉米胚是玉米粒中营养价值最好的部分，集中了玉米粒中84%脂肪、83%矿物质、22%蛋白质和65%低聚糖。以玉米胚为原料加工的饮料营养丰富、酸甜适口，具有独特的玉米清香风味。其工艺流程如下：

玉米胚→浸泡→磨浆→胶磨→调配→均质→脱气→灌装→杀菌

4. 甜玉米的加工

甜玉米一般分普通甜玉米和超甜玉米两大类。甜玉米的加工大致有两种途径：一是嫩穗加工，二是切粒加工。嫩穗加工分真空包装带芯玉米和速冻带芯玉米两大类型。切粒加工分甜玉米罐头、冷冻甜玉米和脱水甜玉米 3 种类型，甜玉米罐头又有整粒玉米型和奶油状玉米羹等类型。

5. 其他专用型玉米的加工利用

主要包括：爆裂型玉米、糯玉米、高赖氨酸玉米、高油玉米等的加工利用等。

第七节　植物油脂加工技术

植物油脂是人类必不可少的主要膳食成分之一，不仅是很好的热量来源，还是人体必需脂肪酸的主要来源，具有重要的生理功能。

一、植物油脂的提取

1. 植物油料的种类及预处理

1）植物油料的分类

植物油料种类很多，资源非常丰富。根据其植物学属性，可将植物油料分为以下 4 类：①草本植物，包括大豆、花生、棉籽、芝麻等；②木本植物，包括棕榈、椰子、油茶子等；③农产品加工副产品，常见的有米糠、玉米胚、小麦胚芽等；④野生油料，常见的有野生茶子、松子等。

2）油料的预处理

（1）油料清理　清理的目的是清除杂质、提高品质、增加得率、安全生产。清理采用的主要方法有筛选、风选、磁选等。

（2）油料的剥壳和脱皮　大多数油料都带有皮壳，剥壳后制油能减少油脂损失，提高出油率。油料剥壳时根据油料皮壳性质、形状大小、种皮结合情况的不同，采用不同的方法。主要方法有摩擦搓碾法、撞击法、剪切法、挤压法和气流冲击法。

（3）油料的破碎和软化　破碎是在机械外力作用下将油料粒度变小的工序，以利于后续工序的进行。软化是调节油料的水分和温度，使油料可塑性增加的工序。

（4）油料成型制坯　其方法包括轧坯成型、蒸炒成型和膨化成型。轧坯是利用机械的挤压力，将颗粒状油料轧成片状料坯的过程。将破碎或轧坯后的“生坯”经过湿热处理而变成“熟坯”的过程称为蒸炒。膨化成型是指利用挤压膨化设备将生坯制成膨化颗粒物料的过程。经过轧坯、蒸炒和膨化成型，都可提高出油速度和出油率，改善毛油品质。

2. 机械压榨法制油

机械压榨法制油就是借助机械外力把油脂从料坯中挤压出来的过程。压榨法制油与其他制油方法相比具有以下特点：工艺简单，配套设备少，对油料品种适应性强，生产灵活，油品质量好，色泽浅，风味纯正。但压榨后的饼残油量高，出油效率较低，动耗大，零件易损耗。

3. 溶剂浸出法制油

浸出法制油又称萃取法制油，是应用固-液萃取原理，将选定的溶剂分离固体混合物中组分的单元操作。浸出法与压榨法相比，具有以下优点：出油率高，粕的质量好，加工成本低，劳动强度小。其缺点是一次性投资较大；浸出溶剂一般为易燃、易爆和有毒的物质，生产安全性差；此外制得的毛油含有非脂成分数量较多，色泽深，质量较差。

浸出法制油工艺一般包括预处理、油脂浸出、湿粕脱溶、混合油蒸发和汽提、溶剂回收等工序。

4. 超临界流体萃取法制油

1）超临界流体萃取法制油的原理

超临界流体萃取技术是用超临界状态下的流体作为溶剂对油料中油脂进行萃取分离的技术。超临界流体具有介于液体和气体之间的物化性质，其相对接近液体的密度使它有较高的溶解度，而其相对接近气体的黏度又使它有较高的流动性能，扩散系数介于液体和气体之间，因此对所需萃取的物质组织有较佳的渗透性。这些性质使溶质进入超临界流体较进入平常液体有较高的传质速率。超临界流体的高流动性和扩散能力，有助于所溶解各成分之间的分离，并能加速溶解平衡，提高萃取效率。通过调节超临界流体的压力和温度来进行选择性萃取。

油脂工业应用超临界 CO_2 作为萃取剂。经研究发现，CO_2 超临界流体萃取技术与普通分离技术相比有许多优点：CO_2 超临界流体萃取可以在较低温度和无氧条件下操作，保证了油脂的风味及营养；CO_2 对人体无毒性，食用安全性高，且易除去不会造成污染；采用 CO_2 超临界流体分离技术，整个加工过程中，原料不发生相变，有明显的节能效果；CO_2 超临界流体萃取分离效率、渗透性、溶解性、萃取选择性高；通过调节温度、压力，可以进行选择性提取；CO_2 成本低，不燃，无爆炸性，方便易得。

2）超临界流体萃取工艺

超临界流体萃取工艺主要由超临界流体萃取、被萃取的溶质和超临界流体分离两部分组成。超临界流体为溶剂萃取所需成分，然后采用升温、降压或吸附等方法将溶剂与所萃取的组分分离。根据分离过程中萃取剂与溶质分离方式的不同，可分为以下 3 种加工工艺。

（1）恒压萃取法　从萃取器出来的萃取相在等压条件下加热升温，进入分离器后溶质分离。溶剂经冷却后回到萃取器循环使用。

（2）恒温萃取法　从萃取器出来的萃取相在等温条件下减压、膨胀，进入分离器后溶质分离，溶剂经调压装置加压后再回到萃取器中。

（3）吸附萃取法　从萃取器出来的萃取相在等温等压条件下进入分离器，萃取相中的溶质由分离器中吸附剂吸附，溶剂再回到萃取器中循环使用。

5. 水溶剂法制油

水溶剂法制油是根据油料特性，水、油物理化学性质的差异，以水为溶剂，采取特定的加工技术将油脂提取出来。根据制油原理及加工工艺的不同，水溶剂法制油有水代法制油和水剂法制油两种。

1）水代法制油

水代法制油是利用油料中非油成分对水和油的亲和力不同，以及油水之间的密度差，经过一系列工艺过程，将油脂和亲水性的蛋白质、碳水化合物等分开。水代法制油主要运用于传统的小磨麻油的生产。

2）水剂法制油

水剂法制油是利用油料蛋白（以球蛋白为主）溶于稀碱水溶液或稀盐水溶液的特性，从而借助水的作用，把油、蛋白质及碳水化合物分开。其特点是以水为溶剂，食品安全性好；能够在制取高品质油脂的同时，获得变性程度较小的蛋白粉及淀粉渣等产品；提取的油脂颜色浅、酸价低、品质好，无须精炼即可作为食用油。但是与浸出法制油相比，水剂法制油的出油率稍低；与压榨法制油相比，水剂法制油的工艺路线长。水剂法制油主要用于花生制油，同时提取花生蛋白粉。

二、植物油脂的精炼技术

经压榨或浸出法得到的未经精炼的植物油脂一般称为毛油（粗油）。其主要成分为混合脂肪酸甘油三酯（俗称中性油）和非甘油三酯成分（统称为油脂的杂质）。精炼的目的是去掉杂质，保留或提取有用物质，保持油脂生物性质，以达到食品或工业用油的要求。

1. 毛油中的杂质种类

油脂的杂质一般分为以下 5 大类。

（1）机械杂质　机械杂质是指在制油或贮存过程中混入的泥沙、料坯粉末、饼渣、纤维、草屑及其他固态杂质，这类杂质不溶于油脂。故可以采用过滤、沉降、离心分离等方法除去。

（2）水分　水分的存在使油脂颜色较深，产生异味，加速酸败，不利于其安全贮存，从而降低油脂的品质及食用价值。工业上常采用常压或减压加热法除去。

（3）胶溶性杂质　这类杂质以极小的微粒状态分散在油中，与油一起形成胶体溶液。主要包括磷脂、蛋白质、糖类、树脂和黏液物等，其中最多的是磷脂。胶溶性杂质易受水分、温度及电解质的影响而改变其在油中的存在状态，所以生产中常采用水化、加入电解质进行酸炼或碱炼的方法除去。

（4）脂溶性杂质　主要有游离脂肪酸、色素、甾醇、生育酚、烃类、蜡、酮等。生产上常采用碱炼、蒸馏的方法将游离脂肪酸除去。色素使油脂带较深的颜色，影响外观，可采用吸附脱色的方法将其除去。

（5）微量杂质　这类杂质主要包括微量金属、农药、多环芳烃、黄曲霉毒素等。虽然它们在油中的含量极微，但对人体有一定毒性，因此须从油中除去。

2. 油脂精炼技术与过程

油脂精炼工艺步骤一般包括不溶性杂质分离、脱胶、脱酸、脱色、脱臭、脱蜡及脱脂等。

（1）不溶性杂质分离　毛油中的不溶性杂质以机械杂质居多，一般都可以采用沉降、过滤或离心分离等物理方法将其除去。

（2）脱胶　脱除油中胶体杂质的过程称为脱胶。常用方法有水化法、加热法、加酸法及吸附法等。

（3）脱酸　脱除毛油中的游离脂肪酸的过程称为脱酸。它是精炼工艺中影响油脂损耗与产品质量的关键工序。工业上应用最广泛的为碱炼法和物理精炼法。

（4）脱色　油脂中含有多种色素物质，主要有叶绿素、类胡萝卜素、黄酮色素等，这些色素影响了油脂的外观和稳定性，因此需要进行脱色处理。油脂脱色的方法很多，工业生产中通常是吸附脱色法，此外还有加热脱色法、氧化脱色法、化学试剂脱色法等。

（5）脱臭　脱臭的主要目的是除去油脂中引起臭味的物质。常用方法有真空蒸汽脱臭法、气体吹入法、加氢法、聚合法和化学药品脱臭法等。其中真空蒸汽脱臭法是目前国内外应用最广泛、效果较好的一种。

（6）脱蜡　某些油脂中含有较多的蜡质会影响油脂的透明度和气味且不利于加工，如米糠油、葵花籽油等。为了提高食用油脂的质量并综合利用植物油脂蜡源，须对油脂进行脱蜡处理。脱蜡是根据蜡与油脂的熔点差及蜡在油脂中的溶解度随温度降低而变小的物性，通过冷却析出晶体蜡，再经过滤或离心分离而达到蜡油分离的目的。脱蜡的方法有常规法、碱炼法、表面活性剂法、凝聚剂法、静点法和综合法等。

3. 油脂氢化技术

1）油脂氢化的基本原理

在金属催化剂的作用下，把氢加到甘油三酯的不饱和脂肪双键上，这种化学反应称为油脂的氢化反应，简称油脂氢化。氢化是使不饱和的液态脂肪酸加氢成为饱和固态的过程。反应后的油脂，碘值下降，熔点上升，固体脂数量增加，被称为氢化油或硬化油。此外，氢化还可以提高油脂的抗氧化稳定性及改善油脂色泽。根据加氢反应程度的不同，有轻度氢化（选择性氢化）和深度（极度）氢化之分。轻度氢化是指在氢化反应中，采用适当的温度、压强、搅拌速度和催化剂，使油脂中各种脂肪酸的反应速度具有一定选择性的氢化过程。深度氢化是指通过加氢将油脂分子中的不饱和脂肪酸全部转变成饱和脂肪酸的氢化过程。深度氢化主要用于制取工业用油。

2）氢化工艺基本过程

油脂氢化工艺可分为间歇式和连续式，也可以根据设备及氢与油脂混合接触方式的不同，衍生出不同特点的氢化工艺，如循环式、封闭式间歇氢化工艺、塔式及管道式连续氢化工艺等。基本流程如下：

原料→预处理→除氧脱水→氢化→过滤→后脱色→脱臭→成品氢化油

4. 微胶囊化技术

微胶囊化技术是 3 大控制释放系统（微胶囊、脂质体与多孔聚合物系统）之一。油脂微胶囊化后，由于稳定性好、散落性优良、便于计量使用和运输而被广泛应用于面包、冰淇淋、快餐食品、固体饮料、巧克力、糖果添加剂等多方面。随之，微胶囊化的专用油脂产品相继问世，如用于易挥发的油溶性香味物质、高不饱和脂肪酸、鱼油、易氧化褪色的油溶性色素等产品中。国际上已将微胶囊技术列入 21 世纪重点研究开发的高新技术之一。

所谓“微胶囊化”，就是将固、液、气态物质，包埋到微小、半透性、封闭的胶囊之中，使内含物在特定的条件下，以可控制的速度进行释放的技术。这一微小封闭的胶囊即微胶囊。采用微胶囊技术有以下功能：①将有效成分（液体或气体）“包装”于微胶囊中，处理成固体，改善了可操作性；②与外界环境隔绝，最大限度地保留原有的色香味，防止氧化，以及受光、紫外线、温度、湿度等影响而造成营养成分破坏，延缓产品变质；③控制释放时机；④隔离活性成分，能使易于相互反应的组分同时存在于同一物系之中；⑤控制芯材的生物利用度，降低某些化学添加剂（如人工色素、防腐剂）的毒性。常用方法有喷雾干燥法、喷雾冷却法、喷雾冷冻法、挤压法、锐孔法、空气悬浮成膜法、NCR 法（凝聚法）、分子包埋法等。

三、食用油脂产品生产技术

食用油脂产品分为普通食用油（烹饪油、色拉油、调和油）、食品专用油脂（煎炸油、起酥油、人造奶油、蛋黄酱、代可可脂）与其他脂类产品（磷脂、糖脂、生物柴油）等。

1. 主要食用油脂产品

我国的主要食用油产品有二级油、一级油、高级烹调油、色拉油及调和油等。它们都是按照各自的质量标准，经过一定的精炼步骤而得。

1）二级油、一级油

二级油和一级油实际上是一种初加工的食用油，色泽与风味无严格要求。

2）高级烹调油和色拉油

高级烹调油是一种适合于我国家庭或餐馆炒菜用的高级食用油，但不做煎炸用油。色拉油则是可用于生吃、凉拌、制调和油、配人造奶油和蛋黄酱、家庭手工调制色拉及油炸即食食品。

3）食用调和油

调和油就是用两种或两种以上纯净的食用油脂，按营养科学比例，调配成的一种高档膳食用油。调和油的品种很多，根据我国人民的食用习惯和市场需求，一般有风味调和油、营养调和油、煎炸调和油。

2. 食品专用油脂

1）煎炸油

食品工业生产的煎炸食品必须用专用煎炸油制作。煎炸油要求稳定性高、烟点高并具有良好的风味。

2）人造奶油

人造奶油是指精制食用油添加水及其他辅料，经乳化、急冷捏合成具有天然奶油特色的可塑性制品。人造奶油可分为两大类：家庭用人造奶油和食品工业用人造奶油。

家庭用人造奶油直接涂抹在面包上食用，少量用于烹调。其必须具备以下性质：口感好、风味佳及口溶性好；涂抹性与保形性好；营养价值高。目前，国内外家庭用人造奶油主要有硬型人造奶油、软型人造奶油、高亚油酸型人造奶油、低热量型人造奶油和流动型人造奶油等几种。

食品工业用人造奶油是以乳化液型出现的起酥油，它除具备起酥油的加工性能外，还能够利用水溶性的食盐、乳制品和其他水溶性增香剂改善食品的风味。其种类主要有通用型人造奶油、专用人造奶油、逆相人造奶油、双重乳化型人造奶油等。

3）起酥油

起酥油是指精炼的动植物油脂、氢化油或二者的混合物，经急冷、捏合制造的固态油脂或不经急冷、捏合加工出来的固态或流动态的油脂产品。起酥油具有可塑性、起酥性、乳化性、乳化分散性、吸水性、氧化稳定性等加工性能。起酥油一般不宜直接食用，而是用来加工糕点、面包或煎炸食品。

4）蛋黄酱

蛋黄酱是以食用植物油、蛋黄或全蛋、醋或柠檬为主要原料，并辅之以食盐、糖及香辛料，但不添加任何食品添加剂而制成的一种风味独特、营养价值高的黏稠的半固体食品。可浇在色拉（西式凉拌菜）、海鲜上，也可涂在面包、热狗等烘烤食品或拌在米饭上进行食用。

第八章　畜产品加工

第一节　肉与肉制品概述

一、肉与肉制品的概念

目前，可供食用的肉主要来自家畜（猪、马、牛、羊、兔）、家禽（鸡、鸭、鹅）和水产（鱼、虾）等。广义地讲，凡作为人类食物的动物体组织均可称为“肉”；狭义地讲，肉是指动物的肌肉组织和脂肪组织，以及附着于其中的结缔组织、微量的神经和血管。我们通常所说的“肉”不仅包括动物的肌肉组织，还包括心、肝、肾、肠、脑等器官在内的所有可食部分。因为肌肉组织是肉的主体，所以它的特性支配着肉的食用品质和加工性能。故肌肉组织是目前肉品研究的主要对象。

肉的叫法不一，除去脂肪的肉称为“瘦肉”或“精肉”（lean meat）；脂肪组织称为“肥肉”；猪牛羊肉称为“红肉”（red meat）；禽肉、兔肉均称为“白肉”（white meat）；家畜屠宰后的胴体称为“白条肉”，其内脏称为“下水”（gut）。

肉制品（meat product），是指通过不同的加工技术，将原料肉转变成半成品或成品。肉制品加工（meat processing），是指对原料肉进行转变如腌制、烟熏、蒸煮、冷冻、脱水、罐头和一些食品添加剂使用的过程。经过加工处理后的肉称为加工肉（processed meat），如刚屠宰的肉称为“鲜肉”（fresh meat）；经过冷处理，使肉保持低温但不冻结的肉称为“冷却肉”（chilled meat）；经低温冻结后的肉则称为“冷冻肉”（frozen meat）；经过盐腌制的肉称为腌制肉（cured meat）；经过煮熟后的肉称为“熟肉”（cooked meat）；经过烟熏后的肉称为“熏肉”（smoked meat）。

二、肉与肉制品的分类

1. 禽肉的分类

（1）鸡肉　肉纤维细致，胸部的肌肉呈浅红色，腿部的肌肉呈灰红色，脂肪为黄色。生产中常用的（半）净膛鸡，质量不低于 0.75kg/只，且不得使用表皮色泽不正常或严重烫伤、黑皮、黑骨的鸡。

（2）鸭肉　胸肌颜色呈深红色，肉质较鸡肉老，有些品种的鸭脂肪含量高。生产中常用的（半）净膛鸭，质量不低于 1kg/只，且不得使用表皮色泽不正常或严重烫伤的鸭。

（3）鹅肉　胸肌颜色呈深红色，每只质量不低于 1.5kg。允许稍有血管毛，但不得使用严重烫伤的鹅。

2. 畜肉的分类

（1）牛肉 组织色泽呈红褐色且富有弹性。优质牛肉的肌肉组织之间含有白色且较硬的脂肪。1 年内的小牛，肉色呈淡红色，多水分、少脂肪。牛肉肥度不低于 3 级，必须经冷却排酸。不允许用配种公牛肉、放血不净的肉。

（2）猪肉 呈淡红色，肌肉纤维细，肉质软。与其他肉相比，有较厚的肥脂层（1～3cm），必须经冷却排酸。不允许用配种猪、产过小猪的母猪、黄脂猪。

（3）马肉 呈红褐色或暗红色，结缔组织较多，致密性好，煮沸后具有起泡特性，脂肪呈黄色且较软。

（4）羊肉 呈红砖色或红褐色，脂肪含有特殊膻气。生产用绵羊肉必须经过冷却排酸。山羊肉与绵羊肉相比，两者肉色相似且都需要冷却排酸，但脂肪少，有山羊肉特有的膻气。

（5）兔肉 肉质松软，颜色呈淡红色，脂肪少。用于生产时应肥度适中。

3. 肉制品分类

肉制品品种繁多，加工方法各异，风味差别大。按产地分类，可分为中式肉制品和西式肉制品。中式肉制品分为腊肉、酱卤、熏烧烤、干制、油炸等制品，西式肉制品主要包括灌肠、火腿和培根等 3 大类。按照加工工艺的不同，肉制品的分类标准如表 8-1 所示。

表 8-1 肉禽制品分类

序号	门类	具体类别	序号	门类	具体类别
1	腊肉制品	咸肉类	6	香肠制品	中国腊肠类
		腊肉类			发酵肠类
		酱（封）肉类			熏煮肠类
		风干肉类			肉粉肠类
2	酱卤制品	白煮肉类			其他肠类
		酱卤肉类	7	火腿制品	中国火腿类
		糟肉类			发酵火腿类
3	熏烧烤制品	熏烤肉类			熏煮火腿类
		烧烤肉类			压缩火腿类
4	干制品	肉松类（肉松、油酥肉松和肉粉松）	8	罐头制品	肉罐头类
		肉干类	9	其他制品	肉糕类
		肉脯类（肉脯、肉糜脯）			肉冻类
5	油炸制品	油炸肉类			

第二节 肉制品加工基础

一、肉的形态结构

从食品加工的角度可将动物机体粗略地分为肌肉组织、结缔组织、脂肪组织和骨骼组织 4 部分，这些组织的构造、性质及其含量直接影响肉的加工用途、成品肉的质量及价值。这些组织因屠宰动物的种类、品种、性别、年龄和营养状况等不同而存在较大差异。一般来说，肌肉组织越多，所含蛋白质越多，营养价值越高；相反结缔组织越多，营养价值越低；脂肪组织多，肉肥且产热大；骨骼组织越少，则质量越高。通常，肉中各组织的比例为：肌肉组织 50%～60%，结缔组织 9%～14%，脂肪组织 20%～30%，骨骼组织 15%～22%。

1. 肌肉组织

肌肉组织是构成肉的主要成分，决定肉的质量，在组织学上可分为横纹肌、心肌、平滑肌 3 类。横纹肌主要用于食用及肉制品加工，占动物机体的 30%～40%。

肌纤维由肌膜、肌核、肌质和肌原纤维构成，呈长条、圆柱形，其长度为 1～45cm，直径 10～150μm，是构成肌肉最基本的单元。每 50～150 根肌纤维聚集成肌束，每个肌束的表面包围一层结缔组织薄膜，称为初始肌束，其横断面视动物的种类、年龄、营养状态等不同而不同。由数十条初始肌束集结并被较厚的结缔组织所包围便构成了二次肌束。再由多个二次肌束集结，表面包围很厚的膜，构成了大块肌肉。

肌原纤维是横纹肌纤维中含量最多的成分，占肌质的绝大部分，直径 0.5～3μm，呈细丝状，平行纵列于肌质中，控制肌肉的伸长和收缩。在肌原纤维上具有和肌纤维相同的横纹，用电子显微镜观察横纹的结构发现，横纹按一定周期重复，一个周期的单位称为肌节，静止时肌节的长度约 2.3μm，肌节两端呈细线状的暗线称为 Z 线，中间是宽约 1.5μm 的暗带或称 A 带，A 带和 Z 线之间是宽约 0.4μm 的 H 区（图 8-1）。

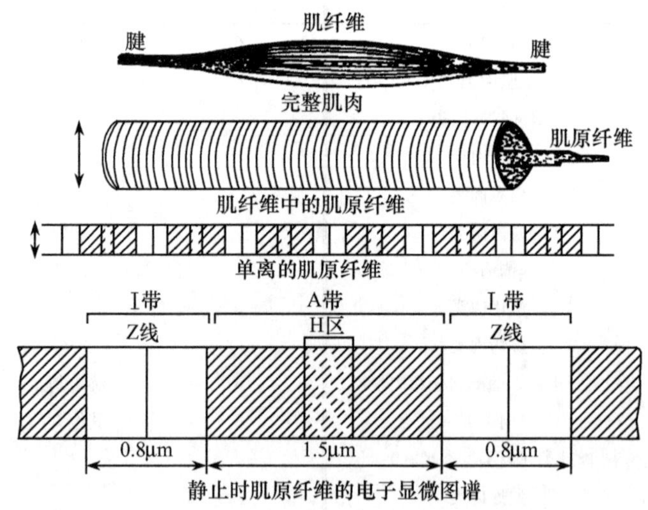

图 8-1 不同显微水平的肌肉组织结构（蒋爱民和南庆贤，2000）

2. 结缔组织

结缔组织由胶原纤维、弹性纤维和网状纤维构成，其所含胶原蛋白、弹性蛋白和网状蛋白都缺少人体必需的氨基酸。因此，含结缔组织多的肉，营养价值较低。此外，结缔组织是机体的保护组织，使机体具有一定的韧性和伸缩能力，广泛分布于肉中的腱、韧带、肌束间的纤维膜、血管、淋巴管、神经及皮等组织中。结缔组织在动物体内的比例为10%左右，可分为疏松结缔组织、致密结缔组织和胶原纤维组织3种。

（1）疏松结缔组织　主要分布于皮下、肌膜及肌束之间的内外肌束膜中，起填充、连接、保护、支持和营养等作用。肌内膜、肌外膜都属疏松结缔组织。

（2）致密结缔组织　其构成与疏松结缔组织相似，只是各组分成分的比例不同。致密结缔组织中含基质少，纤维多，结构较紧密，如皮肤中的真皮层。

（3）胶原纤维组织　主要由相互间排列非常紧密且存在细胞的胶原纤维构成。

3. 脂肪组织

脂肪组织主要位于皮下、脏器周围和腹腔等处，具有贮存脂肪、保持体温、保护脏器等作用。它是由大量脂肪细胞聚集而成，常被疏松结缔组织分隔成许多脂肪小叶。脂肪细胞直径为35～130μm，其细胞膜外是一层网状纤维所组成的外围层，细胞内充满脂肪滴。脂肪组织沉积的部位、性质、化学成分与动物的种类、年龄、性别和饲料等因素有关。此外，沉着在肌纤维间的脂肪，对改善肉的感官性状、增加适口性、促进蛋白质的吸收有重要作用。

4. 骨骼组织

骨骼组织是机体内较坚硬的组织，具有支撑机体和保护器官的作用。由于牲畜的品种、肥瘦和部位不同，骨骼的数量相差很大。猪骨骼占胴体的5%～9%，牛占15%～20%，羊占8%～17%，兔占12%～15%，鸡占8%～17%。

骨骼的基本构造包括骨膜、内部构造和骨髓3部分（图8-2）。骨膜是由致密结缔组织包围在骨骼表面的一层坚韧的薄膜，富有血管和神经。内部构造一般分两层，外表层致密而坚硬，称为密质层。内部海绵状结构称为松质层且有许多小孔，在孔隙内充满骨髓。骨髓存在于长骨的髓腔及松质部分的腔隙内，分为红骨髓和黄骨髓。幼年动物只有红骨髓，随着年龄的增长逐渐变成黄色。红骨髓含有各种血细胞和大量的毛细血管，黄骨髓含脂肪丰富。

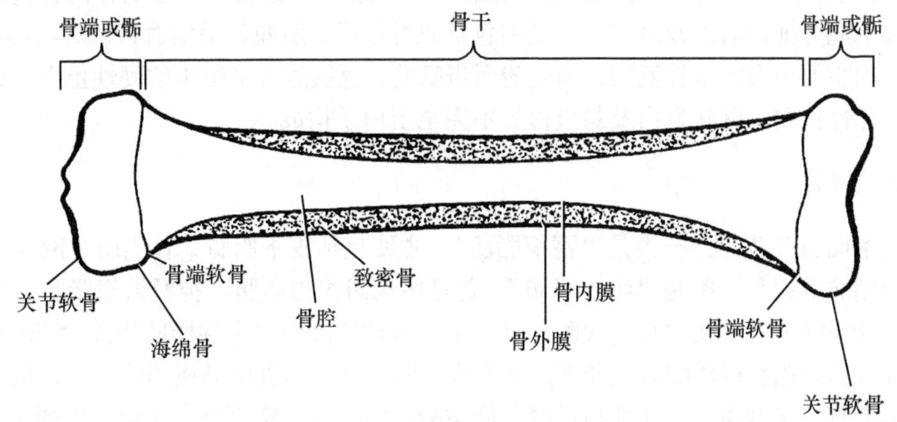

图8-2　骨骼示意图（周光宏，2002）

骨骼的化学成分中水分占40%～50%，胶原蛋白占20%～30%，无机质（主要为钙和磷）占20%。骨骼中含有大量胶原纤维，工业上用来生产明胶。

二、肉的化学组成

畜禽肉的化学组成包括水分、蛋白质、脂肪、维生素、无机盐和少量碳水化合物等。这些成分的含量随动物的种类、品种、性别、体重、年龄和身体部位的不同而有所差异。

1. 水分

水分是肉中含量最多的成分，不同组织水分含量差异很大，肌肉中含水70%～80%，皮肤为60%～70%，骨骼为12%～15%。脂肪组织含水很少，所以动物越肥，其胴体水分含量越低。肌肉中水分主要以结合水、不易流动水和自由水3种状态存在，其结合状态直接影响并决定了肉的加工和贮藏特性。在肌肉中，水与蛋白质呈凝胶状态存在，水的结合程度高，则肉的持水性高，产品柔嫩、多汁。

2. 蛋白质

肌肉的蛋白质约占干物质的80%，肌肉的20%。肌肉中的蛋白质按其生化性质和存在部位不同，可分为3种：肌质蛋白、肌原纤维蛋白、基质蛋白。

（1）肌质蛋白　肌质是指在肌纤维中环绕并渗透的液体及悬浮于其中的各种有机物、无机物和亚细胞结构的细胞器，如肌核、肌粒体、微粒体等。肌质蛋白约占肌肉的6%，占蛋白质总量的20%～30%，主要参与肌纤维中的物质代谢。新鲜肌肉磨碎后离心或压榨可分离出肌质，其中主要包括肌溶蛋白、肌红蛋白、肌球蛋白、肌粒蛋白和肌质酶等。

（2）肌原纤维蛋白　肌原纤维蛋白又称为结构蛋白或不溶性蛋白，由细丝状的蛋白质凝胶所构成，约占肌肉量的10%，总蛋白的40%～60%。主要包括肌球蛋白、肌动蛋白、肌动球蛋白、原肌球蛋白和肌原蛋白等全营养蛋白质。

（3）基质蛋白　基质蛋白也称间质蛋白，它是指鲜肉经过磨碎之后在高含量的中性盐溶液中充分抽出后的残渣部分。其中包括肌纤维膜、肌膜、毛细血管壁等结缔组织，这些组织主要由含大量甘氨酸、脯氨酸而蛋氨酸、色氨酸含量很少的硬性蛋白，如胶原蛋白、弹性蛋白、网状蛋白及黏蛋白等不完全蛋白质构成。

3. 脂肪

肉中脂肪分两类：一类是“蓄积脂肪”，主要包括皮下脂肪、肾脂肪、网膜脂肪、肌肉间脂肪等；另一类是“组织脂肪”，包括肌肉组织内脂肪、神经组织脂肪、脏器脂肪等。“蓄积脂肪”主要由直链羧酸的甘油酯或甘油三酸酯等中性脂肪构成；“组织脂肪”主要成分为磷脂且以磷酸甘油酯的形式存在。脂肪对肉的食用品质影响甚大，肌肉中脂肪的多少直接影响肉的多汁性和嫩度，脂肪酸的组成在一定程度上决定了肉的风味。

4. 碳水化合物

动物机体内的碳水化合物主要以糖原的形式存在，糖原在动物死后的肌肉中进行无氧酵解，对肉类的性质、加工贮藏都有重要的意义。一般糖原的含量不足 1%。糖原在畜肉的贮藏过程中分解成乳酸，使肉的 pH 下降，促进肉的成熟，若肌肉中糖原不足会影响肉的成熟。此外，肌肉中还含有少量麦芽糖、葡萄糖、肌糖等碳水化合物，且在肉的成熟和保藏过程中起有益作用。

5. 维生素

肉中主要以 B 族维生素为主，如猪肉中含有大量的维生素 B_1。脏器中，尤其是肝脏，含有丰富的维生素 A、C、B_6、B_{12} 等，但在肌肉中维生素 A、C 含量很少。

6. 矿物质

肌肉中矿物质含量约为 1%，主要有硫、钾、磷、钠、氮、镁、钙、铁、锌，还有微量的铜、锰等。它们一部分以无机化合物的形式存在，另一部分存在于氨基酸、磷脂和血蛋白中，容易被人体消化吸收。

7. 含氮化合物及无氮浸出物

肌肉中还含有约 1.5%的游离氨基酸、肌酸、肌肽、鹅肌肽、核苷酸等非蛋白质氮。它们也是肉汤鲜味的主要来源。

三、肉的物理性状

肉的物理性状包括肉的颜色、风味、嫩度、持水性、酸度等。这些性状与肉的形态结构、动物的种类、年龄、性别、肥瘦及屠宰前的状态有关，常被用于识别动物肉质的好坏。

1. 颜色

肉的颜色随动物的种类、品种、年龄、宰前状态及加工过程的变化不同而有所不同。一般家畜的肌肉为红色，其中猪肉为鲜红色、牛肉为深红色、羊肉为红砖色。禽类肉的颜色有红、白两种，腿肉为淡红色，胸脯肉为白色。这主要是由肉中所含的肌红蛋白所决定的，其含量越高，肉的颜色越深。肌红蛋白的数量随动物生前组织活动的状况及动物的种类、年龄等不同而不同。鲜红色是肌红蛋白与氧结合生成氧合肌红蛋白，强烈的氧化则形成褐色的氧化肌红蛋白。

2. 风味

肉的风味是指生鲜肉的气味和加热后肉制品的香气与滋味。它是判断肉质量的重要指标之一。

（1）气味　肉的气味取决于其中所含挥发性脂肪酸及芳香物质的含量和种类，其成分十分复杂，有1000多种。影响肉气味的因素很多，如牲畜的品种、宰前的喂饲情况、腐败及一些特殊反应（如美拉德反应等）。肉的气味大致分为两大类：一类是生肉中所存在的香气；另一类主要是肉中的化合物经加热分解过程中美拉德反应的产物。

生肉所具有的特殊气味，主要是由脂肪造成的。其中，羊肉有膻味（壬酸、癸酸等），狗肉、鱼肉有腥味（三甲胺、低级脂肪酸），而生牛肉、猪肉没有特殊气味。煮熟后的肉香味主要是由低级脂肪酸、氨基酸等物质产生的。腐败后产生臭味、酸败味。

（2）滋味　滋味是由可溶于水的呈味物质刺激人的舌面味蕾，并且通过神经传递到大脑而产生的味觉。成熟肉鲜味的突出主要是由核苷酸类物质及氨基酸含量增加所致。牛肉的风味主要来自半胱氨酸，而猪肉则来自核糖、胱氨酸。瘦肉所含挥发性物质主要来自脂肪。

3. 质构、弹性和嫩度

（1）质构　质构是指由结缔组织膜将肌肉分成纵向肌束、可用肉眼观察到的状态。质构的好坏主要通过肉眼观察肌肉纹理的粗细、肉端面的光滑程度、脂肪存在量和分散程度来判断。一般认为，纹理细腻、断面绸状光滑、脂肪细腻且分散一致，即呈大理石纹状的肉品质优良，肌肉的质构会随动物年龄的增长而变粗。

（2）嫩度　嫩度是肉品质的主要指标，指肉在咀嚼时对碎裂抵抗力的大小，嫩度越高表明肉质柔软、多汁，易于嚼烂。肉的嫩度受动物品种、性别、年龄、使役情况、成熟作用的不同而不同。一般来说，牛为大型动物，结缔组织较多，肌肉粗糙；而猪肉结缔组织少，肌肉较细嫩。随年龄的增加结缔组织含量增多，肉嫩度降低，这是由于胶原中网络结构增加的缘故。此外，成熟后的肉，嫩度提高。

（3）弹性　肉的弹性是指肉在被施加压力时变形，去压时又复原的能力。用手按压肌肉，如指压形成的凹窝迅速变平，表示肉有弹性，新鲜度和品质优良。然而，解冻后的肉往往失去弹性。

4. 持水性

肉的持水性也称保水性或系水力，是指肉在贮藏加工过程中保持自身水分及外加水分的能力。持水性的好坏直接影响肉制品的品质和口感。其实质是肉的蛋白质形成网状结构中单位空间所束缚水的含量。束缚水分含量越大，持水性越好。刚屠宰的肉，持水性最好；而经过冰冻的肉由于肌肉组织受到损伤，蛋白质的胶体结构受到破坏，持水性降低。因此用鲜肉加工的灌肠制品，出品率高，质量好。各种肉的持水性按猪肉、牛肉、羊肉、禽肉的次序递减。

四、肉的成熟

肉的成熟是指畜禽在宰杀后，正常生化平衡被打破。在体内酶的作用下，发生一系列复杂反应，首先产生外观上的僵硬状态，经过一段时间后这种现象逐渐消失肉质变软，持水力和风味得到很大的改善，易被人体消化吸收，这一变化过程通常称为肉的成熟（排酸）。通常按成熟过程中肉的性状和特点分为糖原酵解、死后僵直、僵直解除、成熟 4 个阶段。

在成熟过程中，肉的 pH 从最低点（5.4 左右）逐渐回升，持水性提高，肉质变软、变嫩。同时，在蛋白酶的作用下，蛋白质分解产生非蛋白类含氮物质，表现为酪氨酸、苯丙氨酸、苏氨酸、甘氨酸等游离氨基酸的含量增加，肌质蛋白溶解性随成熟期而变化，开始下降，随后逐渐升高，构成肌质球蛋白中的 N 端基的数量增加，而相应的氨基酸如谷氨酸、甘氨酸、亮氨酸等都增加。

肉在成熟过程中产生的滋味是由核苷酸、氨基酸、短肽、次黄嘌呤等物质提供。其中，氨基酸、短肽主要是蛋白质在酶的作用下水解的结果；而次黄嘌呤主要是 ATP 降解的产物，ATP 转变成 IMP，再经磷酸酶作用放出磷酸，变为肌苷（次黄嘌呤核苷），从而进一步脱去核糖生成次黄嘌呤。

目前，加快肉成熟主要有以下 3 种方法：阻止屠宰后僵直的发展；加快死后僵直的发展；加快解僵过程。经成熟后的肉，营养价值、质构和风味相比鲜肉更好，更易被人体消化吸收，特别是牛肉，需要利用这种成熟过程来改善其品质。

五、异常肉

1. PSE 肉

PSE（pale soft exudative）肉以猪肉最为常见，肉色苍白（pale）、质地松软（soft）和表面有汁液渗出（exudative），简称为 PSE 肉。出现这种现象的原因是糖原消耗迅速，导致宰杀后肉的酸度迅速提高（pH 下降）。当胴体温度超过 30℃时，沉积在肌原纤维蛋白上的肌质蛋白变质，从而降低其所带电荷及持水性，使得肉品随肌纤维的收缩而丧失水分，肉质软化，肉色苍白。PSE 肉的质量损失一般是正常肉的 2 倍。此外，这种由于表面潮湿，细菌繁殖很快不适合生产灌装火腿（冻汁较多）、嫩的熏制火腿（质量损失大，色泽保持度差）、肠（坚固性差，易出皱褶）和肉汁肠（持水性差，色泽保持度差）。

2. DFD 肉

肌肉干燥（dry）、质地粗硬（firm）、色泽深暗（dark），简称为 DFD 肉（dark firm dry）。这种情况产生的原因是牲畜在宰杀前就已完全耗尽其能量（糖原），屠宰后没有正常能量可利用，使肌肉蛋白保留了大部分电荷和结合水，肌肉含水量大，肌原纤维膨胀，吸收了大部分射到肉表面的光线，从而使肉呈现深色。

DFD 肉由于 pH 较高，持水性较强，因而在腌制和烹饪过程中水分损失较少。另外，DFD 肉盐分渗透受限，进而给微生物生长提供了条件，大大缩短了保质期。DFD 肉不适合生产块状火腿（会在 2℃时 7 天之内发生腐烂）、小包装火腿（会在 2℃时 2～3 天发生变质）、生肠和腌制品，但是适合生产肉汁肠、火腿肠、烤肉和煎肉。

第三节　屠宰、分割与卫生检验

一、宰前检验

1. 检验步骤和程序

畜禽到达屠宰加工企业后，经兽医检验人员阅读当地兽医部门签发的检疫证明书，核对牲畜的种类和头数，了解产地有无疫情和途中病死等情况后，方可卸下车船，允许进入预检圈。病畜禽或疑似病畜禽赶入隔离圈，按《畜禽屠宰 HACCP 应用规范》中有关规定处理。

2. 检验方法

多采用群体检查和个体检查相结合的办法。其具体做法可归纳为动、静、食 3 个环节和看、听、摸、检 4 个要领。首先从大群中挑出有病或不正常的畜禽，然后再逐头检查，必要时应用病原学诊断和免疫学诊断的方法。一般对猪、羊、禽等的宰前检验都以群体检查为主，辅以个体检查；牛、马等大型家畜的宰前检验与前者相反。

二、屠宰工艺

畜禽经致昏、放血及去除毛皮、内脏和头、蹄，最后形成胴体的过程称为屠宰加工。屠宰加工的方法和程序称为屠宰工艺。以猪为例，其屠宰工艺流程见图 8-3。

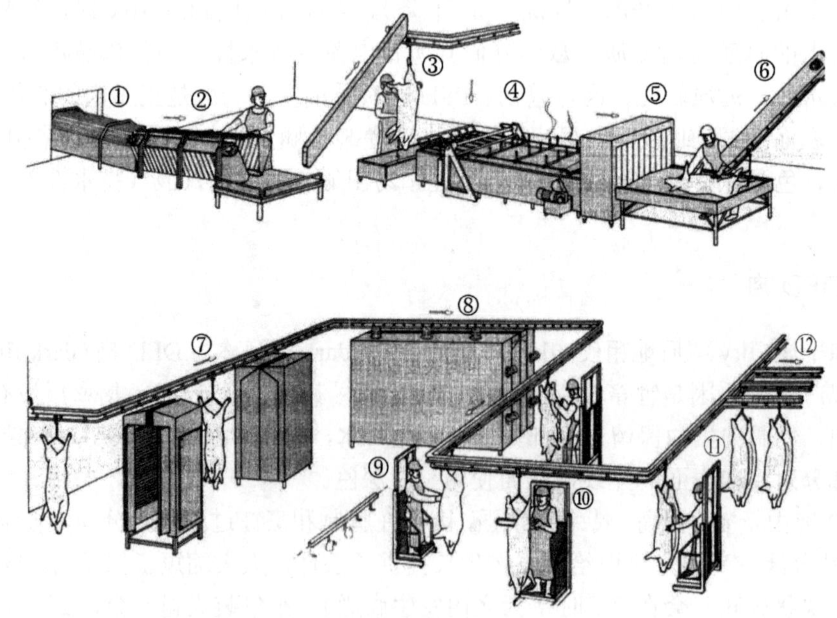

图 8-3　猪屠宰工艺流程图（周光宏，2002）

①送宰；②致昏；③放血；④浸烫；⑤煺毛；⑥吊挂；⑦燎毛；⑧清洗；⑨开膛、去内脏；⑩劈半；⑪胴体修整；⑫待检入库

三、宰后检验及检后处理

屠宰后的胴体需对其进行卫生检验，以感官和剖检为主（常用的方法有视检、剖检、触检和嗅检），必要时进行细菌学、血清学、病理学等检验。一般主要进行头部、皮肤、内脏、肉尸和旋毛虫检验。

胴体和内脏经过卫生检验后，可按 4 种情况做出如下处理：①正常肉品，胴体和内脏经检验确认来自健康牲畜，在肉联厂或屠宰厂加盖“兽医验讫”印后即可出厂销售；②患有一般传染病、轻症寄生虫病和病理损伤的胴体与内脏，根据病损性质和程度，经过各种无害处理后，使传染性、毒性消失或使寄生虫全部死亡后可以有条件地食用；③患有严重传染病、寄生虫病、中毒和严重病理损伤的胴体与内脏，不能食用，可以炼制工业油或骨肉粉；④患有炭疽病、鼻疽、牛瘟等《肉品卫生检验试行规程》所列的烈性传染病的胴体和内脏，必须用焚烧、深埋、湿化等方法予以销毁。

四、分割加工

肉的分割加工是按一定的标准将胴体进行分割，方便进一步加工或直接供给消费者。按不同部位或肥瘦分割成小块的肉称为分割肉。按销售规格要求，分割肉有带骨分割肉、剔骨分割肉和去脂分割肉 3 种。

1. 我国猪肉的分割方法

我国猪肉分割通常将半胴体分为肩、背、腹、臀、腿 5 大部分。

肩颈部：前端从第 1 颈椎，后端从第 4～5 胸椎或第 5～6 根肋骨间与背线呈直角切断。

臀腿部（俗称后腿、后丘）：从最后腰椎与肩椎结合部和背线呈直角垂直切断。

背腰部（俗称外脊、大排、横排）：前面去掉肩颈部，后面去掉臀腿部，余下的部分从脊椎骨下 4～6cm 处平行切开，上部即为背腰部。

肋腹部（软肋、五花）：与背腰部分离，切去奶脯即是。

前臂和小腿部（俗称肘子、蹄膀）：前臂上从肘关节下腕关节切断，小腿上从膝关节下跗关节切断。

颈部：从第 1～2 颈椎处，或第 3～4 颈椎处切断。

猪胴体部位分割见图 8-4。

2. 我国牛肉分割方法

我国牛肉的分割加工主要是在牛宰杀后经放血、剥皮、去头蹄和内脏等步骤后，将标准的牛胴体开半，再将其大体上分为后腿肉、臀腿肉、腹部肉、后腰肉、胸部肉、肋部肉、肩颈肉、前腿肉共 6 部分。在此基础上进一步分割成里脊、外脊、眼肉、上脑、胸肉、嫩肩肉、腰肉、臀肉、膝圆、大米龙、小米龙、腹肉、腱子肉等 13 块。牛胴体部位分割见图 8-5。

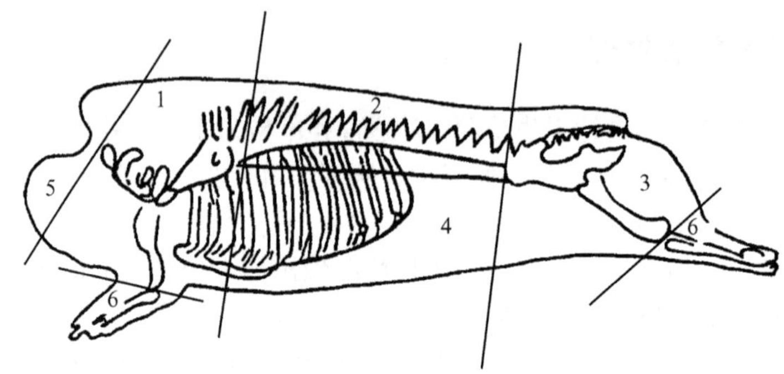

图 8-4　我国猪胴体部位分割图（周光宏，2002）
1. 肩颈肉；2. 背腰肉；3. 臀腿肉；4. 肋腹肉；5. 前颈肉；6. 肘子肉

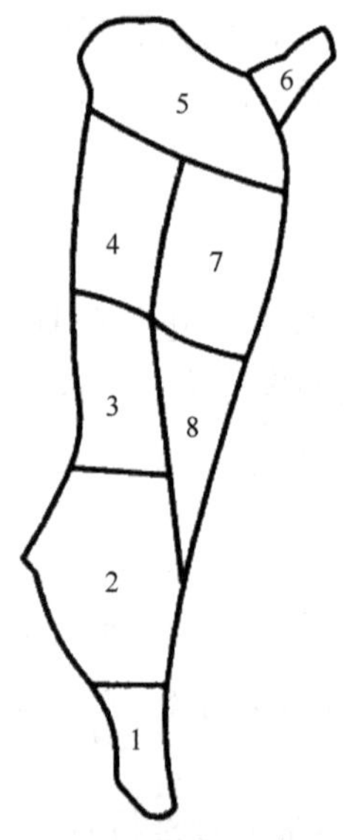

图 8-5　我国牛胴体部位分割图（蒋爱民和南庆贤，2000）
1. 后腿肉；2. 臀腿肉；3. 后腰肉；4. 肋部肉；5. 颈肩肉；6. 前腿肉；7. 胸部肉；8. 腹部肉

3. 禽类肉的分割方法

禽肉常采用平台分割、悬挂分割、按片分割等 3 种分割方法。一般情况下，鹅个体较大，躯干分成 4 块，加头、颈、爪、腿共可分割成 8 件。鸭躯干分成两块，共可分割成 6 件。

第四节　肉制品加工技术

一、腌腊制品

凡原料肉经预处理、腌制、脱水、成熟、保藏加工而成的肉制品都属于腌腊肉制品。我国主要有咸肉、腊肉、板鸭、封鸡、腊肠、香肚和中式火腿等；国外主要有培根、萨拉米干香肠和半干香肠等。其典型产品主要有以下几种。

（1）咸肉　是以新鲜或冷冻猪肉为原料，用食盐腌制而成的肉制品。咸肉分为带骨和不带骨两大类。较著名的是浙江咸肉、江苏如皋咸肉、四川咸肉和上海咸肉。

（2）腊肉　是我国古老的腌腊制品之一，用较少的食盐配以其他风味辅料腌制后经干燥（烘烤或日晒、熏制）等工艺加工而成的耐贮藏、风味独特的肉制品。按产地不同可划分为广东腊肉、四川腊肉、湖南腊肉、云南腊肉等；按加工原料的种类及肉的部位不同可分为腊牛肉、腊羊肉、腊鸡、腊猪杂和腊猪头等。

（3）中式火腿　是指带骨猪腿经腌制、洗晒、发酵精制而成的腌腊生肉制品，具有独特的风味。中式火腿一般分为 3 类：南腿，以金华火腿为代表；北腿，以如皋火腿为代表；云腿，以云南的宣威火腿最为正宗。

（4）培根　是指烟熏肋条肉、烟熏咸背脊肉。它和火腿、灌肠合称西式肉制品的 3 大代表产品。

二、灌肠制品

灌肠制品是以畜禽肉为原料，首先经细切、斩拌或绞碎而使肉成为块状、丁状或肉糜状态，再搭配辅料，经搅拌或滚揉后灌入天然肠衣或人造肠衣内，最后经烘烤、熟制和熏烟等加工过程后的肉制品。

灌肠制品的种类很多，按生熟分为风干肠和鲜肉肠（或熟肉肠）；按其加工特点有中式香肠和欧式灌肠之分，其中传统的中式产品称为香肠，而西式产品一般称为灌肠或红肠。二者虽都以肉为主要原料，但在肉的种类、加工过程、调味料上的差异使其无论在外形还是口味上都有明显区别。

肠衣是灌肠制品的特殊包装物，主要包括人造肠衣和天然肠衣。天然肠衣即猪、牛、羊的大肠、小肠、盲肠、食管和膀胱等。人造肠衣包括纤维素肠衣、胶原肠衣、塑料肠衣等。

灌肠的主要工艺包括原料肉的选择和修整、低温腌制、绞肉或斩拌、配料、制馅、灌制和填充、烘烤、蒸煮及烟熏等。

（1）中式灌制品生产工艺流程如下：

原料选择→原料处理→配料→拌馅→灌制→晾晒（或烘烤）→质量检查→成品

（2）西式灌制品生产工艺流程如下：

原料选择→原料处理→腌制→绞肉→拌馅→灌肠→烘烤→蒸煮→烟熏→包装→成品

其中绞肉或斩拌是将肉制成肉糜状并拌均匀的过程；灌制包括装馅、捆扎和吊挂；蒸煮是使蛋白质变性；灌肠包括生熏灌肠和煮熏灌肠，前者是灌制后不经煮制直接熏制的，后者是经过煮制后再熏制的灌肠。

三、酱卤制品

酱卤制品是我国传统肉制品之一，是指用畜禽肉及可食副产品加入调味料和香辛料，经熟制而成的一类肉制品，包括白煮肉、酱煮肉、糟肉 3 大类。

（1）白煮肉类　又称白烧、白切，是指肉在水或盐水中煮制而成的熟肉类制品。产品最大限度地保持了原料肉固有的色泽和风味，一般在食用时才调味。其代表品种有白切肉、白切猪肚、白斩鸡、盐水鸭等。

（2）酱煮肉类　根据特点分为酱制、酱汁制品、蜜汁制品、糖醋制品、卤制品等。我国著名的酱煮肉制品有苏州酱汁肉、北京月盛斋酱牛肉、河南道口烧鸡和山东德州扒鸡等。

（3）糟肉类　是指原料肉经白煮后，再用“香糟”糟制的冷食熟肉类制品。我国著名的糟肉制品有糟肉、糟鸡、糟鹅等。

酱卤制品的加工主要包括调味和煮制。

（1）调味　以消费者喜好进行调整。根据加入调味料的种类又分为五香、红烧、酱汁、糖醋等品种。

（2）煮制　包括清煮（白烧）和红烧。清煮是在肉汤中不加任何调味料，仅用清水煮制的方法。红烧是在加入各种调味料的水中煮制。

四、烟熏制品

烟熏制品是指利用木材、茶叶、甘蔗皮、红糖等材料的不完全燃烧而产生的烟熏热使肉制品具有熏烟风味的一类高质量产品。

烟熏制品按加工过程分类如下。

（1）熟熏　烟熏前进行熟制的产品，如酱卤类制品、灌肠、烧鸡等。

（2）生熏　烟熏前只经过原料的整理、腌制等，没有经过热加工而进行烟熏的过程，如咸肉、培根等。

肉制品烟熏的作用：①赋予制品特殊的烟熏风味；②防止腐败变质；③加工新颖产品；④使制品颜色美观；⑤预防脂肪氧化。

五、油炸制品

油炸制品是采用热油对肉类进行熟制的一种方法。油炸制品品种很多，如道口烧鸡、红烧猪肉、油炸丸子、椒盐排骨，以及美式快餐中的鸡米花、炸鸡腿、炸鸡翅等。经过油炸以后的食品具有较好的风味，色泽鲜亮、皮酥肉嫩，营养物质最大限度地得到保留。

根据油炸温度的不同，油炸方法可以分为以下几种。

（1）温油炸　是将加工定型的原料在 2～5 成熟（65～120℃）的油锅中小火逐步加热成熟的方法。主要产品有炸脆皮鸡、炸丸子等。

（2）热油炸　是将经过调味腌渍并加工定型的原料在 5～7 成熟（120～180℃）的油锅中用中旺火加热炸制的方法。主要产品有桂花肉、炸鲜肉土司、炸排骨等。

（3）旺油炸　是将经过调味浸渍定型的原料在 7～9 成熟（180～220℃）的油锅中加热炸制的方法。主要产品有香炸鸭、炸响铃、干炸里脊等。

（4）特殊炸　不同于上述 3 种的特殊油炸方法，如油浸、油泼等。主要产品有油淋鸡、油泼童子鸡、油浸鲳鱼等。

六、干肉制品

干肉制品是肉经过预加工后再脱水干制而成的一类熟肉制品，主要包括肉干、肉松和肉脯 3 大类。肉品经过干制后，营养成分高，水分含量低，产品耐贮藏，体积小、质量轻、便于运输和携带。此外，传统的干肉制品风味浓郁，回味悠长，深受大众喜爱。

（1）肉干　首先将新鲜牛肉或瘦猪肉经蒸煮，再根据产品要求加入各种辅料，烘干而成的产品。按原料不同分为猪肉干、牛肉干、兔肉干、鱼肉干等；按配料不同分为咖喱肉干、五香肉干、麻辣肉干、孜然肉干等；按形状不同分为片状、块状和条状肉干等。肉干的加工工艺流程如下：

原料→初煮→切坯→煮制→汤料→复煮→收汁→脱水→冷却→包装

（2）肉松　按形状分为绒状肉松和粉状（球状）肉松；按照所用原料可制成各种制品，如牛肉松、猪肉松、鱼肉松和鸡肉松等。其中，用瘦猪肉制成的肉松产量最大，比较著名的有太仓肉松和福建肉松。肉松的加工工艺流程如下：

原料肉的选择与整理→配料→煮制→炒压→炒松→搓松→挑松→拣松→保温

（3）肉脯　经腌制后，直接烘烤而熟的制品。肉脯的加工工艺流程如下：

原料选择→修整→冷冻→切片→解冻→腌制→摊晒→
烘烤→烧烤→压平→切片→成型→包装

七、西式火腿

西式肉制品一般包括火腿、香肠和培根 3 大类产品。其中，西式火腿与中式火腿在加工工艺上有很大差别。一般是由猪肉加工而成，因其含水量较高，所以又称为“盐水火腿”。但在加工过程中，因对原料的选择、处理、腌制及成品包装形式的不同使得种类繁多。

西式火腿加工工艺流程如下：

整理→盐水注射→腌制→滚揉→灌制→煮制→冷却→包装→入库

八、发酵肉制品

发酵肉制品是肉经过微生物发酵，将糖转化为各种酸或醇，使肉制品的 pH 降低，并经低温脱水加工而成的一类肉制品。

按脱水程度分为半干发酵香肠和干发酵香肠。根据发酵程度分为低酸发酵肉制品（pH≥5.5）和高酸发酵肉制品（pH≤5.4）。著名的发酵肉制品有法国、意大利、匈牙利的萨拉米干香肠和西班牙火腿等。发酵肉制品加工工艺流程如下：

原料肉→预处理→绞肉→调味→灌装→发酵→干燥→烟熏

九、肉类罐头

肉类罐头是指以禽畜肉为原料，经过预处理调制后装入罐藏容器，经排气、密封、杀菌等工序制成的可以长期保存的食品。肉类罐头的原料肉一般包括猪、牛、羊、马及驴等畜肉，还有鸡、鸭、鹅及鹌鹑等禽肉。根据加工和调味方法不同，可将肉类罐头分为：①清蒸原汁类（处理后的原料加入食盐、胡椒、洋葱、月桂叶等辅料后直接装罐，经过排气、密封、杀菌而成）；②调味类（将经过整理、预煮或油炸、烹调的肉装罐后，加入调味汁液）；③腌制烟熏类（将原料经过整理后，加入以食盐、亚硝酸钠为主要成分的混合盐进行腌制，再经过不同加工所制成）。典型加工品工艺程序如下。

（1）午餐肉罐头的加工工艺流程如下：

原料验收→解冻→处理（分段、剔骨、去皮、修整）→分级→切块→
腌制→绞肉斩拌→真空搅拌→装罐→排气密封→杀菌冷却→入库

（2）香肠罐头的加工工艺流程如下：

原料处理→腌制→绞肉斩拌→肠衣处理→灌肠→烟熏→
预煮装罐→真空密封→杀菌冷却→入库

（3）红烧扣肉的加工工艺流程如下：

原料解冻→去杂质→预煮上色→油炸→切块→复炸→
装罐→加调味液→排气密封→杀菌冷却→入库

第五节　乳及乳制品概述

一、乳及乳制品概念

乳是哺乳动物分娩后由乳腺分泌的一种白色或微黄色的不透明液体。它含有幼儿生长发育所需要的全部营养成分，也是哺乳动物出生后最适于消化吸收的全价食物。乳的分类方法，按来源可将乳分为牛乳、羊乳、马乳、骆驼乳等；按分泌时间可分为初乳、常乳和末乳 3 类；在乳品工业上通常按其加工性质可分为常乳和异常乳两大类。就常乳而言，它的化学组成和性质都比较稳定，是乳品加工业的主要原料。

乳制品是原料乳经过加工后所得的产品，主要品种有饮用乳（包括消毒奶、灭菌乳、酸奶及酸乳饮料等）、奶粉、炼乳、干酪、奶油和再制奶。

二、乳的化学组成

乳的化学成分十分复杂，主要包括水、蛋白质、脂肪、乳糖、矿物质及维生素等。正常的牛乳中化学成分组成稳定，但受乳牛的品种、个体、泌乳期、畜龄、饲料、季节、气温、挤奶情况及健康状况等因素的影响而有差异，其中变化最大的是脂肪，而蛋白质、乳糖及灰分含量比较稳定。牛乳的基本组成为：水分 87%～89%、蛋白质 3%～3.5%、脂肪 3%～5%、乳糖 4.6%～4.7%、矿物质 0.7%～0.75%。

正常情况下乳的化学成分分布：①水在牛乳中的存在状态可分为游离水、结合水和结晶水，是牛乳的主要组成成分。②牛乳中的蛋白质可分为酪蛋白（含量最高，约占总蛋白 83%）和乳清蛋白（17%）两大类。乳蛋白含有人体必需的氨基酸，消化率可高达 95%～97%。③牛乳脂肪是由一个甘油分子和 3 个脂肪酸组成的甘油酯的混合物，不溶于水，以细小球状分散在乳中，构成乳浊液。④乳糖是乳中特有的成分，属双糖，在乳糖酶的作用下水解生成葡萄糖和半乳糖。其中半乳糖是构成脑神经中糖脂质的重要成分，所以乳糖对婴儿脑组织发育有重要作用。⑤乳中的矿物质主要有钾、钠、钙、镁、磷、硫、氯及微量元素，其中，最重要的无机成分是钙和镁。乳中矿物质的含量虽少，但在营养价值上有着至关重要的作用。⑥牛乳中维生素分为脂溶性和水溶性两大类。脂溶性维生素主要有维生素 A、维生素 D、维生素 E、维生素 K；水溶性维生素有维生素 B_1、维生素 B_2、维生素 B_6、维生素 B_{12}、维生素 C、烟酸、泛酸及叶酸等。在牛乳加工过程中，大部分维生素会受到不同程度的破坏，其中维生素 C 对热最敏感，加热易破坏，而维生素 A、维生素 D、维生素 B_2 对热较稳定。

三、乳的物理特性

乳的物理特性包括乳的颜色、滋味、气味、沸点、冰点、酸度等。这些性质不仅是辨别乳质量的重要指标，也是辨别乳在加工中所产生的变化和检查乳及乳制品的掺假情况的重要依据。

正常新鲜的牛乳一般呈乳白色或淡黄色，乳白色是乳的基本色调。新鲜牛乳具有乳香味和微甜味。乳香味主要是由牛乳中挥发性脂肪酸引起的，经加热后香味尤为强烈。除此之外，乳中的乙醛、丙酮、甲醛也与乳风味有关。乳的甜味来源于乳糖，而咸味来自氯离子，但因受乳糖、脂肪、蛋白质的调和而被掩盖。乳中的苦味来自 Mg^{2+}、Ca^{2+}，而酸味是由柠檬酸及磷酸产生的。牛乳的冰点一般为–0.565～–0.525℃，平均为–0.540℃。在牛乳中掺水可导致冰点升高，一般掺水 10%，冰点约上升 0.054℃。牛乳的沸点在 101kPa（1 个大气压）下约为 100.55℃，在浓缩过程中其沸点继续上升。正常新鲜牛乳的 pH 为 6.5～6.7，酸败乳或初乳的 pH 在 6.4 以下，乳房炎乳或低酸度乳 pH 在 6.8 以上。在乳酸菌等微生物的作用下乳糖发酵产生乳酸，导致乳的酸度逐渐升高，这部分升高的酸度称为发酵酸度。发酵酸度和固有酸度之和（称为总酸度）作为企业测定的酸度。乳的酸度越高，表明乳的新鲜度和卫生状况越差，同时对热的稳定性越低。

四、异常乳

在泌乳期，由于生理、病理或其他因素的影响，乳的成分与性质发生变化，这种乳称为异常乳。一般情况下异常乳是不适宜加工使用的。

异常乳可分为生理异常乳、病理异常乳、化学异常乳和微生物污染乳 4 大类。

1. 生理异常乳

（1）初乳　产犊后 7 天内分泌的乳称为初乳。初乳呈黄褐色、有异臭、味苦、黏度大，脂肪、蛋白质，特别是乳清蛋白含量高，乳糖含量低，灰分含量高（铁量为常乳的 3～5 倍，铜含量约为常乳的 6 倍）。初乳的热稳定性差，不适宜作乳制品的原料。

（2）末乳　干奶期前两周所产的乳称为末乳或老乳。末乳伴有苦而微咸及油脂氧化味道，脂酶、氯离子浓度（0.16%）增多，pH 高达 7.0。细菌数高达 250 万 cfu/mL，不适宜作为原料乳。

（3）营养不良乳　饲料不足、营养不良的乳牛所产的乳，对皱胃酶几乎不凝固，故这种乳不能制造干酪。当喂以充足的饲料，加强营养之后，牛乳即可恢复正常。

2. 病理异常乳

（1）乳房炎乳　乳牛患乳房炎后，牛乳的凝乳张力下降，用凝乳酶凝固乳时所需的时间较常乳长。另外，乳房炎乳中维生素 B_1 和维生素 B_2 含量减少。

（2）其他病牛乳　主要由患口蹄疫、布氏杆菌病等的乳牛所产的乳，乳的质量变化大致与乳房炎乳相类似。另外，乳牛患酮体过剩、肝机能障碍、繁殖障碍等，易分泌酒精阳性乳。

3. 化学异常乳

（1）酒精阳性乳　乳品厂检验原料乳时，一般先用 68%或 70%的酒精进行检验，凡产生絮状凝块的乳称为酒精阳性乳。酒精阳性乳包括高酸度酒精阳性乳、低酸度酒精阳性乳及冷冻乳。

（2）低成分乳　乳的化学成分明显低于常乳，主要受遗传和饲养管理等因素影响。

（3）混入异物乳　是指在乳中混入原来不存在的物质的乳。其中，有人为混入异常乳和因预防治疗、促进发育，以及食品保藏过程中使用抗生素和激素等而进入乳中的异常乳。此外，还有因饲料和饮水等使农药进入乳中而造成的异常。乳中含有防腐剂、抗生素时，不应用作加工的原料乳。

（4）风味异常乳　造成牛乳风味异常的因素很多，主要有通过机体转移或从空气中吸收而来的饲料味，由酶作用而产生脂肪的分解味，挤乳后从外界污染或吸收的牛体味或金属味等。

4. 微生物污染乳

微生物污染乳也是异常乳的一种。鲜乳容易由乳酸菌产酸凝固，也容易受大肠杆菌、芽孢杆菌作用而发生风味异常（腐败味）。由于在挤乳前后没有及时地进行冷却和器具的洗涤杀菌工作，从而使鲜乳被大量的微生物污染。

第六节　原料乳验收与处理

一、质量标准

我国规定《食品安全国家标准 生乳》（GB 19301—2010）包括感官要求、理化指标、污染物限量、真菌限量及细菌指标。

1. 感官指标

生乳感官要求见表8-2。

表8-2　生乳感官要求

项目	要求	检验方法
色泽	呈乳白色或微黄色	取适量试样置于50mL烧杯中，在自然光下观察色泽和组织状态。闻其气味，用温开水漱口，品尝滋味
滋味、气味	具有乳固有的香味，无异味	
组织状态	呈均匀一致液体，无凝块、无沉淀、无正常视力可见的异物	

2. 理化指标

我国卫生部颁布原料乳验收时的理化指标见表8-3。

表8-3　生乳理化指标

项目	指标
相对密度（20℃/4℃条件下）	≥1.027
脂肪（g/100g）	≥3.10
蛋白质（g/100g）	≥2.8
酸度（以乳酸表示，°T）	≤牛乳12～18、羊乳6～13
杂质度（mg/kg）	≤4.0
冰点（℃）	–0.560～–0.500
非脂乳固体（g/100g）	≥8.1

3. 污染物限量

应符合GB 2762—2017的规定，污染物限量见表8-4。

表8-4　生乳污染物限量

项目	指标
铅（以Pb计，mg/kg）	≤0.05
汞（以Hg计，mg/kg）	≤0.01
砷（以As计，mg/kg）	≤0.1
铬（以Cr计，mg/kg）	≤0.3
亚硝酸盐（以$NaNO_2$计，mg/kg）	≤0.4

4. 真菌毒素限量

应符合 GB 2762—2017 的规定，黄曲霉素 M1≤0.5μg/kg。

5. 微生物限量

应符合 GB 4789.2—2016 的规定，菌落总数≤2×10^6 CFU/g。

6. 农药残留限量和兽药残留限量

农药残留应符合 GB 2763—2021 的规定，兽药残留应符合国家有关规定和公告。

二、原料乳验收

1. 感官检验

鲜乳的感官检验主要是进行嗅觉、味觉、外观、异物等的鉴定。例如，呈乳白色或微黄色；具有乳固有的香味，无异味；呈均匀一致液体，无凝块、无沉淀，无正常视力可见的异物。

2. 酒精试验

酒精试验是为观察鲜乳的抗热性而广泛使用的一种方法。通过酒精的脱水作用，测定酪蛋白的稳定性。新鲜牛乳对酒精的作用表现出相对稳定；而不新鲜的牛乳，其中蛋白质胶粒已呈不稳定状态，当受到酒精的脱水作用时，则加速其聚沉。此法可验出鲜乳的酸度，以及盐类平衡不良乳、初乳、末乳及细菌作用产生凝乳酶的乳和乳房炎乳等。

3. 比重

比重常作为评定鲜乳成分是否正常的一个指标，同时，还应结合脂肪、风味的检验，来判断鲜乳是否经过脱脂或是否加水。

4. 滴定酸度

新鲜牛乳的滴定酸度为 16～18°T。用于制造淡炼乳和超高温灭菌奶的原料乳，用75%酒精试验；用于制造乳粉的原料乳，用 68%酒精试验（酸度不得超过 20°T）。酸度不超过 22°T 的原料乳尚可用于制造奶油，但其风味较差。酸度超过 22°T 的原料乳只能供制造工业用的干酪素、乳糖等。

滴定酸度是碱（0.1mol/L NaOH）中和鲜乳中的酸性物质，根据碱的用量确定鲜乳的酸度和热稳定性。

5. 细菌数、体细胞数、抗生素检验

在加工前，须检查细菌总数、体细胞数，以确定原料乳的质量和等级。如果是加工发酵制品的原料乳，必须做抗生素检查。

（1）细菌数检查 细菌检查方法很多，有亚甲蓝还原试验、细菌总数测定、直接镜检、PMA-PCR 等方法。

（2）体细胞数检验 正常乳中的体细胞多数来源于上皮组织的单核细胞，如有明显的多核细胞出现，可判断为异常乳。常用的方法有直接镜检法（同细菌检验）或加利福尼亚细胞数测定法（GMT 法）。

（3）抗生素检验 抗生素残留量检验是验收发酵乳制品原料乳的必检指标。常用的方法有 TTC 试验法和纸片法。

6. 乳成分的测定

近年来随着分析仪器的发展，乳品检测方法出现了很多高效率的检验仪器。采用光学法来测定乳脂肪、乳蛋白、乳糖及总干物质，并已开发使用各种新型仪器。

7. 掺假检验

通常发现的掺假现象除掺水外，还有掺碱、掺淀粉、掺食盐等，其检验方法如下。

（1）掺碱（食用碱）的检验 食用碱可使指示剂溴麝香草酚蓝变色。取乳样约 5mL 在微量锥形瓶中，沿管壁慢慢加入溴麝香草酚蓝 2.5mL，将试管轻轻转动 5 圈，然后垂直放置 2min 后，观察指示剂与样品接触面颜色变化。同时另取同一乳样 5mL 加入市售食用碱少许，摇匀后进行对照。

（2）掺淀粉的检验 为了提高牛乳的稠度和非脂固体的含量，在牛乳中加入淀粉或糊精，对这类掺假可用碘-淀粉反应检出。当碘液与淀粉接触时，碘分子能进入淀粉分子的内部，并被束缚于葡萄糖单元的螺旋上，对于直链淀粉形成淀粉-碘的复合物显蓝色，而对于支链淀粉（如糊精）则呈红紫色。

（3）掺食盐的检验 牛乳中掺入食盐可以增加相对密度，提高非脂类固体的含量和重量。可以采用硝酸银进行鉴别，呈现沉淀则说明掺入了食盐（原理：Cl^-可与 Ag^+反应生成难溶性沉淀）。

三、原料乳处理

原料乳验收合格后，还要经过一系列处理才能加工乳制品，主要包括过滤、净化、冷却、贮存、运输、均质及标准化等处理环节。

1. 过滤

挤下的乳必须及时进行过滤，以除去杂质和部分微生物。最常用的有纱布过滤、过滤器过滤。

2. 净

为了获得高纯净度的原料乳，过滤后再通过离心净乳机净化。

3. 冷却

冷却可以抑制乳中微生物的生长繁殖。截至目前，低温条件下贮藏仍是乳保鲜的基本方法。冷却方法通常有两种：一种是自然冷却，将乳桶置于井水、河水、自来水等水源中，持续轻轻搅拌使乳冷却；另一种是人工冷却，即利用设备进行冷却，常用的有表面式冷却器（也称冷排）和片式冷却器等。

4. 贮存

冷却后的乳最好贮于低温的贮乳罐内。贮乳罐有卧式和立式两种，容量不等，罐壁有绝热层，内有搅拌器，可定时开启，使乳温均匀并防止脂肪上浮。

5. 运输

运输途中要防止乳温升高和乳过度振荡。为此，夏季应在早、晚运输，且容器应尽量装满，最好采用乳槽车，并注意保持乳汁清洁卫生。

6. 均质

均质是指在 14～21MPa 的压力下，把乳从细孔压出使脂肪球破碎。均质后能防止因乳静置时形成稀奶油层和降低凝块张力（即凝块变软）等弊端。乳经均质处理，能使直径 3μm 左右的脂肪球变成 1μm 以下，而且均质压力越高脂肪球越小。

四、原料乳标准化

原料乳中的脂肪与非脂乳固体含量因乳牛品种、地区、季节和饲养管理等因素不同而有较大的差异。因此，为使产品符合标准要求，必须对原料乳进行标准化处理。当原料乳中脂肪含量不足时，可添加一部分稀奶油或分离除去一部分脱脂乳；而当原料乳中脂肪含量过高时，则可添加一部分脱脂乳或分离除去一部分稀奶油。标准化工作可在贮乳罐的原料乳中进行或在标准化机中连续进行。

第七节　乳制品加工

一、消毒乳加工

1. 消毒乳的概念和种类

消毒乳又称杀菌乳，系指以新鲜牛乳、稀奶油等为原料，经净化、杀菌、均质、冷却、包装后，直接供应消费者饮用的商品乳。

1）按原料成分分类

（1）全脂消毒乳　以合格鲜乳为原料，不加任何添加剂而加工成的消毒鲜乳。

（2）脱脂消毒乳　将鲜牛乳中的脂肪脱去或部分脱去而制成的消毒乳。

（3）强化消毒乳 把加工过程中损失的和日常食品中不易获得的成分加以补充，使成分得到强化的牛乳。

（4）复原乳 也称再制奶。以全脂奶粉、浓缩乳、脱脂奶粉和无水奶油等为原料，经混合溶解后制成与牛乳成分相同的饮用乳。

（5）花色牛乳 以牛乳为主要原料，加入其他风味食品，如可可、咖啡、果汁（果料），再加以调色调香而制成的饮用乳。

2）按杀菌强度分类

（1）低温长时杀菌（low temperature long time pasteurization，LTLT）乳 也称保温杀菌乳。牛乳经 62～65℃、30min 保温杀菌。可保证乳中的病原菌，尤其是耐热性较强的结核菌都被杀死。

（2）高温短时杀菌（high temperature short time pasteurization，HTST）乳 通常采用 72～75℃、15s 杀菌，或采用 75～85℃、15～20s 杀菌。由于受热时间短、热变性现象很少，风味有浓厚感，无蒸煮味。

（3）超高温瞬时杀菌（ultra-high temperature instantaneous sterilization，UHT）乳 采用 120～150℃、0.5～8s 杀菌。由于耐热性细菌都被杀死，故贮藏期明显提高。由于杀菌时间很短，故风味、性状和营养价值等与普通杀菌乳相比无差异。

（4）灭菌乳 灭菌乳可分两类，一类为灭菌后无菌包装；另一类为把杀菌后的乳装入容器中，再用 110～120℃、10～20min 加压灭菌。

2. 消毒乳生产工艺流程

消毒乳生产工艺流程如下：

原料乳的验收→过滤或净化→标准化→均质→杀菌→冷却→灌装→封盖→装箱→冷藏

二、酸乳加工

1. 酸乳概念和种类

酸乳是指以乳为原料（或加入蔗糖），杀菌后经乳酸发酵而制成具有细腻的凝块和特别风味的乳制品，成品中含有大量有益活菌。根据成品的组织状态、口味、原料中乳脂肪含量、生产工艺和菌种的组成可将酸乳分成不同类别。

1）按成品的组织状态分类

（1）凝固型酸乳 其发酵过程在包装容器中进行，从而使成品在发酵后保留其凝乳状态。

（2）搅拌型酸乳 发酵后的凝乳在灌装前搅拌成黏稠状态。

2）按成品的口味分类

（1）天然纯酸乳 由杀菌后的原料乳仅加入菌种直接发酵而成的产品。

（2）加糖酸乳　在天然纯酸乳的基础上加入 6%～7%的糖进行发酵的产品。

（3）调味酸乳　在天然酸乳或加糖酸乳中加入香料发酵而成的产品。

（4）果料酸乳　由天然酸乳与糖、果料混合而成的产品。

（5）复合型或营养健康型酸乳　将一些营养强化剂（维生素、膳食纤维等）或果蔬类辅料混合加入，使其发酵成营养更全面的一类产品。

（6）疗效酸乳　包括低乳糖酸乳、低热量酸乳、维生素酸乳或蛋白质强化酸乳等。

3）按发酵的加工工艺分类

（1）浓缩酸乳　将正常酸乳中的部分乳清除去而得到的浓缩产品。

（2）冷冻酸乳　在酸乳中加入果料、增稠剂或乳化剂，然后将其冷冻处理而得到的产品。

（3）充气酸乳　发酵后在酸乳中加入稳定剂和起泡剂（通常是碳酸盐），经过均质处理即可。这类产品通常是以充 CO_2 气体的酸乳饮料形式存在。

（4）酸乳粉　通常使用冷冻干燥法或喷雾干燥法将酸乳中约 95%的水分除去而制成酸乳粉。

2. 酸乳生产工艺流程

酸乳生产工艺流程见图 8-6。

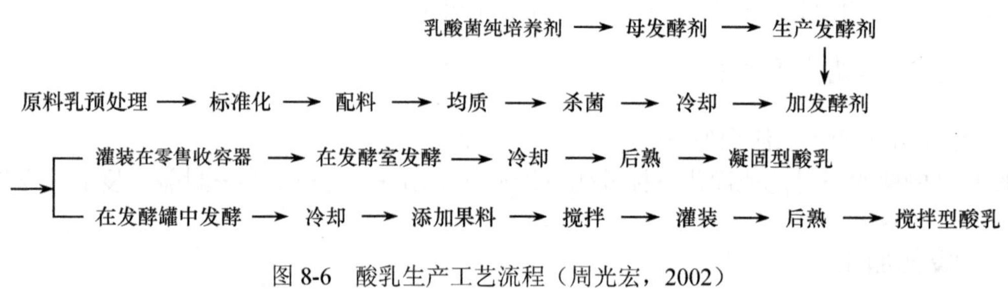

图 8-6　酸乳生产工艺流程（周光宏，2002）

三、乳粉加工

1. 乳粉概念和种类

乳粉又名奶粉，是指以新鲜牛乳为原料，或添加一定数量的植物或动物蛋白质、脂肪、维生素、矿物质等配料，除去其中几乎全部水分而制成的粉末状乳制品。乳粉可保存鲜乳的营养成分，增强贮藏性，减轻重量，便于运输，方便饮用，也可用作糖果、冷饮、糕点加工的原料。

根据乳粉加工所用原料和加工工艺可将乳粉分为以下几种。

（1）全脂乳粉　是新鲜牛乳标准化后，经杀菌、浓缩、干燥等工艺加工而成。由于脂肪含量高易被氧化，在室温只可保藏 3 个月。

（2）脱脂乳粉　用离心的方法将新鲜牛乳中的绝大部分脂肪分离去除后，再经杀菌、浓缩、干燥等工艺加工而成，提高了产品的保藏性（通常达 1 年以上），用于制点心、面包、冰淇淋、再制乳等。

（3）速溶乳粉　将全脂牛乳、脱脂牛乳经过特殊的工艺而制成的乳粉，对温水或冷水都具有良好的润湿性、分散性及溶解性。

（4）配制乳粉　在牛乳中添加某些必要的营养物质后再经杀菌、浓缩、干燥而制成。配制乳粉产品种类最多，如中小学生乳粉、中老年乳粉、孕妇乳粉、降糖乳粉、营养强化乳粉等。

（5）加糖乳粉　新鲜牛乳经标准化后，加入一定量的蔗糖，再经杀菌、浓缩、干燥等工艺加工而成。

（6）奶油粉　将稀奶油经干燥而制成的粉状物，与稀奶油相比保藏期长，贮藏和运输方便。

（7）冰淇淋粉　乳中加入乳脂肪、香料、稳定剂、抗氧化剂、蔗糖或植物油等物质经干燥而制成。

（8）乳清粉　将乳清进行干燥而制成的粉状物。乳清中含有易消化、营养价值高的乳蛋白、球蛋白及非蛋白氮化物和其他物质。根据用途分为普通乳清粉、脱盐乳清粉、浓缩乳清粉等。

2. 乳粉生产工艺流程

乳粉的生产工艺基本相同，其工艺流程如下：

原料乳验收→过滤、净化→冷却、贮存→标准化→杀菌→浓缩→
喷雾干燥→出粉、冷却→包装→检验→出厂

四、其他乳制品加工

乳制品的种类很多，除消毒乳、酸乳、乳粉加工外，还有炼乳、干酪、冰淇淋、奶油及乳酸菌饮料等。

1. 炼乳加工

炼乳系原料乳经过真空浓缩除去大部分水分后制成的产品，主要分为甜炼乳和淡炼乳两种。

（1）甜炼乳　是指在原料乳中加入 17%左右的蔗糖后，经杀菌、浓缩（原质量 8%左右）而成，其生产工艺流程如下：

蔗糖→糖液杀菌（↓标准化）　　干燥←灭菌←冲洗←空罐（↓装罐封罐）

原料乳验收→预处理→标准化→预热杀菌→真空浓缩→冷却结晶→装罐封罐→包装→检验→成品

（2）淡炼乳　是将牛乳浓缩至原体积的 40%，装罐后密封并经灭菌而成的制品，其生产工艺流程如下：

空罐→清洗→灭菌→干燥（↓装罐封罐）

原料乳验收→预处理→标准化→预热→浓缩→均质→冷却→装罐封罐→灭菌→振荡→
保温检验→成品

2. 奶油加工

奶油又称黄油、白脱油、酥油，是将稀奶油再经成熟、搅拌、压炼而制成的一种淡黄色的乳制品。其脂肪含量为80%～83%，水分含量低于16%。成品奶油按制造方法可分为新鲜奶油、酸性奶油、重制奶油；按用途可分为餐用奶油、烹调奶油和食品工业用奶油。奶油的生产工艺流程如下：

原料乳验收→预处理→分离→稀奶油标准化→发酵→成熟→加色素→
搅拌→排酪乳→奶油粒→洗涤→加盐→压炼→包装

3. 干酪加工

干酪具有很高的营养价值，主要成分是蛋白质和脂肪，此外还有在乳酸菌发酵作用下产生的维生素。通常以牛乳、奶油、部分脱脂乳、酪乳或这些产品的混合物为原料，经凝乳并分离乳清而制得。干酪主要分为天然干酪、再制干酪和干酪食品3大类，其中天然干酪生产工艺流程如下：

原料乳→标准化→杀菌→冷却→添加发酵剂→调整酸度→加氯化钙→加色素→
加凝乳酶→凝块切割→搅拌→加温→排出乳清→压榨成型→盐渍→成熟→上色挂蜡→成品

4. 冰淇淋加工

冰淇淋是以饮用水、牛乳、乳粉、奶油、食糖等为主要原料，添加适量食品添加剂，经过混合配制、灭菌、均质、老化、凝冻、硬化等工序加工而成的体积膨胀的冷冻饮品。冰淇淋组织松软，细腻润滑，清凉消暑，深受消费者喜爱。冰淇淋的一般生产工艺流程如下：

原料检验、称量→配制混合原料→巴氏灭菌→均质→冷却→老化→
加香精、色素→凝冻→灌注→包装→硬化→检验→成品

5. 乳酸菌饮料加工

乳酸菌饮料是一种发酵型的酸性含乳饮料。通常以牛乳或乳粉、植物蛋白乳（粉）、果蔬菜汁或糖类为原料，经杀菌、冷却、接种乳酸菌发酵剂培养发酵，后经稀释而制成。因其加工处理方法不同，分为酸乳型和果蔬型两大类，又可分为活性乳酸菌饮料（未经后杀菌）和非活性乳酸菌饮料（经后杀菌）。乳酸菌饮料生产工艺流程如下：

柠檬酸汁、稳定剂、水→杀菌→冷却　果汁、糖溶液
↓　↓
原料乳、果蔬汁浆→杀菌→冷却→发酵→发酵乳→冷却、搅拌→混合调配→
预热→均质→杀菌→冷却→灌装→成品

第八节　蛋的基础知识

一、蛋的结构

用于加工的禽蛋主要包括鸭蛋、鸡蛋、鹅蛋和鹌鹑蛋等。它们的基本结构都由位于

最外层、呈凝固状态的蛋壳，位于最内层的蛋黄，以及处于蛋壳和蛋黄之间的蛋白这 3 部分组成。禽蛋结构如图 8-7 所示。

禽蛋中蛋壳、蛋黄和蛋白 3 个主要部分之间，具有一定的比例关系，见表 8-5。

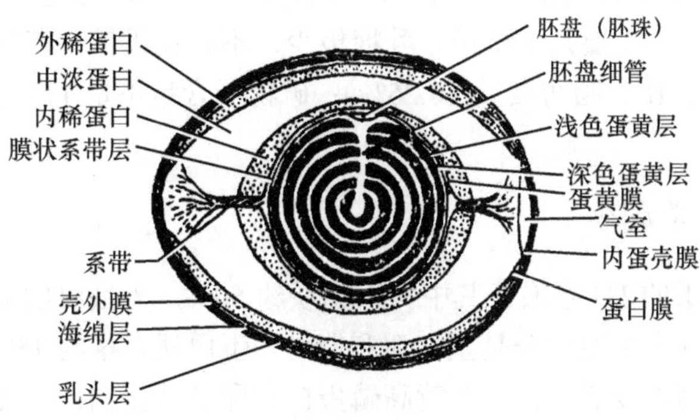

图 8-7　禽蛋结构示意图（周光宏，2002）

表 8-5　禽蛋各部分的比例

种类	质量（g）	蛋壳（%）	蛋白（%）	蛋黄（%）
鸡蛋	40～60	10～12	45～60	26～33
鸭蛋	60～90	11～13	45～58	28～35
鹅蛋	160～180	11～13	45～58	32～35

二、蛋的化学成分

禽蛋的化学成分主要是水分、蛋白质和脂肪，其次还有矿物质、维生素和糖类。禽蛋各种化学成分含量受家禽种类、品种、饲料、产蛋期、环境变化等因素的影响较大。不同禽蛋的化学成分如表 8-6 所示。

表 8-6　不同禽蛋的化学成分（可食部分）

禽蛋种类	水分（%）	蛋白质（%）	脂肪（%）	糖类（%）	矿物质（%）
鸡蛋	74.0	12.7	11.0	1.3	1.0
鸭蛋	70.3	12.6	13.0	3.1	1.0
鹅蛋	69.3	11.1	15.6	2.8	1.2
鹌鹑蛋	73.0	12.8	11.1	2.1	1.0

1. 蛋壳的化学成分

蛋壳为不可食部分，占整个蛋重的 10%～13%。蛋壳中有机物约占 4%，主要为蛋白质。无机物主要为碳酸钙，约占 93%，碳酸镁约占 1%，其次有少量的磷酸钙、磷酸镁及色素。

2. 蛋白的化学成分

蛋白中含有85%～88%的水分；其次是5类蛋白质（包括卵白蛋白、伴白蛋白、卵黏蛋白、卵类黏蛋白和卵球蛋白），占蛋白质的 11%～13%；而蛋白中碳水化合物含量较少，仅有1%～3%，主要是葡萄糖，乳糖极少，不存在果糖和蔗糖；此外维生素含量较低，主要为维生素 B_2；脂肪微量（0.25%）；矿物质含量不足1%，主要有钾、钠、钙、镁、磷等。

3. 蛋黄的化学成分

蛋黄占整个蛋重的1/3左右。其中含干物质约50%，为蛋白质中干物质的4倍。除含水分约50%外，其余主要成分是蛋白质和脂肪。蛋白质含量约15%，大部分是脂蛋白如低密度脂蛋白、高密度脂蛋白、卵黄高磷蛋白和卵黄球蛋白；此外，蛋黄中碳水化合物与蛋白中的类似；蛋黄中含有30%～33%的脂肪，其中甘油三酯占20%，其余10%是以磷脂为主体的复合脂肪及类甾醇等；蛋黄中含有的色素使蛋黄呈现黄色以至橙黄色，主要为叶黄素，其次为玉米黄质，此外还有胡萝卜素、维生素 B_2 等，色素含量的多少与饲料有密切关系；蛋黄中含有丰富的维生素；无机成分以磷最为丰富，占灰分总量的60%，其次为钙。

三、蛋的物理性状

1. 外形

禽蛋的外形一般为椭圆形。蛋的形状用蛋型指数来表示，蛋型指数=蛋的纵径/蛋的横径。标准形状的鸡蛋的蛋型指数为 1.30～1.35，若大于 1.35 则为细长型；小于 1.30 近似为球形。对于不同种类的禽蛋来说，其蛋型指数为鹅蛋＞鸭蛋＞鸡蛋＞鹌鹑蛋。

2. 重量

影响蛋重的因素很多，如种类、品种、产蛋季节、产蛋年龄、饲料条件、初产与经产等。一般单个蛋重：鸡蛋40～70g，鸭蛋60～100g，鹅蛋160～220g，鹌鹑蛋10～13g。

3. 蛋壳色泽

禽蛋的色泽多种多样，如白色、褐色、青色、彩色和花斑等。色泽的产生是色素物质在蛋壳上沉积造成的，受遗传因素控制。鸡蛋的色泽复杂，从白色到浅黄色，再到褐色，各种颜色均有。鸭蛋为白色或青白色，鹅蛋为白色，火鸡蛋为彩色，鹌鹑蛋为花斑蛋。

4. 蛋内容物的气味和滋味

禽蛋内容物无明显气味，但有时伴随着轻微的腥味，与饲喂的饲料种类有关。禽蛋煮熟后其滋味蛋白部分无味，蛋黄口淡而有香气。

5. 相对密度

禽蛋的相对密度一般为 1.080～1.090，蛋的相对密度与其新鲜程度有关。陈旧的蛋相对密度逐渐减少，为 1.025～1.060。所以通过测定蛋的相对密度可以鉴定蛋的新鲜度。

6. pH

新鲜蛋白的 pH 为 6.0～7.7。贮藏期间，由于逸出 CO_2，pH 逐渐升高，至 10 天左右可达 9.0～9.7。新鲜蛋黄的 pH 为 6.32，贮藏期间变化缓慢。蛋黄、蛋白混合后 pH 变为 7.5 左右。

7. 热凝固点和冻结点

鲜鸡蛋蛋白的加热凝固温度为 62～64℃，平均为 63℃；蛋黄为 68～71.5℃，平均为 69.5℃；混合蛋为 72～77℃，平均为 74.2℃。蛋白的冻结点为–0.48～–0.41℃，平均为–0.45℃，蛋黄的冻结点为–0.617～–0.545℃，平均为–0.6℃。因此，在冷藏鲜蛋时应控制适当的低温，以防止冻裂蛋壳。

8. 耐压度

禽蛋耐压度的大小与蛋在收购、运输、贮藏、加工过程中的破损率有密切关系。蛋的耐压度因蛋的形状、蛋壳的厚薄、蛋种类的不同而异。球形蛋耐压度大，椭圆形者适中，细长形最小；蛋壳越厚耐压度越大，反之耐压度小。不同禽蛋的耐压度为鹅蛋＞鸭蛋＞鸡蛋＞鹌鹑蛋。

第九节　蛋制品加工

一、腌制蛋

腌制蛋也称再制蛋，它是在保持蛋原形的基础上，主要经过碱、食盐、酒糟等加工处理后制成的蛋制品，包括皮蛋、咸蛋和糟蛋 3 种。常以鸭蛋和鸡蛋为原料，但鸡蛋含水量相对较多而体积较小，因此，在用料时应稍多一些。

1. 皮蛋

皮蛋是我国最著名的蛋制品，又名松花蛋、彩蛋、变蛋。成熟后的皮蛋，其蛋白呈棕褐色或绿褐色凝胶体，有弹性，蛋白凝胶体内有松针状的结晶花纹，故名松花蛋；其蛋黄呈深浅不同的墨绿、草绿、茶色的凝固体（溏心皮蛋蛋黄中心呈橘黄色糨糊状），其颜色多样，故又称彩蛋、变蛋。皮蛋不仅味道鲜美，香气独特，而且营养价值较高，在国内外享有盛誉。皮蛋的种类很多，按蛋黄的凝固程度不同分溏心皮蛋和硬心皮蛋；按加工辅料不同分无铅皮蛋、五香皮蛋、糖皮蛋等。各品种皮蛋的加工原理基本相同，都是在不同浓度的碱液中使蛋白及蛋黄凝固。首先是蛋白的迅速液化，即“化清期”；

其次是由液化状态凝固并具有弹性，即“凝固期”，在此期间，皮蛋内颜色会出现由浅到深的玳瑁色泽；最后从蛋黄边缘向内凝集、变色，并产生密集松枝状结晶，蛋黄色泽加深，可供销售，即“成色期”或“成熟期”。

加工皮蛋的方法很多，但是所用辅助材料和工艺基本相同，主要有浸泡法、包泥法及浸泡包泥法3种。其中浸泡包泥法是先用浸泡法制成溏心皮蛋，再用含有料汤的黄泥包裹，最后滚稻谷壳、装缸、密封贮存。其加工工艺流程如图8-8所示。

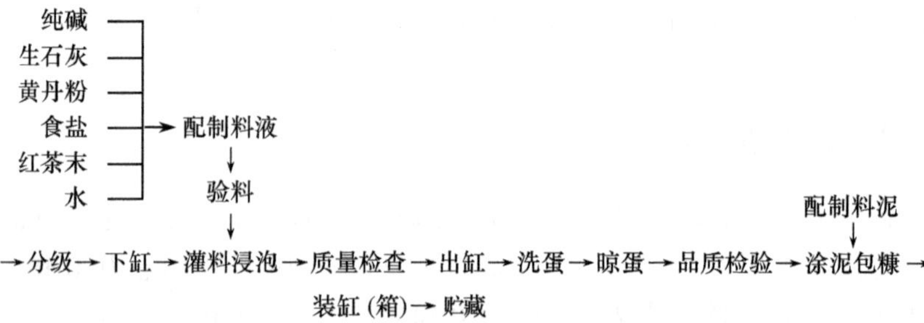

图8-8 浸泡包泥法加工皮蛋的工艺流程图（周光宏，2002）

2. 咸蛋

咸蛋又名盐蛋、腌蛋、味蛋，是我国传统美食之一，风味特殊，食用方便。江苏高邮的咸蛋最为著名，它具有“鲜、细、嫩、松、沙、油”6大特点，其切面黄白分明，蛋白粉嫩洁白，蛋黄橘红油润无硬心，香味浓郁，鲜美可口。

咸蛋主要是将鸭蛋或鸡蛋用食盐腌制而成。在腌制过程中，食盐能通过蛋壳的气孔、蛋壳膜、蛋白膜、蛋黄膜逐渐向蛋白及蛋黄渗透、扩散，从而使蛋获得一定的防腐能力，改善产品的风味。

咸蛋加工有多种方法，如草灰法、盐泥涂布法、盐水浸渍法、泥浸法、包泥法等。目前我国出口的咸蛋一般都采用草灰法进行加工。草灰法又可分为提浆裹灰法和灰料包蛋法两种。

（1）提浆裹灰法的工艺流程如下：

配料→打浆→验料→静置成熟→搅拌均匀
↓
选蛋→照蛋→敲蛋→分级→提浆裹灰→装缸密封→成熟→贮藏

（2）灰料包蛋法　将稻草灰和食盐先在容器内混合，再适量加水并进行充分搅拌混合均匀，使灰料成为干湿度适中的团块，然后将灰料直接包裹于蛋的外面，包好灰料的蛋置于缸（袋）中密封贮藏。

3. 糟蛋

糟蛋是用优质鲜蛋在糯米酒糟中糟渍而成的一类再制蛋，具有质地柔软、风味独特、醇香浓郁的特点，深受大众消费者喜欢。糟蛋主要采用鸭蛋加工，我国最著名的产品是浙江的平湖糟蛋和四川的叙府糟蛋。

糟蛋的加工方法主要有两种。①平湖糟蛋。该产品蛋白呈乳白色胶冻状，蛋黄为橘红色半凝固体；其生产工艺主要为酿酒制糟、击蛋破壳、装坛糟制 3 个步骤。②叙府糟蛋。该产品蛋型饱满完整，蛋白呈黄红色，蛋黄呈油亮的红色，在常温下能贮藏 3 年左右。叙府糟蛋的加工工艺包括配料装坛、翻坛去壳、白酒浸泡、加料装坛和再翻坛。

二、冰蛋制品

冰蛋品是指将蛋液在杀菌后灌装并进行低温冷冻后的一类蛋制品，主要用于食品工业，如烘焙食品、方便面制品、冰淇淋、糖果、布丁、肉制品等，是长期贮存蛋品的一种有效方法，也可在产蛋淡季投放市场，满足消费者的需求。冰蛋品分冰全蛋、冰蛋黄、冰蛋白 3 种，加工方法基本相同。巴氏杀菌冰全蛋的加工工艺流程如下：

全蛋液→巴氏杀菌→冷却→灌装→冷冻→包装→冷藏→冰蛋

三、干燥蛋制品

干燥蛋制品简称干蛋品，它是将鲜蛋液经过干燥脱水处理后的一类蛋制品，具有体积小、质量稳定、便于贮存和运输等优点，可用于食品、纺织、制革医药等工业原料。干蛋品分为干蛋片和干蛋粉两种。干蛋片主要是蛋白片；蛋粉包括全蛋粉、蛋白粉和蛋黄粉。

1. 蛋白片

蛋白片是指将鸡蛋的蛋白经过搅拌过滤、发酵、干燥制成的蛋制品。蛋白片的加工方法如下：

搅拌过滤→发酵→过滤与中和→烘干→晾白→拣选及焐藏→包装与贮藏

干蛋白用途十分广泛，可用于食品工业生产（如糖果、糕点、巧克力粉、冰淇淋等），也可广泛用作纺织印染工业的固着剂、皮革工业的光泽剂、造纸工业的施胶剂、印刷制版用的感光剂及胶着剂、制印画纸用的涂料液。此外，它还可用于医药工业制造药品（如蛋白银、鞣酸蛋白、蛋白铁液、细菌培养基等），用于制造人造象牙、发光漆、化妆品等。

2. 蛋粉

蛋粉是指用喷雾干燥法除去蛋液中的水分加工出的粉末状产品，我国主要生产全蛋粉和蛋黄粉。这类产品的贮藏性良好。蛋粉的加工方法与乳粉的加工方法类似，其加工工艺流程如下：

蛋液→搅拌过滤→巴氏消毒→喷雾干燥→筛粉→晾粉→包装→干蛋粉

干蛋粉主要用于食品工业，如生产糖果、饼干、面包、冰淇淋、蛋黄酱等。此外，蛋黄粉提炼出的卵磷脂可用于医药工业，提炼出的蛋黄油可用于油画及化妆用品等。

四、蛋品饮料及其他蛋制品

1. 蛋乳发酵饮料

蛋的营养成分非常平衡，是理想的食物。但蛋白质在加热时易变性，因此蛋在饮料方面的应用受到一定限制。如果加入50%以下牛乳，于一定温度下灭菌一次或几次，再用乳酸菌进行发酵，就可制成无损于营养平衡又没有其他异味的蛋乳发酵饮料。蛋乳中可加全蛋液、蛋黄液、全脂乳、脱脂乳等，但为保证蛋的特性，乳的添加量不应超过50%。也可根据需求再添加5%～15%的糖及其他食品添加剂。

2. 蛋液冰食制品

蛋液冰食制品是将蛋液用乳酸发酵的方法，制成既保持营养又消除异味，并防止蛋白质变性、凝固的具有蛋色香味的新型冰食制品。其加工工艺流程如下：

搅拌→加热杀菌→冷却→调整pH→发酵

3. 蛋黄酱

蛋黄酱是利用蛋黄的乳化作用，以植物油、食醋、蛋黄为基本成分，添加调味物质加工而成的一种乳化状的半固体食品。它含有人体必需的亚油酸、维生素A、维生素B、蛋白质及卵磷脂等成分，营养价值较高。可直接用于调味佐料、面食涂层和油脂类食品等。

4. 卤蛋

根据所用的卤料不同可分为：五香卤蛋、桂花卤蛋、肉汁卤蛋、熏卤蛋。卤蛋经过高温加工，使卤汁渗入蛋内，增进了蛋的风味。以五香卤蛋的新工艺为例，其加工工艺流程如下：

鸡蛋的洗涤和挑选→预煮→去壳→加料→卤制→腌制→干燥→真空包装→微波杀菌

第九章　果品蔬菜加工

第一节　果品蔬菜加工前处理及用水的处理

新鲜果品蔬菜可加工成各种各样的食品，如果干、罐头、果汁、果酒、果酱、蜜饯、果脯及腌渍品等，它们的制作工艺虽不相同，但对原料的选择、洗涤、分级、去皮、切分、破碎、护色及水处理等预处理工序却有共同之处。

一、果品蔬菜的选择和分级

果品蔬菜原料选择和分级的主要目的是剔除未熟的、过熟的、已腐烂的，以及混入果品蔬菜内的砂石、虫卵和其他杂质等不符合加工的物料，从而保证产品的质量。果品蔬菜的分级包括大小分级、成熟度分级和色泽的分级。

分级的方法有手工分级和机械分级，其中成熟度分级常用人工目测的方法进行。例如，桃、梨、苹果、杏、樱桃、柑橘等先以低、中、高 3 个级别进行成熟度的分级，以便后续加工的进行；此外，以颜色深浅作为色泽分级的重要依据，以外观大小作为大小分级的重要指标。

二、果品蔬菜的清洗

果品蔬菜原料的清洗方法有手工清洗和机械清洗两种，其目的在于洗去表面附着的灰尘、泥沙、大量的微生物及部分残留的化学农药，从而保证产品的卫生安全。常见的化学洗涤剂有盐酸、乙酸、氢氧化钠、漂白粉、高锰酸钾等（表 9-1），以除去虫卵，减少耐热菌芽孢。近年来，一些脂肪酸系列的洗涤剂如单甘油酸酯、磷酸盐、蔗糖脂肪酸酯、柠檬酸钠等也应用于生产。

表 9-1　几种常用化学洗涤剂

药品种类	浓度	温度及处理时间	处理对象
盐酸	0.5%～1.5%	常温，3～5min	苹果、梨、樱桃、葡萄等具蜡质果实
氢氧化钠	0.1%	常温，数分钟	具果粉的果实，如苹果
漂白粉	600mg/kg	常温，3～5min	柑橘、苹果、桃、梨等
高锰酸钾	0.1%	常温，10min 左右	枇杷、杨梅、草莓、树莓等

三、果品蔬菜去皮、切分和去核

1. 果品蔬菜的去皮

果品蔬菜外皮有一定的营养成分，但由于其口感粗糙、坚硬，影响加工成品品质，因此应该适当去除。然而加工果脯、蜜饯、果汁和果酒时，因要打浆、压榨等，可不去皮。常见的去皮方法有手工去皮、机械去皮、碱液去皮、热力去皮、冷冻去皮、酶法去皮和真空去皮等。

2. 果品蔬菜原料的切分、去心（核）、修整破碎

体积较大的果蔬原料在罐藏、干制、加工果脯、蜜饯时，为了保持一定的形状，需要适当切分。切分形状要依据产品的标准和性质决定。为便于后续压榨或打浆、提高取汁率，对于制造果酒、果汁的原材料在加工前需破碎，核果类需去核，仁果类则需去心。有籽的柑橘类制罐头时需去种子。枣、柑橘、梅等加工蜜饯时需划缝、刺孔。罐头、果脯、蜜饯加工时为了保持良好的外观形状，需对果块在装罐前进行修整。上述工序可人工完成也可机械完成，具体选择应以加工量为基准。

四、果品蔬菜的烫漂

烫漂又称预煮，即将预处理后的新鲜原料放入沸水或热蒸汽中进行短时间的处理。主要目的在于：①钝化酶，排除果蔬内部空气，防止多酚类物质及色素、维生素 C 等在酶的作用下氧化褐变，稳定或改进色泽。②细胞死亡，膨压消失，改变细胞膜的通透性。在果品干制、糖制过程中，水分易蒸发，糖分易渗入，不易产生裂纹和皱缩。③除去果蔬表面大部分污物、虫卵、微生物及残留农药。④排出组织中的空气，体积缩小，烫漂以后组织透明，色泽鲜亮。但是在此过程中营养成分会有一定的损失。果蔬烫漂常用的方法有热水和蒸汽两种。目前夹层锅内可进行手工烫漂，而用于机械烫漂的主要有链带式连续预煮机和螺旋式连续预煮机。

五、果品蔬菜的抽空处理

果品蔬菜中苹果、梨、番茄等内部组织较松，含空气较多，对加工，特别是罐藏不利，需抽空处理，其原理是将原料放在一定介质（糖水或无机盐水）中，且置于真空状态下，使内部的空气释放出来。果蔬抽空的具体方法有干抽和湿抽两种，抽空装置主要由真空泵、气液分离器、抽空罐组成（图 9-1）。

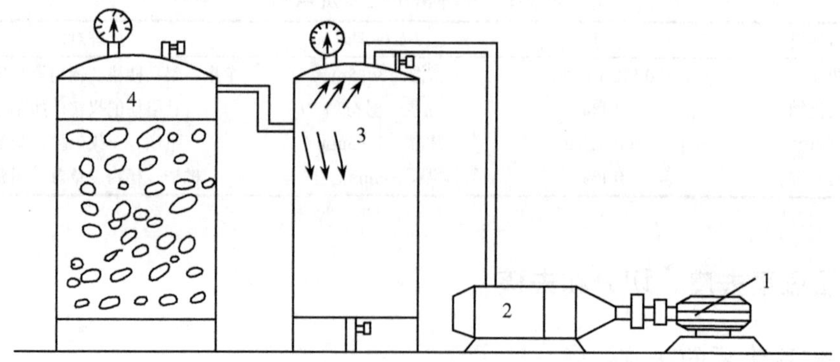

图 9-1　抽空系统示意图（赵晋府，1999）

1. 电动机；2. 真空泵；3. 气液分离器；4. 抽空罐

六、果品蔬菜的护色

去皮和切分后的果蔬，与空气接触会迅速变成褐色，从而影响外观、风味和营养品质。造成这种现象的主要原因是果蔬中的多酚氧化酶氧化生成儿茶酚类化合物，最后聚合成黑色素的酶褐变反应。目前，护色措施主要有排出氧气、抑制酶活力两大类，常用的方法有：1%～2%的食盐水护色、20g/m^3硫磺熏硫或亚硫酸盐溶液护色、0.5%～1.0%的柠檬酸溶液护色。

七、果品蔬菜加工用水的处理

水在果蔬加工中具有很重要作用，通常加工 1t 果蔬罐头要用水 55～85t。加工厂的水源充足与否和水质的好坏，将直接影响到制品的质量，故对加工用水一定要进行严格的选择和必要的处理。

1. 水质与加工制品质量的关系

水质既包括水中的无机物、有机物，也包括水的硬度、酸碱度和悬浮物等。一般的天然水都含有一定量的无机物和有机物，地表水汇集了有机物、杂质和微生物，地下水则比较澄清，但它溶解了许多矿物质和盐类。硬水中的钙能与果蔬组织中的果胶酸结合生成果胶酸钙，而使制品保脆变硬，在果蔬糖制、干制和果实盐坯加工时，常利用这种变化来提高产品的耐煮性和脆度。但在果蔬制汁、罐藏或速冻时，硬水会使制品产生沉淀、混浊和组织粗糙等现象。此外，为了避免锅炉和管道内壁沉积水垢，影响传热或受热不均需使用软水。

2. 加工用水对水质的要求

果蔬加工用水要符合生活用水的要求，水质应澄清透明，无色、无味、无臭、无悬浮物，不含或少含铁、锰等矿物质，不含硫化氢、硝酸盐和亚硝酸盐及对人体有害的物质。盐腌及半成品保存可用硬水，其余的都要用软水。

3. 水的净化与软化

凡不符合加工要求的天然水，均须经过净化和软化处理，以达到使用要求。其程序包括澄清、过滤、除铁、消毒、软化等。图 9-2 是饮料厂最常见的一种水处理设备。

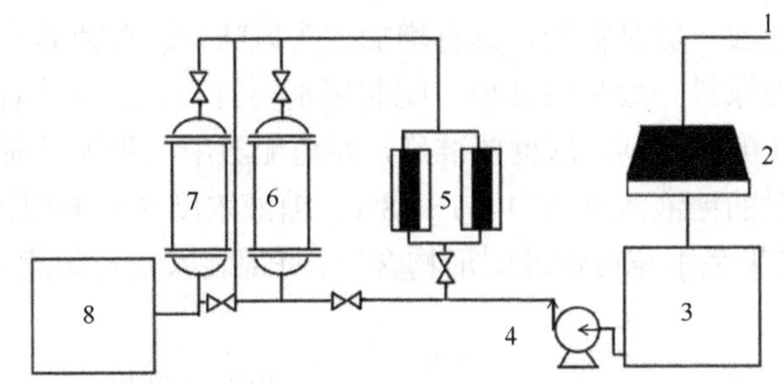

图 9-2　水净化和软化处理设备简图（张宝善和王军，2000）

1. 井水或自来水；2. 粗过滤器；3，8. 贮罐；4. 泵；5. 细过滤器；6. 氢离子交换柱；7. 钠离子交换柱

第二节　果品蔬菜罐头

一、原料选择

罐藏对果蔬原料的要求十分严格，以及各品种在罐藏条件的适应性上存在很大的差异，以致罐藏加工仅仅局限于少数品种，这些品种称为罐藏专用种。为了使成品达到一定的色、香、味，在成熟期方面，常以中、晚熟品种为佳，原因是其品质常优于早熟，并有较长的加工季节；在成熟度方面，要求有适当的工艺成熟度，以便于贮运，减少损耗，这种成熟度一般略高于采收成熟度，而略低于鲜食成熟度，称为罐藏成熟度；在果实形状方面，要求大小适中，以便于原料处理的机械化和自动化；同时，为了避免预煮、酸碱处理和加热杀菌时果实溃烂和汁液混浊等现象发生，要求果肉组织紧密，具有良好的煮制性；为了减少加工过程中的损耗，降低原料的消耗率，提高出品率，要求果皮、果核、果心等废弃部分少。

二、罐头加工的主要工艺

果蔬罐头加工工序包括原料的预处理、装罐、排气、密封、杀菌、冷却、成品检验等。

1. 空罐的准备和处理

空罐在使用前首先要检查完整性，是否有锈斑、脱锡、裂缝等现象。其次，要进行清洗和消毒。对玻璃罐的清洗、消毒方法如下：首先将玻璃罐浸泡于温水中，然后用转动的毛刷刷洗罐瓶的内外部，再将其放入万分之一的氯水中浸泡，取出后用清水洗涤数次，沥干水后倒置备用。回收的旧瓶罐在2%～3%、40～50℃的NaOH溶液中浸泡5～10min，除去脂肪和贴商标的胶水。洗净的玻璃瓶在使用前用 95～100℃的蒸汽或沸水消毒10～15min，胶圈需经水浸泡脱硫后使用，罐盖使用前用沸水消毒3～5min或用蒸汽或75%酒精消毒后沥干水分备用。

2. 罐注液的配制

果品罐头的罐注液一般是糖液，具有增加罐头风味，改善营养价值，在杀菌时有热传递等作用。罐注液原料一般是白砂糖，配制用水要符合饮水卫生标准，以软水为宜。不要用铁器、铝器作配糖用具，浓度要准确，要随配随用。我国目前生产的各类果蔬罐头，一般要求开罐时的糖液浓度为 14%～18%。糖液浓度（一般用折光仪测定，用°Bx表示）可根据装罐前果蔬本身可溶性固形物含量、每罐装入量及每罐实际加入的糖液量，按下式计算获得：

$$m_1w_1 + m_2w_2 = m_3w_3 \quad w_2 = \frac{m_3w_3 - m_1w_1}{m_2}$$

式中，m_1为每罐装入果肉量（g）；m_2为每罐装入糖液量（g）；m_3为每罐净重（g）（果肉和糖液）；w_1为装罐前果肉可溶性固形物含量（%）；w_2为配制糖液浓度（%）；w_3为开罐时的糖液浓度（%）。

糖液必须煮沸、过滤后方可装罐。糖液若需加酸时，应先化糖后加酸，以减少蔗糖转化，否则转化糖过多，遇蛋白质后会生成黑色素，影响色泽。

3. 装罐

糖液要趁热装入，半成品应避免堆积量过大，时间过久，以减少微生物污染，提高杀菌效果。每罐力求大小、色泽、形态均匀，合理控制每罐装入量，达到固形物和净重的要求。净重包括罐头内液体和固体，一般要求每罐净重允许公差为±3%，出口的则应无负公差。固形物含量一般要求为14%～35%，常见的为15%～20%。此外，预留顶隙3～8mm，以便杀菌。装罐方法有人工和机械装罐两种方法，多采用机械装罐。

4. 排气

排气是指排除罐头顶隙及内容物中的空气，其目的是抑制好气性细菌及霉菌的生长发育；减轻铁罐内壁的氧化腐蚀和内容物的变质，从而延长罐头制品的贮藏期；加热杀菌时防止玻璃罐“跳盖”和铁皮罐变形；减少维生素C和其他营养物质的损失，较好地保持产品的色、香、味。罐头内如保持一定的真空状态，则罐头底盖维持一种平坦或向内凹陷的状态，便于成品检查。排气的方法有加热排气法和抽空排气法两种。加热排气法是内容物在排气箱中加热至80～95℃，持续7～15min，使罐中心温度高于75℃后趁热装罐，立即密封。抽空排气是利用机械设备来排除罐内的空气，其中最常见的是半自动真空封罐机（真空度在46 662～59 994Pa最佳）。

5. 密封

密封是罐头的关键工序，密封杀菌后，罐头内容物与外界隔绝，不再受外界空气及微生物的侵染而引起腐败变质。目前，罐头食品的密封设备中最常用的是全自动真空封罐机、半自动真空封罐机。

6. 杀菌

杀菌的目的在于消灭引起食品腐败变质或产毒、致病的微生物，使罐头制品得以保存。罐头的热杀菌主要是杀灭在无氧或微量氧的条件下仍能活动而产生孢子的厌氧性细菌。杀菌过程是罐头由原始温度（初温）升到杀菌所要求的温度后，并在此温度下保持一定的时间，从而达到杀菌目的，再立即冷却至室温的过程。杀菌过程用简式表述如下：

$$\frac{T_1 - T_2 - T_3}{t}$$

式中，t为杀菌温度（℃）；T_1为由初温升至杀菌温度所需时间（min）；T_2为杀菌时间（min）；T_3为降温时间（min）。

目前果蔬罐头采用常压杀菌、加压蒸汽杀菌及加压水杀菌等。常压杀菌是将罐头放入常压的温度不超过 100℃热水或沸水中杀菌，适用于酸性和高酸性（pH 低于 4.5）罐头食品，如糖水苹果、梨、桃、杏等罐头的杀菌（表 9-2）。加压杀菌适用于低酸性（pH 大于 4.5）罐头食品。但有的果蔬罐头也采用加压杀菌，可大大缩短杀菌时间。常见的有加热蒸汽杀菌，即将罐头放入卧式杀菌锅（图 9-3），通入一定压力的蒸汽，排除锅内空气，使锅内温度升至预定的杀菌温度，经过保温一定时间而达到杀菌目的。

表 9-2　几种果品罐头的杀菌条件（100℃）

罐头种类	罐型	杀菌条件
橘子罐头（全去、半去囊衣）	781	3min—（10～13min）—5min
橘子罐头（半去囊衣）	8113	3min—（12～17min）
橘子罐头（半去囊衣）	玻璃罐	6min—18min
樱桃	8113	5min—15min
苹果	8113，7114	5min—（12～20min）
梨	8113，7114	5min—（20～35min）
西洋梨	8113，玻璃罐	5min—（15～25min）
西洋梨	7114	5min—（12～15min）
桃	8113，7114	5min—（15～45min）
桃	玻璃罐	5min—（20～45min）
杏	8113，7114	5min—（6～20min）
李	8113	5min—（12～20min）
草莓	玻璃罐	5min—15min
山楂	玻璃罐	5min—15min

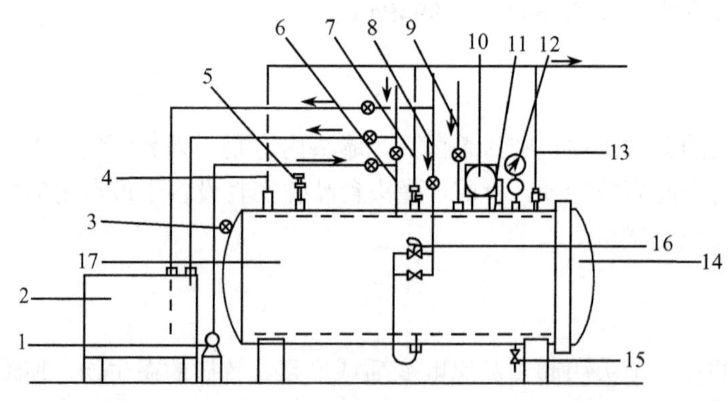

图 9-3　卧式杀菌锅装置图（张宝善和王军，2000）

1. 水泵；2. 水箱；3. 溢流管；4，7，13. 放气阀；5. 安全阀；6. 进水管；8. 进气管；9. 进压缩空气管；10. 温度记录仪；11. 温度计；12. 压力表；14. 锅门；15. 排气管；16. 薄膜阀门；17. 锅体

7. 冷却

罐头杀菌后，必须迅速冷却，避免内容物长时间受高温作用。通常采用冷水喷淋和水浸两种方法，或者两种方法配合使用，即先淋后浸。但需注意，玻璃罐冷却时应分段降温，以防炸裂。

8. 贮存

果蔬罐头的贮存场所要求清洁、通风良好。贮存适温一般为 0～10℃。湿度以保持相对湿度在 70%～75%为宜，最高不要超过 80%。

9. 果蔬罐头的检验

（1）感官检验 观察瓶与盖结合是否紧密、牢固，胶圈有无起皱，罐体是否清洁及锈蚀，判定罐内的真空度，是否为胖听罐。对内容物的色泽、风味、组织形态、汁液透明度、杂质等也进行检验。

（2）理化检验 包括罐头的总重、净重、固形物含量、糖水浓度、罐内真空度及有害物质等，有害物质要求在内容物中，锡≤250mg/kg，总砷≤0.5mg/kg，铅不超过 1.0mg/kg。原则上不应有防腐剂，农药残留不得超标。

（3）微生物检验 将罐头置于保温箱中，维持一定的温度和时间，如果罐头杀菌不彻底或再侵染，微生物便会繁殖，使罐头变质。通常每批产品至少取 12 罐，抽样的罐头要在适温下培养，促使细菌生长繁殖。中性和低酸性罐头在 37℃条件下至少放置 1 周，酸性罐头在 25℃条件下保温 7～10 天。在保温培养期间，每日进行检查，若发现有败坏的罐头，应立即取出，开罐接种培养，确定细菌种类和数量，并查找带菌原因，采取相应的防止措施。

果蔬罐装操作过程见图 9-4。

采收→接收原料→浸泡、洗涤→分类、分级→预煮→去皮去心→装罐→排气
↓
贮存←包装←冷却←杀菌←封罐

图 9-4 具有代表性的果蔬罐装操作过程（Potter and Hotchkiss，2001）

三、几种罐头的加工工艺流程

1. 糖水梨罐头

糖水梨罐头的加工工艺流程如下：

原料选择→洗涤→去皮→切分→修整→护色→抽空→预煮→装罐→排气→密封→杀菌→冷却→检罐→成品

2. 糖水橘子罐头

糖水橘子罐头的加工工艺流程如下：

原料选择→分级→洗涤→热烫→剥皮→去络分瓣→酸碱处理→漂洗→整理→分选→装罐→排气→密封→杀菌→冷却→装罐入库

3. 番茄酱罐头

番茄酱罐头的加工工艺流程如下：

原料验收→洗果→挑选→破碎→预热→打浆→真空浓缩→加热→装罐→
称重→封口→杀菌→冷却→成品

第三节　果品蔬菜汁加工

一、果蔬汁的种类

果蔬汁的种类很多，按其状态一般可分为以下 5 种。

1. 原果蔬汁

原果蔬汁又称天然果蔬汁，是新鲜果蔬直接提取得到的汁液。原果蔬汁可分为澄清果蔬汁和混浊果蔬汁两种。澄清果蔬汁又称透明果蔬汁，外观呈清亮透明状态。提取的汁液经放置后，加入澄清剂、静置、沉淀、过滤，即可得到，这类果蔬汁由于果肉微粒、果胶质部分被除去，虽然制品稳定性高，但风味、色泽和营养价值也由此受到损失。混浊果蔬汁的外观呈混浊均匀液态，果蔬汁内含有肉质微粒，不经澄清处理，但必须经过高压均质处理，不允许有大颗粒，以免发生沉淀影响商品价值，这类果蔬汁的营养成分大部分存在于悬浮微粒中，故风味、色泽和营养价值都较澄清汁好。

2. 浓缩果蔬汁

原汁经过蒸发、冷冻等方法，使其浓度提高 20%以上的果蔬汁，不得加糖、色素、防腐剂、香料、乳化剂及人工甜味剂，按浓缩度可称为二倍浓缩汁、四倍浓缩汁、六倍浓缩汁。

3. 带肉果蔬汁

果蔬经过打浆、磨细、粗滤，加入适量糖、水、柠檬酸等辅料调整，并经脱气、均质、装罐和杀菌而成。一般成品要求原浆含量不低于 45%，非可溶性固形物 20%以上，并具有本品种特有的风味。适用于生产带肉果蔬汁，如桃、苹果、杏、西洋梨、香蕉及番茄等。

4. 加糖果蔬汁

加糖果蔬汁也称为果汁糖浆，由原果蔬汁或浓缩果蔬汁加入糖及柠檬酸，调整至总糖含量在 60%以上，总酸量在 0.9%～2.5%（以柠檬酸计），然后加热溶解，过滤制成，但成品中原果汁含量应在 50%以上，不含色素、防腐剂、乳化剂及人工甜味剂，可以直接稀释后饮用，也可制成其他饮料。

5. 果蔬汁饮料

新鲜原果蔬汁含量为 6%～20%，允许加入色素、防腐剂、乳化剂及香料的产品称为果蔬汁饮料。

二、果蔬汁加工的原料选择

原料应选取汁液丰富、提取容易、糖分含量高、香味浓郁的品种。同时，原料也要具有较高的新鲜度和较合适的成熟度（一般选择九成熟、色泽鲜艳的果品进行加工）。适于加工果蔬汁的果蔬有苹果、杏、黑浆果、樱桃、葡萄、芒果、黑醋栗、番石榴、桃、柑橘类、柠檬、菠萝、猕猴桃、石榴、番茄、胡萝卜、甘蓝、冬瓜、石刁柏、黄瓜、藕等。

三、果蔬汁加工的主要工艺

1. 榨汁和提取

制汁是果蔬汁生产的关键环节，目前绝大多数果品蔬菜采用压榨制汁，而对一些难以用压榨方法获汁的果实如山楂等，可采用加水浸提来提取果汁。除柑橘类等带果肉果汁外，一般榨汁前需加破碎工序。

1）破碎和打浆

一般以挤压、剪切、冲击、劈裂、摩擦等形式破碎，还有热力破碎、冷冻破碎、超声波破碎等形式，要求破碎后果浆粒度为 3～9mm。

2）榨汁前预处理

果蔬原料破碎成果浆后各种酶从破碎的细胞中逸出，活力大大增强，同时表面急剧扩大，大量吸收氧，致使果浆发生各种氧化反应。同时，果浆又为微生物生长繁殖提供了良好的营养条件，极易腐败变质。因此，必须对果浆及时采取措施，钝化自身酶，抑制微生物繁殖，从而保证果汁的质量。通常采用加热处理（温度 60～70℃，时间 15～30min）或酶法处理工艺。但是，制造澄清果汁或采用果胶含量丰富的果蔬原料时，由于果浆在加热时会堵塞，导致出汁率下降，因此，一般不进行热处理。对于果胶含量丰富的核果类和浆果类果品，榨汁前添加一定量的果胶酶可以有效地分解果肉组织中的果胶物质，使果汁黏度降低，容易榨汁、过滤，提高出汁率。然而，对于汁液含量较少，难以用压榨方法取汁的果蔬原料，如山楂、梅、酸枣等可采用浸提工艺。浸提是把果蔬细胞内的汁液转移到液态浸提介质中的过程。出汁率取决于果蔬的种类、品种、质地、成熟度，以及新鲜度、加工季节、榨汁方法和榨汁效能，目前国内外通常采用的计算公式为

$$\text{出汁率}=\frac{\text{榨出的汁液质量}}{\text{被加工的果蔬质量}}\times 100\%$$

3）澄清和过滤

（1）澄清　一般在澄清之前先进行粗滤，以除去分散在果汁中的粗大颗粒或悬浮物。现用的澄清方法有酶法澄清、明胶澄清、膨润土澄清、加热凝聚、冷冻澄清和超滤澄清等。

（2）过滤　现用的过滤方法有过滤层过滤、硅藻土过滤、真空过滤、离心分离等。

2. 均质和脱气

（1）均质　均质是混浊果汁制造中特有的工序，均质的目的是使混浊果汁中的不同粒度、不同相对密度的果肉颗粒进一步破碎并使之均匀，促进果胶渗出，增加果汁与果胶的亲和力，抑制果汁分层和防止产生沉淀现象，使果汁保持均一稳定。现代果汁加工业一般先将物料用胶体磨磨细，再经均质机均质，从而使细小颗粒稳定地悬浮。

（2）脱气　脱气即除去果汁中的空气，消除氧，防止或减轻因果汁中色素、维生素C、芳香成分和其他物质的氧化而导致饮料质量下降。常用的脱气方法有真空脱气法、气体交换法、酶法脱气等。

3. 浓缩

经浓缩可以把果汁中的固形物从 5%～20%提高到 60%～75%，体积缩小为原来体积的 1/7～1/6。

（1）真空浓缩法　采用真空浓缩设备在减压条件下加热，降低果汁沸点温度，使果汁中的水分迅速蒸发，这样既可缩短浓缩时间，又能较好地保持果汁质量。

（2）冷冻浓缩法　冷冻浓缩是利用冰与水溶液之间的固-液相平衡原理进行浓缩，它是将果汁冷却至形成冰晶，再将冰晶分离，即可得到浓缩果汁（浓度可达 40～50°Bx）。冷冻浓缩工艺特别适用于热敏性果汁的浓缩加工。

（3）反渗透浓缩法　反渗透浓缩是在常温下选择性地从溶液中排除水分的工艺，其关键取决于半透膜的选择性和排除水的渗透速度。目前果蔬汁加工业采用的主要是乙酸纤维素膜和其他纤维素膜。渗透速度依施加压力、温度和果汁黏度而定。所需压力由泵或其他方法来提供，反渗透浓缩汁的浓缩度在 25°Bx 左右，主要用于果蔬汁的预浓缩工艺。

（4）干燥浓缩法　干燥浓缩工艺是通过滚筒干燥、喷雾干燥、真空干燥、泡沫干燥、冷冻干燥等方法排除果蔬汁中的绝大部分水，制成含水量为 1%～4%的粉状、细粒状或屑状的果汁粉，用于焙烤工业和甜食工业制造布丁粉、冰淇淋粉、甜食赋色粉和固体饮料等。

4. 杀菌和灌装

1）杀菌

杀菌方法有加热杀菌和非加热杀菌（也称冷杀菌）两大类。由于加热杀菌有可靠、简便和投资小等特点，在现代果蔬汁加工中仍是应用最普遍的方法。加热杀菌根据用途和条件的不同，分为巴氏杀菌（也称低温杀菌）和高温杀菌。巴氏杀菌可以杀灭导致果汁腐败的微生物和钝化果汁中的酶。果汁 pH 大于 4.5 或小于 4.5 是决定采用巴氏杀菌工艺或高温杀菌工艺的分界线。目前果蔬汁几乎都采用了高温短时巴氏杀菌工艺［（93±2）℃，15～30s］，即在较高温度下用较短的加热时间杀灭食品和容器内的微生物，常用的设备有板式热交换器和管式热交换器。为了防止果汁受到微生物的再度污染，果汁经灌装后常进行间歇式或连续式二次杀菌，杀菌设备有杀菌锅、隧道式热水或蒸汽杀菌机等。此外，也可采用热灌装工艺对果汁进行二次杀菌，先将板式换热器加热果汁至 85～87℃，再趁热灌入预热后的容器内封口并冷却。然而，杀菌温度取决于果汁的 pH、微生物的数量和种类、容器的材料和大小等。

2）灌装

无菌包装是指预先经过杀菌的食品，在无菌的环境下充填并密封于无菌容器中。无菌包装系统主要包括 3 部分：一是包装前食品物料瞬时杀菌工艺；二是无菌包装设备；三是无菌包装材料。在无菌包装中，食品灭菌常用蒸汽超高温瞬时灭菌（UHT 灭菌），包装容器有金属罐、玻璃罐、纸、塑料薄膜及各种复合材料。金属容器大都用过热蒸汽和干热空气热灭菌，塑料容器、复合塑料袋和纸包装一般采用双氧水、环氧乙烷和辐射等方法灭菌。

四、常见果蔬汁的加工工艺流程

1. 苹果汁

苹果汁的加工工艺流程如下：

酶
↓
苹果→清洗、挑选→输送→破碎→打浆→榨汁→筛滤→巴氏杀菌→
↓
皮核

冷却→ {调配→均质→脱气→巴氏杀菌→灌装→冷却→混浊苹果汁
离心分离→澄清→过滤→调配→巴氏杀菌→灌装→冷却→澄清苹果汁
芳香物提取→离心分离→浓缩→调配→巴氏杀菌→灌装→冷却→浓缩苹果汁}

2. 柑橘汁

柑橘汁的加工工艺流程如下：

甜橙→检验→贮存→拣选、清洗→除油→榨汁打浆→贮存→过滤、离心→调配→脱气→巴氏杀菌→灌装→冷却→甜橙汁

3. 胡萝卜汁

胡萝卜汁的加工工艺流程如下：

胡萝卜→挑选→清洗→漂烫→榨汁→调配→均质→脱气→灌装（70℃以上）→杀菌（121℃，20～30min）→冷却→胡萝卜汁

第四节　果品蔬菜糖制

一、果品蔬菜糖制品的分类及保存原理

1. 果蔬糖制品的分类

果蔬糖制品是以果蔬为原料，用高浓度的糖保藏起来的制品。依据加工方法和成品的形态，一般分为果脯蜜饯和果酱两大类。

1）果脯蜜饯类

（1）果脯　又称干态蜜饯，指新鲜水果经过去皮、取核、糖水煮制、浸泡、烘干和整理包装等主要工序制成的食品，制品鲜亮透明，表面干燥，稍有黏性，含水量在20%以下，如苹果脯、杏脯、桃脯、梨脯、蜜枣及糖制姜片、藕片等。

（2）蜜饯　又称糖浆果实，是果实经过煮制以后，保存于浓糖液中的一种制品，如樱桃、海棠蜜饯等。

2）果酱类

果酱制品无须保持原来的形状，但应具有原有的风味，一般多为高糖高酸制品。按其制法和成品性质，可分为以下几类。

（1）果酱　分泥状及块状果酱两种。果蔬原料经处理后，打碎或切成块状，加糖（含酸及果胶量低的原料可适量加酸和果胶）浓缩成凝胶制品，如草莓酱、杏酱、苹果酱等。

（2）果泥　一般是将一种或数种果酱混合，经软化打浆或筛滤后得到细腻的果肉浆液，加入适量砂糖（或不加糖），经加热浓缩成稠泥状，如枣泥、苹果泥、山楂泥、什锦果泥等；而果丹皮则是将果泥经摊平（刮片）烘干，制成柔软薄片，如山楂果丹皮、柿子果丹皮、桃果丹皮等。

（3）果冻　将果实软化，榨汁过滤后，加糖、酸（含酸量高时可省略），以及适量果胶（山楂原料除外），经加热浓缩后而制得的凝胶制品，如山楂冻、苹果冻、橘子冻等。

（4）果糕　将果实软化后，取其果肉浆液，加糖、酸、果胶浓缩而成的凝胶制品，如山楂糕等。

2. 果蔬糖制品保存的基本原理

糖制品是以食糖的保藏作用为基础的一种保藏方法。因此，糖溶液的作用，以及糖的种类和性质对加工工艺、产品质量和保藏都有很大的影响。糖制品要做到较长时期的保藏，必须使制品的含糖量达到一定的浓度。高糖制品的保藏作用主要有以下几个方面。

（1）高渗透压　糖溶液浓度愈高，渗透压愈大，糖制品一般含有60%～70%糖产生的渗透压（4255.7～4964.9kPa），远高于大多数微生物细胞的渗透压（169.2～354.6kPa）。当微生物处于高浓度的糖液中时，细胞里面的水分就会通过细胞向外流出，形成反渗透现象，微生物则会因缺水而出现生理干燥，失水严重时出现质壁分离现象，抑制微生物的活动。

（2）降低水分活性　高浓度的糖使糖制品的水分活性下降，同样也抑制微生物的活动。新鲜果品的水分活度（water activity，Aw）一般为 0.98～0.99，正适合微生物生长发育。但当加工成糖制品后，Aw 值降低，微生物能利用的自由水大为降低，活动受限。

（3）抗氧化作用　氧在糖液中溶解度小于在水中的溶解度，糖浓度愈高，氧的溶解度愈低，糖液中氧含量的降低有利于抑制好氧微生物的活动，也利于制品色泽、风味和营养物质的保存。例如，浓度为 60%的蔗糖溶液，在 20℃时，氧的溶解度仅为纯水含氧量的 1/6。

二、果蔬糖制的原料选择

原料质量优劣主要取决于品种和成熟度两个方面。蜜饯类因需保持果实或果块形态，故要求原料肉质紧密，耐煮性强，在绿熟时采收。果酱类、果泥类制品要选柔软多汁、易于破碎的品种，在充分成熟时采收。果浆制品的原料要求果胶质丰富，低成熟度采收。

1. 果脯蜜饯类原料

青梅类制品，原料宜选鲜绿质脆、果形完整、果大核小的品种，于绿熟时采收；蜜枣类制品，宜选果大核小、质地较疏松的品种。例如，安徽宣城的尖枣和圆枣，郎溪广德的牛奶枣和羊奶枣等。果实由绿转白时采收，红果不宜加工，全绿果褐变严重。杨梅类制品，选果大、核小、色红、肉柱齿的品种，如浙江萧山的早色、新昌的刺梅、余姚的草种。

2. 果酱类原料

果酱类：宜用香气浓郁、色泽美观、易于破碎的果实。例如，凤梨、柑橘类果酱也可用罐藏下脚料加工制成；杏子以大红杏、鸡蛋杏、巴斗杏、串枝红等品种为佳；无花果宜选浙江、安徽的红皮品种等。果泥类：苹果泥用含糖量和含酸量高的原料最好；枣泥用红枣制成；南瓜泥宜选肉质肥厚、纤维素少、色泽金黄的四川癞子南瓜。果冻类：应选果胶和果酸丰富的果品，如以山楂、花红、柑橘、酸樱桃、番石榴及酸味浓的苹果为原料。

三、果蔬糖制加工的主要工艺

1. 果脯蜜饯类加工工艺

果脯、蜜饯类加工过程包括挑选、分级、清洗、去皮、去核、切分等前处理，以及盐腌、硬化、硫处理、染色、糖制烘干、包装等后序工艺。以下是后序加工工艺的叙述。

1）盐腌

用食盐或加入少量明矾或石灰腌制的盐坯（果坯），常作为半成品保存以延长加工期限。盐坯腌渍包括盐腌、曝晒、回软和复晒 4 个过程。盐腌有干盐和盐水两种。干盐法适用于果汁较多或成熟度较高的原料，用盐量一般为原料量的 14%～18%。盐水法适于果汁稀少或未熟果、酸涩苦味浓的原料。盐腌品可作水坯保存，或晒制成干坯长期保藏。

2）保脆和硬化

为提高原料耐煮性和酥脆性，在糖制前对原料进行硬化处理。即将原料浸泡于生石灰（CaO）或氯化钙（$CaCl_2$）、明矾[$KAl(SO_4)_2 \cdot 12H_2O$]、亚硫酸氢钙[$Ca(HSO_3)_2$]稀溶液中，令钙、镁离子与原料中的果胶物质生成不溶性盐类，使细胞间相互黏结在一起，提高硬度和耐煮性。

3）染色

在加工过程中，为防止樱桃、草莓、青梅等失去色泽，常用染色剂进行染色处理。染色应选无毒的，其中天然色素和人工合成色素是当前主要的两类染色剂。天然色素如姜黄、胡萝卜素、叶绿素等，因着色效果差，使用不便，成本高，生产上应用较少；人工合成色素多达 3000 种以上，而我国规定使用的有苋菜红、胭脂红、柠檬黄、靛蓝和日落黄等 20 多种。

4）糖制（又称糖渍）

糖制是蜜饯类加工的主要工艺，也是果蔬原料排水吸糖过程，糖液中糖分依赖扩散作用进入组织细胞间隙，再通过渗透作用进入细胞内，最终达到要求的含糖量。糖制方法有蜜制（冷制）和煮制（热制）。蜜制适用于皮薄多汁、质地柔软的原料。煮制适用于质地紧密、耐煮性强的原料。

（1）蜜制　蜜制是指用糖液进行糖渍，使制品达到要求的糖度。此法的基本特点在于分次加糖，不用加热，能很好地保存产品的色泽、风味、营养价值和应有的形态，如糖青梅、糖杨梅、樱桃蜜饯。

（2）煮制（又称糖煮）　加糖煮制有利于糖分迅速渗入，缩短加工期，但色香味较差，维生素损失多。煮制分常压煮制、减压煮制和扩散煮制 3 种。

5）烘晒与上糖衣

多数制品在糖制后需行烘晒，除去部分水分，使表面不黏，利于保藏。烘烤温度不宜超过 65℃，烘烤后的蜜饯，要求保持完整、饱满、不皱缩、不结晶、质地柔软，含水量为 18%～22%，含糖量达 60%～65%。制作糖衣时，可在干燥后用过饱和糖液浸泡一下取出冷却，使糖液在制品表面上凝结成一层晶亮的糖衣薄膜，可使制品不黏结、不返砂，保藏性增强。

6）包装和贮藏

干燥后蜜饯应及时整理或整形，再进行包装。包装既要达到防潮、防霉，便于转运和保藏，还要在市场竞争中具备美观、大方、新颖和反映制品面貌的优势。

2. 果酱类加工工艺

果酱类制品是以果蔬为原料，经过清洗、去皮、去核、软化、打浆或磨细，或压榨取汁，加糖及其他配料，经过浓缩、装罐而成的一类半流体或固体食品。

1）原料处理及要求

原料需先剔除霉烂、成熟度低等不合格果，再按不同种类的产品要求，分别经过清洗、去皮（或不去皮）、去核（或不去核）、切块（莓果类及全果糖渍品原料要保持全果浓缩）、修整（彻底修除斑点、虫害等部分）等处理。果皮粗硬的原料，如菠萝、梨、苹果等，必须除去外皮。去皮切块易变色的果品，要及时浸入食盐水或酸、盐混合护色液中，并尽快加热软化，破坏酶的活力。

2）加热软化

加热软化的主要目的是破坏酶的活力，防止变色和果胶水解；软化果肉组织，便于打浆和糖液渗透；蒸发掉部分水，缩短浓缩时间。果蔬软化时，可加水或稀糖液加热软化，软化升温要快，时间依原料种类及成熟度而异。生产果冻的果品，软化后需榨出果汁，经过滤、澄清处理；柑橘类一般使用果肉榨汁，残渣再加入适量水加热软化，抽出果胶液与汁混合使用。

3）果酱类配料

①配方，按原料种类及制品质量标准确定。一般果肉占总配料的40%～50%，砂糖占总配料的45%～60%（允许使用占总糖量20%的淀粉糖浆），成品总酸量0.5%～1.0%（不足可加柠檬酸），成品果胶量0.4%～0.9%（不足可加果胶或琼脂等）。②配料准备，所用配料砂糖、柠檬酸、果胶或琼脂等，均应事先配制成浓溶液过滤备用。砂糖配成70%～75%的浓糖浆，柠檬酸配成20%溶液，果胶粉按粉量加2～4倍砂糖，充分拌匀，再按粉量加水10～15倍，加热搅拌溶化为溶液。琼脂用温水浸泡软化，洗净杂质，加热溶解后过滤，加水量为琼脂量的20倍。③投料顺序，果肉先入锅加热软化10～20min，然后加入浓糖液（以分批加入为宜），继续浓缩到接近终点时，按次加入果胶液或琼脂液，最后加柠檬酸液，在搅拌下浓缩至终点出锅。

4）加热浓缩

加热浓缩是果蔬原料及糖液中水分的蒸发过程。大部分果蔬原料对热敏感性很强，浓缩方法有常压浓缩和减压浓缩。

5）装罐、密封

果酱类大多用玻璃瓶或铁皮罐为包装容器，容器使用前必须彻底洗刷干净。铁罐用95～100℃热水或蒸汽消毒3～5min，玻璃罐用95～100℃的蒸汽消毒5～10min，而后倒罐沥水。装罐时保持罐温在40℃以上。胶圈经水浸泡脱酸后使用。罐盖以沸水消毒3～5min。果丹皮、丹糕等干态制品采用玻璃纸包装。果酱、果糕、果冻出锅后在酱体温度不低于80～90℃条件下，快速装罐密封（30min内完成），封罐后应立即杀菌冷却。

6）杀菌、冷却

果酱加热浓缩过程中，微生物绝大多数被杀死，加上果酱高糖高酸对微生物也有很强的抑制作用。一般装罐密封后倒置数分钟，利用酱体余热进行罐盖消毒，直接入库，不用杀菌，即可保存 1～2 年或封罐后可 100℃杀菌处理 5～10min。铁皮罐可在杀菌结束后迅速用冷水冷却至常温，而玻璃罐（或瓶）包装宜分段降温冷却。

四、常见果品蔬菜糖制品加工技术

1. 蜜枣

我国南北蜜枣因加工方法的不同，致使外观略有差异。南方蜜枣以小锅煮制，用时短，制品呈现不透明且较深色泽，质地干燥、松脆，外有部分糖晶，但内部柔软，保藏性较强。而北方蜜枣，则以大锅糖煮，煮前原料必经硫处理，煮制时间较长，蔗糖转化较多，因此呈现半透明且色泽淡，不结霜。

1）工艺流程

原料选别→去核→切缝→糖煮→初烘→控枣→复烘→分级→包装
（去核→熏硫→初烘）

2）操作要点

①选别、分级，鲜枣于青转白时采收，按大小分级，以 100～120 个/kg 为好；②切缝，用小弯刀或切缝机将枣果切缝，刀深以果肉厚度的 1/2 为宜；③熏硫，将枣果装筐，入熏硫室处理 30～40min，硫磺用量为果重的 0.3%，也可用 0.5%的亚硫酸氢钠溶液浸泡原料 1～2h；④糖制，南方蜜枣用小锅糖煮，采用分次加糖一次煮成法，煮制时间 1～1.5h，而北方蜜枣以大锅糖煮，糖液与枣同时下锅，采用分次加糖多次煮成法，整个糖煮时间 1.5～2.0h；⑤烘焙，分初烘和复烘两阶段，初烘温度 55℃，中期最高不超过 65℃，初烘约 24h 至果面有薄糖霜析出，趁热将枣加压成形（扁腰形或元宝形或长圆形）。复烘温度为 50～60℃，烘 30～36h 至果面析出一层白色糖霜。

3）产品质量指标

枣橘红色或橙红色，有光泽，形态美观，外干内湿，无种子，软硬适度，总糖 70%，水分 20%以下。

2. 杏脯

1）工艺流程

原料选择→清洗→切半去核→浸硫护色→糖煮→糖渍→干燥→包装

2）操作要点

①原料选择：选择皮色橙黄、肉黄、硬而韧的品种，成熟度八成左右。②原料处理：剔除病虫害果、伤残果，漂洗干净，切半去核。③浸硫护色：切半后的杏放在浓度为

0.3%～0.6%的亚硫酸钠溶液中浸泡 1h 左右，捞出清水冲洗干净。④糖煮：采用多次糖煮和糖渍法。第 1 次糖煮和糖渍：糖液浓度 40%，煮沸后持续 10min 左右，待果面稍膨胀，并出现大气泡时，即可倒入缸内糖渍 12～24h，糖渍时糖液要浸没果面。第 2 次糖煮和糖渍：糖液浓度为 50%，煮制 2～3min 后糖渍。糖渍后捞出晾晒，使杏碗凹面向上，让水分自然蒸发。当杏碗失重 1/3 左右时，进行第 3 次糖煮。第 3 次糖煮和糖渍：糖液浓度 65%～70%，煮制 15～20min，糖渍。捞出杏碗沥干。⑤烘制：将杏碗放在烤盘中送入烘房烘制，烘制温度为 60～65℃，烘烤 24～36h，烘至杏碗表面不粘手并富有弹性为止。烘制期间注意翻动和排湿。⑥整形：将杏碗捏成扁圆形的杏脯。⑦回软：把杏脯堆积在一起均湿，使杏脯干湿均匀。⑧包装：先装入食品袋，再装入纸箱内，放在通风干燥处。

3）产品质量指标

色泽橘黄，组织饱满，果形扁圆、完整，质地半透明。总糖含量在 68%以上，含水量在 18%以下。

3. 草莓酱

1）工艺流程

原料→漂洗→去梗、去萼片→配料→浓缩→装罐封口→杀菌→冷却→成品

2）操作要点

①原料处理：草莓倒入流动水中浸泡 3～5min，捞出去梗、萼片和腐烂果。②主辅料：草莓 300kg，75%糖水 400kg，柠檬酸 700g，山梨酸 250g；或草莓 100kg，白砂糖 115kg，柠檬酸 300g，山梨酸 75g。③浓缩：采用减压或常压浓缩方法。减压浓缩：将草莓与糖水吸入真空浓缩锅内，调节真空度为 4.7～5.3kPa，加热软化 5～10min，然后提高真空度到 8.0kPa 以上，浓缩至可溶性固形物达 60%～65%时，加入已溶化的山梨酸、柠檬酸，继续浓缩至终点出锅。④装罐、封罐：出锅后立即装罐，封罐时酱体温度不低于 85℃。⑤杀菌、冷却：100℃条件下杀菌 3～15min 后立即冷却。

3）产品质量指标

制品呈现有光泽的紫红色或红褐色，质地细腻、均匀一致。酱体呈现胶黏状、块状或泥状。酸甜适中，无焦糊味及其他异味。可溶性固形物为 60%～65%。

4. 糖胡萝卜片

①原料处理：选择色泽鲜红、肉质紧密、髓心部小的胡萝卜，用刀刮、碱液或蒸汽加热后去皮。碱液去皮是将 3%的氢氧化钠溶液煮沸，将胡萝卜倒入煮 1～2min，取出立即投入冷水中搅动冲洗去皮。去皮后切掉两头及虫斑，并切成厚度为 7～8mm 的圆片，用去心器除去髓心部。将胡萝卜片放入水中加热煮软，当其组织变软而不烂、呈半透明状时捞出沥干水分。②煮制：每 100kg 热烫过的胡萝卜片加入 45%的蔗糖溶液 90kg，

柠檬酸 0.5kg，倒入锅中浓缩至糖液浓度达到 75%以上，捞出沥干。此时胡萝卜片表面已发亮而透明。③烘干及上糖衣：将煮制后的胡萝卜片烘干或晾干，干燥程度以肉质柔软不硬为宜，然后拌以白糖粉，即成为色泽红艳、形态美观、风味酸甜而组织柔软的糖胡萝卜片，随后装入专用包装袋中保藏。

第五节　蔬菜的腌制

腌制蔬菜，在我国已有悠久的历史，劳动人民在长期的实践中积累了丰富的经验，创造出了许多传统美味，如四川榨菜、云南大头菜、北京六必居酱菜等。蔬菜腌制，一方面方法简单、成本低廉、风味多样、易于保存，合乎大众口味。另一方面，在调节蔬菜的淡旺季供应、丰富副食品方面占有相当重要的地位。蔬菜腌制品分为发酵性腌制品和非发酵性腌制品，前者的特点是腌制时食盐用量低，同时有显著的乳酸发酵，并加用醋液、香料等浸渍而成，如泡菜、酸菜等；而后者的特点是腌制时食盐用量较高，使乳酸发酵完全受到抑制或只能极其微弱地进行，如咸菜、酱菜等均属此类。

一、蔬菜腌制原理

蔬菜腌制原理主要是利用食盐的高渗透压作用、微生物的发酵作用、蛋白质的分解作用，以及其他一系列生物化学作用，抑制有害微生物的活动进而增加产品的色、香、味。

1. 蔬菜腌制的防腐原理

蔬菜上有害微生物的大量繁殖和酶的作用，是造成其腐烂变质的主要原因，也是导致腌制品品质变劣的重要因素。蔬菜在腌制过程中，利用食盐的防腐能力、微生物的发酵作用，以及添加某些香料等方法来抑制有害微生物的活动及酶的活力，从而达到防腐保藏的目的。

1）食盐防腐作用

高浓度的食盐溶液，具有强大的渗透压，当食盐溶液渗透压大于微生物细胞液渗透压时，微生物细胞内的水分就会外渗而使其脱水，最后导致质壁分离现象的发生，从而使微生物活动受到抑制，甚至死亡。另外，食盐溶液中的一些离子如 Na^+、K^+、Ca^{2+}、Mg^{2+}等，在高浓度时，能够对微生物产生毒害作用。

2）微生物发酵防腐作用

在蔬菜腌制过程中，由微生物引起的正常发酵有乳酸发酵、酒精发酵、醋酸发酵，这些发酵的主要生成物，不但能够抑制有害微生物的活动而起到防腐作用，而且能使制品产生酸味及香味。

3）香料与调味品防腐作用

蔬菜腌制时常常要加入一些芳香调味品，如大蒜、生姜、醋、酱、糖液等，它们不但起着调味作用，而且具有不同程度的防腐能力。另外，有些蔬菜所含的某些特殊成分本身就具有防腐灭菌作用，如大蒜素（二烯丙基硫化物）、十字花科蔬菜中的黑芥子苷等。

2. 蔬菜在腌制过程中的变化

蔬菜在腌制过程中细胞结构和化学成分发生一系列变化，使腌制品形成独特的色、香、味。

1）蔬菜细胞结构的变化

由于高浓度食盐溶液的渗透压大于蔬菜细胞液的渗透压，大量细胞液水分外流，这对于消除蔬菜细胞汁液的青辣味，改善腌制品的风味品质具有重要的意义。当蔬菜腌制进入中、后期时，由于食盐溶液内缺氧而使蔬菜细胞失活，原生质膜由半透性变为透性，因而加剧了外界腌渍液的渗透作用，蔬菜细胞渗入大量的美味成分并恢复了膨压，有利于腌制品质量的提高。

2）脆性的变化与保脆措施

蔬菜的脆性与内部细胞的膨压和细胞壁的原果胶成分变化状况有密切关系。一般当蔬菜失水萎蔫致使细胞膨压降低时，脆性减弱。但在使用大量的盐液进行腌制的过程中，由于盐液与细胞液间渗透平衡能够恢复和保持腌菜细胞的膨压，因此并不会造成脆性的显著降低。然而，先经湿腌，再经晾晒干燥的半干态和干态腌菜中，由于细胞失去一部分水分，腌制品由“坚脆”变为“柔脆”。例如，把蔬菜放在溶有钙盐或铝盐的水溶液内短时间浸泡，或者在腌制的盐液内直接加入钙盐等，其中 Ca^{2+}和 Al^{3+}与果胶酸相作用，生成具有凝胶性质的果胶酸的钙盐和铝盐，起到使细胞相互黏结的作用，如同原果胶的黏结作用一样，使蔬菜保持脆性。

3）色泽的变化

蔬菜在腌制过程中色泽的变化主要有下列 3 个途径。

（1）褐变　蔬菜中的多酚类物质及蛋白质在腌制过程中水解为氨基酸以后，会发生酶促褐变与非酶褐变。酶促褐变过程，如酪氨酸在酪氨酸酶的作用下，经过一系列的氧化作用，最后生成黄褐色或黑褐色物质——黑蛋白；非酶褐变过程，由蛋白质、氨基酸与糖作用（美拉德反应）最终形成使腌制品呈黄褐色物质，这种颜色是某些腌制品（如酱菜、咸菜等）所必须具备的一项质量指标，而对于那些洁白、鲜绿的腌制品来说，则应尽量避免发生。

（2）吸附色素　在腌制过程中，由于食盐浓度较高，降低了氧的溶解度，因缺氧使细胞窒息死亡，原生质膜遭到破坏，通透性增大，蔬菜细胞吸附其他色素（如红辣椒等）而变为棕黄色。

（3）叶绿素破坏　在发酵性腌渍及糖渍、醋渍过程中，由于乳酸和其他有机酸的作用，叶绿素脱镁而失去原有鲜绿的颜色，原来被绿色色素所掩盖的类胡萝卜素等颜色就会显示出来。

4）鲜味和香气的形成

蔬菜经过腌制后，在蛋白质和苷类物质水解、细胞失水、辛辣味减少、发酵作用形成鲜味和香气、添加剂渗入蔬菜组织中等作用下，使原来部分气味消失并形成新的香气成分。

5）腌制品质量的劣变

蔬菜在腌制过程中，由丁酸菌引起的丁酸发酵，以及有害酵母菌、霉菌和腐败细菌的作用，腌制品腐败变质。蔬菜在腌制过程中原料不新鲜，所用水质差，加入食盐量不足或环境温度过高等不仅可以加速亚硝酸盐的形成，而且促使其转变为一种致癌物质——亚硝胺，危害人体健康。

二、蔬菜腌制品

我国蔬菜腌制品的种类很多，其加工方法也各不相同。这里仅介绍几种有代表性的蔬菜腌制方法。

1. 腌菜类

腌菜类（包括干态、半干态和湿态的盐腌制品）是一种腌制方法比较简便的大众化腌制品，这类腌制品主要是利用较高浓度的食盐来保藏蔬菜并通过轻微的发酵而改善蔬菜的风味。常见的腌菜有五香萝卜干、冬菜、咸辣白菜、咸黄瓜、咸蒜头、咸雪里蕻等。

2. 酱菜类

将新鲜蔬菜用盐腌成“菜坯”，经脱盐后再浸渍于豆酱、面酱或酱油中。酱的好坏直接影响着酱菜的质量。常见的酱菜有甜酱黄瓜、酱莴笋、大酱萝卜、酱芥菜头、甜酱什香菜、五香京冬菜、辣酱萝卜等。

3. 泡酸菜类

利用低浓度的食盐溶液或少量的食盐（2%～4%）来腌泡蔬菜而制成的各种带有酸味的腌制品，主要是利用乳酸菌在低浓度的食盐溶液中进行乳酸发酵，只要乳酸含量达到一定浓度，并使产品与空气隔绝，就能达到长期保存的目的。常见的泡酸菜类品种有泡菜、酸白菜等。

4. 糖醋渍菜

糖醋渍菜是把蔬菜浸渍在糖醋液内制成的腌制品。糖醋液不仅可增加制品的风味，而且能起到防腐作用，使制品长期保存不坏。常见的糖醋渍菜有糖醋黄瓜、糖醋蒜、糖醋萝卜等。

第六节　果酒的酿制

一、果酒的分类和原料选择

1. 葡萄酒及其他果酒的分类

在果酒中葡萄酒是世界性产品，其产量、消费量和贸易量均居第一位。葡萄酒酿造历史悠久，品种繁多，分类方法也不尽相同，国际葡萄与葡萄酒组织（OZV）将葡萄酒分为两大类，即葡萄酒和特种葡萄酒。

1）葡萄酒

①根据色泽，将葡萄酒分为白葡萄酒、桃红葡萄酒和红葡萄酒；②根据酒中含残糖量，分为干葡萄酒、半干葡萄酒、半甜葡萄酒和甜葡萄酒；③根据酒中 CO_2 含量，分为静止葡萄酒和葡萄气酒（表 9-3）。

表 9-3　葡萄酒的分类

分类依据	类型	标准
含残糖量（g/L）	干葡萄酒	≤4
	半干葡萄酒	5～12
	半甜葡萄酒	13～45
	甜葡萄酒	>45
CO_2 气压（kPa、20℃）	静止葡萄酒	<50
	葡萄气酒	50～250

2）特种葡萄酒

根据国际葡萄与葡萄酒组织的规定，特种葡萄酒的原料为鲜葡萄、葡萄汁或葡萄酒，经过加工后所形成产品的特性来源于葡萄本身及采用的加工技术。

（1）起泡葡萄酒　起泡葡萄酒中的气是发酵所产生的 CO_2，其气压在 20℃条件下不得低于 350kPa，如法国香槟省生产的香槟酒。

（2）加气葡萄酒　与起泡葡萄酒相似，但葡萄酒中的 CO_2 是人工加入的。

（3）利口葡萄酒　用人工添加白兰地或酒精的方法来提高酒度并抑制发酵，提高糖度。酒精含量为 15%～22%。

3）其他果酒

除葡萄酒外，果酒还有苹果酒、柑橘酒、柿酒、梨酒、黑加仑酒、杨梅酒、樱桃酒、草莓果酒等。这些果酒的酿造方法与葡萄酒基本相同，因此它们的分类与葡萄酒相似。

2. 酿造葡萄酒及其他果酒的原料选择

1）酿造葡萄酒的原料选择

酿造葡萄酒的主要品种及其特性见表 9-4。

表 9-4 酿造葡萄酒的主要品种

品种名称	产量[a]	葡萄酒[b]	颜色	长势
沙斯拉（Chasselas）	++	T-Ⅱ	白	中
霞多丽（Chardonnay）	+	G-Ⅰ	白	强
白山坡（Meunier）	+	T-Ⅰ	白	较弱
黑比诺（Pinot Noir）	+	G-Ⅰ	红	较强
鸽笼白（Colombard）	+	D-Ⅱ	白	中
小白玫瑰（Moscato Bianco）	++	D-Ⅰ	白	弱
雷司令（Riesling）	+	G-Ⅰ	白	中
缩味浓（Sauvignon）	+	G-Ⅰ	白	强
赛美容（Semillon）	++	D-Ⅰ	白	强
白玉霓（Ugni Blanc）	+++	T-Ⅱ	白	强
品丽珠（Cabernet Franc）	+	G-Ⅱ	红	强
赤霞珠（Cabernet Sauvignon）	++	G-Ⅰ	红	强
神索（Cinsault）	++	G-Ⅰ	红	强
梅尔诺（Merlot）	++	T-Ⅰ	红	强
西哈（Syrah）	+	G-Ⅰ	红	强
曾芳德（Zinfandel）	++	T-Ⅲ	红	中

[a] 产量：+低；++中，即 2～5kg/株；+++高

[b] 葡萄酒：G. 耐贮、需成熟的葡萄酒；T. 普通佐餐葡萄酒；D. 浓葡萄酒。质量分级：Ⅰ、Ⅱ、Ⅲ

2）酿造其他果酒的原料选择

（1）苹果酒　苹果酒主要有干酒、甜酒和苹果香槟酒 3 种。干酒常选择糖分和单宁含量较高的品种，多用晚熟品种。甜酒宜选用糖分高而单宁含量较低的品种。

（2）柑橘酒　柑橘种类繁多，在原料的选择上注意苦味不应太重，酸分含量要适当。甜橙酒中，我国四川渠县的广柑酒采用甜橙酿制。橘酒中，我国浙江黄岩的蜜橘美酒，采用早橘、朱红和根橘等品种酿制。

（3）其他果酒　如枣酒、梨酒、杨梅酒、柿酒、刺梨酒等，一般选择含糖量高、果肉致密、香气浓郁、出汁率高的原料用来酿酒。

二、果酒酿造机理

葡萄酒及其他果酒的制造是采用新鲜的果品为原料，利用天然或人工添加的酵母菌来分解糖分并产生酒精及其他副产物。同时，果酒内部发生一系列复杂的生化反应，最终赋予果酒独特风味及色泽。因此，果酒酿造不仅有微生物活动的结果，还伴有复杂生化反应的结果。

1. 酒精发酵

果酒中的酒精是由酵母摄取发酵醪内的糖后而进行的发酵产物，通过体内酶的作用，把它分解成酒精和 CO_2，并释放出能量。其基本过程可分成以下几个步骤：

$$\underset{(C_6H_{12}O_6)}{\text{葡萄糖}} \xrightarrow{\text{裂解酶、羧化酶}} \underset{(CH_3COCOOH)}{\text{丙酮酸}} \xrightarrow{\text{脱羧酶}} \underset{(CH_3CHO)}{\text{乙醛}} \xrightarrow{\text{氧化酶}} \underset{(CH_3CH_2OH)}{\text{酒精}} + \underset{(CO_2)}{\text{二氧化碳}}$$

以上反应均在无氧条件下进行。酒精发酵产生的副产物主要有甘油、乙酸、乳酸、高级醇。影响酵母菌生长和酒精发酵的主要因素有温度、通风、酸度、基质中糖含量、丙酮酸含量、乙醛浓度、维生素含量、酒精含量、气压等。

2. 苹果酸-乳酸发酵

苹果酸-乳酸发酵是指葡萄酒发酵结束后，在乳酸菌的作用下，将苹果酸分解成乳酸并使得新生葡萄酒酸涩、粗糙等口感消失，酸度降低，果香、醇香加浓，获得柔软、醇厚等特点，同时酒的生物性能稳定。

3. 酯化反应

葡萄酒中含有的有机酸和醇经反应后生成酯。酯是果酒芳香味的主要来源之一，主要在果酒发酵和陈酿时期产生。其简单的反应式如下：

$$\underset{(CH_3CH_2OH)}{\text{乙醇}} + \underset{(CH_3COOH)}{\text{乙酸}} \rightleftarrows \underset{(CH_3COOCH_3CH_2)}{\text{乙酸乙酯}}$$

葡萄酒中的酯类物质可分为两大类：一类为生化酯类，它们是在发酵过程中形成的，其中最主要的为乙酸乙酯；另一类为化学酯类，它们是在陈酿过程中形成的。酯的含量决定于葡萄酒的成分和年限，新酒一般含 176～264mg/L，陈酒含 792～880mg/L。

4. 氧化-还原反应

氧化-还原反应是果酒加工中的一个重要反应，且果酒的氧化反应和还原反应是同时进行的。在加工中，由果酒表面接触、搅动、换桶、装瓶等过程溶解出来的氧又与 SO_2、氧化酶、铜、铁等还原剂发生氧化-还原反应。一方面，氧化-还原反应影响果酒质量，葡萄酒在无氧条件下产生芳香成分，然而当与空气接触时，芳香强度就会变得微弱。通气量大的葡萄酒则易形成氧化味和苦味。另一方面，氧化-还原反应还会影响酒的色泽和透明度。在有氧的条件下，酒中的花色素和单宁缩合，产生沉淀，改善产品品质，在陈酿中降低氧化-还原反应速率可防止铁、铜等破败病。

三、葡萄酒及其他果酒酿造工艺

1. 红、白葡萄酒酿造工艺流程

（1）红葡萄酒酿造工艺流程如下：

葡萄→分选→破碎、除梗→葡萄浆（↓SO_2）→调整→浸提与发酵（↓酒母）→压榨→后发酵→倒桶→苹果酸-乳酸发酵→换桶、下胶、过滤、贮酒→调配→包装→干红葡萄酒

（2）白葡萄酒酿造工艺流程如下：

$$\text{葡萄}\rightarrow\text{分选}\rightarrow\text{破碎、除梗}\rightarrow\text{葡萄浆}\xleftarrow{}\ \ldots$$

SO₂↓ 葡萄浆；酒母↓ 发酵

葡萄→分选→破碎、除梗→葡萄浆（↓SO_2）→分离取汁→澄清→清汁→发酵（↓酒母）→倒桶→贮酒→冷处理→调配→过滤→干白葡萄酒

2. 葡萄酒酿造工艺

葡萄酒酿造大致可分为以下 4 步。

1）发酵醪的制备

（1）葡萄的采摘　葡萄酒质量的好坏取决于原料葡萄的品质。用于白葡萄酒酿造的几个主要品种有：雷司令、琼瑶浆、米勒、霞多丽、赛美容和常相思；而酿造红葡萄酒的品种包括：赤霞珠、美乐、品丽珠、黑品乐、希拉和巴贝拉等。要酿造高品质的葡萄酒，在葡萄最适成熟期时采摘是十分必要的。

（2）葡萄的破碎、除梗　葡萄的破碎、除梗可同时进行。果梗富含丹宁和苦味树脂等物质，不利于酵母发酵，恶化酒质，应全部除去；破碎的目的在于使葡萄被压榨时果汁能完全流出，得到最大量的果汁。

（3）压榨　在酿造白葡萄酒时，使用的是不含果皮、果核和果梗的葡萄自流汁。然而，在生产红葡萄酒时，为了利用果皮的色素应直接使用葡萄压榨醪汁发酵，并且按 1L 葡萄醪添加 1～2mg 的果胶酶对醪汁先进行预处理，使得果汁和色素收率较高，醪汁澄清度好。预处理方法是：在 30℃左右的葡萄醪汁中加入果胶酶，缓慢搅拌，保温 1～2h，然后冷却至室温，静置 12h 左右，取上清液酿酒。

（4）糖酸的测定和调整　糖度、pH、酸度可分别用折光仪、pH 仪、氢氧化钠滴定法进行测定。

（5）添加二氧化硫　二氧化硫的作用是对所得的葡萄汁进行杀菌、抗氧化、促进溶解、澄清和增酸等。添加方法有直接通入 SO_2 气体法、添加 6%～8%的亚硫酸水溶液法和添加固体焦亚硫酸钾法。

2）酒母的添加

在酵母菌的作用下，糖液或糖化醪进行酒精发酵，其中含有大量强活力酵母菌的酵母培养液被称为酒母。酒母的培养一般经过试管斜面培养、酒母的扩大再培养等过程。

葡萄酒酵母主要用于葡萄酒生产。酿酒用的酵母，一般使用酵母培养液或干酵母。其中，干酵母的使用方法是：在 5L 葡萄汁和 5L 水的灭菌混合液中加入 1kg 干酵母，在 38～40℃缓慢搅拌 30min，待其充分溶化后倒入 10kg 酿酒用葡萄汁中进行发酵。

3）发酵酿酒

在开放式的发酵池或带塞的密闭式不锈钢罐中进行发酵，容积一般为 30～35kL，装入发酵用葡萄汁的量为容器容积的 4/5，留出一定空间容纳发酵所产生的二氧化碳和在生产红葡萄酒时由二氧化碳带到发酵液面的果皮及其他固形物。

二氧化硫加入葡萄汁 2～5h 后，按 1%～3%接种量添加酵母培养液。然而，生产白

葡萄酒因发酵液中没有果皮等浮糟，酵母菌缺乏依托致使生长迟缓，故接种量要加大到5%～10%。红葡萄酒发酵时温度一般控制在 25℃左右，最高不超过 30℃；白葡萄酒在10～15℃条件下发酵。

4）熟成

发酵结束后应将酒液和沉淀进行分离，其后立即对酒液进行冷处理，以除去酒石、胶体物质、铁沉淀物等。最后对新酒液熟成处理，澄清后得到成品酒。

3. 白兰地酿造

白兰地是一种蒸馏酒，它是以果品为原料，经过发酵、蒸馏、贮藏酿制而成。常见的有葡萄白兰地、苹果白兰地和樱桃白兰地等。葡萄白兰地酿造的工艺流程如下：

葡萄→取汁→发酵与贮藏→蒸馏→陈化→过滤→调配→装瓶

白兰地壶式蒸馏简图见图 9-5。

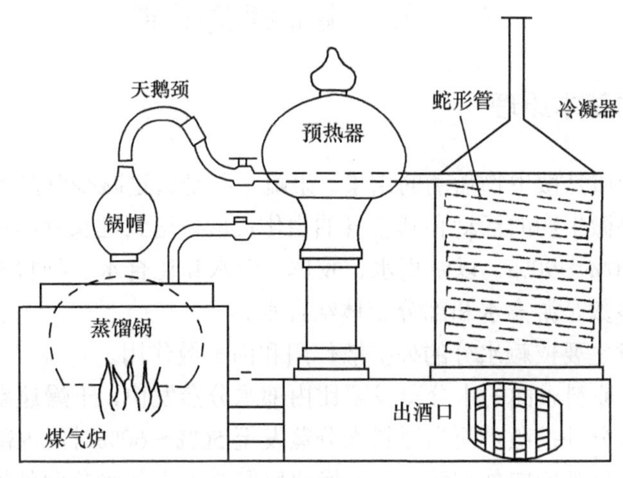

图 9-5　白兰地壶式蒸馏简图（李华，1995）

4. 其他果酒的酿造技术

1）苹果酒

干苹果酒的酿制方法基本与白葡萄酒相同。首先应进行果品分选和洗涤，而后通过破碎和压榨取汁。果汁中的亚硫酸用量为 50～100mg SO_2/kg，苹果汁的糖分不足 22%～24%时应加入食糖，单宁含量不足时可加入部分梨汁或少量单宁。对于果胶含量较高的苹果汁，可加入果胶酶制剂或在 0～8℃条件下放置 1 天（利用天然果胶酶的作用来促进果汁澄清）。苹果酒发酵使用的酒母量约为果汁的 2%，发酵采取密闭式，待发酵完毕后进行除渣和贮藏，约经 1 年后方可成熟。在酿成的苹果酒中加入食糖或同时加入酒精，则为甜苹果酒。若加入二氧化碳则为起泡苹果酒。

2）甜橙酒

甜橙可以酿制成多种类型的果酒，常见的有我国四川渠县的广柑酒。甜橙酒的工艺流程可参见甜葡萄酒和白葡萄酒。在加工中应注意：①原料选择上应注意选用味苦较淡的品种，同时加工时应尽量避免果皮中的苦味物质和精油过多地进入果汁中；②甜橙必须充分成熟，未成熟果糖分较低，过熟果则有腐败味，都不符合酿酒要求；③甜橙汁酿酒时应及时冷却，品温不宜超过35℃；④甜橙酒易氧化变色和酸败，酿造时须加入较多的亚硫酸；⑤酿酒过程中应根据适当的酸甜比加入一定的砂糖，使产品符合大众口感。

3）杨梅酒

杨梅酒的工艺流程同葡萄酒。首先，原料应选用色深且松脂味轻的品种，以酿制红色的酒液；其次，由于杨梅无外果皮，易粘上杂质，在加工前须用清水漂洗干净，充分沥干水分；再次，杨梅果肉与种核不易分离，压榨前应充分破碎并在其破碎的汁液中加入大量的食糖和部分食用酒精才能酿成果酒；最后，酒中存在的蛋白质类物质会引起混浊，可加入壳聚糖、皂土或二者复合澄清剂进行果酒沉淀澄清。

第七节　果品蔬菜干制

一、果蔬干制的基本原理

食品腐败、变质是微生物活动的结果。果蔬干制是通过减少食品的含水量或降低水分活性，从而抑制微生物的活动和其自身的生化反应，达到延长食品保存期的效果。果蔬含水量一般为70%～90%，以游离水、胶体结合水和化合水3种状态存在。果蔬干制蒸发的水分绝大多数是游离水和部分胶体结合水。

果蔬水分蒸发主要依赖水分的外扩散作用和内扩散作用。

干制开始时，原料表面的水分蒸发要比内部水分蒸发快，干燥速率取决于表面水分的蒸发速率，称水分外扩散。而当原料水分蒸发至50%～60%时，内部水分活性高于外部，大量的内部水分开始向外扩散，其干燥速率取决于内部水分向外扩散的速率，称水分内部扩散。外扩散的结果造成了原料表面和内部水分之间的水蒸气分压差，为保证原料各部分平衡，水分由内部向表面移动。干制后期开始蒸发胶体结合水，因此干制后期蒸发速度就显得缓慢。值得注意的是，原料干燥时如果水分外扩散远远超过内扩散，原料表面则会过度干燥而形成硬壳，阻碍水分的继续蒸发，又由于内部水分含量高，蒸发压力大，原料较软部分的组织往往会被压破发生开裂现象，降低制品的品质。当干制品含水量达到平衡状态，同时原料的品温与外界干燥空气的温度相等时，水分蒸发就不会发生。

干燥过程可分为两个阶段，即恒速干燥阶段和降速干燥阶段。在两个阶段交界点的水分称为临界水分。干燥初期，原料内部存在较多空气和大量的游离水，品温不断增高，空气和水蒸气膨胀，致使原料内部压力增大，促进原料内部水分向表面移动而蒸发，这时原料表面有足够的水分，且水分在表面气化的速度对蒸发起控制作用，称为表面气化控制。当干燥速度不随时间的变化而变化时，即到达恒速干燥阶段。随着干燥作用的进行，当原料的水分含量减少到50%～60%时，游离水大量减少，开始蒸发部分胶体结合水，这时内部水分扩散速度较表面气化速度小，扩散速度随着干燥时间的延长而下降，这一阶段称为降速干燥阶段。干燥后期，干燥所用热空气使原料品温升高，当原料表面和内部水分达到平衡状态时，原料的温度与干燥空气温度相等，水分蒸发停止，干燥过程结束。

二、影响干燥速度的因素

在干制过程中，干燥速度的快慢对于干制果品品质好坏起决定性的作用，当其他条件相同时，干燥速度愈快，成品的品质就愈好。干燥速度在很大程度上取决于干燥介质的温度、相对湿度和气流循环速度，同时受到果品种类、状态的影响。

1. 干燥介质的温度

以热空气作为干燥介质，当与湿润的物料进行接触时，干燥介质所带的热量会被物料吸收使其中一部分水分气化，空气温度随之降低。因此，要使原料继续干燥，就必须连续不断地提高热空气和水蒸气的温度。果品干制初期，一般不宜采用过高的温度，否则会产生细胞壁破裂，内容物流失，有机物也会因高温而分解或焦化，原料表面结壳，影响水分散发等不良现象。

2. 干燥介质的湿度

在温度不变的情况下，相对湿度愈低，空气的饱和差愈大，果品的干燥速度愈快。升高温度同时又降低相对湿度，使原料与外界水蒸气分压相差愈大，水分蒸发就愈容易。

3. 气流循环的速度

空气流动速度愈大，果蔬表面水分蒸发愈快。加大气流速度有两种作用，一是有利于将空气的热量传递给原料，以维持其蒸发温度；二是从果品周围迅速带走蒸发出的水分，不断补充新鲜的未饱和的空气，促进果品表面水分不断蒸发。

4. 果蔬的种类和状态

果蔬的种类、品种不同，所含化学成分及其组织结构不同，干燥速度也不相同。原料切分的大小与干燥速度直接有关，切分愈小，比表面（即表面积与体积的比值）愈大，干燥速度愈快。

5. 原料的装载量

烘盘上装载的原料量对果蔬的干燥速度影响很大，原料装载越多，越不利于空气流通，影响水分蒸发。

三、果品蔬菜干制的方式

1. 自然干制

利用阳光和风力进行自然干制，有晒干（太阳辐射干燥）和阴干（空气干燥）两种。

太阳辐射干燥是利用太阳的辐射热作为热源使水分蒸发，而蒸发速度主要取决于太阳辐射的强度和果蔬表面接受的辐射度。夏季、低纬度地区太阳辐射强度大，干燥速度快。空气干燥作用取决于大气的温度、湿度和风速等气候条件。温度高，相对湿度低，风速大，干制速度快。

2. 人工干制

人工干制是人工控制干燥条件，有效地缩短干燥时间，获得较高质量的产品。人工干制要具有良好的加热装置及保温设备。人工干燥设备，按干燥时的热作用方式，一般分为对流式干燥设备、热辐射式干燥设备和电磁感应式干燥设备 3 类。此外，还有间歇式烘干室和连续式通道烘干室及低温干燥室和高温烘干室之别。近年来常用的新兴机械有远红外线干燥、微波干燥、真空冷冻干燥等。

四、果品蔬菜干制的主要工艺

果蔬干制工艺包括原料清洗、挑选、分级、切分、漂烫、硫处理、干制、回软、包装、贮藏等过程。其中原料的前处理在本章第一节已进行详述，本处叙述后几个工序操作要点。

（1）硫处理　硫处理可以保护色泽，防止果蔬在干制中由于长时间高温而发生褐变。另外，硫处理抑制微生物生长，使干制品能够长时间得以保存。硫处理方法有熏硫和浸硫两种。

（2）烘干　烘干是果蔬干制中最主要的工艺。果蔬干制品的质量受烘干时的升温方式、通风排湿、烘盘倒换、烘干时间等影响。

（3）回软　干制后的果蔬常需在一个密闭的容器或贮藏库内贮藏一段时期，使其内部水分扩散，重新分布，以达到水分含量均一、质地柔软的目的。

（4）包装　包装要求防虫、防潮、阻气，并有一定的机械强度，长期保存的干制品在贮藏过程中会吸收大量的水分变得皮软、柔韧，影响质量，所以干制品防潮至关重要。常见的包装容器有复合塑料和纸质包装材料等。包装内采用真空或真空充氮、充二氧化碳包装，可防止干制品压碎和微生物侵入。

（5）贮存　由于果蔬干制品在贮存过程中会发生吸湿、氧化、色泽和风味改变等现象，因此应贮存在较低温度和湿度的环境中（温度为 0～2℃，相对湿度在 65%以下）。另外光线和空气与干制品的氧化和色素分解有关，应保存在避光、隔离空气的地方。

五、常见果蔬的干制技术

1）红枣人工干制

（1）挑选、分级　拣出风落枣、病虫枣、破头枣，按品种、大小、成熟度分级，确保干燥程度一致。

（2）装盘　分级后的红枣装在烘盘上，一般 1m^2 烘盘面积上装 12.5～15kg 枣。

（3）烘制　红枣烘制分为如下 3 个阶段。

预热阶段：目的是枣由皮部至果肉逐渐受热，提高枣体温度，为大量蒸发水分做好准备。在这段时间内，温度逐渐上升至 55～65℃，需烘 6～10h。

蒸发阶段：目的是枣内游离水大量蒸发。为加速干燥，火力宜加大，使温度升至 68～70℃，不宜超过 70℃，在 8～12h 完成。同时，要做好通风排湿工作，并及时抖动烘盘和倒换烘盘。

干燥完成阶段：目的是使枣体内的各部分水分含量均匀一致，一般需 6h。此时温度不低于 50℃即可。相对湿度若高于 60%以上时，仍应通风排湿。烘好的干枣，须通风降温后堆放贮存，防止积热发酵。

（4）包装　干枣的相对湿度一般为 25%～30%，极易吸潮，因此干制完毕后的红枣应及时包装。

2）葡萄自然干制

（1）原料的选择和处理　选择皮薄、果肉柔软、含糖量高（20%以上）的无核品种，有核品种如牛奶葡萄、新疆红葡萄等也可。采收的果实要充分成熟，剪去过小、损坏的果粒。对于果串过大的，要分成小串，铺放在晒盘上。为了加速水分蒸发，缩短干燥时间（缩短 8～10 天），可用浓度 1.5%～4.0%的氢氧化钠处理 1～5s 后立即用清水冲洗干净。干制白色葡萄干，需用硫磺熏 3～5h。

（2）干制　葡萄装入晒盘曝晒 10 天左右一部分已干时，将果反扣在另一晒盘上（翻转时勿用力过猛，以免果粒脱落），继续晒至 2/3 的果实呈干燥状，用手捻果粒无汁液渗出时，即可叠置，继续阴干约 1 周。在晴朗天气下，全部干燥共需 20～25 天。然后收集果串堆放 15～20 天，使之干燥均匀，同时除去果梗。干燥适度的葡萄干含水量为 15%～17%，干燥率为（3∶1）～（4∶1）。气候炎热的新疆吐鲁番地区，将葡萄挂在用土坯筑成的通风干燥室里，干燥季节室内温度一般在 40℃左右，热风季节可达 50℃。室内装设若干根挂木，每根可悬挂葡萄 100kg。干燥所需时间一般为 20～30 天。

3）黄花菜人工干制

（1）原料的选择和采收　选择花蕾大、黄色或橙黄色的品种，在花蕾充分发育而未开放时采收。

（2）原料的挑选和热烫　首先应将已经开放的黄花和没有发育好的花蕾拣出，然后进行热烫，否则它会自动开花，影响产品质量。热烫的方法是把花蕾放入蒸笼中，水烧开后用大火蒸 5min，然后改用小火焖 3～4min。当花蕾向里凹陷、不软不硬、颜色变得淡黄时即可出锅。

（3）干制技术　蒸好的黄花菜放置到第 2 天烘晒，这样使花中的糖分充分转化，产品风味好，质量高。利用烘房进行黄花菜干制时，以 1m^2 烘盘面积装载热烫过的黄花菜 5kg 为宜。干燥时先将烘房温度升至 85～90℃，然后将装好菜的烘盘放入烘房。此时黄花菜大量吸热，使烘房温度下降至60～65℃，在此温度下保持10～12h，最后令温度自然降至50℃，直至烘干为止。在干燥期间应注意通风排湿，保持烘房内相对湿度在65%以下。另外要注意倒换烘盘和翻动黄花菜，防止黄花菜粘于烘盘和烘焦。烘干后的干制品，由于含水量低，极易折断，应放到蒲包或竹木容器中均湿。当黄花菜以手握不易折断，手松开能恢复弹性时，即可进行包装。

第十章　糖果食品加工

第一节　糖果食品概述

一、糖果的概念

糖果是以多种糖类（碳水化合物）为基本组成，添加不同营养素而制成的具有甜味的固体食品。糖果具有以下一些特性和属性。

（1）所有糖果都含有一种以上的糖类（碳水化合物）。

（2）多数糖果都含有蛋白质和油脂等多种营养素。

（3）不同类型的糖果具有不同的物态和质构特征。

（4）不同品种的糖果有不同的香气和风味。

（5）多数糖果具有不同的形态、色泽和精美的包装。

（6）所有糖果在不利条件下均需有一定的保存能力。

（7）所有糖果都是具有不同甜感的固体食品。

以上定义同样适用于巧克力制品，但是，巧克力制品需同时包含一定数量的可可质和可可脂，才足以显示出其特有的个性。

二、糖果的类别

根据工艺特点，将不同类型的糖果归纳为以下几种。

1. 熬煮糖果

熬煮糖果（硬糖）经高温熬煮而成，含有很高的干固物和较低的残留水分，质构坚脆。

2. 焦香糖果

焦香糖果（乳脂糖）富含乳品和脂肪，也经高温熬煮制成。其工艺特征是物料在高温区产生一种独特的焦香风味的反应物质，故称焦香糖果。焦香糖果按质构的差异可分为韧质和砂质两类。卡拉蜜尔糖与太妃糖属于前者，福奇糖属于后者。

3. 充气糖果

充气糖果指经过机械的搅擦作用在糖体内充入无数细密的气泡，也可以定向地进行机械拉伸作用形成气孔，经充气作业形成充气质构的甜体。随着物料的浓度、密度和充气程度的差异，形成不同质构的状态，充气糖果可分为高度充气（马希马洛糖）、中度充气（牛轧糖）和低度充气（明胶奶糖和求斯糖）等类。根据配料和操作的不同，充气糖果又可分成韧性和脆性两种类型。

4. 凝胶糖果

凝胶糖果（软糖）是以凝胶剂为基本组成的糖果，柔嫩黏稠。凝胶糖果按采用凝胶剂的种类分为不同类，如淀粉、琼脂、果胶等。按含水量和质构特征，凝胶糖果又可分为冻胶类（jelli）和凝胶类（gum）。

5. 巧克力制品

巧克力制品是以可可质和可可脂为基本组成的特殊含糖食品，可分成巧克力和巧克力糖果两大类。

巧克力可分为纯的、含乳的、花式的等不同类型。纯巧克力（深色巧克力）包括苦的、半甜的、甜的等类型，含可可成分较高，香味浓烈，色泽深褐。牛奶巧克力包含不同比例的乳制品，兼有可可与乳的优美风味，色泽鲜明。此外，在巧克力内还可添加麦精、咖啡、各种果仁等辅料，形成不同香味和口感的制品，称为花式巧克力。

巧克力糖果是指巧克力和各类糖果或甜食制成的混合型制品，种类众多，形态各异。

6. 其他类别

糖果还有多种产品，如夹心糖果、涂衣糖果、结晶糖果、胶基糖果、粉质糖果、膏质糖果等，每一类型糖果均有其各自的工艺和品质特点。

第二节　糖果的特性、组成及生产工艺

一、硬糖

1. 硬糖的特性和组成

硬糖是由多种糖类（碳水化合物）高度浓缩制成的，在常温下是一种坚硬而易脆裂的固体物质。从化学角度，硬糖的基体是一种过冷的、过饱和的固体溶液且为均一状态的连续相，具有溶液的一切特征，硬糖高度透明的无定形体就是溶液的属性之一。硬糖中的辅料如油脂、乳制品、可可在体系中处于乳浊的、悬浮的或粗粒的分散状态，使硬糖的物态构成一种多相分散体系。但是，硬糖的基体仍是一种过冷且过饱和的固体溶液。在这种过饱和溶液中，一切可溶性物质在水的介质中基本上都处于分子分散态，只有部分相对分子量很高的多糖类和微量蛋白质处于溶胶状态，微量盐类则处于分子或离子分散态。

硬糖的质构特征是一种无定形固体，类似玻璃，无固有的熔点。其质构不稳定，随外界的温度和湿度变化而变化。当硬糖膏处于150℃高温时，物料具有流体的特征，黏稠但却容易流散。随着物料温度的降低，黏度增大，物料滞厚而呈塑性，低于60℃时，物料固态化，成为透明的无定形固体，光滑而致密。

随工艺条件变化，硬糖质构可形成不同的物理状态，因此硬糖可分为：①无定形硬糖：透明而坚脆。②丝光硬糖：外观洁白且有丝光光泽，质构硬但嚼时略带疏松。③结晶硬糖：坚实而微显透明。④膨松硬糖：外观混浊，质构膨脆而嚼时疏松。

硬糖基本上是由两部分组成，即甜体和香味体。甜体包含砂糖和各种糖浆，组成甜体的糖类比例一般为：蔗糖 50%～80%；麦芽糖、葡萄糖、果糖、转化糖 10%～25%；高糖、糊精 10%～25%。香味料包含香料、调味料和辅料，由于硬糖的加工要经过高温熬煮，色香味会在加热中受到损害，同时也影响硬糖的质构特征和其他质量标准，因此，大多数硬糖通过添加液体香料来增香。果味型硬糖是通过添加有机酸来调节控制其风味的，常用的有柠檬酸、酒石酸和乳酸等。产品的色泽是以添加色素形式来呈现的。

2. 硬糖生产工艺流程

硬糖生产工艺流程见图 10-1 和图 10-2。

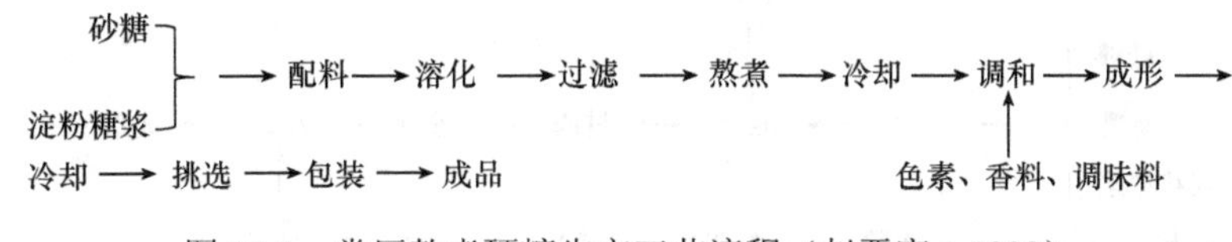

图 10-1　常压熬煮硬糖生产工艺流程（赵晋府，1999）

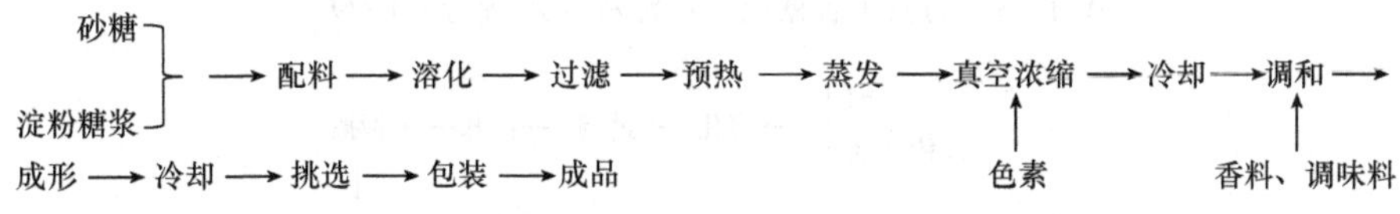

图 10-2　真空熬煮硬糖生产工艺流程（赵晋府，1999）

二、焦香糖果

1. 焦香糖果的特性

焦香糖果是介于过硬与过软之间的一类产品，代表性的产品有太妃糖、卡拉蜜尔糖、福奇糖。其中，太妃糖与卡拉蜜尔糖属于韧性的焦香糖果，福奇糖属于砂性的焦香糖果。两者的明显差异在于：前者黏稠而致密，有咀嚼性；后者质地紧密但带有酥脆感，不耐咀嚼。太妃糖和卡拉蜜尔糖主要的差别是太妃糖的残留水分含量较低，呈色较深，偏硬；卡拉蜜尔糖的乳固体与脂肪含量较高，呈色较浅，偏软。

不同的焦香糖果所具有的风味特征不同，同一种焦香糖果风味特征也有差别。焦香糖果风味的形成，一般都倾向于以下两种主要化学反应。第一种反应来自碳水化合物本身，即糖类在高温熬煮过程中所形成的卡拉蜜尔反应；糖类因高温引起强烈的脱水作用而生成烯醇基类化合物，这类化合物色泽较深，具有甜香味。有人推断这是葡萄糖脱除三个水分子后得到的产物——麦芽酚，具有香味改良与增效作用。第二种反应是美拉德反应，最后形成棕褐色的具有强烈香味的缩合产物。

白砂糖与淀粉糖浆是焦香糖果最常用的两种糖类，两者组合比按产品的特性而异（表 10-1）。

这两种材料的配合比将影响产品的色泽、香味、咀嚼性、熬煮温度和保存能力。此外，焦香糖果生产还要添加乳制品、脂肪、乳化剂、香料等添加剂。

表 10-1　焦香糖果不同产品糖类比例

名称	白砂糖	淀粉糖浆（42D.E）
卡拉蜜尔糖	1	0.8～1.1
太妃糖	1	0.9～1.2
福奇糖	1	0.3～0.4

2. 焦香糖果的生产工艺流程

韧性和砂性焦香糖果生产工艺流程见图 10-3 和图 10-4。

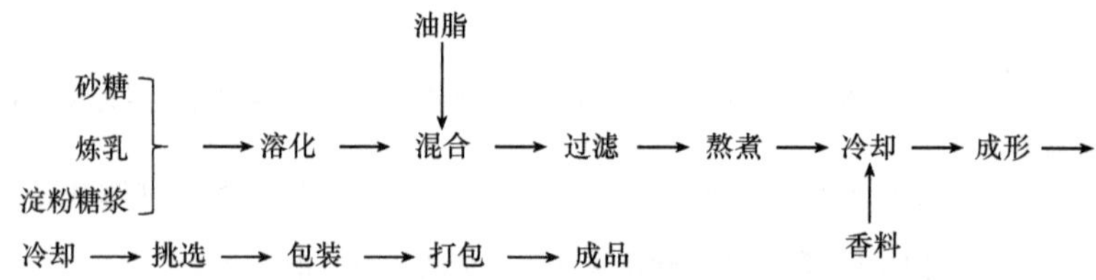

图 10-3　韧质焦香糖果生产流程（赵晋府，1999）

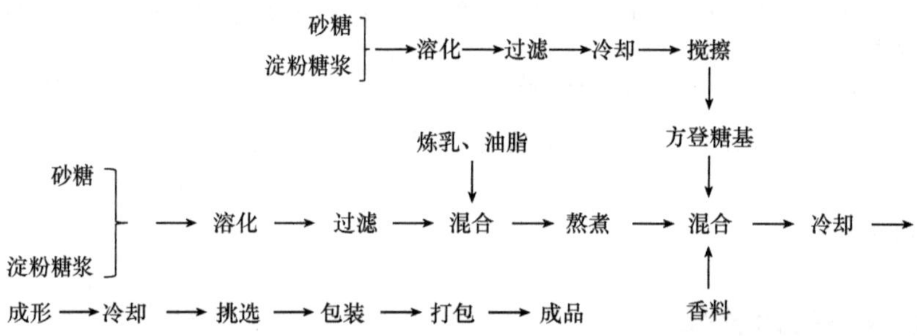

图 10-4　砂质焦香糖果生产流程（天津轻工业学院和无锡轻工业学院，1983b）

三、充气糖果

1. 充气糖果的主要特性

充气糖果仍然具备糖果的固有属性，即产品成形后于室温下是一种高浓度的甜体，通常不因轻微的外压而变形，其干固物浓度一般都在 90%以上，含水量小于 10%。

在糖透明的流体中均匀地充入气体，由于光学作用，糖体的透明度就将消失，而代之以洁白的外观，其剖面就会出现毛细孔、海绵体或泡沫体的结构，糖体原有的密度降低，体积增大，经过这种物理变化的糖果即为充气糖果。

影响充气糖果物态体系流变行为的另一因素是，随着充气作用的进行，必须添加分子量很大的胶体物质如卵蛋白、变性蛋白和明胶等，以达到起泡、增稠和稳定的目的。充气糖果属于多相分散体系。为了改善风味与口感，充气糖果需加入一定的辅料如糖的微晶体、各种粉体材料、各种果仁或果脯颗粒体等，它们呈悬浮体在整个体系内成为第二种分散相。为了有利于糖果后期成形时的挤压或切割，很多充气糖果也添加固体脂肪发挥润滑作用。包括最后添加微量的香味料在内，各种充气糖果的最终物态体系实际上都可视为多相分散体系。

2. 充气糖果的生产工艺流程

几种充气糖果的生产流程见图 10-5～图 10-8。

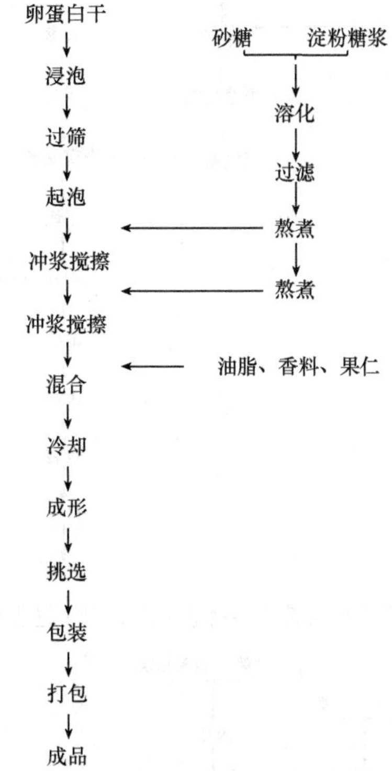

图 10-5　添加糖-气泡基的牛轧糖生产流程（天津轻工业学院和无锡轻工业学院，1983b）

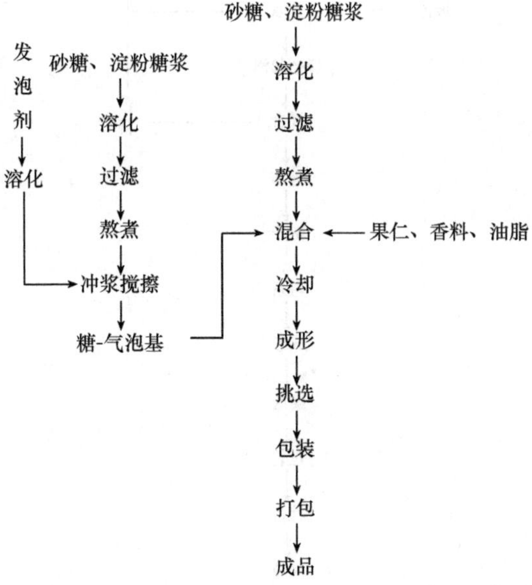

图 10-6　两次冲浆的牛轧糖生产流程（天津轻工业学院和无锡轻工业学院，1983b）

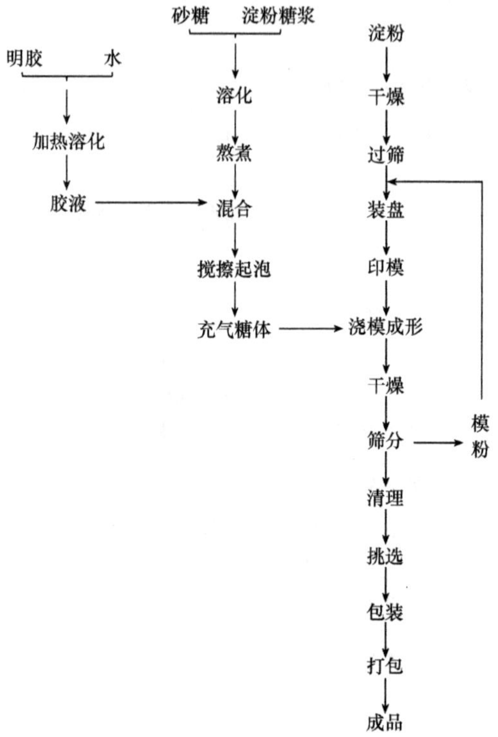

图 10-7　浇模成形马希马洛糖的生产流程（赵晋府，1999）

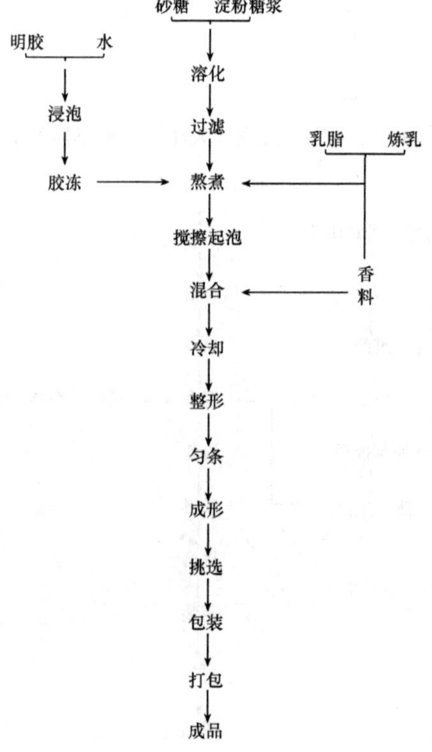

图 10-8　明胶奶糖的生产流程（赵晋府，1999）

四、凝胶糖果

凝胶糖果均含有凝胶剂。长期以来，人们把凝胶糖果看作软性糖果，故也称软糖。但是，凝胶糖果不一定都是柔软的糖果，有些品种的质感是黏稠而坚实的。此类糖果缺少硬糖固有的刚性，富有延伸性与弹性，可看作一类韧性糖果。随着加工条件的变异，也可赋予一些凝胶糖果以酥脆性或疏松性。

1. 凝胶糖果的类型与特性

1）凝胶糖果的类型

含水量约20%、口感较软嫩的凝胶糖果称为冻胶糖或啫喱糖（jelly）；含水量约10%、口感比较黏韧的凝胶糖果称为凝胶糖（gum）；含有多种凝胶剂并添加水果泥浆的凝胶糖果称为派斯蒂来糖（pastille）。根据所含凝胶剂，凝胶糖果可分成淀粉型糖果、果胶型糖果、明胶型糖果、琼胶型糖果和树胶型糖果。

（1）淀粉型糖果　淀粉型凝胶糖果也许是最先形成的软性糖果之一，中式糖果高粱饴便是一个实例，这类糖果的基本组成是未经变性处理的原淀粉。

（2）果胶型糖果　以果胶为凝胶剂制成的凝胶糖果。改变果胶分子结构中甲氧基的比例，以及结合其他新的基团可以形成不同类型的新的果胶，因而赋予糖果以不同的分散、混合与凝结特性，使果胶型糖果的品种花式格外丰富。

（3）明胶型糖果　用明胶制成的糖果具有特殊的质构特性——橡胶感，这类糖果富有弹性，溶化缓慢。但是采用明胶作为单一凝胶剂的糖果并不一定能适应普遍的口感需要。因此，目前有的明胶型糖果同时添加变性淀粉或果胶等凝胶剂来改善品质的缺陷。

（4）琼胶型糖果　这是一类以琼胶为凝胶剂制作的含水量较高的软性糖果，故又称琼脂、洋菜、冻粉或雪花等软糖。糖体透明，口感软嫩，一般以水果风味出现。

（5）树胶型糖果　这是一类以阿拉伯胶或阿卡西胶为凝胶剂制作而成的硬质凝胶糖果，口感坚硬，光滑而缺少弹性，有较长的保存期。为了改善其品质，这类糖果有时也兼用明胶或淀粉等凝胶剂，以提高其凝胶性和持水性。

2）凝胶糖果的组织结构

凝胶糖果可以看作一种含有糖溶液的凝胶体。根据此凝胶体持有水分的数量与状态又可将其分为冻胶状态和凝胶状态，前者称为冻胶糖，后者称为凝胶糖。

凝胶体的形成取决于凝胶物质的水合作用。因此，所有用于糖果的凝胶剂必须是亲水性的胶体。胶体分子的亲水基团（—OH、—COOH 等）吸持一定量水分而形成水合作用，水作为溶剂分子覆盖其上就形成水化层。同时，胶体分子的非亲水基团产生分子间的相互吸力，有助于将单一胶粒形成线状分子，并进而聚集成为束状胶团，束状胶团无定向地集结，最后就形成松软的三维网络结构，这种胶体分散体系实际上也就构成了凝胶糖果的基本物理状态。

2. 凝胶糖果的生产工艺流程和配料

几种凝胶糖果生产工艺流程见图10-9～图10-11，配料见表10-2～表10-5。

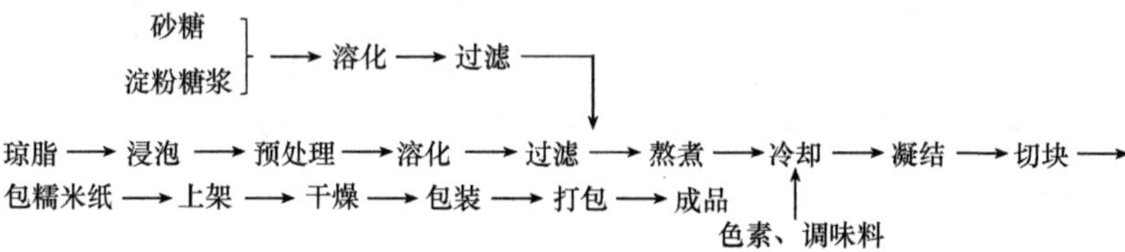

图10-9 琼脂软糖生产流程（天津轻工业学院和无锡轻工业学院，1983b）

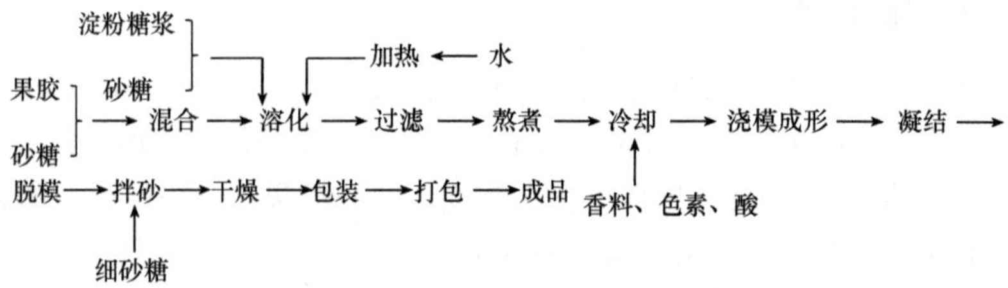

图10-10 果胶软糖生产流程（天津轻工业学院和无锡轻工业学院，1983b）

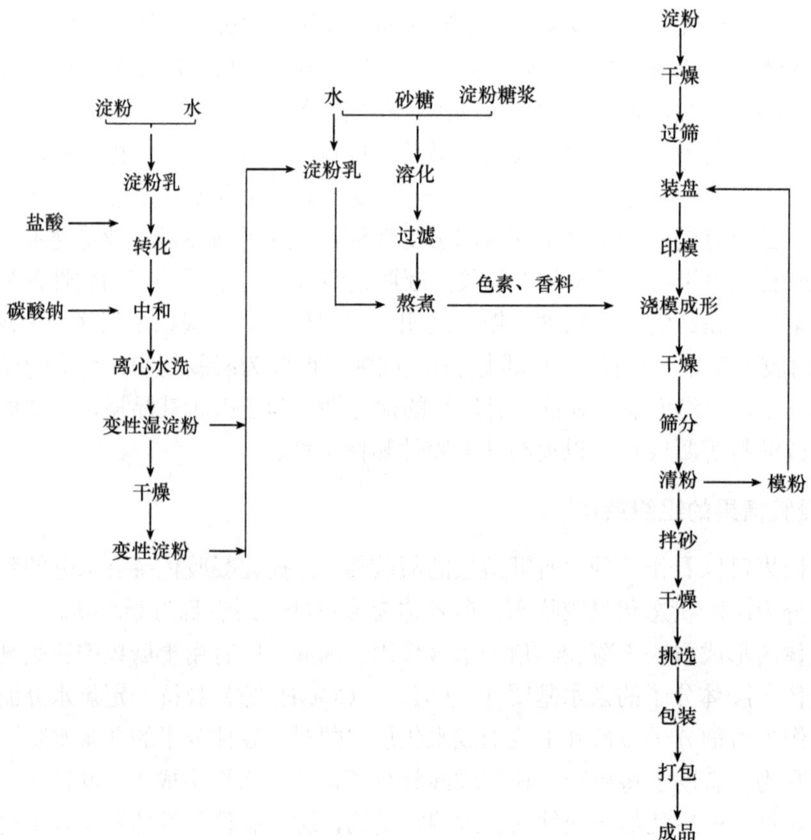

图10-11 淀粉软糖生产流程（赵晋府，1999）

表 10-2　敞口锅熬煮淀粉软糖配料

物料组成	凝胶型	坚韧型	柔软水果型	中等硬度型
白砂糖	40.0	34.0	30.0	40.0
淀粉糖浆	40.0	54.0	48.0	48.0
变性轻沸淀粉*	12.5	12.0	12.0	11.0
水	100	120.0	110.0	100.0
果酱			10.0	
色素、香料、酸	根据品种需要			

*变性淀粉流度范围为 20～50

表 10-3　连续压力熬煮淀粉软糖配料

物料组成	坚硬型	中等硬度型	柔软型
白砂糖	33.0	40.0	50.0
淀粉糖浆	66.0	60.0	50.0
变性轻沸淀粉*	12.0～13.0	11.5～12.0	11.0～11.5
水	26.0	22.0	22.0
色素、香料、酸	根据品种需要		

*变性淀粉流度为 70

表 10-4　果胶软糖的配料

配料	质量份额	配料	质量份额
果胶粉	1.25	水	40.0
砂糖	51.0	柠檬酸	0.4
淀粉糖浆（42D.E）	29.0	色素、香料	适量

表 10-5　琼胶软糖的配料

配料	质量份额	配料	质量份额
琼脂	2.0	水	60.0
柠檬酸钠	70.0	淀粉糖浆	40.0
砂糖	0.7	色素、香料、酸	适量

第三节　巧克力制品

巧克力制品是一类以可可质和可可脂为基本组成的特殊含糖食品，工艺独特，品种繁多，不少国家把巧克力制品独立于糖果之外自成体系。

一、巧克力的主要特性

1. 物态体系

巧克力的物态属于粗粒分散体系，油脂作为一种连续相存在于体系中，糖和可可以细小的质粒作为分散相分散于油脂内。大部分可可、糖、乳的干固物质粒大小为 20～30μm。同时，少量水分和空气在此体系内也是一种分散体。所以，巧克力是多相分散体系。

当巧克力融化时，细小的干固物粒以悬浮体形式分散在液态的油脂内。当巧克力经过调温并冷却凝固时，油脂以一定的晶型被固定下来，油脂成为有规律的紧密的晶格，可可、糖、乳等微小的质粒则被固定在油脂晶格之间。在常温下，纯巧克力也被看作一种高度均一的固态混合物。

2. 质构

巧克力由饱和的三甘油酯脂肪组成，又称油脂糖果。在常温下，巧克力质构坚实，外界温度越低，巧克力就越坚硬且有脆性；当外界温度接近或超过巧克力油脂的熔点时，上述特征消失。这种遇冷硬脆、遇热软化的特殊质构与可可脂特有的天然化学组成和多晶型结晶特性有关。巧克力的另一质构特征是口感细腻滑润，作为一种固态混合物，所有的干固物都已被反复地分散为细小和光滑的质粒，这些质粒同时被均匀地分布在油脂内，成为高度乳化的乳浊体，其质构特征就是细腻滑润。

3. 光泽

巧克力拥有光亮棕色的外观。巧克力色泽来源于可可原料中存在的天然色素——可可棕色和可可红色。色泽的深浅不仅与巧克力的类型有关，也与可可以外的原料有关。

巧克力的光亮度是可可脂形成细小的稳定的晶体带来的光学特性。同时，从产品的光泽上可以反映出巧克力工艺的技术水平。

4. 香味

巧克力的香味是香气和滋味的感官综合品质，主要香味来源于可可。无明显香气的生可可豆经焙炒后产生浓郁的香气，味觉效果也有明显的改善。可可的呈香物质是由众多的芳香化合物组成。可可特殊的味感则来自可可碱、咖啡碱和单宁等物质。

乳固体是巧克力的另一香味来源。牛奶巧克力具有乳的优美香味，在加工过程中，乳蛋白质和糖还产生焦香风味，因此，牛奶巧克力兼有可可和乳两大香味物质的特点。此外，为了丰富巧克力的香味，巧克力还添加有不同香料，常用的有香兰素、乙基香兰素和麦芽醇等。

5. 黏度

黏度是巧克力的重要物理性质，熔化的巧克力应保持良好的流动性，才能使物料输送和操作过程顺利进行。物料的黏度对巧克力的调温、结晶和成形尤其重要，因此，黏度的测定和控制对巧克力的生产至关重要。巧克力黏度与体系温度、所含脂肪数量及所含水分数量有关。此外，乳固体的存在也影响黏度，添加磷脂可在一定程度上降低物料黏度。物料质粒大小和乳化状态也影响其黏度。

6. 热力学性质

巧克力是一类热敏感性较强的含糖食品，富含脂肪，是一种高热值食品。当固体巧克力变为液态时，可释放的熔化热为 4.184～5.021kJ/kg。巧克力的密度为 1.315kg/L，随着巧克力质构状态的改变，其密度也随之改变，从而，热力学性质也深受影响。

7. 保藏期的变化

巧克力制品在商品保藏期内有以下常见的变化：

（1）产品表面出现花白现象，光泽消失，严重影响商品价值。由脂肪引起的称为脂肪花白，由砂糖引起的称为砂糖花白。

（2）产品质构软化并变得疏松，且逐渐转变为蜂窝状，这是一种严重的变质现象。

（3）产品香味减弱并消失，同时很容易吸收外界的气味，产生不愉快的异味和陈宿味。

（4）产品出现虫蛀和霉变现象，这尤其发生在夏季贮藏之后。巧克力制品易变质，贮藏温度 10～15℃，相对湿度不超过 50%。

二、巧克力的基本组成

巧克力制品的类型和等级较多，组成多变而复杂。表 10-6 和表 10-7 是几种常见的巧克力基本组成。

表 10-6　深色巧克力的基本组成（%）

基本组成	苦巧克力	半甜巧克力	甜巧克力	深色巧克力（涂外衣用）
可可料	67～72	44～50	35～40	35～40
可可脂		10～12	14～16	16～18
蔗糖	30～35	32～42	40～50	40～50
总油脂量	35～38	33～35	34～36	36～38

表 10-7　牛奶巧克力的基本组成（%）

基本组成	牛奶巧克力（一级）	牛奶巧克力（高档）	牛奶巧克力（涂外衣用）
可可料	10～12	11～13	10～12
可可脂	22～28	22～30	22～30
蔗糖	43～55	40～45	44～48
乳固体	10～12	15～20	13～15
总油脂量	30～38	32～40	35～40

三、可可制品

可可液块、可可脂和可可粉都是可可豆的产品或初级产品，它们是各种巧克力制品的主要组成部分。

1）可可豆

可可豆是世界上重要的热带经济作物，在收获后需经过发酵和干燥。未经发酵的豆肉呈蓝灰色，香味低劣。发酵后的可可豆具有浓郁而独特的香味前体，组织结构趋于成熟。发酵是一个复杂的生物化学变化过程，微生物和多种酶参与这一过程。

2）可可液块

可可液块也称可可料或苦料。可可豆经焙炒去壳成豆肉，再磨成酱体，在温热状态下具有液体的流散性，冷却后则凝固成块，故称可可液块。可可液块呈褐棕色，香味浓，略有苦涩味，再加热又重新变为熔化状态，可反复进行。可可液块可浇模制成 10～20kg 的大块，是一种半制品原料。可可液块含脂量在 55%以上（低于 45%不符合规格要求），含水量应低于 4%。在贮存期间，可可液块很容易长霉、虫蛀、组织疏松、香气散失、产生酒味和不愉快的陈宿气味。

3）可可脂

从可可液块内取出的油脂称为可可脂，是一种淡黄色的天然植物脂肪。可可脂另外的一些物理性质为：相对密度（15℃/15℃）0.976～0.978；折光指数（40℃）1.4528～1.4565；碘值 33.5～37.5；皂化值 192～197；熔点，开始熔化 31.8～33.5℃，完全熔化 32.8～35.0℃。

4）可可粉

从可可液块压榨去油脂的残粕称为可可饼，饼粕经粉碎磨细为可可粉。可可粉既是产品又是中间原料。可可粉的加工方法分一般处理和碱处理，碱处理的目的是使其色泽趋向棕红色。

四、巧克力和可可制品的生产工艺流程

巧克力和可可制品的生产工艺流程如图 10-12 所示。

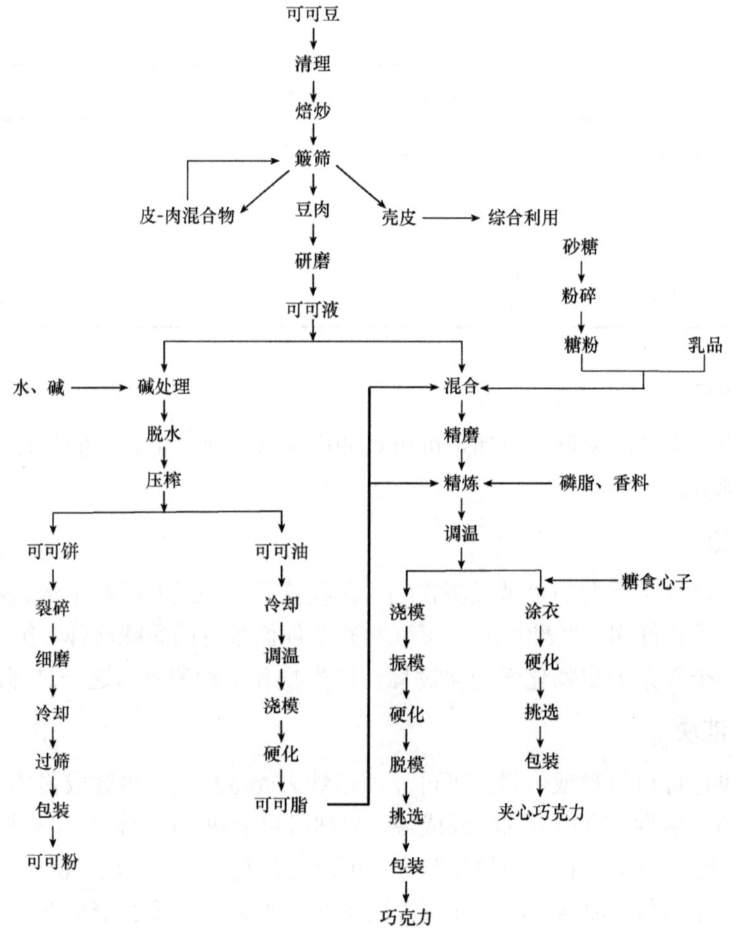

图 10-12　巧克力和可可制品生产工艺流程（赵晋府，1999）

第十一章　软饮料加工

软饮料（soft drink）是酒精含量≤0.5%的饮料制品，又称不含酒精饮料或非酒精饮料。按原料和加工工艺分为碳酸饮料、果蔬汁饮料、茶饮料、蛋白饮料、瓶装饮用水、固体饮料和功能性饮料等。

第一节　软饮料用水及水处理

饮料中，85%以上的成分是水。水质的好坏直接影响成品的质量。

一、饮料用水的水质要求

饮料用水除应符合生活饮用水卫生标准外，还应符合表 11-1 的标准。

表 11-1　软饮料用水标准

项目名称	指标	项目名称	指标
浊度（度）	＜2	味及臭气	无味无臭
色度（度）	＜5	总碱度（以 $CaCO_3$ 计，mg/L）	＜50
总固形物（mg/L）	＜500	游离氯（mg/L）	＜0.1
总硬度（以 $CaCO_3$ 计，mg/L）	＜100	细菌总数（个/mL）	＜100
铁（mg/L）	0.1	大肠杆菌（个/L）	＜3
锰（mg/L）	0.1	致病菌	不得检出
高锰酸钾消耗量（mg/L）	＜10		

二、水的处理

从表 11-1 中可以看出，软饮料生产用水使用前必须对水进行处理。水处理就是除去水中固体物质，降低硬度和含盐量，杀灭微生物及排除所含空气。一般水处理的程序和方法是先混凝沉淀，后过滤再消毒。

1. *混凝沉淀*

水的混浊通常是由细小悬浮物和胶体物所致。由于胶体微粒带有相同的电荷，产生静电斥力使其保持悬浮或不沉淀。因此必须添加混凝剂中和胶体表面所带电荷，破坏胶体稳定性，从而使其相互聚集，小颗粒变成大颗粒发生沉淀，达到澄清水的目的。常用的混凝剂有明矾、硫酸铝、碱性氯化铝等铝盐和硫酸铁、硫酸亚铁、三氯化铁等铁盐两大类。有时为了提高混凝效果，加速沉淀，还加入助凝剂。常用的助凝剂有：活性硅酸、羧甲基纤维素钠（carboxymethylcellulose sodium，CMC）、黏土等高分子助凝剂。此外，还需用石灰、碳酸钠等来调节 pH。

2. 水的过滤

水中常含有一些悬浮物、氢氧化铁、残留氯及部分微生物，需要过滤去除，从而达到净化的目的。常用的过滤形式有池式过滤、砂芯棒过滤、活性炭过滤等。

3. 水的软化

原水存在游离的阳离子（Ca^{2+}、Mg^{2+}、Fe^{2+}、Mn^{2+}等）和阴离子（HCO^{3-}、CO_3^{2-}等），这些离子发生反应生成沉淀。一方面造成饮料沉淀、变色及风味劣变；另一方面产生的沉淀会堵塞设备管道，影响饮料生产，因此必须对饮料用水进行软化。软化即降低原水的硬度，常用的方法有石灰软化法、电渗析法、反渗透法、离子交换法等。

4. 水的消毒

为确保产品质量和消费者的健康，在制造饮料时，必须对水进行消毒处理。水消毒的目的是杀灭水中的致病菌，并使水中的细菌含量符合规定标准。常用的水消毒方法有氯消毒、紫外线消毒和臭氧消毒。

第二节　软饮料常用的原辅材料

软饮料中的原辅材料能够防止腐败变质，延长货架期，提高产品质量。常用的原辅材料主要有甜味剂、酸味剂、香料和香精、色素、防腐剂、抗氧化剂、增稠剂等。

一、甜味剂

甜味剂（sweetener）是指能赋予食品甜味的食品添加剂，它是饮料生产中的基本原料。目前世界上使用的甜味剂很多，有不同的分类方法：按其来源可分为天然甜味剂（葡萄糖、蔗糖等）和人工合成甜味剂（糖精、甜蜜素等）；按其营养价值可分为营养型甜味剂（麦芽糖醇、木糖醇等）和非营养型甜味剂（糖精钠、甜蜜素等）。营养型甜味剂本身含有热量，主要为碳水化合物；非营养型甜味剂的热值为蔗糖的 2%以下。按其化学结构和性质分为糖类和非糖类甜味剂，糖类甜味剂多由人工合成，其甜度和蔗糖差不多。非糖类甜味剂甜度很高，用量少、热值小，多不参与代谢过程，常称为非营养型或低热值甜味剂。

二、酸味剂

酸味剂（sourer）是赋予食品酸味的添加剂。它可调节食品的 pH，具有一定的防腐抑菌作用。酸味剂分为有机酸和无机酸。常见的酸味剂主要是有机酸，如柠檬酸、酒石酸、苹果酸等，柠檬酸比较温和可口，在食品工业中用量最大。无机酸主要是磷酸，一般认为其风味不如有机酸好，应用较少。

三、香料和香精

香料是具有香气和风味的物质，香精（fragrance）是由多种香料和附加物（如溶剂、载体、抗氧剂、乳化剂等）构成的混合物。少量的香精香料就能够增进食欲，增加饮料花色品种，提高饮料质量。

四、着色剂

着色剂（colorant）可以赋予并改变食品色泽，根据来源分为天然着色剂和合成着色剂。天然色素来自动植物，除藤黄外，均对人体无毒害。目前在饮料生产中允许使用的天然色素有姜黄素（用于碳酸饮料、冰淇淋等）、甜菜红（用于各类饮料中）和 β-胡萝卜素（用于风味酸奶等）等。人工合成色素色泽鲜亮，着色能力强，色调多样但具有毒性。目前在饮料生产中我国允许使用的合成色素有苋菜红（用于果汁饮料、碳酸饮料等）、胭脂红（用于豆奶饮料、酸奶等）和靛蓝（用于果汁饮料、碳酸饮料）等。

五、防腐剂

防腐剂（preservative）可防止食品变质，提高食品保存性能，延长食品保质期。目前，使用较多的防腐剂有：苯甲酸和苯甲酸钠（碳酸饮料、果汁型饮料、塑料桶装浓缩果蔬汁等）、山梨酸和山梨酸钾（碳酸饮料、乳酸菌饮料等）、对羟基苯甲酸丙酯［碳酸饮料和果汁（味）型饮料］等。

六、抗氧化剂

抗氧化剂（antioxidant）是防止或减慢食品发生氧化作用，避免品质劣变，延长食品贮藏期的一种食品添加剂。这些物质掺入食品后，使其先于食品与氧气发生反应，从而有效防止食品中脂类物质的氧化。目前常用的食品抗氧化剂有 2,6-二叔丁基对甲酚（BHT）、叔丁基-4-羟基茴香醚（BHA）、没食子酸丙酯、维生素 E（混合浓缩物）、维生素 C 及异维生素 C。

七、增稠剂

食品增稠剂（thickening agent）通常指能溶解于水中，并在一定条件下充分水化形成黏稠、滑腻溶液的大分子物质，又称食品胶。饮料生产中常用的增稠剂有羧甲基纤维素钠、卡拉胶、黄原胶、果胶等。

第三节 碳 酸 饮 料

碳酸饮料（carbonated drink），俗称汽水，是指含有 CO_2 的软饮料。它具有开胃通气、消暑解渴的功效；色、香、味优良且生产成本低。目前市场上品种很丰富，深受年轻人的喜爱。

一、碳酸饮料的种类

根据《碳酸饮料（汽水）》（GB/T 10792—2008）的规定，碳酸饮料主要分为下列种类。

1. 果汁型

果汁型（fruit juice type）含有一定量原果汁（≥2.5%）的碳酸饮料，如橘汁汽水、柠檬汁汽水、菠萝汁汽水等，色香味俱佳，营养健康，发展较快。

2. 果味型

将原果汁含量低于2.5%的碳酸饮料中加以果味香精和一定的着色剂制成果味型（fruit-flavored type）碳酸饮料，如橘子味汽水、柠檬味汽水。营养素含量低，一般仅具有清凉解渴的作用。

3. 可乐型

可乐型（cola type）碳酸饮料是指以可乐香精或类似于可乐香精为主要香气的碳酸饮料。我国的可乐型汽水有天府可乐、崂山可乐等。

4. 其他型

除上述 3 种类型的碳酸饮料外，还有含非果实的植物提取物或非果香型的食用香精为赋香剂的碳酸饮料，如苏打水、盐汽水、姜汁汽水。

二、碳酸饮料生产工艺

碳酸饮料都是由水、调味糖浆和二氧化碳组成的，生产工艺大致相同，不同之处是调味糖浆的配方。根据成分的混合顺序，碳酸饮料的生产工艺大致有以下两种。

1. 二次灌装法

先将各种原辅料调配成调味糖浆，定量注入容器中，然后加入碳酸水至规定量，密封后混合均匀。这种糖浆和水先后各自灌装的方法又称现调法、预加糖浆法或后混合法、三段装瓶法等，这是一种传统的灌装方法，但现在仍然被采用。二次灌装法工艺流程见图 11-1。

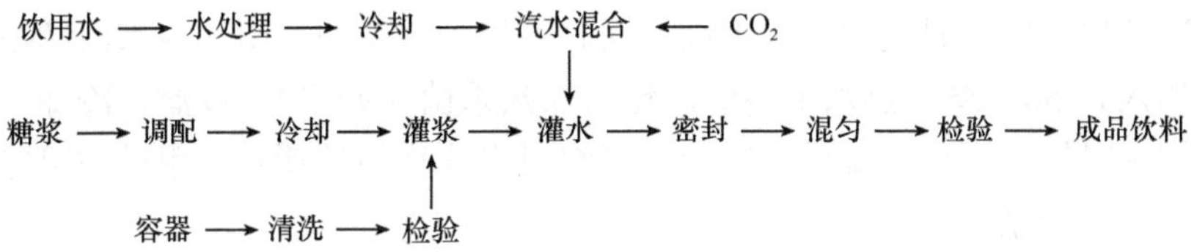

饮用水 → 水处理 → 冷却 → 汽水混合 ← CO_2
糖浆 → 调配 → 冷却 → 灌浆 → 灌水 → 密封 → 混匀 → 检验 → 成品饮料
容器 → 清洗 → 检验

图 11-1　二次灌装法（胡小松等，2002）

2. 一次灌装法

将各种原辅料调配成调味糖浆，再和水按一定比例泵入汽水混合机内，进行定量混合，再冷却，并使该混合物吸收二氧化碳后装入容器，这种将饮料预先调配并碳酸化后进行灌装的方法又称前混合法、预调法或成品灌装法。一次灌装法是较先进的灌装方式，这种灌装法使水和糖浆都得到冷却和碳酸化，冷却效果和碳酸化效果都比较好，工艺简单，适合高速灌装，普遍用于大型饮料厂。一次灌装法工艺流程见图 11-2。

饮用水 → 水处理
糖浆 → 调配
→ 混合 → 冷却 → 碳酸化 → 灌装 → 密封 → 检验 → 成品
容器 → 清洗 → 检验

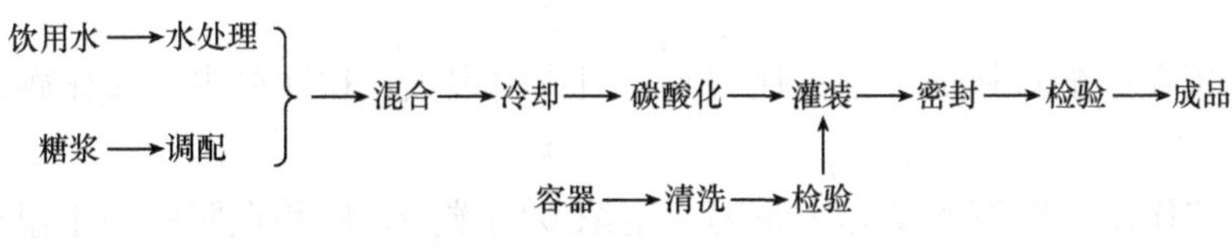

图 11-2　一次灌装法（胡小松等，2002）

另外，将调味糖浆与碳酸水按一定比例定量混合后直接装入容器内，这种加碳酸水的一次灌装法，也称成品灌装法。工艺流程见见图 11-3。

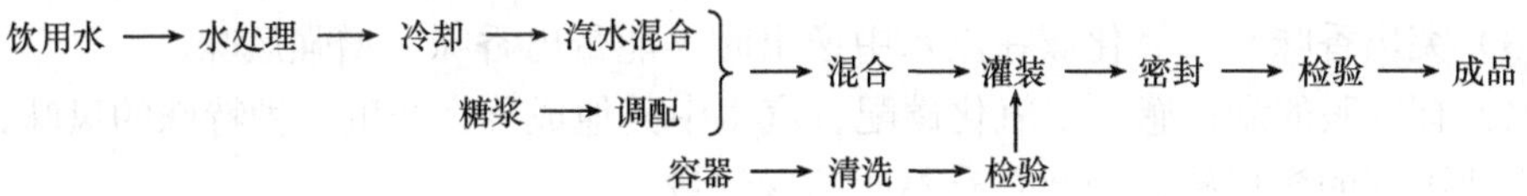

饮用水 → 水处理 → 冷却 → 汽水混合
糖浆 → 调配
→ 混合 → 灌装 → 密封 → 检验 → 成品
容器 → 清洗 → 检验

图 11-3　加碳酸水的一次灌装法（胡小松等，2002）

三、糖浆的制备

糖浆的制备是碳酸饮料生产中重要的工艺环节，它的质量好坏直接影响产品质量。通常糖浆的制备有糖溶液制备和糖浆调配两部分。

1. 糖溶液制备

糖溶液是糖浆的主要成分，为保证饮料产品的质量，必须选择优良的甜味剂。我国在碳酸饮料中使用最多的甜味剂是砂糖。制备糖溶液需先将砂糖溶解，砂糖的溶解分为间歇式和连续式两种。间歇式又可分为冷溶和热溶（蒸汽加热溶解和热水溶解）。

冷溶就是采用装搅拌器的容器，把糖和水按比例配好，于室温下搅拌，待完全溶化后过滤去杂。此法可以省去加热过程，成本低，能保持蔗糖清甜味，但溶糖时间长，设备利用率低，微生物易污染。此法适用于配制短期内饮用的饮料糖浆。

蒸汽加热溶解是将水和砂糖按比例加入溶糖罐内，通蒸汽加热，在高温下搅拌溶解。

此法溶糖速度快，所需时间短，效率高，同时可起到杀菌的作用。热水溶解是边搅拌边把糖逐步加入到50～55℃热水中溶解，然后加热杀菌（90℃）、过滤、冷却。此法避免了用蒸汽加热时糖在锅壁上黏结，减少了蒸汽对操作环境的影响，粗过滤可除去糖液中的悬浮物和大颗粒杂质。

连续式是指糖和水从供给到溶解、杀菌、浓度控制和糖液冷却均连续进行，生产效率高，全封闭，全自动操作，糖液质量好，但设备投资大。

2. 糖浆调配

糖浆调配是指在糖液中加入酸味剂和香精、色素、防腐剂、果汁及定量水等，将它们混合均匀。调配糖浆时的加料顺序至关重要。投料顺序一般是：糖液→防腐剂→甜味剂→酸味剂→果汁→乳化剂→稳定剂→色素→香精→加水定容。

四、二氧化碳在碳酸饮料中的作用

二氧化碳在碳酸饮料成分中占比很小，但作用很大，软饮料中二氧化碳的主要作用如下。

（1）清凉作用　喝汽水实际上是喝一定浓度的碳酸，碳酸在腹中由于温度升高，压力降低，即进行吸热分解反应，二氧化碳在排放过程中将体内的热带出来，起到清凉作用。

（2）阻碍微生物生长，延长汽水货架期　二氧化碳能致死嗜氧微生物，并由于汽水中的压力能抑制微生物的生长。国际上认为3.5～4.0倍含气量是汽水的安全区。

（3）突出香味　二氧化碳在汽水中逸出时，能带出香味，增强风味。

（4）有舒服的刹口感　二氧化碳配合汽水中其他成分，产生一种特殊的风味，不同产品需要不同的刹口感，因此具有不同的含气量。

第四节　果蔬汁饮料

果蔬汁饮料是以新鲜或冷藏果蔬（少数采用干果）为原料，经过清洗、挑选后，采用物理的方法如压榨、浸提、离心等方法制得的汁液再通过加糖、酸、色素等调配而得到的饮料。习惯上把果汁（浆）和蔬菜汁这两大类饮料产品合称为果蔬汁饮料。果蔬汁含有易被人体吸收的营养成分如维生素、糖、酸，具有特殊的营养生理意义。在冬季，每日饮用200～300mL的果蔬原汁，可以满足人体所需的维生素。

一、果蔬汁饮料的分类

《果蔬汁类及其饮料》（GB/T 31121—2014）规定如下。

1. 果蔬汁（浆）

采用物理方法（机械方法、水浸提等）将水果或蔬菜制成可发酵但未发酵的汁液、浆液制品；或者浓缩果蔬汁（浆）中加入其加工过程中除去的等量水分复原制成的汁液、浆液制品。可分为如下几种。①原榨果汁（浆）：以水果为原料，采用机械方法制成可发酵但未发酵且未浓缩的汁（浆）液制品。②复原果汁（浆）：浓缩果汁（浆）中加入其加工过程中除去的等量水分复原制成制品。③蔬菜汁（浆）：以蔬菜为原料，采用物理方法制成的同原榨果汁（浆）、复原果汁（浆）相似的制品。④复合果蔬汁（浆）：由不少于两种的果汁（浆）或蔬菜汁（浆）或果汁（浆）和蔬菜汁（浆）复合而成的制品。

2. 浓缩果蔬汁（浆）

以水果或蔬菜为原料，从果汁（浆）或蔬菜汁（浆）中去除一定量水分，但要加入其加工过程中除去的等量水分复原制成制品。

3. 果蔬汁（浆）类饮料

①果蔬汁饮料：在水果或蔬菜汁中加水、糖液、酸味剂等调制而成的可直接饮用的制品。②果蔬汁饮料浓浆：果汁（浆）、蔬菜汁（浆）或浓缩果蔬汁（浆）经过加工制成按一定比例加水稀释后方可饮用的制品。③发酵果蔬菜汁饮料：果蔬汁经乳酸发酵后制成的汁液中加入水、食盐、糖液等调制而成的制品。此外还有果肉（浆）饮料、果汁含量较低的水果饮料、复合果蔬汁饮料。

二、果蔬汁饮料生产工艺流程

1. 果汁型饮料生产工艺流程

果汁型饮料生产工艺流程如下：

糖浆、柠檬、水、色素、香精（↓调配）　　色素、香精（↓果汁饮料）

果汁/浓缩果汁 } 调配→过滤→脱气→瞬时杀菌→ { 冷却→无菌包装→果汁饮料；灌装→密封→保温或二次杀菌→冷却→检验→果汁型饮料

2. 果肉型饮料生产工艺流程

果肉型饮料生产工艺流程如下：

糖浆、柠檬、水　增稠剂、稳定剂　色素、香精（→调配）

果蔬浆/果蔬浓缩浆 } →调配→脱气→均质→瞬时杀菌→灌装→密封→保温或二次杀菌→冷却→保藏→检验→果肉型饮料

第五节　茶　饮　料

茶起源于中国，其含有20%～25%的糖类、25%～30%的蛋白质和氨基酸、约3%的游离有机酸、约10%的脂肪及类脂等营养物质，可为人体提供物质和能量。此外，茶叶中还含有多种生理活性物质如茶多酚、茶叶皂苷、咖啡碱、维生素等，具有防辐射、抗氧化、抗癌、防治心血管疾病等生物活性功能。随着工作节奏的加快，茶饮料在人们日常生活中占据重要地位。茶饮料（tea drink）是指以茶叶的水提取液或其浓缩液、速溶茶粉为原料，经加工、调配等工序制成的饮料。它既含有一定分量的天然茶多酚、咖啡碱等茶叶有效成分，也具有茶叶的独特风味，还能提神、止渴、消食，是一类安全、清凉、解渴的多功能饮料。

一、茶叶生产工艺

茶树是多年生树，生长约三年之后即可采收茶叶。茶叶含有 3 种影响煮泡质量的重要成分，即咖啡因、丹宁及相关化合物，以及提供香气和风味的芳香油。

采用不同的加工工艺用同一种原料可制成不同类型的茶，其区别主要是由茶叶中丹宁化合物的酶促氧化作用引起的。如果先加热杀青使茶叶中的酶钝化，茶叶则仍保持绿色。如果延长加热时间而发生局部氧化作用，就会得到乌龙茶。茶叶的酶促氧化称为发酵，发酵后的茶叶即为红茶，局部发酵的茶叶为乌龙茶。除色泽的差异外也有微妙的风味变化。

以红茶为例，茶叶加工主要包括以下几个步骤：①萎蔫采摘来的叶子，使其软化并局部干燥；②将萎蔫了的叶子通过滚轮，破坏其细胞壁以释放出酶和汁液；③将滚压后的叶子在 27℃的空气中露置 2～5h（如果在上述滚压步骤中，酶和汁液未从细胞中分离出来）；④将发酵过的茶叶在 93℃烘箱中烘干，钝化酶，并将叶中的水分降至 4%，这一干燥步骤在制茶工艺中称为焙炒。

二、茶叶的分类

我国是茶叶的故乡，有丰富的种植经验和焙制茶叶的精湛技术。我国茶叶按照制作方法和品种特色，主要分为绿茶、白茶、红茶、乌龙茶、黄茶、黑茶、再加工茶。

1. 绿茶

绿茶即不发酵茶，以鲜叶为原料，经杀青、揉捻、干燥等典型工艺过程制成的产品，较多地保留了鲜叶的天然物质，具有防衰老、抗癌、杀菌、消炎等功效。

2. 白茶

白茶属轻微发酵茶，萎凋和干燥是主要的加工工序。制作时，既不破坏酶的活性，又不促进氧化，且保持毫香显现，汤味鲜爽。

3. 红茶

红茶是发酵茶，以茶树新芽叶为原料，经萎凋、揉捻（切）、发酵、干燥等加工而成。红茶在加工过程中发生了以茶多酚酶促氧化为中心的反应，鲜叶中的化学成分变化较大，茶多酚减少 90%以上，产生了茶黄素、茶红素等新成分，香气物质比鲜叶明显增加，所以红茶具有红汤、红叶和香甜味醇的特征。

4. 乌龙茶（青茶、半发酵茶）

此种茶经萎凋、做青、杀青、揉捻（切）、干燥等加工而成。它具有分解脂肪、减肥健美功效。

5. 黄茶

黄茶是从炒青绿茶中发现的。其得名是由于杀青、揉捻后干燥不足或不及时，叶色变黄。黄茶的制作与绿茶相似，但多一道闷堆工序。由于闷堆，茶叶发酵，故属于发酵茶类。有代表性的典型黄茶具有茶身黄、汤色黄、味甘鲜爽的特点。

6. 黑茶

黑茶是我国生产历史十分悠久的特有茶类。在加工过程中，鲜叶经渥堆发酵变黑，故称黑茶。黑茶既可直接冲泡饮用，也可以压制成紧压茶（如各种砖茶）。

7. 花茶

花茶，亦称熏花茶、香花茶、香片。花茶是以绿茶、红茶、乌龙茶茶坯及符合食用需求、能够吐香的鲜花为原料，采用熏制工艺制作而成的茶叶。花茶是集茶味与花香于一体，既保持了浓郁爽口的茶味，又有鲜灵芬芳的花香。花茶和茶的功效相似，也具良好的药理作用，有益于人体健康。

8. 紧压茶

这种茶是用发酵或不发酵的红茶或绿茶压制成饼、砖或其他形状的茶。紧压茶的多数品种比较粗老，干茶色泽黑褐，汤色橙黄或橙红。这种茶具有助消化、去油腻的功效。

三、茶饮料的分类

根据 GB/T 21733—2008 对茶饮料进行分类。按产品风味可分为：茶饮料（茶汤）、调味茶饮料、复合茶饮料、茶浓缩液。茶饮料（茶汤）又可分为红茶饮料、乌龙茶饮料、绿茶饮料和花茶饮料。调味茶饮料又可分为果汁果味茶饮料、奶茶饮料、碳酸茶饮料及其他类。

四、茶饮料的加工

1. 绿茶饮料

绿茶饮料是以绿茶为主要原料，添加 0.5%～1.5%抗氧化剂，调整 pH 为 6.7，加入二氧化碳，为防止褪色添加适量的磷酸盐和食盐，并加入适量天然绿色素和香精，采用白砂糖、葡萄糖、果糖等甜味料，最后再经过瞬时灭菌而制成。这种饮料未经过长时间的高温处理，营养成分未被破坏，能长期保持绿茶特有绿色，保持绿茶所有的清香，是一种具有独特风味的饮料。

2. 红茶饮料

红茶经过发酵烘制而成，除含多种水溶性维生素外，还富含微量元素钾，当冲泡后，70%的钾可溶于茶水内。钾有增强心脏血液循环的作用，并能减少钙在体内的消耗。因红茶中所含的锰是骨骼结构不可缺少的元素之一，因而常喝红茶对骨骼强健有益。红茶饮料工艺流程见图 11-4。

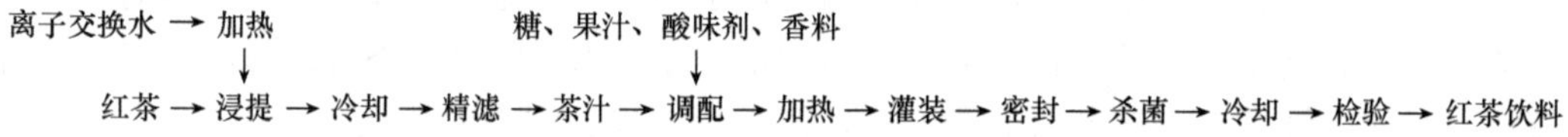

离子交换水 → 加热（↓浸提）；糖、果汁、酸味剂、香料（↓调配）

红茶 → 浸提 → 冷却 → 精滤 → 茶汁 → 调配 → 加热 → 灌装 → 密封 → 杀菌 → 冷却 → 检验 → 红茶饮料

图 11-4　红茶饮料生产工艺流程（杨桂馥，2002）

3. 乌龙茶饮料（无糖茶饮料）

乌龙茶过口后，口中有绿茶的清香和红茶的醇厚。乌龙茶具有降压去脂、防治心血管病变、抗癌防癌、去脂减肥等功效，深受人们喜爱。其工艺流程见图 11-5。

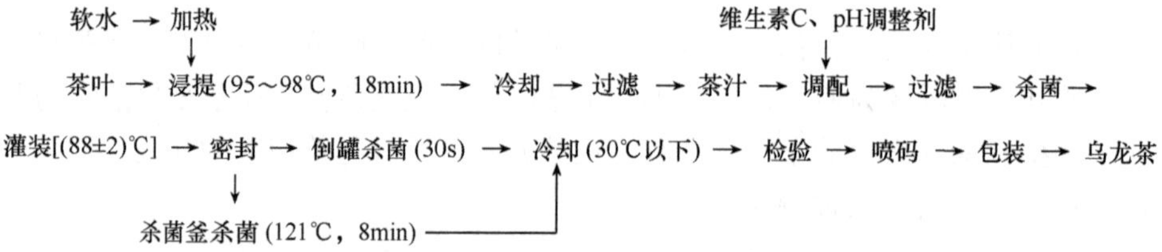

软水 → 加热（↓浸提）；维生素C、pH调整剂（↓调配）

茶叶 → 浸提 (95～98℃，18min) → 冷却 → 过滤 → 茶汁 → 调配 → 过滤 → 杀菌 →

灌装[(88±2)℃] → 密封 → 倒罐杀菌 (30s) → 冷却 (30℃以下) → 检验 → 喷码 → 包装 → 乌龙茶

密封 ↓ 杀菌釜杀菌 (121℃，8min) → 冷却

图 11-5　乌龙茶饮料生产工艺流程（杨桂馥，2002）

4. 速溶加香茶

速溶茶一般是通过提取红茶叶的有效成分，经浓缩干燥而成。由于在制造过程中损失了大量产生茶香味的挥发物质或是由于芳香物质发生了化学变化失去香味。因此，必须对速溶茶进行加香处理。

一般加香过程：以速溶茶的固形物为基础计算，加入一定量的加香制剂，加入量占速溶茶固形物重量的（0.25～200）$\times 10^{-6}$，一般加入邻氨基苯甲酸的酯类和其他一些添加物如柠檬酸等。一般速溶茶生产流程见图 11-6。

五、茶饮料的功效及对人体健康的作用

1. 茶饮料的功效

茶饮料的功效主要源于溶于水中（茶汤）的可溶性成分。茶饮料中的茶多酚和咖啡因是茶饮料的特征性指标。茶多酚具有清除自由基、抗衰老、降胆固醇等作用；咖啡碱对人体有强心、利尿、解毒等作用。

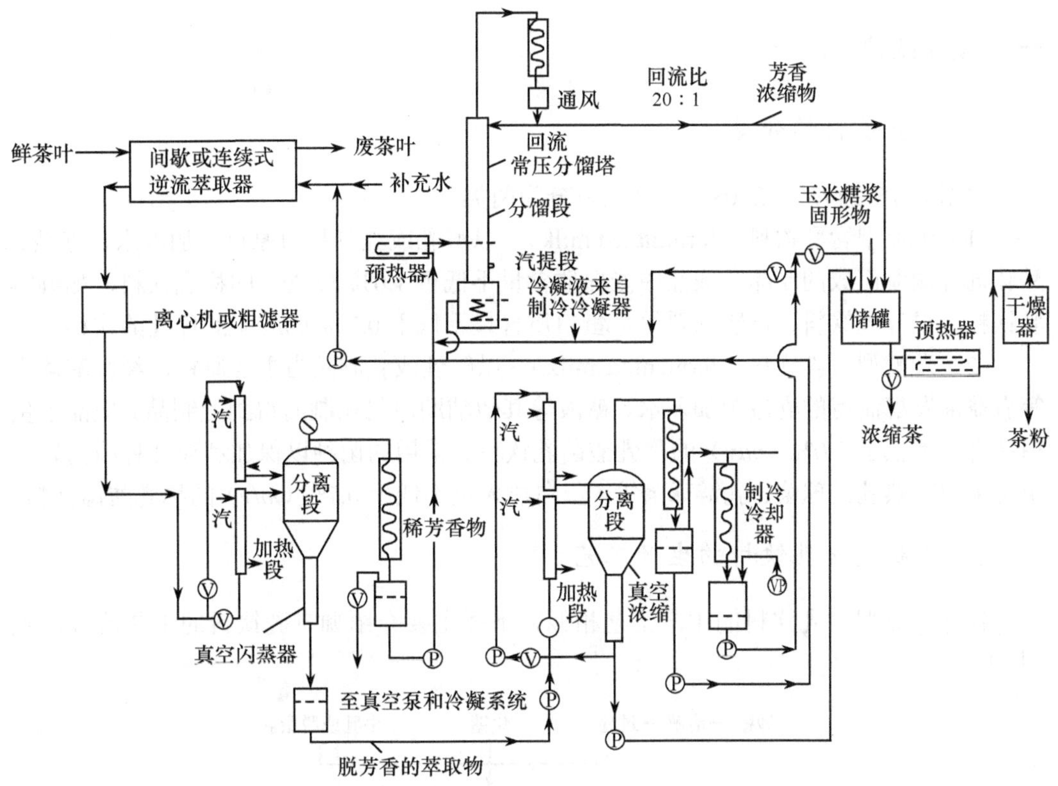

图 11-6 速溶茶生产流程图（德力格尔桑，2002）

V. 阀门；P. 泵

2. 茶饮料对人体健康的作用

（1）补充人体水分 茶饮料和其他饮料一样，能迅速补充人体水分。

（2）增加营养物质 茶叶中富含营养物质，6 大营养素齐全。常饮用可以增加营养，促进身体健康。

（3）医疗保健作用 茶饮料是以茶叶为主要原料，含有茶多酚、咖啡碱、茶色素等多种保健和药用成分，现代研究证实，茶饮料具有促进脂肪消化、防腐杀菌、解毒等功效。

第六节 蛋白饮料

蛋白饮料是以富含蛋白质的物质为主要原料，加入甜味剂、稳定剂、香味剂等加工调制而成。此饮料营养健康，发展迅速，是软饮料发展的必然趋势。目前，比较公认的分类是根据蛋白质的来源分为含乳饮料（drink containing milk）和植物蛋白饮料（vegetable protein drink）两大类。含乳饮料是以鲜乳或乳制品为原料经发酵或未发酵加工制成的饮品。植物蛋白饮料是以蛋白质含量较高的植物果实、种子、核果等为原料，将所含蛋白质抽提出来后，加入糖等配料制得的乳浊状液体制品。

一、含乳饮料

1. 含乳饮料的分类

根据 GB/T 21732—2008，含乳饮料分为两类。

（1）配制型含乳饮料（formulated milk） 以鲜乳或乳制品为原料，加入水、糖液、酸味剂等调制而成的制品。成品中蛋白质含量不低于 1.0%（*m*/*v*）的称乳饮料，如咖啡乳饮料、果汁乳饮料、蛋乳饮料等。蛋白质含量不低于 0.7%（*m*/*v*）的称乳酸饮料。

（2）发酵型含乳饮料（fermented milk） 以鲜乳或乳制品为主要原料，经乳酸菌类等有益菌发酵制得的乳液中加入水、糖液等其他辅助原料调制而得到的制品。成品中蛋白质含量不低于 1.0%（*m*/*v*）的称乳酸菌乳饮料。采用的菌种以保加利亚乳杆菌为好，也可采用嗜热乳链球菌、乳链球菌等。蛋白质含量不低于 0.7%（*m*/*v*）的称乳酸菌饮料。

2. 配制型含乳饮料的生产工艺

各种配制型含乳饮料的生产工艺相似，下面主要介绍咖啡乳饮料的工艺流程，见图 11-7。

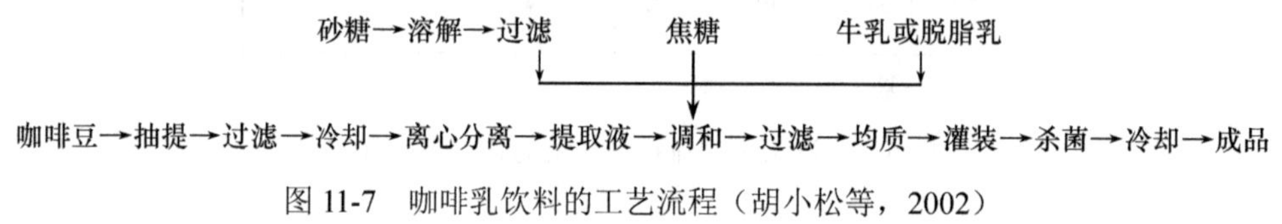

图 11-7 咖啡乳饮料的工艺流程（胡小松等，2002）

二、植物蛋白饮料

常见的植物蛋白饮料有豆乳、花生乳、杏仁露、椰子汁等。植物蛋白饮料经过调制加工，不仅营养丰富、风味优良，且无有害因子，解决了我国食品结构中蛋白质含量偏低和奶源缺乏的问题。产品经包装杀菌，可常温下保存，食用方便安全。

1. 植物蛋白饮料的营养效用

植物蛋白饮料的主要原料为植物核果及油料植物的种子，这些籽仁含有人体生命活动中不可缺少的营养物质，如脂肪、蛋白质、矿物质等。植物蛋白及其制品内含大量亚油酸和亚麻酸，长期食用，可降低体内胆固醇。植物籽仁中富含维生素 E，可防止不饱和脂肪氧化、去除过剩的胆固醇、预防多种老年病发生。

植物蛋白饮料还富含钙、锌、铁等多种矿物质和微量元素，为碱性食品，可缓冲肉类、鱼和谷物等酸性食品的不良作用。此外，植物蛋白饮料不含乳糖，可解决饮用牛奶过敏问题。

2. 植物蛋白饮料分类

根据加工特性，植物蛋白饮料可分为天然植物蛋白饮料、调制植物蛋白饮料、果蔬复合植物蛋白饮料及发酵植物蛋白饮料等。

（1）天然植物蛋白饮料　植物的籽仁经简单预处理（去壳、浸泡等）、加水磨浆、加热煮沸后直接饮用的称为天然植物蛋白饮料。它内含该植物籽仁的全部成分，不含任何食品添加剂。

（2）调制植物蛋白饮料　植物籽仁经原料预处理、加水磨浆、浆渣分离、加入食品添加剂等，杀菌后保质期在 3 个月以上的匀质乳液，即为调制植物蛋白饮料。此类饮料，蛋白质和脂肪含量≥1%。

（3）果蔬复合植物蛋白饮料　植物蛋白饮料中加入果蔬汁，经加工处理获得果蔬复合植物蛋白饮料。此饮料多为酸性蛋白饮料，因此需添加蛋白质稳定剂，避免蛋白质凝集，形成稳定的乳浊液。

3. 植物蛋白饮料的加工工艺

植物蛋白饮料的加工工艺比较复杂，主要是根据各种核果类籽仁及油料植物的蛋白质营养价值与功能特性所定。籽仁加工避开蛋白质等电点及通过加入各种乳化稳定剂，使之形成“蛋白-油脂、蛋白-卵磷脂”或“蛋白-油脂-卵磷脂”的均匀乳浊液。

杏仁露和豆奶生产工艺流程，见图 11-8 和图 11-9。

脱苦杏仁 → 消毒清洗 → 烘干 → 粉碎 → 榨油 → 研磨 → 杏仁糊 → 过滤 → 调配 → 脱气 → 均质 →
杀菌 → 灌装 → 密封 → 杀菌 → 冷却 → 保温 → 检验 → 杏仁露产品

图 11-8　杏仁露生产工艺流程（杨桂馥，2002）

大豆 → 清理 → 去皮 → 浸泡 → 磨浆 → 过滤 → 调配 → 高温瞬时灭菌 → 脱臭 →
均质 { 杀菌 → 无菌灌装 → 检验 → 成品1
　　　包装 → 杀菌 → 冷却 → 检验 → 成品2 }

图 11-9　豆奶生产工艺流程（胡小松等，2002）

4. 植物蛋白饮料的感官要求与理化要求

感官要求应符合表 11-2 规定，理化要求应符合表 11-3 规定。

表 11-2　植物蛋白饮料感官要求

项目	指标
色泽	色泽鲜亮一致，无变色现象
性状	均匀的乳浊状或悬浊状
滋味与气味	具有本品种固有的香气及滋味，不得有异味
杂质	无肉眼可见外来杂质
稳定性	振摇均匀后 12h 内无沉淀、析水，保持均匀体系

表 11-3 植物蛋白饮料理化要求

项目	指标
蛋白质（%，*m/v*）	≥0.60
可溶性固形物（%，20℃）	≥8.0
净含量（mL）	按包装标示规定。负偏差符合国家包装商品计量规定

第七节 瓶装饮用水

瓶装饮用水（bottled water）是指密封在容器中，并出售给消费者直接饮用的水。其主要包括矿泉水和纯水两大类。矿泉水分为天然矿泉水和人工矿泉水两类。纯水包括纯净水、太空水和蒸馏水等。

一、矿泉水

1. 矿泉水及其保健作用

《食品安全国家标准 饮用天然矿泉水》（GB 8537—2018）中定义“矿泉水”为从地下深处自然涌出的或经人工揭露的、未受污染的地下泉水。矿泉水含有一定量的矿物盐、微量元素或二氧化碳气体，在通常情况下，其化学成分、流量、水温等动态在天然波动范围内相对稳定。国标还确定了达到矿泉水标准的界限指标，如锂、锶、锌、溴化物、碘化物、偏硅酸、硒、游离二氧化碳及溶解性总固体等。其中必须有一项（或一项以上）成分符合上述指标，即可称为天然矿泉水。国标还规定了某些元素和化学化合物、放射性物质的限量指标和卫生学指标，以保证饮用者的安全。

矿泉水中的锂和溴能调节中枢神经，具有安定情绪和镇静作用。长期饮用矿泉水能补充钙、镁、锌、硒、碘等，对于增强机体免疫功能，延缓衰老，预防肿瘤，防治高血压、痛风与风湿性疾病有着良好的作用。绝大多数矿泉水属微碱性，有利于维持渗透压和酸碱平衡、促进新陈代谢和缓解疲劳。

2. 矿泉水的加工工艺

目前，瓶装饮用矿泉水大致分为：①天然矿泉水，即自然涌出的地下泉水。②混合矿泉水，即两种或多种矿泉水的混合水。③矿泉水饮料，即以矿泉水为主要成分而配制成的各种矿泉水饮料。④人工矿化水，即仿制的矿泉水，也称人工合成矿泉水。

矿泉水饮料加工工艺流程见图 11-10。

原水 → 过滤 → 氯杀菌 → 脱氯 → 调和 → 精密过滤 → 紫外线杀菌 → 充填 → 密封 → 冷却 → 包装 → 制品

洗瓶 → 加温 ↑（至充填）

图 11-10 矿泉水加工工艺流程（薛效贤和薛芹，1998）

3. 饮用矿泉水的水质标准

矿泉水质需满足 GB 8537—2008 的要求（表 11-4）和理化要求。

表 11-4　矿泉水感官要求

项目	要求
色度，度	≤15，不得呈现其他异色
浑浊度，NTU	≤5
口味	具有本矿泉水的特征性口味，不得有异臭、异味
肉眼可见物	允许有极少量的天然矿物盐沉淀，但不得含有其他异物

理化要求包括界限指标、限量指标、污染物指标和微生物指标。界限指标是饮用矿泉水标准中最重要的部分（表 11-5）。在满足 GB 8537—2018 标准中各项要求的情况下，只要水中有一项微量组分达到界限指标中规定的要求，就可以定为饮用矿泉水。

表 11-5　矿泉水界限指标

项目（mg/L）	指标
锂	≥0.20
锶	≥0.2（含量在 0.20～0.40mg/L 时，水温必须在 25℃以上）
锌	≥0.20
溴化物	≥1.0
碘化物	≥0.20
偏硅酸	≥25.0（含量在 25.0～30.0mg/L 时，水温必须在 25℃以上）
硒	≥0.010
游离二氧化碳	≥250
溶解总固体	≥1000

限量指标是饮用矿泉水中的有毒有害组分不能超过某一规定值（表 11-6）。人体必需的微量元素浓度超过某个值时，就呈毒性。在这些限量指标中，有 5 项是微量组分，如锶、锂、锌、硒、碘化物。

表 11-6　矿泉水限量指标

项目	指标	项目	指标
锂（mg/L）	＜5.0	汞（mg/L）	＜0.050
锶（mg/L）	＜5.0	银（mg/L）	＜0.050
碘化物（mg/L）	＜0.50	硼（以 H_3BO_3 计）（mg/L）	＜30.0
锌（mg/L）	＜5.0	硒（mg/L）	＜0.050
铜（mg/L）	＜1.0	砷（mg/L）	＜0.050
钡（mg/L）	＜0.70	氟化物（以 F^- 计）（mg/L）	＜2.00
镉（mg/L）	＜0.010	耗氧量（以 O_2 计）（mg/L）	＜3.0
铬（Cr^{6+}）（mg/L）	＜0.050	硝酸盐（以 NO^{3-} 计）（mg/L）	＜45.0
铅（mg/L）	＜0.010	226 镭放射性（Bg/L，贝克勒尔/升）	＜1.10

二、纯水

纯水是以符合生活饮用水卫生标准的水为原料，通过电渗析法、离子交换法、反渗透法、蒸馏法等加工制得，密封于容器中且不含任何添加物，可直接饮用的水。衡量纯水纯度的重要指标是电阻率或电导率。电阻率与水中的无机离子有关，电阻率越大，水中的无机离子量越少，水的纯度越高。

目前饮用纯水有多种生产工艺，常用的有微滤、电渗析、超滤、反渗透等方法，此外还应进行原水的预处理和纯水的消毒杀菌。反渗透和离子交换等结合方法生产工艺流程见图 11-11。

原水 → 预处理 → 反渗透 → 离子交换 → 超滤 → 紫外线或臭氧消毒 → 无菌贮藏 → 装瓶 → 封盖 → 喷码 → 检验 → 贴标 → 装箱 → 瓶装饮用水

图 11-11 饮用纯水生产工艺流程（杨桂馥，2002）

第八节 固 体 饮 料

固体饮料（powdered drink）是以果汁、动植物蛋白等为原料制成的固体样品，产品一般以粉末状、颗粒状或块状的方式呈现，如速溶咖啡、麦乳精。固体饮料体积小、携带方便，风味好、营养丰富，不易变质、易于保存。

一、固体饮料的分类

1. 按所用主要原料分

（1）果香型固体饮料　果香型固体饮料是以糖、果汁、食品香料、食用着色剂等为主要原料制成的。按其果汁含量，果香型固体饮料又可分为果汁型和果味型两种。

（2）蛋白型固体饮料　蛋白型固体饮料是以糖、乳及乳制品、蛋及蛋制品或植物蛋白，以及营养强化剂为主要原料制成的饮料，如乳粉、豆乳粉、蛋奶粉及维他奶和麦乳精等，蛋白质含量≥4%。

（3）其他型固体饮料 以咖啡、茶叶、菊花等制得的固体饮料，如菊花晶、柠檬茶。

2. 按存在状态分

（1）粉末状固体饮料　这是一种呈粉末状的固体饮料。通常可用两种方法制得：一种是将各种原料加水溶解后经浓缩、喷雾而成粉末状；另一种是将各组分磨成粉末状，再按配方将各种粉末充分混合制成。

（2）颗粒状固体饮料　这是一种呈细颗粒状的固体饮料。一般可用两种方法制得：一种是通过配料、造粒、烘干、筛分而制成；另一种是通过配料、烘干、粉碎、筛分而制成。

（3）块状固体饮料 这是一种呈立方块状的固体饮料。

3. 按溶于水时是否起泡分

（1）起泡型固体饮料　这类固体饮料入水后会产生很多气泡，是因为原料中有柠檬酸和碳酸氢钠，溶于水时产生大量二氧化碳所致。

（2）非起泡型固体饮料　这类固体饮料溶于水时不产生气泡，绝大多数固体饮料属于此类。

二、固体饮料生产工艺

1. 造粒法

造粒法是使用最普遍的工艺。近年出现的一步造粒法大大地简化了以上工艺。一步造粒法混合、造粒、干燥在一台设备上同时完成，原料成粒后在流化状态下快速干燥，可方便地调整产品的颗粒大小。造粒法基本工艺流程如下：

原料 ⟶ 预处理 ⟶ 混合 ⟶ 造粒 ⟶ 干燥 ⟶ 冷却 ⟶ 整粒 ⟶ 调香 ⟶ 包装 ⟶ 成品

2. 喷雾干燥法

这种工艺生产效率高，生产的固体饮料颗粒小，组织疏松，溶水性极好，多用来生产速溶类产品。对于一些添加果汁，或直接使用原料提取物的产品，由于过多的水分，造粒困难，喷雾干燥较为经济实用。喷雾干燥法基本工艺流程如下：

原料 ⟶ 调配 ⟶ 均质 ⟶ 喷雾干燥 ⟶ 冷却 ⟶ 包装 ⟶ 成品

3. 真空干燥法

真空干燥法多用于蛋奶型固体饮料和干燥前黏性较大的产品。与造粒法相比，其产品中组分均匀，溶水性好。与喷雾干燥法相比，产品在生产过程中始终未接触高温，营养成分破坏小，较适合于保健性固体饮料生产。真空干燥法基本工艺流程如下：

原料 ⟶ 调配 ⟶ 真空干燥 ⟶ 脱气 ⟶ 粉碎 ⟶ 筛分 ⟶ 调香 ⟶ 包装 ⟶ 成品

4. 压块法

此法生产的固体饮料是块状或片状，其优点是饮用时容易计量，食用更方便。基本工艺流程如下：

原料 ⟶ 预处理 ⟶ 混合 ⟶ 造粒 ⟶ 压块 ⟶ 烘干 ⟶ 包装 ⟶ 成品

第九节　功能性饮料

功能性饮料（functional drink）是指通过调整饮料中天然营养素的成分和含量比例，以适应某些特殊人群营养需要的饮品，包括运动饮料、营养素饮料和其他特殊用途饮料3类。

理想的功能性饮料，风味优美，能满足人们的喜好。功能方面，在肠胃适应的基础上，能满足人们的营养需求。功能性饮料营养素选择的原则是：科学性、合理性、稳定性、卫生性、低成本。考虑到产品的外观、口感、稳定性等因素，功能性饮料可适当添加色素、香精、稳定剂；可添加钠、钾、镁、硒等矿物元素；可添加维生素 B_1、维生素 B_2、维生素 B_6、维生素 C、维生素 E 及烟酸、肌醇、L-肉碱等；可添加谷氨酸、天冬氨酸、赖氨酸等氨基酸；有的功能饮料还添加咖啡因，但考虑到其负面影响，我国国家标准规定运动饮料中咖啡因含量应小于 0.15g/kg。另外，充分利用我国丰富的中草药资源，在不违禁的前提下，也可将其活性成分添加于功能饮料中。功能饮料必须符合 GB 14880—2012、GB 2760—2014 及 RDA 等标准。

一、功能性饮料的分类和生理活性物质

1. 分类

功能性饮料主要分为补充型和功能型两类。脉动、宝矿力水特、体力能量等为补充型功能饮料，主要是有针对性地补充人体运动时丢失的营养。红牛、乐虎、健力宝等是在饮料中添加维生素、矿物质等各种功能因子，使之具有某种功能，以满足特定人群的保健需要，这种饮料称为功能型饮料。

2. 生理活性物质

功能性饮料的生理活性因子种类繁多，来源广泛，一般将其分为低聚糖、功能性甜味剂、自由基清除剂、维生素、微量活性元素、肽和蛋白质、乳酸菌及其他活性物质，如黄酮类化合物、多酚类和皂苷等。

二、功能强化饮料

1. 钙强化饮料

果酸钙具有口感好，溶解性好，酸碱环境稳定，生物学利用率高及可减少铁吸收障碍，能耐高温处理等优点，因此，添加果酸钙（柠檬酸钙、苹果酸钙）的钙强化功能性饮料深受人们喜爱。

2. 铁强化饮料

铁强化饮料一般添加促进非血红铁吸收的维生素 C 和有机酸。铁强化饮料有果汁饮料和运动饮料等类型，除糖、酸味剂、维生素 C、铁盐和香料外，果汁饮料用李汁等果汁制成，运动饮料用柠檬酸钠、食盐、KCl、$MgCl_2$ 等电解质盐和调味料制成。

三、运动饮料

运动饮料（sports drink）是根据运动时人体能量消耗的特点，针对性地补充水分、

养分。此饮料富含矿物质、碳水化合物、维生素等营养素，能迅速提供能量，保持并提高运动能力，消除疲劳。运动饮料是专门为健身运动者制造的，不但有科学的物质营养成分配比，而且具备高渗透压的功能，易被身体吸收。

安全标准《运动饮料》(GB 15266—2009）规定，运动饮料中营养素的成分和含量，应符合表 11-7 的要求。

表 11-7　运动饮料安全标准

营养素成分	成品中的含量（mg/kg）
抗坏血酸	≤120
维生素 B_1 及其衍生物	3～5
维生素 B_2 及其衍生物	2～4
钠	200～1000
钾	100～300
钙	40～200
镁	20～100
铁	5～10
锌	5～10

运动饮料是为了向机体迅速补充糖和液体而研制的，按其配方通常分为低渗、等渗和高渗 3 种。三者的主要区别在于溶于饮料中的糖（砂糖、聚合糖）和盐（钠、钾）的量不同。浓度越大渗透压越高，不同渗透压的运动饮料进入血液的速度不同。低渗和等渗（即低于和等于人体血液的渗透压）的运动饮料是为处于热环境下长时间运动、大量出汗的人研制的，它更注重水、糖和盐快速进入血液；高渗运动饮料（即高于人体血液的渗透压）主要用以提供糖的储备为主，适合在运动前的准备期和运动后的恢复期饮用。

四、低热值饮料

摄入过多的精糖（指蔗糖、葡萄糖、麦芽糖），最直接的危害是龋齿，其次是引起肥胖、高血压和冠心病。因此，应尽量少食或不食精糖，为此人们开发了一些低热值饮料。低热值饮料生产关键在于正确使用天然甜味剂。目前我国生产的天然甜味剂主要有甜菊苷、甘草甜素等。这些甜味剂的甜度大大高于蔗糖，而产生的热量却低于蔗糖。

第十二章　水产食品加工

第一节　水产食品原料的特点

一、水产加工原料的种类和特点

1. 水产加工原料种类

水产加工原料主要是指具有一定经济价值且可供食用的生活于海洋和内陆水域的生物种类，包括鱼类、软体动物、甲壳动物、棘皮动物、腔肠动物、两栖动物、爬行动物和藻类等。

2. 水产加工原料特点

1）原料产量的不稳定性

鱼、贝类水产食品在特定的季节、特定的渔场才能大量捕获，且鲜度也易于降低，易受环境的影响，因此，几乎不可能在一年中稳定地保证供给。

2）水产品的易腐败性

鱼、贝类容易腐败变质，捕获后的水产品必须及时采取有效的措施，才能避免腐败变质。

3）鱼类及其组成成分的多样性

鱼类的组成成分随着捕获季节和鱼龄的变化而变化。此外，种类、性别及环境等都会对其产生影响。

4）生理活性物质的存在和应用前景

生理活性物质是指对生命现象具有影响的微量或少量物质。例如，从红藻类提取海人草酸和软骨草酸，从沙丁鱼肌肉分离出具有降低血压和血液中胆固醇含量作用的多肽。总体看来，鱼、贝类的脂质，在饱和脂肪酸中以 $C_{16:0}$、单烯酸中以 $C_{18:1}$、多烯酸（高度不饱和脂肪酸）中以 $C_{22:6}$（二十二碳六烯酸，DHA）为最多，$C_{22:5}$（二十二碳五烯酸，EPA）次之，这些均属于生理活性物质。EPA 具有抗血栓、动脉弛缓作用。此外，鱼类暗色肉中含有大量的牛磺酸，该物质具有降血压和血液中胆固醇的作用。

5）有毒种类及污染的存在

大部分鱼类可供食用，但有些鱼类体内产生或积累有毒物质，误食这些鱼类便会中毒，甚至导致死亡。这些具有毒素或毒棘的鱼类称为有毒鱼类。具有潜在毒性的化学污染物有：无机化学物质，包括砷、铅、汞、镉、氟化物等；有机化学物质，包括多氯联苯、杀虫剂（氯代烃类）等。

二、水产原料的一般化学组成和特点

鱼、虾、贝类肌肉的化学组成大致是水分占 70%～80%，粗蛋白质占 16%～22%，脂肪占 6.5%～20%，灰分占 1%～2%，糖类在 1%以下。其具体组成常随着种类、个体大小、部位、鲜度等因素影响而发生变化。一般，粗蛋白质和灰分含量变化幅度较小，水分和脂肪含量变化幅度较大。

藻类植物的化学组成一般是水分 82%～85%，粗蛋白质 2%～8%，脂肪 0.15%～0.5%，灰分 1.5%～5.2%，碳水化合物 8%～9%，粗纤维 0.3%～2.1%。化学组成往往随着海藻的种类、生长环境、季节变化、个体大小和部位及环境不同而有显著的变化。藻类化学组成的特点是脂肪含量极低，而碳水化合物含量较高，主要成分是多糖类，包括琼胶、卡拉胶、褐藻胶、淀粉类和糖胶及纤维素等成分。此外藻类无机盐含量较多，素有“微量元素宝库”之称。

1. 水分

水是水产食品加工和保存的重要因素之一。水分在体系中存在的状态通常以水分活度（Aw）表示。新鲜水产原料的 Aw 一般为 0.98～0.99，腌制品为 0.80～0.95，干制品为 0.60～0.75。Aw 低于 0.9 时细菌不能生长，低于 0.8 时大多数霉菌不能生长，低于 0.75，大多数嗜盐菌生长受抑制，而低于 0.6 时霉菌的生长完全受抑制。

2. 蛋白质

鱼、虾、贝类肌肉中的蛋白质根据其溶解度可分为 3 类：可溶于中性盐溶液中的肌原纤维蛋白（盐溶性蛋白）、可溶于水和稀盐溶液的肌浆蛋白（水溶性蛋白），以及不溶于水和盐溶液的肌基质蛋白（不溶性蛋白）。通常所说的粗蛋白质除上述蛋白质外，还包括存在于肌肉浸出物中的低分子肽类、游离氨基酸、核苷酸及其相关物质、氧化三甲胺、尿素等非蛋白态含氮化合物。

3. 脂肪

鱼体中的脂肪根据其分布方式和功能可分为蓄积脂肪和组织脂肪两大类。前者主要是中性脂肪，贮存于体内，用以维持生物体正常生理活动所需要的能量，其含量与季节、年龄、营养状态等因素有关；后者主要由磷脂和胆固醇组成，分布于细胞膜和颗粒体中，是维持生命不可缺少的成分，其含量稳定。

鱼、贝类脂肪中，除含有畜产或农产品中所含的饱和脂肪酸及油酸、亚油酸、亚麻酸等不饱和脂肪酸之外，还含有 20～24 碳具有 4～6 个双键的高度不饱和脂肪酸。

4. 碳水化合物

鱼、贝类组织中含有各种碳水化合物，主要是糖原和黏多糖，也有单糖、双糖。藻类不仅含有红藻淀粉、绿藻淀粉等不同于陆地植物的贮藏多糖，亦含有琼胶、卡拉胶、褐藻酸等陆地植物未见的海藻多糖。鱼、贝类和高等动物一样，糖原贮存于肌肉或肝脏中，是能量的来源，有“动物淀粉”之称。

5. 无机质

鱼、贝类体内约含有 40 种元素，除 C、H、O、N 之外，其他元素无论是形成有机化合物还是形成无机化合物全部称为无机质。其中主要是磷、钠、钾等成分，此外，锌、铜、碘等微量元素在鱼、贝类肉和藻类中的含量都高于畜禽类动物的肉，尤其是藻类、海带和紫菜中碘的含量要比畜禽类动物高出 50 倍左右。鱼、贝类的无机质含量，因动物种类及体内组织而表现出很大差异，骨、鳞、甲壳、贝壳等硬组织含量高。

6. 浸出物

肌肉浸出物从广义上讲是指在鱼、贝类肌肉成分中，除蛋白质、脂肪、高分子糖类之外的那些水溶性的低分子成分，从狭义上讲，这些水溶性的低分子成分主要是指有机成分。这些成分除了参与机体的代谢，也是水产品特有的呈味物质的重要组成成分，一般鱼肉中浸出物的含量为 1%～5%，软体动物为 7%～10%，甲壳类肌肉为 10%～12%。水产原料肌肉浸出物包括非蛋白态含氮化合物和无氮化合物，非蛋白态含氮化合物主要是游离氨基酸、低分子肽、核酸及其相关物质、氧化三甲胺、尿素等，其中肌肽、鹅肌肽、氨基酸、甜菜碱、氧化三甲胺、牛磺酸、肌苷酸等物质是水产品中重要的呈味成分。

7. 维生素类

水产动植物所含维生素主要包括脂溶性维生素 A、维生素 D、维生素 E 及水溶性维生素 B 族和维生素 C。这些维生素的分布有一定的规律。其中肝脏最多，皮肤次之，肌肉最少。

8. 色素

水产原料的体表、肌肉、血液和内脏等不同的颜色，都是由各种不同的色素所构成的，这些色素包括血红素、类胡萝卜素、黑色素和虾青素等。有些色素常与蛋白质结合在一起而发挥作用，如虾青素与蛋白质结合导致虾蟹壳的颜色发生变化。

第二节　水产食品原料的保鲜

一、水产原料的鲜度评定

新鲜度是水产品品质好坏的一项重要指标。评定方法主要有感官、微生物学、化学和物理的方法。

1. 感官评定

感官评定是通过人的视觉、味觉、嗅觉、听觉、触觉来鉴别食品质量的一种评定方法。此方法方便快捷，简单易行，但极易受人主观性的影响，结果重复性差。

2. 微生物学方法

微生物学方法是通过检测生物新陈代谢过程中的菌落总数来对鲜度进行评定。一般，需要测定样品的菌落总数和大肠菌落总数。此方法操作烦琐、培养所需时间较长。

3. 化学方法

化学方法主要是检测鱼、贝类死后在细菌作用下或由生化反应所生成的物质为指标而进行鲜度评定的方法。常见的评定指标有：挥发性盐基氮（total volatile basic nitrogen，VBN 或 TVB-N）、三甲胺（trimethylamine，TMA）、组胺、*K* 值、pH。

4. 物理方法

随着鲜度下降，鱼体的硬度、鱼体的电阻、鱼肉压榨液的黏度、眼球水晶体浑浊度等均发生变化。物理方法是通过测定这些物理指标进行鲜度判别。此方法操作简便，但因鱼种、个体不同存在很大差异，故适用范围还不广泛。

二、水产原料保鲜的方法和种类

为了提高水产品的鲜度，常采用物理或化学方法抑制水产品腐败变质，延长保质期。目前，常用的保鲜方法有低温保鲜、化学保鲜、辐照保鲜等。其中使用最早、应用最广的是低温保鲜。

1. 低温保鲜

水产品中微生物生长及内源酶作用导致水产品腐败变质，低温可以抑制它们的活性，从而达到保鲜的目的。低温保鲜包括冰藏、冰温、微冻、冻结。

低温保鲜包括冰藏（0～4℃）、冰温（0～2℃）、微冻（–3～–2℃）、冻结（–18℃）。

2. 化学保鲜

化学保鲜是指在水产食品中加入对人体无害的化学物质进行保鲜的一种方法。根据化学物质作用机理，一般分为防腐剂、杀菌剂、抗氧化剂、抗生素几类。

3. 辐照保鲜

辐照保鲜是利用放射性同位素 ^{60}Co 和 ^{137}Cs 在衰变过程中释放出的射线辐照食品，破坏微生物的细胞膜及遗传物质，致使其死亡，达到延长保质期的效果。

三、水产品保活的方法和种类

1. 低温保活法

低温保活可分为冷冻麻醉保活和降低温度保活两类。前者是利用低温将水产品麻醉，使水产品在运输、保藏过程中处于休眠状态。后者是通过低温使水产品的新陈代谢降到最低水平，减弱水产品的活动、耗氧、体液分泌，使水质不易变质，从而提高水产品的成活率。

2. 药物保活法

此技术是在水中加入一定的化学药品，这些药品进入鱼体后，能强制改变鱼类的生理状态，使鱼类进入休眠状态，对外界反应迟钝，行动缓慢，活动量减少，代谢强度降低，从而减少总耗氧量和水体中的代谢废弃物总量，使鱼类在有限的空间中能存活更久。常用的活鱼运输药物有：乙醚、乙醇、二氧化碳等。

3. 麻醉保活

麻醉保活包括化学法和物理法。化学法是指使用一定的药物使鱼体麻醉，进入深度睡眠状态，减缓新陈代谢，降低氧气和能量消耗，缓解水产品的应激反应，利于长途运输。常用的麻醉剂有乙醚、丁香酚等。物理法比较安全，是通过一定的物理刺激抑制水产动物的神经系统，降低对外界刺激的反应。常用的方法有低温麻醉、电流麻醉及针灸麻醉。

4. 活鱼无水保活法

活鱼无水保活法主要用于活鱼的运输。该法适用于短途调运（6h 以内）。原则是通风、避高温、避曝晒，避免过度挤压。盛鱼容器一般用木条箱或柳条筐等，内铺水草或浸湿的软草，放一层鱼，铺一层水草或湿草，最后顶上加盖。途中要经常淋水，夏季高温时，有条件的可以加冰降温。应在符合鱼类生活适宜的温度范围内，尽量降低水温。这样，不仅可以减少鱼的呼吸，增加水中的溶氧含量，还有利于减少微生物的污染和水中二氧化碳含量。

5. 活鱼充氧保活法

充氧保活是指在运输途中按规定要求向水中注入氧气，确保水体中的溶解氧充足，提高鱼的存活率。常采用的供氧方法有淋浴法、充氧法、充气法、化学增氧法等。

6. 活水船运法

这是一种水上运输的特殊增氧方法。利用臭氧发生装置，将大气中的 N_2 除去，剩余 O_2 浓缩后按需注入水中。此装置可利用车、船上的电瓶作为电源。在长时间运输活鱼时，还需要配备其他水质净化装置。

第三节　水产食品传统加工技术

一、水产冷冻食品加工技术

水产冷冻食品加工技术就是将水产品在低温条件下加工保藏的技术。利用此技术能防止食品腐败变质，较好地保持水产品原有的品质。

1. 水产食品的冷却、冷藏

鱼类的冷却是将鱼体的温度降低到接近液汁的冰点，但不冻结的加工工艺。不同种类鱼的液汁冰点不同，在–2～–0.5℃的范围内，平均冰点为–1℃。鱼体冷却，温度降低，抑制了鱼体上微生物的活动，延缓了鱼体死后变化过程，从而保持鱼体的鲜度。但是冷却并不能完全抑制微生物的有害活动和鱼体死后变化的过程，因此用冷却的方法，保鲜时间一般不超过 2～3 周。

2. 水产食品的冻结、冻藏

水产品捕获后，应立即进行冻结、冻藏。冻结及冻结后处理生产工序如下：

原料→鲜度的选择→冻前处理→冻结→冻后处理→制品→冻藏或发送

（1）鲜度的选择　原料最初的质量对冰冻食品的稳定性影响大，因此冷冻的原料需保持一定的鲜度。

（2）冻前处理　此操作需在低温、洁净的环境下迅速进行。一般前处理包括原料的清洗、分类、冷却保存、去内脏等。有些鱼类在冻结前需进行预处理，主要包括盐水处理、加盐和加糖处理、脱水处理等。

（3）冻结　鱼类的冻结一般有以下几种。①空气冻结法：利用空气作为介质冻结鱼类，装置有管架式鼓风和隧道式送风两种。②盐水浸渍冻结：此法分为直接接触冻结和间接接触冻结。③平板冻结：借助平板机的冻结平板同鱼体直接接触换热的一种冻结方法。④单体冻结（流态化冻结）：使小颗粒食品悬浮在不锈钢网孔传送带上进行冻结，风从传送带底部经网孔进入把小颗粒食品吹起，形成悬浮状态进行冻结。

（4）冻后处理　冻后处理主要指鱼品冻结后所进行的脱盘、镀冰衣和包装等操作。镀冰衣是冻结后迅速将产品浸在冷却的饮用水中或将水喷淋在产品的表面形成冰层，以防止空气的氧化作用。

（5）冻藏　水产品长时间贮藏会发生脂肪氧化、色泽变化、冰结晶长大等变化，为了减少这些变化，应采取包冰衣、装箱等方法以避免和减少与氧接触，也可使用抗氧化剂，同时冻藏时温度应≤–18℃。

3. 冻结调理鱼、虾、贝类食品

冻结调理水产食品是以新鲜的鱼、虾等为原料，经过一定的前处理、调理和冻结加工而成。它具有以下特点：品质高，卫生良好，风味独特，食用方便，成本低，无污染。

新鲜的鱼、虾、贝类，以及它们的冷冻品皆可作为冻结调理食品的原料。新鲜原料必须是处于自溶作用阶段以前的，鲜度质量高；尤其是贝类，一般要求是鲜活的。鱼、虾、贝类的冷冻品还必须具有较高的残余冷藏品质，需经解冻工序。

二、水产干制品加工

1. 概述

干制是水产品保存的有效手段之一。著名的加工产品有鱿鱼干、鱼肚、紫菜干、虾米、虾皮等，产品种类繁多，风味各异，携带方便。

2. 干制方法

干制方法分为天然干燥与人工干燥两类。天然干燥主要是日干和风干，即晒干和阴干。人工干燥方法很多，用于水产品干制的主要有热风干燥、冷冻干燥、远红外干燥等。

三、水产品的熏制加工

1. 概述

熏制品是原料经调理、盐渍、沥水、风干，利用熏材不完全燃烧而产生的熏烟，将其引入熏室与食品接触，赋予食品贮藏性和独特香味的一类制品。烟熏法是人类在远古时代就掌握的一种鱼、肉加工方法。用于烟熏的木材（即熏材）多为阔叶树的硬质木料。

熏烟由熏材缓慢燃烧或不完全燃烧产生的气体、液体（树脂）和微粒固体的混合物组成。较低的燃烧温度和适当供应空气是缓慢燃烧的必要条件，常见的熏材燃烧温度范围是 100～400℃，一般燃烧温度在 340～400℃，以及氧化温度在 200～250℃所产生的熏烟质量最高。一般认为，熏烟中最重要的成分为酚类、醛类、酮类、醇类、有机酸类、酯类和烃类等。其中，酚与醛赋予制品特有的香味，酚溶于鱼体的皮下脂质，能防止脂质氧化。另外有机酸、酚和醛可以抑制微生物发育、增强制品贮藏性。

2. 熏制方法

熏制品的生产，一般经过原料处理、盐渍、脱盐、沥水（风干）、熏干等工序制得。熏制设备有熏室和熏烟发生器，以及熏烟和空气调节装置等。根据熏室的温度不同，可将熏制分成以下几种方法。

（1）冷熏法　冷熏法是指在低于蛋白质不发生热凝固的温度（15～23℃）下，进行连续长时间（2～3 周）熏干的方法。这是一种烟熏与干燥（实际上还包括腌制）相结合的方法，制品具有长期保藏性。为了防止熏制初期变质，采用高浓度的盐溶液盐渍再脱盐，使肉质易干燥。脱盐时，最终产品盐分含量控制在 8%～10%，制品水分含量约 40%，一般保藏期为数月。

（2）温熏法 在较高温度（30～80℃）进行较短时间（3～8h）熏干的方法为温熏法，目的是使制品具有独特的风味。在60℃以上温度区加热时，肉中的蛋白质将产生热凝固。制品的水分为55%～65%，盐分为2.5%～3.0%，保存性略差。

（3）热熏法（调味熏制） 在120～140℃熏室中，进行短时间（2～4h）熏干，也称焙熏。制品水分含量高，贮藏性较差。

（4）液熏法 将阔叶树木材烧制木炭时产生的熏烟冷却，除去焦油等，其水溶性部分称为熏液（木醋液）。预先用水或稀盐水将上述熏液稀释3倍左右，将原料鱼放在其中浸渍10～20h，也可用熏液对原料鱼进行喷洒，然后干燥即可，称为液熏法。

（5）电熏法 将食品每两个组成一对，通以高压电流，食品成为电极产生电晕放电。带电的熏烟即被有效地吸附于鱼体表面，达到熏制的效果。

3. 水产烟熏制品

烟熏制品品种繁多，生产方式独特。其制品主要有如下几类。

（1）冷熏品 含盐量较高的原料在低温下长时间熏制并干燥的制品，这类产品咸味较重，较干，故保藏性较好。冷熏品由鲱、鳟鱼类、鳕、鲐等鱼种熏制加工而成。

（2）温熏品 温熏法的目的是通过熏烟使食品获得保藏性，并具有一定的风味。一般盐分较低，原料鱼在高温下短时能熏干。制品有鲱、鲑和鱿鱼等的温熏品。制造方法与冷熏法相似。

（3）调味熏制品 原料鱼如鱿鱼、章鱼等经适当调理、调味后在高温下短时间熏干而成。

四、水产罐头食品加工

1. 概述

将水产品装入马口铁罐、玻璃瓶、软包装等容器内，经排气、密封、杀菌等工艺操作制得水产罐头食品。水产罐头食品可分为清蒸类、调味类、茄汁类、油浸烟熏类。

2. 原料的预处理和预制处理

罐头厂通常采用空气和水对冻藏原料进行解冻。鲜活原料或经过解冻后的原料需经过一系列预处理加工操作，如去内脏、清洗、剖开、分档、盐渍和浸泡等。

预制通常是用蒸汽、水、油、热气、烟或其中两种以上方式进行处理。其作用有以下几点：使鱼肉部分脱水；使鱼蛋白质凝固并使鱼肉与骨架松离；使水产品具有合乎要求的质地和气味特征；使甲壳类的肉变硬以便去壳。预制需严格控制，处理过度往往会使产量减少，而预制不充分则达不到处理目的。

3. 水产食品硬罐头生产工艺

水产食品硬罐头加工的一般工艺流程如下：

原料保藏和预处理→食品装罐→排气→密封→杀菌和冷却→保温、检验、包装→贮藏

水产食品硬罐头生产工艺与第九章第二节果品蔬菜罐头加工工艺相似。

4. 水产食品软罐头生产工艺

生产软罐头食品，特别是蛋白质含量较高，Aw 较大的水产品软罐头需采取较复杂的工艺，对专用设备和包装容器的要求高。传统软罐头生产在国内常采用加压加热高温杀菌的工艺，软包装生产新技术有欧洲和美国的真空包装——巴氏杀菌工艺、日本的气体置换包装——阶段杀菌工艺（新含气调理杀菌工艺）。

五、水产腌制品加工

水产腌制品加工是具有悠久历史的加工保藏方法之一，著名的产品有咸带鱼、咸黄鱼和海蜇等。

1. 腌制加工原理

腌制过程包括盐渍和成熟两个阶段。盐渍就是食盐和水分之间的扩散与渗透作用。在盐渍中，鱼肌细胞与食盐溶液盐分的浓度差导致盐溶液中的食盐不断向鱼肌内扩散且鱼肌内水分向盐溶液中渗透，从而使鱼肌脱水。当肌细胞膜内外两侧浓度达到平衡，浓度差消失，渗透压降至零，此时达到盐渍平衡。这时，可将腌制品在卤水中再放置一段时间，以便继续成熟。

成熟是指在鱼肌内所发生的一系列生物和化学变化，包括以下几个方面：①蛋白质在酶的作用下分解为短肽和氨基酸，非蛋白氮含量增加，风味变佳。②在嗜盐菌解脂酶作用下，部分脂肪分解产生小分子挥发性醛类物质使其具有一定的芳香味。③肌肉组织大量脱水，一部分肌浆蛋白失去了水溶性，肌肉组织网络结构发生变化，使鱼体肌肉组织收缩并变得坚韧。④由于加入的腌制剂中存在部分硝酸盐和亚硝酸盐，对肌肉有一定的发色作用。

2. 水产腌制品种类

水产腌制品主要包括盐腌制品、糟腌制品和发酵腌制品。

（1）盐腌制品　盐腌制品主要用食盐和腌制剂对水产原料进行腌制，可采用干腌法、湿腌法或混合腌制法进行，用盐量为原料量的 25%～30%或饱和食盐水溶液。干腌法是利用干盐并依靠鱼体中渗出的水分所形成的食盐溶液而进行盐渍。湿腌法是预先将食盐配制成溶液，然后将鱼品浸置于其中一定的时间。混合腌制法是干腌法和湿腌法的复合方法。

（2）糟腌制品　糟腌制品是以鱼类等为原料，在食盐腌制的基础上，使用酒酿、酒糟和酒类进行腌制制成的产品，亦称糟醉制品或糟渍制品。

（3）发酵腌制品　发酵腌制品为盐渍过程自然发酵熟成或盐渍时直接添加各种促进发酵与增加风味的辅助材料加工而成的水产制品。有些产品依靠鱼虾等本身的酶类和嗜盐菌类对蛋白质分解制得，如中国的酶香鱼、虾蟹酱、鱼露等。

六、鱼糜制品加工

1. 概述

将鱼肉绞碎，经加盐擂溃制成黏稠的鱼浆（鱼糜），再经调味混匀，做成一定形状后，进行水煮、油炸、焙烤、烘干等工序而制成的具有一定弹性的水产食品，称为鱼糜制品。目前有鱼丸、虾丸、鱼香肠等鱼糜制品，以及鱼排、裹衣糜制品等冷冻调理食品。一些以碎鱼肉为原料，不经擂溃或加热，也不具弹性的制品，如鱼肉汉堡包、生鱼面、虾片等亦被视为广义的鱼糜制品。鱼糜制品的生产主要分为冷冻鱼糜的生产和以冷冻鱼糜为原料的鱼糜制品生产两个阶段。

2. 冷冻鱼糜生产技术

冷冻鱼糜是使鱼肉防止冷冻变性技术，又称生鱼糜，是指经采肉、漂洗、精滤、脱水并加入抗冻剂冻结之后得到的糜状制品。鱼类在冻结过程中，组织中的水分形成冰晶，蛋白质发生冷冻变性，失去鱼糜特性，是一种新的鱼糜制品原料形态。冷冻鱼糜生产工艺流程如下：

原料鱼→前处理→水洗（洗鱼机）→采肉（采肉机）→漂洗（漂洗装置）→
脱水（离心机或压榨机）→精滤（精滤机）→搅拌（搅拌机）→称量→包装→冻结

3. 鱼糜制品生产技术

1）鱼糜制品一般加工工艺流程

鱼糜制品一般加工工艺流程如下：

冷冻鱼糜→解冻→擂溃或斩拌→成型→胶凝化→加热→冷却→包装→贮藏

2）鱼糜制品加工工艺要求

（1）解冻　从冷库取出冷冻鱼糜，一般采用3～5℃空气或流水解冻法，待鱼糜品温回升到–3℃易于切割即可，切勿使其完全解冻，以免影响鱼糜的功能性和切割处理的效率。

（2）擂溃或斩拌　擂溃是鱼糜制品生产的一个重要工序。操作过程可分为空擂、盐擂和调味擂溃3个阶段。空擂是将鱼肉放入擂溃机内擂溃，通过搅拌和研磨作用，使鱼肉的肌纤维组织进一步被破坏，为盐溶性蛋白的充分溶出创造良好的条件。盐擂是在空擂后的鱼肉中加入鱼肉量1%～3%的食盐继续擂溃的过程。擂溃使鱼肉中的盐溶性蛋白质充分溶出，鱼肉变成黏性很强的溶胶。调味擂溃是加入砂糖、淀粉、调味料和防腐剂等辅料并使之与鱼肉充分混合均匀。

（3）成型　经配料、擂溃后的鱼糜，具有很强的黏性和一定的可塑性，根据各品种的不同要求，加工成各种各样的形状和品种。

（4）凝胶化　鱼糜在成型后加热之前，需要在一定的温度条件下处理一段时间，以增加鱼糜制品的弹性和保水性，这一过程称为凝胶化。凝胶化的温度条件一般有 3 种：高温凝胶化，在 75～90℃温度放置 30～90min，加热过程需快速通过凝胶劣化温度区；低温凝胶化，在 30～50℃条件下处置 18h 左右；二段凝胶化，先在 85℃条件下处理 30min，高温度放置 18～42h 然后在 30℃条件下处理 18h。

（5）加热　鱼糜制品加热的目的有两个：使蛋白质变性凝固，形成具有弹性的凝胶体；杀灭细菌和霉菌。

（6）冷却　加热完毕的鱼糜制品大部分都需在冷水中急速冷却。急速冷却后制品的中心温度仍然较高，通常还要放在冷却架上让其自然冷却。

（7）包装与贮藏　鱼糕和鱼卷及模拟制品等均需要进行包装，一般采用自动包装机或真空包装机，包装好的制品再装箱，放入冷库［（0±1）℃］中贮藏待运。

第四节　水产食品的综合利用

对食用价值较低的水产品，以及水产品加工过程中的废弃物（鱼头、皮、内脏等）进一步加工利用，称为水产品综合利用。综合利用按原料的不同，可分为鱼类、贝类及藻类综合利用等。

一、鱼类综合利用

1. 鱼粉

1）鱼粉原料

为了综合利用鱼类加工过程中产生的副产物如鱼头、鱼皮、鱼鳞，从而生产鱼粉。鱼粉是重要的动物蛋白饲料。鱼粉中蛋白质含量为 50%～70%，消化率在 90%以上，同时还含有较高的矿物质、维生素、必需脂肪酸和促生长因子等成分。鱼粉的产量和质量与原料鱼的鲜度有关，加工鱼粉的原料鱼需采用低温贮藏、甲醛防腐、亚硝酸钠防腐等方法进行贮藏，以达到防腐保鲜的效果。

2）鱼粉生产工艺

鱼粉生产的方法主要分为干法和湿法两种，其中干法又分为直接干燥法和干压榨法，而湿法又分为湿压榨法和离心法，此外，还有萃取法和水解法，其工艺特点和优缺点见表 12-1。

生产的汁水经多效蒸发器浓缩至一定浓度后送入干燥机与压榨饼一起干燥，由此得到的鱼粉称为全鱼粉，而浓缩液不回收得到的鱼粉为半鱼粉。

从鱼粉生产的实际情况来看，原料多是鲱、鳀、沙丁等多脂鱼类，因此，世界生产鱼粉的主要国家多采用湿压榨法。湿压榨法生产工艺流程图如下：

表 12-1　鱼粉制法的工艺要点和优缺点

制法类别	工艺要点	优缺点	适应性
直接干燥	原料切碎、干燥、粉碎、筛析，不分离鱼油	设备简单，成本低廉	少脂原料
干压榨	原料直接干燥后压出鱼油	设备较直接干燥法多，较湿压榨法简单，鱼粉产量高，但鱼粉鱼油质量较差	中脂原料
湿压榨	蒸煮、压榨，榨饼经干燥、粉碎、筛析；榨液分离鱼油后的水溶液经浓缩后加到干燥机中制成“全鱼粉”	工艺设备较复杂，投资高，鱼粉、鱼油产量高，质量好	多脂原料
离心法	原料煮成浆状，用卧式离心机代替压榨机分离油水，其他工序与湿压榨法相同	主要取决于卧式离心机的功效	原料适应性较广
萃取法	用有机溶剂萃取原料中的鱼油，多用于鱼粉中残油的脱除及食用鱼粉的脱脂	脱脂彻底，鱼粉含脂量可降至 1%以下。工艺设备复杂，条件要求高	鱼粉彻底脱脂
水解法	由鱼体自身的酶类或外加酶将鱼蛋白进行部分水解	生产酸贮饲料成本低，生产食用和药用水解蛋白成本高	生产鱼蛋白水解产品

原料→切碎→蒸煮→压榨→压榨饼→撕碎→干燥→除金属→粉碎→筛析→集粉→称重→包装→成品

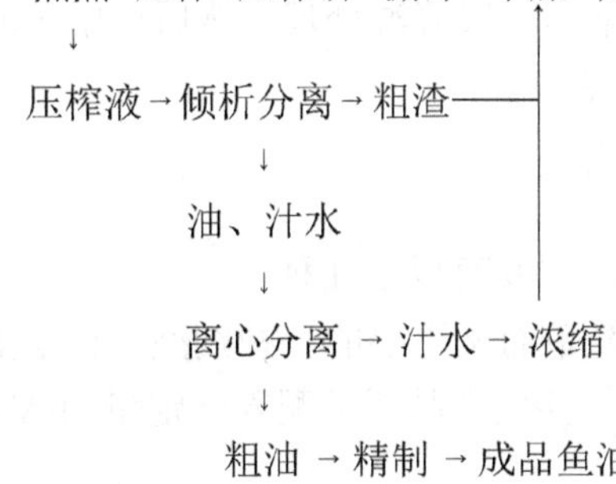

2. 鱼油

鱼油泛指鱼体油、鱼肝油及水产哺乳动物油。鱼体油主要为生产鱼粉时的产品，鱼肝油主要是从富含维生素 A 和维生素 D 的鱼、贝类肝脏中提取的油脂，水产哺乳动物油主要来自鲸、海豹等的皮下脂肪。

1）鱼油的提取

从鱼体中提取鱼油的方法，一般有煎取法和煮取法。前者是将细切后的原料放入平底釜中，直火加热，蒸发水分的同时，使得鱼油溶出、分离的方法；后者则为原料煮熟后，将浮在上层的鱼油分取出来的方法。

从鱼、贝类的肝脏中提取鱼肝油的方法有以下几种。①蒸煮法：蒸煮加热使鱼肝的细胞破坏，从而使肝油分离出来。②淡碱水解法：是采用淡碱液将鱼肝蛋白质组织分解，破坏蛋白质与肝油之间的结合关系，从而更充分地分离肝油。③萃取法：利用食用油或有机溶剂使鱼肝中的维生素提取出来。对含油量低却又富含维生素的鱼肝特别适用。④低温提油法：是利用低温冻结和研磨，使肝脏细胞内形成冰晶而导致细胞破裂并使肝油分离。⑤酶解法：将蛋白酶加入肝浆中，控制蛋白酶最适 pH 和温度进行水解，破坏细胞组织结构，然后离心分离肝油。此外还有超声波、脉冲等方法。

2）鱼油的精炼

通过压榨、萃取或溶出等方法得到的鱼油称为粗油，虽然其中的水分和固形物已被除去，但尚含有少量的蛋白质、游离脂肪酸、色素和臭味等成分，不符合高级用油的需要，因此还需进一步精炼。精炼包括脱胶、脱酸、脱色、脱臭和冬化。

脱胶是用来去除粗油中的磷脂、蛋白质和黏液，可分为水化法脱胶和酸炼法脱胶。脱酸主要是为了除去油脂中的游离脂肪酸，方法有酯化脱酸法、蒸馏脱酸法、溶剂脱酸法和中和脱酸法。目前，常采用中和脱酸法，也称碱液脱酸法。脱色是脱去油中的天然色素，包括胡萝卜素、叶黄素、藻黄素和虾青素等，常用的方法为吸附法，活性炭和活性白土为常用的吸附剂。脱臭是指脱去油脂氧化酸败产生的低分子醛、酮、酸类和过氧化物，以及蛋白质分解产生的一些令人不愉快的臭味或特殊气味。脱臭的方法主要有气体吹入法、真空脱臭法、真空蒸汽脱臭法、聚合法、化学药品脱臭法等几种。冬化即低温冷却处理，也称脱硬脂酸或脱蜡。一般采用二段降温处理，然后再用压滤法以除去凝固点较高的硬脂酸甘油酯、蜡和饱和脂肪酸。

3）鱼油加工产品

鱼油产品中大部分是鱼肝油加工产品，主要有以下几种。

（1）鱼肝油滴剂　是鱼肝油制品中较简单而又重要的一种剂型。它是由精制且冷滤合格后的鱼肝油和植物油以一定比例混合，并按产品要求配入一定量的 V_A、V_D、抗氧化剂和增效剂等辅料后制成的一种产品。

（2）鱼肝油丸　是一种将定量的鱼肝油封闭于胶囊中的胶囊制品。胶囊根据其材料组成可分为硬胶囊和软胶囊两类，材料一般以明胶为主，也可使用海藻酸钙、羧甲基纤维素、变性明胶和其他高分子材料。与液状肝油相比，丸状服用方便，无鱼腥气味，而且肝油不易氧化。

（3）麦精鱼肝油　是由鱼肝油与饴糖等混合配制而成的一种略带黏稠、具有一定甜味和芳香味的鱼肝油制品。

（4）乳白鱼肝油　是将两种互不相溶的液体通过乳化剂的作用使一种液体高度分散于另一种液体中并经调味剂配制而成的一种鱼肝油乳剂。这种产品营养更全面、口味佳、色泽好和易于消化吸收。

（5）鱼肝油酸钠注射液　是鱼肝油混合 5%脂肪酸钠盐或 10%灭菌溶液。可用于治疗静脉曲张、血管瘤和痔疮等，还具有止血和抗感染等药效。

（6）DHA 和 EPA 鱼油　DHA 为二十二碳六烯酸，EPA 为二十碳五烯酸。现代医学研究证明 EPA 和 DHA 具有降低血脂、胆固醇和预防心血管疾病，抑制血小板凝集等功效。DHA 和 EPA 鱼油产品主要有甘油酯型产品、游离酸型产品和甲酯或乙酯型产品 3 种。

3. 鱼蛋白胨

利用鱼类蛋白质在酸、碱或酶的作用下，水解生成以蛋白胨为主的、包括肽和氨基酸在内的水解产品的混合物。根据生产工艺、水解方法、水解程度和产品纯度的不同，分为生化试剂类蛋白胨和工业类蛋白胨，前者包括生化试剂胰蛋白胨和生化试剂 F403 型蛋白胨；后者主要是 F805 型蛋白胨。

4. 水产动物明胶

水产动物明胶是由水产动物皮、骨、鳞中主要的蛋白质胶原转化而成的。

二、藻类综合利用

1. 概述

海藻分为褐藻、红藻、绿藻和蓝藻 4 大类。海藻不仅供人食用，还可以用来提取各种抗生素。海藻中含有丰富的钾、碘、褐藻胶、甘露醇、琼胶、卡拉胶，可开发更多工业用品和医药用品。因此，海藻的综合利用已引起人们的广泛重视。

2. 海藻工业

（1）褐藻胶的生产　用于褐藻胶工业原料的褐藻，在欧洲主要是泡叶藻和指状海带，在美洲为巨藻，在亚洲以人工养殖海带为主，也有少量的马尾藻。褐藻胶生产工艺流程如下：

浸泡液提取碘、甘露醇　　　　　　　　　　　　酸化　　　　　　　液相中和
　　↑　　　　　　　　　　　　　　　　　　　　↑　　　　　　　　　↑　↓
海带→浸泡→切碎→消化→稀释→粗滤→高压泵打泡→漂浮→过滤→钙化→脱钙→脱水→中和→烘干
　　　　　　　　　　　　　　　　　　　　　　　　　　↑　　　　↑　↓
　　　　　　　　　　　　　　　　　　　　　　　　漂白剂　　　固相中和

→粉碎→筛粉→混料→包装

褐藻胶可作为浆料、稳定剂、增稠剂等的原料，广泛地应用于纺织、食品、医药、化妆品等方面。

（2）碘的生产　海藻中含有丰富的碘。目前从海藻中提取碘的方法主要有沉淀法、活性炭吸附法、空气吹出法和离子交换法等。离子交换法是较新的工艺，具有设备简单、成本较低、得率高、可连续生产等优点。其工艺流程为：

海带浸泡→凝沉→酸化→氧化→树脂吸附→解吸→碘吸→水洗→精制→包装

（3）甘露醇的生产　甘露醇是海带制碘工业中的主要产品之一。其生产方法有水重结晶法和电渗析法两种，水重结晶法是国内制碘厂普遍采用的一种方法。

（4）琼胶的生产　琼胶是从红藻中提取的一种水溶性多糖类物质，分子量为 5000～160 000。我国用于生产琼胶的原料主要是石花菜、江蓠和紫菜。琼胶主要用于食品工业、生物技术、制药工业等。

（5）卡拉胶的生产　卡拉胶又称角叉菜胶、鹿角菜胶，它是从多种红藻如麒麟菜、角叉菜、鹿角菜等中提取出来的一种物质。卡拉胶作为凝固剂、黏合剂、稳定剂和乳化剂应用于食品、医药和轻工业等方面。

3. 海藻食品加工

1）海带食品加工

海带具有很高的食用价值和经济价值，每 100g 海带含蛋白质 8.2g、糖 57g、粗纤维 9.8g、脂肪 0.1g、无机盐 12.9g，并含有大量的甘露醇和少量的碘、烟酸等。常吃海带能预防和治疗甲状腺肿大，降低血液中的胆固醇含量，防治血管硬化、皮肤病及肝病。

海带加工主要以淡海带为主，其次是咸海带和少量的调味海带丝。淡干海带是将收割的海带在海水中漂洗干净，根据条件进行挂晒或铺晒干燥，之后进行理菜、分级、包装。咸干海带是将收割的海带在海水中漂洗干净，按其质量的 20%～25%加盐（一层海带一层盐），在能防雨的地势较高的水泥地上盐渍。腌渍 7 天后晒干再经理菜、分级、包装。调味海带丝是将海带清洗、沥干水分切丝、蒸煮、干燥，同时根据市场需求用酱油、砂糖、料酒及各种香辛料配制成各种不同口味的调味液，将上述干燥的海带丝投入调味液中浸泡，使其吸收调味液膨胀，然后真空包装而成。

2）紫菜加工

紫菜味道鲜美，营养价值较高。干紫菜的主要成分中蛋白质含量为 29%～35.6%，糖含量为 39.1%～39.6%，脂肪含量为 0.6%～0.7%，同时含有丰富的维生素、氨基酸和无机盐。

我国紫菜品种主要有坛紫菜和条斑紫菜两种。紫菜加工粗产品主要有淡干散菜和饼菜两种。精加工产品有各种小包装和调味紫菜、花色紫菜，如花生紫菜、银耳紫菜冲剂、紫菜酱等产品。

三、海洋生物活性物质利用

海洋生物是人类重要的食物来源之一，含有许多特有的生理活性物质，是有待开发和利用的资源宝库。从海洋生物中提取的活性物质主要有以下几大类。

（1）活性多糖类　如海藻多糖、海参多糖、甲壳多糖等。

（2）多肽类　如河豚毒素、蜈蚣藻肽等。

（3）多烯脂肪酸类　如亚油酸、亚麻酸、DHA、EPA 等。

（4）甾醇类　如岩藻甾醇等。

（5）萜类　如海鞘鞘氨醇、海兔素等。

（6）皂苷类　如刺参皂苷等。

（7）糖蛋白类　如海兔蛋白等。

（8）天然色素类　如 β-胡萝卜素、藻蛋白等。

（9）酶类　如超氧化物歧化酶（SOD）等。

（10）氨基糖类　如丁酰苷菌素等。

（11）氨基酸类　如牛磺酸、红藻氨酸等。

（12）生物碱类　如来自红藻的丙氨酸甜菜碱等。

1. 甲壳素的利用

甲壳素分布广泛，是地球上仅次于纤维素的第二大类有机资源。甲壳素及其衍生物都为含氮多糖类天然生物活性物质，广泛应用于工业、医药、食品等诸多领域。海洋中的甲壳类动物繁多，主要品种有对虾、白虾、梭子蟹、河蟹和红蟹等。虾蟹壳废弃物是工业上生产甲壳素和其衍生物的主要原料。与甲壳废弃物共存的还有蛋白质、碳酸钙、色素和少量脂肪等，这些共存物质也可被综合利用加工成多种不同的产品。

甲壳素的分离方法较多，主要包括化学法、酶法和两者的结合法。工业上一般利用虾壳和蟹壳为原料制备甲壳素，用稀酸和稀碱溶液分别除去钙质、蛋白质和脂肪，再经过脱色处理后即可得到甲壳素。

甲壳素和壳聚糖分子内的羟基、氨基易发生酰基化、磺化、羟甲基化等反应，形成许多衍生物。甲壳素、壳聚糖及相关的衍生物是对生物再生资源的充分利用，这类高分子物质以其稳定性、酸溶性、生物安全性、金属离子结合性、保湿性、降解性等特点而在食品、化工、环保和医药等领域中有着广泛的用途。

2. 鱼精的利用

鱼精是存在于雄性鱼类精巢中的一种生殖细胞，核酸和蛋白质是其中重要的组成成分之一。由于含有较多的精氨酸等碱性氨基酸，存在一定的腥味，一般作为水产加工中的废弃物丢弃。然而，人们发现核酸和鱼精蛋白都具有一定的营养与功能性，是一种可以再生利用的活性物质。

鱼精蛋白是一种分子量较低的碱性蛋白质，通常与 DNA 结合在一起，以核蛋白形式存在，微溶于水、稀氨水、酸和碱，加热不凝固且较为稳定。鱼精蛋白在中性或碱性介质中具有良好的抗菌活性，热稳定性好，是一种天然食品防腐剂。此外，鱼精蛋白还有刺激垂体释放促性腺激素、增强肝功能、阻止血液凝固、阻止血糖浓度和血压上升等重要的生理作用。

3. 海藻生物活性物质

藻类具有特殊的化学组成和结构，是分离提取海洋生物活性物质、生产功能性食品的一种重要资源。

1）海藻多糖

海藻多糖化合物是海藻中最重要的组成部分，这类化合物及其改性和降解产物是海洋生物活性物质的重要组成部分。根据分布情况可以分为 3 类，最外层是细胞壁多糖，主要是纤维素和半纤维素；其次是充填在细胞壁多糖间的黏多糖，包括褐藻胶、琼胶、卡拉胶、岩藻多糖和琼脂糖等，是海藻工业中生产和应用最广、生理活性成分最多的一类糖；最后是存在于细胞内的贮藏多糖，如海藻淀粉等。海藻多糖及其改性和降解产物具有降低血脂与胆固醇、减肥、清除自由基等功效。

2）天然色素

海藻中含有丰富的天然色素，包括叶绿素、类胡萝卜素、叶黄素等。对色素的提取分为两类，脂溶性色素一般采用有机溶剂抽提萃取，水溶性色素可采用细胞研磨后离心干燥制取。

3）藻胆蛋白

蓝藻含有一类特殊的光合辅助色素——藻胆蛋白，其含量可达细胞干重的10%～20%。它们在免疫检测、荧光显微术和流式细胞测定法等技术方面是很好的生化探测物。同时藻胆蛋白有抗肿瘤作用，是重要的食品功能成分。

4）微量元素

海藻中除含有较多的Na、K、Ca等常量元素外，还含有Fe、Zn、I等微量元素，这些微量元素大多以人体能直接吸收利用的有机活性形式存在，因此海藻被称为“天然微量元素的宝库”。

海藻中具有生理活性的微量元素主要有I、Se和Zn，它们是人体和动物所必需的营养。碘可用于治疗人体因缺碘而引起的甲状腺肿，还可预防小儿痴呆症，并有消炎作用。海藻中的硒可作为人体有效补硒的天然来源，并有一定的辅助治癌功效。锌具有促进人体大脑和神经细胞发育、增强人体免疫机能的作用。

第十三章　果品蔬菜贮藏保鲜

新鲜的水果蔬菜不仅能够给予消费者色、香、味、形等良好的感官体验，而且能满足人们对维生素、无机矿物质、微量元素等营养素的需求。此外，新鲜果蔬在体内代谢生成碱性物质，是碱性食物的主要来源。

（1）新鲜果蔬富含维生素。果品蔬菜中含有丰富的 V_A、V_B、V_C、V_D、V_K、V_P（又名芦丁）等人体必需的成分。据研究，人体大约有 54%的 V_A、94%的 V_C 和 22%的 V_B 来源于果品蔬菜。其中，V_C 在谷类、畜产食品中含量很少，因此其主要来源于果品蔬菜。

（2）新鲜果蔬中无机矿物质和微量元素含量丰富（表 13-1）。矿物质是构成人体组织的重要材料，如骨骼中的钙、磷和铁，磷是核酸的重要组成部分，铁是血液的重要组成成分。

表 13-1　果品蔬菜的矿物质含量

果蔬名称	灰分含量（%）	K（mg/100g 鲜重）	Ca（mg/100g 鲜重）	P（mg/100g 鲜重）	Na（mg/100g 鲜重）	Fe（mg/100g 鲜重）
苹果	0.2	110.0	11.0	9.0	1.6	0.3
鸭梨	0.2	115.0	5.0	6.0	1.5	0.2
桃	0.4	84.0	8.0	20.0	3.8	1.2
杏	0.5	370.0	26.0	24.0	2.3	11.0
李	0.4	176.0	17.0	20.0	8.0	0.5
柿	0.4	217.0	9.0	21.0	0.8	0.2
鲜枣	0.7	375.0	22.0	23.0	1.2	1.2
荔枝（鲜）	0.4	193.0	6.0	34.0	1.7	0.5
香蕉	0.6	472.0	67.0	31.0	5.5	0.6
蜜橘	0.3	177.0	19.0	18.0	1.3	0.2
葡萄	0.3	104.0	5.0	13.0	1.3	0.4
石榴	0.5	339.0	54.0	55.0	6.4	2.7
马铃薯	1.1	568.0	10.0	58.0	28.0	1.2
白球甘蓝	0.7	185.0	48.0	31.0	13.0	1.0
花椰菜	0.8	210.0	26.0	51.0	10.0	1.4
胡萝卜	1.0	173.0	37.0	39.0	21.4	0.7
番茄	0.7	290.0	14.0	26.0	40.0	1.4
菠菜	1.8	774.0	106.0	83.0	62.0	3.0
洋葱	1.0	175.0	31.0	58.0	18.0	0.8

（3）新鲜果品蔬菜在体内代谢生成碱性物质。一方面，水果蔬菜中的有机酸根与体液中的 H^+ 发生氧化反应形成有机酸，消耗了 H^+；另一方面，水果蔬菜中的 K^+、Na^+ 等碱性金属离子与 HCO_3^- 结合，保留了 HCO_3^-。可见果蔬中的有机酸盐在体内代谢的结果是消耗 H^+ 的同时形成了碱性金属盐，导致血浆的碱性相对增加。因此，果品蔬菜被称

为碱性食品。

果品蔬菜贮藏学是以植物学、化学、物理学、植物生理学、微生物学及果品蔬菜栽培学等作为基础的一门应用学科。我国果品蔬菜贮藏历史悠久，西安半坡遗址出土的粟、榛等果实，说明当时人类已经贮藏食品。早期的农书《齐民要术》（后魏）中，详细记载了葡萄、梨、板栗、枣等果实的贮藏方法，证明早在 1400 年前我国劳动人民就在果品贮藏技术方面积累了丰富的经验。20 世纪后期，我国无论在果品蔬菜贮藏理论研究和技术应用方面都处于落后地位，远远不能达到果蔬生产发展的需要。近年来，我国对果品蔬菜贮藏保鲜给予了较高重视，在低温气调保鲜、冷藏保鲜、化学剂及涂膜剂保鲜技术等贮藏技术方面进行了深入研究，均有了突破性的进展，很大程度上促进了果蔬贮藏保鲜业的发展。

第一节　果品蔬菜的品质

果品蔬菜的品质，包括色泽、风味、大小和形状等，同时还涉及维生素、矿物质、碳水化合物、脂肪、蛋白质等营养成分。果蔬的品质主要由遗传因素决定，但又因不同的发育时期、栽培环境、管理水平和贮藏条件而变化显著。

一、果品蔬菜贮藏的细胞学基础

植物体是由细胞组成的，复杂的生命活动是在一个细胞内进行的，所以细胞是植物体结构和功能的基本单位。一般植物细胞由细胞壁、原生质体和液泡组成。

1. 细胞壁

绝大多数植物的细胞都有细胞壁，其分为胞间层、初生壁和次生壁 3 个层次。它是由原生质体向外分泌的产物所构成的，包围在原生质体的外面，能维持细胞形状并起保护作用。

（1）胞间层　胞间层位于细胞壁的最外层，是相邻两个细胞所共有的一层薄膜。它的主要成分是果胶质（包括果胶酸钙和果胶酸镁），能将两个相邻的细胞黏合在一起，并可缓冲细胞间的挤压，同时又不影响细胞生长。例如，有些果实成熟变软，就与胞间层发生溶解有关。

（2）初生壁　在细胞生长过程中，原生质体分泌的纤维素和少量的果胶质加在胞间层上，构成初生壁。初生壁一般较薄，有伸缩性，可随细胞的生长而扩大。

（3）次生壁　细胞壁继续增厚，加在初生壁的内方，就形成次生壁。次生壁的主要成分也是纤维素，并且常有其他物质填充入细胞壁内，使细胞壁发生角质化、木栓化、木质化和矿质化等变化。

2. 原生质体

原生质体由原生质组成。原生质是一种无色、半透明、具有黏性和弹性的胶体状物质。主要由蛋白质、核酸、类脂、糖类、无机盐和水等组成，还含有极微量的酶、生长激素、抗生素等有机物。在光学显微镜下，可以看到原生质体包括细胞质、细胞核和许多细胞器。

1）细胞质

在幼嫩的细胞里，细胞质充满于细胞壁和细胞核之间，在成熟的细胞里，液泡的出现使细胞质紧贴细胞壁成为一层薄膜并分为原生质膜、液泡膜、中质。原生质膜和液泡膜对不同物质的透过有选择性，能够控制细胞内外物质交换。

2）细胞核

细胞核通常呈球形或椭球形，存在于细胞质内。组成细胞核的主要成分是脱氧核糖核酸（DNA）、类脂、酶、少量的核糖核酸等。细胞核可分为核膜、核质和核仁 3 个部分。核膜是双层膜，包在核的最外面，膜上有许多细胞核和细胞质间物质交换的通道（称核孔）。核仁主要由蛋白质和核糖核酸组成，具有合成核糖核酸的作用。核质经碱基染料染色后，染色较深的部分称染色质；染色很浅或不染色的部分称核液。染色质呈细丝网状结构散布在核液中，只有在细胞分裂时浓缩为染色体。染色体由脱氧核糖核酸和蛋白质组成，是遗传物质的载体。细胞核是遗传物质复制的场所，决定蛋白质的合成，从而控制细胞整个生命活动。

3）细胞器

在中质内散布着各种各样的细胞器，这些细胞器均担负着一定的生理功能。

（1）质体　质体是绿色植物细胞所具有的细胞器，呈颗粒状分布在细胞质里，它的主要成分是蛋白质和类脂。根据所含色素不同，质体可分为白色体、叶绿体和有色体 3 种。白色体是质体中最小的一种，在光的作用下能形成叶绿素。例如，萝卜的根和马铃薯的块茎在见光后变绿。叶绿体含有绿色的叶绿素和黄色的胡萝卜素与叶黄素，在一定条件下可变成有色体。例如，番茄和辣椒果实在成熟时由绿色变为红色。有色体含有胡萝卜素和叶黄素，常呈红色和黄色。例如，胡萝卜的肉质根等部位呈现出各种颜色。

（2）线粒体　线粒体是一种很小的细胞器，呈球形、线形或椭圆形。线粒体主要由蛋白质、类脂和少量核糖核酸组成，并含有与呼吸作用有关的各种酶，是生活细胞进行呼吸作用供应能量的主要场所。

（3）内质网　内质网是合成蛋白质的主要场所，是由两层膜围成的囊、泡或更大的池，并连接成分枝或网状结构分布在细胞质中。内质网的一些分枝和核膜相连，另一些分枝与原生质膜相连。在内质网上结合有核蛋白体的称为糙面内质网，没有结合核蛋白体的称为光面内质网。

（4）核糖体　分布在内质网的表面或游离于细胞质中的球状小颗粒，是合成蛋白质的主要部位。

（5）高尔基体　形成构成细胞壁的物质如木质素、果胶质等的场所。

（6）溶酶体　溶酶体膜破裂，里面的水解酶被释放出来可使细胞解体，破坏细胞内容物。

（7）微粒体　是一种球状或杯状颗粒。有些微粒体可把油脂转化成糖，有些与氨基酸合成和光呼吸有关。

（8）圆球体　是比微粒体更小的颗粒，含有合成脂肪的酶，是积累或合成脂肪的细胞器。

（9）微管　呈细管状，一般靠近质膜平行排列，它与细胞分裂时纺锤体的形成有关。

3. 液泡及其内含物

在幼小的细胞内，液泡小而多，呈点滴状分布在细胞质中，随着细胞的生长和液泡的增大，小液泡逐渐合并成一个大液泡，占据细胞体积的90%。液泡中的水溶液称为细胞液，主要含有功能性物质和能量性物质。功能性物质有糖、有机酸、无机盐、生物碱、单宁、花青素和维生素等，使细胞具有甜、酸、涩、苦等味道。花青素在酸性环境中呈红色，在碱性环境中呈蓝色，在中性环境中呈紫色。能量性物质有淀粉、脂肪、蛋白质，是提供细胞呼吸和生命活动能量的主要物质。植物细胞的基本结构见图13-1。

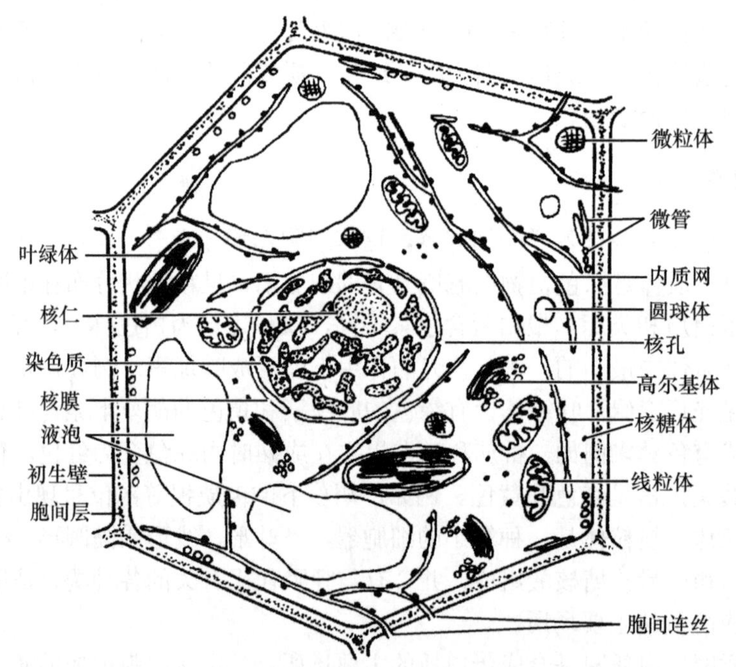

图13-1　植物细胞的基本结构（北京林学院，1981）

二、果品蔬菜的色、香、味

1. 果品蔬菜的色

不同种类的果品蔬菜表现出不同的色泽。果品蔬菜的色泽在一定程度上反映了果品蔬菜的新鲜度、成熟度和品质变化等情况，是品质评价的重要指标之一。果品蔬菜中的色素主要包括叶绿素、类胡萝卜素、花青素类、黄酮类色素等。

2. 果品蔬菜的香

果品蔬菜的香气来源于各种微量挥发性物质，以酯类、醛类、萜类、醇类、酮类及挥发性酸类等为多。当果品蔬菜开始成熟时才有足够数量的香气物质释放，这些香气物质大多不稳定，容易氧化变质。

3. 果品蔬菜的味

果品蔬菜的味取决于呈味物质的种类、含量和比例，这些物质还关系到营养价值、耐贮性和加工适性。我国习惯上将味分为甜、酸、苦、辣、咸、涩、鲜7种。

（1）甜味　甜味是令人愉快的味，果品中的甜味物质主要是糖及其衍生物糖醇。在果品蔬菜生长发育过程中，糖分的种类、含量和比例有很大的变化。不同种类的糖甜度不同，一般以蔗糖甜度100作为标准，各种糖的相对甜度见表13-2。

表13-2　几种甜味物质的相对甜度

名称	相对甜度	名称	相对甜度
蔗糖	100	木糖	40
果糖	173	半乳糖	32
葡萄糖	74	麦芽糖	32
甘油	49	乳糖	16

（2）酸味　酸味是因舌黏膜受氢离子刺激而引起的，通常能够在溶液中解离出氢离子的化合物都有酸味，包括所有无机酸和有机酸。果品蔬菜中的酸味主要来自一些有机酸，如柠檬酸、苹果酸、酒石酸、草酸、琥珀酸、延胡索酸等，这些有机酸大多具有爽口的酸味，对果实的风味影响很大。

（3）涩味　涩味是因舌黏膜蛋白质凝固引起收敛作用而产生的一种味感。果品蔬菜的涩味主要来源于单宁类物质，1%～2%的可溶性单宁可产生强烈的涩味。果蔬中的单宁易在空气中发生褐变，被氧化酶氧化聚合成黑褐色物质。只有可溶性的单宁才会产生涩味，生产上常采用温水、乙醇、CO_2进行脱涩，其原理是利用无氧呼吸产生的不完全氧化物乙醛与单宁结合，使之成为不溶性单宁。

（4）苦味　苦味是4种基本味感（酸、甜、苦、咸）中阈值最小的一种。单纯的苦味是令人不愉快的味感，但当它与甜、酸或其他味感恰当结合时，能形成一些食品的特殊风味，如茶、咖啡、啤酒、苦瓜、莲子等。果品蔬菜中的苦味物质主要有：苦杏仁苷、黑芥子苷、茄碱苷、柚皮苷和新橙皮苷、柠檬苦素等。

（5）鲜味　鲜味是一种令人愉快的美味感，果品蔬菜中的鲜味物质包括氨基酸、核苷酸、酰胺和肽，其中尤以L-谷氨酸、L-天冬氨酸、L-谷氨酰胺和L-天冬酰胺最为重要，它们广泛存在于果蔬中，如梨、桃、梅子、葡萄、柿、番茄含量均较丰富。竹笋中所含的天冬氨酸的钠盐也具有鲜味。另一种鲜味物质谷氨酸钠是味精的主要成分，其水溶液有浓烈的鲜味。

三、果品蔬菜的营养与质地

1. 果品蔬菜的营养

果品蔬菜所含的主要营养成分包括糖类、脂肪、蛋白质、矿物质、水分和维生素。

（1）糖类　分单糖、低聚糖、多糖。

单糖：构成多种糖分子的基本单位，不再水解，如葡萄糖、果糖、甘露糖、半乳糖。

低聚糖：由2～10个单糖分子结合而成，水解后可生成单糖，如蔗糖。

多糖：由多个单糖分子或衍生物组成，水解后能生成单糖或衍生物，如淀粉、纤维素。

淀粉：是能被人体利用的果蔬中最重要的多糖，分为直链淀粉和支链淀粉，直链淀粉遇碘呈深蓝色，支链淀粉遇碘呈紫红色。

淀粉水解后，最终产物是α-葡萄糖，水解过程如下：

淀粉→蓝色糊精→红色糊精→无色糊精→麦芽糖→葡萄糖

（淀粉→…→无色糊精：淀粉酶催化；无色糊精→麦芽糖→葡萄糖：麦芽糖酶催化）

一般未成熟的果蔬富含淀粉，随成熟度提高而逐渐减少，但也有些果蔬相反（如豆类、薯类）。果蔬在贮藏过程中，随贮藏期的延长，淀粉含量逐渐减少。

纤维素：由1000～10 000个β-D-葡萄糖组成的支链多糖，存在于果蔬细胞壁中，有弹性，吸水膨胀，但不溶于水，性质稳定。纤维素、半纤维素和木质素等统称“粗纤维”，可促进肠道蠕动和消化。

（2）脂类　是脂肪和类脂的总称。脂肪是指由脂肪酸和甘油生成的脂。类脂包括磷脂、糖脂、固醇脂。脂类是形成细胞膜和供应能量的重要物质，果蔬中含量一般为0.5%～1.0%，但也有例外（如核桃为60%～70%），营养学上最重要的类脂是卵磷脂和脑磷脂。

（3）蛋白质和氨基酸　果蔬中蛋白质含量为0.2%～1.0%，能够提供能量、促进消化和提高吸收率。果蔬中的氨基酸均为α-氨基酸，含量丰富，有时可达20种（全部种类氨基酸），它是果蔬鲜味的来源。

（4）矿物质　是构成人体的重要材料，如骨骼中的Ca、Mg、P等。果蔬中含的K、Na与HCO_3^-结合，使血浆呈碱性，所以果蔬食品称为“碱性食品”，具有调节血液中pH的作用。

（5）水分　大多数果蔬中水分含量在80%以上，有自由水和结合水之分。自由水呈游离状态，容易蒸发。结合水与蛋白质、糖、果胶结合牢固，难以分离。水分与果蔬的嫩度、鲜度、风味及耐贮性有关。

（6）维生素　果蔬中的维生素分为脂溶性和水溶性维生素。脂溶性维生素是指能溶于脂肪及有机溶剂（如乙醚、氯仿）的维生素，如V_A、V_D、V_E、V_K。水溶性维生素是指能溶于水的维生素，如V_B、V_C、V_P等。

2. 果品蔬菜的质地

肉质型果蔬的质地评价用语：脆、绵；硬、软；细嫩、粗糙；致密、疏松等。果蔬质地主要取决于以下 3 个方面。

（1）细胞间结合力　细胞间结合力主要取决于果胶物质，果胶物质有 3 种类型。

原果胶：指由可溶性果胶和纤维素组成的不溶于水的高分子化合物，大量存在于未成熟的果蔬中，能增加果蔬质地的强度和致密度。

可溶性果胶：指由半乳糖醛酸甲酯和半乳糖醛酸组成的能溶于水的高分子化合物。

果胶酸：指由半乳糖醛酸组成的长链高分子化合物，其游离羧基能与 Ca^{2+}、Mg^{2+} 生成果胶酸钙、果胶酸镁沉淀，可依据该原理测定果胶含量。

果胶的水解：在稀酸或酶的作用下，原果胶可逐步降解为可溶性果胶和果胶酸，并进一步分解成小分子糖。随着原果胶降解，果实逐渐软化。原果胶降解过程见图 13-2。

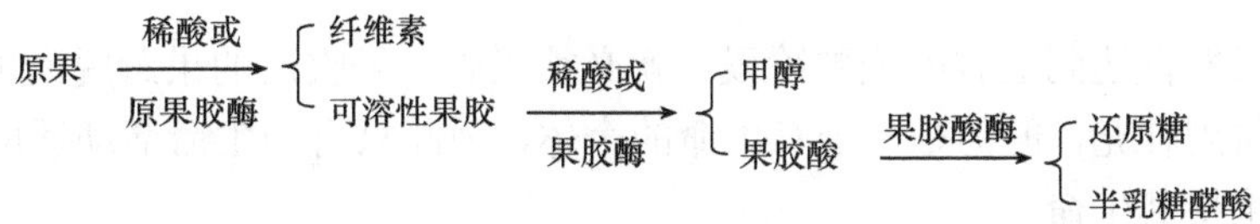

图 13-2　原果胶降解过程

（2）细胞壁构成物的机械强度　细胞壁中纤维素以网状结构穿插，果胶质填充其间，构成细胞壁的骨架。有些果蔬衰老时，纤维素角质化或木质化使质地粗糙坚硬。

（3）细胞大小、形状和紧张度　致密的组织，细胞小，细胞间隙也小，呈多面体形状；疏松的组织，细胞大，细胞间隙也大，呈圆球体或椭球体。

四、采前因素对果蔬品质和贮藏性能的影响

1. 果蔬的生物学特性

（1）种类和品种　不同种类和品种，具有不同的遗传特性，表现出不同的品质特征和耐贮性。一般原产于热带、亚热带地区的果蔬多不耐贮藏，而生长在温带地区的果蔬（如苹果、梨）较耐贮藏，但也有例外（如柑橘、桃、杏）。一般认为，不耐贮藏的果蔬表现为组织疏松、呼吸旺盛、失水快、所含物质消耗快、品质易下降。

（2）植株长势　幼龄树结的果实营养物质不足，含水量高，固形物少，品质差，不耐贮藏。成年树结的果实含糖量高，品质好，耐贮藏。

（3）结果部位与果实大小　向阳面、树冠外围、顶端结的果色泽鲜艳，品质好，耐贮藏。同一品种的果实，中等大小的更耐贮藏。

2. 自然环境因素

（1）温度　适宜的温度下生长的果蔬耐贮藏，品质更佳。

（2）水分　在阳光充足、雨量适当的年份，果实饱满，色泽鲜艳，更耐贮藏。降雨量过多，常引起细胞破裂，土壤缺钙，微生物污染严重；水分不足易导致果皮晒裂。

（3）光照　充分的光照有利于果实的生长和营养物质的积累，果实色泽鲜艳，品质好，耐贮藏。

（4）地理条件　果蔬生长在适宜于生长的地理位置，才能发育正常，结的果实耐贮藏。

3. 栽培管理技术

（1）整形修剪　合理地整形修剪，疏花疏果，调整叶果比，生长的果实营养成分高，品质好耐贮藏。

（2）土肥水管理　合理改良土壤，以适合不同果树的需求；正确地施肥，供给合理的N、P、K，使其比例协调；适宜地灌水，供给所需的水分。采取以上3项措施生产的果蔬耐贮性好。

第二节　果品蔬菜采后生理

果蔬生长发育达到适宜的成熟阶段，就必须采收。采收后的果蔬脱离了母体，水分和营养不能得到补充，但仍是一个有生命的个体，因此只有当生命活动适应了新的环境条件，才能维持其生命。

一、呼吸生理

采后的果蔬光合作用基本停止，呼吸成为新陈代谢的主要过程。呼吸是整个生命活动能量的来源，正常的呼吸作用对果蔬有着重要的意义。

1. 呼吸作用的基本概念

呼吸作用是在活细胞内进行的。在众多酶的参与下，经过许多中间环节的氧化-还原反应，把复杂的有机物分解为较简单的物质，同时释放出能量的过程称为呼吸作用。

1）呼吸的种类

（1）有氧呼吸　将糖、酸等复杂的有机质，在 O_2 充足的条件下，以酶作催化剂，将其分解成 CO_2 和 H_2O，并释放出能量。有氧呼吸的生物化学反应见图13-3。

$$C_6H_{12}O_6 + 6O_2 \xrightarrow{\text{酶}} 6CO_2 + 6H_2O + 2\,821\,364\text{J}$$

图13-3　有氧呼吸的生物化学反应

有氧呼吸是植物呼吸的主要途径，分为“糖酵解—三羧酸循环—电子传递和氧化磷酸化”3个过程，有50多个生化步骤，每一步骤都有相应的酶作催化剂。据计算，1mol $C_6H_{12}O_6$ 氧化生成38mol ATP，贮存1 272 544J能量，其余的能量以热的形式释放出体外，称为呼吸热。

（2）缺氧呼吸　在缺氧的情况下，植物呼吸以缺氧呼吸为主。缺氧呼吸每消耗1分子 $C_6H_{12}O_6$，产生的能量只有有氧呼吸的1/32。无氧呼吸产生的 CH_3CHO、C_2H_5OH 易导致果蔬的生理病害。缺氧呼吸的生物化学反应见图13-4。

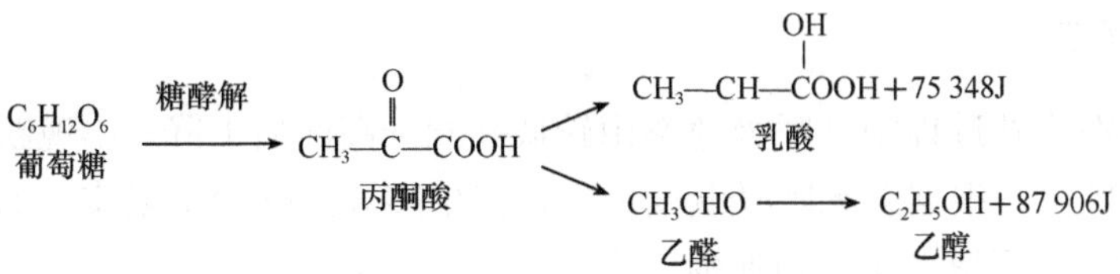

$C_6H_{12}O_6$
葡萄糖
糖酵解
$CH_3-\overset{O}{\overset{\|}{C}}-COOH$
丙酮酸
$CH_3-\underset{}{CH}(OH)-COOH+75\ 348J$
乳酸
CH_3CHO
乙醛
$C_2H_5OH+87\ 906J$
乙醇

图 13-4　缺氧呼吸的生物化学反应

环境中 O_2 的浓度是果蔬进行有氧呼吸还是缺氧呼吸的关键因素。当 O_2 浓度下降时，植物组织中的 CO_2 释放量减少，基质消耗少；当 O_2 浓度降到一定点以后，呼吸作用却急速上升，CO_2 大量释放，植物组织进入缺氧呼吸。把有氧呼吸和缺氧呼吸的转折点称为缺氧呼吸消失点。消失点处的 O_2 浓度一般为 1%～5%。消失点之前提高 O_2 浓度，能稳定地降低呼吸作用强度，这种现象称为巴斯德效应。根据巴斯德效应维持环境的低氧水平（一般为 3%～5%），使果蔬的有氧呼吸降低至最低限度且不激发缺氧呼吸，可以很大程度上降低果蔬在贮藏期间的生理活动，减少呼吸损耗。不同氧水平中释放 CO_2 动态模式见图 13-5。

缺氧呼吸
有氧呼吸
CO_2释放的相对值
消失点
5
10
15
20
25
氧含量（%）

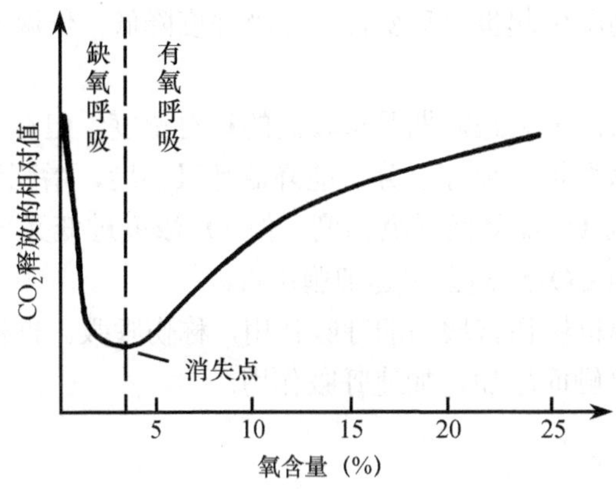

图 13-5　不同氧水平中释放 CO_2 动态模式

2）呼吸强度、呼吸商、呼吸消耗和呼吸热

（1）呼吸强度（RI）　在一定的温度条件下，单位时间内单位重量的果蔬吸收的 O_2 或释放出的 CO_2 的量称为呼吸强度[以 CO_2 或 O_2 mg/(kg·h)表示]。如以 CO_2 或 O_2 mL/(kg·h）表示，称为呼吸速度。

（2）呼吸商（RQ）　在呼吸作用中，释放出的 CO_2 和吸收的 O_2 的重量（mg）或容量（mol）的比称为呼吸商，也称呼吸系数。若以葡萄糖为呼吸底物，进行完全氧化时的呼吸商为

$$C_6H_{12}O_6+6O_2 \longrightarrow 6CO_2+6H_2O \qquad RQ=6mol\ CO_2/6mol\ O_2=1$$

（3）呼吸消耗　呼吸作用的底物是糖类、脂肪、蛋白质和有机酸，底物消耗导致贮藏期失重、失鲜，所以贮藏果蔬要尽量降低呼吸强度，以减少底物消耗。

（4）呼吸热　呼吸消耗底物的同时释放出的能量，称为呼吸热。消耗底物产生的能量会引起环境温度上升，所以要及时消除果蔬释放出的热，保证贮藏温度恒定。

3）呼吸跃变

某些果实在成熟过程中其呼吸速率由较低突然升高而后下降，出现跃变高峰，这种现象称为呼吸跃变。根据有无呼吸跃变出现，把果实分为跃变型果实（如苹果、梨、香蕉、杏等）和非跃变型果实（如葡萄、柑橘、枣、柠檬等）。

2. 影响呼吸作用的因素

（1）果蔬的种类和品种　不同种类和品种的果蔬呼吸作用差异很大。一般南方水果呼吸强度比北方大；夏季成熟的水果呼吸强度比秋季成熟的大；浆果的呼吸强度最大，其次是柑橘、苹果、梨；蔬菜中叶菜的呼吸强度大，叶球类较低，直根类更低，具有休眠特性的鳞茎、块茎的呼吸强度最低；晚熟品种的呼吸强度小于早熟品种的呼吸强度。

（2）个体年龄与成熟度　果蔬幼龄期呼吸强度最大，随年龄增大呼吸强度下降，呼吸系数也随之增大。跃变型果实从成熟后采收到呼吸高峰出现之间的时期称为临界期，适当拉长这一时期，推迟高峰出现，可达到延长贮藏的目的。

（3）温度　果蔬的温度系数一般为 Q_{10}=2～2.5，指在一定温度范围内每上升 10℃呼吸强度增加的倍数。高温引起蛋白质变性，呼吸强度降低；低温减缓呼吸，推迟跃变高峰的出现，降低峰值。

（4）相对湿度　大部分果蔬贮期要求较高的相对湿度，但有些果蔬（如柑橘、大白菜）贮前适当摊凉，蒸发掉一部分水分，能降低呼吸强度，增强耐贮性。

（5）气体成分　低 O_2 能降低呼吸强度，但 O_2 浓度过低又导致无氧呼吸；高 CO_2 浓度也会抑制呼吸，但 CO_2 过高会引起细胞中毒。

（6）机械伤害　由机械伤害增加的呼吸作用，称伤呼吸。机械损伤造成的伤口导致细胞内部结构与空气接触面增加，加速呼吸作用。

二、蒸腾生理

1. 蒸腾失水对果实贮藏的影响

（1）失重失鲜　重量下降包括水分和干物质两方面的损失，主要损失的是水分。在鲜度方面，很多果实减重 5%时就表现为结构、形态、色泽、光泽、质地、风味等方面的变化，导致果蔬整体品质下降。

（2）破坏正常的生理代谢过程　失水后细胞膨压降低，气孔关闭，原生质脱水，水解酶活性增强，加快水解进程，同时细胞浓度提高，H^+、NH_4^+和其他一些物质浓度也相应提高，使细胞中毒。

（3）降低耐贮性、抗病性　组织脱水萎蔫程度越大，抗病性越弱，腐烂率就越高。

2. 影响水分蒸腾的因素

1）内部因素

（1）比表面　指单位重量的果蔬组织所具有的表面积（cm^2/g）。比表面积越大，相对蒸发面积就越大，失水量也就越多。

（2）表面组织结构　气孔和皮孔是植物进行气体、水分交换的主要通道。水分蒸腾要通过气孔、皮孔和角质层。皮孔大多分布在根茎上，与细胞间隙相通，有利于气体交换和水分蒸腾。气孔多分布在叶面上，有自动调节开关的作用。角质层是由高级脂肪酸组成，可略微通过气体和水分。果实成熟后角质层增厚，有利于组织中水分的保持。

（3）细胞持水力　细胞原生质亲水胶体越多，可溶性物质含量越高，细胞渗透压越大，细胞持水性越强。

2）环境因素

（1）温度　温度高，细胞液黏度下降，水分子移动快，蒸腾加快。另外，温度高时空气饱和蒸气压增大，可容纳更多的水蒸气，导致果蔬失水。

（2）湿度　空气所含的实际水蒸气量（绝对湿度）与该温度下空气中所含的饱和水蒸气量（饱和湿度）之比称为相对湿度。饱和湿度与绝对湿度之差称为饱和差。当空气中存在饱和差时，蒸腾作用就会发生。

（3）空气流动　空气流动吹走果蔬周围环境的水蒸气，绝对湿度降低，果蔬蒸腾作用加强。

（4）光　光可使气孔张开，提高果蔬体温，加强蒸腾作用。

（5）气压　一般情况下气压对水分蒸腾影响不大，但真空冷却、真空干燥、减压预冷、减压贮藏时，气压越低，沸点越低，越易蒸发。

3. 结露现象

当空气温度下降到露点以下，空气中过多的水分析出，在物体表面凝结成水珠，称为结露。结露的水珠与呼吸作用产生的 CO_2 作用呈酸性，易造成植物腐烂。

三、成熟衰老生理

1. 成熟与衰老的概念

果实经过一系列的生长发育，达到最佳食用的阶段称为成熟。果实成熟后，表现出固有的色泽、风味、香气、质地和营养成分。在生理上表现出乙烯产生、呼吸上升、物质消耗、结构松软等。衰老是指果实走向个体发育的最后阶段。组织开始分解，细胞崩溃，器官死亡。

2. 成熟衰老中的物质变化

果蔬采后干物质不再积累，已积累的物质开始进行呼吸消耗，并在酶的作用下发生转化、转移、分解和重新组合等过程。

（1）物质的合成与降解　果蔬采收后，物质要发生合成与水解反应，但水解大于合成，简单物质积累。

（2）物质的转移和再分配　在成熟衰老过程中，物质从食用部分的贮藏器官转向非食用部分的生长器官，如黄瓜的棒槌形、萝卜的糠心、蒜苔株蒜的出现等。

（3）物质的重新组合　果蔬在成熟衰老过程中，代谢的中间产物可作为组成其他物质的原料。例如，叶绿素的消失，叶黄素、胡萝卜素的出现；芳香物质的形成，V_C 的减少，乙烯、脱落酸的产生等。

3. 成熟衰老中细胞结构的变化

植物组织呼吸受制于细胞原生质结构的调节。衰老的第一个可见象征是细胞内核糖体数目减少，叶绿体崩溃，线粒体往往表现为数量和大小的变化。在微器官崩溃之前，液泡膜开始崩解，细胞核和细胞膜最后分解，细胞崩溃死亡。

4. 乙烯的生理机理

几乎所有植物组织都产生乙烯，乙烯具有催熟果实的作用，所以又称为成熟激素。乙烯在浓度很低的情况下（0.1～1.0ppm）就能刺激果实呼吸上升，导致呼吸高峰的出现。

（1）乙烯的生物起源　乙烯的生物起源与合成见图 13-6。

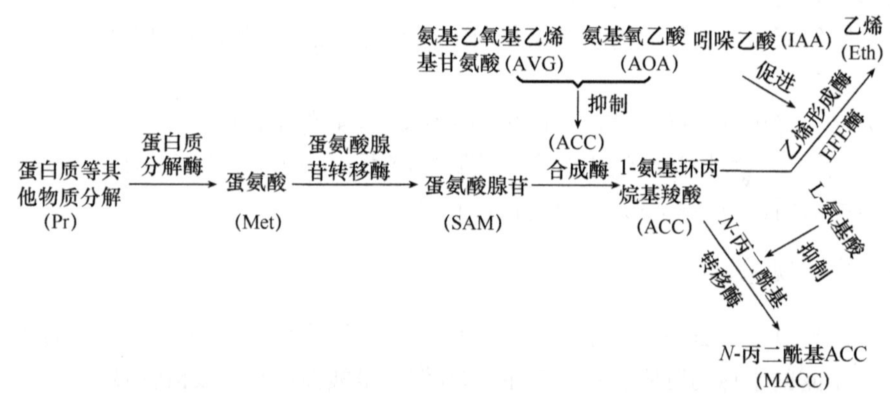

图 13-6　乙烯的生物起源与合成（刘兴华和陈维信，2002）

（2）乙烯的作用机理　乙烯改变细胞膜透性，从而改变内部原生质的隔离状况，加强酶与底物的接触，使呼吸反应加强。乙烯能够控制细胞分泌或释放酶的速度。在未成熟果实中，乙烯增加蛋白质合成；在衰老果实中，乙烯增加蛋白质的分解；在缺乏蛋白质的条件下，外源乙烯不能促进成熟。

（3）影响乙烯生成的因素　温度过高或过低时合成乙烯的许多酶的活性下降，乙烯不易形成。低 O_2 会抑制乙烯形成酶的活性，而高 CO_2 对 ACC 和乙烯的形成均有抑制作用。果蔬遭受机械损伤后加速生成的乙烯称伤乙烯，其原因是组织损伤刺激了 ACC 合成酶的活性，造成 ACC 积累。有些化学物质，如 Ag^+、CO_2、噻苯达唑（TBZ）、氨基乙氧基乙烯基甘氨酸（AVG）、氨基氧乙酸（AOA）等能抑制乙烯的形成，而 IAA 能促进乙烯的形成。

四、成熟与衰老的控制

1. 温度的调节与控制

果蔬最适宜的贮藏温度应该是使果蔬生理活动降低到最低限度，又不会导致生理失调的温度。一般寒、温带的果蔬贮藏时较耐低温，如苹果、梨、甘蓝、大白菜、蒜苔可在 0℃条件下贮藏。而热带、亚热带的果蔬贮藏时需要较高的温度，如香蕉、黄瓜应在 12℃左右贮藏。果蔬贮期应尽可能地降低温度，抑制呼吸，但同时要防止冷害、冻害的发生。

1）冷害

冰点以上的不适低温对果蔬组织造成的危害称为冷害。

（1）冷害症状　内部组织变黑和干缩，外部出现凹陷斑纹，局部组织坏死。皮薄而软的果实出现水浸状、有异味；皮厚而硬的果实出现陷斑，果皮变色（如香蕉变黑），肉皮分离（如柑橘离皮）。

（2）影响冷害的因素　温度越低，持续时间越长，越易发生冷害；果蔬的种类、品种不同，发生冷害情况不一；未成熟的果蔬比成熟的果蔬易发生冷害。

（3）冷害的机理　发生冷害后细胞膜透性改变，气体物质等不易进入，从而造成缺氧呼吸，使细胞受伤；果实受冷害后，出现反常呼吸，呼吸强度反而增加，乙醇、乙醛等有害物质积累，氧化酶、过氧化氢酶活性增加，发生氧化作用，组织变黑；冷害使果胶酶活性增加，不溶性果胶变成可溶性果胶。

（4）冷害的控制　在贮运过程中控制温度、空气湿度和 O_2 浓度能防止冷害发生。当相对湿度为 100%时，冷害最轻；7%的 O_2 可防止冷害。

2）冻害

冻害是指果蔬组织在冰点温度以下冻结时所造成的伤害。果蔬组织结冰时的温度称为冰点。

（1）冻害原因　在低温下细胞间隙水分形成冰晶，原生质脱水，冰晶增大，细胞遭受机械损伤。

（2）影响冻害的因素　温度达到冰点以下时发生冻害。不同的果蔬冰点不同，成熟度、质量不同，冻害发生情况不一，一般细胞内溶质越多，冰点越低。

（3）冻害发生后解除的方法　缓慢增温，细胞间隙冰晶逐渐融化，重新被细胞吸收，使原生质恢复，整个果实再次呈现饱满状态。

2. 湿度的调节与控制

（1）入贮初期，果蔬与库房温差较大，果蔬易发生蒸腾，这时应该尽快降低果温。例如，采取晚间采果、预冷等措施。

（2）当果温降到与库温一致后应提高库内相对湿度，防止蒸腾。

（3）降低空气流速，防止蒸腾。

3. 气体成分的调节

低 O_2、高 CO_2 具有降低呼吸强度和基质氧化，减少乙烯生成量，防止 V_C 损失，延缓不溶性物质的减少速度，抑制某些酶的活性等作用。O_2、CO_2、温度三者之间发生交互关系，三者合理搭配可以得到最适的贮藏条件。

4. Ca 在调节成熟、衰老中的作用

Ca 能保证细胞膜的稳定性和完整性。Ca 抑制有关呼吸酶的活性，降低呼吸作用，防止果实变软。Ca 能维持细胞合成蛋白质的能力，从而保持膜和整个细胞的完整性。生产中常使用采前喷 Ca 肥、Ca 盐，采后用 Ca 盐浸泡果实等，延长果实贮期，防止生理病害。

第三节　果品蔬菜的采收和采后处理

一、采收

1. 采收期

果蔬的采收期决定于成熟度。采收过早，会影响产量、风味、品质和耐贮性；采收过晚，果实进入呼吸高峰，乙烯作用形成离层，缩短贮藏期。正常的采收期一般在正常成熟前 5～6 天采收。成熟度可通过色泽、硬度、果实的生长期、化学成分、生理特性、脱落情况、种子颜色、口感等方面确定。

2. 采收技术

分为人工采收和机械采收两种，人工采收需要劳力多，但适用于成熟不均匀的果实，机械伤害轻，它是目前主要的采收方法。机械采收节省劳力，在易形成离层的果实上可使用，但机械伤害严重。

二、分级包装

1. 分级

分级的主要目的在于使商品标准化，以便于贮藏、销售和包装及价格的确定。分级一般在果形、新鲜度、颜色、品质、病虫害、机械损伤等方面符合要求的基础上，按大小分级。

2. 包装

包装容器主要有塑料袋、木箱、纸箱、泡沫箱。塑料袋有利于气调，但不耐压。木箱耐压，但体重大，价格高。纸箱重量轻，有一定的耐压性、成本低等优点，但易受潮、降低支撑力，为此可采用浸蜡或贴防潮膜的方法制造防潮纸箱。泡沫箱有弹性、保湿、卫生、价格适中，可用于高档果品蔬菜贮藏。

三、采后处理

1. 预冷

预冷是指在果蔬贮运以前，尽快将其温度降低到贮藏规定温度的措施。果实采收以后，仍在进行呼吸和蒸腾作用，只有尽快降低温度，才能减少损耗。常用的预冷方法有浸泡式、喷水式、冲水式、环流式、自然对流式、强制通风式和真空冷却式。预冷的速度一般要求越快越好，但预冷温度不能低于冰点，同时要防止低温冷害。

2. 愈伤

所谓愈伤是指伤口治愈的意思。果蔬采收时可能造成各种伤口，从而产生伤呼吸、伤乙烯，导致微生物侵入。愈伤可以延长果蔬的贮藏性能。

3. 贮前干燥

几乎所有水果蔬菜收获时水分含量都很高，呼吸和蒸腾非常旺盛，有些果蔬贮前干燥，能延长贮期。贮前干燥处理常用的方法是把果实摊放在通风良好的房内处理 2～3 周，用高温低湿处理［(10±2) ℃，相对湿度 70%～80%］效果更好。

4. 蜡处理

(1) 蜡处理的意义　防止水分蒸腾；抑制呼吸作用，延缓养分的损失和成熟；抑制微生物入侵；减轻表面机械伤害；增加果面光泽，提高商品价值。

(2) 蜡处理的方法　将石蜡、松脂和虫胶按比例加热熔化，配制成一定浓度，喷涂于果实表面，形成一层薄薄的蜡层。

(3) 蜡处理应注意的问题　选用适当的蜡配方，一般用树脂、虫胶、松香等，并用三乙酸胺和油酸作乳化剂。在蜡中加入防腐剂和激素，可增加防腐保鲜效果。注意涂层厚度，过薄不能防止水分损失，过厚又造成无氧呼吸，因此涂蜡厚度要适中，并注意涂抹均匀。

5. 催色处理

催色是指人工加快叶绿素分解、促进果蔬后熟、增加色泽美观的操作。跃变型果实对一定浓度的乙烯处理非常敏感。CO_2抑制催色，而 O_2促进催色；以温度 21～25℃，相对湿度 90%最为理想；流动空气能使温度、湿度和气体成分分布均匀，有利于催色。

6. 脱涩处理

单宁与口腔黏膜蛋白质结合变成有收敛感的涩味。如果将单宁变成非水溶状态时，就会失去涩味。脱涩方法有温水法、酒精法、CO_2法、干燥法、辐射法、冷冻法等方法。

7. 化学药剂处理

(1) 化学防腐　理想的化学防腐剂应该高效、广谱、无毒、方便。生产中常用的防腐剂有浸洗剂、熏蒸剂。内吸剂有托布津、多菌灵、苯来特、噻苯达唑等。常用仲丁胺来熏蒸进行杀菌处理。

(2) 其他化学处理　采前喷 Ca，采后浸 Ca，可减少病害发生，延迟软化。用活性炭、$KMnO_4$ 等吸收乙烯，减缓成熟。某些植物激素和植物生长调节剂具有延长果蔬贮期的作用。

四、果蔬的运输

运输是果品蔬菜贮藏中的重要环节，据估计约有90%以上果品、70%以上蔬菜需经过长、短途运输。

1. 运输的基本要求

运输过程中要做到快装快运，轻装轻放，防止碰撞挤压、防热、防冻。果品在运输途中的温度、湿度、气体成分等环境条件应尽量与贮藏环境条件相似。

2. 运输方法

陆路运输：以冷藏车运输为好，它可控制温度、湿度，甚至气体成分，可做长途运输。水路运输：靠船运输，振荡较少，但有时运输时间太长，易导致果蔬变质。铁路运输：现有专门运输果蔬的车厢，运输效果较好。空中运输时间快，效果好，但成本高。

大卡车运输的防热防冷措施：将果品连同车上用的包装物一起在当地冷库预冷至少24h（经过长期贮藏的果品不再进行预冷），半夜外界气温冷凉时装车，果品箱外包一层0.1～0.2mm厚的塑料薄膜，再在外包1～2层棉絮，最外面用篷布包扎，这种包装夏天可防热，冬天可防止冻害。

3. 低温冷链运输系统

新鲜果蔬采收后在流通、贮藏、运输、销售一系列过程中均实行低温保藏，以防止果蔬品质下降，这种连贯的低温冷藏体系称为冷链保藏运输系统。低温冷链保藏运输系统见图13-7。

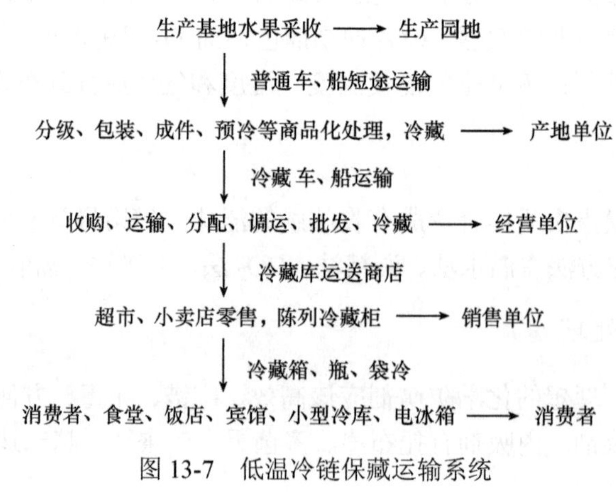

图13-7　低温冷链保藏运输系统

五、果蔬贮藏作业步骤

果蔬贮藏作业步骤见图13-8。

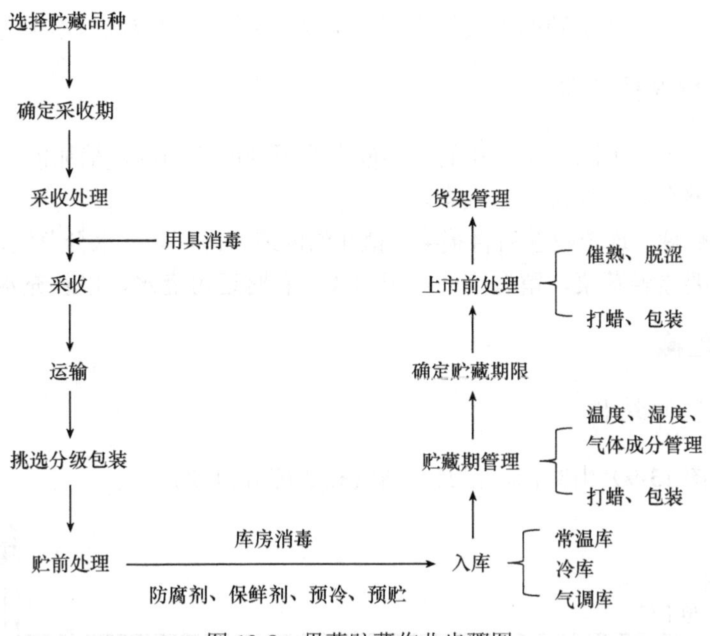

图 13-8 果蔬贮藏作业步骤图

第四节 果品蔬菜贮藏保鲜方式

一、简易贮藏

简易贮藏是利用自然调温尽量维持果蔬所需的适宜贮藏温度，有一定的自发保藏作用。

1. 堆藏和沟藏

（1）堆藏 田间或荫棚下将产品直接堆放成圆形或长条形的垛，表面用土壤、秸秆、芦席等覆盖，以保持温度、湿度，防止受冻、风吹、雨淋。此法适用于较温暖地区越冬贮藏。

（2）沟藏 在田间地面挖沟，将果品、蔬菜放入其中，用秸秆、土壤覆盖，以防止冻害。

2. 窖藏

（1）棚窖 分为地下式和半地下式两种，多用于贮藏白菜、萝卜、马铃薯。较温暖的地区和地下水位较高的地区多用半地下式：入土深 1.0～1.5m，地上部增高 1.0～1.5m，宽 2.5～3.0m 为条窖，如宽 4～6m 则为方窖，窖长随地形而定，窖顶用木料、竹竿等作横梁，下设支柱，上铺秸秆、土壤，顶部设若干个天窗，作通风用。大型棚窖的一侧或两端设窖门，便于通风和产品出入，具有通风降温的作用，天冷时堵塞，以防冻害。

（2）地窖 在地下水位较低、土质坚硬的地区可挖井窖，方法为：从地面向下垂直挖直径 1m、深 3～4m 的井，再向周围挖一至数个高 1.5m、宽 1～2m、长 3～4m 的拱形窑洞，井口周围注意排水。

（3）窑窖　在土质坚硬的山坡挖窑洞，窑身多为坐北朝南或坐南朝北。

3. 冻藏和假植贮藏

（1）冻藏　入冬上冻时将收获的蔬菜放在背阴处的浅沟内，稍加覆盖，利用自然温度速冻，并在整个贮期保持冻结状态。

（2）假植贮藏　连根收获后将蔬菜密植在沟内或窖内，防止水分蒸发，只假植一层，上部覆盖时不要接触蔬菜，留有空间便于通风，有时还可灌水，以补充水分。

二、土窑洞贮藏

1. 大平窑的结构

大平窑（图 13-9）由窑门、窑身、通气孔 3 部分组成。

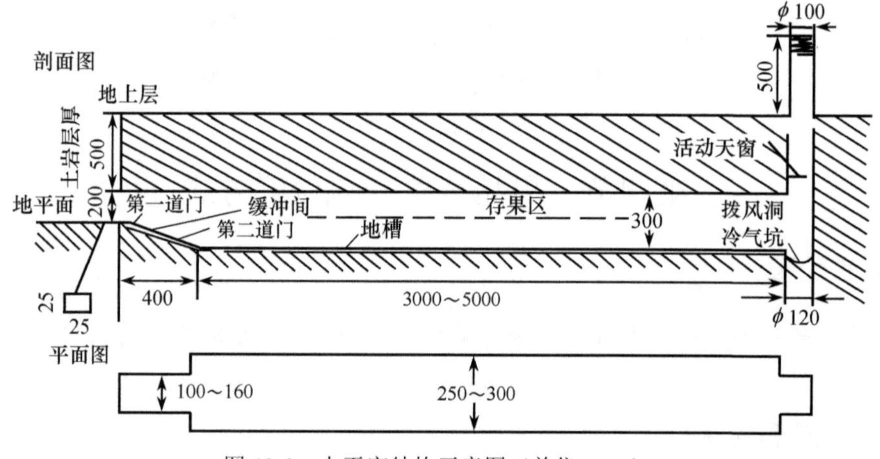

图 13-9　大平窑结构示意图（单位：cm）

（1）窑门　外部高 2m，内部高 3m，门宽 1.2～2.0m，门道长 4～6m，安两道门，一道门为实门，以利控制空气对流、防冻，二道门为纱窗门，以防鼠害。

（2）窑身　是贮藏果蔬的部位，宽 2.5～2.8m，高 3m，呈尖拱状，以利空气流动，壁与地面垂直，距地面 1.5m，深 20～60m，窑底和窑顶平行，向内缓慢下降，比降为 1%。

（3）通气孔　位于窑身后部，一直通向地面，内径 1.0～1.2m，高不小于窑身的 1/3～1/2，一般 10～15m，近地表处设插板，以便关闭，并设清洁窗，以便清除气孔内杂物。通气孔的主要作用是冷热空气对流，降低窑温。增大通气孔直径和高度，能加速气体流动。

2. 母子窑的结构

母子窑由母窑和子窑两部分组成。

（1）母窑　结构与大平窑相似，主要用于通风和果蔬运输，宽度为 1.6～2.0m，在母窑上挖若干个子窑。子窑不设通气孔，母窑后部设一个内径 1.4～1.6m、高 15～20m 的通气孔。

（2）子窑　子窑窑门宽 0.8～1.2m、高 2.8m，窑门部分设长 1.5m 的门道，子窑顶比母窑顶低 40cm，以便热气排放。子窑窑身是贮藏的主要部位，宽 2.5～2.8m、高 2.8m、长 10m，呈尖拱形，窑地面与窑顶平行向内缓慢下降，比降 1%。子窑窑顶的最高处应在母窑和子窑相接处。相邻两子窑洞土厚 5～6m，且两子窑保持平行，相对子窑洞门不能对开。

三、通风库

通风库是利用库内外温差及昼夜温差变化来进行通风换气以达到保持库内较适宜的贮藏温度的一种贮藏场所。

1. 通风库的结构

1）通风库的类型及库址选择

通风库分为地上式、半地下式和地下式 3 种类型。地上式库的库体全部在地面以上，受气温影响最大；半地下式库有一半库体在地面以下，受土壤保温作用较好；地下式库的库体全部深入土层，仅库顶露出地面，保温性能最好。在温暖的地区宜用地上式，严寒的地区可采用地下式或半地下式库。

2）通风库的平面设计

我国现用的通风库一般单库宽 9～12m、长 30～40m、高 4m 以上。大型通风库群大都将单库分为两排，中间设计走廊，库房的方向与走廊垂直，库门开向走廊，走廊宽 6～8m，走廊中央天花板设气窗、顶盖。根据库房墙壁是否共用，分为分裂式和联结式两种。分裂式（图 13-10）是每一库房侧墙不共用，有利于旁侧设计通风口，但建造费工。联结式（图 13-11）是相邻两库房侧墙共用，不利于旁侧设计通风口，但建造省工。

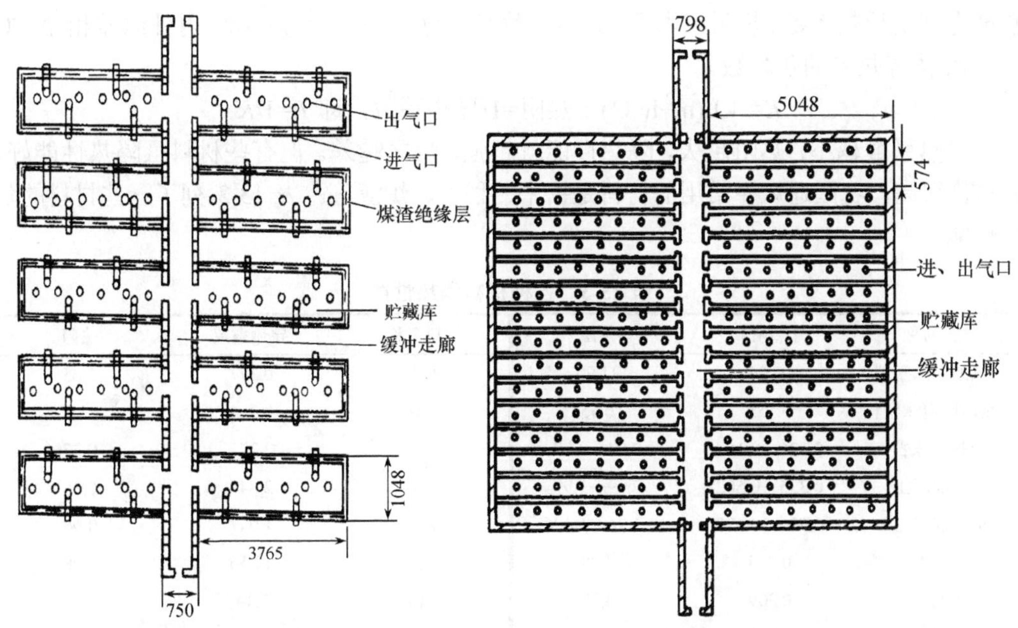

图 13-10　分裂式通风库群示意图（单位：cm）　图 13-11　联结式通风库群示意图（单位：cm）

3）通风库的剖面结构

通风库的墙壁选用隔热材料，在库房的下部设计进气洞，在库房的顶部设计通风筒，通风筒要高出库顶 1m 以上，在通风筒安装活门，以调节空气流动（图 13-12）。

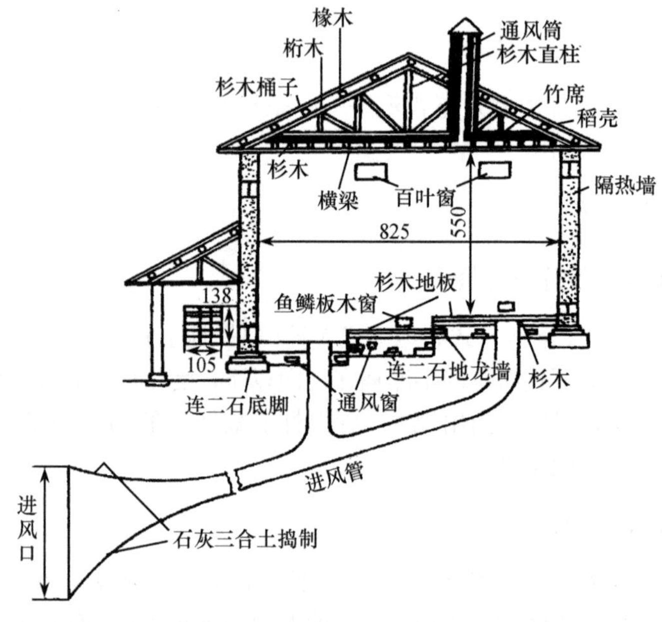

图 13-12　通风库的剖面结构示意图（单位：cm）

2. 隔热材料

通风库的四壁和房顶都要用隔热材料来建造，以保持库内适宜温度。隔热材料的隔热能力常用导热系数、热阻来表示。导热系数是指每一平方米，厚 1m，内外温差相差 1℃时，1h 传导热量的焦耳数。

$$K=\text{kJ}/(\text{m}^2\cdot\text{h}\cdot℃)\quad 热阻=1/导热系数，即\ R=1/K$$

导热系数越小，热阻越大，隔热性能就越强，反之越差。但有些材料虽隔热性能好，但造价很高，我国通风库常用的材料是锯末、稻壳、炉渣等。表 13-3 列了一些材料的隔热性能。

表 13-3　各种材料隔热性能

材料名称	导热系数	热阻	材料名称	导热系数	热阻
聚氨酯泡沫塑料	0.084	11.90	锯末	0.377	2.65
聚氯丙烯泡沫塑料	0.155	6.45	木材	0.754	1.331
膨胀珍珠岩	0.126～0.167	7.94～3.58	砖	2.721	0.37
加气混凝土	0.335～0.502	2.99～1.99	玻璃	2.847	0.35
泡沫混凝土	0.586～0.670	1.76～1.49	干土	1.047	0.96
软木板	0.209	4.78	湿土	12.56	0.08
油毛毡	0.209	4.78	干沙	3.14	0.32
芦苇	0.209	4.78	湿沙	31.4	0.03

续表

材料名称	导热系数	热阻	材料名称	导热系数	热阻
刨花	0.209	4.78	水	2.093	0.48
铝瓦楞板	0.243	4.12	冰	8.374	0.12
秸草秆	0.251	3.98	雪	1.674	0.60

隔热材料的厚度（m）＝通风库墙壁所需最小热阻值/所用材料热阻值。

通风库贮藏物要求不同，墙壁所需热阻值不同，但一般情况下，通风库墙壁和天花板所需热阻值为：$R\geqslant 0.363$。生产中铝瓦楞板、加气混凝土等质量轻，隔热性能好，可作隔热材料。一般 20cm 厚的加气混凝土，隔热性能胜过 64cm 的砖墙。

3. 通风系统设置

通风系统是十分重要的，因为果蔬呼吸释放的 CO_2、乙烯、乙醇，以及田间热、呼吸热等只有通过通风系统才能排出。通风是由通风量和通风面积计算得来的，但它要受到外界不断变化的温度、空气流动速度、贮藏原料呼吸强度等的影响，我国北方地区的通风库，通风面积一般设计为每 50t 产品不少于 $0.5m^2$。进风口、排气孔高差越大，气压差越大，通气效能越好。因此，在库房基部开设进气口，库顶设排气孔，并且使排气孔的高度高出库顶 1m 以上，以形成较大的高差。地下式、半地下式通风库，在库顶建造通风口，常用的办法是设计风罩（即四面都有可开关的门）（图 13-13），根据风向，开关风罩，形成进气孔和排气孔。通风口设置的原则是数量要多，在总面积不变的情况下，单个面积较小，一般按 5～6m 间隔设计（25×25）～（40×40）cm 的一个通风口为宜。

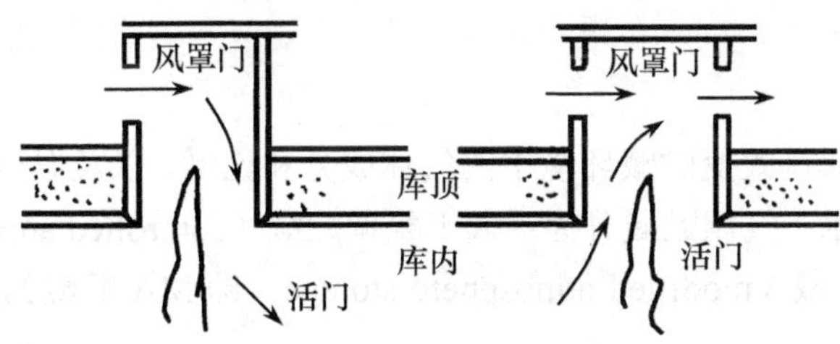

图 13-13　风罩剖面结构示意图

四、机械冷藏库

机械冷藏库是在具有良好隔热性能的库房里装置冷冻机械，通过机械作用，控制库内的温度、湿度和通气换气，可用于周年贮藏。

1. 制冷原理和冷冻机

制冷剂在压缩机的作用下通过液化—气化—液化的过程吸热，从而使冷藏库的温度下降。压缩式冷冻机（图 13-14）主要由 4 部分组成，即蒸发器、压缩机、冷凝器、节流阀。蒸发器使制冷剂蒸发，吸收周围热量；压缩机是将气化了的制冷剂通过活塞压缩，使其处于高压状态；冷凝器是将高压制冷剂通过水或气冷却将热量冲走，使其变为液态；节流阀用来调节液态制冷剂的流入量。冷冻机制冷能力的表示方法为：kJ/h 或 1 冷吨=12 661kJ/h。

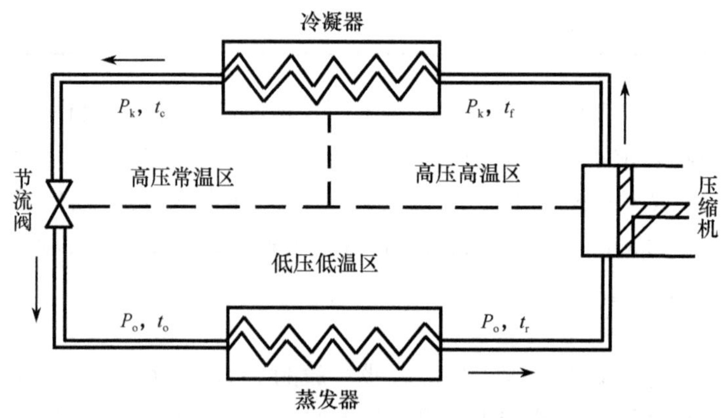

图 13-14　压缩式制冷机工作原理示意图

2. 制冷剂

在制冷循环中能通过蒸发吸收热量产生制冷效应的物质，即制冷剂。冷库制冷剂的沸点要在 0℃以下，且对人体无害，不腐蚀机械，无燃烧、爆炸等危险。冷库内常用的制冷剂有氨气（NH_3）、一氯甲烷（CH_3Cl）、卤化甲烷族（氟利昂），以及溴化锂、乙二醇、四氟乙烷、二氯二氟乙烷等。

五、气调贮藏

气调贮藏是指通过改变贮藏环境中的气体成分和比例，以及温度和湿度来延长果蔬贮藏寿命的一种技术。气调贮藏分为：人工气调贮藏（controlled atmosphere storage，即 CA 贮藏）和限气贮藏（modified atmosphere storage，即 MA 贮藏）。CA 比 MA 的气体指标要求严格得多。

1. 气调贮藏的原理

通过调节 O_2 与 CO_2 等气体成分的比例，降低呼吸强度，延长贮期。

2. 气调贮藏的条件

（1）低 O_2　果蔬的呼吸作用随空气中 O_2 的含量下降而减少，但当达到最低点后，若 O_2 继续下降，则发生无氧呼吸，CO_2 释放量反而增大。

（2）高 CO_2　适当提高贮藏环境中的 CO_2 浓度对果蔬贮藏是有利的。据研究，当环境中的 CO_2 达到 15%时许多果蔬风味就会恶化，乙醛、乙醇积累，还可能导致褐变或中毒。

（3）稳定的温度　据美国农业部研究，持续 10 天比适宜贮藏温度高出 1.5℃，大约可缩短一周的贮藏寿命。稳定且适宜的温度可延长贮藏寿命。

3. 气体管理

1）气体组成和配比

目前在生产和科学试验中应用的有3种方式。

（1）低双指标　O_2和CO_2含量都比较低，两者之和低于21%。

（2）O_2单指标　只控制O_2含量，CO_2用吸收剂全部吸收掉，当无CO_2时，O_2影响果蔬呼吸的阈值大约为7%，O_2含量必须低于此水平，才能有效地抑制呼吸强度。

（3）高双指标　即O_2和CO_2的总和约为21%，这种方法是把产品封闭一定时间，当O_2、CO_2达到指标要求后，定期或连续地充入新鲜空气，以维持这种比例。

2）O_2和CO_2的调节管理

在气调贮藏中，从刚封闭时的正常空气到转变成所规定的气体指标，有一个降O_2和升CO_2的时期，称为降O_2期。降O_2之后，O_2和CO_2稳定在规定的范围内一段时间，称为稳定期。

（1）自然降O_2法　封闭后依靠产品自身的呼吸作用使O_2逐渐下降和CO_2上升。这类方法可分为放风法和调气法。放风法是每隔一定时间，当O_2降至规定的低限或CO_2升至高限时，开封放风，再行封闭；调气法是在降O_2期用吸收剂除去超过指标的CO_2，当O_2降低到规定指标以后，输入新鲜空气，再使用CO_2吸收剂吸收CO_2，使两种气体稳定在指标范围内。

（2）人工充CO_2自然降O_2法　其原理是利用O_2和CO_2的拮抗作用，高CO_2来拮抗高O_2的不良影响，同时又能防止高CO_2伤害。

（3）人工降O_2法　常用的有充N_2法和气流法。充N_2法是封闭后抽出容器中大部分空气，再充入N_2，用N_2稀释空气中的O_2，使其浓度达到规定的指标，有时也可充入适量的CO_2，使之达到要求的浓度；气流法是按气体组分要求，人工配制好气体，输入贮藏环境中，在此后的贮藏期间，连续不断地排除部分气体和充入人工配制的气体。

4. 气调冷藏库

气调冷藏库的基本建设（图13-15）与机械冷藏库相似，但要有较高的气密性，为此要设计气密层。此外，气调冷藏库还要设计：①气体净化系统，常用的有干石灰洗涤装置、碳酸钾洗涤器、活性炭洗涤器；②N_2发生系统；③调压设备，有大气囊和水封栓；④其他设备，如加湿器、气泵气体循环系统、库内气体分析装置、温度计、湿度计、观察窗及安全装置等。

5. 薄膜包装贮藏

（1）垛封法　将产品码成垛，每垛1000～2000斤（1斤=0.5kg），垛中间留通气孔，用0.1～0.2mm厚的聚乙烯或聚氯乙烯做成的帐密封，帐内还可放消石灰吸收CO_2。

（2）袋封法　用0.04～0.05mm厚的聚乙烯薄膜做成密封袋，每袋装30～40斤，当袋内气体达到指标时，打开袋口，换入新鲜空气后，再扎口封闭。

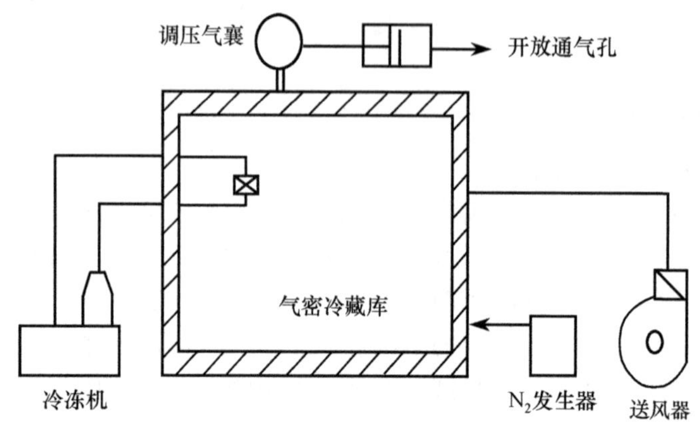

图 13-15　普通式气调贮藏示意图

（3）硅窗袋封闭法　硅窗由硅橡胶做成，它对通过的气体具有较高的选择性和通透性，其通过 CO_2 的速度为 O_2 的 6 倍、N_2 的 12 倍，对乙烯和芳香物质也有较大的透性。在塑料袋（或塑料大帐）上安装硅窗，可以达到气调的作用。

6. 低乙烯贮藏

在 CA 贮藏库中，乙烯浓度不超过 1.0ppm 的气调贮藏方法称为低乙烯气调贮藏。这种方法是用高锰酸钾浸透的氧化铝或蛭石、砖块等吸收乙烯，或用分子筛过滤乙烯。要求呼吸跃变期之前采收，迅速预冷，快速进入气调水平，并连续不断地脱乙烯，使库内乙烯浓度始终保持在 1.0ppm 以下。

六、其他贮藏方式

1. 减压贮藏

（1）减压贮藏的概念　减压贮藏又称低压贮藏，是把产品放在密闭室内，让密闭室内部气压降低到一定程度，并在贮藏期间保持恒定的低压，新鲜空气不断地通过压力调节器、加湿器，使得空气相对湿度接近饱和后进入贮藏室。

（2）减压贮藏的原理　制造一个低 O_2 分压，起到类似气调的作用，促进组织内部热量和乙烯、乙醛、乙醇、芳香物质等向外扩散，防止这些物质在果蔬内积累，抑制果蔬后熟。减压贮藏示意图如图 13-16 所示。

（3）减压贮藏的优缺点　减压贮藏可以延缓后熟和衰老，保持绿色，防止软化，减轻冷害和生理病害，抑制霉菌生长。缺点是在减压条件下易造成蒸腾失水，所以要保持较高的真空湿度。另外，减压设备要有较高的耐压性，因此成本较高。

2. 辐射处理

1）辐射处理的概念

辐射处理主要是利用 ^{60}Co、^{137}Cs 发生 γ 射线，γ 射线是穿透力很强的电离射线，它穿过有机体时，会使水和其他物质发生电离，生成游离基和离子，从而影响到有机体的新陈代谢。

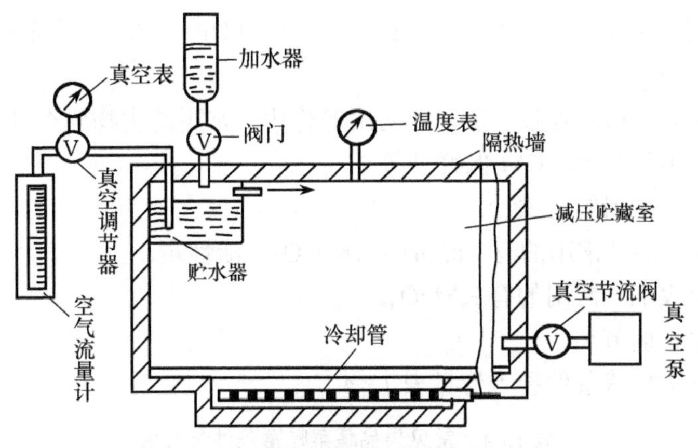

图 13-16 减压贮藏示意图

2）辐射处理的作用

辐射处理具有抑制发芽、调节呼吸和后熟、抑制内源乙烯的产生、延缓衰老、杀虫、杀菌、防霉等作用。

3）辐射处理的技术要点

（1）辐射剂量 指被照射物体接受的照射总量，表示单位：

1 千拉德（krad）＝1000 拉德（rad）

1 戈瑞（Gy）＝100rad

1kGy＝100 000rad＝100krad

（2）剂量率 单位时间内的辐射剂量。

（3）辐射时间 整个辐射过程所用的时间。

（4）辐射时期 辐射对象所处的生长发育时期。

辐射剂量确定后，对品质易变坏的产品，用较大的剂量率，在较短时间内辐射完毕，可减轻伤害。对抑制萌芽的产品，生理休眠结束前辐射效果好；对跃变型果实，临近跃变期辐射效果好。

4）存在的问题

辐射处理后的产品产生辐射伤害和辐射味，其解决的办法是：低温辐射，低温贮藏；排除 O_3；产品装塑料袋后抽气辐射或充入惰性气体辐射；应用抗氧化剂。辐射会破坏维生素。关于安全问题，截至目前还未发现辐射食品对人体造成伤害，但国家对食品辐射有计量标准。

3. 变温处理

把产品放在较高的温度下处理一定时间（一般 80℃以上），杀死微生物及抑制酶的活性，然后快速放到低温环境下贮藏。

4. 保鲜剂

生产中使用的保鲜剂主要有以下几种类型。

（1）防腐剂　主要有仲丁胺（2-AB）、联苯胺（DP）、SO_2、噻苯达唑（TBZ）、臭氧（O_3）等。

（2）生物膜　有抑制呼吸、蒸腾和防腐等作用，常用的生物膜有油乳保鲜剂、复卵磷脂保鲜剂、森柏保鲜剂、CM 保鲜剂等。

（3）吸氧剂　常用的有铁粉。

（4）CO_2 吸收剂　常用的有 $Ca(OH)_2$、K_2CO_3、活性炭。

（5）乙烯吸收剂　常用的有 $KMnO_4$。

（6）植物生长调节剂。

常见果品蔬菜贮藏条件参考值见表 13-4。

表 13-4　常见果品蔬菜贮藏条件参考值

果蔬名称	贮藏温度（℃）	相对湿度（%）	O_2（%）	CO_2（%）	冰点温度（℃）	冷害温度（℃）	贮藏寿命（天）
苹果	–0.5～1.0	90～95	1～4	2～4	—	–1.0	240～360
梨	–0.5～0.5	90～95	5～10	0～2.5	–1.6～–0.3	–1.1～0	180～240
葡萄	–1.0～0.4	90～95	3～5	3～6	–3.0	–1.1	90～240
晚熟桃	–0.5～0.0	90～95	3～4	4～5	–1.8～–1.2	–1.0	100～150
李	–0.5～0.0	90～95	3～5	2～5	–2.2	–1.0	40～60
杏	0.0～1.0	90～95	2～3	2～3	–1.1	–1.0	10～30
冬枣	–2.0～–1.0	95～98	3～5	＜2	–4.0	–3.0	90～120
石榴	4.0～5.0	90～95	3～5	3～8	—	–0.5～0.0	120～180
核桃	0.0～1.0	65～70	＜2	＞10	–0.5	—	300～540
草莓	0.0～1.0	90～95	5～10	10～20	–0.8～–0.7	–0.4	7～10
板栗	–2.0～–1.0	90～95	3～5	1～4	–4.4	–3.0	240～360
樱桃	–2.0～–0.5	90～95	3～5	10～25	–1.8	–0.6	90～120
猕猴桃	–0.5～0.5	90～95	2～3	4～5	—	—	160～180
柿子	–1.0～0.0	85～90	3～5	4～7	–2.2	—	90～150
山楂	–1.0～0.0	90～95	2～4	3～5	–4.4	–3.0	180～240
香蕉	11.0～13.0	90～95	3～5	5～7	–0.7	10.0	60～180
柠檬	12.0～14.0	85～90	5～8	＜5	–1.4	10.0	120～180
葡萄柚	7.0～10.0	85～90	—	≤8	—	—	30～60
甜橙	3.0～5.0	90～95	≥19	≤3	—	—	90～150
蕉柑	7.0～9.0	85～90	18～20	0～1	—	—	90～150
椪柑	10.0～12.0	85～90	18～20	0～1	—	—	90～150
温州蜜柑	4.0～6.0	80～85	18～20	0～1	—	—	90～150
红桔	10.0～12.0	80～85	≥19	≤3	—	—	60～90
温州蜜橘	3.0～5.0	80～85	18～20	0～1	—	—	90～150
茯苓夏桔	3.0～8.0	85～90	18～20	0～1	—	—	60～120
荔枝	2.0～5.0	85～90	5～6	3～5	—	2	30～60
龙眼	4.0～6.0	85～90	6～8	4～6	—	≤0	30～45
芒果	10.0～12.0	85～90	3～5	2.5～10	–0.9	≤10	15～30
菠萝	10.0～13.0	85～90	2	—	–1.0	6～10	14～30
西瓜	9.0～11.0	85～90	—	—	–0.4	≤8	21～56

续表

果蔬名称	贮藏温度（℃）	相对湿度（%）	O_2（%）	CO_2（%）	冰点温度（℃）	冷害温度（℃）	贮藏寿命（天）
白兰瓜	5.0～8.0	70～85	—	—	-0.9	≤3	28～56
哈密瓜	3.0～4.0	75～80	3～8	0～2	—	1～2	90～120
蒜苔	-0.4～0.8	90～95	3～4	5～8	-1.2～-0.8	—	150～300
莴笋	0.0～1.0	90～95	2～3	10～20	-0.17	0	30
芦笋	0.0～2.0	90～95	3～5	10～12	-0.6	0	20～30
竹笋	0.0～1.0	90～95	2～3	10～12	-0.6	0	30～40
辣椒	9.0～12.0	90～95	3～5	1～3	—	8	30～70
黄瓜	12.0～13.0	90～95	2～5	0～5	-0.5	8～10	25～40
茄子	10.0～13.0	85～90	2～5	3～5	-0.8	7～8	20～30
菜豆	8.0～10.0	90～95	5～8	0～2	-0.7	7	30～60
南瓜	10.0～15.0	70～75	—	—	<10	—	60～200
冬瓜	10.0～15.0	70～85	—	—	-0.9	<10	120～180
大白菜	-0.8～1.0	85～95	1～6	0～5	-0.8	—	120～150
甘蓝	0.0～1.0	90～95	2～5	0～5	-0.8	-0.7～-0.5	60～150
芹菜	0.0～1.0	90～95	2～3	4～5	-2～-1.0	—	60～90
菠菜	0.0～1.0	90～95	11～16	1～5	-0.3	—	30～90
芫荽	0.0～1.0	85～95	3～5	7～8	-0.2	—	90～120
菜花	0.0～1.5	90～95	2～5	<5	—	—	90～100
绿菜花	0.0～1.0	95～100	1～2	0～5	-0.6	—	30～90
大蒜	-3.0～2.0	70～75	3～5	12～13	—	-6～-4	180～240
洋葱	-0.5～0.5	60～70	2～4	10～15	-0.7	—	180～240
胡萝卜	0.0～1.0	90～95	1～2	2～4	-1.1	—	180～240
马铃薯	0.0～3.0	90～95	—	—	-0.6	0	150～240
大葱	-1.0～0.0	80～85	—	—	-5～-3	-3	40～90
百合	5.0～11.0	65～75	—	—	-1	—	90～120
生姜	12.0～15.0	90～95	—	—	—	-10	90～360
蘑菇	0.0～2.0	90～95	0～1	25	-0.8	—	8～10
草菇	11.0～12.0	90～95	—	—	<10	—	4～5
平菇	3.0～4.0	85～90	1～3	4～5	—	—	7～10
香菇	4.0～6.0	80～85	2～3	10～13	-0.9	—	10～15
金针菇	2.0～4.0	85～90	—	—	—	—	4～5
木耳	2.0～4.0	85～90	—	—	—	—	10～15

注：“—”表示无统计数据

第五节　果品蔬菜采后病害

一、生理性病害

果蔬在采前或采后受到某种不适宜的理化环境因素影响而造成的生理障碍和伤害

称为生理性病害。有时在田间发生，有时采后发生。生理性病害本身不传染，但它能给侵染性病害造成传播条件。生理性病害包括日灼、营养素缺乏症、病虫害等田间逆境造成的生理病害；机械伤害、冷害、冻害等采后逆境造成的生理病害等。

二、侵染性病害

侵染性病害指由病原物侵染所引起的病害。病原物主要包括真菌、细菌、病毒和原生动物，其中以真菌为主。侵染性病害可能在田间传染，也可能在采后贮、运、销期间传染。真菌的传播主要靠分生孢子，可反复传染。

1. 侵染和发病过程

侵染性病害在病原菌、寄主、环境条件 3 个方面都具备的情况下发生，其发病过程分为传播（病原菌与寄主接触）、侵入（病原菌穿越寄主表皮组织）、潜育（病原菌向寄主内部组织蔓延）和病痕（寄主表面出现症状）4 个阶段。病原菌传播的主要媒介是水、空气、人体、工具及产品间接触。侵染性病害的致病机理是在病菌分泌的毒素和分解酶的作用下导致细胞消解破坏。侵染性病害的症状为寄主有菌丝体，出现水渍状斑点，局部凹陷或隆起，或出现黑色斑块。

2. 果蔬对侵染的抗御

保护果蔬组织的角质层、蜡质层、木栓层、体内的酚类物质、植保素等都是重要的抗病剂，对侵染性病害有一定的抗御作用。

3. 侵染性病害的控制

注意卫生，消毒灭菌；推迟成熟和衰老，避免逆境，提高抗性；改变贮藏环境，抑制病菌生长；减少各种伤害；应用理化防治措施。

第六节　果品蔬菜贮藏保鲜技术方案

以猕猴桃贮藏保鲜为例。

1. 操作工序

冷库消毒灭菌→选择耐贮品种→确定采收期→采前处理→采收→
短途运输→预冷→挑选、分级、包装→入库→贮期管理→确定贮藏期限→
出库→长途运输→货架期管理→食前催熟。

2. 冷库消毒灭菌

新冷库第一次用可不进行消毒灭菌。旧冷库，特别是前一年贮藏过其他果品蔬菜的冷库，贮藏猕猴桃前一定要消毒灭菌，可选下列方法之一：①1%～2%的甲醛水溶液喷洒冷库；②按甲醛：高锰酸钾=5：1 的比例配制成溶剂，以 5g/m^3 的用量熏蒸冷库 24～48h；③0.5%～1.0%的漂白粉水溶液喷洒冷库；④在 10%的石灰水中加入 1%～2%的硫酸铜配制成溶液刷冷库墙壁，晾干备用；⑤点燃 10g/m^3 的硫磺粉熏蒸冷库 24～48h；⑥用 5%的仲丁胺按 5mL/m^3 的用量熏蒸冷库 24～48h；⑦0.5%的漂白粉水溶液或 0.5%的硫酸铜水溶液刷洗果筐、放果架、彩条布等冷库用具，后曝晒干备用；⑧上述④和②方法共用，即刷墙后再熏蒸，灭菌效果更好。熏蒸后的冷库，气味排完后方可贮果。

3. 选择耐贮品种

美味猕猴桃种群比中华猕猴桃种群耐贮藏，硬毛品种比软毛品种耐贮藏，晚熟品种比早熟品种耐贮藏，海沃德、通山 5 号、西选 1 号、金魁、红阳、秦美、徐冠较耐贮藏。

4. 确定采收期

①可溶性固形物含量为 7%～9%；②果实硬度达到 14～15kg/cm^2（<10kg/cm^2 耐贮性差）；③果实生长期为陕西秦川地区秦美从盛花期到采收 156 天，海沃德 163 天；④外观变化为果实褐色加深，叶片呈现古老，果梗与枝条离层形成，果易摘下；⑤陕西省周至县秦美、西选 1 号 10 月上旬成熟，海沃德 10 月下旬成熟；⑥霜降后采的果不宜贮藏。

5. 采前处理

①做好施肥灌水、病虫害防治、整形修剪等果园管理工作，生产高质量耐贮果实；②采前 20 天、10 天分别喷 0.3%的氯化钙各一次；③从采前 10 天到采收结束期间终止灌水；绝对不使用果实膨大剂，凡使用了果实膨大剂的猕猴桃一律不能用于贮藏。

6. 采收

①采收时间：露干后的清晨、傍晚气温低适宜采收，雨天、雾天、带露水果和炎热的中午不能采收。②采收技术：人工采收，从果梗离层处摘下，装入可盛 10kg 左右果实的塑料框或木框内。③在同一批果中，中等大小的果实耐藏，在同一树果中，向阳面的果实耐藏。④采果时剪指甲，戴手套，轻拿轻放，防止机械伤害。

7. 短途运输

采收够一车立即运回预冷，地头堆放≤5h，从采收到入库≤12h。运输时防止严重振荡。

8. 预冷

①早晨采的果，同果筐一同立即入冷库，在 0℃预冷，傍晚采的果，在阴棚下放一夜，第二天早晨 6:00～7:00 入库；②果筐入库后散放，在 0℃条件下预冷 2～3 天，待果温接近要求的库存温度后包装、码垛；③每天入库量不得超过库容的 15%。

9. 挑选、分级、包装

①在冷库内作业，果品不能出库。②挑选：除去小果、烂果、病虫果、畸形果。③分级：按重量分级，特级单果重 130～150g，一级单果重 100～129g，二级单果重 80～99g，三级单果重 60～79g。④包装：用塑料箱或木框均可，箱内（或框内）垫厚度为 0.04～0.05mm 的高压聚乙烯塑料袋，每箱装果 10kg 左右，果箱形状宜低，防止挤压，在每箱果的上部放置扎过眼的保鲜剂一袋（用珍珠岩作载体浸渍饱和高锰酸钾溶液制作成乙烯吸收剂，每袋保鲜剂重 200g），最后绑扎塑料袋口。

10. 入库

果箱摆放整齐，留开风道。果箱距侧墙 10～15cm，距库顶 60cm。主风道宽 30～40cm，小风道宽 5～10cm，同一码内箱与箱间距 1cm。

11. 贮期管理

①贮期温度：（0±0.5）℃。②湿度：相对湿度 90%～95%，湿度达不到时，立即采用冷库内洒水、机械喷雾、挂湿草帘等方法增加湿度。③气体成分：塑料袋内气体成分以 O_2 浓度 2%～3%、CO_2 浓度 5%、乙烯浓度＜30ng/L 为好。④换气：袋内 O_2＜5%，CO_2＞8%时要及时换气，夜间打开塑料袋口放气，开动排风扇、排风口换气，雨天、雾天、中午高温时间不宜换气。⑤品质检查：每月一次，抽样调查，发现有烂果现象时全面检查，烂果及时除去。

12. 确定贮藏期限

①贮后果实理化指标：平均果实硬度≥2.5kg/cm^2，硬果率≥93%，商品果率≥96%，维生素 C 保存率≥80%，鲜度指数≥90%。②贮后果实感官标准：外观新鲜，果脐鲜绿，色、香、味、形均好。③贮藏天数：机械冷库可贮藏秦美 150 天左右，海沃德 180 天左右；气调冷库可贮藏秦美 180 天以上，海沃德 200 天以上。

13. 出库

将果实在缓冲间放置 10～12h，缓慢升温使果温与外界温差在 5～6℃，重新装箱、包装、贴标后出库。

14. 长途运输

①卡车运输：半夜或凌晨装车，先在车板上铺一层篷布，一层棉被，一层塑料薄膜，再将果箱装车。车装满后，将车外部的果箱用薄膜、棉被、篷布全部包裹，所用的棉被、篷布均要在使用前预冷，这种包装可长途运输 3 昼夜。②冷藏车运输：运输期间保温效果好，可作较长期运输。③运输速度要快，尽量减少振荡，到达目的地后如果不能立即出售，可在当地找冷库临时存放。

15. 货架期管理

冬季可直接在街道摆摊，超市销售可放在果品冷橱中，货架期 8～9 天。

16. 食前催熟

①在 25℃条件下放置 7～8 天可自然软熟；②用 1000mg/L 乙烯利喷果或浸果 2min，放置催熟；③家庭少量食用果可将猕猴桃装在塑料袋中，并在袋内混装 2～3 个苹果，绑扎袋口 4～5 天便可催熟；④催熟软化后可溶性固形物含量达到 12%～17%时口感较佳。

第十四章　食品微生物与发酵

第一节　食品微生物概述

一、微生物的分类与鉴定

1. 微生物的分类单位

微生物的分类单位，依次为界（kingdom）、门（phylum）、纲（class）、目（order）、科（family）、属（genus）、种（species）。在两个主要分类单位之间，还可分为亚门、亚纲、亚目等。

（1）种（species）　种是微生物分类采用的基本单位，代表一群在生理生态方面十分相似或性状间差异微小的个体。

（2）变种（variety）　分离后的细菌纯种只有某一稳定的特性与典型种不同，其余特性完全相同，则将其称为典型种的变种。

（3）亚种（subspecies）　在实验室所获得的变异型称为亚种。

（4）型（form）　同一种微生物各种类型之间的不显著的差别，一般表现在菌体化学组分，如抗原等结构上的不同。

（5）菌株或品系（strain）　同种而不同来源的细菌的纯培养，称为菌株。

（6）群（group）　两种生物和介于它们之间的种类统称为群。

2. 微生物的命名法则

微生物的命名法则普遍采用瑞典植物学家林奈氏（Linnaeus）于 1753 年创立的双名法，这是国际命名的一般法则。它是用两个拉丁词或希腊词组成一个学名，前面一个是属名，通常是描述生物形态的名词或发现该生物的人名，该词第一个字母应大写；后一个是种名，表示该生物的某种特征，字母一律小写，印刷时学名需斜体。当出现同物异名或同名异物时，为避免混乱通常在正式的拉丁名后还要附上定名人姓名及命名年份。

3. 微生物的分类系统

1）细菌的分类系统

目前比较有代表性的和有参考价值的分类系统有 3 个：第一个是苏联克拉西里尼科夫编著的《细菌和放线菌的鉴定》，第二个是法国普雷沃编著的《细菌分类学》，第三个是美国布瑞德等主持编著的《伯杰氏鉴定细菌学手册》。其中以《伯杰氏鉴定细菌学手册》一书最有影响。

2）放线菌的分类系统

放线菌目前应用较广泛的分类系统主要有两个：一个是苏联克拉西里尼科夫的分类系统，另一个是美国瓦克斯曼的分类系统。在国内，中国科学院微生物研究所的分类专家，结合瓦氏和克氏两个分类系统方法，提出了放线菌分科分属检索表。其具体内容可参阅中国科学院微生物研究所放线菌分类组编写的《链霉菌鉴定手册》一书。

3）真菌的分类系统

在真菌分类方面，近年来趋向于采用 Ainsworth 的分类系统。该分类系统认为真菌不属于低等植物，而属于单独成立的真菌界。界以下分为粘菌门和真菌门。在国内，以中国科学院微生物研究所编著的《常见与常用真菌》一书最具代表性。

4. 微生物的鉴定方法

微生物的分类鉴定方法通常可分成 4 个不同水平：①细胞形态和习性水平，如用经典研究方法观察微生物的形态特征、运动性、酶反应、营养要求、生长条件、代谢特性、致病性、抗原性和生态学特性等；②细胞组分水平，包括细胞壁、脂类、醌类和光合色素等成分的分析，所用技术除常规技术外，还有红外光谱、气相色谱、高效液相色谱和质谱分析等新技术；③蛋白质水平，包括氨基酸序列分析、凝胶电泳和各种免疫标记技术等；④核酸水平，包括（G+C）比值的测定、核酸分子杂交、16S rRNA 或 18S rRNA 寡核苷酸序列分析、重要基因序列分析和全基因组测序等。

二、微生物的营养

1. 微生物的营养需要与营养类型

1）微生物的营养需要

微生物的营养物包括 6 大营养要素：碳源、氮源、能源、生长因子、无机盐和水。

（1）碳源　微生物所需要的碳源包括二氧化碳、有机酸、糖类、脂肪、醇类及石油等一切含碳化合物。异养型微生物需要依靠有机含碳化合物维持生命活动，主要是糖类，如单糖、双糖、淀粉、纤维素等，其中葡萄糖是最常见的碳源。

（2）氮源　大多数细菌、霉菌和酵母利用氨和硝酸盐来合成含氮有机物，如氨基酸、嘌呤和嘧啶等。许多微生物也可从有机含氮物、蛋白质、肽或氨基酸的降解中获得氮。

（3）矿物盐　大多数微生物生长需要添加磷酸盐、镁、锰、铁、钾盐和氯化物。通常自来水或复合培养基中含有所需的微量元素铜、锌、钴和钼及钙盐等。

（4）特殊养分　许多微生物需要一些它们自身不能合成的特殊养分和生长因子，如氨基酸、嘌呤、嘧啶、维生素和生物素等，生物素是许多酵母和霉菌生长所必需的。

2）微生物的营养类型

微生物的营养类型即微生物代谢类型，依据碳源和能源可分自养型和异养型。

i. 自养型微生物

这类微生物具有能够利用无机物合成有机物的酶系统。它们可以利用 CO_2 或碳酸盐作为碳源，以铵盐或硝酸盐作为氮源来合成有机物质。根据还原 CO_2 时能量的来源不同，又可将自养型微生物分为光能自养型微生物和化能自养型微生物。

（1）光能自养型微生物　此类微生物是以日光为能源，CO_2 为碳源，无机物为供氢体，将 CO_2 还原成有机物质。它们都含有光合色素，能进行光合作用，能依靠无机物生长。

（2）化能自养型微生物　这类微生物不含光合色素，不能进行光合作用，但能同化 CO_2。其能量来源不是日光，而是氧化无机物放出的化学能。例如，亚硝酸细菌利用空气中的氢氧化氨生成亚硝酸放出的能量来同化 CO_2。

ii. 异养型微生物

这类微生物只能以自然界中有机化合物作为供氢体，以 CO_2 或有机化合物作为碳源，而氮源可来自无机含氮化合物如硫酸铵、硝酸铵，亦可来自有机含氮化合物如蛋白胨、氨基酸。其所需的能量，可从分解有机物的过程中获得，也可利用光能。异养型微生物也可分为光能异养型微生物和化能异养型微生物。

（1）光能异养型　这类微生物含有光合色素，利用光能进行光合作用，同化 CO_2 为有机物，但需要有机物为供氢体。例如，红螺细菌进行光合作用，还原 CO_2 的氢来自异丙醇。

（2）化能异养型　这类微生物不含光合色素，不能氧化无机物，不能同化 CO_2，所用的能量和碳源均来自有机物。绝大部分细菌、全部放线菌和真菌都属于此种异养型微生物。

2. 微生物的培养类型

（1）液体批量培养　在液体培养基中培养，培养过程中不需要加入新的培养基。

（2）琼脂斜面培养　在试管或小瓶中装入约 5mL 固体培养基（如营养琼脂）熔化后摆成斜面冷却。将接种物涂布到斜面或用接种环在斜面上划线。

（3）穿刺培养　将含琼脂或明胶培养基的试管或瓶子垂直放置，使培养基凝固，用接种针挑取少量接种物垂直穿入至容器的中部。

（4）半固体培养　菌株所生长的培养基含有足够的琼脂（0.02%～0.3%）使其有一定的黏度，但却没有完全固化。

（5）振荡培养　试管或瓶子中的固体培养基熔化后，于 45℃保温、接种，充分振荡、转动混匀，垂直放置使之固化。

（6）平板培养　①平板划线法：从混合菌株中分离单个菌落或研究菌落形态时可使用平板划线法。先在平皿上倒一薄层固体培养基，采用适当的划线技术在琼脂表面划接种物。②倾倒平皿法：将接种物加入到含有已熔化培养基（约 45℃）的试管中，充分振荡混匀后倒在平板上。当需要用这种方式得到单个菌落或研究菌落形态时，建议使用多个稀释度。

3. 微生物的培养基

任何培养基都应具备微生物生长所需的6大营养素，且比例合适。培养基按成分、外观物理状态、功能等可分成不同种类。根据培养基的功能分为基础培养基、加富培养基、选择性培养基、鉴别性培养基。

（1）基础培养基　其组成物质能满足一般微生物生长繁殖的需要，可供培养一般微生物使用。例如，牛肉膏蛋白胨可用于培养细菌；马铃薯葡萄糖琼脂适于培养霉菌；麦芽汁琼脂是培养酵母菌的基础培养基。

（2）加富培养基　配制适合某种微生物生长而不适于其他微生物生长的培养基，从而达到分离的目的，此培养基称为加富培养基。

（3）选择性培养基　在培养基中加入某些化学药品以抑制不需要的微生物生长，而促进某些需要的微生物生长，这样的培养基称为选择性培养基。它一般含有抑菌剂或杀菌剂。

（4）鉴别性培养基　根据能否利用培养基中的某些成分，依靠指示剂的颜色反应，借以鉴别不同种类的微生物的培养基称为鉴别性培养基。

三、微生物的代谢与调节

1. 微生物的呼吸作用

微生物的呼吸作用，即生物氧化作用，是在细胞内酶的催化下，氧化基质、释放能量的过程。基质的氧化方式包括失去电子、脱氢或加氧。在氧化-还原反应中，凡是失去电子的物质，称为电子供体，脱去氢的物质称为供氢体；获得电子的物质称为电子受体，获得氢的物质称为受氢体。

微生物的呼吸作用可根据最终电子受体的性质，分为有氧呼吸作用、无氧呼吸作用和发酵作用。

（1）有氧呼吸作用　指基质彻底氧化时，以分子氧为最终电子受体的氧化作用。这种呼吸作用要有脱氢酶、氧化酶及电子传递系统参与。脱氢酶使基质脱氢并通过细胞色素C将电子和氢传递给氧，氧化酶使普通状态的氧活化成激发态而成为受氢体，氧与氢结合最终生成水。

（2）无氧呼吸作用　指以无机氧化物作为最终电子受体的氧化作用，最终电子受体有NO_3^-、NO_2^-、SO_4^{2-}、$S_2O_3^{2-}$等。在无氧呼吸过程中，从底物脱下的氢和电子也经过细胞色素C等一系列中间传递体，并伴随有磷酸化作用，产生ATP。底物也可被彻底氧化，但和有氧呼吸相比，产生的能量较少。

（3）发酵作用　指电子供体（或供氢体）和电子受体（或受氢体）都是有机化合物的生物氧化作用，有时最终的电子受体就是电子供体的中间产物。在这种氧化作用过程中，一般由底物脱下的电子和氢交给NAD(P)（辅酶Ⅰ或辅酶Ⅱ）使之还原成$NAD(P)H_2$，再由$NAD(P)H_2$将电子和氢交给有机化合物的最终电子受体，完成氧化-还原反应。

2. 微生物无氧酵解的类型

微生物在无氧条件下对葡萄糖的降解：葡萄糖经 1,6-二磷酸果糖降解为丙酮酸，这是大多数厌氧微生物和兼性厌氧微生物进行葡萄糖无氧分解的共同途径。降解成丙酮酸以后，不同种类的微生物有不同的发酵类型，形成不同的发酵产物。其发酵类型有：酒精发酵、同型乳酸发酵、丁酸发酵、丙酸发酵、混合酸发酵等。

3. 碳水化合物的代谢

在生物体内，物质的代谢分为分解代谢和合成代谢。分解代谢是复杂的营养物质分解成简单化合物并释放出能量的过程。

1）碳水化合物的分解代谢

各种多糖首先被相应的胞外酶（如淀粉酶、纤维素酶等）水解成双糖或单糖。双糖的分解一般是在细胞内发生的，有两种方式：一种是双糖被相应的水解酶分解成单糖，另一种是双糖被磷酸酶分解。而单糖先转化为葡萄糖和果糖，再通过糖酵解途径（EMP途径）、戊糖磷酸途径（HMP 途径）或 2-酮-3-脱氧-6-磷酸葡糖酸途径（ED 途径）等降解成丙酮酸等。丙酮酸在有氧的条件下，经三羧酸循环（TCA 循环）彻底氧化成 CO_2 和 H_2O，在无氧条件下则进行各种发酵。

2）碳水化合物的合成代谢

微生物将空气中的 CO_2 同化成细胞物质的过程称为 CO_2 的固定作用，或 CO_2 的同化。

（1）自养型微生物　自养菌可通过磷酸核酮糖环或乙酰 CoA 环将 CO_2 同化成碳水化合物。

（2）异养型微生物　异养菌利用有机物，如丙酮酸及其衍生物、α-酮戊二酸等进行 CO_2 的固定。

4. 蛋白质与氨基酸的代谢

1）蛋白质与氨基酸的分解代谢

蛋白质是大分子化合物，不能直接进入细胞，必须在细胞外被蛋白酶和肽酶分解成氨基酸后才能被微生物利用。氨基酸的降解有脱氨和脱羧两种基本方式，分别被脱氨酶和脱羧酶所催化。当培养基的 pH 偏碱时进行脱氨作用，偏酸时进行脱羧作用。脱氨作用主要有：氧化脱氨、水解脱氨、还原脱氨、直接脱氨和 Stickland 反应等五种。

2）氨基酸与蛋白质的合成代谢

（1）氨基酸的合成　微生物的固氮作用，或硝酸还原作用所生成的 NH_3，或直接吸收外界的 NH_3，以及含氨化合物分解释放的氨，都可以用来使酮酸氨基化，形成相应的氨基酸。这些酮酸主要是三羧酸循环的中间产物或其他化合物的分解产物。由氨基化所生成的氨基酸常被称为初生氨基酸。初生氨基酸可以合成次生氨基酸。

（2）蛋白质的合成　蛋白质的生物合成，是由该生物的DNA决定的，即先以DNA为模板合成mRNA（此过程称为转录），再以mRNA为模板在核蛋白体上合成蛋白质（此过程称为翻译）。

5. 脂肪的代谢

1）脂肪的分解代谢

脂肪在脂肪酶的作用下水解成甘油和脂肪酸。甘油可在甘油激酶的催化下与ATP形成磷酸甘油，然后经EMP途径或HMP途径进一步氧化。脂肪酸是在辅酶A的参与下经一系列脂肪酰酶的作用逐步形成许多乙酰辅酶A。乙酰辅酶A可进入TCA循环彻底氧化成CO_2和H_2O，也可进入乙醛酸环，合成糖类。

2）脂肪的合成代谢

（1）脂肪酸的合成　偶数碳原子的长链脂肪酸是通过丙二酰CoA途径合成的，这一途径将C_2单位连续加到乙酰CoA上，由一系列反应组成。

（2）脂肪和磷脂的合成　微生物合成甘油三酯（即脂肪）的途径中，磷脂酸处于关键地位，由磷脂酸再转化成其他磷脂和脂肪。磷脂酸的生成有3种方式：①由3-磷酸甘油酸与脂酰CoA反应生成；②由甘油二酯经磷酸化生成；③由甘油一酯经ATP磷酸化后，再与脂酰CoA结合而成。

6. 微生物代谢的调节与控制

微生物的代谢是通过一系列酶促反应来调节与控制的。在微生物的整个生命活动过程中，约有上千种酶参与各种代谢。这些酶非常严密地根据内外环境条件来调整微生物体内各种代谢环节，以满足细胞生命活动的需要。微生物的各种代谢及其代谢物质是由酶控制的，而微生物细胞内的酶又是由染色体上的基因控制的。基因决定酶，酶调节代谢，反过来，代谢产物又可以反馈调节酶和基因的活动。

第二节　发 酵 技 术

发酵是指微生物在合适的发酵条件下将原料养分经特定的代谢途径转变为所需产物的过程，这一复杂过程不但与菌种的生产性能有关，还与培养基配比、原料质量、灭菌条件、种子质量、发酵条件和过程控制等密切相关。发酵一般分为分批发酵、补料-分批发酵、半连续发酵与连续发酵。

一、分批发酵

分批发酵是指在准封闭式系统内完成一个生长周期的微生物培养方法。种子接种到培养基后除气体流通及加入酸碱溶液外，发酵液始终留在生物反应器内。分批发酵过程一般细分为6个时期：停滞期、加速期、对数期、减速期、静止期和死亡期，如图14-1所示。

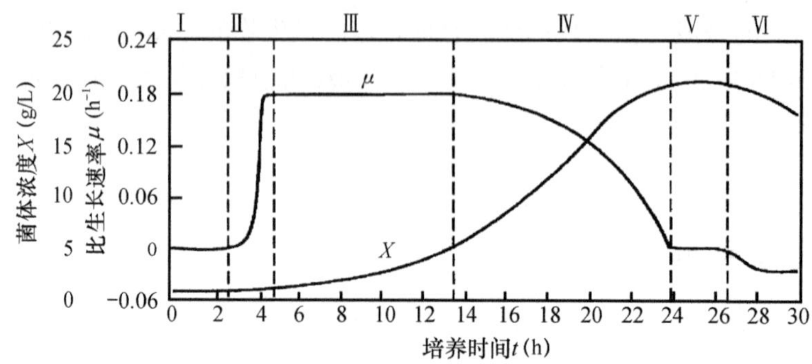

图 14-1 分批培养中微生物的典型生长曲线（焦瑞身，2003）

停滞期（Ⅰ），即刚接种后的一段时间，细胞数目和菌量不变，菌对新的生长环境有一个适应过程，适应时间的长短主要取决于菌种的活性、接种量和培养基的可利用性与浓度。加速期（Ⅱ）很短，大多数细胞在此期的比生长速率可在短时间内从最小值升到最大值。如这时菌已完全适应其周围环境，有充足的养分而又无抑制生长的物质便进入恒定的对数（指数）生长期（Ⅲ）。

减速期（Ⅳ），随着养分的减少，有害代谢物的生长受到抑制。这时比生长速率成为养分、代谢产物和时间的函数，其细胞量仍旧在增加，但其比生长速率不断下降，细胞在代谢与形态方面逐渐退化，随后进入静止期（稳定期）。减速期的长短取决于菌对限制性基质的亲和力（Ks 值），亲和力高，则减速期短。

静止期（Ⅴ）实际上是一种生长和死亡的动态平衡，净生长速率等于零。由于此时期菌的次级代谢十分活跃，许多次级代谢产物大量合成，菌的形态也发生较大的变化，如菌已分化，染色变浅，形成空胞等。当养分耗尽，对细胞生长有害的代谢物在发酵液中大量积累便进入死亡期（Ⅵ）。

二、补料-分批发酵

补料-分批发酵是在分批发酵过程中补入新鲜料液以防止养分不足导致发酵过早结束。由于只有料液的输入，因此发酵液的体积在增加。补料-分批发酵的优点在于它能维持很低的基质浓度，从而避免快速利用碳源的阻遏效应，并且能够按设备的通气能力去维持适当的发酵条件，减缓代谢有害物的不利影响。

三、半连续发酵

在补料-分批发酵的基础上加上间歇放掉部分发酵液（行业中称为带放）称为半连续发酵。带放是指将放掉的发酵液和其他正常放罐的发酵液一起送入提炼工段。这是考虑到补料-分批发酵虽可通过补料补充养分，但由于有害代谢物的不断积累，产物合成最终难免受到阻遏。放掉部分发酵液，再补入适当料液使细胞代谢产生的有害物被稀释，从而有利于产物的继续合成。

四、连续发酵

连续发酵培养是发酵过程中补入新鲜料液的同时以相近的流速放料以维持发酵液原来的体积。当放掉发酵液中的细胞量等于生成的细胞量时连续发酵达到稳态。细胞生长将导致基质浓度下降，直到残留基质浓度等于基质浓度。如基质浓度消耗到低于能支持相关生长速率的水平，细胞的丢失速率将大于生成的速率，这时稳态残留基质浓度将会提高，导致生长速率增加，平衡又恢复。连续培养系统又称为恒化器。

五、影响发酵的因素及其控制

常规的发酵条件有：罐温、搅拌转速、搅拌功率、空气流量、罐压、液位、补料、加糖、油或前体、通氨速率及补水等。在各种发酵条件下，影响发酵的因素主要有以下几方面。

1. 培养基

培养基的成分对微生物发酵产物的形成有很大的影响。每一种代谢产物有其最适的培养基配比和生产条件。培养基中的碳源浓度相当重要，若碳源浓度超过 5%，细菌的生长就会因细胞脱水而开始下降；氮源的过度积累也不利于产物的形成；大多数矿物盐，尤其是磷酸盐会阻遏次级代谢物的合成；营养因子能促进产物的合成。

2. 灭菌情况

培养基的灭菌情况对不同品种的发酵产生的影响是不一样的。一般随灭菌温度的升高、时间的延长，对养分的破坏作用增大，从而影响产物的合成，特别是葡萄糖不宜同其他养分一起灭菌。

3. 菌种质量

发酵期间菌种生长的快慢和产物合成的多寡在很大程度上取决于种子的质和量。接种菌龄是指种子罐中的培养物开始移种到下一级种子罐或发酵罐时的培养时间。

接种量是指移种的种子液体积和发酵液体积之比。一般发酵常用的接种量为 5%～10%。接种量的大小是由发酵罐中菌的生长繁殖速度决定的。通常，采用较大的接种量可较快达到生长高峰期，使产物的合成提前。这是由于种子量多，种子液中含有大量胞外水解酶类，有利于基质的利用，并且生产菌在整个发酵罐内迅速占优势，从而减少杂菌生长的机会。但是，接种量过大，也可能使菌种生长过快，培养液黏度增加，导致溶氧不足，影响产物的合成。

4. 温度

温度是保证酶活性的重要条件，一般发酵温度升高，酶反应速率增大，生长代谢加快，生产期提前。但酶本身很容易因过热而失活，表现在菌体容易衰老，发酵周期缩短，影响最终产量。温度除了直接影响各种反应速率，还会改变发酵液的物理性质，影响生物合成的方向。

5. pH

在发酵过程中 pH 是变化的，这与微生物的活动有关。NH_3 在溶液中以 NH_4^+ 的形式存在。它被利用成为 R-NH_3^+ 后，在培养基内生成 H^+；如以 NO_3^+ 为氮源，NO_3^+ 还原为 R-NH_3^+，H^+ 被消耗；如以氨基酸作为氮源，被利用后产生的 H^+ 使 pH 下降。pH 改变的另一个原因是有机酸（乳酸、丙酮酸或乙酸）的积累。

pH 的变化会影响各种酶活、菌对基质的利用速率和细胞的结构，从而影响菌的生长和产物的合成。pH 还会影响菌体细胞膜电荷状况，引起膜渗透性的变化，从而影响菌对养分的吸收和代谢产物的分泌。

6. 氧的供需

溶氧（dissolved oxygen，DO）是需氧微生物生长所必需的。发酵受多方面因素的限制，由于氧在水中的溶解度很低，DO 往往最易成为控制因素。对产物而言，临界氧是指不影响产物合成所允许的最低溶氧浓度。各种微生物的临界氧值以空气氧饱和度表示：细菌和酵母为 3%～10%；放线菌为 5%～30%；霉菌为 10%～15%。在培养过程中并不是维持 DO 越高越好。即使是专性好气菌，过高的 DO 对生长也可能不利。氧的有害作用体现在通过形成新生氧、超氧化物基 O_2^-、过氧化物基 O_2^{2-} 或羟自由基·OH 而破坏许多细胞组分。

7. 二氧化碳

二氧化碳（CO_2）是呼吸和分解代谢的最终产物。几乎所有发酵均产生大量的 CO_2。溶解在发酵液中的 CO_2 对氨基酸、抗生素等发酵有抑制或刺激作用。大多数微生物适应低 CO_2 浓度（0.02%～0.04%，体积分数）。即使供氧已足够，还应考虑通气量，因此需降低发酵液中 CO_2 的浓度。

CO_2 对细胞的作用机理是影响细胞膜的结构。溶解于细胞内的 CO_2 主要作用于细胞膜脂肪酸的核心部位，而 HCO_3^- 则影响磷脂亲水头部表面及细胞膜表面上的蛋白质。当细胞膜的脂质相中 CO_2 浓度达到一临界值时，膜的流动性及表面电荷密度发生变化，这将导致许多基质的跨膜运输受阻，影响细胞膜的运输效率，使细胞处于“麻醉”状态，生长受抑制，形态发生变化。

8. 补料对发酵的影响及其控制

在分批发酵中糖量过多会造成细胞生长过旺，供氧不足。解决这个问题的途径是在发酵过程中加糖和补料。补料的作用是及时供给菌合成产物的需要。对酵母生产而言，过程补料可避免乙醇的形成，防止发酵周期的延长和产率的降低。通过补料控制可调节菌的呼吸，以免发酵过程受氧的限制。

补料的方法分为一次性大量或多次少量或连续流加。连续流加方式又可分为快速、恒速、指数和变速流加。采用一次性大量补料方法虽然操作简便，比分批发酵有所改进，但这种方法会使发酵液瞬时大量稀释，扰乱菌的生理代谢，难以使发酵过程处于最适合生产的状态。少量多次补料的方法虽然操作麻烦，但比一次大量补料合理，因此这一方法为国内大多数抗生素发酵车间所采纳。

六、发酵终点的判断

发酵类型不同，要求达到的目标也不同，因而判断发酵终点的标准也各异。反映发酵效果的指标有：产率、得率和发酵系数。

如要提高产率则必须缩短发酵周期，即在产率降低时放罐，延长发酵周期虽然能提高产物浓度，但产率下降，且消耗较大，成本提高。放罐时间过早，会残留很多养分，增加提取工段负担。放罐太晚，菌丝自溶，延长过滤时间，还可能使一些不稳定的产物浓度下降，干扰提取工段的作业。

第三节　发酵产品及生产工艺

一、酒

酒的酿制在我国至少已有 2000 多年的历史，酒类的主要产品是啤酒、黄酒、葡萄酒（见第九章第六节）和白酒。前 3 种属于酿造酒，而白酒是在酿造酒的基础上发展起来的。

1. 白酒

我国的白酒酒精含量高，具有独特的芳香和风味，是利用蒸馏技术得到的一种蒸馏酒，主要以高粱、大米等为原料，曲作为糖化剂和发酵剂。

1）白酒分类

按糖化剂的不同大致可分为大曲酒、麸曲酒和小曲酒。按生产工艺划分为固态法白酒、半固态法白酒和液态法白酒。大曲和麸曲酒是用固态法生产的，而小曲酒则采用半固态法生产。按香型可分为：①浓香型白酒，如四川泸州老窖，一般酒精含量为 60%；②酱香型白酒：以贵州茅台为代表，酒精含量为 52%～54%；③清香型白酒，如山西杏花村汾酒，一般酒精含量为 65%；④米香型白酒，如桂林三花酒，酒精含量一般在 55%；⑤其他香型白酒，如陕西西凤酒、江西四特酒、贵州董酒等。

2）白酒的生产工艺

i. 原辅料和填充料

生产白酒的主要原料包括谷类、薯类、糖质原料。

谷类原料主要有高粱、玉米、大米、小麦、豆类等，生产白酒多用谷类植物的种子作原料。薯类原料主要是甘薯和木薯。酿酒用的是甘薯块根，甘薯淀粉含量高，蛋白质和脂肪含量较低，在发酵过程中生酸幅度小，糖化酶受损小，故其糖化度高；但甘薯块根中含较多果胶，在蒸煮糊化过程中产生较多的对人体有害的甲醇。木薯块根富含淀粉，用作酿酒原料，其结构疏松，容易蒸煮糊化，出酒率高，但果胶含量高，且含有少量的剧毒物质氰基苷。糖质原料最常见的是制糖工业的副产品甘蔗糖蜜和甜菜糖蜜。

常用的辅料有麸皮、高粱糠，填充料有稻壳、酒糟、玉米芯等。水一般以天然河水、泉水、井水及自来水等为水源。

ii. 白酒生产基本工艺

白酒的生产工艺可分为固态发酵法、半固态发酵法、液态发酵法。

（1）固态发酵法是指在较低的温度下多种菌混合后边糖化边发酵，并同时在固态下蒸馏。一般可将固态法生产的白酒分为大曲酒、麸曲酒和小曲酒 3 种类型。

（a）大曲酒的生产工艺如下。

大曲一般用小麦或大麦和豌豆等为原料，压制成砖块状的曲坯，让自然界各种微生物在上面生长。大曲酒生产工艺流程见图 14-2。

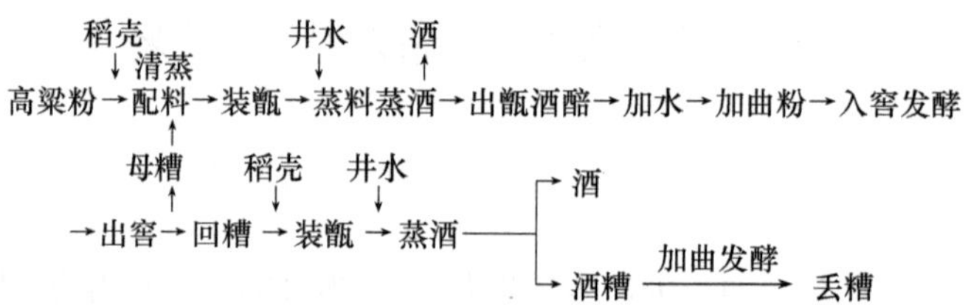

图 14-2　大曲酒生产的工艺流程

（b）麸曲酒的生产工艺如下。

麸曲酒是以高粱等为原料，采用纯种麸曲和酒母代替大曲作为糖化剂及发酵剂所生产的蒸馏酒。麸曲的主要作用是将淀粉降解成葡萄糖，可作为糖化剂，也可为酵母生长提供营养物质。

麸曲酒有混烧法和清蒸法两种生产工艺，工艺流程分别见图 14-3 和图 14-4。

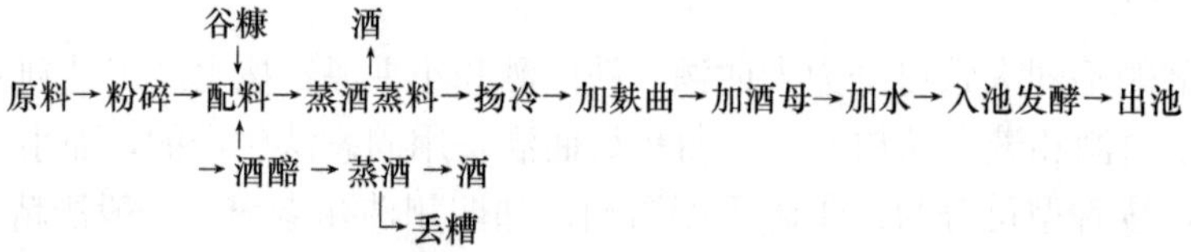

谷糠　酒
原料→粉碎→配料→蒸酒蒸料→扬冷→加麸曲→加酒母→加水→入池发酵→出池
→酒醅→蒸酒→酒
└→丢糟

图 14-3　混烧法工艺流程（金凤燮和安家彦，2003）

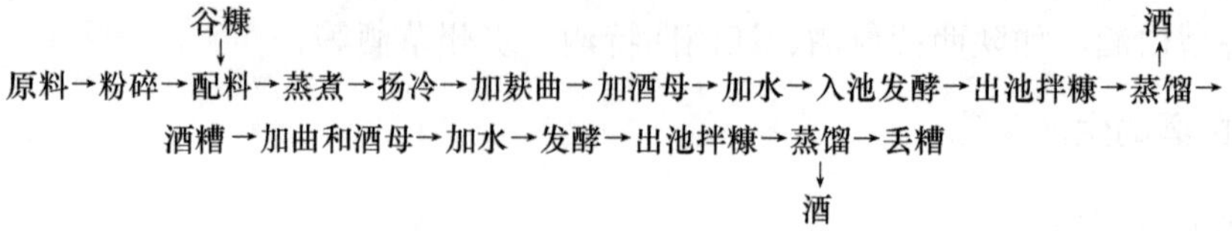

谷糠　酒
原料→粉碎→配料→蒸煮→扬冷→加麸曲→加酒母→加水→入池发酵→出池拌糠→蒸馏→
酒糟→加曲和酒母→加水→发酵→出池拌糠→蒸馏→丢糟
酒

图 14-4　清蒸法工艺流程（王福源，1998）

（2）半固态发酵是以大米为原料，小曲为糖化发酵剂来生产小曲酒。小曲酒的特点是：用饭粒培菌，采用先培菌糖化后适时投水的发酵工艺，用曲量少，发酵周期短。小曲中的微生物主要是根霉和酵母，根霉含多种淀粉酶，能将淀粉充分酶解成糖，并含有酒化酶，具有发酵能力，因此根霉能边发酵边糖化。

单一药小曲制作工艺流程见图 14-5。

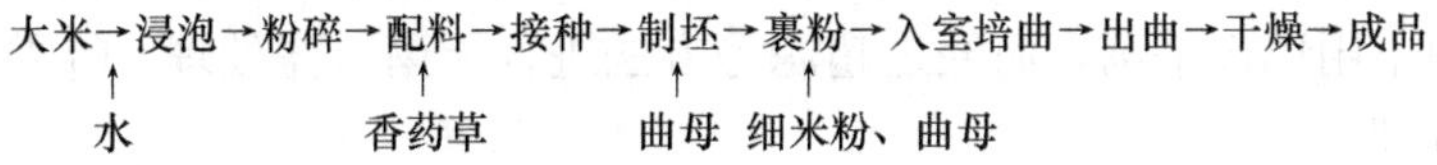

大米→浸泡→粉碎→配料→接种→制坯→裹粉→入室培曲→出曲→干燥→成品

↑水（大米）　↑香药草（配料）　↑曲母（制坯）　↑细米粉、曲母（裹粉）

图 14-5　单一药小曲的工艺流程（金凤燮和安家彦，2003）

小曲酒的生产，可分为“先培菌糖化，后投水发酵”和“边糖化边发酵”两种方法，分别见图 14-6 和图 14-7。

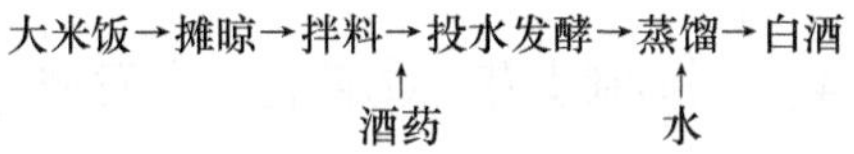

大米饭→摊晾→拌料→投水发酵→蒸馏→白酒

↑酒药（拌料）　↑水（蒸馏）

图 14-6　先培菌糖化，后投水发酵法（王福源，1998）

大米饭→摊晾→拌料→入埕发酵→蒸馏→白酒

↑水、酒药（入埕发酵）

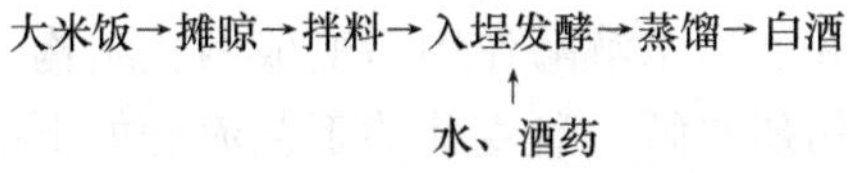

图 14-7　边糖化边发酵法（王福源，1998）

（3）利用液态发酵法制造白酒：原料的糊化、糖化、发酵和蒸馏等工艺全部在液态下进行。其特点是：生产周期短，机械化程度高，劳动强度及条件大为改善，生产率明显提高，原料出酒率提高 5%以上。

液态法生产工艺可分为 3 种类型：全液态法、液固结合法和调香勾兑法，应用得较多的是液固结合法和调香勾兑法。全液态法和液固结合法生产白酒工艺流程见图 14-8 和图 14-9。

图 14-8　全液态法生产白酒工艺流程（金凤燮和安家彦，2003）

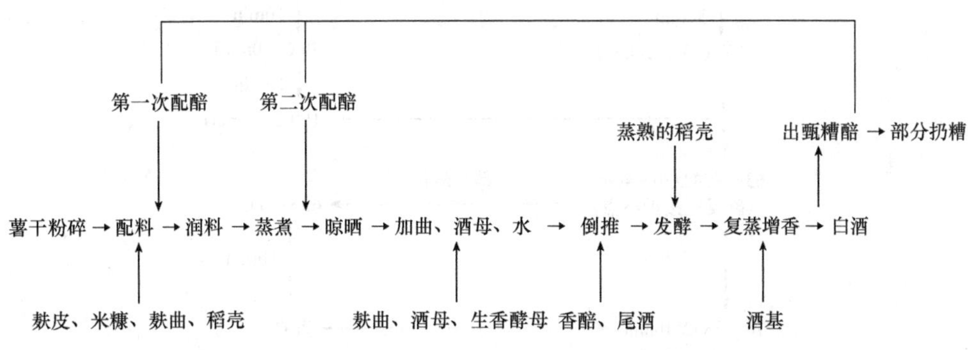

图 14-9　液固结合法生产白酒工艺流程（王福源，1998）

2. 啤酒

啤酒是以优质大麦芽为主要原料，啤酒花为香料，经过制麦芽、糖化、发酵等工序制成的富含营养物质和二氧化碳的酿造酒。啤酒中的酒精含量仅 3%～6%（体积分数），有酒花香和爽口的苦味。

成品啤酒按杀菌与否可分为 3 类。①鲜啤酒：成品酒未经巴氏杀菌即出售。②纯生啤酒：成品酒不用巴氏杀菌，而经过超滤等方法进行无菌过滤处理。③熟啤酒：成品酒经巴氏杀菌处理。

1）原辅料

生产啤酒的原辅料有大麦、大米、玉米、啤酒花、水和啤酒酵母。

2）啤酒的生产工艺

啤酒的生产工艺分为 4 步：①制麦芽；②糖化；③发酵；④后处理（过滤与包装）。

i. 制麦芽

制麦芽用的大麦须是后熟过的。制麦芽的目的是产生各种水解酶，并使麦粒胚乳细胞的细胞壁受半纤维素酶和蛋白水解酶作用后变成网状结构，便于在糖化时酶进入胚乳细胞内进一步将淀粉和蛋白质水解。制麦芽的工艺流程如下：

大麦→浸渍→湿大麦→发芽→绿麦芽→干燥→除麦根、破皮→贮藏→成品麦芽

ii. 糖化

麦芽汁的制备过程称为糖化。糖化是把干麦芽粉碎成砂粒大小的麦芽粒，依靠麦芽自身的各种水解酶，以水为溶剂，将麦芽粒中的淀粉、蛋白质等大分子物质分解成可溶性小分子糊精、低分子糖、麦芽糖和胨、肽、氨基酸，制成营养丰富、适于酵母生长和发酵的麦芽汁。

糖化的方法一般采用两次煮出糖化法（操作流程见图 14-10）。在糊化锅中前后进行两次煮沸操作，第一次是将辅料在糊化锅中糊化，然后再进入糖化锅中糖化。煮沸糊化的目的是使糖化酶容易发挥作用。第二次煮沸的对象是部分糖化醪液，其目的是杀酶，避免对啤酒泡沫性和口味醇厚性有益的物质被过度分解。

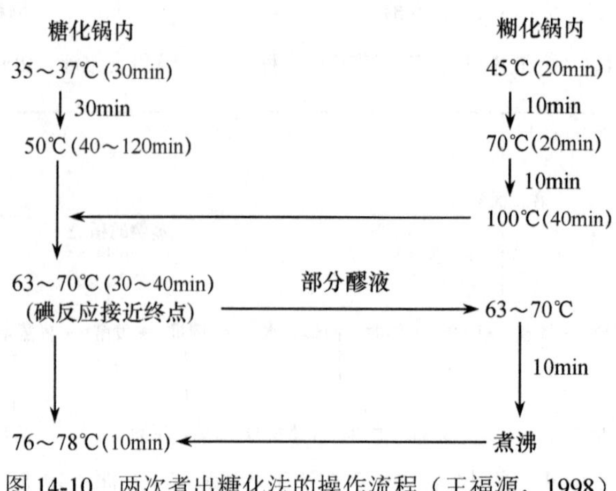

图 14-10　两次煮出糖化法的操作流程（王福源，1998）

iii. 啤酒发酵

啤酒发酵包括啤酒酵母的扩大培养、主发酵、后发酵。

（1）扩大培养是将实验室保存的纯种酵母逐步增殖，使酵母数量满足生产现场需要的酵母培养过程。

（2）主发酵又称前发酵，是啤酒整个发酵过程的前阶段。主发酵分两步进行，即酵母先增殖后除去冷凝固物和死酵母，再泵入主发酵池并添加麦芽汁进行主发酵。主发酵按泡沫的形成和消退可分为 4 个时期：低泡期、高泡期、落泡期和泡盖形成期。在整个啤酒发酵过程中，酵母作用于葡萄糖除了产生乙醇和二氧化碳，还生成乳酸、乙酸、柠檬酸、苹果酸、琥珀酸、丙酮酸及α-酮戊二酸等有机酸，以及生成高级醇、酯类物质等。

（3）后发酵也称为啤酒的后熟或贮藏阶段。在后发酵过程中，残糖被酵母继续代谢成乙醇、二氧化碳等产物，高级醇、有机酸、酯和醛生成，乙醛等挥发性成分减少，蛋白质、冷凝固物等发生沉淀。

iv. 过滤与包装

经后发酵的啤酒，还有少量悬浮的酵母及蛋白质等杂质，需采取一定的方法将这些杂质除去，常用的方法有：棉饼过滤法、硅藻土过滤法、纸板过滤法、离心分离法和超滤法等，目前国内常用的方法是棉饼过滤法和硅藻土过滤法。包装是生产啤酒的最后一道工序，对保证成品酒的质量和外观十分重要。啤酒包装以瓶装或罐装为主，内装经杀菌的熟啤酒。桶装啤酒一般内装未经杀菌的熟啤酒，但不能长期贮存。

3. 黄酒

黄酒约有 3000 多年的历史，是世界上最古老的酒精饮料之一。

1）黄酒的种类

黄酒品种繁多，分类方法亦不相同。按酒色分类，黄酒有元红酒、红曲酒、黑酒等。按产地有绍兴酒、即墨老酒等。按酿制方法有加饭酒、老熬酒等。按含糖量有干型（含糖＜0.5g/100mL，以葡萄糖计）、半干型（0.3%～3%）、半甜型（3%～10%）和甜型（10%以上）4 大类。根据原料、酿造方法及风味特点，黄酒大体可分为江南黄酒、山东黄酒和福建黄酒 3 大类。

2）原辅料和糖化剂

酿造黄酒的主要原料是米（糯米、粳米、黍米）和水及糖化发酵剂（曲、酒药、酵母）。以下是浙江绍兴酒的麦曲和酒药操作流程。

（1）麦曲操作流程如下：

小麦→过筛→破碎→加水拌曲→包曲→保温发酵→通风干燥→成品曲→入库

（2）酒药操作流程如下：

水、辣蓼草末 ↓（拌料）；陈酒药 ↓（接种）

米粉→拌料→打实→切块→滚圆→接种→入缸保温→入匾→换匾→并匾→装箩→并箩→出箩→晒干→成品酒药

3）黄酒酿造工艺

黄酒的酿造过程和方法虽因品种不同而有差异，但基本工艺大体相同，主要有以下几个步骤：浸米→蒸煮→冷却→拌曲→糖化→压榨、过滤→煎酒→装瓶。

二、发酵饮料

所谓发酵饮料是指通过微生物发酵酿制而成，酒精含量在 1%以下的饮料，包括大豆、果蔬汁等发酵饮料产品。

1. 大豆发酵饮料

大豆营养丰富，大豆发酵饮料是一种营养价值较高的饮品。

（1）酸豆奶　酸豆奶是以豆乳为原料，利用嗜热链球菌、保加利亚乳杆菌、嗜酸乳杆菌和双歧杆菌等乳酸菌中的两种或两种以上细菌，经发酵制成的类似酸奶的饮料。工艺流程如下：

大豆→去种皮→浸泡→磨浆→脱臭→均质→配料→接种→发酵→冷却→冷藏→成品

（2）大豆乳清发酵饮料　大豆乳清是豆乳生产干酪或豆粉抽提蛋白质时的副产物，其中含有乳糖、大豆球蛋白、清蛋白、维生素和无机盐等多种营养物质。用乳酸菌发酵豆乳，再通过热处理和离心分离技术得到乳清，以此配制的饮料。其风味独特，营养丰富。大豆乳清发酵饮料工艺流程如下：

豆乳、糖→混合→杀菌→接种→发酵→加热→离心、分离乳清→配制→成品饮料

2. 果蔬汁发酵饮料

以果汁或蔬菜汁为原料，利用酵母菌或乳酸菌发酵而成的饮料为果蔬汁饮料。

（1）酵母菌发酵果汁饮料　果汁发酵饮料所用的酵母菌有啤酒酵母、中型假丝酵母和葡萄酒酵母等。原料果汁采用由葡萄、柑橘等各种水果压榨出的果汁，或除去固形物后的果汁。酵母菌发酵果汁饮料工艺流程如下：

果汁→接种→发酵→超滤→滤液分装→成品

（2）乳酸菌发酵蔬菜汁饮料　以各种蔬菜汁为主要原料，少量乳品为辅助原料，利用乳酸菌发酵酿制成蔬菜汁发酵饮料。胡萝卜汁发酵饮料操作工艺如下：取鲜胡萝卜汁（糖度 6.0%）100 份，固形物 96%的脱脂奶粉 5 份，混合均匀，溶解，调 pH 至 6.5，于 95℃灭菌，冷却至 35℃，接种保加利亚乳杆菌，菌数达到 2×10^6 个/mL，于 37℃条件下静置发酵约 10h。当发酵液的 pH 达 4.0 左右时，终止发酵。发酵液过滤，除菌体，添加砂糖和香精，混匀，95℃灭菌，即制得胡萝卜汁发酵饮料。

三、发酵调味品

1. 醋

食醋是我国传统的酸味调味品，我国酿醋自周朝开始，已有 2500 多年的历史。食

醋可划分为酿造醋、合成醋、再制醋 3 大类，其中产量最大、与我们关系密切的是酿造醋，它是以粮食等为原料，经微生物制曲、糖化、酒精发酵、醋酸发酵等阶段酿制而成的。食醋除主要成分醋酸外，还含有各种氨基酸、有机酸、糖类、维生素、醇和酯等营养成分及风味物质。

1）原辅料、添加剂

酿醋的主料一般是以含淀粉的粮食为基本原料，主要有：薯类，如甘薯、马铃薯等；粮谷类，如高粱、玉米、大米、青稞、大麦、小麦等；野生植物类，如橡子、菊芋等；果蔬类，如李、红枣、葡萄、番茄等；酒类，如白酒、酒精等；其他如糖糟、酒糟、糖蜜等。辅料一般使用谷糠、麸皮或豆粕等。固态发酵法及速酿法都需要填充料，常使用粗谷糠、小米壳、高粱壳等。有时还使用添加剂如食盐、砂糖、香辛料等改善风味。

2）酿醋用微生物

（1）曲霉菌　曲霉菌含有丰富的淀粉酶、糖化酶、蛋白酶等酶系，因此常用曲霉菌制作糖化曲。糖化曲的主要作用是将制醋曲中的淀粉水解为糊精、葡萄糖，蛋白质被水解为肽、氨基酸，以便于下一步酵母菌酒精发酵及之后的醋酸发酵。

（2）酵母菌　在食醋酿造过程中，淀粉质原料经曲的糖化作用产生葡萄糖，酵母菌则通过其酒化酶将葡萄糖转化为酒精和二氧化碳，完成酒精发酵阶段。除酒化酶外，酵母菌还含有麦芽糖酶、蔗糖酶、转化酶、乳糖分解酶及脂肪酶等。酿醋用的酵母菌与生产酒类使用的酵母相同。

（3）醋酸菌　醋酸菌的作用是将酒精转化为醋酸。

3）常用的酿醋方法

（1）一般固态发酵法酿醋　一般固态法酿醋，需及时多次倒醅，以达到散热和通气的目的。工艺流程见图 14-11。

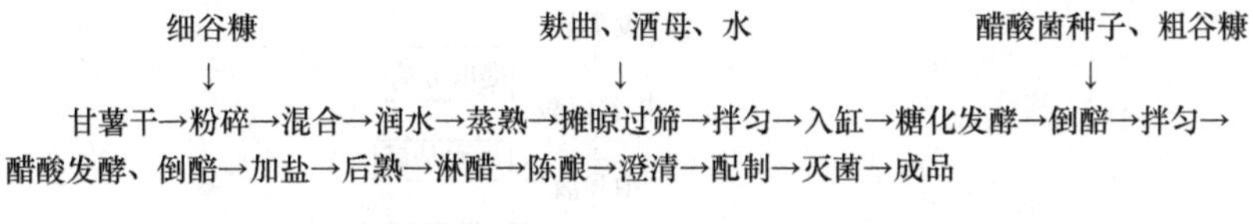

图 14-11　一般固态发酵法酿醋工艺流程（上海酿造科学研究所，1999）

（2）酶法液化通风回流发酵制醋　酶法液化通风回流新工艺，是利用自然通风和醋汁回流代替倒醅。其工艺流程见图 14-12。

$CaCl_2$、α-淀粉酶、Na_2CO_3　　酒母、水　　麸皮、醋酸菌种子、砻糠

碎米→浸泡→磨浆→调浆→加热→液化→糖化→冷却→液体酒精发酵→酒液→拌和入池→
固态醋酸发酵→加食盐→淋醋→配制→灭菌→成品

图 14-12　酶法通风回流发酵制醋工艺流程（上海酿造科学研究所，1999）

（3）液体深层发酵法　液体深层发酵法制醋是利用发酵罐通过液体深层发酵生产食

醋的方法，通常是将淀粉质原料经液化、糖化后先制成酒醪或酒液，然后在发酵罐里完成醋酸发酵。其工艺流程见图 14-13。

$CaCl_2$、α-淀粉酶、Na_2CO_3　　酒母、乳酸菌　醋酸菌种子

大米→浸泡→磨浆→调浆→液化→糖化→酒精发酵→液体深层发酵→压滤→灭菌→配制→成品

图 14-13　液体深层发酵法制醋工艺流程（王福源，1998）

（4）速酿法　速酿法是以白酒为原料，在速酿塔中经醋酸菌的氧化作用，将酒精氧化成醋酸，再经成酿而成，故速酿醋也称为塔醋。

（5）生料酿醋法　生料酿醋法的特点是原料不进行蒸煮，经粉碎、浸泡后直接进行糖化和发酵，这种工艺能降低能耗，简化生产步骤。

2. 味精

味精，化学名称为 L-谷氨酸钠，它含有 1 分子结晶水，分子量 187.13。味精为八面柱状晶体，不溶于纯酒精、乙醚及丙酮等有机溶剂，易溶于水，相对密度 1.65，熔点 195℃，在 120℃以上逐渐失去分子中的结晶水。

谷氨酸发酵以糖蜜和淀粉水解糖为主要原料。糖蜜由制糖工厂生产，分为甘蔗糖蜜和甜菜糖蜜。淀粉水解糖是淀粉水解后的糖液。味精生产的全过程可分为 5 个部分：①淀粉水解糖的制取；②谷氨酸生产菌种的扩大培养；③谷氨酸发酵；④谷氨酸提取分离；⑤谷氨酸制味精。味精生产工艺流程见图 14-14。

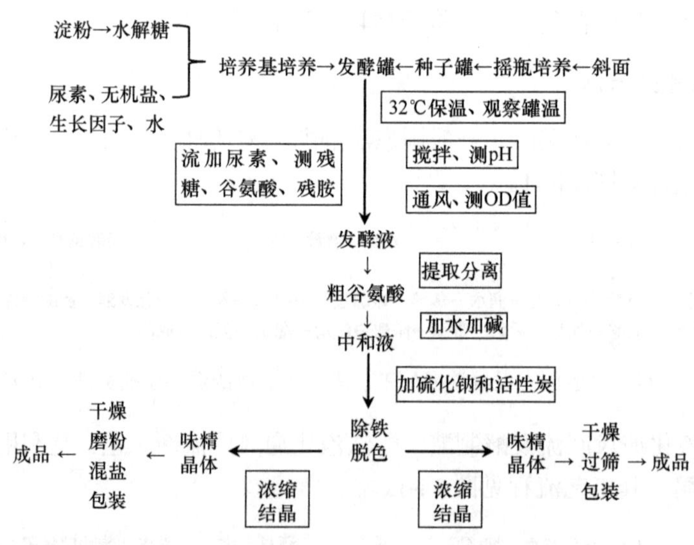

图 14-14　味精生产工艺流程（王福源，1998）

3. 酱油

酱油是一种常用的咸味调味剂，它以蛋白质原料和淀粉质原料为主料经微生物发酵酿制而成。酱油营养丰富，含有可溶性蛋白质、多肽、氨基酸、糖分，此外还含丰富的

维生素、磷脂、有机酸及钙、磷、铁等无机盐。酱油中含有多种调味成分，有酱油的特殊香气、食盐的咸味、氨基酸钠盐的鲜味、糖及其他醇物质的甜味、有机酸的酸味、酪氨酸爽口的苦味，并有天然红褐色色素，是色香俱备的调味佳品。

1）原料

酿造酱油所需要的原料有蛋白质原料、淀粉原料、食盐、水及一些辅助原料。蛋白质原料主要有大豆、脱脂大豆等。酱油酿造过程中，利用微生物产生的蛋白酶的作用，将原料中的蛋白质水解为多肽、氨基酸，部分氨基酸进一步反应形成酱油的香气、色素等。蛋白质原料对酱油色、香、味、体的形成至关重要，是酱油生产的主要原料。

2）酿造酱油用微生物

制曲和酱醅（酱醪）发酵是酱油生产中的两个重要阶段。这两个阶段都有微生物参与，并起着极为重要的作用：在制曲过程中，米曲霉分泌和积累的酶对酱醅发酵的快慢、色素和鲜味成分的生成，以及原料利用率的高低有直接关系，在酱醅发酵阶段酵母菌和酱油乳酸菌的发酵产物对酱油风味的形成有重要作用。

酿酱油常用的微生物有米曲霉、酱油曲霉、酵母菌、乳酸菌等。应用于酱油生产的米曲霉应符合如下要求：不产黄曲霉毒素；蛋白酶、淀粉酶活力高，有谷氨酰胺酶活力；生长速度快，培养条件粗放，抗杂菌能力强；不产生异味，制曲酿制的酱油香气好。

3）酱油酿造工艺

酱油的生产工艺主要有：种曲的制备、制曲、发酵、浸出、加热及配制等。目前普遍采用固态低盐发酵法酿制酱油，工艺流程见图 14-15。

食盐→溶解→盐水
↓
成曲→粉碎→制醅→入缸（池）→保温发酵→成熟酱醅→浸出→加热→配制→成品

图 14-15　酱油酿造工艺流程（王福源，1998）

4. 柠檬酸

柠檬酸（citric acid）又名枸橼酸，学名为 3-羟基-3-羧基戊二酸，是白色颗粒或粉末状晶体，无臭，具有令人愉快的强烈酸味。分子式为 $C_6H_8O_7$、$C_6H_8O_7 \cdot H_2O$、$C_6H_8O_7 \cdot 2H_2O$，相对密度为 1.6550。柠檬酸易溶于水、酒精，不溶于醚、酯、氯仿等有机溶剂。柠檬酸的用途很广，其中以食品工业用量最多，约占 70%，主要作为饮料的酸味剂。

1）原料与培养基

原料可分为糖质原料和石油烷烃两大类。糖质原料有甘薯（干）、木薯（干）、马铃薯、薯渣等薯类，玉米、小麦、面粉、大米等谷物类，各种淀粉、淀粉水解糖、砂糖、糖蜜，以及各种含糖果实和粮食加工的下脚料等。石油烷烃包括正烷烃、乙酸、乙醇等。

柠檬酸发酵培养基的作用：一是在发酵初期提供黑曲霉生长繁殖的营养物质和维持

生命活动的能量；二是作为生物合成柠檬酸的基质。目前国内所用的柠檬酸发酵培养基主要原料是各种含淀粉的农副产品。

2）柠檬酸发酵菌种

一般用糖质原料生产柠檬酸的菌株均为黑曲霉。

3）柠檬酸发酵的生产工艺

目前广泛应用的柠檬酸发酵工艺有液体表面发酵、固体发酵和深层发酵等工艺。

（1）深层通气发酵法　深层通气发酵是生产柠檬酸的主要方法。国内以淀粉质粗原料为培养基，发酵产酸率一般为11%～13%，最高达15%，糖酸转化率为90%～100%，发酵周期50～70h。其工艺流程见图14-16。

空压机→空气净化系统
斜面→麸曲→种子　$CaCO_3$　H_2SO_4
原料→粉碎→液化→发酵→过滤→柠檬酸钙→柠檬酸→脱色→离子交换→蒸发→结晶→成品

图14-16　柠檬酸的深层发酵工艺流程（焦瑞身，2003）

（2）固体发酵法　利用农副产品加工后的副产品如甘薯、木薯的薯渣及苹果渣等，添加麸皮、米糠等含蛋白辅料和无机盐，就可进行固体发酵生产柠檬酸。此法投资少，可利用农副产品下脚料，但劳动强度大、劳动生产率低，不适于大规模工业化生产。固体发酵操作工艺流程如图14-17所示。

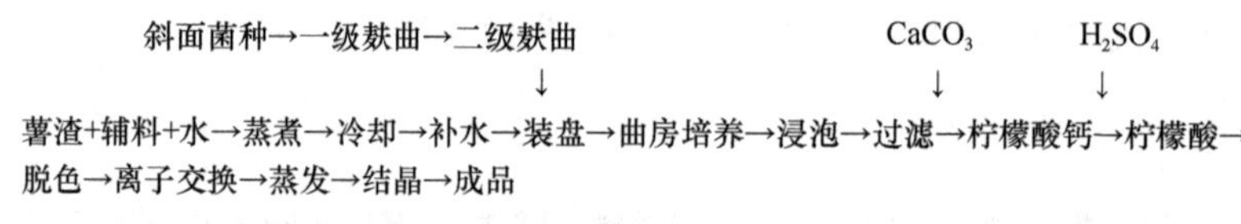

图14-17　固体发酵操作工艺流程

（3）液体表面发酵法　液体表面发酵法也称浅盘发酵法，它是国外生产柠檬酸的一种传统方法。该法是将培养液盛于浅盘中接入干孢子进行发酵。培养液以糖蜜为原料，灭菌前用黄血盐处理，培养基的糖浓度在14%左右，需加入适量硝酸铵、氯化钙及其他无机盐。培养基灭菌后通过管道注入盘内，液层高约10cm，并直接接入干孢子，同时通入热的无菌空气使发酵温度维持在30℃。培养2天转入产柠檬酸期并且产生热量，此时需要通入空气使温度继续维持在30℃。孢子萌发后产生菌丝在培养基表面形成皱皮。皱皮下沉会影响产酸。

4）柠檬酸的提取工艺

发酵液中除含柠檬酸外，还含有黑曲霉菌丝体及其自溶物、原料残渣（主要是纤维素）、未利用的还原糖、非发酵性多糖，以及发酵过程中产生的色素及其他有机酸等。因此要设法除杂，反复纯化柠檬酸。提取柠檬酸的主要方法有钙盐法、离子交换法、萃取法、电渗析法及色谱分离法。但目前普遍使用的是钙盐加离子交换提取法。

四、其他产品

1. 维生素

目前大部分维生素由化学合成生产，微生物合成维生素也有大量文献和专利报道，但只有维生素 B_2 和维生素 B_{12} 使用工业发酵生产。

1）维生素 B_2

维生素 B_2 又称核黄素，在生物体内以黄素单核苷酸和黄素腺嘌呤二核苷酸的形式存在，直接参与碳水化合物、蛋白质、脂肪的生物氧化作用，在生物体内具有多种生理功能。

可以代谢产生维生素 B_2 的微生物很多，包括真菌和细菌，但真正应用于生产的菌种目前主要有阿舒假囊伪酵母。维生素 B_2 微生物发酵方法包括液体深层发酵法和固体发酵法，目前大规模工业化生产主要采用液体深层发酵法。国内外研究已证明维生素 B_2 的生物合成途径是以菌体代谢的戊糖磷酸途径（HMP 途径）为主要代谢途径。从发酵液中提取维生素 B_2 的方法主要有重金属盐沉淀法、Morehouse 法、酸溶法和碱溶法，工业生产中大多采用酸溶法。微生物发酵生产的维生素 B_2 需经干燥才能制成维生素 B_2 成品。

2）维生素 B_{12}

维生素 B_{12} 为深红色结晶体，无臭无味，溶于水、乙醇和丙酮，不溶于氯仿、丙酮和乙醚，结构性质相当稳定；在中性溶液中，热、酸、碱、日光、氧化剂和还原剂均能使其被破坏。维生素 B_{12} 的产生菌主要为放线菌中的链霉菌属和细菌，另外，米根霉的一些菌种也可合成维生素 B_{12}，近年来还发现诺卡氏菌、棒状菌、芽孢杆菌、醋酸杆菌和丁酸杆菌属的细菌也能产生维生素 B_{12}。

2. 黄原胶

黄原胶别名汉生胶、黄胶，又称黄单胞多糖，是 20 世纪 70 年代发展起来的新型发酵产品。它是由甘蓝黑腐病黄单胞细菌以碳水化合物为主要原料，经通风发酵、分离提纯后得到的微生物多糖，是一种高分子酸性胞外杂多糖，它作为新型优良的天然食品添加剂，用途越来越广。

1）菌种

黄原胶有广泛的微生物来源，黄单胞菌属的许多种类菌株都能产生黄原胶。目前，国内外用于生产黄原胶的微生物有甘蓝黑腐病黄单胞菌、菜豆黄单胞菌、锦葵黄单胞菌和胡萝卜黄单胞菌等。我国目前已开发出的菌株有南开-01、山大-152、农-008、L_4 和 L_5。

2）黄原胶的培养基

黄原胶发酵培养基的碳源一般是糖类、淀粉等碳水化合物。氮源是鱼粉蛋白胨、大豆蛋白胨、鱼粉、豆饼粉、谷糠等。

3）发酵

（1）摇瓶发酵　接种量 1%～5%，旋转式摇床转速 220r/min，培养温度 28℃，发酵 72h 左右。黄原胶产生能力为 20～30g/L，碳源的转化率为 60%～70%。

（2）工业化生产　接种量为 5%～8%。由于培养基黏度高，而黄原胶生产属高需氧量发酵，需大通风量，一般通风量保持在 1～0.6$m^3/(m^3 \cdot min)$。发酵温度为 25～28℃，碳源的起始浓度一般为 2%～5%。黄原胶发酵培养基的起始 pH 一般控制在 6.5～7.0。

4）分离提取

按产品质量规格要求将发酵醪中的杂质不同程度地除去，通过纯化、分离、浓缩和干燥等手段获得成品。黄原胶成品分食品级、工业级和工业粗制品 3 种。常用的提取方法有：溶剂沉淀法、钙盐-工业酒精沉淀法、絮凝法、直接干燥法、超滤脱盐法、酶处理-超滤浓缩法、除菌澄清-超滤浓缩-混合溶液沉淀法等。

5）干燥

黄原胶干燥处理方法有：真空干燥、滚筒干燥、喷雾干燥、流化床干燥及气流干燥等。

第十五章 食品腐败与保藏

第一节 食品腐败变质

一、食品的变质

食品在贮藏期间都会经历不同程度的变质。变质包括感官接受性、营养价值、安全性及美学吸引力的降低。食品变质后可能发生色泽、质构、风味和其他质量性质的改变。

食品的货架寿命是指食品的品质降低到不能被人接受的程度所需的时间。一般来讲，货架寿命是商品仍可出售的时间，是食品生产者或销售者必须做的一个评判，生产者和消费者对食品都有一个最低可接受品质。我国对食品货架寿命常用的表示方法有生产日期、保藏期、保质期和货架期。

食品变质包括物理、化学及生物变质。组成食品的有机和无机物质，以及食品质构和色泽都会受到环境的影响，如温度、湿度、光照、辐射、氧气、酶、微生物、宏观生物、工业污染物、存放时间等都对食品质量产生负面影响。

二、食品腐败变质的原因

食品变质的主要原因包括以下几个方面：①微生物，主要指细菌、酵母菌和霉菌；②食品自身中的酶和其他化学反应；③昆虫、寄生虫和鼠的侵袭；④不适当的贮藏温度；⑤水分的变化；⑥氧气的作用；⑦光的作用；⑧机械压力、机械损伤；⑨时间。食品的腐败变质通常由以上多个因素造成。

1. 细菌、酵母菌和霉菌

微生物的种类成千上万，其中有几百种与食品有关。迄今为止食品最大损耗仍是由微生物造成的。细菌、酵母菌和霉菌是引起食品腐败的直接原因，但并不是所有的微生物都会导致食品腐败，实际上某些类型的微生物可被用来生产和保藏食品。例如，产乳酸的微生物可被用来制造干酪、泡菜和一些香肠，酵母菌可用来生产葡萄酒和啤酒等。

2. 昆虫、寄生虫和鼠

昆虫对于谷物、水果和蔬菜的破坏力很强。使用杀虫剂、惰性气体或低温可控制昆虫对食品的危害，但化学杀虫剂具有一定的危害作用，现在正在研究通过提高植物的抵抗力和其他生物方法来控制昆虫。鼠不仅会消耗食品的数量，而且传播致病菌，对食品造成污染，从而导致食品严重短缺。

3. 食品酶类

食用植物和牲畜体内都有相应的酶，其活力在收获和屠宰后仍然残存着。酶的活力不仅遍及许多天然食品和加工食品的整个过程，而且这种活力往往在收获和屠宰之后更趋强化。这些酶如果没有被热、化学品、射线和其他手段加以钝化，就会继续催化食品中的化学反应。在这些反应中，在合理范围内的化学反应是非常理想的，如番茄采摘后的继续成熟和牛肉陈化时的天然嫩化，但是过度成熟和嫩化也会造成食品变质。

4. 温度

温度是导致食品变质的一个重要因素。在适宜的温度范围内（如 10～38℃），温度每升高 10℃化学反应速率加快约 1 倍，这包括许多酶促反应和非酶促反应。过度受热会使蛋白质变性、乳状液破坏、脱水变干及维生素破坏。过低的温度环境也会使食品变质。如果让水果和蔬菜冻结，其颜色和质构发生改变，外皮破裂，易被微生物侵袭。在约 4℃的冷藏温度下，有些果蔬衰竭或枯死，随之发生变质现象，称为“冷害”。冷害变质情况包括颜色变化、果面产生斑痕和腐烂。

5. 水分和干燥

过度吸水或脱水都会导致食品质量的改变。化学反应和微生物生长都需要水分，食品表面极微量的冷凝水可成为细菌繁殖和霉菌生长的重要水源。相对湿度的微小变化就会使食品产生成团、结块、斑驳、结晶和发黏等表面缺陷，过量的水分能加速质变。

6. 氧气

氧气的氧化作用会对食品中的营养物质、色泽、风味产生破坏作用。氧气的存在也是一些微生物生长繁殖的必要条件。

7. 光

光照会破坏许多食品的色泽，也会破坏某些维生素，特别是维生素 B_2、维生素 A、维生素 C。

8. 时间

对许多食品来说，食品的质量高峰在田间 1～2 天就消逝，或在收获后几个小时内消逝。微生物的生长、外界生物的破坏、食品酶类的活动、食品组分的非酶反应、挥发性风味物质的丧失，以及温度、水分、氧和光的作用都会受到时间的影响。某些干酪、香肠、葡萄酒和其他发酵食品陈化到一定程度后品质会提高。但对于绝大多数食品来说，质量随时间的延长而下降。

第二节　食品热处理与保藏

一、食品加工与保藏中的热处理

1. 食品热处理的作用

热处理是食品加工与保藏中用于改善食品品质、延长食品贮藏期最重要的处理方法之一。食品工业中热处理的主要作用有以下几个方面。

（1）杀死微生物，主要是病原菌和其他有害微生物。

（2）钝化酶，主要是过氧化物酶、抗坏血酸酶等。

（3）破坏食品中不需要或有害的成分或因子，如大豆中的胰蛋白酶抑制因子。

（4）改善食品的品质和特性，如产生特别的色泽、风味和组织状态等。

（5）提高食品营养成分的可利用率、可消化性等。

但热处理也有一些弊端：如食品中的营养成分，特别是热敏性成分有一定损失；食品的某些品质和特性产生不良的变化，如色泽、口感等；加工过程成本较高。

2. 食品热处理的类型

食品工业中热处理的类型主要有：工业烹饪、热烫、热挤压和热杀菌等。

1）工业烹饪

工业烹饪一般作为食品加工的一种预处理过程，能够提高食品的感官质量。烹饪通常有煮、焖（炖）、烘（焙）、炸（煎）、烤等几种形式。

2）热烫

热烫又称烫漂、杀青、预煮。热烫的作用主要是破坏或钝化食品中导致食品质量变化的酶类，以保持食品原有的品质，防止或减少食品在加工和保藏中由酶引起的色、香、味的劣化和营养成分的损失。

3）热挤压

挤压是将食品物料放入挤压机中，物料在螺杆的挤压下被压缩，然后在卸料端通过模具出口被挤出的过程。热挤压是指食品物料在挤压过程中同时被加热，是一种高温短时的热处理过程，它能够钝化食品中的酶并减少微生物数量。

4）热杀菌

热杀菌根据要杀灭微生物种类的不同可分为巴氏杀菌和商业杀菌。

（1）巴氏杀菌　也称冷杀菌法，目前通用的巴氏杀菌方法具体可分为两类：第一类是低温长时杀菌法（LTLT），杀菌的条件是62.8℃、30min；第二类是高温短时杀菌法（HTST），是在72℃条件下保持15s。巴氏杀菌一般用于牛奶、啤酒、果酒或果酱等不宜进行高温灭菌的液态风味食品或调料的杀菌。

（2）商业杀菌　又称为杀菌，是从商品的需要出发对食品进行的灭菌。它是指食品经过杀菌处理后，按照一定的检验方法检不出活的微生物或者仅能检出极少数的非病原微生物，而且，它们在一定的保存期内不致引起食品变质腐败。

二、食品热处理反应的基本规律

1. 与微生物耐热特性相关的概念

（1）热力致死速率曲线　也称活菌残存数曲线，是以物料单位值内细胞数或芽孢数的对数值为纵坐标，以热处理时间为横坐标，在一定环境和一定热处理温度下不同时间所得的残存活菌数在半对数坐标图上画出相应的关系曲线。

（2）热力致死时间（thermal death time，TDT） 在某一恒定的温度下，杀死食品中的全部微生物所需要的时间。

（3）*D* 值 也称为对数递减时间，或杀灭 90%的微生物所需要的时间。*D* 值在数值上等于细菌残存曲线横过一个对数周期所需的时间（min），也等于残存曲线斜率的倒数，是表示某种微生物死亡速率的一种方法。通常 121℃条件下的 *D* 值表示为 Dr。

（4）*Z* 值 热力致死曲线经过一个对数周期所需的温度，数值上等于 TDT 曲线斜率的倒数，反映的是微生物在不同致死温度下的相对耐热性。

（5）*F* 值 在一定的致死温度下杀死一定浓度的细菌所需要的加热时间（min）。一般可用 121℃时的热力致死时间表示。

2. 加热对微生物的影响

微生物是导致食品腐败变质的主要原因，其中细菌是引起食品腐败变质的主要微生物。

1）热处理对微生物的影响

不同微生物的最适生长温度不同，大多数微生物以常温或稍高于常温为最适生长温度。当温度高于微生物的最适生长温度时，微生物的生长就会受到抑制，而当温度高到足以使微生物体内的蛋白质发生变性时，微生物即会出现死亡现象。

2）影响微生物耐热性的因素

影响微生物耐热性有 3 个方面：微生物的种类、微生物生长和细胞（芽孢）形成的环境条件及热处理时的环境条件。

（1）微生物的种类 微生物的菌种不同，耐热的程度也不同，而且即使是同一菌种的微生物，其耐热性也因菌株而异。

（2）微生物生长和细胞（芽孢）形成的环境条件 这方面的因素包括：温度、离子环境、非脂类有机化合物、脂类和微生物的菌龄。

（3）热处理时的环境条件 影响微生物耐热性的环境条件有：水、蛋白质、碳水化合物、脂肪、盐、pH、菌数、菌龄、温度、作用时间和抑制因子等。

3. 加热对酶的影响

1）酶与食品的质量

酶也会导致食品在加工和贮藏过程中的质量下降，主要反映在食品的感官和营养方面的质量降低。这些酶主要是氧化酶类和水解酶类，包括过氧化物酶、多酚氧化酶、脂肪氧合酶、蛋白酶、抗坏血酸酶等。

2）酶的最适温度和热稳定性

酶是生物性催化剂，温度对酶的活力和特性有明显的影响。任何一种酶都有其最适的作用温度。温度低于或高于酶的最适温度时，酶的活性受到抑制；当温度远远高于最适温度时，酶的结构受到破坏。

pH、水分含量、加热速率等热处理的条件参数也会影响酶的热失活。食品的成分如蛋白质、脂肪、碳水化合物等都可能会影响酶的耐热性，如糖分能提高苹果和梨中过氧化物酶的热稳定性。

三、食品中的非热杀菌

根据杀菌方式、温度的不同，杀菌可分为热杀菌和非热（冷）杀菌。热杀菌是食品工业常用的灭菌方法，但热处理对食品的色、香、味及营养成分影响颇大。而非热杀菌由于杀菌过程中食品温度并不升高或升高很低，既有利于保持食品中功能成分的生理活性，又有利于保持色、香、味及营养成分。非热杀菌技术主要包括物理杀菌和化学杀菌。物理非热杀菌有：辐照杀菌、紫外线杀菌、超高压杀菌、高压脉冲电场杀菌、感应电子杀菌、磁力杀菌、脉冲强光杀菌、微波杀菌、超声波灭菌等。化学杀菌又包括添加抑菌剂或防腐剂及臭氧、二氧化氯、酶等非热杀菌。

第三节　食品的低温处理与保藏

一、低温处理与保藏

食品的低温处理是指食品被冷却或被冻结，通过降低温度改变食品的特性而达到加工或贮藏目的。食品低温保藏就是利用低温技术将食品温度降低并维持食品在低温（冷却或冻结）状态以阻止食品腐败变质，延长食品保存期。

根据低温保藏中食品物料是否冻结，将其分为冷藏和冻藏。冷藏是在高于食品物料的冻结点的温度下进行保藏，其温度范围一般为–2～15℃，而4～8℃则为常用的冷藏温度。根据食品物料的特性，冷藏的温度又可分为2～15℃和–2～2℃两个温度段，植物性食品的冷藏一般在前一温度段进行，而动物性食品的冷藏则多在后一温度段。冷藏的食品物料贮藏期一般从几天到数周，贮藏期随冷藏食品物料的种类及其冷藏前的状态而异。冻藏是指食品物料在冻结状态下进行的贮藏。一般冻藏的温度范围为–30～–12℃（常用的温度为–18℃）。冻藏适合于食品物料的长期贮藏，其贮藏期为十几天到几百天。

二、食品低温保藏的基本原理

1. 低温对微生物的影响

一般而言，温度降低时，微生物的生长速率降低，当温度降低到–10℃时，大多数微生物会停止繁殖，部分出现死亡，只有少数微生物可缓慢生长。低温抑制微生物生长繁殖的原因主要是：①低温导致微生物体内代谢酶的活力下降，各种生化反应速率下降；②低温导致微生物细胞内的原生质体浓度增加，黏度增加，影响新陈代谢；③低温导致微生物细胞内外的水分冻结形成冰结晶，冰结晶会对微生物细胞产生机械刺伤，部分水分的结晶还会导致生物细胞内的原生质体浓度增加，使其中的部分蛋白质变性，细胞丧失活性，这种现象对于含水量大的营养细胞在缓慢冻结条件下容易发生。

2. 低温对酶的影响

温度对酶的活性影响很大，高温可导致酶的活性丧失，低温处理虽然会使酶活性下降，但不会完全丧失。一般来说，温度降低到–18℃才能比较有效地抑制酶的活性，但温度回升后酶活性会恢复，甚至较降温处理前的活性还高，从而加速果蔬的变质，故对于低温处理的果蔬往往需要在低温处理前进行灭酶处理，以防止果蔬质量降低。

3. 低温对食品物料的影响

低温对食品物料的影响因食品物料种类不同而不同。对于植物性食品物料，温度降低会使植物个体的呼吸强度降低，新陈代谢的速度放慢，植物体内贮存物质的消耗速度减慢，从而使植物个体的贮存期限延长，因此低温具有保存植物性食品原料新鲜状态的作用。对于动物性食品原料，肉的贮藏应尽量延缓动物体死亡后的变化过程，降低温度可以减弱生物体内酶的活性，延缓自身的生化降解反应过程，也可以减少微生物的繁殖。

三、食品的冷藏

冷藏是低温保藏中常见的食品保藏方法，是指预冷后的食品在稍高于冰点温度中进行贮藏的方法。冷藏温度一般为–2～15℃，而 4～8℃是常用的冷藏温度。采用此贮藏温度的冷库称为高温冷库。

1. 冷藏食品物料的选择和预处理

应尽量选择耐贮藏、新鲜、优质、污染程度低的食品物料作为冷藏的原料。食品物料冷藏的前处理包括：挑选、除杂、清洗、分级和包装等。植物性原料经过热烫可以钝化酶。

2. 物料的冷却

冷却又称为预冷，是将食品物料的温度降低到冷藏温度的过程。食品物料的冷却降温过程一般在冷却间进行，冷却间与冷藏室之间的温度差应保持最小，这样由冷却间进入冷藏室的食品物料对冷藏室的温度影响最小，同时对维持冷藏室内空气的相对湿度也极为重要。

3. 食品冷藏条件和控制要素

冷藏过程中主要控制的工艺条件包括冷藏温度、空气的相对湿度和空气的流速等。这些工艺条件因食品物料的种类、贮藏期的长短和有无包装而异。

（1）冷藏温度　冷藏温度是这些工艺条件中最重要的因素，指的不仅是冷库内空气的温度，更重要的是食品物料的温度。植物性食品物料的冷藏温度通常要高于动物性的食品物料，这主要是因为植物性食品物料可能会受到低温影响而产生冷害作用。

（2）空气的相对湿度　冷藏室内空气的相对湿度对食品的耐藏性有直接影响，空气相对湿度要适宜，相对湿度过高易导致食品物料发霉、腐烂；相对湿度过低时，食品物料中的水分会迅速蒸发并出现萎缩。

（3）空气的流速　一般冷藏室内的空气要保持一定的流速以保证室内温度的均匀和空气循环。只有空气的相对湿度较高而流速较低时，才会使食品物料的水分损耗降到最低。

4. 食品在冷却、冷藏过程中的变化

（1）水分蒸发　也称干耗，在冷却和冷藏过程中均会发生。对于果蔬而言，当水分蒸发大于 5%，会对果蔬的生命活动产生抑制；水分蒸发造成果蔬凋萎、新鲜度下降、果肉软化收缩、氧化反应加剧的同时还会导致果蔬重量损失。肉类在冷却和冷藏过程中水分蒸发会使表面形成干化层，加剧脂肪的氧化。

（2）低温冷害与寒冷收缩　低温冷害是指当冷藏的温度低于果蔬可以耐受的限度时，果蔬的正常代谢活动受到破坏，果蔬出现病变，表面出现斑点，内部变色（褐心）等。寒冷收缩是畜禽屠宰后在未出现僵直前快速冷却造成的。寒冷收缩后的肉类经过成熟阶段后也不能充分软化，肉质变硬，嫩度变差。

（3）成分变化　随着果蔬的成熟其中的成分会发生变化，如果实糖分和果胶增加，果实的质地变软多汁，糖酸比更适口，食用口感变好。此外，冷藏过程中果蔬的一些营养成分会有一定的损失。肉类和鱼类的成熟是在酶的作用下发生自身组织的降解，肉组织中的蛋白质、ATP 等分解，氨基酸等含量增加，肉质软化，烹调后口感鲜美。

（4）变色、变味和变质　果蔬的色泽会随着成熟过程而发生变化，如果蔬的叶绿素和花青素会减少，而胡萝卜素等会显露。肉类在冷藏过程中常会出现变色现象，如红色肉可能变成褐色、白色脂肪可能变成黄色。食品的风味和品质在冷藏过程中也会有一定程度的损失。

四、食品的冻藏

食品冻藏，是采用缓冻或速冻的方法先将食品冻结，在保持食品冻结状态的温度下进行贮藏的保藏方法。常用的贮藏温度为–23～–12℃，而以–18℃最为适用。贮藏冷藏食品的冷库称为低温冷库或冻库。

1. 食品冻结过程的基本规律

1）冻结点和低共熔点

冻结点是指一定压力下液态物质由液态转向固态的温度点。一般情况下，水只有被冷却到低于冻结点的某一温度时才开始冻结，这种现象被称为过冷。低于冻结点的这一温度称为过冷点，冻结点和过冷点之间的温度差为过冷度。

溶液或食品物料冻结时在初始冻结点开始冻结，随着冻结过程的进行，水分不断地转化为冰结晶，冻结点也随之降低，这样直至所有的水分都冻结，此时溶液中的溶质、水（溶剂）达到共同固化，这一状态点被称为低共熔点。

2）冻结过程和冻结曲线

冻结曲线就是描述冻结过程中食品物料的温度随时间变化的曲线。以纯水为例（图 15-1），水从初温（T_1）开始降温，达到水的过冷点 S，由于冰结晶开始形成，释放的相变潜热使水的温度迅速回升到冻结点 T_2，然后水在这种不断除去相变潜热的平衡条件下，继续形成冰结晶，温度保持在平衡冻结温度，形成一结晶平衡带，平衡带的长度（时间）表示全部水转化成冰所需的时间。当全部的水被冻结后，冰以较快的速率降温，达到最终温度 T_3。食品物料（以蔗糖溶液为例）的冻结过程与纯水相似，见图 15-2。

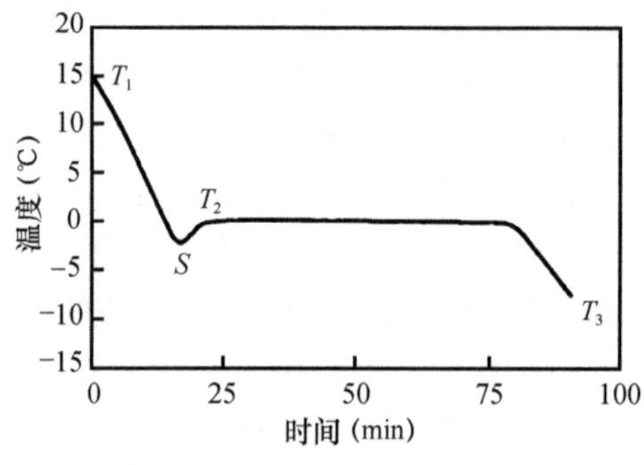

图 15-1 纯水的冻结曲线

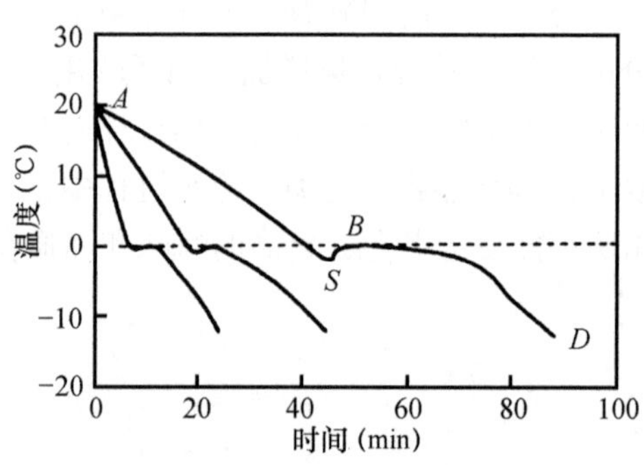

图 15-2 蔗糖溶液的冻结曲线

S. 过冷点；A. 初温；B. 冻结点；D. 最终温度

3）冻结速率

冻结速率是指食品物料内某点的温度下降速率或冰峰前进速率。常见的冻结种类包括缓慢冻结、快速冻结和超快冻结等。

2. 冻结物料的预处理

食品物料在冻藏前，除了采用类似食品冷藏的一般预处理，冻藏食品物料还需要采取特殊的预处理形式，如热烫、加糖、加盐、浓缩、加抗氧化剂、包冰衣、包装等处理，以减少冻结、冻藏和解冻过程中对食品物料质量的影响。

3. 冻结方法

食品冻结的方法与介质、介质和食品物料的接触方式及冻结设备的类型有关，一般按冷冻介质及与食品物料接触的方式可分为空气冻结法、间接接触冻结法和直接接触冻结法3类。

（1）空气冻结法　低温冷冻室所用的冷冻介质是空气（静止或流动），冻结室温度一般为–40～–18℃。

（2）间接接触冻结法　最常见的间接接触冻结法是板式冻结法，采用制冷剂或低温介质冷却金属板，以及与金属板密切接触的食品物料。

（3）直接接触冻结法　又称液体冻结法，它是用载冷剂或制冷剂直接喷淋或（和）浸泡需要被冻结的食品物料。

4. 食品冻结与冻藏工艺条件

1）冻结速率的选择

食品冷冻的两种基本方法是快速冷却（速冻）和慢速冷却（缓冻）。速冻是指食品的温度在 30min 内迅速降至大约–20℃的过程。速冻可以通过制冷剂与食品间接接触或将食品直接浸于制冷剂中，或使用冷空气吹过被冷冻食品表面的方法加以实现。缓冻是指食品在 3～72h 达到所要求温度的过程。

2）冻藏的温度和时间

一般认为，–12℃是食品冻藏的安全温度，–18℃以下则能较好地抑制酶的活力和降低化学反应，更好地保持食品的品质。冻藏食品物料的贮藏期与食品物料的种类、冻藏的温度有关，不同的食品物料、不同的冻藏温度，其贮藏期有所不同。

5. 食品在冻结、冻藏过程中的变化

（1）食品在冻结过程中的变化　食品在冻结过程中会出现体积增大、水分重新分布、机械损伤、非水相组分浓缩等变化。

（2）食品在冻藏过程中的变化　在冻藏过程中，会发生重结晶、冻干害（干缩）、脂类的氧化和降解、蛋白质溶解性下降及其他变化。

6. 冻藏食品的解冻

解冻过程是冻藏食品物料回温、冰晶融化的过程。常见的解冻方法有空气解冻法、水或盐解冻法、冰块解冻法、板式加热解冻法、微波解冻法、高压静电解冻法等。

第四节　食品的干燥与保藏

干燥是在自然条件下或人工干燥条件下促使食品水分蒸发的工艺过程。食品干藏是

脱水干制品在它的水分降低到足以防止腐败变质的水平后，始终保持低水分进行长期贮藏的过程。食品干藏是一种最古老的食品保藏方法，而自然干制是我国长期广泛采用的干制法。在工业化生产中常使用的人工干燥方法有喷雾干燥、滚筒薄膜干燥、蒸发干燥和冷冻干燥等。

食品干燥的原理、方法及干燥过程中食品物料的主要变化参考第四章第二节。

一、干燥食品的保藏原理

1. 水分和微生物的关系

微生物生长除需要营养物质以外，还需要大量的水分，而决定性的因素是食品的有效水分活度 Aw（Aw=p/p_0，p、p_0分别代表溶液的蒸汽压和纯溶媒的蒸汽压）。不同类型微生物生长对 Aw 要求各异：各种微生物都有其生长最适宜的 Aw，即使是同一类型的微生物在不同条件下生长发育所需最低 Aw 也有差异。

2. 干制对微生物的影响

干制过程中，食品及其所污染的微生物均同时脱水。干制后，微生物长期处于休眠状态，环境条件一旦适宜，又会重新吸湿恢复活动。干制并不能将微生物全部杀死，而只能抑制它们的生长活动。因此，干制品并非无菌，遇温暖潮湿气候就会腐败变质。

3. 干制对酶活性的影响

酶为食品所固有，它同样需要水分才具有活性。水分减少时，酶的活性也就下降，但酶和基质却同时增浓。因此，在低水分干制品中，特别吸湿后，酶仍会缓慢活动，从而有引起食品品质恶化或变质的可能。因此，为了控制干制品中酶的活性，就有必要在干制前对食品进行湿热或化学钝化处理，以达到酶的失活。

二、干燥食品的贮藏与运输

1. 预处理

干燥食品在进行包装之前需进行一些处理，包括均湿处理、分级除杂、灭虫处理、干制品压块及干制品复水等处理。

2. 干燥食品的包装与贮运

干制品吸湿是导致变质的主要因素之一，为维持干制品的品质，需用隔绝材料（容器）包装，防止外界空气、灰尘、虫、鼠和微生物的侵入，阻隔光线透过，减轻食品变质。贮运过程中应尽量避免高温高湿环境，防止包装破坏和机械损伤等。

第五节　食品浓缩与保藏

一、食品浓缩的目的和分类

浓缩是从溶液中除去部分溶剂（通常是水）的过程，也是溶质和溶剂均匀混合的溶液的部分分离过程。

1. 浓缩的分类

按浓缩的原理，可分为平衡浓缩和非平衡浓缩两种物理方法。

（1）平衡浓缩　利用两相在分配上的某种差异而获得溶质浓缩液和溶剂的浓缩（分离）方法，如蒸发浓缩和冷冻浓缩。

（2）非平衡浓缩　利用半透膜等来分离溶质与溶剂的过程，两相由膜隔开，半透膜不仅可用于分离溶质和溶剂，也可用于分离各种不同大小分子的溶质，故也称为膜分离，它是膜技术的主要应用领域。

2. 浓缩的目的

浓缩在食品工业有着广泛的应用，主要有以下目的。

（1）减少重量和体积，便于食品包装、贮藏和运输。

（2）提高制品的浓度，增大渗透压，降低水分活性，延长制品的保质期。

（3）浓缩是结晶操作的预处理过程及结晶控制的一种手段。

（4）降低食品脱水过程的能耗。

（5）改善产品质量。

二、蒸发浓缩

1. 蒸发浓缩分类

蒸发是食品工业上应用最为广泛的浓缩方法。不少食品物料是水溶液，因此蒸发是指水的蒸发。蒸发常用的热源是饱和蒸汽，根据热源的利用率不同，蒸发可分为单效蒸发和多效蒸发。根据设备压力的大小，蒸发可分为常压蒸发、真空蒸发和加压蒸发。根据蒸发的操作方式有间歇式、连续式和循环式蒸发。

2. 蒸发浓缩过程中食品物料的变化

料液在蒸发浓缩过程中发生的变化对浓缩液品质有很大的影响。

（1）食品成分的变化　食品物料中的蛋白质、脂肪、糖类、维生素及其他成分在高温或长时间受热时会受到破坏或发生变性、氧化等作用。

（2）黏稠性　溶液的黏稠性对蒸发过程的传热影响很大，尤其是一些蛋白质胶体溶液，随着浓度增高及受热变性，黏度显著增大，流动性下降，大大妨碍热传导。

（3）结垢性　蛋白质、糖、盐类和果胶等受热过度会产生变性、结块、焦化现象。

（4）泡沫性　含蛋白质胶体较多的食品物料有比较大的表面张力，蒸发沸腾时泡沫较多，且较稳定，这会使大量的料液随二次蒸汽导入冷凝器，造成料液的流失。

（5）结晶性　某些物料在浓缩过程中，当其浓度超过饱和浓度时，会出现溶质的结晶。

（6）风味形成与挥发　料液在高温下较长时间加热蒸发，会产生烧煮味和颜色变褐（黑），芳香风味成分挥发，影响浓缩制品的品质。

（7）腐蚀性　酸性食品物料如果蔬汁的浓缩，选择蒸发器时应根据料液的化学性质、蒸发温度，选取既耐腐蚀又有良好的导热性的材料及适宜的型式，与物料接触的金属设备须选用耐腐蚀的不锈钢制造或其他防腐材料。

3. 蒸发器的类型和选择

1）蒸发器的选择

选择蒸发器，要以料液的特性（热敏性、黏度等）作为重要依据，全面衡量，通常选用的蒸发器要满足以下基本要求：①符合工艺要求，溶液的浓缩比适当；②传热系数高，有较高的热效率，能耗低；③结构合理紧凑，操作、清洗方便，卫生、安全可靠；④动力消耗低，设备便于检修，有足够的机械强度。

2）蒸发器的类型

（1）循环型蒸发器　循环型蒸发器的特点是溶液在蒸发器中循环流动，以提高传热效率。根据引起溶液循环运动的原因不同可分为自然循环和强制循环。自然循环是因液体受热程度不同产生密度差引起的，强制循环是由外加机械力迫使液体沿一定方向流动。

（2）膜式蒸发器　根据料液成膜作用力及加热特点，膜式蒸发器有：升（降）膜式蒸发器、刮板式和离心式薄膜蒸发器、板式薄膜蒸发器。

4. 蒸发浓缩过程香味的保护与回收

果蔬香味成分主要是由各种有机化合物如酯、醇、酸、醛、内酯等所组成，其量少于 0.1mg/kg，却是影响果蔬汁品质的主要因素。果蔬香味多具挥发性，因此香味回收是蒸发浓缩过程必须考虑的措施。蒸发过程对果蔬香味的保留和回收可利用以下途径。

（1）采用低温蒸发浓缩设备，减少香味成分的挥发。

（2）采用短时蒸发浓缩设备。

（3）蒸馏法回收。

（4）浆液浓缩工艺。

三、冷冻浓缩

冷冻浓缩是利用冰和水溶液之间的固-液相平衡原理的一种浓缩方法，适用于热敏性食品物料的浓缩，可避免芳香物质因加热造成的挥发损失。目前主要用于原果汁、高档饮品、生物制品、药品、调味品等的浓缩。冷冻浓缩基本原理见本书第四章第三节。

四、膜浓缩

膜浓缩是一种类似于过滤的浓缩方法，“过滤介质”为天然或人工合成的高分子半透膜，如果“过滤”膜只允许溶剂通过，把溶质截留下来，使溶质在溶液中的相对浓度提高，就称为膜浓缩。如果在“过滤”过程中透过半透膜的不仅是溶剂，而且是有选择地透过某些溶质，使溶液中不同溶质达到分离，即为膜分离。

膜浓缩的种类及操作原理见本书第四章第八节。

1. 膜材料的种类及膜组件

（1）膜材料的种类　根据膜的材质，从相态上可分为固态膜和液态膜；从来源上可分为天然膜和合成膜，后者又可分为无机膜和有机膜。根据膜的断面形态，可将膜分为对称膜、不对称膜和复合膜。根据固体膜的外形，可分为平板膜、管状膜、卷状膜和中空纤维膜。根据膜的功能，又可分为超滤膜、反渗透膜、离子交换膜等。

（2）膜组件　对超滤和反渗透浓缩，膜组件通常有 4 种形式：管式、平板式、卷式和中空纤维式。

2. 膜浓缩在食品中的应用

在食品浓缩中应用较多的膜浓缩是反渗透和超滤，目前已成功应用于牛乳、咖啡、果汁、明胶、乳清蛋白、蛋清等的浓缩中。

3. 影响膜浓缩的因素

（1）影响反渗透浓缩和超滤浓缩的因素主要有：膜材料的种类和性能、溶质的特性、溶液的性质、操作条件（包括操作压力、操作温度、操作时间和浓差极化）、膜的维护（膜的压实、膜的降解和膜的结构）等。

（2）影响电渗析操作的因素有：膜的极化、电解质的浓差扩散、水的渗透、压差渗透、膜的污染等。

第六节　食品辐射与保藏

一、概述

食品辐射是利用射线照射食品（包括原材料），延迟新鲜食物某些生理过程（发芽和成熟）的发展，或对食品进行杀虫、消毒、灭菌、防霉等，达到延长保藏时间，稳定提高食品质量目的的操作过程。

最初用于食品保藏的辐射类型是电磁波，电磁光谱如图 15-3 所示。按波长的长短来划分，可分为不同的辐射源。越短的波长越对微生物具杀伤力。就食品辐射保藏而言，电磁光谱又可以细分为微波、紫外线、X-射线和 γ-射线。最先考虑的食品保藏辐射源是电离辐射，其波长为200nm或更短，如α-射线、β-射线、γ-射线、X-射线和宇宙射线。它们的量子在放射时有足够的能量来电离分子，由于它们在杀伤微生物的同时并没有引起温度的升高，因此这种杀菌过程又称为“冷灭菌”。

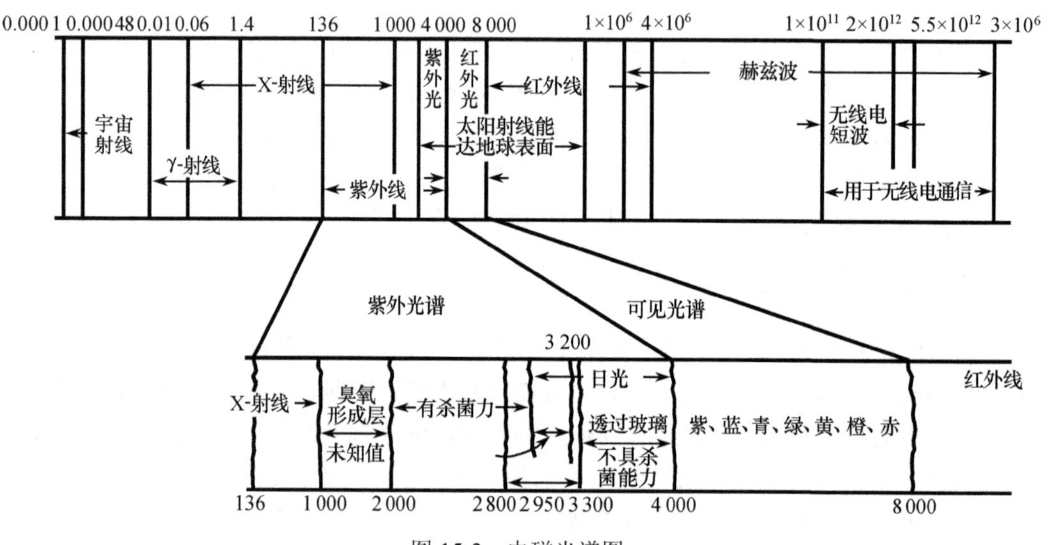

图 15-3　电磁光谱图

二、辐照的基本概念

1. 放射性同位素

不稳定同位素衰变过程中伴有各种辐射线产生，这类同位素称为放射性同位素。

2. 辐射

放射性同位素放射出α-、β-和γ-射线的过程称为辐射。

3. 放射性强度

放射性强度又称放射性活度，是度量放射性强弱的物理量。曾采用的单位有居里、贝可勒尔（简称贝可，Bq）和克镭当量。

4. 放射性比度

一个放射性同位素常附有不同质量数的同一元素的稳定同位素，此稳定同位素称为载体，因此将一个化合物或元素中的放射性同位素的浓度称为“放射性比度”，也用以表示单位数量的物质的放射性强度。

5. 辐照量

用来度量X-射线或γ-射线在空气中电离能力的物理量，曾使用的单位为伦琴（R），现改为国际单位，即库仑/千克（C/kg），$1R = 2.58\times10^{-4}C/kg$。

6. 吸收剂量

被照射物质所吸收射线的能量称为吸收剂量，单位曾为拉德（rad），国际单位制中所采用的单位为戈瑞（Gray，简称 Gy），1rad=100erg/g=6.24×10^{13}eV/g，1Gy=100rad=1J/kg。

7. 辐射源与辐照装置

食品的辐照装置包括辐射源、防护设备、输送与防御安全系统。

1）辐射源

辐射源是食品辐照处理的核心部分，辐射源有人工放射性同位素和电子加速器。

（1）放射性同位素辐射源　食品辐照处理用得最多的是 ^{60}Co γ-射线源，也有采用 ^{137}Cs γ-射线源。

（2）电子加速器　电子加速器是利用电磁场使电子获得较高的能量，将电能转变成射线（高能电子射线、X-射线）的装置。加速器种类繁多，用于食品辐照处理的主要有：静电加速器、高频高压加速器、绝缘磁芯变压器、微波电子直线加速器、高压倍加器、脉冲电子加速器等。

2）防护设备

为了防止射线伤人，必须对辐射源和射线进行严格的屏蔽，常用的屏蔽材料是铅、铁、混凝土和水。辐照室内必须有送风排风设备。

3）输送与防御安全系统

工业用食品辐照装置是以辐射源为核心，并配有严格的安全防护设施和自动输送、报警系统。被辐照的食品靠自动输送系统通过辐照区，输送路径的选择要使射线能穿透产品的所有部分，以确保产品接受均匀的辐照剂量。

三、食品常用的辐照射线及其基本原理

1. 紫外线

紫外线是一种强有力的杀菌剂，在波长为 260nm 时杀菌效果最好。这是一种非电离辐射，蛋白质和核酸吸收紫外线产生光化学反应，从而导致细胞死亡。细菌细胞的紫外线致死机理是：紫外线作用于细胞核酸，使其产生致死突变。紫外线的穿透能力不强，只能杀灭食品表面的细菌。

2. β-射线

β-射线是放射物质发出的电子流，阴极射线除了是从真空管阴极发出，其他与 β-射线相同。这些射线穿射能力都不强。商业用的阴极射线来源于 van de Graaff 发电机和线性加速器。后者似乎更适合用于食品保藏。采用的阴极射线其能级必须低于可能导致某些食品有辐射性的能级的上限。

3. γ-射线

γ-射线是一种被激活的元素原子核，如 ^{60}Co 和 ^{137}Cs 放出的电磁辐射波，是食品保藏中一种最为廉价的辐射形式。因为辐射源元素既可以是原子裂变的副产品，也可以是原子裂变的废弃产品。γ-射线的穿透力很强，这点正好与β-射线相反。^{60}Co 的半衰期大约为 5 年；^{137}Cs 的半衰期大约为 30 年。

4. X-射线

X-射线是真空管中高压电子（阴极射线）轰击重金属靶产生的。在撞击时，电子突然减速，其损失的动能（其中的 1%）会以光子形式释放，形成 X 射线光谱的连续部分，这个过程被称为制动辐射。加大加速电压，使电子携带的能量增大，金属原子的内层电子就有可能被撞出。电子被撞出后，内层形成空穴，外层电子跃迁回内层填补空穴，放出波长在 0.1nm 左右的光子。外层电子跃迁放出的能量是量子化的，放出的光子的波长也集中在某些部分，形成了 X 射线光谱中的特征线，此称为特性辐射。

5. 微波

将呈电中性的食品置于电磁场中，由于分子本身电荷分布不均匀，在电磁场作用下正电端向负极运动，负电端向正极运动。这样一来，随着交变电场的迅速交替，每一个不对称分子的运动都试图与交变电场保持一致，从而分子随交变电场方向改变而作规则运动，相邻分子间的摩擦就表现为热效应，这就是微波能量。

四、辐照的安全卫生与法规

1. 辐照食品的安全性

食品辐照处理采用的辐射源一般是密封型 ^{60}Co 或 ^{137}Cs 的γ-射线或电子加速器产生的电子射线。在进行辐照处理时，被照射食品从未直接接触放射性核素（放射性同位素）。食品只是在辐射场接受射线的外照射，不会沾染上放射性物质。

2. 辐照食品的管理法规

国家食品药品监督管理总局、国家卫生和计划生育委员会于 2016 年发布了《食品安全国家标准 食品辐照加工卫生规范》(GB 18524—2016)。相关法规和标准的发布，加强了对辐照加工业的监督管理，使辐照加工业逐步走向法治化和国际化。

第七节　食品腌渍、发酵和烟熏与保藏

一、食品的腌渍

将食盐或糖渗入食品组织内，降低水分活性，提高渗透压，或通过微生物的正常发

酵降低食品的 pH，从而抑制腐败菌的生长，防止食品的腐败变质，获得更好的感官品质，并延长食品保质期的贮藏方法称为腌渍保藏。

1. 食品腌渍的保藏原理

处于高渗溶液的微生物，细胞内的水分会透过原生质膜向外界溶液渗透，其结果是细胞的原生质脱水而与细胞壁分离，这种现象称为质壁分离。质壁分离的结果使细胞变形，微生物的生长活动受到抑制，脱水严重时还会造成微生物死亡。腌渍就是利用这种原理来达到保藏食品的目的。

2. 食品腌渍的工艺与控制

1）食品腌制

食品的腌制又称为盐腌、盐藏。食品腌制常用的腌制剂是食盐，按照用盐方式的不同，可分为干腌、湿腌、混合腌制及肌肉或动脉注射腌制等，其中干腌和湿腌为两类基本方法。

（1）干腌法　又称撒盐腌制法，它是利用干盐（结晶盐）或混合盐，先在食品表面擦透，使之有汁液外渗现象（腌鱼时则不一定先擦透），然后层堆在腌制架上或层装在腌制容器内，各层间还均匀地撒上食盐，依次压实，在外加压力或不加压力的条件下，依靠外渗汁液形成盐液进行腌制的方法。由于开始腌制时仅加食盐不加盐水，故称干腌法。

（2）湿腌法　又称为盐水腌制法。它是将食品原料浸没在盛有一定浓度食盐溶液的容器设备中，利用溶液的扩散和渗透作用使腌制剂均匀地渗入原料组织内部，直至食品原料组织内外的溶液浓度达到动态平衡的一种腌制方法。

（3）肌肉或动脉注射腌制法　这种方法在生产西式火腿、腌制分割肉时使用较广。

（4）混合腌制法　这是一项由两种或两种以上的腌制方法相结合的腌制技术，常用于鱼类。

2）食品糖渍

（1）保持原料组织形态的糖渍法　采用这种方法糖渍的食品原料虽经洗涤、去皮、去核、去芯、切分、烫漂、浸硫或熏硫，以及盐腌和保脆等预处理，但在加工中仍在一定程度上保持着原料的组织结构和形态。果脯、蜜饯和凉果类产品的加工属于这类糖渍法。

（2）破碎原料组织形态的糖渍法　采用这种糖渍法，食品原料组织形态被破碎，并利用果胶质的凝胶性质，加糖熬煮浓缩使之形成黏稠状或胶冻状的高糖高酸食品。产品可分为果酱、果冻、果泥 3 类，通称为果酱类食品。

二、食品的发酵

食品发酵的基本概念参考第十四章，这里仅对发酵的作用作以简单介绍。

发酵不仅能够延长食品贮藏时间，还能为人们提供品种繁多的食品，作用主要表现在以下几方面。

（1）产酸发酵　微生物在发酵过程中会产酸，这不仅为发酵食品提供柔和的酸味，还能够抑制有害微生物的生长繁殖。

（2）酒精发酵　酒精发酵技术常用于酿酒工业，食品原材料经酵母发酵后，产生一定浓度的酒精和风味物质。酒精还可抑制其他一些有害微生物的生存。

（3）调味品的生产　包括食醋、味精、酱油、酱类、豆腐乳等，主要是利用细菌的产酸发酵、酒精发酵、酵母的发酵作用和霉菌的酶类对淀粉、蛋白质的作用。这种情况下微生物的发酵除了起到保藏作用，还丰富了人们日常膳食中的花色品种。

（4）其他　如微生物分泌酶可降解人体所不能消化吸收的物质，合成一些营养物质（如维生素、短肽、有机酸等），改善食品的质构，提高食品的营养价值。

三、食品的烟熏

烟熏是一种古老的食品保藏方法。熏烟中含有防腐化学品，如少量甲醛和其他木材燃烧时产生的物质，而且烟熏一般与加热有联系，有助于杀死微生物。随着科技的进步，烟熏技术也在日新月异的发展，电熏法及使用烟熏香味（烟熏液）的液熏法等新工艺相继出现，烟熏香味剂的应用日趋广泛。

1. 烟熏的作用

食品烟熏所起的主要作用有：形成特有的烟熏风味，防止腐败变质，加工新颖产品，发色和呈味，预防氧化等，因此，烟熏也成为食品防腐的一种手段。

2. 烟熏技术及质量控制

1）烟熏方法

按常见加工方法产生的烟量可分为：冷烟熏、低温烟熏、快速烟熏、高温烟熏、高浓度烟熏、低浓度烟熏、蒸汽烟熏和强制烟熏等。食品中常用的烟熏方法主要有冷熏、热熏和液熏 3 种。

（1）冷熏法　制品周围熏烟和空气混合的温度不超过 22℃的烟熏过程称为冷熏。冷熏时间一般为 4～7 天。

（2）热熏法　制品周围熏烟和空气混合气体的温度超过 22℃的烟熏过程称为热熏。热熏法一般采用两种温度，30～70℃称为温熏；80℃以上，甚至高达 120℃，称为热熏。

（3）液熏法　又称为湿熏法或无烟熏法，它是利用木材干馏生成的木醋液或用其他方法制成烟气成分相同的无毒液体，浸泡食品或喷涂食品表面。

2）烟熏设备

早期用烟熏炉，目前常用的有空气调节或强制通风式烟熏装置和连续自动烟熏装置。

3）烟熏材料

烟熏食品常采用阔叶树硬木木材，如木酋、槲、榛、枫、核桃、胡桃、山毛榉、榆、白桦、青冈、樱、赤杨、白杨等作为发烟材料，其中以胡桃为标准优质烟熏材料。

4）烟熏过程的控制

（1）烟熏温度　正常的烟熏情况下，温度一般控制在200～400℃，这样的温度既可以产生高质量的熏烟，还可以避免过多地产生致癌物质。

（2）熏烟的浓度　烟熏时，熏房中熏烟的浓度一般可用40W电灯来确定，若离7m时可看见物体，则熏烟不浓，若离60cm时就不可见，则说明熏烟很浓。

（3）烟熏方法的选择　高档产品、非加热制品最好采用冷熏法，而热熏肉制品以不发生脂肪熔融为宜。

（4）熏烟程度的判断　主要根据烟熏上色程度进行判断，也可以通过化学分析方法测定肉品中所含的酚、醛量来确定。

第八节　食品化学保藏

一、食品化学保藏概述

食品化学保藏是在食品生产和贮运过程中使用化学制品（食品添加剂）提高食品的耐藏性和达到某种加工目的所用的方法。它的主要作用是保持或提高食品品质和延长食品保藏期。优点是：在食品中添加少量的化学制品后，能在室温条件下延缓食品的腐败变质，既简便又经济。不过化学保藏只能在有限的时间内保持食品原有的品质状态，它属于暂时性的或辅助性的保藏方法。另外，在食品中使用化学制品时还要考虑安全性，添加到食品中的化学保藏剂必须符合食品添加剂法规，并严格按照食品卫生标准规定控制其用量和使用范围，以保证广大消费者的身体健康。

二、防腐剂

从广义上讲，凡是能抑制微生物的生长活动，延缓食品腐败变质或生物代谢的化学制品都是化学防腐剂，也称抗菌剂。而狭义的防腐剂是指经过毒理学鉴定，证明在使用范围内对人体无害，可直接添加到食品中起防腐作用的化学物质。这里所述的防腐剂是指广义的防腐剂。

食品防腐剂包括化学合成的和天然提取的两大类。按照抗微生物的作用程度，可以将食品防腐剂分为杀菌剂和抑菌剂，具有杀菌作用的物质称为杀菌剂，而仅具有抑菌作用的物质称为抑菌剂。

1. 防腐剂的作用机理

杀菌剂在使用限量范围内能通过一定的化学作用杀死微生物，使之不能侵染食品，不造成食品变质。抑菌剂在使用限量范围内的作用主要是使微生物的生长繁殖在一定时间内停止在缓慢繁殖的滞留适应期，而不进入急剧增殖的对数期，从而延长微生物繁殖一代所需要的时间，即起到所谓的“静菌作用”。

2. 常用的化学合成防腐剂

化学合成防腐剂是由人工合成的，包括有机和无机的防腐剂。我国常用的化学合成防腐剂主要有苯甲酸钠、山梨酸钾、亚硫酸盐、对羟基苯甲酸酯、丙酸盐等。

1）苯甲酸及苯甲酸钠

苯甲酸和苯甲酸钠的抑菌机理是阻碍微生物细胞的呼吸系统，使三羧酸循环（TCA循环）中乙酰辅酶 A→乙酰乙酸及乙酰草酸→柠檬酸之间的循环过程难以进行。一般在低 pH 范围内苯甲酸钠抑菌效果显著，最适宜的 pH 为 2.5～4.0。

2）对羟基苯甲酸酯

对羟基苯甲酸酯是一类常用的食品防腐剂，目前在食品中使用的有对羟基苯甲酸乙酯、丙酯、异丙酯、丁酯和异丁酯 5 种。其抑菌机理与苯甲酸类似，主要使微生物细胞呼吸系统酶和电子传递系统酶的活性受抑制，并能破坏微生物细胞膜的结构，从而起到防腐作用。对羟基苯甲酸酯的抑菌作用受 pH 影响较小，适用的 pH 范围为 4～8。

3）山梨酸及山梨酸钾

山梨酸和山梨酸钾的抑菌机理为抑制微生物尤其是霉菌细胞内脱氢酶系统活性，并与酶系统中的巯基结合，使多种重要的酶系统被破坏，从而起到抑菌和防腐的作用。山梨酸及其钾盐的抗菌力在 pH 低于 5～6 时最佳。

4）丙酸盐

丙酸盐属于脂肪酸盐类抑菌剂，常用的有丙酸钙和丙酸钠。作为一种霉菌抑制剂，丙酸盐必须在酸性环境中才能产生作用，即它实际上是通过丙酸分子来起到抑菌作用的。

3. 常用的生物防腐剂

生物防腐剂是指从植物、动物和微生物代谢产物中提取的物质，也称天然防腐剂，是食品防腐剂开发的主要方向。

1）微生物代谢产物

目前我国食品防腐剂标准只允许乳酸链球菌素、纳他霉素、枯草杆菌素等用于食品的防腐。

2）酶类

溶菌酶是已使用的防腐剂之一，又称细胞壁质酶或 *N*-乙酰胞壁质糖水解酶，属于碱性蛋白酶，可用于各种食品的防腐。

3）植物中的天然抗菌物质

植物中的抗菌物质大致可以分为4类：植物抗毒素类、酚类、有机酸类和精油类。

（1）植物抗毒素类　植物受到微生物侵袭诱导产生的远前体合成物或植物被天然、人造化合物诱导出的远前体合成物，一般对真菌有高度专一性，如壳质酶、异黄酮类化合物等。

（2）酚类　植物中的酚类化合物分为3类：简单酚类与酚酸类、羟基肉桂酸衍生物类和类黄酮类。天然植物中的酚类是食品防腐的主要因子，有广谱抗菌能力。

（3）有机酸类　普遍存在的有柠檬酸、琥珀酸、苹果酸和酒石酸等有机酸，它们可以作为酸味剂、抗氧化剂、增效剂，也有抗菌作用。

（4）精油类　如香辛料中的羟基化合物和萜类，葱、蒜、韭菜中的含硫化合物等。

4. 其他防腐剂

杀菌剂按其灭菌特性主要分为3类：氧化型杀菌剂、还原型杀菌剂和其他杀菌剂。

（1）氧化型杀菌剂　氧化型杀菌剂包括过氧化物和氯制剂两类。在食品加工与保藏中常用的有过氧化氢、过氧乙酸、漂白粉、漂白精及其他的氧化型杀菌剂。

（2）还原型杀菌剂　还原型杀菌剂主要是指亚硫酸及其盐类，在食品添加剂分类上属于漂白剂。主要有二氧化硫、无水亚硫酸钠、亚硫酸钠、保险粉和焦亚硫酸钠等。

（3）醇类　包括乙醇、乙二醇、丙二醇等，其中乙醇较为常用。

（4）CO_2　高浓度的二氧化碳能阻止微生物的生长，保藏食品。

三、抗氧化剂

抗氧化剂的作用都是以还原性为理论根据，有的通过消耗氧而保护食品品质，也有以抑制氧化酶活性防止食品变质的抗氧化剂。

1. 食品抗氧化剂

（1）脂溶性抗氧（化）剂　易溶于油脂，主要用于防止食品油脂的氧化酸败及油烧现象，常用的有丁基羟基茴香醚、二丁基羟基甲苯、没食子酸丙酯及生育酚混合浓缩物等。

（2）水溶性抗氧化剂　主要用于防止食品氧化变色，常用的种类是抗坏血酸类抗氧化剂。

2. 食品脱氧剂

脱氧剂又称为游离氧吸收剂（FOA）或游离氧驱除剂（FOS），它是一类能够吸除氧的物质。当脱氧剂随食品密封在同一包装容器中时，能通过化学反应吸除容器内的游离氧及溶解于食品中的氧，并生成稳定的化合物，从而防止食品氧化变质，同时所形成的缺氧条件也能有效地防止食品霉变和虫害。

四、食品保鲜剂

为了防止生鲜食品脱水、氧化、变色、腐败变质等，在其表面进行喷涂、喷淋、浸泡或涂膜的物质可称为保鲜剂。

1. 保鲜剂的作用

一般地讲，在食品上使用保鲜剂有如下目的：①减少食品的水分散失；②防止食品氧化；③防止食品变色；④抑制生鲜食品表面微生物的生长；⑤保持食品的风味；⑥保持和增加食品，特别是水果的硬度和脆度；⑦提高食品外观可接受性；⑧减少食品在贮运过程中的机械损伤。

2. 保鲜剂的种类

（1）蛋白质　植物来源的蛋白质包括：玉米醇溶蛋白、小麦谷蛋白、大豆蛋白、花生蛋白和棉籽蛋白等，动物来源的蛋白有角蛋白、胶原蛋白、明胶、酪蛋白和乳清蛋白等，可单独或复合制成可食性膜用于食品保鲜。

（2）脂类化合物　脂类化合物包括：石蜡油、蜂蜡、矿物油、蓖麻油、菜油、花生油、乙酰单甘酯及其乳胶体等，可以单独或与其他成分混合用于食品涂膜保鲜。

（3）多糖　主要有纤维素中的衍生物，如羧甲基纤维素（CMC）、淀粉类（直链淀粉、支链淀粉及它们的衍生物）、果胶、阿拉伯胶、海藻中的角叉菜胶、褐藻酸盐、琼脂和海藻酸钠等。

（4）甲壳质类　包括甲壳素和壳聚糖。壳聚糖具有成膜性、人体可吸收、抗辐射和抑菌防霉等作用。

（5）树脂　如紫胶、松脂等。

第九节　食品的包装与保藏

19世纪初，马口铁罐头和玻璃瓶罐头的发明使食品得以长期常温贮存。此后，马口铁板和玻璃、纸、塑料等成为食品主要包装材料，包装技术也不断得到了发展。食品包装是食品保藏的重要手段，也是食品流通不可缺少的环节。

一、环境条件对食品品质的影响

将食品置于空气中会因为腐败、变色、干燥或吸湿等而不能食用，这些变质因素大致可分为3类，即生物性、化学性和物理性变质，见图15-4。

由好氧性细菌、霉菌、丝状菌等好氧微生物引起的食品腐败，是食品变质的主要形式。果蔬的有氧呼吸作用及脂质氧化、色素褪色、非酶褐变等化学变化，这些变质因素易受到食品所处环境气体的影响，其中氧气是引起食品变质最主要的气体成分。

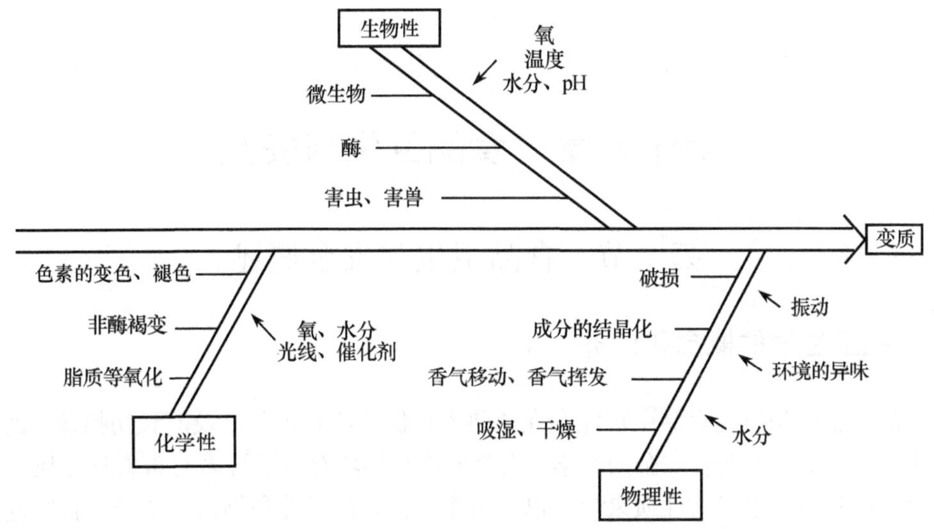

图 15-4　食品的变质因素与环境因素关系

二氧化碳是低活性气体，一定浓度的二氧化碳气体可阻止霉菌的生长繁殖，还可抑制果蔬的呼吸作用。在包装食品袋内，二氧化碳浓度可通过生鲜果蔬的呼吸作用及微生物活动而有所增加。控制一定浓度（10%左右）的二氧化碳及低浓度氧气（2%～3%），常用于果蔬的气调包装。

环境中相对湿度（水蒸气分压）主要影响干燥或焙烤食品的吸湿性，使包装内食品水分活性增加，质构发生改变（如结块等），有利于微生物等生物的繁殖，也有利于某些食品发生变质反应，引起食品变质或缩短保质期。

食品包装的重要作用就是将加工好的食品与环境条件隔离，形成一个保护层。保护层的隔离保护作用与包装材料、包装结构、包装密封操作等有关。环境中的气体、光对包装食品的透过作用直接影响包装食品的保质期。

二、食品包装的功能

（1）包装是保持食品品质的重要手段　采用合适的包装，能防止或减少食品在贮藏、运输和销售过程中发生以下危害：①防止微生物及其他生物引起的危害；②防止化学性危害，如氧化等；③防止物理性危害，如干燥食品吸湿而变质。

（2）包装有利于食品贮运　合适的包装具有多种方便功能，如方便运输、便于陈列与销售管理、便于使用、防止盗窃、偷换等。

（3）包装是一种有效的宣传工具　销售包装可显著地突出商品的特征及标志，对顾客有足够的吸引力，有利于宣传产品和建立生产企业的形象。

第十六章　食品卫生与安全

第一节　食品卫生与安全概述

一、食品卫生学的概念和任务

食品卫生学是研究食品中可能存在威胁人体健康的有害因素及其预防措施，提高食品卫生质量，保护消费者安全的科学。人类的生存环境存在着许多有害人体健康的危害因素，这些危害因素就其性质来说可以分为生物性、化学性和物理性 3 类，有些危害因素可以通过食品进入体内并损害人体健康。食品中的危害因素大多数并非食品的原有成分，而是通过一些途径进入食品，因此又称为食品污染。食品卫生学的任务之一就是明晰环境中的有害物质污染食品的途径，从而采取有效的预防措施，保证食品的安全性，达到保护消费者健康的目的。

食品的生物性污染包括细菌、病毒、真菌、寄生虫和其他虫害，能通过多种途径侵染食品。食物存在细菌、病毒和寄生虫生长发育所需要的营养成分，为它们提供了生存繁殖的必要条件，导致了食品腐败变质的发生。食品的化学性污染是指外来化学物质进入食品中，包括环境污染物、无意添加和有意添加的污染物，以及在食品生产过程中产生的有毒有害物质。食品的物理性污染包括放射性污染和杂物污染。

原则上食品应当安全、无毒，但我们生存的环境充满了各种各样的有毒物质，因此追求食品的绝对安全是不可能的，我们只能尽量消除或一定程度降低部分危害因素危害性。因此，通过对食品的安全性评价，制定一定的食品卫生标准，规定最大使用量、残留量及每日允许摄入量，以保障人体健康，是食品卫生学的另一个重要任务。所谓食品安全性评价是指对于食品中任何组分可能引起的危害进行科学测试，得出结论以确定该组分究竟能否为社会和消费者所接受，据此以制定相应的标准，这一过程称为食品安全性评价。食品安全性评价的目的不仅是评价食品组分特别是外来化学物质的毒性高低，更重要的是找出其最大无作用剂量、人体每日允许摄入量，并以此为依据制定食品卫生标准，保护消费者健康。所谓每日允许摄入量（acceptable daily intake，ADI）是指人类终身每日摄入该化学物质，对人体健康没有任何已知不良效应的剂量（mg/kg）。

加强食品卫生安全的主要任务有：①发展我国的食品卫生检验技术，提高检测的准确性和灵敏性，并大力发展食品的快速检测技术和在线检测技术。②以现代食品卫生监督管理理论和技术成就不断制定、修订和落实各项食品卫生规范。③不断完善食品法律法规，加强法治管理，明确执行机构人员的职责。④研究食物中毒的新病原物质，提高预防食物中毒的技术水平，提高食品卫生合格率。⑤加强食品中有害物质含量、人群暴露水平和危害风险的评估，为食品卫生质量的安全控制提供理论依据。⑥完善各种保健食品、转基因食品和食品添加剂等的安全性评价方法和程序。⑦进一步扩大对新的食品污染因素、各种食物致癌原、新的食品及加工过程中食品卫生问题等的研究。⑧采用良好操作规范（GMP）与危害分析和关键控制点（HACCP）管理系统，提高我国的食品卫生质量。⑨与国际接轨，执行 WTO 制定的 SPS 协议中所规定的食品安全与食品质量标准。

二、食品卫生与安全的发展历史

人类的食品卫生知识，源于对食品与自身健康关系的观察与思考。在我国，早在 3000 多年前的周朝，人们就知道通过控制一定的卫生条件，可酿造出酒、醋、酱油等发酵产品，而且设置了“凌人”，专司食品的冷藏防腐，说明当时人们已经注意到降低食品的贮藏温度可延缓食品的腐败变质。春秋时，人们已知食物的新鲜、清洁、烹饪和食物取材是否成熟等与人体健康有关。到了唐代，更有《唐律》规定了处理腐败变质食品的法律准则。在古代的医学典籍中，也有不少关于食品卫生方面的论述，如在孙思邈的《千金翼方》中对鱼类引起的组胺中毒，就有很深刻而准确的描述。国外也有类似的食品卫生记述，如 Hippoerate 的《论饮食》；中世纪罗马设置的专管食品卫生的“市吏”等。但是，直到 19 世纪，随着自然科学的长足进步，才给现代食品卫生学的建立奠定了基础。

第二次世界大战后，全球经济的复苏使现代工业有了飞速发展，人类生活水平有了很大提高。但同时由于盲目发展生产，环境污染问题日益突出，引起了几次震惊世界的“公害事件”，如 1956 年发生在日本的“水俣病”和 1958 年发生的“痛痛病”都是由环境污染物通过食品进入人体后所引起的。为了保证食品安全，人类在食品污染方面进行了大量研究，包括食品污染物的种类、来源、性质、危害风险调查、含量水平的检测、预防措施及监督管理措施等。这一时期，由于现代食品的出现和环境污染的日趋严重，发生或发现了各种来源不同、种类各异的食品污染因素，如黄曲霉毒素、单端孢霉烯族化合物、酵米面黄杆菌等几种食物中毒病原菌；化学农药广泛应用所造成的污染、残留；多环芳烃化合物、*N*-亚硝基化合物、蛋白质热聚产物等多种污染食品的诱变物和致癌物；食品容器包装材料中有毒金属和塑料、橡胶、涂料等高分子物质的单体及加工中所用的助剂；食品添加剂的使用陆续发现一些毒性物质。另一类食品污染因素是食品的放射性污染。通过对这些污染因素的性质和作用的认识及它们在食品中的含量水平的检测，制定了有害化学物质在食品中的残留限量、食品添加剂的人体每日容许摄入量、人群可接受危险水平（acceptable risk level）、食品安全性毒理学评价程度和食品卫生标准等一系列食品卫生技术规范，使食品卫生学的理论与方法得到了进一步发展。

随着食品卫生基础理论的研究和对食品卫生认识的不断深入，食品安全卫生质量的控制技术也得到了不断的完善和进步，食品的良好操作规范（GMP）、卫生标准操作程序（sanitation standard operation procedure，SSOP）、危害分析和关键控制点（HACCP），特别是 HACCP 成为食品安全生产有效的控制手段。新中国成立以来，我国先后颁布了多项食品卫生标准及法规政策，1995 年我国正式制定并颁布了《中华人民共和国食品卫生法》，2013 年启动修订，至 2015 年修订完成，修订后的《中华人民共和国食品安全法》于 2015 年 10 月 1 日起实施。我国形成了比较完善的食品卫生法律体系和食品卫生监督管理体系，从而使我国的食品卫生监督管理工作进入了一个依法行政的新的历史发展时期。引进推广的 ISO9000 认证和食品危害分析和关键控制点（HACCP）管理系统，必将促进食品安全和质量保证，使食品卫生的管理从依赖于对既成事实的反应，改变为最大限度地减少产生食品危害的风险，从而使食品卫生质量的管理具有可执行性。

三、食品卫生与安全案例

到目前为止，国内外发生了很多与食品卫生与安全有关的案例，如疯牛病、禽流感、猪链球菌、苏丹红、瘦肉精、假酒、劣质奶粉、非典型性肺炎、口蹄疫、新型冠状病毒等，这些病给人类带来了极大的损失，我们必须重视食品安全与卫生的控制。

1. 疯牛病

疯牛病学名为牛海绵状脑病（bovine spongiform encephalopathy，BSE），是一种发生在牛身上的进行性中枢神经系统病变，俗称“疯牛病”。病牛脑组织呈海绵状病变，并出现步态不稳、平衡失调、搔痒、烦躁不安等症状，通常在 14～90 天死亡。随病原菌种类不同，疯牛病的潜伏期长短不同，一般在 2～30 年。人若食用了被污染的牛肉、牛脊髓等，有可能染上致命性的新型克-雅氏病，患者脑部会出现海绵状空洞，先是表现为焦躁不安，后导致记忆丧失，身体功能失调，最终精神错乱甚至死亡。新型克-雅氏病患者以年轻人为主，发病时间平均为 14 个月。疯牛病于 1986 年首次被发现，之后陆续发病，到 1993 年 12 月进入一个高潮，那时英国每周新发病例达 700～750 头。不到 20 年工夫，疯牛病扩散到了欧洲、美洲和亚洲的几十个国家。英国是发生疯牛病最多的国家，1999 年统计占总发病数的 99%。

2. 禽流感

禽流感是禽流行性感冒（avian influenza，AI）的简称，这是一种由甲型流感病毒的一种亚型引起的传染性疾病综合征，被国际兽疫局定为 A 类传染病，又称真性鸡瘟或欧洲鸡瘟。不仅是鸡，其他一些家禽和野鸟都能感染禽流感。按病原体的类型，禽流感可分为高致病性、低致病性和非致病性 3 大类。高致病性禽流感最为严重，发病率和死亡率高，感染的鸡群常常“全军覆没”。最早的禽流感记录是在 1878 年，意大利发生鸡群大量死亡，当时被称为鸡瘟。至今发现能直接感染人的禽流感病毒亚型有：H5N1、H7N1、H7N2、H7N3、H7N7、H9N2 和 H7N9 亚型。自 2003 年 12 月以来，禽流感在亚洲十多个国家和地区肆虐，造成数千万只家禽被宰杀销毁，人染病死亡者甚多。2020 年 1 月 1 日，波兰当局表示，在波兰东部的火鸡中发现了禽流感病毒，此次疫情可能导致多达 4 万只禽类被宰杀。禽流感被发现 100 多年来，人类并没有掌握有效的预防和治疗方法，仅能以消毒、隔离、大量宰杀禽畜的方法防止其蔓延。

3. 非典型性肺炎

2003 年非典型性肺炎在我国暴发，数以万计的人感染病害，数以千计的人死于非命，当时全国居民处于极度恐慌状态，中央政府发动了史无前例的抗非典运动。非典型性肺炎是一种传染性强的呼吸系统疾病，除在我国有病例发生外，在世界其他多个国家和地区也有出现，世界卫生组织将传染性非典型性肺炎称为严重急性呼吸综合征（severe acute respiratory syndrome），简称 SARS。SARS 主要是通过近距离空气飞沫和密切接触传播的呼吸道传染病，临床主要表现为肺炎，起病急，以发热为首发症状，体温一般高于 38℃，偶有畏寒，伴有头痛、关节和肌肉酸痛、乏力、腹泻，有咳嗽，多为干咳、少痰，偶有血丝痰，胸闷，严重者出现呼吸加速或明显呼吸窘迫。世界卫生组织确认冠状病毒的一个变种是引起非典型性肺炎的病原体，SARS 的首发可能与人食用病原体动物有关。

4. 新型冠状病毒

2019 年在武汉发现病毒性肺炎病例，2020 年 1 月 12 日该病毒被世界卫生组织暂命名为“2019 新型冠状病毒（2019-novel coronavirus，2019-nCoV）”。2 月 11 日在日内瓦，世界卫生组织总干事谭德塞在记者会上宣布，将新型冠状病毒（2019-nCoV）引发的疾病正式命名为：2019 冠状病毒病（corona virus disease 2019，COVID-19）。根据基因序列同源性分析，新型冠状病毒与 SARS-CoV 有 79.5%的相似性。新型冠状病毒可通过食物传播，其检测方法，包括病毒核酸检测及呼吸道标本或者血液标本、病毒基因测序。

第二节　食品污染的来源

一、食品的生物性污染

1. 食品的细菌污染

天然食品内部一般没有或很少有细菌，食品中的细菌主要来自生产加工、贮运、销售、烹调等环节的外界污染。常见易污染食品的细菌有假单胞菌、微球菌、葡萄球菌、芽孢杆菌、芽孢梭菌、肠杆菌、弧菌、黄杆菌、嗜盐杆菌、嗜盐球菌与乳杆菌等。

污染食品的细菌有致病菌、条件致病菌和非致病菌 3 类。致病菌污染食品后具有致病性，如伤寒杆菌、痢疾杆菌等；条件致病菌在通常条件下无致病性，当条件改变时，如人体抵抗力下降时，就有可能致病，这些细菌如变形杆菌、大肠杆菌等；非致病菌一般不引起疾病，但它们与食品腐败变质有密切关系，这些细菌往往使食品出现特异的感官性状，如假单胞菌属、微球菌属等。另外，有的细菌会产生毒素，如金黄色葡萄球菌可产生葡萄球菌毒素，这些毒素具有很强的毒性，能引起食源性疾病，严重者可致人死亡。

食品的细菌污染是造成人类食源性疾病最常见的原因，在目前发生的食物中毒事件中，细菌性食物中毒人数最多，造成的危害也十分严重。2015 年国家卫生和计划生育委员会办公厅关于全国食物中毒事件情况的通报显示：微生物性食物中毒人数最多，占全年食物中毒总人数的 53.7%；2017 年 7 月，上海市多位市民在“一笼小确幸”用餐后胃肠道不适，本起事件发生的原因是食品在加工过程中受到沙门氏菌污染。

1）食品的细菌污染指标

（1）菌落总数（或称细菌总数、杂菌总数） 菌落总数是指食品检样经过处理，在一定条件下培养后（如培养基成分、培养温度与时间、pH、需氧性等），所得 1mL（或 1g）检样中所含菌落总数。在食品卫生标准中，许多食品规定了菌落总数的容许量。菌落总数主要作为判断食品被污染程度的标志，也可以预测食品的耐藏性。

（2）大肠菌群 大肠菌群是指一群能发酵乳糖、产酸、产气、需氧和兼性厌氧的革兰氏阴性无芽孢杆菌。食品中的大肠菌群数是以 100mL（或 100g）检样内大肠菌群最可能数（MPN，又称近似数）表示。大肠菌群数是评价食品卫生质量的重要指标。

2）致病菌

菌落总数和大肠菌群是食品安全性指标，主要用于评价食品的卫生程度和安全性，在食品中允许存在，但不得超过国家标准规定的限量。致病菌是严重危害人体健康的一种指标菌，有时专指“肠道致病菌和致病性球菌”，国家卫生标准中明确规定各种食品中不得检出致病菌。

3）预防食品细菌污染的措施

预防食品细菌污染的措施主要包括：①在食品生产、经营过程中实施卫生操作规程；②控制细菌的生长繁殖；③采取有效杀灭病原菌的措施；④保证食品从业人员的个人卫生。

2. 病毒类污染

病毒是一种非细胞形态的微生物。与食源性致病菌不同，病毒只是存在于被污染的食物中，不能繁殖，在数量上并不增长。对于食源性病毒，人体细胞是最易感染的宿主细胞，它能抵抗抗生素等抗菌药物，目前除免疫外还没有对付病毒的更好办法。

常见污染食品和危害健康的病毒和亚病毒有：甲型肝炎病毒（HAV）、诺沃克病毒（SRSV）、脊髓灰质炎病毒、柯赛病毒、新变异型克-雅病毒，还有口蹄疫病毒、新城疫病毒等。“非典”（SARS）、新型冠状病毒（CoVID-19）的病原均为冠状病毒。经常造成食源性疾病暴发事件的病毒有病毒性肝炎病毒、病毒胃肠炎病毒、脊髓灰质炎病毒等。

以冠状病毒为例，根据既往所知，能感染人类的冠状病毒共有 6 种，冠状病毒科分为 4 属，即 α、β、γ 和 δ 属，其中 β 属冠状病毒又可分为 A、B、C、D 亚群。在此次武汉肺炎事件之前，发现能感染人的冠状病毒共有 6 种，分别是属于 α 属冠状病毒的 HCoV-229E 和 HCoV-NL63；属于 β 属冠状病毒 A 亚群的 HCoV-OC43、HCoV-HKU1，B 亚群的 SARS-CoV 和 C 亚群的 MERS-CoV。其中，SARS-CoV 即严重急性呼吸综合征冠状病毒，它可引起的疾病就是大家熟悉的“非典”（传染性非典型肺炎），MERS-CoV 即中东呼吸综合征冠状病毒，这两种可引起严重的呼吸系统疾病，但其他 4 种冠状病毒在人群中较为常见，致病性较低，一般仅引起类似普通感冒的轻微呼吸道症状。CoVID-19 也属于 β 属，是目前已知的第 7 种能感染人的冠状病毒。新型冠状病毒（CoVID-19）存在人传人的情况，主要传播方式是经飞沫传播、接触传播（包括手污染导致的自我接种）、不同大小的呼吸道气溶胶近距离传播及粪口传播。目前近距离飞沫传播应该是主要途径。新型冠状病毒早期症状和上呼吸道感染疾病相类似，主要有发热、咳嗽、乏力等表现，部分患者在一周后出现呼吸困难，严重者病情进展迅速，数日内即可出现急性呼吸窘迫综合征、脓毒症休克、难以纠正的代谢性酸中毒和凝血功能障碍。部分患者起病症状轻微，可无发热。目前主要的治疗方式是抗病毒治疗，缓解症状，对部分严重感染的人群进行呼吸支持、重要器官功能支持，以及预防并发症。同时对于确诊患者、疑似感染者及相关人群，还需要注意进行相关的心理疏导与治疗。基于目前的流行病学调查，该病毒的潜伏期为 1～14 天，大多数患者会在感染 3～7 天后出现相应症状。需要注意的是，感染者在出现症状前的潜伏期也有可能传播病毒。

3. 真菌和真菌毒素污染

真菌是微生物中的高级生物，其形态和构造也比细菌要复杂。单细胞真菌如酵母菌和部分霉菌，多细胞真菌如大多数霉菌和食用菌。

霉菌是菌丝体比较发达的小型真菌的俗称，广泛存在于自然界中。大多数霉菌对人体无害，某些霉菌及霉菌毒素会对食品产生污染，在农作物上生长繁殖，使食物变质或农作物发生病虫害，造成巨大的经济损失，全世界每年至少有约 2%的粮食因霉变而不能食用。有些霉菌产生的有毒代谢产物——真菌毒素，对人和动物具有毒性作用或有其他有害生物学效应。由于真菌毒素种类、剂量的不同，对人体造成危害的表现又不同，可以是急性中毒、慢性中毒、致畸、致癌、致突变，也可表现为肝脏毒、肾脏毒、神经毒、细胞毒及类雌性激素样作用等。

按真菌毒素的重要性及危害排列，最重要的是黄曲霉毒素，依次为赭曲霉毒素、单端孢霉烯族毒素、玉米赤霉烯酮、杂色曲霉素、展青霉素、圆弧偶氮酸等。伏马菌素是新近发现的真菌毒素。被真菌毒素污染最严重的农产品是玉米、花生和小麦。

黄曲霉毒素（AFT）是由黄曲霉或寄生曲霉等少数几个菌株产生的次生代谢产物，黄曲霉毒素 B_1 是一种剧毒物质，其毒性比氰化钾高 10 倍以上，是目前已知最强的致癌物，它可损害动物的肝脏，引起原发性肝癌。2011 年 12 月 24 日，国家质量监督检验检疫总局公布蒙牛乳业（眉山）有限公司生产的一批次产品被检出黄曲霉毒素 M_1

超标 140%。2011 年 12 月 27 日在植物油产品中，广东省有 3 个产品的部分批次抽检不及格，分别是云浮市云城区满意花生油厂的花生油（压榨）、云城区富盛粮油厂的花生油（压榨）和高要市孖宝油有限公司的花生油（2.73L/瓶），原因均为黄曲霉毒素 B_1 指标不合格。

预防真菌毒素产生的主要措施，收获前实施良好的农业操作规范（GAP），培育抗真菌的作物品种。收获后农作物干燥，保持其水分活度（Aw）在 0.7 以下。此外，还必须将谷物清洗，去除杂草等污物。贮存过程采用的各种控制措施，如通气、冷藏、密封贮存及改变空气条件等物理方法和使用抗真菌剂等。食品被真菌及真菌毒素污染后，应设法祛毒或不食用霉变食品。

4. 其他污染

除细菌、病毒、真菌污染以外，还存在水产品中的生物毒素、寄生虫与害虫的污染等。现已知 1000 多种海洋生物有毒或能分泌毒液，全世界每年由有毒鱼、贝类引起的食物中毒事件超过 2 万起，死亡率为 1%。我国有毒鱼贝类 170 多种，最典型的是河豚鱼引起的食物中毒，河豚鱼的有毒部位主要是卵巢和肝脏，其次为肾脏、血液、眼睛、鳃和皮肤。河豚毒素是一种神经毒素，微溶于水，对热稳定，煮沸、盐腌、日晒等均不能使其破坏。河豚毒素的毒性比氰化钠强 1000 倍。与食品安全关系密切的寄生虫以蠕虫类为常见，如吸虫、绦虫、线虫等。蔬菜瓜果则可引起蛔虫病的传播，生食鱼片（生鱼干）则易得肝吸虫病。食品生产企业及仓储、经营场所中的苍蝇、蟑螂及甲虫等昆虫和老鼠等动物也是造成食品污染、传播疾病、引起食物中毒的主要媒介，应采取严密的防范和杀灭措施。

二、食品的化学污染

1. 农药残留

农药是在食品、农产品或饲料的生产、贮存、运输、分配及加工过程中，用于防治、破坏、引诱、排拒、控制任何昆虫和病菌，还包括有毒的动植物或控制动物体外寄生虫的所有物质的统称。肥料、动植物营养素、食品添加剂及动物用药品不属于农药。农药残留是指任何由于使用农药后而残留于食品、农产品和动物饲料中的微量农药原体、农药转化物、代谢物、反应产物及其杂质的总称。由于农药性质、使用方法及使用时间不同，各种农药在食品中残留程度也有所差别。当食物中的农药超过最大残留限量（MRL）时，将会对人畜直接产生危害或通过食物链对生态系统中的生物造成毒害。

目前全世界实际生产和使用的农药品种达五六百种，大量使用的有 100 多种，其中主要是化学农药。化学农药根据防治对象不同有杀虫剂、杀菌剂、除草剂、除真菌剂、粮食防虫剂和灭鼠药等。根据化学组成不同可分为有机氯类如滴滴涕、六六六、艾氏剂、毒杀芬等，有机磷类如氧化乐果、敌百虫、敌敌畏、甲胺磷、乙酰甲胺磷等，有机汞类如西力生、赛力散等，氨基甲酸酯类如速灭威、甲萘威等，拟除虫菊酯类、沙蚕毒素类等。

为了保护人类健康，控制环境污染，国家明令禁止使用的农药有：六六六、滴滴涕、毒杀芬、二溴氯丙烷、杀虫脒、二溴乙烷、除草醚、艾氏剂、狄氏剂、汞制剂、砷类、铅类、敌枯双、氟乙酰胺、甘氟、氟乙酸钠和毒鼠强。在蔬菜、果树、茶叶、中草药材上不得使用和限制使用甲胺磷、甲基对硫磷、对硫磷、久效磷、磷胺、甲拌磷等 19 种高毒农药；不得用于茶树上的有三氯杀螨醇和氰戊菊酯等农药。

2. 兽药残留

为了防治动物疾病、促进动物生长、改善饲料转化率和提高畜禽繁殖率，人们大量使用或投入抗微生物制剂（包括抗生素和化学治疗药物）、驱寄生虫剂和激素类及生长促进剂等，这些物质都有可能造成在动物源性食品中的兽药残留。兽药残留就是指对食品动物（指各种人工养殖供人食用的动物）用药后，动物产品的任何可食部分中所含的原型药物和其代谢物，包括与兽药有关的杂质的残留。残留的兽药主要有抗生素类、磺胺药类、呋喃药类、抗球虫药、激素药类和驱虫药类。

3. 有害重金属

重金属及一些有毒元素对人体的危害不容忽视，其中以镉、铅、汞、砷等元素对食品安全的影响最为重要。这些有毒元素进入食品的途径除自然环境因素外，主要是人为造成的环境污染，如工业三废排放，农业化学品的使用及人类生活污水排放等；食品加工过程是造成食品有毒金属污染的另一途径。有害金属在人体内不仅以原有形式存在，还可形成高毒性的化合物。多数金属在体内有蓄积性，半衰期较长，能产生急性和慢性毒性反应，还有可能存在致畸、致癌、致突变作用。

4. 食品加工过程形成的有害物质

食品加工过程中形成的常见有害物质有硝酸盐和亚硝酸盐、*N*-亚硝基化合物、多环芳烃（稠环芳烃或多核芳烃）、杂环胺类化合物、氯丙醇、丙烯酰胺、甲醛与“吊白块”等。

1）食品中的硝酸盐和亚硝酸盐

食品中硝酸盐和亚硝酸盐的直接来源是食品添加剂中的硝酸盐和亚硝酸盐，含氮肥料的大量使用引起的农作物硝酸盐积累也是污染的主要来源。人们饮食中的亚硝酸盐和硝酸盐主要来源为蔬菜，如莴苣（包括生菜）、菠菜、芹菜、甜菜、茴香、萝卜、雪里蕻、小白菜等都是含硝酸盐较高的品种。新鲜蔬菜很少含亚硝酸盐，但在贮运过程中或腌制蔬菜、咸菜、酸菜时，由于硝酸盐还原菌的作用，硝酸盐还原为亚硝酸盐。在肉制品腌制加工中，还采用硝酸盐或亚硝酸盐作为食品添加剂起发色和抑菌作用，致使肉制品中的亚硝酸盐蓄积。亚硝酸盐的中毒剂量为 0.3～0.5g，致死量为 3g，ADI 为 0～0.2mg/kg 体重。在适宜的条件下，亚硝酸盐可与肉中的胺和氨基酸发生反应，产生强致癌物亚硝基化合物。长期摄入含过量硝酸盐和亚硝酸盐的食物，会增加癌症的发生率。

2）*N*-亚硝基化合物

N-亚硝基化合物是一类对动物具有强致癌作用的物质。按其化学结构可分为两大类，即 *N*-亚硝胺和 *N*-亚硝酰胺，亚硝胺比亚硝酰胺稳定，不易分解破坏。据测定，海产品、肉制品、豆制品、腌菜类和啤酒等加工食品中均含有亚硝基化合物。

食品中天然存在的 *N*-硝基化合物含量极低，一般在 10μg/kg 以下，但形成亚硝基化合物的前体物质广泛存在，如胺类、硝酸盐和亚硝酸盐，以及可促进亚硝化反应发生的物质。在食品中多肽和氨基酸可发生亚硝化反应，人体胃内的酸性环境有利于亚硝胺的合成，目前认为内源性合成亚硝胺是其重要的来源。

3）多环芳烃（稠环芳烃或多核芳烃）

多环芳烃（polycyclic aromatic hydrocarbons，PAH）是煤炭、石油、煤焦油、烟草、木材及香烟和一些有机物的热解或不完全燃烧产生的一系列多环芳烃化合物。多环芳烃是食品污染中危害较大的一类物质，食品在烧烤、烟熏、烘焦时与燃料燃烧所产生的 PAH 直接接触而受到污染。对 PAH 致癌性动物试验研究发现，其中 26 个 PAH 具有致癌性或可疑致癌性，3,4-苯并[a]芘是常见的多环芳烃类的典型代表物，其污染普遍、致癌性最强。苯并[a]芘的化学性质很稳定，在烹调过程中也不易被破坏。它具有强致癌性，可导致胃癌、腺体癌、血癌等，其可通过皮肤、呼吸道和消化道及摄入被污染的食品等途径进入人体，或沉积于肺泡或进入血液，并可蓄积于乳腺和脂肪组织中，严重地危害人体健康。

4）丙烯酰胺

丙烯酰胺是制造塑料的化工原料，为已知的致癌物，并能引起神经损伤。在目前获得的有限数据中，丙烯酰胺在热加工（如煎、炙烤、焙烤）的土豆、谷物产品中含量最高，在其他热加工食品中也有较低的含量。世界卫生组织规定丙烯酰胺的含量不得超过 1mg/kg。除食品本身产生之外，丙烯酰胺也可能有其他污染来源，如聚丙烯酰胺塑料为食品包装材料时单体迁出、食品加工用水中单体的迁移等。此外，吸烟也是丙烯酰胺的来源之一。

5. 环境污染物

1）二噁英

二噁英通常指具有相似结构和理化特性的一组多氯取代的平面芳烃类化合物。国际上已明确二噁英为人类一级致癌物，它对人体造成的危害主要包括损伤免疫系统、干扰内分泌调节及致癌作用。目前，二噁英污染主要来源于木材防腐和防治血吸虫使用氯酚类造成的蒸发、焚烧工业排放、使用落叶剂、杀虫剂制备、纸张漂白和汽车尾气排放等。

2）多氯联苯

多氯联苯有 209 种同系物异构体单体。多氯联苯与二噁英的理化性质相似，是已确定的除有机农药外还有环境持久性有机污染物（persistent organic pollutants，POP），它们的共同特征为：有机化合物（包括金属有机物）、在环境中降解缓慢、生物富积和具有毒性。多氯联苯因具有极好的绝缘性和胶黏性，挥发性低，耐热不燃，导热性好，在工业上作为变压器和电容器的绝缘剂，用作润滑剂、塑料增塑剂和冷却剂及胶黏液、油漆、油墨和无碳复写纸的配料。

三、食品的放射性污染和物理性危害

1. 食品的放射性污染

1）放射性污染物的来源

放射性污染主要来源于人工放射性物质，如进行核试验的降沉物污染、核电站和核工业废物的排放，以及意外核泄漏事故造成的污染等。此外，放射性核素在工农业、医学和科研等领域的应用，也会向外界环境排放一定量的放射性物质。

2）食品中重要的天然放射性核素

放射性物质污染主要是通过水及土壤污染农作物、水产品、饲料等，经过生物圈进入食品，并且可通过食物链转移。特别是水生生物对放射性核素有很强的富集作用，这就使得食品中放射性核素含量可能显著超过周围环境中存在的该核素水平。对人体卫生学意义较大的天然放射性核素主要为 ^{40}K、^{226}Ra。另外，^{210}Po、^{131}I、^{90}Sr、^{137}Cs 等也是污染食品的重要放射性核素。^{40}K 在自然界分布较多，是通过食品进入人体最多的天然放射性核素，主要贮存于软组织中。^{236}Ra 在动植物组织中含量略有差别，谷物和蔬菜比动物性食品含量略偏高，有 80%～85%沉积于骨中。

3）放射性污染的危害

当食品放射性物质高于自然界放射本身时，可以认为食品有放射性污染。食品放射性污染对人体的危害是小剂量、长期内照射作用。其主要危害是可诱发恶性肿瘤、白血病、致癌、致突变，缩短人的寿命等。放射性物质主要经消化道进入人体，其中食物占 94%～95%，饮用水占 4%～5%，而通过呼吸道和皮肤进入的较少。但当发生核工业泄漏事故和进行地面核试验时，放射性物质可经过消化道、呼吸道和皮肤这 3 种途径进入人体而危害健康。

2. 食品的物理性危害

物理性危害是消费产品过程中可能致病或致伤的，食物中发现的任何非正常的物理材料。食品中常见的物理危害物有玻璃、木头、金属、石子、塑料和骨头等外来物质，这些危害的来源有可能是原材料或包装材料中的外来物质，加工过程或工人操作带入的外来物，以及设计或维护不好的设施和设备等。

四、其他污染

食品在生产加工、贮运和销售过程中，要使用各种工具、设备、容器、包装材料及内壁涂料，食品容器、包装材料与食品接触时有可能将有害成分转移到食品中，造成食品污染。此外，多数食品添加剂都有一般的毒性，只是程度不同而已，两种以上化学物质组合之后使食品添加剂具有叠加毒性。食品添加剂对人体的危害除急性和慢性毒性外，还有致癌性、致畸性、致突变性，这些毒性的共同特点是要经历较长时间才能暴露出来，即对人体产生潜在的危害。

第三节　食 物 中 毒

一、食物中毒的概念、原因、特征和分类

1. 食物中毒的概念

食物中毒是食用各种“有毒食物”而引起的以急性过程为主的一类疾病的总称。所谓“有毒食物”指可食状态的、正常数量的、经口摄入而使健康人发病的食物。有些疾病与食物中毒类似，但不属于食物中毒。

2. 食物中毒的原因

①某些致病性微生物污染食品并急剧繁殖，以致食品中存在有大量的活菌及产生大量毒素；②有毒化学物质混入食品并达到能引起急性中毒的剂量；③食品本身含有毒成分；④食品在贮存过程中，由于条件不当而产生有毒物质（如马铃薯发芽产生龙葵素）；⑤某些动植物摄入有毒成分，转入人体；⑥误食有毒成分的食物（如毒薯）。

3. 食物中毒的特征

突然发生，来势急骤，潜伏期短而集中，一般在24～48h；发病范围集中，发病与食物有关；一般无传染。

4. 食物中毒的分类

可分为以下4类：①细菌性食物中毒（如沙门氏菌属食物中毒、副溶血性弧菌食物中毒、致病性大肠菌属食物中毒等）；②有毒动植物中毒（如河豚、有毒贝类、毒草、木薯、发芽马铃薯等）；③霉变食品中毒；④有毒化学物质中毒（如砷、亚硝酸盐、甲醇、农药中毒等）。

二、细菌性食物中毒

食品被致病性微生物污染后，在适宜的温度、水分和营养条件下，大量繁殖。若食

前不加热杀菌，则食后发生细菌性食物中毒。细菌性食物中毒的食品大多数是动物性食品，如肉、蛋、鱼、乳等；少数是植物性食品。细菌性食物中毒大多数伴有恶心、呕吐、腹痛、腹泻等急性胃肠炎症状。

（1）沙门氏菌食物中毒 多见于夏秋季节，主要是肉类，如病死牲畜肉、熟肉等，也可由鱼、禽、奶、蛋等食品引起。

（2）葡萄球菌肠毒素食物中毒 多发生在夏秋季节，中毒食品主要为乳及乳制品、蛋及蛋制品、鱼及各种熟肉制品，其次为含有乳制品的冷冻食品，个别也有淀粉类食品。

（3）副溶血性弧菌食物中毒 多发生在6～9月高温季节，中毒食品主要为海产品，其次为咸菜、熟肉、禽、蛋等，也有腌制品。

（4）肉毒梭菌毒素食物中毒 肉毒梭菌毒素是一种强烈的神经毒素，毒性比氰化钾强1万倍，对消化酶、酸和低温稳定，但易被碱或热破坏而失去毒性。多发生在冬、春季节，中毒食品主要有：火腿、腊肠、鱼、蔬菜及家庭制的水果、罐头。

（5）大肠杆菌食物中毒 多发生在6～9月，主要症状为腹部痉挛、带血性腹泻，中毒食品主要为肉及肉制品、汉堡包、生牛奶、奶制品、蔬菜、果汁、饮水等。

三、有毒动植物食物中毒

（1）河豚中毒 食用含有河豚毒素的鱼类引起的食物中毒。河豚毒素是一种神经毒素，症状为恶心呕吐、腹痛腹泻、肢端麻痹，严重者瞳孔散大、言语不清、呼吸困难甚至窒息死亡。

（2）鱼类组胺中毒 食用含有组胺的鱼类而引起的过敏性食物中毒。中毒食品主要是腐败鱼类。症状为全身皮肤潮红、结膜充血、头痛头昏、呼吸加快，伴有口干舌燥、恶心呕吐、四肢麻木等。

（3）藻类毒素中毒——赤潮 赤潮是由于海水中一些藻类等浮游生物暴发性繁殖、聚集，引起局部海域水色异常的一种自然现象。我国引起赤潮的生物有260余种，其中能产生赤潮毒素的有78种，赤潮毒素在海洋生物体内蓄积，人误食即可引起中毒。

（4）草蕈中毒 蕈又称蘑菇，我国可食的蕈有300多种，毒蕈有100多种，其中可致人死亡的蕈有10多种。毒蕈与可食蕈非常相似，误食后可导致人体中毒。

（5）发芽马铃薯中毒 发芽马铃薯和青色西红柿中含有一种称为龙葵素的物质，一次食入0.2～0.4g龙葵素即可引起中毒。在食用马铃薯时，应注意防止马铃薯发芽；对于发芽后的马铃薯应去皮，挖去芽眼，煮熟煮透，方可食用。烹调时可加醋，以破坏龙葵素。

四、化学性食物中毒

（1）亚硝酸盐中毒 腐烂的蔬菜、刚腌不久的蔬菜、苦井水、腌肉制品加入过量硝酸盐和亚硝酸盐。

（2）有机磷农药中毒 滥用农药，浓度过高，次数过多，刚喷过药的果品、蔬菜易引起有机磷中毒。

（3）甲醇中毒　用含甲醇的工业酒精兑制假白酒，甲醇在体内氧化分解能产生甲醛和甲酸，毒性比甲醇分别高 30 倍和 60 倍。正常人一次食用 4～10g 纯甲醇即可中毒，7～8g 可致失明，30～100g 导致死亡。

（4）其他食品中毒　①毒米中毒：毒米是过期储备米掺入矿物油加工制成的米。②毒油中毒：毒油是氧化酸败油，具有哈喇味，这种油含有低分子醛、酮等物质。③霉变甘蔗：甘蔗在不良环境条件下，经过冬季长期贮存，由微生物繁殖而引起霉变，霉变甘蔗能产生神经毒素。④霉变甘薯：在霉菌的作用下，甘薯表面会出现褐色斑块，变苦、变硬，即为甘薯黑斑病，食用后会引起中毒。

第四节　食品安全性评价

食品安全性评价（food safety evaluation）是运用毒理学动物试验结果，结合人群流行病学调查资料来阐明食品中某种特定物质的毒性及潜在危害，对人体健康影响的性质和强度，预测人类接触后的安全程度。追求食品的绝对安全会使人类失去许多食物甚至所有食物，因此对食物及食物中的某些物质进行科学的、客观的安全性评价，确定其产生危害的水平，制定食品中的限量标准，保证人体健康的基本准则。

一、食品安全性毒理学评价的基本概念

1. 毒性

毒性（toxicity）是指化学物质对机体损伤的能力。描述一种物质的毒性时，总是和剂量相联系的，所谓毒性大的物质，是指使用较少的数量即可对机体造成损伤，而毒性小的物质，是指需要较多的数量才可对机体造成损伤。从某种意义上来说，只要达到一定的数量，任何物质都可能表现出毒性，反之，只要低于一定剂量，任何物质都不具有毒性。

（1）绝对致死量（LD_{100}）　是指能造成一群机体全部死亡的最低剂量。由于个体差异，在不同试验条件下 LD_{100} 具有不确定性。因此，一般情况下，很少使用 LD_{100} 来描述一种物质的毒性。

（2）半数致死量（LD_{50}）　是用统计学方法表示的，能预期引起一群机体中 50%死亡所需要的剂量。

（3）最小致死量（MLD）　是指能引起一群机体中个别个体死亡的最小剂量。

（4）最大耐受量（MTL）　是指能引起一群机体全部发生严重的毒性反应但无一死亡的最大剂量。

2. 损害作用

化合物引起机体的损伤即它表现的毒性与接触的剂量有关，在一定剂量下可对机体构成损害，而在另一定剂量下则对机体无损害作用。所谓损害作用是指在间断或连续摄入一种化学物质的过程中，引起机体功能容量的损伤或对额外应激状态代偿能力的降

低，还包括在摄入一种化学物质期间或停止摄入后，所出现的维持机体稳态能力降低的不可逆，并使机体对其他环境因素不利影响的易感性有所增加。而无损害作用是指不引起机体在形态、生长、发育和寿命方面的改变，不引起机体功能容量的降低和对额外应激状态代偿能力的改变，所引起的生物学改变一般都是可逆的，停止接触该化合物后，不能查出机体维持稳态能力的降低，也不能使机体对其他环境因素不利影响的易感性有所增加。以损害作用来描述物质毒性的概念如下。

（1）最大无作用剂量　最大无作用剂量（maximal no-effective dose，MNL）是指化合物在一定时间内，按一定的方式或途径与机体接触，根据目前认识水平，用最灵敏的实验方法和观察指标，未能观察到任何对机体损害作用的最高剂量。最大无作用剂量是评定外来化合物毒性的重要依据，是制定一种外来化合物的每日容许摄入量（acceptable daily intake，ADI）和食品中最高容许限量的基础。ADI 是指人类终身每日摄入该外来化合物而不致引起任何损害作用的剂量；最高容许限量是指一种化合物可以在食品中存在而不致对人体造成任何损害作用的限量。

（2）最小有作用剂量　最小有作用剂量（minimal effective dose，MEL）是指化合物在一定时间内，按一定方式或途径与机体接触，能使某项观察指标开始出现异常变化或使机体开始出现损害作用所需的最低剂量，也可称为中毒阈剂量（toxic threshold level）。理论上，最大无作用剂量和最小有作用剂量应该相差极微，但由于对损害作用的观察指标受观测方法灵敏度的限制，不能检出任何细微的变化。只有两种剂量的差别达到一定的程度，才能明显地观察到损害作用程度的不同。因此最大无作用剂量与最小有作用剂量之间仍有一定差距。

二、化合物的一般毒性作用

化学物质在一定剂量、一定的接触时间和一定的接触方式下对试验动物产生的综合毒效应称为一般毒性作用（general toxicity effect），又称基础毒性（basic toxicity）。一般毒性作用根据接触毒物的时间长短又分为急性毒性、亚慢性毒性和慢性毒性，相应的试验称为急性毒性试验、亚慢性毒性试验和慢性毒性试验。一般毒性试验的方法包括急性毒性试验、蓄积毒性试验、亚急性毒性试验（亚慢性毒性试验）和慢性毒性试验。各试验的实验周期和目的见图 16-1。

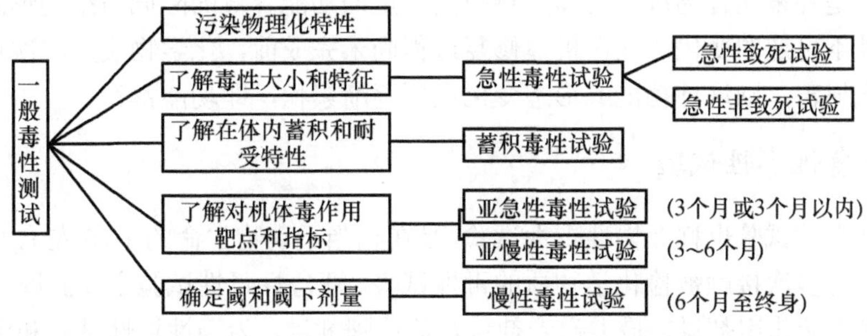

图 16-1　外来化合物一般毒性试验项目（何计国和甄润英，2003）

1. 食品安全性评价的试验动物选择

（1）动物种属的选择　一般地，与人类的亲缘关系越接近，其试验结果越有价值，但与人相似的灵长类动物不易获得，且价格昂贵，所以很少采用。为保证人类的安全，可选择对受试物敏感的动物进行试验，如黄曲霉素选择雏鸭，氰化物选择鸟类。实际操作中往往不了解受试物对何种动物敏感，通常采用成年小鼠或（和）大鼠。

（2）动物品系的选择　所谓品系是指源于一个共同祖先而具有特定基因型的一群生物。不同品系的同种动物，可对同一被检物发生不同性质或不同程度反应，即存在品系差异。为了在同种动物中减少这种遗传特性所决定的品系差异，在毒性试验中，最好采用纯品系动物，即“纯种”动物。

2. 被检物的给予方式和途径

被检物给予试验动物的方式或被检物进入动物机体的途径，对其在体内引起的生物学反应有显著影响，静脉注射＞呼吸道＞经口＞经皮。但在食品毒理研究中，被检物多以经口方式给予动物，主要有灌胃法、吞咽胶囊法和掺入饲料法 3 种方法。

3. 急性毒性试验

急性毒性（acute toxicity）是指机体（人或试验动物）1 次接触或 24h 多次接触化学物后在短期（最长 14 天）内所发生的毒性效应，包括一般行为、外观改变、大体形态改变及死亡效应。急性毒性试验是经口一次性给予或 24h 内多次给予受试物后，短时间内动物所产生的毒性反应，包括致死的和非致死的指标参数，致死剂量通常用 1/2 致死剂量 LD_{50} 表示，其单位是每千克机体重量所摄入受试物质的毫克数，即 mg/kg 体重。

4. 蓄积毒性试验

蓄积毒性（cumulative toxicity）是指机体反复多次接触化学物质后，当化学物质进入机体的速度（或总量）超过代谢转化的速度和排泄的速度（或总量）时，其原形或代谢产物可能在体内逐步增加并潴留，这种现象称为化学毒物的蓄积作用。外来化合物在体内的蓄积应包括两种概念。一种概念是化合物进入机体后，其从体内消除的数量少于输入的数量，以致化学物质在体内潴留的量逐渐增加，即量的蓄积，也是物质的蓄积。另一种概念是外来化合物进入机体后将引起一定的功能容量的降低与结构形态的变化，如果是一种不可逆的变化，或在机体修复过程尚未完成前，化学物质第二次进入机体，并再次造成损害，则这种功能或形态变化也可逐渐累积，即功能蓄积。

5. 亚急性毒性试验

亚急性毒性试验也称亚慢性毒性试验，是在相当于动物生命的 1/10 左右时间内使动物每日或反复多次接触被检化学物质的毒性试验。亚急性毒性试验主要获取慢性毒性的参数，如最大无作用剂量、最大耐受剂量及估计阈剂量，为慢性毒性试验和致癌试验的剂量设计提供依据。了解亚慢性毒性染毒情况下化学毒物的毒性、特点和靶器官，为慢性毒性试验提供合适的观测指标。

6. 慢性毒性试验

慢性毒性（chronic toxicity）是指人或试验动物长期（甚至终身）反复接触低剂量的化学毒物所产生的毒性效应。食品毒理学一般要求试验动物接触外来化合物的期限为两年。

慢性毒性试验的目的是确定长期接触化学毒物造成机体损害的最小作用剂量和对机体无害的最大无作用剂量，阐明毒性作用的性质、靶器官和中毒机理，为制定人体安全限量标准提供毒理学依据。

三、特殊毒性试验

1. 化学毒物致突变作用

致突变作用是外来因素引起细胞核中的遗传物质发生改变的作用，而且这种改变可随同细胞分裂过程而传递。在毒理学范畴主要涉及 3 类突变类型，即基因突变、染色体畸变和染色体数目改变。

当体细胞发生突变，其影响仅能在直接接触该化合物的个体身上表现出来，而不可能遗传到下一代。只有当生殖细胞发生突变时，其影响才有可能遗传到下一代。

2. 致癌试验

致癌试验通常采用的方法如图 16-2 所示。

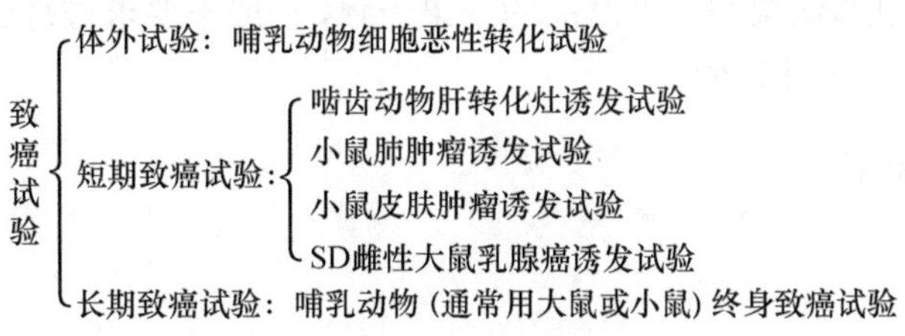

图 16-2　致癌试验常用方法（何计国和甄润英，2003）

致癌试验是检测受试物是否具有诱发肿瘤形成能力的试验，分为体外试验、短期致癌试验和长期致癌试验 3 类。某些致癌化学物质没有直接的致癌作用，但在体内代谢后可转变为致癌物，称为前致癌物，与此相对，直接具有致癌作用的物质称为终末致癌物。在进行体外致癌试验时，应考虑到受试物为前致癌物的可能，采取必要的措施，尽量模拟体内情况。

3. 致畸试验

致畸试验是检验受试物生殖发育毒性的试验。化合物的生殖发育毒性分为两个方面，一是对生殖过程的影响即生殖毒性，二是对发育过程的影响即发育毒性。生殖毒性包括生殖细胞的发生、卵细胞受精、胚胎形成、妊娠、分娩和哺乳等过程的损害，表现为性淡漠、性无能和各种形式的性功能减退；发育毒性包括胚胎发育、胎仔发育、幼仔发育等方面的损伤，表现为胚胎生长迟缓、胚胎畸形、胚胎功能不全或异常和胚胎或胎仔死亡。致畸试验有传统常规致畸试验法、致畸物体内筛检试验法及致畸作用和发育毒性的体外试验法。其中传统常规致畸试验应用最为普遍。

四、食品安全性毒理学评价程序

1. 毒理试验的 4 个阶段和内容

（1）第一阶段　急性毒性试验、经口急性毒性、LD_{50}、联合急性毒性等。

（2）第二阶段　遗传毒性试验、传统致畸试验、短期喂养试验。

（3）第三阶段　亚慢性毒性试验、90 天喂养试验、繁殖试验、代谢试验。

（4）第四阶段　慢性毒性试验（包括致癌试验）。

2. 对不同受试物选择毒性试验的原则

（1）凡属我国创新的物质一般要求进行 4 个阶段的试验。

（2）凡属与已知物质（指经过安全性评价并允许使用者）的化学结构基本相同的衍生物或类似物，则根据一、二、三阶段毒性试验结果判断是否需进行第四阶段的毒性试验。

（3）凡属已知的化学物质，世界卫生组织已公布每人每日允许摄入量（ADI）者，同时申请单位又有资料证明我国产品的质量规格与国外产品一致，则可先进行第一、二阶段毒性试验，若试验结果与国外产品的结果一致，一般不要求进行进一步的毒性试验，否则应进行第三阶段毒性试验。

3. 食品添加剂

1）香料

鉴于食品中使用的香料品种很多，化学结构不同，用量很少，在评价时可参考国际组织和国外资料的规定，分别决定需要进行的试验。

（1）凡属世界卫生组织已建议批准使用或已制定日许量者，以及香料生产者协会（FEMA）、欧洲理事会（European Council，COE）和国际香料工业组织（International Organization of the Flavor Industry，IOFI）4 个国际组织中的两个或两个以上允许使用的，在进行急性毒性试验后，参照国外资料或规定进行评价。

（2）凡属资料不全或只有一个国际组织批准的，先进行急性毒性试验和本程序所规定的致突变试验中的一项，经初步评价后，再决定是否需进行进一步试验。

（3）凡属尚无资料可查、国际组织未允许使用的，先进行第一、二阶段毒性试验，经初步评价后，决定是否需要进行进一步试验。

（4）从食用动植物可食部分提取的单一高纯度天然香料，如其化学结构及有关资料并未提示具有不安全性的，一般不要求进行毒性试验。

2）其他食品添加剂

（1）凡属毒理学资料比较完整，世界卫生组织已公布日许量或不需规定日许量者，要求进行急性毒性试验和一项致突变试验，首选 Ames 试验或小鼠骨髓核试验。

（2）凡属有一个国际组织或国家批准使用，但世界卫生组织未公布日许量，或资料不完整者，在进行第一、二阶段毒性试验后作初步评价，以决定是否需要进行进一步的毒性试验。

（3）对于由天然植物制取的单一组分，高纯度的添加剂，凡属新品种需先进行第一、二、三阶段毒性试验，凡属国外已批准使用的，则进行第一、二阶段毒性试验。

（4）进口食品添加剂，要求进口单位提供毒理学资料及出口国批准使用的资料，由国务院卫生行政主管部门指定的单位审查后决定是否需要进行毒性试验。

4. 食品新资源和新资源食品

食品新资源及其食品原则上应进行第一、二、三阶段毒性试验，以及必要的人群流行病学调查。必要时应进行第四阶段试验。若根据有关文献资料及成分分析，未发现有或虽有但量甚少，对健康无害的物质，以及较大数量人群有长期食用历史而未发现有害作用的天然动植物（包括作为调料的天然动植物的粗提制品）可以先进行第一、二阶段毒性试验，经初步评价后，决定是否需要进一步的毒性试验。

五、每日允许摄入量（ADI）的制定

每日容许摄入量（acceptable daily Intake，ADI）是指人类每日摄入某物质直至终身，而不产生可检测到的对健康产生危害的量，以每千克体重可摄入的量表示，即 mg/(kg·d)。ADI 是在最大无作用剂量（MNL）的基础上制定的，又是制定食品容许限量标准的基础。

ADI 是由 MNL 除以合理的安全系数计算得出，NOEL 通过食品安全性毒理学评价获得，安全系数是根据无作用量（MNL）计算日容许摄入量（ADI）时所用的系数。所用的安全系数的值取决于受试物毒害作用的性质，受试物应用的范围和用量，适用的人群，以及毒理学数据的质量等因素。

鉴于从有限的动物试验推测到人群时存在固有的不确定性，有必要确定一定的安全性界限，常用的方法是使用安全系数。安全系数一般定为 100，即假设人较试验动物对受试敏感 10 倍，人群内敏感性差异为 10 倍。安全系数主要是根据经验而定的，而不是固定不变的。安全系数的确定要根据受试物的性质、已有的毒理学资料的数量和质量、受试物的毒作用性质，以及受试物实际应用时的范围、数量、适用人群等诸种因素作相应的增大或减小。只有在全部资料综合分析的基础上，才能确定适宜的安全系数。

六、食品容许限量标准的制定

食品容许限量标准的制定可依照以下程序进行：

确定动物最大无作用剂量→确定人体每日允许摄入量→确定每日总膳食中的容许含量→确定每种食物的最大容许量→制定食品容许限量标准

人体每日允许摄入量的确定已如前述，每日总膳食中的允许含量的确定由人体每日容许摄入量推断。由于人体每日接触的有毒物质不仅来源于食品，而且通过空气、饮水等也能进入人体，因此，总膳食中允许含量要低于 ADI。一般来说，通过食物摄入的有害物质占总摄入量的 80%～85%，为保证消费者安全，可以 80%计算。例如，某化合物 ADI 为 10mg/kg 体重，则总膳食允许含量为 8mg。

每种食物的最大容许量的确定，是通过膳食调查确定每一种食物的摄入量，根据此摄入量计算该食物中最大允许量。例如，每日摄入大米 400g，蔬菜 500g，水果 200g，肉、蛋 100g，则每种食物中的最大容许含量为：大米$=\frac{400}{400+500+200+100}\times 8=2.7$（mg）。其余的食品依此法计算获得。

第五节　食品安全与卫生管理

食品安全问题直接影响社会稳定和经济发展，世界各国纷纷采取包括立法、行政、司法等各种措施，确保食品安全监管体制的有效性，维护消费者的健康利益。2000 年，世界卫生大会通过了《食品安全决议》，制定了全球食品安全战略，将食品安全列为公共卫生的优先领域，并要求成员方制定相应的行动计划，最大程度地减少食源性疾病对公众健康的威胁。

我国是一个食品生产和消费大国，为深入贯彻《中华人民共和国食品安全法》，充分保障食品安全，近年来我国政府和各相关行政部门先后组织实施了“无公害食品行动计划”“三绿工程”（提倡绿色消费、培育绿色市场、开辟绿色通道）、“食品药品放心工程”及“食品安全行动计划”等，将保证食品安全列为整顿和规范市场经济秩序的重要工作内容。在十九大报告中提出“实施健康中国战略”，要把人民健康放在优先发展的战略地位。

一、食品安全卫生法规

1. 食品安全卫生法律体系

我国已建立了较为完善的食品安全卫生法律体系，该体系由法律、法规、规章、标准、规范等具有不同法律效力层级的规范性文件构成。食品卫生法律、法规与标准是企业和个人从事食品生产经营活动必须遵守的行为准则，是消费者保护自身合法权益的法律武器，是政府实施食品安全监督的重要依据。

2. 食品卫生法

1995年10月公布实施《中华人民共和国食品卫生法》，2015年10月实施修订后的《中华人民共和国食品安全法》（以下简称《食品安全法》），从制度上解决了现实生活中存在的食品安全问题，更好地保证了食品安全，其中确立了以食品安全风险监测和评估为基础的科学管理制度，明确了食品安全风险评估结果作为制定、修订食品安全标准和对食品安全实施监督管理的科学依据，使我国的食品卫生法制化管理迈上了一个新的台阶。

3. 食品标准

食品标准是食品行业中的技术规范，涉及食品行业各个领域的不同方面，它从多方面规定了食品的技术要求和品质要求。食品标准的用途：①保证食品质量卫生与安全；②国家管理食品行业的依据；③食品企业科学管理与经营发展的基础。在世界食品贸易中，食品标准已成为世界各国采取的为保护本国消费者健康，以及动植物安全卫生措施而设置的技术壁垒，只有符合国际标准的产品才有可能进入国际市场。

关于食品的标准与法规详见本书第二十三章。

二、食品卫生监督管理

1. 食品卫生监督制度

食品卫生监督制度是国家行政监督的一部分，具有法律性、权威性、强制性和普遍约束力，主要由各级卫生行政部门代表政府实施监督执法。

为搞好食品卫生监督工作，必须建立有效的保证食品安全的卫生监督体制，加强食品安全卫生监督、检验能力建设，提高政府对食品安全的监管能力，包括加强卫生监督、检验的基本装备、加快危险性分析方法的应用，提高卫生监测能力和应急反应速度，完善食品安全监督信息网络，实施食品卫生量化监管制度，引进危险性管理的理念，探索适应市场经济发展需要的食品安全监督模式。以上均是提高卫生监督的效率和效益的重要措施。

2. 食品卫生管理

除各级卫生行政部门的食品卫生监督管理之外，食品卫生管理一般是指食品生产经营者和各级政府的食品生产经营管理组织对食品生产经营全部活动的自身管理过程。其主要包括以下内容：食品生产经营过程必须符合法定的卫生条件和卫生要求；食品应当无毒、无害，符合应有的营养要求；对食品生产经营企业和食品生产人员实行卫生许可证和健康证的制度；对食品生产、经营过程依法进行监督管理等。

3. 食品卫生监督量化分级管理

实行食品卫生监督量化分级，对取得卫生许可的食品生产经营单位进行经常性卫生监督的量化评分，根据卫生监督审查结果进行风险性分级和食品卫生信誉度分级，并确定次年食品卫生监督的频率。食品卫生信誉度分A、B、C、D 4个等级：评为A级者进行简化监督，评为B级者进行常规监督，评为C级者进行强化监督，评为D级者不予许可或次年不予验证。

4. 食品生产经营企业的自身管理

食品生产经营者是食品卫生第一责任人。为提高食品生产经营企业食品安全责任意识，从源头上保证食品安全，建立加强食品生产经营企业行业管理及自身管理的食品安全监管模式，可以采取此类措施，如建立企业诚信公告制度；严格执行不合格食品收回制度；推行食品卫生管理员制度；建立食品安全溯源制度；食品企业应根据国家要求或自觉实施有效的食品安全控制措施，确保向消费者提供安全的食品。

5. 食品卫生监督管理内容

卫生行政部门依据《食品安全法》，行使食品卫生监督职责。食品卫生监督管理的范围分为县级、市（地）级和省级3个层次。各级卫生行政部门依《食品卫生监督程序》对辖区内的食品卫生进行监督管理。

1）食品卫生行政许可

卫生行政许可是指卫生监督机关根据行政管理相对人的申请，依法对其经营的项目和卫生设施等进行审查后，认为符合卫生标准和要求而赋予行政管理相对人从事食品卫生法律规范规定事项的权利和资格的行为。卫生行政许可的形式有卫生许可证、健康证、批准证书、批准文号证照等多种许可形式。

2）食品卫生监督检查

食品卫生监督检查内容包括：对食品生产经营者的新建、扩建、改建工程选址和卫生设计进行审查；指定专业技术机构对竣工验收工程进行卫生学评价；实行食品卫生巡回监督检查。对食品生产经营者重点进行检查的内容有：卫生许可证、健康证明和食品生产经营人员的卫生知识培训情况，卫生管理组织和制度情况，环境卫生、个人卫生、食品用工具及设备卫生等；采集样品时，应出示证件，并向被采样单位和个人出具采样凭证；在食物中毒或食品污染事故发生时及时组织人员赴现场进行调查处理，并可采取临时控制措施；监督检查完毕后，应当根据情况提出指导意见，有违法行为的应当根据《中华人民共和国行政处罚法》《食品安全法》和有关卫生行政处罚程序的规定，由卫生行政部门进行行政处罚等。

3）食品卫生监督管理的原则

食品卫生监督应遵循合法、公正、高效、公开的原则。食品卫生监督管理要合法、正确、及时，在监督管理过程中要做到预防为主、实事求是、依法行政、坚持社会效益第一。

4）食品污染物与食源性疾病监测

通过建立和完善全国食品污染物监测网和食源性疾病监测网，及时发现和纠正存在的问题，并通过制定修订卫生标准、法规和干预政策，及时堵塞监管漏洞和弥补工作中的不足，积极引导食品生产经营企业健康发展，并根据食品污染物监测情况发布预警信息。

三、食品质量安全市场准入

为了从生产加工源头保证食品质量安全，维护消费者的根本利益，提高食品质量安全水平，我国实施了食品质量安全市场准入制度。在国内从事食品生产加工的企业必须具备保证食品质量安全的基本生产条件，按规定程序获取食品生产许可证，所生产加工的食品必须经检验合格，并加印（贴）食品质量安全市场准入（QS）标志后，方可出厂销售。

1. 食品生产加工企业必备条件

（1）应当符合法律、行政法规及国家有关政策规定的企业设立条件　食品生产加工企业必须取得卫生部门发放的食品卫生许可证，向工商行政部门申请登记企业法人营业执照，最后在质量技术监督部门申领食品生产许可证。

（2）环境条件　食品生产加工企业保证产品质量安全的环境条件主要包括厂区环境和车间环境。

（3）生产设备、设施条件　食品生产加工企业必须具备保证产品质量安全的生产设备、工艺装备和相关辅助设备。

（4）加工工艺及过程要求　食品加工工艺流程应当科学、合理，生产加工过程应当严格、规范，防止生物性、化学性、物理性污染，以及防止生食品与熟食品、原料与半成品、成品，陈旧食品与新鲜食品等的交叉污染。

（5）原材料要求　食品生产加工企业生产食品所用的原材料均应当是无毒、无害，符合相应的强制性国家标准、行业标准及有关规定。企业应优先使用获得生产许可证企业的产品进行生产，对采购的原辅材料、包装材料及外协加工品要求进行检验或验证。严格执行《食品添加剂卫生管理办法》，执行 GB 2760—2014《食品安全国家标准　食品添加剂使用标准》等国家强制性标准。

（6）产品标准要求　食品生产加工企业必须按照有效的产品标准组织生产。食品企业应具备的标准主要有：原辅材料标准、产品标准（含产品卫生标准）、检验标准、包装标准等；相关标准有 GB 5749—2006《生活饮用水卫生标准》、GB 7718—2011《食品安全国家标准　预包装食品标签通则》《定量包装商品计量监督管理办法》等。

（7）人员要求　食品生产加工企业负责人和主要管理人员应当了解与食品质量安全相关的法律法规知识，必须具有与食品生产相适应的专业技术人员、熟练技术工人和质量检查人员。食品生产经营人员（包括临时工）必须定期健康检查，取得健康合格证后方可参加工作。食品从业人员应保持良好的个人卫生。

（8）质量检验和计量检测要求　食品生产加工企业应当具有与所生产产品相适应的质量检验和计量检测手段。企业在生产过程中应按规定开展产品质量检验工作（过程检验），并出具产品质量检验报告和合格证。

（9）建立健全质量管理体系要求　食品生产加工企业应当在生产的全过程建立标准体系，实行标准化管理，实施从原材料采购、产品出厂检验到售后服务全过程的质量管理。鼓励企业根据国际通行的质量管理标准和技术规范获取质量体系认证或者 HACCP 认证，提高企业质量管理水平。

（10）包装、标识要求　食品包装和用于食品包装的材料必须清洁、无毒、无害，对食品无污染。食品标签是标注在销售包装上的产品标识，是包装食品容器上的文字、图形、符号及一切说明物。

（11）贮运要求　贮存、运输和装卸食品的容器、包装、工具、设备必须安全，保持清洁，对食品无污染。不能将食品与其他物品同车运输。

2. 食品生产许可

食品生产许可证制度是食品质量安全市场准入制度的一个组成部分，没有取得食品生产许可证的企业不得生产加工食品，任何企业和个人不得销售无证食品。

3. 食品质量安全检验

对用于生产加工食品的原材料、添加剂、包装材料和容器必须实施进货验收制度，不符合质量安全要求不得用于食品生产加工及包装。食品出厂必须经过检验，未经检验或者检验不合格不得出厂、销售。

4. 食品质量安全标志

实施食品质量安全市场准入制度的食品，出厂前必须加印（贴）食品质量安全市场准入标志，没有食品质量安全市场准入标志的，不得出厂销售。食品质量安全市场准入标志以 QS 表示。

5. 食品质量安全监督

获得食品生产许可证的企业应当保证持续稳定地生产出合格食品，并接受各级质量技术监督部门的监督和管理。食品销售企业，应当检查所出售的食品是否具有 QS 标志和食品生产许可证编号。

四、危险性分析

危险性分析在 WTO 工作中至关重要，是制定食品安全标准和解决国际食品贸易争端的依据。危险性分析（risk analysis）由 3 个相互关联部分构成，即危险性评估、危险性管理与有关危险性的信息交流。

1. 危险性评估

危险性又称危险度或风险度（risk），是指由食品危害导致不利于健康作用的可能性及其严重程度。危险性评估（risk assessment）是指对人体接触食源性危害而产生的已知或潜在的对健康不良作用的科学评价。危险性评估过程是一个纯科学的过程，得出的危险性评估结论可以有定性和定量两种形式，适用于所有国家和人群。

2. 危险性管理与有关危险性的信息交流

危险性管理是根据危险性评估的结果权衡选择决策过程，如可接受的、减少的或降低的危险性，在需要的情况下选择并实施包括立法在内的适当管理方法。危险性管理的首要目标是通过选择和实施适当的措施，尽可能有效地控制这些危害，从而保障公众健康。危险性信息交流则是在危险性评估者、危险性管理者、消费者和有关组织之间进行危险性信息和意见的交流。它贯穿于整个危险性分析的过程中。

五、良好的生产规范与标准卫生操作规范

1. GMP 概述

良好操作规范（GMP）是为保障食品安全、质量而制定的贯穿食品生产全过程的一系列措施、方法和技术要求。它要求食品生产企业应具备良好的生产设备、合理的生产过程、完善的质量管理和严格的检测系统，确保产品质量符合标准。GMP 开始应用于制药工业，随后许多国家也将其用于食品工业并制定出相应的 GMP 法规。1963 年，美国食品药品管理局（Food and Drug Administration，FDA）制定了世界上第一部药品的良好操作规范（GMP），1969 年发布了《食品良好生产工艺基本法》（简称 GMP 或 FGMP 基本法）。2001 年版的美国联邦管理法规第 21 篇第 110 部分《食品制造、包装或存放过程中现行良好生产操作规程（GMP）》共分 7 大部分，具体内容包括：总则、建筑物和设施、设备、预留作将来补充、生产和过程控制、留作将来补充、缺陷水平。除上述基本准则外，美国 FDA 还制定了各类食品的 GMP。国际食品法典委员会（Codex Alimentarius Commission，CAC）的《食品卫生通则》，也可认为是食品业的 GMP。

2. 我国食品企业的卫生规范和 GMP

我国《食品企业通用卫生规范》（GB 14881—2013）是卫生部根据《食品安全法》的规定，并参照 CAC《食品卫生通则》，结合我国国情制定的，适用于食品生产和经营企业，并作为制定各类食品企业专业卫生规范的依据。

我国食品良好操作规范（GMP）的主要内容如下。①设计与设施：设计、厂房与厂房设施。②人员要求：人员资格与培训、健康管理、个人卫生。③卫生管理：建立健全卫生管理机构与制度、设施的维修与保养、清洗和消毒工作、除虫、灭害管理、有毒有害物质的管理、饲养动物的管理、污水和污物的处理、卫生设施的管理、工作服的管理。

④生产过程管理：制定生产操作规程、原辅料的要求、生产过程的要求、包装容器的洗涤、灭菌和保洁、包装、标识。⑤品质管理：建立品质管理机构与检验设施、品质管理制度的制定与执行、原料的品质管理、加工过程的品质管理。⑥成品贮存与运输：仓库要求、成品的贮存、成品的运输。我国已制定《食品安全国家标准 膨化食品生产卫生规范》（GB 17404—2016）和《保健食品良好生产规范》（GB 17405—1998），使我国在食品行业实施 GMP 时能完全与国际接轨。

3. 标准卫生操作规范（SSOP）

标准卫生操作规范（简称 SSOP）是食品企业为保障食品卫生质量，在食品加工过程中应遵守的操作规范。SSOP 强调食品生产车间、环境、人员及与食品有接触的器具、设备中可能存在的危害预防及清洗（洁）措施。企业都应制定和实施卫生标准操作程序或类似文件，以说明企业如何满足和实施规范。

六、危害分析和关键控制点系统（HACCP）

1. HACCP 管理体系概述

HACCP（hazard analysis critical control point 的缩写），称为危害分析和关键控制点，是指对食品安全危害予以识别、评估和控制的系统化方法。HACCP 管理体系是指企业经过危害分析找出关键控制点，制定科学合理的 HACCP 计划，在食品生产过程中有效地运行并能达到预期目的，保证食品安全的体系。近年来，HACCP 受到世界各国的普遍重视，已成为国际上共同认可的食品安全质量保证体系。

20 世纪 60 年代初，美国的食品生产者与美国航空航天局（National Aeronautics and Space Administration，NASA）合作，首次建立起了 HACCP 系统。HACCP 的概念于 1971 年在美国国家食品保护会议上首次被提出，1973 年美国对低酸性罐头食品实施 HACCP。1997 年国际食品法典委员会（CAC）颁布了《HACCP 体系及其应用准则》，与《国际推荐的操作规范——食品卫生通则》和《食品微生物标准的制定和应用原则》一起作为《食品法典——食品卫生基础文件》的 3 个文件。目前 HACCP 在许多行业都被采用。

我国 1999 年发布的 SC/T 3009—1999《水产品加工质量管理规范》，采用了 HACCP 原则作为水产品质量保证体系。国家认监委在《出口食品生产企业备案管理规定》中，明确了 6 大类出口产品的企业必须强制建立 HACCP 体系。卫生部在 2002 年下发《食品企业 HACCP 实施指南》，在 2003 年制定的《食品安全行动计划》中要求食品企业积极推行危害分析和关键控制点（HACCP）方法。

2. HACCP 的基本原理

1）进行危害分析

危害是指对健康有潜在不利影响的生物、化学或物理性因素或条件。显著危害是指有可能发生并且可能对消费者导致不可接受的危害的可能性和严重性。危害分析（HA）

是指收集和评估有关的危害及导致这些危害存在的资料，以确定哪些危害对食品安全有重要影响，因而需要在 HACCP 计划中予以解决的过程。危害分析不仅要分析其可能发生的危害及危害程度，还要涉及有防护措施来控制这种危害。

2）确定关键控制点（CCP）

关键控制点（CCP）是指能够实施控制措施的步骤，该步骤对于预防和消除一个食品安全危害或将其减少到可接受水平非常关键。每个控制点（控制生物、化学或物理因素的任何点、步骤或过程）可以是食品生产制造过程的任一步骤，包括原辅材料及其收购、生产、收获、运输、产品配方及加工贮运各个环节。

3）确定关键限值

关键限值（CL）是区分可接受和不可接受水平的标准值。操作限值（OL）是由操作人员使用的，以降低偏离的风险的标准。操作限值比关键限值更严格。每个关键控制点对显著的危害必须有一个或一个以上的关键限值。

4）建立 CCP 的监控程序

监测是指为评估关键控制点（CCP）是否得到控制，对控制指标进行有计划地连续观察或检测。应尽可能通过各种理化方法对 CCP 进行连续的监控，若无法连续监控临界值，那么应有足够的间歇频率来观察测定 CCP 的变化特征，以确保 CCP 在控制中。

5）建立当关键控制点失去控制时应采取的纠偏措施

控制措施是指能够预防或消除一个食品安全危害，或将其降低到可接受水平的任何措施和行动。当监控显示某 CCP 出现偏离关键限值时，就是失控，要采取纠偏措施。纠偏措施是指当针对关键控制点（CCP）的监测显示该关键控制点失去控制时所采取的措施。

6）建立确认 HACCP 系统有效运行的验证程序

验证是指为了确定 HACCP 计划是否正确实施所采用的除监测以外的其他方法、程序、试验和评价。验证的频率应足以证实 HACCP 体系的有效运行。

7）建立有关上述原则及其应用的必要程序和记录

要求把列有确定的危害性质、CCP、关键限值的书面 HACCP 计划的准备、执行、监控、记录保存和其他措施等与执行 HACCP 计划有关的信息、数据记录文件完整地保存下来。

3. HACCP 计划实施过程

HACCP 计划是依据 HACCP 原则制定的一套文件，用于确保在食品生产、加工、销售等食物链各阶段与食品安全有重要关系的危害得到控制。HACCP 计划实施过程如下。

（1）组建 HACCP 工作小组。

（2）描述产品、确定产品的预期用途　描述的内容包括：①产品名称；②产品的原料和主要成分；③产品的理化性质（包括 Aw、pH 等）及杀菌处理（如热加工、冷冻、盐渍、熏制等）；④包装方式；⑤贮存条件；⑥保质期限；⑦销售方式；⑧销售区域；⑨有关食品安全的流行病学资料；⑩产品的预期用途和消费人群。

（3）绘制和确认生产工艺流程图。

（4）危害分析。

（5）确定关键控制点　应用判定树的逻辑推理方法，确定 HACCP 系统中的关键控制点（CCP）。对判定树应灵活应用。

（6）建立每个关键控制点的关键限值　每个关键控制点会有一项或多项控制措施确保预防、消除已确定的显著危害或将其减至可接受的水平。每一项控制措施要有一个或多个相应的关键限值。关键限值的确定应以科学为依据，可来源于科学刊物、法规性指南、专家、试验研究等。通常关键限值所使用的指标包括：温度、时间、湿度、pH、水分活性、含盐量、含糖量、物理参数、可滴定酸度、有效氯、添加剂含量，以及感官指标如外观和气味等。

（7）建立起对每个关键控制点进行监测的系统　通过监测能够发现关键控制点是否失控，此外通过监测还能提供必要的信息以及时调整生产过程，防止超出关键限值。

（8）建立纠偏措施　在 HACCP 计划中，对每一个关键控制点都应预先建立相应的纠偏措施，以便在出现偏离时实施。纠偏措施应包括：确定引起偏离的原因并纠正；确定偏离期所涉及产品的处理方法；记录纠偏行动。

（9）建立验证程序　通过验证、审查、检验（包括随机抽样化验），可确定 HACCP 是否正确运行。验证程序包括对 CCP 的验证和对 HACCP 体系的验证。

（10）建立文件和记录档案。

（11）宣传与培训　由卫生行政部门对社会公众进行 HACCP 知识的宣教工作。卫生技术人员和食品企业应定期对系统内部相关人员进行 HACCP 培训。

（12）其他　食品企业应将实施 HACCP 和进行企业的基础设施、技术改造结合起来，HACCP 是针对具体的产品和生产工艺的，生产工艺如有变更，企业应该结合实际情况对 HACCP 的部分内容进行修改。

七、食源性致病菌检测方法

食源性疾病是目前极为普遍的一类疾病，食品中污染的病原细菌是引起食源性疾病的主要因素之一。据世界卫生组织估计，全世界每年的食源性疾病患者中，70%都是由致病性微生物引起的。食源性致病菌主要包括沙门氏菌、金黄色葡萄球菌、大肠杆菌、单增李斯特菌、蜡样芽孢杆菌、福氏志贺氏菌、溶血性链球菌与副溶血弧菌等，其中以沙门氏菌、单增李斯特菌、副溶血性弧菌、蜡样芽孢杆菌、金黄色葡萄球菌的污染造成的食品安全事件较为常见。

常规食品微生物检测方法包括反复增菌、菌落分离及多种生化和血清学鉴别实验，食品中致病菌的常规培养检测方法灵敏、稳定、准确，并且检测结束后可获得目标致病菌，从而供后续研究。例如，通过对从污染食品中检出的致病菌和从临床患者中分离的致病菌进行分析比较，并结合流行病学调查，可以揭示污染食品和患者之间是否存在关联，即是否是食用了污染食品而导致的临床病例的出现，从而为食品安全预警提供实验室的支持。世界上很多国家将常规培养检测方法列为食品微生物检测的金标准。例如，我国的国家标准 GB 4789 下食品微生物检测系列，美国食品药品管理局（FDA）的《细菌分析手册》（*Bacteriological Analytical Manual*，*BAM*）等。由此可见，食品中致病菌的常规培养检测方法是从事食品微生物检验的技术人员所必须掌握的最基础方法。

随着微生物学的快速发展，食品微生物学检验中引入了越来越多的新技术，如酶联免疫吸附技术、免疫磁珠分离技术、基因芯片技术、PCR 技术、电阻抗技术、微量量热技术和生物传感器检测技术等。

1. 免疫学检测技术

1）酶联免疫吸附技术

酶联免疫吸附技术（enzyme linked immunosorbent assay，ELISA）是一种特殊的试剂分析法，是在免疫酶技术的基础上开发出来的一种新的免疫测定技术。它是使抗体或抗原与某种酶结合形成酶标抗体或抗原，在检测时，让受检标本和酶标抗体或抗原和固相载体表面的抗体或抗原发生反应。加入酶反应的底物后，底物因催化作用颜色发生改变，可依据其变化的程度来进行定性或定量分析。因为酶的催化活化效用较显著，所以能够在很大程度上放大反应效果。ELISA 具有灵敏性高、特异性强、检测快速的优点，但也存在操作过程较烦琐、结果重复性差的特点。

2）免疫磁珠分离技术

免疫磁珠分离技术（immunomagnetic separation，IMS）是一种能够在较短时间内从复杂食品样品中分离和浓缩目标病原菌的技术。运用核-壳的合成方法合成含有超顺磁性物质的高分子物质，利用这些物质表面的功能基团进行抗体的共价或非共价偶联，结合相对应的抗原或抗体，在外加磁场的作用下作定向移动，从而达到分离、纯化等目的。IMS 已成功用于检测志贺氏菌。免疫磁珠分离技术可结合各类培养基、PCR 技术、免疫层析技术、酶联免疫吸附技术、化学发光免疫分析技术、红外和拉曼光谱技术和流式细胞术等检测方法，使检测过程更快速、高效。

3）免疫荧光技术

免疫荧光技术是利用荧光素的发光性能进行检测。抗原或抗体与荧光色素结合后具有荧光特性，能在荧光显微镜下检出，实现对目标致病菌的检测。与传统 ELISA 相比，检测时间更短、灵敏度更高。但该方法判定结果的客观性不足，操作烦琐，需要专业人员进行操作，实验成本高。

2. 分子生物学检测技术

1）PCR 技术

PCR 技术是一种用以放大和扩增特定的或为数不多的 DNA 片段的分子生物学技术，是生物体外的一种特殊 DNA 的复制技术。Agarwal 等（2002）利用 PCR 方法检测食品中沙门氏菌，检出限为 1cfu/g。由于 PCR 检测方法的特异性强、灵敏度高等特点，如今已被广泛应用于食源性致病菌的检测，如多重 PCR、实时荧光定量 PCR 等。多重 PCR 是在同一个 PCR 反应中加入两对以上引物，再继续扩增出许多核酸片段的 PCR 反应，它的反应原理、试剂和操作过程与常规 PCR 相似。大量试验表明，多重 PCR 方法特异性更高、技术更高效，适于检测成组的病原体，且多重病原体在同一个反应管内可以被检出，有效地节省了时间，试剂用量也较少。

2）基因芯片技术

基因芯片也称为 DNA 芯片、生物芯片，它是利用微加工技术，把成千上万的特定序列的 DNA 片段，按顺序固定于 $2cm^2$ 的硅片等支撑物表面上，组成一个二维的 DNA 探针序列，这与计算机的电子芯片非常类似。与传统方法对比来看，基因芯片技术能够一次对含有多种序列的样品进行检测和分析，也因此解决了传统核酸检测技术步骤复杂但操作序列少、自动化程度低、检测效率低等问题。此外，通过改变探针序列、结合特定的检测分析方法能使该技术应用于更多领域，如基因表达谱测定、多态性分析等。

3. 仪器分析法

1）气相色谱技术

气相色谱（GC）技术可以直接分析食源性致病菌的细菌代谢物，以及细胞中的脂肪酸、蛋白质、氨基酸、多肽和多糖等，从而确定食源性致病菌的特异化学成分，实现对致病菌的鉴定和检测。该技术灵敏度高、特异性强、检测速度快，且可以检验和鉴定多种成分。

2）傅里叶变换红外光谱技术

傅里叶变换红外光谱仪（Fourier transform infrared spectrometer，FTIR）技术通过读取微生物菌体细胞壁、细胞膜及细胞内包括肽聚糖、脂多糖、磷脂双分子层、蛋白质、水、脂肪、多糖及核酸等所有组成成分的化学键的振动情况，提供整个微生物菌体生化组成成分的光谱定量信息。因此，通过测定 FTIR 谱图可以获取微生物及其生物大分子的结构信息，用于致病菌种类和状态的鉴别。此外，FTIR 技术还可以结合化学计量学算法用于食品中致病菌的定量分析。

4. 生物传感器检测技术

生物传感器是一种对生物物质敏感并且能把该生物物质的浓度变为电信号再进行

检测的机器。它是由对生物物质有较强敏感性的固定化材料作为识别元件，合适的理化换能器及信号放大装置组成的分析工具。因为酶膜、微生物膜、抗原膜、抗体膜等对生物物质分子结构有良好的选择性，只可对部分反应起到催化作用，故生物传感器的选择性较高。Suaifan 等（2017）应用免疫传感器检测金黄色葡萄球菌，灵敏度达 10^2cfu/mL。

第十七章　食品添加剂

第一节　食品添加剂概述

食品是人类生存和发展的物质基础。随着食品工业的迅速发展，食品添加剂的使用范围日益广阔，种类也日益增多，目前已成为现代食品工业生产中必不可少的物质。食品添加剂工业也已逐渐发展成一门独立的生产工业，成为发展现代食品工业的基础之一。

一、食品添加剂的定义

世界各国对食品添加剂的定义不尽相同。联合国粮食及农业组织（Food and Agriculture Organization of the United Nations，FAO）和世界卫生组织（WHO）联合国际食品法典委员会将食品添加剂定义为“有意识地少量添加于食品，以改善食品的外观、风味和组织结构或贮存性质的非营养物质”。

美国食品药品管理局（Food and Drug Administration，FDA）于1965年对食品添加剂的定义为：“有明确的或合理的预定目标，无论直接使用或间接使用，能成为食品成分之一或影响食品特征的物质，统称为食品添加剂”。

日本《食品卫生法》对食品添加剂的定义是“在食品制造过程中，或者为了食品加工或贮藏的目的，通过添加、混合、浸润及其他方法而在食品中使用的物质”。

根据我国《食品卫生法》（1995年），食品添加剂是指“为改善食品品质和色、香、味，以及为防腐和加工工艺的需要而加入食品中的化学合成或者天然物质”。食品强化剂是指“为增强营养成分而加入食品中的天然的或人工合成的属于天然营养素范围的食品添加剂”。

《食品安全国家标准　食品添加剂使用标准》（GB 2760—2014）中，对食品添加剂的定义为“为改善食品品质和色、香、味，以及为防腐、保鲜和加工工艺的需要而加入食品中的人工合成或者天然物质。营养强化剂、食品用香料、胶基糖果中基础剂物质、食品工业用加工助剂也包括在内”。

二、食品添加剂的分类

食品添加剂按来源可分为天然食品添加剂和化学合成食品添加剂两类。天然食品添加剂是指利用动植物或微生物的代谢产物等为原料，经提取所获得的天然物质。化学合成食品添加剂是指利用各种化学反应如氧化、还原、缩合、聚合、成盐等得到的物质。

食品添加剂最常见的分类方法是按其功能来分，由于各国对食品添加剂的定义不同，因而分类也有所不同。美国在《食品、药物和化妆品法》(*Food，Drug and Cosmetic Act*) 中将食品添加剂分成 32 类，而在另一个法规《食品用化学品法典（1981 Ⅲ)》中，又将食品添加剂分为 45 类。日本在《食品卫生法规》(1985 年）中，将食品添加剂分为 30 类。中国商品分类中的食品添加剂种类共有 35 类，包括增味剂、消泡剂、膨松剂、着色剂、防腐剂等，含添加剂的食品达万种以上。我国在《食品安全标准 食品添加剂使用标准》(GB 2760—2014）中，将食品添加剂分为 22 类（按功能类别划分)，主要有酸度调节剂、抗结剂、消泡剂、抗氧化剂、漂白剂、膨松剂、胶基糖果中基础剂物质、着色剂、护色剂、乳化剂、酶制剂、增味剂、面粉处理剂、被膜剂、水分保持剂、防腐剂、稳定剂和凝固剂、甜味剂、增稠剂、食品用香料、食品工业用加工助剂、其他等 22 类。

此外，食品添加剂还可按安全性评价来划分。

三、食品添加剂的发展趋势

随着食品工业的发展，对食品添加剂的要求越来越高。目前各国都在致力于开发出新型的食品添加剂，食品添加剂的发展趋势如下。

1. 研究天然食品添加剂

有利于消费者的健康，促进食品工业的发展。

2. 研究生物食品添加剂

采用现代生物技术生产食品添加剂可大幅度提高生产能力，同时还可以生产一些新型的食品添加剂。

3. 研究新型食品添加剂合成工艺

研究新型食品添加剂合成工艺使产品的质量和成本有很大的改进。

4. 研究食品添加剂的复配

改善食品的品质并降低食品添加剂的用量。

5. 研究专用功能性食品添加剂

开发研究各类功能性新型甜味剂、抗氧化剂、营养强化剂等食品添加剂，体现食品的功能性。

6. 研究高分子型食品添加剂

实践表明，普通食品添加剂高分子化往往具有食用安全性高、热值低、效用耐久化等优点。

第二节　食品防腐剂

食品防腐剂是用于防止食品在贮藏、流通过程中主要是由微生物繁殖引起的变质，提高保存性，延长食用价值而在食品中使用的添加剂。

一、食品防腐剂的分类

目前世界各国用于食品防腐的添加剂种类很多。一般分为4大类。

1. 酸性防腐剂

酸性防腐剂如苯甲酸、山梨酸和丙酸及它们的盐类。此类防腐剂的特点是体系酸性越大防腐效果越好。在碱性条件下几乎失效。

2. 酯性防腐剂

酯性防腐剂如没食子酸酯、抗坏血酸棕榈酸酯等。其特点是在很宽的pH范围内都有效，毒性也比较低。

3. 无机盐防腐剂

无机盐防腐剂如含硫的亚硫酸盐、焦亚硫酸盐等。由于使用这些盐后残留的二氧化硫能引起过敏反应，现在一般只将它们列为特殊防腐剂。

4. 生物防腐剂

生物防腐剂如乳酸链球菌素、溶菌酶等。这些物质在体内可以分解成营养物质，安全性很高，有很好的发展前景。

二、食品防腐剂的作用机理

防腐剂抑制与杀死微生物的机理十分复杂，目前使用的防腐剂对微生物一般有以下几个方面的作用。

（1）破坏微生物细胞膜的结构或者改变细胞膜的渗透性，使微生物体内的酶类和代谢产物逸出细胞外，导致微生物正常的生理平衡被破坏而失活。

（2）防腐剂与微生物的酶作用，如与酶的巯基作用，破坏多种含硫蛋白酶的活性，干扰微生物体的正常代谢，从而影响其生存和繁殖。

（3）其他作用，包括防腐剂作用于蛋白质，导致蛋白质部分变性、蛋白质交联而导致其他的生理作用不能进行等。

三、化学防腐剂

1. 苯甲酸及其盐类

苯甲酸（benzoic acid）又称安息香酸，分子式 $C_7H_6O_2$，分子量 122.12。苯甲酸为白色有荧光的鳞片状结晶或针状结晶，或单斜棱晶，质轻无味或微有安息香或苯甲醛的气味。苯甲酸的相对密度 1.2659，熔点 122.4℃，沸点 249.2℃，100℃开始升华。在热空气中或在酸性条件下容易随同水蒸气挥发。其化学性质稳定，有吸湿性，在常温下难溶于水，微溶于热水，溶于乙醇、乙醚、丙酮、氯仿、二硫化碳及挥发性和非挥发性油中。

苯甲酸钠（sodium benzoate）又称安息香酸钠，分子式 $C_7H_5O_2Na$，分子量 144.11。苯甲酸钠为白色颗粒或晶体粉末，无臭或微带安息香气味，味微甜，有收敛味。在空气中稳定，易溶于水，其水溶液的 pH 为 8，溶于乙醇。

苯甲酸及其盐类是广谱抗微生物试剂，但它的抗菌有效性依赖于食品的 pH。随着介质酸度的增高，其杀菌、抑菌效力增强，在碱性介质中则失去杀菌、抑菌作用。其防腐的最适 pH 为 2.5～4.0。

2. 山梨酸及其盐类

山梨酸（sorbic acid）又名花楸酸，化学名称为 2,4-己二烯酸，分子式 $C_6H_8O_2$，分子量 112.13。山梨酸为无色针状结晶体粉末，无臭或微带刺激性臭味，熔点 132～135℃，沸点 228℃（分解），耐热性好，在 140℃条件下加热 3h 无变化，长期暴露在空气中则易被氧化而失效。山梨酸难溶于水，溶于乙醇、乙醚、丙二醇、植物油等。

山梨酸钾（potassium sorbate）分子式 $C_6H_7KO_2$，分子量 150.22。山梨酸钾为白色至浅黄色鳞片状结晶，呈颗粒或粉末状，无臭或微有臭味。其相对密度 1.363，熔点 270℃（分解）。长期暴露在空气中易吸潮、氧化分解。山梨酸钾易溶于水，溶于丙二醇、乙醇。1%山梨酸钾水溶液的 pH 为 7～8。

山梨酸及其盐类是使用最多的防腐剂，其毒性远低于其他防腐剂。山梨酸具有良好的防霉性能，它对霉菌、酵母菌和好气性细菌的生长发育起抑制作用，而对嫌气性细菌几乎无效。山梨酸在酸性介质中对微生物有良好的抑制作用，随 pH 增大防腐效果减小，pH 为 8 时失去防腐作用，适用于 pH 在 5.5 以下的食品防腐。山梨酸钾有很强的抑制腐败菌和霉菌的作用。

3. 对羟基苯甲酸酯类（尼泊金酯类）

对羟基苯甲酸酯类（esters *p*-hydroxybenzoate）又称尼泊金酯类，为对羟基苯甲酸与低碳醇所生成的酯。对羟基苯甲酸酯类有：对羟基苯甲酸甲酯、对羟基苯甲酸乙酯、对羟基苯甲酸丙酯、对羟基苯甲酸丁酯和对羟基苯甲酸异丁酯等。它们对食品均有防止腐败的作用，其中以对羟基苯甲酸丁酯的防腐作用最好。我国主要使用对羟基苯甲酸乙酯和对羟基苯甲酸丙酯，日本使用最多的是对羟基苯甲酸丁酯。

对羟基苯甲酸酯类具有良好的防止发酵、抑制细菌增殖和杀菌能力。

4. 其他化学防腐剂

我国公布的化学合成食品防腐剂还有以下几种：丙酸及其盐类、二氧化硫及亚硫酸盐类、脱氢乙酸及脱氢乙酸钠、富马酸及富马酸二甲酯等。

四、天然防腐剂

食品天然防腐剂一般是指从动植物体中直接分离出来的，或从它们的代谢物中分离的具有防腐作用的一类物质。常见的天然防腐剂有乳球菌肽、壳聚糖、溶菌酶、香辛料、海藻糖、鱼精蛋白等，这些天然防腐剂一般安全性较好，能满足人们对食品卫生越来越高的要求。

第三节　食品抗氧化剂

食品抗氧化剂是防止或延缓食品氧化，提高食品稳定性和延长食品贮藏期的食品添加剂。食品在贮藏运输过程中除了由微生物作用发生腐败变质，氧化是导致食品品质变劣的一重要因素。防止食品氧化变质，一方面可以在食品的加工和贮运环节中，采取低温、避光、隔绝氧气及充氮密封包装等物理方法；另一方面需要配合使用一些安全性高、效果好的食品抗氧化剂。

一、食品抗氧化剂的作用机理

食品抗氧化剂的种类很多，抗氧化作用的机理也不尽相同，但多数是依据还原作用：①抗氧化剂可以提供氢原子来阻断食品油脂自动氧化的连锁反应，从而防止食品氧化变质；②抗氧化剂自身被氧化，消耗食品内部和环境中的氧气从而避免食品氧化；③抗氧化剂通过抑制氧化酶的活性来防止食品氧化变质。

二、油溶性抗氧化剂

油溶性抗氧化剂是指能溶于油脂，对油脂和含油脂的食品起到良好抗氧化作用的物质。常用的有丁基羟基茴香醚、二丁基羟基甲苯、没食子酸丙酯等，天然的有愈疮树脂、生育酚混合浓缩物等。

1. 丁基羟基茴香醚

丁基羟基茴香醚（butylated hydroxyanisole，BHA），又称叔丁基-4-羟基茴香醚、丁基大茴香醚，分子式 $C_{11}H_{16}O_2$。它有两种同分异构体：3-叔丁基-4-羟基茴香醚、2-叔丁基-4-羟基茴香醚，市场通常出售的 BHA 是以 3-BHA 为主（占 95%～98%）与少量 2-BHA

（占 2%～5%）的混合物。丁基羟基茴香醚为无色至微黄色蜡样结晶粉末，具有酚类的特异臭和刺激性味道，熔点 57～65℃，随 3-BHA、2-BHA 混合比不同而异。沸点 264～270℃。BHA 不溶于水，可溶于油脂和有机溶剂。BHA 对热稳定性高，在弱碱性条件下不容易破坏。

2. 二丁基羟基甲苯

二丁基羟基甲苯（butylated hydroxytoluene，BHT）又称 2,6-二叔丁基对甲酚，分子式为 $C_{15}H_{24}O$，分子量 220.36。二丁基羟基甲苯为无色晶体或白色结晶粉末，无臭、无味，熔点 69.5～70.5℃（纯品为 69.7℃），沸点 265℃。不溶于水与甘油，溶于乙醇和各种油脂。二丁基羟基甲苯化学稳定性好，对热相当稳定，抗氧化效果好，与金属反应不着色，具有单酚型特征的升华性，加热时有与水蒸气一起挥发的性质。

3. 没食子酸丙酯

没食子酸丙酯（propyl gallate，PG），分子式 $C_{10}H_{12}O_5$，分子量 212.21。没食子酸丙酯为白色至浅黄色晶体粉末，或乳白色针状结晶，无臭，微有苦味，水溶液无味。熔点 146～150℃，易溶于乙醇等有机溶剂，微溶于油脂和水；对热比较稳定，抗氧化效果好；具有吸湿性，遇光易分解。

三、水溶性抗氧化剂

水溶性抗氧化剂能够溶于水，主要用于防止食品氧化变色，常用的有抗坏血酸、异抗坏血酸及其盐、植酸、乙二胺四乙酸二钠，以及氨基酸类、肽类、香辛料和糖醇类等。

1. L-抗坏血酸

L-抗坏血酸（L-ascorbic acid），又称维生素 C，分子式 $C_6H_8O_6$，分子量 176.13。L-抗坏血酸为白色或略带淡黄色的结晶或粉末，无臭，味酸，遇光颜色逐渐变深，干燥状态比较稳定，但其水溶液很快被氧化分解，在中性或碱性溶液中尤甚。易溶于水，不溶于苯、乙醚等溶剂。

2. L-抗坏血酸钠

L-抗坏血酸钠（sodium L-ascorbic acid），分子式 $C_6H_7O_6Na$，分子量 198.11。L-抗坏血酸钠为白色或略带黄白色结晶或结晶性粉末，无臭，稍咸，干燥状态下稳定，吸湿性强，较 L-抗坏血酸易溶于水，其溶解度为：62%（25℃），78%（75℃），极难溶于乙醇，遇光颜色逐渐变深。2%的水溶液 pH 为 6.5～8.0。其抗氧化作用与 L-抗坏血酸相同。

四、天然抗氧化剂

1. 生育酚

生育酚即维生素 E（tocopherol，vitamin E），天然维生素 E 广泛存在于高等动植物组织中，它具有防止动植物组织内脂溶性成分氧化变质的功能。已知天然生育酚有 7 种同分异构体。作为抗氧化剂使用的生育酚混合浓缩物（tocopherol concentrate）是天然维生素 E 的 7 种异构体的混合物。

生育酚混合浓缩物为黄色至褐色透明黏稠状液体，几乎无臭，密度 0.932～0.955kg/m^3，不溶于水，溶于乙醇，可与丙酮、乙醚、油脂自由混合，对热稳定，在无氧条件下，即使加热至 200℃也不被破坏，具有耐酸性，但不耐碱，对氧气十分敏感。

2. 植酸

植酸（phytic acid，简称 PH），分子式 $C_6H_{18}O_{24}P_6$，分子量 660.08。植酸为浅黄色或褐色黏稠状液体，广泛分布于高等植物内，易溶于水、95%乙醇、丙二醇和甘油，微溶于无水乙醇、苯、乙烷和氯仿，对热较稳定，具有调节 pH 及缓冲作用。植酸在国外已广泛用于水产品、酒类、果汁、油脂食品，作为抗氧化剂、稳定剂和保鲜剂。它可以延缓含油脂食品的酸败；可以防止水产品的变色、变黑；可以清除饮料中的铜、铁、钙、镁等离子；延长鱼、肉、速煮面、面包、蛋糕、色拉等的保藏期。

3. 茶多酚

茶多酚（tea polyphenol）又称维多酚，是一类多酚化合物的总称，主要包括：儿茶素、黄酮、花青素、酚酸 4 类化合物，其中儿茶素的数量最多，占茶多酚总量的 60%～80%。茶多酚是由茶提取的抗氧化剂，为浅黄色或浅绿色的粉末，有茶叶味，易溶于水、乙醇、乙酸乙酯。在酸性和中性条件下稳定，最适宜 pH 为 4～8。茶多酚抗氧化作用的主要成分是儿茶素。

茶多酚不仅具有抗氧化能力，它还可以防止食品褪色，并且能杀菌消炎，强心降压，还具有与芦丁相类似的作用，能增强人体血管的抗压能力。茶多酚对促进人体维生素 C 的积累也有积极作用，对尼古丁、吗啡等有害生物碱有解毒作用。

4. 香辛料

香辛料是指一类具有芳香和辛香等典型风味的天然植物性制品，或从植物（花、叶、茎、根、果实或全草等）中所提取的某些香精油，如丁香、迷迭香、鼠尾草、花椒、茴香、姜、辣椒、桂皮等具有很强的抗氧化活性和抑菌防腐的作用。此类物质的使用具有一举数得的效果，而且使用安全、方便。

五、大分子量合成抗氧化剂

1. 三芳基膦聚合物

用低聚膦化物或高聚膦化物可防止食品在炸制过程中产生氢过氧化物，用这类化合物作抗氧化剂，能够抑制食品等物质中的不饱和脂肪酸的氧化。适宜使用的聚膦化合物，是分子量为 600～3000 的聚三芳基膦化物或取代三芳基膦化物。这些抑制氢过氧化物的化合物，特别适用于含不饱和脂肪酸的油类和脂肪。

2. 亚糠基双二叔丁基苯酚

在范围宽广的有机物质中，包括较长时期在有氧存在下使用从而易导致氧化变质的一类食物，亚糠基双二叔丁基苯酚是一种非常有效的抗氧化剂。该抗氧化剂可防止脂肪和动植物油品逐级腐败变质。在动物饲料中掺入少量这种添加剂，可有效地起到保护这些产品免于腐烂的作用。

第四节 食品调味剂

味是指食物进入口腔咀嚼时或者饮用时给人的一种综合感觉。通常将味分为酸、甜、苦、辣、咸、鲜、涩 7 味。咸味在食品加工中的用量最多，使用也最简单，常用精制食盐和加碘食盐直接加入食品中。辣味是用新鲜的或干的辣椒（辣味浓烈）为原料，直接添加入食品中。苦味在调味上有着重要的作用，不少天然食物就带有苦味物质。如果苦味调配适当，能起到丰富和改善食品风味的作用。常用的苦味物质主要有 4 类：①生物碱类，如咖啡碱、可可碱、茶碱等，存在于巧克力、可可及茶叶制品中，也可加入某些饮料中；②苷类，如橙皮苷、柚皮苷等，存在于柑橘类制品及果汁、饮料中；③酮类，如绿草酮和蛇麻酮，存在于酒花、啤酒中使啤酒有独特的风味；④肽类，如亮氨酸、苯丙氨酸和精氨酸等的肽都有苦味，所以一些有苦味的天然食物含有较多的氨基酸。涩味给人以不愉快的味觉，如未成熟的柿子及山楂等含有较多的单宁物质而呈涩味，在食品加工中也有用涩味物质调配食品的。例如，当酸味剂中加入少量苦涩味物质（如磷酸和盐酸等），则酸味得到增强；混合微量苦涩味物质的甜味剂，则甜味更浓郁。本节将重点叙述食品加工中应用广泛的酸味剂、甜味剂和鲜味剂。

一、酸度调节剂

酸度调节剂，又称酸味剂，能赋予食品酸味，给人爽快的感觉，可增进食欲，有助于纤维素和钙、磷等物质的溶解，促进人体对营养素的消化、吸收，同时还具有一定的防腐和抑菌作用。酸味是味蕾受到 H^+刺激的一种感觉。酸味剂分子根据羟基、羧基、氨基的有无，数目的多少及在分子结构中所处的位置而产生不同的酸味。目前在食品中常用的酸味剂有以下几种：磷酸、柠檬酸、乳酸、酒石酸、偏酒石酸、苹果酸、草酸、延胡索酸、抗坏血酸、葡萄糖酸、乙酸及琥珀酸。按其口感（愉快感）的不同可分成：①令人愉快的酸味剂，如柠檬酸、抗坏血酸、葡萄糖酸和 L-苹果酸；②伴有苦味的酸味剂，如 DL-苹果酸；③伴有涩味的酸味剂，如磷酸、乳酸、酒石酸、偏酒石酸、延胡索酸；④有刺激性气味的酸味剂，如乙酸；⑤有鲜味的酸味剂，如谷氨酸。

1. 酸度调节剂在食品中的应用

（1）可用于调节食品体系的酸碱性　广泛用于凝胶、干酪、果冻、软糖、果酱等产品中，酸味剂降低了体系的 pH，可以抑制许多有害微生物的繁殖，抑制不良的发酵过程；有助于提高酸性防腐剂的防腐效果；减少食品高温杀菌温度和时间，从而减少高温对食品结构与风味的不良影响。

（2）可用作香味辅助剂　酸味剂广泛应用于调香。许多酸味剂都构成特定的香味，如酒石酸可以辅助葡萄的香味，磷酸可以辅助可乐饮料的香味，苹果酸可辅助许多水果和果酱的香味。酸味剂能平衡风味、修饰蔗糖或甜味剂的甜味。

（3）可作螯合剂　某些金属离子如 Ni、Cr、Cu、Se 等能加速氧化作用，对食品产生不良的影响，如变色、腐败、营养素的损失等。许多酸味剂具有螯合这些金属离子的能力，酸与抗氧化剂、防腐剂、还原性漂白剂复配使用，能起到增效的作用。

（4）酸味剂遇碳酸盐可以产生 CO_2 气体　这是化学膨松剂产气的基础，而且酸味剂的性质决定了膨松剂的反应速度。此外，酸味剂有一定的稳定泡沫的作用。

（5）酸味剂具有还原性　在水果、蔬菜制品的加工中可以作护色剂，在肉类加工中可作为护色助剂。

（6）酸味剂还有缓冲作用　在糖果生产中用于蔗糖的转化，并抑制褐变。

2. 常用酸度调节剂

常用酸度调节剂有柠檬酸、磷酸、乳酸、苹果酸、酒石酸等。

（1）柠檬酸　柠檬酸（citric acid）学名为 3-羟基-羧基戊二酸。分子式 $C_6H_8O_7\cdot H_2O$，分子量 210.14。柠檬酸是一种应用广泛的酸味剂，为无色半透明结晶或白色颗粒，或白色结晶性粉末。无臭，有强酸味，酸味爽快可口。20℃时在水中的溶解度为 59%，其 2%水溶液 pH 为 2.1。柠檬酸易溶于水，使用方便。酸味纯正，温和，芳香可口，易与多种香料配合而产生清爽的酸味，适用于各类食品的酸化。柠檬酸有较好的防腐作用，特别是抑制细菌的繁殖效果较好。

（2）磷酸　磷酸（phosphoric acid），分子式 H_3PO_4，分子量 98.00。磷酸为无色透明的糖浆状液体，无臭。含量为 85%的磷酸，相对密度为 1.59，极易溶于水和乙醇，若加热到 150℃时则成为无水物，200℃时缓慢变成焦磷酸，300℃以上则变成偏磷酸。本品通常以含量为 85%左右的商品出售。磷酸属强酸，其酸度为柠檬酸的 2.3～2.5 倍，有强烈的收敛味和涩味。

（3）乳酸　乳酸（lactic acid），学名为 2-羟基丙酸，分子式 $C_3H_6O_3$，分子量 90.08。乳酸为无色或微黄色的糖浆状液体，常见的是乳酸和乳酸酐的混合物。一般乳酸的浓度为 85%～92%，几乎无臭，味微酸，有吸湿性，水溶液显酸性。其可以与水、乙醇、丙酮任意混合，不溶于氯仿。乳酸存在于发酵食品、腌渍物、果酒、清酒、酱油及乳制品中。乳酸具有较强的杀菌作用，可防止杂菌生长，抑制异常发酵。因具有特异收敛性酸味，故使用范围不如柠檬酸广泛。

二、食品甜味剂

甜味剂是以赋予食品甜味为主要目的的食品添加剂。甜味剂甜味的高低、强弱称为甜度，但甜度不能绝对地用物理和化学方法来测定。测定甜度只能凭人们的味觉来判断，所以迄今为止尚无一定的标准来表示甜度的绝对值。因为蔗糖为非还原糖，其水溶液较为稳定，所以选择蔗糖为标准，其他甜味剂的甜度是与蔗糖比较的相对甜度。

甜味剂分为两类：一类是天然甜味剂，如砂糖或糖浆。天然甜味剂可分为糖与糖的衍生物及非糖天然甜味剂。另一类是人工合成甜味剂。通常所说的甜味剂是指人工合成的非营养甜味剂、糖醇类甜味剂和非糖天然甜味剂 3 类。葡萄糖、果糖、麦芽糖和乳糖等物质通常被视为食品原料，不视作食品添加剂。

一些天然甜味物质对人体的营养有着重要作用，是能量最适合、最高效的来源。其功能为：①风味的调节和增强；②不良风味的掩蔽；③食品的甜味不但可以满足人们的嗜好要求，而且能改进食品的可口性和其他食品的工艺特性。

1. 化学合成甜味剂

化学合成甜味剂，又称合成甜味剂，是人工合成的具有甜味的复杂有机化合物。其主要优点为：①化学性质稳定，耐热、耐酸、耐碱，不易出现分解失效现象，故使用范围比较广泛；②不参与机体代谢，大多数合成甜味剂经口摄入后全部排出体外，不提供能量，适合糖尿病患者、肥胖症患者和老年人等特殊营养消费群使用；③甜度较高，一般都是蔗糖甜度的 50 倍以上；④价格便宜，等甜度条件下的价格均低于蔗糖；⑤不是口腔微生物的合适作用底物，不会引起牙齿龋变。合成甜味剂的主要缺点为：甜味不够纯正，带有苦后味或金属异味，甜味特性与蔗糖还有一定的差距；不是食物的天然成分，有一种“不安全”感觉。

（1）糖精钠　糖精钠（sodium saccharin），又称可溶性糖精或水溶性糖精，分子式 $C_7H_5NO_3SNa$，分子量 241.21。糖精钠为无色至白色的结晶或结晶性粉末，无臭，微有芳香气。其易溶于水，在水中的溶解度随温度的上升而迅速增加。摄食后在体内不分解，随尿排出，不供给热能，无营养价值。

（2）甜蜜素　甜蜜素（sodium cyclamate），分子式 $C_6H_{12}NNaO_3S$，分子量 201.23。甜蜜素通常是指环已基氨基磺酸的钠盐或钙盐。甜蜜素对热、光、空气及较宽范围的 pH 均很稳定，不易受微生物感染，无吸湿性，易溶于水，但在油和非极性溶剂，如乙醇、苯、氯仿、乙醚中的溶解度甚微。甜味比蔗糖大 40～50 倍。当水中亚硝酸盐、亚硫酸盐含量高时，可产生石油或橡胶样气味。

（3）安赛蜜　安赛蜜（acesulfame-K），又称乙酰磺胺酸钾，安赛蜜分子式 $C_4H_4SKNO_4$，分子量 137.25。安赛蜜是白色结晶状粉末。通常人们认为安赛蜜的甜度大约是糖精钠的 1/2，比甜蜜素甜 4～5 倍。安赛蜜甜味感觉快，没有任何不愉快的后味，味觉不延留，感觉时间不比食品本身的味觉长。高浓度时略带苦味，但在低浓度的食品中没有此感觉。安赛蜜作甜味剂的食品范围很广，包括供糖尿病患者的食品和低能量食品。此外，还可作糖的替代品。

2. 天然甜味剂

（1）糖与糖醇类　①糖类：糖类是最有代表性的物质，可以单糖为基本单元进行聚合，但只有低聚糖有甜味，甜度随聚合度的增高而降低直至消失。一般能形成结晶的糖类都具有甜味。糖既是天然甜味剂，又是食品原料。②糖醇类：糖醇是世界上广泛采用的甜味剂之一，它可由相应的糖加氢还原制成。这类甜味剂口味好，化学性质稳定，对微生物的稳定性好，不易引起龋齿，可调理肠胃。一般常以多种糖醇混用，代替部分或全部蔗糖，糖醇产品有 3 种形态：糖浆、结晶、溶液。主要有木糖醇、山梨糖醇、麦芽糖醇。

（2）非糖天然甜味剂　是从一些植物的果实、叶、根等提取的物质，是当前食品科学研究中正在极力开发的甜味剂。①甜菊糖（stevia）又称甜菊苷，它是从甜叶菊的叶子中提取出来的一种糖苷。甜菊苷易溶于水，在空气中会迅速吸湿，室温下的溶解度超过 40%。甜菊苷带有轻微的类似薄荷醇的苦味及一定程度的涩味，甜度为蔗糖的 150～200 倍，适度可口，纯品后味较少，是最接近砂糖的天然甜味剂，但浓度高时会有异味感。与柠檬酸或甘氨酸并用，味道良好，与蔗糖、果糖等其他甜味料配合，味质也好。食用后不被吸收，不产生热能，故为糖尿病、肥胖病患者良好的天然甜味剂。②甘草素（liquiritigenin）是从甘草中提炼制成的甜味剂，又称甘草甜素。甘草素为白色结晶粉末，其甜刺激比蔗糖来得较慢，去得也较慢，甜味持续时间较长。甘草素本身并不带香味物质，但有增香作用。甘草素的甜度为蔗糖的 200～500 倍，有特殊风味，不习惯者常有持续性不快的感觉，但与蔗糖、糖精配合效果较好，若添加适量的柠檬酸，则甜味更佳。又因它不是微生物的营养成分，所以不像糖类那样易引起发酵。在腌制品中用甘草素代替糖，可避免加糖出现的发酵、变色、硬化等现象。

3. 其他甜味剂（天然物的衍生物甜味剂）

这类甜味剂是从天然物中经过提炼、合成而制成的高甜度的安全甜味剂，主要有：蔗糖衍生物、肽衍生物、二氢查耳酮衍生物、糖醇再加工甜味剂等。

三、食品增味剂

在我国的《食品安全标准 食品添加剂使用标准》（GB 2760—2014）中，将能补充或增强食品本身风味的物质称为食品增味剂或风味增强剂，但在我国长期的食品调味实践中则称为鲜味剂。具有鲜味的物质有：氨基酸、核苷酸、有机酸、肽、酰胺等。目前使用较多的鲜味剂主要有：L-谷氨酸钠（味精）、5′-肌苷酸二钠和 5′-鸟苷酸二钠等。

目前国内外消费量最大的仍是第一代鲜味剂——味精（L-谷氨酸钠），第二代鲜味剂为 5′-肌苷酸二钠及用 5′-鸟苷酸二钠、5′-肌苷酸二钠和谷氨酸钠复配的强力味精等。第三代鲜味剂即风味或营养味精，是以牛肉、鸡肉、蔬菜等的冷冻干燥产物或其提取物为基料与其他呈味物质（鲜、甜味剂等）、香料香精等复配而成的新型鲜味剂，它带有更为接近天然的风味。近年来，出现了许多新型调味品的风味基料，如以植物蛋白或动物蛋白为原料经酸或酶水解后开发出的植物蛋白水解物（HVP）或动物蛋白水解物（HAP）；以酵母细胞为原料，通过自溶作用而开发的酵母抽提物

（yeast extract）等。

第五节　食品着色剂

食品着色剂又称食用色素，是以食品着色为目的的一类食品添加剂。食品的颜色是食品感官质量的重要指标之一。食品着色剂按其来源和性质可分为食品合成着色剂和食品天然着色剂两大类。

一、食品合成着色剂

食品合成着色剂，也称为食品合成染料，是用人工合成方法所制得的有机着色剂。合成着色剂的着色力强、色泽鲜艳、不易褪色、稳定性好、易溶解、易调色、成本低，但安全性低。按其化学结构可分成两类：偶氮类着色剂和非偶氮类着色剂。油溶性偶氮类着色剂不溶于水，进入人体内不易排出体外，毒性较大，目前基本上不再使用。水溶性偶氮类着色剂较容易排出体外，毒性较低，目前世界各国使用的合成着色剂有相当一部分是水溶性偶氮类着色剂。此外，食品合成着色剂还包括色淀和正在研制的不吸收的聚合着色剂。色淀是由水溶性着色剂沉淀在允许使用的不溶性基质上所制备的特殊着色剂，其着色剂部分是允许使用的合成着色剂，基质部分多为氧化铝，故色淀也称为铝淀。

我国许可使用的食品合成色素有苋菜红、胭脂红、赤藓红、新红、诱惑红、柠檬黄、日落黄、亮蓝、靛蓝和它们各自的色淀，以及酸性红、β-胡萝卜素、叶绿素铜钠和二氧化钛等共 22 种。

二、食品天然着色剂

食品天然着色剂主要是从动植物和微生物中提取的着色剂。其按化学结构可以分成 6 类：①多酚类衍生物，如萝卜红、高粱红等；②异戊二烯衍生物，如 β-胡萝卜素、辣椒红等；③四吡咯衍生物（卟啉类衍生物），如叶绿素、血红素等；④酮类衍生物，如红曲红、姜黄素等；⑤醌类衍生物，如紫胶红、胭脂虫红等；⑥其他类色素，如甜菜红、焦糖色等。与合成着色剂相比，天然着色剂具有安全性较高、色调比较自然等优点，而且一些品种还具有维生素活性（如 β-胡萝卜素），但也存在成本高、着色力弱、稳定性差、容易变质、难以调出任意色调等缺点，一些品种还有异味。

常用的天然着色剂有辣椒红、甜菜红、红曲红、胭脂虫红、高粱红、叶绿素铜钠、姜黄、栀子黄、胡萝卜素、藻蓝素、可可色素、焦糖色素等。

三、食品着色剂的发展前景

1. 合成着色剂的发展方向

近年来国外正在致力开发大分子聚合物合成着色剂，这种着色剂在生理上不活跃，摄入人体内不被吸收，由肠道排出，从毒理学观点看大大降低或者不会对身体产生危害。

2. 天然着色剂的发展方向

开发天然着色剂是世界食用着色剂发展的总趋势。虽然我国目前还处于合成着色剂与天然着色剂并存及同时发展的状态，但开发天然着色剂、推广应用天然着色剂是我国发展食用着色剂的主要方向。列入食品添加剂国家重点科技攻关项目的天然着色剂有 4 种：①红曲色素的提取及应用研究；②盐藻中提取胡萝卜素；③酸枣红素的提取和应用研究；④辣椒红素的提取和应用研究。

第六节　食品增稠剂

食品增稠剂是指在水中溶解或分解，能增加流体或半流体食品的黏度，并能保持所在体系相对稳定的亲水性食品添加剂。

一、食品增稠剂在食品加工中的作用

食品增稠剂对保持流态食品、胶冻食品的色、香、味、结构和稳定性起着相当重要的作用。增稠剂在食品中主要是赋予食品所要求的流变特性，改变食品的质构和外观，将液体、浆状食品形成特定形态，并使其稳定、均匀，提高食品质量，使食品具有黏滑适口的感觉。增稠剂还具有以下功效：①起泡作用和稳定泡沫作用；②黏合作用；③成膜作用；④用于保健、低热食品的生产；⑤保水作用；⑥矫味作用。

二、常用食品增稠剂

增稠剂品种很多，按来源可分为天然和人工合成两种。天然增稠剂多数来自植物，有的来自动物和微生物。

1. 食用明胶

食用明胶（edible gelatin）是动物的皮、骨、韧带等含的胶原蛋白经部分水解后得到的高分子多肽高聚物。明胶的化学组成中，蛋白质占 82%以上，除缺乏色氨酸外，含有组成蛋白质的全部氨基酸。分子式 $C_{102}H_{151}N_{31}O_{39}$，分子量为 50 000～60 000。明胶为白色或淡黄色、半透明、微带光泽的薄片或细粒，有特殊的臭味。不溶于冷水，可溶于热水，溶液冷却后即凝结成胶块。明胶的凝固力较弱，浓度在 5%以下不能形成凝胶。为了形成较结实的凝胶，浓度一般掌握在 15%左右，温度 20～25℃。高于 30℃，凝胶熔化。凝胶富于弹性，口感柔软。

2. 酪蛋白酸钠

酪蛋白酸钠（sodium caesinate），又称酪朊酸钠、干酪素钠，是由牛乳分离制得，

为乳酪蛋白的钠盐。酪蛋白酸钠为白色至淡黄色的微粒或粉末，无臭，无味，可溶于水。酪蛋白酸钠具有很强的乳化、增稠作用。在食品工业中，常用以增进脂肪和水的保持力，防止脱水收缩，并有助于食品加工时各成分的均匀分布，从而进一步改善食品质地和口感，因而广泛用于各种食品。

3. 阿拉伯胶

阿拉伯胶（acacia senegal），又称阿拉伯树胶、金合欢胶，由金合欢树的渗出液制得，是一种由多种糖类组成的高分子聚合物。分子量为 260 000～1 160 000。阿拉伯胶为无定形琥珀色干粉，无臭，无味，溶于水，不溶于油和多数有机溶剂。在水中可形成清晰而胶黏的溶液，呈弱酸性。水中的溶解度可达 50%。阿拉伯胶具有表面活性，能使水的表面张力降低。其溶液的黏度与其浓度和 pH 有关。经大量毒物学和毒理学实验证实阿拉伯胶无毒。

4. 果胶

果胶（pectin）是指可溶性果胶，其主要成分是多缩半乳糖醛酸甲酯，分子量为 23 000～710 000。果胶为淡黄褐色粉末，稍有特异臭。溶于水则生成黏稠状液体，如果与 3 倍或 3 倍以上的砂糖混合，则更易溶于水。在酸性溶液中比在碱性溶液中稳定。根据果胶分子的酯化度，可将其分为高甲氧基果胶和低甲氧基果胶。高甲氧基果胶在加糖、加酸后可以凝冻，低甲氧基果胶在加糖、加酸后，还需添加多价金属离子如钙等才能凝冻。果胶是从植物中提取出的天然食用增稠剂，对人体无毒害，安全性很高。

5. 其他增稠剂

在食品工业中应用的天然增稠剂还有琼脂、田菁胶、黄原胶、海藻酸钠、卡拉胶、瓜尔豆胶等。化学合成的增稠剂有羧甲基纤维素钠、淀粉磷酸酯钠、羧甲基淀粉钠等。

第七节　食品乳化剂

食品乳化剂是指添加于食品后可显著降低油水两相界面张力，使互不相溶的油（疏水性物质）和水（亲水性物质）形成稳定乳浊液的食品添加剂。

一、食品乳化剂的作用

乳化剂在食品业中的作用概括起来有以下几个方面：①乳化作用；②发泡和充气作用；③破乳和消泡作用；④抗菌保鲜作用；⑤湿润作用；⑥对淀粉食品的柔软保鲜、对面团具有调理作用。

二、食品乳化剂的分类

食品生产中使用的乳化剂品种繁多，按其亲水、亲油性可分为亲水型、亲油型和中间型；按其来源可分为天然乳化剂和人工合成乳化剂；按其存在状态可分为液体状、黏稠状和固体状；按其在水中是否解离成离子可分为离子型和非离子型。离子型的乳化剂又可分为阴离子型乳化剂、阳离子型乳化剂和两性离子型乳化剂。

三、国内外食品乳化剂的现状

目前食品添加剂联合专家委员会（Joint FAO/WHO Expert Committee on Food Additives，JECFA）评价的食品乳化剂及具有乳化功能的食品添加剂一共有 114 种，有 INS 号的 104 种，有 45 种 JECFA 给出了确定的 ADI 值、MTDI（maximum tolerated dose，每日最大耐受摄入量）值或 PM-TI（provisional tolerated weekly intake，每周耐受摄入量）值，这类物质可以在规定食品种类及用量范围内使用。我国《食品安全国家标准 食品添加剂使用标准》（GB 2760—2014）允许使用的食品乳化剂及具有乳化功能的食品添加剂共 49 种，其中丙二醇脂肪酸酯 2 种、甘油脂肪酸酯及其衍生物 9 种、聚甘油脂肪酸酯 2 种、多元醇脂肪酸酯及其衍生物 12 种、磷脂及其衍生物 3 种、有机酸盐（乳酸盐、硬脂酸盐、硬脂酰乳酸盐）6 种、多元醇类 8 种及其他（改性淀粉类、达瓦植物胶、卡拉胶、果胶、可溶性大豆多糖、酪蛋白酸钠）6 种，另外还新增 1 种（皂树皮提取物）。

四、生产中常用的食品乳化剂

生产中常见的食品乳化剂有酪蛋白酸钠、山梨醇酐单硬脂酸酯、山梨醇酐三硬脂酸酯、山梨醇酐单油酸酯、单硬脂酸甘油酯、山梨醇酐单棕榈酸酯、聚氧乙烯山梨醇酐单油酸酯、六聚甘油单硬脂酸酯、聚氧乙烯山梨醇酐单月桂酸酯、聚氧乙烯山梨醇酐单棕榈酸酯、辛癸酸甘油酯、蔗糖脂肪酸酯等。

1. 酪蛋白酸钠（酪朊酸钠）

酪蛋白酸钠（酪朊酸钠，sodium casinate）为白色至淡黄色粉末、颗粒或片状物，无色、无味或稍有特异香味，易溶于水，水溶液加酸时会产生白色沉淀，影响产品质量，pH 中性，为水溶性乳化剂，可稳定、强化蛋白质，具有很强的乳化增稠作用，若本品中有残存的乳糖或水溶性蛋白并发生蛋白质变性时，其颜色会变黄，并具有臭味和碱味，添加到食品中后会影响质量。GB 2760—2014 规定，其可在各类食品中按生产需要量适量使用。在椰子汁中的参考用量为 2～3g/kg。

2. 山梨醇酐单硬脂酸酯（斯潘-60）

山梨醇酐单硬脂酸酯（斯潘-60，sorbitan monostearate & Span-60）为 1,4-山梨醇酐酯、1,5-山梨醇酐酯、异山梨醇酐酯的混合物。颜色为浅乳白色至浅黄色的蜡状固体，有特殊臭味，溶于油、乙醇，不溶于冷水，但可分散于热水中，凝固点为 50～52℃，对酸碱稳定，本品的 HLB 值为 4.7。GB 2760—2014 规定，在植物蛋白饮料、果汁型饮料、牛乳、奶糖、冰淇淋、固体饮料中的最大使用量为 3.0g/kg。可用作饮料的乳化剂和混浊剂。

3. 山梨醇酐三硬脂酸酯

山梨醇酐三硬脂酸酯（斯潘-65，sorbitan tristearate & Span-65）为浅黄色或棕黄色蜡状固体，不溶于水、乙醇，微分散于水中，凝固点为 47～50℃，HLB 值为 2.1。GB 2760—2014 规定，在饮料中用作混浊剂使用，其最大使用量为 0.05g/kg。

4. 辛癸酸甘油酯

辛癸酸甘油酯（caprylic capric triglyceride）为无色透明油状液体，不易氧化，耐高温，长时间煮炸后黏度几乎不变，溶于油脂和各种有机溶剂，乳化性好，HLB 值为 12.5。GB 2760—2014 规定，其可用于乳化香精、饮料、冰淇淋、乳粉、糖果、巧克力等，按照生产需要适量使用。

5. 蔗糖脂肪酸酯

蔗糖脂肪酸酯（sucrose ester of fatty acid）为蔗糖与食用脂肪酸所成的酯类，通常为单酯和多酯的混合物。由于其脂肪酸的种类和酯化度不同，形态和颜色也不同，溶于乙醇，单酯溶于温水，双酯难溶于水。使用时一般先用少量水或油混合搅拌，使其溶胀，再加入所需的水或油，升温到 60～80℃搅拌溶解。单酯含量高的亲水性强，多酯含量高的亲油性强。产品中单酯与多酯的比例不同，其 HLB 值也不同。GB 2760—2014 规定，其可用于肉制品、水果、乳化香精、冰淇淋、饮料等，其最大使用量为 1.5g/kg。

第八节　食 用 香 精

食品香料和香精是指能够增加食品香气和香味的食品添加剂。在食品加工制造中，除少数几种香料如橘子油、香兰素等外，多数香料由于它们的香气比较单调而不单独使用，通常是将数种乃至数十种香料调和起来，以适应食品生产的需要。这种经配制而成的香料（调和香料）称为香精。

一、食用香料

食用香料按来源不同可分为天然和人工合成两大类。天然香料成分复杂，是由多种化合物组成的，又分为动物性香料和植物性香料，食品中所用的香料主要是植物性香料。人工合成香料分为全合成香料和半合成香料。我国食品添加剂使用卫生标准中食用香料名单所列入的允许使用的食品用香料共 574 种，其中天然香料 140 种。

1. 天然香料

天然香料广泛分布于植物中或存在于动物腺囊中。天然植物香料包括精油、浸膏和树脂流出物。自然界中现已发现的香料植物有 3600 余种，得到有效利用的有 400 余种。

天然动物香料品种较少，主要有麝香、灵猫香、海狸香、龙涎香。

用于调香的天然香料分为7类。

（1）浸膏　由植物的花、茎、叶、根经萃取减压蒸馏制成。

（2）净油　调香不可缺少的品种。

（3）精油　调香用量最大的一类香原料，品种最多，主要有以下几种：茴香油、玫瑰木油、玉桂油、薄荷油、大蒜油。

（4）压榨油　利用冷榨法将精油榨出而成。主要有香柠檬油、柠檬油、柑橘类压榨油。

（5）单离香料　利用物理方法从精油中将醇、酚、醛等主要成分单离出来，然后用简单的化学方法制得其衍生物。主要品种有：芳樟醇、柏木脑、香叶醇、丁香酚等。

（6）酊液　动物分泌物及一些植物的乙醇溶液。例如，海狸香酊即为海狸香5%～6%（质量）的乙醇溶液。

（7）香树膏　一种优良的定香剂。所谓定香剂，是本身不易挥发，沸点一般很高，能抑制其他易挥发香料的挥发度，使它们减慢挥发速度而使香味常驻的香料，香树膏能形成一层树脂层，使其他香料难于挥发。常用的香树膏有安息香膏、秘鲁香膏、吐鲁香膏等。

2. 合成香料

目前世界上合成香料已达5000多种，常用的有400多种。合成香料分为半合成香料和全合成香料。

（1）半合成香料　半合成香料是以精油为原料先分离出单体，再进一步制成衍生物。

（2）全合成香料　全合成香料是通过剖析天然香料和分离其主要发香成分，并以化学方法合成而得，它解决天然香料不足的问题，同时又降低成本。合成香料的品种甚多，主要有醇类香料、醛类和酮类香料、腈类香料、羧酸类香料、醚类香料、酯及内酯类香料、麝香类香料、杂环类和杂原子类香料等。在食品中应用较多的有：香兰素、洋茉莉醛、菠萝酯、麦芽酚等。

二、食用香精

食用香精是根据不同需求，有目的地选用几种或几十种香料调配加工制成的混合香料。食用香精是由香精基和稀释剂与载体组成的。香精基是由几十种天然和合成食用香味物质组成的具有一定香型的混合物，是经过调香师选料、拟定、试配、评估、调整、验证等大量复杂烦琐的工作后确定的，香精基是食用香精的灵魂，它的优劣对香精的生命力起着决定性的作用。

食用香精基的主要组成部分为主香体、辅助剂、定香剂。主香体是构成香精主体香味的基本香料，决定着香精的香型。辅助剂在香精中起调节香气和香味的作用，可以延长主香体香气，使主香连续饱满、清新幽雅。辅助剂有两种：一种是合香剂，能调和各种成分的香气，使主香体香气突出明显；另一种是修饰剂，使香精变化格调，具有独特风韵。定香剂与呈香香基有机地结合，调节香精中各组分的挥发速度，使呈香物质香气的挥发尽量成比例。

三、食用香精的分类

（1）按用途分类 软饮料用、冷饮制品用、酒用、茶叶用、乳制品用、肉制品用、调味品用等。

（2）按剂型分类 分为液态（包括水溶性、油溶性、乳化体和浆体）、固体（包括粉末状、颗粒状）或半固体（浆状）。

（3）按组成属性分类 天然、天然等同和人造3类香精。

（4）按香气类型分类 乳品型、果香型、坚果型、花香型、辛香型、禽肉型等。

水溶性香精（soluble perfume）也称水质香精，能在一定的用量范围内完全溶解于水或低度乙醇中。油溶性香精（oily flavor）也称耐热型香精，香气比较浓郁、沉着、持久，香味强度较强，较耐热，适用于较高温度操作工艺的食品加香。乳化香精（emulsion flavor）是一种水包油型乳化体，在水中能迅速分散成稳定的乳浊剂，不适用于需要透明度的饮料和酒类等。粉末香精（powdered flavor）主要成分为微胶囊香精，也称喷雾干燥香精，特点是香味物质可起到很好的保护作用。吸附型粉末香精的特点是香味物质被吸附在载体的表面，所以香气比较强烈。由于香味物质暴露于光、空气和温度之下，因而香气容易散失，也容易氧化。

第九节 营养强化剂

食品营养强化剂是指为了增加食品的营养成分（价值）而加入到食品中的天然或人工合成的营养素和其他营养成分，主要为维生素、氨基酸、矿物质和脂肪酸类。食品加工过程中，添加食品营养强化剂制成的食品称为强化食品。随着社会的发展和人民生活水平的提高，对营养强化食品的需求逐年增加，营养强化剂已成为食品添加剂新品种开发的主流。

一、营养强化的主要目的

（1）弥补食品在正常加工、贮存时造成的营养素损失。

（2）在一定的地域范围内，有相当规模的人群出现某些营养素摄入水平低或缺乏，通过强化可以改善因其摄入水平低或缺乏导致的健康影响。

（3）某些人群由于饮食习惯和（或）其他原因可能出现某些营养素摄入量水平低或缺乏，通过强化可以改善因其摄入水平低或缺乏导致的健康影响。

（4）补充与调整特殊膳食用食品中营养素和（或）其他营养成分的含量。

通过弥补天然食品中维生素的不足，提高食品的品质和营养价值，以保证人们在各生长发育阶段及各种劳动条件下获得全面的合理的营养，满足人体生理、生活和劳动的正常需要，以维持和提高身体健康水平。另外，营养强化剂还可提高食品的感官质量和改善其保藏性能，如维生素E、卵磷脂、维生素C等，它们既是营养强化剂，又是良好的抗氧化剂，可延缓和减少食品的氧化。

二、营养强化剂的分类

营养强化剂主要可分为维生素、氨基酸、无机盐和脂肪酸 4 大类。常用的维生素类有维生素 A、维生素 B_1、维生素 B_2、维生素 C、维生素 D、烟酸及其衍生物。常用的氨基酸有 8 种人体必需的氨基酸及其衍生物。无机盐中以钙、铁、锌盐为主，还有其他一些微量元素。脂肪酸有亚油酸、亚麻酸和花生四烯酸。世界上所用的营养强化剂有 130 余种，我国已生产、使用的有 30 余种。

三、维生素类营养强化剂

我国食品营养强化剂使用卫生标准规定了维生素 A、维生素 D、维生素 E、维生素 B_1、维生素 B_2、维生素 B_6、维生素 B_{12}、维生素 C、维生素 K、烟酸、胆碱、肌醇、叶酸、泛酸和生物素等 15 种维生素的使用量及使用范围。其中维生素 A、维生素 D、维生素 E、维生素 K 属于脂溶性维生素，其他维生素属于水溶性维生素。

四、氨基酸类营养强化剂

我国规定可以用于营养强化的氨基酸类有赖氨酸和牛磺酸。

赖氨酸属于 8 种人体必需氨基酸之一，也是需要量最多的氨基酸。赖氨酸盐为无色、无味的结晶性粉末，易溶于水，对食品的色、香、味没有影响。赖氨酸天冬氨酸盐为白色粉末，易溶于水，但有异味，使用时应注意对食品口味的影响。

牛磺酸是一种氨基磺酸，不属于必需氨基酸。国标中对牛磺酸的使用范围比较宽松，可以添加在婴幼儿食品、乳制品、谷物制品、饮料及乳饮料中。在供中小学生食用的营养强化食品中，适度强化牛磺酸，对促进学生的大脑发育和保护视神经有好处。牛磺酸为白色结晶性粉末，无异味，可溶于水，对食品色泽及口味均没有影响。

五、矿物质类营养强化剂

矿物质是构成机体组织和维持机体正常生理活动的重要物质。人体不能合成，但会随人体的代谢排出体外，因此需要不断从膳食中补充。根据矿物质在人体中的含量和对膳食的需要不同，一般可分为常量元素和微量元素。常量元素有 Ca、P、Mg、K、Na、Cl、S 等 7 种。微量元素有 Fe、Zn、Cu、Mn、I、Mo、Co、Se、Cr、Ni、Sn、Si、F、V 等 14 种。

六、脂肪酸类营养强化剂

目前国家允许在食品中使用的脂肪酸类营养强化剂有亚油酸、亚麻酸和花生四烯酸。亚油酸的强化可以通过添加植物油的方式实现，玉米胚芽油、葵花籽油等植物油中富含亚油酸。亚麻酸富含于海产动物脂肪中。花生四烯酸是新开发的一种人体不能直接合成的不饱和脂肪酸，对婴儿的神经系统尤其是大脑发育至关重要，同时还具有促进生物体内脂肪代谢，降低血脂、血糖、胆固醇的作用，对预防心脑血管疾病具有重要意义。

第十节　酶　制　剂

从生物（动物、植物、微生物）中提取的具有生物催化能力的物质，辅以其他成分，用于加速食品加工过程和提高食品质量的制品，称为酶制剂。酶制剂是生化工程中普遍使用的一类生物催化剂，具有高效、专一和作用条件温和等特点，近年来得到了较快的发展。

目前列入 GB 2760—2014 中的食品用酶制剂有 54 种，按照 FAO/WHO（1984）和 FCC（*Food Chemicals Codex*，《美国食品化学法典》）（1981）的规定，所有酶制剂的通用质量指标如表 17-1 所示。

表 17-1　食品酶制剂的通用质量指标

项目	指标
酶活力（为所标值的）（%）	85.0～115.0
砷（以 As 计）（%）	≤0.003
铅（%）	≤0.001
重金属（以 Pb 计）（%）	≤0.004
大肠杆菌数（个/g）	≤30
沙门氏菌（个/25g）	阴性
总杂菌数（个/g）	≤50 000
黄曲霉毒素 A（真菌酶制剂）	不得检出
杂色曲霉素（真菌酶制剂）	不得检出
T-2 毒素（真菌酶制剂）	不得检出
玉米烯酮（真菌酶制剂）	不得检出

酶是一种生物催化剂，是由生物活细胞所产生的具有催化功能的蛋白质。由于酶能在常温、常压下加快化学反应速率，即使在生物体外，只要条件合适很多酶也能催化各种生化反应。因而酶已被人们应用于许多领域产品的生产。由于酶来自生物体，因此可以利用动物、植物、微生物为材料，经过提取、分离而制得酶，即为酶制剂。

一、常用酶制剂

1. 蛋白酶

蛋白酶可选择性作用于含氮化合物，是食品工业中最重要的一类酶，广泛应用于干酪生产、肉类嫩化、植物蛋白改性等。一般按其水解作用的最适 pH 可分为：①酸性蛋白酶，最适作用 pH 2.5～4.0，最适作用温度 30～50℃；②中性蛋白酶，最适作用 pH 6.8～8.0，最适作用温度为 50℃左右；③碱性蛋白酶，最适作用 pH 10～11，最适作用温度 40～50℃。根据酶对专一性抑制剂的反应可将蛋白酶分为丝氨酸蛋白酶、巯基蛋白酶、金属蛋白酶和羧基蛋白酶 4 类。

2. 淀粉酶

淀粉酶是一类水解淀粉、糖原和它们的降解中间产物的酶类的总称。按水解淀粉方式的不同可以分为 4 类，分别为 α-淀粉酶、β-淀粉酶、糖化酶和异淀粉酶。

按生产菌种或酶的作用特性，淀粉酶制剂主要有以下几种。

（1）细菌淀粉酶　最适作用 pH 6.0～7.0，最适作用温度为 60～70℃。

（2）淀粉酶　最适作用 pH 6.5 左右，最适作用温度为 50℃左右。应用在啤酒酿造等方面。

（3）糖化酶　最适作用 pH 4.0～4.5，最适作用温度为 58～60℃。主要应用在葡萄糖工业、酿酒工业和氨基酸工业等领域。

（4）耐高温淀粉酶　最适作用 pH 5.5～7.0，最适作用温度为 90℃以上（在连续喷射液化中，温度可至 100～105℃）。主要应用在发酵淀粉原料的转化等方面。

（5）异淀粉酶　最适作用 pH 5.6～7.2，最适作用温度为 45～50℃。主要应用于制造直链淀粉和麦芽糖等方面。

3. 纤维素酶

纤维素酶是降解纤维素生成葡萄糖的一组酶的总称。它不是单种酶，而是起协同作用的多组分酶系。它包括 3 种主要组分：内切型 β-1,4 葡聚糖酶，能水解纤维素衍生物或者膨胀和部分降解纤维素；外切型葡聚糖酶，能在降解天然纤维素的过程中起主导作用；纤维二糖酶，能水解纤维二糖和短链的纤维寡糖并生成葡萄糖。

纤维素酶有效作用温度为 45～60℃，最适温度为 50～55℃。有效作用 pH 为 2.8～5.8，最适 pH 为 4.0～5.0。纤维素酶广泛应用于纺织工业、饲料工业、食品工业、石油工业和其他需分解纤维素的领域。

4. 葡萄糖异构酶

葡萄糖异构酶可使葡萄糖异构化为果糖。最适作用温度 75℃左右，最适 pH 为 6.5。该酶主要用于制造果葡糖浆和果糖。

5. 脂肪酶

脂肪酶可催化脂类化合物的分解、酯的合成和脂交换。脂肪酶按作用温度分为中温脂肪酶（一般小于 40℃）和高温脂肪酶（一般在高凝固点的油脂熔点之上）。根据最适作用，常用的脂肪酶有中性脂肪酶和碱性脂肪酶。

二、酶制剂产品的特点

1. 水解酶是酶制剂产品中的主要酶类

目前大量生产的酶制剂 80%是水解酶，它们主要用于降解自然界中的高聚物，如淀粉、蛋白质、脂肪等物质，因而蛋白酶、淀粉酶和脂肪酶是目前工业应用的 3 大主要酶制剂。蛋白酶可用于去污剂、奶制品业、皮革业、焙烤工业等；淀粉酶用于烘焙、酿造、淀粉糖化和纺织业等；脂肪酶用于去污剂、食品和精细化工工业等。

2. 产品规格影响酶制剂产品的使用范围

酶制剂的生产可以根据市场的需求来进行灵活调整，根据市场的需要调整酶制剂产品的生产方式。

3. 酶活力稳定性是酶制剂产品重要的品质指标

酶与其他产品不同，它的质量性能是通过其催化活性来体现的，因此酶在贮存时的生物活性与稳定性非常重要。

4. 酶的纯度影响酶制剂产品价格

酶制剂的价格与其活力及纯度有很大关系。①大规模使用的酶（如淀粉酶、葡萄糖异构酶）纯度很低，价格便宜，可以大批量购买；②纯度很高的酶（如临床分析用的葡萄糖氧化酶和胆固醇氧化酶等）价格较为昂贵；③某些特定的研究用酶（如各种限制性内切酶等），它们的使用量有限，酶活力对环境要求严格，因此往往需要特制，价格极其昂贵。

5. 酶制剂产品使用条件要求严格

在使用某一特定的酶作为催化剂进行生产时，如何选择合适的酶制剂产品一般应从下列因素予以考虑。①作用底物专一性要求；②酶最适作用的 pH；③酶作用的最适温度；④激活剂和抑制剂，对于特定酶而言，激活剂和抑制剂是非常重要的，如果体系中含有酶的激活剂和抑制剂对于反应的成本能够有大幅度提高或降低，则必须考虑添加或消除它们；⑤价格因素，从经济方面考虑，这是一个非常重要的因素，并且受到多方面的影响，如国家政策、地域优势及酶工程技术的发展和更新等。

第十一节 其他类食品添加剂

一、抗结剂

抗结剂又称抗结块剂，是用来防止颗粒或粉状食品聚集结块，保持其松散或自由流动的物质。其颗粒细微、松散多孔、吸附力强，易吸附导致形成结块的水分、油脂等，使食品保持粉末和颗粒状态。我国 GB 2760—2014 许可使用的抗结剂有焦磷酸钠、六偏磷酸钠、酒石酸铁、纤维素、二氧化硅、可溶性大豆多糖、巴西棕榈蜡、丙二醇、硅酸钙、滑石粉、聚甘油脂肪酸酯、磷酸、焦磷酸二氢二钠、磷酸二氢钙、磷酸二氢钾、磷酸氢二铵、磷酸氢二钾、磷酸氢钙、磷酸三钙、磷酸三钾、磷酸三钠、三聚磷酸钠、磷酸二氢钠、磷酸氢二钠、焦磷酸四钾、焦磷酸一氢三钠、聚偏磷酸钾、酸式焦磷酸钙、柠檬酸铁铵、碳酸镁、亚铁氰化钾、亚铁氰化钠、硬脂酸钙、硬脂酸钾、硬脂酸镁、微晶纤维素等，国外许可使用的还有硅酸铝、硅铝酸钙、硅酸钙、碳酸镁、氧化镁、磷酸镁等。

二、消泡剂

消泡剂是在食品加工过程中降低表面张力、消除泡沫的物质。由于在食品成分中不同程度存在着卵磷脂、皂苷等表面活性物质和蛋白质、明胶等泡沫稳定剂，因此在食品的发酵、搅拌、煮沸、浓缩等过程中，食品胶体所含的表面活性物质在溶液和空气交界处会不同程度地产生起泡现象，影响正常操作的进行。消泡剂可分为消除型和抑制型，消除型可迅速消泡，抑制型可在相当长的时间内防止泡沫的形成。我国 GB 2760—2014 许可使用的消泡剂有丙二醇、高碳醇脂肪酸酯复合物、聚二甲基硅氧烷及其乳液、聚甘油脂肪酸酯、聚氧丙烯甘油醚、聚氧丙烯氧化乙烯甘油醚、聚氧乙烯聚氧丙烯胺醚、聚氧乙烯聚氧丙烯季戊四醇醚、蔗糖聚丙烯醚、蔗糖脂肪酸酯、聚二甲基硅氧烷及其乳液等物质。

三、漂白剂

漂白剂是破坏、抑制食品的发色因素，使其褪色或使食品免于褐变的食品添加剂。根据漂白剂的性质可将其分为 3 类：①氧化型漂白剂，包括漂白粉、过氧化氢、高锰酸钾、二氧化氯等。氧化型漂白剂作用比较强，会破坏食品中的营养成分，残留量比较大。②还原型漂白剂，列入我国 GB 2760—2014 中的漂白剂全部是以亚硫酸制剂为主的还原型漂白剂，其作用较缓和，但是被其漂白的色素物质一旦再被氧化，可能重新显色。③颜色吸附剂，如活性炭。

四、膨松剂

膨松剂是在食品加工过程中加入的能使面胚发起，使制品具有酥脆、膨松或柔软等特征的化学物质。膨松剂通常分为碱性膨松剂、酸性膨松剂、复合膨松剂和生物膨松剂。膨松剂主要用于面包、饼干、蛋糕等焙烤食品，油饼等油炸食品和膨化食品中，它不仅可提高食品的感官质量，而且有利于食品的消化吸收。我国允许使用的膨松剂有碳酸氢钠、碳酸氢铵、钾明矾、磷酸盐等。

五、胶基糖果中基础剂物质

胶姆糖是一种特殊类型的糖果，是唯一经咀嚼而不吞咽的食品，其类型有口香糖、泡泡糖等。胶姆糖基础剂又称胶基、胶姆，是赋予胶姆糖起泡、增塑、耐咀嚼作用的物质，一般以高分子胶状物质如天然树胶和合成橡胶为主，附加蜡类、软化剂、胶凝剂、抗氧化剂、填充剂等组成。胶姆糖基础剂必须是惰性不溶物，不易溶于唾液，制成的胶基有泡泡胶、香口胶、无糖香口胶等。

六、护色剂

护色剂又称发色剂，是指食品加工工艺中使肉与肉制品呈现良好色泽的非色素物质，我国 GB 2760—2014 许可使用的护色剂有葡萄糖酸亚铁、硝酸钠、硝酸钾、亚硝酸钠、亚硝酸钾、D-异抗坏血酸及其钠盐、焦亚硫酸钠、亚硫酸钠。硝酸盐的毒性是食品添加剂的一个有很大争议的问题。亚硝酸盐有剧毒，人中毒量为 0.3～0.5g，致死量是 3g。亚硝酸盐可与动物及高蛋白食品中广泛存在的胺类反应，生成具有致癌性的亚硝胺类化合物。但到目前为止，尚未发现理想的（亚）硝酸盐代替品。

七、面粉处理剂

面粉处理剂是使面粉增白和提高焙烤制品质量的一类食品添加剂。我国许可使用的面粉处理剂包括面粉漂白粉、面粉增筋剂、面粉还原剂和面粉填充剂。目前国内广泛使用的面粉漂白剂是过氧化苯甲酰，它能够使影响面粉色泽的胡萝卜色素氧化褪色而漂白面粉。增筋剂通常为偶氮甲酰胺和过氧化钙。面粉填充剂又称分散剂，是一种面粉处理剂的载体，包括碳酸镁、碳酸钙等，可使微量的面粉处理剂分散均匀。

八、被膜剂

在某些食品表面涂布一层薄膜，不仅外观明亮、美观，而且可以延长保存期。这些用于食品外表涂抹，起保质、保鲜、上光、防止水分蒸发等作用的物质称为被膜剂。列入我国 GB 2760—2014 中的被膜剂有巴西棕榈蜡、白油（又名液体石蜡）、蜂蜡、聚二甲基硅氧烷及其乳液、聚乙二醇、聚乙烯醇、可溶性大豆多糖、吗啉脂肪酸盐（又名果蜡）、普鲁兰多糖、松香季戊四醇酯、脱乙酰甲壳素（又名壳聚糖）、硬脂酸（又名十八酸）、紫胶（又名虫胶），以及单、双甘油脂肪酸酯。

九、水分保持剂

水分保持剂是指用于肉类和水产品加工中，增强水分稳定性和有较高持水性的磷酸盐类。磷酸盐类在肉类制品中可保持肉的持水性，增强结合力，保持肉的营养成分及柔嫩性。水分保持剂有正磷酸盐、焦磷酸盐、聚磷酸盐和偏磷酸盐等。

十、稳定剂和凝固剂

稳定剂和凝固剂是使食品结构稳定，或使食品组织结构不变，增强黏性固形物的一类食品添加剂。列入 GB 2760—2014 中的稳定剂和凝固剂，按用途不同可将其分为以下 6 类。

（1）凝固剂　主要作用是使豆浆凝固为不溶性凝胶状物的豆腐脑，包括钙盐、镁盐和酸内酯凝固剂。

（2）果蔬硬化剂　主要作用是使果蔬中的可溶性果胶酸与钙离子反应生成凝胶状不溶性果胶酸钙，包括氯化钙等钙盐类物质。

（3）螯合剂　主要用于消除易引起有害氧化作用的金属离子，以提高食品的质量和稳定性，主要有 EDTA 等。

（4）罐头除氧剂　为柠檬酸亚锡二钠，用于罐头中起到保护食品色泽、抗氧化、防腐蚀的作用。

（5）保湿剂　丙二醇可用于糕点，能增加糕点的柔软性、光泽和保水性。

（6）澄清剂　PVPP（crosslinked polyvinylpyrrolidone，交联聚乙烯基吡咯烷酮）作为啤酒、果酒的澄清剂，对食品的产品质量起到稳定和提高的作用。

十一、其他类添加剂

GB 2760—2014 许可使用但按用途不能确切归类的食品添加剂有冰结构蛋白、高锰酸钾、咖啡因、酪蛋白酸钠（又名酪朊酸钠）、硫酸镁、硫酸锌、硫酸亚铁、氯化钾、乳糖酶、辛烯基琥珀酸淀粉钠、异构化乳糖液、半乳甘露聚糖、氯化钾、阿拉伯胶、二氧化碳、β-环状糊精、氮气等物质。

按其用途不同可分为 12 个小类，如表 17-2 所示。

表 17-2　其他类食品添加剂的品种

类别	品种
氧化剂	高锰酸钾
豆芽生长调节剂	4-氯苯氧乙酸钠、6-苄基腺嘌呤
双歧乳酸杆菌的增殖因子	异构化乳糖液
水溶性膳食纤维	半乳甘露聚糖
润滑剂	食品工业用机械润滑油
糖结晶助剂	蔗糖聚氧化丙烯醚
蛋白澄清剂	固化单宁
调味剂	咖啡因、氯化钾、辣椒油树脂、乙酸钠
脱色剂	凹凸棒黏土
果蔬脱皮剂	月桂酸
植物油结晶抑制剂	羟基硬脂精
钙铁吸收促进剂	酪蛋白钙肽、酪蛋白磷酸肽

我国使用的食品添加剂使用标准见附录一。

第十八章　食用菌生产与加工

第一节　食用菌概述

一、什么是食用菌

食用菌（edible fungi）是高等真菌中能形成大型子实体或菌核类组织并能供人们食用或药用的菌类总称。它是可供人类食用的大型真菌，通常也称“菇”“菌”“蕈”“蘑”“耳”。它们中的绝大多数属担子菌类，少数属子囊菌。真菌是生物界中一个很大的类群，据文献统计，世界上的真菌至少有 12 万余种，目前，国际上可供栽培的食用菌约 50 种，而能进行大规模商业性栽培的仅 15 种左右。所有的食用菌均属异养型生物。依生活方式的不同，食用菌可分为寄生、共生、腐生 3 种类型。食用菌的形态很多，有伞状、耳状、花状、球状、舌状、珊瑚状等，以伞状最为普遍。食用菌中大多数滋味鲜美，是菜肴中的佳品，也是营养丰富，并具有多种药效的保健食品。

二、食用菌的营养价值和药用价值

1. 营养价值

食用菌富含多种营养物质，特别是含有丰富的蛋白质和氨基酸（表 18-1）。经分析，在新鲜的菇类中蛋白质含量约为 4%，是普通蔬菜和水果的几倍到几十倍；干菇的蛋白质含量达 30%～45%。蛋白质中的 20 种氨基酸在食用菌中普遍存在，如草菇蛋白质中含有 17 种氨基酸，香菇、平菇的蛋白质中均含有 18 种氨基酸，其中包括 8 种人体必需的氨基酸，这是一般植物蛋白质食品所不能比拟的。

表 18-1　7 种食用菌的基本营养成分含量（%）（况丹，2011）

种类	水分	灰分	粗蛋白质	粗脂肪	总糖	粗纤维	备注
香菇	10.30	4.20	20.30	3.40	32.40	13.20	以干重计
平菇	12.50	6.40	19.08	1.71	22.25	6.10	
金针菇	9.03	7.40	17.60	1.90	47.89	3.70	
杏鲍菇	9.70	5.75	15.40	5.50	52.10	5.40	
黑牛肝菌	11.79	9.00	4.00	4.00	23.93	15.00	
松乳菇	18.28	4.20	28.40	16.38	16.76	28.40	
竹荪	15.50	11.13	35.97	2.09	40.54	9.05	

食用菌还含有丰富的维生素和矿物质，如 B 族维生素、维生素 C、烟酸、维生素 D 及钾、钠、钙、铁、锌等，这些维生素和矿物质对人体的生理代谢起着重要作用。

2. 药用价值

食用菌具有良好的医疗效果，受到国内外的普遍重视。不少食用菌有助于人体抵抗有害微生物侵害和调节人体生理机能。例如，蘑菇子实体内含有的数种酶，可用于治疗消化不良和高血压；香菇子实体中含有大量的维生素D原，受阳光作用后可转变为维生素D，对于增强人体的抗病力及防治感冒效果良好。长期食用香菇可以降低血液中胆固醇的含量，能预防心肌梗死、高血压、冠心病等。孕妇多吃香菇可以预防婴儿的软骨病和佝偻病。金针菇所富含的氨基酸可预防和治疗肝脏系统疾病及肠胃道溃疡，并能有效增加儿童的身高和体重，特别是有益于儿童的智力发育。富含胶质的木耳，有润肺清肺的作用，被作为矿业和纺织业的保健食品，它还能治疗痔疮和痢疾。经研究，许多食用菌有一定的抗癌作用，它们抗癌的有效成分是多糖，如从新鲜香菇的浸出液中提取的香菇多糖就具有抗癌作用。我国从灵芝、茯苓、云芝、香菇、猴头菇、草菇等中提取出的多糖类物质，经过动物试验表明，对动物肿瘤有一定的抑制作用。目前已发现有 50 多种食用菌有抗癌作用，人们已经利用其中的一些食用菌制成了抗癌新药。

三、我国食用菌生产及消费概况

据报道，我国的可食用菌有350种之多，资源丰富，是我们采集和选种的天然宝库。我国的香菇、草菇、银耳、平菇、木耳、猴头菇、竹荪、茯苓等的产量均居世界第一位，蘑菇、金针菇、滑菇、灰树花等的产量居世界第二位。现在，我们不但可为国内市场提供大量的食用菌，而且在国际贸易中我国出口的食用菌，以质优价廉的优势为国家换取了不少的外汇。我国是世界黑木耳的唯一出口国，2018 年 1～6 月我国蘑菇罐头出口数量为 124 858t。

随着人们生活水平的提高，人们对植物性蛋白质的需求越来越大，发展食用菌生产，可为人类提供大量的菌类蛋白，而这类蛋白质中氨基酸的种类较为全面，人体摄入后能提高食品中蛋白质的利用率。无论是发达国家还是不发达国家，发展食用菌生产，对改变食物构成和提高人们健康水平有重要意义。

另外，食用菌大多是腐生性真菌，生活在死亡的植物体或有机质上，分解其中的纤维素、半纤维素、木质素和蛋白质等有机物质，将这些难以利用的有机养分变为可直接利用的营养物质，为人类提供大量蛋白质食品，同时，剩余培养料又可被改造成富含蛋白质的饲料或优质肥料，大大提高了资源的利用率。

第二节　食用菌的分类和栽培品种

一、食用菌的分类

食用菌属于微生物中的真菌。生物的分类单位从大到小依次是界、门、纲、目、科、属、种。必要时，门内还可分为亚门，纲内分为亚纲，种内有亚种。较新的分界是生物分为五界，即病毒界、原核生物界、真菌界、植物界和动物界。分类主要依据的是生物的形态、构造等特点。真菌和植物、动物的主要区别在于它们的营养方式。植物是光合自养型，动物是光合异养型，而真菌主要是分解吸收异养型，当然它们在结构和组成上也有区别。

根据最新的分类系统，将真菌界划分为粘菌门（Myxomycota）和真菌门（Eumycota）。真菌门下分为 5 个亚门：鞭毛菌亚门（Mastigomycotina）、接合菌亚门（Zygomycotina）、子囊菌亚门（Ascomycotina）、担子菌亚门（Basidiomycotina）、半知菌亚门（Deuteromycotina）。现有的食用菌都属于子囊菌亚门和担子菌亚门。各亚门还依次分成纲、目、科、属、种。

二、食用菌的主栽品种

中国已知的食用菌有 350 多种，其中多属担子菌亚门，常见的有：香菇、草菇、蘑菇、木耳、银耳、猴头、竹荪、松口蘑（松茸）、口蘑、红菇、灵芝、虫草、松露、白灵菇和牛肝菌等。少数属于子囊菌亚门，其中有：羊肚菌、马鞍菌、块菌等。进行人工栽培或栽培试验的只有 20 多种，其中栽培面积较大的也只有十几种。现将主要栽培品种介绍如下。

1. 双孢蘑菇

别名蘑菇、白蘑菇、洋蘑菇，是世界上栽培产量最多的食用菌。可鲜食，制罐头。

2. 香菇

又名香蕈、香菌、冬菇、花菇、厚菇，属侧耳科，其菌肉厚，白色、味美。该菇香郁诱人且具多种药效，深受国际市场欢迎，是我国重要的出口食用菌，人工栽培比较广泛。

3. 草菇

又名稻草菇、兰花菇、秆菇、美味苞脚菇，国际上称为“中国蘑菇”。可鲜食、干食、制罐头，是我国传统的栽培品种。

4. 金针菇

又名毛柄金钱菌、毛脚金菌、构菌、朴菇、冬菇、冻菌，其常丛生，结菇多，菌体小。它易栽培，肉细味美，且可作冬令鲜菇，故深受国内外欢迎，其产量在迅速增加。

5. 滑菇

又名滑子蘑、光帽鳞伞、光帽黄伞、光帽鳞耳，其菇体小、出菇多，常丛生或束生。该菇耐寒性强，国内东北栽培较多，颇有发展前途。

6. 平菇

又名侧耳、糙皮侧耳，别名北风菌、秀珍菇、桐子菌等，日本称为人造口蘑。该菌肉厚味美，适应性强，栽培粗放，国内外发展迅速。

7. 银耳

别名白木耳，我国著名的滋补珍品，且具多种药效，近年来代料栽培发展迅速。

8. 黑木耳

别名光木耳、木耳、云耳、黑耳等。其黏滑可口，营养丰富，食用、药用俱佳。

9. 毛木耳

别名构耳、黄背木耳、白背木耳，子实体较木耳大，口感嫩脆，味似海蜇，食用、药用均佳。新鲜时软，干后收缩。

10. 猴头菇

别名猴头、猴头蘑、刺猬菌、猬菌。其味鲜美，食药俱佳，为四大名菜之一。

第三节　食用菌的生物学知识

一、食用菌的形态构造

一般微生物的形态微小，必须借助显微镜才能进行观察。但食用菌的子实体阶段形体较大，通常为几厘米到几十厘米，质量为几克到几千克。它们形态各异，但以伞状居多。

伞状食用菌俗称伞菌，可分为三部分：菌盖、菌柄和菌丝体（图 18-1），菌盖和菌柄又合称为子实体。各部分的形态特征是食用菌分类的重要依据。

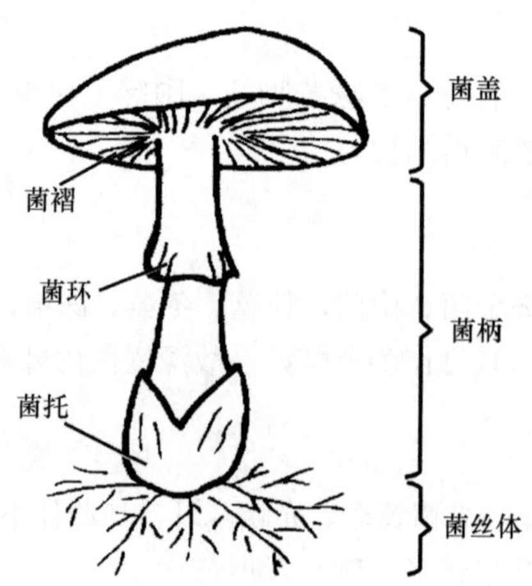

图 18-1　伞菌模式图（邓红，2000）

1. 菌丝体

菌丝体是菌丝错综交织而成的网状体，它是食用菌的营养器官，生长在树木、土壤等基质内，主要功能是分解基质中的纤维素等有机物质，以及吸收和运送营养物质，供食用菌生长发育需要。它能通过分枝繁殖，向周围呈辐射状蔓延扩展。如果条件适宜，它可以无休止地繁殖下去。有些食用菌生长到一定阶段时，菌丝相互交织而形成一定的组织体。

2. 子实体

子实体是产生孢子的真菌结构，也是人们食用的部分。子实体形态多种多样，因种而异，以伞状最多。伞状子实体的外部形态包括菌盖、菌褶、菌柄、菌环和菌托等部分。

（1）菌盖　又称菌帽、菇盖，由表皮、菌肉和菌褶组成。菌盖的形态有圆形、半圆形、扇形、半球形、斗笠形、钟形、漏斗形、卵圆形、喇叭形等。菌盖表皮菌丝里含有不同的色素，使菌盖呈现出不同的色泽，一般常有白、黄、灰、褐、红及紫色等。菌盖表面有的湿润，有的干燥，有的光滑，有的褶皱或龟裂，有的带有各种附属物，如纤毛、绒毛、粉粒、鳞片等。菌盖表皮下的松软部分是菌肉，一般由菌丝组成，其质地、颜色、厚薄、味道、气味等因品种而异。

（2）菌褶和菌管　菌盖下面生长子实层的部分是子实层体，由子实层和支持它的髓部组成。子实层体呈刀片状的称为菌褶；呈管状的称为菌管。绝大多数食用菌的子实层均排列在菌褶两侧或菌管内壁。菌褶边缘大都完整平滑，也有的波曲或呈锯齿状，有的边缘粗糙，还有颗粒状物。菌褶和菌柄的连接方式有离生、直生、弯生和延生 4 种。菌管有长短、粗细之分，管口有方有圆，有的易与菌肉剥离，有的则不易。

（3）菌柄　菌柄生长在菌盖下，是菌盖支持物，主要是输送各种养分和水分。菌柄常因着生部位不同而有不同称谓。菌柄着生于菌盖中央称中生，着生于菌盖一侧称侧生等。菌柄一般呈圆柱形、棒形、纺锤形等，菌柄的长短、粗细、颜色因品种而异。菌柄多肉质、纤维质或革质，表面有的光滑，有的有鳞片、纤毛、碎片、绒毛等，还有的有纵行或网状沟纹。内部多松软，空心或实心。

（4）菌托和菌环　有的食用菌子实体发育前期，有一层外包膜，称外菌幕，随着子实体的生长，外包膜残留在菌柄基部而形成菌托。菌托有苞状、鞘状、鳞茎状、杯状、瓣状等，菌托的上边缘有整齐、开裂、波曲等形状。不同类的食用菌其菌托的大小、颜色深浅度、质地、厚薄、光泽及存在时间长短等均不相同，有的菌类则无菌托。

有的伞菌子实体幼嫩时，在菌盖边缘有一层膜与菌柄相连，并将菌褶遮住，此膜称为内菌幕。在子实体生长过程中，菌盖张开时，内菌幕破裂与菌盖脱离，残留在菌柄上，此残留物称为菌环。菌环大小、厚薄、层数和部位因菌种的不同而有所差异。

二、食用菌的生长繁殖

食用菌在适宜环境条件下，不断吸收营养物质，并按自己的代谢方式进行新陈代谢活动，如果同化作用超过异化作用，细胞原生质量不断增加，体积得以增大，即为生长。当细胞增长到一定程度时，就开始分裂，产生子细胞，个体大量增加，这就是繁殖。在食用菌中，从孢子萌发直到子实体形成，如果菌体内细胞数目增加，而个体数目并没有随着增加时，只能算是生长。一般情况下，环境条件适宜，生长和繁殖始终是交替进行的，从生长到繁殖的过程就是发育。

食用菌的整个生活周期分营养生长和生殖生长两个阶段。

（1）营养生长　食用菌的营养生长从孢子萌发开始，首先孢子萌发成单核菌丝，两条可亲和的单核菌丝可结合成为双核菌丝，吸收天然基质和人工培养基中的养分而生长，这个过程称营养生长，即菌丝体时期。

（2）生殖生长　大量繁殖的营养菌丝生长到一定时期，遇到光线、低温和机械刺激，以及培养基中生物化学变化的诱导等，就形成子实体原基。原基发育成菌蕾，进而发育为成熟的子实体。这个过程称为生殖生长，即为子实体时期。

三、食用菌生长的环境条件

影响食用菌生长的环境条件，有物理因素、化学因素和生物因素。其中重要的有温度、水分、相对湿度、空气、营养、酸碱度和光照等，许多其他生物也在很大程度上影响食用菌的生长发育。不同种类的食用菌，对环境条件的要求有所差异，而且同一种类的食用菌在不同发育时期对环境条件的要求也不同。

1. 温度

温度是食用菌生长发育最重要的因素之一，各种食用菌只能在一定的温度范围内生长，而且最低生长温度、最高生长温度和最适生长温度也各不相同。常见的食用菌菌丝体生长、子实体分化与发育对温度的要求见表 18-2。

表 18-2　几种食用菌对温度的要求　（单位：℃）

食用菌种类	菌丝生长温度		子实体分化与发育的最适温度	
	生长范围	最适温度	子实体分化温度	子实体发育温度
双孢蘑菇	6～33	24	8～18	13～16
香菇	3～33	25	7～21	12～18
草菇	12～45	35	22～35	30～32
木耳	4～39	30	15～27	24～27
平菇	10～35	24～27	7～22	13～17
银耳	12～36	25	18～26	20～24
猴头菇	12～33	21～24	12～24	15～22
金针菇	7～30	23	5～19	8～14
大肥菇	6～33	30	20～25	18～22
口蘑	2～30	20	20～30	15～17
松口蘑	10～30	22～24	14～20	15～16
滑菇	5～33	20～25	5～15	7～10

2. 水分和湿度

水是食用菌菌体的重要组成部分，一般新鲜食用菌的含水量达85%～95%。水还是食用菌新陈代谢、吸收营养必不可少的基本物质。食用菌生长发育的各个阶段都需要水分，在子实体发育时需要量更大。培养料所含水是食用菌所需水分的重要来源，只有基质含水量充分而又适宜时才能形成子实体。但含水分过多，又容易引起子实体腐烂。

含水量通常是以水分在湿料中的质量分数（%）表示。一般来说，适合食用菌生长的含水量是60%左右。食用菌在子实体发育阶段，要求有较高的空气相对湿度，一般高达 85%～95%；若空气相对湿度低于 60%，子实体生长停止；当空气相对湿度降低到40%～45%时，子实体不再分化，即使已分化的幼菇也会干枯死亡。但空气相对湿度也不宜超过96%，湿度过高，易致杂菌滋长，阻碍菇体的蒸发作用，使菇体发育不良，同时也容易造成子实体腐烂。不同食用菌子实体在生长发育时，对水分的要求见表18-3。

表 18-3　几种食用菌培养料含水量和空气相对湿度（%）

食用菌种类	培养料含水量	空气相对湿度	
		菌丝体生长期	子实体生长期
双孢蘑菇	60～68（料），58～60（覆土）	60～70	80～90
香菇	60～70（木屑），38～42（段木）	60～70	80～90
草菇	60～70	60～70	85～95
金针菇	60～65	70～80	90～95
平菇	60～70	70～80	85～90
黑木耳	60～65（木屑），35～45（段木）	50～70	90～95
银耳	55～60（木屑），40～60（段木）	70～80	85～95
滑菇	60～70	65～70	85～95
猴头菇	60～70（木屑），40（段木）	70～80	85～95

3. 酸碱度

不同种类的食用菌，菌丝生长有最适、最低和最高 pH，但大多数食用菌适宜于酸性培养基质。菌丝生长的pH一般为3～8，最适为5.0～5.5。大部分食用菌在pH大于7时生长受阻，大于9时生长停止。几种食用菌的pH见表18-4。

表 18-4　几种食用菌菌丝生长适宜的 pH

种类	双孢蘑菇	香菇	草菇	平菇	金针菇	猴头菇	银耳	木耳	大肥菇
适宜 pH	6.8～7.0	4.0～5.4	7.5～8.0	5.5	5.4～6.0	4.0	5.0～5.8	5.0～5.4	6.0～6.4

表18-4中适宜的pH并非配制培养基时的酸碱度，这是因为培养基在灭菌后pH要下降；此外，在培养食用菌过程中，菌体新陈代谢产生的有机酸也会使pH降低。因此，在配制培养基时，一般应将培养基的pH提高1～1.5。在食用菌的生产实践中，常利用pH来控制杂菌和杀灭杂菌。另外，为使菌丝的生长稳定在最适pH范围内，在配制培养基时，常加入磷酸二氢钾和磷酸氢二钾等缓冲物质。在培养料中加入少量的碳酸钙或石

膏粉也可起到中和作用。

4. 氧气和二氧化碳

同其他生物一样，食用菌的呼吸作用是吸收氧气，排出二氧化碳。食用菌分解糖类等有机物质是靠氧化作用进行的，过高浓度的二氧化碳直接影响食用菌的呼吸活动，有碍其生长发育。在生产中为防止二氧化碳积累过多，菇房内应经常通风换气，这是食用菌栽培中确保子实体正常发育的重要措施。通风换气能补充菇房内的新鲜空气，排除过多的二氧化碳和其他代谢废气。此外，适当通风换气还能调节空气的相对湿度，减少病菌的滋生。

5. 光照条件

食用菌没有叶绿素，不能进行光合作用，因此不需要直射阳光，但生长环境中保持一定散射光对大多数食用菌来说是很有必要的。只有少数种类如蘑菇、大肥菇和在地下发育的块菌，可以在完全黑暗的条件下完成其生活史。光照强度、光质、光照量的不同，是作用于食用菌生长发育的重要因素。一般来说，食用菌的孢子必须在有光线的条件下才能形成并散发孢子（少数除外），大多数食用菌的孢子在光线或黑暗条件下均可萌发，但光线对蘑菇孢子的萌发有抑制作用。

6. 营养条件

食用菌对营养物质的要求，可分为碳源、氮源、无机盐类及生长素类物质。

（1）碳源　碳素是构成细胞和代谢产物中碳架来源的营养物质，也是食用菌生命活动所需要的能源。食用菌的碳源主要包括纤维素、木质素、淀粉、果胶等。在食用菌生产中，除葡萄糖、蔗糖外，碳源主要来自各种植物性原料，如木材、木屑、稻草、麦秸等。这些物质中的大分子有机物不能直接吸收利用，必须先由菌体分泌出相应的各种水解酶，将这些大分子有机物质降解为简单的物质才能吸收利用。

（2）氮源　氮素是食用菌最重要的营养素之一，也是食用菌合成细胞蛋白质、核酸和酶类的主要原料。无机氮如铵盐和硝酸盐，多数食用菌虽能利用，但效果不好，因此主要是利用有机氮。例如，氨基酸和尿素等小分子有机氮可被直接吸收，而高分子有机氮则必须经菌体分泌的酶分解后才能吸收利用。另外，碳源浓度对氮源利用影响很大，所以碳氮比要适宜，一般在营养生长阶段碳氮比以 20∶1 为好，而在生殖阶段以（30～40）∶1 为宜。

（3）无机盐类　构成菌体细胞物质的组成元素，有的存在于细胞质中以维持菌体细胞一定的渗透压，有的则是酶的激活剂，具有多方面的生理功能。在无机盐中，以磷、硫、钾、钙、镁等元素需求量最大（称为大量元素），其中以磷、钾、镁最为重要。其次还需要少量的铁、锰、钼、硼等元素（称为微量元素）。微量元素可从配制培养基的有机物和天然水中满足。矿质元素广泛存在于畜粪、麦秸、稻草、木屑、棉壳等有机物中，除非有特殊要求，一般无需另外补充。

（4）生长素　这是食用菌生长发育必不可少而又用量甚微的一类特殊有机营养物，

包括维生素、核酸等具有特殊生理活性的物质。例如，维生素 B_1（硫胺素）即为重要的一种生长素，缺乏时，食用菌生长发育受阻，甚至不能出菇。维生素在马铃薯、麦芽、酵母和米糠中有较多含量，因此用这些材料配制培养基时可不必再添加。另外，核酸和核苷酸也是促进子实体生长发育的生长因子，还有一些生长激素如吲哚丁酸（IBA）、赤霉素（GA）、三十烷醇等对菌丝体的生长发育也有促进作用。

第四节 食用菌的制种技术

食用菌生产中，菌种是栽培的根本。菌种的优劣不仅直接影响食用菌产量的高低，而且还关系到栽培的成败。因此要提高食用菌的生产水平，就必须了解和掌握制种技术。

一、制种的基本设备

制种工作是在无菌条件下进行的，为了保证这一工作的顺利进行，需要有如下的一些基本设备。

1. 接种箱或接种室

（1）接种箱 又称无菌箱，是一个用木条和玻璃制成的密闭小箱。箱内顶部应装灭菌用的紫外灯和供照明用的日光灯。箱前开两个圆洞，洞口装有带松紧带的袖套，以防双手在箱内操作时外界空气进入，造成污染（图 18-2）。

图 18-2 接种箱（杨新美，1988）

接种箱灭菌时，用紫外灯照射 30min 即可。若没有紫外灯，可将 10mL 甲醛溶液倒入烧杯，再加入 5g 高锰酸钾（此为 $1m^3$ 用量，必要时用酒精灯加热），熏蒸 30min。

（2）接种室 又称无菌室，一般以面积 4～$6m^2$，高 2m 为宜，既有利于进行清洁工作，又可保持无菌状态。室内地面、墙壁均应平整、光滑，以利灭菌，门窗关闭后要能与外界空气隔绝。接种室外要有缓冲室，供操作人员进行换衣帽、换鞋等准备工作，还可防止外界空气直接进入接种室。接种室和缓冲室最好用拉门，以减少空气流动，而且两个门要错开，不要在同一直线上。接种室和缓冲室要装紫外灯、日光灯。接种室要有工作台及各种用具，如酒精灯、剪子、镊子、不锈钢小刀、酒精棉球、铅笔等（图 18-3）。

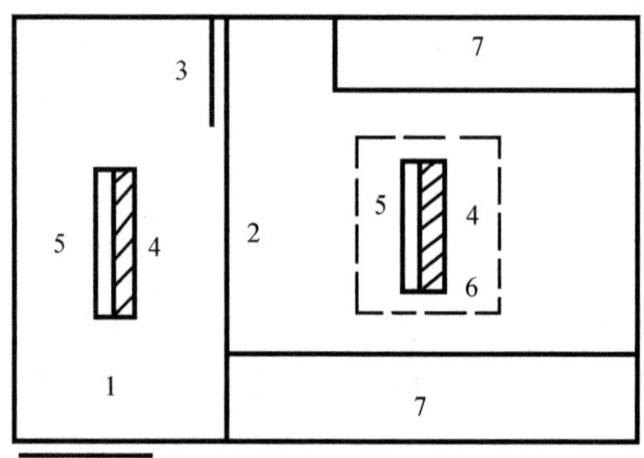

图 18-3　接种室平面图（邓红，2000）

1. 缓冲室；2. 接种室；3. 移门；4. 紫外灯；5. 日光灯；6. 工作台；7. 菌种架

使用接种室时，先要将室内擦干净，再将所需用具及培养基等放入室内，用 3%来苏水喷雾，并打开紫外灯消毒，密闭 30min 后关闭紫外灯再进行接种。接种时可以 1 人或 2 人配合操作，动作要迅速，并严格遵守无菌操作规程。

（3）超净工作台　它采用过滤空气达到灭菌目的。在实际工作中如果接种箱或超净工作台安置在接种室内，则接种效果会更好。

2. 灭菌锅

生产中常用的灭菌锅主要为高压蒸汽灭菌锅，它由一个密闭的、可以耐受压力的双层金属锅组成。锅底（或夹层）盛水，水在锅内煮沸产生蒸汽而不能向外扩散，从而使锅内压力升高，水的沸点也随着升高，这样可获得比 100℃更高的蒸汽温度，有利于迅速彻底地灭菌。一般在 0.1MPa 的压力下（此时温度为 121℃）经 20min，所有微生物均可被杀死。若灭菌物体积大，蒸汽穿透困难，可适当提高蒸汽压力或延长灭菌时间。高压蒸汽灭菌锅有卧式、立式和手提式多种。一般来说，立式高压灭菌锅和卧式高压灭菌锅多在制作原种及栽培种时使用，手提式灭菌锅容积较小，常用作斜面培养基灭菌。

3. 恒温箱和培养室

培养食用菌要控制温度，需要有能调节温度的恒温培养箱（或室），而且要求温度在 20～40℃可任意调节。在菌种大规模生产时需要培养室，要求地平墙光，通风保湿，便于消毒。室内设置木架或铁架，便于摆放菌种。有电源时室内用电炉或电热板加温；无电源时应通火道或火墙加温，不要在室内直接生火。

4. 其他制种用具

（1）接种针　一般有环形、铲形、耙形或刀形，可购买或用电炉丝、不锈钢丝或自行车辐条自行制作。

（2）菌种瓶或菌种袋　菌种瓶多用 500mL 或 750mL 的大口玻璃瓶或其他广口瓶代

替，也有用塑料制成的可以使瓶口、瓶身分开的菌种瓶。菌种袋多由耐高温、高压的聚丙烯薄膜制成。

（3）摇床 液体菌种制备需要摇床。摇床有往复式和旋转式两种：往复式振荡频率为每分钟 80～120 次，往复距离为 8～12cm；旋转式摇床的频率为每分钟 220 次左右。往复式摇床结构简单，使用维修方便。

（4）其他 常用器具还有温度计、干湿球温度计、试管、烧杯、培养皿、玻璃漏斗、量筒或搪瓷量杯、玻璃钟罩、酒精灯、注射器、三角瓶、镊子、手术刀或刀片、钢精锅、电炉、搪瓷盘、天平、喷雾器、铁丝筐、棉花、纱布等。冰箱用以低温保藏菌种，电热干燥箱用于玻璃器皿的干热灭菌及水分测定，生物显微镜用以观察孢子和菌丝的结构。

二、培养基的制备

培养基是食用菌生长的基础，它是依据各种食用菌在生长繁殖过程中对营养物质的需求，用人工方法配制而成的营养基质。一般来说，培养基需要满足下列条件：①碳源；②氮源；③水分；④无机盐；⑤生长素。此外，还要考虑培养基的 pH、渗透压和经济成本。

1. 培养基种类

1）按培养基的组成来源分类

按培养基的组成来源可分为天然培养基、合成培养基和半合成培养基。

（1）天然培养基 利用一些营养丰富的天然产物，如豆芽汁、酵母膏、牛肉膏、玉米粉、土豆、米糠、豆饼、麸皮等作为天然培养基的原料。这类培养基营养丰富、制备简便、经济实用。其缺点是具体成分不清楚，较难定量，适宜在大生产中使用，不宜进行精确的科学实验。

（2）合成培养基 用化学成分和数量完全清楚的有机物或无机物配制而成，这类培养基成分清楚，易于控制，适于做营养、代谢、菌种选育等方面的分析研究。其缺点是价格昂贵。

（3）半合成培养基 在合成培养基中添加少量的天然有机物，或是在天然培养基中添加一些无机盐类，具有天然和合成培养基两者的优点，能更好地满足食用菌对营养物质的需求。

2）按培养基的物理性状分类

按培养基的物理性状可分为液体培养基、固体培养基和半固体培养基。

（1）液体培养基 把各种营养物质溶于水中，培养基呈液体状态，有利于菌丝细胞更好地接触和吸收营养物质，迅速生长。

（2）固体培养基 在液体培养基中加入一些凝固剂可制成固体培养基。常用凝固剂有琼脂、明胶。根据生产需要和季节不同，在培养基中添加琼脂的量也有所不同，一般冬天为 1.5%～1.8%，夏天为 2%，分离菌种时加 2.5%，生产时加 1.5%～2%。食用菌生产中所用的木屑培养基、棉籽壳培养基、种木培养基、粪草培养基、谷粒培养基等也都属于固体培养基。固体培养基通常用来分离、鉴定和保存菌种。

（3）半固体培养基　在液体培养基中加 0.2%～0.5%琼脂，即成半固体培养基。食用菌生产上很少采用。

2. 培养基制备

1）制备程序

培养基种类很多，制备方法各异，但基本操作步骤基本相同，一般按如下程序进行。

（1）称量　按培养基配方，准确称量各种营养物质。

（2）溶化　将各营养物质溶于一定量的水中，然后加热使其溶解。

（3）测定并调整酸碱度　各种菌类都有其一定的 pH 适应范围，pH 偏大，用盐酸调整，pH 偏小，用氢氧化钠调整。

（4）过滤　有些特殊要求的培养基，需用多层纱布或滤纸过滤。

（5）分装　趁热将制备好的培养基分装于试管或三角瓶中。分装时装入量以试管高度的 1/4 为宜（固体培养基以不超过试管高度的 1/5 为宜），分装入三角瓶时，以不超过三角瓶容积的 1/2 为宜，且不要使培养基粘在管（瓶）口上，以免引起污染。

（6）加棉塞　分装好培养基后要塞上棉塞，棉塞要松紧适宜，塞入长度约为棉塞总长的 2/3，使之利于通气，且拔取方便。

（7）灭菌　将塞好棉塞的试管捆扎成束或放入筐内，在外面包一层牛皮纸，即可进行灭菌，灭菌时间和温度按各培养基的规定进行。

（8）摆斜面　灭菌后趁热迅速倾斜放置，使液面处在试管总长的 1/2 处，凝固后成斜面培养基。为了检查灭菌是否彻底，可在 37℃条件下将培养基培养 48h，若无杂菌生长方可使用。

2）举例：马铃薯葡萄糖琼脂培养基（potato dextrose agar，PDA）

配方：马铃薯（去皮）200g，葡萄糖（或蔗糖）20g，琼脂 20g，水 1000mL，pH 6。

制法：选取未发芽、无病害的新鲜马铃薯数个，洗净去皮称取 200g，切成薄片放入烧杯中，加入清水 1000mL，煮沸维持 20～30min，至马铃薯酥而不化为度。加热时稍加搅拌，然后用双层纱布过滤，取汁液并补足水至总体积为 1000mL，在其中加入琼脂，继续加热至琼脂全部溶化，最后加入葡萄糖，再用热水补足到 1000mL，测定并调节 pH。趁热分装入试管（装至试管高度 1/5～1/4），然后塞上棉塞，用牛皮纸扎成捆，进行高压蒸汽灭菌。

三、灭菌与消毒

灭菌与消毒是两个不同的概念，灭菌是指杀死或消灭一定环境中、一定物体上的所有微生物；消毒则是指消灭病原菌和有害微生物。灭菌与消毒是食用菌制种和生产中常用的基本技术。母种培养基、原种和栽培种培养基配制后都要立即进行灭菌，而后才能接种培养。而制种所用器皿、工作场所都需要进行严格的灭菌消毒，使之没有杂菌才能顺利进行工作。下面介绍一些常用的灭菌消毒方法。

1. 常用灭菌方法

1）高压蒸汽灭菌

常用培养基、培养料及一般用具的灭菌，均适用于这种方法。多用手提式高压灭菌锅灭菌。

2）常压蒸汽灭菌

一般用于栽培种生产，也用于食用菌熟料栽培。常压蒸汽灭菌在普通蒸笼内或土蒸汽锅内进行，温度一般只有100℃，灭菌方法有两种。

（1）将待灭菌的材料放入蒸笼内，进行加热，在蒸锅上汽后小火维持8～10h，一次灭菌。

（2）间歇灭菌3次，第1次笼内水烧开上汽后保持1h，停火，间隔12～24h后再蒸一次，如此进行3次，就可达灭菌目的。

3）干热灭菌

最简单的就是利用火焰灭菌。干热灭菌彻底，但适用范围有限，一般只用于接种工具、试管等。玻璃器皿和金属用具通常放在烘箱内进行干热灭菌。

4）紫外线灭菌

用波长265～266nm的紫外灯管（30W）安装于接种箱和接种室内杀菌。但要注意的是：一是紫外线透过物质的能力较差，只适于空气及物体表面灭菌；二是经紫外线损害后的微生物，暴露在可见光中时，部分可恢复正常，所以经紫外线杀菌的环境不要马上使用日光灯。

2. 常用消毒剂

常用消毒剂有甲醛溶液、乙醇、升汞、来苏尔、漂白粉、高锰酸钾、新洁尔灭等。

（1）甲醛溶液　又称福尔马林，市售甲醛液浓度为36%～38%，是一种较强的消毒杀菌剂，对细菌和真菌都有抑制和杀伤作用。1∶200的甲醛水溶液在6～12h就可杀死细菌的芽孢。用此液消毒接种室（箱）、培养室等，一般1m^{3}用量为10mL。消毒时将甲醛液倒入小容器内，再加入少量的高锰酸钾任其挥发，或用酒精灯加热使其挥发，也可用甲醛液喷雾消毒。使用时要注意安全。

（2）酒精　是一种广泛使用的消毒剂，其杀菌机理是脱水作用，使蛋白质凝固变性而导致细菌死亡。通常以70%～75%的酒精杀菌力最强，浓度过高或过低效果都不好。常用于玻璃器皿、金属刀具及皮肤表面消毒。

（3）升汞　又名氯化汞，白色结晶粉末，微溶于水，杀菌力极强。对金属有腐蚀作用，对人和动物有毒性，使用时要注意安全。常配成0.1%～0.2%升汞溶液，用于母种分离时对种菇、种木进行表面消毒。

（4）来苏尔　又名煤酚皂溶液，市售为含 50%来苏尔的肥皂溶液，俗称来苏水。常用 1%～3%的来苏水溶液对皮肤及各种器械消毒，3%～5%的来苏水溶液进行器皿、污物浸泡（约 1h）消毒，也用于接种箱喷雾消毒。

四、食用菌制种

食用菌菌种生产，需要经过母种、原种和栽培种 3 个培养步骤。母种一般是采用孢子分离法或组织分离法得到的纯培养物，移接在试管斜面培养基上培养而成的纯种。母种在斜面培养基上再次扩大繁殖，所得菌种为再生母种。原种由母种或再生母种移接到装有木屑或粪草等固体培养基的专用蘑菇瓶中，经过适温培养而成。栽培种直接用于接种到段木或菌床或栽培袋上培养生产子实体。3 种菌种的制作过程，实际上是同一菌种逐级扩大的过程。

近年来也有用液体培养基培养成液体菌种用于生产食用菌的。其做法是将纯正优质的菌种接入液体培养基中，使菌丝在其中生长繁殖，形成大量的菌丝小球，然后可将这种培养体当原种用，接入栽培种培养料中；也可当作栽培种直接拌入栽培料中，制成菌块，让其形成子实体。食用菌菌种生产流程如图 18-4 所示。

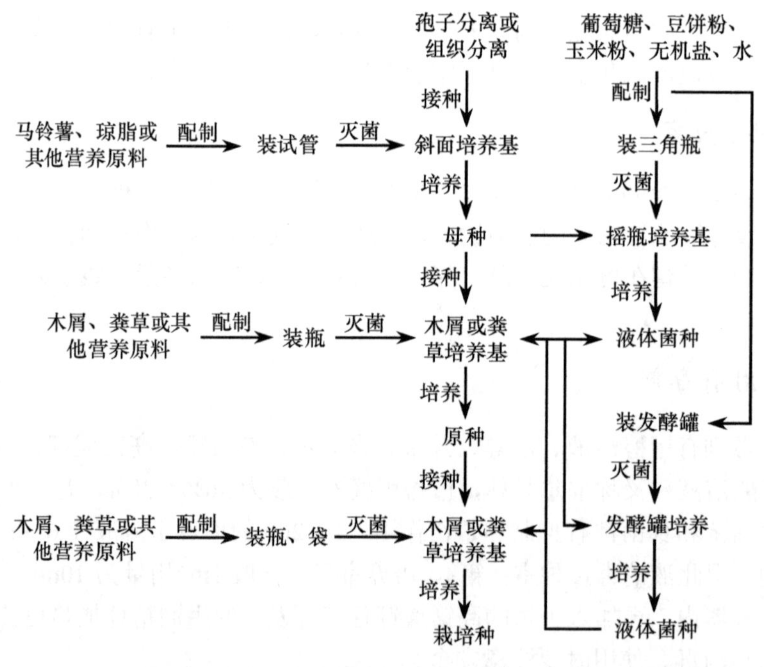

图 18-4　食用菌菌种生产流程（邓红，2000）

第五节　菌种质量鉴定及保藏

一、菌种质量鉴定

菌种质量的鉴定包括两个方面：一是显性性状，即菌种外观形态特征，如菌种的纯度、生活力强弱等，可借用显微镜及肉眼观察判断。二是隐性性状，即品种或菌株的优劣、是否高产优质、抗逆能力等，凭菌种外观难以鉴别，必须通过栽培出菇试验才能鉴定。当然，检查是否是优质菌种，还必须按照标准进行。

1. 优质菌种的标准

食用菌优质菌种的标准随品种不同而有差异。但总的来看，一个优良的菌种应该达到："纯、正、壮、润、香"的标准。具体要求是：①纯，即菌种的纯度高，不感染任何杂菌，或混入其他类似菌种。②正，即菌丝色泽要纯正，多数种类的菌丝应洁白、有光泽。原种、栽培种菌丝应相连接成块，而不松散，无老化变色现象。③壮，即菌丝健壮，分枝浓密，生命力强。接到新的培养基上吃料快、长势好、不萎蔫、不衰老、不死亡。④润，即培养体湿润，与瓶壁紧贴而不干缩，含水量适宜。⑤香，即具有一定的清香，不得有霉腐气味，如香菇种还要有香菇特有的芳香气味。

2. 菌种鉴定方法

（1）直观法　用肉眼直接观察菌种，看包装是否合乎要求，棉塞有无松动，试管、玻璃瓶、塑料袋是否破损，有无病虫害侵染，色泽是否正常，有无老化现象。再打开瓶塞，从菌种瓶中部取出小块菌丝体，观看颜色，闻其气味，手捏料块检查其含水量，看是否符合上述标准要求。直观法比较简单，但鉴定人必须要有实践经验。

（2）镜检法　选取少量菌丝制片，在显微镜下观察分枝、分隔、锁状联合及孢子，对细胞结构进行鉴定，特别对菌种标签不清、失掉或错误的更需镜检，但品系之间的差别，镜检难以解决。

（3）培养观察　对分离和引进菌种，通过培养菌丝，观察其在偏干、偏湿及干湿适宜条件下的生长情况，以及耐高温测试，以确定菌种生活力及适应环境能力。

（4）出菇试验　对分离或引进菌种，在用于生产前必须做出菇试验，根据条件采用瓶栽、压块栽培出菇，观察出菇能力，做好生物学记录，通过产量和质量分析后才能推广应用于生产。

二、菌种保藏

一个优良的食用菌菌种，在长期的生产应用或保存过程中，往往由于传代次数过多，培养时间过长，或因外界条件的不利影响，管理不当而造成衰退或死亡。为了使菌种的优良性能长期地保存下来，防止其衰退，应做好保藏工作。

1. 菌种衰退的防止

常用的方法是控制传代次数，即把必要的移接传代降到最低水平。减少菌种传代次数的方法一般是这样进行的：将分离获得的具有优良性状的母种，进行大批试管接种，妥善保存。每次使用时，从中取出少数几支母种试管，扩大移接，成为第二代母种。将第二代母种试管的多数也妥为保存，取出其中少数，进一步扩大移接而成为第三代母种。第三代母种可直接用于生产。当第一批第三代母种使用完后，再从第二代母种试管中取出几支，移接扩大而成为第三代母种。同样，当第一批第二代母种使用完后，从第一代母种试管中取出几支，移接扩大而成为第二代母种，再从其中取出少数几支扩大而成为第三代母种。这样就可以有效控制传代次数，使生产用的母种都控制在第三代。在食用菌生产中，一般用的母种多为移接的第三代。有些食用菌种，生命力强，变异性小，可多移接几代，但最多不超过五代。若传代次数过多，营养及培养条件不适，就会使菌丝的生活力减弱，出菇率低，造成出菇迟，朵小、畸形，甚至不能正常出菇。

2. 菌种保藏法

菌种保藏的方法很多，其基本原理都是采取干燥、低温、冷冻和缺氧等技术，使菌种停止繁殖，降低代谢速度，使生命活动处于休眠状态，达到既延长保藏时间，又保持菌种的纯正，防止死亡和衰退的目的。

（1）斜面低温保藏法　是最常用的方法，可随时观察所藏菌种是否衰老、死亡或被杂菌污染。具体方法是将培养并生长丰满的斜面试管菌种用普通纸或硫酸纸包好，放入低温、干燥处保藏。通常是放在4℃左右的冰箱中。低温保存的菌种，一般应每隔3个月重新移接培养一次，最长不得超过5个月。

（2）液体石蜡保藏法　液体石蜡又称矿油，此法简便易行，只要在保藏菌种的斜面上灌注上一层无菌的液体石蜡即可。注入量要高出斜面尖端1cm为宜。如果灌注太高，则移接不方便；太少时，在保藏过程中会干涸。此法的原理是使菌丝隔绝空气，降低新陈代谢速度，推迟细胞老化，并可防止水分蒸发，从而达到保藏的目的。因此法保藏的菌种可不必放在冰箱内，最好1～2年移接一次，每次移植出的菌丝体，由于沾有少量矿油，刚移出的菌种长势较弱，常需转代一次后方可使用。

（3）滤纸保藏法　是将食用菌孢子吸附在滤纸上，干燥后妥为保存的方法。做法是先将滤纸截成0.8cm×4cm的小条，放入安瓿瓶或小试管中，每管装1条，以0.1MPa的压力灭菌30min后使用。按无菌操作用接种环挑取孢子移入无菌水中，充分摇匀制成悬浮液，再用灭过菌的吸管吸取孢子悬浮液，滴在滤纸上，然后将此小管放入干燥器内（以P_2O_5作吸水剂），用真空泵抽气，使滤纸干燥，再将干燥器移入低温条件下保存。此法有效保存期可达2～4年。

另外还有菌丝球生理盐水保藏、液氮超低温保藏法、自然基质保藏法、砂土管保藏法、冷冻干燥保藏法等。要根据工作需要和具体条件选择不同的保藏方法。

第六节　食用菌加工技术

目前，食用菌的加工产品已有几十种，主要有罐头、酱油、干制品、饮料、酒、蜜饯、软糖及其他食用菌食品。

一、食用菌的盐渍

用食盐将新鲜食用菌腌制加工的过程，称为盐渍。腌制加工适于绝大多数食用菌，盐渍出口的种类主要有蘑菇、平菇、滑菇、猴头菇等。

食用菌盐浸工艺流程如下：

原料菇的选择→漂洗→杀青→盐渍→装桶

二、食用菌的醋渍

用含有乙酸或乳酸，pH 在 4.5 以下的酸性溶液保存食用菌，并使之具有一定风味的加工方法称为醋渍。醋渍因工艺方法不同，可分为半发酵法和非发酵法两种。半发酵法是将食用菌保藏在低浓度盐液内，通过自然发酵而产酸。当乳酸浓度在 0.2%～1.2%时，便可抑制蛋白分解菌所引起的腐败。若用乳酸杆菌进行接种，可加快发酵过程，24h 后所产生的乳酸量已能达到安全保藏的目的。在欧洲常采用此法，称为酸藏蘑菇。非发酵法是直接在浸渍液中加入食醋、80%食用醋精、冰醋酸和其他香辛料，也能有效地抑制有害微生物的生长。菇类所含维生素 C 在酸性环境下比较稳定，因此，醋渍不仅不会破坏维生素 C，还能提高营养价值，使产品具有可口的风味。

食用菌醋渍的工艺流程如下：

选料→整理→清洗→预煮→装桶→冷却

三、食用菌干制

食用菌干制是通过自然干燥或人工干燥，使食用菌的含水量降到 13%以下，以利于贮运而广泛采用的一种加工方法。常用的干制方法有晒干、烘干、热风干燥、冷冻干燥等。经过干制的食用菌也称干品，大多数食用菌都可制成干品。香菇、红菇、银耳、木耳、竹荪等的干制品是很名贵的。食用菌经过干制后，能产生浓厚的菇香和改善色泽，提高商品价值，同时能长期贮藏。但干制法对食用菌所含的某些维生素有破坏作用，这是不足之处。

四、食用菌罐藏

将新鲜食用菌经过一系列处理之后，装入特制的容器内，经过抽气密封，隔绝外界空气和微生物，再经过加热杀菌，便可在较长时间内保藏菇类，这种加工方法称为罐藏。

按罐藏内容物的组成和制造目的的不同，食用菌罐头产品可分为两大类。以食用菌整菇、片菇或碎菇为主要原料，注入适当浓度的盐水作填充液，称清水罐头。以马口铁罐和玻璃瓶罐为主要盛装容器，是当前食用菌罐头生产的主要类型。例如，蘑菇罐头、鲜草菇等，主要用于菜肴的烹调加工。另外用食用菌类、肉类、鸡、鸭等为原料烹调加工成的罐头产品可直接食用，是一种取食、携带都很方便的食品，除用马口铁罐、玻璃瓶罐外，现已开始采用复合塑料薄膜袋包装，通称为软罐头，这将成为食用菌罐头发展的新方向。

菇类罐头生产工艺因罐藏品种不同而有所区别，其基本工艺流程如下：

原料选择→漂洗、整理→烫煮、冷却→装罐→注液→排气、
密封→杀菌→冷却→检验、入库

五、食用菌蜜饯

食用菌蜜饯是用浓糖浆煮制的食用菌糖制品，适宜制作蜜饯的食用菌有蘑菇、平菇、金针菇、猴头菇、银耳、木耳等，要求原料新鲜、质地细腻、纤维含量少。表面比较湿润，带有糖汁，含水量在30%的制品，一般称食用菌蜜饯；表面比较干燥，没有糖汁，含水量较低的制品，则称为食用菌脯。食用菌蜜饯与食用菌脯的生产工艺大致相同。

食用菌蜜饯生产工艺流程如下：

选料整理→烫漂→硬化→冷浸糖、煮糖→烘干、上糖衣→包装

六、食用菌饮料

1. 用子实体提取物制备香菇饮料

（1）制备香菇浸膏　取1kg菇柄，用水洗净，加入浸液5L，加热至 95℃（浸液含0.1%植酸、0.1%维生素 C、0.3%偏磷酸钠），经捣碎机捣碎，继续加热，使温度不低于95℃，维持10min。取出用4000r/min的离心机进行分离，得第1次抽提液4～5L。在残渣中加入含有0.1% Na_2CO_3、浓度为3%的食盐水，在80℃条件下抽提20min后分离，得第2次抽提液约4.7L。再将分离残渣浸于1L pH为4.0的柠檬酸缓冲液中，加入2g果胶酶、5g蛋白分解酶，在40℃条件下振荡50min，速度为70r/min，待充分反应后离心分离。合并所有滤液，进行高温瞬时浓缩，至浸液体积约2L（或在50～55℃条件下真空浓缩至5L），取出，加入100目活性炭，用60目尼龙过滤脱色，再次浓缩至200mL，即得香菇浸膏。连续生产时，可省去浓缩工艺。

（2）配制香菇汽水　柠檬酸0.16%，白砂糖11%，苯甲酸钠0.05%，香精0.05%，香菇浸膏适量等。其生产工艺流程如图18-5所示。

2. 用菌丝体提取物制备香菇饮料

（1）菌丝体培养　甘蔗渣90份，新鲜米糠10份，加水适量，制成培养基，灭菌后，接入香菇菌种，在适温下培养。

（2）酶解　待菌丝长出后，从袋内取出，打散，然后在每千克培养物内加入去离子水3.5L，精制纤维素酶2g，使混合物保持在40℃，通过变速齿轮泵循环粉碎，使80%能通过12目筛，加热到90℃灭菌30min，使酶失活，再将混合物用60目滤布过滤，可得到含有微小悬浮物、呈淡褐色的香菇保健饮料。若要得到澄清的滤液，可用静置沉淀法或更细的滤布分离除去悬浮物。香菇保健饮料具有降压、利尿和缓解疲劳的功效。

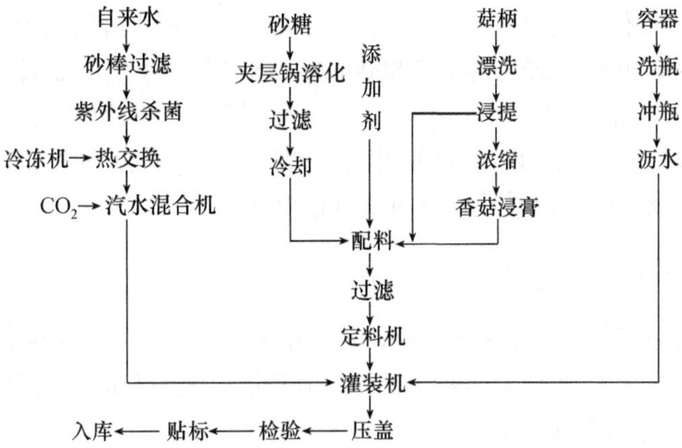

自来水→砂棒过滤→紫外线杀菌→热交换（冷冻机→）→汽水混合机（CO_2→）→灌装机
砂糖→夹层锅溶化→过滤→冷却→配料
添加剂→配料
菇柄→漂洗→浸提→浓缩→香菇浸膏→配料
配料→过滤→定料机→灌装机
容器→洗瓶→冲瓶→沥水→灌装机
灌装机→压盖→检验→贴标→入库

图 18-5 香菇汽水生产工艺流程

3. 香菇速溶茶

（1）原料粉碎及浸制 选择优质鲜香菇，用清水漂洗除去杂质，捞起沥干后迅速送入烘房干制脱水，然后将干菇粉碎成粗大颗粒（如绿豆般大小）。配制糊精液，先将糊精放入冷水中，搅拌均匀，加热至 70～80℃，待完全溶解，逐渐降温到 40℃以下时，将香菇颗粒放入糊精液中浸制，其配比为干菇∶糊精∶水 = 1∶1.2∶1.5，维持温度 40℃，浸制 6～12h。

（2）压滤、干燥 将浸制液过滤，防止出现沉淀和混浊现象，然后将滤液在 50～60℃条件下进行喷雾干燥。

（3）混合配料及包装 将所得干燥香菇浸制粉末与干燥精制盐、复合鲜味剂（复合鲜味剂含谷氨酸钠 95%、5′-鸟苷酸 2.5%、5′-肌苷酸 2.5%）进行干态混合，其比例为 100∶15∶4，充分搅拌均匀，其混合制剂即为成品香菇速溶茶。成品暴露在空气中极易回潮黏结，故采用防潮材料密封包装。

分离出的香菇滤渣仍有良好的风味和营养价值，可充分利用。将滤渣烤干、磨粉后过 100 目筛，加入一定量的鲜味剂和香辛料，即成为香菇快餐汤料。配有香菇汤料的香菇方便面，具有风味突出、营养价值高并兼有食疗价值的优点。

七、食用菌酒

1. 香菇酒

它是一种以香菇提取液为基质，补充适量糖分，接种酵母进行发酵酿制的健康饮料，不仅能改善风味，而且突出香菇的药用价值。

（1）生产流程 干菇（或菇柄）粉碎→糖化→发酵→过滤→陈酿→过滤→成品。

（2）工艺特点 将干菇粉碎过 120 目筛，然后在菇粉中加入 30%的水，通入蒸汽，加热 30～40min。取菇粉 15～20g、蔗糖 18～20g、果糖 95～100g，再加入 350mL 水进行糖化，在此糖化液中加入预先培养好的酵母悬液 40mL，用乳酸、柠檬酸调整 pH 为

3.0～3.5，在 15℃条件下发酵 3～4 天，然后加入如前所述的糖化液 1600mL，在 15℃条件下发酵 2～3 天，再加入前述糖化液 8000mL，15℃条件下发酵 2 天，上过滤槽，得滤液 8500～9000mL。加入 50～150mg/kg 的偏亚硫酸钾。将除渣后的滤液在 60℃条件下加热 10min，陈酿 6～8 个月，活性炭过滤，即得成品。香菇酒呈淡琥珀色，酒精浓度 11%，pH 为 3.4，酸度 6.2，香菇精含量 2.7mg/100mL。

2. 香菇糯米酒

以优质糯米为原配，配以香菇，采用传统方法酿制而成的高级滋补健身饮料，具有益气、治风、破血、滋补强身等功效，能有效地降低血液中胆固醇的含量，防治高血压，预防肝硬化、动脉硬化等病症。

（1）原料及配方　上等糯米 100kg、干香菇 3kg、古田红曲 2.5kg，酒精体积分数为 50%的烧酒和 70%（体积分数）脱臭酒精适量。

（2）生产工艺　将香菇洗净、切碎，放入蒸料桶内，加清水 30kg，浸渍 4h，然后向蒸料桶内通入蒸汽，加热蒸煮 2h，冷却后分离提取香菇液。将分离所得菇渣，用 70%（体积分数）脱臭酒精浸泡备用。按传统淋饭法，将糯米进行浸泡、蒸饭、淋饭、拌曲糖化。当甜液在锅内达饭堆 4/5 高度时，加入香菇液，搅拌均匀，继续糖化。物料下瓮后的 1～2 天，温度上升快，当缸内有“嘶嘶”发酵声时，分别加入酒精体积分数为 50%的陈年米烧酒、红曲水（红曲加水 10kg，提前 7h 浸渍备用）、香菇渣，充分搅拌均匀，使之继续发酵。根据气温和品温的变化，视发酵情况，在发酵期进行 3 次开耙。经 50 多天的发酵，酒醪已渐沉缸，便可进行榨酒。榨出的生酒经静置，抽取上层清液，放到已灭菌的大缸内，密封陈酿 1 年后，勾兑、化验、分装。

成品酒红褐色，清澈明亮，入口醇厚，回味绵长。酒精含量 16%～18%（体积分数），糖分 15%，总酸 0.45%，并含有多种氨基酸、维生素、月桂醇、月桂醛和月桂酸等。

八、食用菌酱油

生产蘑菇罐头的蘑菇预煮液经浓缩后，添加其他香辛料可制成普通酱油；也可以以黄豆或豆饼、蘑菇为原料，采用传统发酵工艺制成蘑菇高级酱油。蘑菇高级酱油生产工艺如下。

1）原料及配方

黄豆或豆饼 100kg，鲜菇 10kg，面粉 75kg，种曲 5kg，食盐适量。

2）工艺方法

（1）制曲　取麦麸 5kg，加等量清水搅拌均匀，用纱布包好，入笼蒸熟，冷至 40℃，用纯菌种接种，拌和均匀，铺放在曲盘内，厚 3cm，置 25～28℃条件下培养 4～5 天即成种曲。

（2）制酱醅　将处理好的黄豆或豆饼用清水浸泡，至豆粒充分吸水，淘洗干净，蒸

5～6h，至手捻时豆皮滑脱，豆瓣分开而不烂为适宜。取出摊放散热，料温降到 40℃左右时，加入面粉和种曲，拌和均匀，摊放在发酵盘内，厚 3～4cm，置 25～28℃的发酵室内培养。约经 24h，料温上升到 40℃，开门窗通风，适当降低室温。再经 3～4 天培养，料面由白转黄，酱醅发酵完成。

（3）腌制菇丁　利用不符合制罐要求的开伞菇、畸形菇、次品菇、碎菇或菇柄作加工原料，整理干净，用清水漂洗，在开水内烫漂 5～8min，取出，切成 1cm 见方的菇丁，晾凉后用饱和盐水腌制备用。

（4）制酱油　将酱醅捣碎，与菇丁拌和，移入缸中，每 100kg 酱醅加 30°Bé 盐水 25kg，置于室外，任其日晒夜露，雨天加覆盖物。约 1 周后，酱坯下沉，表面略带黑紫色时，翻缸。连翻 2～3 次。露晒至缸内有浓郁酱香，呈褐色，并有光泽时，酱坯成熟。从缸内取出，用压榨法抽取蘑菇酱油，即可分装。蘑菇中含有的 5′-鸟苷酸有强烈的助鲜作用，其产品风味更加绵厚醇美。

九、食用菌软糖

以猴头软糖为例。猴头软糖是以猴头菇提取液为原料制成的滋补食品，具有助消化、利五脏、治胃病的作用。

1）原料及配方

猴头干菇 5kg，白砂糖 30kg，80%葡萄糖浆 61kg，食用色素 3.2g，柠檬酸适量，琼脂 4kg，水 40kg 左右。

2）工艺方法

（1）制取猴头菇提取液　将猴头菇在沸水中浸泡数分钟，捞起，用清水反复洗 3 次，除去苦涩味，倒入水中煮 1h，用纱布压榨取滤汁。

（2）化糖、压模　先将琼脂用冷水浸软，洗净沥干水分，与白糖一起倒入猴头菇提取液中，煮沸，直到 102～128℃停火；冷却到 70～75℃时，加入柠檬酸、食用色素，充分搅匀，待温度下降到 65℃时，倒入糖果模型中，立即冷却凝结。

（3）干燥、包装　脱模后，置方盘内，放入 50℃左右烘房或红外线烤箱中烘干，立即包装。

同样方法还可以生产具有不同食疗价值的香菇软糖、银耳软糖等。

十、其他食用菌食品

1. 香菇松

香菇松是一种用香菇柄制成的风味食品，其形似肉松，呈淡黄色或金黄色，具有浓郁的香菇风味，又有肉松的质地口感，是一种营养丰富、可食纤维含量高的保健食品。

（1）原料及配方　干菇柄 100kg，优质酱油 4～6kg，白糖 3～4kg，花生油 2～3kg，葱 5kg，精盐 0.6kg，黄酒 4kg，复合味精 200g，生姜、茴香、五香粉、色素适量。

（2）生产流程　菇柄预处理→调制复合鲜味汁→预煮→打丝→炒制→冷却→包装。

2. 茯苓饼

据传，茯苓饼原是明、清皇宫中的节令膳点，后来传入民间成为北京特产。茯苓饼又称茯苓夹饼，久食具有健脾益胃之功用，又是人们喜爱的健康食品。

（1）原料及配方　淀粉 10kg，特制粉 2.5kg，桂花 2.5kg，白砂糖 37.5kg，核桃仁 15kg，蜂蜜 18.5kg，松仁 7.5kg，瓜子仁 5kg，芝麻仁 5kg，杏仁 5kg，茯苓 20g。

（2）生产流程　配料、制馅→烤皮→夹馅。

3. 菇味素香肠

菇味素香肠是一种用菇类子实体取代普通香肠中大部分动物性脂肪，并能保持香肠固有风味和特色的健康食品。所用菇类主要是香菇和平菇。

（1）原料及配方　香菇 24kg，平菇 36kg，瘦肉 21kg，肥膘 9kg，淀粉 10kg，精盐 3kg，白糖 4kg，硝酸钠 20g，汾酒 2.5kg，味精 300g，生姜粉 300g，白胡椒粉 200g，干肠衣 2～2.4kg。

（2）生产流程　原料整理→灌制→漂洗→晾晒或烘烤→保藏。

4. 香菇咸面包

香菇咸面包是以香菇热水提取液、面粉、大豆粉为主要原料，经酵母发酵后制成的烘烤食品。这是一种非常容易消化和吸收的营养食品，适用于儿童和体弱多病者。

（1）原料及配方　标准粉 49kg，大豆粉 1kg，砂糖 0.2kg，食盐 0.5kg，酵母 0.5kg，香菇 3kg，植物油 1kg，卵磷脂 120～140g，维生素 C 5g。

（2）生产流程　制备香菇提取液→第 1 次发酵→第 2 次发酵→整型与成型→烘烤。

第七节　食用菌产品分级、包装和贮运

一、产品分级

食用菌各地的分级标准略有不同，在此仅将主要产品较通用的分级标准介绍如下。

1. 干香菇分级标准

香菇的商品等级是根据菌盖特有的花纹、形态、菌肉、色泽、香味和菇粒大小来划分档次的。一般将干香菇分为 3 类 10 等，其划分标准大体如下。

花菇：菌盖有白色裂纹，呈半球形，卷边，肉肥厚，菌盖褐色，褶浅黄色，柄短，足干，香味浓，无霉变，无虫蛀，无焦黑。其中 1 级品菌盖直径为 6cm 以上，2 级品菌盖直径为 4～6cm，3 级品菌盖直径为 2.5～4cm，破碎不超过 10%。

厚菇：菌盖呈半球形，卷边，肉肥厚，菌盖褐色，褶浅黄色，柄短，足干，香味浓，

无霉变，无虫蛀，无焦黑。其中 1 级品菌盖直径在 6cm 以上，2 级品菌盖直径为 4～6cm，3 级品菌盖直径为 2.5～4cm，破碎不超过 10%。

薄菇：菌盖平展，肉稍薄，盖棕褐色，褶淡黄色，柄稍长，足干，无霉变，无虫蛀，无焦黑。其中 1 级品菌盖直径在 6cm 以上，2 级品菌盖直径为 4～6cm，3 级品菌盖直径为 2.5～4cm，破碎不超过 10%。

菇丁（菇粒较小的薄菇和厚菇）：菌盖直径 2.5cm 以下的小朵香菇，色泽正常，柄稍长，足干，无霉变，无虫蛀，无焦黑。

2. 鲜香菇分级标准

厚菇：菇形完整，菌盖肉厚呈球形，直径 4～5cm，菌褶整齐呈乳白色，菇柄 2cm 以下，无异味、无病虫害和机械伤，无畸形菇。

薄菇分级如下。

1 级：菇形完整，菌盖肉厚，全部开伞或稍卷边，直径 6cm 以上，成扁平型，无大开伞及翻边菇，菌褶整齐，新鲜呈乳白色，菇柄 2cm 以下，无异味，无虫斑，无病害和机械伤，无畸形菇。

2 级：菇形完整，菌盖全开成扁平型，无大开伞及翻边菇，直径 4cm 以上，菌褶整齐，新鲜呈乳白色，菇柄 2cm 以下，无异味，无虫斑和机械伤，无畸形菇。

3 级：菇形不整齐，菌盖稍有破裂残缺或大开伞翻边菇，菌盖直径 2cm 以上者，略有少量畸形菇，新鲜无烂菇。

3. 木耳分级标准

1 级：耳面黑褐色，有光亮感，背暗灰色，肉层坚韧有弹性，朵片完整，不能通过直径 2cm 的筛眼，无拳耳、流耳、流失耳、卷耳，无虫蛀、霉烂、泥沙，含水量不超过 14%，干湿比为 1∶15 以上，耳片厚度在 1mm 以上，杂质含量不超过 0.3%。

2 级：耳面黑褐色，背面灰色，朵片基本完整，不能通过直径 1cm 的筛眼，无泥沙、虫蛀，无拳耳、流耳、霉烂耳、流失耳，含水量不超过 14%，干湿比 1∶14 以上，耳片厚度为 0.7mm 以上，杂质不超过 0.5%。

3 级：色泽多为黑褐色至浅棕色，朵小或成碎片，不能通过直径 0.4cm 的筛眼，拳耳不超过 1%，流耳不超过 0.5%，无霉烂、虫蛀、流失耳。含水量不超过 14%，干湿比为 1∶12 以上，杂质含量不超过 1%。

对于加工的食用菌产品标准可参见国家标准，在此不一一列出。

二、包装及贮运

鲜菇上市应有良好的包装。将新鲜菇装在穿孔的聚氯乙烯塑料袋中，能减少贮藏中水分的损失，保持鲜菇所固有的脆嫩、柔滑的特色。合理的包装可以减少菇类在运输过程中因碰撞、挤压而造成的机械损伤，利于货架陈列和商品发售，因此是提高产品效益，使产品标准化、商品化的一项重要措施。

包装容器的选择要求经济、实用并符合消费习惯。长途运输包装容器要求材质轻韧，有一定机械强度。小包装材料应采用质轻、坚固、无不良气味、具有良好外观的材料。常用的有木箱、竹筐、硬纸板盒、聚乙烯塑料箱或泡沫聚乙烯塑料箱。食用菌包装材料要有良好的通透性，一般是在包装容器上打孔，以利通风和散热。分装容器的大小要适合，一般以 0.5～1kg 规格较为适宜。

鲜菇的包装工艺要求：首先进行整理，除去不能食用的部分，然后按标准进行分级，包装时可用硬实的篮、筐、篓或硬纸箱，先垫入一层软纸、草、棉或者刨花丝，伞菌最好不要多层叠放，放入填充物后放上产品，使菌盖面向上，加盖一张玻璃纸，轻轻装满后，上面再盖一层刨花丝即可，避免菇体受压损伤。如用统一的精致小纸箱包装上市，会受到消费者的欢迎。也可用一张硬纸皮按一定间隔打孔，把伞菌菌柄插入小孔固定，周围垫上填充物，防止运输时摇动。

如果产地离供应点较近，可采用纸袋、塑料丝网袋或食品薄膜袋包装。远距离运输蘑菇时，为防止菇体变色，将鲜菇先放入 0.01%的亚硫酸氢钠溶液中漂洗 2～3min，再浸入 0.03%～0.05%的亚硫酸氢钠溶液中运输，能防止蘑菇创面氧化变黑，并对菇体起到漂白作用。盐渍、醋渍的菇类，应保存在缸、专用木桶、塑料桶或内有塑料袋的铁桶内。按规定重量装入菇，再将袋封扎好，将盖盖严。干制菇（耳）类待其足干时，及时密封包装，为防止虫蛀，可放入一些花椒粒。上述缸、桶、箱、袋置于清洁、干燥、凉爽处贮藏，袋装产品须防鼠害。

运输过程中，要做到轻搬轻放，避免挤压，并避免在中午气温高时运输。运输与贮存的有关事项按国家有关标准执行。

第十九章　食品感官评价与伪劣食品鉴别

感官评价（sensory evaluation）也称感官分析（sensory analysis）或感官检验（sensory test），它是指用人的感受器官检查、分析产品感官特性的一种分析检验方法。食品感官评价是通过人的5大感受器官对食品的感官性状（色、香、味、形等）进行综合性鉴别和评价的一种分析、检验方法，并且通过科学、准确的评价，使获得的结果具有统计学特性。

食品感官评价简便易行，直观实用，灵敏度较高，结果可靠，并且解决了一般理化分析所不能解决的复杂的生理感受问题，是食品消费和进行食品质量控制过程中不可缺少的重要方法，同时也是食品生产、销售和管理人员及广大消费者必须懂得的一门技能。此方法目前已被国际上普遍承认和采用，并在食品质量分析和检验、新产品研制、产品评优及市场预测等方面得到日益广泛的应用。

第一节　食品感官评价概述

一、食品感官评价的特点

感官评价是利用人的感官进行的试验，会受很多因素的影响，很难保持稳定。因此，人们一直在寻求用电子感官评价手段来代替人工感官评价的途径，而且这方面的努力已经取得了一定的进展，如电子鼻、电子舌等电子感官评价手段已广泛应用于食品品质分析及评价等领域；或采用化学计量学方法构建理化指标与感官评价之间的预测模型，达到以理化指标反映食品整体风味品质，也可用感官评价预测食品的各项理化指标；抑或是采用模糊数学等统计学方法从感官评价数据源层面进行筛选，剔除差异显著评价值，并给予各感官属性权重系数，使评价结果更趋科学。

感官评价作为评价食品质量的有效方法，理化分析和微生物检验不可能在短时间内取代感官评价。人的感觉器官是非常精密的“生物检测器”，它可以检测到用化学分析仪器无法测到的微量成分，经过严格训练的人甚至可以非常灵敏地分辨出几千种不同的气味。例如，人的嗅觉能闻出1/2000mg麝香的气味，1ppb（1ppb = 1μg/L）硫化氢等。利用仪器进行食品的物理、化学分析检测，只能了解组成食品的化学成分和物理状态，对其风味的好坏、口感的优劣却很难用理化指标准确地表示出来。例如，茅台酒与五粮液酒的口味哪个更好？食用者可通过视觉、味觉、嗅觉等，对食品的色、香、味、形、质地进行全面的、综合性的评价，而这是理化分析难以办到的。尤其重要的是，当食品的感官性状只发生微小变化，甚至这种变化轻微到有些精密仪器都难以准确发现时，通过人的感觉器官都能给予应有的鉴别。可见，食品的感官评价有着仪器分析所不可替代的特性。在食品的质量标准中，第一项内容一般都是感官指标。

二、食品感官评价的作用

感官评价包括两方面的内容：一是以人的感官测定物品的特性；二是以物品来获知人的特性。每次感官评价试验依据试验目的，由不同性质的评价小组承担，试验的最终结论是评价小组中评价员各自分析结果的综合。所以，在感官评价试验中，并不看重个人的结论如何，而是注重于评价员的综合结论。食品质量感官评价方法广泛地应用于食品生产、贮藏、流通、消费和新产品开发等过程中。例如，从肉的色泽到香味，酒的勾兑到评优，新产品的研制到市场调查等，均离不开感官评价。食品质量感官评价的作用可概括为以下几个方面。

（1）对食品原材料及最终产品进行质量控制。

（2）对食品加工过程的各工序进行质量监督和检验。

（3）进行降低生产成本的科学试验和研究。

（4）进行食品的贮藏试验。

（5）对食品进行产品质量评比。

（6）进行新产品的开发。

（7）对市场商品进行分析检验。

（8）发挥监督检验作用。

三、食品感官评价的类型

食品感官评价一般分为两大类型，即分析型感官评价和偏爱型感官评价。在实践中应根据试验目的选定其中一种类型。

1. 分析型感官评价

分析型感官评价也称为Ⅰ型或A型感官评价，是指用人的感觉器官作为一种分析仪器来测定物品的质量特性或鉴别物品之间的差异等。例如，原材料质量检验、食品品质鉴定等都属于这种类型。进行分析型感官评价时，为了降低个人感觉之间的差异，提高测试精度，需要注意如下事项。

（1）评价基准和尺度统一、标准化　对于每一个测定评价项目都要有明确、具体的评价尺度和评价基准物，且基准物和评价尺度必须具有连贯性和稳定性。制作标准样本是评价基准标准化最有效的方法。

（2）试验条件规范化　感官评价易受环境条件的影响，因此，感官评价的试验条件要规范化，以避免试验结果因受环境条件的影响出现大的波动。

（3）评价员应经过选择和训练　分析型感官评价要求评价员对物品进行客观的评价，其分析结果应不受评价员主观意志的干扰。因此，为保证感官评价结果的准确性和可靠性，参加分析型感官评价试验的评价员，必须经过科学的筛选和严格的训练。

2. 偏爱型感官评价

偏爱型感官评价也称Ⅱ型或 B 型感官评价，它不需要统一的评价标准，而是依赖人们生理和心理上的综合感觉，即人的感觉程度和主观判断评价是否喜爱或接受所试验的产品及喜爱与接受的程度。偏爱型感官评价的分析结果受到生活环境、生活习惯、审美观点等多方面因素的影响，因此其结果经常与时间、地点和参评人员有密切的关系。在新产品开发过程中对产品的感官评价及市场调查中使用的感官检查，都属于偏爱型感官评价。

四、食品感官评价的方法

1. 差别检验

用以确定两种样品之间是否存在感官差别的检验。此种检验对品评人员的数量要求不多，但必须是具有评价资格的人员，可用于产品质量的控制。

2. 灵敏度检验

灵敏度检验包括阈检验和稀释检验。阈检验主要用于确定小组参训者对 4 种基本味觉（甜、咸、酸、苦）的灵敏度。将同一化学试剂的感官评价结果与其仪器测试结果进行比较是确定“感官器官”灵敏度较重要的方法之一。稀释检验是为了辨别特殊的气味、滋味和风味成分，或确定能感觉到的混入食品中的其他物质的最低量而设立的分析方法。

3. 排序检验

按指定特性（颜色、气味、味觉等）的强度或程度排列一系列样品的分析方法。这种方法仅将随机放置的样品排列成序而不评估样品之间差别的大小。

4. 描述性和评估检验

这种方法依赖于真实的参考标样，该标样对指定质量成分的每种质量等级都有明确的规定。

5. 嗜好性检验

感官评价员或消费者对食品做出喜欢或厌恶的客观评价。参评人员不一定是专家，但人数要多，因为从多数人的评语中得出结果，更能代表广大消费者的意见。此检验只能作为一般的检验方法，不能作为质量控制的方法。在我国感官标准中，将常用的感官检验方法分成下列 4 类。

第一类：敏感性检验。用于选择与培训评价员，包括阈检验和稀释检验。

第二类：差别检验。用于确定两种产品间是否存在感官差别，包括成对比较检验，三点检验，二-三点检验，五中取二检验，“A”-非“A”检验。

第三类：标度和类别检验。用于估计差别的顺序或大小，或样品应归属的类别或等级，包括排序、分类、评估、分等检验。

第四类：分析或描述性检验。用于识别存在于某样品中的特殊感官指标，该检验可以定性，如简单描述检验；也可以定量，如定量描述和感官剖面检验。

第二节　食品感官性状

食品感官性状包括色、香、味、形、质地，是食品质量重要的组成部分。人们采用各种不同的科学方法对食品感官性状进行分析或评价，对食品的生产、制作、保鲜和质量鉴定等具有重要的意义。

一、食品感官性状与食品质量的关系

1. 食品感官性状的美学价值

食品是人们每天的必需品，其色、香、味、形、质地对人体感觉器官产生强烈的刺激，如食品具有悦目的色泽、美好的形态、诱人的香气、可口的滋味和舒适的口感，则饮食就是一种富有审美情趣的精神享受。

2. 食品感官性状的营养学价值

食品优良的感官品质能够满足食用者在视觉、嗅觉、味觉和触觉方面的需要，使食用者的消化系统分泌出足量的消化液，把蛋白质、脂肪等大分子营养物质水解为人体能够吸收的小分子营养物质。反之，如果食品的色泽灰暗、气味异常，就会使食用者食意全无，消化液停止分泌，难以消化。

3. 食品感官性状的卫生学价值

食品的感官性状与其卫生状况密切相关，卫生状况不良的食品，如微生物大量生长繁殖，蛋白质腐败等都会导致食品的感官品质发生明显劣变。因此，可以通过食品的一些指标来判断食品的卫生状况。

二、食品的外观

食品的外观是由人们的视觉所判断或使用测量仪器所给出的，它包括食品的大小、形状、完整性、透明度、光泽、色泽和稠度等。

1. 大小和形状

原料食品的大小和形状在一定程度上可表明其生长发育是否良好，加工食品的大小和形状与原料食品、加工设计、加工工艺、包装贮存等因素有关。

2. 食品的色泽

食品的色泽在一定程度上反映了食品质量的高低，烹饪食品的色彩和光泽在更大程度上决定食物的感官质量。明快的色彩和光泽，能使食物艳丽动人，引起食用者视觉的快感，让人食意盎然，从而提高人体对食物的消化率。

1）原料食品的色泽

原料食品的色泽来源于体表和体内所含有的色素。植物性原料食品所含的色素主要有叶绿素、类胡萝卜素、多酚类色素，动物性原料食品所含的色素主要有血红素、类胡萝卜素（部分鱼类）。原料食品的色泽除了与其品种及遗传特征有密切关系，还与其发育状况及生长环境有关。例如，苹果的颜色主要取决于品种，但发育良好的苹果，其色彩会更鲜艳。许多植物性原料食品，特别是水果与蔬菜，其色泽与成熟度具有密切的关系。原料食品所含的天然色素，绝大多数都不稳定，在加工和贮存过程中会发生明显的变化，要根据实际情况对其加以利用或采取必要措施，防止或减缓色泽的变化。

2）加工食品的色泽

加工食品的色泽主要来源于原料食品所含的色素、添加辅料的色泽、使用的发色剂及所采用的工艺流程和工艺条件的控制。番茄炒熟了仍保持原料鲜艳的红色，这是因为番茄红素对热具有良好的稳定性。许多加工食品和烹调食品因食物原料吸附了调料中的色素，从而使产品带有调料的色泽。香肠在加工过程中必须添加发色剂，否则肌红蛋白会因为发生化学变化而导致原来所呈现的粉红色消失。许多加工食品为了保持或获得所希望的颜色，常常人为地加入某些天然色素或合成色素，人造色素化学结构稳定，色泽鲜艳，价格便宜，但对人体健康会造成不良影响，必须严格按食品卫生标准的规定控制其用量。

几乎所有的食物原料在加工过程中，其色泽都会发生或多或少的变化，人们可根据这些变化的程度来判断加工工艺是否合理，以及应如何改变工艺条件，提高产品的感官质量。例如，糖醋大蒜在腌制过程中，能否保持大蒜原来洁白的色泽是判断所用腌制液配方和贮存的环境温度是否恰当的重要依据。食品色泽的变化程度和贮存条件有密切的关系，绝大多数情况下，低温、低氧可减慢其变化的速度。

三、食品的风味

食品的风味分为广义风味和狭义风味，前者包括食品的色、香、味、形、质地，后者则是指食品的香气和滋味。食品的香气是由能刺激人体嗅觉器官的低沸点的呈味物质产生的，食品的滋味则是由能刺激人体味觉器官的呈味物质产生的。以食品的香气和滋味为例介绍如下。

1. 食品的香气

1）食品香气的意义

食品香气具有激发食欲、判断植物性食品的成熟度、判断食品的加工质量、判断食品的卫生安全性和保质期等作用。

2）食品香气的形成

植物性原料食品的香气是在生长发育过程中逐渐形成的，与植物的品种、栽培、气候、环境条件等因素有关，在正常情况下，当植物达到采收成熟度或生理成熟度时具有最佳的香气。加工食品的香气是来自原料、调味料，或在加工过程中形成的。一般来讲，加热能促进香气的前体物质分解，产生诱人的香气，特别是肉类在烧烤时会产生几百种香气成分，其中有醇、醛、酮、酸、醚、呋喃、内酯、苯系化合物等。食品香气成分具有挥发性，在贮存过程中会逐渐消失，使食品的香气越来越淡。食品气味一般可以分为8种类型（表19-1）。

表19-1 食品的气味类型

气味类型	具体内容
动物气味	野味（包括所有野兽、野禽的气味）、脂肪味、腐败味、肉味、麝香味、猫尿味等
香脂气味	指芳香植物的香气，包括所有的树脂、刺柏、草树、香子兰、松油、安息香等气味
烧焦气味	烟熏、烤、巴旦杏仁、甘草、咖啡、木头、动物皮、松油等气味
化学气味	乙醇、丙酮、醋、酚、苯、硫醇、硫、乳酸、碘、氧化、酵母、微生物等气味
香料气味	所有用作佐料的香料，如月桂、胡椒、桂皮、姜、甘草、薄荷等
花香气味	堇菜、山楂、玫瑰、柠檬、茉莉、鸢尾、天竺葵、洋槐、椴树、葡萄等的花香
果香气味	覆盆子、樱桃、草莓、石榴、醋栗、杏、苹果、梨、香蕉、无花果等果实气味
植物与矿物质气味	青草、落叶、块根、蘑菇、湿禾秆、湿青苔、湿土、青叶等气味

2. 食品的滋味

1）食品的味感

味感通常称为味道或滋味，是指呈味物质在口腔里给予味觉器官舌头的刺激所产生的反应，这种反应有时是单一性的，多数情况下是复合性的。食品的呈味物质也称味感物质。不同国家和地区对味感的分类不一致，如日本分为咸、酸、甜、苦、辣等5味；欧美分为甜、酸、咸、苦、辣、金属味等6味；我国分为酸、甜、苦、辣、咸、涩、鲜等7味。而生理味感只有酸、甜、苦、咸4味，这4味也称为基本味感。基本味感虽然只有4味，但经过其组合则可变幻出多种多样的味道，称为复合味，如咸酸味、甜香味、鱼香味、五香味、椒香味等。

人体对呈味物质感受的强度除了与呈味物质的化学结构及浓度有关，还与温度、感受味的时间、各种呈味物质相互影响及人体的心理效应等因素有关。当味觉器官先后受到两种不同味道的刺激后，会产生另一种味感，由于味道的这种转换现象，在菜肴调味和安排菜单的先后顺序时要予以注意。例如，用螃蟹制作的菜肴应排在主菜之后，否则会影响主菜的味道，若先吃了螃蟹再吃清蒸鱼会觉得鱼味不鲜。

2）食品滋味的形成及意义

原料食品在生长发育过程中，生物体合成了大量的呈味物质或呈味物质的前体。加工食品滋味的形成来源于两个方面：一是所使用的原辅料和调味料本身所具有的味道，以及原辅料和调味料之间所发生的味道组合；二是食物在加工过程中，发生一系列化学和物理变化，形成了新的呈味物质，如氨基酸、生物碱、萜烯、糖苷等。食品的滋味具有激发食欲，振奋精神，帮助消化，判断食品的质量水平和质量变化，开发新型食品的作用。

四、食品的触感

食品在口腔里运动，除了会产生味感和嗅感，在与口腔皮肤接触时及在牙齿咀嚼过程中，还会产生各种各样的感觉，我们称为触感。触感主要由食物的温度、组织结构和物理形态引起。

1. 触感的类型

食品的触感分为两类：温感和质感，前者是口腔对食品冷热程度的感觉，后者是口腔对食品质地的感觉。食物温度在口腔里引起的反应只能给出一定的温度范围，可把食物的温感分为热度（热度可分为温、热、烫 3 种）和冷度（冷度可分为凉、冷、冻 3 种）两类。对一般成年人而言，食物的温度在 20～35℃感觉为温；40℃左右为热；60℃以上为烫；5～15℃为凉；0～5℃为冷；低于 0℃为冻。人体口腔对质感感受的分类主要有下列几种：硬度、湿度、黏度、光滑度、含气度和层次等，每一类质感又可分为几种不同的状态，如硬度有软、硬之分；湿度有湿、干、焦之别；黏度有爽、滞、黏之分等。

2. 食物触感的表达

食物的触感是食用者在品尝过程中的一种感受，这种感受往往是上述各种触感类型与状态的复合感觉，所以要表达食物的触感常常要用几种状态的复合词来表示，例如，木耳-滑脆；猪排-糙嫩；蛋糕-绵软；冰淇淋-爽腻。

3. 食物触感的影响因素

食物对人体所产生的触感受到食物本身的状态和人体感受敏感度的双重影响，以食物状态对触感的影响为例。

（1）原料食品的种类、品种与成熟度　不同种类的原料食物具有天然的不同组织结构，其质地也各具特色，因此会产生不同的触感。

（2）食物的部位　同一品种的食物因部位不同也表现出不同的质地，这是因为不同部位具有不同的组织结构，如家畜胴体的不同部位，其肌肉的结构、瘦肉和脂肪的比例、结缔组织的含量均有所不同，因此具有不同的触感。

（3）食品的含水量　食品含水量与触感具有密切的关系。例如，以含水量为 13%的面粉做原料加工出的系列产品，从含水量仅 5%硬脆的麻花到含水量为 68%软滑的煮面条，其触感完全不同，这主要取决于产品含水量的多少。

（4）温度与时间的影响　温感是食物触感的一个重要方面，食物的组织结构和物理性能也随着温度的变化而改变，同一食物的温度又随着时间的推移而变化，因此食物的温度和时间也是影响其触感的重要因素。以牛奶果汁为例，在冰点以下，它可以冰棍的状态存在，对口腔的触感先是冷硬，后是融化；而在15～25℃时，它给予口腔的感觉则是温润，温度不同，触感大相径庭。

（5）层次的影响　人们在品尝组织结构上具有层次的食品时，由于不同层次的质地不同，对食用者的触觉会产生不同的作用，这能给食用者带来一种感觉变化的快感。许多原料食品的组织结构都具有天然层次，如鸡蛋有蛋白、蛋黄之分。经烹制之后，不同层次的组织结构以其迥然相异的质地给人不同的感觉。加工食品的层次就更加多种多样，对食用者的刺激也各不相同。例如，饺子、春卷、绿豆糕等，食用者一口咬下，有好几种不同的感觉，对每一种感觉来不及回味就过去，给人产生一种未充分反应的快感。

第三节　食品感官评价的人体生理基础

由于感官评价是运用人的感觉器官对被分析样品进行检查、检验、分析和评价，其实质是样品某些感官特性（如色泽、形状、气味、滋味、质地等）对人的感觉器官产生刺激，通过神经传递到大脑所产生的相应感觉。感觉是感官评价的生理基础，感觉有缺失的人则不能从事感官评价这项工作。

一、感觉的基本规律

1. 有关感觉的几个术语

（1）感受器（receptor）　感觉器官的一部分，它对特定的刺激产生反应。

（2）刺激（stimulus）　能兴奋感受器的因素。

（3）感觉（sensation）　个别感官的刺激效应。

（4）知觉（perception）　单一或多样感官效应所形成的整体意识。

（5）敏感性（sensitivity）　感觉器官对刺激的感受、识别和分辨能力。

2. 感觉的特点与作用

人类的感觉是大脑对环境和自身的状况及其变化的认知。任何事物都是由许多属性组成，不同属性通过刺激不同感觉器官反映到大脑，从而产生不同感觉，如食品的颜色和形状刺激视觉器官，香气刺激嗅觉器官，滋味刺激味觉器官，这些刺激反映到大脑后，每一种属性都会产生一种感觉，所有感觉的综合就能使食用者对这一食品产生色、香、味、形的认知，即对该食品色、香、味、形的好坏有个大致的评价和判断。感觉的敏感性因人而异，受先天和后天因素的影响。人的某些感觉可以通过训练或强化获得特别的发展，即敏感性增大。反之，某些感觉器官发生障碍时，其敏感性会降低甚至消失。例如，评酒大师的嗅觉和味觉具有超出常人的敏感性。在感官评价中，评价员的选择实际上就是对候选评价员感觉敏感性的测定。

3. 感觉阈限

1）感觉阈限的概念

感觉的产生需要适当刺激，所谓适当刺激是指能够引起感受器有效反应的刺激。感觉阈限是指从刚能引起感觉到刚好不能引起感觉刺激强度的一个范围，它是通过多次试验得出的。每种感觉既有绝对敏感性和绝对感觉阈限，又有差别敏感性和差别感觉阈限。

2）感觉阈限的表示和意义

（1）绝对感觉阈限　刚刚能引起感觉的最小刺激量称为绝对感觉阈限的下限，又称为刺激阈或觉察阈，低于下限的刺激称为阈下刺激。反之，刚刚导致感觉消失的最大刺激量，称为绝对感觉阈限的上限，高于上限的刺激称为阈上刺激。外界的刺激太弱，就不能引起我们的感觉。例如，我们听不到面包渣落地的声音因为它们的刺激量太低，属于阈下刺激，但若刺激强度过大，超出正常范围，也会使该种感觉消失而导致其他不舒服的感觉。因此，阈下刺激和阈上刺激都不能引起相应的感觉。

（2）差别感觉阈限　当刺激物引起感觉之后，如果刺激强度发生微小变化，人的主观感觉能否觉察到这种变化，就是差别敏感性。引起能够觉察出感觉发生变化的最小刺激量称为差别感觉阈限或差别阈。

德国生理学家韦伯（Weber E H）在研究质量感觉的变化时发现，差别阈值随原来刺激量的变化而变化，且差别阈与刺激量的比例是个常数。这一规律称为韦伯定律。即 $K=\Delta I/I$，其中 ΔI 和 I 分别代表差别阈值和刺激量（刺激强度），K 称为韦伯常数。

德国的心理物理学家费希纳（Fechner G H）在韦伯研究的基础上，发现感觉的大小同刺激强度的对数成正比，此规律被称为费希纳定律，即 $S=K\cdot \lg R$，其中 S 为人的感觉，R 为刺激强度，K 为常数。

4. 感觉的基本规律

在大脑中产生的不同感觉之间会相互影响，使不同的感觉增强或减弱。当同一类感觉以不同的刺激作用于同一感受器时，会引起感觉的适应、对比、协同、拮抗和掩蔽等物象（表 19-2）。在样品制备、试验环境设立时，应充分考虑这些现象，以消除对评价结果正确判断的负面影响。

二、视觉

在感官评价中，视觉检查占有重要位置，在市场上销售的产品能否得到消费者的欢迎，往往与“第一印象”即视觉印象有密切的关系。

1. 视觉的生理特点

视觉的生理机理是光源发出的光或物体反射的光刺激眼球的晶状体，光线经过晶状体的折射，在视网膜上形成物像。物像刺激视网膜上的感光细胞，使细胞产生神经冲动，

表 19-2 感觉的基本规律

	定义	举例	具体说明
适应现象	感受器在同一刺激的持续作用下，敏感性发生变化的现象	吃第一个饺子觉得很香很鲜，而后来就觉得没有开始香和鲜了	一般情况下，强刺激的持续作用，会使敏感性降低，微弱刺激的持续作用，能使敏感性提高。评价员的培训正是利用这一特点
对比现象	当两个刺激同时或连续作用于同一感受器时，一个刺激的存在能强化另一个刺激的现象。同时给予两个刺激时引起的对比称为同时对比，先后连续给予两个刺激引起的对比称为相继对比或先后对比	同一种颜色，而浓淡不同的两种对比时，给人的感觉是浓的颜色比原来的深，淡的颜色比原来的浅，这些现象就是同时对比效应。又如吃过糖后再吃中药，会觉得药更苦，这是味觉的先后对比使敏感性发生变化的结果	对比效应强化了两个同时或连续刺激的差别反应，因此，在进行感官检验时，应尽可能避免对比效应的发生
掩蔽效应	当两种或两种以上的刺激同时或相继作用于同一感受器时，由于某一刺激的存在而降低感受器对其他刺激的感觉的现象	新鲜食品原料在烹调时，如果添加的调味料过多，就会掩蔽原料的本味	
协同效应	协同效应是指感受器在两种或多种刺激的作用下，导致感觉水平超过预期的每种刺激各自效应的叠加，协同效应又称相乘效果	当谷氨酸与氯化钠共存时，会使谷氨酸的鲜味显著增强	在感官评价中应避免出现协同效应和拮抗效应，以免影响分析的结果
拮抗效应	拮抗效应是指一种刺激的存在，而使另一种刺激强度减弱的现象，拮抗效应又称相抵效应	15%的盐水咸味极其突出，而加入酱油则会在一定程度上使其咸味减弱	

沿视神经传入大脑皮层的视觉中枢，最后产生视觉。波长为 380～780nm 的电磁波均能对视觉产生有效刺激。在完全缺乏光源的环境中，就不会产生视觉。

2. 视觉的敏感性

视觉敏感性的主要影响因素包括两个方面：一是观察者的视觉生理机能是否正常及视觉敏感性的高低；二是被观察物的光照条件，不同光照条件下，视觉敏感性不同。明亮光线下，人眼可以看清物体的外形和细小的地方，并能分辨出不同的颜色；但昏暗光线下，只能看到物体的外形，而且无彩色视觉，只有黑、白、灰视觉。

3. 视觉的感官检查

感官检查顺序中首先由视觉判断物体的外观，确定物体的外形、色泽。感官评价中的视觉检查应在相同的光照条件下进行。视觉检查可感知产品的质量，如奶粉色泽变黄，说明奶粉发生了美拉德反应；腌腊肉脂肪变黄，则说明脂肪已氧化酸败；面包和糕点的烘烤可通过视觉观察其色泽的变化来控制烘烤时间和温度。

三、听觉

1. 声波与听觉

声波是物体振动所产生的一种纵波。外界的声波经外耳道传入鼓膜，引起鼓膜振动，从而刺激耳蜗内听觉感受器，使听觉感受器产生神经冲动，最后传入大脑皮层的听觉中枢形成听觉。声音的强弱和音调的高低主要取决于声波的振幅与频率。强度相同而频率不同的声音，人感觉到的响度可能不一样。声音的强弱一般以分贝（dB）表示。频率在16～20 000Hz 的声波是人耳的适宜刺激频率。

2. 听觉的敏感性

听觉的敏感性是指人耳对声波的音调和响度的感受能力，即人的听力。正常听觉的成人可听到的声音在 16～20 000Hz。18～28 岁是听力的最佳年龄。

3. 听觉在感官检查中的运用

对于同一种物品，在外来的敲击下或内部自身的原因，应该发出相同的声音。但当其中的一些成分、结构发生变化后，会导致原有的声音发生一些变化。例如，敲打罐头，用听觉检查其质量，生产中称为打检。

四、嗅觉

1. 嗅觉感受器与嗅觉的形成

嗅觉感受器位于鼻腔最上端的嗅上皮内，其中嗅细胞是嗅觉刺激的感受器，接受有气味的分子。一种气味浓度很低的气体，必须用力吸气，才能使气体分子到达嗅区，产生嗅感。嗅觉的适宜刺激物必须具有挥发性和可溶性的特点，否则不易刺激鼻黏膜，无法引起嗅觉。

2. 嗅觉的生理特点

嗅觉是辨别各种气味的一种感觉。嗅细胞容易产生疲劳，而且当嗅球等中枢系统由于气味的刺激陷入负反馈状态时，感觉受到抑制，气味感消失，这便是对气味产生了适应性。嗅觉的个体差异很大，有嗅觉敏锐者和嗅觉迟钝者。嗅觉敏锐者并非对所有气味都敏锐，因不同气味而异。例如，长期从事评酒工作的人，其嗅觉对酒香的变化非常敏感，但对其他气味就不一定敏感。人的身体状况可以影响嗅觉器官。当身体疲倦或营养不良时，都会引起嗅觉功能降低，女性在月经期、妊娠期及更年期都会发生嗅觉缺失或过敏的现象。

3. 气味的种类

有人认为，在 200 万种有机化合物中，其中 40 万种有气味，而且各不相同。但人仅能分辨出 5000 余种气味。借助分析仪器可以准确区分各种气体。

4. 嗅觉在感官评价中的运用

在生产、检验和鉴定方面，嗅觉起着十分重要的作用。在食品风味分析方面，是无法用理化分析方法替代的。例如，关于食品风味化学的研究，在试验中通常由色谱和质谱将风味各组分定性和定量，但整个过程中的提取、捕集、浓缩等都必须进行感官的嗅觉检查，才可保证试验过程中风味组分无损失。再如，酒的调配也需要用嗅觉评判，才可最后投入生产。

五、味觉

1. 味觉的产生和生理特点

可溶性呈味物质作用于味觉器官便产生味觉。人类的味觉感受器是覆盖在舌面上的味蕾，这些味蕾分布在不同的舌乳头上，在每个舌乳头的沟内，有几千个味蕾。味蕾中含有味细胞，可溶性物质最终刺激于味细胞，使其呈兴奋状态，由味觉神经立即传入中枢，进入大脑皮质，产生味觉。位于不同种类乳头的味蕾对不同味的敏感性不同，舌尖处对甜味敏感，舌前部两侧对咸味敏感，舌后侧对酸味敏感，舌根对苦味敏感。从刺激味感受器到出现味觉，一般需 1.0～1.5ms，其中咸味的感觉最快，苦味的感觉最慢。所以，一般苦味总是在最后才有感觉。味觉的强度和出现味觉的时间与味刺激物的水溶性有关，完全不溶于水的物质实际上是无味的。水溶性好的物质味觉产生快消失也快，水溶性较差的物质味觉产生较慢，但维持时间较长。温度对味觉的影响很大，最能刺激味觉的温度为 10～40℃，其中以 30℃时味觉最为敏感。不同年龄的人对呈味物质的敏感性不同。随着年龄的增长，味觉逐渐衰退。有研究结果表明，50 岁左右味觉敏感性明显衰退。不同味感的刺激阈如表 19-3 所示。

表 19-3　不同味感的刺激阈

味	物质	刺激阈（%）
咸	食盐	0.2
甜	砂糖	0.5
酸	醋酸	0.001 2
苦	奎宁	0.000 05
鲜	谷氨酸钠	0.03

2. 味觉在感官评价中的运用

食品感官质量中，味所占的权重往往最大，因此正确评价食品味感的品质是判断食品感官质量最重要的组成部分。

六、肤觉

1. 肤觉的分类

人体皮肤受到刺激而产生的感觉称为肤觉。根据刺激的不同形式，肤觉可分为两种：

触觉（皮肤受到机械刺激尚未引起变形时的感觉），压觉或触压觉（刺激强度增加，使皮肤变形的感觉）。手部肌肉主动参与的触觉称为触摸觉，它是相对于被动的触压觉。

2. 触觉感受器

触觉的感受器在有毛的皮肤中是毛发感受器，在无毛发的皮肤中主要是迈斯纳小体，压觉感受器是环层小体。这些感受器接受了机械刺激后，产生神经冲动，并由此传入神经，将信息传到大脑皮层中央返回，产生触压觉。

3. 温度觉

皮肤分布着冷点与温点，若受到冷、温、热、烫的刺激，便会产生温度觉。温度刺激作用于皮肤时所产生的感觉强度直接取决于被刺激部位皮肤面积和刺激物温度的高低。温度相同，皮肤表面积较大时，感觉较强烈。皮肤区感受点的密度愈大，对温度变化愈敏感，说明温度觉有显著的空间总和。0～60℃的温度刺激为适宜刺激，均能产生温度觉。皮肤表面的温度称为生理零度，它不是温度计上的零度，是温度觉上的中性温度。高于生理零度的温度刺激引起温觉，低于生理零度刺激产生冷觉。人体各部位的生理零度是各不相同的，生理零度也不是固定不变的，它随皮肤对外界温度的适应而改变。在分辨物品表面的冷、热程度时，气温和检查场所的环境温度、检查者的体温等，都能给温度觉产生感觉误差。

4. 肤觉在感官评价中的运用

触压觉的感受器在皮肤内的分布不均匀，所以不同部位有不同的敏感性。四肢皮肤比躯干部位敏感，手指尖的敏感性更强。皮肤分布的冷点多于温点，两者之比为（4∶1）～（10∶1），所以皮肤对冷敏感而对热相对不敏感。面部皮肤对热和冷有最大敏感性，每平方厘米平均有冷点 8～9 个，温点 1.7 个。腿部皮肤每平方厘米平均有冷点 4.8～5.2 个，温点 0.4 个。一般躯干部皮肤对冷的敏感性比四肢皮肤大。肤觉在感官评价中的运用是通过用人的手、皮肤表面接触物体时所产生的感觉来分辨和判断产品质量特性的。肤觉检查主要用于检查产品表面的粗糙度、光滑度、软、硬、弹性、热、冷和潮湿等感觉。人体自身的皮肤是否光滑，对分辨物品表面的粗糙、光滑、细致程度也有影响。

第四节　食品感官评价的基本条件

感官评价应具备的基本条件是合格的评价员和合格的试验条件，评价员是感官评价的主体，试验条件对感官评价结果的准确性、可靠性和再现性具有重要的作用。

一、对评价员的基本要求

现代感官评价方法的特点之一，就是由一群评价员组成小组来取代单个专家。这些评价员要经过专门的训练，小组内由一名组长负责。

1. 小组长

小组长必须具备很强的感官评价能力，对检验的难易程度能做出正确的判断，必须非常熟悉各种感官评价方法，并且能根据检验的内容和要求来选择分析方法，具有数理统计的基本知识及技能。

2. 评价员

评价员是指具有感官评价资格的人员，分为初级评价员、优选评价员和专家。通常专家还分为：专家评价员和具有专业知识的专家评价员。表 19-4 给出了各种类型评价员的差异。

表 19-4 各种类型评价员的差异

评价员类型	定义	在优选评价员水平上附加的特征	利用这些评价员的优势
优选评价员	挑选出的具备从事感官检验能力的评价员		
专家评价员	具有高度的感官敏感性和丰富的感官方法学经验的优选评价员，他们对各种产品能做出一致的、可重复的感官评价	在一个时期内或从一个时期到另一个时期内判断力具有良好的一致性和长期良好的感官记忆	较少的评价员做出有一定可靠性的结论；长期的感官记忆和积累的经验可以识别细微的特性；专家评价小组的证据更具有说服力，如在法庭上
具备专业知识的专家评价员	具备产品生产或加工、营销领域专业经验的专家评价员，并能够对产品进行感官分析，能评价或预测原材料、配方、加工、贮藏、老化等方面相关变化对产品的影响	具有专业领域内广泛的经验和高度发展的确认与评价感官性质的能力，了解参考标准，识别关键特性，具有解决问题的推理能力、良好的描述能力和交流结论或采取适当行动的能力	具备专业知识的专家评价员对所有判断、评论和评估，包括由评价小组长承担的任务负有完全的责任；对感官方面的合同或法规要求提出建议；在评价的早期阶段，提出是否需要改变配方或加工方法；预测产品在整个生产和贮藏时期的变化；预测由于原材料、加工、贮藏等方面变化引起产品变化的实际结果

对评价员的基本要求如下。

（1）灵敏度　评价员的嗅觉、味觉灵敏度应处在正常范围内，并且通过训练能不断提高。

（2）年龄　不限制年龄，年轻人感官的灵敏度高，但经验不足。老年人虽感官灵敏度不如年轻人，但富有经验，注意力容易集中。因此在一个小组里，评价员的年龄不同，可使最终统计结果得到平衡。

（3）性别　对食品感官评价来讲，男性与女性的资格是相同的。但也发现，对某些香料如麝香，男性与女性的反应不完全相同。

（4）吸烟　吸烟和不吸烟者都可参加训练及检验，但香烟气味会干扰感官评价的进行，因此，检验开始前，抽烟者应停止吸烟。

（5）健康　评价员应身体健康，在患感冒时，最好不要参加感官检验。

（6）干扰因素　感官评价要求小组成员精力高度集中，避免任何干扰因素，如声音、异味等。评价员不得通过面部表情或口头等方式来传播结果甚至相互影响。检验结果直接交给小组长。

（7）评价员的数量　虽然统计分析要求评价员越多越好，但受样品及样品制备的限制，对于企业日常组织的感官评价，一般限制在16～18人较理想。一般说来，评价员水平越低，需要评价员数量就越多。

（8）感官评价前应注意的事项 ①距检验开始30min以内，要避免吃浓香食物、喝后味绵长的饮料、进食糖果或咀嚼口香糖；②检验前，禁止使用强气味的化妆品；③注意自身卫生（无汗臭，手和衣服洁净），洗手最好使用无味肥皂；④在强气味实验室工作一段时间的人员，不能立即进入感官评价场所；⑤评价员不能在身体处于过度紧张、劳累或激动状态时投入检验。

3. 感官实验员

感官实验员是指从事感官评价样品或化学模拟食品制备的人员。他们对样品制备或测量的准确性负直接责任。因此，感官实验员必须具备化学实验室基本技能。

二、感官评价的试验条件

理想的感官评价试验条件由试验区、样品制备区、休息区、洗涤室和办公室5部分组成。其中试验区与样品制备区是感官检查室两个最基本的组成部分。

1. 试验区

（1）试验区的位置 试验区应设在比较安静的环境内，评价员的出入应较为方便。要与样品制备区、洗涤室相邻近。制备区与试验区最好有2～3道墙相间隔，样品由制备区能迅速送入试验间。评价员从走廊进入试验区时，不能观察到样品的制备过程和闻到制备样品的气味。

（2）试验区的环境条件 环境噪声低于40dB，室温控制在21～25℃，相对湿度约65%，无味，换气良好，装饰颜色柔和，照明均匀，无阴影，具有灯光控制器，最好有可以远望的环境条件。

（3）试验区的设计 试验区一般可分为两部分：一是单独试验间，评价员为不影响他人，在被隔开的小间里进行试验；二是群体试验区，数个评价员边交换意见，边评价样品品质。

2. 样品制备区

制备区是进行感官评价试验的准备场所，在此选择相应试验器具、制备样品、样品与器具编码，为评价员提供一个符合检验内容、统一的样品及器具。

3. 附属部分

休息室、洗涤室、办公室是感官检查室的附属部分。休息室是评价员等待试验，或试验规模较大需中途休息的场所。洗涤室用于样品、试验器具洗涤。办公室是评价表的设计、分类，分析资料的收集、处理，以及发布报告、评价员之间讨论试验过程和试验结果的场所。

第五节　食品感官评价样品的准备和制备

任何一种科学感官试验，都对样品的制备有严格的要求。每次试验时各项条件应完全一致，且对试验中所使用的设备、器皿等给予充分的重视，避免因此影响评价的结果。

一、感官评价样品的准备

感官评价样品的准备包括评价器具的选择、样品的编号、顺序与排列等。

1. 评价器具的选择

在感官评价中需要评价的对象是五花八门的，因此要求使用相应的器具。为了防止某些非评定特性引起刺激偏差，应采用同一类器皿盛装，其数量、形状也应相同。通常使用的器具应是方便、清洁、白色或无色的容器，并确保其无味，所有重复使用的用具和容器必须彻底冲洗干净。

2. 样品的编号

向评价员提供的样品应是未知的，因此，试验样品需要编号，编号时应注意以下几点。

（1）以字母编号时，避免使用字母表中相邻字母或开头与结尾字母，双字母最好。

（2）以数字编号时，最好使用三位数以上的随机数字，但同次试验中各个编号的位数应一致，数字编号比字母编号干扰小。

（3）不要使用人们“忌讳”和“吉祥”的数字。在编号时，就要相应地避免使用250或者预示吉祥的666、888等数字。

（4）在同次感官试验中，递送给每位评价员的评价样品，其编号最好互不相同。同一个样品应有几个号码，以防评价员间相互讨论结果。在进行较频繁试验时，必须避免使用重复编号数，否则会使评价员联想起以前同样编号的样品，干扰评价的结果。

3. 顺序与排列

1）样品的顺序

当比较两个客观顺序无关的刺激时，经常会出现过大地评价最初的刺激或第二个刺激的现象，这种倾向称为顺序效应。人的判断能力随着时间而变弱，往往对第一个品尝样品较感兴趣，到最后一个试样时会感到厌烦乏味，所以样品的数量不宜过多。当连续进行数种试验时，可首先安排不易引起疲劳的项目进行。为了防止疲劳效果影响试验结果，可将样品的品尝顺序无规则化。

2）样品的位置

当样品放在与试验质量无关的特定位置时，往往会出现多次选择放在特定位置上试样的现象，这种倾向称为位置效应。品尝时人们一般倾向于中庸之道，选择一组中间的一个样品。样品多时，则宜选择两端的样品。

3）样品的分组

（1）避免所给样品的判断连续性和对称性倾向　例如，选择样品质量好坏时，如果提供的样品连续都是质次者，评价员会因怀疑而认为其中一定有质量好的样品。同样，如果给定的样品是好坏的对称排列，评价员也会对自己的评价结果产生疑问。

（2）预期效应　从样品上可领会出一些暗示现象。例如，品尝一组样品，其浓度次序从低至高，评价员无需尝试后面的样品便会察觉出样品浓度的排列顺序。

（3）分组效应　如果在一组质量较差的同种样品内，其中有一个样品质量较好，则该样品的评分结果会比其单独品尝时的评分低。

（4）感官评价样品判断的相对性　试验过程中，对每一个样品进行绝对性分析时，不可能完全独立地判断某一样品。例如，对A样品进行评估时，ABCD的样品组与AEFG的样品组，对A样品的评估结果不可能完全一致。以上所述现象都将给试验结果造成偏差，采取以下方式可予以解决：①使品尝时提供的样品，在某个位置的出现次数相同；②每次重复的试验配置顺序随机化；③递送的样品尽量避免直线摆放，最好圆形摆放；④两种样品进行颜色分析时，两者应尽可能靠近。

二、感官评价样品的制备

试验时提供给评价员的样品必须充足、均匀，并能充分反映产品性能。例如，评价员用三点试验法来证明两种不同冷藏时间的虾肉风味是否一样。虽然它们的风味几乎相同，但其中一种虾肉带有黑色斑点，那么其评分肯定比无黑斑点的虾肉低。此外，同次试样样品温度应相同。对于不同的食品有不同的食用要求，一般食品是可以直接用于感官评价，有些需要用载体才可达到直接分析的要求和体现出产品本身的性质。

1. 可直接感官评价的样品制备

通常人们进行品尝的样品大部分是可直接食用的，不需增加任何附属物。但对于给定的样品要选择适宜的品尝条件。

（1）样品温度　人舌头的感觉在15～30℃最敏感，低温使舌头麻痹，高温则使舌感迟钝。样品温度应遵循以下原则。①所有同次试验样品的温度一致。②样品温度的选定可由下列因素确定：该种食品平常食用时的温度；容易检出品质间差异的温度；试验中容易保持的温度；不易产生感觉疲劳的温度；不使样品变性的温度。

（2）样品的量　在试验中要根据样品品质和试验目的制备恰当的样品量。同次试验给予评价员的样品量必须全部一样。此外，两个以上评价员连续品尝一个样品时，由于品质好的样品具有需量多的倾向，因此可以依照原给定样品的情况补充样品。

（3）其他　制备样品的器具应使用无味清洗剂洗涤。样品与器具的贮藏柜应无味，不相互污染。样品制备者在工作前不应使用香味化妆品，不可用香皂洗手。在周一和周末不要进行感官试验，尤其是评价员刚上班或快下班时不应进行感官试验，试验前30min

应禁止吸烟。

2. 不能直接感官评价的样品制备

有些试验样品由于风味浓郁（如香精）或物理状态（黏度、粉状度等）原因，不能直接进行感官评价，必须通过载体使感官评价能够直接进行。检验饮料，其浓度较高易产生味觉疲劳，难以检出品质差异，有必要根据检查目的进行稀释。

不能直接感官评价样品的制备必须根据检验目的和要求，通过样品载体处理使样品具有感官特性直接评价，并充分体现样品原有特性。这就要求提供样品的载体在口中能同样均匀分散样品。给定样品的载体必须简便，制备时间短，为常见物，尽可能是熟食并且在室温下可食，开胃，刺激小。理想的载体应没有强的风味，不影响样品性质，载体风味与样品具有一定适合度。样品载体应容易得到，以保证试验结果的重现性。样品与载体在唾液作用下同样溶解或互溶，载体温度与样品品尝温度应尽可能相一致。在选择样品和载体混合的比例时，应避免二者之间的拮抗效应或协同效应。将样品定量混入选用的载体中或置于载体表面，常用载体有牛奶、面条、米饭、馒头、菜泥、面包和奶油等。在检验系列中，被评估的每种组分应使用相同的样品-载体比例，根据分析样品种类和试验目的选择制备样品的温度，但评估时，同一检验系列的温度应与制备样品的温度相同。

三、辅助剂

味觉之间存在着各种不同的关系，除了协同效应、拮抗效应，还存在着变味现象和对比现象。这都会造成品尝时的错觉。例如，吃过墨鱼后再吃蜜柑会感到蜜柑有苦味，这种现象称为变味现象。如果先尝一下淡盐水，然后再尝砂糖溶液也会感到更甜。这种现象就是前述的对比现象。

在感官评价时，评价员在做新的评价之前应充分清洗口腔，直至余味全部消失。在评估过程中应根据检验样品来选择冲洗或清洗口腔有效的辅助剂。最常用的辅助剂是水，因为水无味、无泡沫、无臭、不影响检验结果。除水外，还有无盐饼干、米饭、不加糖的浓缩苹果汁等。

第六节　食品感官评价方法

食品感官评价的方法很多，应根据检验的目的、要求及统计方法的不同，选择适宜的方法。常用的感官评价方法可分为下列 3 类：差别检验、使用标度和类别的检验、分析或描述性检验。

一、差别检验

在差别检验中，要求评价员回答两个或两个以上的样品中是否存在感官差异（或偏爱某一个)，以得出两个或两个以上的样品间是否存在差异的结论。差别检验的结果分析是以每一类别的评价员数量为基础。例如，有多少人偏爱样品A，多少人偏爱样品B，多少人回答正确。某结果解释主要运用统计学的二项分布参数检验。差别检验中常用的检验方法有下列几种。

1. 二点检验法

(1) 定义 以随机的顺序同时出示两个样品给评价员，要求评价员对这两个样品进行比较，判定整个样品或某些特征强度顺序的检验方法。

(2) 用途 可用于选择与培训评价员或确定两种样品之间是否存在某种差别、差别方向如何，是否偏爱两种产品中的某一种。

2. 二-三点检验法

(1) 定义 先提供给评价员一个对照样品，再提供两个编码样品，并告知其中一个样品与对照样品相同。要求评价员挑选出那个与对照相同的样品。

(2) 注意事项 ①若两个样品可明显地通过色泽、组织等外观区别出来，那么这两个样品不适于用此方法检验。②如果被测样品有后味，这种检验方法就不如成对比较检验适宜。③在5%或1%显著水平上评价员应≥7才能完成检验，而在0.1%显著水平上评价员应≥10。④检验对照样品后，最好有10s左右的间歇时间。⑤两个样品作为对照样品的概率应相同。

(3) 用途 用于区别两个同类样品间是否存在感官差别，尤其适用于评价员很熟悉对照样品的情形。常用于成品检验。

3. 三点检验法

(1) 定义 同时提供3个编码样品，其中有两个是相同的，要求评价员挑选出其中单个样品的检验方法称为三点检验法。

(2) 用途 此方法不但适用于鉴别两个样品间的细微差别，而且也可应用于挑选和培训评价员或者考核评价员的能力。

(3) 具体操作 向评价员提供一组3个编码的样品，并告知其中两个是相同的，要求评价员挑出其中单个样品。为了使3个样品的排列次序、出现次数的概率相等，可运用以下6组组合：

BAA　ABA　AAB　ABB　BAB　BBA

在实验中，6组出现的概率也应相等。当评价员人数不足6的倍数时，可舍去多余样品组，或向每个评价员提供六组样品做重复检验。

4. “A”-非“A”检验法

(1) 定义 在评价员学会了识别样品“A”以后，再将一系列样品提供给评价员。这些样品有“A”和非“A”，要求评价员指出哪些是“A”，哪些是非“A”的检验方法。

（2）用途　此检验方法适用于确定由于原料、加工、处理、包装和贮藏等各环节的不同所造成的产品感官特性的差异。特别适用于评价具有不同外观或后味样品的差别检验。也适用于敏感性检验，确定评价员能否辨别一种与已知刺激有关的新刺激或确立评价员对一种特殊刺激的敏感性。

（3）具体操作　在评价前，首先将对照样品“A”反复提供给评价员，使评价员对样品“A”有清晰的体验并能识别它。必要时，可让评价员对非“A”也做体验。评价开始后，评价员就不应再接近清楚标明的样品。然后以随机的顺序向评价员分发样品，使评价员从样品提供的方式中不能对样品的性质做出判断。评价员按样品顺序评价，并将它们识别为“A”或非“A”，每个样品间应有适当的评价间隔。分发给每个评价员的样品数应相同（样品“A”的数目与样品非“A”的数目不必相同）。

5. 选择检验法

（1）定义　从 3 个以上的样品中选择出一个最喜欢或最不喜欢的样品的检验方法。

（2）用途　此方法常被用于偏爱调查。

二、使用标度和类别的检验

1. 排序检验法

比较数个样品，按指定特性的强度或程度排出一系列样品的方法称为排序检验法。该检验法只排出样品的次序，不估计样品间差别的大小。此检验方法可用于进行消费者的可接受性检查及确定偏爱的顺序，选择产品，确定由不同原料、加工、处理、包装和贮藏等环节造成的对产品感官特性的影响。

2. 分类检验法

评价员评价样品后，划出样品应属的预先定义的类别，这种检验方法称为分类检验法。样品打分有困难时，用分类法可评价出样品的好坏差别，从而得出样品的好坏和级别。把样品以随机的顺序出示给评价员，要求评价员按顺序评价样品之后，根据问答表中所规定的分类方法，对样品进行分类。

3. 评分检验法

要求评价员对样品的品质特性以数字标度形式来评价的一种检验法称为评分检验法。在评分法中，所使用的数字标度为等距标度或比率标度。由于此方法可同时评价一种或多种产品的一个或多个指标的强度及其差别，因此应用较为广泛。

检验前首先应确定所使用的标度类型。评价时，把所有要求评价的样品同时提供给评价员，评价员根据自己所感觉的特性强度填写问答表，样品的出示顺序（评价顺序）可利用拉丁方随机排列。把检验结果转变为数值，可以用来进一步分析各样品各特征间的差别情况。评分检验法的结果可用得分数表示，如表 19-5 所示。

表 19-5　评分检验法得分数

（食品）性能	很不好	不好	不太好	一般	较好	好	很好
得分数	−3	−2	−1	0	1	2	3

4. 评估检验法

由评价员在一个或多个指标基础上，对一个或多个样品进行分类、排序的方法称为评估检验法。此法可用于评价样品的一个或多个指标的强度及对产品的偏爱程度。也可通过各指标对整个产品质量的重要程度确定其权数，然后对各指标的评价结果加权平均，得出整个样品的评分结果。

三、分析或描述性检验

在分析或描述性检验中，要求评价员指出一个或多个样品的某些特征或对某特定特征进行描述、分析。通过检验，可得出样品各个特性的强度或样品的全部感官特征。常用的方法有：简单描述检验法、定量描述和感官剖面检验法。

1. 简单描述检验法

本法要求评价员对样品各个特征指标进行定性描述，尽量完整地描述出样品品质。此方法可用于识别或描述某一特殊样品或许多样品的特殊指标，或将感觉到的特性指标建立一个序列，常用于质量控制。

这种检验适用于一个或多个样品，当在一次评价中呈现多个样品时，样品可以拉丁方的顺序随机分发，以免使样品的分发顺序对评价结果产生影响。若有对照样品，最好作为第一个样品分发。检验前，可由评价小组组织者主持一次讨论。评价时，可提供 1 张指标检查表。每个评价员独立地评价样品并做记录。

2. 定量描述和感官剖面检验法

本法要求评价员尽量完整地对样品感官特征的各个指标进行评价。由简单描述检验确定的词汇中选择词汇，描述样品感官特征的各个指标强度并形成产品的感官剖面。这种方法可被单独或结合地用于评价气味、风味、外观和质地。本法可运用于质量控制、确定产品之间差别的性质、新产品研制、产品品质改良等，还可提供与仪器检验数据对比的感官数据，提供产品特征的持久记录。本法既可从简单的描述检验所确定的词汇中选择出可描述整个样品感官印象的词汇，也可从由对产品特征非常熟悉的人规定出描述样品特征的词汇。评价员对照词汇检查样品，在强度标度上给每个出现的指标打分。必要时，应注意所感觉到的各因素顺序，包括后味出现的顺序。

定量描述和感官剖面检验的方法可分成两大类型，描述产品特征达到一致的称为一致方法，不需要一致的称为独立方法。一致方法中的必要条件是评价小组组织者也参加评价，所有评价员都作为一个集体的成员而工作，目的是对产品特征描述达到一致。评价小组组织者组织讨论，直至对每个结论都达到一致的意见，从而可以对产品特征进行一致的描述。如果不能达到一致，可以引用参比样来帮助达到一致。为此有时必须经过一次或多次讨论。最后由评价小组组织者报告和说明结果。在独立方法中，小组组织者一般不参加评价，评价小组意见不需要一致。评价员在小组内讨论产品特征，然后单独记录其感觉，由评价小组组织者汇总和分析这些单一结果。

四、感官评价方法的选择

感官评价的方法很多，如何从现有的方法中选出最佳方案，需要根据具体问题进行具体分析，一般考虑以下几点。

1. 根据检验目的选择适当的方法

任何检验都有其目的，因此首先必须从检验目的出发，选择适当的方法（表 19-6）。

表 19-6　检验目的与供选择的方法

实际应用	检验目的	方法
生产过程中的检查	检出与标准品有无差异	一点检验法；二点检验法；三点检验法；二-三点检验法；配偶法；选择法
	检出与标准差异的量	评分法；二点检验法；三点检验法
进货检查	原料的分等	评分法；分等法（总体的）
成品检查	检出趋向性和异常	评分法；分等法
嗜好调查品质研究	获知嗜好程度或品质好坏	二点检验法；三点检验法；排序法；选择法
	嗜好程度或感官品质顺序评分法的数量化	评分法；多重比较法；配偶法
品质研究	分析品质内容	描述法

2. 要检出差异时，选择高精度的方法

检验两个样品间的差异时，对于同样的实验次数、同样的差异水平，三点检验法所要求的正解数少，因此三点检验法较好。从数学角度比较检出率时，得出在实验数相同情况下，检出率的顺序是三点检验法＞二点检验法（双侧检定）。

对分类法、排序法、成对比较法的精度进行比较，成对比较法最理想。

根据每个评价组的结果检查差异，评价组中显示有差异的人数越多，精度越高，由此成对比较法需 13 人，排序法 6 人，分类法 3 人。

3. 从经济性出发选择方法

考虑样品的用量、评价员人数、试验时间、统计处理数据的难易程度等，成对比较法所需的样品较多，试验时间也较长，而分类法和排序法所需的时间仅为成对比较法的 1/3。

4. 从评价员所受的影响出发选择试验方法

实验室培训过的评价员，对于那些复杂的方法也会产生不安和压迫感。若把这样的

方法运用于普通消费者，即使方法的精确度很高，也不会得到好的结果。

五、问题的设定

要想获得满意的感官评价结果，除了对评价员进行专门训练，向评价员提些什么问题，提问形式和回答方式等，也在很大程度上直接影响检验结果。

1. 设定问题的原则

（1）要简单明了地提示出必需的信息，避免拖沓冗长。

（2）不要使用含混不清的语言、易引起误解的措辞和难理解的词汇。

（3）应设定容易理解和回答的以下问题：①避免使回答者产生厌恶、反感、不安的问题；②所提的问题应考虑回答者的文化程度、生活水平、年龄和性别等。

（4）一个问题中只问一个内容，不要含两个以上的内容。

（5）避免带有诱导或提示的问题。

（6）提问顺序必须有逻辑性。

2. 常见的回答形式

（1）二项选择法　答案为“是”或“不是”的方式。

（2）多项选择法　从列举的多种回答中选择出一个回答的方式。

（3）自由回答法　回答者自由回答问题的方式。

第七节　食品感官鉴评的应用

一、感官鉴评用于市场调查

1. 市场调查的目的和要求

市场调查不仅需要了解消费者是否喜欢某种产品（即食品感官鉴评中的嗜好试验结果），更重要的是要了解其喜欢的原因或不喜欢的理由，从而为开发新产品或改进产品品质提供依据。

2. 市场调查的对象和场所

市场调查的对象应该包括所有的消费者，但也应根据产品的特点，选择特定的人群作为调查对象。例如，老年食品应以老年人为主，大众性食品应选低等、中等和高等收入家庭成员各 1/3。营销系统人员的意见也应起很重要的作用。市场调查的人数每次不应少于 400 人，最好为 1500～3000 人。人员的选定以随机抽样方式为基本方法，也可采用整群抽样法和分等按比例抽样法。

3. 市场调查的方法

市场调查一般是通过调查人员与调查对象面谈来进行的。首先由组织者统一制作答题纸，把要进行调查的内容写在答题纸上。登门调查时，可以将答题纸交于调查对象，使其根据调查要求直接填写意见或看法；也可以由调查人员根据答题要求与调查对象进行问答，并将答案记录在答题纸上。调查中常常采用排序检验法、选择检验法和成对比较检验法等，并对结果进行相应的统计分析，从而分析出可信的结果。

二、感官鉴评用于新食品开发

一个新食品从设想构思到商品化生产，基本上需要经过如下阶段：①设想；②研制；③鉴评；④消费者抽样调查；⑤货架寿命；⑥包装；⑦生产；⑧试销；⑨商品化。当然，这些阶段并非一定按顺序进行，也并非全部进行。实际工作中应根据具体情况灵活运用。

1. 设想

设想构思是第一阶段，它可以是企业内部人员的灵感及竭尽全力的构想，也可以是特殊客户的要求和一般消费者的建议及市场动向调查等。为了确保设想的合理性，需要动员各方面的力量，进行多角度、长时间的可行性评价后再做决定。

2. 研制和鉴评阶段

现代新食品的开发不仅要求开发的产品味美、色适、口感好、货架期长，同时还要求营养性和生理调节性，因此这是一个极其重要的阶段。新食品的研制必须要与鉴评同时进行，以确定开发中的产品在不同阶段的可接受性。

新食品开发过程中，通常需要两个评价组，一个是经过训练有经验的评价小组，对各个开发阶段的产品进行评价（差异识别和描述）。另一个评价小组由小部分消费者组成，以帮助开发出受消费者欢迎的产品。

3. 消费者抽样调查阶段

此阶段即新食品的市场调查阶段。先分送一些样品给有代表性的家庭，并告知他们，调查人员过几天再来询问他们对新产品的看法。几天后，调查人员登门拜访收到样品的家庭并进行询问，以获取关于这种新产品的信息，了解他们对该产品的想法、是否购买、估计的价格、经常消费的概率。一旦发现该产品不太受欢迎，那么继续开发下去将会犯错误。但通过抽样调查往往会得到改进产品的建议，这些将增加产品在市场上成功的希望。

4. 货架寿命和包装阶段

食品必须具备一定的货架寿命才能成为商品。食品的货架寿命除与本身加工质量有关外，还与包装有着不可分割的关系。包装除了具有吸引作用和方便性，还具有保护食品、维持原味、抗撕裂等作用。

5. 生产阶段和试销阶段

在产品开发工作进行到一定程度后，就应建立生产线。许多企业往往在小规模的中试期间就生产销售试验的产品。试销方法与感官鉴评关联密切。

6. 商品化阶段

此阶段应充分考虑新产品进入什么市场、怎样进入市场，并做好广告宣传。

三、感官鉴评用于食品生产中的质量控制

质量管理系统的设计，通常是在最高管理者下面直接设计一个质量管理部门，这个部门与其他相关部门保持着密切的联系。其下属机构应该包括：分析科、检验科、生产科和卫生科。分析科负责确定原材料适用性、食品安全及评定加工过程质量监控成效；检验科负责检验测试所有的材料和成品，以及检查全部生产制造过程是否适当；生产科给有关部门提供技术协助和制定并检查配方及加工程序；卫生科防止虫鼠害和评价、审批设备及设施的设计。

1. 质量参数

1966 年后，克莱默（Kramer）把质量概括为 3 个质量参数：定量的、隐蔽的和感官的。定量参数包括涉及加工效率的成千上万的因素。质量要求越高，加工效率则愈低，产品也就愈贵。但是消费者有权以合理的价格购买优质产品。隐蔽参数是指食品的最终用户通常不能做出评价但却有权期望的因素。通常安全性和营养价值是消费者所期望的因素。感官品质是指消费者完全可以做出判断的质量方面，包括颜色、大小、形状、黏度、味道和气味等。感官品质是食品质量最敏感的部分，也是消费者购买与否所要首先考虑的问题。

2. 取样

样品必须具备代表性和随机性。取样数目很大程度上决定着调查的精确性。一般来说，食品加工中不会有非常高的要求，尤其对于一些颜色检测之类项目，测试频率可以很低。

3. 检验方法

检验的方法应标准化。一般化学分析要按国标或地方标准进行。如暂时没有标准，可参照美国分析化学家协会（Association of Official Analytical Chemists，AOAC）或国际食品微生物学规格委员会（International Commission on Microbiological Specifications for Foods，ICMSF）制定的相应方法。最有效的感官鉴评方法通常是由评价员做出评

定，同时辅以分析测试。例如，评价员辨出有异味，再用测试方法确定究竟是什么问题。

第八节 假冒伪劣食品鉴别

部分不法分子为了牟取暴利，在食品加工销售过程中掺假，欺骗消费者。掺假、伪劣食品不但给消费者带来经济损失，而且会影响消费者的身体健康，甚至威胁人们的生命安全。因此，掌握食品检验知识，学会识别、鉴别食品的真伪，对从事食品经营管理、质量监督及商品购销人员都是十分必要的。

一、食品质量的基本要求

1. 卫生无害

食品的卫生无害是指食品中不允许含有任何对人体有害、有毒的成分和物质。这是对食品质量最低也是最重要的要求。

2. 营养价值

食品的营养价值是提供人体维持生命活动的能源和保证人体健康的重要因素。因此，食品的营养价值是绝大多数食品的主要用途，也是评价食品质量的重要指标。

3. 色、香、味、形

对食品色、香、味、形的基本要求是在能够满足人们生理需要的基础上，满足人们的感官需求。例如，诱人的香气、鲜艳协调的色彩、鲜美的滋味和具有美感的外形，配上精美的餐具和优雅的就餐环境，不但满足人们的生理需要，还可以得到文化精神上的享受。

二、假冒食品表现形式及常用方法

假冒食品是指内容与名称不符，以假充真的商品。例如，用紫茉莉根、马铃薯等加工品冒充天麻。

冒牌食品是指假冒他人产品的产地、厂名、商标或者代号的食品。例如，将质差白酒标上“五粮液”“茅台”等名酒的商标。

假冒食品有两种情况：一种是食品本身质量较好，为了推销、获得较大的利润而盗用他人商标，侵犯了原商标所有权企业的利益；另一种是食品本身属劣质而冒充声誉好的商品，这种行为不但侵犯了有关厂商的利益，而且严重损害了消费者利益。就目前我国市场而论，后者居多，是打击的主要对象。冒牌食品常用的手法除假冒商标外，还有印制假冒包装、假冒产地，伪造生产许可证、防伪标志等。

三、劣质食品表现形式及其表现特点

劣质食品是指商品的质量低劣，没有全部或根本没有达到商品的质量标准。它包括以下商品。

（1）失效变质的。

（2）危及人身安全及健康的。

（3）所标明的指标与实际不符的。

（4）冒充优质认证标志和伪造许可证标志的。

（5）掺杂使假，以假充真或以旧充新的。

（6）国家有关的法律、法规明令禁止生产、销售的。

经销者经销下列商品，经指出不予改正的，即视为经销伪劣商品，包括以下几种。

（1）无检验合格证或无有关单位允许销售证明的。

（2）未用中文标明商品名称、生产者和产地（重要产品未标明厂址）的。

（3）限时使用而未标明失效时间的。

（4）实施生产（制造）许可证管理而未标明许可证编号和有效期的。

（5）按有关规定应该用中文标明规格等级、主要技术指标或成分、含量等而未标明的。

（6）高档耐用消费品无中文使用说明的。

（7）属处理品（含次品、等外品）而未在商品或包装的显著部位标明“处理品”字样的。

（8）剧毒、易燃、易爆等危险品未标明有关标识和使用说明的。

劣质食品的特点：偷工减料、粗制滥造、以假充真、以次充好、以旧充新、失效变质的商品。

四、识别伪劣食品的一般方法

识别伪劣食品的一般方法主要是检查和识别商标、包装、特有的标识、质量标识、质量水平等。这些方面必查，有时查一项便能得出结论。由于伪劣商品是经不起检查的，因此往往是多项出现破绽，就更有利于得出确凿无误的判定。

1. 看商品标识

经国家知识产权局商标局登记注册的商标，在印刷时，于商标标识的周围加上“注册商标”“㊟”“®”标记，其中®为国际通用。商标标识一般比包装装潢图案要小，易被忽视。假冒名优商品在外包装上多数没有注册商标标识，其图案色彩与真品标识也有差别。另外，凡经登记注册的商标，都会按《中华人民共和国商标法》的规定，一般不会出现禁止使用的文字和图形，否则就是最大的疑点。这些规定是：①不得使用国家名称、国旗、国徽、军旗，不得使用国际组织的旗帜、徽记名称，如奥运会的五环旗、“红十字”等标记名称；②不得使用本商品通用标志和本行业通用的商品名称或图形；③不得使用表示商品的原料、功能、质量的文字或图形；④不得使用带有民族歧视性、欺骗性及有害于社会主义道德风尚的文字或图形。

2. 检查商品外包装装潢

根据国家有关规定，名优产品在外包装上，要标明产品名称、规格型号、生产批号、成分质量、出厂日期、有效日期、厂名厂址等。国家优质产品还要在产品或包装上标有规定的优质标志。获得国家产品认证的产品除在包装上印有“方圆”标志外，还要印上编号；获得国家生产许可证的产品要在包装上印有许可证编号和有效期限。以地名为商品名称的生产厂家很多，有时又往往是传统的名优商品，所以正宗者只有一家，应核准无误。假冒伪劣商品一般包装粗糙，封口不平整，有皱褶，用料差，工艺水平低，与名优商品相比，图案模糊不清，色彩陈旧，容易辨认。

3. 检查标识

有的名优商品在商品或包装上的某些特定部位做有标识。名酒包装上的商品名称一般呈凹凸状，而且还有各种各样防伪标识。

五、销售的食品必须符合国家食品标签标准的规定

1. 包装食品标签的要求

（1）必须采用表明食品真实属性的专用名称。

（2）除单一原料的食品外，标签上必须标有配料表。特殊需要食品，如婴幼儿食品、营养强化食品、特殊营养食品等，必须按产品标准要求增加“成分表”。

（3）必须标明食品在每个容器中的纯净量。例如，液态食品用体积、固态食品用质量、半固态或浆态食品用体积或质量。在充填有液体介质的食品时，除标明总净量外，还必须标明食品的固形物质量。

（4）必须标明制造、包装、批发、进口分装、出口或销售任一个单位的准确名称、地址和电话。

（5）每个容器或标签上必须标明生产批号。采用压印或其他方法使之清晰持久。

（6）必须标明生产日期，并标明保存日期或保质日期。如果与保质日期有关，必须在标明保质日期的同时标明食品贮藏方法。保质期在 18 个月以上和 7 天以内的食品，可以免除保存日期或保质日期的标志。

（7）为保证食品的正确食用，可在标签上附加包装开启方法、食用方法、烹调再制方法等对消费者有帮助的说明，必要时可以在标签之外单独附加说明。

（8）产品标准中对质量等级已做规定的食品应根据批验结果，按规定标明产品的等级。

（9）已经制定产品标准（国家标准或行业标准）的食品，必须标明产品标准代号。

（10）商标应符合商标法。

若容器的最大表面积小于 10cm^2 时，除香辛料外，可免除（2）、（5）～（9）的规定。

2. 对标签的要求

（1）包装食品的标签不得与包装容器分开。

（2）根据食品标签通用标准或食品产品标准的要求出现的一切食品标签内容，不得在流通环节中变得模糊甚至脱落，必须保证消费者购买和食用时醒目，易于辨认、识读。

（3）标签上的内容，必须清楚、简单、醒目。

（4）食品名称必须在整个标签上最为醒目。食品名称和净含量应排在同一视野内的显著位置。

（5）如果容器另有外包装，必须在外包装上标明标签的主要内容，或者使用容器上的标签透过外包装，清晰可读。

（6）食品标签所用文字必须是规范的汉字，不得出现已经被简化的繁体字、被淘汰的异体字、不规范的简化字和错别字。可以同时使用汉语拼音，但必须拼写正确，明显地小于汉字，并与汉字有对应关系，不得混用。在标签上可以使用外文，但必须与汉字有对应的关系。

（7）食品标签所用计量单位为国家法定计量单位。

（8）年、月、日的表示采用国际标准方法，如 1986-01-31 表示 1986 年 1 月 31 日。

六、食品掺伪的常见方法

1. 掺杂法

掺杂法是指在食品加工或销售中掺入其他可食物质或非食品成分，非法获取暴利的方法。主要目的是降低食品加工成本或增加食品的质量，欺骗消费者。食品中常被掺入以下物质。

（1）掺入低价营养物质　此法虽然对人体健康基本无害，但它可使食品的营养价值降低，损害消费者的利益。最常见的是掺水，一般常采用的手段是用水浸泡食品，如肉、禽、水产品等，或用注射器注水。

（2）掺入有毒、有害物质　这类掺伪食品严重违反《中华人民共和国食品安全法》，严重威胁消费者的健康，触犯了法律。例如，为了调整兑水牛奶的密度，将尿素掺入鲜奶中来增加总固体及非脂固体的含量，以掩盖掺水的事实。

2. 掩饰法

掩饰法是指食品在加工或销售过程中用颜色或染料混于食品中或粉饰于食品表面，以此来掩饰食品本身的某些劣点的方法。《中华人民共和国食品安全法》和国家食品卫生标准都严格限定食用色素的种类、使用范围及使用限量。但有的食品在加工中，大量使用或超范围使用合成色素、非食用色素，以改善某些食品的感官特性。例如，在熟肉制品涂上红色素和油来掩盖变质肉、病死肉的本身颜色，以充当正常肉制品出售。

3. 混充法

混充法是指用类食品或利用感官特性相似的物质混在食品中，以次充好，以假充真的方法。

（1）以次充好　例如，用陈茶叶充新茶叶等。

（2）以假充真　主要是在食品中加入与食品本身感官特征相似的其他可食成分或其他物质。这些食品在感官上有时难以区分辨别。例如，味精中加入与其类似的结晶食盐或硫酸镁、蔗糖等。

4. 假充法

假充法是指以劣质食品为内容物，盗用其他生产厂家的商品名称、厂名、厂址、注册商标和包装装潢，以充当正宗产品的方法，如以低档酒充当高档酒。

第二十章　食品包装

食品包装业与食品工业关系密切，一方面食品包装的发展受食品工业发展的制约；另一方面，好的包装又推动着食品行业的开拓与发展。食品包装能有效防止各种污染，确保食品的卫生质量和食用安全。发展不同档次的食品包装不仅可以满足广大消费者的需求，而且能够促进食品销售。

第一节　食品包装分类

食品包装可以按照包装的目的、层次、功能来分类，也可以按照用途、形式等进行分类。

一、按包装目的分类

通常将包装分为运输包装和销售包装。前者以运输贮存为主要目的，具有保护产品、便于贮运、加速交接等作用。后者以销售为主要目的，具有保护、美化、宣传和促销等作用。

二、按包装功能分类

按照包装功能来分，可分为防水包装、防潮包装、防震包装、防霉包装、防尘包装、防辐射包装、隔热包装、防盗包装、防燃包装、保鲜包装、速冻包装、防蛀包装、充气包装、无菌包装等多种形式。

防潮包装是指为防止因潮气侵入包装件影响产品质量而采取一定防护措施的包装，如用防潮材料密封产品或加适量干燥剂。

防霉包装是指为了防止产品质量受霉菌影响而采取的具备一定防护措施的包装形式，如降低容器内的相对湿度或进行防霉处理。

保鲜包装是一种新型的包装技术，是指在规定的贮存条件下，采用具有特殊性能的包装材料或特殊结构的容器包装水果、蔬菜等食品，或对这类食品进行必要的物理、化学处理，使其在一定时间内保持食品品质而采取一定防护措施的包装。速冻包装是采用耐冷、耐潮包装材料和速冻技术使冷冻产品在冷藏条件下长期贮存的包装。

真空包装是将产品装入气密性包装容器，抽去其中的空气，使容器内达到预定真空度的一种包装方法。

三、按包装层次分类

按包装层次分类可分为内包装和外包装。内包装是指产品的内层包装，即为防止食品受水、潮气和冲击等影响，采用适当的材料和容器，经一定的包装方式，使之具有一定形态的包装，在流通过程中主要起到保护、方便使用和促进销售的作用。外包装是指产品的外层包装，一般是指产品或已完成内包装的包装单元装入箱、袋、盒、罐等容器中，加以适当防护措施，并在包装结束时标注发货、易碎、防潮等标志，使其具有一定形态的包装方式，在流通过程中主要起保护产品、方便运输的作用。

四、按内装物品用途分类

按照包装的用途可分为出口包装、内销包装、礼品包装、多用途包装、军用包装等。

五、按外包装形式分类

按照外包装形式可分为集合包装、托盘包装、局部包装、箱装、袋装等几种形式。

六、按包装材料分类

按使用的材料不同，常常分为纸类、金属类、玻璃类、塑料类、陶瓷类及其他类包装。

七、按包装件抵抗变形能力分类

常见的分类方法有软包装和硬包装。软包装是指在充填或取出内装物品后，容器形状可发生变化的包装。这种容器一般用纸、塑料薄膜、复合材料等制成。硬包装是指在充填或取出内装物品后，容器形状基本不发生变化的包装，这类容器一般用金属、木材、玻璃等材料制成。

第二节　食品包装基本要求

一、食品包装的防护要求

食品包装的防护要求由食品贮藏性能所决定，贮藏性能不同，对包装防护的要求也不同。水果、蔬菜等具有生命活动的植物性食品，通过呼吸作用加速食品变质，在包装贮藏时，可采取低温或气调等方法，以延长其贮藏期，保证食品品质。加工类食品受微生物的影响，易发生霉变、腐败或发酵等质量变化，可采取冷冻、真空、充气等包装形式。油脂类食品在贮藏过程中易因脂肪氧化酸败而变质，包装贮藏应采取隔绝空气、降低水分的措施，如真空、脱氧等包装形式，并要求避热、遮光、减少与金属接触。此外，食品中所含的维生素和色素大多不稳定，易氧化分解，贮藏应注意防湿、阻氧、避光、低温，并调节包装内的 pH。食品包装防护的基本要求一般包括以下内容。

1. 卫生安全性

包装容器要求无毒、无污染，致病细菌不超过卫生部门的规定，不与食品发生化学变化。材料老化后应无毒性，装潢印刷要用无毒油墨。对食品中解析出的类似溶媒物质的总量和材料中特定的有害重金属含量不得超过国家规定。

2. 封闭性

食品包装还应具有良好的封闭性，对塑料来说体现为热封性，金属材料则要求良好的接缝与可焊性，玻璃容器要求能密封，纸盒一般只作食品的外层包装。

3. 阻隔性

主要包括包装的防湿、阻气和保香性能。防止水的渗透，对气体或水蒸气有完全阻隔性或极小透气性，以阻止氧气进入包装，防止二氧化碳和香味散发，以及包装内食品水分蒸发和外部蒸汽进入等。

4. 遮光性

光是食品氧化的一个重要因素。日光中含有紫外线（290～400nm），300nm 以上的紫外线和可见光均可促使油脂氧化，200～300nm 紫外线对油脂氧化速度有很大影响。因此，油脂类食品包装应具有遮光性。一般情况下，可采取铝箔、金属化薄膜和纸等包装或在薄膜材料中添加紫外线吸收剂来有效阻隔 380nm 以下紫外线，也可以用涂料、油墨等表面着色处理。

5. 防静电性

塑料薄膜袋产生的静电可使粉末吸附在袋上，影响包装的热封强度，降低食品包装的封闭性。一般情况下，包装防静电分外部与内部防静电法。外部防静电法是防静电产生，可利用带电荷顺序表，让相反一侧带电，使之相互抵消，或减少薄膜与压辊之间摩擦，以及增加环境的湿度等。内部防静电是让产生的静电迅速泄漏掉，主要是提高薄膜的导电性和提高材料表层的湿度，一般是在薄膜成型时添加或涂布碳粉、金属盐、非离子表面活性剂等抗静电剂。

6. 刚性和适应性

刚性要求包装具有一定韧性和强度，以保证食品贮存安全，如饼干类食品包装。包装的适应性是指包装要适应各种食品包装技术的需要，如适应冷冻、高温消毒或盐腌、糖渍等特殊需要。

二、食品包装的装潢要求

包装装潢是指包装的造型和表面设计，在科学合理的基础之上，加以装饰和美化，使包装造型、色彩、商标、标签等构成一个艺术整体。包装装潢具有美化宣传商品、促进销售和方便消费的功能。包装装潢的重要性主要体现在如下几个方面。

1. 综合性

包装装潢是工艺美术与工程技术的有机结合，还把包装加工工艺与商品销售科学有机结合起来。因此，包装装潢技术是美学与工程技术、市场学、消费经济学、消费心理学及其他学科高度整合的产物。

2. 科学性

包装装潢的造型结构设计应根据商品的性质，分别具有必要的防潮、防霉、防震、防腐、避光或保鲜等功能，确保食品不损坏、不变质，保证其使用价值的顺利实现。食品包装必须是无毒、无菌，能保持食品的色、香、味、形等特性。包装装潢既要美观，又要在造型结构设计上体现方便封装贮运、携带使用和安全卫生等良好作用。

3. 艺术性

好的包装装潢本身就是一件艺术品，它要求造型、构图、色彩 3 方面完美的统一。食品装潢美术不同于一般美术作品，必须根据商品属性和销售对象确定其表现手法。

4. 广告性

食品包装装潢应具有广告的作用。人们的购买活动无论出于何种需要，都会不同程度地讲究商品装潢，包装装潢的广告性就是抓住了消费者的心理而形成的。

5. 商品性

包装一定程度上反映着商品质量，在市场经济竞争日趋白热化的今天，不仅要注重商品的自身价值，更要注重商品外在形象。包装装潢的商品性在出口商品上尤为突出，其国际售价高低与包装好坏密切相关。

第三节　食品包装材料

包装材料是指用于制造包装容器和构成产品包装的材料的总称，它的种类包括纸与纸板、塑料、金属、玻璃、陶瓷、木材和复合材料等。

一、食品包装材料的选用原则

1. 适应性原则

包装材料的选用应与产品的气候（温度、湿度等）、运输方式、流通对象等流通条件相适应。

2. 对等性原则

应根据被包装物的品质选择对应的包装材料，即“好马配好鞍”。

3. 协调性原则

包装材料应与包装所承担的功能相协调。产品的包装一般分为个包装、中包装和外包装等。个包装也称为小包装，它直接与食品相接触，保护食品的质量，多用软包装材料，如塑料薄膜、纸张、铝箔等材料。中包装是指将单个食品或个包装组成一个小的整体，它需要满足装潢与缓冲双重功能，一般采用纸板、加工纸等半硬材料，并具有良好的印刷适性。外包装也称大包装，是集中包装于一体的容器，主要是保护食品在流通领域的安全，便于装卸、运输，故又称为运输包装，其包装材料首先应满足防震功能，并兼顾装潢的需要，多采用瓦楞纸、木板、胶合板等硬性包装材料。

4. 美学性原则

包装材料的选用要考虑其颜色、透明度、挺度。所用颜色一定要符合销售对象的传统习惯，抓住消费者的心理特点。

二、食品包装材料的性能要求

1. 物理性能

包装材料的物理性能主要包括：密度、吸湿性、导热性、耐热性和耐寒性等。对食品包装来说，吸湿性、阻隔性、耐热性、耐寒性要求较高。

2. 力学性能

主要包括弹性、可塑性、强度、韧性和脆性等。例如，包装堆码时要求抗压性好，起吊时要求抗拉强度好，搬运时要求抗弯曲、抗磨、抗戳度强等。

3. 化学稳定性

主要指包装材料受外界条件的作用，不易发生化学变化（如老化、锈蚀等）的性能。食品包装材料对化学性能的要求非常之高。

4. 加工性能

包装材料一般要求加工成容器或进行其他加工，所以包装材料的加工成型性能的好坏十分重要。

5. 卫生性能（安全性能）

包装材料必须无毒、无菌，不含有或溶出有害物质，无放射性物质等。包装材料必须对食品无污染，对人体不产生损害，这一点对食品包装甚为关键。

6. 环保性能

包装工业的发展一方面促进了经济发展，另一方面也给社会带来了严重的问题，如“包装垃圾”和“白色污染”。绿色包装的发展方向已是大势所趋，现在许多国家已经禁止或限制使用污染性包装材料。因此，在选择包装材料时，特别是选择出口商品包装材料时，一定要了解各国的法令和有关规定，避免不必要的经济损失和企业信誉损失。

三、纸质包装材料

纸是由纤维牢固交织而成的薄的纤维网络。造纸所用的原料主要是植物纤维，如木材、稻草等。纸质包装材料包括各种纸张、纸板、瓦楞纸板和加工纸类（表 20-1），可制成袋、盒、罐、箱等容器。由于纸质包装材料和容器具有许多独特优点，在包装工业中占有重要的地位。纸、纸板及其制品占整个包装材料的 40%以上，有的国家达到 50%。

表 20-1　常用包装用纸及纸板

分类	举例
包装用纸	普通商业包装纸、牛皮纸、鸡皮纸、纸袋纸、邮封纸、糖果包装纸、茶叶袋滤纸、玻璃纸、防潮包装纸、仿羊皮纸、复合纸等
包装用纸板	牛皮箱纸板、箱纸板、黄纸板、白纸板、瓦楞原纸、复合纸板等

纸质包装材料的优点如下：原材料来源丰富，价格相对低廉；重量较轻，可任意折叠，具有一定的刚性和抗压强度，有良好的弹性和一定缓冲性能；加工成型性能较好，结构多样，具有良好的印刷适应性，色彩表现力强；污染相对较少，易于回收或再生。缺点有：阻隔性能差，耐水性差，强度较低，尤其是抗湿强度更差，但与其他包装材料复合或组合使用可在一定程度上得到改善。

四、塑料包装材料

塑料是具有可塑性的高分子材料，是一种新兴的包装材料。由塑料制成的各类包装膜、袋、桶、箱、瓶、罐及复合包装材料等，被广泛应用于食品包装领域，且用量逐年增加。

塑料包装材料的优点主要有：重量轻，透明性好，强度和韧性好，结实耐用；阻隔性好，耐水耐油；化学稳定性优良，耐腐蚀；加工成型性能好，易热封和复合；包装适应性强，可代替许多天然材料和传统材料。缺点有：耐热性能差，废弃物不易分解或处理，易造成环境污染。

1. 食品包装所用塑料材料

（1）聚乙烯（polyethylene，PE）　聚乙烯是由乙烯聚合而成。由于聚合方法和密度不同，可分为低密度聚乙烯（low density polyethylene，LDPE）、高密度聚乙烯（high density polyethylene，HDPE）、线型低密度聚乙烯（linear low density polyethylene，LLDPE）。聚乙烯透明度不高，有一定透气性，阻湿性能好，有一定的拉伸强度和撕裂强度，柔韧性好。化学稳定性好，室温不溶于任何有机溶剂，耐大多数酸碱，不耐浓硝酸。有很好的耐低温性能（–70℃），易成型加工，热封性好，但印刷性能较差，常采用电晕处理或化学表面处理改善其印刷性。此外，聚乙烯是一种无毒的包装材料，符合食品包装关于卫生安全性的要求。

（2）聚丙烯（polypropylene，PP）　聚丙烯由丙烯聚合而成。它是一种很轻的塑料，实际使用的聚丙烯密度为 0.90～0.91g/cm^3。聚丙烯的透明度高，光泽度好，具有良好的机械性能和拉伸强度，硬度和韧性均高于 HDPE。耐热性好，可在 120℃的高温下连续使用，也可在开水中蒸煮。化学性能稳定，在一定温度范围内对酸、碱、盐及许多溶剂具有稳定性。卫生安全，符合食品包装的要求。聚丙烯的阻气性能优于 PE。缺点是耐寒性差，低温容易脆裂，印刷性能较差，印刷前需经过表面预处理。它主要制成薄膜用于食品包装，也可制成瓶罐、塑料周转箱和编织袋。

（3）聚苯乙烯（polystyrene，PS）　聚苯乙烯是由苯乙烯单体聚合而成。聚苯乙烯的透明度高并且有很好的光泽。质地坚硬，脆性大，耐冲击性差，透湿性、透气性大，化学稳定性差，易受有机溶剂如烃类、酯类等侵蚀，会软化甚至溶解。耐低温性能良好，但不耐热，连续使用温度 60～80℃。聚苯乙烯易成型加工，可制成薄膜、瓶和泡沫塑料。无臭、无味、无毒，卫生安全性好，可用于食品包装。

（4）聚氯乙烯（polyvinyl chloride，PVC）　聚氯乙烯由氯乙烯聚合而成。PVC 的热稳定性差，在空气环境中超过 150℃将发生降解放出氯化氢，长期处于 100℃条件下也会降解，在塑料成型加工时会发生热分解。为改善 PVC 树脂的热稳定性，制成塑料时需加入一定量的稳定剂。PVC 树脂本身无毒，但原料氯乙烯单体有毒，加工过程中添加的增塑剂、稳定剂等也影响 PVC 的卫生安全性。要将 PVC 用于食品包装，必须严格控制材料中的氯乙烯单体残留量，并使用低毒的增塑剂和稳定剂。

（5）聚酯（polyester，PET）　聚酯是聚对苯二甲酸乙二酯的简称，俗称涤纶。聚酯透明度高，光泽性好，具有优良的阻气、阻油和保香性能。刚硬而有韧性，抗拉强度是 PE 的 5～10 倍，是聚酰胺的 3 倍。化学稳定性良好，耐稀酸、碱及普通的有机溶剂。PET 能在较宽的温度范围内保持其优良的物理机械性能，正常使用温度范围为–70～120℃，能在 150℃使用一段时间。PET 卫生安全性好，符合食品包装的要求。由 PET 制成的未定向透明薄膜、收缩膜、结晶型定向拉伸膜有良好的强度和耐油性，被广泛用于禽肉类包装。以 PET 为基材的复合膜可用于蒸煮食品包装。聚酯瓶被大量用于饮料包装。

（6）聚碳酸酯（polycarbonate，PC）　聚碳酸酯也是一种聚酯，有很好的透明性，机械性能（尤其是低温抗冲击性能）良好，尺寸稳定，耐热性好，是一种非常优良的包装材料，但因价格较贵限制了它的广泛应用。聚碳酸酯可制成薄膜、片材和容器。PC 制成的容器像玻璃一样坚硬、透明，具有很高的抗冲击性，用途广泛。

（7）聚酰胺（polyamide，PA）　聚酰胺通称尼龙（nylon），是分子主链中含大量酰胺基团—[NHCO]—的一种高聚物。PA 的阻气性好，但对水蒸气的阻隔性差。吸水性强，且随吸水量的增加而溶胀，使阻气、阻湿性能急剧下降，其强度和包装尺寸也会受到影响。机械性能优良，强韧而耐磨。耐寒、耐热性好，正常使用温度范围为–60～130℃，最高可达 200℃。化学性能稳定，耐碱和大多数盐液，不耐强酸，水和醇会使 PA 溶胀。易加工，印刷性好，但热封性差。材料无毒，符合食品包装关于卫生安全性的要求。PA 主要加工成薄膜制品用于食品包装。通过定向拉伸或与 PE 等复合，改善了其易吸水、热封性差的缺点，可广泛用于食品的冷冻和蒸煮包装。

（8）聚乙烯醇（poly vinyl alcohol，PVA） 聚乙烯醇是由聚乙酸乙烯酯水解制得，PVA 薄膜透明度高，有很好的光泽。具有优良的阻气性，强度大而有韧性。化学稳定性好，除水外不受烃类、醇、酮、油等普通溶剂侵蚀。不带静电，印刷性好。PVA 无毒、无味，符合食品包装要求。但由于 PVA 具有亲水性，故阻湿性差，吸水性强，在水中可溶胀甚至溶解，且随着吸湿量的增加，其强度和阻气性会急剧下降。PVA 薄膜可直接用来包装含油食品。与其他薄膜复合后，克服了透湿的缺点，提高了阻气性，被广泛用于肉食、黄油、奶酪及快餐食品的包装。

（9）聚偏二氯乙烯（polyvinylidenechloride，PVDC） 纯的聚偏二氯乙烯很硬、很脆，不适合作包装材料，但与 5%～50%的氯乙烯共聚，并加入增塑剂和稳定剂后，可制得韧性大、柔软、阻隔性能很好的薄膜。PVDC 的突出优点是对气体、水蒸气、油和异味有极好的阻隔性，是阻隔性复合材料的重要组成部分，还可制成乳液涂布于其他基材上，用以改善材料的阻隔性。PVDC 的使用温度范围为–18～135℃，既耐低温冷藏，又耐高温蒸煮。由于制膜困难，PVDC 薄膜制品的价格较高。热封性差，一般采用脉冲热合或高频热合封口。与 PVC 一样，用作食品包装时，PVDC 也存在着卫生安全性问题，应注意增塑剂和稳定剂的选用。

（10）乙烯-醋酸乙烯酯共聚物（ethylene-vinylacetate copolymer，EVA） 乙烯-醋酸乙烯酯共聚物（EVA）是由乙烯与醋酸乙烯酯共聚得到。用作塑料的 EVA，醋酸乙烯酯的含量为 10%～20%。EVA 塑料透明度高，具有良好的柔软性、韧性、可塑性和较低温的热封合性。EVA 的加工温度低、性能好，可用多种方法成型，制成容器和薄膜，用于食品包装。

（11）乙烯-乙烯醇共聚物（EVOH） 乙烯-乙烯醇共聚物是 EVA 的水解产物。EVOH 是一种高阻隔性材料，商品名为 EVAL。EVOH 塑料最突出的优点是对 O_2、N_2 和 CO_2 等气体的高阻隔性及优异的保香性。此外，EVOH 还具有很好的耐油性和耐有机溶剂能力，可用于油性食品和食用油的包装。

2. 食品包装所用塑料薄膜

塑料薄膜是厚度小于 0.25mm 的柔性料片。

（1）普通塑料薄膜 普通塑料薄膜是指未经拉伸处理的一类薄膜，其包装性能主要取决于树脂品种。普通塑料薄膜分类见表 20-2。

表 20-2　普通塑料薄膜分类

分类	特点	用途
LDPE 膜	稍带乳白色的透明薄膜，质地柔软，耐冷冻，化学性能稳定，热封性好，阻氧性差，耐油脂性不好，印刷牢度差	可用于新鲜果蔬的保鲜包装，也可用于冷冻食品包装
HDPE 膜	乳白色半透明薄膜，强度高，刚性大，耐寒性和耐热性好，印刷性能差	用于蒸煮包装
CPP 膜（未拉伸聚丙烯膜）	透明度高，性能均衡，耐热性好，易加工，可热封，无毒，耐寒性和印刷性差	可用来制作蒸煮袋
PVC 膜	软质 PVC 膜透明而有光泽，耐油，易印刷	果蔬的收缩包装(软质 PVC 膜制成收缩膜)；冰淇淋、果冻等的包装（硬质 PVC 片材经热成型制成容器）

（2）定向拉伸薄膜　将普通塑料薄膜在软化温度至熔融温度之间的某一温度条件下，沿某一方向拉伸至原长度的几倍，然后在拉伸张紧情况下，在高于其拉伸温度而低于熔点的温度区间内某个适宜的温度下保持几秒钟，最后急速冷却至室温，即经热定型处理制成定向拉伸薄膜。薄膜材料经定向拉伸后，其抗拉强度、阻隔性及透明性等都有很大提高，但热封性能变差，使用时一般与 PE 等具有良好热封性的薄膜复合。食品包装上常用的双向拉伸薄膜有 BOPP、BOPS、BOPET、BOPA 等（表 20-3）。

表 20-3　定向拉伸薄膜分类

分类	特点	用途
BOPS 膜	透明而有光泽，质脆，气体透过率高，无毒、无味	适合于包装具有呼吸作用的新鲜果蔬，片材经热成型加工成的半刚性容器可用于各种食品的包装
BOPET 膜	透明度高，有很好的光泽；强韧，气密性好，既耐寒又耐热，并具有良好的耐油性，但热封性差	制成复合膜常用于食品的包装
BOPA 膜	强度高，气密保香性好，耐油性好，无毒、无味，不带静电，印刷性好，适用温度范围宽，但水蒸气透过率大，吸水率大，热封性差	可用于食品的冷冻和蒸煮包装

（3）热收缩薄膜　未经热处理定型的拉伸薄膜，其聚合物大分子定向分布的聚集状态是不稳定的，在高于拉伸温度、低于熔点的温度条件下，由于分子热运动，拉伸膜的大分子由定向分布状态恢复到拉伸前的无规则状态，使薄膜沿拉伸方向收缩还原，这类薄膜称为热收缩薄膜。利用热收缩膜加热收缩这一特性来包装食品，对被包装物具有良好的保护性、商品展示性和经济实用性。

PS 收缩膜透气性好，可用来包装需要呼吸保鲜的食品，PE（交联）收缩膜阻湿性好，可包装烘烤食品，硬质物品可用 PP 收缩膜，需要蒸煮或高阻隔、高强度的场合可用 PET 和 PA 收缩膜，PVC 收缩膜因其收缩性能好、价格低而广泛用于诸如生鲜食品及其他包装场合。

（4）弹性（拉伸）薄膜　弹性薄膜是另一种具有特殊性能的包装膜，本身具有较大的伸长率和弹性回复，并且表面具有一定自黏性。它的包装过程也称“拉伸绕包”，利用包装机回绕物品将薄膜拉伸，通过其弹性使之缠绕物品，其接头可自黏，也可用胶带黏结。与收缩包装相比，拉伸包装具有方法简单、适用范围广、用料少、成本低等优点。

目前用于食品包装的弹性薄膜主要有 EVA、PVC、LDPE、LLDPE，其中 EVA 和 LLDPE 薄膜弹性好且自黏性好，是理想的品种。

五、金属包装材料

金属包装材料性能优越，在食品包装材料中占有非常重要的地位，成为食品包装的 4 大材料支柱之一。常用金属包装材料包括镀锡薄钢板、无锡薄钢板、低碳薄钢板、铝合金薄板、铝箔。

金属包装材料突出的优点主要包括：具有良好的阻隔性能和机械强度，加工适应性好；热传导性优良，便于高温杀菌和低温冷却；不易破损，携带使用方便；印刷装潢美观，具有美丽的金属光泽；废弃物易处理，可以回收再生，节约资源，消除污染。主要缺点有：化学稳定性较差，在酸、碱、盐及潮湿条件下，易于锈蚀，须用镀层或涂料层加以保护；流通过程中易产生变形；材料价格较高。

1. 镀锡薄钢板

镀锡薄钢板简称镀锡板，俗称马口铁，是一种双面镀有纯锡的低碳薄钢板。根据镀锡工艺不同，分为热浸镀锡和电镀锡板，电镀锡板又分为等厚镀锡板和差厚镀锡板。

在罐头生产中必须在罐内壁涂一层涂料，使内装食品和镀锡板分开，以减少它们之间的反应，从而保证食品质量和延长保质期。涂料必须无毒、无臭、无味，不影响食品的风味和色泽；涂膜致密，基本无孔隙，耐腐蚀性好；涂膜在经受冲击、折叠、弯曲等加工时不脱落；高温焊接时不变焦脱落，无有害物溶出。

为防止蛋白质受热分解产生的硫化氢腐蚀罐壁，含蛋白质丰富的水产、家禽和肉类罐头应选用抗硫涂料。含花青素的水果易使锡离子溶出，因此樱桃、杨梅等罐头可采用一般性涂料来阻隔水果与罐壁接触，以防止因金属离子溶出而使水果罐头变色。午餐肉等易黏罐的食品，为使其容易倒出可选用防粘涂料。酸性较强的番茄酱等应选用抗酸性涂料。

2. 无锡薄钢板

无锡薄钢板简称镀铬板（tin-free pate，TFS），是表面镀有铬和铬的氧化物的低碳薄钢板。镀铬板的抗蚀性能比马口铁稍差，使用前必须在内外层涂涂料。镀铬板对有机涂料的附着力特别好，比马口铁高 3～6 倍，适于制造罐底盖和二片拉深罐。罐的接缝必须采用缝焊法或粘接法连接。

3. 低碳薄钢板

低碳薄钢板是指含碳量小于 0.25%的薄钢板，经过剪裁、成型和连接，可直接制成金属容器。其优点是货源充足、成本低、加工性好，制成的容器有足够的刚度和强度。

4. 铝合金薄板

铝合金薄板系铝镁、铝锰等合金经铸造、热轧、退火、冷轧、热处理和矫平等工序制成的薄板。其特点为轻便、美观、耐腐蚀、对人体无毒、卫生、安全；导热率高，对光反射率大，不透光，有利于内容物的保存；加工性能良好，相对密度为铁的1/3，可减少容器重量和节约运输能源；印刷效果好，废旧罐易回收。缺点是对酸和盐的耐蚀性较差，所以需经涂上涂料后使用。铝合金薄板具有优异的金属压延性能，容易成型，易于形成薄壁，适于制造扁平冲拉罐和深拉冲拔罐，特别是制成易拉罐，开罐性能十分优异。

5. 铝箔

铝箔是一种由工业纯铝板经多次压延而制成的可挠性金属箔材。包装用铝箔的厚度均在 0.2mm 以下。根据压延后热处理程度的不同，铝箔可分为软质和硬质两种。

铝箔作为包装材料，具有许多优良的性能。铝箔表面具有银白色的金属光泽，通过印刷装潢可使其更具良好的展示效果。铝箔对水、各种气体、芳香物质和光线具有高阻隔性，可防止内容物吸潮、氧化变质，不易受微生物和昆虫侵害，可用于防霉、防菌、防虫害包装。铝箔可以耐高温蒸煮或其他热加工，具有很好的耐低温性能，适用于冷冻包装。铝箔易于加工，适宜于自动包装机械使用，便于印刷、层合、压花等。铝箔的缺点是耐折性差，易起皱，而且抗破裂强度较低，不能受力，所以一般不单独使用，要与纸、塑料等制成复合材料，使上述缺陷得到改善和补偿。

六、玻璃包装材料

玻璃包装材料是常用的包装材料，具有优于其他包装材料的化学稳定性、高阻隔性、高透明性、高表面硬度及便于回收利用等特性。

玻璃包装材料的优点主要有：阻隔性能优良，不透气，不透湿，可加色料改善遮光性；化学稳定性优良，耐腐蚀，无毒无异味，不污染内装物，长期贮存食品、饮料，风味不变；光洁透明，易于造型，具有特殊的美化商品的效果；可回收重复利用、再生，不会造成公害，降低成本。主要缺点是容器自重与容量之比（重容比）较大，耐冲击强度低，易破损，运输成本高，能耗较大。

1. 玻璃材料的化学组成

玻璃作为材料和制品，它是熔融体冷却为固体时所形成的不结晶无机物。大多数玻璃材料属于钠-钙-硅玻璃系统，其主要氧化物为 Na_2O、CaO、SiO_2 等。SiO_2 为玻璃形成体氧化物，构成玻璃的网络骨架。Na_2O 与 CaO 为网络外体氧化物。Na_2O 促进硅砂的熔化，主要起助熔剂的作用。CaO 提高玻璃的化学稳定性，降低硅酸钠的结晶倾向，起稳定剂作用。此外，玻璃中还常含有 Al_2O_3、MgO 和 BaO 等氧化物。

2. 玻璃材料的化学稳定性

玻璃抵抗水、酸、碱、盐、气体及各种化学物质侵蚀的能力，称为玻璃的化学稳定性。一般而言，玻璃的化学稳定性比其他材料优越，但仍会受到各种介质的侵蚀。除氢氟酸能直接溶解玻璃外，水、酸、湿空气主要侵蚀玻璃网络中的金属离子，而碱则破坏玻璃的网络结构，所以玻璃的抗碱能力比其抗酸和抗水能力弱得多，在食品包装中应充分注意玻璃的这一特性。

七、陶瓷包装材料

陶瓷包装材料耐火、耐热与隔热性能均比玻璃包装材料好，且耐酸性能优良，透气性极低，历经多年不变形、不变质，主要用于酒类、咸菜及传统食品和风味食品的包装。其原材料资源丰富，废弃物不污染环境，用陶瓷包装的食品常给消费者以天然、传统的感觉，可利用其特有的色彩和造型艺术来塑造商品形象，体现悠久的饮食文化和传统的民族特色。但陶瓷与玻璃材料一样，重容比大，且易破碎。此外，陶瓷不透明，生产率低，且一般不再重复使用，故成本较高，使用范围受到一定限制。

1. 陶瓷包装材料的原料组成

不同种类的陶瓷原料组成也不相同，主要原料大致有以下 4 类。

（1）黏性原料　也称可塑性原料，是制造陶瓷容器泥坯的主要原料，常用的有高岭土、黏土、陶土等。黏性原料具有可塑性，在适当条件下加入适量水可制成一定形状的泥坯。

（2）减黏性原料　若黏性原料的黏性太强，加工时不易成型，干燥后收缩过大，易变形开裂，必须使用适量的减黏性原料。减黏性原料主要有石英、硅砂及经 500～700℃烧过的黏性熟料或相同成分的陶瓷废料等。减黏性原料在烧制时与其他成分相互结合，能增强陶瓷强度。

（3）助熔性原料　加入适量的助熔性原料，如长石、白云石、菱美矿石等，可降低陶瓷原料的烧结温度，但同时其耐火性降低。

（4）釉料　釉是覆盖在陶瓷坯体表面的玻璃质薄层。其化学成分和玻璃相似，主要由某些金属氧化物和非金属氧化物的硅酸盐溶液组成。这些氧化物熔融体均匀地浇注在陶瓷坯体表面，硬化时与坯体发生化学反应而牢固地结合在坯体上，形成一层薄釉膜保护坯体。它能增强坯体的阻气、阻水和保香性，提高陶瓷容器的阻隔性、化学稳定性和表面强度。

陶瓷釉种类很多，根据包装容器的要求，可选用不同组分的釉料形成不同质感、色感的釉层，构成陶瓷世界的缤纷色彩。在选用釉料时，釉料和坯体的热膨胀系数应接近，以避免发生裂缝和脱釉现象。

2. 陶瓷包装材料的安全性

陶瓷包装材料的卫生安全性主要指上釉层中重金属元素铅或镉的溶出。一般认为，陶瓷包装材料与玻璃一样，无毒、卫生、安全，不会与食品发生任何不良反应。但长期研究观察表明：釉料，特别是各种色釉中所含的有害重金属，如铅和镉等，会融入所包装的食品中去，对人体健康造成危害。

八、复合软包装材料

复合软包装材料是指由两层或两层以上不同的挠性材料，通过一定技术组合而成的“结构化”多层材料，所用复合基材有塑料薄膜、铝箔、纸和玻璃纸等。复合软包装材料的综合性能好，具有高强度、高阻隔性、耐高低温、包装操作适应性好、卫生安全等优点，能够满足食品包装对材料的全方位要求。

用于食品包装的复合材料结构要求如下：①内容材料要求无毒、无味、耐油、耐化学性好，具有热封性和黏合性，常用的有 PE、CPP、EVA 等热塑性塑料；②外层材料要求光学性能好、印刷性好，具有较高的强度和刚性，常用的外层材料有 PET、PA、BOPP、铝箔及纸类等材料；③如果要求复合材料具有高阻隔性，可设置中间层，常用的中间层材料是高阻隔性的铝箔和 PVDC 等。

复合材料的表示方式为：自左向右从外层至内层排列。例如，PET/PVDC/CPP，外层为 PET，中间层为 PVDC，内层为 CPP。

第四节　食品包装容器与包装技术

一、食品包装容器

食品包装容器是为运输、贮存或销售而使用的盛装产品或包装件的器具总称，简称容器，主要体现包装的盛装、保护等功能。包装容器分运输包装容器和销售包装容器，它们与商品的价值、用途、形态、运输、贮存条件、销售对象等密切相关。因此，食品包装容器的设计应遵循“科学、安全、卫生、经济、实用、美观”的基本原则，达到保护商品、便利流通、促进销售、方便消费的目的。

食品包装容器主要包括纸质、塑料、金属、玻璃、陶瓷、木制容器及复合材料包装容器等，下面介绍几种常用的食品包装容器。

1. 纸质容器

纸质包装容器，按其结构特点可分为纸盒、瓦楞纸箱、纸筒、纸袋、纸浆模塑制品 5 大类。

（1）纸盒　一般用较薄的纸板（如瓦楞纸板、硬纸板、白纸板等）制作，主要有美化商品、促进销售、提高商品附加值和方便携带的作用，按其结构可分为折叠纸盒和粘贴纸盒两大类。折叠纸盒是把较薄的纸板经过裁切和压痕后，通过折叠组合成型的纸盒。粘贴纸盒是用贴面材料将基材纸板粘贴裱合而成的纸盒。

（2）瓦楞纸箱　是由瓦楞纸板经过模切、压痕、钉箱或粘箱等工序制作而成，它能以较小的包装成本同时完成对流通商品的保护、贮存和广告作用，是目前应用最为广泛的运输包装。瓦楞纸箱的造型结构形式已国际标准化，且属于折叠式的固定纸箱结构，主要分为平放式、立体式和异型式 3 类。

（3）纸筒　主要以纸为基材经层合卷制而成，其中纸管和纸杯筒径较小，纸罐与纸桶筒径较大。纸杯主要用于盛装液体食品，如饮料、咖啡、啤酒等。纸杯有多种分类形式，根据形状，可分为圆形、角形、圆筒形等，其中圆形纸杯应用最为普遍。根据结构，纸杯可以分为单层杯和复合杯。根据用途，又可分为冷饮杯、热饮杯、快餐面杯（碗）等。

（4）纸袋　是用纸制作的方形袋状容器，可以用来盛装农产品、食品等。按其用途可分为小纸袋和大纸袋两种。小纸袋主要用于零售商品，尤其是食品的包装。大纸袋一般由多层纸或与其他材料复合制成，也称贮运袋，用于盛放粮食、砂糖等大宗粉粒状食品。

（5）纸浆模塑制品　是以废纸或纸浆板为原料，多采用真空减压成型方法，将纸浆直接模塑成型的包装制品。目前广泛应用于快餐食品、水果、饮料等的运输包装中。

2. 塑料容器

在食品包装中常用的塑料容器有塑料瓶、塑料罐、塑料杯、塑料盒和塑料箱等。

塑料瓶因具有许多优异的性能而被广泛应用在液体食品包装上，主要用于果汁、矿泉水、碳酸饮料等的包装。塑料瓶种类很多，可分类如下：①按瓶的形状划分，有广口瓶、细口瓶、长颈瓶等；②按瓶的容积划分，小的 1～2mL，大的可达 10L；③按瓶内装载物划分，有饮料瓶、食品瓶、调味品瓶等；④按所用的塑料材料划分，有聚乙烯（PE）瓶、聚丙烯（PP）瓶、聚氯乙烯（PVC）瓶（分有毒和无毒两种）、聚酯（PET）瓶（分充气和不充气两种）、聚碳酸酯（PC）瓶等。常用塑料容器分类见表 20-4。

表 20-4　常用塑料容器分类

种类	用途	特点
塑料罐	多用来盛装食用油和饮用水	装载容积一般较大，通常设有供手提的把或耳，有圆罐和方罐之分；罐壁（或罐体）上一般设有波纹或加强筋，拐角处则做成弧圆形，既有利于加工成型，加强塑料罐身的强度和刚性，又增加了外形美感
塑料杯	用于雪糕、果冻、酸奶、饮料等食品的包装	要求使用的塑料无毒、易成型且价格便宜；杯口在装好食品后要求密封，以保证食品卫生
塑料盒	可以包装固体食品如糖果、糕点等，也可以包装湿的、油渍的食品如外卖的饭菜等；一次性饭盒是塑料盒中使用量最大的品种	塑料具有透明、易加工成各种形状等特性
塑料箱	用于食品的运输包装	塑料周转箱是最具有塑料包装箱特色的一类塑料箱，又可分为食品用、饮料用、啤酒用等。因周转箱加强了对商品的保护又可反复使用，经济效益十分显著。钙塑瓦楞箱是利用钙塑材料优异的防潮性能，依照瓦楞纸箱的成箱过程而制成的一种具有一定缓冲抗震性能的硬质、半硬质包装容器

3. 金属容器

金属容器主要包括金属罐、箱、盒、软管、桶、袋、喷雾罐及铝箔器皿等，其中在食品包装中应用最多的是金属罐、金属盒和铝箔器皿。

金属罐强度高，化学稳定性好，能耐湿和耐温，适用于流通周期大、运输线路长的食品包装。金属罐的分类方法很多，按材质分类，可分为马口铁罐（镀锡薄钢板）、TFS 罐（镀铬薄钢板）；按金属罐结构分类，可分为三片罐（由罐盖、罐身和罐底连接而成）

和两片罐（罐底和罐身用整片金属薄板冲压拉拔成型再与罐盖连接而成）；按开启方式分类，可分为开顶罐、卷开罐、罩盖罐和易拉罐；按形状分类，可分为圆形罐、方形罐、椭圆形罐和异形罐等，其中圆形是罐头食品的主流罐形。

金属盒是容量较小且具有一定刚性的金属包装容器，形状多样，如圆筒盒、方筒盒、扁方盒、椭圆柱盒及其他异形盒。盒身与盒底由两片材料焊接而成为焊接盒，由一片材料冲压拉伸而成为拉制盒。盒盖有压扣盖、折边盖、铰链盖等，可自由开闭。金属盒多用于饼干、糖果、茶叶等的包装。

铝箔器皿的特点是保鲜、保味、无毒、卫生，广泛应用于快餐食品的包装。铝箔器皿分为光滑壁铝箔器皿、带褶皱的铝箔器皿和铝箔蒸煮袋 3 种。其中最常用的是铝箔蒸煮袋，又称为软罐头，它具有良好的气密性、耐高温性、高阻隔性和高温热封强度，保质期较长。

4. 玻璃容器

玻璃容器主要用于盛装液体、粉状、粒状、膏体或块状食品，如牛奶、饮料、酒类、固体饮料、果酱、肉、罐头等。玻璃容器的基本类型有细口瓶、大口瓶、玻璃罐和圆柱玻璃瓶等（表 20-5）。

表 20-5 常用玻璃容器分类

瓶子种类	外观	用途	特点
细口瓶	瓶颈直径与瓶身直径差异较大且瓶口直径小于 20mm	用于贮存和输送一定量的食用液体，如啤酒瓶、饮料瓶、调味品瓶等	由于与空气的接触面积小，因此可以保持内装物的原始状态、风味及外观
大口瓶	瓶颈直径与瓶身直径有一定差异，且瓶口直径大于 20mm	用于包装果汁饮料、咖啡及烈酒	包装瓶壁厚均匀，生产率高，用户易于清洗，便于周转和回收
玻璃罐	瓶颈直径与瓶身直径差异较小	用于包装罐头	目前罐头瓶分为无色透明和淡青色两种，容量多为 500mL，瓶口型多为卷封式和旋开式
圆柱玻璃瓶	一般无瓶颈且瓶肩很小，瓶口内径与瓶身内径差距不大	主要用于包装糖果、蜂蜜等食品	

二、食品包装技术

1. 防氧包装

（1）真空包装 也称减压包装，有两种方式：一是采用热罐装或加热排气后密封；二是采用抽气密封。真空包装能迅速降低包装内氧气浓度，降低食品变质速度，抑制微生物生长繁殖，延长食品保质期。

（2）气体置换包装 气体置换包装是采用不活泼的气体，如氮气、二氧化碳气体或它们的混合物，置换包装内部的气体（如氧气、乙烯等）。气体置换包装常采用抽气（抽真空）再结合充气。

（3）脱氧包装 脱氧包装是利用还原剂（如 H_2、SO_2、铁系脱氧剂、葡萄糖氧化酶等）去除包装袋内微量氧气的包装。

2. 防湿包装

食品的防湿包装包括两方面：一是防止包装内食品从环境中吸收水分（蒸汽）；二是防止包装内的食品水分散失。从阻湿性来说，金属、玻璃材料是最优良的包装材料。PVDC 具有较高的防止水蒸气透过和防止氧气渗透的能力，又具有易热封合的特点，可单独或复合成膜用于食品的防湿包装。此外，PP、PE 及铝箔等复合膜使用可显著改善其性能。选择优良阻湿性的包装材料，加强包装容器密封环境湿度控制与封口检查，是防湿包装的根本保证。对湿度特别敏感的食品，可采用内藏吸湿剂的防湿包装。

3. 避光包装

在包装材料制造过程加入染料或采用避光（吸光）涂料的办法，可大大降低透明包装材料的光透过量。采用涂布复偏二氯乙烯或用铝、纸等避光性能较好的材料制造复合膜可将光透过量降至最低程度。包装装潢设计中，印刷颜色可降低光的透过性，许多食品的二级或二级以上的包装或运输包装（如纸板箱等）都有良好的避光性。

4. 无菌包装

无菌包装是指将杀菌（无菌）的产品在无菌条件下充填到无菌的包装容器中，随后在无菌条件下进行包装密封（封口）的全过程。杀菌方式主要为高温短时或超高温瞬时，有些高黏度的食品物料采用蒸汽喷射式直接加热到杀菌温度。食品包装容器的杀菌有物理杀菌（如饱和蒸汽、热挤压、辐照杀菌等）和化学杀菌（如过氧化氢、过氧乙酸等）。

完善的无菌包装系统需具备的基本条件为：杀菌设备；无菌产品；无菌包装材料（容器）；将无菌产品与包装容器集合到无菌灌装和封口区的设施及条件；设备在无污染条件下密封操作。

5. 活性包装

活性食品包装又称“智能型”包装，它不仅具有常规包装材料的基本功能，还具有调节控制的其他功能。活性食品包装主要包括两类：一类是包装材料（通常是复合包装材料）在制造过程中，加入活性成分，控制材料对活性成分的释放（或透过）性能，如抗菌包装；另一类是在食品包装操作（通常是充填、封口）时，在包装内附加的功能小包，如吸氧、吸湿、吸乙烯等性能小包。

活性包装材料由于生产成本及使用条件、效率的限制，目前多处于研究阶段。比较成功的有抗菌型、微波吸收型包装材料，此外还有脱氧、脱乙烯、吸湿等功能的包装材料。

第五节　食品包装质量控制

包装企业是为社会提供包装产品的重要工业部门。包装企业产品质量在于包装产品的特性和用途及其满足社会与消费者需要的程度。

一、食品包装质量

包装产品质量就是包装产品的适用性，是指包装产品适合一定的用途，能满足产品流通、销售和消费的需求及其满足程度的属性。包装产品是否物美价廉，能否满足人们的需要及其适用的程度，应该成为衡量包装产品质量好坏的主要标志。

包装产品质量特性主要包括 7 个方面：①物质方面，如物理性能、化学成分等；②使用方面，如使用是否方便、安全、可靠等；③结构方面，如结构轻便、便于加工等；④时间方面，如耐用性、可靠性等；⑤经济方面，如效率、制造成本等；⑥外观方面，如满足用户需要的外形、颜色、装潢等；⑦环境方面，如包装物品的回收，对环境的污染等。

包装产品质量具有适用性、可靠性、安全性、耐用性和经济性的特点，产品质量通常以机械的、物理的、化学的、生物的性能，以及形状、重量、外观等来表示。包装产品质量特性反映包装产品质量的客观状况。产品包装是以包装产品质量标准来衡量和判断其优劣的。包装产品质量标准规定了包装产品质量特性的技术参数或技术经济指标，是根据科学技术发展的要求、经济适用的原则和实际可能达到的生产技术条件而制订的，应随着生产技术的发展和用户需要的提高而修订，同时又要保持相对的稳定性。

二、食品包装质量控制

包装产品质量是经过生产的全过程一步一步产生和形成的。一般来说，包装产品质量产生和形成大致经过市场调研、新产品研制、设计研制、设计试制、生产制造、成品检验、产品销售及用户服务等多个重要环节，其过程是一个螺旋形上升循环的过程。质量管理（quality control，QC）是指运用科学的、经济的方法，设计、生产、销售用户满意的产品的各种活动。食品包装的加工企业与使用企业都要把包装的质量标准和用户满意的程度，作为衡量产品包装质量的尺子。包装的加工企业为了加强质量管理，应积极推行全面质量管理（total quality control，TQC）制度。

TQC 是指以企业的各个部门和全体人员为主体，应用各种科学方法和手段，控制影响产品质量的因素，通过企业质量保证体系，用最经济的方法设计、生产、销售用户满意的产品的全部过程。主要包括包装产品的设计过程、制造过程、辅助生产过程和用户使用过程的全过程，并涉及包装材料的质量与包装产品使用过程中遇到的问题。

TQC 的特点主要表现在以下几个方面：①为用户服务的思想是 TQC 的指导思想；②TQC 的质量内容是广义上的，不仅包括狭义上的产品质量，更包括情报质量、成本质量、生产量与交货期质量、决策质量、售后服务质量及管理人员和员工质量等；③工作范围是企业生产经营活动的全过程；④TQC 的主体是企业的全体人员；⑤该方法是科学的预防性方法。

三、包装加工企业的质量控制

包装加工企业要推行 TQC，必须建立一套严密的质量管理体系。质量管理体系是根据质量保证的要求，通过必要的手段和方法，把企业各部门、各个环节组织起来，明确规定它们在质量管理方面的职责权限，并建立起组织和协调各方面质量管理活动的专门机构。一般要采取如下措施：①建立严格的质量责任制；②制定和严格执行工艺规程；③建立和健全产品包装质量检验制度；④运用科学的质量控制统计方法。

四、流通领域的质量控制

质量控制是企业全面质量管理的归宿和宗旨。商业、交通运输部门应严格检验产品包装质量，与生产部门紧密配合，抓好产品包装质量管理工作，一方面要保证产品包装以良好的状态进入消费过程，另一方面要保证产品包装在消费中有良好的使用效果，最大限度地实现包装产品的使用价值。

第二十一章　食品科学研究方法

第一节　食品科学研究课题的选择

一、科学研究从问题开始

科学研究是创造性的探索活动，无论基础研究还是应用研究都是为了解决尚未解决的问题，探索未知的过程。当代西方科学哲学家、证伪主义者波普尔曾明确提出：科学始于问题而非观察，尽管通过观察可以引出问题，但是在观察时必须带着一定的问题和预期的设想，不能漫无目的。从科学理论发展的总体过程看，只有发现了原有理论、方法不能解决的问题时，人们才会去修正、补充它，或着手建立新理论，探讨新方法。从这个意义上来说，问题既是旧理论、旧方法的终点，也是新理论、新方法的起点；从科学研究的具体进程看，人们总是以问题为框架有选择地去搜集事实材料。爱因斯坦指出："提出一个问题往往比解决一个问题更重要。因为解决问题也许仅仅是一个数学上或实验上的技能而已，而提出新的问题，新的可能性，从新的角度去看待旧的问题，却需要有创造性的想象力，而且标志着科学的真正进步。"

二、食品科学研究课题的来源

食品科学研究课题归根结底来源于社会生产实践与科学实践，但由于食品科学理论发展的相对独立性与自主性，其还可以有其他的来源。

1. 从食品科学实践与理论的矛盾中产生研究课题

当原有的科学理论不能解释新的现象、新的事实时，便产生了矛盾和需要探讨的问题。当对同一事物进行多方面的观察和实验，其实验结果从理论上无法做出统一的解释时，也会产生需要研究的课题。

2. 从食品科学理论内部的矛盾中产生研究课题

一种理论或一个概念，如果能从中推出逻辑矛盾，即表明其中存在着需要进一步探讨的问题。探讨中往往有助于新概念或新理论的产生。

3. 从不同学派理论之间的矛盾中产生研究课题

在一个学科领域中，对同一事物，可以有不同学派运用不同理论进行解释，谁是谁非，需要做出正确的解答。

4. 从社会需要同现有的生产技术手段不能满足这种需要的矛盾中产生研究课题

例如，基于农业生产、食品加工、社会生活与人类健康等的需要，提出了大量亟待解决的问题。这些问题经过转化、抽象，即成为应用研究和基础理论研究的课题。

5. 下达课题和自选课题

下达课题一般是指由国家主管科研的行政部门、企事业单位根据国家、地方、企事业单位的需要下达或委托有关科研单位、科研人员从事的科研项目。自选课题一般是指科研单位或科研人员从理论研究和生产实践发现的问题出发提出科研项目，向有关部门申报的课题。

三、食品科学研究选题及其步骤

科研选题就是形成、选择和确定所要研究和解决的课题。课题是为了实现某个特定目标所需要研究的一个或一组科学问题。科研选题是科学研究的起始步骤和重要组成部分。选题的重要性在于它关系到科学研究的方向、目标和内容，直接影响科研的途径和方法，决定着科研成果的水平、价值和发展前途。大量事实表明，无论是国家、集体还是个人的科学研究活动，若想取得重大的研究成果，除了人员素质和必要的物质条件，选题是一个关键因素。在科学研究中，最困难的最具有远见卓识的，就是能够选好课题。

在选题开始时，首先要了解前人的工作和现实的需要，进行文献调研和实际考察。文献调研是为了考察前人对有关课题已做过的工作及其经验教训，以免重犯他人已指出的错误和重复他人已做过的研究。文献调研应查明有关专著和论文，并尽可能追溯其发展历史，以继承前人的研究成果，在新的起点上，选择研究课题。此外，还要考察现实的需要，了解所选课题是否属于学科理论发展或生产技术领域迫切需要解决的问题，估计其理论价值或社会经济效益。科学研究不仅需要提出有价值的问题，而且期望通过研究获得成功。因此，只考察课题本身是不够的，还需要考察决定科学研究能否顺利进行的其他因素，诸如经费的来源、科研力量的配置、实验设备条件、协作情况等，对于技术课题还要考虑研制条件、测试条件、材料或元器件等条件。在文献调研和实际考察的基础上，再进行分析比较，综合概括出需要研究的课题。

初步选出课题后，要对课题进行初步论证，即对课题进行可行性研究。例如，建立模型进行初步计算，或围绕课题设计一些必要的实验。若有几个备选课题，则需要对计算和实验结果进行分析比较和筛选。在初步论证的基础上提出选题报告，然后经过评议，选出最佳课题。评议方式一般采用同行专家评审制。选题过程是一个不断反馈调整的过程，常常需要反复调研和多次论证。

综上所述，选题步骤一般为：文献调研和实际考察→提出选题→初步论证→评议→确定课题。

四、科研选题的基本原则

课题的性质不同，选题的原则也各有侧重，但一般需要考虑以下几个方面。

1. 需要性原则

需要性原则指课题应面向社会需要和学科理论发展的需要。社会需要包含经济发展、国防建设、医疗卫生和文化教育的需要等。学科理论发展的需要包含开拓科学领域、更新科学理论、改进科学方法的需要等。

发展研究担负着把科学技术直接转化为社会生产力的任务，选题应将当前社会需要置于首要位置，充分注意所开发技术的经济效益、社会后果和对环境的影响。即使是跟踪世界高技术的发展研究，其主要目的虽然是为未来新技术开发做准备，但也要充分重视在当前有应用价值的项目。

应用研究致力于解决国民经济和社会生活中所提出的实际科学技术问题，其任务在于把理论推进到应用的形式。它的选题方向应指向加强生产活动的技术基础，弄清技术机理。例如，要从生产中的材料、装备、加工工艺、技术精密组合能力、技术监测等问题中提炼出基础性的研究课题来。应用研究的选题要充分考虑社会的需要，把当前和近期社会需要的项目作为优选项目。

基础研究要从学科理论发展的需要出发，去研究和发现自然界的新现象与新规律，为正确认识和成功改造世界提供根本性的理论依据。自然科学基础理论具有普遍性和公有性的规范，需公开发表自己的研究成果，因此应面向世界，树立参与国际竞争的观点，立足本学科前沿进行选题。科学技术发展与经济发展和社会发展是相互关联的，尽管各种选题侧重点不同，但必须遵守需要性原则。

2. 创造性原则

创造性原则指所选课题应是前人没有解决或没有完全解决的疑难问题，并预期能从中产生创造性的科学技术成果。创造性的科技成果有多种表现，比较重要的是：概念和理论创新、方法创新、应用创新。相应地，那些有可能导致新理论、新概念、新方法、新应用出现的课题，应该被优先选择。当然，在选题阶段，难以精确估计课题结果的创造性。因此，创造性原则实质上是要求：在选题时熟悉别人的已有工作，避免重复劳动，课题论证时恰当估计课题的意义和其中可能包含的创造性成分。科学研究是探索性工作，其本质在于创新。别人已经解决了的问题，或者在现实条件下难以取得创造性进展的课题，不应作为选择对象。

3. 科学性原则

科学性原则指选出的课题要有一定的科学理论和科学事实作为根据，且将课题置于当时的科学技术背景下，并使之成为在科学上可以成立和探讨的问题。

一般来说，明显与已确证的科学理论相违背的题目不应作为选择对象，除非确已发现了与该理论相矛盾的事实并把此矛盾作为科研课题。如果毫无根据地把推翻或改变已确证的理论作为研究项目，那就失去了最基本的科学性。相应地，毫无事实根据的题目也不应作为选择对象。科研选题必须要尊重所依据的科学理论和科学事实，同时还要随着基础事实和背景理论的改变而调整选择的题目。

4. 可行性原则

可行性原则指选择的课题应与自己的主、客观条件相适应，即根据已经具备的或经过努力可以具备的条件进行选题。符合需要的有创造性和科学性的题目并非都是可行的。如果主观或客观条件不具备，无论多么诱人的题目也难以取得预期的成果。有些课题目前还缺乏解决的条件，而这些条件又是在短期内难以创建的，即应视为尚不具备可行性的课题。如果这类课题非常重要，而且其解决也需要长期的努力，则可将其分解为一系列子课题，然后从中选择一些相对来说具有较大可行性的子课题进行研究。但是，要充分估计这类课题的难度——有时甚至其中一个子课题的解决也会耗去一代人的精力。

可行性原则要求在选题时认真考虑科学研究的整体实力。在主观条件方面要分析科研队伍结构、人才配置、研究者素质、能力及课题认识和研究兴趣等因素。在客观条件方面要考虑科研经费、实验设备、原材料供应、图书情报资料及对期限的要求等因素。还要考虑科研的外部环境、国家政策、学术交流等条件。选题时从实际出发，扬长避短，发挥优势，才容易取得研究成果。

第二节　食品科技文献

文献是记录有知识的一切载体，是知识、知识载体和记录手段的统一体。由于文献知识内容的不同、载体的不同、记录方式的不同，便构成了不同类型的文献。

一、按文献信息载体的形式划分

1. 印刷型

印刷型（printed form）文献是以纸质为主要载体、以手写或印刷为记录手段的一种文献形式。主要包括石印、油印、铅印、胶印、激光排印的各种文献，目前的图书、期刊、专利、科技报告、学位论文等大多为印刷型文献。

2. 缩微型

缩微型（microform）文献又称缩微复制品，是以感光材料为载体、以缩微照相为记录手段的一种文献形式，即采用摄影的方法将文献的影像缩小、复制而成，主要包括缩微胶卷、缩微胶片、缩微卡片等。

3. 视听型

视听型（audio-visual form）文献又称视听资料或声像资料，是以电磁材料和感光材料为载体，以录音、录像和摄影技术为记录手段将声音和文字图像记录下来的一类动态型文献资料，主要包括唱片、录音带、录像带、幻灯片、投影片、电影片、电视片等。

4. 机读型

机读型（machine-readable form）文献全称为计算机阅读型文献，是利用计算机阅读的文献资料，包括计算机磁带、磁盘上的各种计算机软件。通过编码和程序设计，把文献内容变成计算机可识别的语言，输入到计算机中，存储到磁带或磁盘上，阅读时由计算机转换成人工语言，并根据需要在终端屏幕上显示或输出打印。

5. 光盘型

光盘型（optical disk form）文献是由特殊的光敏材料作为载体，将信息通过激光刻录在光盘的盘面上制成的一类新型载体文献。在写入信息时，将光盘放入与计算机相连的录放机中，利用写入信号调制激光发出的光束将信息刻录在光盘上；在读出信息时，用激光照射光盘上的光道，由激光检象器的光敏器件接受反射光束，产生光电读出信息，再经放像系统恢复图像和声音信号，便可得到输出信息。既可用计算机阅读，也可用激光播放机播放，实际上也是机读型文献的一种。

6. 立体形象型

立体形象型（solid figure form）文献又称三维全息型文献，是用激光在三维空间进行全息摄影实现信息存储与显示的全息形象资料。这是一种刚出现的新型文献载体类型，在形象化方面有着独特的优点，能够产生一幅完整的立体摄像，全方位地反映实物的全貌。

二、按文献的出版形式划分

1. 图书

图书（book）大多是对已发表的科技成果、生产技术知识和经验通过选择、比较、核对、组织而成的。该类型文献内容成熟、定型，论述系统全面、可靠。但图书出版周期较长，知识的新颖性不够，时间性较差，所提供的知识比其他类型的文献晚，传递信息的速度较慢。图书一般包括下面几种类型：专著（monograph）、丛书（series）、教科书（text book）、词典（dictionary）、手册（handbook）、百科全书（encyclopedia）等。主要依据著录项中的 ISBN 号、出版社名称、地址、出版年、页数、字数等识别。

2. 期刊

期刊（journal or magazine or periodical）又称杂志。一般指具有固定题名，定期或不定期的连续出版物。期刊上刊登的论文大多数是原始文献，包含有许多新成果、新水平、新动向，其特点是出版周期短，报道文献速度快，内容新颖，发行及影响面广，能及时反映国内外发展水平等。据统计，从期刊上得到的科技情报约占情报来源的65%以上。按内容性质分为学术性、通讯性、消息性、综述与述评性、资料性和检索性期刊等。按时间长短分为月刊（monthly）、周刊（weekly）、双月刊（bimonthly）、季刊（quarterly）、年刊（annual）。主要依据著录项中的ISSN号、刊名、年、卷、期号、页码等识别。国内外出版的食品及相关专业期刊见附录二。

3. 科技报告

科技报告（scientific and technical report）是科技人员围绕某一专门从事研究取得的成果所撰写的正式报告，或者是在研究过程中每个阶段的进展情况的实际记录。其特点是内容详尽专深，有具体的篇名、机构名称和统一的连续编号（报告号），一般单独成册。科技报告的种类有：技术报告（technical report）、札记（note）、论文（paper）、备忘录（memorandum）、通报（bulletin）等。在流通范围，仅有小部分可以公开发表或半公开发表。主要依据报告号加以识别，著名的科技报告有美国政府的AD、PB、NASA、DOE 4大报告；英国的ARC报告；法国的CEA报告；德国的DVR报告等。

4. 政府出版物

政府出版物（government publication）是由政府机构，包括国际组织（如联合国、国际联盟、欧洲共同体、世界贸易组织等）和各国中央政府及省或州、市、乡等地方政府组织，以及他们所拥有的官方或半官方机构及其所属的专门机构所发表、出版的各种文献资料。其内容可分为行政性文件（如政治法律文件、政府决议报告等）和科技文献（如统计资料、科普资料等）两大类。该类文献有助于了解国家的政策与演变。

5. 会议文献

会议文献（conference literature）是指国内外重要学术会议上发表的论文和报告，也包括一些非学术性会议的报告。会议文献的特点是：①文献针对性强；②信息传递速度快；③能反映具有代表性的各种观点。主要依据著录项中的会议名称、时间、地址、会议录出版单位及其地址、出版年份、会议录提供单位及其地址、页码等加以识别。

6. 专利文献

专利文献（patents document）是指在专利形成过程中产生的一系列官方文件和有关出版物的总称。广义专利文献是指专利局出版的与专利有关的各种文献，如专利公报、专利文摘、分类表、专利索引、说明书，以及与专利有关的法律文献等。狭义专利文献仅指专利说明书，专利检索的主要对象是专利说明书。专利文献在形式上具有统一的格式；在文字上它是一种法律文件，文字较简练，特别要求保护权利范围；在内容上具有广泛性、详尽性、实用性、新颖性、独创性，以及具有较强的系统性、完整性和报道的及时性等特点。主要依据著录项中的专利号、专利国别、专利权人、专利优先日期（公开日期）、出版时间等加以识别。

7. 标准文献

标准文献（standard document）是经过权威机构批准的，用文件形式表达的统一规定，是反映标准的技术文献。它主要是对工农业产品和工程建设的质量、规格、检验方法等方面所做的技术规定，分为国际标准、区域性标准、国家标准、行业标准、地方标准、企业标准。标准文献具有一定的制定、审批程序，适用范围明确专一，编排格式、叙述方法严谨统一，对有关各方有约束性，在一定条件下具有某种法律效力。有一定的有效时间，需要随着技术发展而不断修订、补充或废除；一个标准只解决一个问题，文字比较简练。主要依据著录项中的标准号加以识别。

8. 学位论文

学位论文（dissertation or thesis）是高等学校、科研机构的毕业生、研究生为获得学位所撰写的论文，可分为学士论文、硕士论文和博士论文。学位论文具有内容比较专一，阐述较为系统、详细等特点，对科学依据和做学位论文均有参考价值。它一般不公开出版，因而要取得原件比较困难，可从学位、论文名称、颁发学位的单位及其地址、授予学位的时间等方面加以识别。

9. 产品资料

产品资料（products data）主要是指各国厂商为了推销产品而出版发行的一种商业性宣传资料。其包括厂商介绍、产品目录、产品样本和产品说明书等，其特点在于技术上比较成熟，数据比较可靠，有较多的外观照片和结构图，直观性强，它对科技人员选型和设计，引进国外设备仪器都有参考价值。产品资料一般要涉及产品的性能、结构、原理、用途、用法、维修、保管等各方面的技术问题，具有一定的技术信息价值。可从公司名称、地址、产品名称等方面加以识别。

10. 其他文献

除上述出版类型外，其他文献还包括技术档案、工作札记、广播、电视、报纸等大众传媒、卫星资料，其中技术档案是指生产建设和科研部门技术工作中形成的、有一定的工程对象的技术文件。例如，任务书、协议书、技术指标、审批文件、研究计划、方案大纲、技术措施、有关的技术调查材料、设计计算试验基础上的方案数据和报告等，具有重要的信息价值，有明显的保密性和内部控制使用的特点，一般不公开。

三、按文献加工类型划分

1. 零次文献（灰色文献）

所谓“零次文献”是指非正式出版物或非正式渠道交流的文献，未公开于社会，只为个人或某一团体使用。例如，文章草稿、私人笔记、会议记录、未经发表的名人手迹，甚至包括口头言论和思想教育。

2. 一次文献（原始文献）

凡是以著者本人的经验、研究或研制成果为依据而撰写的原始文献，经公开发表或交流后，称为一次文献。一次文献是文献的主体，是最基本的信息源，是文献检索的对象。其特点是论述比较具体、详细和系统化，有观点、有事实、有结论。一般包括期刊论文、专著、研究报告、会议文献、学位论文、专利说明书、技术标准、技术档案、科技报告等。

3. 二次文献（检索性文献）

二次文献是信息部门将那些分散的、无组织的一次文献，用一定的方法经过加工整理、归纳、简化，把文献的外表特征和内容特征著录下来，使之成为有组织、有系统的检索工具，如书目、题录、文摘、索引等。二次文献是对一次文献的浓缩和有序化，主要作用是存储和报道一次文献线索、提供查找的途径。它是用于查找一次文献的检索工具，是重要的指示性信息源。

4. 三次文献（参考性文献）

它是在二次文献的基础上选用一次文献的内容进行分析、概括、综合研究和评价而编写出来的文献。其可分为综述研究类和参考工具类两种类型。前者如动态综述、学科总结、专题述评、进展报告等，后者如年鉴、手册、大全、词典、百科全书等。三次文献源于一次文献又高于一次文献，属于一种再创性文献。三次文献主要是信息研究的产物和成果，其特点是一次文献的浓缩。

一次文献、二次文献、三次文献之间的关系，如图 21-1 所示。

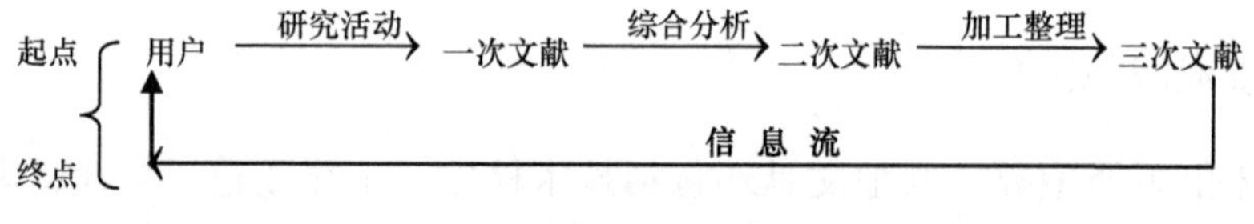

图 21-1 一、二、三次文献之间的关系

第三节 食品科学研究项目论证报告

课题选定以后，要取得有关部门经费、政策、人力、物力等方面的支持，必须得撰写研究项目论证报告，并报有关部门，组织专家论证、审查和批准。科研项目按级别分为国家级、省部级、厅局级、地市级、县级及企业地方课题等，按研究的深度和广度又分为国家重大项目、国家重点项目、863 项目、自然科学基金项目（国家级、省级）、科技攻关项目（国家级、省级）、星火计划项目（国家级、省级）、燎原计划项目（国家级、省级）等。不同的项目，要求论证报告撰写格式不尽相同，但一般应包括以下 9 项内容。

一、概述

（1）项目名称
（2）项目提出背景
（3）项目的目的、意义

二、项目立项的必要性及市场需求分析

（1）项目技术攻关的必要性
（2）项目的市场需求分析

三、相关领域国内外技术现状、发展趋势及现有工作基础

（1）国内外技术现状、专利等知识产权情况分析
（2）国内外技术发展趋势
（3）现有的工作基础

四、项目计划目标及主要研究内容

（1）主要目标
（2）研究与开发内容
（3）项目的技术关键，包括技术难点、创新点
（4）预期研究成果

五、拟采取的研究方法、技术路线、实验方案及可行性分析

（1）研究方法
（2）技术路线
（3）实验方案
（4）可行性分析

六、技术效益、经济效益及市场风险分析

（1）技术经济效益分析（含经济效益、社会效益）
（2）推广应用前景分析（含产业化可行性）
（3）项目实施的风险分析

七、申请单位简况

（1）单位简况（生产经营及科研情况、资产及经济状况等）

（2）项目主要负责人简介
（3）课题组组成简况
（4）现有的研究基础（项目组已有的成果、专利、论文、推广情况等）

八、必要的支撑条件、组织措施及实施步骤

九、计划实施进展、经费预算及经费来源渠道

（1）年度计划
（2）经费预算
（3）经费来源

第四节　食品科学研究试验设计

在食品工业生产和科学研究工作中，为了改革生产工艺，开发新产品，寻求优质、高产、低消耗的方法等，经常要进行各种试验。在掌握专业知识和了解研究对象性质的前提下，进行科学试验时，首先要进行试验设计。如何进行试验设计和分析试验结果，是食品生产和科研工作者经常遇到的问题。好的试验设计安排可以减少试验次数，缩短试验周期，从而减少人力、物力、时间和费用，并可获得正确和可靠的结果。另外，随着科学技术的发展，人们对问题的研究不但要定性化，而且要定量化，只有定量分析，才能科学地反映出事物的本质。

一、试验设计的任务和作用

1. 试验设计的任务

试验设计的任务是以概率论与数理统计为理论基础，结合专业知识和实践经验，经济地、科学地、合理地安排试验，有效地控制试验干扰，充分利用和科学分析所获得的试验信息，从而尽快获得最优方案。

2. 试验的作用

（1）分清各试验对实验指标影响的大小顺序，找出和抓住主要因素。
（2）了解因素与实验指标间的规律性，即每个因素水平改变时，指标是怎样变化的。
（3）了解因素之间的交互作用。
（4）迅速找出最优生产条件或工艺条件，确定最优方案并能估计在最优生产条件下试验指标值及其波动范围。
（5）设计和方差分析，了解试验误差的大小，从而提高试验的精度。
（6）分析试验结果，明确为寻找最优生产工艺而进一步试验的方向。

二、试验设计的性质和内容

试验设计方法从理论上讲属于数理统计的一个重要分支，即属于数学的范畴，从实践上讲，它是数理统计在食品专业中的具体应用，是为专业服务的。寻求最佳生产工艺必须建立在专业的基础上，试验设计只是为专业服务的工具，它是手段，而不是目的。绝不能把一个不合格的产品或劣质的生产工艺，不加其他技术措施，经过分析以后，而使其质量或性能得以提高。

实验设计所包含的内容十分丰富，现在已有许多种试验设计方法，包括成对试验设计、全面试验设计、正交试验设计、均匀试验设计、分割法试验设计、信噪比实验设计、回归正交设计等，其中最基本和最常用的是前 4 种。

三、试验设计的几个基本概念

1. 试验指标

根据试验目的而选定的用来衡量试验效果的特征值，称为试验指标。在同一试验中，根据不同的试验目的，可选择不同的试验指标。例如，在考察不同提汁工艺条件对果汁提取的影响时，可以将提取率作为试验指标，也可以将果汁色泽作为试验指标。

试验指标分为两类：一类是定量指标，即能用数量表示的指标，如食品的糖度、酸度、pH、提汁率、糖化率、吸光度和合格率等；一类是定性指标，即不能用数量表示的指标，如色泽、风味、口感、手感等，在设计试验中，为了便于结果分析，常把定性指标量化为定量指标。

在试验设计中，根据试验目的的不同，可以用一个试验指标，也可以同时用两个以上试验指标。前者为单指标试验，后者为多指标试验。例如，研究增稠剂种类、pH 和杀菌条件对豆奶稳定性的影响，只选用豆奶稳定性作为试验指标，为单指标试验；在研究不同吸附剂去除橙汁中苦味物质时，可以选用苦味物质去除率、V_C 损失率、可溶性固形物损失率作为试验指标，为多指标试验。

2. 试验因素

在试验中，凡对试验指标可能产生影响的原因或要素都称为因素。例如，酱油质量受原料、曲种、发酵温度、发酵时间、制曲方式和发酵工艺等诸方面影响，这些就是酱油质量的因素。把试验中加以研究考虑的因素称为试验因素。试验因素以外其他所有对试验指标有影响的因素称为条件因素。试验因素和条件因素一起构成试验条件。只考虑一个因素的试验称为单因素试验；考虑两个因素的试验称为双因素试验；考虑 3 个或 3 个以上因素的试验称为多因素试验。试验因素用大写字母 A、B、C、D、E……表示。

3. 试验水平

在试验设计中，为了考察试验因素对试验指标的影响情况，要使试验因素处于不同的状态，把试验因素所处的各种状态称为试验水平。在试验设计中，一个因素选了几个水平，就称该因素为几水平的因素，水平的表示方法是在因素字母下用下角号标示。例如，A 因素有 3 个水平 A_1、A_2、A_3，A 因素为 3 水平因素；B 因素有 5 个水平 B_1、B_2、B_3、B_4、B_5，B 因素为 5 水平因素。

4. 试验处理

试验处理是指各因素的不同水平之间的联合搭配。在单因素试验中，水平和处理是一致的，一个水平就是一个处理。在多因素试验中，可以形成若干个处理组合。例如，3 种温度（A_1、A_2、A_3）和二种制曲方式（B_1、B_2）对酱油质量的影响，可形成 6 个处理。一个三因素各因素三水平的试验可形成 $3\times3\times3 = 27$ 个处理。

5. 全面试验

对全部处理组合都进行试验，称为全面试验。全面试验次数等于各因素水平数的乘积。全面试验的优点是能够掌握每个因素及其每个水平对试验结果的影响，无一遗漏，但当试验因素和试验水平较多，试验次数就会剧增，再加上重复，试验规模就会非常庞大。例如，三因素三水平试验，共有 27 个处理；四因素四水平试验，共有 $4^4 = 256$ 个处理，如再加上重复，这么多的处理在实际工作中是做不到的。因此，全面试验只适用于因素和水平数目都不太多的试验。

6. 部分实施

由于试验因素和试验水平的增多使处理数目急剧增长，试验难以实施，因此在实际工作中，常采用部分实施方法，即从全部组合处理中，选取部分有代表性的处理进行实施。例如，三因素三水平的全面试验，共需 27 个处理组合，但选用 $L_9(3^4)$正交试验，只需 9 个处理；一个四因素五水平试验，全面试验需要 $5^4 = 625$ 次试验，而选用 $U_5(5^4)$均匀试验，仅需 5 次试验。

四、试验数据的结构与试验误差

1. 试验数据结构

在试验过程中，所获得的试验结果总是有差异的，即使在同一条件下进行重复试验，所获得的试验数据也不一样。引起试验数据差异的因素很多，这些因素的影响程度也有大有小，对试验结果起主要作用的因素，往往人为加以控制，称为被控因素，其对结果影响用 m 表示。另外其他一些次要的、人为不加控制的因素称为随机因素，随机因素对结果的影响称为随机误差，用 ε 表示。则任何观察值可以表示为

$$x = m + \varepsilon$$

2. 试验误差

任何试验数据都包含有试验误差 ε，它直接影响着试验的精确性和可靠性，为此在

试验过程中，要尽可能减少试验误差。

（1）试验误差来源　试验误差来源很复杂，但主要来源有以下几个方面。①试验材料：试验材料的成熟度、品质、纯度等不同。②试验仪器设备：仪器的精度不同，测试受环境影响不同等。③试验环境条件：受温度、湿度、光照、气流等不同影响。④试验操作：由操作人员引起，不同的操作人员及同一操作人员由于分辨能力限制，读数不准确等造成的误差。

（2）试验误差的分类　可分为随机误差和系统误差两类。①随机误差：在试验过程中，一系列有关因素的细小随机波动而形成的具有抵消性的误差，它确定了试验结果的精确度。②系统误差：在试验过程中，由某个或某些因素按照确定的规律起作用而形成的误差，它确定了试验结果的准确度。

试验误差是不可避免的，但可设法尽量减少。

五、试验设计的基本原则

在试验过程中，为了减少试验误差，就必须严格控制试验干扰。所谓试验干扰是指那些可能对试验结果产生影响，但在试验中未加考虑，也未加以控制的条件因素。在试验过程中，应尽量地控制或消除试验干扰。其办法是严格遵循试验设计的 3 个基本原则——重复、随机、局部控制。

1. 重复原则

所谓重复是指在试验中每种处理至少进行 2 次。重复是估计随机误差和减少随机误差的基本手段。重复次数多少，应根据试验要求确定，一定要适当，一般 3～4 次。

2. 随机原则

所谓随机是在试验中，每一处理组合及其每一个重复都有同等的机会被安排在某一特定的空间和时间环境中，以消除某些处理组合或某些重复可能占有的“优势”或“劣势”，从而保证试验条件在空间和时间上的均匀性。随机可消除系统误差，使系统误差转化为随机误差，从而正确地、无偏地估计试验误差。

随机通常采用抽签、摸牌、查随机数字表的方法来实现。

3. 局部控制原则

做试验时，为使试验数据真实可靠，应使试验条件尽量保持一致。但任何一个试验都是在一定的时空范围内进行的，试验次数越多，所占的时空范围就越大，环境条件之间的差异也就越大。反之，试验时空范围越小，环境条件就越均匀一致。如果把某项试验的时空范围划分为几个小的范围——区组，使得每个区组内试验条件尽可能一致，每个区组内各处理的试验顺序随机安排，这样，区组内的试验误差就可减少。区组间试验条件的差异虽较大，但可通过统计的方法进行处理，这种安排试验的方法称为局部控制。在试验过程中，一般将同一重复安排为一个区组，区组内各处理随机排列。

六、常用的试验设计方法

1. 两种处理的试验设计

这种试验设计只安排 A、B 两种处理，每种处理可安排多次重复试验，计算出 A、B 各自处理重复试验平均值，对这两个平均值进行差异显著性检验。

2. 全面试验设计

在试验设计中，为了获得全面试验信息，正确地判定试验因素及其各级交互作用对试验指标影响情况，对所选取的试验因素的所有水平组合进行全部实施一次以上，这种试验设计方法称为全面试验设计法。这种方法的优点是能获得全面试验信息，对各因素及其各级交互作用对试验指示的影响剖析得比较清楚。缺点是当因素多、水平多时试验规模太大，所以该方法只适用于单因素和双因素全面试验设计。

1）单因素全面试验设计法

试验中只考察一个因素（假定为 A），选择它的 m 个水平为 $A_1,A_2,A_3,\cdots,A_m$，比较这 m 个水平对试验指标的影响，称为单因素试验。

（1）完全随机化单因素试验设计　在单因素全面试验中，如果各个处理重复 r 次，共有 mr 次试验，mr 次试验的实施顺序完全按随机原则确定，这种试验设计方法称为完全随机化单因素试验设计。常用抽签法或随机数字表法进行试验设计。完全随机化法比较简单，其没有遵循局部控制的设计原则，不能将试验误差尽量减少。

（2）完全随机区组单因素试验设计　为了克服完全随机化单因素试验设计没有遵循局部控制设计原则这个缺点，可在试验中引入区组，一般一个重复为一个区组，在区组内每个处理必须出现一次，也只能出现一次，区组内的处理完全随机排列，称为完全随机区组单因素试验设计。该法比较全面地使用了随机、重复和局部控制 3 条基本原则。

2）双因素全面试验设计法

同时考察两个因素的全面试验，称为双因素全面试验。在双因素全面试验中，设因素 A 有 a 个水平，因素 B 有 b 个水平，A 与 B 的全部水平组合有 ab 个，若各水平组合重复 r 次，则共有 $n = abr$ 次试验，称双因素全面试验设计。双因素全面试验设计有完全随机化法和完全随机区组法两种。

（1）完全随机化等重复双因素全面试验设计　因素 A 与 B 的 ab 个水平组合重复 r 次，共有 $n = abr$ 次试验，进行试验时，n 次试验先后顺序完全按随机方式确定，为完全随机化等重复双因素试验设计。

（2）完全随机区组等重复双因素全面试验设计　因素 A 与 B 的 ab 个水平组合重复 r 次，共有 $n = abr$ 次试验。进行试验时，首先按随机顺序进行一套 ab 个水平组合的试验（即重复Ⅰ），然后再按随机顺序进行另一套 ab 个水平组合的试验（即重复Ⅱ）……如此进行 r 次重复。在这种情况下，重复就构成了区组，在每个区组内，试验环境是均一的，这就是完全随机区组等重复双因素全面试验设计。

3. 正交试验设计

全面试验设计，是把要考察的试验因素及所有水平组合全面试验一次以上。但当试验因素多及各因素下水平数多时，试验次数会急剧增多，若再加上重复，试验规模就会很大，往往在实践中难以实施。例如，三因素三水平全面试验，共有 $3^3 = 27$ 种处理，若重复 3 次，则共有 81 次试验；四因素四水平全面试验，则有 $4^4 = 256$ 种处理，如重复 3 次，共有 768 次试验，这在实际工作中是做不到的。所以，全面试验在单因素试验或双因素试验且水平数较少的情况下适用，对于 3 个以上的多因素试验，一般采用部分实施法，以减少试验次数，缩短试验周期。其中最常用的是正交试验。

1）正交表的类型

正交试验是借助于正交表进行设计的，常用正交表的类型如下。

（1）等水平正交表　一般写法为 $L_n(m^k)$，其中 L 表示正交性，k 为正交表的列数，即最多可安排的因素数，m 为各因素下的水平数，n 为试验处理次数，如 $L_8(2^7)$为 7 因素 2 水平 8 个处理的正交表。

（2）混合水平正交表　一般写法为 $L_n(m_1^{k_1}\times m_2^{k_2})$，其中 $m_1^{k_1}$ 表示水平为 m_1 的列有 k_1 列，$m_2^{k_2}$ 表示水平为 m_2 的列有 k_2 列，L 表示正交性，n 为试验处理数。用这种正交表安排试验时，水平数为 m_1 的因素最多可安排 k_1 个，水平数为 m_2 的因素最多可安排 k_2 个。例如，$L_8(4\times 2^3)$，此表可安排 4 水平的因素 1 个，2 水平的因素 3 个，共有 8 个处理。混合水平的正交表一般不能考察交互作用，但由标准正交表通过并列法改造而来的混合型正交表，可以考虑交互作用。

2）正交表的基本性质

（1）正交性　正交表的正交性表现在：任意一列各水平都出现，且出现次数相等；任何两列之间各种不同水平的所有可能组合都出现，且出现次数相等这两个方面。

（2）代表性　正交表的代表性主要表现在两个方面：一方面，任一列各水平都出现，使得部分试验中包括了所有因素的所有水平；任两列所有水平组合都出现，能考察两个因素的所有水平信息及两因素间的所有组合信息，这样正交表虽然安排的只是部分试验，但却能了解到全面试验情况。另一方面，正交表的试验点均匀地分布在全面试验设计点之中，具有很强的代表性。

（3）综合可比性　由于正交表的正交性，任一因素各水平的试验条件相同，当因素内各水平间进行比较时，可以最大限度地排除其他因素的干扰。综合可比性是正交试验设计进行结果分析的理论基础。

3）正交试验设计的基本程序

（1）确定试验指标　试验指标是由试验目的确定的。试验设计之前，必须明确试验目的，根据所要解决的问题，确定试验指标。一项试验，至少应有一个试验指标，有时可有几个试验指标。试验指标确定以后，就应把衡量和评价试验指标的原则、标准、测试指标的方法和仪器等确定下来。

（2）选择试验因素　根据专业知识、以往的研究结论和经验，尽可能全面地考虑到影响试验指标的诸因素，然后从中选择出一些对试验指标影响大的主要因素作为试验因素。一般把对试验指标影响大的因素、尚未完全掌握的因素和未被研究过的因素选为试验因素。

（3）选取试验因素水平，列出因素水平表　试验因素分为数量因素和质量因素。例如，温度、时间、原料用量等可用数量表示的因素称为数量因素；添加剂种类、设备型号、加工方法等其水平由特定的质量表示，称为质量因素。质量因素是在作设计时就定下来的，而数量因素则比较灵活。数量因素下一般选 3～4 个水平为宜，便于获得二次曲线。水平的幅度不宜选择得过宽或过狭，一般根据专业知识，尽可能把水平值取在最佳区域或接近最佳区域。

（4）选择合适的正交表　选择的正交表必须满足以下条件。

等水平试验：所选正交表的水平数与试验因素的水平数应一致，正交表的列数应大于或等于所要考察的因素数及交互作用所占的列数。

不等水平试验：选用混合水平正交表，某水平的列数应大于或等于相应水平的因素个数。

选择正交表的原则：在安排好试验因素和考察交互作用的前提下，尽量选小号正交表，以减少试验次数。另外，为了考察试验误差，选择的正交表最好空出一列，否则要设计重复试验。

（5）表头设计　所谓表头设计，就是将试验因素分别安排到所选正交表的各列中去。如因素间无交互作用，各试验因素可任意安排到正交表的各列中去。如要考虑交互作用，各因素不能随意安排，应按正交表的交互作用表进行安排。

（6）编制试验方案　在表头设计的基础上，将所选正交表中各列的水平数字换成对应因素下的具体水平值，便形成了试验方案。试验方案设计好以后，在试验过程中，必须严格按照各试验号的组合处理进行，不得随意改变。各试验号的顺序可随机化排列，同时注意重复试验，以减少和估计试验误差。试验结束后，试验结果直接填入试验指标栏内。

4）正交试验结果分析

常用的正交试验结果分析有两种方法，即极差分析法和方差分析法。对正交试验结果进行分析，可以解决以下问题。

（1）搞清各因素及交互作用主次顺序，即哪个是主要因素，哪个是次要因素。

（2）判断各因素对试验指标影响的显著程度。

（3）找出各因素下的各水平的最优水平和最优组合。

（4）分析各因素与试验指标间的关系，即当因素变化时，试验指标如何变化，为进一步试验指明方向。

（5）了解各因素之间的交互作用情况。

（6）估计试验误差的大小。

第五节　样品的采集、保存与制备

一、样品的采集

1. 正确采样的意义

样品的采集简称采样（又称检样、取样、抽样等），是为了进行检验而从大量物料中抽取一定数量的具有代表性的样品。在实际工作中，要化验的物料常常量都很大，组成有的很均匀，而有的很不均匀，化验时有的需要几克样品，而有的只需几毫克。要使分析结果能代表全部物料，必须采取具有足够代表性的“平均样品”，并将其制备成分析样品，如果采集的样品不具有代表性，那么即使分析方法再正确，也得不到正确的结论。因此，正确的采样在分析工作中十分重要。

2. 采样的一般方法

样品分检样、原始样品和平均样品 3 种。由整批食物的各个部分采取的少量样品称为检样。把许多份检样合在一起称为原始样品。原始样品经过处理再抽取其中一部分做检验用者称为平均样品。如果采得的检样互不一致，则不能把它们放在一起做成一份原始样品，而只能把质量相同的检样混在一起，做成若干份原始样品。

1）散粒状样品（如粮食、粉状食品）

散粒状样品的采样容器有自动样品收集器、带垂直喷嘴或斜槽的样品收集器、垂直重力低压自动样品收集器等。自动样品收集器通过水平的或垂直的空气流来对连续性生产的任何直径的粉末状、颗粒状样品进行采样分离，通过气流产生的正、负压对样品进行选择，然后分别包装送检。带垂直喷嘴或斜槽的样品收集器可用于粉末状、颗粒状、片状和浆状样品，它可以将样品去杂后，按四分法取样，包装后送检。垂直重力低压自动样品收集器可对固体样品按要求进行粉碎，然后将得到的粉末状、片状或颗粒状样品进行包装送检。

2）液体样品

液体样品在采样前必须使用混合器充分混合。如果样品量少，可用两容器相互转移的方法来混合。采样一般用长形采样器，用虹吸法分层取样，然后装入小瓶混匀即可。

3）对含水量较高的肉类、鱼类、禽类样品

可取其可食部分，放入绞肉机中绞匀。对含水量大的水果蔬菜等，取可食部分，放入高速组织捣碎器中搅匀。对于蛋类食品，去壳后用打蛋器打匀。对于罐头食品，取可食部分，并取出各种调味品后，再制备均匀。制备样品时，必须把带核的果实、带骨的畜禽、带鳞的鱼等样品预先去核、骨或鳞等不可食部分，然后进行样品制备。有些样品需根据检验的目的而正确地采样。例如，进行有机农药残留的检验时，鸡的不同部位农药残留量不同，因此取样时应加以注意。采样时必须表明样品名称、采样地点、时间、数量、采样方法及采样人。

3. 采样实例

1）罐头食品取样

罐头食品取样可采用下列方法之一。

（1）按生产班次取样，取样数为 1/3000，尾数超过 1000 罐者，增取 1 罐，但每班每个品种取样基数不得少于 3 罐。

（2）某些产品生产量较大，则按班产量总罐数 20 000 罐为基数，其取样数按 1/3000；20 000 罐以上罐数，其取样数可按 1/10 000，尾数超过 1000 罐者，增取 1 罐。

（3）个别产品生产量过小，同品种、同规格者可合并班次取样，但并班总罐数不超过 5000 罐，每生产班次取样数不少于 1 罐，并班后取样基数不少于 3 罐。

（4）按杀菌锅取样，每锅检取 1 罐，但每批每个品种不得少于 3 罐。

2）液体样品取样

液体样品每次取样最少为 250mL。

以牛乳为例，先用搅拌棒在牛乳中自上至下、自下至上各以螺旋式转动数次。若要采取数桶乳的混合样品时，则先要估计每桶乳的重量，然后以重量比例决定每桶乳中应采取的数量，用采样管采集在同一个样品瓶中，混匀即可。一般每千克可采样 0.2～1.0mL。为了确定牧场在一定时期内牛乳的成分，可逐日按重量采集一定的样品量（如 0.5mL/kg），每 100mL 样品中可加入 1～2 滴甲醛作为防腐剂。

3）全脂乳粉取样

乳粉用箱或桶包装者，则开启总数的 1%，用 83cm 长的开口采样插，先加以杀菌，然后自容器的四角及中心采取样品各一插，放在盘中搅匀，采取约总量的千分之一检验用。采取瓶装、听装的乳粉样品时，可以按批号分开，自该批产品堆放的不同部位采取总数的千分之一作为检验用，但不得少于两件。尾数超过 500 件者应加抽一件。

二、样品的制备与预处理

1. 样品的制备

样品的制备在分析过程中有着举足轻重的作用。样品处理得好，对后面的分析工作会带来很大的方便，并会增加分析的准确度。下面是常用的不同样品的制备方法。

（1）液体样品　浆体或悬浮液体，一般是将样品摇动和充分搅拌。

（2）互不溶的液体样品　如油与水的混合物，分离后分别采取。

（3）固体样品　应捣碎，反复研磨或用其他方法研细。常用的工具有绞肉机、磨粉机、研钵等。

（4）罐头样品　水果罐头在捣碎前须清除果核，肉禽罐头应预先清除骨头，鱼类罐头要将调味品（葱、辣椒等）去除后再捣碎。常用的工具有高速组织捣碎机等。

（5）测定农药残留量时，各种样品制备方法如下　①粮食：充分混匀，用四分法取200g 粉碎，全都通过 40 目。②蔬菜和水果：用水洗去泥沙，除去表面附着水分，取可食部分沿纵轴剖开，各取四分之一，切碎，充分混匀。③肉类：除去皮和骨，将肥瘦肉混合取样。每份样品在检验农药残留量的同时，应进行粗脂肪含量的测定，以便必要时分别计算农药在脂肪或瘦肉中的残留量。④蛋类：去壳后全部混匀。⑤禽类：去毛，开膛去内脏，洗净，除去表面附着的水分。纵剖后将半只去骨的禽肉绞成肉泥状，充分混匀。检验农药残留量的同时，还应进行粗脂肪的测定。⑥鱼类：每份鱼样至少 3 条。去鳞、头、尾及内脏，洗净，除去表面附着的水分，纵剖，取每条的一半，去骨刺后全部绞成肉泥状，充分混匀。

2. 样品的预处理

食品样品的处理方法，可根据被测定物质的理化性质，以及食品的类型、特点确定，常用以下几种。

1）有机物破坏法

用于食品中无机盐或金属离子的测定。在高温或强烈氧化条件下，使食品中有机物质分解，并在加热过程中成气态而散逸掉。根据具体操作方法不同，又分为干法灰化和湿法消化两大类。

（1）干法灰化法　样品在马弗炉中（一般 550℃）被充分灰化。灰化前须先碳化样品，即把装有待测样品的坩埚先放在电炉上低温使样品碳化，在碳化过程中为了避免测定物质的散失，往往加入少量碱性或酸性物质（固定剂），通常称为碱性干法灰化或酸性干法灰化。例如，某些金属的氯化物在灰化时容易散失，这时就加入硫酸，使金属离子转变为稳定的硫酸盐。干法灰化时间长，常需过夜完成，但无须工作者经常看管。由于试剂用量少，产品的空白值较少，但对挥发性物质的损失较湿法消化为大。

（2）湿法消化法　湿法消化是加入强氧化剂（如浓硝酸、高氯酸、高锰酸钾等），使样品消化而被测物质呈离子状态保存在溶液中。由于湿法消化是在溶液中进行的，反应也较缓和一些，因此被分析的物质散失就大大减少。湿法常用于某些极易挥发散失的物质，除了汞，大部分金属的测定都能得到良好的结果。湿法消化时间短，挥发性物质损失较少，但试剂用量较大，并需工作者经常看管，且湿法消化污染大，劳动强度大。

2）蒸馏法

利用液体混合物中各组分挥发度的不同分离为纯组分的方法称为蒸馏。常用的蒸馏方法有以下几种。

（1）常压蒸馏　当被蒸馏的物质受热后不易发生分解或在沸点不太高的情况下，可在常压下进行蒸馏。常压蒸馏的装置比较简单，加热方法要根据被蒸馏物质的沸点来确定；如果沸点不高于 90℃可用水浴，如果超过 90℃，则可改为油浴、沙浴、盐浴或石棉浴；如果被蒸馏物质不易爆炸或燃烧，可用电炉或酒精灯直接用火加热，最好垫石棉网，使受热均匀且安全。当被蒸馏物质的沸点高于 150℃时，可用空气冷凝管代替冷水冷凝器。

（2）减压蒸馏　有很多化合物特别是天然提取物在高温条件下易分解，因此须降低蒸馏温度，其中最常用的方法就是在低压条件下进行。在实验室中常用水泵来达到减压的目的。

（3）水蒸气蒸馏　将水和与水互不相溶的液体一起蒸馏，这种蒸馏方法称为水蒸气蒸馏。水蒸气蒸馏是用水蒸气来加热混合液体。例如，测定有机酸时，常用水蒸气将有机酸蒸出再进行测定。

（4）分馏　分馏是蒸馏的一种，是将液体混合物放在一个设备内，同时进行多次部分气化和部分冷凝，将液体混合物分离为各组分的蒸馏过程。这种蒸馏方法用于两种或两种以上可以互溶而且沸点相差很小的组分的混合液体。

3）溶剂提取法

在任一溶剂中，不同的物质具有不同的溶解度。利用混合物中各物质溶解度的不同，将混合物组分完全或部分地分离，此过程称为萃取，也称提取。提取的方法很多，最常用的是萃取法、浸泡法和盐析法。

（1）萃取法　要从溶液中提取某一组分时，所选用的溶剂必须与溶液中原溶剂互不相溶，而且能大量溶解被提取的溶质（或者与提取组分互溶）。当选用溶剂与溶液混合后，由于某一组分在两互不相溶的溶剂中的分配系数不同，经多次提取可分离出来。抽提的仪器可采用各式各样的分液漏斗。

（2）浸泡法　从固体混合物（如从茶叶中提取茶多酚、从香菇中提取香菇多糖等）提取某种物质时，一般采用浸泡法，亦称为浸提法。浸提法所采用的提取剂应既能大量溶解被提取的物质，又不破坏被提取物质的性质。为了提高物质在溶剂中的溶解度，往往在浸提时要加热。

（3）盐析法　向溶液中加入某一盐类物质，使溶质溶解在原溶剂中的溶解度大大降低，并从溶液中沉淀出来，这个方法称为盐析。例如，在蛋白质溶液中，加入大量的盐类，特别是加入重金属盐，蛋白质就从溶液中沉淀出来，据此以断定样品中纯蛋白质的含量。在进行盐析工作时，应注意溶液中所要加入的物质的选择。加入的物质不能破坏溶液中所要析出的物质，否则达不到盐析提取的目的。此外，要注意选择适当的盐析条件，如溶液的 pH、温度等。盐析沉淀后，根据溶剂和析出物质的性质与实验要求，选择适当的分离方法，如过滤、离心分离和蒸发等。

4）磺化法和皂化法

磺化法和皂化法是处理油脂或含脂肪样品时常用的方法。例如，油脂被浓硫酸磺化，或者油脂被碱皂化，油脂由非亲水性变成亲水性，这时油脂中那些要测定的非极性物质就能较容易地被非极性或弱极性溶剂提取出来。

（1）磺化　油脂遇到浓硫酸就磺化成极性甚大且易溶于水的化合物，磺化净化法就是利用这一反应，使样品中的油脂经磺化后再用水洗除去。

磺化净化法主要用于对酸稳定的有机氯农药，不能用于狄氏剂和一般有机磷农药，但个别有机磷农药也可控制在一定酸度的条件下应用。利用经浓硫酸处理过的硅藻土作层析柱，使待净化的样品抽提液通过，以磺化其中的油脂，这是比较常用的净化方法。不使用硅藻柱而把浓硫酸直接加在样品溶液里振摇和分层处理，也可磺化除去样品中的油脂，称为直接磺化法。

（2）皂化法　对碱稳定的农药（如艾氏剂、狄氏剂）进行净化时，可用皂化法除去混入的脂肪。如测定肉、鱼、禽类及其熏制品中的3,4-苯并芘（荧光分光光度法）时，可在样品中加入氢氧化钾，回流皂化2～3h，除去样品中的脂肪。

5）色层分离法

这是应用最广泛的分离方法之一，尤其对一系列有机物质的分析测定，色层分离具有独特的优点。常用的色层分离有柱层析和薄层层析两种，由于选用的柱填充物和薄层涂布材料不同，因此有各种类型的柱层析分离和薄层层析分离。色层分离的最大特点是不仅分离效果好，而且分离过程往往即为鉴定的过程。

3. 样品的浓缩

样品提取和分离后，往往需要减少大体积溶液中的溶剂，提高溶液浓度，使溶液体积达到所需要的体积。浓缩过程中很容易造成待测组分损失，尤其是挥发性强、不稳定的微量物质更容易损失，因此，要特别注意。当浓缩至体积很小时，一定要控制浓缩速度不能太快，否则将会造成回收率降低。浓缩回收率要求≥90%。浓缩方法有以下几种。

（1）自然挥发法　将待浓缩的溶液置于室温下，使溶剂自然蒸发。此法浓缩速度慢，但简便。

（2）吹气法　采用吹干燥空气或氮气，使溶剂挥发。此法浓缩速度较慢，对于易氧化、蒸气压高的待测物，不能采用吹干燥空气的方法浓缩。

（3）K·D浓缩器浓缩法　采用K·D浓缩装置（由K·D瓶、施耐德管、冷凝器、接收瓶等组成）进行减压蒸馏浓缩。此法简便、待测物不易损失，是较普遍采用的方法。

（4）真空旋转蒸发法　在减压、加温、旋转条件下浓缩溶剂。此法浓缩速度快，待测物不易损失、简便，是最常用且较理想的浓缩方法。

三、样品的保存

采取的样品应尽快进行分析，以防止其中水分或挥发性物质的散失及其他待测物质含量的变化。如果不能立即进行分析，必须加以妥善保存。应当把样品保存在密封洁净的容器内，必要时放在避光处，但切忌使用带有橡皮垫的容器。容易腐烂变质的样品需保存在0～5℃条件下，保存时间也不宜过长，否则，会导致样品变质或待测物质的分解。

有些国家采用了冷冻干燥来保存样品。在进行冷冻干燥时，先将样品冷冻到冰点以下，使水分变成固态冰，然后在高真空下将冰升华以脱水，样品即被干燥。所用真空度为 133～400Pa 的绝对压强，温度为–30～–10℃，而逸出的水分聚集于冷冻的冷凝器，用干燥剂将水分吸收或直接用真空泵抽走。

冷冻干燥须将样品的温度迅速降到“共熔点”以下。“共熔点”是指样品真正冻结成固体的温度，又称完全固化温度。对于不同的物质，其“共熔点”不同，苹果为–34℃、番茄为–40℃、梨为–33℃。由于样品在低温下干燥，食品化学和物理结构变化极小，因此食品成分的损失比较少，该法可用于肉、鱼、蛋和蔬菜类样品的保存，其保存时间可达数月或更长的时间。

第六节　实验数据的统计处理

一、表示实验结果常用的统计特征数及其计算公式

（1）样本平均值 $\overline{X}$，即 n 个测定值 $x_1, x_2, x_3, \cdots, x_n$ 的算术平均值：

$$\overline{X} = \frac{1}{n}\sum_{i=1}^{n} x_i \tag{21-1}$$

（2）算术平均偏差（或称平均差）$\overline{d}$：

$$\overline{d} = \frac{1}{n}\sum_{i=1}^{n}\left|(x_i - \overline{x})\right| \tag{21-2}$$

（3）标准差（或称均方根差）S：

$$S = \sqrt{\frac{\sum_{i=1}^{n}(x_i - \overline{x})^2}{n-1}} = \sqrt{\frac{\sum_{i=1}^{n} x_i^2 - \frac{\left(\sum_{i=1}^{n} x_i\right)^2}{n}}{n-1}} \tag{21-3}$$

它是数理统计学中，表示一个统计分布离散程度的最重要的指标，用以反映精密度。

（4）标准误差 $S_{\overline{x}}$：

$$S_{\overline{x}} = \frac{S}{\sqrt{n}} \tag{21-4}$$

（5）变异系数 C_{V}　它是衡量一系列测定值的相对离散程度的一种特征数：

$$C_{\mathrm{V}} = \frac{S}{\overline{x}} \times 100\% \tag{21-5}$$

（6）总体数学期望 μ　即总体平均值在置信水平 $1–\alpha$ 下的一个置信区间：

$$\overline{x} \pm t_{\frac{\alpha}{2}}\frac{S}{\sqrt{n}}；\ 即 \overline{x} \pm t_{\frac{\alpha}{2}} \cdot S_{\overline{x}} \tag{21-6}$$

式中，t_α 值可由给定的信度 α 及自由度 $f = n–1$，查 t 分布表（见附录二表 1）得到。α 称显著水平，n 为测定次数，必须注意 $n \geqslant 3$。

例 1. 测定某午餐肉中脂肪含量，7 次结果如下表：

脂肪含量 x_i（%）	$\|x_i-\bar{x}\|$	$(x_i-\bar{x})^2$
27.0	0.371	0.138
27.4	0.771	0.594
23.7	2.929	8.579
24.0	2.629	6.912
28.2	1.571	2.468
27.4	0.771	0.594
28.7	2.071	4.289
$\bar{x}=26.63$	$\varepsilon=11.113$	$\varepsilon=23.574$

（1）$\bar{d}=\dfrac{11.113}{7}=1.588$，相对误差$=\dfrac{1.588}{26.63}\times100\%=6\%$

（2）标准差 $S=\sqrt{\dfrac{23.574}{7-1}}=1.982$

（3）标准误差 $S_{\bar{x}}=\dfrac{1.982}{\sqrt{7}}=0.749$

（4）变异系数 $C_{\mathrm{V}}=\dfrac{S}{\bar{x}}\times100\%=\dfrac{1.982}{26.63}\times100\%=7.4\%$

（5）相对标准误差$=\dfrac{0.749}{26.63}\times100\%=2.8\%$

（6）总体数学期望 μ 的一个置信区间：由给出信度 $\alpha=5\%$，自由度 $f=n-1=6$，查 t 分布表得：$t_{0.025,6}=2.447$，所有脂肪含量测定结果为

$$\mu=\bar{x}\pm t_{0.025,6}\frac{S}{\sqrt{n}}=26.63\pm2.447\times0.749=26.63\pm1.833$$

即在置信水平 95%之下，每 100g 午餐肉中脂肪含量区间为：$24.80<\mu<28.46$。

二、实验结果差异性检验

1. 两个处理间的差异显著性检验

检验两个处理的差异显著性。常用 t 检验，检验方法如下。

例 2. 某人研究了两种浸提条件下山楂中可溶性固形物的浸提率，实验结果如下：

浸提条件	可溶性固形物提取率（%）					
条件 1	42.5	41.3	43.7	41.0	41.8	44.0
条件 2	47.6	48.2	46.3	47.9	46.0	49.0

试问这两种浸提条件下山楂可溶性固形物提取率有无显著差别（$\alpha=0.05$）。

解：设 $H_0:a_1=a_2$，取显著水平 $\alpha=0.05$

计算统计量：

$$\overline{\xi}=\frac{1}{n_1}\sum_{i=1}^{n_1}\xi_i=\frac{1}{6}(42.5+\cdots+44)=42.4$$

$$\overline{\eta}=\frac{1}{n_2}\sum_{i=1}^{n_2}\eta_i=\frac{1}{6}(47.6+\cdots+49)=47.5$$

$$S_1^2=\frac{1}{n_1-1}\sum_{i=1}^{n_1}\left(\xi_i-\overline{\xi}\right)^2=1.56$$

$$S_2^2=\frac{1}{n_2-1}\sum_{i=1}^{n_2}\left(\eta_i-\overline{\eta}\right)^2=1.32$$

$$S_w^2=\frac{(n_1-1)S_1^2+(n_2-1)S_2^2}{n_1+n_2-2}=\frac{(6-1)\times1.56+(6-1)\times1.32}{6+6-2}=1.44$$

$$t=\frac{\overline{\xi}-\overline{\eta}}{S_w\sqrt{\frac{1}{n_1}+\frac{1}{n_2}}}=\frac{42.4-47.5}{1.2\times\sqrt{\frac{1}{6}+\frac{1}{6}}}=-7.36$$

查 t 表（见附录二表 1），若 $|t|<t_{0.025,f}$，差异不显著；$t_{0.025,f}<|t|\leqslant t_{0.005,f}$，差异显著；$|t|>t_{0.005,f}$，差异极显著。

本例自由度 $f=n_1+n_2-2=6+6-2=10$，显著水平 $\alpha=0.05$

查 t 表得 $t_{\frac{\alpha}{2},f}=t_{0.025,10}=2.228$

判断：$|t|>t_{0.025,10}$，否定 H_0。

即两种浸提方式提取，可溶性固形物差异显著。

2. 多个处理间的差异显著性检验

上面讨论了两个处理间的差异显著性检验问题，但在生产和科研工作中，经常要讨论多个处理间差异是否显著的问题。例如，葡萄糖生产过程中的除杂问题，选用 5 种方法，重复 5 次，结果见例 3。

例 3. 以淀粉为原料生产葡萄糖的过程中，残留有许多糖蜜，可作为生产酱色的原料。在生产酱色之前应尽可能彻底除杂，以保证酱色质量。为此对除杂方法进行选择。在试验中选用 5 种不同的除杂方法，每种方法做 4 次试验，即重复 4 次，结果见下表。

除杂方法（A_i）	除杂量（x_{ij}）				平均（$\overline{x}_i$）	$X_{i.}$
A_1	25.6	22.2	28.0	29.8	26.4	105.6
A_2	24.4	30.0	29.0	27.5	27.7	110.9
A_3	25.0	27.7	23.0	32.2	27.0	107.9
A_4	28.8	28.0	31.5	25.9	28.6	114.2
A_5	20.6	21.2	22.0	21.2	21.3	85.0

本试验的目的是判断 5 种不同除杂方法对除杂量是否有显著差异，用两个样本间的

均值假设检验，不但繁杂，而且精度不高，误差太大，这时必须依靠方差分析。

方差分析的实质是检验多个处理之间的差异显著性。根据上面的试验看出，数据间的差异可能来自两个方面：一是除杂方法不同造成的，即各除杂方法下平均值$\overline{x}_i$之间的差异；二是随机误差造成的，即每一种除杂方法下 4 个数据间的差异。把因试验条件不同所引起的误差称为条件误差；把因随机因素引起的误差称为随机误差或试验误差。方差分析就是把数据的总变异分解为条件误差引起的变异和试验误差引起的变异，即把总平方和分解成处理间平方和与误差项平方和，把总自由度分解成处理间自由度和误差项自由度，然后计算出各自的方差值，借助 F 检验，判断各处理间均值差异是否显著。

1）平方和分解

总和：$x_{..}=\sum_{i=1}^{m}\sum_{j=1}^{r}x_{ij}=523.6$

矫正项：$\mathrm{CT}=\frac{1}{n}x_{..}^{2}=\frac{1}{5\times 4}\times 523.6^{2}=13\,707.85$

$$\mathrm{QT}=\sum_{i=1}^{m}\sum_{j=1}^{r}x_{ij}^{2}=(25.6^{2}+\cdots+21.2^{2})=13\,954.72$$

总平方和：$S_T=\mathrm{QT}-\mathrm{CT}=13\,954.72–13\,707.85=246.87$

$$Q_A=\frac{1}{r}\sum_{i=1}^{m}x_{i\cdot}^{2}=\frac{1}{4}(105.6^{2}+\cdots+85.0^{2})=13\,839.81$$

处理间平方和：$S_A=Q_A-\mathrm{CT}=13\,839.81–13\,707.85=131.96$

误差项平方和：$S_e=S_T-S_A=246.87–131.96=114.91$

2）自由度分解

总自由度：$f_T=n-1=20–1=19$

处理间自由度：$f_A=m-1=5–1=4$

误差项自由度；$f_e=f_T-f_A=19–4=15$

3）计算方差

处理间方差：$V_A=S_A/f_A=131.96/4=32.99$

误差项方差：$V_e=S_e/f_e=114.91/15=7.66$

4）显著性检验

求 F 值：$F=\frac{V_A}{V_e}=\frac{32.99}{7.66}=4.31$

查 F 表（见附录二表 2），查得 $F_{0.05}$ 和 $F_{0.01}$（用 V_A 的自由度 $f_1=m–1$ 和 V_e 的自由度 $f_2=n-m$）

判断：$F>F_{0.01}$，处理间差异极显著，记“**”；$F_{0.05}<F\leqslant F_{0.01}$，处理间差异显著，记“*”；$F\leqslant F_{0.05}$，处理间差异不显著，不记“*”。

本例查 F 表得，$F_{0.05(f_1,f_2)}=F_{0.05(4,15)}=3.06$，$F_{0.01(f_1,f_2)}=F_{0.01(4,15)}=4.89$

$F_{0.05}<F<F_{0.01}$，即不同除杂方法间差异显著。

5）列出方差分析表

方差分析表

变异来源	平方和	自由度	方差	F	F_α	显著性
处理间	131.96	4	32.99	4.31	$F_{0.05}=3.06$	*
误差	114.91	15	7.66		$F_{0.01}=4.89$	
总变异	246.87	19				

3. 多重比较

F 测验是一个整体概念，如上例仅指不同处理平均数间差异显著，但具体是各个平均数彼此之间还是仅有一部分平均数之间有显著差异，方差分析不提供任何信息，要明确各个平均数之间的差异显著性，还必须对各个平均数进行多重比较。多重比较常用的方法有最小显著差数法（LSD 法）和最小显著极差法（LSR 法）。最小显著极差法（LSR 法）又包括新复极差测验（SSR 法）和 q 测验。本次介绍新复极差测验（SSR 法）。

1）计算平均数标准误

$$\mathrm{SE}=\sqrt{\frac{S_e^2}{n}}$$

式中，S_e^2 为方差分析中误差项的方差，n 为样本容量。

如上例 $\mathrm{SE}=\sqrt{\frac{S_e^2}{n}}=\sqrt{\frac{7.66}{4}}=1.384$

2）计算 $\mathbf{LSR_\alpha}$ 值

查新复极差测验表（SSR 表见附录二表 3），得 S_e^2 所具有的自由度下，$P=2, 3, \cdots, k$ 时的 SSR_α 值（P 为某两数极差间所包含的平均数的个数），进而算得各个 P 下的最小显著极差值 LSR_α。

$$\mathrm{LSR}_\alpha=\mathrm{SE}\times\mathrm{SSR}_\alpha$$

将各平均数按大小顺序排列，用各个 P 的 LSR_α 值即可测验各平均数两极差的显著水平，凡两极差小于 LSR_α 者为差异不显著，即两极差在 α 水平上不显著。凡两极差大于或等于 LSR_α 者为差异显著，即两极差在 α 水平上显著。上例查 SSR 表，求得 LSR_α 值见下表：

P	2	3	4	5
$SSR_{0.05}$	3.01	3.16	3.25	3.31
$SSR_{0.01}$	4.17	4.37	4.50	4.58
$LSR_{0.05}$	4.16	4.37	4.49	4.58
$LSR_{0.01}$	5.77	6.05	6.23	6.33

3）多重比较结果的表示方法

（1）标记字母法　首先将全部平均数从大到小依次排列，给最大平均数标上字母 a，并将该平均数与以下各平均数相比，凡相差不显著的（$<LSR_\alpha$），都标上字母 a，直至某一个与之相差显著的平均数则标以字母 b。再以该标有 b 的平均数为标准，与上方各个比它大的平均数相比，凡不显著的也一律标以字母 b。进而以标有 b 的最大平均数为标准，与以下各未标记的平均数相比，凡不显著的继续标以字母 b，直至某一个与之相差显著的平均数则标以字母 c……如此重复进行下去，直至最小的一个平均数有了标记字母为止。这样各平均数间，凡标记有相同字母的即为差异不显著，凡标记有不同字母的即为差异显著。

在实际应用时，往往还需区分 $\alpha = 0.05$ 水平上显著和 $\alpha = 0.01$ 水平上显著，这时可以小写字母表示 $\alpha = 0.05$ 水平上显著性，以大写字母表示 $\alpha = 0.01$ 水平上显著性。

如上例 5 种处理平均数之间差异显著性标记字母法如下（新复极差测验）。

处理	除杂平均数（$\bar{x}$）	差异显著性	
A4	28.6	a	A
A2	27.7	a	A
A3	27.0	a	A
A1	26.4	a	A
A5	21.3	b	B

（2）列梯形表法　将全部平均数从大到小顺次排列，然后算出各平均数间的差数，与 LSR_α 值比较，凡达到 $\alpha = 0.05$ 水平的差数在右上角标一个“*”，凡达到 $\alpha = 0.01$ 水平的差数在右上角标记“**”，凡达不到 $\alpha = 0.05$ 水平的差数则不予记号。上例结果表示见下表：

处理	除杂平均数（$\bar{x}$）	差异			
		$\bar{x}_i - 21.3$	$\bar{x}_i - 26.4$	$\bar{x}_i - 27.0$	$\bar{x}_i - 27.7$
A4	28.6	7.3**	2.2	1.6	0.9
A2	27.7	6.4**	1.3	0.7	
A3	27.0	5.7**	0.6		
A1	26.4	5.1**			
A5	21.3				

三、直线回归与相关分析

1. 直线回归分析的概念

差异显著性检验只涉及一个变数。但是，由于事物之间的相互影响，在科学研究过程中，我们所要研究的变数往往不止一个，而是在两个或两个以上，如加工温度和 V_C 的保存率、固形物含量与透光率等。对于两个变数，除了应用原符号 x，还需引入新的符号 y。这样 x 和 y 的各对变数值就可用：$(x_1, y_1), (x_2, y_2), \cdots, (x_n, y_n)$表示。其中 x 是固定的，而 y 则是随着 x 的变化而变化的，x 为自变量，y 为因变量。

2. 直线回归方程式

如果 x 和 y 两个变量在变化趋势上呈直线关系，若要通过 x 的变化来预测 y 的变化，可用直线回归方程式来表示，直线回归方程通式为：$\hat{y} = a + bx$

读作 y 依 x 的直线回归。其中 x 是自变量，$\hat{y}$ 是与 x 的量相对应的依变量 y 的点估计值，b 是回归系数，a 是回归截距。回归方程的关键是计算出回归截距和回归系数。用最小二乘法的原理得出计算回归截距和回归系数公式为

$$a = \overline{y} - b\overline{x}$$

$$b = \frac{\sum xy - \frac{1}{n}\left(\sum x\right)\left(\sum y\right)}{\sum x^2 - \frac{1}{n}\left(\sum x\right)^2} = \frac{\sum\left(x - \overline{x}\right)\left(y - \overline{y}\right)}{\sum\left(x - \overline{x}\right)^2}$$

式中，$\overline{x} = \frac{1}{n}\sum_{i=1}^{n} x_i$；$\overline{y} = \frac{1}{n}\sum_{i=1}^{n} y_i$

3. 相关显著性的鉴定

由 n 对测定值求相关系数 r 的公式为

$$r = \frac{\Sigma(x - \overline{x})(y - \overline{y})}{\sqrt{\Sigma(x - \overline{x})^2 \cdot \Sigma(y - \overline{y})^2}}$$

再由给定的信度 α 查相关系数检验表（见附录二表 4），根据自由度 $f = n - 2$（注意 n 指观察值的成对数值）得出 r_α 值，计算得出的 r 值与 r_α 值比较。若 $r > r_\alpha$，表示直线相关关系存在；若 $r \leqslant r_\alpha$，表示直线相关关系不存在，同时也说明回归直线没有意义。

例 4. 应用银盐法测定罐头食品中砷含量（以 Ag DDC-吡啶液作吸收液）的结果为

x（砷浓度 mg/L）	y（吸光度）
0	0
1	0.041
3	0.145
5	0.211
7	0.306
9	0.399

资料整理和相关数字计算如下：

组号	x	x^2	y	xy	$(x-\bar{x})$	$(x-\bar{x})^2$	$y-\bar{y}$	$(y-\bar{y})^2$	$(x-\bar{x})(y-\bar{y})$
1	0	0	0	0	−4.17	17.39	−0.184	0.033	0.767
2	1	1	0.041	0.041	−3.17	10.05	−0.143	0.020	0.453
3	3	9	0.145	0.435	−1.17	1.37	−0.039	0.001	0.046
4	5	25	0.211	1.055	0.83	0.69	0.027	0.001	0.022
5	7	49	0.306	2.142	2.83	8.01	0.122	0.015	0.345
6	9	81	0.399	3.591	4.83	23.33	0.215	0.046	1.038
$\sum$	25 $\bar{x}=4.17$	165	1.102 $\bar{y}=0.184$	7.264		60.84		0.116	2.671

计算回归方程：

回归系数：$b=\dfrac{\sum xy-\dfrac{1}{n}\left(\sum x\right)\left(\sum y\right)}{\sum x^2-\dfrac{1}{n}\left(\sum x\right)^2}=\dfrac{7.264-\dfrac{1}{6}\times 25\times 1.102}{165-\dfrac{1}{6}\times 25^2}=0.044$

回归截距：$a=\bar{y}-b\bar{x}=0.184-0.044\times 4.17=0.00052\approx 0.001$

得回归方程为：$\hat{y}=0.001+0.044x$

根据回归方程绘得回归直线，如下图。

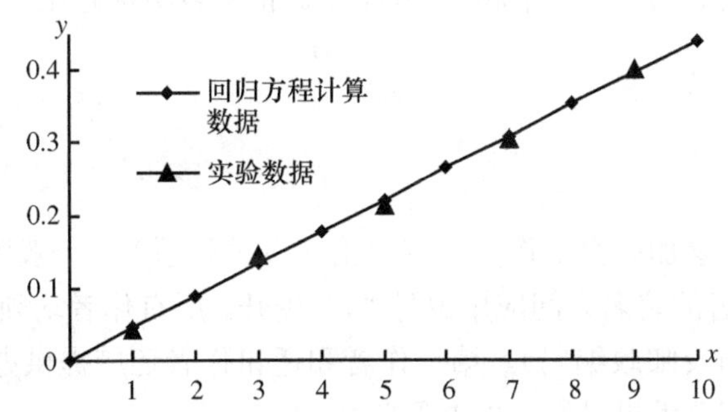

相关显著性鉴定如下。

相关系数：$\gamma=\dfrac{\sum(x-\bar{x})(y-\bar{y})}{\sqrt{\sum(x-\bar{x})^2\cdot\sum(y-\bar{y})^2}}=\dfrac{2.671}{\sqrt{60.84\times 0.116}}=1.000$

查“相关系数检验表”，自由度 $=n-2=6-2=4$，得 γ_α 值：

$\gamma_{0.05}=0.811$，$\gamma_{0.01}=0.917$

因 $\gamma>\gamma_{0.01}$，故直线相关性极强。

第七节　撰写科技论文

一般完成试验和数据分析以后，都要撰写科技论文，在公开期刊上发表或有关学术会议上报告交流，不同的期刊、不同的研究内容论文书写格式不完全相同，但一般应包括以下内容。

一、论文内容

在应用基础和高新技术方面未经公开发表或未出版过的原创性研究论文、综述、专论、研究简报、快讯等。要求材料翔实、数据可靠、文字精练、论点明确、论证合理，在某些方面有创新。综述性文章应是国内外最新研究进展，结合作者自己在相应领域对学科的贡献，有独到见解，对学科发展有指导意义。

二、文稿项目

研究论文（包括研究简报）书写顺序一般为：题目、作者姓名、作者单位全称、所在城市、邮政编码、中文摘要、关键词、英文题名（与中文一致）、英文作者、英文单位全称、英文摘要、英文关键词。正文包括前言、材料与方法、结果与分析、讨论、结论、正文第一页脚注、正文末尾致谢、参考文献。

三、文章标题

文章题目要简明确切，一般不超过 20 个字。正文各级标题用阿拉伯数字连续编号，一般用至 3 级标题。

四、作者与单位

署名作者应限于参加研究工作并可解答论文有关问题者，一般附全部作者签名（以避免争议）。多位作者的署名之间应用逗号“，”隔开。所有作者均须注明所在单位（中、英文均须全称、城市及邮政编码）。第一作者和通讯作者还应提供办公室和住宅电话、传真、电子邮件，甚至手机号码，以方便联系。

五、汉语姓名译法

不同期刊汉语姓名译法要求不同，但国内期刊大多数采用姓前名后，在正文标题下的作者姓名为姓全部大写，名首字母大写，名为两个字时，中间加一短线。例如，ZHAI Hu-qu，LIU Xu，QU Dong-yu，GUO Yu-yuan。而在文后参考文献中则采用姓首字母大写，名缩写，留首字母，例如，Zhai H Q，Liu X。

六、中、英文摘要

摘要写作结构为：研究目的、采用的主要方法、最主要结果、结论。摘要一定要简明，中心点突出。

七、首页脚注标识项目

基金项目：获得国家（或省部级）基金项目、攻关项目、国家863、973、农业农村部、科技部、教育部重点或专项等项目资助产出的文章应注明基金项目名称，并在括号内注明其项目编号。

作者簡介：在首页注脚处注明第一作者姓名（出生年）、性别、民族、籍贯、职称、学历、学位及主要研究方向、电话、传真、E-mail。作者簡介中如有联系作者，要注明通讯作者电话、传真、E-mail。

八、前言

应重点阐述本研究的目的与意义（学术价值或经济意义）、前人研究基础（与本项研究有关的主要作者的最主要进展应尽可能高度概括性地列出）、本研究的切入点（前人研究的薄弱环节或空白）、拟解决的关键问题等。

九、材料与方法

应写清楚试验时间、地点、材料、条件、规模（样本容量）、设计思路、设计方法、重复次数，以及试验仪器、药品及规格、统计方法等。若借鉴有他人方法，应交代清楚参考文献。

十、结果与分析

主要叙述本研究得出的主要结果，应有基础数据，以及依据具体数据统计分析得来的二级或三、四级数据，并对统计、分析数据之后显示出来的信息予以描述，要层次分明，条理清晰。

十一、图和表

文中只附必要的图和表，切忌与文字表述重复。图和表中的题名、注释或说明语等所有中文一般要加对照英文。表用三线表。线条图须用计算机作图。计算机作图，应能在Word文件中打开并能修改。EXCEL作图要带数据源。图中所用文字一般用6号字。中文用宋体，英文、数字用Times New Roman。照片图如电泳等谱带图须提供清晰照片。

十二、量和单位

按国际标准中关于量和单位的规定及我国法定计量单位表述。

十三、讨论

应单独成段，不与结果或结论混写。主要针对本研究结果与前人研究结果相同、相近，甚至是相反的结论进行评论，说明验证或印证、证实了什么，否定了什么，对能够阐述清楚的道理或机理加以阐述，对不明确的原因或不一致之处要进一步分析、解释。如果是开创性的工作，则应该对试验中的得与失，重要的体会与感悟，存在的问题与失误加以阐释，以使读者予以认可，并给予读者某种启示或思考。

十四、结论

应单独成段，不与讨论混写。应高度简明、扼要。应条理清晰地概括本研究的基本结论。应将本研究揭示出来的基本信息全部概括性地展示给读者。

十五、参考文献

列出与文章切实相关的国内外资料，特别要吸收国内外最近3年文献。未公开发表的文献和资料不宜引用。采用顺序编码制，著录顺序按在论文中所引用文献出现的先后连续编号。所有著作者全部著录。权威期刊还要求中文参考文献用中英文两种文字排列，将参考文献中的中文条目译成英文。

引用的文献为期刊，著录格式为：作者. 文献题名. 刊名(全称，勿缩写，英文刊名应为斜体)，出版年，卷(期)：起页-止页.

引用的文献为书籍，著录格式为：著者. 书名. 版本(初版省略). 出版地：出版者，出版年：起止页.

实例：

[1] 未志胜，詹萍，田洪磊，马雪平，王鹏，张芳. 基于GA-BP神经网络的鹰嘴豆美拉德肽的定向制备. 中国食品学报，2019，19(09)：147-153.
Wei Z S, Zhan P, Tian H L, Ma X P, Wang P, Zhang F. The Oriented Preparation of Maillard Reaction Peptide from Chickpea Using GA-BP Neural Networks. Journal of Chinese Institute of Food Science and Technology, 2019, 19(09): 147-153.(In Chinese)

[2] 林翔云. 香料香精辞典. 北京：化学工业出版社，2007：11-15.
Lin X Y. Flavor Essence Dictionary. Beijing: Chemical Industry Press, 2007: 11-15.

[3] Pace M R. Optimal Preparation of Tissue Sections for Light-Microscopic Analysis of Phloem Anatomy. Methods in Molecular Biology, 2019, 2014: 3-16.

第二十二章　食品加工高新技术

第一节　食品超微粉碎技术

一、概述

粉碎是用机械力的方法来克服固体物料内部凝聚力达到破碎的单元操作，将大块物料分裂成小块物料的操作称为破碎，它包括粗粉碎和中粉碎；将小块物料分裂成细粉的操作称为磨碎或研磨，它包括微粉碎和超微粉碎，两者又统称为粉碎。现代工程技术的发展，要求许多以粉末状态存在的固体物料具有极细的颗粒、严格的粒度分布、规整的颗粒外形和极低的污染程度，因此，普通的粉碎手段已不能满足生产的需要，于是便产生了超微粉碎加工技术。目前超微粉碎技术基于粉碎能力强，所得粉末表面活性强且适用于特殊功能产品，已广泛应用于如化妆品和药品生产、食品加工及化工新材料开发等领域中。

二、超微粉碎类型及原理

超微粉碎一般是指将 3mm 以上的物料颗粒粉碎至 10～25μm 以下的过程。目前，超微粉碎技术分化学法和物理法两种。化学粉碎法制备粉体粒度小且粒径分布窄，纯度高，工艺相较于机械法更复杂，但产量低加工成本高，应用范围窄。物理法产量大，成本低，工艺简单，是制备超微粉的主要手段。根据粉碎过程中物料的状态可将物理法分为干法粉碎和湿法粉碎，干法粉碎有气流式、高频振动式、旋转球（棒）磨式、锤击式和自磨式等几种形式；湿法粉碎主要是胶体磨和高压均质机，如表 22-1 所示。

表 22-1　干法和湿法超微粉碎的主要类型

类型		级别	基本原理
干法	气流式	超微粉碎	利用气体通过压力喷嘴的喷射产生剧烈的冲击、碰撞和摩擦等作用力实现对物料的粉碎
	高频振动式	超微粉碎	利用球或棒形磨介的高频振动产生冲击、摩擦和剪切等作用力实现对物料的粉碎
	旋转球（棒）磨式	超微粉碎或微粉碎	利用球或棒形磨介在水平回转时产生冲击和摩擦等作用力实现对物料的粉碎
	锤击式	微粉碎	利用高速旋转的锤头产生冲击、摩擦和剪切等作用力粉碎物料
	自磨式	微粉碎	利用物料间的相互作用产生的冲击或摩擦力粉碎物料
湿法	胶体磨	超微粉碎	通过转子的极速旋转，产生急剧的速度梯度，使物料受到强烈的剪切、摩擦和湍动扰动来粉碎物料
	高压均质机	超微粉碎	由于急剧的速度梯度产生强烈的剪力，液滴或颗粒发生变形和破裂以达到微粒化的目的

三、超微粉碎技术在食品工业中的应用

1. 软饮料加工

利用气流微粉碎技术已经开发出的软饮料有粉茶、豆类固体饮料、超细骨粉配制富钙饮料和速溶绿豆精等。在牛奶生产过程中，利用均质机能使脂肪显著细化。若脂肪球直径 98%在 2μm 以下，则可达到优良的均质效果，口感好，易于消化。

2. 果蔬加工

果皮、果核经超微粉碎可转变为食品。蔬菜在低温下磨成微膏粉，既保存全部的营养素，纤维质也因微细化而增加了水溶性，口感更佳。

3. 粮油加工

经超微粉碎加工的面粉、豆粉、米粉的口感及人体吸收利用率得到显著提高。将麦麸粉、大豆微粉等加到面粉中，用来改造劣质面粉，可制成高纤维或高蛋白面粉。

4. 水产品加工

我国集约化大规模水产品生产水平逐渐提高，然而伴随生产过程中大量的水产品废弃壳等下脚料增加，造成了环境污染与资源浪费。将水产品加工中产生的副产品如鱼骨、虾或贝壳等通过超微粉碎可实现天然生物资源的最大化利用及改善水产品特性。经过超微粉碎后蟹壳能有效吸附铅、镍、铜等重金属，或是超微贝壳粉可作为土壤改良剂中一种重要原料。

5. 功能性食品加工

膳食纤维素被现代医学界称为“第七营养素”，是防治现代“文明病”和平衡膳食结构的重要功能性基料食品。超微粉碎技术在部分功能性食品基料（如膳食纤维、脂肪替代品等）的制备上起重要作用。

6. 巧克力生产

巧克力细腻滑润的良好口感要求巧克力配料的粒度不大于 25μm，当平均粒径大于 40μm 时，巧克力的口感就明显粗糙。因此，只有超微粉碎加工巧克力配料才能保证巧克力的质量。

7. 调味品加工

微粉食品的巨大孔隙率造成集合孔腔，可吸收并容纳香气经久不散，这是重要的固香方法之一，因此作为调味品使用的超微粉，其香味和滋味更浓郁、突出。

8. 其他

在食品保鲜中如微粉孔腔中吸收容纳一定量的 CO_2 和 N_2 时，食品保鲜期会大大延

长。随着粉碎理论和设备工艺的不断优化与完善，粉碎过程中升温、氧化、原料损失、自动化连续生产能力不足等问题逐步得到解决，设计出一些新型超微粉碎技术与设备，如可快速切换转子冲击磨与采用仿生学能常温粉碎的超细纤维粉碎机等。

第二节　食品微胶囊技术

一、概述

微胶囊技术，又称微胶囊造粒技术、微胶囊包埋技术，它是指用特殊的手段将固、液、气体物质包埋在一个微小而封闭的胶囊内的技术。

微胶囊是一种大小一般在 5～200μm 的（当囊的粒度小于 5μm 时，由于其布朗运动而难于收集，当其粒度超过 200μm 时，由于表面的静电摩擦系数减少而稳定性下降）具有聚合物壁壳的微型包覆体，能够包埋和保护其囊芯内的物质微粒。微胶囊内部被包覆的物料称为芯材、囊芯、内核、填充物，其外部的包覆膜称为壁材、囊壁、包膜、壳体。

微胶囊技术在食品工业中具有改变物态、体积和质量，控制释放和降低物质挥发性，隔离活性成分及保护敏感物质等功能。微胶囊可有多种形状，如球形、肾形、粒状、谷粒状、絮状和块状等。囊壁可以是单层结构，也可以是多层结构；囊芯可以是单核的，也可以是多核的，如图 22-1 所示。

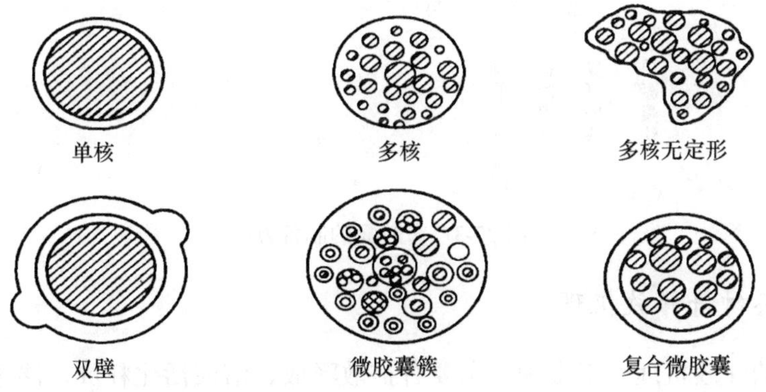

图 22-1　微胶囊的形状和结构示意图

二、微胶囊化原理

1. 微胶囊化的步骤

微胶囊化的基本步骤是先将芯材分散成微粒，后以壁材包覆其上，最后固化定形，如图 22-2 所示。

2. 微胶囊的制备方法分类

现有微胶囊制备技术已超过 200 种，根据微胶囊性质，将各种微胶囊的制备方法分为 3 大类，即化学法、物理化学法和机械法。而这 3 大类方法又可衍生出许多方法，如图 22-3 所示。

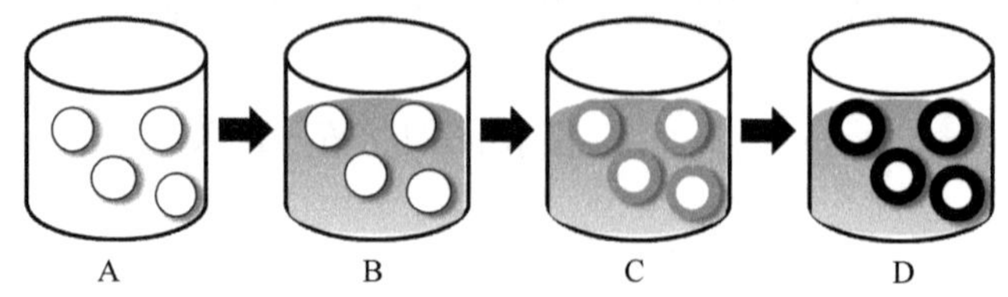

图 22-2　微胶囊化的基本步骤

A. 芯材在介质中分散；B. 加入壳材料；C. 含水壳材料的沉积；D. 微胶囊壳的固化

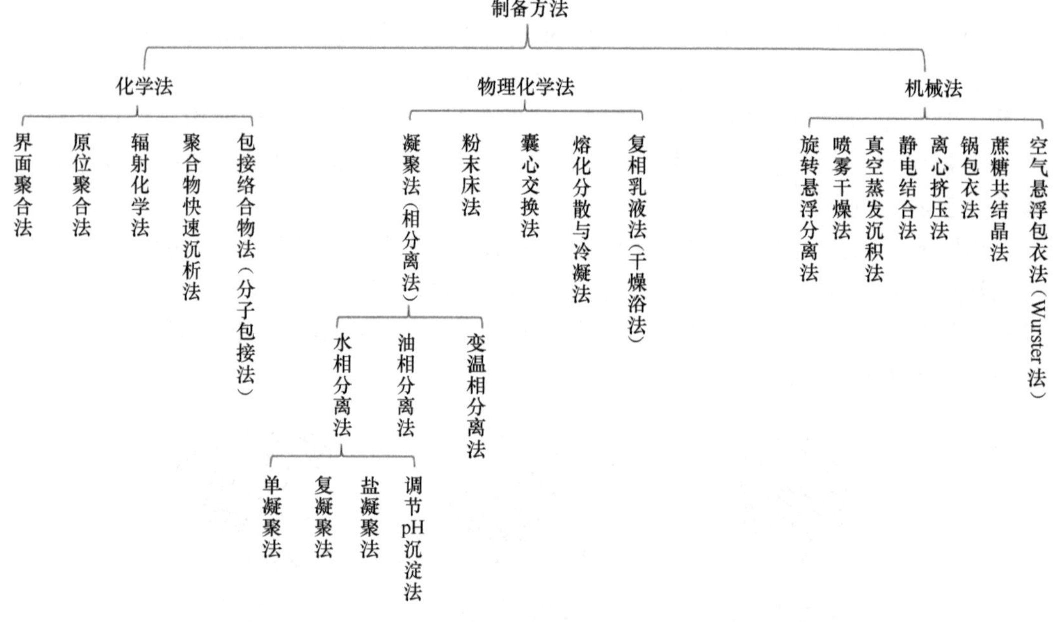

图 22-3　微胶囊的制备方法

3. 囊芯材料释放机理

微胶囊的释放机理有很多种，主要有扩散释放、溶液活化释放、渗透压释放、pH 敏感释放、温度敏感释放、熔融活化释放、生物降解释放等。扩散释放：囊芯在浓度梯度推动下扩散到微胶囊颗粒表面。溶液活化释放：可以将胶囊完全溶解释放出内容物或者仅仅使其溶胀从而加快活性物的释放，是食品工业中应用最广泛的控释机理。渗透压释放：将微胶囊囊芯材料溶胀，直到胶囊爆裂。pH 敏感释放：胶囊系统能对 pH 变化做出反应，当 pH 变化时胶囊破裂释放出囊芯材料。温度敏感释放：指采用在一定温度下会崩解或膨胀的独特性能的壁材。熔融活化释放：指胶囊外壁熔融从而释放出活性材料，如喷雾冷凝微胶囊的释放。生物降解释放：利用生物酶降解大分子壁材，可分为瞬间打破释放和缓慢释放两种。

三、微胶囊技术在食品工业中的应用

1. 微胶囊化香精香料和风味剂

微胶囊化可有效控制风味物质的挥发，控制香味物质的释放速度，同时液体香料微胶囊化转变成固态，大大提高了产品的稳定性，拓宽了其适用范围，从而降低了其挥发性，提高了抗氧化能力和水溶性，在食品加工中能更好地分散于各种原料中。例如，在固体饮料的生产中选用微胶囊香精，既可以避免添加液体香精所产生的黏结现象，降低饮料自身的酸碱性物质对香精的破坏，从而保持产品风味；在汤料食品中，可以避免香味物质在生产和贮运过程中变质与挥发，也可将洋葱、大蒜之类的香气进行缓释降低刺激性。

2. 微胶囊化酸味剂

由于酸味剂的酸味刺激性，如果直接加至食品中，易使某些敏感成分劣变，另外，柠檬酸等具有较强的吸湿性，易使产品吸水结块霉变。因此，采用微胶囊技术，把酸味剂包埋起来，使其与外界环境隔离，可有效控制其释放，使其持久恒定地发挥作用。目前微胶囊化后的苹果酸、柠檬酸等已广泛运用于布丁粉、点心粉、馅饼填充物及畜产品加工中。

3. 微胶囊化甜味剂

某些甜味剂因受温度和湿度的影响，导致丧失甜味，给加工贮藏带来诸多不便，如阿斯巴甜，受热易分解而丧失甜味；一些多元糖醇如山梨糖醇、木糖醇、麦芽糖醇等，吸湿性大，易结块，给加工和贮藏带来不便。微胶囊化处理后，产品的稳定性大大提高，吸湿性明显降低，可应用于焙烤食品和固体饮料中。

4. 微胶囊化营养强化剂

食品中需要强化的营养素主要有氨基酸、维生素和矿物质等，这类物质在加工或贮藏过程中，易受外界环境因素的影响而丧失营养价值或使制品变色变味。例如，微胶囊碘剂具有稳定性好、成本低、碘剂使用效率高等优点，既可用于加碘盐、碘片中，又可用于其他食品和保健品中。

5. 微胶囊化防腐剂

食品中常用苯甲酸（钠）和山梨酸（钾）作为防腐剂，但由于加入了防腐剂，介质的 pH 下降，影响了产品质量。微胶囊化防腐剂可起到控制释放及防腐的作用。目前食品微胶囊化防腐剂分为两种，一种是微胶囊化低醇类杀菌防腐剂（即将乙醇制成微胶囊粉末，使其在密闭包装中缓慢释放），另一种是对现有食品防腐剂进行包埋，使其在食品中缓慢释放。

6. 微胶囊化生理活性物质

生理活性物质（功能性食品基料）大多性质不稳定，极易受光、热、氧气、pH 等因素的影响，或易与其他配料发生作用等，不仅失去了对人体的生理活性或保健功能，甚至产生相反作用。应用微胶囊技术，可使其在贮藏期内保持生理活性，并发挥其营养和保健价值。

7. 微胶囊化抗氧化剂

微胶囊化抗氧化剂可提高产品的热稳定性，还可通过各抗氧化剂单体之间及与金属离子螯合剂之间的协同增效作用，使油脂的抗氧化能力显著提高，是应用于油脂及高温油炸食品的一种较安全、高效和成本较低的抗氧化剂。同时相关研究证明，微胶囊型天然维生素 E 在水溶性、流动性、分散性及稳定性等方面上均有很大的改善。

第三节　食品膜分离技术

一、概述

膜分离（membrane separation）是利用具有一定选择透过性的过滤介质，依靠其两侧存在的能量差作为推动力，利用混合物中各组分在过滤介质中迁移速率的不同来实现物质的分离与纯化的单元操作。膜分离的类型及原理见本书第四章第八节。

二、膜分离装置及其工艺流程

1. 微滤、超滤、纳滤和反渗透（高滤）装置及其工艺流程

膜分离技术主要有 4 大类，分别是微滤、超滤、纳滤及反渗透。膜分离装置主要包括膜组件、泵及辅助装置，其中膜组件是核心。所谓膜组件，就是将膜以某种形式组装在一个单元设备内，以便料液在外加压力作用下实现溶质与溶剂的分离。目前，工业上常用的膜组件有板框式、管式、螺旋卷式、中空纤维素、毛细管式和槽条式等类型。常见的基本流程有两类：一是一级流程，即指进料液经一次加压操作的分离流程；二是多级流程，即指进料液经过多次加压分离的流程。

2. 电渗析装置及其工艺流程

电渗析设备主要由电渗析器本体和辅助设备两大部分组成。电渗析器本体，又可分成膜堆、极区和夹紧装置 3 部分，有串联组装、并联组装及串、并联联合组装 3 种方式。其中膜堆是由交替排列的浓、淡室隔板和阴、阳离子交换膜所组成，是电渗析器脱盐的主要场所。极区包括电极、极水框和保护室，用以供给直流电，通入及引出极水，排除电极反应产物，从而保证电渗析器的正常工作。辅助设备包括整流器、水泵、流量计、过滤器、水箱和仪器仪表等。

三、膜分离过程中的主要问题

1. 微滤、超滤、纳滤和反渗透过程中的主要问题

在常用的以静压力差为推动力的膜分离过程中如微滤、超滤、纳滤及反渗透等，都涉及一个不可忽视的问题，即浓差极化。以反渗透为例，由于机械力的作用，迫使溶液中的溶质和溶剂都趋向穿过膜，其中溶剂基本上是可以全部穿过，但对于溶质来说，膜的阻碍作用使其大部分无法通过而被截留在膜的高压侧表面上并积累，造成由膜表面到主体流溶液之间的浓度梯度，从而引起溶质从膜表面通过边界层，向主体流扩散。当膜表面上截留了溶质或其他物质而形成浓差极化层时，膜的传递性能及分离性能均将迅速衰减，不仅降低了膜分离器的工作效能，而且会缩短其使用寿命。

浓差极化实际上是不可避免的，但可以采用适当的方法减缓其影响。通常采取下列措施。

（1）预处理　在进入膜处理以前，对溶液进行预过滤，去除微粒状物质，降低待阻留溶质的浓度。

（2）温度　在物料性质与膜性质允许的范围内，尽可能提高待处理液的温度。

（3）溶液的流动形式　以减少膜表面浓差极化层的厚度为目的。因此，常采取错流、制造湍流（如采用搅拌、超声波振动、脉冲等）等措施。

（4）操作方式　间歇地对膜进行逆向冲洗，避免浓差极化严重后造成膜污染而致使膜报废。

其次膜的耐热性和耐药性有一定的局限性，会影响膜的使用范围和使用效果。同时膜非常容易受到外界的污染。被污染后，膜的使用性能会大大降低，甚至丧失过滤能力。

2. 电渗析器运行中的主要问题

沉淀结垢是影响电渗析器运行的一个主要问题。膜面的浓差极化，是产生结垢的主要原因。当采用过大的操作电流（或隔室内水流状态不佳）时，会在膜表面造成缺乏离子的“真空”情况，水就会解离产生 H^+ 和 OH^-，由 H^+ 和 OH^- 的迁移来补充传递电流。此即极化现象。

极化现象的产生会给电渗析器的运行带来很大的危害，诸如电渗析器无法正常工作、耗电量增加、膜的使用寿命缩短等。解决以上问题可采取以下措施：①严格控制操作电流，使之在低于极限电流密度下运行；②强化电渗析隔室内的流动状态；③定期清洗，加入防垢剂；④定期倒换电极等。

第四节　食品分子蒸馏技术

一、概述

分子蒸馏（molecular distillation），又称短程蒸馏（short-path distillation），是指蒸馏

物料分子在蒸发液面挥发出来直到冷凝面凝结所经过的行程小于其分子运动平均自由程的单元操作。分子蒸馏技术作为一种新型、有效的分离手段，主要用于大分子量物质的分离提纯，以及传统方法无法进行蒸馏分离和挥发性小的热敏物质，目前该技术已广泛地应用到食品、日化、制药、石化等行业。

二、分子蒸馏原理

分子蒸馏原理与传统意义的蒸馏不同，其核心概念是分子运动平均自由程，因此，在介绍分子蒸馏原理时，我们先从以下两个基本概念入手。

1. 分子碰撞

分子与分子之间存在着相互作用力，当两个分子离得较远时，分子之间的作用力表现为吸引力；但当两个分子接近到一定程度后，分子之间的作用力表现为排斥力，并且这种排斥力随其接近程度的增加而迅速增加。当两分子接近到一定程度，排斥力的作用就会使两分子分开，这种由接近而至排斥分离的过程就是分子的碰撞过程。

2. 分子运动平均自由程

一个分子在相邻2次碰撞之间所经过的路程称为分子运动的自由程。在某特定时间间隔内，分子自由程的平均值称为平均自由程。在一定条件下，某一分子的平均自由程与该分子所处体系的温度成正比，而与体系的压力和该分子的有效直径成反比。分子蒸馏的基本原理如图22-4所示。

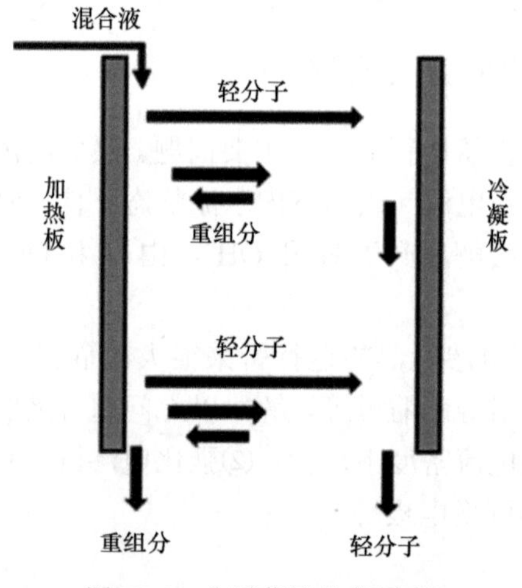

图22-4　分子蒸馏分离原理

液体混合物的分子受热后运动会加剧，当分子获得足够能量时，就会从液面逸出离开加热液面，以自由方式运动。根据分子运动理论，随着加热液面外气相分子的增加，有一部分气体就会返回液体。在外界条件保持恒定的情况下，最终会达到分子运动的动态平衡，从宏观上看，液体系统达到了平衡。

在一定温度下，压力越低，气体分子的平均自由程越大。但由于不同分子的分子量不同，分子量小的平均自由程大，分子量大的平均自由程小。此时若在离液面小于分子量小的平均自由程而大于分子量大的平均自由程处设置一捕集器，使得分子量小的不断被捕集，从而破坏了分子量小的动态平衡，而使混合液中的分子量小的不断逸出，而分子量大的因达不到捕集器很快趋于动态平衡，不再从混合液中逸出，这样，便达到了混合物分离的目的。

分子蒸馏的 4 个步骤：①分子从液相主体向蒸发面扩散；②分子从蒸发面（加热面）上自由蒸发；③分子从蒸发面向冷凝面飞射；④分子在冷凝面上冷凝，从而完成对该物质分子的分离提取。

三、分子蒸馏装置

分子蒸馏装置就是通过降低蒸发空间的压力，使冷凝表面靠近蒸发表面，当其间的垂直距离小于分子量小的平均自由程，而大于分子量大的平均自由程时，从蒸发表面气化的分子量小的分子，就可以不与其他分子碰撞，直接到达冷凝表面而冷凝。分子蒸馏装置如图 22-5 所示。它可分为进料脱气系统、分子蒸馏器、加热系统、冷却系统、真空系统和出料接收系统。其中真空系统包括冷阱。

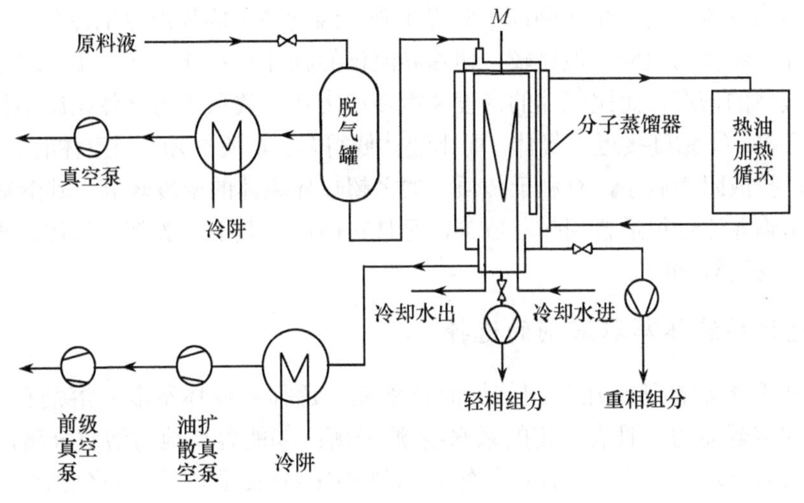

图 22-5　分子蒸馏装置

四、分子蒸馏技术在食品工业中的应用

分子蒸馏特别适用于高沸点、热敏性及易氧化物料的分离是因为分子蒸馏技术不仅能够保持食品的原有风味，而且具有物料受热时间短、产物纯净安全可靠、分离程度更高等特点，同时也特别适用于热敏性物料的提取和纯化，在食品领域中得到了广泛的应用。目前，在食品工业中应用有天然维生素 E 的提取、天然精油分离与纯化、高浓度甘油酯的制备、天然色素的提取和分离、不饱和脂肪酸分离纯化、高碳醇类的纯化、油脂

脱酸等。随着当今社会崇尚天然，回归自然，分子蒸馏技术在食品生产中将具有更广阔的发展前景。

第五节　食品超临界萃取技术

一、概述

起源于20世纪40年代的超临界流体萃取（supercritical fluid extraction，SFE）是利用流体（溶剂）在临界点附近某一区域（超临界区）内所具有的高渗透能力和高溶解能力萃取分离混合物的过程。因其出色的性能，在化工、石油、食品、医药、香料等领域被广泛运用。超临界流体萃取之所以受到青睐，是由于它与萃取及处于常规状态下的液-液萃取或固-液萃取相比具有以下优点：①萃取产率高；②产品质量高；③萃取剂的分离回收较容易；④选择性好。

二、超临界流体萃取原理

1. 超临界流体的定义及特性

所谓超临界流体就是指压强高于临界压强，温度高于临界温度的流体。

与气体、液体的相应值做比较，超临界流体的物性较特殊，其主要表现在：①其密度接近于液体的密度，而比气体的密度高得多；②其扩散系数与气体相比小得多，但比液体又高得多；③黏度接近于气体，而比液体低得多。众所周知，当流体的扩散系数高、黏度低时，扩散阻力就小，有利于传质。加之超临界流体的密度较高，其溶解能力也较强，这样超临界流体很适合用作萃取剂，而且它们在常温下一般都是气体，所以很容易用气化的方法进行回收。

2. 超临界流体萃取溶剂的选择

并非所有溶剂都适宜用作超临界流体萃取。超临界流体萃取对溶剂有以下要求：①有较高的溶解能力，且有一定的亲水-亲油平衡；②能容易地与溶质分离，无残留，不影响溶质品质；③无毒，化学上为惰性，且稳定；④来源丰富，价格便宜；⑤纯度高。

在所有研究过的超临界物质中，只有几种适于用作超临界流体萃取的溶剂：二氧化碳、乙烷、乙烯，以及一些含氟的碳氢化合物。其中最理想的溶剂是二氧化碳，它几乎满足上述所有要求。它的临界压强为7.38MPa，临界温度为31.06℃。目前几乎所有的超临界流体萃取操作均以二氧化碳为溶剂。它的主要特点是：①易挥发，易与溶质分离；②黏度低，扩散系数高，有很高的传质速率；③只有分子量低于500的化合物才易溶于二氧化碳；④中、低分子量的卤化碳、醛、酮、酯、醇、醚易溶于二氧化碳；⑤极性有机物中只有低分子量者才溶于二氧化碳；⑥脂肪酸和甘油三酯不易溶于二氧化碳，但单酯化作用可增加溶解度；⑦同系物中溶解度随分子量的增加而降低；⑧生物碱、类胡萝卜素、氨基酸、水果酸、氯仿和大多数无机盐不溶于二氧化碳。

3. 超临界流体萃取的流程

图 22-6 为典型的超临界流体萃取流程。首先将溶剂压缩，使其达到超临界态，然后在萃取器内进行萃取。可以采用常规的固-液萃取或液-液萃取设备，但在高压下进行。萃取相经膨胀阀减压，溶剂立即气化。在分离器内进行分离，剩余的物质就是溶质，气化后的溶剂循环进入压缩机，必要时补充一些溶剂。

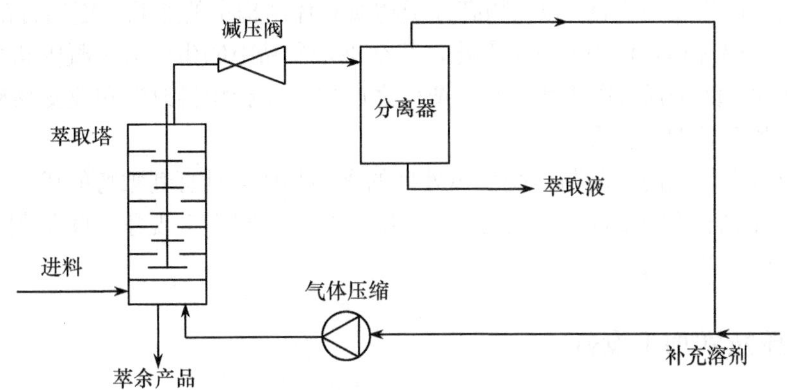

图 22-6　超临界流体萃取流程

从图22-6中可以看出，有相当一部分设备在高压下操作，而且把溶剂压缩到超临界状态需消耗大量能量，因此超临界萃取的投资和操作费用都较高，对参数的控制要求也较高，得到的产品常常只是粗制品，尚需进一步提纯。

三、超临界流体萃取在食品工业中的应用

发展迅速的超临界 CO_2 技术在食品工业中有相当广泛的应用并且工艺流程日趋成熟。欧美、日本等发达国家依靠此技术大批量生产高纯度食品原辅料，食品添加剂已成为工业需求。而我国对于超临界萃取技术同样也开展了一系列研究，逐步发展成为工业化。目前在油脂分离，天然色素分离，以及食品中农药残留检测等均起到关键作用。随着超临界流体萃取技术的不断完善，以及和其他高新技术的结合使用，一定会实现现代化高效率目标物提取和检测，成为食品加工与安全检测又一重要手段。

第六节　食品超高压技术

一、概述

食品超高压技术（ultra high pressure，UHP）是指利用帕斯卡定律，给液体（水）加压（100～1000MPa），再以液体（水）作为压力传递介质，对放在专门密封超高压容器内的食品，在常温或较低温度（低于 100℃）下加压达数百兆帕，从而达到杀菌、物料改性、产生新的组织结构、改变食品的品质和改变食品的某些物理化学反应速度效果

的技术。近 20 年来其已成为液体食品保鲜、加工和保质期延长等领域国内外学者持续研究的热点。

二、超高压技术原理

液体（水）在超高压作用下被压缩，而受压食品介质中的蛋白质、淀粉、酶等生物高分子物料会产生压力变性，即生物高分子物质立体结构中的非共价键结合部分（氢键、离子键和疏水键等相互作用）发生变化，其结果是食品中的蛋白质呈凝固状变性、淀粉呈胶凝状糊化、酶失活、微生物死亡，或使之产生一些新物料改性和改变物料某些理化反应速度，故可长期保存食品。

超高压技术加工的食品与传统加热处理的食品相比，具有其独特的优点：①营养成分高；②产生新的组织结构，不会产生异味；③无“回生”现象；④原料利用率高；⑤适用范围广，开发前景好。

三、超高压技术加工设备

目前，国外常见的食品高压装置由高压容器和压力发生器（或称加减压系统）两大部分组成。高压容器是整个装置的核心，它承受的操作压力可高达数百甚至上千兆帕，对其技术要求也较高，工作条件苛刻，为保证安全生产，其容积不宜过大。压力发生器的加压方式又可分为外部加压式和内部加压式两种。根据油压装置与高压容器连接形式又可分为分体型和一体型两种，前者高压容器顶盖兼具活塞功能，后者油压装置与高压容器经高压活塞联成一体，如图 22-7 所示。

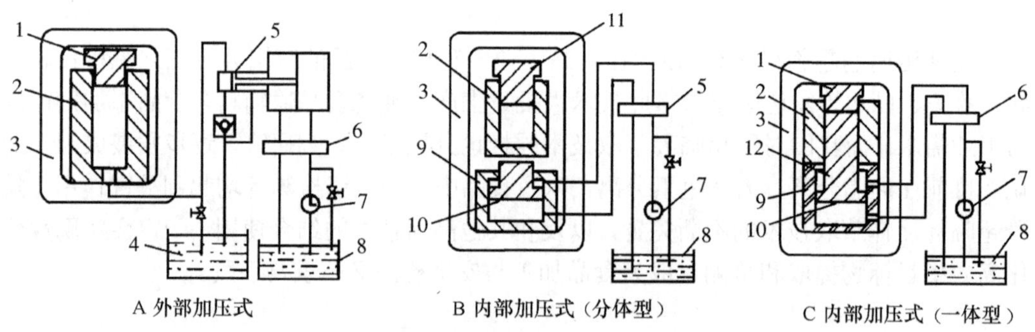

图 22-7　高压装置的两种加压方式

1. 顶盖；2. 高压容器；3. 承压框架；4. 压媒槽；5. 高压缸（增压缸）；6. 换向阀；7. 液压泵；8. 油箱；9. 液压缸；10. 低压活塞；11. 活塞顶盖；12. 高压活塞

四、超高压技术在食品工业中的应用

食品超高压处理技术可被应用于所有含液体成分（满足帕斯卡定律）的水果、蔬菜、奶制品、鸡蛋、鱼、肉、禽、果汁、果酱、酱油、醋、酒类等固态或液态食品中。经超高压处理的食品，能保持食品原有的爽脆、风味、营养价值，符合人们对食品天然、方便、营养的消费需求，具有广阔的市场前景。然而超高压食品的前景如何在很大程度上主要取决于高压设备装置的研制和开发，由于用于加压食品的压力极高（通常 150～600MPa），因此对设备的要求严格，食品加压装置的研究开发将是超高压食品研究的重要一环。

第七节　食品微波技术

一、概述

微波又称为厘米波，指波长在 1mm～1m（其相应的频率为 300～300 000MHz）的电磁波。微波技术是利用电磁波把能量传播到被加热物体内部，使加热达到生产所需要求的一种新技术。常用的微波频率范围为 300MHz～300GHz，食品加工领域常用频率为 915MHz 和 2450MHz，其相应波长分别为 12.25cm 和 32.80cm。

微波技术的发展可追溯到第二次世界大战中雷达的发明，1945 年，美国雷声公司（Raytheon）工作人员泊西·斯潘塞在进行雷达试验时，偶然发现衣袋里的糖果因受泄漏的微波的作用而发热熔化，进而经过一系列实验研究之后，申请了世界上第一个微波应用于食品加工的专利。此后，1947 年，雷声公司的马文·贝克根据微波加热原理，研制了第一台用于加热食品的大型微波炉；1965 年，美国 Crydry 公司研制成功第一台用于干燥马铃薯片的隧道式工业微波干燥设备，并在 Seyfert Foods（美国赛菲特）食品公司投入使用，并通过了美国食品药品管理局的鉴定，从此微波在工业上的应用价值引起了人们广泛的关注。

二、微波技术原理

1. 微波加热机理

微波加热过程就是微波与食品物料直接作用，将微波的电磁能转变为热能的过程，其转变的过程与物质中分子等微观粒子的运动有关。电场是微波电磁复合场中热效应的主要作用源，由偶极极化和离子传导两个机理实现。偶极极化机理：物质在微波辐射时偶极由于电场的作用重新排列，电场方向与感应偶极的相位差使微波能被分子碰撞及摩擦过程消耗，转化为热量。离子传导机理：微波使溶液中的离子发生伴随电场变化的振荡，导致与周边的原子、分子互相碰撞，由此引发的微观位移引发生热。比较两种机理，离子传导过程产生的热效应更为强烈。

2. 微波加热特点

微波加热的机理与食品工业中其他传统加热法如传导、对流、辐射相比有很大不同。传统的加热是将热量从外部传入物料的内部，由表及里需要一定时间，物体的热传导性能越差，所需的时间就越长，因此加热速度慢、受热不均匀且能耗较高。而微波加热是微波从四面八方穿透食品物料，被加热的食品物料直接吸收微波能而立即生热，内外同时加热，因而加热速度快，内外受热均匀，有利于水分的扩散和蒸发，可节省大量能源。

3. 微波杀菌机理

微波对微生物的杀灭机理，主要是食品中的微生物在微波热效应和非热效应（生物效应）的共同作用下，其内部的蛋白质和生理活性物质发生变异或破坏，从而导致生物体发育异常，甚至死亡。因此，微波杀菌的温度低于常规方法，仅需 70～105℃，时间 90～180s。

三、微波加热设备

微波加热设备主要由电源、微波管、连接波导、加热器及冷却系统等几部分组成，图 22-8 为微波加热体系示意图。

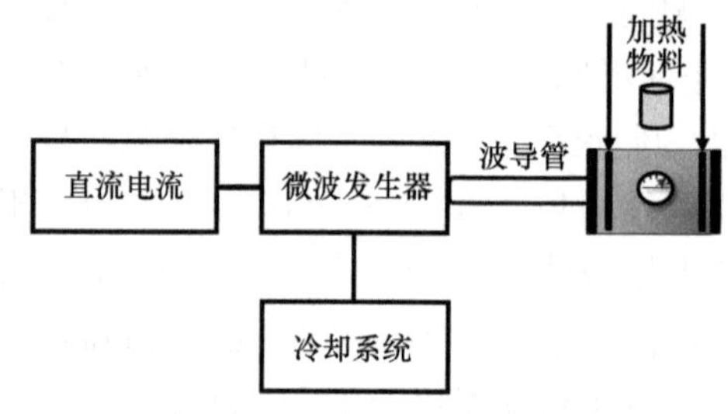

图 22-8　微波加热体系示意图

微波加热设备按加热物和微波场的作用形式，可分为驻波场谐振腔加热器、行波场波导加热器、辐射型加热器和慢波型加热器等几大类。也可根据其结构形式分为箱式、隧道式、平板式、曲波导式和直波导式等几大类。其中箱式、平板式和隧道式常用。

四、微波技术在食品工业中的应用

微波主要应用于 6 种食品加工中的单元操作（表 22-2），其中脱水的基本目的是除去水分，以限制微生物和酶引起的腐败，其他单元操作都是根据加工对象提高产品的温度，有些是升高到一定温度再冷却（如热烫、消毒和灭菌），有些是保持在较高温度（如

表 22-2　微波食品加工的主要单元操作

单元操作	主要目的	应用食品
热烫	失活致腐酶类	水果、蔬菜和茶叶
蒸煮	改善风味和结构	禽类和肉类
脱水	降低水分含量	面条和洋葱
消毒	杀灭微生物营养细胞	面包和酸奶
灭菌	杀灭微生物孢子	各种食品
调温	升高温度到冰点以上	冷冻食品

蒸煮和冷冻食品的调温）直至达到加工目的。随着工业微波加热装置的商品规模化，微波技术正越来越广泛地应用于食品原料和农产品的干燥、膨化、灭菌、灭酶、杀虫、焙烤及解冻等方面。

第八节　食品冷冻加工技术

一、冷冻粉碎

1. 概述

冷冻粉碎技术产生于20世纪初，在橡胶及塑料行业已得到应用。自日本在20世纪80年代对食品的低温冷冻粉碎进行了研究后，美国、欧洲及我国也进行了一些开发研究。冷冻粉碎不但能保持粉碎产品的色、香、味及活性物质的性质不变，而且在保证产品微细程度方面具有无法比拟的优势。由于冷冻粉碎能最大程度地保存原有风味品质营养物质分子结构、成分及活性，符合目前人们追求“绿色食品”的要求，在食品加工行业具有很好的应用前景。

冷冻粉碎与常温粉碎相比具有如下优点：①可以粉碎常温下难以粉碎的物质；②可以制成比常温粉粒体流动性更好、粒度分布更理想的产品；③不会发生常温粉碎时因发热、氧化等造成的变质现象；④粉碎时不会发生气味逸出、粉尘爆炸、噪声等。这些优点使得该技术特别适用于由于油分、水分等缘故很难在常温下微粉碎的食品或者在常温粉碎时很难保持香气物质的香辛料。

2. 冷冻粉碎原理

冷冻粉碎就是首先使物料低温冷冻到玻璃化转变温度或脆化温度以下，再用粉碎机将其粉碎。在食品快速降温过程中，会造成内部各部位不均匀的收缩而产生内应力，在此应力的作用下，物料内部薄弱部位产生微裂纹并导致内部组织的结合力降低，因而在外部较小作用力下就使得内部裂纹迅速扩大而破碎。

3. 冷冻粉碎设备及工艺流程

冷冻粉碎装置一般由制冷剂供给装置（液氮箱）、原料冷冻箱、供给箱、低温粉碎机、产品收集器、显热回收装置等组成（图22-9）。

不同种类的食品物料冷冻粉碎工艺基本流程大体为：原料→前处理→低温冷冻→真空升华干燥→低温粉碎→产品后处理。

不同的研究人员在研究不同物料时，对真空升华干燥和低温粉碎工艺的处理上可能会不同。在研究食品冷冻粉碎干燥工艺时，以下几点是要着重解决的问题：①研究被冷冻粉碎对象的玻璃化温度或脆化温度；②研究真空干燥的最佳工艺参数；③研究高速粉碎工艺；④研究低温能源问题。

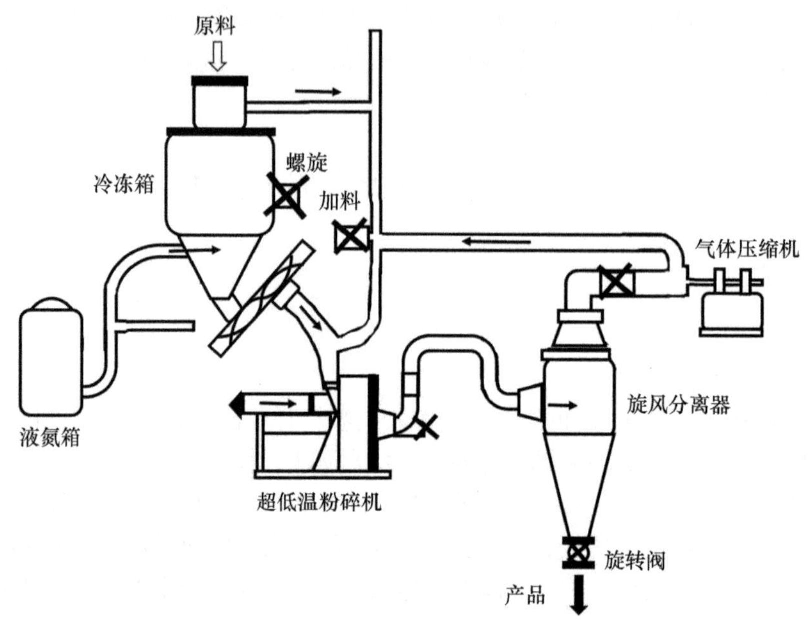

图 22-9　冷冻粉碎设备

4. 冷冻粉碎技术在食品工业中的应用

这些年来，随着冷冻技术的不断发展，应用于食品领域的加工产品日益增多，除谷物、水产及畜产品、果蔬 3 类外，其他方面还有诸如大豆、花生、可可豆、胡椒粉、杏仁等种子类材料的冷冻粉碎。

二、冷冻浓缩

1. 概述

冷冻浓缩是将水溶液中的部分水分以冰的形式析出，然后将生成的冰从液相中分离出来而使液体得到浓缩的过程。

冷冻浓缩方法尤为适用于含挥发性芳香物的热敏性液体食品的浓缩。如果在结晶器中能控制好温度，防止局部过冷，那么冰晶是非常纯的，而且可溶性固体的损失随着冰晶比表面积的降低而降低。此外，其能耗比蒸发浓缩法低。实践证明，对于含芳香物的液体食品，采用冷冻浓缩方法所得到的浓缩物产品质量优于蒸发浓缩与膜浓缩。

但是，目前冷冻浓缩很少达到工业化规模程度，在液体食品的浓缩方法中，它远未达到优势地位，在食品工业中，因其缺点，它仅在果汁、醋、咖啡等少数产品中应用。冷冻浓缩液的最终浓度一般不超过 40%～50%，这是操作温度低、浓度高使最终黏度高，进而导致冰晶的形成及冰晶浓缩液的分离比较困难，而且冰晶黏附有可溶性固体，再分离需要相当大的费用。冷冻浓缩原理见本书第四章第三节。

2. 冷冻浓缩设备

冷冻浓缩主要包括结晶和分离两步，因而冷冻浓缩设备主要也由结晶设备和分离设备两大部分组成。

冷冻浓缩中的结晶设备实现两个功能：冷却除去结晶热和进行结晶。根据冷却方法可分为直接冷却式结晶器和间接冷却式结晶器，而间接式又可分为内冷式结晶器与外冷式结晶器。图 22-10 为具有芳香物回收的真空结晶装置。

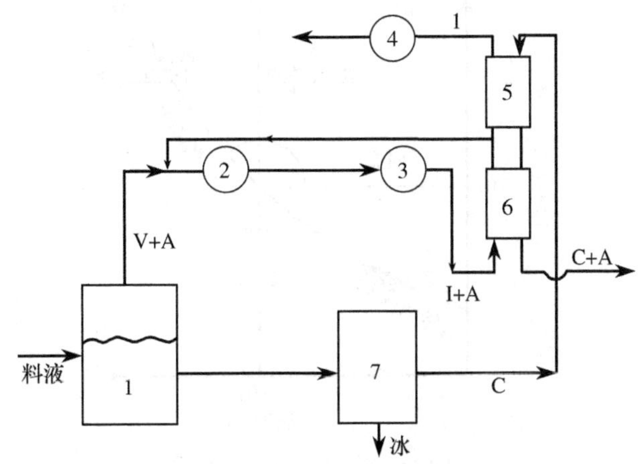

图 22-10　具有芳香物回收的真空结晶装置

V. 水蒸气；A. 芳香物；C. 浓缩液；I. 惰性气体；1. 真空结晶器；2. 冷凝器；3. 干式真空泵；4. 湿式真空泵；5. 吸收器 II；6. 吸收器 I；7. 冰晶分离器

冷冻浓缩中冰与浓缩液的分离设备有压榨机、过滤式离心机、洗涤塔和这些设备的组合等形式。

3. 冷冻浓缩在食品工业中的应用

冷冻浓缩由于在加工过程中不使物料受热，因此所得到的制品在色、香、味方面均得到最大限度的保留，就产品品质而言，可以说是最佳的。目前主要用于高档果汁和饮品、生物制品、药物、调味品等的浓缩，浓缩的制品或直接作为成品，或作为冷冻干燥过程中的半成品。

三、冷冻干燥

1. 概述

冷冻干燥又称真空冷冻干燥、升华干燥、冷冻升华干燥、分子干燥等，它是先将湿物料的温度降至冰点以下，使物料中的水分凝结成冰，然后在较高的真空度下，使冰直接升华而除去水分的干燥方法。

冷冻干燥技术出现于 19 世纪，最早应用于生物标本的制作，随后在医药、血液制品、各种疫苗和微生物菌种的保存等方面的应用中得到迅速发展。20 世纪 30 年代，开始了对食品进行冷冻干燥的试验，但大规模地系统研究冷冻干燥在食品工业中的应用，则是在第二次世界大战以后。冷冻干燥食品的品质在许多方面优于普通干燥的食品，但系统装备较复杂，操作费用较高，其应用范围与规模受到一定的限制。

2. 冷冻干燥原理

水有固、液、气三相，其相平衡性质由温度和压强决定，可用相图表示（图 22-11）。

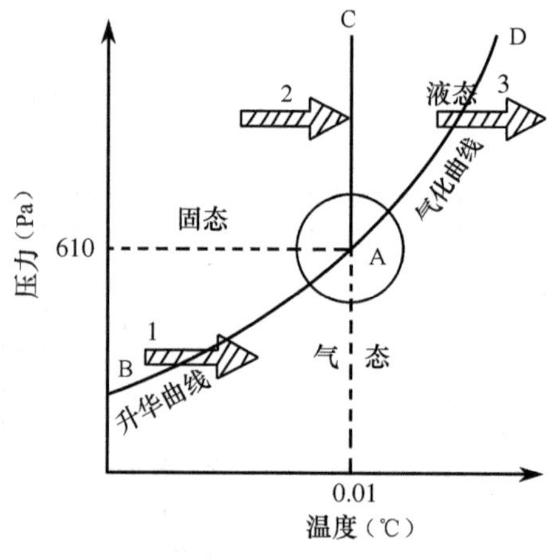

图 22-11　水的相平衡图

图中 BAC、CAD、DAB 3 个区域是水的单相区，分别表示固相区、液相区和气相区。当系统的状态处于这 3 个区内的某个点所代表的温度和压强时，水只能以一相存在。图中 AB、AC、AD 3 条曲线分别是冰和蒸汽、冰和水、水和蒸汽的平衡共存曲线，是三个单相区的分界线，3 条线分别称为冰的升华曲线、冰的溶解曲线和水的汽化曲线。当系统的状态处于这 3 条线上的点所代表的温度和压强时，水以两相平衡共存，此时温度和压强之中只有一个是独立变量，指定其中一个，另一个也随之确定。图中箭头 1、2、3 分别表示冰升华成蒸汽、冰融化成水、水蒸发成蒸汽的过程。在 3 条曲线的交点 A，固、液、气 3 相平衡共存，称为水的三相点，此点的温度和压强都是唯一确定的，其温度为 0.01℃，压力为 610Pa。升华现象是水从固态（冰）不经液态（水）而直接转变为气态（蒸汽）的现象。由图 22-11 可知，当压强高于三相点的压强时，固态不可能直接转变为气态，只有当压强在三相点压强以下时，升华才有可能发生。升华曲线实际上是固态物质在温度低于三相点温度时的饱和蒸汽压曲线，冰的蒸汽压与温度的关系如图 22-12 所示。冰的温度不同，对应的饱和蒸汽压就不同，因此只有在环境压力低于对应的冰的饱和蒸汽压时，才有可能发生从固相到气相、具有工业意义的有效扩散推动力的升华。冷冻干燥即是基于此原理。

3. 冷冻干燥设备

含水物料冷冻干燥是在真空冷冻干燥设备中实现的。冷冻干燥设备按操作方式可分为间歇式、半连续式和连续式设备；按能否在干燥室内进行冻结可分为能预冻和不能预冻设备；按生产量可分为实验用和生产用设备等。但无论何种设备，都是由预冻系统、供热系统、蒸汽和不凝气体排除系统及干燥室等构成，如图 22-13 所示。

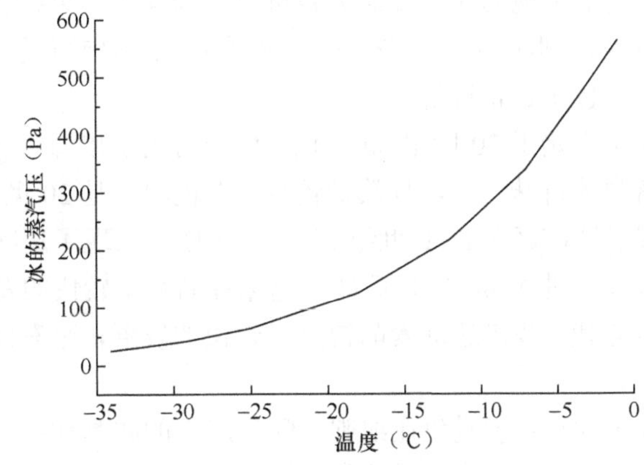

图 22-12　冰的蒸汽压与温度的关系

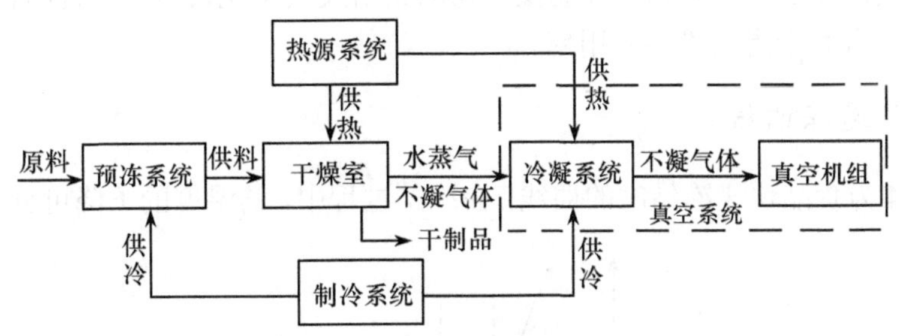

图 22-13　冷冻干燥设备组成示意图

这些系统一般以冷冻干燥箱体为核心连接在一起，有些就是干燥箱内的结构组成，如加热板、制冷板和水汽凝结器。预冻系统既可以和干燥箱结合在一起，也可以分开设置，预冻过程甚至可独立于冷冻干燥机的主机。

4. 冷冻干燥技术在食品工业中的应用

冷冻干燥具有其他干燥方法无可比拟的优点，越来越受到人们的青睐。目前，随着研究工作的深入，加工材料及制造技术的改进，在食品工业中常用于肉类、水产、果蔬、禽蛋、咖啡、茶和调味品等的干燥。

四、速冻技术

1. 概述

所谓速冻（quick freezing）是指使食品尽快通过最大冰晶生成区，并使平均温度尽快达到−18℃而迅速冻结的方法。速冻食品（quick frozen food）是指采用速冻的方法冻结，而后低温冻藏的食品。目前世界上速冻食品尚无统一的概念，一般认为速冻食品是将经过一定前处理的食品在–30～–18℃的温度条件下进行速冻，并在 20～30min 完成，速冻后的食品中心温度要达到–18℃以下，经过包装在–18℃以下低温冻藏和流通的方便食品。如今国内外市场上出现的速冻食品大致可以分为 4 类：果蔬类（如冻果汁、速冻草莓、荷仁豆、蒜苗等）、水产类（冻鱼、虾、蟹等）、畜禽肉蛋类（冻鸡、肉、蛋等）、调理食品类（冻饺子、包子、馄饨等）。

我国速冻食品的生产始于 20 世纪 60 年代，但当时用于出口，主要有速冻饺子、春卷等传统食品和冻禽类等特殊产品，且数量较少。真正起步是 20 世纪 70 年代的事，当时也大多是为外贸提供速冻蔬菜。20 世纪 80 年代初期，出现了速冻面食和面点，是打开销售渠道的开拓阶段。进入 80 年代后期，速冻食品有了较快的发展，生产、流通和消费渐渐被看好。90 年代，我国速冻食品得到了较快的发展，速冻食品生产企业数量和生产规模都成倍增长。

速冻具有以下 5 个优点：①避免在细胞之间生成大的冰晶体；②减少细胞内水分外析，解冻时汁液流失少；③残留浓缩水的危害性下降；④将食品温度迅速降低到微生物生长活动所需温度之下，有利于抑制微生物的繁殖及其生化反应；⑤食品在冻结设备中停留时间短，有利于提高设备利用率。

2. 食品速冻曲线

图 22-14 为食品快速冻结时的曲线，在冻结过程中，其温度的下降可分为 3 个阶段。

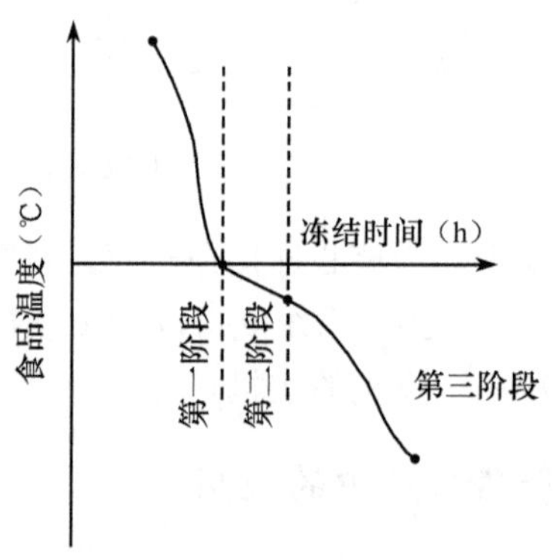

图 22-14　食品快速冻结曲线

在第一阶段，食品的温度迅速冷却下降，放出显热，由于此热量与全部放出热量相比较小，故降温快，曲线较陡，直到降低到冻结温度为止。第二阶段即冰晶形成阶段，曲线呈现平坦，近乎水平。这个阶段的温度为–5～–1℃，水变为冰，同时放出潜热。由于冰的潜热大于其显热 50～60 倍，因此整个冻结过程中绝大部分热量在此阶段放出。这种大量形成冰晶的温度范围，称为冰晶的最大生成带。在冰结晶形成时所放出的潜热相当大，通过最大冰结晶生成带时，热量不能及时导出，故温度下降减缓，曲线呈现平坦，相对地需要较长的时间。最后进入第三阶段，冻结后的食品从冻结点温度继续下降直至冻结到规定的最终温度。此阶段一部分是冰的降温，一部分是食品内部还没结冰的水继续结冰，但结冰量要比第二阶段少，放出的热量主要是显热。在这一阶段中，开始时温度下降比较迅速，以后随着食品与周围介质之间温度差的缩小，降温速度不断减慢，而且冰的比热容比水小，从理论上说，曲线应更陡，但因还有残留的水结冰放出的热量，所以曲线相较于第一阶段呈平缓趋势。为了保证冻结食品的质量，必须采用快速冻结，这样能使冻结食品有最大的可逆性。

3. 速冻设备

速冻设备适用于冻结小包装或未包装的块、片、粒等形状的原料，其类型很多：按冷却介质与食品接触的方式可分为空气冻结法、间接接触冻结法和直接接触冻结法（又称浸渍冻结法）；按速冻设备的结构分为箱式、隧道式、带式、流化床式和螺旋式等形式；根据冻结装置的结构特征和热交换方式又可分为隧道式冻结装置、螺旋带式冻结装置、接触式冻结装置和流化式冻结装置。表 22-3 列出了不同冻结方法及其冻结装置的型式。

表 22-3 冻结方法的分类

空气冻结法	间接接触冻结法	直接接触冻结法
隧道式冻结装置	平板式冻结装置	载冷剂接触冻结
传送带式冻结装置	回转式冻结装置	R_{12} 冻结装置
吊篮式连续冻结隧道	钢带式冻结装置	液氮冻结装置
推盘式连续冻结隧道	卧式平板式冻结装置	液态 CO_2 冻结装置
螺旋带式冻结装置	立式平板式冻结装置	低温液体冻结装置
液态化冻结装置		
斜槽式流态化冻结装置		
一段带式流态化冻结装置		
两段带式流态化冻结装置		
往复振动式流态化冻结装置		

第九节 食品加热与杀菌技术

一、远红外加热技术

1. 概述

红外线可按波长的长短分为以下几个区域，工业上把 0.75～1.4μm 区间的红外线称为近红外，把 1.4～3.0μm 区间的红外线称为中红外，把 3.0～1000μm 区间的红外线称为远红外。

远红外加热是一种以辐射为主的加热过程，它利用加热元件所发出来的红外线照射到被加热物体上，其热能以电磁波的形式被物体分子均匀吸收，从而引起物质分子的激烈共振，以达到加热干燥的目的。

人们利用红外线进行加热始于20世纪初，1935年美国福特汽车公司的格罗维尼

（Groveny）首先取得将红外线用于加热和干燥的专利权。70年代起，随着人们对红外辐射和物质结构等了解的深入，国外开始采用远红外进行加热。国内利用远红外加热的工作始于70年代的中期，开始时主要应用于产品的漆层干燥，后来应用范围不断扩大，现已扩展到油漆涂饰、塑料加工、机械制造、电力电子、金属材料、纺织印染、造纸印刷、医药卫生、食品、木器家具等行业。

远红外加热技术应用于食品加工具有以下优点：①加热速度快，传热效率高；②化学分解作用小，食品原料不易变性；③有一定的穿透能力；④容易进行操作控制。

2. 远红外加热原理

对红外线敏感的物质，其分子、原子吸收红外线后，不仅会发生能级的跃迁，而且会扩大以平衡位置为中心的各种运动的幅度，质点的内能增大，这样便产生了自发的热效应。由于这种热效应直接产生于物体的内部，因此能快速有效地对物质加热。这就是远红外加热的基本原理。

3. 远红外加热设备

远红外加热系统大体可以分成两类：一类是只有一个出入炉门的密闭的箱式加热炉，又称烘箱或烤箱，这类设备系间歇操作，故出入口散失的热量少；另一类是用于生产线上连续加热物料或对物料进行干燥、杀菌等处理的远红外加热设备，又称烘道或隧道炉，由于食品中一般都含有大量的水分，因此在设备中应设计通风装置，以排出蒸发出的大量水分。

远红外加热设备是由远红外加热元件、外壳和辅助装置如输送装置、控制装置等组成。它与单纯加热设备的区别主要在于加热元件的不同及其附属设备的不同，其他装置如外壳、输送装置等差别不大。

4. 远红外加热技术在食品工业中的应用

远红外加热技术在食品工业中应用非常广泛，食品工业应用远红外线主要是利用其放射特性及加热特性，现已应用的具体领域有食品的干燥、焙烤、熟成、杀菌、解冻等。

二、欧姆加热技术

1. 概述

欧姆加热（Ohmic heating）技术，也称电阻加热（resistance heating）技术、焦耳加热（Joule heating）技术、电力加热（electro heating）技术，它是利用连续流动的导电液体的电阻热效应来进行加热以达到杀菌目的的过程。

早在 19 世纪初人们就提出了欧姆加热的概念，并逐渐有了利用电能加热物料的专利加工技术。20 世纪初，美国生产出用于牛奶消毒的欧姆加热装置，但是由于没有合适的惰性电极材料而失败。90 年代，英国的 APV Baker 公司开发了商用的欧姆加热装置，英国、法国、日本和美国均开始使用。由于欧姆加热技术具有物料升温快、加热均匀、无污染、易操作、热能利用率高、加工食品质量好等优点，近年来逐渐引起国内外食品科学工作者的关注。

2. 欧姆加热原理

欧姆加热是利用食品物料的电导特性来加工食品的技术，食品中含有大量盐分或有机酸等电解质，所以无论是流体还是固体食品，电流都能通过。当电流通过食品时，因食品自身的导电性及不良导体产生巨大的电阻抗特性，可在食品内部将电能转化成热能，引起食品温度升高，从而达到直接均匀加热的目的。其原理如图 22-15 所示。

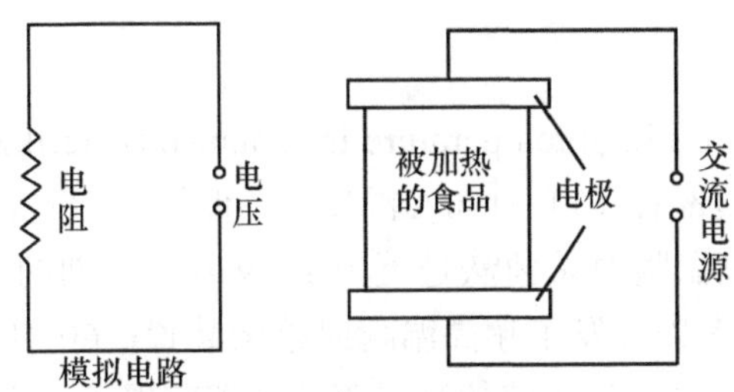

图 22-15 欧姆加热原理

3. 欧姆加热装置及流程

欧姆加热装置与流程如图 22-16 所示，由加热、保温和冷却 3 部分组成，具有一定黏度的、含颗粒的食品经泵进入到欧姆加热器中，以垂直于电场的方向流过欧姆加热柱，物料在 2min 内被加热到需要的温度，在该温度保温 30～90s，达到要求的灭菌强度，然后快速冷却、无菌包装。

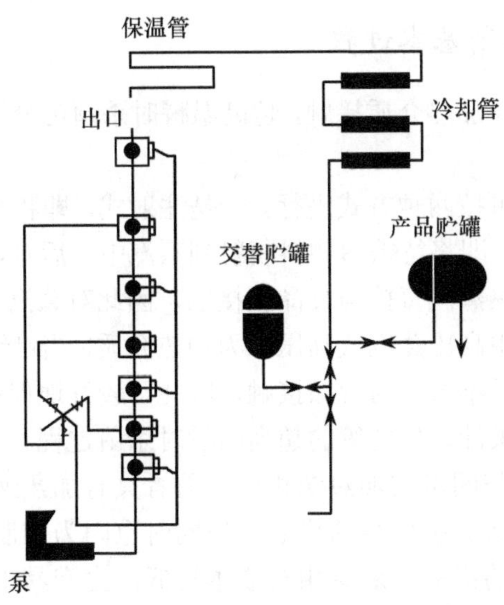

图 22-16 欧姆加热装置与流程

4. 欧姆加热技术在食品工业中的应用

目前，欧姆加热技术在美国正广泛应用于低酸性或高酸性食品的加工中，在日本用于生产酸牛奶的草莓、鱼糜制品及豆腐的加工中，在国内主要用于肉的解冻和牛奶、豆浆的加热杀菌。从目前国外的研究和使用情况来看，欧姆加热最具有潜力的应用领域是含颗粒流体食品的无菌加工。除此之外，用于对大块固体食品的加热与解冻也具有很大的研究发展空间。

三、超高温瞬时杀菌技术

1. 概述

超高温瞬时杀菌（ultra high temperature instantaneous sterilization，UHT）是利用热交换器或直接蒸汽，使食品在130～150℃温度下，保持2～8s后迅速冷却，产品达到商业无菌要求的过程。超高温瞬时杀菌法是英国于1956年首创的，20世纪50年代初荷兰的斯托克（Stork）公司率先开发了超高温瞬时杀菌装置；60年代初，由于超高温瞬时杀菌与无菌罐装技术的结合，从而使超高温灭菌装置获得了广泛的应用；80年代后，超高温瞬时杀菌技术不仅局限于液体产品，而且已应用到固-液混合产品和固体粉状产品中。目前，我国在乳制品、果汁饮料等食品加工领域已经广泛采用超高温瞬时杀菌技术。

2. 超高温瞬时杀菌原理

超高温瞬时杀菌主要是利用热处理对微生物的致死作用即微生物的蛋白质变性，并且其致死数量与热处理强度和原始含菌量成正比。由于热处理时间很短，这样就最大限度地保持了食品原有的风味及营养价值，这是超高温瞬时杀菌的基本原理。

3. 超高温瞬时杀菌基本过程

按照物料是否直接与加热介质接触，超高温瞬时杀菌可分为直接混合式加热法和间接式加热法两类。

直接混合式加热法可按两种方式进行。一是注射式，即将高压蒸汽注射到待杀菌物料中；另一种是喷射式，即将待杀菌物料喷射到蒸汽中。后者，物料通常向下流动，而蒸汽向上运动。由于加热蒸汽直接与食品相接触，因此对蒸汽的纯净度要求甚高。

间接式加热法是采用高压蒸汽或高压水为加热介质，热量经固体换热壁传给待加热杀菌物料。由于加热介质不直接与食品接触，因此可较好地保持食品物料的原有风味。间接式加热法广泛用于果汁、牛乳等的超高温瞬时杀菌过程。

直接混合式加热法与间接式加热法相比，前者具有加热速率快，热处理时间短，食品颜色、风味及营养成分损失少的优点，但同时也因为控制系统复杂和加热蒸汽需要净化而带来产品成本的提高。后者相对成本较低，生产易于控制，但传热速率相对前者较低。

4. 超高温瞬时杀菌技术在食品工业中的应用

在杀菌条件相同的情况下，超高温瞬时杀菌与低温长时杀菌相比，不仅细菌致死时间显著缩短，而且食品成分的保存率也显著提高。目前这种杀菌技术已广泛应用于牛乳、果汁饮料、豆乳茶、酒等产品的生产过程中。

第十节　食品挤压与膨化技术

一、食品挤压加工技术

1. 概述

食品挤压加工就是将食品物料置于挤压机的高温高压状态下，然后突然释放至常温、常压下，使物料内部结构和性质发生突然变化的过程。这些物料通常是以谷物为原料如大米、糯米、小麦、豆类、玉米、高粱等为主体，添加水、脂肪、蛋白质、微量元素等配料混合而成。

20 世纪 30 年代末期，人们首次把挤压机应用于方便谷物食品的生产中，1936 年第一台应用于谷物加工的单螺杆挤压蒸煮机问世，并第一次生产出了膨化玉米圈。70 年代，许多国家纷纷展开挤压机理的探讨，进一步研究各种谷物及蛋白质类食物在挤压过程中发生的一系列变化，以及挤压食品的营养与吸收问题，这使得挤压技术扩展到水产品、仿生制品、调味品、乳品、糖果制品、方便面等领域。目前，挤压技术不仅在食品工业和饲料工业中应用广泛，而且在其他工业如发酵工业、建筑业中也具有广阔的应用前景。

挤压加工技术具有以下优势：①应用范围广；②生产效率高；③原料利用率高，无污染；④营养素损失少，有利于消化吸收；⑤口感好，食用方便；⑥不易回生，便于贮藏。

2. 挤压加工原理

挤压加工是借助挤压机螺杆的推动力，将物料向前挤压，物料受到混合、搅拌和摩擦及高剪切力作用，使得淀粉粒解体，同时机腔内温度压力升高（温度可达 150～200℃，压力可达到 1MPa 以上），然后从一定形状的模孔瞬间挤出，由高温、高压突然降至常温、常压，游离水分在此压差下急骤气化，水的体积可膨胀大约 2000 倍。膨化的瞬间，谷物结构发生了变化，生淀粉（β-淀粉）转化成熟淀粉（α-淀粉），同时变成片层状疏松的海绵体，谷物体积膨胀几倍到十几倍。典型挤压加工系统由喂料、预调制、传动、挤压、加热与冷却、成型、切割、控制等 8 部分组成。图 22-17 和图 22-18 分别为挤压加工过程示意图和挤压加工系统示意图。

3. 挤压加工技术展望

采用挤压技术加工食品在我国已有悠久历史，但是由于种种原因，长期以来一直停留在爆米花的手工业状态。从 20 世纪 70 年代中期开始，挤压加工技术不断发展，目前该技术已广泛应用于我国食品生产过程中。随着人民生活水平的提高和饮食结构的变化，以及对挤压机理研究的不断深入和新型挤压设备的研制开发，挤压食品的品种和产量将会日益增多，并朝着高效、节能、产品风味多样化和美味化方向发展。

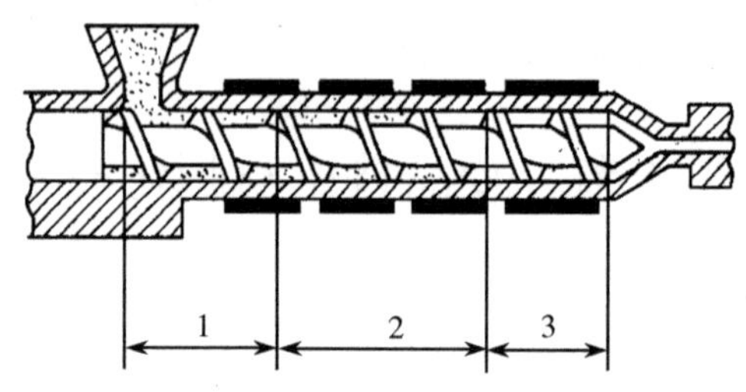

图 22-17　挤压加工过程示意图

1. 加料输送段；2. 压缩熔融段；3. 计量均化段

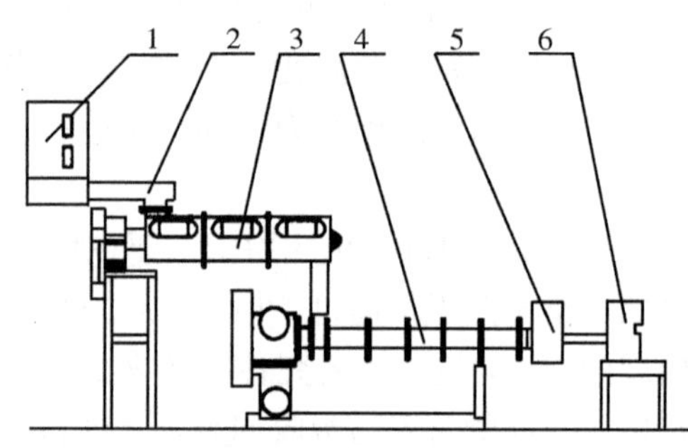

图 22-18　典型挤压加工系统示意图

1. 混合料仓；2. 称重给料装置；3. 预处理机；4. 机筒装置；5. 成型模具；6. 切割装置

二、食品膨化加工技术

1. 概述

膨化（puffing）是利用相变和气体的热压效应原理，使被加工物料内部的液体迅速升温气化、增压膨胀，并依靠气体的膨胀力，带动组分中高分子物质的结构变性，从而使之成为具有网状组织结构特征定型的多孔状物质的过程。

“膨化食品”（puffing food）是以谷物、薯类、豆类等为原料，经粉碎、灭菌、膨化及烘焙的工艺流程制作出来的口感美味的休闲食品，是一种深受人们喜爱的消费品，在全国乃至全球年销量快速增长。

膨化食品按加工工艺条件主要分为两类：一类是利用高温，如油炸、热空气、微波膨化等；另一类是利用温度和压力的共同作用，如挤压膨化、低温真空油炸等，由于挤压膨化可实现连续化、自动化操作生产，产量大而稳定，现已被广泛应用于食品工业中。

膨化技术作为一种新型食品加工技术，在国外发展很快。早在 1856 年美国的沃德就申请了关于食品膨化技术的专利。1936 年，挤压法生产膨化玉米果首次成功，直到 1946 年才开始商业化生产。20 世纪 50 年代初，膨化技术开始广泛地应用于饼干生产、淀粉预处理及糊化中。20 世纪 60 年代中期，开发出膨化谷物早餐食品，以及用谷物、油、蛋白质、肉、调味料和半干食品制成的膨化动物饲料。20 世纪 70 年代又生产出了膨化的大豆蛋白食品和马铃薯食品，它们可用来制作松脆的快餐，即食苹果酱和水果馅饼等。

食品膨化技术在我国有着悠久的历史，古代就把油炸和沙炒作为食品膨化的重要方法。但由于种种原因，我国膨化技术发展缓慢，直到 20 世纪 70 年代末才开始膨化技术与膨化食品的研究。70 年代末期我国第一台挤压机在上海研制成功，这标志着我国工业生产挤压膨化食品的开始。进入 21 世纪，膨化技术蓬勃发展，许多企业投入大量精力在膨化技术的研究上，并且拥有一定的成就，与此同时，国内涌现出一批以旺旺、上好佳为首的知名膨化食品企业。

2. 膨化加工原理

膨化动力的产生主要由物料内部水分的能量释放所致。同样的外部供能条件下，在物料内部的各种物质成分中，由于水具有分子量小、沸点低、易气化膨胀的特性，水分子热运动最先加剧，分子动能同时加大。当水分子所获能量超出相互间的束缚极值时，就会发生分子离散。水分子的分子离散使物料内部水分发生变化，产生相变和蒸汽膨胀。其结果必然造成对与之接触的物料结构的冲击。当这种冲击作用力超出维持高分子物质空间结构的力，以及超过高分子物质维持的物料空间结构的支撑力时，就会带动这些大分子物质空间结构的扩展变形，最终造成膨胀物料的质构变化。

整个膨化过程分为 3 个阶段：第一段为相变段，此时物料内部的液体因吸热或过热，发生气化；第二阶段为增压段，气化后的气体快速增压并开始带动物料膨胀；第三阶段为固化段，当物料内部的瞬间增压达到和超过极限时，气体迅速外溢，内部因失水而被高温干燥固化，最终形成泡沫状的膨化产品。

3. 膨化加工方法分类

按膨化加工的工艺过程分类，食品的膨化方法有直接膨化法和间接膨化法。直接膨化法，是指把原料放入加工设备（目前主要是膨化设备）中，通过加热、加压再降温减压而使原料膨胀化。间接膨化法，就是先用一定的工艺方法制成半熟的食品毛坯，再把这种坯料通过微波、焙烤、油炸、炒制等方法进行第二次加工，得到酥脆的膨化食品。按膨化加工工艺条件进行分类，食品的膨化方法又可分为挤压膨化、微波膨化、油炸膨化、气流膨化等。

4. 膨化加工技术展望

由于膨化食品的适口性，其在固体饮料、酱油酿造、酒精发酵、油脂提取、淀粉糖浆等的生产中发挥着重要的作用。随着食品工业的发展、新技术和新工艺的出现及人们消费观念的转变，新型膨化加工技术如超低温膨化技术、超声膨化技术、化学膨化技术等都有可能在不久的将来得到实际的应用。

第十一节　食品生物技术

一、概述

生物技术（biotechnology）是利用生物体系，应用先进的生物学和工程技术，加工或不加工底物原料，以提供所需的各种产品或达到某种目的的一门新型跨学科技术。目前认为生物技术是由基因工程、细胞工程、发酵工程、酶工程和蛋白质工程等组成。

1. 基因工程

基因工程（genetic engineering）是 20 世纪 70 年代以后兴起的一门新技术，其主要原理是应用人工方法把生物遗传物质 DNA 分离出来，在体外进行切割、拼接和重组，然后通过运载工具（vector）将重组的基因导入某种宿主细胞或个体，从而改变宿主的遗传特性。有时还使导入的新的遗传信息在宿主细胞中或个体中大量表达，以获得大量所需的基因表达产物（各种生理活性物质，如蛋白质、酶、多肽、抗生素等）。这种利用 DNA 重组技术来创造新物种或给予生物以特殊概念的技术称基因工程，也称 DNA 重组技术。

2. 细胞工程

所谓细胞工程（cell engineering）是指以细胞为基本单位，在体外条件下进行培养、繁殖或人为地使细胞的某些生物学特性按人们的意志发生改变，从而达到改良生物品种和创造新品种，加速动物或植物个体的繁殖或获得某些有用的物质的过程。它包括动物和植物细胞的体外大量培养技术、细胞融合技术（也称细胞杂交技术）、细胞拆分、染色体工程和繁殖生物学技术等。

3. 发酵工程

利用微生物生长速度快、生长条件简单及代谢过程特殊等特点，在合适条件下，通过现代化工程技术手段，最大限度地发挥微生物的某种特定功能，以生产出人类所需的产品称为发酵工程（fermentation engineering），也称微生物工程。它包括微生物生长动力学，发酵条件的优化和控制，生化反应器的设计，以及产品的分离、提取和精制等技术。

4. 酶工程

所谓酶工程（enzyme engineering）是指利用酶、细胞器或细胞所具有的特异催化功能，或对酶结构进行修饰改造，并借助于生物反应器和工艺优化过程，有效地发挥酶的催化特性来生产人类所需产品的技术。它包括酶固定化技术、细胞固定化技术、酶化学修饰技术和酶反应器设计等技术。

5. 蛋白质工程和分子进化工程

蛋白质工程（protein engineering）是指应用基因工程的原理，结合蛋白质结晶学、计算机模拟设计和蛋白质化学等多学科的知识，通过蛋白质基因中的某个碱基进行定向改变，从而改变蛋白质的氨基酸序列，使蛋白质的结构功能发生变化，产生符合人们所需的蛋白质或酶。

分子进化工程（molecular evolution engineering）是指在试管或实验室中模拟生物分子（如核酸、蛋白质和糖等分子）的进化，使长期的自然进化过程能在实验室中短期实现。酶分子进化工程是分子进化工程的一部分，它是指酶基因通过随机的点突变与DNA序列的改组、重组和筛选等，使酶的稳定性、底物特异性、催化活性、耐热性等发生改变，甚至创造新酶的方法。

食品生物技术（food biotechnology）是生物技术在食品原料生产、加工和制造中应用的一个学科，其主要研究内容如图22-19所示。

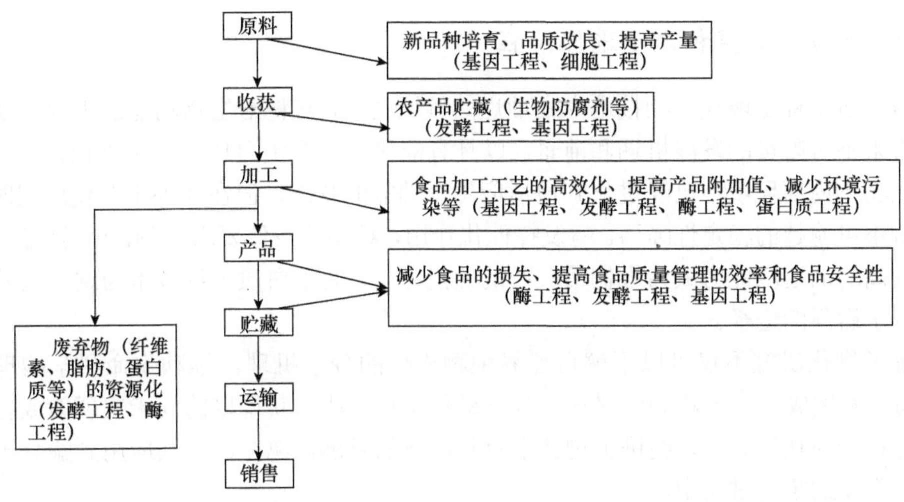

图22-19　食品生物技术的研究内容和应用范围

二、生物技术在食品工业中的应用

1. 基因工程

基因工程在食品科学中的应用主要涉及以下几个方面：①基因工程与动物、植物、微生物产品品质的改良；②基因工程与植物产品贮藏保鲜；③基因工程与食品新资源的开发。

2. 发酵工程

随着国民经济的发展和人民生活水平的提高，人们对食品的营养、保健和多样化都提出了更高的要求。利用发酵工程不仅能制造出多种功能性食品如真菌多糖、生物活性肽等，而且能开发出许多新型的食品添加剂。此外，发酵工程在食品工业废弃物的处理上也将发挥更大的作用。

3. 细胞工程

细胞工程是生物工程中的一个重要组成部分，随着其理论和应用的不断发展，已经广泛渗入到食品工业中。食品工程中，利用各种微生物发酵生产蛋白质、酶制剂、氨基酸、维生素、多糖及食品添加剂等产品，为了得到高产优质的菌种，除了其他方法，细胞融合技术是非常有效的手段，并具有独特的优点，利用动植物细胞培养技术可以生产保健食品的重要成分及特种食品香味和风味添加剂，而在动植物的育种和植物、家畜品种的改良中，细胞工程更是发挥了巨大的作用。

4. 酶工程

酶在食品工业中的应用十分广泛，几乎涉及所有的食品领域。例如，酒类、乳品、焙烤食品、淀粉糖、果蔬制品、肉制品等加工过程的许多重要步骤均依赖于酶的作用。

5. 蛋白质工程和分子进化工程

蛋白质工程是现代生物技术中最灿烂的领域之一，它将给生物功能的主要体现者蛋白质带来不可限量的发展机遇和前景。以具有催化功能的蛋白质——酶来说，虽然天然酶在生物体内部环境中已经进化到最适应生理功能的状态，但在体外工业化应用时，则存在着不可逾越的稳定性障碍。酶发挥催化作用，对环境条件要求苛刻，极易失活变性，如何提高酶的适应能力成为人们最关心的焦点之一，而蛋白质工程技术为这一问题的解决开辟了崭新的途径。

分子进化研究不仅可以了解自然界生物进化的分子机理，推动生命科学的理论研究，而且发展成为一个新的学科——分子进化工程，从而获得以前尚未发现的或自然界还不存在的新功能分子，促进生物技术及其产业的发展，现在已将其应用到酶分子的进化和蛋白质的定向进化中。

6. 生物传感器

生物传感器是近几十年来生物学、医学、光学、热力学和微电子技术相互结合和渗透的产物，是一种灵敏、快速、选择性好、抗干扰能力强、响应时间短和检测成本低的小型分析检测仪器。运用它能够对分析样品实现现场检测、连续检测、在线检测甚至活体分析，因此受到世界各国的关注。目前，生物传感器已较广泛应用于医学、军事、环保、农业和食品等诸多领域。在食品领域中，生物传感器主要用于食品组成成分（如氨基酸、蛋白质和多糖等）的分析、食品发酵过程的在线控制、食品中各种有毒有害残留（如农药残留和抗生素残留等）物质的分析，以及食品污染微生物和生物毒素的分析等方面。

7. 生物芯片

生物芯片（biochip）的概念是 20 世纪 80 年代中期提出的，它是融微电子学、生物学、物理学、化学、计算机科学为一体的高度交叉的新技术，在DNA测序、DNA突变体检测、疾病诊断、药物筛选、毒理基因组学、农作物优育优选、环境检测和防治、军事医学、食品卫生监督和司法鉴定等方面表现出了很好的应用前景。

第十二节　食品栅栏技术

一、概述

栅栏技术，又称障碍技术（hurdle technology，HT），是利用食品内不同栅栏因子的协同作用或交互效应打破微生物的内平衡，从而达到食品防腐目的的一种保鲜技术。栅栏技术是1976年由德国肉类研究中心莱斯特纳（Leistner）和罗布莱（Roble）首先提出来的。它在食品中的应用日渐突出，既可用于传统产品的改进，也可用于新产品的开发。而且，在新产品的开发中，如果将栅栏技术与危害分析和关键控制点技术（HACCP）与微生物预测技术（predictive microbiology，PM）结合起来，可设计、优化、加工出安全卫生、可贮性强、营养丰富、风味独特的食品。

二、栅栏技术基本原理

1. 栅栏因子

食品要达到可贮性和卫生安全性，这就要求在其加工中根据不同产品采用不同的防腐方法，以阻止残留的腐败菌和致病菌的生长繁殖。已知的防腐方法可根据其防腐原理归结为高温处理（F），低温冷藏或冷冻（t），降低水分活性（Aw），酸化（pH），降低氧化还原值（Eh）和添加防腐剂（P_{ress}）等少数几种因子，我们将这些因子称为栅栏因子（hurdle factor）。

食品防腐上最常用的栅栏因子都是通过加工工艺或添加剂方式设置的。目前可应用的栅栏因子总计已在40个以上，如表22-4所示。

表22-4　食品中可能的防腐保质栅栏

防腐保质栅栏	采用的方法
温度	高温或低温
pH	高酸度或低酸度
Aw	高水分活度或低水分活度
Eh	高氧化还原值或低氧化还原值
气调	二氧化碳、氧气、氮气等
包装	真空包装、活性包装、无菌包装、涂膜包装等
压力	高压或低压
辐照	紫外、微波、放射性辐照等
物理加工法	阻抗热处理、高电场脉冲、射频能量、振动磁场、荧光灭活、超声波处理等
微结构	乳化法、固态发酵法等

续表

防腐保质栅栏	采用的方法
竞争性菌群	乳酸菌等有益菌
防腐剂	有机酸、乳酸盐、乙酸盐、山梨酸盐、抗坏血酸盐、异抗坏血酸盐、葡萄糖醛酸内酯、磷酸盐、丙二醇、联二苯、壳二糖、游离脂肪酸、碳酸、甘油月桂酸脂、螯合物、美拉德反应生成物、乙醇、香辛料、亚硝酸盐、硝酸盐、熏烟、臭氧、次氯酸盐、纳他霉素、溶菌酶、乳过氧化物酶、乳杆菌素、杆菌素等

2. 栅栏效应

所谓栅栏效应（hurdle effect）就是将栅栏因子单独或相互作用，形成特有的防止食品腐败变质的“栅栏”（hurdle），决定着食品微生物的稳定性。下面通过图 22-20 中的几个例子来全面理解栅栏效应的概念。

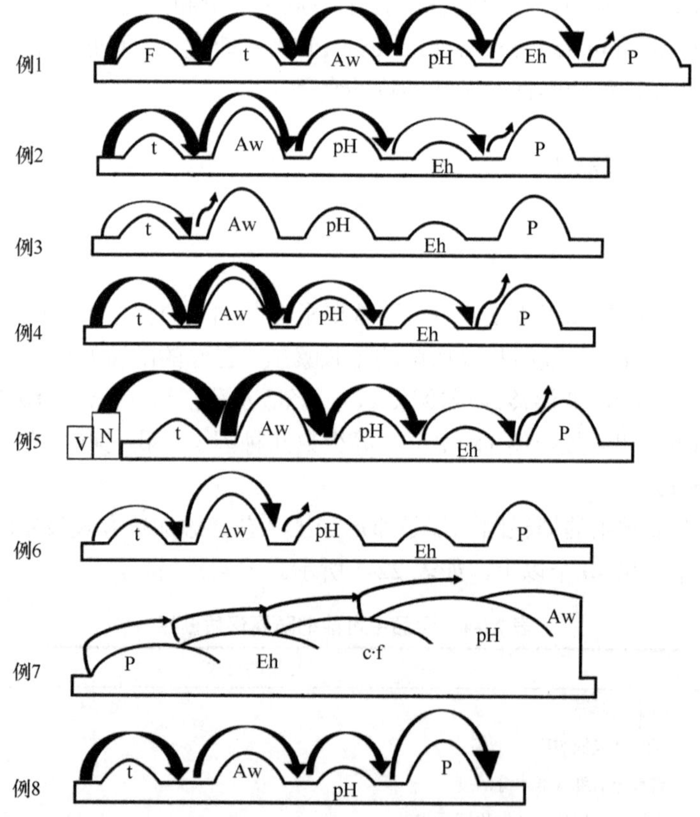

图 22-20　栅栏效应模式图

F. 高温处理；pH. 酸化；Aw. 降低水分活性；t. 低温冷藏；P. P_{ress} 防腐剂；N. 营养物；Eh. 降低氧化还原值；c·f. 竞争性菌群；V. 维生素

例 1：理论化栅栏效应模式。某一食品内共含有等强度的 6 个栅栏因子，残存的微生物最终未能逾越这些栅栏。因此该食品是可贮藏的且卫生安全的。

例 2：较为实际型栅栏效应模式。食品中起主要作用的栅栏因子是 Aw 和 P_{ress}，即加工中干燥脱水，添加防腐剂。

例 3：初始菌数低的食品栅栏效应模式。例如，无菌生产包装的鲜肉，只需少数栅栏因子即可有效抑菌。

例 4 和例 5：初始菌数高或营养丰富的食品栅栏效应模式。微生物具有较强的生长势能，必须增强现有栅栏因子强度或补以新的因子才能达到有效的抑制作用。

例 6：经热加工处理而又杀菌不完全的食品栅栏效应模式。细菌芽孢尚未受到致死性损害，但已失活，因此较少而作用强度较低的栅栏就能有效地抑制其生长。

例 7：栅栏顺序作用模式。在不同食品中，其微生物稳定性是通过加工及贮藏阶段各栅栏因子之间以不同顺序作用来达到的。本例为研究得出的发酵香肠栅栏效应顺序，P_{ress}栅栏随时间推移作用减弱，Aw 栅栏成为保证产品可贮性的决定性因子。

例 8：栅栏协同作用模式。食品的栅栏因子之间具有协同作用性，即两个或两个以上因子的作用强于这些因子单独作用的累加。

三、栅栏技术在食品工业中的应用

目前，栅栏技术在食品工业中得到了广泛应用，通过这种技术加工和贮存的食品也称为栅栏技术食品（HTF）。栅栏技术在美国、印度及欧洲一些国家已经有较大发展，现已应用到肉制品加工、果蔬加工、调理食品加工和食品包装等领域。随着对栅栏技术的深入研究，它必将为未来食品保藏提供可靠的理论依据及更多的关键参数。

第十三节　食品气调包装技术

一、概述

改善和控制气氛包装（modified and controlled atmosphere packaging）又称气调包装，是指采用具有气体阻隔性的包装材料包装食品，然后在一定的条件下采用一定比例的保护气体改善包装袋内的气体环境，防止食品在物理、化学、生物等方面发生质量下降或减缓质量下降的速度，从而使食品能有一个相对较长的保质期，提高食品的价值。

气调包装技术已有较长的历史，早在 20 世纪 30 年代欧美就已经开始研究使用 CO_2 气体保存肉类产品；50 年代研究开发了 N_2 和 CO_2 气体置换牛肉罐头和奶酪罐的空气，有效延长了保质期；60 年代由于各种气密性塑料包装材料的开发，很多食品如肉食品、水果、蔬菜、蛋糕、茶叶和乳制品等都成功地采用了气调包装技术；70 年代生鲜肉充气包装在欧美各国广泛使用，从此气调包装在全世界蓬勃发展。

二、气调包装技术基本原理

气调包装的原理是根据不同食品的生理特性，采用气调保鲜气体 2～4 种按食品特性配比混合，对包装盒或包装袋内的空气进行置换，改变盒（袋）内食品的外部环境，抑制细菌（微生物）的生长繁衍，减缓新鲜果蔬新陈代谢的速度，从而延长食品的保鲜期或货架期。以果蔬保鲜为例：新鲜果蔬在采摘后，进行呼吸作用，消耗 O_2 产生 CO_2，逐渐增加环境中的 CO_2 含量并降低 O_2 的浓度，采用高透性的塑料薄膜可与大气进行气体交换，补充所消耗的 O_2 并排出 CO_2。当气体对薄膜渗透的速度与果蔬呼吸速度相等时，包装袋内的气体达到某一平衡浓度，可以使果蔬维持微弱的呼吸速度而不产生厌氧呼吸，从而延缓果蔬的成熟而得到保鲜。采用气调包装能够实现在不采用防腐剂、添加剂的前提下确保食品的口感、营养成分和保鲜期。

三、气调包装的主要技术

1. 气调包装常用气体

气调包装常用气体为二氧化碳（CO_2）、氧气（O_2）和氮气（N_2），通常用其中的 2 种或 3 种气体按不同比例混合后进行填充。CO_2 是一种无色、无味的气体，主要起保鲜、抑菌作用。CO_2 易溶于水和脂肪，形成碳酸。碳酸可以破坏细菌的细胞膜，降低胞内 pH 并裂解细胞，通过破坏营养吸收、抑制或减少酶促反应，以及促进细胞蛋白质的理化性质改变等影响微生物的生长，从而可以抑制多数需氧菌和霉菌的生长繁殖。在气调包装材料中的适当填充，可以起到良好的防腐抑菌作用。同时需要注意的是 CO_2 浓度过高会导致果蔬组织褐变，从而对果蔬造成不良影响。

O_2 在果蔬气调包装中的应用主要是维持果蔬的正常颜色，并为基本的呼吸作用提供支撑。在肉类保鲜中的主要作用是保持肉类产品的鲜红色，同时还能抑制厌氧微生物的生长繁殖，有利于好氧型假单胞菌和葡萄球菌的生长。但 O_2 也会为需氧菌群生长及维生素、脂类等营养物质氧化提供条件，导致异味形成、肉韧性增加和营养价值降低。

N_2 是一种惰性气体，在果蔬气调包装中的应用主要是通过抑制 O_2 的作用适当减缓果蔬呼吸造成的氧化衰老，同时 N_2 还可以与 CO_2 共同作用以加强对霉菌、真菌等微生物的抑制作用，促使气调包装技术的保鲜作用充分发挥。应用于肉类保鲜包装时，可以作为替代物置换产品周围的 O_2，从而防止氧化和酸败，抑制好氧微生物的生长、霉菌的繁殖等。此外，N_2 的渗透率比较低，可以作为混合气体在塑料包装中起到缓冲或平衡的作用，也可以有效防止 CO_2 溶解导致的包装盒塌陷。

2. 常见气调包装材料

气调包装材料品种众多，有聚烯烃类、乙烯基聚合物、聚酯等。目前气调包装采用的包装材料主要有低密度聚乙烯（LDPE）和聚丙烯（PP）等。国内有一些学者进行过有关 LDPE 透气性的研究，提出了一种更接近气调包装下 LDPE 材料透气系数测算的新方法，该法是在 5℃、10℃、15℃、20℃、25℃条件下，通过把试验数据带入数学模型，来测算材料的透气系数。随后利用该系数，使用计算机迭代模拟出了气体浓度的变化趋势，模拟的结果与实际测定的相当吻合。

在气调包装技术应用的过程中，对气调包装材料的选择需要考虑其气体透过性及安全无毒性等因素。以果蔬保鲜来说，气体透过主要根据 O_2、CO_2 在相应气调包装材料中的透过率来计算，其应尽可能与果蔬呼吸速率一致，从而保证气调包装内部的果蔬具有协调的有氧呼吸环境，达到最优良的果蔬保鲜能力。同时气调包装材料密封性、水蒸气转移性、材料成雾性、乙烯转移性、包装类型等也会对气调包装保鲜效果造成一定程度的影响。一般来说，用于果蔬保鲜的气调包装材料主要有 PP、PE、PVDC 等，根据果蔬呼吸速率选择恰当的气调包装材料可以保证气调保鲜效果。

3. 气调包装智能化设备

智能气调包装系统主要由真空充气包装系统、气体比例混合系统、在线气体比例检测系统、PLC 控制器、液晶触摸屏等组成。系统的设计主要包括重要元件的计算与选用、系统的总体集成、控制流程的设计、控制时序设计等。在真空充气包装系统的密封环境下，对包装袋抽真空；然后，PLC 通过在线气体比例检测系统检测包装袋内保鲜气体的浓度，通过气体比例混合系统，控制充入包装袋的 O_2、CO_2、N_2 气体的组分和充气量，实现包装袋保鲜气体组分和浓度的精确控制；最后，真空充气包装系统完成包装袋封口，输出包装成品，实现食品的抽真空、充气、封合的自动包装。

预制袋自动充气包装机多采用气流式气调包装方式，无需抽真空，生产效率高，但包装残氧率高达 5%，不适于易氧化食品的包装。预制袋外抽式半自动真空充气包装机，采用真空补偿式气调包装方式，包装残氧率＜1%，常用于易氧化食品的气调包装。气体比例混合系统是气调保鲜包装系统中的核心，保证按预定的最佳比例将 2 种或 3 种保鲜气体混合。气体比例混合有等容法、等压法、定容定压法、时间法和节流法 5 种。等容法、等压法、定容定压法较准确，但不能连续配气；时间法装置最简单但准确度较差；节流法较简单，如果各气体钢瓶的出口压力恒定，调整各出口节流阀的开度，即可得到与预定配比相近的混合气体。

在线检测系统气体比例检测仪是气调包装系统的重要配套检测仪器。目前，食品气调包装的气体组分检测和监控主要采用两种方法：一种是在生产过程中，利用便携式气体检测仪定时随机抽检，这种方法操作烦琐，检测滞后，适于单机检测；另一种是在线检测，使用气体在线检测仪，对未封口包装袋内的气体含量进行连续在线检测，实时反馈给控制系统，控制系统根据检测结果进行全程质量监控，同时记录检测数据。例如，配以 PLC 等控制器和补偿执行机构，可实现气体比例的自动调整。这种方法能及时发现气体混合比例中出现的误差，节省人力和时间。通过二次开发，在 PLC 中设置了正常工作和在线检测工作方式的切换软开关。在线检测时，包装机按程序自动进行包装，同时进行气体成分的检测。智能气调包装系统提高工作效率，同时省却了传统气调包装的真空气室，降低了系统成本。

四、气调保鲜技术在食品工业中的应用

目前，气调包装主要用于保鲜新鲜果蔬、肉类和生鲜面类等食品。保鲜新鲜果蔬时，该技术可以较长时间保存果蔬中的糖类、有机酸和蛋白质等营养成分，并有效减少乙醇、乙醛等物质的产生；保鲜肉类时，能够降低肉的汁液流失和保护肉色；保鲜生鲜面类产品，能减少水分损失和霉菌与细菌的生长，延缓食品的氧化，延长食品的保质期。因此，在食品包装领域，气调包装技术正成为国内外的研究热点。

1. 保鲜果蔬的气体组分

果蔬有氧呼吸会消耗营养，无氧呼吸会产生乙醛和乙酸，进而导致果蔬的变质。所以，保鲜果蔬要限制果蔬的有氧呼吸并防止其进行无氧呼吸。近年来，针对不同种类果蔬气调包装气体组分的研究十分广泛。朱军伟等（2012）以菠菜为研究对象，探讨了不同气体组分的气调包装在 4℃条件下对感官品质及各项理化指标的影响，确定了 10% O_2+5% CO_2（剩余部分为 N_2）是该条件下最优的气体组分。近几年，高氧（80%以上）气调包装的研究逐渐增多，丁华等研究了高氧气调包装草莓的效果，认为相较于低氧气调包装，高氧的环境可以抑制果蔬呼吸，有效延缓 V_C、可溶性固形物及总酸含量的降低。对于完整果蔬的保鲜，一般采用的气体组分为低 O_2（2%～5%），3%～10%的 CO_2 和高 N_2，由于高氧环境对 V_C 等营养物质的保护，也有果蔬更适合采用高氧气调包装。对于鲜切果蔬制品，由于切割面易褐变，故针对完整果蔬的气体组分有些并不适用，而高氧气调包装具有更好的保鲜效果。

2. 保鲜肉类的气体组分

目前，主流的气体组分根据红肉和白肉的区别分为两种：对于红肉的保鲜，考虑到需要氧气来保持肉色，同时又要抑制细菌，较好的气体组分是 60%～85%的 O_2 和 15%～40%的 CO_2 的气体组合。针对禽类、鱼虾等白肉，较好的气体组分是高 CO_2（大于 50%）、低氧或无氧，因为高 CO_2 的比例可以有效抑制有害细菌的滋生，但是过高的 CO_2 可能会降低 pH，使得肌肉持水力下降而导致汁液流失。国内人员研究发现，气体成分为 CO_2 和 N_2 的气调包装可以使冷却肉的肉色更加自然。

3. 保鲜生鲜面类的气体组分

CO_2 是生鲜面类气调保鲜最关键的气体成分。作为一种细菌抑菌剂，CO_2 可以延长细菌生长的滞后期而且可以降低细菌对数生长期的速度，其对好氧菌及革兰氏阴性菌有较好的抑制效果，但对酵母菌和厌氧菌无法起到作用。CO_2 的溶解性比较高，其吸附在食物表面形成碳酸，碳酸离子化可降低食品的 pH，内部酸化是影响抑菌作用的一大因素；另有理论认为，CO_2 和碳酸氢根离子可以通过影响细胞膜的结构改变细胞与外界环境的接触，碳酸氢根离子会使细胞膜对离子的通透性增加，可能改变膜内外代谢的平衡，影响细胞正常的代谢过程，进而抑制细菌的生长。CO_2 的抑菌效果受多种因素的影响，

如贮藏温度、包装内初始和最终的气体成分、初始的微生物的种类和数量及包装材料的渗透率等。CO_2 具有水溶性，对于水分含量比较高的食品，CO_2 与食品表面的水分结合，容易使包装塌陷，对产品质量及外观产生不良的影响。氮气是理想的惰性气体，其无味无臭且不与食品发生化学反应也不会被食品吸收，可以减少包装内的氧气含量，延缓食品的氧化变质。氮气已广泛地应用于油炸薯条及薯片，深受消费者喜欢。氮气对塑料包装材料的透气率比较低，对于水分含量比较高的生鲜面类的包装，充入氮气可以作为缓冲气体，防止因 CO_2 的溶解造成包装的坍塌。

第二十三章　食品标准与法规

第一节　食品标准与法规概述

一、食品法规、标准对食品工业的重要性

食品法规与标准的制定，目的是向消费者保证食品卫生，防止食品污染和有害因素对人体的危害，保障人民身体健康，增强人民体质。20 世纪 60 年代，国务院颁布了《食品卫生管理条例》，1982 年发布了《中华人民共和国食品卫生法（试行）》，1995 年 10 月，第八届全国人民代表大会常务委员会第十六次会议通过了《中华人民共和国食品卫生法》，自公布之日起施行，2009 年 6 月 1 日起废止，取而代之的是《中华人民共和国食品安全法》，现行的《中华人民共和国食品安全法》（以下简称《食品安全法》）于 2018 年 12 月 29 日修正。

《食品安全法》明确了国务院卫生行政部门（卫生部，现更名为国家卫生健康委员会）为食品卫生监督管理部门，使我国的食品卫生工作步入了法制管理阶段。《食品安全法》对食品的卫生、食品添加剂的卫生、食品容器、包装材料和食品用工具、食品卫生标准和管理办法、食品卫生监督和法律责任等做了明确的规定。

食品的法规和标准是食品行业的技术规范，涉及食品领域的各个方面，它包括产品标准、卫生标准、包装材料及容器标准、食品添加剂标准、食品检验方法标准、食品工业基础（设施和设备）标准等。这些法规和标准从多方面规定了食品的技术要求、品质要求和检测指标，保证了食品的质量和安全性，对于消费者和食品企业都是必要的。所以，食品法规和标准，既是国家管理食品行业的依据，又是食品生产、加工企业等科学管理的基础。

二、我国食品标准与国际标准接轨的重要性

未与国际食品标准接轨会导致食品不能出口，甚至引发贸易壁垒，故建立与国际接轨的食品标准势在必行。例如，2016 年第一季度，各国对我国食品进行了多达 357 批次的扣押、召回，具体原因包括疑含兽药、微生物超标、标签不合规定等。

有关资料显示，我国食品标准中的各项具体指标大都低于国际标准和国外先进标准。专家坦言，我国早已加入 WTO，国内一些食品标准明显老化，必须尽快与发达国家的食品标准接轨，否则处境尴尬。受各方面影响，2004 年底，国家发展和改革委员会、农业部等九部门出台了食品国家标准修订计划，开始对现有食品行业的国家标准体系进行调整，将采用国际标准的比例由 23%提高到 55%，但国内标准与国际标准还有很大距离。

《关税及贸易总协定》中规定国际标准是缔约方在贸易中的共同技术依据，也是各

缔约方制定各方技术法规、管理条例和国家标准的技术基础。因此，我国应有与国际标准接轨的食品标准，以使出口食品日益拓宽国际市场，进口食品按国际先进标准进入我国，避免由于食品标准上的不一致，进出口食品安全控制不相符而危及我国人民的生命与健康。

第二节　标准化基础知识

一、标准化的基本概念

《世界贸易组织贸易技术壁垒协议》（*Agreement on Technical Barriers to Trade of The World Trade Organization*，*WTO/TBT*）中指出："国际标准和符合性评定体系能为提高生产效率和便利国际贸易做出重大贡献。"由于标准化在人民日常生活和社会经济发展中具有非常重要的作用，国际标准化组织（ISO）1969 年决定把每年的 10 月 14 日定为世界标准化日。

1. 标准

标准是对重复性事物和概念所做的统一规定。它以科学、技术和实践经验的综合成果为基础，经有关方面协商一致，由主管机构批准，以特定形式发布，作为共同遵守的准则和依据。

2. 标准化

标准化是在经济、技术、科学及管理等社会实践中，对重复性事物和概念通过制定、实施标准，达到统一，以获得最佳秩序和社会效益的过程。

二、标准化的基本特性

1. 经济性

标准和标准化的经济性，是由其目的所决定的。标准化是为了获得最佳的全面的经济效果、最佳的秩序和社会效益。在考虑标准化的效果时，经济效果在一些行业是主要的，如电子行业、食品加工业、纺织行业等；但在某些情况下，如国防标准化、环境保护标准化、交通运输标准化、安全卫生标准化，应该主要考虑最佳的秩序和其他社会效益。

2. 科学性

标准化是科学、技术与实验的综合成果发展的产物。它是以生产实践和科学实验的经验总结为基础的，始终与发展的步伐保持基本一致。标准来自实践，反过来又指导实践，标准化奠定了当前生产活动的基础，还促进了未来的发展，可见，标准化活动具有严格的科学性和规律性。

3. 民主性

标准化活动是为了所有有关方面的利益，在所有有关方面的协作下进行的“有秩序的特定活动”。这就充分地体现了标准化的民主性。各方面的不同利益是客观存在的，为了更好地协调各方面的利益，就必须进行协商与相互协作，这是标准化工作最基本要求。

4. 法规性

标准要求对一定的事物（标准化的对象）做出明确统一的规定，不允许有任何含糊不清的解释。标准不仅有“质”的要求，而且还有“量”的规定，标准的内容应有严格规定，同时又对形式和生效范围做出明确规定。标准一旦由国家、企业或组织发布实施就必须严格按标准组织生产，进行产品检验和验收，并成为合同、契约、协议的条件和仲裁检验的依据。

三、标准化的目的与作用

1. 标准化的目的

国际标准化组织（ISO）认为标准化的主要目的是：在生产和贸易方面，全面地节约人力、物力、财力等；在产品、过程和服务质量方面，保护企业、消费者和社会的利益；保护安全、健康及生命；为有关方面提供表达手段。具体来说有以下几个方面。

（1）简化日益增长的产品品种和方便人类生产与生活。

（2）改进信息传递。

（3）促进经济发展和社会全面进步。

（4）保护安全、健康和保护生命。

（5）保护消费者和生产者的利益及社会公共利益。

（6）消除国际经济贸易壁垒。

2. 标准化的作用

（1）标准化是组织现代化生产的手段，是实施科学管理的基础。

（2）标准化是不断提高产品质量和安全性的重要保证。

（3）标准化是推广应用科技成果和新技术的桥梁。

（4）标准化是国家对企业产品进行有效管理的依据。

（5）标准化可以消除贸易障碍，促进国际贸易的发展。

四、标准化的基本原则

1. 超前预防的原则

标准化的对象不仅要在依存主体的实际问题中选取，而且更应从潜在问题中选取，以避免该对象非标准化造成的损失。标准的制定是依据科学技术与实验的成果为基础的，对于复杂问题在制定标准时必须进行综合分析考虑，以避免不必要的人身财产安全危险和经济损失。

2. 协商一致的原则

标准化的成果应建立在相关各方协商一致的基础上。要坚持标准化民主性，经各方充分协商讨论，最终形成一致的标准，这个标准才能得到社会的接受和执行。

3. 统一有度的原则

在一定范围、一定时期和一定条件下，对标准化对象的特性和特征应做出统一规定，以实现标准化的目的。这一原则是标准化的技术核心，技术指标反映标准水平，要根据科学技术的发展水平和产品、管理等方面的实际情况来确定技术指标，坚持统一有度的原则。

4. 动变有序的原则

标准应依据所处环境的变化按规定的程序适时修订，以保证标准的先进性和适用性。国家标准一般每五年修订一次，企业标准每三年修订一次。标准的制定是一个严肃的工作，在制定过程中必须谨慎从事，充分论证，不允许朝令夕改。

5. 互相兼容的原则

标准应尽可能使不同的产品、过程或服务实现互换和兼容，以扩大标准化经济效益和社会效益。在制定标准时，必须坚持互相兼容的原则，要统一计量单位、统一制图符号，对一个活动或同一类的产品在核心技术上应制定统一的技术要求，达到资源共享的目的。例如，食品加工机械与设备及其零配件等都应有统一的规格，以达到互相兼容的要求。

6. 系列优化的原则

标准化的对象应优先考虑其所依存主体系统能获得最佳的经济效益。在标准制定中尤其是系列标准的制定中，如通用检测方法标准、工作标准等一定要坚持系列优化的原则，减少重复，避免人力、物力、财力和资源的浪费，提高经济效益和社会效益。

7. 阶梯发展的原则

标准的发展是一个阶梯发展的过程。随着科学技术的发展和人们认识水平的提高，对标准化的发展有明显的促进作用，也使得标准的修订不断满足社会生活的要求，标准水平就会像人们攀登阶梯一样不断发展。例如，我国 GB/T 1.1 标准（即制定标准的标准）已经过了三次大的修订，其发展过程就是最好的例证。

8. 滞阻即废的原则

任何标准都有二重性，当科学技术和科学管理水平提高到一定阶段后，现行的标准由于制定时的科技水平和认识水平的限制，该标准已经成为阻碍生产力发展和社会进步的因素，就要立即更正、修订或废止，重新制定新标准，以适应社会经济发展的需要。为了保持标准的先进性，国家标准化行政主管部门或企业标准的批准和发布者，要定期对使用的标准进行审订或修订，以发挥标准应有的作用。

第三节　国际食品标准体系

一、国际标准化组织

1. ISO 概况

国际标准化组织（International Organization for Standardization，ISO）是世界上最大、最具权威的标准化机构，成立于 1947 年 2 月 23 日，现有 165 个成员方。根据该组织章程，每一个国家只能有一个最有代表性的标准化团体作为其成员。ISO 的宗旨是在全世界范围内促进标准化工作的开展，以便利国际物资交流和相互服务，并在知识、科学技术和经济领域开展合作。我国于 1978 年申请恢复加入 ISO，同年 8 月被接纳为成员方。

制定国际标准的工作通常由 ISO 的技术委员会完成；技术委员会正式通过的国际标准草案提交给各成员团体表决，国际标准需取得至少 75%参加表决的成员团体同意才能正式通过。ISO 制定国际标准的工作步骤如下所示：

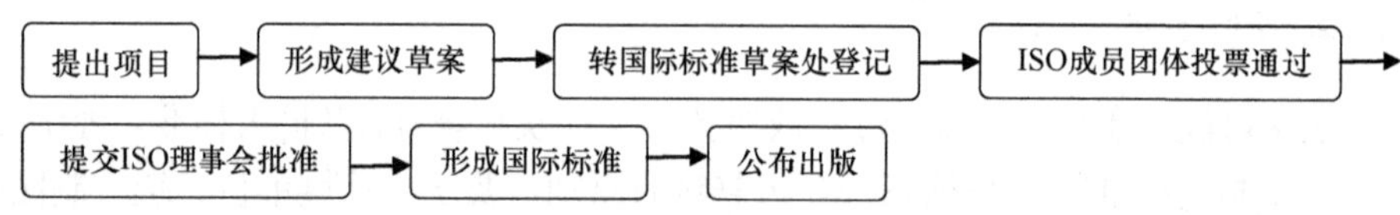

2. ISO 组织机构

ISO 的组织机构分为非常设机构和常设机构。ISO 的最高权力机构是 ISO 全体大会（General Assembly），其是 ISO 的非常设机构。根据新章程，ISO 全体大会每年 9 月召开一次。ISO 理事会（Council）是 ISO 的管理机构，其主要任务有：任命 ISO 司库、技术管理局成员和ISO的政策制定委员会主席，审查并决定ISO中央秘书处的财务预决算。ISO 的 4 个政策制定委员会分别是合格评定委员会（International Organization for Standardization/Committee on Conformity Assessment，CASCO）、消费者政策委员会（Advisory Committee on Consumer Policy，COPOLCO）、发展中国家事务委员会（Committee on Developing Country Affairs，DEVCO）、信息系统和服务委员会（ISO Committee on Information Systems and Services，INFCO）。

ISO 的技术管理局（Technical Management Board，TMB）是负责技术管理和协调的最高管理机构，其主要任务是就 ISO 全部技术工作的组织、协调、战略计划分配和管理问题向理事会提供咨询；审查 ISO 的新工作领域的建议，对成立和解散标准化技术委员会（Technical Committee，TC）做出决议；代表 ISO 复审 ISO/IEC 技术工作导则，检查和协调所有修改意见，并批准有关的修订文本，在已有政策的技术工作领域内就有关事项采取行动。TMB 的日常工作由 ISO 中央秘书处承担。

国际标准化组织的组织机构如下：

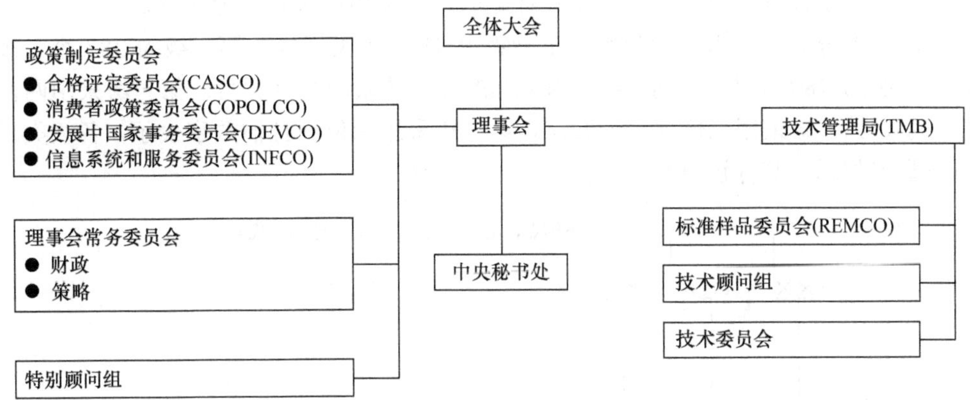

3. ISO 负责的食品标准化工作内容

ISO 在食品标准化领域的活动，包括术语，分析方法和取样方法，产品质量和分级，操作、运输和贮存要求等多个方面。

（1）术语　术语和定义可视为国际标准化活动的首要要求，它确保所有相关组织都讲一致的语言。

（2）分析方法和取样方法　物品和服务国际交换的先决条件就是要有检验质量的认可分析方法和取样方法。因此，要求国际标准具有：质量测定——确定即将出售的产品质量；质量保证——验证交易的产品质量符合合同的有关协议条款；质量控制或管理——有关显著的变化、精馏或调整、调配等，以保证或改善质量，符合市场需要。

（3）产品质量和分级　每类产品都应有一个标准，通过此标准充分和明确地判定或描述产品质量，以使国际贸易更加便利。

（4）操作、运输和贮存要求　由 ISO 制定的产品标准包括了相关物品的操作、运输和贮存规定，同时 ISO 还有专门的技术委员会涉及包装和物品操作的标准化，以及地面、空中、水上运输和集装箱化。

4. 国际标准化组织 TC34 及其 SC 简介

截至目前，ISO 共有 218 个技术委员会（TC）和若干个分技术委员会（SC）。TC34 是专门负责农产食品工作的技术委员会，与食品技术相关的标准，绝大部分是由 ISO/TC34 制定的，少数标准是由 ISO/TC93 淀粉（包括衍生物和副产品），TC47 化学及 TC5 铁管、钢管和金属配件技术委员会制定的。

5. 国际标准分类法

国际标准分类法（International Classification for Standard，ICS）是由国际标准化组织编制的。它主要用于国际标准、区域性标准和国家标准及其他标准文献的分类，它有利于标准文献分类的协调统一，促进国际、区域和国家间标准文献的交换与传播。

世界贸易组织（WTO）委托国际标准化组织负责《贸易技术壁垒协议》中有关标准通报工作，规定标准化机构在通报工作计划时，要使用国际标准分类法。

国际标准分类法采用三级分类。第一级由 41 个大类组成。第二级为 387 个二级类目，第三级为 789 个类目（小类）。国际标准分类法采用数字编号。第一级采用两位阿拉伯数字，第二级采用三位阿拉伯数字，第三级采用两位阿拉伯数字表示，各级类目之间以下脚点相隔。其标识符号如下：

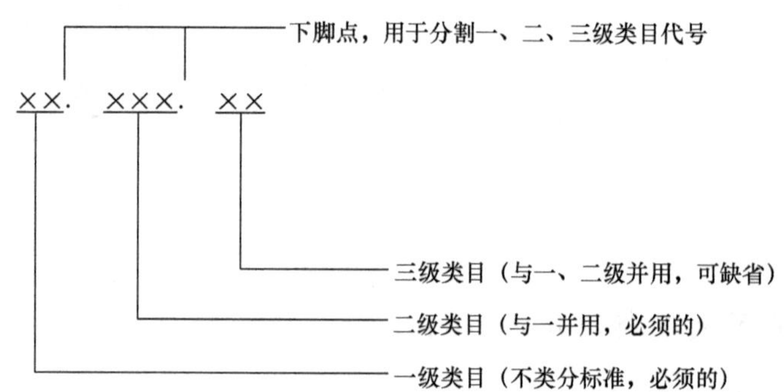

国际标准分类法在食品领域的分类如下：

67 食品技术

67.020 食品工业加工过程

67.040 农产食品综合

67.050 食品试验和分析通用方法

67.060 谷类、豆类及其衍生物

67.080 水果、蔬菜，包括罐装、干制和速冻的水果和蔬菜

水果、蔬菜汁和露见 67.160.20

67.080.01 水果、蔬菜和衍生物综合

67.080.10 水果及其衍生制品（包括坚果）

67.080.20 蔬菜及其衍生制品

67.100 乳和乳制品

67.100.01 乳和乳制品综合

67.100.10 乳和加工乳制品

67.100.20 奶油

67.100.30 干酪（包括酪农干酪、乳清干酪）

67.100.40 冰淇淋和冰淇淋糖果（包括果酒冰水）

67.100.99 其他乳制品

67.120 肉、肉制品和其他畜产品

67.120.01 畜产品综合

67.120.10 肉和肉制品

67.120.30 鱼和水产品（包括水产软体动物和其他海产品）

67.120.99 其他畜产品

67.140 茶、咖啡、可可

67.140.10 茶

67.140.20 咖啡和咖啡代用品

67.140.30 可可

67.160 饮料

67.160.01 饮料综合

67.160.10 含醇饮料

67.160.20 无醇饮料（包括果汁、露、矿泉水、柠檬水及以黄樟油、冬青油为香料的无醇饮料、可乐饮料等）

67.180 糖、糖制品、淀粉

67.180.10 糖和糖制品（包括糖蜜、甜味剂、糖果、蜂蜜等）

67.180.20 淀粉及其衍生制品（包括葡萄糖浆）

67.190 巧克力

67.200 食用油脂、油籽

67.200.10 动植物油和脂肪

67.200.20 油籽

67.220 香辛料和调味品、食品添加剂

67.220.10 香辛料和调味品

67.220.20 食品添加剂（包括盐、醋、食品防腐剂等）

67.230 预包装食品和方便食品（包括婴儿食品）

67.240 感官分析

67.250 与食物接触的材料和制品（包括盛放食物的容器、与饮用水接触的材料和制品）

67.260 食品工厂和设备

07.100 微生物

07.100.01 微生物综合

07.100.30 食品微生物（包括动物饲料微生物）

71.100.60 精油

6. 国际标准化组织 TC34 与其他国际组织的合作

国际标准化组织 TC34 和其分技术委员会对其他国际组织和有广泛基础的区域性组织非常感兴趣。其中的一些组织直接或间接地参与了 ISO 标准的制定工作。对 ISO/TC34 和其分技术委员会工作感兴趣的有以下国际组织：

CAC　Codex Alimentarius Commission 国际食品法典委员会

CEC　Commission of the European Communities 欧洲共同体委员会

ICC　International Association for Cereal Science and Technology 国际谷物科学技术协会

IDF International Dairy Federation 国际乳品联合会

IUMS International Union of Microbiological Sciences 国际微生物科学研究会

IUPAC International Union of Pure and Applied Chemistry 国际理论与应用化学协会

OECD Organization for Economic Cooperation and Development 经济合作与发展组织

UNECE United Nations Economic Commission for Europe 联合国欧洲经济委员会

WHO World Health Organization 世界卫生组织

除 ISO/TC34 以外，还有以下 ISO 技术委员会与 CAC 和其分委员会有关。例如，ISO/TC93 淀粉（包括衍生物及其制品）委员会，制定淀粉水解产品的分析和取样方法，CAC 的糖法典委员会对此很感兴趣。

ISO/TC147 水质技术委员会制定化学和微生物的分析方法与取样程序，CAC 的天然矿泉水法典委员会对这些方法特别感兴趣。

ISO/TC54 精油技术委员会制定的调味品产品规格和分析方法标准，可供 CAC 的食品添加剂及污染物法典委员会使用。

二、国际食品法典委员会（CAC）

1. 食品法典的含义

“Codex Alimentarius”一词来源于拉丁语，意即食品法典（或译“食品法规”）。它是一套食品安全和质量的国际标准、食品加工规范和准则，旨在保护消费者的健康并消除国际贸易中不平等的行为。

1962 年，联合国粮食及农业组织（FAO）和世界卫生组织（WHO）召开全球性会议，讨论建立一套国际食品标准，指导日趋发展的世界食品工业，保护公众健康，促进公平的国际食品贸易发展。为实施 FAO/WHO 联合食品标准规划，两组织决定成立食品法典委员会，通过制定推荐的食品标准及食品加工规范，协调各国的食品标准立法并指导其建立食品安全体系。

2. 食品法典的范围

食品法典以统一的形式提出并汇集了国际已采用的全部食品标准，包括所有向消费者销售的加工、半加工食品或食品原料的标准。有关食品卫生、食品添加剂、标签及说明等方面的通用条款及准则也列在其中，还包括了食品加工的卫生规范（Codes of Practice）和其他推荐性措施等指导性条款。

3. 法典标准的性质

法典标准对食品的各种要求是为了保证消费者获得完好、卫生、不掺假和正确标识的食品。所有食品法典标准都是根据标准格式制定并在适当条款中列出各项指标。一个国家可根据其领土管辖范围内销售食品的现行法令和管理程序，以“全部采纳”“部分采纳”和“自由销售”等几种方式采纳法典标准。

食品法典汇集了各项法典标准、各成员方或国际组织的采纳意见及其他各项通知等，但食品法典绝不能代替国家法规，各国应采用互相比较的方式总结法典标准与国内有关法规之间的实质性差异，积极地采纳法典标准。

4. 食品法典的内容及作用

食品法典委员会自 1962 年成立以来已制定了许多标准、导则和规范。至 1997 年，食品法典共包括 245 个通用标准和食品品种标准、41 种食品加工卫生规范。食品法典委员会还评价了 700 多种食品添加剂和污染物的安全性并制定了 3000 余个农残最大限量标准。

5. 运行机理

1995 年，CAC 的成员方已达 163 个。CAC 大会每两年召开一次，轮流在意大利罗马和瑞士日内瓦举行。委员会秘书处设在罗马 FAO 食品政策与营养部食品质量标准处。WHO 的联络点是日内瓦 WHO 健康促进部食品安全处。食品法典委员会组织结构见图 23-1。

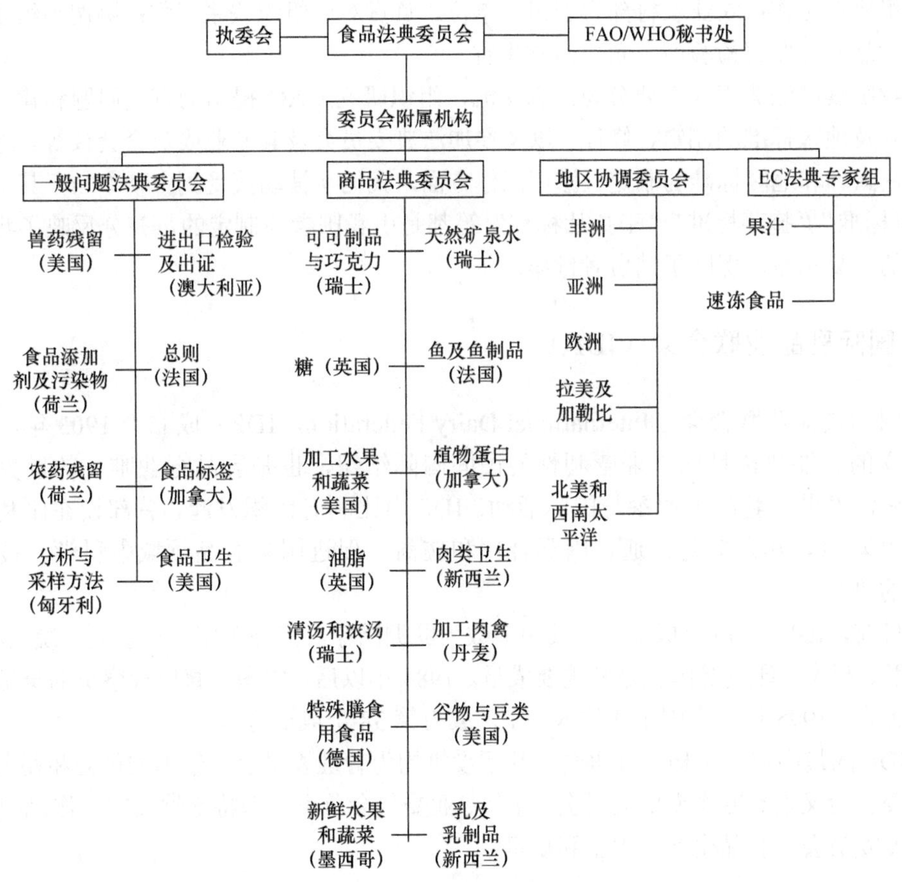

图 23-1　食品法典委员会组织结构

在法典委员会的 29 个专业分委会中，有 8 个被称为一般问题的委员会。它们是食品卫生（美国）、食品标签（加拿大）、食品添加剂和污染物（荷兰）、兽药残留（美国）、分析方法和采样（匈牙利）农药残留（荷兰）、一般准则（法国），以及进出口食品检验和认证体系（澳大利亚）委员会。括号中的为相应委员会的主持国。

6. 食品法典与食品贸易

为了更好地协调标准，食品法典委员会将提供由世界各国食品与贸易专家达成共识的、以科学和技术为基础的食品标准。国际贸易谈判人员将越来越多地采取这些标准解决争端。

7. 我国食品法典工作状况

我国于 1986 年正式加入 CAC，并于同年经国务院批准成立中国食品法典国内协调小组，负责组织协调国内法典工作事宜。协调小组由卫生部（现为国家卫生健康委员会）、农牧渔业部（现农业农村部）、商业部、轻工业部、化工部（三者现均已撤销，并入国家经贸委）、国家商检局、国家标准局（二者现均已撤销，整合组建为国家市场监督管理局）组成。各部门工作均有明确分工，国家卫生健康委员会为协调小组组长单位，负责小组协调工作：农业农村部为副组长单位，负责对外组织联系工作：协调小组秘书处设在食品卫生监督检验所，负责日常事宜。

我国食品法典工作主要分为信息交流，组织研究 CAC 提出的有关问题和建议，参与国际及地区标准的制定、修订，以及参加法典委员会及其专业委员会会议等。近些年来，在国际和地区标准的制定、修订工作方面，我们从被动接受到主动参与，其中国际“竹笋标准”“腌菜标准”“干鱼片标准”等都是由我国参与制定的，充分反映了我国进出口的贸易利益，保障了消费者健康。

三、国际乳品业联合会（IDF）

国际乳品业联合会（International Dairy Federation，IDF）成立于 1903 年，是一个独立的、非政治性的、非营利性的民间国际组织，也是乳品行业唯一的世界性组织。它代表世界乳品工业参与国际活动。IDF 由比利时组织发起，总部设在比利时首都布鲁塞尔。其宗旨是：通过国际合作和磋商，促进国际乳品领域中科学、技术和经济的进步。

目前，IDF 有 50 个成员方，其中多数为欧洲国家，另外美国、加拿大、澳大利亚、新西兰、日本、印度等国也是其重要成员。1984 年以后，中国一直以观察员的身份参加 IDF 活动。1995 年，中国正式加入 IDF，成为第 38 个成员方 。

IDF 的最高权力机构是理事会。其下设机构为管理委员会、学术委员会和秘书处。学术委员会又设有 6 个专业委员会，每个专业委员会负责一个特定领域的工作，它们是：

A 委员会　乳品生产、卫生和质量

B 委员会　乳品工艺和工程

C 委员会　乳品行业经济、销售和管理

D 委员会　乳品行业法规、成分标准、分类和术语

E 委员会　乳与乳制品的实验室技术和分析标准

F 委员会　乳品行业科学、营养和教育

理事会由成员方代表组成，负责制定和修改联合会章程，选举联合会主席和副主席，选举管理委员会和学术委员会主席，批准年度经费预算和新会员入会等。理事会每年至少举行一次会议。

管理委员会即常务理事会，由选举产生的 5～6 名委员组成，负责主持联合会的日常工作。

学术委员会负责协调和组织下设的 6 个专业技术委员会的工作，具体考虑乳品领域科学、技术和经济等问题，并要体现理事会制定的政策。各专业技术委员会通过组织专家组，解决各自领域内的具体问题。

秘书处负责处理联合会的日常事务工作。

各成员方均设有国家委员会，负责与 IDF 联络和沟通。IDF 中国国家委员会设在中国乳制品工业协会，秘书处设在黑龙江省乳品工业技术开发中心。

IDF 每年都要发行其出版物，主要包括：公报、专题报告集、研讨会论文集、简报、书籍和标准。到目前为止，IDF 共发行标准 180 个，其中分析方法标准 166 个、产品标准 8 个、乳品设备及综合性标准 6 个。有 125 个标准是与 ISO 共同发布的。

四、国际葡萄与葡萄酒局（IWO/OIV）

国际葡萄与葡萄酒局（法文 Organisation Internationale de la Vigne et du Vin，OIV；英文 International Vine and Wine Office，IWO）是根据 1924 年 11 月 29 日的国际协议成立的一个各政府之间的组织，是由各成员方自己选出的代表所组成的政府机构，现在已有 46 个成员方，总部设在法国巴黎。

该组织的主要职责是收集、研究有关葡萄种植，以及葡萄酒、葡萄汁、食用葡萄和葡萄干的生产、保存、销售及消费的全部科学、技术和经济问题，并出版相关书刊。它向成员方提供一些恰当的方法来保护葡萄种植者的利益，并着手改善国际葡萄酒市场的条件，以获取所有必需的已有成果的信息。它确保现行葡萄酒分析方法的统一性，并从事对不同地区所用分析方法的比较性研究。

目前，国际葡萄与葡萄酒局已公布的出版物有：《国际葡萄酿酒法规》《国际葡萄酒和葡萄汁分析方法汇编》《国际葡萄酿酒药典》，它们构成了整套丛书，具有很强的科学、法律和实用价值。

有关国际葡萄和葡萄酒的信息，是依据《国际葡萄酿酒法规》而编写的，在每个定义、加工方法之后的括号内，斜线前的数字表示 OIV 的决议编号，斜线后的数字为采用的年份（如 5/1988，为 1988 年采用的 5 号决议）。

第四节 我国食品标准体系

一、我国标准化管理体制

中国标准化工作实行统一管理与分工负责相结合的管理体制。

经国务院授权，在国家市场监督管理总局管理下，国家标准化管理委员会（Standardization Administration of the People's Republic of China，SAC）统一管理全国标准化工作。

国务院有关行政主管部门和国务院授权的有关行业协会分工管理本部门、本行业的标准化工作。

省、自治区、直辖市标准化行政主管部门统一管理本行政区域的标准化工作。省、自治区、直辖市政府有关行政主管部门分工管理本行政区域内本部门、本行业的标准化工作。

市、县标准化行政主管部门和有关行政部门主管，按照省、自治区、直辖市政府规定的各自的职责，管理本行政区域内的标准化工作。

我国于 1985 年 11 月成立了全国食品工业标准化技术委员会，负责全国有关食品标准的制定、修订、审定等工作。

二、我国食品标准的分类

1. 按体制分类

我国标准可分为国家标准、行业标准、地方标准和企业标准四级。

国家标准是指对全国经济技术发展有重大意义，需要在全国范围内统一技术要求而制定的标准，国家标准是四级标准体系中的主体，在全国范围内适用，其他各级标准不得与之相抵触；国家标准还可以起到协调市场上食品生产者、销售者、批发商、零售商及消费者之间关系的作用。行业标准是指对没有国家标准而又需要在全国某个行业范围内统一技术要求而制定的标准，是对国家标准的补充，是专业性、技术性较强的标准，其制定不得与国家标准相抵触，国家标准公布实施后，相应的行业标准即行废止。地方标准是指对没有国家标准和行业标准而又需要在省、自治区、直辖市范围内统一工业产品的安全、卫生要求而制定的标准，地方标准在本行政区域内适用，不得与国家标准和行业标准相抵触，国家标准、行业标准公布实施后，相应的地方标准即行废止。企业标准是指企业所制定的产品标准和在企业内需要协调、统一技术要求与管理，以及工作要求而制定的标准，企业标准是企业组织生产、经营活动的依据。

我国国家卫生健康委员会、国家经贸委、农业农村部和国家市场监督管理总局组织专业技术人员起草、制定并颁布了食品系列国家标准和行业标准，包括了肉、乳、禽类、水果、蔬菜、饮料、酒、糕点、面粉、油脂、调味品、食品添加剂，以及各种食用包装材料的质量标准。

另外，对于技术尚在发展，需要有相应的标准文件引导其发展或具有标准化价值，尚不能制定为标准的项目，以及采用国际标准化组织（ISO）、国际电工委员会（International Electrotechnical Commission，IEC）及其他国际组织的技术报告的项目，可以制定国家标准化指导性技术文件。

2. 按性质分类

我国标准可分为强制性标准和推荐性标准两类。

保障人体健康、人身、财产安全的标准和法律、行政法规规定强制执行的标准是强制性标准，其他标准是推荐性标准。

省、自治区、直辖市标准化行政主管部门制定的工业产品的安全、卫生要求的地方标准，在本行政区域内是强制性标准。

3. 按内容分类

食品标准从内容上来分，主要有食品产品标准、食品卫生标准、食品添加剂标准、食品检验方法标准等。而食品生产厂卫生规范以国家标准的形式列入食品标准中，但它不同于产品的卫生标准，它是食品企业生产活动和过程的行为规范。其主要是围绕预防、控制和消除食品微生物和化学污染，确保产品卫生安全质量，对食品企业的工厂设计、选址和布局、工作人员卫生、原料卫生、产品的质量检验等方面提出的具体要求。我国的食品卫生规范主要依据药品、食品的良好操作规范（GMP）与危害分析和关键控制点（HACCP）的原则制定的。

4. 按形式分类

按标准的形式可分为两类：①用文字表达的标准，称为标准文件；②实物标准，包括各类计量标准、标准物质、标准样品（如农产品、面粉质量等级的实物标准）等。

三、我国标准的代号

1. 国家标准代号

序号	代号	含义	管理部门
1	GB	中华人民共和国强制性国家标准	国家标准化管理委员会
2	GB/T	中华人民共和国推荐性国家标准	国家标准化管理委员会
3	GB/Z	中华人民共和国国家标准化指导性技术文件	国家标准化管理委员会

2. 行业标准代号

我国分为 58 个行业，有 58 个行业标准代号，其中与食品关系密切的行业标准代号列入下表。

序号	代号	含义	主管部门
1	BB	包装	中国包装工业总公司包改办
5	CY	新闻出版	国家新闻出版总署印刷业管理司
12	GA	公共安全	公安部科技司
15	HG	化工	中国石油和化学工业联合会（化工、石油化工、石油天然气）
16	HJ	环境保护	国家环境保护总局科技标准司
17	HS	海关	海关总署政法司
18	HY	海洋	自然资源部国家海洋局海洋环境保护司
19	JB	机械	中国机械工业联合会
26	LD	劳动和劳动安全	人力资源和社会保障部劳动工资司（工资定额）
27	LY	林业	国家林业和草原局科技司
31	NY	农业	农业农村部市场与经济信息司（农业）
32	QB	轻工	中国轻工业联合会
36	SB	商业	中国商业联合会行业发展部
37	SC	水产	农业农村部（水产）
41	SN	商检	国家市场监督管理总局
47	WB	物资管理	中国物流与采购联合会
48	WH	文化	文化和旅游部科教司
50	WM	外经贸	对外经济贸易合作部科技司
51	WS	卫生	卫生部卫生法制与监督司
54	YC	烟草	国家烟草专卖局科教司
57	YY	医药	国家药品监督管理局医药局

注：行业标准分为强制性和推荐性标准。表中给出的是强制性行业标准代号，推荐性行业标准的代号是在强制性行业标准代号后面加“/T”，例如，农业行业的推荐性行业标准代号是NY/T

3. 地方标准代号

序号	代号	含义	管理部门
1	DB + ※	中华人民共和国强制性地方标准代号	省级质量技术监督局
2	DB + ※/T	中华人民共和国推荐性地方标准代号	省级质量技术监督局

注：※表示省级行政区划代码前两位

4. 企业标准代号

序号	代号	含义	管理部门
1	Q +※	中华人民共和国企业产品标准	企业

注：※表示企业代号

企业标准体系的组成标准包括企业所贯彻和采用的国际标准、国家标准、行业标准和地方标准，以及本企业制定的企业标准。所有标准的形成都必须符合国家标准化法律法规和本企业标准化规定，以及企业的质量方针目标。企业标准体系基本结构如图 23-2 所示。

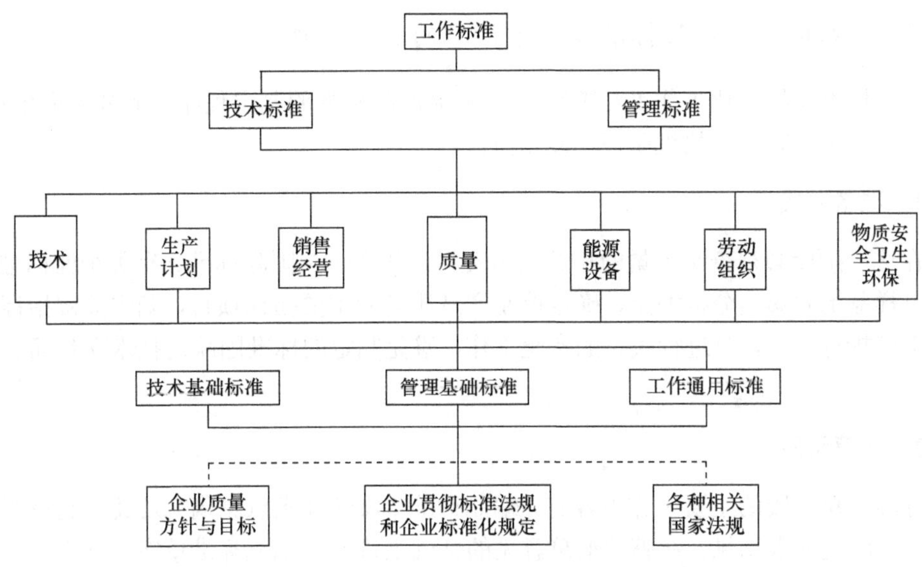

图 23-2　企业标准体系基本结构图

四、我国标准的制定

1. 食品标准必须规定的内容

1）食品卫生与安全

食品安全卫生标准是食品质量标准必须规定的内容。我国食品卫生标准是国务院授权国家卫生部统一制定的，属于强制性标准。食品卫生标准的内容一般有食品中重金属元素限量指标，食品中农药残留量最大限量指标，食品中有毒有害物质如黄曲霉毒素和硝酸盐、亚硝酸盐等限量指标，放射性物质的剂量指标，食品微生物如细菌落总数、大肠杆菌菌群数和致病菌 3 项指标，以及重金属含量测定方法标准等，必须确保食品安全的需要。

2）食品营养

食品营养指标是食品标准必须规定的技术指标，营养水平的高低是食品质量优劣的重要标志，反映产品的实际状况，并对原料选择、加工工艺提出明确的规定。

3）食品包装、运输与贮藏

食品产品标准除应符合国家规定的产品标准的一般要求外，必须明确规定产品包装、标志、运输和贮存等条件，确保食用安全。

4）引用标准

一个产品标准不可能孤立地存在，必然要引用有关技术标准，执行国家有关食品法规。引用时有关食品卫生安全、国家法律法规和强制性标准必须贯彻执行有关规定，绝不能根据自己企业的需要而定。

2. 国家标准、行业标准和地方标准的制定程序

制定标准是标准化工作3大任务之一。食品产品标准的制定程序一般分为准备阶段、起草阶段、审查阶段、报批阶段和复审阶段。

1）准备阶段

在这一阶段必须查阅大量的相关技术资料，其中包括国际标准、有关企业标准，然后进行样品的收集，分析测定，确定控制产品质量的主要指标项目，确定关键指标项目和非关键指标项目，且进行大量的实验工作，避免制定的标准因缺乏技术含量而失去科学性。

2）起草阶段

标准起草阶段的主要工作内容有：编制标准草案（征求意见稿）及其编制说明和有关附件，广泛征求意见。在整理汇总意见的基础上进一步编制标准草案（预审稿）及其说明和有关附件。

3）审查阶段

产品标准的审查分为预审和终审。预审由各专业技术委员会组织有关专家进行，对标准的文本、各项技术指标进行严格的审查；同时也审查标准草案是否符合《标准化法》和标准化工作导则的要求，技术内容是否符合实际和科学技术的发展方向，技术要求是否先进、合理、安全、可靠等。预审通过后按审定意见进行修改，整理出送审稿，报有关标准化工作委员会最终审定。

4）报批阶段

终审通过的标准可以报批，行业标准报行业标准化行政主管部门，国家标准报国家市场监督管理总局，批准后进行编号、发布、实施。

5）复审阶段

根据标准化法第十三条规定：标准实施后，制定标准的部门应当根据科学技术的发展和经济建设的需要适时进行复审，以确认现行标准继续有效或予以修订、废止。在我国标准化实际工作中，国家标准、行业标准和地方标准的复审周期一般不超过5年。标准的确认有效、修改和废止由原标准发布机关审批发布。

产品标准由起草到审批、发布、实施中间需经过几稿的讨论和修改，各项技术指标的确定都是在大量试验的基础上确定的，因此食品标准是食品质量和安全的保证。

3. 制定企业标准的一般程序

1）调查研究，收集资料

起草单位应针对以下方面进行调查研究和收集资料：①标准化对象的国内外及本企业的现状和发展方向；②有关的最新科技成果；③生产和工作实践中积累的技术数据，

统计资料；④国际标准、国外先进标准、技术法规和国内相关标准。

2）起草标准草案（征求意见稿）

对搜集到的资料进行整理、分析、对比、选优，必要时进行试验验证，然后起草草案和编制说明。

3）征求意见，形成标准送审稿

将标准草案（征求意见稿）发企业内有关部门（必要时发企业外有关单位，特别是用户，征求意见），对收到的意见逐一分析研究，决定取舍后形成标准送审稿。

4）审查标准，形成标准报批稿

根据标准的复杂程度、涉及面大小，可分别采取会议审查或者函审的方式审定。审查、审定通过后，起草单位应根据其具体的建议和意见，编写标准报批稿和需呈交的其他材料。

5）标准的批准、发布与实施

企业标准由企业法人代表或授权的主管领导批准，由企业标准化管理部门编号、发布和实施。

6）标准的备案

企业产品标准应按各省、自治区、直辖市人民政府的规定备案。

7）企业标准的复审

标准应定期进行复审，复审周期一般不超过 3 年。复审工作由企业标准化机构负责组织。

五、采用国际标准

根据《采用国际标准产品标志管理办法（试行）》的规定，国家质量技术监督局从 1994 年开始在全国推行采用国际标准产品标志，这项工作引起了消费者的注意，并受到了企业的欢迎。一些申请了采用国际标准产品标志的企业，已在产品上使用了采用国际标准产品标志。

采用国际标准是指将国际标准的内容，经过分析研究和试验验证，等同或修改转化为我国标准（包括国家标准、行业标准、地方标准和企业标准）并按我国标准审批发布程序审批发布。

国际标准是指国际标准化组织（ISO）、国际电工委员会（IEC）和国际电信联盟（International Telecommunications Union，ITU）制定的标准，以及国际标准化组织确认并公布的其他国际组织制定的标准。

我国标准采用国际标准的程度，分为等同采用和修改采用。等同采用是指与国际标准在技术内容和文本结构上相同，或者与国际标准在技术内容上相同，只存在少量编辑性修改。修改采用是指与国际标准之间存在技术性差异，并清楚地标明这些差异及解释其产生的原因，允许包含编辑性修改。修改采用不包括只保留国际标准中少量或者不重要的条款的情况。修改采用时，我国标准与国际标准在文本结构上应当对应，只有在不影响与国际标准的内容和文本结构进行比较的情况下才允许改变文本结构。

我国标准采用国际标准的程度代号为

IDT：等同采用（identical）

MOD：修改采用（modified）

采用国际标准的我国标准的编号表示方法如下。

（1）等同采用国际标准的我国标准采用双编号的表示方法。

示例：GB×××××—××××/ISO×××××：××××。

（2）修改采用国际标准的我国标准，只使用我国标准编号。

我国标准与国际标准的对应关系除等同、修改外，还包括非等效。非等效不属于采用国际标准，只表明我国标准与相应国际标准有对应关系。非等效还包括在我国标准中只保留了少量或者不重要的国际标准条款的情况。非等效（not equivalent）代号为NEQ。

第五节 国外食品法规

一、概述

世界上各国政府对食品的管理有两大目标：第一是确保供应的食品的安全和卫生；第二是防止经济欺诈。近年来为了使消费者了解食品的营养成分，人们又添加了营养目标。企业和政府在为消费者提供保护方面必须相互协作，且政府制定高标准，食品行业执行这些标准，也使它们自己免受不正当竞争的危害。制定经济法规是为了让消费者在购买前能判断产品的价值，防止上当受骗。因此食品必须诚实地贴标签，它的外包装不能具有欺骗性。

二、美国有关食品的法规

在美国，确保食品的安全性和营养标识真实的主要职责由食品药品管理局（Food and Drug Administration，FDA）承担，对于肉类和家禽产品则由美国农业部（United States Department of Agriculture，USDA）负责，其他机构也起一定的作用。商业部对酒精、烟草和枪支局对酒精饮料做出规定，环境保护署必须保证使用在食品上的杀虫剂是安全的。

1. 美国联邦《食品、药物和化妆品法》

美国联邦《食品、药物和化妆品法》中有关食品部分的目的在于保证在州际交易的食品是安全、纯净、卫生、公平包装和诚实标注的。美国FDA雇佣了7000多名科学家、法律顾问及检察员，在全国各地办公。为了实施美国联邦食品、药物和化妆品法规之规定，FDA 做了以下工作：①与工厂合作以便阐明条例；②帮助工厂建立产品保护的控制措施；③对食品工厂进行检查；④抽查在州际运输的货物；⑤发行和执行有关食品添加剂的条例；⑥批准和验证可接受的食品色素；⑦检测杀虫剂残余物，确保符合标准；⑧检查进口食品能否入关；⑨以顾问的形式与州及地方食品检查机构合作；⑩在灾难时，与州及地方食品检查机构合作，检测及处理受污染的食品；⑪建立加工食品的“识别标准”，以保证诚实度和有价值。

为了让联邦《食品、药物和化妆品法》保护公众并确保食品不掺假、标识正确、不具欺骗性、包装合理或无过分许诺，该法案对上述及其他术语认真做了定义。例如，食品在以下情况下被认为是掺假的：①有毒物或有害的物质达到有害的浓度；②含有不可降解的或不适合的污秽物；③在不卫生的环境下制作和处理的食品，可能受到污染；④来自有病的动物；⑤在不许可的地方经受过辐射；⑥省掉任何重要成分；⑦某一规定的成分被其他非规定的成分替代；⑧隐瞒产品缺陷；⑨增加重量或降低浓度，使得看上去更好一些；⑩含有未经批准或验证的色素。

同样，法案认为如下情况可视为标识不当：①标签有误导性；②使用其他食品的名称；③其他食品的仿制品，除非标签表明是仿制品；④包装让人误解；⑤包装完毕，标签并没有列出制造商、包装商和销售商的名称及地址，以及没有说明净含量；⑥标签未说明产品的通用名及各组分的名称；⑦有些信息不易读懂；⑧食品被说成符合某个食品的“识别标准”，但事实上不符合；⑨被声称符合某一质量标准或装满容器，而事实上不符合；⑩声称具有特殊的食疗效果，但标签上的信息并没有按法律规定给出食疗特征。

2. 附加的食品法规

FDA 也制定了一些像“良好操作规范”（或 GMP 准则）一样的法规，这些准则确定在食品工厂中所允许的卫生操作。例如，熏鱼制造商的 GMP 原先就是与卫生要求一起规定的，指的是加工前、加工过程中及加工后的温度和盐分。这些 GMP 可以使肉中毒的危险性降至最低。已成条例的 GMP 包括冷冻的面包虾、罐装的低酸食品和酸化食品、可可、糖果（蜜饯）和瓶装饮用水等。由于不可能完全清除污物，准则公布了天然污物、杀虫剂、重金属的最大极限值和其他环境污染物的限制指标、不同产品中黄曲霉毒素的限制量及从违法的销售渠道回收食品的程序。

FDA 检察员有权检察食品生产、加工、贮藏、运输和销售的任一方面或全部，只要产品进入州际交易。不法行为将会导致食品被没收、工厂关闭、惩罚及坐牢。对于进口的食品，所有项目必须符合联邦《食品、药物和化妆品法》的要求。出口不能违反进口国的法律。1966 年，公平包装和标签法规成为正式的法规，这一法规以精确的术语规定了必须出现在食品包装标签上的信息的种类、字体的大小、传递信息在包装上的位置，以及可能会误导消费者因而被禁止的标示和术语。

除《食品、药物和化妆品法》及它的修正案外，还有一些有关特殊的食品和食品相关领域的联邦法规。

（1）1906 号联邦肉类检查法规　这一法规规定了要对动物、屠宰条件和肉类加工设备进行强制性的检查。它有助于保证肉及肉制品干净、卫生、不掺假，生猪没有疾病且正当地销售。这类产品可标上“美国农业部检查通过”图章。所有的肉类及肉制品必须有这一图章才能运往州际交易市场。

（2）1957 号联邦家禽产品检查法规　这与肉类检查法规本质上是一样的，但它适用于家禽和家禽制品。新的卫生肉类法规基本上与 1968 号卫生家禽产品法规所涵盖的内容相同。

（3）联邦贸易委托法规（1938 年修正案）　这一法规保护公众和食品企业不受有关食品及被指称食品性能的虚假广告的影响。这一法规延伸至报纸、广播、电视或其他广告媒体。前面提到的公平包装和标签法规对包装做了更加具体的规定。

（4）1980 号婴儿食品配方法规　这一法规规定了含有适当的必需营养成分的生产配方，以利于儿童健康。该法规获得了通过，但由于未规定某些商品中的氯离子含量，因而产生了一些负面影响。

（5）1990 号营养标识和教育法规　这一法规可以防止营养信息中的以偏概全、信息混杂和欺诈行为。

（6）联邦等级标准　为帮助生产商、分配商、批发商、零售商和消费者销售与购买食品产品，确定了主要质量指标。由美国农业部农业销售署负责建立等级标准和检查体系。等级标准主要不是以保持公众健康为目标，而是为了按照统一的标准给食品标注，从而确保产品的价值。

（7）州和市政法规　美国的每一个州和许多城市除了联邦法规，还有其自己的食品法规，在一个州内生产和消费但并没有进入州际交易的食品，一般来说并不受联邦法律制约。实际上，这些州和城市的法规基本上采用了联邦法律或模仿联邦法律。此外，在需要的地方，包括零售食品的批发商和饮食行业，已制定专门的法规以保护公众健康，确保卫生作业和防止某些特殊操作中的经济欺诈。

三、日本有关食品的法规

1.《食品卫生法》

在日本，食品添加剂、设备、包装容器及某些玩具，从卫生的角度都由《食品卫生法》进行规范化管理，而食品卫生法规的制定、修订是由日本厚生劳动省（Ministry of Health，Labour and Welfare，MHLW）负责。该法的目的是保护人们远离由饮食导致的健康危险，帮助改善和促进公众健康。因此该法在适用于国内产品的同时，同样也适用于进口产品。

2.《食品安全基本法》

日本参议院于 2003 年 5 月 16 日通过了《食品安全基本法》草案，该法为日本的食品安全行政制度提供了基本的原则和要素。要点如下。

（1）确保食品安全

——消费者至上；

——基于科学的风险评估；

——从农场到餐桌全程监控（可溯性）。

（2）地方政府和消费者的参与

——食品行业机构对确保食品安全负首要责任；

——消费者应接受食品安全方面的教育并参与政策的制定过程。

（3）协调政策原则

——在决定政策之前应进行风险评估；

——以必要的危害管理和预防措施为重点；

——风险评估员和风险管理者协同行动；

——促进风险信息交流。

（4）建立食品安全委员会（The Food Safety Commission of the State Council，FSC）

——食品安全委员会（FSC）应为内阁所属部门，并直接向首相报告；

——食品安全委员会将独立进行风险评估并向风险管理部门（农林水产省和厚生劳动省）提供科学建议，并监管他们的工作。

第六节　我国食品法规

一、有关食品的法律

（1）《中华人民共和国商标法》 1982 年 8 月 23 日第五届全国人民代表大会常务委员会第二十四次会议通过，根据 2019 年 4 月 23 日第十三届全国人民代表大会常务委员会第十次会议《关于修改〈中华人民共和国建筑法〉等八部法律的决定》修正。

（2）《中华人民共和国计量法》 1985 年 9 月 6 日第六届全国人民代表大会常务委员会第十二次会议通过，1985 年 9 月 6 日中华人民共和国主席令第二十八号发布，1986 年 2 月 1 日起实施，根据 2018 年 10 月 26 日第十三届全国人民代表大会常务委员会第六次会议《关于修改〈中华人民共和国野生动物保护法〉等十五部法律的决定》第五次修正。

（3）《中华人民共和国国境卫生检疫法》 1986 年 12 月 2 日第六届全国人民代表大会常务委员会第十八次会议通过，1986 年 12 月 2 日中华人民共和国主席令第四十六号发布，1987 年 5 月 1 日起实施，自 2007 年 12 月 29 日根据中华人民共和国主席令第八十三号《全国人民代表大会常务委员会关于修改〈中华人民共和国国境卫生检疫法〉的决定》公布并施行。

（4）《中华人民共和国标准化法》 1988 年 12 月 29 日第七届全国人民代表大会常务委员会第五次会议通过，1988 年 12 月 29 日中华人民共和国主席令第十一号发布，自 1989 年 4 月 1 日起实施；2017 年 11 月 4 日，第十二届全国人民代表大会常务委员会第三十次会议修订，自 2018 年 1 月 1 日起施行。

（5）《中华人民共和国进出口商品检验法》 1989 年 2 月 21 日第七届全国人民代表大会常务委员会第六次会议通过，1989 年 2 月 21 日中华人民共和国主席令第十四号发布，自 1989 年 8 月 1 日起实施；2018 年 12 月 29 日第十三届全国人民代表大会常务委员会第七次会议通过修订。

（6）《中华人民共和国烟草专卖法》 1991 年 6 月 29 日第七届全国人民代表大会常务委员会第二十次会议通过，中华人民共和国主席令第四十六号发布，自 1992 年 1 月 1 日起实施；2015 年 4 月 24 日第十二届全国人民代表大会常务委员会第十四次会议通过修订。

（7）《中华人民共和国广告法》 1994 年 10 月 27 日第八届全国人民代表大会常务委员会第十次会议通过，1994 年 10 月 27 日中华人民共和国主席令第三十四号发布，自 1995 年 2 月 1 日起实施；根据 2018 年 10 月 26 日第十三届全国人民代表大会常务委员会第六次会议《关于修改〈中华人民共和国野生动物保护法〉等十五部法律的决定》修正。

（8）《中华人民共和国食品卫生法》 1995 年 10 月 30 日第八届全国人民代表大会常务委员会第十六次会议通过，1995 年 10 月 30 日中华人民共和国主席令第五十号发布，自 1995 年 10 月 30 日起实施；自 2009 年 6 月 1 日起废止，取而代之的是《中华人民共和国食品安全法》。

（9）《中华人民共和国动物防疫法》 1997 年 7 月 3 日第八届全国人民代表大会常务委员会第二十六次会议通过，1997 年 7 月 3 日中华人民共和国主席令第八十七号公布，自 1998 年 1 月 1 日起施行；根据 2015 年 4 月 24 日第十二届全国人民代表大会常务委员会第十四次会议通过全国人民代表大会常务委员会《关于修改〈中华人民共和国电力法〉等六部法律的决定》修正。

（10）《中华人民共和国价格法》 1997 年 12 月 29 日第八届全国人民代表大会常务委员会第二十九次会议通过，1997 年 12 月 29 日中华人民共和国主席令第九十二号发布，自 1998 年 5 月 1 日起实施。

（11）《中华人民共和国合同法》 1999 年 3 月 15 日第九届全国人民代表大会第二次会议通过，自 1999 年 10 月 1 日起实施。

（12）《中华人民共和国产品质量法》 2000 年 7 月 8 日中华人民共和国第九届全国人民代表大会常务委员会第十六次会议通过，2000 年 7 月 8 日中华人民共和国主席令第三十三号发布，自 2000 年 9 月 1 日起实施；根据 2018 年 12 月 29 日第十三届全国人民代表大会常务委员会第七次会议《关于修改〈中华人民共和国产品质量法〉等五部法律的决定》第三次修正。

二、有关食品的行政法规

（1）《中华人民共和国计量法实施细则》 1987 年 1 月 19 日国务院批准，1987 年 2 月 1 日国家计量局发布实施。

（2）《公共场所卫生管理条例》 1987 年 4 月 1 日国务院发布，2019 年 4 月 23 日，中华人民共和国国务院令（第 714 号）公布，对部分条款予以修改。

（3）《中华人民共和国商标法实施细则》 1988 年 1 月 3 日国务院批准修订，1993 年 7 月 15 日国务院批准第二次修订，1995 年 4 月 23 日国务院批准第三次修订，自发布之日起实施。

（4）《中华人民共和国国境卫生检疫法实施细则》 1989 年 2 月 10 日国务院批准，1989 年 3 月 6 日卫生部发布实施，根据 2016 年 2 月 6 日《国务院关于修改部分行政法规的决定》第二次修订。

（5）《盐业管理条例》 国务院总理李克强第 696 号签署国务院令，公布修订后的《食盐专营办法》，自公布之日起施行。

（6）《中华人民共和国标准化法实施条例》 1990 年 4 月 6 日国务院令第 53 号发布实施。

（7）《学校卫生工作条例》 1990 年 4 月 25 日国务院批准，1990 年 6 月 9 日发布实施。

（8）《中华人民共和国认证认可条例》 2003 年 8 月 20 日国务院第十八次常务会议通过，现予公布，自 2003 年 11 月 1 日起施行。

（9）《食盐加碘消除碘缺乏危害管理条例》 1994 年 8 月 23 日国务院令第 163 号发布，自 1994 年 10 月 1 日起实施，根据 2017 年 3 月 1 日《国务院关于修改和废止部分行政法规的决定》修订。

（10）《食盐专营办法》 1996 年 5 月 27 日国务院令第 197 号发布实施，2017 年 12 月 26 日中华人民共和国国务院令第 696 号修订。

（11）《中华人民共和国烟草专卖法实施条例》 1997 年 7 月 3 日国务院令第 223 号发布实施。

（12）《生猪屠宰管理条例》 1997 年 12 月 12 日国务院第六十四次常务会议通过，1997 年 12 月 19 日国务院发布实施；2016 年 1 月 13 日国务院第一百一十九次常务会议第三次修订，于 2016 年 3 月 1 日发布施行。

（13）《突发公共卫生事件应急条例》 2011 年 1 月 8 日国务院修订。

三、有关食品的部颁法规、规范及文件

1. 国家质量监督检验检疫总局（原国家技术监督局、国家出入境检验检疫局，现国家市场监督管理总局）发布

（1）《中华人民共和国出口食品卫生管理办法》 1984 年 7 月 16 日国家商检局、卫生部发布。

（2）《关于加强进口预包装食品标签管理的通知》 国家技术监督局、卫生检疫局、技监局发[1995]05 号，1995 年 5 月 29 日发布实施。

（3）《查处食品标签违法行为规定》 1995 年 3 月 8 日经国家技术监督局局务会议讨论通过，1995 年 6 月 20 日发布，自 1995 年 10 月 1 日起施行。

（4）《定量包装商品计量监督管理办法》 自 2006 年 1 月 1 日起施行。

（5）《出口速冻方便食品加工企业注册卫生规范》 自 2004 年 1 月 8 日有国家认监委国认注[2001]1 号文件公布。

（6）《关于重申加强甲醇及非食用酒精产品管理的通知》 国家技术监督局监发[1998]166 号，1998 年 12 月 9 日印发。

（7）《出入境检验检疫报检规定》 国家出入境检验检疫局发布，2000 年 1 月 1 日实施。

（8）《进境水果检疫管理办法》 国家出入境检验检疫局发布，2000 年 1 月 1 日实施。

（9）《进出境集装箱检验、检疫管理办法》 国家出入境检验检疫局发布，2000 年 2 月 1 日实施。

（10）《工业产品生产许可证管理办法》 2002 年 6 月 1 日起施行。

（11）《出口食品生产企业备案管理规定》 2017 年 10 月 10 日国家质量监督检验检疫总局局务会议审议通过，现予公布，自 2018 年 1 月 1 日起施行。

（12）《出入境口岸食品卫生监督管理规定》 2006 年 4 月 1 日起施行。

（13）《禁止在食品中使用次硫酸氢钠甲醛（吊白块）产品的监督管理规定》 2002 年 7 月 9 日国家质量监督检验检疫总局发布，自 2002 年 10 月 1 日起实施。

（14）《关于印发小麦粉等 5 类食品生产许可证实施细则的通知》 2002 年 7 月 11 日国家质量监督检验检疫总局国质检监函[2002]192 号。

（15）《进出境肉类产品检验检疫管理办法》 2002 年 8 月 22 日国家质量监督检验检疫总局发布，自 2002 年 10 月 1 日起施行。

（16）《食品质量安全市场准入审查通则》 2003 年 7 月 4 日国家质量监督检验检疫总局国质检监函[2003]515 号。

（17）《关于印发肉制品等 10 类食品生产许可证审查细则的通知》 2003 年 7 月 4 日国家质量监督检验检疫总局国质检监函[2003]516 号。

（18）《关于食用调和油等 5 种食用植物油纳入食品质量安全市场准入制度管理的通知》 2003 年 7 月 4 日国家质量监督检验检疫总局国质检监函[2003]517 号。

（19）《食品生产加工企业质量安全监督管理办法》 2003 年 7 月 18 日国家质量监督检验检疫总局第 52 号令发布施行。

2. 卫生部（现国家卫生健康委员会）发布

（1）《进口食品卫生管理试行办法》 卫生部 1980 年 8 月 2 日发布实施。

（2）《中华人民共和国国境口岸卫生监督办法》 卫生部、交通部、中国民航管理局、铁道部 1982 年 2 月 4 日发布实施，国务院于 2011 年 1 月 8 日发布。

（3）《食品安全性毒理学评价程序（试行）》 卫生部 1985 年 12 月 1 日发布实施。

（4）《食品营养强化剂卫生管理办法》 卫生部 1986 年 11 月 14 日发布实施。

（5）《禁止食品加药卫生管理办法》 卫生部、国家中医管理局[87]卫防字第 57 号，1987 年 10 月 22 日发布实施。

（6）《食品卫生检验单位管理办法》 卫生部 1987 年 12 月 2 日发布实施。

（7）《混合消毒牛乳的卫生管理办法》 卫生部 1988 年 4 月 25 日发布实施。

（8）《食品生产经营人员食品卫生知识培训管理办法》 1989 年 12 月 5 日卫生部发

布，自1990年1月1日起执行。

（9）《新资源食品卫生管理办法》 卫生部令第4号1990年7月28日发布实施。

（10）《新资源食品审批工作程序》 卫生部令第4号1990年7月28日发布实施。

（11）《冷饮食品卫生管理办法》 卫生部令第5号1990年11月20日发布实施。

（12）《肉与肉制品卫生管理办法》 卫生部令第5号1990年11月20日发布实施。

（13）《食糖卫生管理办法》 卫生部令第5号1990年11月20日发布实施。

（14）《糖果卫生管理办法》 卫生部令第5号1990年11月20日发布实施。

（15）《食用植物油卫生管理办法》 卫生部令第5号1990年11月20日发布实施。

（16）《粮食卫生管理办法》 卫生部令第5号1990年11月20日发布实施。

（17）《酒类卫生管理办法》 卫生部令第5号1990年11月20日发布实施。

（18）《茶叶卫生管理办法》 卫生部令第5号1990年11月20日发布实施。

（19）《蛋与蛋制品卫生管理办法》 卫生部令第5号1990年11月20日发布实施。

（20）《蜂蜜卫生管理办法》 卫生部令第5号1990年11月20日发布实施。

（21）《调味品卫生管理办法》 卫生部令第5号1990年11月20日发布实施。

（22）《豆制品、酱腌菜卫生管理办法》 卫生部令第5号1990年11月20日发布实施。

（23）《食用氢化油及其制品卫生管理办法》 卫生部令第5号1990年11月20日发布实施。

（24）《陶瓷食具容器卫生管理办法》 卫生部令第8号1990年11月26日发布实施。

（25）《食品包装用原纸卫生管理办法》 卫生部令第8号1990年11月26日发布实施。

（26）《食品用塑料制品及原材料卫生管理办法》 卫生部令第8号1990年11月26日发布实施。

（27）《铝制食具容器卫生管理办法》 卫生部令第8号1990年11月26日发布实施。

（28）《食品容器内壁涂料卫生管理办法》 卫生部令第8号1990年11月26日发布实施。

（29）《食品罐头内壁环氧酚醛涂料卫生管理办法》 卫生部令第8号1990年11月26日发布实施。

（30）《公共场所卫生管理条例实施细则》 经2011年2月14日卫生部部务会议审议通过，2011年3月10日中华人民共和国卫生部令第80号发布的国家法规。

（31）《进口食品卫生监督检验工作规程》 卫生部1991年5月15日发布实施。

（32）《公共场所卫生监督工作程序（试行）》 卫生部1991年12月30日发布实施。

（33）《卫生监督员管理办法》 1992年5月11日卫生部发布实施。

（34）《母乳代用品销售管理办法》 1995年6月13日卫生部、国内贸易部、广播电影电视部、新闻出版署、国家工商行政管理局、中国轻工总会发布，自1995年10月1日起施行。

（35）《卫生部、铁道部关于规定铁道食品卫生监督职责的通知》 1996年2月29日印发。

（36）《保健食品管理办法》 卫生部令第 46 号 1996 年 3 月 15 日发布，1996 年 6 月 1 日实施。

（37）《辐照食品卫生管理办法》 卫生部令第 47 号 1996 年 4 月 5 日发布实施。

（38）《生活饮用水卫生监督管理办法》 建设部、卫生部令第 53 号 1996 年 7 月 9 日发布，1997 年 1 月 1 日施行。

（39）《保健食品标识规定》 卫生部卫监发[1996]第 38 号，1996 年 7 月 18 日发布实施。

（40）《保健食品评审技术规程》 卫生部卫监发[1996]第 38 号，1996 年 7 月 18 日发布实施。

（41）《保健食品通用卫生要求》 卫生部卫监发[1996]第 38 号，1996 年 7 月 18 日发布实施。

（42）《学生集体用餐卫生监督办法》 1996 年 8 月 27 日卫生部发布实施。

（43）《卫生部关于〈中华人民共和国食品卫生法〉适用中若干问题的批复》 1996 年 9 月 9 日印发。

（44）《卫生部关于在食品卫生监督中如何理解和适用“取缔”问题的复函》 1996 年 10 月 10 日印发。

（45）《健康相关产品审批工作程序》 1999 年 3 月 26 日卫生部发布，自 1999 年 5 月 1 日起实施。

（46）《关于印发卫生部健康相关产品申报与受理规定的通知》 1999 年 4 月 13 日卫生部发布。附件如下：①《卫生部化妆品申报与受理规定》自 1999 年 5 月 1 日起实施。②《卫生部消毒产品申报与受理规定》自 1999 年 5 月 1 日起实施。③《卫生部保健食品申报与受理规定》自 1999 年 5 月 1 日起实施。④《卫生部涉及饮用水卫生安全产品申报与受理规定》自 1999 年 5 月 1 日起实施。

（47）《食品卫生监督量化分级标示管理规范》 2004 年 1 月 8 日卫生部发布实施。

（48）《卫生部行政复议与行政应诉管理办法》 1999 年 12 月 29 日卫生部 9 号令，自颁布之日起施行。

（49）《餐饮业食品卫生管理办法》 2000 年 1 月 16 日卫生部发布，自 2000 年 6 月 1 日起施行。

（50）《健康相关产品国家卫生监督抽检规定》 2000 年 8 月 30 日卫生部发布施行，2005 年 12 月 27 日进行修订。

（51）《健康相关产品命名规定》 2001 年 4 月 11 日卫生部发布实施。

（52）《关于限制以野生动植物及其产品为原料生产保健食品的通知》 卫生部 2001 年 6 月 7 日印发。

（53）《关于限制以甘草、麻黄草、苁蓉和雪莲及其产品为原料生产保健食品的通知》 卫生部 2001 年 7 月 5 日印发。

（54）《关于不再审批以熊胆粉和肌酸为原料生产的保健食品的通告》 卫生部 2001 年 9 月 14 日印发。

（55）《关于印发核酸类保健食品评审规定的通知》 卫生部 2002 年 1 月 23 日印发。

（56）《关于进一步规范保健食品原料管理的通知》 卫生部 2002 年 2 月 28 日印发。

（57）《关于切实加强流通领域食品卫生安全监督执法工作的批复》 卫生部 2002 年 3 月 22 日印发。

（58）《消毒管理办法（修订）》 2002 年 3 月 28 日卫生部发布，自 2002 年 7 月 1 日起施行。

（69）《食品添加剂卫生管理办法（修订）》 2002 年 3 月 28 日卫生部发布，自 2002 年 7 月 1 日起施行。

（60）《转基因食品卫生管理办法》 2002 年 4 月 8 日卫生部发布，自 2002 年 7 月 1 日起施行。

（61）《散装食品卫生管理规范》 2003 年 7 月 2 日发布，2004 年 1 月 1 日实施。

（62）《食用煎炸油卫生管理办法》 1996 年 5 月 29 日卫生部发布。

（63）《调整保健食品功能受理和审批范围》 卫生部卫法监发[2000]20 号，2000 年 1 月 14 日发布实施。

（64）《食品企业 HACCP 实施指南》 卫生部 2002 年 7 月 19 日发布。

（65）《集贸市场食品卫生管理规范》 2003 年 3 月 10 日卫生部发布，自 2003 年 5 月 1 日起施行。

（66）《关于加强非典防治期间餐饮业和送餐企业食品卫生监督管理工作的紧急通知》 卫生部办公厅 2003 年 5 月 22 日印发。

3. 农业部（现农业农村部）发布

（1）《绿色食品产品管理暂行办法》 1991 年 5 月 24 日农业部发布实施。

（2）《绿色食品标志商品涵盖范围》 1991 年 5 月 24 日农业部发布实施。

（3）《绿色食品标志管理办法》[1993 农（绿）字第 1 号] 1993 年 1 月 11 日农业部发布实施。（《绿色食品标志管理办法》2012 年第 6 号，已于 2012 年 6 月 13 日农业部第七次常务会议审议通过，现予公布，自 2012 年 10 月 1 日起施行。）

（4）《动物性食品中兽药最高残留含量》 2002 年 12 月 24 日农业部发布实施。

（5）《国家学生饮用奶计划暂行管理办法》 2000 年 10 月 16 日农业部办公厅印发。

（6）《学生饮用奶定点生产企业申报认定暂行办法》 2001 年 1 月 5 日农业部、教育部、国家质量技术监督局、国家轻工业局发布实施。

4. 国家工商行政管理局发布

（1）《关于实行商标注册用商品国际分类的通知》 1988 年 9 月 15 日国家工商行政管理局工商标字[1988]第 200 号，1988 年 11 月 1 日起实施。

（2）《农业部关于依法使用、保护绿色食品商标标志的通知》 国家工商总局、农业部工商标字[1992]第 77 号，1992 年 4 月 15 日发布实施。

（3）《食品广告管理办法》 国家工商行政管理局、卫生部令第 15 号，1993 年 8 月 30 日发布，1993 年 10 月 1 日实施。

（4）《药品、医疗器械、保健食品、特殊医学用途配方食品广告审查管理暂行办法》

国家工商行政管理局令第 21 号，2019 年 12 月 24 日发布，2020 年 3 月 1 日实施。

5. 商务部颁布（原外经贸部、国内贸易部）

（1）《全国食品流通电子网络管理施行办法》 国内贸易部内贸商统办字[1997]第 5 号，1997 年 1 月 27 日发布实施。

（2）《进口酒类国内市场管理办法》 国经贸市[1997]432 号，1997 年 9 月 9 日发布实施。

（3）《中国快餐业发展纲要》 国内贸易部内贸饮字[1997]第 96 号，1997 年 9 月 24 日发布。

（4）《关于推广学生营养餐的指导意见》 2001 年 2 月 12 日国家经贸委、教育部、卫生部发布。

（5）《关于加强调味品生产销售管理的通知》 2000 年 11 月 23 日发布。

6. 其他

（1）《食品用化工产品生产管理办法》 化工部、卫生部、商业部、国家工商行政管理局[83]化生字第 534 号，1983 年 10 月 1 日发布实施。

（2）《学校食堂与学生集体用餐卫生管理规定》 2002 年 9 月 20 日教育部、卫生部发布，自 2002 年 11 月 1 日起施行。

（3）《关于坚决制止、查处在食品中掺用罂粟壳违法犯罪行为的通知》 公安部 1993 年 7 月 24 日印发。

（4）《烟草行业名优卷烟评定及管理办法（试行）》 国烟生[1994]第 20 号。

（5）《有机食品认证管理办法》 2001 年 6 月 19 日国家环境保护总局发布施行。

（6）《粮油质量管理办法》 1990 年 12 月 17 日国家粮食储备局发布并实施。

四、与食品工程建设有关的法律、法规

（1）《中华人民共和国建筑法》 1997 年 11 月 1 日中华人民共和国主席 91 号令，1998 年 3 月 1 日实施。

（2）《建筑工程设计招标投标管理办法》 2000 年 10 月 18 日建设部令第 82 号发布实施。

（3）《中华人民共和国招标投标法》 2000 年 1 月 1 日实施，根据 2017 年 12 月 27 日第十二届全国人民代表大会常务委员会第三十一次会议《关于修改〈中华人民共和国招标投标法〉、〈中华人民共和国计量法〉的决定》修正。

（4）《建设工程勘察设计合同条例》 1983 年 8 月 8 日国务院发布，2000 年 9 月 25 日国务院公布的《建设工程勘察设计管理条例》代替。

（5）《建设工程质量管理条例》 2000 年 1 月 30 日国务院令第 279 号发布实施。

（6）《工程建设项目招标范围和规模标准规定》 2000 年 5 月 1 日国家发展计划委员会发布。

（7）《建设工程勘察设计管理条例》 2000 年 9 月 25 日国务院令第 293 号，2017 年 10 月 23 日公布的《国务院关于修改部分行政法规的决定》对条例进行修改。

（8）《工程建设标准强制性条文（工业建筑部分）》 2000 年 11 月 20 日建设部建标[2001]40 号发布实施，于 2013 年根据国务院《建设工程质量管理条例》（国务院令第 279 号）、《实施工程建设强制性标准监督规定》（原建设部令第 81 号）的有关规定，中国冶金建设协会组织有关单位对 2001 年版《工程建设标准强制性条文》（工业建筑部分）进行了修订并于 2013 年 6 月 1 日起实施。

（9）《建筑工程设计文件编制深度规定（2016 年版）》 自 2017 年 1 月 1 日起施行。

（10）《建设工程勘察和设计单位资质管理规定》 1998 年 1 月 1 日实施。

（11）《建设工程勘察设计市场管理规定》 1999 年 1 月 21 日建设部令第 65 号，1999 年 2 月 1 日实施。

（12）《实施工程建设强制性标准监督规定》 2000 年 8 月 25 日建设部令第 81 号发布实施。

主要参考文献

白堃元, 罗龙新, 凌美庭. 2001. 茶叶加工. 北京: 化学工业出版社.

北京林学院. 1981. 植物学(林业专业用). 北京: 中国林业出版社.

曹家鑫. 1988. 复合包装材料. 北京: 中国轻工业出版社.

陈建. 2011. 食品着色剂的应用研究进展. 廊坊师范学院学报(自然科学版), 11(4): 68-70.

陈锦屏. 1999. 果品蔬菜加工学. 西安: 陕西科学技术出版社.

陈康健, 徐彬彬, 刘唤明, 等. 2019. 水产品保活技术研究进展. 科技经济导刊, 27(3): 11-12, 15.

陈黎敏, 周震. 2002. 食品包装技术与应用. 北京: 化学工业出版社.

陈中, 芮汉明. 1998. 软饮料生产工艺学. 广州: 华南理工大学出版社.

陈中豪. 1989. 包装材料. 长沙: 湖南大学出版社.

陈祖云. 1998. 包装材料与容器手册. 广州: 广东科技出版社.

崔桂友. 1997. 食品与烹饪文献检索. 北京: 中国轻工业出版社.

戴宏民, 何玉民. 1997. 包装管理. 北京: 印刷工业出版社.

德力格尔桑. 2002. 食品科学与工程概论. 北京: 中国农业出版社.

邓红. 2000. 西部开发农产品加工: 食用菌栽培与加工技术. 北京: 中国轻工业出版社.

董志武, 刘金铃, 刘喜生. 1994. 包装材料学. 长春: 吉林大学出版社.

冯绍胜. 1988. 塑料在食品包装中的应用. 北京: 中国食品出版社.

盖冬雪, 刘熙, 胡盼, 等. 2016. 巴氏杀菌乳中细菌 PMA-PCR 活菌检测方法的建立//中国畜牧兽医学会兽医公共卫生学分会. 中国畜牧兽医学会兽医公共卫生学分会第五次学术研讨会论文集. 中国畜牧兽医学会兽医公共卫生学分会: 2.

江洁, 王文侠, 栾广忠. 2004. 大豆深加工技术. 北京: 中国轻工业出版社.

高福成, 冯骉. 1998. 食品工程原理. 北京: 中国轻工业出版社.

高福成, 王海鸥, 郑建仙, 等. 1997. 现代食品工程高新技术. 北京: 中国轻工业出版社.

高孔荣, 黄惠华, 梁照为. 1998. 食品分离技术. 广州: 华南理工大学出版社.

高世年, 张宏, 程慧娟, 等. 1993. 实用食品添加剂. 天津: 天津科学技术出版社.

葛长荣, 马美湖, 马长伟. 2005. 肉与肉制品工艺学. 北京: 中国轻工业出版社.

管彬彬, 陈彬, 程晓宏. 2019. 水产品新鲜度表征和评价方法研究综述. 福建分析测试, (3): 15-21.

郭祯祥. 2003. 小麦加工技术. 北京: 化学工业出版社.

《国际食品标准目录总览》编写组. 1999. 国际食品标准目录总览. 北京: 中国标准出版社.

国家教委社会科学研究与艺术教育司组. 1991. 自然辩证法概论. 北京: 高等教育出版社.

国家质量技术监督局标准化司. 2000. 中华人民共和国标准化法及有关法规文件汇编. 北京: 中国标准出版社.

郝利平, 夏延斌, 陈永泉, 等. 2002. 食品添加剂. 北京: 中国农业大学出版社.

郝素娥, 庞满广, 钟耀广, 等. 2003. 食品添加剂制备与应用技术. 北京: 化学工业出版社.

何计国, 甄润英. 2003. 食品卫生学. 北京: 中国农业大学出版社.

何蓉, 谢晶. 2012. 水产品保活技术研究现状和进展. 食品与机械, (5): 243-246.

贺镜湖, 李治和. 1985. 黑木耳栽培. 西安: 陕西科学技术出版社.

胡小松, 蒲彪, 廖小军. 2002. 软饮料工艺学. 北京: 中国农业大学出版社.

华卫民. 1984. 平菇栽培与制种. 西安: 陕西科学技术出版社.

黄来发. 1996. 蛋白饮料加工工艺与配方. 北京: 中国轻工业出版社.

黄年来. 1993. 中国食用菌百科. 北京: 农业出版社.

计伟荣, 章渊昶, 林春绵. 1995. 菜籽油在超临界 CO_2 中的溶解度研究. 浙江工业大学学报, (4): 299-303.

纪家笙, 黄志斌, 杨运华, 等. 1999. 水产品工业手册. 北京: 中国轻工业出版社.

贾洪涛, 宋静茹, 王飞, 等. 2018. pH 值判定 PSE 肉的方法初探. 肉类工业, (3): 36-37.

江洁. 王文侠. 栾广忠. 2004. 大豆深加工技术. 北京: 中国轻工业出版社.

蒋爱民, 南庆贤. 2000. 畜产食品工艺学. 北京: 中国农业出版社.

蒋迪清, 唐伟强. 1996. 食品通用机械与设备. 广州: 华南理工大学出版社.

焦瑞身. 2003. 微生物工程. 北京: 化学工业出版社.

金凤燮, 安家彦. 2003. 酿酒工艺与设备选用手册. 北京: 化学工业出版社.

靳敏, 夏玉宇. 2003. 食品检验技术. 北京: 化学工业出版社.

况丹. 2011. 七种食用菌营养成分分析比较. 食用菌, 33(4): 57-59.

李华. 1995. 现代葡萄酒工艺学. 西安: 陕西人民出版社.

李基洪. 2004. 软饮料生产工艺与配方 3000 例(上册). 广州: 广东科技出版社.

李晶, 阿扎提·祖力皮卡尔, 张伟, 等. 2017. 骆驼乳的营养价值及发展现状. 当代畜牧, (36): 50-51.

李里特, 江正强, 卢山. 2000. 焙烤食品工艺学. 北京: 中国轻工业出版社.

李小平. 2000. 粮油食品加工技术. 北京: 中国轻工业出版社.

李效静, 张瑞宇, 陈秀伟. 1990. 果品蔬菜贮藏运销学. 重庆: 重庆出版社.

李新华, 董海州. 2002. 粮油加工学. 北京: 中国农业大学出版社.

李炎. 2001. 食品添加剂制备工艺. 广州: 广东科技出版社.

李云飞, 葛克山. 2002. 食品工程原理. 北京: 中国农业大学出版社.

励建荣, 蔡成岗. 2003. 食品工业中甜味剂的应用. 食品研究与开发, 24(4): 18-21.

林洪, 张瑾, 熊正河. 2001. 水产品保鲜技术. 北京: 中国轻工业出版社.

林吉恒, 黄朱梁, 彭志兰, 等. 2019. 免疫磁珠分离技术在食源性致病菌检测中的应用. 食品安全质量检测学报, 10(18): 5998-6005.

林维宣. 1995. 试验设计方法. 大连: 大连海事大学出版社.

林翔云. 2007. 香料香精辞典. 北京: 化学工业出版社: 11-15.

凌关庭, 唐述潮, 陶民强. 1997. 食品添加剂手册. 北京: 化学工业出版社.

刘北林. 2004. 食品保鲜与冷藏链. 北京: 化学工业出版社.

刘铭轩. 2017. 牛乳中掺假的检验. 化工设计通讯, 43(1): 94-95.

刘树兴, 李宏梁, 黄峻榕, 等. 2001. 食品添加剂. 北京: 中国石化出版社.

刘喜生, 孙蓉芳. 1997. 包装材料学. 长春: 吉林大学出版社.

刘兴华, 陈维信. 2002. 果品蔬菜贮藏运销学. 北京: 中国农业出版社.

刘志诚, 于守洋. 1987. 营养与食品卫生学. 2 版. 北京: 人民卫生出版社.

娄隆后, 朱慧真, 周璧华, 等. 1983. 食用菌生物学及栽培技术. 北京: 中国林业出版社.

陆兆新. 2002. 现代食品生物技术. 北京: 中国农业出版社.

陆振曦, 陆守道. 1995. 食品机械原理与设计. 北京: 中国轻工业出版社.

吕作舟. 2002. 食用菌保鲜与加工. 广州: 广东科技出版社.

骆承庠. 1999. 乳与乳制品工艺学. 北京: 中国农业出版社.

孟金明, 曾丽萍, 刘宏洪, 等. 2019. 复合澄清剂对芒果胡萝卜复合果酒的澄清效果研究. 食品科技, 44(11): 285-293.

倪培德. 2002. 油脂加工技术. 北京: 化学工业出版社.

欧阳琨. 1993. 微生物学. 西安: 西北大学出版社.
潘恩民. 2002. 当代果蔬贮藏技术. 济南: 新科源出版社.
潘瑞炽. 2001. 植物生理学. 4 版. 北京: 高等教育出版社
潘松年, 戴宏民. 1999. 包装工艺学. 北京: 印刷工业出版社.
彭华安. 1988. 商品包装学. 沈阳: 辽宁人民出版社.
彭秋妹. 1984. 食品感官检查手册. 新竹: 食品工业发展研究所.
彭志英. 1999. 食品生物技术. 北京: 中国轻工业出版社.
秦富, 王秀清, 辛贤, 等. 2003. 欧美食品安全体系研究. 北京: 中国农业出版社.
全国人大常委会法制工作委员会审定. 2004. 食品卫生常用法律法规手册. 北京: 中国民主法制出版社.
饶景萍, 任仲博. 1996. 蔬菜四季贮藏保鲜. 西安: 陕西科学技术出版社.
任健国. 2021. 密度计称量法检测软件系统的设计. 计量与测试技术, 48(6): 41-42, 46.
上海酿造科学研究所. 1999. 发酵调味品生产技术(修订版). 北京: 中国轻工业出版社.
上海食品工业公司. 1978. 巧克力生产基本知识. 北京: 轻工业出版社.
上海食品工业公司. 1980. 硬糖生产基本知识. 北京: 轻工业出版社.
邵长富, 赵晋府. 1987. 软饮料工艺学. 北京: 中国轻工业出版社.
沈建福. 2002. 粮油食品工艺学. 北京: 中国轻工业出版社.
沈月新. 1996. 水产品冷藏加工. 北京: 中国轻工业出版社.
沈再春. 1993. 农产品加工机械与设备. 北京: 农业出版社.
沈自法, 唐孝宣. 1994. 发酵工厂工艺设计. 上海: 华东理工大学出版社.
石一兵. 1992. 食品机械与设备. 北京: 中国商业出版社.
石镇楢. 1991. 食品包装. 天津: 天津科技出版社.
史春悦. 2020. 食源性致病菌检测技术的应用与研究进展. 现代食品, (4): 49-52.
宋程, 王富华, 毕峰华, 等. 2017. 国内新鲜食品气调包装技术研究现状. 包装与食品机械, 35(1): 54-57, 39.
孙程. 2019. 氨基功能化磁性纳米粒子富集结合多重 PCR 检测食源性致病菌. 武汉: 华中农业大学硕士学位论文.
孙君社, 薛毅, 张水华, 等. 1994. 食品感官鉴评. 广州: 华南理工大学出版社.
唐志祥, 王强. 1996. 包装材料与实用包装技术. 北京: 化学工业出版社.
天津轻工业学院, 无锡轻工业学院. 1983a. 食品工艺学(中册). 北京: 中国轻工业出版社.
天津轻工业学院, 无锡轻工业学院. 1983b. 食品工艺学(下册). 北京: 中国轻工业出版社.
天津轻工业学院, 无锡轻工业学院. 1984. 食品工艺学(上册). 北京: 中国轻工业出版社.
田呈瑞, 张富新. 1995. 软饮料工艺学. 西安: 陕西科学技术出版社.
田呈瑞. 2000. 蔬菜加工技术. 北京: 中国轻工业出版社.
涂国材. 1991. 食品工厂设备. 北京: 中国轻工业出版社.
王尔茂. 2004. 食品营养与卫生. 北京: 科学出版社.
王福源. 1998. 现代食品发酵技术. 北京: 中国轻工业出版社.
王淼, 周楠, 温洁霞, 等. 2012. 劣质肉的形成机理以及对猪肉品质的改进措施. 畜牧与兽医, 44(S1): 93-97.
王琦. 2017. 气调包装是食品保鲜的必然需求. 绿色包装, (11): 74-76.
王卫. 2021. 针灸推拿结合治疗单纯性肥胖的临床疗效. 内蒙古中医药, 40(10): 118-119.
王文辉, 许步前. 2003. 果品采后处理及贮运保鲜. 北京: 金盾出版社.
王向阳. 2002. 食品贮藏与保鲜. 杭州: 浙江科学技术出版社.
王余良, 王建清, 韩永生, 等. 1995. 包装材料及制品. 北京: 中国轻工业出版社.
王之和. 2002. 水产品加工与利用. 北京: 化学工业出版社.

未志胜, 詹萍, 田洪磊, 等. 2019. 基于 GA-BP 神经网络的鹰嘴豆美拉德肽的定向制备. 中国食品学报, 19(9): 147-153.
魏晓敏. 2016. 乳与乳制品掺伪鉴别和检验技术. 黑龙江科技信息, (6): 124.
温鲁. 1984. 食用菌栽培基础. 北京: 北京农业科学编辑部.
文静, 梁显菊. 2008. 食品的冻结及解冻技术研究进展. 肉类研究, 113(7): 76-80.
无锡轻工业学院, 轻工业部上海轻工业设计院. 1990. 食品工厂设计基础. 北京: 中国轻工业出版社.
无锡轻工业学院, 天津轻工业学院. 2007. 食品分析. 北京: 中国轻工业出版社.
无锡轻工业学院, 天津轻工业学院. 1981. 食品工厂机械与设备. 北京: 轻工业出版社.
吴金鹏. 1990. 食品微生物学. 北京: 中国农业出版社.
吴谋成. 2012. 食品分析与感官评定. 2 版. 北京: 中国农业出版社.
吴松刚. 2004. 微生物工程. 北京: 科学出版社.
武杰, 何宏. 2001. 膨化食品加工工艺与配方. 北京: 科学技术文献出版社.
席丽琴, 杨君娜, 许随根, 等. 2019. 肉及肉制品气调包装技术研究进展. 肉类研究, 33(9): 64-68.
夏文水. 2003. 肉制品加工原理与技术. 北京: 化学工业出版社.
肖旭霖. 2000. 食品加工机械与设备. 北京: 中国轻工业出版社.
谢飞. 2012. 水质对软饮料的影响. 现代经济信息, (4): 223.
须山三千三, 鸿巢章二. 1992. 水产食品学. 吴光红, 洪玉菁, 张金亮译. 上海: 上海科学技术出版社.
徐尧润, 王有伦. 1994. 轻化工与食品设备. 北京: 中国轻工业出版社.
徐自芬, 郑百哲. 1996. 中国包装工程手册. 北京: 机械工业出版社.
许牡丹, 毛根年. 2003. 食品安全性与分析检测. 北京: 化学工业出版社.
薛建平. 2002. 食品营养与健康. 合肥: 中国科学技术大学出版社.
薛效贤, 薛芹. 1998. 新型饮料加工工艺与配方. 北京: 科学技术文献出版社.
薛知文. 1985. 食用菌制种技术、香菇栽培. 西安: 陕西师范大学出版社.
杨昌举. 1999. 食品科学概论. 北京: 中国人民大学出版社.
杨桂馥. 2002. 软饮料工业手册. 北京: 中国轻工业出版社.
杨洁彬, 李淑高, 张篪, 等. 1995. 食品微生物学. 2 版. 北京: 北京农业大学出版社.
杨丽君, 李兆杰, 宋晓华, 等. 2013. 傅立叶变换红外光谱技术对 5 种沙门氏菌的快速分类鉴定. 微生物学通报, 40(2): 373-379.
杨庆尧. 1981. 食用菌生物学基础. 上海: 上海科技出版社.
杨士章. 1995. 果蔬贮藏保鲜加工大全. 北京: 中国农业出版社.
杨新美. 1988. 中国食用菌栽培学. 北京: 农业出版社.
杨雅轩, 丁兆钧, 杨柳, 等. 2015. 食品酸味剂使用现状及发展趋势. 南方农业, 9(9): 165-167.
杨祖容, 刘丽英, 刘伟. 2014. 化工原理. 3 版. 北京: 化学工业出版社.
姚惠源. 2004. 稻米深加工. 北京: 化学工业出版社.
应建浙, 马启明, 徐连旺, 等. 1982. 食用蘑菇. 北京: 科学出版社.
曾庆孝, 芮汉明, 李汴, 等. 2002. 食品加工与保藏原理. 北京: 化学工业出版社.
张宝善, 王军. 2000. 果品加工技术. 北京: 中国轻工业出版社.
张富新, 杨宝进. 2000. 畜产品加工技术. 北京: 中国轻工业出版社.
张建新. 2002. 食品质量安全技术标准法规应用指南. 北京: 科学技术文献出版社.
张慜, 肖功年. 2002. 国内外水产品保鲜和保活技术研究进展. 食品与生物技术, (1): 104-107.
张颜颜, 郑学玲, 刘翀. 2019. 气调包装对生鲜面货架期的影响研究进展. 粮食加工, 44(2): 33-36.
张有林, 苏东华. 2000. 果品贮藏保鲜技术. 北京: 中国轻工业出版社.
张裕中, 王景. 1998. 食品挤压加工技术与应用. 北京: 中国轻工业出版社.

张裕中, 臧其. 2000. 食品加工技术装备. 北京: 中国轻工业出版社.
章建浩, 戴有谋, 孙蓉芳. 2000. 食品包装大全. 北京: 中国轻工业出版社.
赵宝丰, 等. 2003a. 茶饮料制品 607 例. 北京: 科学技术文献出版社.
赵宝丰, 等. 2003b. 碳酸饮料 发酵饮料制品 410 例. 北京: 科学技术文献出版社.
赵晋府. 1999. 食品工艺学. 2 版. 北京: 中国轻工业出版社.
赵晋府. 2002. 食品技术原理. 北京: 中国轻工业出版社.
赵静. 2004. 现代信息查询与利用. 2 版. 北京: 科学出版社.
赵晴, 翟玮玮. 2004. 食品生产概论. 北京: 科学出版社.
赵荣光, 谢定源. 2000. 饮食文化概论. 北京: 中国轻工业出版社.
中国标准出版社第一编辑室. 2009. 中国食品工业标准汇编-食品添加剂卷(上、中、下). 北京: 中国标准出版社.
中国食品发酵工业研究院, 中国海诚工程科技股份有限公司, 江南大学. 2004a. 食品工程全书: 食品工程. 北京: 中国轻工业出版社.
中国食品发酵工业研究院, 中国海诚工程科技股份有限公司, 江南大学. 2004b. 食品工程全书: 食品工程. 2 卷. 北京: 中国轻工业出版社.
中国食品发酵工业研究院, 中国海诚工程科技股份有限公司, 江南大学. 2005. 食品工程全书: 食品工业工程. 3 卷. 北京: 中国轻工业出版社.
中国营养学会. 2001. 中国居民膳食营养素参考摄入量. 北京: 中国轻工业出版社.
中国预防医学科学院, 营养与食品卫生研究所. 1991. 食物成分表. 北京: 人民卫生出版社.
钟丽晶. 2018. 气调包装在果蔬保鲜方面的应用进展分析. 食品安全导刊, (10): 77-78.
钟雪美. 1990. 食用菌栽培与加工. 西安: 天则出版社.
周德庆. 2002. 微生物学教程. 2 版. 北京: 高等教育出版社.
周光宏. 2002. 畜产品加工学. 北京: 中国农业出版社.
周家春, 翁新楚. 2005. 食品工业新技术. 北京: 化学工业出版社.
周家华, 杨辉荣, 黎碧娜, 等. 2001. 食品添加剂. 北京: 化学工业出版社.
朱军伟, 谢晶, 林永艳, 等. 2012. 气调包装对菠菜保鲜效果的研究. 第八届全国食品冷藏链大会论文集: 34-38.
诸鸿. 1992. 现代商品包装学. 北京: 中国人民大学出版社.
Cauvain S P, Young L S. 2004. 面包加工工艺. 金茂国译. 北京: 中国轻工业出版社.
Harrigan W F. 2004. 食品微生物实验室手册. 3 版. 李卫华, 等译. 北京: 中国轻工业出版社.
Heldman D R, Hartel R W. 2001. 食品加工原理. 夏文水, 等译. 北京: 中国轻工业出版社.
Jay J M. 2001. 现代食品微生物学. 徐岩, 张继民, 汤丹剑译. 北京: 中国轻工业出版社.
Potter N N, Hotchkiss J H. 2001. 食品科学. 5 版. 王璋, 钟芳, 徐良增, 等译. 北京: 中国轻工业出版社.
Ranken M D, Kill R C, Baker C G J. 2002. 食品工业手册. 张慜, 等译. 北京: 中国轻工业出版社.
Wood B J B. 2001. 发酵食品微生物学. 徐岩译. 北京: 中国轻工业出版社.
Agarwal A, Makker A, Goel S K. 2002. Application of the PCR technique for a rapid, specific and sensitive detection of *Salmonella* spp. in foods. Molecular and Cellular Probes, 16(4): 243-250.
Jellinek G. 1985. Sensory Evaluation of Food Theory and Practice. Chichester: Ellis Horwood Ltd.
Lin X Y. 2007. Flavor Essence Dictionary. Beijing: Chemical Industry Press: 11-15.
Pace M R. 2019. Optimal preparation of tissue sections for light-microscopic analysis of phloem anatomy. Methods in Molecular Biology, 2014: 3-16.
Suaifan G A R Y, Alhogail S, Zourob M. 2017. Rapid and low-cost biosensor for the detection of *Staphylococcus aureus*. Biosensors and Bioelectronics, 90: 230-237.

附录一　中华人民共和国食品添加剂使用卫生标准

表 1　食品添加剂功能类别

序号	添加剂	功能
1	酸度调节剂	用以维持或改变食品酸碱度的物质
2	抗结剂	用于防止颗粒或粉状食品聚集结块，保持其松散或自由流动的物质
3	消泡剂	在食品加工过程中降低表面张力，消除泡沫的物质
4	抗氧化剂	能防止或延缓油脂或食品成分氧化分解、变质，提高食品稳定性的物质
5	漂白剂	能够破坏、抑制食品的发色因素，使其褪色或使食品免于褐变的物质
6	膨松剂	在食品加工过程中加入的，能使产品发起形成致密多孔组织，从而使制品具有膨松、柔软或酥脆的物质
7	胶基糖果中基础剂物质	赋予胶基糖果起泡、增塑、耐咀嚼等作用的物质
8	着色剂	使食品赋予色泽和改善食品色泽的物质
9	护色剂	能与肉及肉制品中呈色物质作用，使之在食品加工、保藏等过程中不致分解、破坏，呈现良好色泽的物质
10	乳化剂	能改善乳化体中各种构成相之间的表面张力，形成均匀分散体或乳化体的物质
11	酶制剂	由动物或植物的可食或非可食部分直接提取，或由传统或通过基因修饰的微生物（包括但不限于细菌、放线菌、真菌菌种）发酵、提取制得，用于食品加工，具有特殊催化功能的生物制品
12	增味剂	补充或增强食品原有风味的物质
13	面粉处理剂	促进面粉的熟化和提高制品质量的物质
14	被膜剂	涂抹于食品外表，起保质、保鲜、上光、防止水分蒸发等作用的物质
15	水分保持剂	有助于保持食品中水分而加入的物质
16	防腐剂	防止食品腐败变质、延长食品贮存期的物质
17	稳定剂和凝固剂	使食品结构稳定或使食品组织结构不变，增强黏性固形物的物质
18	甜味剂	赋予食品甜味的物质
19	增稠剂	可以提高食品的黏稠度或形成凝胶，从而改变食品的物理性状，赋予食品黏润、适宜的口感，并兼有乳化、稳定或使其呈悬浮状态作用的物质
20	食品用香料	能够用于调配食品香精，并使食品增香的物质
21	食品工业用加工助剂	有助于食品加工顺利进行的各种物质，与食品本身无关，如助滤、澄清、吸附、脱模、脱色、脱皮、提取溶剂等
22	其他	以上 21 种功能类别中不能涵盖的其他功能

注：每个添加剂在食品中常常具有一种或多种功能。在本标准每个食品添加剂的具体规定中，列出了该食品添加剂常用的功能，并非详尽地列举

表 2　食品分类系统

食品分类号	食品类别/名称
01.0	乳及乳制品（13.0 特殊膳食用食品涉及品种除外）
01.01	巴氏杀菌乳、灭菌乳和调制乳
01.01.01	巴氏杀菌乳
01.01.02	灭菌乳
01.01.03	调制乳
01.02	发酵乳和风味发酵乳
01.02.01	发酵乳
01.02.02	风味发酵乳
01.03	乳粉（包括加糖乳粉）和奶油粉及其调制产品
01.03.01	乳粉和奶油粉
01.03.02	调制乳粉和调制奶油粉
01.04	炼乳及其调制产品
01.04.01	淡炼乳（原味）
01.04.02	调制炼乳（包括加糖炼乳及使用了非乳原料的调制炼乳等）
01.05	稀奶油（淡奶油）及其类似品
01.05.01	稀奶油
01.05.02	—
01.05.03	调制稀奶油
01.05.04	稀奶油类似品
01.06	干酪和再制干酪及其类似品
01.06.01	非熟化干酪
01.06.02	熟化干酪
01.06.03	乳清干酪
01.06.04	再制干酪
01.06.04.01	普通再制干酪
01.06.04.02	调味再制干酪
01.06.05	干酪类似品
01.06.06	乳清蛋白干酪
01.07	以乳为主要配料的即食风味食品或其预制产品（不包括冰淇淋和风味发酵乳）
01.08	其他乳制品（如乳清粉、酪蛋白粉等）
02.0	脂肪、油和乳化脂肪制品
02.01	基本不含水的脂肪和油
02.01.01	植物油脂
02.01.01.01	植物油
02.01.01.02	氢化植物油
02.01.02	动物油脂（包括猪油、牛油、鱼油和其他动物脂肪等）
02.01.03	无水黄油，无水乳脂

续表

食品分类号	食品类别/名称
02.02	水油状脂肪乳化制品
02.02.01	脂肪含量 80%以上的乳化制品
02.02.01.01	黄油和浓缩黄油
02.02.01.02	人造黄油（人造奶油）及其类似制品（如黄油和人造黄油混合品）
02.02.02	脂肪含量 80%以下的乳化制品
02.03	02.02 类以外的脂肪乳化制品，包括混合的和（或）调味的脂肪乳化制品
02.04	脂肪类甜品
02.05	其他油脂或油脂制品
3.0	冷冻饮品
03.01	冰淇淋、雪糕类
03.02	—
03.03	风味冰、冰棍类
03.04	食用冰
03.05	其他冷冻饮品
04.0	水果、蔬菜（包括块根类）、豆类、食用菌、藻类、坚果及籽类等
04.01	水果
04.01.01	新鲜水果
04.01.01.01	未经加工的鲜果
04.01.01.02	经表面处理的鲜水果
04.01.01.03	去皮或预切的鲜水果
04.01.02	加工水果
04.01.02.01	冷冻水果
04.01.02.02	水果干类
04.01.02.03	醋、油或盐渍水果
04.01.02.04	水果罐头
04.01.02.05	果酱
04.01.02.06	果泥
04.01.02.07	除 04.01.02.05 以外的果酱（如印度酸辣酱）
04.01.02.08	蜜饯凉果
04.01.02.08.01	蜜饯类
04.01.02.08.02	凉果类
04.01.02.08.03	果脯类
04.01.02.08.04	话化类
04.01.02.08.05	果糕类
04.01.02.09	装饰性果蔬
04.01.02.10	水果甜品，包括果味液体甜品
04.01.02.11	发酵的水果制品
04.01.02.12	煮熟的或油炸的水果
04.01.02.13	其他加工水果
04.02	蔬菜

续表

食品分类号	食品类别/名称
04.02.01	新鲜蔬菜
04.02.01.01	未经加工鲜蔬菜
04.02.01.02	经表面处理的新鲜蔬菜
04.02.01.03	去皮、切块或切丝的蔬菜
04.02.01.04	豆芽菜
04.02.02	加工蔬菜
04.02.02.01	冷冻蔬菜
04.02.02.02	干制蔬菜
04.02.02.03	腌渍的蔬菜
04.02.02.04	蔬菜罐头
04.02.02.05	蔬菜泥（酱），番茄沙司除外
04.02.02.06	发酵蔬菜制品
04.02.02.07	经水煮或油炸的蔬菜
04.02.02.08	其他加工蔬菜
04.03	食用菌和藻类
04.03.01	新鲜食用菌和藻类
04.03.01.01	未经加工鲜食用菌和藻类
04.03.01.02	经表面处理的鲜食用菌和藻类
04.03.01.03	去皮、切块或切丝的食用菌和藻类
04.03.02	加工食用菌和藻类
04.03.02.01	冷冻食用菌和藻类
04.03.02.02	干制食用菌和藻类
04.03.02.03	腌渍的食用菌和藻类
04.03.02.04	食用菌和藻类罐头
04.03.02.05	经水煮或油炸的藻类
04.03.02.06	其他加工食用菌和藻类
04.04	豆类制品
04.04.01	非发酵豆制品
04.04.01.01	豆腐类
04.04.01.02	豆干类
04.04.01.03	豆干再制品
04.04.01.03.01	炸制半干豆腐
04.04.01.03.02	卤制半干豆腐
04.04.01.03.03	熏制半干豆腐
04.04.01.03.04	其他半干豆腐
04.04.01.04	腐竹类（包括腐竹、油皮等）
04.04.01.05	新型豆制品（大豆蛋白及其膨化食品、大豆素肉等）
04.04.01.06	熟制豆类
04.04.02	发酵豆制品
04.04.02.01	腐乳类

续表

食品分类号	食品类别/名称
04.04.02.02	豆豉及其制品（包括纳豆）
04.04.03	其他豆制品
04.05	坚果和籽类
04.05.01	新鲜坚果与籽类
04.05.02	加工坚果与籽类
04.05.02.01	熟制坚果与籽类
04.05.02.01.01	带壳熟制坚果与籽类
04.05.02.01.02	脱壳熟制坚果与籽类
04.05.02.02	—
04.05.02.03	坚果与籽类罐头
04.05.02.04	坚果与籽类的泥（酱），包括花生酱等
04.05.02.05	其他加工的坚果与籽类（如腌渍的果仁）
05.0	可可制品、巧克力和巧克力制品（包括代可可脂巧克力及制品）及糖果
05.01	可可制品、巧克力和巧克力制品，包括代可可脂巧克力及制品
05.01.01	可可制品（包括以可可为主要原料的脂、粉、浆、酱、馅等）
05.01.02	巧克力和巧克力制品，除 05.01.01 以外的可可制品
05.01.03	代可可脂巧克力及使用可可脂代用品的巧克力类似产品
05.02	糖果
05.02.01	胶基糖果
05.02.02	除胶基糖果以外的其他糖果
05.03	糖果和巧克力制品包衣
05.04	装饰糖果（如工艺造型，或用于蛋糕装饰）、顶饰（非水果材料）和甜汁
06.0	粮食和粮食制品，包括大米、面粉、杂粮、块根植物、豆类和玉米提取的淀粉等（不包括 07.0 类焙烤制品）
06.01	原粮
06.02	大米及其制品
06.02.01	大米
06.02.02	大米制品
06.02.03	米粉（包括汤圆粉等）
06.02.04	米粉制品
06.03	小麦粉及其制品
06.03.01	小麦粉
06.03.01.01	通用小麦粉
06.03.01.02	专用小麦粉（如自发粉、饺子粉等）
06.03.02	小麦粉制品
06.03.02.01	生湿面制品（如面条、饺子皮、馄饨皮、烧麦皮）
06.03.02.02	生干面制品
06.03.02.03	发酵面制品
06.03.02.04	面糊（如用于鱼和禽肉的拖面糊）、裹粉、煎炸粉
06.03.02.05	油炸面制品

续表

食品分类号	食品类别/名称
06.04	杂粮粉及其制品
06.04.01	杂粮粉
06.04.02	杂粮制品
06.04.02.01	杂粮罐头
06.04.02.02	其他杂粮制品
06.05	淀粉及淀粉类制品
06.05.01	食用淀粉
06.05.02	淀粉制品
06.05.02.01	粉丝、粉条
06.05.02.02	虾味片
06.05.02.03	藕粉
06.05.02.04	粉圆
06.06	即食谷物，包括碾轧燕麦（片）
06.07	方便米面制品
06.08	冷冻米面制品
06.09	谷类和淀粉类甜品（如米布丁、木薯布丁）
06.10	粮食制品馅料
07.0	焙烤食品
07.01	面包
07.02	糕点
07.02.01	中式糕点（月饼除外）
07.02.02	西式糕点
07.02.03	月饼
07.02.04	糕点上彩装
07.03	饼干
07.03.01	夹心及装饰类饼干
07.03.02	威化饼干
07.03.03	蛋卷
07.03.04	其他饼干
07.04	焙烤食品馅料及表面用挂浆
07.05	其他焙烤食品
08.0	肉及肉制品
08.01	生、鲜肉
08.01.01	生鲜肉
08.01.02	冷却肉（包括排酸肉、冰鲜肉、冷鲜肉等）
08.01.03	冻肉
08.02	预制肉制品
08.02.01	调理肉制品（生肉添加调理料）
08.02.02	腌腊肉制品类（如咸肉、腊肉、板鸭、中式火腿、腊肠）
08.03	熟肉制品

续表

食品分类号	食品类别/名称
08.03.01	酱卤肉制品类
08.03.01.01	白煮肉类
08.03.01.02	酱卤肉类
08.03.01.03	糟肉类
08.03.02	熏、烧、烤肉类
08.03.03	油炸肉类
08.03.04	西式火腿（熏烤、烟熏、蒸煮火腿）类
08.03.05	肉灌肠类
08.03.06	发酵肉制品类
08.03.07	熟肉干制品
08.03.07.01	肉松类
08.03.07.02	肉干类
08.03.07.03	肉脯类
08.03.08	肉罐头类
08.03.09	其他熟肉制品
08.04	肉制品的可食用动物肠衣类
09.0	水产及其制品（包括鱼类、甲壳类、贝类、软体类、棘皮类等水产及其加工制品等）
09.01	鲜水产
09.02	冷冻水产品及其制品
09.02.01	冷冻水产品
09.02.02	冷冻挂浆制品
09.02.03	冷冻鱼糜制品（包括鱼丸等）
09.03	预制水产品（半成品）
09.03.01	醋渍或肉冻状水产品
09.03.02	腌制水产品
09.03.03	鱼子制品
09.03.04	风干、烘干、压干等水产品
09.03.05	其他预制水产品（如鱼肉饺皮）
09.04	熟制水产品（可直接食用）
09.04.01	熟干水产品
09.04.02	经烹调或油炸的水产品
09.04.03	熏、烤水产品
09.04.04	发酵水产品
09.04.05	鱼肉灌肠类
09.05	水产品罐头
09.06	其他水产品及其制品
10.0	蛋及蛋制品
10.01	鲜蛋
10.02	再制蛋（不改变物理性状）
10.02.01	卤蛋

续表

食品分类号	食品类别/名称
10.02.02	糟蛋
10.02.03	皮蛋
10.02.04	咸蛋
10.02.05	其他再制蛋
10.03	蛋制品（改变其物理性状）
10.03.01	脱水蛋制品（如蛋白粉、蛋黄粉、蛋白片）
10.03.02	热凝固蛋制品（如蛋黄酪、松花蛋肠）
10.03.03	蛋液与液态蛋
10.04	其他蛋制品
11.0	甜味料，包括蜂蜜
11.01	食糖
11.01.01	白糖及白糖制品（如白砂糖、绵白糖、冰糖、方糖等）
11.01.02	其他糖和糖浆［如红糖、赤砂糖、冰片糖、原糖、果糖（蔗糖来源）、糖蜜、部分转化糖、槭树糖浆等］
11.02	淀粉糖（果糖、葡萄糖、饴糖、部分转化糖等）
11.03	蜂蜜及花粉
11.03.01	蜂蜜
11.03.02	花粉
11.04	餐桌甜味料
11.05	调味糖浆
11.05.01	水果调味糖浆
11.05.02	其他调味糖浆
11.06	其他甜味料
12.0	调味品
12.01	盐及代盐制品
12.02	鲜味剂和助鲜剂
12.03	醋
12.03.01	酿造食醋
12.03.02	配制食醋
12.04	酱油
12.04.01	酿造酱油
12.04.02	配制酱油
12.05	酱及酱制品
12.05.01	酿造酱
12.05.02	配制酱
12.06	—
12.07	料酒及制品
12.08	—
12.09	香辛料类
12.09.01	香辛料及粉

续表

食品分类号	食品类别/名称
12.09.02	香辛料油
12.09.03	香辛料酱（如芥末酱、青芥酱）
12.09.04	其他香辛料加工品
12.10	复合调味料
12.10.01	固体复合调味料
12.10.01.01	固体汤料
12.10.01.02	鸡精、鸡粉
12.10.01.03	其他固体复合调味料
12.10.02	半固体复合调味料
12.10.02.01	蛋黄酱、沙拉酱
12.10.02.02	以动物性原料为基料的调味酱
12.10.02.03	以蔬菜为基料的调味酱
12.10.02.04	其他半固体复合调味料
12.10.03	液体复合调味料（不包括 12.03、12.04）
12.10.03.01	浓缩汤（罐装、瓶装）
12.10.03.02	肉汤、骨汤
12.10.03.03	调味清汁
12.10.03.04	蚝油、虾油、鱼露等
12.11	其他调味料
13.0	特殊膳食用食品
13.01	婴幼儿配方食品
13.01.01	婴儿配方食品
13.01.02	较大婴儿和幼儿配方食品
13.01.03	特殊医学用途婴儿配方食品
13.02	婴幼儿辅助食品
13.02.01	婴幼儿谷类辅助食品
13.02.02	婴幼儿罐装辅助食品
13.03	—
13.04	—
13.05	其他特殊膳食用食品
14.0	饮料类
14.01	包装饮用水
14.01.01	饮用天然矿泉水
14.01.02	饮用纯净水
14.01.03	其他类饮用水
14.02	果蔬汁类及其饮料
14.02.01	果蔬汁（浆）
14.02.02	浓缩果蔬汁（浆）
14.02.03	果蔬汁（浆）类饮料
14.03	蛋白饮料

续表

食品分类号	食品类别/名称
14.03.01	含乳饮料
14.03.01.01	发酵型含乳饮料
14.03.01.02	配制型含乳饮料
14.03.01.03	乳酸菌饮料
14.03.02	植物蛋白饮料
14.03.03	复合蛋白饮料
14.03.04	其他蛋白饮料
14.04	碳酸饮料
14.04.01	可乐型碳酸饮料
14.04.02	其他型碳酸饮料
14.05	茶、咖啡、植物（类）饮料
14.05.01	茶（类）饮料
14.05.02	咖啡（类）饮料
14.05.03	植物饮料
14.06	固体饮料
14.06.01	—
14.06.02	蛋白固体饮料
14.06.03	速溶咖啡
14.06.04	其他固体饮料
14.07	特殊用途饮料
14.08	风味饮料
14.09	其他类饮料
15.0	酒类
15.01	蒸馏酒
15.01.01	白酒
15.01.02	调香蒸馏酒
15.01.03	白兰地
15.01.04	威士忌
15.01.05	伏特加
15.01.06	朗姆酒
15.01.07	其他蒸馏酒
15.02	配制酒
15.03	发酵酒
15.03.01	葡萄酒
15.03.01.01	无气葡萄酒
15.03.01.02	起泡和半起泡葡萄酒
15.03.01.03	调香葡萄酒
15.03.01.04	特种葡萄酒（按特殊工艺加工制作的葡萄酒，如在葡萄原酒中加入白兰地，浓缩葡萄汁等）
15.03.02	黄酒
15.03.03	果酒

续表

食品分类号	食品类别/名称
15.03.04	蜂蜜酒
15.03.05	啤酒和麦芽饮料
15.03.06	其他发酵酒类（充气型）
16.0	其他类（01.0～15.0 除外）
16.01	果冻
16.02	茶叶、咖啡和茶制品
16.02.01	茶叶、咖啡
16.02.02	茶制品（包括调味茶和代用茶）
16.03	胶原蛋白肠衣
16.04	酵母及酵母类制品
16.04.01	干酵母
16.04.02	其他酵母及酵母类制品
16.05	—
16.06	膨化食品
16.07	其他

注：“—”代表无

表 3　营养强化剂新增品种

食品添加剂名称	使用范围	最大使用量	备注
氨基乙基磺酸 （牛磺酸）	儿童口服液 配制酒	4.0～8.0g/kg 0.1～0.5g/kg	
L-盐酸赖氨酸	配制酒	0.3～0.8g/kg	
视黄醇 （维生素 A）	固体饮料 冰淇淋	4～8mg/kg 0.6～1.2mg/kg	
β-胡萝卜素	固体饮料 强化 β-胡萝卜素饮料	3～5mg/kg 20～40mg/kg	
维生素 B_1	配制酒	1～2mg/kg	
维生素 B_2 （核黄素）	配制酒 营养性固体饮料	1～2mg/kg 10～17mg/kg	营养强化盐仅限于维生素 B_2 严重缺乏地区
维生素 B_6	配制酒 营养性固体饮料	1～2mg/kg 7～15mg/kg	
维生素 C	乳粉	0.3～1g/kg	
稳定型维生素 C	按 GB 14880—2012 维生素 C 规定执行		
维生素 D	固体饮料、冰淇淋	10～20μg/kg	
生育酚（维生素 E）	强化生育酚饮料	20～40mg/L	
烟酰胺	配制酒	10～40mg/kg	
叶酸	孕妇、母乳专用食品 固体饮料 免淘洗大米、面粉	2～7.5mg/kg 0.6～1.35mg/kg 1000～3000μg/kg	
泛酸	固体饮料	29.6～60mg/kg	

续表

食品添加剂名称	使用范围	最大使用量	备注
左旋肉碱 左旋酒石酸盐 （维生素 B_T） （微生物法）	咀嚼片、饮液胶囊、乳粉 果汁（味）型饮料 乳饮料	250～600mg/片、支、丸 300～400mg/kg 600～3000mg/kg （以 L-肉碱计，L-肉碱-L 酒石酸盐换算为 L-肉碱，系数为 0.68）	
左旋肉碱（化学合成法）	同微生物法		
活性钙	食盐肉松	5～10g/kg	
碳酸钙	乳粉	7.5～18g/kg	
乳酸钙	鸡蛋黄粉 鸡蛋白粉 鸡全蛋粉	3～5g/kg 1.5～2.5g/kg 2.25～3.75g/kg	
甘氨酸钙			
天门冬氨酸钙			
苏糖酸钙	作为钙源按 GB 14880—2012 有关规定执行		
枸橼酸苹果酸钙			
硫酸镁	矿物质饮料	0.050g/kg	
葡萄糖酸镁 （酶法生产）	乳制品 婴幼儿配方食品	300～700mg/kg（以 Mg 计） 5.561～13g/kg（以葡萄糖酸镁计）	葡萄糖酸镁中镁元素含量为 5.39%
葡萄糖酸铜	乳制品 婴幼儿配方食品	5.7～7.5mg/kg 7.5～10mg/kg	葡萄糖酸铜中铜元素含量为 11.68%
葡萄糖酸锰 （酶法生产）	乳制品 婴幼儿配方食品	1.08～4.32mg/kg 1.32～5.26mg/kg	葡萄糖酸锰中锰元素含量为 11.42%
葡萄糖酸钾 （酶法生产）	强化钾饮料 乳制品	0.05～0.2g/kg 0.2～0.8g/kg	
碘酸钾	固体饮料	0.26～0.4mg/kg	
亚硒酸钠	饼干	240μg/kg	
硒酸钠	花茶	1.0g/kg	
氟化钠	食盐	0.1g/kg	缺氟地区在卫生部门指导下使用
乳酸锌	儿童口服液	0.6～1.0g/kg	
甘氨酸锌	强化锌饮料、谷类及其制品 乳制品 婴幼儿配方食品	10～20mg/kg 30～60mg/kg 25～70mg/kg	甘氨酸锌含锌量为 31.8%
柠檬酸锌	按 GB 14880—2012 中葡萄糖酸锌规定执行		
氯化高铁血红素	饼干、糖果 强化铁饮料	0.04g/kg 0.1g/kg	
铁卟啉	作为铁源按 GB 14880—2012 有关规定执行		
焦磷酸铁	乳粉	60～200mg/kg （以 Fe 计）	
海藻碘	作为碘源按 GB 14880—2012 有关规定执行 鲜奶	160～240mg/kg	
硒蛋白	按 GB 14880—2012 中硒规定执行		
γ-亚麻油酸	调和油、乳及乳制品、强化 γ-亚麻油酸饮料	2%～5%	

附录二　实验数据统计分析 t 表、F 表、SSR 表、γ_α 表

表 1　不同自由度及信度 α 下，t 的置信限 t_α 值表（α 取双尾）

自由度	信度		自由度	信度	
	1%	5%		1%	5%
1	63.657	12.706	22	2.819	2.074
2	9.925	4.303	23	2.807	2.069
3	5.841	3.182	24	2.797	2.064
4	4.604	2.776	25	2.787	2.060
5	4.032	2.571	26	2.779	2.056
6	3.707	2.447	27	2.771	2.052
7	3.499	2.365	28	2.763	2.048
8	3.355	2.306	29	2.756	2.045
9	3.250	2.262	30	2.750	2.042
10	3.169	2.228	35	2.724	2.030
11	3.106	2.201	40	2.704	2.021
12	3.055	2.179	45	2.690	2.014
13	3.012	2.160	50	2.678	2.008
14	2.977	2.145	55	2.669	2.004
15	2.947	2.131	60	2.660	2.000
16	2.921	2.120	70	2.648	1.994
17	2.898	2.110	80	2.638	1.989
18	2.878	2.101	90	2.631	1.986
19	2.861	2.093	100	2.625	1.982
20	2.845	2.086	120	2.617	1.980
21	2.831	2.080	∞	2.5758	1.9600

表 2　不同自由度 α 下的 F 值的置信限 F_α 值表

较小方差的自由度（n_2–1）（分母）	较大方差的自由度（n_1–1）（分子）									
	2	3	4	5	6	7	8	9	10	11
2	19.00	19.16	19.25	19.30	19.33	19.36	19.37	19.38	19.39	19.40
	99.00	99.17	99.25	99.30	99.33	99.34	99.36	99.38	99.40	99.41
3	9.55	9.28	9.12	9.01	8.94	8.88	8.84	8.81	8.78	8.76
	30.82	29.46	28.71	28.24	27.91	27.67	27.49	27.34	27.23	27.13
4	6.94	6.58	6.39	6.26	6.16	6.09	6.04	6.00	5.96	5.93
	18.00	16.69	15.98	15.52	15.21	14.98	14.80	14.66	14.54	14.45
5	5.79	5.41	5.19	5.05	4.95	4.88	4.82	4.78	4.74	4.70
	13.27	12.06	11.39	10.97	10.67	10.45	10.27	10.15	10.05	9.96

续表

较小方差的自由度（n_2-1）（分母）	较大方差的自由度（n_1-1）（分子）									
	2	3	4	5	6	7	8	9	10	11
6	5.14	4.76	4.53	4.39	4.28	4.21	4.15	4.10	4.06	4.03
	10.92	9.78	9.15	8.75	8.47	8.26	8.10	7.98	7.87	7.79
7	4.74	4.35	4.12	3.97	3.87	3.79	3.73	3.68	3.63	3.60
	9.55	8.45	7.85	7.46	7.19	7.00	6.84	6.71	6.62	6.54
8	4.46	4.07	3.84	3.69	3.58	3.50	3.44	3.39	3.34	3.31
	8.65	7.59	7.01	6.63	6.37	6.19	6.03	5.91	5.82	5.74
9	4.26	3.86	3.63	3.48	3.37	3.29	3.23	3.18	3.13	3.10
	8.02	6.99	6.42	6.06	5.80	5.62	5.47	5.35	5.26	5.18
10	4.10	3.71	3.48	3.33	3.22	3.14	3.07	3.02	2.97	2.94
	7.56	6.55	5.99	5.64	5.39	5.21	5.06	4.95	4.85	4.78
11	3.98	3.59	3.36	3.20	3.09	3.01	2.95	2.90	2.86	2.82
	7.20	6.22	5.67	5.32	5.07	4.88	4.74	4.63	4.54	4.46
12	3.88	3.49	3.26	3.11	3.00	2.92	2.85	2.80	2.76	2.72
	6.93	5.95	5.41	5.06	4.82	4.65	4.50	4.39	4.30	4.22
13	3.80	3.41	3.18	3.02	2.92	2.84	2.77	2.72	2.67	2.63
	6.70	5.74	5.20	4.86	4.62	4.44	4.30	4.19	4.10	4.02
14	3.74	3.34	3.11	2.96	2.85	2.77	2.70	2.65	2.60	2.56
	6.51	5.56	5.03	4.69	4.46	4.28	4.14	4.03	3.94	3.86
15	3.68	3.29	3.06	2.90	2.79	2.70	2.64	2.59	2.55	2.51
	6.36	5.42	4.89	4.56	4.32	4.14	4.00	3.89	3.80	3.73
16	3.63	3.24	3.01	2.85	2.74	2.66	2.59	2.54	2.49	2.45
	6.23	5.29	4.77	4.44	4.20	4.03	3.89	3.78	3.69	3.61
17	3.59	3.20	2.96	2.81	2.70	2.62	2.55	2.50	2.45	2.41
	6.11	5.18	4.67	4.34	4.10	3.93	3.79	3.68	3.59	3.52
18	3.55	3.16	2.93	2.77	2.66	2.58	2.51	2.46	2.41	2.37
	6.01	5.09	4.58	4.25	4.01	3.85	3.71	3.60	3.51	3.44

注：5%在上面一行，1%在下面一行

表 3　Duncan's 新复极差测验 5%和 1% SSR 值表

自由度	测验极差的平均数个数													
	2	3	4	5	6	7	8	9	10	12	14	16	18	20
1	18.0	18.0	18.0	18.0	18.0	18.0	18.0	18.0	18.0	18.0	18.0	18.0	18.0	18.0
	90.0	90.0	90.0	90.0	90.0	90.0	90.0	90.0	90.0	90.0	90.0	90.0	90.0	90.0
2	6.09	6.09	6.09	6.09	6.09	6.09	6.09	6.09	6.09	6.09	6.09	6.09	6.09	6.09
	14.0	14.0	14.0	14.0	14.0	14.0	14.0	14.0	14.0	14.0	14.0	14.0	14.0	14.0
3	4.50	4.50	4.50	4.50	4.50	4.50	4.50	4.50	4.50	4.50	4.50	4.50	4.50	4.50
	8.26	8.50	8.60	8.70	8.80	8.90	8.90	9.00	9.00	9.00	9.10	9.20	9.30	9.30
4	3.93	4.01	4.02	4.02	4.02	4.02	4.02	4.02	4.02	4.02	4.02	4.02	4.02	4.02
	6.51	6.80	6.90	7.00	7.10	7.10	7.20	7.20	7.30	7.30	7.40	7.40	7.50	7.50

续表

自由度	测验极差的平均数个数													
	2	3	4	5	6	7	8	9	10	12	14	16	18	20
5	3.64	3.74	3.79	3.83	3.83	3.83	3.83	3.83	3.83	3.83	3.83	3.83	3.83	3.83
	5.70	5.96	6.11	6.18	6.26	6.33	6.40	6.44	6.50	6.60	6.60	6.70	6.70	6.80
6	3.46	3.58	3.64	3.68	3.68	3.68	3.68	3.68	3.68	3.68	3.68	3.68	3.68	3.68
	5.24	5.51	5.65	5.73	5.81	5.88	5.95	6.00	6.00	6.10	6.20	6.20	6.30	6.30
7	3.35	3.47	3.54	3.58	3.60	3.61	3.61	3.61	3.61	3.61	3.61	3.61	3.61	3.61
	4.95	5.22	5.37	5.45	5.53	5.61	5.69	5.73	5.80	5.80	5.90	5.90	6.00	6.00
8	3.26	3.39	3.47	3.52	3.55	3.56	3.56	3.56	3.56	3.56	3.56	3.56	3.56	3.56
	4.74	5.00	5.14	5.23	5.32	5.40	5.47	5.51	5.50	5.60	5.70	5.70	5.80	5.80
9	3.20	3.34	3.41	3.47	3.50	3.52	3.52	3.52	3.52	3.52	3.52	3.52	3.52	3.52
	4.60	4.86	4.99	5.08	5.17	5.25	5.32	5.36	5.40	5.50	5.50	5.60	5.70	5.70
10	3.15	3.30	3.37	3.43	3.46	3.47	3.47	3.47	3.47	3.47	3.47	3.47	3.47	3.48
	4.48	4.73	4.88	4.96	5.06	5.13	5.20	5.24	5.28	5.36	5.42	5.48	5.54	5.55
11	3.11	3.27	3.35	3.39	3.43	3.44	3.45	3.46	3.46	3.46	3.46	3.46	3.47	3.48
	4.39	4.63	4.77	4.86	4.94	5.01	5.06	5.12	5.15	5.24	5.28	5.34	5.38	5.39
12	3.08	3.23	3.33	3.36	3.40	3.42	3.44	3.44	3.46	3.46	3.46	3.46	3.47	3.48
	4.32	4.55	4.68	4.76	4.84	4.92	4.96	5.02	5.07	5.13	5.17	5.22	5.24	5.26
13	3.06	3.21	3.30	3.35	3.38	3.41	3.42	3.44	3.45	3.45	3.46	3.46	3.47	3.47
	4.26	4.48	4.62	4.69	4.74	4.84	4.88	4.94	4.98	5.04	5.08	5.13	5.14	5.15
14	3.03	3.18	3.27	3.33	3.37	3.39	3.41	3.42	3.44	3.45	3.46	3.46	3.47	3.47
	4.21	4.42	4.55	4.63	4.70	4.78	4.83	4.87	4.91	4.96	5.00	5.04	5.06	5.07
15	3.01	3.16	3.25	3.31	3.36	3.38	3.40	3.42	3.43	3.44	3.45	3.46	3.47	3.47
	4.17	4.37	4.50	4.58	4.64	4.72	4.77	4.81	4.84	4.90	4.94	4.97	4.99	5.00
16	3.00	3.15	3.23	3.30	3.34	3.37	3.39	3.41	3.43	3.44	3.45	3.46	3.47	3.47
	4.13	4.34	4.45	4.54	4.60	4.67	4.72	4.76	4.79	4.84	4.88	4.91	4.93	4.94
17	2.98	3.13	3.22	3.28	3.33	3.36	3.38	3.40	3.42	3.44	3.45	3.46	3.47	3.47
	4.10	4.30	4.41	4.50	4.56	4.63	4.68	4.72	4.75	4.80	4.83	4.86	4.88	4.89
18	2.97	3.12	3.21	3.27	3.32	3.35	3.37	3.39	3.41	3.43	3.45	3.46	3.47	3.47
	4.07	4.27	4.38	4.46	4.53	4.59	4.64	4.68	4.71	4.76	4.79	4.82	4.84	4.85
19	2.96	3.11	3.19	3.26	3.31	3.35	3.37	3.39	3.41	3.43	3.44	3.46	3.47	3.47
	4.05	4.24	4.35	4.43	4.50	4.56	4.61	4.64	4.67	4.72	4.76	4.79	4.81	4.82
20	2.95	3.10	3.18	3.25	3.30	3.34	3.36	3.38	3.40	3.43	3.44	3.46	3.46	3.47
	4.02	4.22	4.33	4.40	4.47	4.53	4.58	4.61	4.65	4.69	4.73	4.76	4.78	4.79
22	2.93	3.08	3.17	3.24	3.29	3.32	3.35	3.37	3.39	3.42	3.44	3.45	3.46	3.47
	3.99	4.17	4.28	4.36	4.42	4.48	4.53	4.57	4.60	4.65	4.68	4.71	4.74	4.75
24	2.92	3.07	3.15	3.22	3.28	3.31	3.34	3.37	3.38	3.41	3.44	3.45	3.46	3.47
	3.96	4.14	4.24	4.33	4.39	4.44	4.49	4.53	4.57	4.62	4.64	4.67	4.70	4.72
26	2.91	3.06	3.14	3.21	3.27	3.30	3.34	3.36	3.38	3.41	3.43	3.45	3.46	3.47
	3.93	4.11	4.21	4.30	4.36	4.41	4.46	4.50	4.53	4.58	4.62	4.65	4.67	4.69

续表

自由度	测验极差的平均数个数													
	2	3	4	5	6	7	8	9	10	12	14	16	18	20
28	2.90	3.04	3.13	3.20	3.26	3.30	3.33	3.35	3.37	3.40	3.43	3.45	3.46	3.47
	3.91	4.08	4.18	4.28	4.34	4.39	4.43	4.47	4.51	4.56	4.60	4.62	4.65	4.67
30	2.89	3.04	3.12	3.20	3.25	3.29	3.32	3.35	3.37	3.40	3.43	3.44	3.46	3.47
	3.89	4.06	4.16	4.22	4.32	4.36	4.41	4.45	4.48	4.54	4.58	4.61	4.63	4.65
40	2.86	3.01	3.10	3.17	3.22	3.27	3.30	3.33	3.35	3.39	3.42	3.44	3.46	3.47
	3.82	3.99	4.10	4.17	4.24	4.30	4.34	4.37	4.41	4.46	4.51	4.54	4.57	4.59
60	2.83	2.98	3.08	3.14	3.20	3.24	3.28	3.31	3.33	3.37	3.40	3.43	3.45	3.47
	3.76	3.92	4.03	4.12	4.17	4.23	4.27	4.31	4.34	4.39	4.44	4.47	4.50	4.53
100	2.80	2.95	3.05	3.12	3.18	3.22	3.26	3.29	3.32	3.36	3.40	3.42	3.45	3.47
	3.71	3.86	3.98	4.06	4.11	4.17	4.21	4.25	4.29	4.35	4.38	4.42	4.45	4.48
∞	2.77	2.92	3.02	3.09	3.15	3.19	3.23	3.26	3.29	3.34	3.38	3.41	3.44	3.47
	3.64	3.80	3.90	3.98	4.04	4.09	4.14	4.17	4.20	4.26	4.31	4.34	4.38	4.41

注：5%在上面一行，1%在下面一行

表4　不同自由度及信度下的相关系数 γ_α 值表（仅有 x、y 两个变量）

自由度	γ_α 值		自由度	γ_α 值	
	5%	1%		5%	1%
1	0.997	1.000	16	0.468	0.590
2	0.950	0.990	17	0.456	0.575
3	0.878	0.959	18	0.444	0.561
4	0.811	0.917	19	0.433	0.549
5	0.754	0.874	20	0.423	0.537
6	0.707	0.834	21	0.413	0.526
7	0.666	0.798	22	0.404	0.515
8	0.632	0.765	23	0.396	0.505
9	0.602	0.735	24	0.388	0.496
10	0.576	0.708	25	0.381	0.487
11	0.553	0.684	26	0.374	0.478
12	0.532	0.661	27	0.367	0.470
13	0.514	0.641	28	0.361	0.463
14	0.497	0.623	29	0.355	0.456
15	0.482	0.606	30	0.349	0.449